光学卫星影像摄影测量处理理论与方法

张永军　万　一
　　　　　　　　著
胡　堃　郑茂腾

科学出版社

北　京

内 容 简 介

光学卫星遥感是重要的全球对地观测技术手段。本书较全面地介绍光学卫星影像智能摄影测量处理的新理论和新方法，围绕理论模型、先进方法和关键技术，从光学卫星影像的空三匹配、检校平差、立体匹配和纠正融合四个方面详细论述相关研究成果，以期为充分发挥光学卫星影像在测绘遥感制图、全球地理信息资源建设、"一带一路"倡议实施、突发灾害应急响应、自然资源监测等方面的重要作用添砖加瓦。

本书可作为高等院校遥感、测绘等专业高年级本科生、硕士研究生和博士研究生的卫星摄影测量课程教材，对从事卫星遥感影像处理与应用的科技工作者也具有较大的参考价值。

审图号：GS 京（2022）0118 号

图书在版编目（CIP）数据

光学卫星影像摄影测量处理理论与方法/张永军等著.—北京：科学出版社，2022.8

ISBN 978-7-03-072801-2

Ⅰ.①光… Ⅱ.①张… Ⅲ.①航天摄影测量-卫星测量法
Ⅳ.①P236

中国版本图书馆 CIP 数据核字（2022）第 138927 号

责任编辑：杨　昕　戴　薇　王国策 / 责任校对：王万红
责任印制：吕春珉 / 封面设计：东方人华平面设计部

科学出版社 出版
北京东黄城根北街 16 号
邮政编码：100717
http://www.sciencep.com
北京中科印刷有限公司 印刷
科学出版社发行　各地新华书店经销
*
2022 年 8 月第 一 版　开本：889×1194　1/16
2022 年 8 月第一次印刷　印张：28 1/4
字数：828 000
定价：368.00 元
（如有印装质量问题，我社负责调换〈中科〉）
销售部电话 010-62136230　编辑部电话 010-62135397-2032

　　中国卫星遥感事业从 20 世纪 60 年代起步，在 50 余年的"单星试验应用"阶段和"单星天地一体化业务服务"阶段，一直面临业务需求与卫星载荷脱节、在轨卫星与地面系统脱节、科研与产业化脱节等问题。2010 年 5 月，国务院正式批准"高分辨率对地观测系统重大专项"全面启动实施，我国的卫星遥感事业由此步入"多星天地一体化业务服务"阶段，开始了爆发式发展。近十年来，我国发射了数十颗高分辨率光学卫星、高光谱光学卫星、合成孔径雷达卫星等，建立了多个地面数据中心系统和应用系统，迅速提高了实际应用中卫星遥感数据的自给率，技术能力和市场规模跻身世界先进水平。

　　为了促进卫星遥感影像测绘应用技术的发展，原国家测绘地理信息局、中国科学院、武汉大学等相关部门通力协作，经过多年的产、学、研协同攻关，突破了国产高分辨率光学卫星几何校正、测绘产品智能化生产等关键技术，研发出针对不同环境和需求的多套卫星遥感影像处理及测绘产品生产系统。回顾这一重大专项实施过程中国产光学遥感卫星及其载荷的预研、论证和星下处理等工作可以发现，传统的摄影测量学在卫星遥感影像几何处理与测绘产品生产中发挥了重要的作用，提供了坚实的理论基础，但同时也暴露出大量问题。因此，需要对已有的摄影测量理论与方法进行更新、整理，并对卫星遥感技术国产化、自主化过程中积累的问题、经验、解决方案和知识进行系统、深入的总结。

　　此书是张永军教授团队根据十余年来在卫星遥感测绘领域的科技创新实践及研究成果系统归纳总结而成，分析了卫星测绘面临的主要难题与挑战；系统地总结了光学卫星影像摄影测量处理研究中的基本原理、关键算法及工程技术；详细阐述了卫星影像稳健匹配、平台颤振与相机畸变在轨检校、多源影像区域网平差、多视立体测图、影像融合与色彩一致性处理等关键技术。此书是第一本系统讲解光学卫星影像摄影测量全流程处理的科技专著，具有重要的参考价值，将为我国自主发展全球卫星测图能力，提升多源卫星影像智能处理与服务水平等提供新思路、新方法、新技术。

张祖勋

2021 年 10 月

卫星遥感技术近 30 年来取得了重大发展，目前已形成各种高、中、低轨道相结合，大、中、小卫星相协同，高、中、低分辨率相弥补的全球对地观测体系，能够准确、快速地提供多种空间分辨率、时间分辨率和光谱分辨率的对地观测数据，并在基础测绘、资源环境、遥感监测、应急响应等领域取得了广泛的应用。光学卫星遥感具有实时性强、覆盖范围广、信息量丰富等优势，尤其是随着敏捷和微纳卫星的爆发性增长，卫星影像来源越来越丰富，时效性越来越强，数据量呈指数级增长，完全能够支撑经济社会发展和国家重大战略等应用对于数据获取能力的要求。但是，相对于强大的数据获取能力，遥感信息产品的快速生产和服务能力仍相对滞后，"海量数据堆积"与"有限信息孤岛"并存的矛盾仍然突出，极大地限制了卫星影像在各领域的应用潜力。

本书围绕光学卫星影像智能摄影测量处理的理论模型、先进方法和关键技术，从光学卫星影像的空三匹配、检校平差、立体匹配和纠正融合四个方面详细介绍课题组的最新研究成果，以期为充分发挥光学卫星影像在测绘遥感制图、全球地理信息资源建设、"一带一路"倡议实施、突发灾害应急响应、自然资源监测等方面的重要作用添砖加瓦。

本书是武汉大学张永军教授地像天图课题组在光学卫星影像智能摄影测量处理领域多年研究工作的系统归纳、总结与完善，部分研究成果已在国内外公开发表。全书由张永军主笔与统稿，万一、胡堃、郑茂腾等合作完成，凌霄、熊金鑫、黄旭、张彦峰、谭凯、余磊、文飞、刘驰等多名研究生在前期研究和本书撰写过程中做出了突出贡献，鄢小虎和李彦胜等参与讨论并提出了宝贵的修改意见，在此表示衷心感谢。本书在内容研究与撰写过程中，得到了武汉大学张祖勋院士、龚健雅院士等多位专家的指导和帮助，在此由衷表示诚挚的谢意。

本书的研究和出版得到多个国家级研究项目资助，包括国家自然科学基金重点项目"超大范围多源遥感卫星影像联合智能处理与地物信息提取理论方法"（项目编号：42030102）、湖北省自然科学基金创新群体项目"多源光学卫星遥感影像智能处理与定量信息提取"（项目编号：2020CFA003）、优秀青年科学基金项目"数字摄影测量与遥感"（项目编号：41322010）、面上项目"基于单立体模型的多视影像立体匹配理论与方法"（项目编号：41571434）及"多源线阵、面阵光学影像的联合区域网空中三角测量"（项目编号：41071233）等。

由于作者水平有限，书中难免有不足和疏漏之处，敬请各位专家、同行不吝指正。如有任何批评和建议，请发至作者邮箱：zhangyj@whu.edu.cn。

张永军

目 录

第1章

绪 论

1.1 研究背景及意义

自 1959 年由 Mark Ⅱ Reentry Vehicle 人造卫星发回第一张地球像片开始，遥感对地观测技术半个多世纪以来的发展异常迅速（陈劲松 等，2014），目前已经形成各种高、中、低轨道相结合，大、中、小卫星相协同，高、中、低分辨率相弥补的全球对地观测系统，能够准确、快速地提供多种空间分辨率、时间分辨率和波谱分辨率的对地观测数据（周丽雅，2011；李德仁，2016）。由于遥感数据具有实时性强、覆盖范围广、信息量丰富等优势，使遥感信息成为区域规划、气象预报、资源管理等众多决策过程不可或缺的重要部分（夏松 等，2007），为地球资源的有效利用和可持续发展做出越来越大的贡献（万幼川 等，2007）。

在众多遥感数据中，光学卫星影像始终扮演着极为重要的角色。目前，世界范围内得到广泛应用的遥感卫星数据绝大部分来自光学卫星影像，如 Landsat、SPOT、IKONOS、QuickBird、ZY-3、GF-1、GF-2、GF-6、GF-7 等（Lin et al.，2013；Quartulli et al.，2013）。随着光学遥感卫星的数目不断增多，光学卫星影像的来源越来越丰富，时效性越来越强，同时影像数据量也显著增加，呈指数级增长（李德仁 等，2014）。随着遥感应用在各行各业的不断推广和深入，对中、高分辨率卫星影像数据的需求日益强烈，尤其是在大区域资源调查与分析等重大应用领域。近年来，随着"数字地球""智慧城市"等空间信息建设的不断推进，大范围、多尺度的遥感监测与分析已成为解决人类面临的人口、环境、资源和灾害四大难题的主要手段之一。但是，相对于强大的遥感数据获取能力，遥感信息产品的快速智能生产和服务能力仍相对滞后，"海量数据堆积"与"有限信息孤岛"并存的矛盾日益突出（Nagarajan et al.，2016）。在光学卫星影像的智能摄影测量处理方面，目前还存在以下几个方面的问题。

1）多源光学卫星影像通常由不同传感器在不同时刻获取，同一地物在两景影像上呈现不同的像元值与对比度，导致两景影像之间存在着非线性辐射差异。影像之间的非线性辐射差异不仅会造成传统匹配算法中基于灰度窗口相关的算法［如归一化互相关（normalization cross-correlation，NCC）算法］出现大量误相关甚至相关失败的情况，而且会造成基于特征的匹配算法严重失效。另外，非线性辐射差异会导致在对两景影像进行特征提取与特征描述时，容易出现同名特征点对的点位之间存在偏差和特征向量差异巨大等情况。因此，如何从具有非线性辐射差异的影像对中获取正确且均匀分布的同名点仍是目前影像匹配领域亟待解决的关键问题。

2）难以获取数量较多且分布均匀的卫星影像匹配点。卫星影像的匹配难点并不在于拍摄角度和拍摄距离的差异引起的同名点邻域的几何变形，因为卫星影像往往具有较高的初始定位精度（相对于其覆盖范围大小），可以通过高程参考数据将卫星影像正射纠正到地面上，有效地消除由拍摄方向、地形起伏、分辨率差异等因素引起的变形、旋转和尺度变化，因而卫星影像匹配中对匹配算子的几何不变性要求较低。较难匹配的卫星影像往往存在以下三个方面的问题：①时相差异，即不同年份、不同季节拍摄的影像在同名位置上地物反射特性会有差异，将引起灰度值的非线性变化；②数据源差异，即传感器感光特性的差异会引起图像灰度的变化；③困难地区的匹配，在沙漠、雪地、发展较快的城镇等地区，地物特征不明显或变化极大，必须将少数保持不变的地物特征上的匹配点保留下来。在存在上述问题的卫星影像匹配任务中，某些匹配结果的粗差比例可能在50%以上。在大规模影像自动化处理中避免粗差的影响，不仅需要根据卫星影像的成像几何模型设计出合适的粗差剔除算法，还需要设计合适的标准，自动判定误匹配剔除后的剩余匹配点是否可靠。因为当匹配点中粗差比例极高时，粗差剔除后的一致集合有可能由一些具有一定几何一致性的错误匹配点构成。这种情况会对平差迭代造成严重干扰，而且在大规模区域网平差中极难将这些错误匹配定位出来，最终导致平差结果含有较大的误差甚至平差不收敛。

3）弱约束下的卫星影像区域网平差问题。与航空影像光束法区域网平差不同，卫星影像的测量区域不仅无法保证二度重叠区、三度重叠区和多度重叠区的比例及重叠范围，而且还可能具有不规则的重叠区形状。对于部分非测绘背景的用户，卫星影像在目标范围内覆盖至少一层即可满足要求。另外，推扫式卫星影像通过连续推扫再拼接的方式进行成像，每一条扫描线都具有不同的外方位元素，因此每一标准景影像的几何刚性远比框幅式影像弱。实现大范围卫星影像的区域网平差，需要挖掘其他约束条件，设计出通用的平差方法，如使用全球公开的全球数字高程模型——航天飞机雷达地形测绘任务（shuttle radar topography mission，SRTM）数据对高程进行约束，以便提高平差网的几何刚性，减少对地面控制点的依赖。

4）数字表面模型（digital surface model，DSM）立体匹配算法是一个较为复杂冗长的处理过程。目前，主流的DSM立体匹配算法通常按照以下流程实现：首先在像方选择基准片，通过双目或多视匹配生成视差图或深度图，并利用前方交会生成物方点云，然后融合多片点云生成整个测量区域的点云，最后通过内插生成DSM。流程复杂的根本原因在于该方法是在像方完成立体匹配，导致除立体匹配本身外，基准片选取和多片点云融合也成为影响最终DSM精度的关键步骤。如果逐像片作为基准片，则会导致十分严重的计算冗余；如果稀疏选择基准片，则可能导致影像信息无法充分利用。另外，多视点云融合也是一个复杂问题，需要先进可靠的处理算法和策略才能获得最佳融合点云。

5）光学卫星影像自动化云区检测问题。云是卫星影像中的常见元素，经常覆盖地表上空50%以上的面积（陈振炜 等，2015）。光学卫星在探测地表成像的过程中，如果受到薄云区遮挡，地表光谱特征将发生变化；如果受到厚云区遮挡，则会导致影像中存在许多无法观察的盲区，给图像解译与分析带来诸多不便，且严重影响测绘遥感影像产品的生产（单娜 等，2009）。由于云像元属于无效像元，并且是卫星影像中无效像元的主要组成部分，多数情况下生产人员在选择原始影像时会尽量避开云区覆盖较多的卫星影像，耗时费力且部分无云像素也被完全浪费，因此生产前进行准确的自动化云检测并对各影像云量覆盖情况进行准确描述具有十分重要的意义。一方面，在卫星影像产品生产之前剔除云量过大的影像可以减轻生产负担，提高生产效率；另一方面，云区域的准确提取和无效像元去除可以充分发挥每个有效像元的作用，可为影像合成、匀光匀色等后续处理提供有力支持。

6）在对光学卫星影像进行色彩一致性处理时，需要根据合成影像的后续用途选择合适的处理方法。理想情况是，当后续遥感应用以定量分析为目的时，采用绝对辐射校正方法对待处理影像进行校正；当后续遥感应用主要以制图等目视分析为目的时，采用相对辐射校正方法更为便捷且视觉效果更佳。但是在实际生产过程中通常会遇到需求与数据不相符的情况，如在缺乏相应大气成像参数的条件下，如何消除或削弱大气、传感器特性等因素对影像成像带来的影响。此外，绝大多数相对辐射校正方法在进行校正处理前需要选择合适的参考影像作为色彩调整依据，但是参考影像的选取标准目前尚不统一。因此，在色彩一致性处理过程中如何选择合适的参考影像或者合适的色彩约束条件是一个亟待解决的问题。相对辐射校正的现有三类方法（直接映射法、路径传播法、全局优化法）仍存在不同程度的问题，如何解决这些问题，实现高效、高质的影像之间色彩一致性也是研究的难点。

总而言之，光学卫星影像在空三匹配、检校平差、立体匹配和纠正融合等方面仍然面临诸多困难和挑战，限制了其在各领域的应用潜力。因此，研究光学卫星影像智能摄影测量处理的新理论和新方法，有助于解决卫星影像海量数据堆积与有限信息孤岛并存的突出矛盾，以便充分发挥光学卫星影像在测绘遥感、全球地理信息资源建设、"一带一路"倡议实施、突发灾害应急响应、自然资源监测等方面的重要作用。

1.2　研究方法体系

对光学卫星影像进行摄影测量处理时，通常涉及空三匹配、检校平差、立体匹配和纠正融合等核心环节，本节分别对这些领域的现有研究方法和成果进行简要介绍。

1.2.1　空三匹配方法

空三匹配方法主要分为两类：灰度区域匹配和特征匹配。灰度区域匹配是指在具有相互重叠的影像之间定义一定大小的窗口区域，匹配时利用窗口内像素的灰度分布获取窗口间的相似性；影像特征是指影像上具有明显纹理特征的像素点或若干像素点的集合，主要可分为点特征、线特征和面特征。

1. 基于灰度区域的影像匹配

基于灰度区域的影像匹配方法可以看作一种模板匹配，首先在参考影像上定义一个模板窗口，然后以某种相似性测度为准则，在搜索影像上寻找对应的模板区域，以模板区域的中心作为同名点。

基于灰度区域的影像匹配方法主要有协方差法、相关系数法、互信息法等（Viola et al.，1997）。协方差法计算简单，效率较高，但是对于影像之间的灰度差异非常敏感。相关系数法是最常用的基于灰度区域的匹配方法，对于灰度变化具有线性不变性，定位准确，计算效率高，被广泛应用于大数据量的遥感影像匹配中（张祖勋 等，1998）。但是，相关系数法对于纹理贫乏与纹理重复区域易出现匹配不确定问题和相似性曲线多峰值现象。互信息法最早应用于医学影像配准中，能够较好地抵抗影像间的灰度差异，近年来被逐渐用于遥感影像自动配准。相比于相关系数法，互信息法对于非线性灰度差异抵抗性更好，相似性区域的峰值更尖锐（马政德 等，2008）。Colerhodes 等（2003）提出基于互信息的分层遥感影像配准方法，该方法采用多分辨率匹配策略，通过梯度上升算法加快配准参数的收敛速度，成功实现中分辨率成像光谱仪（moderate-resolution Imaging Spectroradiometer，MODIS）、增强型专题绘图仪（enhanced thematic mapper，ETM+）和伊科诺斯（IKONOS）等多传感器影像的自动配准。但是互信息法也有不足之处，由于互信息是描述两个随机变量之间的统计相关性，因此模板窗口尺度必须较大，以包含更多的灰度信息，一旦窗口设置较小，互信息的匹配可靠性会明显下降；互信息的计算是对于灰度的统计分析（钟家强 等，2006），对于联合熵的计算耗时较长；互信息的阈值不易确定，因此对于误匹配的控制较为困难。

总体来说，基于灰度区域的匹配方法尽管匹配精度较高，但是在低反差区域或纹理重复区域，由于纹理信息缺乏，局部纹理重复性较强，信噪比较小，在没有可靠约束条件的辅助下，难以取得令人满意的匹配结果。

2. 基于特征的影像匹配

传统基于特征的匹配方法主要针对图像角点，因为角点含有重要的局部灰度分布特征。Moravec（1977）在 1977 年首次提出了角点提取算法，Harris 和 Stephens（1988）在 Moravec 算法的基础上进行改进，提出了哈里斯（Harris）算子，该算法得到非常广泛的应用。近些年，基于 Harris 算子的改进算子不断涌现，其中具有代表性的是 Mikolajczyk 和 Schmid（2004）构建的哈里斯-拉普拉斯（Harris-Laplace）算子。Harris-Laplace 算子首先在影像尺度空间（scale space）进行 Harris 特征提取，之后利用拉普拉斯-高斯（Laplacian of Gaussian，LoG）算子对这些角点进行尺度定位。另外，哈里斯-斯夫特（Harris-SIFT）算子（Lowe，2009）也被广泛应用于摄影测量领域。然而，角点无法准确地表达遥感影像的形状特征，即无法准确地描述地物的边缘轮廓。边缘特征常被用于恢复地物的三维信息，常见的边缘提取算法有罗伯特（Roberts）算子、普瑞维特（Prewitt）算子、索贝尔（Sobel）算子及坎尼（Canny）算子等（张剑清 等，2003）。其中，Canny（1986）在 1986 年提出的 Canny 边缘检测算子应用最为广泛，然而该算子易受噪声、光照的影响，所检测边缘不连续，存在伪边缘与丢失真实边缘等问题。Lowe（1999，2004）提出了高斯差分（difference of Gaussian，DoG）检测算子，该算子近似于 LoG 算子，但是速度更快。为了满足多视影像匹配的需要，学者们相继提出仿射不变性的特征检测算子，主要包括黑森-仿射（Hessian-affine）（Mikolajczyk et al.，2005）和极大稳定极值区域（maximally stable extremal region，MSER）（Matas et al.，2004）等算子。

线特征相比点特征包含更多的地物结构信息，因此其几何结构和特征显著性明显优于点特征。Fan（2012）与 Chen（2013）首先利用 Canny 算子生成边缘二值图，并利用直线跟踪方法提取边缘直线；之后通过基于线-点不变性方法进行线特征匹配，利用线特征与邻域内两点的约束实现了线特征的仿射不变性；最后利用基于最大中值的相似性测度实现不同影像间变换关系下的线特征匹配。张永军等（2002，2004）提出点线混合摄影测量的概念，突破了传统特征点摄影测量要求物点和像点之间严格一一对应的限制，只需要直线段等同名特征之间的整体对应关系，成功将基于共面条件的线摄影测量（条件平差）模型转化为以像方线段端点到投影直线的像方距离为基础的间接平差模型，完全兼容以共线方程为基础的传统特征点摄影测量（间接平差）模型。张祖勋等（2005，1998）提出广义点摄影测量理论，将直线、曲线等线特征通过广义点原理成功纳入以点为基础的共线方程式，进一步拓展了线特征在摄影测量领域的应用范围。曲线及轮廓线的提取主要依赖于影像分割算法，赵训坡和胡占义（2005）提出利用阈值分割方法对参考影像与搜索影像进行分割，首先以曲线首尾点的距离为准则进行曲线段的选取，之后通过证据积累计算对应曲线之间的刚体变换参数，并采用豪斯道夫（Hausdorff）距离对曲线进行匹配。Eugenio 和 Marques（2003）利用已有地理信息提取海岸线轮廓，结合轮廓局部最优与全局最优方法估计影像之间的变换参数。但是，线特征具有不准确的端点定位、易断裂及弱几何约束等不利因素，一定程度上限制了线特征匹配的发展。

基于面特征的匹配主要用于计算机视觉领域，而利用遥感影像进行面特征的匹配较少涉及，具有代表性的是 Klaus 等（2006）在 2006 年提出的基于分割的自适应置信度传播（belief propagation，B-P）匹配。郝燕玲等（2008）基于人眼综合已有信息来识别同名实体的思想，提出基于空间相似性的面实体匹配算法。郑宇志和张青年（2013）提出采用拓扑和空间相似性相结合的方法进行面实体匹配。姬存伟等（2013）根据力与多边形之间的作用关系，提出基于力图投影的面状居民地匹配方法。刘坡等（2014）将中误差引入面实体匹配过程，结合相邻面实体邻近聚集算法，提出一种基于中误差和邻近关系的面实体匹配算法。面特征匹配还可以通过对"交叉点结构"（或称为"交叉线段结构"）进行匹配实现（Xue et al.，2018；Xia et al.，2014）。交叉点是图像中相交线段组成的结构，从多视影像中匹配得到的"既满足投影几何关系，又具有相似纹理特征"的同名交叉点大概率对应了空间中真实存在的地物表面（平面）。目前，部分学者已经注意到交叉点匹配的应用价值，并通过建立交叉点核线关系等手段辅助交叉点的自动匹配。Li 等（2017，2009）利用核线关系辅助交叉点匹配，并与线段匹配相结合，实现了基于地面影像的建筑物三维轮廓重建。Ma 等（2019）利用同名交叉点辅助室内同步定位与建图（simultaneous lcalization and mapping，SLAM）过程中的相机定向解算。

1.2.2　检校平差方法

光学卫星遥感影像的几何成像模型有两种：基于共线关系的严密传感器模型（rigorous sensor model，RSM）和通用的有理函数模型（factional function model，RFM）。基于 RSM 的卫星影像几何处理中，一般通过多项式直接拟合卫星的外方位元素与时间的函数关系，然后根据共线关系列出像点观测方程，在平差中直接求出精确的外方位元素（Polid et al.，2012；Zhang et al.，2015）。RSM 的优点在于其严密性，在几何纠正过程中，可以同时将几何畸变的修正模型或卫星平台的颤振改正模型纳入观测方程，然后将这些模型参数与外方位元素同时求解出来，从而获得更高的精度。Zhang 等（2014）提出在全球公开地理信息的辅助下，采用严格成像模型和多轨影像进行资源三号卫星相机无地面控制点在轨检校，经稀少控制点区域网平差后检查点精度可达到平面 1.3m、高程 1.7m。但是，RSM 的缺点在于必须结合卫星的传感器成像模型、内参数及卫星平台搭载的全球导航卫星系统（global navigation satellite system，GNSS）与惯性测量单元（inertial measurement unit，IMU）系统提供的姿态轨道参数初值，而普通用户很难获取这一类数据。更重要的是，RSM 模型与遥感传感器的成像方式有关，需要针对每一款不同的星载传感器定制相应的几何纠正算法和软件，因此不具有通用性。

RFM 则具有非常好的通用性，不仅适用于各种推扫式卫星影像的原始影像产品，还可用于纠正到物方平面上的卫星影像。RFM 一共有 80 个模型参数（一般调整其中的 78 个参数）和 10 个归一化参数。在基于 RFM 的卫星影像几何处理中，一般不直接求解 78 个模型参数，因为当控制点数量不足时，RFM 的求解存在严重的过度参数化问题。要实现 RFM 参数的稳定求解，不仅需要控制点在物方平面上均匀分布，还需要分布在不同的高程上，实测控制点很难满足这一苛刻条件（Tao et al.，2001）。因此，对 RFM 的精化一般是对 RFM 从物方变换得到的像方点进行精化，在像方空间添加一个多项式模型，求解多项式系数。如果像方多项式的次数不超过三次，则可以将其归算入 RFM 模型（Chen et al.，2006；Fraser et al.，2003；Grodecki et al.，2003；Sadeghian et al.，2001；Zheng et al.，2016a）。Grodecki 等（2003）通过大量实验证明对窄视角、高度稳定的高分辨率卫星影像，像方空间只需要一个线性多项式（仿射变换模型）即可吸收大部分由内外方位元素误差导致的像点误差。因此，理论上每景影像只需要三个地面控制点即可对 RFM 模型进行精化。

由于高精度控制点的获取不仅成本高，在某些国家和地区还受到严格的管控，因此对大多数用户来说，卫星影像的几何纠正是在缺乏控制点或无控制点的条件下进行的。这种情况下，可以使用区域网平差方法。区域网平差通过连接点将平差网中的影像连接成近似几何刚体，然后通过少量稀疏分布的控制点提高平差网的整体绝对定位精度。近年来，学者对基于 RFM 的卫星影像区域网平差进行了大量研究（Fraser et al.，2005；Toutin，2006；Zhang et al.，2014；Zhang et al.，2016；Zheng et al.，2016a；韩杰 等，2013；唐新明 等，2012；王建荣 等，2012；张过，2005）。其中，在对单线阵影像的平差研究中，学者发现连接点的约束强度明显弱于多线阵立体影像的平差过程，引起这一现象的主要原因是下视影像之间交会角过小，这种弱交会问题会使连接点物方位置呈现病态性（Zheng et al.，2016a）。因此，在单线阵影像平差时，往往通过固定连接点高程或在高程方向上添加虚拟观测来解决弱交会问题（Zhang et al.，2016）。

1.2.3　立体匹配方法

经过几十年的研究，研究者提出了很多卓有成效的立体影像立体匹配算法，按照匹配模型所使用的影像数不同，可以分为双目立体匹配（binocular stereo matching）和多视立体匹配（multi-view stereo matching）两类。

双目立体匹配一般以两张经过核线校正的影像作为输入，其中一张影像作为基准影像，另一张作为匹配影像。在这种情况下，立体匹配等同于计算基准影像和匹配影像的（水平）视差对应，因此立体匹配往往也被称为立体对应（stereo correspondence）。由于核线校正预先消除了影像之间的垂直方向视差，将二维匹配搜索范围限制到一维，不仅缩小了视差搜索范围，而且使立体匹配简化为一个标号问题，从而激发了大量卓有成效的研究。立体匹配一般可分为4个步骤（Scharstein et al.，2002）：代价计算、代价积聚、视差优化及视差精化。代价计算是指计算像素点之间的相似性测度（Hirschmüller，2008），是立体匹配的基础。然而，最近这些年的研究主要集中在代价积聚和视差优化两个步骤上。根据视差优化方法的不同，立体算法一般有三类实现方式：第一类是使用局部的代价积聚（如基于窗口的代价积聚）和"赢家通吃"策略直接获取视差（Bleyer et al.，2005；Yoon et al.，2006；Hosni et al.，2013）；第二类是通过非局部的代价积聚和"赢家通吃"策略获取视差（Hirschmüller，2008；Tombari et al.，2008；Yang，2012）；第三类是直接构建全局能量函数并通过全局优化方法获取视差（Boykov et al.，2004；郁理 等，2011；Xu et al.，2015）。第一类方法简单直接但效果较差；第三类方法具有完备的数学模型且最终匹配效果较好，但是求解复杂且效率低下；第二类方法则是近年来的主要研究热点，其典型代表是半全局立体匹配算法（Hirschmüller，2008），该方法在实现整体平滑的匹配结果的同时，可以很好地保留视差阶跃，同时处理效率较高。然而，现有立体匹配方法在具备下列特点的区域进行立体匹配时非常困难：弱纹理区域（尤其是斜面弱纹理区域）、低信噪比区域、阴影区域、重复纹理区域、遮挡或被遮挡区域。为了改善这些区域的匹配结果，有些算法引入更多先验约束，如分割（Bleyer et al.，2005；Xu et al.，2015），甚至多重软约束（张彦峰 等，2014；张永军 等，2017）。但是考虑双目匹配本身的病态问题属性，上述问题本质上几乎是无法解决的。从根本上改善这些区域匹配结果的办法是引入更多观测数据，即融合多个立体匹配的结果。多个视差图的融合对于最终匹配结果影响重大，如何正确合理地实现融合并非简单的计算问题（Newcombe et al.，2011；朱文峤，2013；Rumpler et al.，2013；Jacquet et al.，2014），不过已超出立体匹配的研究范畴。

多视立体匹配使用多张影像同时匹配，从而达到更精准稳定的效果。多视立体匹配对于场景的表达方式是多视立体匹配算法的基础（Seitz et al.，2006），一般有基于像方的深度图（depth map）和基于物方的体素（voxel）两种表达方式。基于像方的深度图的多视立体匹配和双目立体匹配类似，由于其可以取得更稳定的相似性测度，且可以通过多次观测检测遮挡从而优化可见性约束，因此能够取得优于双目立体匹配的结果（Kolmogorov et al.，2002；Bulatov et al.，2011；Zhu et al.，2015）。然而，多视立体匹配需要谨慎选择参考影像，并需要深度图融合（Newcombe et al.，2011；朱文峤，2013；Rumpler et al.，2013；Jacquet et al.，2014）。另一类是基于物方的体素的多视立体匹配方法（Seitz et al.，1999；Kutulakos et al.，2000；Jin et al.，2005；Vogiatzis et al.，2005），直接在物方设定候选点并计算代价，从三维空间矩阵中直接提取表面，从而在物方同时完成匹配和前方交会。如何从三维空间矩阵中提取表面是这类方法的关键，常用方法包括空间雕刻法（Kutulakos et al.，2000）、水平集法（Jin et al.，2005）和图割法（Vogiatzis et al.，2005）。这类方法更直观，也更容易纳入灰度一致性和可视性等约束，但是时间和空间效率都很低，不适合大范围地表模型的匹配和重建。还有一类基于种子点生长的多视立体匹配方法（Furukawa et al.，2007；王伟 等，2014），其典型代表是Furukawa et al.（2007）提出的基于面片的多视立体（patch-based multi-view stereo，PMVS）匹配算法，该方法采用基于物方的方式进行场景表达，但是不同于常规的体素，而是将尺度不变特征转换（scale-invariant feature transform，SIFT）匹配同名点通过前方交会到物方坐标作为种子点，并通过多视立体匹配来扩展物方点。该方法具有较好的可靠性，且不会因场景太大而耗费过多内存，但是匹配点数是半密集的，很难做到逐像素匹配。近年来，有学者提出对PMVS点进行改进和加密的方法（史利民 等，2011；Shan et al.，2014；Shao et al.，2016）。

1.2.4 纠正融合方法

光学卫星影像的几何纠正模型主要分为严格的传感器模型和非严格的数学模型两类。国际上严格的传感器模型发展相对成熟，为实现对地目标的精确定位，Kratky（1989）从 SPOT 卫星已知的轨道关系构建附加约束条件，采用改进的时间独立的构像方程解算，该方法能够在一个区域网中处理长条带立体影像。Westin（1990）假设 SPOT 卫星运行在圆形轨道上，提出了全色影像的成像几何模型及其相应的最小二乘解算方法。Robertson（2003）和 Toutin（2004）采用严格传感器模型对 QuickBird 卫星影像进行系统级几何纠正，定位精度达到 23m，且只需加入一个控制点，定位精度即可迅速提升到像素级。张永军等（2006）对 SPOT 5 HRS 立体影像的无（稀少）控制绝对定位技术进行了深入研究，结果表明只需加入一个控制点，平面和高程定位精度均可达 1 像素左右，基于严格成像模型的天绘一号和资源三号等卫星的无控几何纠正精度也可达到像素级（张永军 等，2012；Zhang et al.，2014）。然而，基于严格传感器模型的几何纠正在一定程度上受到应用限制，一方面是由于卫星传感器模型的参数属于技术保密，用户很难获得；另一方面是由于复杂的成像几何关系、卫星传感器物理结构和自相关的模型参数导致模型精度不稳定（Li, et al.，2009；Toutin，2004）。因此，基于 RFM 的数学模型是广泛使用的光学卫星影像几何纠正模型，这方面的文献非常多，此处不再赘述（Grodecki et al.，2003；Zhang et al.，2014；Zhang et al.，2016；Zheng et al.，2016b）。

辐射校正大体可以分为绝对辐射校正及相对辐射校正两种类型（丁丽霞 等，2005）。绝对辐射校正旨在利用大气校正模型、辐射定标系数及其他一些相关的大气校正参数将影像由灰度值（digital number，DN）转变为地表反射率，消除成像时由太阳入射角、大气及光照条件等带来的影响（Vicente-Serrano et al.，2008）。相对辐射校正不同于绝对辐射校正，无须考虑影像的成像过程，因此不需要复杂的成像模型消除外界因素对成像带来的影响，它的目标是将待处理影像的辐射信息调整至与参考影像一致（Yu et al.，2017），使影像之间具有可比性，广泛应用于动态监测、变化检测、影像镶嵌等方面。

1.3　研究内容

本书以光学卫星影像摄影测量处理涉及的理论模型、先进方法和关键技术为研究对象，紧密围绕空三匹配、检校平差、立体匹配和纠正融合四个方面的新理论和新方法进行全面论述。本书研究内容框架如图 1-1 所示。

全书共 22 章内容，具体内容安排如下。

第 1 章，绪论。主要介绍本书的研究背景、意义和研究方法体系，并对本书的组织结构进行概述。

第 2 章，加权几何约束的同源卫星影像匹配。针对线性辐射差异下的同源卫星影像匹配问题，在 SIFT 算法的基础上，介绍加权几何约束下的卫星影像自动匹配方法，解决同源卫星影像匹配中常见的同名点数量稀少、点位分布不均匀及同名点正确率不高等问题。

第 3 章，基于相位相关扩展的异源卫星影像匹配。针对异源卫星影像之间显著的辐射差异、几何差异和覆盖范围内地物变化等问题，在充分理解和深入挖掘相位相关算法与拉普拉斯-高斯-加伯（LoG-Gabor）滤波器各自特征的基础上，介绍基于相位相关扩展算法的异源卫星影像自动匹配方法。

第 4 章，全球 SRTM 数据辅助多约束匹配。针对特征点提取、匹配约束条件确定、匹配策略优化设计、误匹配检测剔除四个方面进行深入研究，结合多源、多时相卫星遥感影像的特点，利用分割区域与同名轮廓线作为约束条件，以全球公开的高程数据 SRTM 作为辅助进行特征点自动匹配。

第 5 章，基于分割区域约束的匹配传播。首先，利用分割区域作为传播约束类型，以特征点匹配获取的同名点作为种子点，对待匹配点的同名点位置进行预测，对搜索区域进行定位；其次，结合灰度分布与局部几何相似性构建一种联合距离、夹角、灰度分布的相似性测度。

光学卫星影像摄影测量处理

第1章 绪论

第2章
加权几何约束的同源卫星影像匹配

第3章
基于相位相关扩展的异源卫星影像匹配

第4章
全球SRTM数据辅助多约束匹配

第5章
基于分割区域约束的匹配传播

第6章
基于核线段约束的匹配点粗差剔除

第7章
基于对立推理理论的匹配点粗差剔除

空三匹配

第8章
立体卫星三线阵传感器在轨几何检校

第9章
品字形机械交错成像在轨几何检校

第10章
分时成像和角位移数据高频颤振检测

第11章
严格成像模型的三线阵影像区域网平差

第12章 高程数据辅助的有理函数模型区域网平差

检校平差

第13章
基于图像引导的分级多步立体匹配

第14章
半全局铅垂线轨迹法立体匹配

第15章 深度图融合与数字表面模型精化

立体匹配

第16章
基于多特征联合和支持向量机的云检测

第17章
基于矩阵分解的多时相遥感影像云检测

第18章
大倾角成像模式定位补偿几何纠正

第19章
基于线特征和广义点理论几何纠正

第20章
基于双向金字塔网络的影像融合

第21章
全局与局部相结合的色彩一致性处理

第22章 基于色彩参考库的色彩一致性处理

纠正融合

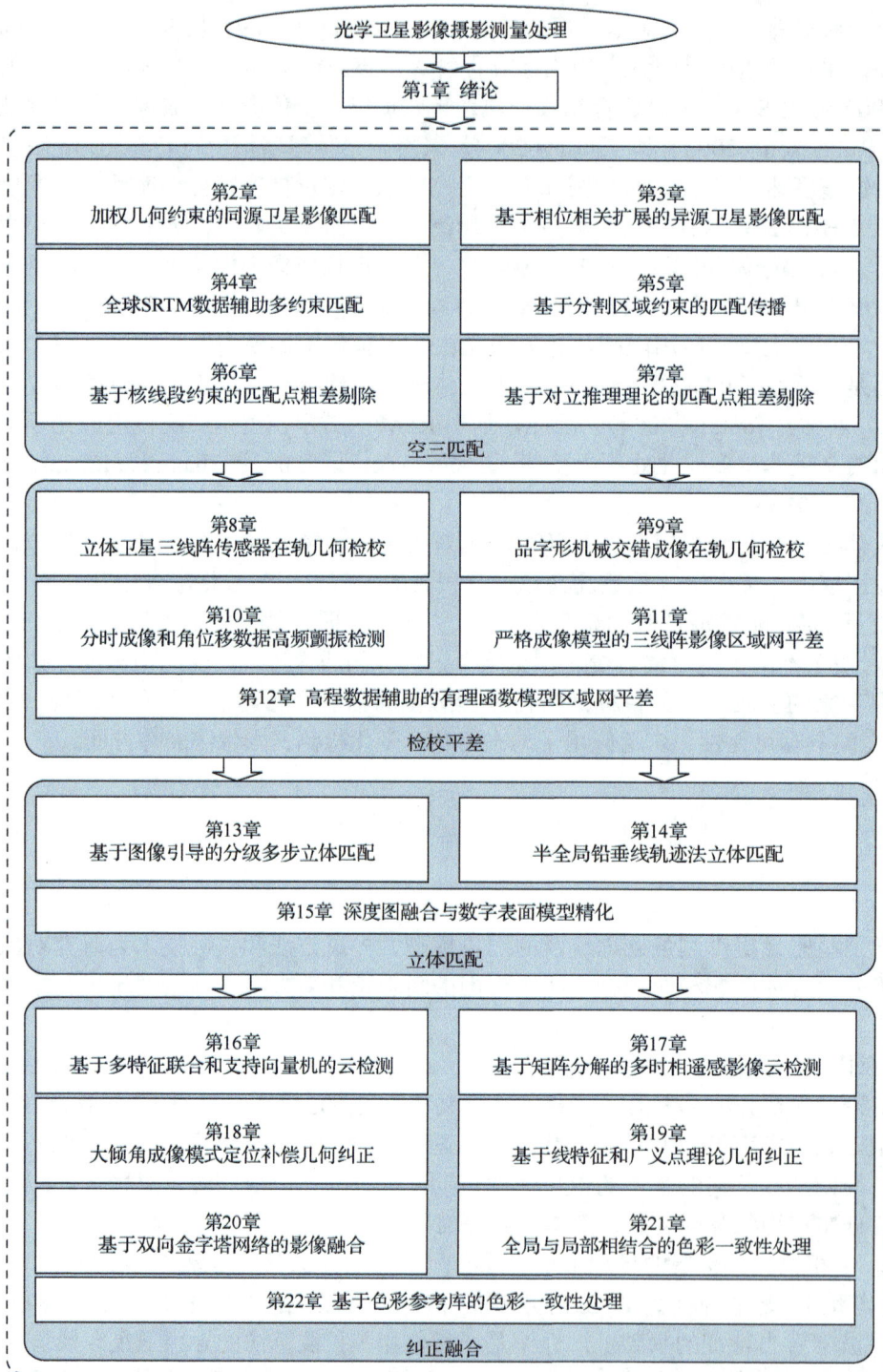

图 1-1 本书研究内容框架

第 6 章，基于核线段约束的匹配点粗差剔除。主要研究基于核线段约束的方法对高分辨率卫星影像的双像匹配点进行粗差剔除，该方法使用像点到同名核线段的距离作为几何精度，能够有效消除高程误差对粗差剔除的影响。

第 7 章，基于对立推理理论的匹配点粗差剔除。从概率角度研究卫星双像匹配点集的几何一致性测度和无序性测度，将运算目标从获取最大一致点集调整为获取最可靠匹配点子集，并利用对立推理方法对剔除粗差后的匹配点子集的正确性进行验证。

第 8 章，立体卫星三线阵传感器在轨几何检校。阐述线阵传感器的成像几何原理及其成像特点，并介绍线阵传感器在轨几何检校的相关技术、影响传感器几何定位精度的各项内参数及各类参数之间的相关性，引入地面控制点自动匹配技术及多条带影像联合平差技术，实现三线阵传感器在轨几何检校。

第 9 章，品字形机械交错成像在轨几何检校。以天绘一号卫星高分辨相机为例，研究多片电荷耦合器件（charged couple device，CCD）品字形机械交错式成像传感器的高精度在轨几何检校方法。针对内参数和外参数检校平差时法方程系数矩阵结构复杂且参数之间存在强相关性的问题，提出基于改进预处理的共轭梯度法区域网平差方法。

第 10 章，分时成像和角位移数据高频颤振检测。研究基于分时成像数据和角位移高频姿态测量数据的卫星平台姿态高频颤振检测方法，从被动检测和主动检测两个角度进行高频颤振的检测补偿研究，提出详细的颤振模型构建和频谱分析方法，并在颤振检测基础上实现姿态优化和影像直接定位补偿。

第 11 章，严格成像模型的三线阵影像区域网平差。介绍航天线阵影像区域网平差的各种数学模型、平差中粗差探测与定位理论及方法、无地面控制点平差技术和超大范围多轨联合区域网平差策略，并分析超大范围数据带来的超大数据存储与运算管理等问题。

第 12 章，高程数据辅助的有理函数模型区域网平差。介绍卫星影像的定位模型和基于像方线性几何变换的 RFM 模型纠正方法，提出采用高程数据约束进行大范围卫星影像平面区域网平差。通过内插方式得到连接点高程，作为虚拟观测值纳入平差，并设计虚拟观测定权方法保证平差结果的收敛性。

第 13 章，基于图像引导的分级多步立体匹配。为了弥补基于图像引导的立体匹配算法和基于能量函数的立体匹配算法各自的缺陷，结合两种算法的代价积聚方式，提出一种新的基于图像引导的分级多步立体匹配算法。该方法充分利用影像边缘的灰度特征，引导代价传递过程，获得精确的立体匹配结果。

第 14 章，半全局铅垂线轨迹法立体匹配。介绍一种新的半全局铅垂线轨迹法，在物方进行多视立体匹配，直接生成 DSM。通过引入初始地形引导，改进匹配代价和优化方法，提升 DSM 匹配正确率，并采用基于整条代价曲线的可靠度评估方法进行 DSM 质量评估。

第 15 章，深度图融合与数字表面模型精化。由于使用较强的平滑约束，半全局铅垂线轨迹法生成的 DSM 对地物细节的表达还未达到像素级，且无法正确处理大片弱纹理区域尤其是云水区域。为了进一步提高 DSM 的质量，提出将 DSM 转换到影像空间并引入原始影像进行深度图精化，同时利用已有的 DSM 对大片云水区域进行修补。

第 16 章，基于多特征联合和支持向量机的云检测。综合分析多种光谱、纹理、几何等特征在云检测中的优缺点，提出基于多特征联合的云检测算法，通过多特征联合进行高分辨率卫星影像中云区目标的快速自动检测。为了摆脱算法对阈值的过分依赖，提出利用支持向量机算法实现云区目标的自动检测。

第 17 章，基于矩阵分解的多时相遥感影像云检测。提出将多时相遥感影像按成像时间排列成序列，并将序列转换为矩阵，以矩阵分解框架进行云检测。该方法不仅无须获取初始无云像元，而且使用矩阵低秩约束后，可以顾及影像之间的整体光照和辐射差异，同时能够纳入二维几何变换模型。

第 18 章，大倾角成像模式定位补偿几何纠正。提出大倾角成像模式下像点误差补偿和分辨率归一化的高精度严密几何纠正方法，对严密成像几何模型进行顾及姿态误差、地形起伏和分辨率变化的精化处理，实现在多成像模式下的高精度影像直接定位和几何纠正。

第 19 章，基于线特征和广义点理论的几何纠正。针对在大倾角成像模式下基于控制点的匹配误差显著增大问题，提出一种基于线特征的严格变换模型的高分辨率光学卫星影像高精度几何纠正方法。该方法能够顾及卫星传感器倾角和复杂地形起伏条件的影响，有效保障几何纠正的精度和可靠性。

第 20 章，基于双向金字塔网络的影像融合。结合全色影像和多光谱影像在影像融合过程中各自的作用，参考传统算法中的多尺度分析融合算法，设计多尺度的双向金字塔网络进行影像融合。该网络充分利用卷积神经网络高度非线性的优势，自动从全色影像中提取多尺度细节，并注入对应尺度的多光谱影像中，所生成的融合影像同时拥有较高的光谱质量和几何质量。

第21章，全局与局部相结合的色彩一致性处理。提出一种自适应全局与局部相结合的色彩一致性处理方法，将全局优化策略与局部精细调节有机结合起来，克服现有色彩一致性算法存在的色彩误差传播与累积、色差信息残留等问题，有效解决合成影像生成过程中影像之间的色彩差异现象。

第22章，基于色彩参考库的色彩一致性处理。研究基于已有地理信息构建色彩参考库，并利用色彩参考库进行色彩一致性处理。该方法可充分利用色彩参考库特点，在对影像进行处理时，从色彩参考库中自动提取合适的色彩信息作为参考，通过参考色彩分布曲面自适应地获得各像素点的色彩调整参数，逐像点消除色彩差异。

参 考 文 献

陈劲松, 韩宇, 陈工, 等, 2014. 基于多源遥感信息融合的广东省土地利用分类方法：以雷州半岛为例[J]. 生态学报, 34（24）：7233-7242.

陈振炜, 张过, 宁津生, 等, 2015. 资源三号测绘卫星自动云检测[J]. 测绘学报, 44（3）：292-300.

单娜, 郑天垚, 王贞松, 2009. 快速高准确度云检测算法及其应用[J]. 遥感学报（6）：1138-1155.

丁丽霞, 周斌, 王人潮, 2005. 遥感监测中5种相对辐射校正方法研究[J]. 浙江大学学报（农业与生命科学版）, 31（3）：269-276.

韩杰, 顾行发, 余涛, 等, 2013. 基于RFM的ZY-3卫星影像区域网平差研究[J]. 国土资源遥感, 25（4）：64-71.

郝燕玲, 唐文静, 赵玉新, 等, 2008. 基于空间相似性的面实体匹配算法研究[J]. 测绘学报, 37（4）：501-506.

姬存伟, 王卉, 焦洋洋, 等, 2013. 基于力图投影的面状居民地匹配方法[J]. 测绘科学技术学报, 30（2）：201-205.

李德仁, 张良培, 夏桂松, 2014. 遥感大数据自动分析与数据挖掘[J]. 测绘学报, 43（12）：1211-1216.

李德仁, 2016. 展望大数据时代的地球空间信息学[J]. 测绘学报, 45（4）：379-384.

刘坡, 张宇, 龚建华, 2014. 中误差和邻近关系的多尺度面实体匹配算法研究[J]. 测绘学报, 43（4）：419-425.

马政德, 杜云飞, 周海芳, 等, 2008. 遥感图像配准中相似性测度的比较和分析[J]. 计算机工程与科学, 2：45-48, 95.

史利民, 郭复胜, 胡占义, 2011. 利用空间几何信息的改进PMVS算法[J]. 自动化学报, 37（5）：560-568.

唐新明, 张过, 祝小勇, 等, 2012. 资源三号测绘卫星三线阵成像几何模型构建与精度初步验证[J]. 测绘学报, 41（2）：191-198.

万幼川, 刘良明, 张永军, 2007. 我国摄影测量与遥感发展探讨[J]. 测绘通报（1）：1-4.

汪爱华, 迟耀斌, 王智勇, 等, 2009. 北京1号小卫星多光谱影像全国镶嵌技术与制图研究[J]. 遥感学报, 13（1）：83-90.

王建荣, 王任享, 2012. "天绘一号"卫星无地面控制点EFP多功能光束法平差[J]. 遥感学报, 16（S1）：112-115.

王伟, 余淼, 胡占义, 2014. 基于匹配扩散的多视稠密深度图估计[J]. 自动化学报, 40（12）：2782-2796.

夏松, 李德仁, 巫兆聪, 2007. 利用多源空间数据进行地形的三维变化检测[J]. 测绘科学, 32（1）：49-50, 161.

郁理, 郭立, 袁红星, 2011. 基于分级置信度传播的立体匹配新方法[J]. 中国图象图形学报, 16（1）：103-109.

张过, 2005. 缺少控制点的高分辨率卫星遥感影像几何纠正[D]. 武汉：武汉大学.

张剑清, 潘励, 王树根, 2003. 摄影测量学[M]. 武汉：武汉大学出版社.

张彦峰, 黄向生, 李杭, 等, 2014. 基于渐进可靠点生长的散斑图快速立体匹配[J]. 计算机科学, 41（s1）：143-146.

张永军, 2002. 基于序列图像的工业钣金件三维重建与视觉检测[D]. 武汉：武汉大学.

张永军, 刘经南, 张祖勋, 等, 2004. 基于非量测CCD摄像机的钣金件误差检测[J]. 测绘学报, 33（2）：132-137.

张永军, 张彦峰, 黄旭, 2017. 一种基于代价矩阵的多重软约束立体匹配方法[P]. 中国. ZL201510251429.2.

张永军, 张勇, 2006. SPOT 5 HRS立体影像无（稀少）控制绝对定位技术研究[J]. 武汉大学学报（信息科学版）, 31（11）：941-944.

张永军, 郑茂腾, 王新义, 等, 2012. 天绘一号卫星三线阵影像条带式区域网平差[J]. 遥感学报, 16（S1）：84-89.

张祖勋, 张剑清, 2005. 广义点摄影测量及其应用[J]. 武汉大学学报（信息科学版）, 30（1）：1-5.

张祖勋, 张剑清, 廖明生, 等, 1998. 遥感影像的高精度自动配准[J]. 武汉测绘科技大学学报, 23（4）：320-323.

赵训坡, 胡占义, 2005. 一种实用的基于证据积累的图像曲线粗匹配方法[J]. 计算机学报, 28（3）：357-367.

郑宇志, 张青年, 2013. 基于拓扑及空间相似性的面实体匹配方法研究[J]. 测绘科学技术学报, 30（5）：510-514.

钟家强, 王润生, 2006. 基于互信息相似性度量的多时相遥感图像配准[J]. 宇航学报, 27（4）：690-694, 708.

周丽雅, 2011. 受云雾干扰的可见光遥感影像信息补偿技术研究[D]. 郑州：解放军信息工程大学.

朱文峤, 2013. 基于连续深度融合的多视图三维重建研究[D]. 杭州：浙江大学.

BLEYER M, GELAUTZ M, 2005. A layered stereo matching algorithm using image segmentation and global visibility constraints [J]. ISPRS Journal of Photogrammetry and Remote Sensing. 59(3): 128-150.

BOYKOV Y, KOLMOGOROV V, 2004. An experimental comparison of Min-Cut/Max-Flow algorithms for energy minimization in vision [J]. IEEE Transactions on Pattern Analysis & Machine Intelligence. 26(9): 1124-1137.

BULATOV D, WERNERUS P, HEIPKE C, 2011. Multi-view dense matching supported by triangular meshes [J]. ISPRS Journal of Photogrammetry and

Remote Sensing. 66(6): 907-918.

CANNY J A, 1986. A computational approach to edge detection[J]. IEEE Transactions on Pattern Analysis and Machine Intelligence, 8(6): 679-698.

CHEN L C, TEO T A, LIU C L, 2006. The geometrical comparisons of RSM and RFM for FORMOSAT-2 satellite images[J]. Photogrammetric Engineering & Remote Sensing, 72: 573-579.

CHEN M, SHAO Z F, 2013. Robust affine-invariant line matching for high resolution remote sensing images[J]. Photogrammetric Engineering & Remote Sensing, 79(8): 753-760.

COLERHODES A A, JOHNSON K L, LEMOIGNE J, et al., 2003. Multiresolution registration of remote sensing imagery by optimization of mutual information using a stochastic gradient[J]. IEEE Transactions on Image Processing, 12(12): 1495-1511.

EUGENIO F, MARQUES F, 2003. Automatic satellite image georeferencing using a contour-matching approach[J]. IEEE Transactions on Geoscience and Remote Sensing, 41(12): 2869-2880.

FAN B, WU F C, HU Z Y, 2012. Robust line matching through line point invariants[J]. Pattern Recognition, 45(2): 794-805.

FRASER C S, HANLEY H B, 2003. Bias compensation in rational functions for ikonos satellite imagery[J]. Photogrammetric Engineering & Remote Sensing, 69: 53-57.

FRASER C S, HANLEY H B, 2005. Bias-compensated RPCs for sensor orientation of high-resolution satellite imagery[J]. Photogrammetric Engineering and Remote Sensing, 71(8): 909-915.

FURUKAWA Y, PONCE J, 2009. Accurate, dense, and robust multiview stereopsis [J]. IEEE Transactions on Pattern Analysis and Machine Intelligence., 32(8): 1362-1376.

GRODECKI J, DIAL G, 2003. Block adjustment of high-resolution satellite images described by rational polynomials[J]. Photogrammetric Engineering & Remote Sensing, 69: 59-68.

HARRIS C, STEPHENS M, 1988. A combined corner and edge detector[C]//The 4th Alvey Vision Conference, Manchester: Organising Committee AVC, 147-151.

HIRSCHMÜLLER H, 2008. Stereo processing by semiglobal matching and mutual information [J]. IEEE Transactions on Pattern Analysis & Machine Intelligence, 30(2): 328-341.

HOSNI A, RHEMANN C, BLEYER M, et al., 2013. Fast cost-volume filtering for visual correspondence and beyond [J]. IEEE Transactions on Pattern Analysis & Machine Intelligence, 35(2): 504-511.

JACQUET B, HÄNE C, ANGST R, et al., 2014. Multi-body depth-map fusion with non-intersection constraints[C]//Computer Vision-ECCV 2014. Cham: Springer, 735-750.

JIN H L, SOATTO S, YEZZI A J, 2005. Multi-view stereo reconstruction of dense shape and complex appearance [J]. International Journal of Computer Vision, 63(3): 175-189.

KLAUS A, SORMANN M, KARNER K, 2006. Segment-based stereo matching using belief propagation and a self-adapting dissimilarity measure[C]//18th International Conference on Pattern Recognition (ICPR'06). Hong Kong: IEEE, 3: 15-18.

KOLMOGOROV V, ZABIH R, 2002 Multi-camera scene reconstruction via graph cuts[C]// Computer Vision — ECCV 2002 . Berlin, Heidelberg: Springer, 82-96.

KRATKY V, 1989. Rigorous photogrammetric processing of SPOT images at CCM Canada[J]. ISPRS Journal of Photogrammetry and Remote Sensing, 44(2): 53-71.

KUTULAKOS K N, SEITZ S M, 2000. A theory of shape by space carving [J]. International Journal of Computer Vision, 38(3): 199-218.

LI K, YAO J, LU X H, et al., 2016. Hierarchical line matching based on line-junction-line structure descriptor and local homography estimation[J]. Neurocomputing, 184: 207-220.

LI K, YAO J, 2017. Line segment matching and reconstruction via exploiting coplanar cues [J]. ISPRS Journal of Photogrammetry and Remote Sensing, 125: 33-49.

LI R X, NIU X T, LIU C, et al., 2009. Impact of imaging geometry on 3D geopositioning accuracy of stereo IKONOS imagery [J]. Photogrammetric Engineering and Remote Sensing, 75(9): 1119-1125.

LIN C H, TSAI P H, LAI K H, et al., 2013. Cloud removal from multitemporal satellite images using information cloning[J]. IEEE Transactions on Geoscience and Remote Sensing, 51 (1): 232-241.

LOWE D G, 1999. Object recognition from local scale-invariant features[C]//Proceedings of the Seventh IEEE International Conference on Computer Vision. Kerkyra: IEEE, 2: 1150-1157.

LOWE D G, 1999. Object recognition from local scale-invariant features[C]// Proceedings of the Seventh IEEE International Conference on Computer Vision. Kerkyra: IEEE, 2: 1150-1157.

LOWE D G, 2004. Distinctive image features from scale-invariant keypoints[J]. International Journal of Computer Vision, 60(2): 91-110.

MA J Y, WANG X Y, HE Y J, et al., 2019. Line-based stereo sLAM by junction matching and vanishing point alignment [J]. IEEE Access, 7: 181800-181811.

MATAS J, CHUM O, URBAN M, et al., 2004. Robust wide-baseline stereo from maximally stable extremal regions[J]. Image and Vision Computing,22(20): 761-767.

MIKOLAJCZYK K, SCHMID C, 2004. Scale and affine invariant interest point detectors[J]. International Journal of Computer Vision, 60(1): 63-86.

MIKOLAJCZYK K, SCHMID C, 2005. A performance evaluation of local descriptors[J]. IEEE Transactions on Pattern Analysis and Machine Intelligence,

27(10): 1615-1630.

MORAVEC H P, 1977. Towards automatic visual obstacle avoidance[C]//The 5th International Joint Conference on Artificial Intelligence. Cambridge, USA: IJCAI, 2-584.

NAGARAJAN S, SCHENK T, 2016. Feature-based registration of historical aerial images by area minimization[J]. ISPRS Journal of Photogrammetry and Remote Sensing, 116: 15-23.

NEWCOMBE R A, IZADI S, HILLIGES O, et al., 2011. Kinectfusion: real-time dense surface mapping and tracking[C]//2011 10th IEEE International Symposium on Mixed and Augmented Reality. Basel, Switzerland: IEEE, 127-136.

POLI D, TOUTIN T, 2012. Review of developments in geometric modelling for high resolution satellite pushbroom sensors[J]. The Photogrammetric Record, 27: 58-73.

QUARTULLI M, OLAIZOLA I G, 2013. A review of EO image information mining[J]. ISPRS Journal of Photogrammetry and Remote Sensing, 75 (1): 11-28.

ROBERTSON B C, 2003. Rigorous geometric modeling and correction of QuickBird imagery[C]//IGARSS 2003. 2003 IEEE International Geoscience and Remote Sensing Symposium. Proceedings (IEEE Cat. No. 03CH37477). Toulouse: IEEE, 2: 797-802.

RUMPLER M, WENDEL A, BISCHOF H, 2013. Probabilistic range image integration for DSM and true-orthophoto generation[J]. SCIA 2013: Image Analysis, 533-544.

SADEGHIAN S, ZOEJ M J V, DELAVAR M R, et al., 2001. Precision rectification of high resolution satellite imagery without ephemeris data[J]. International Journal of Applied Earth Observation & Geoinformation, 3: 366-371.

SCHARSTEIN D, SZELISKI R, 2002. A taxonomy and evaluation of dense two-frame stereo correspondence algorithms [J]. International Journal of Computer Vision, 47(1-3): 7-42.

SEITZ S M, CURLESS B, DIEBEL J, et al., 2006. A comparison and evaluation of multi-view stereo reconstruction algorithms[C]// 2006 IEEE Computer Society Conference on Computer Vision and Pattern Recognition (CVPR'06). New York: IEEE, 1: 519-528.

SEITZ S M, DYER C R, 1999. Photorealistic scene reconstruction by voxel coloring [J]. International Journal of Computer Vision. 35(2): 151-173.

SHAN Q, CURLESS B, FURUKAWA Y, et al., 2014 Occluding contours for multi-view stereo[C]// 2014 IEEE Conference on Computer Vision and Pattern Recognition. Columbus: IEEE, 4002-4009.

SHAO Z F, YANG N, XIAO X W, et al., 2016. A multi-view dense point cloud generation algorithm based on low-altitude remote sensing images [J]. Remote Sensing, 8(5): 381.

TAO C V, HU Y, 2001. A comprehensive study of the rational function model for photogrammetric processing[J]. Photogrammetric Engineering and Remote Sensing, 67: 1347-1358.

TOMBARI F, MATTOCCIA S, DI STEFANO L, et al., 2008. Classification and evaluation of cost aggregation methods for stereo correspondence[C]//2008 IEEE Conference on Computer Vision and Pattern Recognition. Anchorage: IEEE,1-8.

TOUTIN T, 2004. Geometric processing of remote sensing images: models, algorithms and methods [J]. International Journal of Remote Sensing, 25(10): 1893-1924.

TOUTIN T, 2006. Spatiotriangulation with multisensor HR stereo-images[J]. IEEE Transactions on Geoscience and Remote Sensing, 44: 456-462.

VICENTE-SERRANO S M, PEREZ-CABRLLO F, LASANTA T, 2008. Assessment of radiometric correction techniques in analyzing vegetation variability and change using time series of Landsat images[J]. Remote Sensing of Environment, 112(10): 3916-3934.

VIOLA P A, WELLS W M, 1997. Alignment by maximization of mutual information[J]. International journal of computer vision, 24(2): 137-154.

VOGIATZIS G, TORR P H S, CIPOLLA R, 2005. Multi-view stereo via volumetric graph-cuts[C]//2005 IEEE Computer Society Conference on Computer Vision and Pattern Recognition (CVPR'05). San Diego: IEEE, 2: 391-398.

WESTIN T, 1990. Precision rectification of SPOT imagery[J]. Photogrammetric Engineering and Remote Sensing, 56(2):247-253.

XIA G-S, DELON J, GOUSSEAU Y, 2014. Accurate junction detection and characterization in natural images [J]. International Journal of Computer Vision, 106(1): 31-56.

XU S B, ZHANG F H, HE X F, et al., 2015. PM-PM: patchmatch with potts model for object segmentation and stereo matching [J]. IEEE Transactions on Image Processing, 24(7): 2182-2196.

XUE N, XIA G S, BAI X, et al., 2018. Anisotropic-scale junction detection and matching for indoor images [J]. IEEE Transactions on Image Processing, 27(1): 78-91.

YANG Q X, 2012. A non-local cost aggregation method for stereo matching[C]//2012 IEEE Conference on Computer Vision and Pattern Recognition. Providence: IEEE, 1402-1409.

YOON K, KWEON I S, 2006. Adaptive support-weight approach for correspondence search [J]. IEEE Transactions on Pattern Analysis & Machine Intelligence. 28(4): 650-656.

YU L, ZHANG Y J, SUN M W, et al., 2017. Automatic reference image selection for color balancing in remote sensing imagery mosaic[J]. IEEE Geoscience and Remote Sensing Letters, 14(5): 729-733.

ZHANG L, 2005. Automatic digital surface model (DSM) generation from linear array images [D]. Switzerland : ETD Zürich, Institute of Geodesy & Photogrammetry.

ZHANG Y J, WAN Y, HUANG X H, et al., 2017. Automatic reference image selection for color balancing in remote sensing imagery mosaic[J]. IEEE

Geoscience and Remote Sensing Letters, 14(5): 729-733.

ZHANG Y J, ZHENG M T, XIONG J X, et al., 2014. On-orbit geometric calibration of ZY-3 three-line array imagery with multistrip data sets[J]. IEEE Transactions on Geoscience and Remote Sensing, 52(1): 224-234.

ZHANG Y J, ZHENG M T, XIONG X D, et al., 2015. Multistrip bundle block adjustment of ZY-3 satellite imagery by rigorous sensor model without ground control point[J]. IEEE Geoscience and Remote Sensing Letters, 12(4): 865-869.

ZHANG Z X, ZHANG Y J, ZHANG J Q, 2008. Photogrammetric modelling of linear features with generalized point photogrammetry[J]. Photogrammetric Engineering and Remote Sensing, 74(9): 1119-1127.

ZHENG M T, ZHANG Y J, 2016a. DEM-aided bundle adjustment with multisource satellite imagery: ZY-3 and GF-1 in large areas[J]. IEEE Geoscience and Remote Sensing Letters, 13: 880-884.

ZHENG M T, ZHANG Y J, ZHOU S P, et al., 2016b. Bundle block adjustment of large-scale remote sensing data with block-based sparse matrix compression combined with preconditioned conjugate gradient[J]. Computers & Geosciences, 92: 70-78.

ZHU Z K, STAMATOPOULOS C, FRASER C S, 2015. Accurate and occlusion-robust multi-view stereo [J]. ISPRS Journal of Photogrammetry and Remote Sensing, 109: 47-61.

第 2 章

加权几何约束的同源卫星影像匹配

2.1 引言

随着中国空间科学技术的快速发展，在轨卫星数量不断增加（程春泉 等，2010），如近年来受到摄影测量与遥感领域密切关注的资源三号卫星、天绘一号卫星、高分系列卫星、吉林一号卫星等；另外，每颗卫星在轨运行时长也在稳步上升，如资源三号卫星从 2012 年发射起已经在轨运行超过十年，高分一号卫星自 2013 年发射起在轨运行达九年之久，使得卫星对地观测影像数据得到极大丰富与充分积累。国产遥感卫星已广泛应用于农业、林业、环境保护、城市规划等众多领域，如具有立体测绘能力的资源三号卫星可用于 1∶50000 比例尺立体测图和数字正射影像制作（李德仁，2012；唐新明 等，2012），并常被用于农作物监测、农业工程规划、江河流域土地利用类型分析等信息检测与决策之中（李芬，2013）。

卫星遥感影像广泛应用的一个重要前提是如何将同一遥感卫星对同一区域的多次观测数据进行高精度配准，因此研究同源卫星影像自动匹配具有重要的理论意义和实践价值（Bay et al.，2008；凌霄，2017）。本章主要针对线性辐射差异下的同源卫星影像匹配问题进行深入研究，在充分分析卫星影像之间几何转换模型和经典 SIFT 匹配算法的基础上，设计加权几何约束下的卫星影像自动匹配方案，解决同源卫星影像匹配中常见的同名点数量稀少、点位分布不均匀及同名点正确率不高等问题。

2.2 卫星影像的经典 SIFT 匹配算法

自从 Lowe（2004）提出具有尺度不变性与旋转不变性的影像局部描述算法——SIFT 算子以来，SIFT 已被广泛应用到影像匹配、影像追踪与目标识别等领域。Mikolajczyk 等（2005）对比了常用的几种具有尺度或仿射不变性的特征描述算子，发现 SIFT 算子的匹配性能最好且稳定性最高。近些年来，SIFT 算子被引入摄影测量与遥感领域且取得显著效果（刘小军 等，2008；杨化超 等，2010；Sirmacek et al.，2009；Moranduzzo et al.，2012）。在卫星影像匹配中，SIFT 算法也是目前常用的方法之一（袁修孝 等，2012；戴激光 等，2014；叶沉鑫 等，2013；Vural et al.，2009；Xu et al.，2014）。

2.2.1 SIFT 尺度空间

尺度空间思想最早由 Iijima（1962）提出，在计算机视觉领域使用广泛。尺度空间能够将传统单一尺度信息处理技术纳入尺度连续变化的动态分析框架中，更容易获取影像本质特征。在尺度空间中，各尺度影像的模糊程度逐渐增大，能够模拟人在距离目标由近处到远处时目标在人眼视网膜上的成像过程（孙剑 等，2005）。

对于一景二维影像而言，在不同尺度下的尺度空间可由原始影像函数 $I(x,y)$ 与高斯核函数 $G(x,y,\sigma)$ 卷积得到：

$$L(x,y,\sigma) = G(x,y,\sigma) \times I(x,y) \tag{2-1}$$

式中，σ 为尺度空间因子，其中大尺度因子对应原始影像的概貌特征，小尺度因子对应细节特征。

为了稳定而高效地提取关键点，Lowe 提出利用 DoG 函数对原始影像函数进行卷积：

$$D(x,y,\sigma) = [G(x,y,k\sigma) - G(x,y,\sigma)] \times I(x,y) = L(x,y,k\sigma) - L(x,y,\sigma) \tag{2-2}$$

式中，k 为常数。

DoG 算子不仅与尺度归一化的 LoG 算子非常接近（Lindeberg，1994），能够从影像中提取大量且稳定的特征点（Mikolajczyk，2002），而且它只需利用不同的 σ 对原始影像进行高斯卷积生成多尺度影像 $L(x,y,\sigma)$，然后将相邻尺度的高斯影像相减即可得到 $D(x,y,\sigma)$，计算效率远高于经典 LoG 算子。

图 2-1 所示为高斯差分尺度空间的生成示意图。图中假设尺度空间层数为 P，每层尺度空间子层数为 S，基准尺度空间因子为 σ。在第一层尺度空间中，使用 $\sigma \times 2^{i/S}$（$i=0,1,L,S+2$）分别对原始影像进行高斯卷积，生成 $S+3$ 张高斯金字塔影像，并将相邻高斯金字塔影像相减得到高斯差分金字塔影像，最后将原始影像降采样两倍，重复之前的步骤，直到构建出 P 层尺度空间。

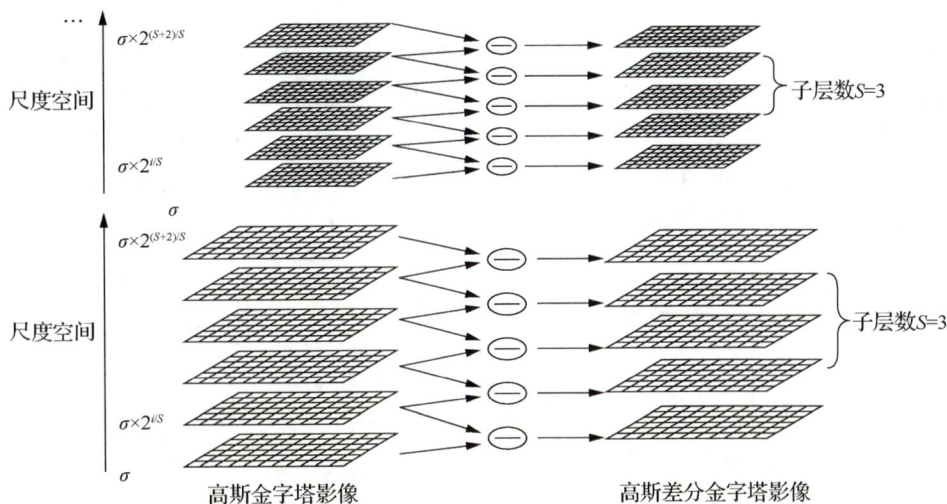

图 2-1 高斯差分尺度空间的生成示意图

高斯差分尺度空间构建完成后，在每一层高斯差分尺度空间 $D(x,y,\sigma)$ 进行关键点的提取，并且关键点定位、主方向的确定与特征描述等也均以 $D(x,y,\sigma)$ 为基础进行。因此，在衡量 SIFT 特征点的精度、主方向和特征描述时，理论上应该考虑其尺度空间因子 σ 对关键点提取结果的影响。

2.2.2 快速最近邻搜索

在 SIFT 算法特征相关步骤中，由于每个特征向量由 128 维构成，因此在计算每两个 128 维特征向量之间的欧氏距离时需要消耗 128 次减法、128 次平方与 1 次开方，而且为了寻求某个特征点在另一特征点集中的最佳匹配，需要计算此特征点的 128 维特征向量与另一点集中所有候选特征点的 128 维特征向量之间的欧氏距离，然后取其中最短距离对应的特征点为其最佳匹配点。这类搜索方法称为线性搜索算法，其搜索精度为 100%，即搜索出的最近邻点为全局最优。但是，当两个特征点集中特征点数目众多时，此类搜索算法耗时巨大，实际应用中将面临诸多问题。

通常来说，可以使用近似最近邻搜索（approximate nearest neighbor search）算法加速特征相关过程。加速算法会带来一定的精度损失，但是实验证明，使用近似最近邻搜索算法提供搜索精度大于 95% 的正确相邻点时，运行效率仍比线性搜索算法高两个及以上数量级（Muja et al., 2009）。Muja 等（2014）开发出一套名为快速近似最近邻搜索库（fast library for approximate nearest neighbors, FLANN），其主要包含两种快速近似最近邻搜索库：随机 k-维（k-d）森林（randomized k-d forest）算法和基于优先搜索的 k 均值树（priority search k-means tree）算法。随机 k-d 森林算法效率在 Muja 和 Lowe（2014）所著论文的所有测试数据集中均有不俗表现，本章也使用随机 k-d 森林算法加速匹配过程。

随机 k-d 森林算法通过预先创建多个随机 k-d 树，并对这些随机 k-d 树进行并行搜索，实现加速找寻待查询点的最近邻点的目标。随机 k-d 树的创建方式和经典 k-d 树的创建方式（Bentley, 1975; Friedman, 1977）基本类似，不同之处是经典 k-d 树算法是根据具有最大方差的维度对数据进行划分，而随机 k-d 树算法则是在方差最大的 N_D 个维度中随机选择一个来对数据进行划分。Muja 和 Lowe（2014）在论文中设置经验值 $N_D = 5$，此数值在所有的数据集上均有良好表现。

在对随机 k-d 森林进行查询过程中会始终维护一个由所有随机 k-d 树组成的优先级队列。此优先级队列通过随机 k-d 树的每个分支到决策边界的距离进行排序，查询时会首先搜索所有树中距离待查询点最近的叶子。一旦某个 k-d 树的叶子节点已与待查询点进行比较，此叶子节点对应的数据将被标记，以免在其他树中对其重新检查。查询结果的近似度由待访问叶子的最大数量（跨所有 k-d 树）决定，并且最终返回所有靠近待查询点的最佳最近邻点。

图 2-2 显示了随机 k-d 森林算法相比 k-d 树有更快搜索效率的原因。对于 k-d 树算法，当待查询点非常靠近某个分裂超平面（the splitting hyperplane）时，它的最近邻点在此超平面任一侧的概率几乎是相等的，若最近邻点与待查询点分别在超平面的两侧，则需要进一步搜索该 k-d 树，直到待查询点与最近邻点在超平面同一侧；而对于随机 k-d 森林，由于是并行对多个 k-d 树进行搜索工作，因此增大了待查询点与其最近邻点在分裂超平面同一侧的概率。

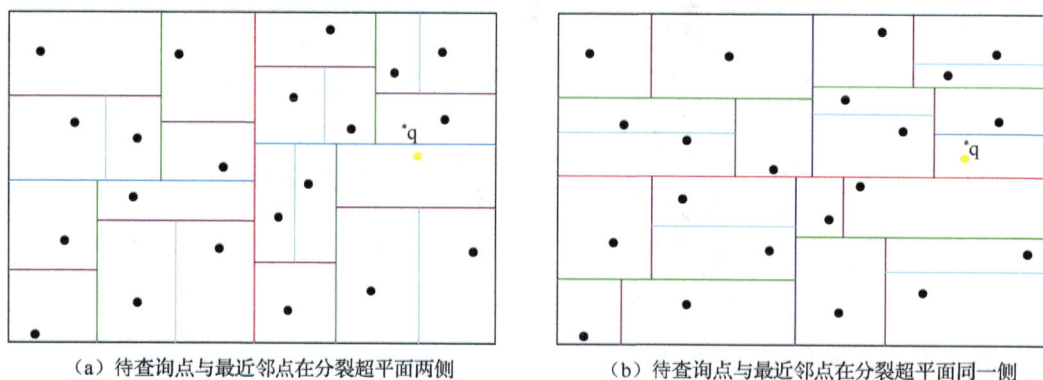

（a）待查询点与最近邻点在分裂超平面两侧 　　　　（b）待查询点与最近邻点在分裂超平面同一侧

图 2-2　随机 k-d 森林算法相比 k-d 树算法有更快搜索效率的原因示意图

图中，*q 表示待查询点，黑点与黄点均为 k-d 树的数据节点，其中黄点是所有数据节点中离待查询点最近邻点。图 2-2（a）所示的 k-d 树中，待查询点与最近邻点在分裂超平面的两侧；而图 2-2（b）所示的 k-d 树中，两者在分裂超平面的同一侧。

Muja 和 Lowe（2014）通过实验发现，k-d 森林算法性能会先随着随机树数目的增加而提升至某个点（实验中大约是 20 个随机树），之后当随机树数目继续增加时，算法性能会保持不变或有所下降。但是，考虑内存的开销会随着随机树的数目线性增加，因此随机树的数目设置为 20 个左右比较合理，如果再增加数目，不仅无法提高算法效率，还会增加内存消耗。

2.2.3 粗差剔除

影像自动匹配得到的同名点对常常因为各种原因而无法达到 100%的正确率，此时需要设法对同名点对中的粗差进行剔除。经过几十年的研究和发展，国际上涌现出非常多的粗差剔除算法，其中最经典、也是目前在计算机视觉领域使用最广泛的当属随机抽样一致（random sample consensus，RANSAC）算法（Fischler 和 Bolles，1981）。RANSAC 算法不仅流程简单，效果显著，而且能容忍超过 50%的粗差率（Raguram et al.，2013）。

Fischler 和 Bolles（1981）提出 RANSAC 算法是为了在输入数据存在粗差的情况下稳定地求解出数据集 $\mathcal{U}$ 中使目标函数 $\mathcal{C}$ 最大的转换模型参数。RANSAC 算法通过随机数据驱动的方式实现目标函数 $\mathcal{C}$ 最大化，即反复随机地从输入数据集中选取子集并根据子集计算出转换模型参数，然后将整个数据集作为输入，根据目标函数 $\mathcal{C}$ 对此转换模型进行打分，最终将得分最高的子集及其模型参数作为最终解。关于标准 RANSAC 算法，有以下几点需要说明。

1. 目标函数

在标准 RANSAC 算法中，目标函数 $\mathcal{C}$ 通常被定义为与转换模型对应的一致集的基数，因此求解 $\mathcal{C}$ 最大等于寻找最大一致集。具体来说，对于一个转换模型 T_i，其所对应的一致集是整个数据集 $\mathcal{U}$ 中那些模型残差小于给定阈值 P_{re} 的所有数据，目标函数 ℓ 是要最大化此集合的基数，即

$$\ell = \sum_j \rho(e_j^2) \tag{2-3}$$

式中，e_j 为 $\mathcal{U}$ 第 j 个数据的残差模型；ρ 为代价函数，被定义为

$$\rho(e_j^2) = \begin{cases} 1, & e_j^2 \leqslant P_{re}^2 \\ 0, & e_j^2 > P_{re}^2 \end{cases} \tag{2-4}$$

2. 转换模型最少所需样本数

为了最大化目标函数 ℓ，RANSAC 算法在估计-验证的循环中运行，通过随机抽取 m 个样本来估计模型参数，然后验证此模型对所有数据的符合情况。其中，m 被定义为求解模型所需的最小样本数。这一点是 RANSAC 算法与其他传统模型参数估计算法显著不同的地方：传统算法往往会使用所有可用的数据进行模型参数估计，RANSAC 算法则是用最少的样本进行估计。鉴于抽取粗差样本的概率会随着样本数目的增加而呈指数增长，因此 RANSAC 算法在抽取时应尽量减少样本集的大小，目的是抽取出不含粗差的样本子集。

3. 循环终止条件

正如 Fischler 和 Bolles（1981）所述，若设置模型置信度为 η，为了保证至少有一组 m 个样本中不包含粗差，则随机采样次数 P_{samp} 应该满足如下方程：

$$P_{samp} = \frac{\ln(1-\eta)}{\ln(1-\varepsilon^m)} \tag{2-5}$$

式中，ε 为内点（inliers）占整个输入数据的比例；η 通常被设置为 0.95～0.99。

虽然在真实情况下无法获取 ε 的大小，但是在估计-验证的循环中，由于会记录最大一致集与其基数 n，因此能够预估 ε 的下限为 n/N，这样就可以根据式（2-5）对 P_{samp} 进行更新（Chum et al.，2008）。

4. 残差阈值设定

在 RANSAC 算法中，残差阈值 P_{re} 决定着每个数据点是否支持当前转换模型，是一个非常重要的参数。在实际使用过程中，通常能够依据经验合理估计出输入数据对模型的符合程度，可以按照一定的数学流程对 P_{re} 值进行设定。例如，假设所有内点的模型残差符合均值为 0、标准差为 σ 的高斯模型，这样数据点与模型之间的误差值 d^2 能够表示为 n 个高斯变量的平方和（n 为模型维度），因此模型残差符合具有 n 个自由度的 χ^2 分布（chi-square distribution），同时能够通过逆 χ^2 分布决定 P_{re} 的大小：

$$P_{re}^2 = \chi_n^{-1}(\alpha)\sigma^2 \tag{2-6}$$

式中，χ 为累积 χ^2 分布；α 为真内点的百分界值，通常被设置为 95%，即一个真内点只有 5% 的概率被模型判断为外点。

当 α =95%时，几种常见模型与 P_{re} 值之间的关系如表 2-1 所示（Hartley et al.，2003）。

表 2-1 模型残差阈值 P_{re} 在 α =95%下的取值列表

维度 n	模型	P_{re}^2
1	直线、基本矩阵	$3.84\,\sigma^2$
2	单应矩阵、相机矩阵	$5.99\,\sigma^2$

2.2.4 存在的问题

研究学者们将经典 SIFT 算法引入光学卫星影像匹配后取得了丰硕的成果，但是仍然存在以下几个方面的问题。

1. 正确同名点对数量少

对于光学卫星影像，影像整体像幅较大、影像中容易出现的重复纹理地物（如市区房屋、城郊农田等）和影像对比度较低等情况都会降低 SIFT 特征点 128 维特征向量的可区分性，使得误匹配的概率增加，且大量正确同名点对因不满足次大距离-最大距离比例阈值而被删除，最终导致只能获取少量正确同名点对。图 2-3 显示了当两景影像对比度较低时经典 SIFT 算法的匹配结果，两景影像大小均为 1585 像素×891 像素，覆盖区域主要地物类型为房屋、树木与农田。图中，黄色三角形表示同名点，最终匹配只有 20 对同名点，并且其中 12 对同名点为正确结果。可以看出，SIFT 匹配结果并不能令人满意，因此需要探索加入新的策略或约束来提高正确同名点对的数量和比例。

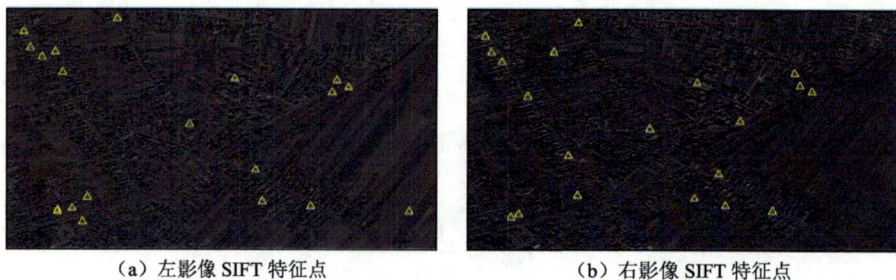

（a）左影像 SIFT 特征点　　　　　　　（b）右影像 SIFT 特征点

图 2-3　经典 SIFT 算法在处理低对比度影像对时的匹配结果

2. 同名点位分布不均匀

当待匹配的两景影像是对同一区域由不同观测角度获取时，由于观测角度的差异，物方具有高度差的目标在影像上成像时具有不同的视差变化，即同一目标物体在两景影像上存在着显著的几何变形，会造成两景影像上同名点在构建 128 维特征向量时产生差异，降低了同名 SIFT 特征点之间的相关性，最终导致视差变化剧烈的区域容易出现匹配失败率上升甚至无同名点覆盖的情况。图 2-4 所示为经典 SIFT 算法在处理影像之间存在显著几何差异情况下的匹配结果。图 2-4 所示两景影像分别来自资源三号卫星的前视相机与后视相机，即两景影像拍摄视角之间相差约 44°，影像大小均为 1600 像素×1600 像素，覆盖区域为澳大利亚的红色大石头——艾尔斯岩，图中黄色三角形表示同名点。虽然最终匹配有 1644 对同名点，但是显然存在同名点位分布不均甚至漏块的情况，整个岩石区域基本看不到同名点对。

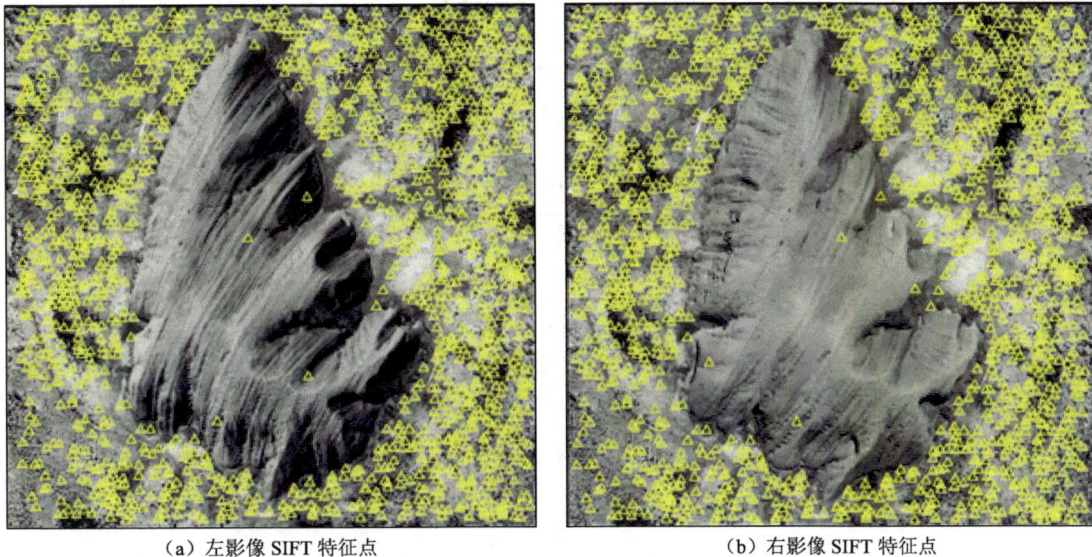

（a）左影像 SIFT 特征点　　　　　　　　　　（b）右影像 SIFT 特征点

图 2-4　经典 SIFT 算法在处理影像之间存在显著几何差异情况下的匹配结果

近年来，已经有很多学者提出在经典 SIFT 算法中附加约束条件来提高算法的正确率与稳定性（岳春宇 等，2012；Joglekar et al.，2014），但是仍然或多或少地存在以下不足。

1）部分算法仅仅引入几何约束作为 SIFT 算法的后处理步骤——使用 RANSAC 进行粗差剔除。这种做法虽然一定程度上剔除了误匹配点，能够提高匹配结果的正确率，但是无法增加正确同名点对的数目，更无法解决原始 SIFT 匹配结果中可能存在的漏块问题。

2）很少详细讨论卫星影像之间几何转换模型的选择问题。在选择两景影像之间的几何转换模型时，大部分运用卫星影像匹配中的 SIFT 改进算法或者直接照搬传统摄影测量中常用的仿射变换模型、单应矩阵模型、基本矩阵模型，或者使用光学卫星数据处理中常用的 RFM 加上仿射变换补偿模型。但是，随着卫星影像分辨率的不断提高和卫星侧摆观测能力的显著加强，之前将地面当成近似平面的前提假设不再成立，而以此假设为依据建立的卫星影像之间的转换模型也需要进一步评估测试。

3）计算转换模型参数时并未对来自不同尺度的 SIFT 同名点进行区别对待，而是将所有的同名点都赋予相同的权值。这种做法在理论上并不严密，因为 SIFT 点位的误差与其尺度息息相关，它们之间大体为正比关系，即对于来自尺度空间因子为 σ 的特征点，其点位最大误差约为 σ。因此，在转换模型计算与同名点点位预测时，理论上不应该将所有的匹配点对都简单地赋同一权值，而是需要考虑每个 SIFT 点的尺度空间因子这一重要信息。

2.3 卫星影像间几何转换模型

2.3.1 RFM 概述

RFM 直接建立起物方空间坐标与影像像方坐标之间的数学关系，无须影像成像时刻的内、外方位元素，回避了线阵影像的复杂成像几何过程，因此广泛应用于线阵卫星影像处理（Dial et al.，2003；Zhang et al.，2007；祝小勇 等，2009；秦绪文 等，2005）。RFM 通过比值多项式的方式描述物方空间坐标 $D(P,L,H)$ 与其相应的影像像方坐标 $P(r,c)$ 之间的关联，为了增强参数求解的稳定性，将物方坐标和像方坐标正则化到 $-1 \sim +1$（Yang，2000；Liu et al.，2004；袁修孝 等，2008）。RFM 的数学定义如下：

$$\begin{cases} r_n = \dfrac{\text{Num}L(P_n,L_n,H_n)}{\text{Den}L(P_n,L_n,H_n)} \\[3mm] c_n = \dfrac{\text{Num}S(P_n,L_n,H_n)}{\text{Den}S(P_n,L_n,H_n)} \end{cases} \tag{2-7}$$

式中，(P_n,L_n,H_n) 为正则化的物方坐标；(r_n,c_n) 为正则化像方坐标；$\text{Num}L(*)$、$\text{Den}L(*)$、$\text{Num}S(*)$ 和 $\text{Den}S(*)$ 均为 (P_n,L_n,H_n) 的三次有理多项式。

(P_n,L_n,H_n) 与 (P,L,H) 之间的数学关系，以及 (r_n,c_n) 与 (r,c) 之间的数学关系如下：

$$\begin{cases} L_n = \dfrac{L - \text{LAT}_{\text{OFF}}}{\text{LAT}_{\text{SCALE}}} \\[3mm] P_n = \dfrac{P - \text{LONG}_{\text{OFF}}}{\text{LONG}_{\text{SCALE}}} \\[3mm] H_n = \dfrac{H - \text{HEIGHT}_{\text{OFF}}}{\text{HEIGHT}_{\text{SCALE}}} \\[3mm] r_n = \dfrac{r - \text{LINE}_{\text{OFF}}}{\text{LINE}_{\text{SCALE}}} \\[3mm] c_n = \dfrac{c - \text{SAMP}_{\text{OFF}}}{\text{SAMP}_{\text{SCALE}}} \end{cases} \tag{2-8}$$

式中，LAT_{OFF}、LONG_{OFF}、$\text{LAT}_{\text{SCALE}}$、$\text{LONG}_{\text{SCALE}}$、$\text{HEIGHT}_{\text{OFF}}$ 和 $\text{HEIGHT}_{\text{SCALE}}$ 为物方空间正则化参数；LINE_{OFF}、$\text{LINE}_{\text{SCALE}}$、$\text{SAMP}_{\text{OFF}}$ 和 $\text{SAMP}_{\text{SCALE}}$ 为像方坐标的正则化参数。

在 RFM 中，一次项能够描述光学投影系统产生的畸变；二次项能够对地球曲率、地面起伏、大气折光和镜头畸变等误差进行很好的拟合；三次项能够模拟其他具有高阶分量的误差，如相机颤振等（张剑清 等，2009；Cheng et al.，2003）。

2.3.2 RFM 误差补偿模型

光学卫星在成像过程中的精度主要由内方位元素精度与外方位元素精度共同影响与制约（Grodecki et al.，2003）。由于内方位元素的误差一般会在卫星在轨检校阶段完成修正，因此对于卫星 1A 级数据，内方位元素的误差影响要远小于外方位元素误差的影响（Dial et al.，2003）。

对于六个外方位元素：三个线元素（X_s、Y_s、Z_s）、俯仰角（pitch angle）、滚动角（roll angle）和偏航角（yaw angle）[①]，其误差对像方坐标的影响有以下规律（张过，2005）。

[①] 本书为表述简洁，用 pitch 表示俯仰角，roll 表示滚动角，yaw 表示偏航角。

1）X_s 和 Y_s 误差会造成像点整体系统性偏移。

2）Z_s 误差会引起像点的仿射变换差异。

3）yaw 误差会引起像点绕像主点旋转。

4）pitch 与 roll 会分别引起影像列方向/行方向上的偏差。若地面物体相对于平均高程面 $\text{HEIGHT}_{\text{OFF}}$ 的高差为 h，则此高差引起像点偏移约为 $h \cdot \tan \tau / \rho$，其中 τ 表示 pitch 或 roll，ρ 表示影像分辨率。当角度 τ 存在大小为 $\nabla \tau$ 的误差时，会造成像点误差为 $h \cdot [\tan^2(\tau) + 1] \cdot \nabla \tau / \rho$。

由以上分析可以看到，X_s、Y_s、Z_s、yaw 误差引起的像点偏移均可用仿射变换模型进行补偿，但是 pitch、roll 两个角度误差引起的像点偏移与地物高差 h 成正比，不满足仿射变换模型，并且当 $h / \text{resolution}$ 较大，即地面高程起伏大或影像分辨率高时，由此引起的像点误差无法忽略。

由于外方位元素精度有限，使用原始 RFM 进行直接定位时存在明显的系统误差，因此需要选用一定的转换模型进行系统误差补偿。目前，卫星影像数据处理中最常用的系统误差补偿方式是在像方坐标系下采用仿射变换模型进行补偿（刘军 等，2004；李德仁 等，2006；Zhang et al.，2008）。仿射变换补偿模型表达式为

$$
\begin{cases}
\mathrm{d}x = x' - x = a_1 x + b_1 y + c_1 \\
\mathrm{d}y = y' - y = a_2 x + b_2 y + c_2
\end{cases}
\tag{2-9}
$$

式中，(x, y)、(x', y') 分别为像方坐标观测值与计算值；a_1、b_1、c_1 与 a_2、b_2、c_2 为待求解的六个仿射变换参数，因此至少需要三对同名点才能求解出模型参数。

但是，由 pitch 和 roll 两个角度误差引起的像点误差与地物高差成正比，无法通过仿射变换模型进行补偿。因此，本章提出采用仿射变换加高差因子作为补偿模型，此模型表达式如下：

$$
\begin{cases}
\mathrm{d}x = x' - x = a_1 x + b_1 y + c_1 + d_1 (h - \text{HEIGHT}_{\text{OFF}}) \\
\mathrm{d}y = y' - y = a_2 x + b_2 y + c_2 + d_2 (h - \text{HEIGHT}_{\text{OFF}})
\end{cases}
\tag{2-10}
$$

式中，a_1、b_1、c_1、d_1 与 a_2、b_2、c_2、d_2 为待求解的模型参数，求解时至少需要四对同名点；$\text{HEIGHT}_{\text{OFF}}$ 为 RFM 中记录的平均高程信息；h 为像点对应的物方高程，可从全球 30m 格网的 SRTM 等公开数据中获取。

2.4 加权几何约束 SIFT 匹配算法

本节在经典 SIFT 算法基础上，针对线性辐射差异的卫星影像匹配中常见的正确同名点数量少和同名点位分布不均匀的问题，提出 RFM 仿射变换加高差因子补偿模型约束下的带权 SIFT 匹配算法，改进后的 SIFT 匹配流程图如图 2-5 所示。需要指出的是，为了整体流程的通用性，图中部分节点名称采用通用名称而非专有名称，如其中的"转换模型"可以是 RFM 仿射变换模型，也可以是 RFM 仿射变换加高差因子补偿模型。关于通用加权几何约束 SIFT 匹配算法，有以下几点需要说明。

1. 预处理

加权几何约束 SIFT 匹配算法中的输入为参考数据 I_{ref} 与待匹配数据 I_{match}。这里提到的"数据"一词指代影像与可能存在的地理信息文件，如有理多项式系数（rational polynomial coefficient，RPC）文件或世界通用 TIFF 文件（TIFF World File，TWF），并且默认已在预处理过程中对两个影像之间大致重叠范围进行预测，如采用熊金鑫等（2013）提出的方法。因此，本章算法的输入是已计算大致重叠范围的数据。

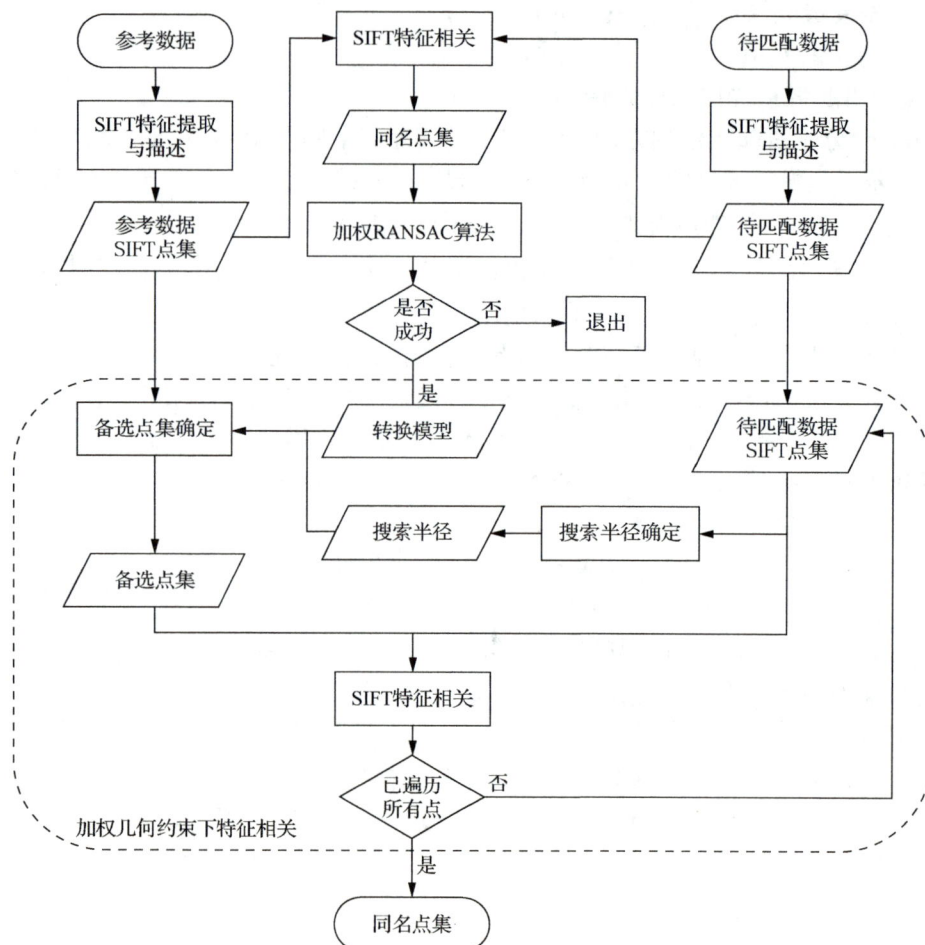

图 2-5　加权几何约束 SIFT 匹配算法流程

2. 同名点权值确定

本章提出的改进 SIFT 匹配算法与传统卫星影像匹配中的 SIFT 算法的最大不同在于对来自不同尺度空间的 SIFT 同名点赋予相应的权值。对于 SIFT 尺度空间因子 σ 的特征点，其点位最大误差约为 σ，即不同 SIFT 尺度空间的特征点精度不同。本章认为尺度因子 σ 的特征点权值与 σ 成反比，即与 $1/\sigma$ 成正比。对于某一对同名点 $x \leftrightarrow x'$，用 σ 表示 x 的 SIFT 尺度因子，用 σ' 表示 x' 的 SIFT 尺度因子。由于 σ、σ' 是相对于各自原始影像的 SIFT 尺度因子，需要统一到同一单位下再确定权值，因此需要先确定 I_{ref} 在点位 x 处的分辨率 r 与 I_{match} 在点位 x' 处的分辨率 r'。本章采用 Duan 等（2016）提出的在 SRTM 辅助下确定各像点处分辨率的方法计算出 r、r' 的值，得到同一单位下 x 的尺度因子 $r\sigma$ 和 x' 的尺度因子 $r'\sigma'$（理论上若 $x \leftrightarrow x'$ 是正确同名点，则 $r\sigma = r'\sigma'$）。对于同名点 $x \leftrightarrow x'$，其误差椭圆应该为 x 与 x' 两者误差椭圆的交集，即误差为 $r\sigma$ 与 $r'\sigma'$ 中值较小的那个，即取 $x \leftrightarrow x'$ 的权值为 $1/\min(r\sigma, r'\sigma')$，这样设定的同名点权值与点位的精度成正比，权值越大表明此同名点的精度越高。

3. 加权模型参数计算

在确定每对同名点的权值后，解算同名点集转换模型参数时不再使用单位权矩阵的最小二乘法进行处理，取而代之的是由每对同名点权值构成权矩阵，使用加权最小二乘法（Freedman，2009）求解模型参数，从而有利于提高转换模型的精度。此处采用 RFM 仿射变换加高差因子补偿模型，解算流程采用

Wan 等（2017）提出的点到线（point to line，P2L）方法。

4. 加权 RANSAC 算法

正如 2.2.3 节介绍 RANSAC 算法时提到的，随机选样与残差阈值设定是 RANSAC 算法的两个关键部分。在标准 RANSAC 算法中，假定所有输入的点对都是相等权值，因此在这两个关键步骤中并未对不同点对进行区分处理。但是，正如上文对同名点权值的解释说明，可以根据 SIFT 同名点尺度因子给予相应的经验权值，因此将此经验权值应用到 RANSAC 算法关键步骤中无疑能够增加其稳定性并提高精度。对于随机选样过程，鉴于模型参数估计时参数精度依赖同名点的精度，对于使用最小样本集来计算模型参数的 RANSAC 算法更是如此，因此应当尽量优先选择先验精度高的同名点。对于权值为 w_i 的同名点 $x \leftrightarrow x'$，由于 w_i 越大表明此同名点精度越高，因此应该被优先选择，即 w_i 可以作为其在随机选择过程中的权值，然后通过加权随机抽样算法（Efraimidis et al.，2006）优化样本选取过程；同样，将先验权值运用到残差阈值设定中，阈值 $P_{re}^2 = \chi_n^{-1}(a)\sigma^2$ 中标准差 σ 对于所有同名点不再是一个常量，而是与同名点权值 w_i 成反比的量，即对于精度越高的同名点，其容忍的残差阈值将越小。

5. 备选点集确定

当完成上述 RANSAC 算法之后，将得到两景影像之间相对于原始几何关系更加精确的转换模型，此时为了获取更多正确并且覆盖整个重叠区的同名点集，需要在两景影像之间转换模型的约束下再次逐点进行特征相关。对于待匹配点集中的每个 SIFT 点 x_i，可通过转换模型缩小其在参考点集中的备选点范围，以达到提高匹配成功率与正确率的目的。确定 x_i 同名点搜索范围的具体过程如图 2-6 所示。图中，O_1 为待匹配影像中心，O_2 为参考影像中心，x_i 为 SIFT 特征点，σ_i 为 x_i 的 SIFT 尺度因子，P_i 为成像光线 $\overrightarrow{O_1x_i}$ 与 SRTM 的交点，H_i 为 P_i 的高程值，ΔH 为 SRTM 中的误差，x_i^c 为成像光线 $\overrightarrow{O_2P_i}$ 与参考影像的交点，t_i 为同名点搜索半径，红线为成像光线，待匹配影像上的蓝色区域为 x_i 的误差椭圆，参考影像上的蓝色区域为同名点搜索区域。

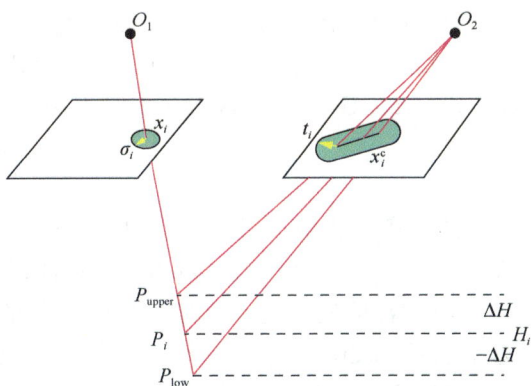

图 2-6　确定 x_i 同名点搜索范围的具体过程

需要说明的是，线阵推扫相机的同名核线不是严格的直线，而是双曲线，不过局部范围内近似核线段非常接近直线段，当只需要获取同名核线段大致范围时，其差异完全可以忽略（Hartley et al.，2003）。

首先根据 x_i 与全球 30m 格网的 SRTM 计算出 x_i 所对应物方点所在的区间范围 P_{low}、P_{upper} 与其期望 P_i，根据 P_i 进一步得到 x_i 在参考影像上的期望同名点 x_i^c，并且通过 P_{low}、P_{upper} 获取 x_i 在参考影像上的同名核线段（图中的黑线段）；然后计算出 x_i 处的分辨率 r_i 和 x_i^c 处的分辨率 r_i^c，将 x_i 在待匹配影像上的误差椭圆（SIFT 尺度因子）半径 σ_i 转换到参考影像上为 $\sigma_i^c = \sigma_i r_i / r_i^c$，当选用自由度为 1 的 χ^2 分布（核线约束的自由度为 1）计算同名点搜索半径 t_i 时，可以得到 $t_i^2 = 3.84\left(\dfrac{\sigma_i r_i}{r_i^c}\right)^2$，参见表 2-1。计算出 t_i 之后，结合 x_i 的同名核线段就能够确定 x_i 同名点的搜索区域，最后在参考 SIFT 点集中查询落入此搜索区域的所有特征点汇总成 x_i 的备选点集，至此完成 x_i 的几何约束工作。

本章算法参数包括经典 SIFT 算法参数、FLANN 算法参数、经典 RANSAC 算法参数和初始搜索半径。SIFT 算法的参数采用 Lowe（2004）推荐的参数值，如高斯滤波核的标准差为 1.6，次大距离-最大距离比例阈值为 0.8；FLANN 算法参数采用 Muja 和 Lowe（2014）推荐的参数值，如最大方差维度个数 $N_D = 5$，随机树个数为 20；RANSAC 算法的最大随机采样次数设置为 $P_{samp} = 10^8$，置信度为 0.95。

另外，由于本章算法流程基于 SIFT 匹配，与基于窗口相关的匹配算法不同，对初始搜索半径数值的精确性并没有严苛要求，初始搜索半径只起到确定初始重叠范围的作用，因此根据卫星影像处理经验设置搜索半径为 500 像素，此数值完全满足目前常用光学卫星影像数据之间的匹配需求。

2.5 实验与分析

本章实验分为两部分，第一部分是卫星影像 RFM 误差补偿实验，采用仿射变换加高差因子作为补偿模型，验证其用于补偿由俯仰和滚动角度误差引起的与地物高差成正比的像点误差的有效性；第二部分分别采用测试影像和真实卫星影像对所提出的加权几何约束 SIFT 算法进行实验，验证其用于卫星影像匹配的稳定性和适用性。

影像匹配的对比算法为经典 SIFT 算法（Lowe，2004）、带几何约束 SIFT 算法和本章加权几何约束 SIFT 算法。带几何约束 SIFT 算法需要设置模型残差阈值 P_{re}，所有实验中均使用默认值 20 作为阈值。为了对三种算法进行有效比较，首先对每张影像的 SIFT 特征点进行提取与描述，并将特征点信息保存为点文件。实验中三种算法均从各影像相应的点文件中读取 SIFT 点位与特征信息，保证三种算法都在相同特征点数目下完成特征相关，同时算法耗时也只记录特征相关过程，而不考虑特征提取与描述过程。

本章所有实验均在同一测试环境下进行，所使用计算机为 Thinkpad S430 笔记本，其配置为 Intel Core（TM）i3-3110M 2.40GHz、NVIDIA GeForce GT 620M 1GB 显存、8GB 内存、256GB 固态硬盘。

2.5.1 RFM 误差补偿实验

本节采用四景高分一号卫星 1A 级全色相机数据进行光学卫星影像直接定位精度与 RFM 误差补偿模型选择实验。高分一号卫星 1A 级全色相机影像的分辨率为 2m，每景影像的像幅约为 18000 像素×18000 像素。所选择的四景实验数据虽然没有明显的俯仰角，但是存在约 10° 的滚动角和 12° 的偏航角。评价时使用的参考影像为资源三号卫星正视相机 2m 正射影像产品，其平面定位精度（1 倍中误差）为平地区域优于 1.6m，山地地区优于 2.5m。实验中的高程信息从全球 30m 格网 SRTM 数据获取。

为了对实验数据进行模型精度评价，需要首先获取一定数量的同名点，因此使用经典 SIFT 算法对每景高分一号卫星 1A 级影像与资源三号卫星参考影像进行匹配，获取初始同名点集。鉴于同名点中尺度空间因子越小其定位精度越高，并且只有当尺度因子不大于 1 时才能保证正确同名点的精度优于 1 像素，因此从初始同名点集中删除尺度因子大于 1.5 的同名点，然后使用 RANSAC 算法并选用 RFM 加仿射变换补偿的转换模型对同名点集进行粗差剔除。此步骤的目的是在尽量保持同名点数量的原则上删除"明显"的粗差点，因此 RANSAC 模型残差阈值设定为 $P_{re} = 100$。

在获取四景影像测试数据的同名点集之后，先将同名点集进行物方残差显示，即对于每一对同名点，一方面根据其在高分一号卫星影像上的像方坐标与相应的 RFM 并结合 SRTM 计算出其对应的物方坐标，另一方面从正射参考影像上的像方坐标也可以得到物方坐标，两个物方坐标的差值即为物方残差。为了方便显示，物方坐标系统一为 1984 年世界大地坐标系（world geodetic system 1984，WGS84）椭球下的通用横墨卡托投影（universal transverse Mercator projection，UTM）坐标系，坐标单位为 m。四景高分一号卫星测试数据各自同名点集的物方残差如图 2-7 所示，图中圆点表示同名点在参考影像上对应的物方坐标；圆点的颜色表示其高程信息，蓝色高程最低，红色高程最高；箭头的大小与方向分别对应残差的大小与方向。四景高分一号卫星测试数据物方残差统计信息如表 2-2 所示。

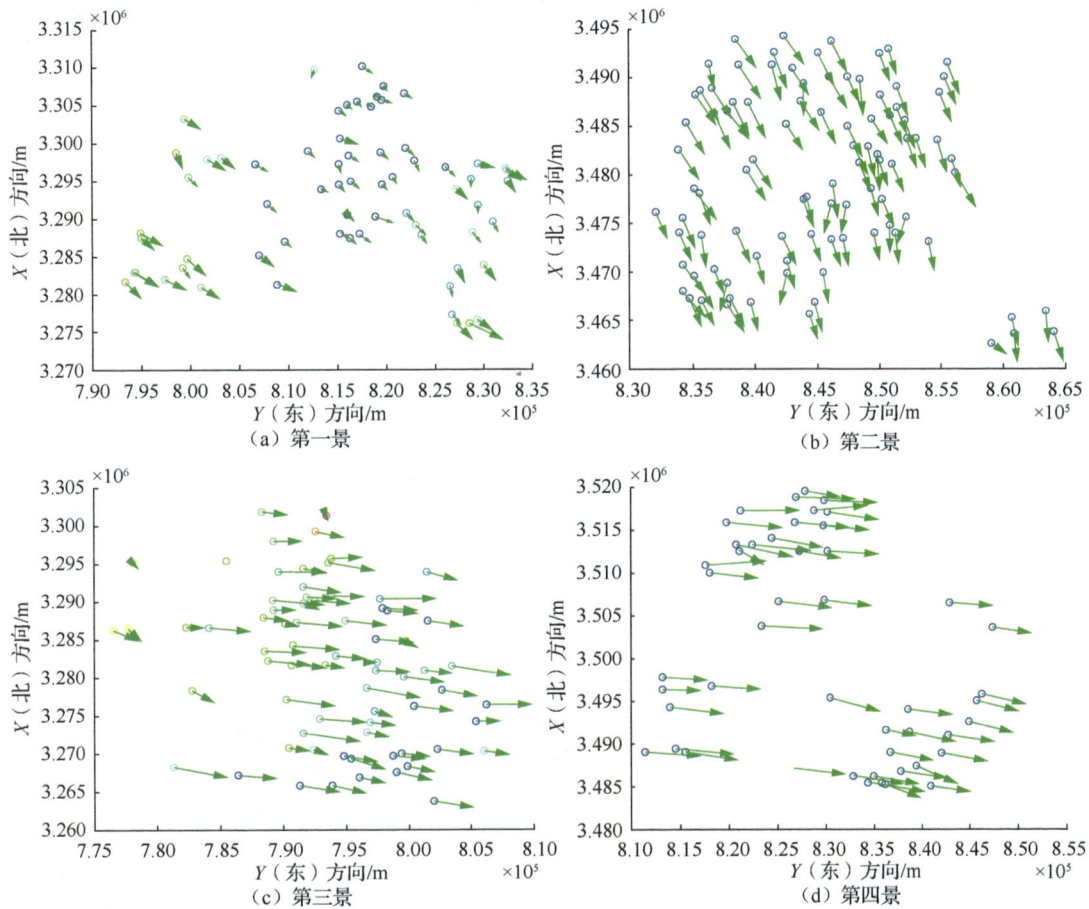

图 2-7 四景高分一号卫星测试数据各自同名点集的物方残差图

表 2-2 四景高分一号卫星测试数据物方残差统计信息

影像编号	同名点数目	X方向残差/m			Y方向残差/m			高程范围/m
		均值	标准差	最大值	均值	标准差	最大值	
1	128	-14.13	5.81	-27.07	13.11	8.04	41.82	5~410
2	94	-22.24	2.42	-27.58	6.55	4.15	13.77	0~30
3	76	-7.62	4.94	-23.06	33.08	13.98	59.72	40~750
4	48	-5.83	3.85	-17.09	36.88	5.70	46.73	0~7

由图 2-7 和表 2-2 可以看出，所有四景影像数据直接定位精度均优于 50m，其中 X 方向上的残差均为负值，而 Y 方向上的残差均为正值，具有明显的系统性。每景影像数据中 X 方向的标准差都要小于 Y 方向的标准差，这是由于摄影时刻卫星均存在显著的侧摆（约 10°）引起的。第一、三景 X 方向残差的标

准差要明显大于第二、四景 X 方向残差的标准差，此现象对应于前两景影像覆盖范围内地面起伏大于后两景影像。

为了进一步说明卫星影像拍摄时侧摆与地面起伏对同名点精度的影响，计算与统计所有同名点集的像方残差信息，即对于每一对同名点，根据其在参考影像上的像方坐标得到物方坐标值，然后根据相应的 RFM 计算其在高分一号影像上的像方坐标，由此计算得到的像方坐标与同名点对中匹配得到的像方坐标的差值即为像方残差。最终四景高分一号卫星影像测试数据各自同名点集的像方残差如图 2-8 所示，图中圆点表示同名点在高分一号卫星 1A 级影像上对应的像方坐标；圆点颜色表示其高程信息，蓝色高程最低，红色高程最高；箭头的大小与方向分别对应于残差的大小与方向。四景高分一号卫星测试数据像方残差统计信息如表 2-3 所示。

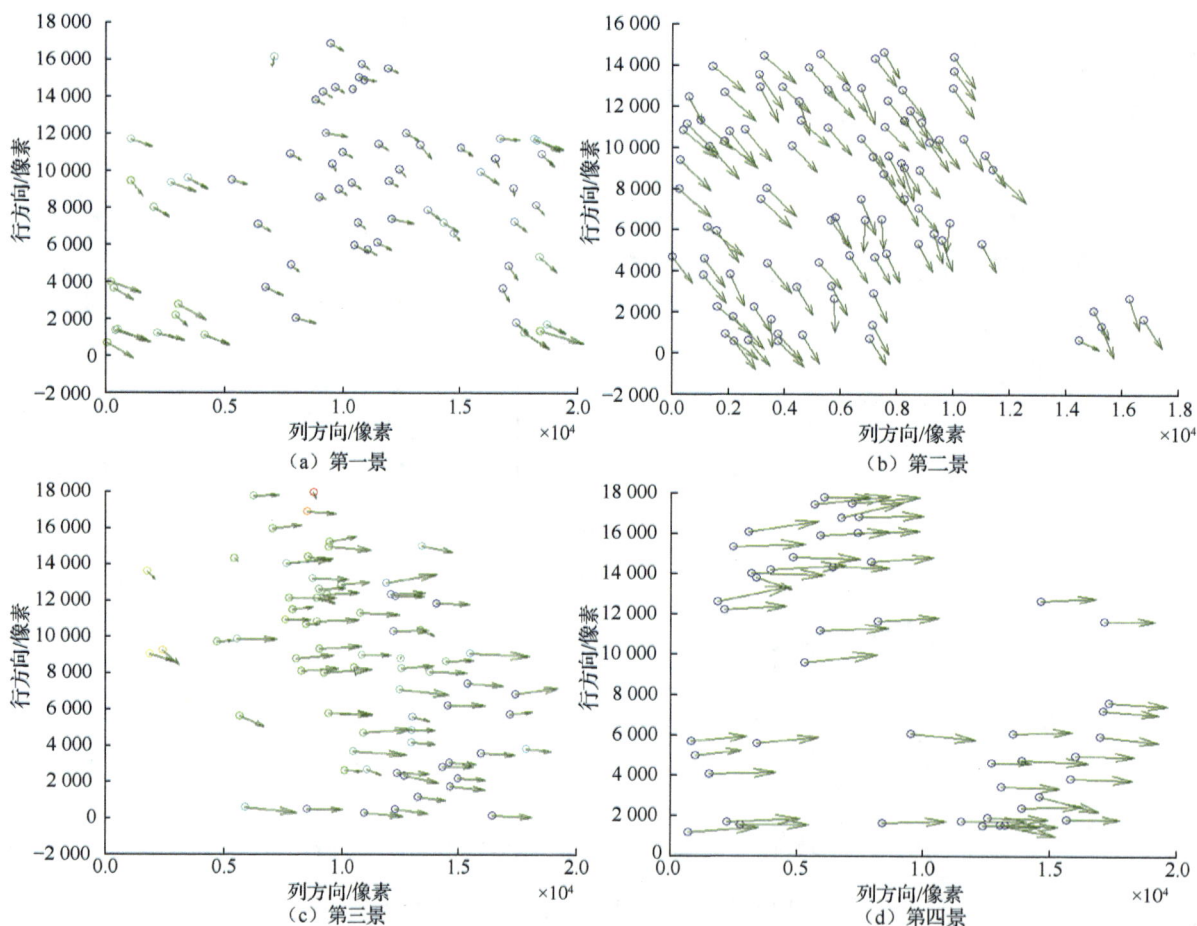

图 2-8　四景高分一号卫星测试数据各自同名点集的像方残差图

表 2-3　四景高分一号卫星测试数据像方残差统计信息

影像编号	同名点数目	行方向残差/像素			列方向残差/像素			高程范围/m
		均值	标准差	最大值	均值	标准差	最大值	
1	128	−5.60	2.51	−11.05	7.81	4.33	23.08	5～410
2	94	−10.18	1.20	−13.33	5.37	2.10	9.21	0～30
3	76	−0.77	2.72	−10.01	16.97	6.89	31.08	40～750
4	48	−0.413	2.17	−5.69	18.68	2.67	23.05	0～7

从图 2-8 和表 2-3 显示的结果可以看出，像方残差统计结果与物方残差统计结果一致说明卫星影像拍摄角度会影响像方（物方）残差标准差的方向，地面高程起伏则会影响像方（物方）残差标准差的大小。

使用传统仿射变换补偿模型与仿射变换加高差因子补偿模型分别对上述四景影像测试数据的像方残差进行补偿，实验结果如表 2-4 所示。

表 2-4 四景影像测试数据两种补偿方案结果比较

影像编号	仿射变换补偿模型		仿射变换加高差因子补偿模型	
	行方向中误差/像素	列方向中误差/像素	行方向中误差/像素	列方向中误差/像素
1	1.47	0.94	0.83	0.72
2	0.61	0.58	0.66	0.60
3	1.94	1.01	0.91	0.86
4	0.66	0.62	0.70	0.64

从表 2-4 可以看出，仿射变换加高差因子补偿模型对于第一、三景测试数据的精度明显优于单纯仿射变换补偿模型，特别是受地面起伏影响较大的行方向；而对于第二、四景测试数据，由于地形相对平坦，两种模型的精度基本一致。因此，对于高分一号或资源三号这类高空间分辨率的卫星数据，选用仿射变换加高差因子补偿模型，能够较好地弥补传统仿射变换补偿模型在应对卫星侧摆时因地面起伏较大而补偿精度不足的问题。

2.5.2 测试数据匹配实验

本节采用 2.2.4 节中提出问题时所举例的实验数据进行测试与分析说明。需要说明的是，由于本节所选用的数据只包含影像而不附加地理信息文件，即不包含 RFM 和 TFW 信息，并且每组影像对均为标准的核线立体像对，因此选用的影像之间的转换模型为基本矩阵，即传统摄影测量中常用的核线模型。

对于标准核线立体像对，其基本矩阵的形式如下（Hartley et al.，2003）：

$$\boldsymbol{F} = \begin{bmatrix} 0 & 0 & 0 \\ 0 & 0 & -1 \\ 0 & 1 & 0 \end{bmatrix} \tag{2-11}$$

实验中从以下几个方面对三种算法进行比较：

1）同名点数目，即算法最终得到的同名点对数。

2）有效同名点，即同名点对上下视差（列方向坐标差值）小于 1 像素。有效同名点数目与比例能够在一定程度上反映算法的正确率与精度。

3）上下视差中误差。统计所有同名点对的上下视差的中误差。

4）算法耗时。统计每种算法在特征相关步骤的运行耗时情况。

5）基本矩阵比较。带几何约束 SIFT 算法与加权几何约束 SIFT 算法在得到同名点的过程中会计算两影像之间的基本矩阵，将算法得到的基本矩阵与式（2-11）的真值进行对比，能够从侧面反映算法的稳定性。

如图 2-9 所示，第一组测试数据是两景低对比度的卫星影像，影像大小均为 1585 像素×891 像素，覆盖区域主要地物类型为房屋、树木与农田。两景影像除低对比度外，并无显著的几何差异与地物变化，并且两景影像为标准立体核线像对。在 SIFT 特征点提取与特征描述中，从左影像上共提取出 7745 个特征点，从右影像上共提取出 7910 个特征点。三种算法的第一组测试数据匹配点位分布如图 2-10 所示，匹配统计结果对比如表 2-5 所示。

（a）左影像　　　　　　　　　　　（b）右影像

图 2-9　第一组测试数据

左影像匹配结果　　　　　　　　　　右影像匹配结果

（a）经典 SIFT 算法匹配结果

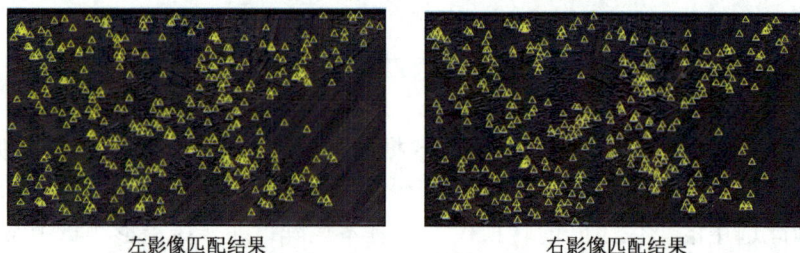

左影像匹配结果　　　　　　　　　　右影像匹配结果

（b）带几何约束 SIFT 算法匹配结果

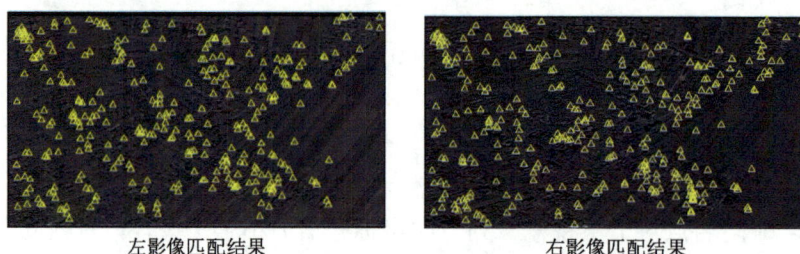

左影像匹配结果　　　　　　　　　　右影像匹配结果

（c）加权几何约束 SIFT 算法匹配结果

图 2-10　三种算法的第一组测试数据匹配点位分布

表 2-5　三种算法的第一组测试数据匹配统计结果对比

匹配方法	同名点数目	有效同名点		上下视差	耗时/ms
		数目	比例	中误差/像素	
经典 SIFT 算法	20	9	0.45	118.21	2269
带几何约束 SIFT 算法	395	221	0.56	11.17	3460
加权几何约束 SIFT 算法	335	241	0.72	3.28	3538

带几何约束 SIFT 算法与加权几何约束 SIFT 算法计算的基本矩阵表示如下，其中，F_{gsift} 为带几何约束 SIFT 算法求解出的基本矩阵，F_{wsift} 为加权几何约束 SIFT 算法求解出的基本矩阵：

$$\begin{cases} \boldsymbol{F}_{\text{gsift}} = \begin{bmatrix} 0.000013 & 0.000072 & 0.000193 \\ 0.000038 & 0.000173 & -0.897975 \\ -0.000117 & 0.899691 & 0.000072 \end{bmatrix} \\ \boldsymbol{F}_{\text{wsift}} = \begin{bmatrix} 0.000011 & 0.000025 & 0.000058 \\ 0.000009 & 0.000014 & -0.996976 \\ -0.000031 & 1.000122 & -0.000001 \end{bmatrix} \end{cases} \tag{2-12}$$

由以上实验结果可以看到，带几何约束 SIFT 算法与加权几何约束 SIFT 算法相对于经典 SIFT 算法在处理低对比度和重复纹理的场景时能获取更多的有效同名点，本组实验的有效同名点数量增长 20 多倍，同时有效同名点占同名点总数的比例也都有明显增长。从同名点总数与分布来看，加权几何约束 SIFT 算法与带几何约束 SIFT 算法基本相当；但是在有效同名点的数目，特别是有效同名点占同名点总数的比例方面，加权几何约束 SIFT 算法明显优于带几何约束 SIFT 算法，比例提升约 15%。

产生此差异的原因与模型残差阈值 P_{re} 的设定有很大关联。对于这一组实验数据，立体核线像对完全符合基本矩阵模型，即对于正确同名点，其模型残差应该非常小。但是经典 SIFT 匹配的有效同名点比例只有 0.45，而设定 $P_{\text{re}} = 20$ 的带几何约束 SIFT 算法在使用 RANSAC 算法获取一致集时并没有将所有粗差点排除，导致基础矩阵精度不高，这可以从式（2-12）得到佐证。加权几何约束 SIFT 算法求解出的基本矩阵要比带几何约束 SIFT 算法更加接近式（2-11）。另外，在使用基本矩阵约束进行引导匹配时，虽然由 P_{re} 提供了大致搜索范围，提高了特征相关成功率，带几何约束 SIFT 算法在所有三种算法中获取同名点总数最多，但是同时无疑也增加了误匹配，因此设定 $P_{\text{re}} = 20$ 的带几何约束 SIFT 算法在第一组实验中的正确率与精度均低于加权几何约束 SIFT 算法，从侧面说明了不依赖设定 P_{re} 的加权几何约束 SIFT 算法有更强的适用性。在算法耗时方面，加权几何约束 SIFT 算法耗时最多，不过与另外两种算法处于同一数量级。

第二组测试数据如图 2-11 所示，影像大小均为 1600 像素×1600 像素，两景影像分别来自资源三号卫星的前视相机与后视相机，即两景影像拍摄视角之间相差约 44°，覆盖区域为澳大利亚的红色大石头——艾尔斯岩。岩石区域存在显著的几何差异，降低了同名 SIFT 特征之间的相关性，导致该区域匹配失败率上升，特征相关难度大大增加。在 SIFT 特征点提取与特征描述中，从左影像上共提取 4019 个特征点，从右影像上共提取 4363 个特征点。三种算法的第二组测试数据匹配点位分布如图 2-12 所示，匹配统计结果对比如表 2-6 所示。

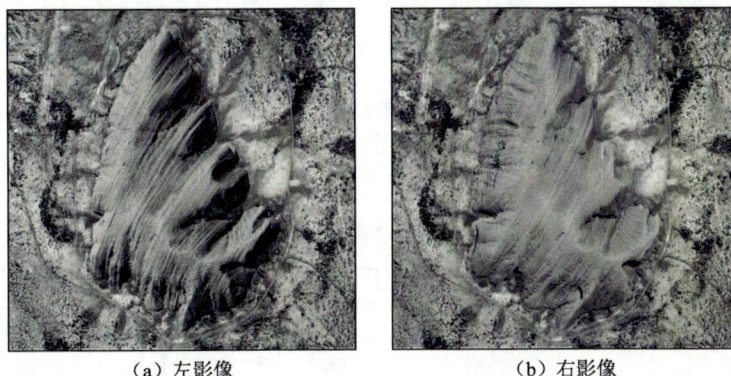

（a）左影像　　　　　　　（b）右影像

图 2-11　第二组测试数据

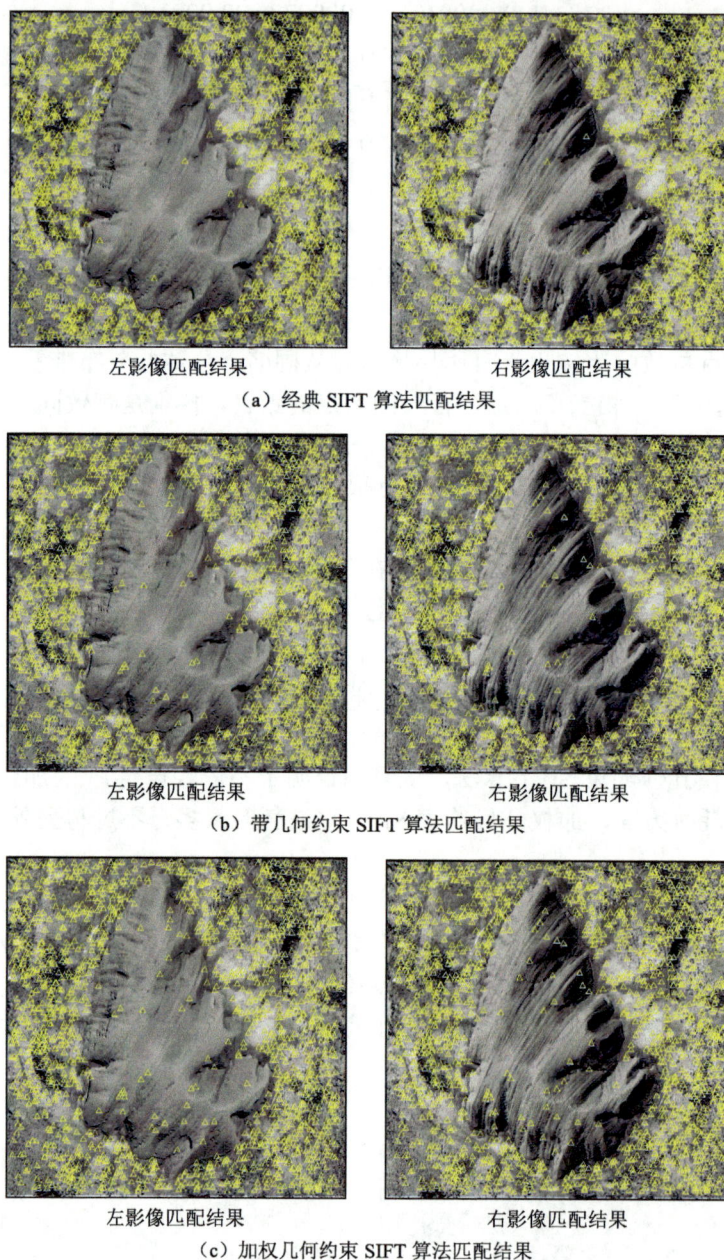

左影像匹配结果　　　　　　右影像匹配结果

（a）经典 SIFT 算法匹配结果

左影像匹配结果　　　　　　右影像匹配结果

（b）带几何约束 SIFT 算法匹配结果

左影像匹配结果　　　　　　右影像匹配结果

（c）加权几何约束 SIFT 算法匹配结果

图 2-12　三种算法的第二组测试数据匹配点位分布

表 2-6　三种算法的第二组测试数据匹配统计结果对比

匹配方法	同名点数目	有效同名点		上下视差	耗时/ms
		数目	比例	中误差/像素	
经典 SIFT 算法	1644	1429	0.87	38.21	621
带几何约束 SIFT 算法	1750	1479	0.85	1.70	1687
加权几何约束 SIFT 算法	1786	1494	0.84	1.81	1701

带几何约束 SIFT 算法与加权几何约束 SIFT 算法计算出来的基本矩阵表示如下，其中，F_{gsift} 为带几何约束 SIFT 算法求解出的基本矩阵，F_{wsift} 为加权几何约束 SIFT 算法求解出的基本矩阵：

$$
\begin{cases}
\boldsymbol{F}_{\mathrm{gsift}} = \begin{bmatrix} 0.000000 & -0.000012 & 0.000013 \\ 0.000000 & 0.000028 & -0.998302 \\ -0.000003 & 1.000091 & -0.000007 \end{bmatrix} \\[20pt]
\boldsymbol{F}_{\mathrm{wsift}} = \begin{bmatrix} 0.000001 & -0.000009 & 0.000020 \\ 0.0000002 & 0.000016 & -0.997984 \\ -0.000007 & 0.999811 & 0.000000 \end{bmatrix}
\end{cases}
\tag{2-13}
$$

由表 2-6 可知，对于第二组数据，三种算法均能在同名点总数目与有效同名点比例上取得良好的结果，三者有效同名点的比例均超过 80%。另外，带几何约束 SIFT 算法与加权几何约束 SIFT 算法的上下视差中误差在 2 像素以内；经典 SIFT 算法由于没有加入粗差剔除，导致上下视差统计值不正常。三种算法在耗时方面也与第一组实验结果类似，经典 SIFT 算法最快，加权几何约束 SIFT 算法与带几何约束 SIFT 算法耗时非常接近，不过均在同一个数量级。

第二组实验中，带几何约束 SIFT 算法与加权几何约束 SIFT 算法求解出的基本矩阵［式（2-13）］之间的比较结果与第一组实验结果不同，这是因为第一组实验中经典 SIFT 算法的有效同名点比例只有 0.45，使用经典 RANSAC 算法求解一致集时无法稳定地剔除所有粗差点；而在第二组实验中经典 SIFT 算法能够取得 87% 的有效同名点，此时使用经典 RANSAC 算法可以稳定地求解出不含粗差的一致集，因此在第二组实验中两种算法求解出的基本矩阵都与式（2-11）非常接近，两者之间并无明确的优劣之分。

如图 2-12 所示，经典 SIFT 算法由于受到岩石区域几何差异的影响，因此在该区域内同名点非常少；带几何约束 SIFT 算法与加权几何约束 SIFT 算法在基本矩阵的引导下，在几何差异显著的岩石区域也能够获得一定数量且分布均匀的同名点，其中加权几何约束 SIFT 算法在岩石区域获得的同名点最多。

综合两组实验结果来看，相比于经典 SIFT 算法和带几何约束 SIFT 算法，本章提出的加权几何约束 SIFT 算法，对不同的应用场景有更强的适用性与稳定性，能够较好地解决因低对比度和重复纹理引起的正确同名点数目稀少问题，以及因显著几何差异造成的匹配漏块问题。这说明加权几何约束 SIFT 算法是一种切实有效且能够在经典 SIFT 算法基础上提高正确同名点数目与点位覆盖率的方法。

2.5.3　卫星影像匹配实验

本节实验部分选用两组国产光学卫星影像数据对加权几何约束 SIFT 算法进行测试。本实验中仍将加权几何约束 SIFT 算法与经典 SIFT 算法、带几何约束 SIFT 算法进行对比，其中加权几何约束 SIFT 算法选用的变换模型为 2.3 节介绍的 RFM 仿射变换加高差因子补偿模型，带几何约束 SIFT 算法选用 RFM 仿射变换补偿模型。

在进行匹配结果精度评价时，由于实验所选用真实数据之间的精确几何转换关系未知，无法像 2.5.2 节那样直接进行精度评价，因此将每种算法匹配得到的同名点作为观测值，使用武汉大学研发的商业软件——数字摄影测量网格（DPGrid）的卫星定向模块进行平差解算，最终通过比较每种算法的行方向与列方向中的误差来进行精度评价。

为了客观评价每种算法获得同名点的分布情况，采用同名点覆盖度进行评价。同名点覆盖度的具体计算方法如下：首先将两景影像重叠区按照 100 像素×100 像素进行格网划分，记划分的总格网数为 N，依次对每个格网进行检查，判断其中是否有同名点对落入；然后统计出有同名点落入的格网数目，并记为 N_{match}；最后计算同名点覆盖度 $\mathrm{ovl} = N_{\mathrm{match}}/N$。由其计算方法可知，该值能够直观准确地衡量同名点在整个重叠区的覆盖情况。

第一组真实实验数据如图 2-13 所示，两景影像分别来自资源三号卫星前视相机与后视相机，同名光线之间的夹角约为 44°，影像空间分辨率为 3.5m，两景影像大小均为 16300 像素×16300 像素，影像覆盖区域为中国广东省韶关市翁源县附近山区。两景影像几乎完全重叠。在 SIFT 特征点提取与特征描述中，从左影像上总共提取出 378053 个特征点，从右影像上总共提取出 334121 个特征点。

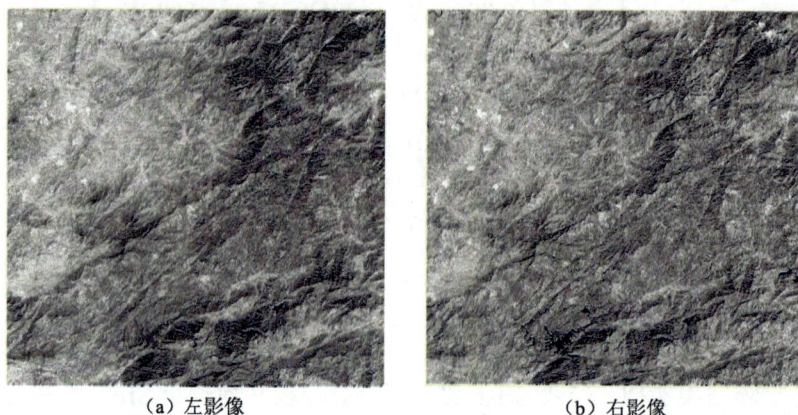

（a）左影像　　　　　　　　　　　　　　　　（b）右影像

图 2-13　第一组真实实验数据

　　三种算法的第一组真实数据匹配统计结果对比如表 2-7 所示，从表中可以看出，带几何约束 SIFT 算法与加权几何约束 SIFT 算法在影像之间几何关系的引导下均能获得比经典 SIFT 算法更多的同名点。虽然带几何约束 SIFT 算法与本章算法的同名点总数差异不超过 10%，但是从两者统计的同名点覆盖度来看，加权几何约束 SIFT 算法显然具有更好的点位分布。图 2-14 所示为两者匹配点位的分布，由于同名点总数太多，为了显示方便，已将匹配结果均匀抽稀至原总数的 1/4。从图中红框标示出的两块高山区域可以看到，加权几何约束 SIFT 算法由于转换模型选用的是 RFM 仿射变换加高差因子补偿模型，在影像存在大侧摆并且地面起伏较大时，比 RFM 仿射变换补偿模型具有更高的精度（参见 2.3 节），因此加权几何约束 SIFT 算法在高山区域也能精确确定每个 SIFT 点的备选点集，大幅提高了匹配成功率。总体上看，加权几何约束 SIFT 算法在点位分布与平差精度两个方面均为最优。

表 2-7　三种算法的第一组真实数据匹配统计结果对比

匹配方法	同名点数目	同名点覆盖度	行方向中误差/m	列方向中误差/m	耗时/s
经典 SIFT 算法	26617	0.82	9.53	7.61	100
带几何约束 SIFT 算法	50042	0.84	3.52	2.84	188
加权几何约束 SIFT 算法	53117	0.95	2.85	2.26	216

左影像匹配结果　　　　　　　　　　　　　　右影像匹配结果

（a）带几何约束 SIFT 算法匹配结果

图 2-14　带几何约束 SIFT 算法与加权几何约束 SIFT 算法的第一组数据匹配点分布

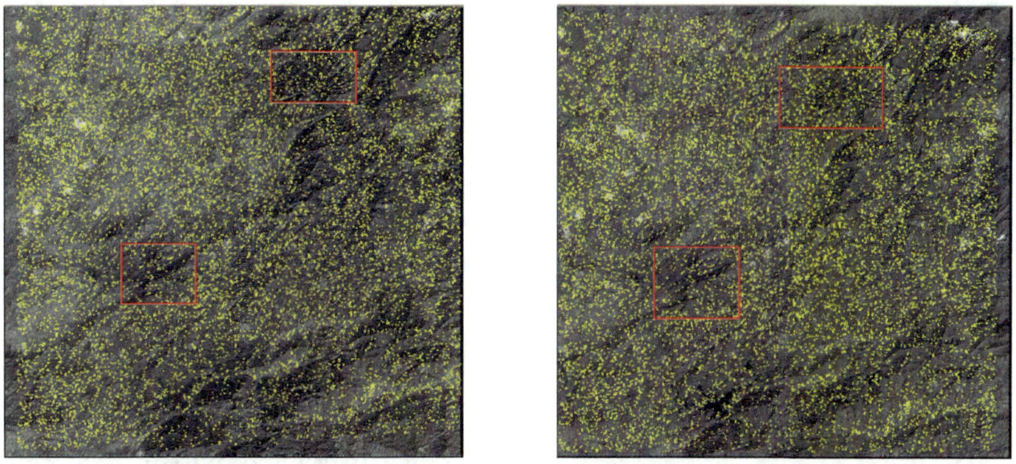

左影像匹配结果　　　　　　　　　　　　右影像匹配结果

（b）加权几何约束 SIFT 算法匹配结果

图 2-14　（续）

　　第一组实验测试充分说明，相比于目前光学卫星影像 RFM 补偿模型中常用的仿射变换模型，加权几何约束 SIFT 算法引入的仿射变换加高差因子补偿模型能够更好地处理山区立体像对，有效提高几何约束下 SIFT 匹配算法的同名点覆盖率，减少匹配漏块情况。

　　第二组实验主要是评估加权几何约束 SIFT 算法在弱交会条件下平原区域的匹配效果是否能够保持或超过带几何约束 SIFT 算法，从而全面验证加权几何约束 SIFT 算法的适用性。第二组真实实验数据如图 2-15 所示，两景影像均为高分一号卫星全色 1A 级数据，影像空间分辨率为 2m，影像大小均为 18192 像素×18000 像素，成像过程中均无侧摆现象。影像覆盖区域为浙江省湖州市境内。两者之间重叠度约为 40%，且重叠范围内地形为平地，地物类型为水田、河流与城市建筑。在 SIFT 特征点提取与特征描述中，从左影像提取出 415690 个特征点，从右影像提取出 473039 个特征点。

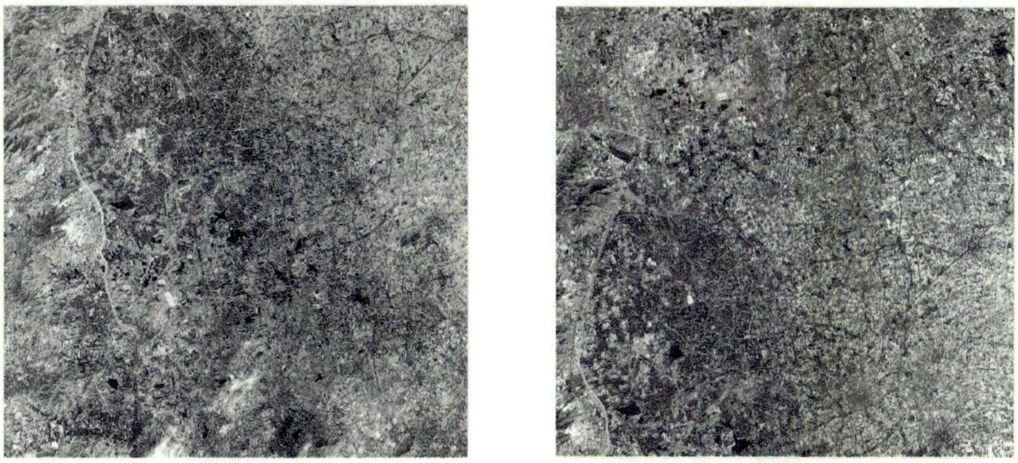

（a）左影像　　　　　　　　　　　　　　（b）右影像

图 2-15　第二组真实实验数据

　　三种算法的第二组真实数据匹配统计结果对比如表 2-8 所示，其中带几何约束 SIFT 算法与加权几何约束 SIFT 算法获取的匹配点分布如图 2-16 所示。由于测试数据来自同一传感器，影像获取季节也接近，因此从图中可以看到两景影像的辐射信息高度一致。在几何方面，由于两景影像在拍摄时均不存在侧摆情况，并且所覆盖区域属于平地，因此几何上基本不存在差异。测试结果中，经典 SIFT 算法能够取得良好的匹配结果，同时也能看到无论带几何约束 SIFT 算法还是加权几何约束 SIFT 算法，对于这种常见的弱交会卫星影像，虽然在匹配算法耗时上要略逊一筹，但是并没有出现因附加步骤而引起点位分布或精度下降的情况。

表 2-8　三种算法的第二组真实数据匹配统计结果对比

匹配方法	同名点数目	同名点覆盖度	行方向中误差/m	列方向中误差/m	耗时/s
经典 SIFT 算法	25944	0.94	2.03	1.77	65
带几何约束 SIFT 算法	38652	0.95	1.53	1.24	138
加权几何约束 SIFT 算法	39032	0.95	1.29	1.13	150

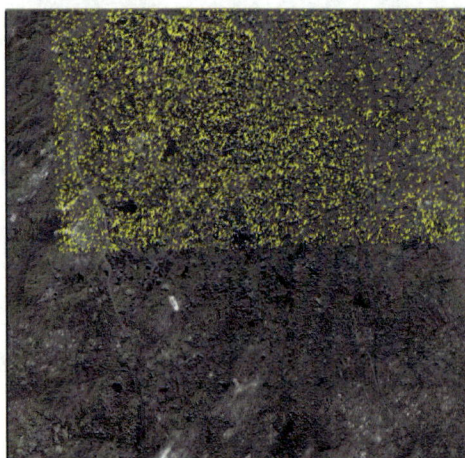 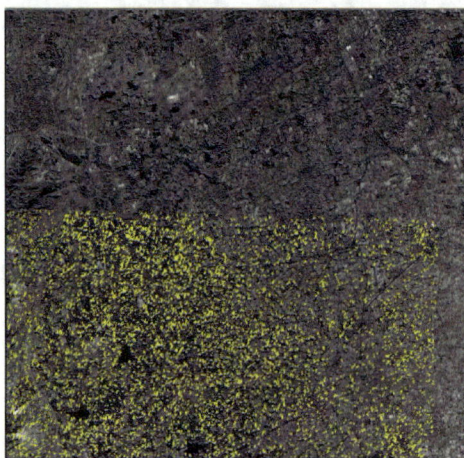

左影像　　　　　　　　　　　　　　　右影像

（a）带几何约束 SIFT 算法匹配结果

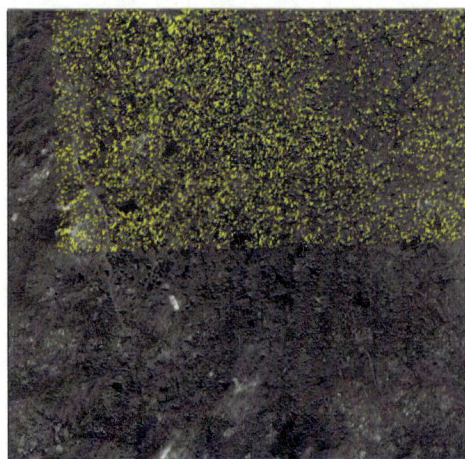 

左影像　　　　　　　　　　　　　　　右影像

（b）加权几何约束 SIFT 算法匹配结果

图 2-16　带几何约束 SIFT 算法与加权几何约束 SIFT 算法的第二组数据匹配点分布

由表 2-8 和图 2-16 可知，加权几何约束 SIFT 算法与带几何约束 SIFT 算法无论同名点位分布还是平差精度均处于同一水平，甚至加权几何约束 SIFT 算法要略优于后者。

由以上两组真实光学卫星影像的测试结果可以看出，加权几何约束 SIFT 算法相较于经典 SIFT 算法和带几何约束 SIFT 算法，无论是处理立体影像对还是常见的弱交会影像对，在同名点数量、同名点位分布和平差精度方面均有一定优势，验证了加权几何约束 SIFT 算法在线性辐射差异卫星影像匹配中的适用性与有效性。

本 章 小 结

在线性辐射差异这一大前提下，现有的同源卫星影像 SIFT 匹配存在三个方面的问题：因影像对比度较低或存在重复纹理的地物而造成 SIFT 特征相关过程中误匹配率上升而匹配成功率下降；因影像之间部分区域存在显著几何变形而造成最终匹配结果中出现漏块；当影像成像过程中存在大的侧摆且所观测区域地面起伏较大时，传统 RFM 加仿射变换补偿模型的匹配效果较差。本章在 SIFT 算法基础上提出了 RFM 仿射变换加高差因子补偿模型约束的带权 SIFT 匹配算法。相对于传统的卫星影像 SIFT 匹配算法，该算法主要有以下两个方面的贡献。

针对 RFM 加仿射变换补偿模型在侧摆影像和较大地形高差情况下精度不稳定的问题，提出 RFM 仿射变换加高差因子补偿模型。通过理论分析推导出卫星成像角度 pitch 与 roll 的误差会引起像点在列方向/行方向上的偏差，并且其偏差与像点对应地物的高差成正比，进而提出 RFM 仿射变换加高差因子补偿模型，并通过实验验证此模型相对于 RFM 仿射变换模型，在处理平坦区域时与其精度相当，而在应对山区侧摆数据时具有更高的精度。

根据每个 SIFT 的尺度因子，对同名点赋予相应的权值，构成加权几何约束 SIFT 匹配算法。其权值不仅能够帮助 RANSAC 算法优化随机样本选取过程，辅助确定每个 SIFT 的模型残差阈值，而且在进行 SIFT 几何模型引导匹配时可以给每个 SIFT 点提供更好的备选点集确定方案。通过两组测试数据与两组真实卫星影像数据，验证了加权几何约束 SIFT 匹配算法相比于经典 SIFT 算法与几何约束 SIFT 算法具有更强的适用性与稳定性，不仅能够较好地解决正确同名点数目稀少的问题，匹配结果还具有较好的同名点覆盖度和匹配精度，验证了本章加权几何约束 SIFT 算法对于线性辐射差异的同源卫星影像来说是一种切实有效的、适合广泛应用的匹配算法。

参 考 文 献

程春泉，邓喀中，孙钰珊，等，2010. 长条带卫星线阵影像区域网平差研究[J]. 测绘学报，39(2): 162-168.
戴激光，宋伟东，李玉，2014. 渐进式异源光学卫星影像 SIFT 匹配方法[J]. 测绘学报，43(7): 746-752.
李德仁，张过，江万寿，等，2006. 缺少控制点的 SPOT-5 HRS 影像 RPC 模型区域网平差[J]. 武汉大学学报（信息科学版），31(5): 377-381.
李德仁，2012. 我国第一颗民用三线阵立体测图卫星：资源三号测绘卫星[J]. 测绘学报，41(3): 317-322.
李芬，2013. 资源三号卫星数据在土地利用遥感监测中的应用研究[D]. 吉林：吉林大学.
凌霄，2017. 基于多重约束的多源光学卫星影像自动匹配方法研究[D]. 武汉：武汉大学.
刘军，王冬红，毛国苗，2004. 基于 RPC 模型的 IKONOS 卫星影像高精度立体定位[J]. 测绘通报，1(9): 1-3.
刘小军，杨杰，孙坚伟，等，2008. 基于 SIFT 的图像配准方法[J]. 红外与激光工程，37(1): 156-160.
秦绪文，田淑芳，洪友堂，等，2005. 无需初值的 RPC 模型参数求解算法研究[J]. 国土资源遥感，17(4): 7-10.
孙剑，徐宗本，2005. 计算机视觉中的尺度空间方法[J]. 工程数学学报，22(6):951-962.
唐新明，张过，祝小勇，等，2012. 资源三号测绘卫星三线阵成像几何模型构建与精度初步验证[J]. 测绘学报，41(2): 191-198.
熊金鑫，张永军，郑茂腾，等，2013. SRTM 高程数据辅助的国产卫星长条带影像匹配[J]. 遥感学报，17(5): 1103-1117.
杨化超，张书毕，张秋昭，2010. 基于 SIFT 的宽基线立体影像最小二乘匹配方法[J]. 测绘学报，39(2): 187-194.
叶沅鑫，单杰，熊金鑫，等，2013. 一种结合 SIFT 和边缘信息的多源遥感影像匹配方法[J]. 武汉大学学报（信息科学版），38(10): 1148-1151.
袁修孝 林先勇，2008. 基于岭估计的有理多项式参数求解方法[J]. 武汉大学学报（信息科学版），33(11): 1130-1133.
袁修孝，李然，2012. 带匹配支持度的多源遥感影像 SIFT 匹配方法[J]. 武汉大学学报（信息科学版），37(12): 1438-1442.
岳春宇，江万寿，2012. 几何约束和改进 SIFT 的 SAR 影像和光学影像自动配准方法[J]. 测绘学报，41(4): 570-576.
张过，2005. 缺少控制点的高分辨率卫星遥感影像几何纠正[D]. 武汉：武汉大学.

张剑清，潘励，王树根，2009. 摄影测量学[M]. 2 版. 武汉：武汉大学出版社.

祝小勇，张过，秦绪文，2009. 国产光学卫星影像 RPC 制作[J]. 国土资源遥感，21(2): 32-34.

BAY H, ESS A, TUYTELAARS T, et al., 2008. Speeded-up robust features (SURF) [J]. Computer Vision Image Understanding, 110: 346-359.

BENTLEY J L. 1975. Multidimensional binary search trees used for associative searching[J]. Communications of the ACM, 18(9): 509-517.

CHENG P, TOUTIN T, ZHANG Y, 2003 . QuickBird-Geometric correction, data fusion, and automatic DEM extraction[C]// Asian Conference on Remote Sensing：International Symposium on Remote Sensing；ACRS 2003 ISRS 2003. Busan：The Asian Association on Remote Sensing, 216-218.

CHUM O, MATAS J, 2008. Optimal randomized RANSAC[J]. IEEE Transactions on Pattern Analysis and Machine Intelligence, 30(8): 1472-1482.

DIAL G, BOWEN H, GERLACH F, 2003. IKONOS satellite, imagery, and products[J]. Remote Sensing of Environment, 88(1): 23-36.

EFRAIMIDIS P S, SPIRAKIS P G, 2006. Weighted random sampling with a reservoir[J]. Information Processing Letters, 97(5): 181-185.

FISCHLER M A, BOLLES R C, 1981. Random sample consensus: a paradigm for model fitting with applications to image analysis and automated cartography[J]. Communications of the ACM, 24(6): 381-395.

FREEDMAN D A, 2009. Statistical models: theory and practice[M]. London: Cambridge University Press.

FRIDEMAN J H, 1977. An algorithm for finding best matches in logarithmic expected time[J]. ACM Transactions on Mathematical Software, 3(3): 209-226.

GRODECKI J, DIAL G, 2003. Block adjustment of high-resolution satellite images described by rational polynomials[J]. Photogrammetric Engineering and Remote Sensing, 69(1): 59-68.

HARTLEY R, ZISSERMAN A, 2003. Multiple view geometry in computer vision[M]. London: Cambridge University Press.

IIJIMA T, 1962. Basis theory on the normalization of pattern (in case of typical one-dimensional pattern)[J]. Bulletin of Electro-technical Laboratory, 26: 368-388.

JOGLEKAR J, GEDAM S S, MOHAN B K, 2014. Image matching using SIFT features and relaxation labeling technique:a constraint initializing method for dense stereo matching[J]. IEEE Transactions on Geoscience and Remote Sensing, 52(9): 5643-5652.

LINDEBERG T, 1994. Scale-space theory: a basic tool for analyzing structures at different scales[J]. Journal of applied statistics, 21(2): 225-270.

LIU J, WANG D H, MAO G M, 2004. High precision stereo positioning of IKONOS satellite images based on RPC model[J]. Bulletin of Surveying and Mapping, 327(9): 1-3.

LOWE D G, 2004. Distinctive image features from scale-invariant keypoints[J]. International Journal of Computer Vision, 60(2): 91-110.

MIKOLAJCZYK K, 2002. Detection of local features invariant to affines transformations[D].Grenoble:Institut National Polytechnique de Grenoble-INPG.

MIKOLAJCZYK K, SCHMID C, 2005. A performance evaluation of local descriptors[J]. IEEE Transactions on Pattern Analysis and Machine Intelligence, 27(10): 1615-1630.

MORANDUZZO T, MELGANI F, 2012. A SIFT-SVM method for detecting cars in UAV images[C]//2012 IEEE International Geoscience and Remote Sensing Symposium. Munich：IEEE, 2012: 6868-6871.

MUJA M, LOWE D G, 2009. Fast approximate nearest neighbors with automatic algorithm configuration[C]//The Fourth International Conference on Computer Vision Theory and Applications, Lisboa, 331-340.

MUJA M, LOWE D G, 2014. Scalable nearest neighbor algorithms for high dimensional data[J]. IEEE Transactions on Pattern Analysis and Machine Intelligence, 36(11): 2227-2240.

RAGURAM R, CHUM O, POLLEFEYS M, et al., 2013. USAC: a universal framework for random sample consensus[J]. IEEE Transactions on Pattern Analysis and Machine Intelligence, 35(8): 2022-2038.

SIRMACEK B, UNSALAN C, 2009. Urban-area and building detection using SIFT keypoints and graph theory[J]. IEEE Transactions on Geoscience and Remote Sensing, 47(4): 1156-1167.

VURAL M F, YARDIMCI Y, TEMIZEL A, 2009. Registration of multispectral satellite images with orientation-restricted SIFT[C]//2009 IEEE International Geoscience and Remote Sensing Symposium. Cape Town：IEEE, 3: III-243-III-246.

WAN Y, ZHANG Y J, 2017. The P2L method of mismatch detection for push broom high-resolution satellite images[J]. ISPRS Journal of Photogrammetry and Remote Sensing, 130: 317-328.

XU Q Z, ZHANG Y, LI B, 2014. Improved SIFT match for optical satellite images registration by size classification of blob-like structures[J]. Remote Sensing Letters, 5(5): 451-460.

YANG X H, 2000. Accuracy of rational function approximation in photogrammetry[C]//The 2000 ASPRS Annual Conference, Washington：American Society for Photogrammetry and Remote Sensing, 22-26.

ZHANG G, LI D R, 2007. The algorithm of computation RPC model's parameters for satellite imagery[J]. Journal of Image and Graphics, 12(12): 2080-2088.

ZHANG L, ZHANG J X, CHEN X Y, 2008. Block-adjustment with sparse GCPs and SPOT-5 HRS imagery for the project of west China topographic mapping at 1：50000 scale[C]//2008 International Workshop on Earth Observation and Remote Sensing Applications. Beijing：IEEE, 1-7.

第 *3* 章

基于相位相关扩展的异源卫星影像匹配

3.1 引言

随着传感器技术和航天航空技术的不断发展，我国的遥感技术已经进入高空间分辨率、高时间分辨率、快速动态地提供对地观测数据的新阶段。但是，受自然及技术等因素的制约，实际应用中很难获得覆盖同一区域的同源、同时相卫星影像，而同一区域不同传感器、不同分辨率、不同观测角度、不同时相的异源卫星影像却比较容易获取（戴激光，2013；宋伟东 等，2011）。因此研究多源卫星影像之间的自动匹配具有重要的理论意义和实践意义。相较于同源卫星影像匹配，异源卫星影像的匹配中有更多困难需要解决。

待匹配的两景影像数据往往是由不同传感器在不同时刻获取的，同一地物在两景影像上往往呈现不同的像元值与对比度，最终导致两景影像之间存在非线性辐射差异。影像之间的非线性辐射差异不仅造成传统匹配算法中基于灰度窗口相关的算法出现大量误相关，甚至相关失败的情况，而且对基于特征的匹配算法也造成很大困难。因为非线性辐射差异会导致两景影像在进行特征提取与描述时，容易出现同名特征点对的点位之间存在偏差和特征向量差异巨大等情况。因此，如何在存在非线性辐射差异的两景影像上获取正确且均匀的同名点仍是目前影像匹配中亟待解决的关键问题（凌霄，2017）。

各传感器之间存在分辨率、拍摄视角等差异，造成所获取的影像之间存在显著的几何差异。由于卫星影像往往带有 RPC 信息，通过两景影像的 RPC 信息能够恢复影像之间的初步几何转换关系，因此目前在处理两景卫星影像之间几何差异时常见的做法是结合影像各自的 RPC 与拍摄区域平均高程面信息（或全球 SRTM），将两景影像均纠正到全球经纬度坐标系下，以消除两景影像之间的整体缩放比例与旋转差异（Duan et al.，2016；熊金鑫 等，2013；袁修孝 等，2009）。但是，局部区域仍可能存在残余缩放比例和旋转差异，这些差异需要在匹配算法中进行考虑，以增强算法的鲁棒性。

异源影像之间极可能存在很长的获取时间间隔，因此影像覆盖区域的部分地物往往发生了明显变化，两景影像之间的相关性大大降低，对匹配算法的稳定性提出极大考验。地物的变化不仅变相降低了两景影像之间的重复性，造成匹配点对数量下降，往往还会增加误匹配概率。因此，需要充分考虑异源卫星影像的成像特点，并转化成约束条件加入算法中抑制误匹配或者剔除误匹配，增强算法的鲁棒性。在卫星影像处理中，常见的约束条件有核线约束（耿蕾蕾 等，2012；季顺平 等，2010）和连续性约束（张永军 等，2014；Ma et al.，2015）。

本章在充分理解和深入挖掘相位相关算法与 Log-Gabor 滤波器各自特征的基础上，针对异源卫星影像匹配存在的上述三方面关键问题，特别是非线性辐射差异问题，提出基于相位相关扩展算法的异源卫星影像频率域自动匹配方法。

3.2 基于傅里叶变换的影像配准

3.2.1 相位相关

Kuglin 等（1975）在傅里叶移位定理（Fourier shift theorem）的理论基础上提出了相位相关算法，对存在相对偏移的两景影像进行配准。为了能够清晰描述相位相关的具体过程，需要先说明傅里叶分析的一些常用术语。一景影像 $f(x, y)$ 经傅里叶变换后得到的频谱 $F(\omega_x, \omega_y)$ 是复函数，即在每个频率 (ω_x, ω_y) 处的函数值不仅有实数部分 $R(\omega_x, \omega_y)$，还有虚数部分 $I(\omega_x, \omega_y)$：

$$F(\omega_x, \omega_y) = R(\omega_x, \omega_y) + iI(\omega_x, \omega_y) \tag{3-1}$$

式中，$i = \sqrt{-1}$，表示虚数。

更常见的是如下指数形式的表达式：

$$\begin{cases} F(\omega_x, \omega_y) = |F(\omega_x, \omega_y)| e^{i\phi(\omega_x, \omega_y)} \\ |F(\omega_x, \omega_y)|^2 = R^2(\omega_x, \omega_y) + I^2(\omega_x, \omega_y) \end{cases} \tag{3-2}$$

式中，$\phi(\omega_x, \omega_y) = \tan^{-1}\left[\dfrac{I(\omega_x, \omega_y)}{R(\omega_x, \omega_y)}\right]$，为 (ω_x, ω_y) 处的相位；$|F(\omega_x, \omega_y)|$ 为 (ω_x, ω_y) 处的幅值。

对于给定的两景影像 f_1 和 f_2，假设它们之间只存在偏移 (d_x, d_y)，即

$$f_2(x, y) = f_1(x - d_x, y - d_y) \tag{3-3}$$

则它们对应的频谱 F_1 和 F_2 之间存在如下关系：

$$F_2(\omega_x, \omega_y) = e^{-i\phi(\omega_x d_x, \omega_y d_y)} F_1(\omega_x, \omega_y) \tag{3-4}$$

由式（3-4）可以看出，两景影像之间的偏移仅产生频谱的相位差而不影响其幅值。因此，先通过如下公式计算两个频谱之间的互功率谱（cross-power spectrum）：

$$\frac{F_1(\omega_x, \omega_y)F_2^*(\omega_x, \omega_y)}{|F_1(\omega_x, \omega_y)F_2^*(\omega_x, \omega_y)|} = e^{-i\phi(\omega_x d_x, \omega_y d_y)} \tag{3-5}$$

式中，F^* 为 F 的共轭复数。

由傅里叶移位定理可知，两景影像之间互功率谱的相位值等于两者之间的相位差。通过将两景影像之间互功率谱进行傅里叶逆变换，得到的相位相关图像是一景脉冲图像，除了在偏移 (d_x, d_y) 处不为零外，其余所有地方的值都接近于零，这样即可获得两景影像之间的偏移量。由于此时得到的偏移量精度是整像素级别，无法满足高精度要求，Foroosh 等（2002）提出通过构建升采样影像相位相关的解析表达式来达到亚像素级配准精度。

相位相关相对于灰度相关有显著的特点（Zitova et al.，2003；Szeliski，2010），基于快速傅里叶变换的相位相关算法复杂度低于灰度相关算法，并且像幅越大，其节省时间的效果越显著。相位相关算法对窄频带噪声（如低频噪声和尖频噪声）具有良好的抗性。傅里叶移位定理的固有假设使所转换的函数具有周期性，会导致最终求解的偏移结果不唯一。为了避免该问题，可以使用窗函数（如汉明窗函数）预先对两景影像进行卷积，或者在影像外围加上用零值填充的边框。

需要特别说明的是，由于基于傅里叶变换的影像配准算法是计算机视觉中的传统方法，因此使用计算机视觉中经典的莱娜图（Lenna）对相关基础理论进行阐述。图 3-1 展示了如何使用相位相关算法计算两景影像之间的相对偏移量。实验中两景影像之间的相对偏移为（70,55），分别向两景影像加入密度为 0.04 和 0.02 的椒盐噪声，从图 3-1（c）可以看出，在靠近（70,55）位置有一个尖锐峰值。

（a）参考影像+椒盐噪声　　　　　　　　　　　（b）偏移影像+椒盐噪声

（c）相位相关图

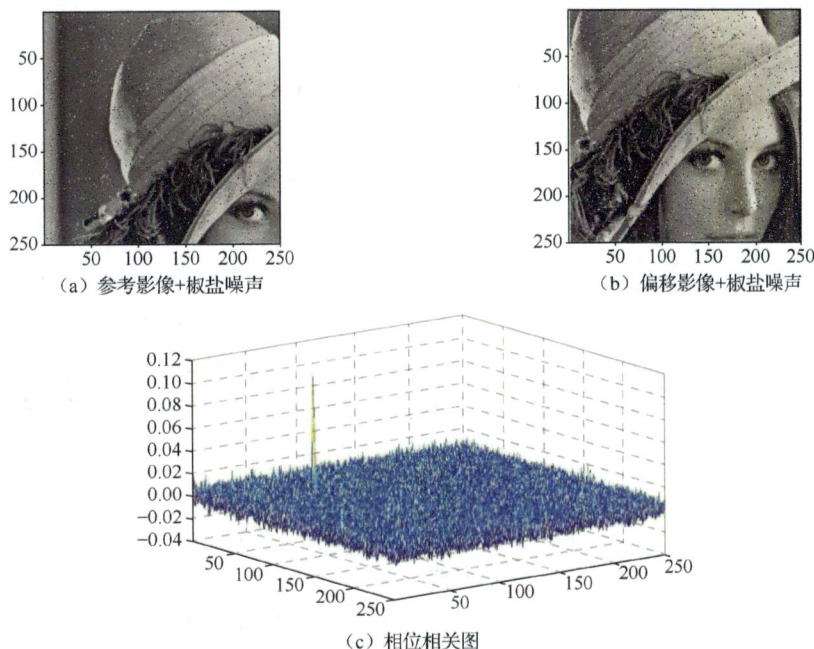

图 3-1　Lenna 影像高斯相位相关算法示例

注：平面两个轴，分别为 x、y，单位均为像素；竖轴为相关响应强度，无量纲。

本章使用以下两个阈值参数来衡量相位相关算法中最终相关结果的可靠性：

1）相关响应强度阈值 T_{mag}。相位相关图中最大响应峰值直接反映了两景影像之间相位相关性的强弱，如果最大响应峰值小于给定阈值 T_{mag}，则认为相位相关失败。

2）次最大响应峰值与最大响应峰值比例阈值 T_{ratio}。在对相位相关图进行非极大值抑制（non-maximum suppression）后，获取相关图中最大响应峰值和次最大响应峰值，若次最大响应峰值与最大响应峰值之比大于 T_{ratio}，则认为两景影像之间相关性不够显著，判定相关失败。

根据 Reddy 和 Chatterji（1996）推荐，选取两个阈值为 $T_{mag}=0.03$ 和 $T_{ratio}=0.75$。

3.2.2　相位相关算法扩展

相位相关算法仅能求解两景影像之间的偏移量，并且对旋转与缩放差异敏感。图 3-2 所示的示例中，待配准影像与参考影像之间并无整体偏移，仅存在相差 5° 的旋转角，但是由两者得到的相位相关图已不是脉冲图，无法从中获取两景影像之间的偏移量。因此，De 和 Morandi（1987）、Reddy 和 Chatterji（1996）对相位相关算法进行拓展，使其能够额外处理影像之间存在旋转和比例缩放的情况。如无特殊说明，本章的"旋转"均指绕影像中心进行旋转，并以逆时针为正；而"缩放"只考虑 x 和 y 方向缩放比例相同的情况。

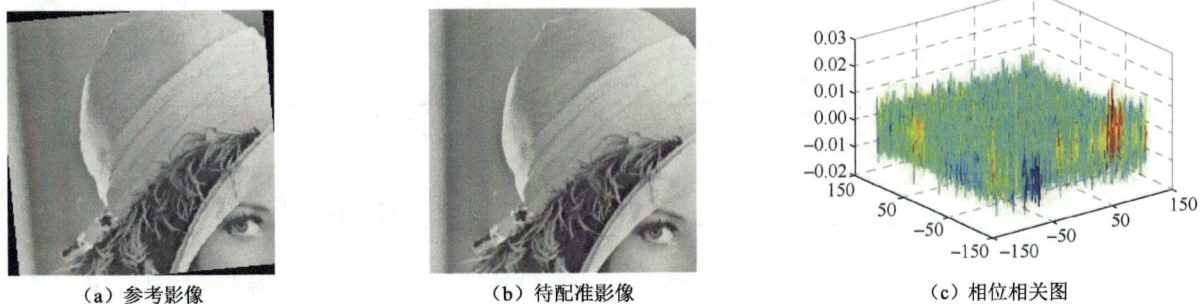

（a）参考影像　　　　　　　（b）待配准影像　　　　　　　（c）相位相关图

图 3-2　旋转角对相位相关算法的影响

注：平面两个轴，分别为 x、y，单位均为像素；竖轴为相关响应强度，无量纲。

首先考虑仅存在旋转和偏移的情况。当两景影像 f_1 和 f_2 之间仅存在偏移 (d_x, d_y) 和旋转 θ_0 时，即

$$f_2(x,y) = f_1(x\cos\theta_0 + y\sin\theta_0 - d_x, -x\sin\theta_0 + y\cos\theta_0 - d_y) \tag{3-6}$$

对两景影像进行傅里叶变换后，两个频谱 F_1 和 F_2 之间的关联如下：

$$F_2(\omega_x, \omega_y) = e^{-i\phi(\omega_x d_x, \omega_y d_y)} F_1(\omega_x\cos\theta_0 + \omega_y\sin\theta_0, -\omega_x\sin\theta_0 + \omega_y\cos\theta_0) \tag{3-7}$$

由式（3-7）可以看出，影像之间的偏移仍只影响两个频谱之间的相位差而不影响幅值，而旋转角 θ_0 会使两幅幅值图之间产生相差 θ_0 大小的角度。因此，先求两个频谱的幅值图 $|F_1|$ 和 $|F_2|$，两者关系如下：

$$|F_2(\omega_x, \omega_y)| = |F_1(\omega_x\cos\theta_0 + \omega_y\sin\theta_0, -\omega_x\sin\theta_0 + \omega_y\cos\theta_0)| \tag{3-8}$$

使用式（3-9）分别将两幅幅值图重采样至极坐标系下，可以得到在极坐标系下两幅幅值图之间的关系[式（3-10）]，即两幅幅值图在极坐标系下仅相差一个偏移量 θ_0，而此角度偏移量可以通过相位相关算法进行求解：

$$\begin{cases} M_1(r,\theta) = |F_1(r\cos\theta_0, r\sin\theta_0)| \\ M_2(r,\theta) = |F_2(r\cos\theta_0, r\sin\theta_0)| \end{cases} \tag{3-9}$$

$$M_2(r,\theta) = M_1(r, \theta - \theta_0) \tag{3-10}$$

当两景影像之间还存在缩放比例差异 s_0 时，其像素灰度关系表示如下：

$$f_2(x,y) = f_1[s_0(x\cos\theta_0 + y\sin\theta_0) - d_x, s_0(-x\sin\theta_0 + y\cos\theta_0) - d_y] \tag{3-11}$$

经傅里叶变换后，幅值关系表示如下：

$$\left|F_2(\omega_x, \omega_y)\right| = \left|F_1\left(\frac{\omega_x\cos\theta_0 + \omega_y\sin\theta_0}{s_0}, \frac{-\omega_x\sin\theta_0 + \omega_y\cos\theta_0}{s_0}\right)\right| \tag{3-12}$$

此时可以通过式（3-13）将两幅幅值图转换到对数极坐标（log-polar coordination）系下，得到它们在对数极坐标系下的关系[式（3-14）]，式中 ln 为以自然 e 为底的对数：

$$\begin{cases} M_1(s,\theta) = \left|F_1(e^s\cos\theta, e^s\sin\theta)\right| \\ M_2(s,\theta) = \left|F_2(e^s\cos\theta, e^s\sin\theta)\right| \end{cases} \tag{3-13}$$

$$M_2(s,\theta) = M_1(s - \ln s_0, \theta - \theta_0) \tag{3-14}$$

图 3-3 从几何上显示了从直角坐标系转换到对数极坐标系的过程。图中，黑块表示相对于中心点具有相同角度的点，而划叉的块表示相对于中心点具有相同径向距离的点。当两景影像在直角坐标系下存在旋转和缩放时，其对应于对数极坐标系下两个坐标轴方向的偏移。经此转换后，旋转角和缩放比例两个未知量成为两幅幅值图之间的偏移量，可以利用相位相关算法求解，具体过程如图 3-4 所示。

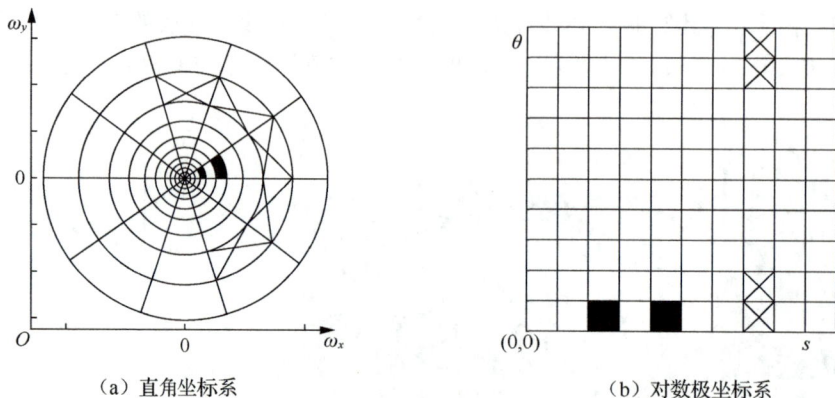

（a）直角坐标系　　　　　　　　　　（b）对数极坐标系

图 3-3　从直角坐标系转换到对数极坐标系的过程示意图

图 3-4 的 Lenna 影像示例为求解两景影像之间旋转和缩放比例参数的过程。实验中两景影像之间的变换参数为 $\theta_0 = 30.00°$，$s_0 = 1.67$，通过相位相关算法求得的计算值为 $\theta_0 = 29.88°$，$s_0 = 1.66$，两者在数值上非常接近。

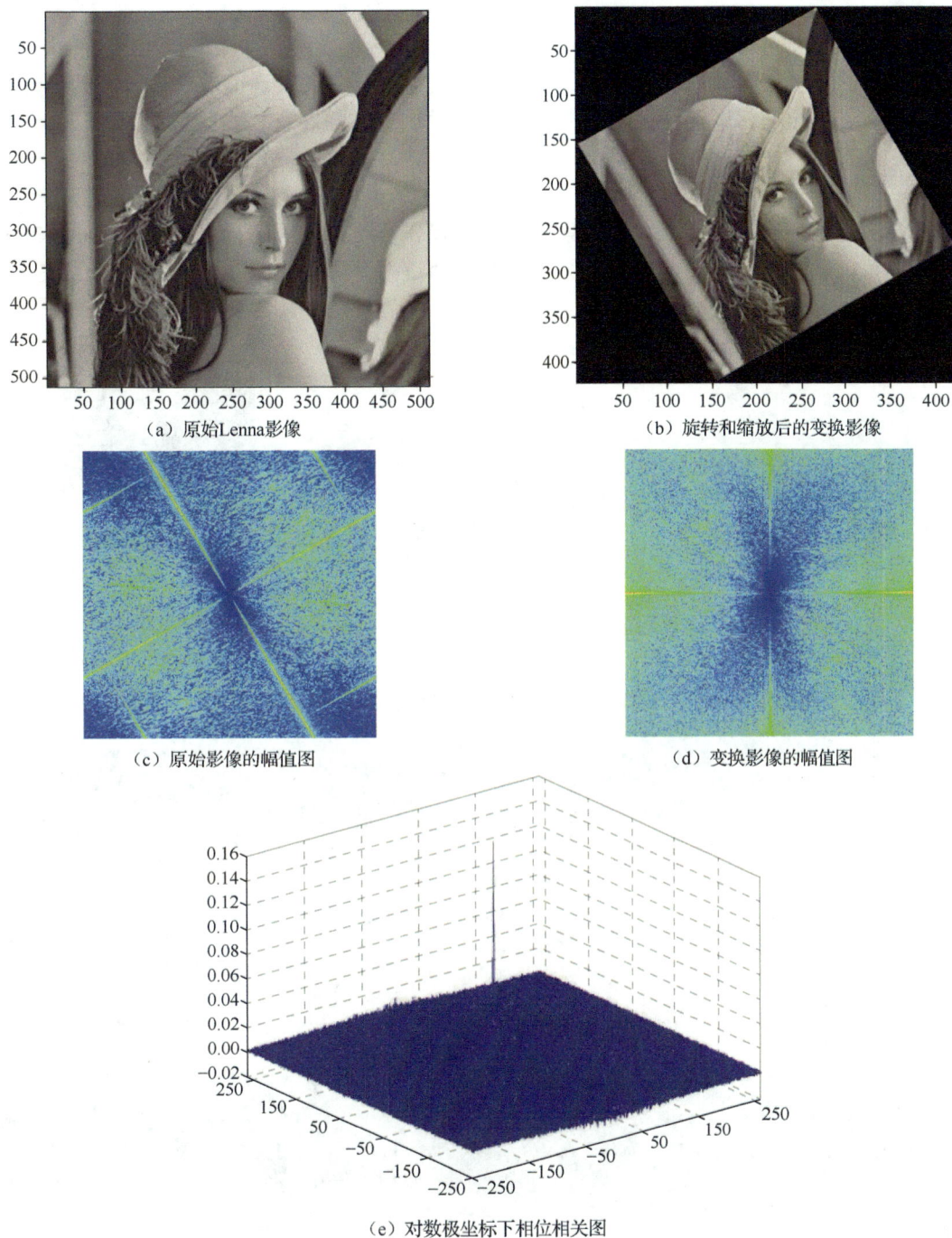

（a）原始Lenna影像

（b）旋转和缩放后的变换影像

（c）原始影像的幅值图

（d）变换影像的幅值图

（e）对数极坐标下相位相关图

图 3-4　基于相位相关扩展算法的旋转与缩放比例求解过程

注：平面两个轴，分别为 x、y，单位均为像素；竖轴为相关响应强度，无量纲。

在求解得到两景影像之间旋转角度 θ_0 和缩放比例 s_0 后，将影像 f_1 或 f_2 进行重采样，消除旋转和比例差异，然后再次使用相位相关算法求解偏移量，最终得到两景原始影像 f_1、f_2 之间的相似变换模型参数 $(\theta_0, s_0, d_x, d_y)$。

3.2.3 存在的问题

虽然经扩展后的相位相关算法能够将两景存在相似变换差异（旋转、缩放和偏移）的影像进行配准，但是仍然有三类常见的配准问题无法处理，接下来将针对这三类问题进行实验说明。

1. 影像之间存在显著的非线性辐射差异

相位相关算法能够在一定程度上容忍两景影像之间存在非均匀光照差异（Zitova et al.，2003），但是随着两景影像之间辐射差异的增加，相位相关的显著度会逐渐下降。图 3-5 中多张有辐射差异的 Lenna 影像测试结果说明了这一点。

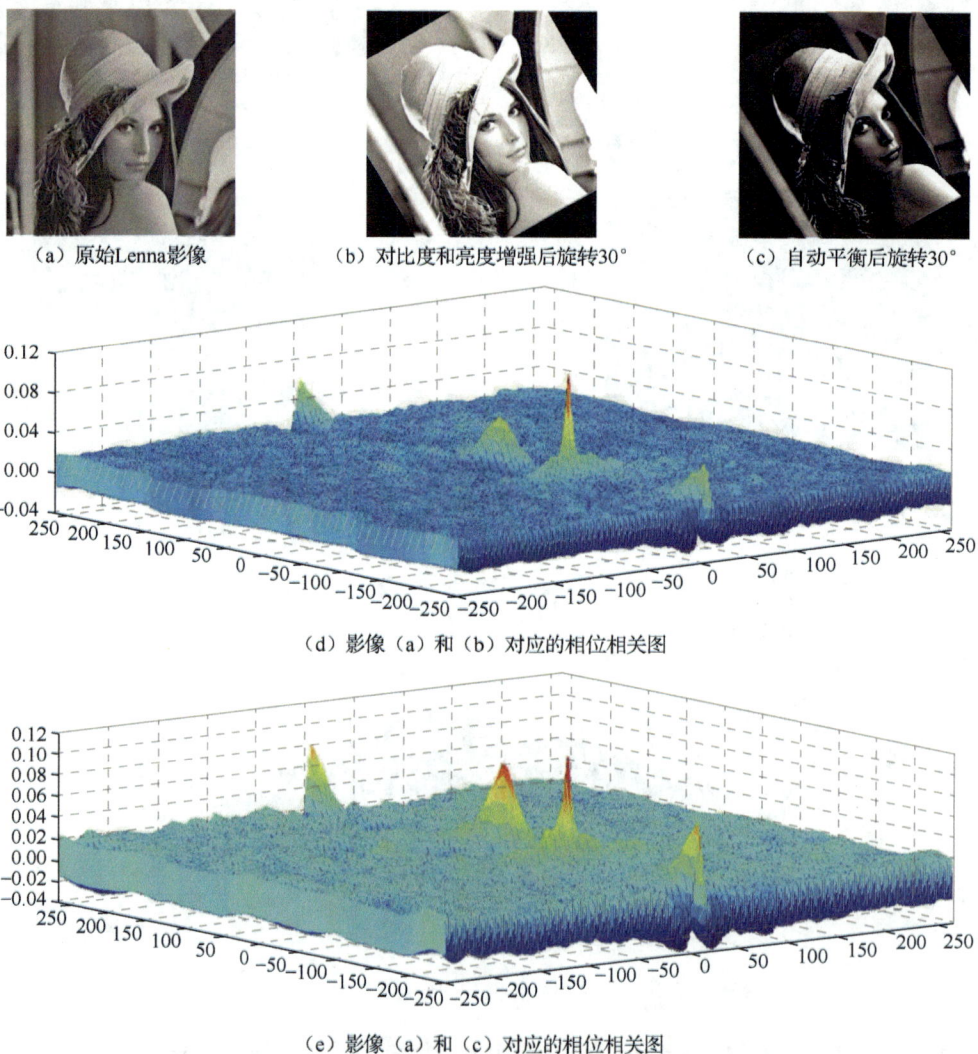

（a）原始Lenna影像　　　　（b）对比度和亮度增强后旋转30°　　　　（c）自动平衡后旋转30°

（d）影像（a）和（b）对应的相位相关图

（e）影像（a）和（c）对应的相位相关图

图 3-5　非线性辐射差异对相位相关扩展算法的影响

注：平面两个轴，分别为 x、y，单位均为像素；竖轴为相关响应强度，无量纲。

从图中可以看出，当两景影像之间的辐射差异并不显著时［图3-5（a）和（b）］，两幅幅值图对应的相位相关图［图3-5（d）］虽然不再是标准的脉冲图，图中除一处对应旋转角30°的尖峰外，还有多处小突起，但是次高峰的响应值并未超过最高峰响应值的 50%，因此相位相关结果仍是可靠的。但是，当两景影像之间的辐射差异非常显著时［图3-5（a）和（c）］，两幅幅值图对应的相位相关图［图3-5（e）］存在多处峰值，最高峰值对应旋转角 30°，但次高峰的响应值超过最高峰响应值的 80%。虽然最高峰对应的参数值和真实转换参数值很接近，但是相关峰值的不显著大幅降低了此结果的可靠性。

2. 影像之间存在较大的缩放比例差异

虽然经扩展后的相位相关算法理论上能够求解两景影像之间任意缩放比例参数，但是这是建立在连续域傅里叶变换的基础上，对于一般影像，所做的傅里叶变换只是离散域的傅里叶变换，因此只有当两景影像之间缩放比例差异不大时扩展相位相关算法才适用。Reddy 和 Chatterji（1996）的研究成果表明，当两景影像之间的缩放比例差异大于 1.8 时，相位相关结果将不再可靠。图 3-6 中多尺度 Lenna 影像的相位相关扩展算法测试也验证了这一点。图 3-6（a）～（c）为原始 Lenna 影像及以 2 为因子对其分别进行一次和两次降采样得到的缩小影像。从图 3-6（d）和（e）这两幅幅值图对应的相位相关图中可以看出，当两景影像之间的缩放比例不小于 2 时，其相位相关图中已很难发现独立的尖峰，只剩下连成一片的"山脊线"，因此通过其最大响应值求解出的缩放比例数值将不再可靠。

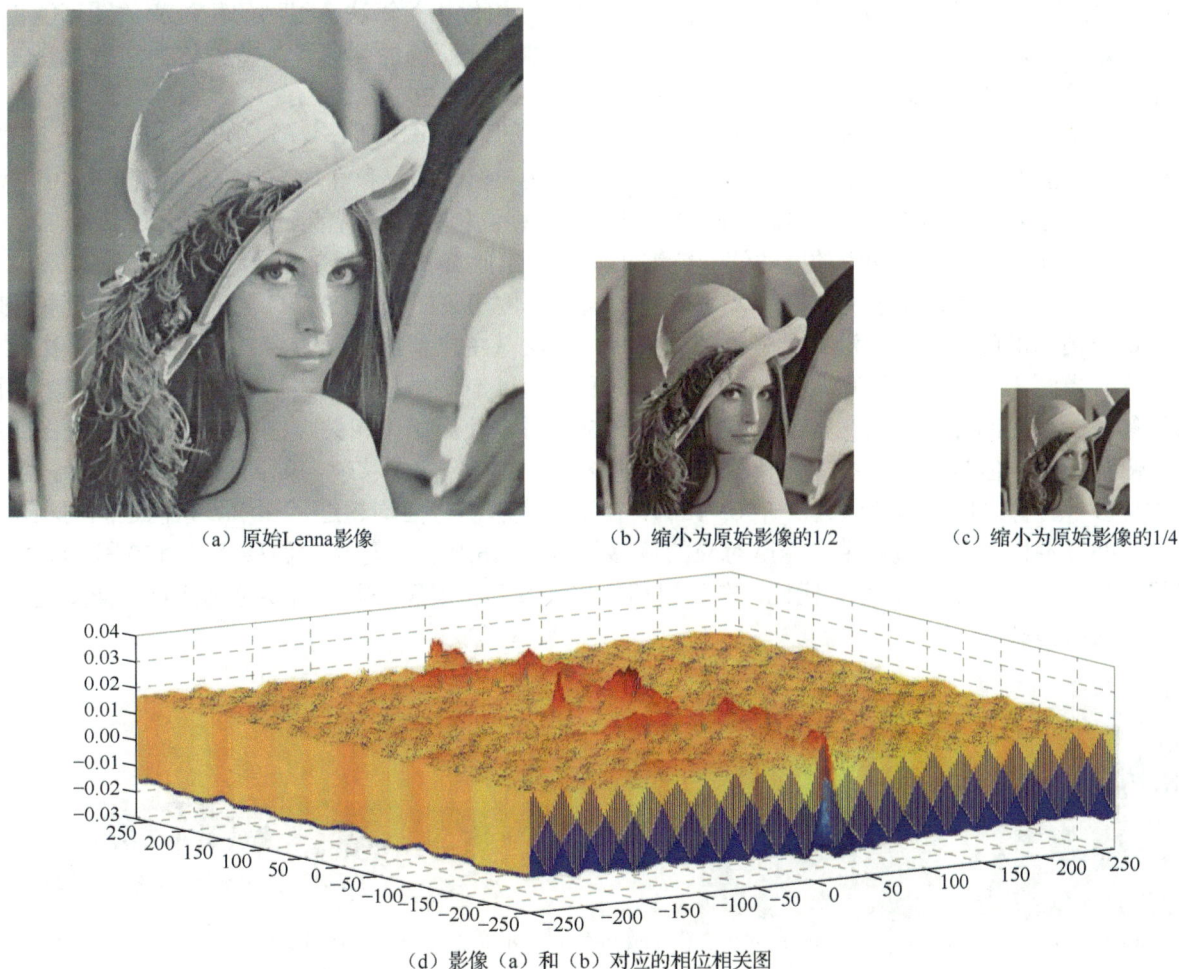

（a）原始Lenna影像　　　　　　　　（b）缩小为原始影像的1/2　　　　　　　　（c）缩小为原始影像的1/4

（d）影像（a）和（b）对应的相位相关图

图 3-6　尺度差异对相位相关扩展算法的影响

注：平面两个轴，分别为 x、y，单位均为像素；竖轴为相关响应强度，无量纲。

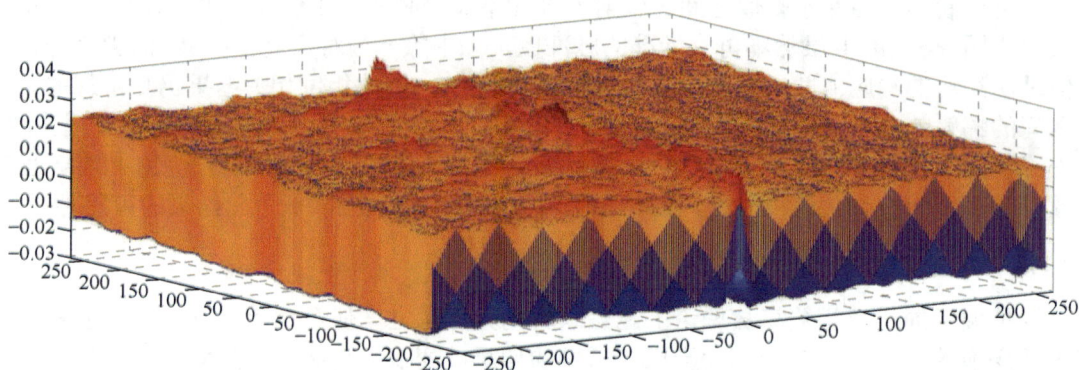

（e）影像（a）和（c）对应的相位相关图

图 3-6 （续）

3. 影像重叠度对相位相关扩展算法稳定性的影响

根据相位相关算法理论，正确计算两景影像之间偏移的前提是两景影像在宽和高两个方向上的重叠度均在 50%以上。若在无法保证此前提的情况下直接使用相位相关算法，得到的相位相关图可能仍是脉冲图，但是其脉冲尖峰所对应的偏移值通常不是两景影像之间正确的偏移量。特别值得注意的是，当使用相位相关扩展算法时，该前提条件将变得更加苛刻（Szeliski，2010）。

对于一景宽为 w、高为 h 的参考影像，当待配准影像的偏移范围在 $(-w/2, -h/2) \sim (w/2, h/2)$ 时，相位相关算法能够得到正确结果。如图 3-7（a）所示，参考影像的宽和高均为 256，如图 3-7（b）所示，待配准影像与它之间的偏移量为（−125,−125），非常靠近相位相关算法所能配准的极限（−128,−128），此时通过它们之间的相位相关图中的脉冲信号能够正确求解出此偏移量。但是，当待配准影像旋转30°后再使用相位相关扩展算法来求解，此时旋转角得到的幅值相位相关图如图 3-7（c）所示。此幅值相位相关图并不是一幅标准的脉冲图，没有显著的独立尖峰，无法从中求解出两景影像之间的旋转角。由此可以看出，只有当两景影像在宽和高两个方向上的重叠度均超过50%时相位相关扩展算法才适用；当待配准影像与参考影像之间的偏移量在宽或高方向上超过50%时，使用相位相关算法得到的相位相关图仍有可能是一幅脉冲图，但是此脉冲图中尖峰所对应的偏移量不再是真实偏移值。如图 3-7（d）所示，此待配准影像与参考影像之间的偏移量为（−150,−150），在影像宽和高方向均超过了50%，它们之间的相位相关图仍是一幅脉冲图，只不过图中尖峰所对应的偏移值是（106,106），与真实偏移值（−150,−150）之间正好相差一个影像周期（256,256）。因此，在使用相位相关及其扩展算法前，需要时刻注意影像重叠度这一算法适用的前提条件。

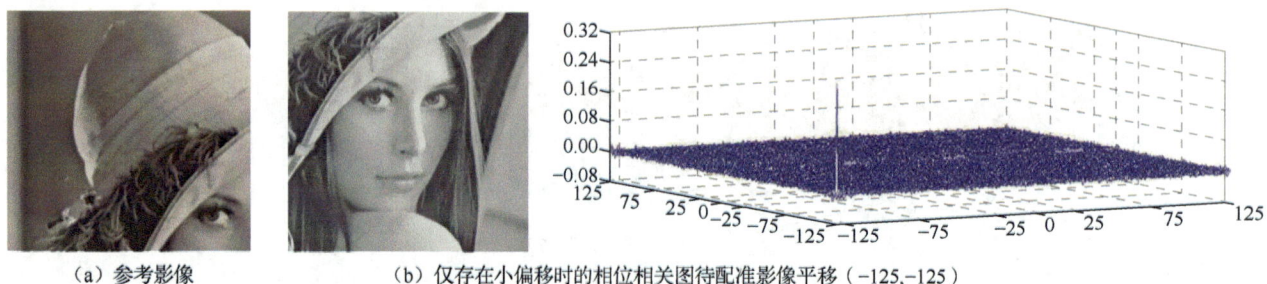

（a）参考影像　　　　　（b）仅存在小偏移时的相位相关图待配准影像平移（−125,−125）

图 3-7　影像重叠度对相位相关扩展算法的影响

注：平面两个轴，分别为 x、y，单位均为像素；竖轴为相关响应强度，无量纲。

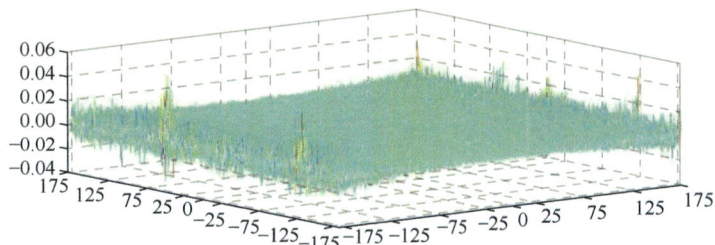

（c）存在偏移与旋转时的相位相关图待配准影像（b）旋转30°

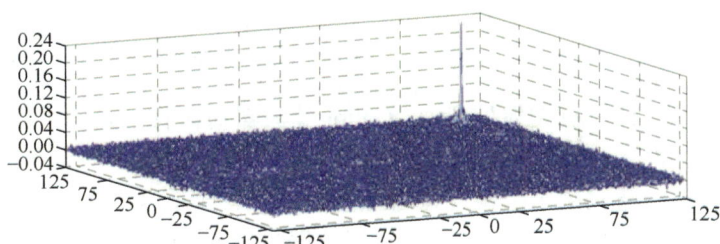

（d）存在大偏移时的相位相关图待配准影像平移（−150，−150）

图 3-7　（续）

3.3　基于 Log-Gabor 滤波的相位相关扩展算法

本节主要针对 3.2.3 节描述的显著非线性辐射差异引起的相位相关峰值不突出和较大的缩放比例差异引起的相关失败两个问题对相位相关扩展算法进行改进，扩展其适用范围并增强鲁棒性。

为了解决影像之间存在的非线性辐射差异问题，很多研究学者通过大量的数据分析和经验积累发现，对于从不同传感器获取的影像虽然同一地物辐射差异很大，但是其几何结构信息在各影像上往往相同，因此可以通过提取各影像的几何结构特征进行匹配（Ye et al.，2016；Anuta，1970；张宏伟，2004；刘汉洲 等，2006）。影像中常用的几何结构特征提取主要分为轮廓梯度提取（Elder et al.，1998；Arbelaez et al.，2011）和傅里叶变换或小波变换后的中高频信息提取（Kovesi，1999；张刚 等，2010）。本章选取小波变换常用的 Log-Gabor 滤波器获取影像中的几何结构信息。

3.3.1　Log-Gabor 滤波器

Gabor 变换最早由 Gabor（1946）提出，为了对信号进行傅里叶变换后提取其中的局部范围特征，引入时间局部化的窗口函数，这是一种窗口傅里叶变换。由于 Gabor 变换只依赖部分时间信息，因此其又被称为短时傅里叶变换。

经科学研究表明，Gabor 滤波器与人类视觉系统中简单细胞对视觉刺激的响应非常相似，具有优良的空间局部性和方向选择性，能够抓住目标局部区域内多方向、多尺度的结构特征（山世光，2004；Feichtinger et al.，2012）。如图 3-8 所示，每一列代表一组实验，其中第一行是脊椎动物视觉皮层感受野，第二行是调节 Gabor 滤波器拟合相应的视觉皮层感受野，第三行是第一行与第二行之间的差值。从两者微乎其微的差值可以看出，Gabor 滤波器与脊椎动物视觉皮层感受野响应非常相似。

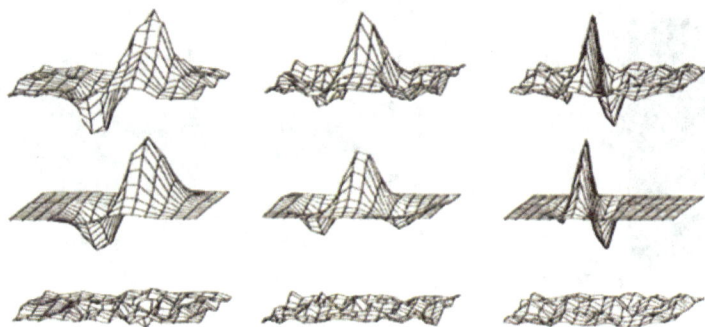

图 3-8　Gabor 滤波器和脊椎动物视觉皮层感受野响应比较

在计算机图像处理中，Gabor 滤波器对影像的边缘非常敏感，能够很好地提取影像中边缘的方向和尺度特性，而且对不同影像拍摄时光照变化不敏感，对各种光照环境具有良好的适应性，因此 Gabor 滤波器被广泛应用于影像边缘信息检测、图像视觉信息提取与理解等领域（Lee，1996；Serrano et al.，2010）。

在二维空间域中，Gabor 滤波器被定义为如下一个用高斯包络函数约束的平面波（Daugman，1985）：

$$g_{\vec{k}}(\vec{x}) = \frac{\vec{k}^2}{\sigma^2} e^{-\frac{\vec{k}^2 \vec{x}^2}{2\sigma^2}} \left(e^{i\vec{k}\vec{x}} - e^{-\frac{\sigma^2}{2}} \right) \tag{3-15}$$

式中，$\vec{x}$ 表示平面二维坐标 (x, y)；$\vec{k}$ 为振荡部分的波长和方向；σ 为高斯窗口宽度和波长的比例。

式（3-15）中，右边括号中的第一项决定了 Gabor 核函数的振荡部分；第二项是直流补偿分量，用来消除影像亮度绝对值差异对核函数的影响，即保证不同亮度值构成的均匀亮度区域的函数响应值相同。

有学者研究发现，无法构造出大带宽（σ 较大）且不包含直流分量的 Gabor 滤波器（肖志涛 等，2002），这意味着当 Gabor 滤波器带宽达到某个值时，滤波器的响应值将受到图像亮度均值的影响，不利于同一物体在不同辐射条件下的结构信息提取。Field（1987）在 Gabor 滤波器的基础上引入 Log-Gabor 滤波器，并且证明 Log-Gabor 滤波器不仅不包含直流分量，而且相比 Gabor 滤波器能够更好地处理自然影像。采用 Log-Gabor 滤波器的目的是获取影像中与方向无关的边缘结构信息。二维 Log-Gabor 滤波器在频率域与方向无关的响应函数为

$$G(\omega_x, \omega_y) = \exp \frac{-\left[\ln\left(\frac{\sqrt{w_x^2 + w_y^2}}{f_0} \right) \right]^2}{2\left[\ln\left(\frac{\sigma}{f_0} \right) \right]^2} \tag{3-16}$$

式中，f_0 为滤波器的中心频率；σ 为滤波器带宽。若保持比例 σ/f_0 恒定，则 Log-Gabor 滤波器的形状也会保持不变。

如图 3-9 所示，当 σ/f_0 为固定值（0.55）时，不同中心频率 f_0 对应的频率域图像与使用这些滤波器对 Lenna 图像进行滤波得到的结果。图中，（a）～（c）是不同中心频率对应的 Log-Gabor 滤波器频率，（d）～（f）是各滤波器在 Lenna 影像上的滤波结果。大的中心频率对应影像中的小尺度结构信息，小的中心频率对应影像中的大尺度结构信息。从图中可以看出，Log-Gabor 滤波器中心频率越低，其频率域响应范围越小，并且越靠近原点（原点即频率为 0 处），对应影像中越"显著"的结构信息，即大尺度特征；相反，中心频率高的 Log-Gabor 滤波器对应影像中的小尺度特征。这种对各尺度中结构信息的增强有利于进行大尺度差异的影像之间相位相关。

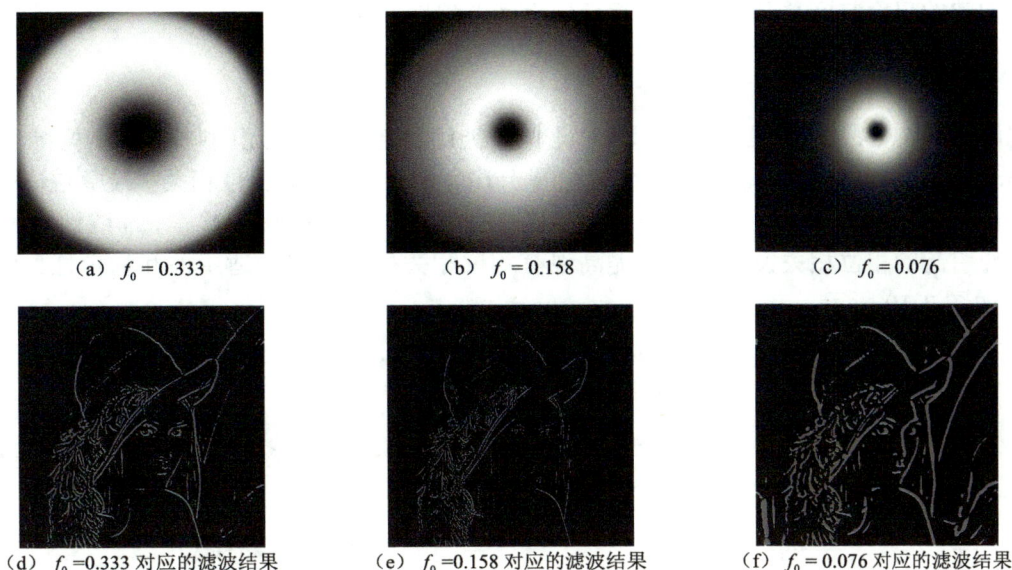

(a) $f_0 = 0.333$　　　　　(b) $f_0 = 0.158$　　　　　(c) $f_0 = 0.076$

(d) $f_0 = 0.333$ 对应的滤波结果　　(e) $f_0 = 0.158$ 对应的滤波结果　　(f) $f_0 = 0.076$ 对应的滤波结果

图 3-9　Log-Gabor 滤波器不同中心频率 f_0 对应的二维图像和 Lenna 影像滤波结果

为了获取 Log-Gabor 滤波器在对数极坐标系下的形式，将直角坐标系到对数极坐标系的转换公式 [式（3-17）] 代入式（3-16）中，得到对数极坐标系下 Log-Gabor 滤波器响应函数 [式（3-18）]：

$$\mathrm{LG}(s,\theta) = G(\mathrm{e}^s \cos\theta, \mathrm{e}^s \sin\theta) \tag{3-17}$$

$$\mathrm{LG}(s,\theta) = \exp\left(-\frac{(s - \ln f_0)^2}{2\left[\ln\left(\dfrac{\sigma}{f_0}\right)\right]^2}\right) \tag{3-18}$$

式（3-18）说明，不考虑方向信息的 Log-Gabor 滤波器在对数极坐标系下的响应函数形式非常简单，就是一维高斯函数在二维某一方向（如 θ 方向）上的延伸。

综上所述，本章选取 Log-Gabor 进行影像几何结构信息提取，主要有以下三点原因：

1）Log-Gabor 滤波器不含直流分量，对局部辐射变化不敏感。基于轮廓梯度提取影像局部结构信息的算法（如 Sobel、Robert、Canny 等）往往依赖影像亮度绝对值的变化，即同一物体轮廓边缘在不同亮度情况下得到的函数响应值不同，导致最终检测结果也不尽相同。鉴于本章需要获取不同源影像中相同的结构信息，因此 Log-Gabor 滤波器比基于轮廓梯度的算法更加适合。

2）Log-Gabor 滤波器能够提取影像中的多尺度结构信息，从而构建结构信息的尺度空间。多尺度结构信息，特别是大尺度结构信息有助于对存在尺度差异的影像进行相位相关，详情可见 3.3.2 节。

3）Log-Gabor 滤波器在对数极坐标系下的响应函数形式非常简单。Log-Gabor 滤波器在对数极坐标系下表现为一维高斯函数在二维空间中的延伸，能够通过二维卷积方式快捷地加入 3.2.2 节所述的相位相关扩展算法中。

为了构建尺度空间，Log-Gabor 滤波器需要设置的参数有比值 σ/f_0、尺度空间层数 N_{scale} 和每层对应的 f_0。但是，通常情况下并不是直接设置每层的 f_0，而是设置最小波长 $\lambda_{\min}$、层间波长比 s。第 i 层的频率 f_0 可以表示为

$$f_0(i) = \frac{1}{(\lambda_{\min} s^{i-1})} \quad (i = 1, 2, \cdots, N_{\mathrm{scale}}) \tag{3-19}$$

根据 Kovesi（1999）推荐，本章设置 Log-Gabor 滤波器各参数值为 $\sigma/f_0 = 0.55$、$N_{\mathrm{scale}} = 3$、$\lambda_{\min} = 3$ 和

$s = 2.1$，即构建的尺度空间总共有三层，相邻层之间的尺度之比为 2：1。

3.3.2 Log-Gabor 相位相关扩展

本章利用 Log-Gabor 滤波器不受辐射变化影响，能够稳定地提取影像中多尺度结构特征的特点，将其与 3.2.2 节介绍的相位相关扩展算法结合，提出基于 Log-Gabor 滤波的相位相关扩展算法（extended phase correlation algorithm based on Log-Gabor filtering，LGEPC）。该算法能够有效解决非线性辐射差异与较大缩放比例差异引起的相位相关失败问题，提高现有相位相关扩展算法的适用性和稳定性。LGEPC 的具体实现流程如图 3-10 所示。

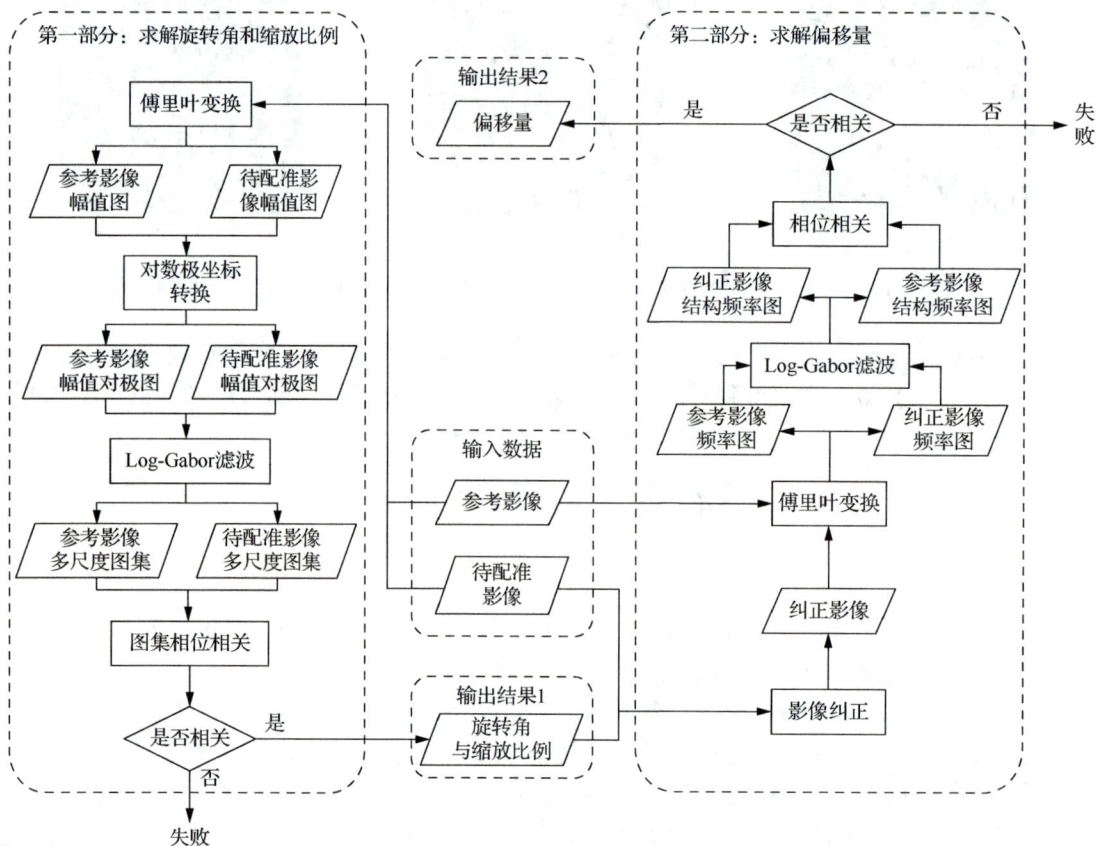

图 3-10　LGEPC 的具体实现流程图

从整体上来说，LGEPC 算法分为两大部分：①求解两景影像之间的旋转角和缩放比例；②将待配准影像进行旋转和缩放纠正后求解其与参考影像之间的偏移量。最后，综合求解出的旋转、缩放和偏移量，得到待配准影像与参考影像之间相似变换的模型参数。

首先讨论第一部分"求解旋转角和缩放比例"中的两个关键步骤。

1）Log-Gabor 滤波。这一步操作是对影像幅值对极图（对数极坐标下的影像幅值图）使用不同中心频率 f_0 的 Log-Gabor 滤波器进行滤波得到多尺度滤波图集合。当两景影像之间存在缩放比例差异时，如参考影像分辨率为 1，而待配准影像分辨率为 r，则待配准影像相对于参考影像缺少波长小于 r，即频率大于 $1/r$ 的信号。若 r 达到一定数值之后，就会造成两景影像之间在求解缩放比例时引起相关失败问题。为了解决这一问题，最直接的方式就是将参考影像中频率大于 $1/r$ 的信号删除后进行相位相关，以增强两景影像之间的相关性。但是，由于 r 本就是待求解的未知量，无法直接用于消除两者之间的差异，因此需要采用 Log-Gabor 滤波构建多尺度图集来完成这一目标。本章选取尺度空间层数 $N_{\text{scale}} = 3$，即使用 $f_{\min}$、

f_{mid} 和 f_{max} 三种中心频率的 Log-Gabor 滤波器对影像幅值对极图进行滤波，得到一个由三幅滤波影像组成的图集 $\{M_{min}, M_{mid}, M_{max}\}$。根据"高频率包含影像的小尺度信息，低频率包含影像的大尺度信息"这一原理，此图集中 M_{min} 对应低中心频率 f_{min} 的滤波结果，包含的是原始影像中的大尺度结构信息；同样，M_{mid} 对应 f_{mid}，包含原始影像中的中尺度结构信息；M_{max} 对应 f_{max}，包含原始影像中的小尺度结构信息。M_{min}、M_{mid} 和 M_{max} 三幅滤波图是原始影像中不同层次的结构信息，三者之间基本没有信息上的重叠。为了方便后续图集之间的相位相关，本章构建的尺度空间属于过完备尺度空间，即类似于影像金字塔，上层影像信息会被完全包含在下一层影像中。用数学公式表达尺度空间 $\{S_{top}, S_{middle}, S_{bottom}\}$ 与滤波图集 $\{M_{min}, M_{mid}, M_{max}\}$ 的关系如下：

$$\begin{cases} S_{top} = M_{min} \\ S_{middle} = \sqrt{(M_{min}^2 + M_{mid}^2)} \\ S_{bottom} = \sqrt{(M_{min}^2 + M_{mid}^2 + M_{max}^2)} \end{cases} \tag{3-20}$$

从式（3-20）可以看出，S_{top} 中只包含大尺度结构信息，S_{middle} 中包含大尺度和中尺度结构信息，S_{bottom} 中包含大、中、小三个尺度的所有结构信息，这样构建的尺度空间形式上类似影像金字塔。由于此尺度空间是基于信号的幅值图，因此使用平方相加再开方的方式进行构建。本章将 $\{S_{top}, S_{middle}, S_{bottom}\}$ 也称为多尺度图集 SL。

2）图集相位相关。经过 Log-Gabor 滤波，可得到参考影像的多尺度图集 SL_{ref} 与待配准影像的多尺度图集 SL_{match}。图集相位相关通过两个图集中两幅图像相位相关结果获取其中相关程度最高的一组来求解旋转和缩放比例参数，具体步骤如下：对于每一幅在 SL_{ref} 中的图像 $SL_{ref}(i)(i = 1, 2, \cdots, N_{scale})$，计算它与 SL_{match} 中每幅图像 $SL_{match}(j)(j = 1, 2, \cdots, N_{scale})$ 之间的相位相关图，并使用 3.2.1 节描述的方法进行相关结果可靠性检测。若通过检测，则记录此相位相关图中最大峰值与所对应的旋转、缩放比例参数等信息 $Rec(i, j)$，寻找所有 $Rec(i, j)$ 中的最大峰值作为最终的相位相关结果。

接下来讨论第二部分"求解偏移量"中的两个关键步骤。

1）影像纠正。此步骤使用第一部分求解的旋转和缩放比例参数对影像进行纠正，从而消除两景影像之间的旋转和比例差异。为了方便绘制，图 3-10 中显示的是对待配准影像进行影像纠正来消除与参考影像之间的几何差异，实际操作中可以先根据缩放比例参数判别两景影像的分辨率高低，然后根据实际应用要求高效率还是高精度采取相应的纠正策略：若追求高效率，则对分辨率较高的影像进行降采样；相反，若追求高精度，则对分辨率较低的影像进行升采样，提高其分辨率。

2）Log-Gabor 滤波。此处 Log-Gabor 滤波是为了提取影像中的所有结构信息，去除辐射差异的干扰，因此与第一部分的 Log-Gabor 滤波不同，这里不需要构建尺度空间。使用不同中心频率的 Log-Gabor 滤波器对频率图进行滤波，将得到的三幅滤波结果叠加在一起，得到最终的结构频率图。

下面在 Lenna 影像上测试 LGEPC 算法对辐射差异与大比例差异的抵抗性。整个测试分为两部分：①当两景影像之间仅存在非线性辐射差异和偏移时，LGEPC 算法能否成功将相似变换模型退化成偏移模型；②当两景影像之间同时存在非线性辐射差异、大比例差异和旋转时，LGEPC 算法能否正确求解各转换参数的数值。

第一组测试数据如图 3-11 所示，两景影像的大小均为 400 像素×400 像素，偏移量为（-100, -100），且两者之间存在明显的非线性辐射差异。由于两景影像之间并不存在缩放比例差异，理论上当 LGEPC 算法完成构建参考影像与待配准影像的多尺度图集 $SL_{ref}\{S_{top}, S_{middle}, S_{bottom}\}$ 和 $SL_{match}\{S_{top}, S_{middle}, S_{bottom}\}$ 时，两个图集之间的相位相关结果应该有如下特征：

1）三对对应尺度的图像对 (S_{top}, S_{top})、(S_{middle}, S_{middle})、(S_{bottom}, S_{bottom}) 的相关性高于其他非对应尺度图像对的相关性。

2）两幅图像的尺度越接近，其相位相关程度越高。例如，图像对 (S_{top}, S_{top}) 相关性>(S_{top}, S_{middle}) 相关性>(S_{top}, S_{bottom}) 相关性。

（a）参考影像　　　　　　　　　　（b）待配准影像

图 3-11　LGEPC 算法第一组测试数据

两个图集 SL_{ref} 与 SL_{match} 之间的相位相关结果如表 3-1 所示，可以看到所有的相关结果都是标准的脉冲图像，且所有的尖峰都在原点，这意味着进行相关的两景影像之间不存在旋转和比例差异，与真实情况相符。虽然九幅相位相关图的响应峰值高低各不相同，但是实验结果和理论分析结果一致：①表格对角线上三幅相位相关图代表同尺度图像对的相关性，它们的峰值都很高，并且均高于其他不同尺度图像对的结果［图像对 (S_{middle}, S_{bottom}) 的相关结果除外］；②对于表格的每一行和每一列，越靠近对角线峰值越高，即尺度差异越小的图像对的相位相关性越高。

表 3-1　第一组测试数据多尺度图集 SL_{ref} 与 SL_{match} 之间的相位相关结果

SL_{ref}	SL_{match}		
	S_{top}	S_{middle}	S_{bottom}
S_{top}	峰值=0.135	峰值=0.128	峰值=0.108
S_{middle}	峰值=0.090	峰值=0.151	峰值=0.149
S_{bottom}	峰值=0.060	峰值=0.124	峰值=0.149

注：1. 为了方便进行峰值比较，所有相位相关图的 z 轴最大值均设置为 0.16。

2. 表中各图平面两个轴为 x、y，表示相关相位偏移量，单位为 mm；竖轴为 z，表示相关峰值，单位为 mm。

　　LGEPC 算法在完成两个多尺度图集之间相位相关，获得参考影像与待配准影像之间的旋转角 $\theta_0 = 0$ 与缩放比例 $S_0 = 1$ 后，即可求解参考影像与待配准影像之间的偏移量。图 3-12 显示了最终求解偏移量时的相位相关图，图中尖峰响应值为 0.411，非常显著，完全没有受到两景影像之间非线性辐射差异的影响。图中尖峰所在的平面坐标为（-100，-100），正是待配准影像与参考影像之间的真实偏移量。

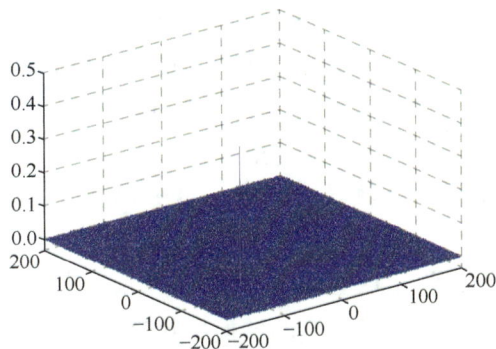

图 3-12　LGEPC 算法求解第一组测试数据偏移量时的相位相关图

注：平面两个轴，分别为 x、y，单位均为像素；竖轴为相位相关值，无量纲。

　　由第一组测试数据的结果可以看到，当参考影像与待配准影像之间仅存在偏移而没有旋转和缩放比例差异时，LGEPC 算法在第一部分求解两景影像之间旋转和比例参数时不受非线性辐射差异的影响，构建的两个多尺度图集之间相位相关性很强，特别是同尺度图像之间相位相关性要强于非同尺度图像之间相位相关，与理论分析相符，说明算法第一部分具有较好的稳定性。LGEPC 算法在第二部分不仅正确求解出待配准影像相对于参考影像的偏移量，而且得到的相位相关图是带有显著尖峰的标准脉冲图像，一方面说明从相位相关图中获取的偏移结果非常可靠，另一方面也说明 LGEPC 算法对两景影像之间存在非线性辐射差异的情况有很好的鲁棒性。

　　第二组测试数据如图 3-13 所示，其中参考影像大小为 512 像素×512 像素，待配准影像大小为 177 像素×177 像素。两景影像之间不仅存在非线性辐射差异，还存在 $\theta_0 = 30°$ 的显著旋转和 $S_0 = 4$ 的缩放比例差异，即待配准影像是对参考影像进行色彩区域自动平衡后，影像宽和高方向均缩小为原来的 1/4，再旋转 30°后得到的重采样影像。

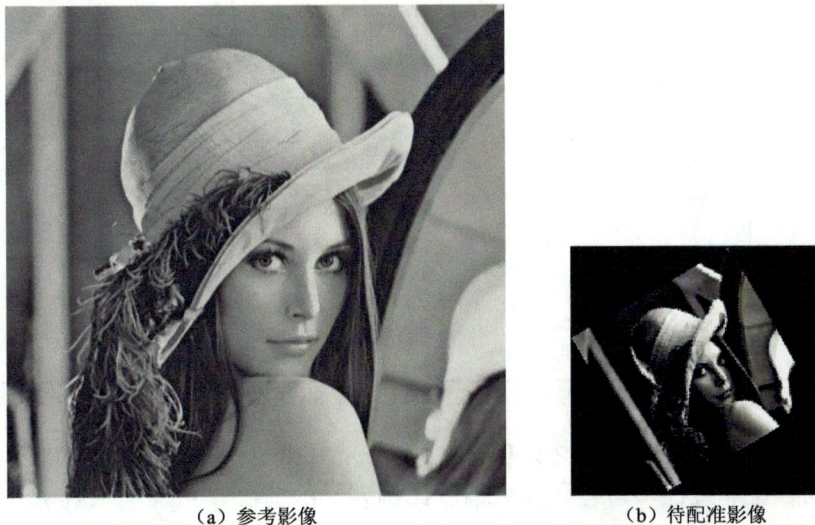

（a）参考影像　　　　　　　　　　（b）待配准影像

图 3-13　LGEPC 算法第二组测试数据

当使用 3.3.1 节叙述的参数 $N_{\text{scale}}=3$，$\lambda_{\min}=3$，$s=2.1$ 时，LGEPC 算法构建的多尺度图集 $\{S_{\text{top}},S_{\text{middle}},S_{\text{bottom}}\}$ 中相邻两层之间的尺度差异为 2.1，可以近似地认为 S_{bottom} 几乎包含原始影像中的所有结构信息，S_{middle} 中包含的是将影像缩小为原始尺寸的 1/2.1 后保留下来的结构信息，S_{top} 中包含的是将影像缩小为原始尺寸的 1/(2.1×2.1)=1/4.41 后保留下来的结构信息。因此，理论上，当待配准影像在宽和高方向上均为参考影像 1/4 时，LGEPC 算法构建的参考影像多尺度图集 SL_{ref} 与待配准影像多尺度图集 SL_{match} 之间、图像对 $(S_{\text{top}},S_{\text{bottom}})$ 之间的尺度差异最小，它所对应的相位相关图中响应峰值应该最大。

表 3-2 所示为多尺度图集 SL_{ref} 与多尺度图集 SL_{match} 之间的相位相关结果。为了方便峰值比较，相位相关图的 z 轴最大值均设置为 0.07。从表中可以看出：

1）图像对 $(S_{\text{top}},S_{\text{bottom}})$ 相位相关图中尖峰显著，并且其响应峰值是九幅相位相关图中最大的，与理论分析结果一致。

2）相关成功的三组图像对 $(S_{\text{top}},S_{\text{middle}})$、$(S_{\text{top}},S_{\text{bottom}})$、$(S_{\text{middle}},S_{\text{bottom}})$ 是所有图像对中尺度差异最小的三组，此三组对应的转换参数解都非常接近真实的转换参数值。

3）图像对 $(S_{\text{bottom}},S_{\text{bottom}})$ 相关失败，说明如果只提取两景影像中所有结构信息，就直接进行相位相关是无法得到正确结果的，同样也说明构建多尺度图集来增强相位相关算法对影像之间存在大尺度差异的抗性是有效的。

表 3-2　第二组测试数据多尺度图集 SL_{ref} 与 SL_{match} 之间的相位相关结果

SL_{ref}	SL_{match}		
	S_{top}	S_{middle}	S_{bottom}
S_{top}	相关失败	峰值=0.037 $\theta_0=29.26°$　$s_0=3.78$	峰值=0.063 $\theta_0=30.17°$　$s_0=3.92$
S_{middle}	相关失败	相关失败	峰值=0.044 $\theta_0=30.43°$　$s_0=4.01$
S_{bottom}	相关失败	相关失败	相关失败

注：表中各图平面两个轴为 x、y，表示相关相位偏移量，单位为 mm；竖轴为 z，表示相关峰值，单位为 mm。

以上两组 Lenna 影像的测试结果均说明 LGEPC 算法是对相位相关算法适用性的有效扩展，能够稳定地处理两景影像之间存在非线性辐射差异和大缩放比例差异的情况，正确地求解两景影像之间存在的相似变换参数。LGEPC 算法除包括相位相关算法参数和 Log-Gabor 滤波器参数外，并无其他参数需要设置，因此 LGEPC 参数设置只需查看 3.2.1 节相位相关算法参数设置和 3.3.1 节 Log-Gabor 滤波器参数设置即可。

3.4 分块化相位相关扩展算法

本节在 3.3 节 LGEPC 算法的基础上，解决 3.2.3 节提出的影像重叠度对相位相关算法稳定性影响显著的问题。通过对这一问题更加精确地分解与剖析，认为该问题包含以下三种情况，需要针对各种情况制定相应的对策。

1）影像重叠度不高。影像之间重叠范围内存在变化区域时也属于这类情况。针对这类情况，通用的处理办法就是对影像进行分块。为待配准影像打上宽为 w、高为 h 的格网，然后分别对每个格网进行处理。对于每个格网中的影像块，如果此影像块处于两景原始影像之间非重叠区域，则它与参考影像上的备选区域进行相位相关时失败概率很大；如果此影像块处于两景原始影像之间重叠区域，则此影像块与参考影像上的备选区域的重叠度很高，甚至可能完全包含于参考影像的备选区域，此时对两者进行相位相关时成功概率很大，很有可能得到正确的转换模型参数。

2）同名搜索范围大。当使用分块策略对两景影像进行相位相关时，若搜索范围较大，如是 N 倍的影像块大小，则对于待配准影像上的每个影像块都需要进行至少 N 次相位相关，才能得到原始影像最终的相位相关结果，不仅大幅降低了算法的运行效率，而且由于每个影像块均对应非常多的相位相关图，要从这些相位相关图中得到可靠结果的难度也大幅增加。其可行的解决方法是对参考影像和待配准影像构建影像金字塔，由于影像金字塔上层对应的搜索范围会大幅缩小，因此有利于快速地对两景影像进行初始配准，然后根据初始配准结果引导原始影像进行相位相关。

3）误相关结果剔除。使用分块策略对两景影像进行相位相关时，每个分块得到的相关结果都有可能是错误的，因此需要设置额外的约束条件剔除相位相关的所有不正确结果，并保留全局最优相关结果。对于卫星影像匹配，常用的约束条件有核线约束（梁艳 等，2014；张永军 等，2014）和平滑约束（Ma et al.，2015；袁修孝 等，2012；Zhang et al.，2006）等。

3.4.1 算法流程

基于以上分析与总结，本节在 3.3 节 LGEPC 算法的基础上，提出分块化相位相关扩展算法（patch-based extended phase correlation algorithm，PEPC）。为避免歧义，各影像块的转换模型均以整景影像的中心为原点，转换模型参数和搜索半径均以原始影像像素为单位。PEPC 算法的关键步骤如下：

1）构建影像金字塔。为了保证运行效率并减小误相关概率，设定在 $w \times w$ 影像块进行相关时，其对应的搜索范围不能大于 $(n+1)w \times (n+1)w$，即当搜索直径 $2r > (n+1)w$ 时，需要构建影像金字塔。选择比例因子 2（是指 2×2 个像素，在上一级金字塔构成 1 个像素）进行影像金字塔构建，并保证最上层金字塔影像中的搜索范围小于 $(n+1)w \times (n+1)w$，因此金字塔层数 N_{pyrm} 需要满足 $2r < (n+1)w \times 2^{N_{pyrm}-1}$，即

$$N_{pyrm} = \left\lceil \log_2 \frac{2r}{(n+1)w} \right\rceil 。$$

2）影像分块。对影像进行分块的方式有两种，一种是块与块之间带有部分重叠，另一种是块与块之间完全没有重叠。为避免因为真实偏移量为 $w/2$ 而引起所有影像块均相关性不高的极端情况，并增强相邻影像块之间连续性假设，需要对影像进行重叠分块，即先按 $w \times w$ 大小对影像进行非重叠分块，然后对每个影像块进行外扩，使其与相邻影像块之间有 10% 的重叠度。

3）影像块转换参数与搜索半径初始化。分两种情况对影像块转换参数与搜索半径进行初始化：①当待处理的金字塔层数 j 等于 N_{pyrm} 时，影像块中各像素（P_{match}^i）对应的转换参数 T_i^j 中的缩放比例 $S_0 = 1$，旋

转角 $\theta_0 = 0$，偏移 $d_x = 0$、$d_y = 0$，搜索半径 r_i^j 等于初始搜索半径 r；②当 $j \neq N_{pyrm}$ 时，由于已获取 $j+1$ 层影像相关结果 $\{T_i^{j+1}\}$，因此先确定第 j 层第 i 块在第 $j+1$ 层上最邻近的四个分块，然后从转换参数集 $\{T_i^{j+1}\}$ 中取出此四个分块的转换参数，通过双线性内插或者最近邻方式获取 T_i^j。搜索半径 r_i^j 与第 $j+1$ 层的相位相关精度挂钩，本章取其最坏情况，搜索半径为第 $j+1$ 层影像上的 $w/2$ 像素，即原始影像上的 $2^{j-1}w$ 像素。

4）判别疑似误相关影像块。从全局与局部两个方面判别疑似误相关影像块：①从整体上来说，所有影像块的转换模型参数的统计规律应符合正态分布模型。根据前提假设"两景影像之间在全局上符合相似变换模型"，即两景影像之间存在全局相似变换模型，若将影像进行分块，则每个影像块计算出来的相似变换模型参数均受到此全局变换模型影响而靠近其参数值，因此以正态分布模型为全局判别标准，将大于三倍标准差的影像块作为疑似误相关块。②根据前提假设"影像所对应物方表面绝大部分是连续的"，每个影像块的转换模型参数值 T_i^j 与其八邻域影像块的参数值之间属于连续变化。先根据八邻域影像块计算转换模型均值与方差，然后通过 T_i^j 是否在三倍标准差之内判别其是否为疑似误相关影像块。

5）处理疑似误相关影像块。根据上述内容，可以简单快捷地找出全局和局部两个方面疑似误相关的影像块。为了最终确认疑似影像块是否为误相关结果，先根据每个疑似影像块对应的转换参数将其转换到参考影像坐标系中获取两者之间的重叠部分，然后对重叠部分进行相位相关，如果相位相关结果显示偏移量为 0，则说明此影像块并非误相关结果，否则判定其为误相关结果。对于误相关影像块，根据局部连续性的假设，对其赋以八邻域内转换参数的均值。

为了说明 PEPC 算法的效果，在一组资源三号卫星前、后视立体核线影像上进行测试，结果如图 3-14 所示。前视影像与后视影像的大小均为 1600 像素×1600 像素，两景影像只存在 x 方向上的视差，且大体视差范围为 $(-70,30)$。实验中设定 PEPC 算法的三个参数分别为初始搜索半径 $1600/2$、影像块大小 $w \times w = 200$ 像素×200 像素、搜索范围允许最大影像块数目 $n \times n = 3 \times 3$，因此构建的金字塔层数 $N_{pyrm} = \left[\log_2 \left(\dfrac{2r}{(n+1)w} \right) \right] + 1 = 2$。

图 3-14（c）为影像金字塔顶层各影像块求解的视差结果，图中红色表示视差为正，蓝色表示视差为负，且色彩越亮表明视差数值越大，色彩越暗表明视差数值越小，其对应的视差范围为 $(-53,25)$；图 3-14（d）为原始影像层获取的各影像块视差结果，其对应的视差范围为 $(-57,25)$。

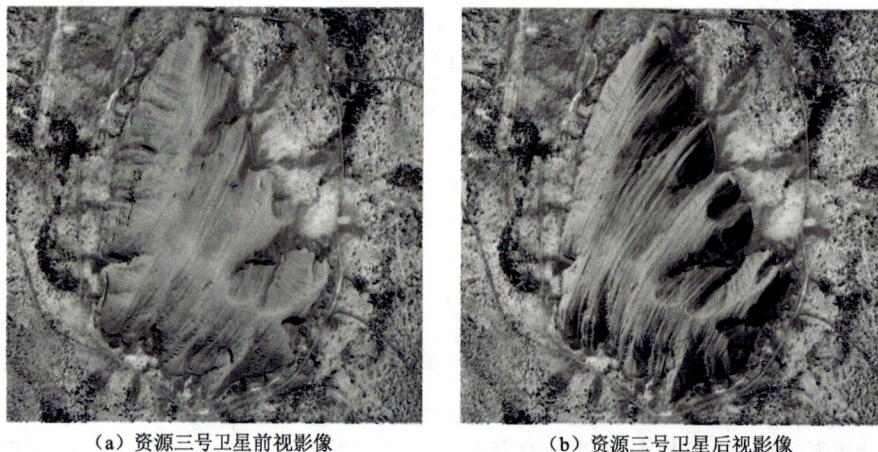

（a）资源三号卫星前视影像　　　　　　　　　　（b）资源三号卫星后视影像

图 3-14　PEPC 算法结果演示

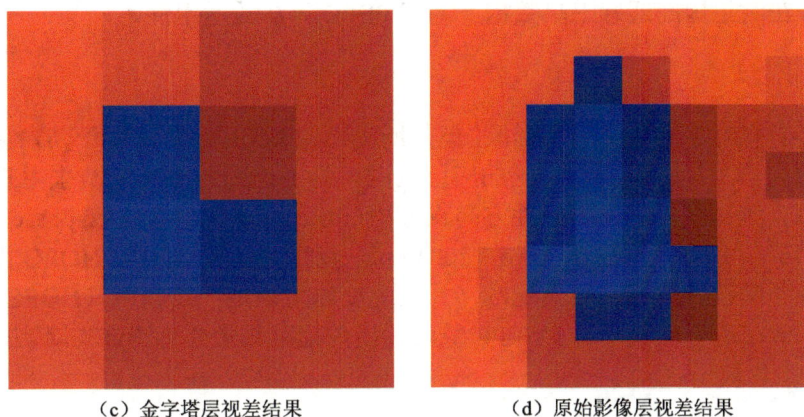

(c) 金字塔层视差结果 　　　　　　 (d) 原始影像层视差结果

图 3-14 （续）

最后，在 PEPC 算法获取待配准影像中各影像块与参考影像之间的转换参数集合 $\{T_i\}$ 后，若需要两景影像之间的同名点对，可以将待配准影像上各影像块的中心点 x_i 当作特征点，然后对每个 x_i 根据对应的转换参数 T_i 计算其在参考影像上的同名点 x_i'，全部计算完成后即可得到同名点对集合 $\{x_i \leftrightarrow x_i'\}$。

3.4.2 算法参数设置

PEPC 算法有三个参数需要设置，分别是初始搜索半径 r、影像块大小 $w \times w$ 及搜索范围允许最大影像块数目 $n \times n$，以下分别进行详细说明。

1）初始搜索半径 r。初始搜索半径不仅影响算法运行效率，而且会对匹配结果的正确性产生影响。但是对于不同卫星影像对，初始搜索半径并不是一个确定值，而是根据不同数据变化的经验值。在实际生产过程中，往往由作业人员在了解待处理数据质量的情况下将初始搜索半径输入影像匹配程序中。根据卫星影像处理经验，通常可将 r 默认值设置为待配准原始影像的 500 像素。

2）影像块大小 $w \times w$。影像块大小的设置主要考虑两个方面的限制：①影像块越大，相关失败时需要承担的代价越大，同时转换模型不是单一相似变换的风险也越大；②影像块越小，其中包含的结构信息越少，信噪比降低，从而会减弱相位相关响应强度，并且也会降低算法运行效率。由于卫星影像像幅一般较大（资源三号卫星下视全色影像像幅在 24000 像素×24000 像素左右，高分一号卫星全色影像像幅在 18000 像素×18000 像素左右），影像之间常见的低重叠度大多属于同一轨道相邻影像之间，其数值一般为沿轨道方向上 10%左右，即 2000 像素左右。因此，本章将 w 设置为 256 像素，以保证重叠范围内影像块数目大于 100，即同名点对数大于 100，方便之后的平差过程使用。

3）搜索范围允许最大影像块数目 $n \times n$。当搜索直径 $2r$ 远大于 $(n+1)w$ 时，即算法判断需要构建影像金字塔，金字塔顶层 N_{pyrm} 层能够正确相关的理论基础是两金字塔层影像重叠大于 $w/2$，因此在原始影像层上两景影像重叠度 D 应满足 $D > \dfrac{w}{2} \times 2^{N_{\text{pyrm}}-1}$，结合之前的 $2r < (n+1)w \times 2^{N_{\text{pyrm}}-1}$，得到 $r < (n+1)/D$，这说明当搜索半径 r 很大时，n 也必须增大以允许影像之间较小的重叠度。对于带有初始定位信息的卫星影像，搜索半径 r 相较影像块 w 并不会太大，并且两景影像之间重叠像素一般较多，因此设置 $n=3$ 即可满足大部分情况。

3.5 实验与分析

本节实验主要分为两部分，第一部分使用 Ye 等（2016）所著论文中提供的数据对 LGEPC 算法进行对比实验；第二部分在两组国产遥感卫星数据上测试 PEPC 算法的适用性。

3.5.1 LGEPC 算法对比实验

虽然本章的主要研究对象为光学卫星影像，但是所提出的 LGEPC 算法由于其直接由相位相关算法扩展而来，因此具有比光学卫星影像更加广泛的应用范围。为了说明此点，本节采用三组异源影像数据对 LGEPC 算法进行测试，测试中以相位一致性方向直方图（histogram of orientated phase congruency，HOPC）算法（Ye et al.，2016）与 SIFT 算法（Lowe，2004）作为对比算法。其中，HOPC 算法的前提假设是待配准影像与参考影像之间已经进行过初始配准，并且配准结果满足一定精度（HOPC 算法默认配准精度为 10 像素），因此本节在进行实验时将 LGEPC 算法输出的配准结果作为 HOPC 算法的输入。

1. 第一组实验数据：可见光影像与红外影像

第一组进行配准的数据为可见光影像与红外影像，两景影像的大小均为 400 像素×400 像素。影像中的地物类型主要为少量人工建筑与大面积裸地，两景影像之间存在较大的偏移和非线性辐射差异（图3-15），如地面像素的灰度响应值在两景影像上截然不同，但是同一地物在两景影像上的几何结构特征几乎完全相同。

（a）可见光波段影像　　　　　　　　（b）红外波段影像

图 3-15　第一组实验数据

SIFT 算法的第一组实验数据匹配结果如图 3-16 所示。图中用黄点表示同名点，总共有八对同名点对，其中正确匹配点对数目只有两对，且都位于辐射差异不大的屋顶，说明非线性辐射差异对经典 SIFT 算法匹配的成功率影响很大，这种匹配结果显然无法满足影像配准要求。

（a）可见光波段影像　　　　　　　　（b）红外波段影像

图 3-16　SIFT 算法的第一组实验数据匹配结果

图 3-17 所示为本章 LGEPC 算法配准结果，其中两景影像之间重叠区域用网格交错显示的方式体现局部配准细节，图（b）是图（a）两处局部重叠区域的放大图。从图中各边缘的接边情况可以看出，LGEPC 算法能够很好地抵抗两景影像之间的非线性辐射差异，能够成功地将两景影像配准到一起，同时局部配准细节充分说明 LGEPC 算法具有较好的配准精度，也说明此两景影像之间符合相似变换模型。

（a）两景影像局部重叠区域配准效果　　　　　　　　　　（b）局部配准放大效果

图 3-17　LGEPC 算法配准结果

以 LGEPC 算法完成配准的两景影像作为 HOPC 算法的输入，得到两景影像之间同名点对，如图 3-18 所示。最终 HOPC 算法总共获取了 99 对同名点，完整覆盖了两景影像之间的重叠区（由于 HOPC 算法设定重叠区，边缘区域不进行特征点提取，因此边缘区域没有同名点），并且未出现误匹配现象。

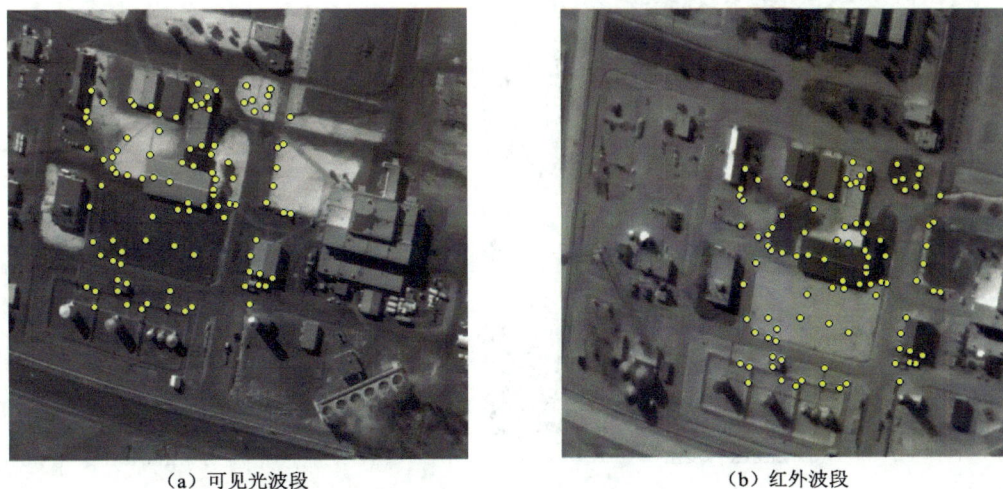

（a）可见光波段　　　　　　　　　　　　　　（b）红外波段

图 3-18　HOPC 算法匹配结果

2. 第二组实验数据：LiDAR 深度图与可见光影像

第二组进行配准的数据为激光探测及测距系统（Light detection and ranging，LiDAR）深度图与可见光影像，其中 LiDAR 深度图大小为 524 像素×524 像素，可见光影像大小为 220 像素×174 像素。图像覆盖范围为城市区域，虽然两景影像之间辐射和几何差异显著（图 3-19），不仅存在一倍左右的缩放比例差异，还有10°左右的旋转角差异，但是各建筑物在两景影像中的几何结构信息仍具有高度的相似性。

（a）LiDAR 深度图　　　　　　　　　　　　　（b）可见光影像

图 3-19　第二组实验数据

SIFT 算法的第二组实验数据匹配结果如图 3-20 所示。从图中可以看到，SIFT 算法仍只能得到非常少量的同名点对，总共七对同名点，并且只有三对为正确匹配点对，均位于图像中右上角建筑附近，该结果显然未达到影像配准要求。

（a）LiDAR 深度图　　　　　　　　　　　　　（b）可见光影像

图 3-20　SIFT 算法的第二组实验数据匹配结果

使用本章 LGEPC 算法求解 LiDAR 深度图与可见光影像之间的相似变换模型参数之后，将可见光影像重采样至 LiDAR 深度图坐标系下并与 LiDAR 深度图进行叠加显示，得到的配准结果如图 3-21 所示。图 3-21（a）中，重叠区域使用网格交错显示两景影像，以体现局部配准细节；图 3-21（b）是（a）两处局部重叠区域的放大图，图中两景影像之间各接边处均没有出现错开现象，说明虽然待配准的两景影像之间存在显著的辐射与几何差异，但是 LGEPC 算法对于这些差异仍有着较好的抗性。

(a) 两景影像局部重叠区域配准效果   (b) 局部配准放大效果

图 3-21 LGEPC 算法配准结果

为了达到 HOPC 算法的适用条件,先使用 LGEPC 算法求解的相似变换模型参数对可见光影像进行重采样,然后将 LiDAR 深度图连同纠正后的可见光影像输入 HOPC 算法中,得到两景影像之间的同名点对,如图 3-22 所示。图中,黄点表示同名点对,总共有 146 对同名点,除不在影像范围内的四对同名点为错误点对外,其余 142 对同名点经检查均为正确同名点对。

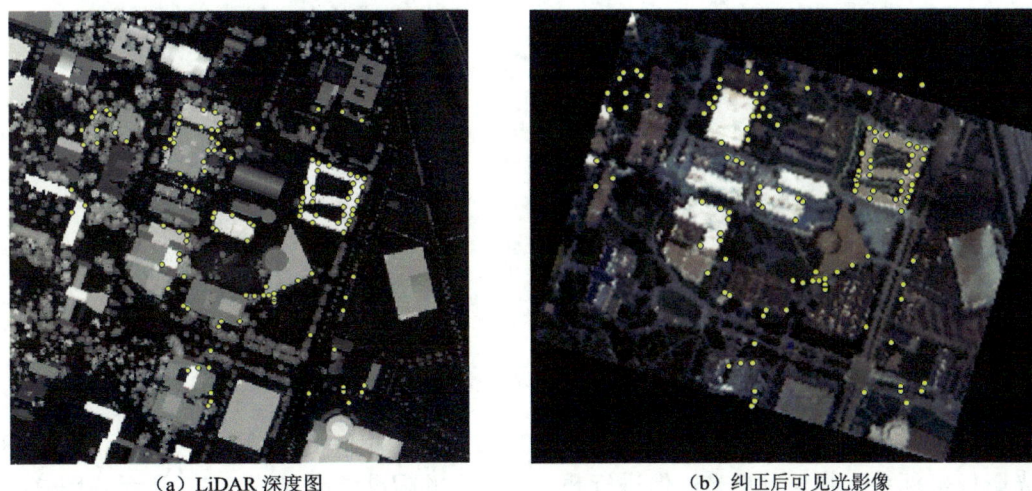

(a) LiDAR 深度图   (b) 纠正后可见光影像

图 3-22 HOPC 算法匹配结果

3. 第三组实验数据:可见光影像与 SAR 影像

第三组进行配准的数据为可见光影像与合成孔径雷达(synthetic aperture radar,SAR)影像,其中可见光影像大小为 520 像素×520 像素,SAR 影像大小为 320 像素×320 像素。影像内容主要为密集人工建筑覆盖的城市区域。SAR 影像中难免存在"光斑效应"(舒宁,2003;郭华东,2000),造成建筑屋顶在 SAR 影像上看起来不如可见光影像"光滑",而是带有很多亮斑。SAR 影像相对于可见光影像存在较小的缩放比例差异与局部变形,如图 3-23 所示。

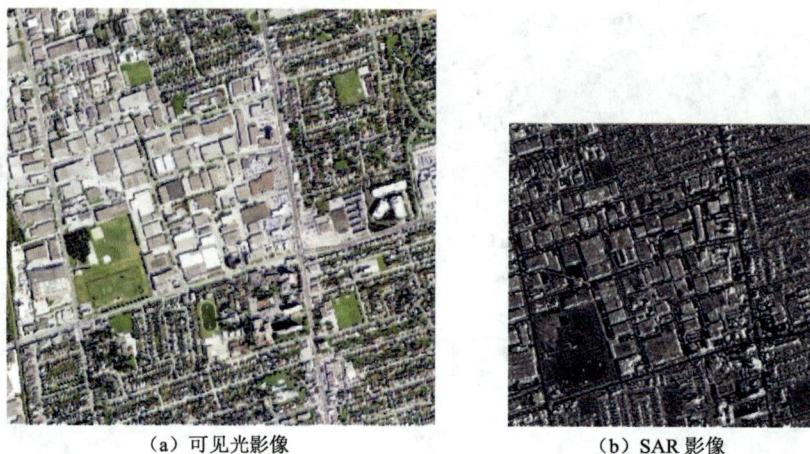

（a）可见光影像　　　　　　　　　　　（b）SAR 影像

图 3-23　第三组实验数据

　　SIFT 算法的第三组实验数据匹配结果如图 3-24 所示。结果显示 SIFT 算法只获得了三对同名点且全部为误匹配点，说明 SIFT 算法对第三组实验数据彻底失效。

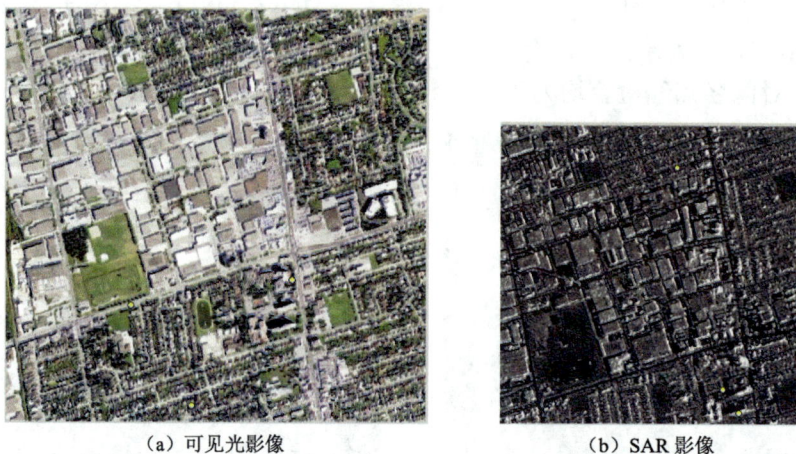

（a）可见光影像　　　　　　　　　　　（b）SAR 影像

图 3-24　SIFT 算法的第三组实验数据匹配结果

　　使用本章 LGEPC 算法求解可见光影像与 SAR 影像之间的相似变换模型参数之后，将 SAR 影像重采样至可见光影像坐标系下并与可见光影像进行叠加，得到的配准结果如图 3-25 所示。图 3-25（a）中，重叠区域使用网格交错显示两景影像，以体现局部配准细节；图 3-25（b）是图 3-25（a）两处局部重叠区域的放大图，可以看出配准结果并不理想，虽然两景影像在整体上未发现显著错位，但是局部各接边处均存在一定的接边断裂现象。其主要有两个方面的原因：①SAR 影像受"光斑效应"影响，比可见光影像多很多亮斑噪声，这些亮斑噪声造成 LGEPC 算法使用 Log-Gabor 滤波器从两景影像中提取出的几何结构信息存在差异。图 3-26 所示是使用最短波长 $\lambda=3$ 分别对可见光影像与 SAR 影像进行 Log-Gabor 滤波后的结果，SAR 影像的 Log-Gabor 滤波结果相较于可见光影像滤波结果包含更多噪声点，造成两者结构信息存在显著差异。②SAR 影像与可见光影像虽然在全局尺度上符合相似变换模型，但是在局部区域由于受地形起伏变形的影响而存在差异。通过人机交互的方式在两景影像上量测同名点 30 对，量测精度优于 0.5 像素。根据 30 对同名点求解相似变换模型并统计像点残差，发现中误差超过 2 像素，最大误差超过 4 像素，验证了上述分析的准确性。

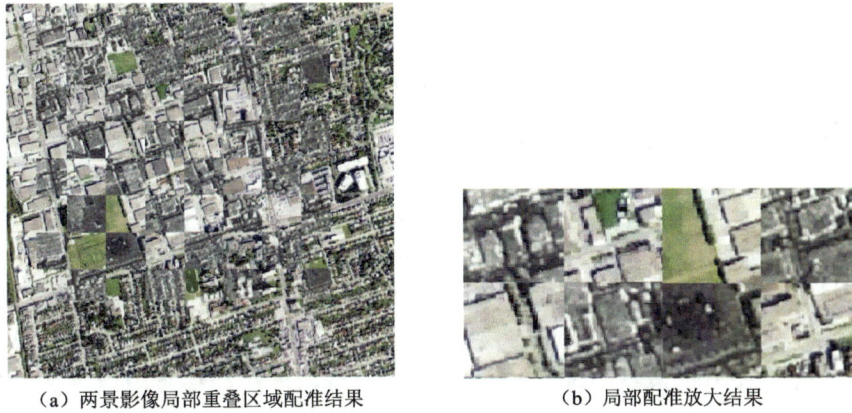

（a）两景影像局部重叠区域配准结果　　　　　　（b）局部配准放大结果

图 3-25　LGEPC 算法配准结果

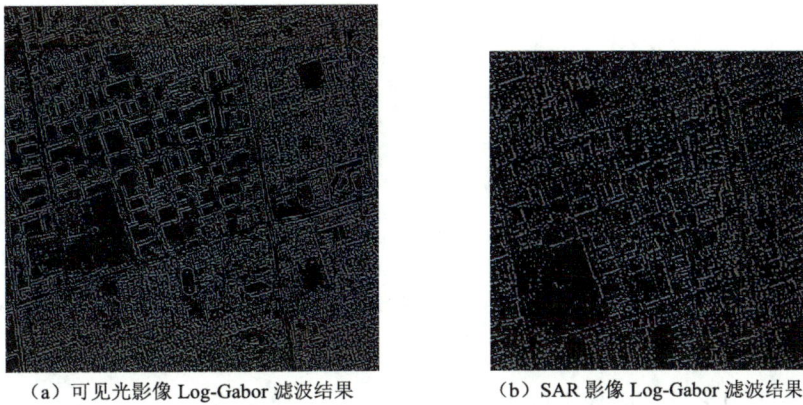

（a）可见光影像 Log-Gabor 滤波结果　　　　　　（b）SAR 影像 Log-Gabor 滤波结果

图 3-26　第三组实验数据 Log-Gabor 滤波结果对比

为了使用 HOPC 算法，根据人工量测点对计算出相似变换模型，将 SAR 影像重采样至可见光影像坐标系，然后将可见光影像与纠正后的 SAR 影像作为输入进行 HOPC 算法测试，结果如图 3-27 所示。图中黄点表示同名点对，HOPC 算法最终成功匹配 156 对同名点，经人工检查均为正确同名点对。

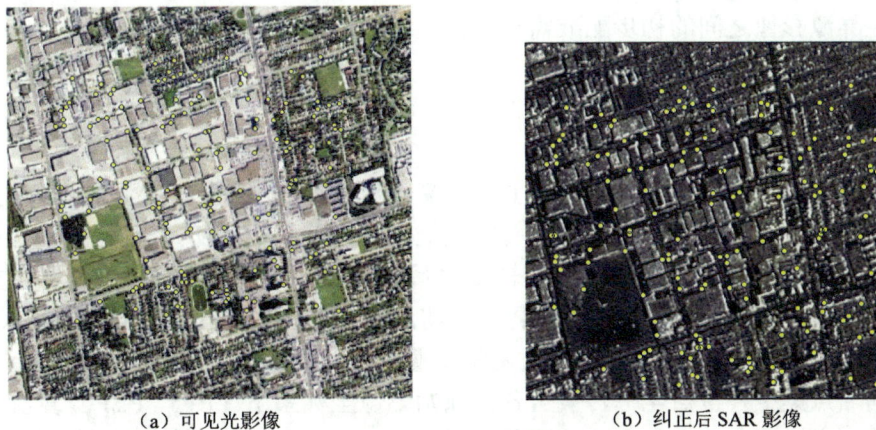

（a）可见光影像　　　　　　　　　　　　（b）纠正后 SAR 影像

图 3-27　HOPC 算法匹配结果

4. 算法效率对比分析

为了评价算法运行效率，以上三组实验均在相同测试环境下进行，所使用的计算机为 Thinkpad S430 笔记本，其配置为 Intel Core（TM）i3-3110M 2.40GHz、NVIDIA GeForce GT 620M 1GB 显存、8GB 内存、256GB 固态硬盘。

图 3-28 所示为 SIFT、HOPC 和 LGEPC 三种算法分别在三组实验中的运行时间比较。从图中可以看出，SIFT 算法与 LGEPC 算法在三组实验上的运行时间均未超过 5s，SIFT 算法效率略高于 LGEPC 算法，但是两者处于同一量级，差距不明显。HOPC 算法时间消耗很大，与前两者相比差距显著，主要是由于 HOPC 算法不仅需要对整幅影像中每个 3×3 的分块统计 6 个方向、3 个尺度的结构信息，而且每个特征点的特征向量是高维向量，由 100 像素×100 像素范围中所有分块的结构信息组成，使得特征点之间的相似性测度运算非常耗时。

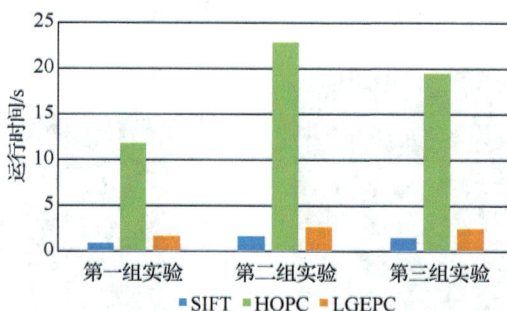

图 3-28　SIFT、HOPC 和 LGEPC 三种算法分别在三组实验中的运行时间比较

由 SIFT、HOPC 与 LGEPC 三种算法在三组异源实验数据的测试结果对比可以得出如下初步结论：

1）SIFT 算法不适合用来处理影像之间存在非线性辐射差异的情况。

2）HOPC 算法能够从存在非线性辐射差异的影像对获取大量分布均匀且高精度的同名点，但是它要求待配准影像与参考影像之间已经进行过初步配准，即两景影像之间在几何上只存在微小偏移，显然目前国产遥感卫星在进行空三匹配时无法满足此假设。另外，HOPC 算法需要大量计算，其耗时比 SIFT 算法和 LGEPC 算法高一个量级，极大地限制了 HOPC 算法的适用性。

3）LGEPC 算法对于影像之间的非线性辐射差异与几何上的偏移、旋转和缩放比例差异均有很好的抵抗性，能够满足异源影像之间的初步配准需求。但是，LGEPC 算法无法解决影像中存在大量噪声点和影像之间的转换模型并非相似变换模型的情况。

3.5.2　PEPC 算法验证实验

本节在两组国产光学卫星影像数据上进行 PEPC 算法测试，主要目的是验证 PEPC 算法对于真实卫星数据的适用性与稳定性。对于输入的参考影像与待配准影像，首先根据初始 RPC 或影像中自带的地理坐标信息构建待配准影像与参考影像之间的初始转换关系，通过此转换关系将待配准影像重采样至参考影像坐标系下，然后获取两景影像之间的重叠范围，并将此重叠范围影像作为 PEPC 算法（PEPC 算法各参数设置见 3.4.2 节）的输入，当 PEPC 算法完成两景重叠区影像中各影像块配准后输出两景影像之间的同名点集，最后将同名点集中各像点坐标转换至各自原始影像坐标系下。由于 PEPC 算法获取的同名点并非人眼所熟悉的特征点（不是边缘角点），不利于同名点的可视化对比，因此为了检查 PEPC 算法效果，将同名点作为观测值，引入商业软件 DPGrid 的卫星定向模块，通过平差解算获得待配准影像与参考影像之间的精确转换关系。根据此精确转换关系，再对待配准影像进行纠正并与参考影像进行叠加，查看两者之间各边缘处的接边情况。

　　图 3-29 所示为第一组实验数据，分别为资源三号卫星和吉林一号卫星影像，具体数据信息如表 3-3 所示。影像覆盖区域在中国吉林省长春市农安县附近，影像中主要地物类型为农田、村落和水塘。由于待配准影像获取时间为 12 月，影像中绝大部分地物被皑皑白雪覆盖。由于两景影像的获取时间相差一个季度，其整体亮度和对比度存在很大差异，如局部细节图展示的同一片水体在参考影像上为黑色，但是在待配准影像上却为白色。

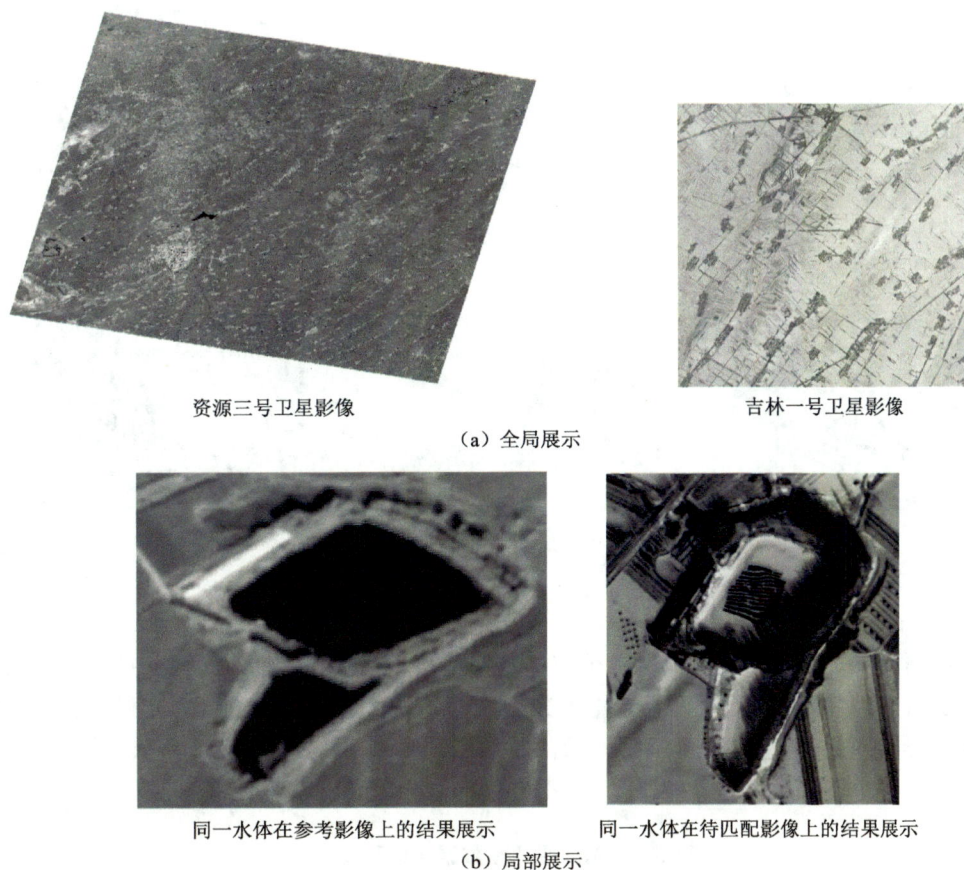

资源三号卫星影像　　　　　　　　　　　　吉林一号卫星影像

（a）全局展示

同一水体在参考影像上的结果展示　　　同一水体在待匹配影像上的结果展示

（b）局部展示

图 3-29　第一组实验数据

表 3-3　第一组实验数据信息列表

所属卫星	类别	影像大小	获取时间	影像分辨率/m
资源三号（参考影像）	全色正射影像产品	43184 像素×31034 像素	2013 年 9 月	2.1
吉林一号（待匹配影像）	全色 1A 级单景影像	16294 像素×15838 像素	2015 年 12 月	0.72

　　第一组数据的 PEPC 算法匹配结果经空三平差解算后，平差报告显示配准中误差为 1.67m，相当于参考影像 0.79 像素或者待配准影像 2.32 像素。将待配准影像进行纠正后套合在参考影像上，效果如图 3-30 所示，其中重叠区域均匀分布的六个局部卷帘图显示最终配准结果优于参考影像的 1 像素，说明 PEPC 算法具备在参考影像与待配准影像之间存在显著辐射差异与地物变化的情况下将两者进行高精度配准的能力。

（a）整体配准结果

（b）局部配准结果

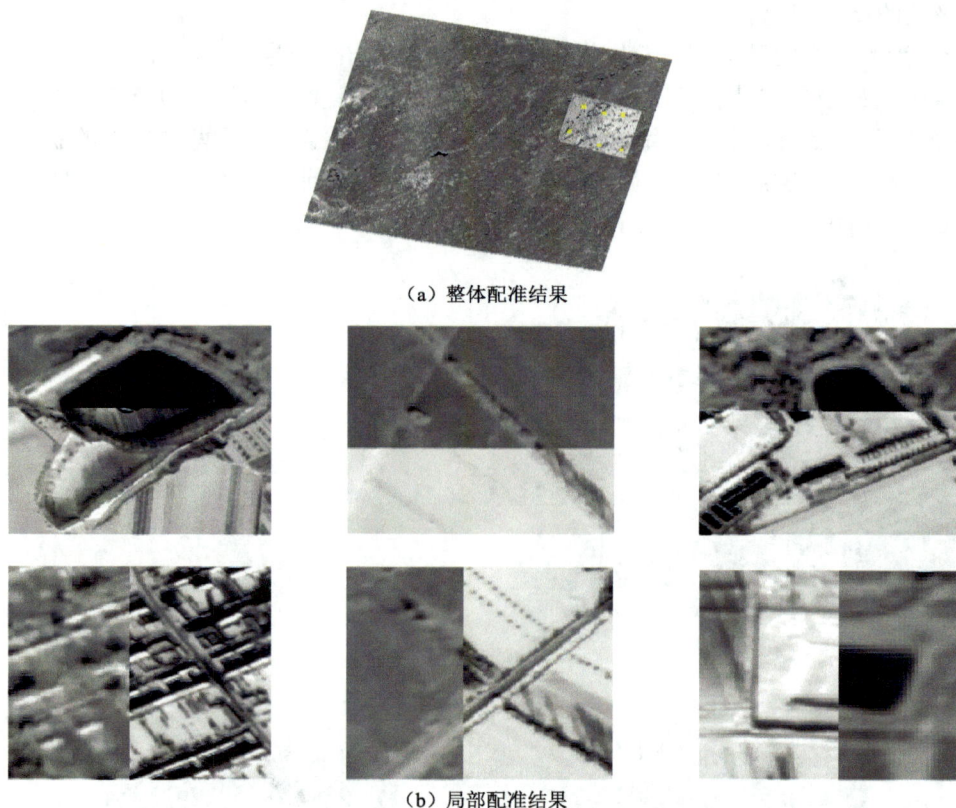

图 3-30 第一组实验数据配准结果

第二组实验数据信息如表 3-4 所示，影像覆盖区域为湖北省武汉市境内，影像中的主要地物类型为人工建筑、水体和农田，如图 3-31 所示。两景影像来自资源三号卫星同一传感器，但是获取时间相差四个月。从两者假彩色影像对比可以看到，参考影像由于获取时间处于夏季，整景影像对比度较高；而待配准影像获取时间处于冬季，整体对比度较低。两者大片水体和农田具有明显的色彩差异。

表 3-4 第二组实验数据信息列表

所属卫星	类别	影像大	获取时间	影像分辨率/m
资源三号（参考影像）	多光谱 1A 级单景影像	8817 像素×9292 像素	2015 年 7 月	5.8
资源三号（待匹配影像）	多光谱 1A 级单景影像	8817 像素×9292 像素	2015 年 11 月	5.8

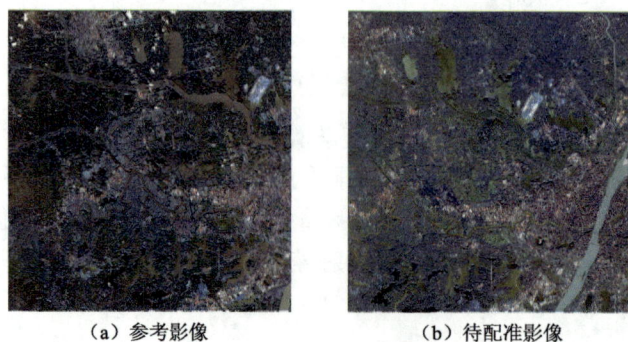

（a）参考影像　　　　　　　　　（b）待配准影像

图 3-31 第二组实验数据

第二组数据的 PEPC 算法匹配结果经过空三平差解算后,平差报告显示配准中误差为 4.18m,相当于参考影像或待配准影像的 0.72 像素。将待配准影像与参考影像根据平差后的 RPC 均进行正射纠正后叠加在一起,得到最终配准结果,如图 3-32 所示。从图中的整体配准效果可以看出两景影像之间有 70% 左右的重叠,重叠边缘区域过渡自然且未发现错位现象。整个重叠范围内均匀分布的六个局部卷帘图突出显示了人工建筑、道路、湖泊、水田和河流等典型地物处的配准情况。从图中首先可以看到两景影像在人工建筑区域的色彩差异不大,但是各类型水体有较大的色彩差异与形态变化;其次经 PEPC 算法配准之后,无论整体还是局部细节都显示各轮廓接边处均未出现断开错位情况,并且经人工检查这些接边位置的配准精度均优于 1 像素。

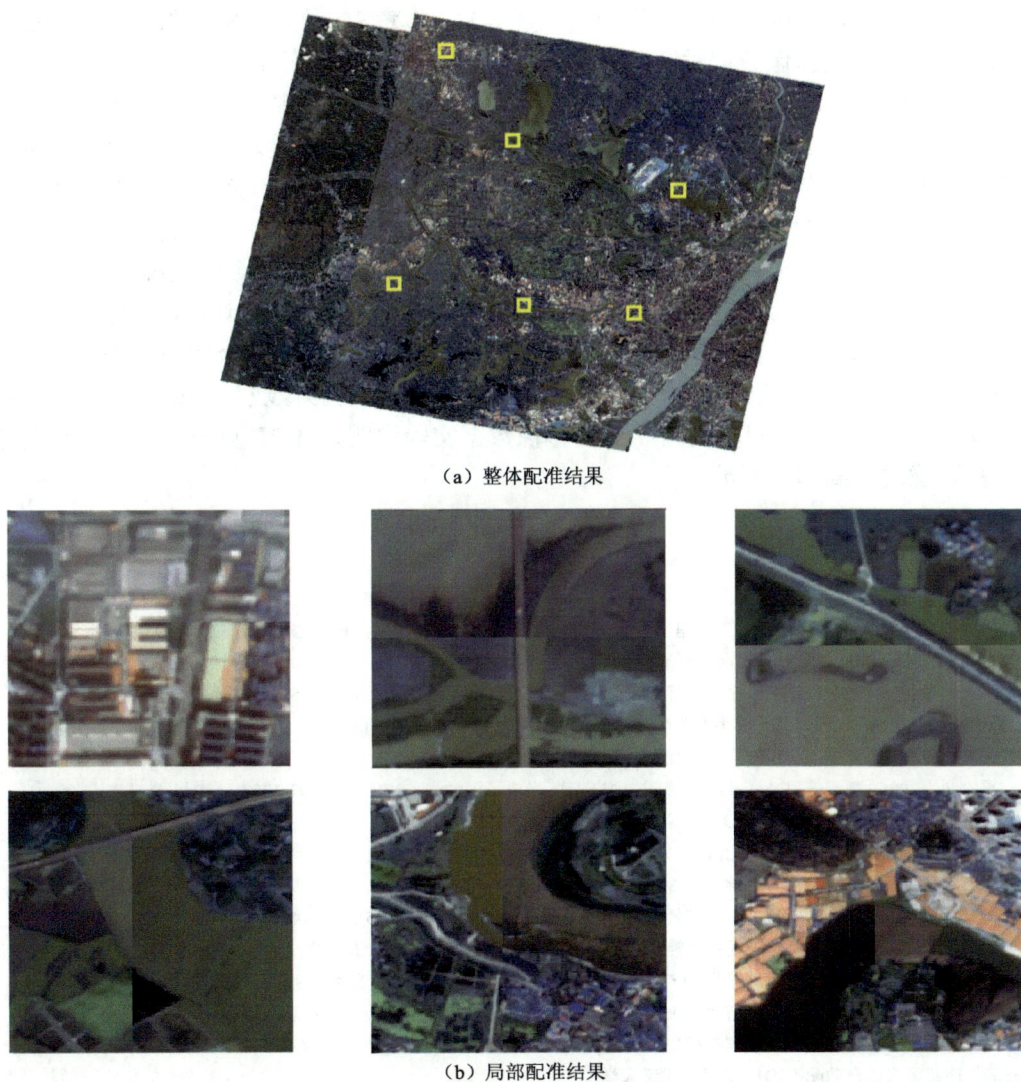

(a) 整体配准结果

(b) 局部配准结果

图 3-32 第二组实验数据配准结果

以上两组真实卫星影像数据对应的实验结果均具有良好的配准精度,可以看出本章提出的 PEPC 算法能够在参考影像与待配准影像之间存在显著辐射差异与部分地物变化时实现两景影像之间的较高精度配准。

本 章 小 结

针对异源卫星影像匹配中常遇到的三个主要问题（①影像之间显著辐射差异引起传统基于 NCC 的算法窗口相关性下降甚至出现大量误相关，并且对基于特征的匹配算法的特征提取与特征描述环节的鲁棒性也是极大挑战；②影像之间显著的几何差异同样会造成相关窗口之间相关性减弱；③影像覆盖范围地物变化容易引起大量误匹配现象），本章在深入分析与总结卫星成像特征与影像特点的基础上，提出并实现了有效处理异源卫星影像配准问题的相位相关扩展算法。本章提出的 LGEPC 算法与 PEPC 算法在处理存在非线性辐射差异的卫星影像数据时简单有效，并且具有良好的匹配精度。

在充分理解与分析相位相关算法、Log-Gabor 滤波器等研究成果的基础上，融合两者的特点，本章提出了 LGEPC 算法。此算法通过在频率域中不同波长的 Log-Gabor 滤波器来构建影像多尺度结构信息，解决非线性辐射差异与较大缩放比例差异引起的相位相关失败问题，可以有效提高现有的相位相关扩展算法的适用性和稳定性。三组典型的异源影像对配准实验结果验证了 LGEPC 算法能够成功抵抗参考影像与待配准影像之间的显著非线性辐射差异与缩放比例差异，很好地实现异源影像配准。

在 LGEPC 算法的基础上，为进一步解决影像重叠度不高、同名搜索范围大和影像之间错误相关引起的一系列算法稳定性问题，本章提出了 PEPC 算法。此算法通过构建影像金字塔来缩小搜索范围，待各影像块完成相关后从全局与局部两个尺度上快速定位疑似误相关的影像块，并最终定位与改正误相关信息，增强匹配算法的鲁棒性。两组真实国产卫星影像数据实验说明，PEPC 算法能够将不同传感器获取的长时间间隔卫星影像进行高精度配准。

参 考 文 献

戴激光，2013. 渐进式多特征异源高分辨率卫星影像密集匹配方法研究[D]. 阜新：辽宁工程技术大学.

耿蕾蕾，林军，龙小祥，等，2012. "资源三号"卫星图像影像特征匹配方法研究[J]. 航天返回与遥感，33(3)：93-99.

郭华东，2000. 雷达对地观测理论与应用[M]. 北京：科学出版社.

季顺平，袁修孝，2010. 基于 RFM 的高分辨率卫星遥感影像自动匹配研究[J]. 测绘学报，39(6)：592-598.

梁艳，盛业华，张卡，等，2014. 利用局部仿射不变及核线约束的近景影像直线特征匹配[J]. 武汉大学学报（信息科学版），39(2)：229-233.

凌霄，2017. 基于多重约束的多源光学卫星影像自动匹配方法研究[D]. 武汉：武汉大学.

刘汉洲，郭宝龙，冯宗哲，2006. 基于傅里叶变换的遥感图像配准[J]. 光电子·激光，17(11)：1393-1397.

山世光，2004. 人脸识别中若干关键问题的研究[D]. 北京：中国科学院计算技术研究所.

舒宁，2003. 微波遥感原理[M]. 武汉：武汉大学出版社.

宋伟东，王伟玺，2011. 遥感影像几何纠正与三维重建[M]. 北京：测绘出版社.

肖志涛，于明，2002. log gabor 函数在人类视觉系统特性研究中的应用[J]. 信号处理，18(5)：399-402.

熊金鑫，张永军，郑茂腾，等，2013. SRTM 高程数据辅助的国产卫星长条带影像匹配[J]. 遥感学报，17(5)：1103-1117.

袁修孝，李然，2012. 带匹配支持度的多源遥感影像 SIFT 匹配方法[J]. 武汉大学学报（信息科学版），37(12)：1438-1442.

袁修孝，刘欣，2009. 基于有理函数模型的高分辨率卫星遥感影像匹配[J]. 武汉大学学报（信息科学版），34(6)：671-674.

张刚，马宗民，2010. 一种采用 gabor 小波的纹理特征提取方法[J]. 中国图象图形学报，15(2)：247-254.

张宏伟，2004. 矢量与遥感影像的自动配准[D]. 武汉：武汉大学.

张永军，王博，黄旭，等，2014. 影像匹配粗差的局部矢量面元剔除方法[J]. 测绘学报，43(7)：717-723.

ANUTA P E, 1970. Spatial registration of multispectral and multitemporal digital imagery using fast fourier transform techniques[J]. IEEE Transactions on Geoscience Electronics, 8(4): 353-368.

ARBELAZE P, MAIRE M, FOWLKES C, et al., 2011. Contour detection and hierarchical image segmentation[J]. IEEE Transactions on Pattern Analysis and Machine Intelligence, 33(5): 898-916.

CASTRO D E, MORANDI C, 1987. Registration of translated and rotated images using finite fourier transforms[J]. IEEE Transactions on Pattern Analysis and Machine Intelligence, 9(5): 700-703.

DAUGMAN J G, 1985. Uncertainty relation for resolution in space, spatial frequency, and orientation optimized by two-dimensional visual cortical filters[J]. Journal Optical Society of America, 2(7): 1160-1169.

DUAN Y S, HUANG X, XIONG J X, et al., 2016. A combined image matching method for chinese optical satellite imagery[J]. International Journal of Digital Earth, 9(9): 851-872.

ELDER J H, ZUCKER S W, 1998. Local scale control for edge detection and blur estimation[J]. IEEE Transactions on Pattern Analysis and Machine Intelligence, 20(7): 699-716.

FEICHTINGER H G, STROHMER T, 2012. Gabor analysis and algorithms: theory and applications[M]. Boston: Springer Science and Business Media.

FIELD D J, 1987. Relations between the statistics of natural images and the response properties of cortical cells[J]. Journal Optical Society of America A, 4(12): 2379-2394.

FOROOSH H, ZERUBIA J B, BERTHOD M, 2002. Extension of phase correlation to subpixel registration[J]. IEEE Transactions on Image Processing, 11(3): 188-200.

GABOR D, 1946. Theory of communication. part 1: the analysis of information[J]. Journal of the Institution of Electrical Engineers-Part III: Radio and Communication Engineering, 93(26): 429-441.

KOVESI P, 1999. Image features from phase congruency[J]. Videre: Journal of Computer Vision Research, 1(3): 1-26.

LEE T S, 1996. Image representation using 2D gabor wavelets[J]. IEEE Transactions on Pattern Analysis and Machine Intelligence, 18(10): 959-971.

LOWE D G, 2004. Distinctive image features from scale-invariant keypoints[J]. International Journal of Computer Vision, 60(2): 91-110.

MA J Y, ZHOU H B, ZHAO J, et al., 2015. Robust feature matching for remote sensing image registration via locally linear transforming[J]. IEEE Transactions on Geoscience and Remote Sensing, 53(12): 6469-6481.

REDDY B S, CHATTERJI B N, 1996. An FFT-based technique for translation, rotation, and scaleinvariant image registration[J]. IEEE Transactions on Image Processing, 5(8): 1266-1271.

SERRANO Á, DE DIEGO I M, CONDE C, et al., 2010. Recent advances in face biometrics with gabor wavelets: a review[J]. Pattern Recognition Letters, 31(5): 372-381.

SZELISKI R, 2010. Computer vision: algorithms and applications[M]. London: Springer Science and Business Media.

YE Y X, SHEN L, 2016. Hopc: a novel similarity metric based on geometric structural properties for multi-modal remote sensing image matching[J]. ISPRS Annals of the Photogrammetry, Remote Sensing and Spatial Information Sciences, III-1: 9-16.

ZHANG L, GRUEN A, 2006. Multi-image matching for DSM generation from IKONOS imagery[J]. ISPRS Journal of Photogrammetry and Remote Sensing, 60(3): 195-211.

ZITOVA B, FLUSSER J, 2003. Image registration methods: a survey[J]. Image and Vision Computing, 21(11): 977-1000.

第 4 章

全球 SRTM 数据辅助多约束匹配

4.1 引言

多源、多时相卫星遥感影像的联合匹配是摄影测量处理的核心问题之一，已成为现阶段的热点与难点问题。虽然近年来联合匹配算法取得了较大进步，但是匹配结果仍然不能完全令人满意，在某些方面的表现仍需更深入地分析与改进。本章对现有主流算法进行分析，结合多源、多时相卫星遥感影像的特点，充分利用全球公开数据（如 SRTM 高程数据）作为先验知识，在继承现有算法优势的基础上，旨在突破匹配中存在的难点与缺陷，提高匹配算法的有效性与可靠性，快速、准确地获得高精度同名点（熊金鑫，2014；Zhang et al.，2016）。

在摄影测量领域，针对卫星遥感影像的主流匹配算法大致可分为基于近似核线几何约束的互相关匹配和特征匹配与灰度匹配相结合的最小二乘匹配。由于卫星上搭载的恒星定位仪与星敏器可获得固定采样间隔下扫描行的姿态轨道数据，因此可利用投影轨迹法生成近似核线，为基于近似核线几何约束的互相关匹配提供了基础（Zhang，2005；Zhang et al.，2006；胡芬 等，2009）。通过近似核线的约束缩小匹配搜索范围，获得相对可靠的未知参数的初始值，对于影像匹配中病态解（朱庆 等，2005）消除、匹配精度与可靠性提高具有较大意义。其中，具有代表性的是 Zhang 与 Gruen 提出的几何约束互相关（geometrically constrained cross-correlation，GC^3）算法，该算法利用几何约束互相关的匹配思想，在生成近似核线后，沿着近似核线方向，确定相关窗口与搜索窗口，并消除窗口之间的几何变形，最后采用归一化互相关（NCC）作为相似性测度，实现同名点的匹配。为避免遮挡与纹理断裂造成的匹配不确定情况，利用多视重叠影像的多余观测，提出用归一化互相关系数和（sum of normalized cross-correlation，SNCC）代替 NCC，并通过双向匹配策略尽可能消除误匹配。实验证明，该算法对于同源卫星影像之间的匹配效果较好，像方精度可达到子像素级。但是该算法依然存在一定问题：在生成近似核线过程中并未考虑高程误差对于核线精度的影响；在引入分层匹配策略后，匹配参数及近似核线并未进行逐层精化与更新；在匹配过程中，特征点之间独立地获取对应的同名点坐标，而忽略了局部区域点与点之间的几何相关性。

特征匹配与灰度匹配相结合的最小二乘匹配算法（Silveira et al.，2008；杨化超 等，2010）中，首先利用 SIFT 或黛西（Daisy）算子（Tola et al.，2010）获得精度较高的初始匹配点，利用初始匹配点的对应关系估计影像之间的基本矩阵或单应矩阵；其次引入金字塔分层匹配策略，利用基于灰度的相似性测度逐层获得待匹配点的同名点位置；最后利用最小二乘匹配获得定位精度更高的同名点坐标。该方法对于地形起伏较为平缓的地区，匹配效果较好；但是对于地形起伏较大的地区（如山地、丘陵等），易出现误匹配现象。

综上所述，多源、多时相卫星遥感影像之间存在不同分辨率、不同视角、不同摄影时间的差异，导致影像之间的几何变形较大，且相同区域的灰度属性差异较大，在一定程度上会降低同名点之间的相关性，易出现误匹配现象。对于时相差异较大的区域，易出现匹配不确定情况，需要利用匹配约束条件进行有效的约束与控制，解决在时相差异较大的区域出现误匹配率较高的问题。大部分匹配算法中，特征点在匹配过程中相互独立，因而忽略了局部区域点与点之间的几何相关性，易造成匹配结果出现"毛刺"现象，降低匹配结果的整体可靠性。

针对上述问题，本章提出全球 SRTM 高程数据辅助的多源卫星影像同名点匹配方法，利用分割区域与同名轮廓线作为约束条件，以全球公开的 SRTM 高程数据作为辅助进行同名特征点自动匹配。以下分别从特征点提取、匹配约束条件确定、匹配策略优化设计、误匹配检测剔除四个方面进行详细论述。

4.2　特征点提取

Cheng 等（2008）指出，影像纹理信息量与影像可匹配性之间存在很强的相关性，尽管地表景观不同，但是均表现出匹配正确率随纹理信息量增大而增大的趋势。因此，作为匹配基元，特征点的提取尤为重要。对于影像匹配这一特定问题而言，针对所提取特征点的评价主要集中于提取的效率及定位精度，而往往忽略了对特征点重复率与信息量这两个方面的评价。

本章提出通过影像分割方法，提取并标记分割区域与边缘轮廓线。分割区域之间往往存在着公共边界及交叉点，公共交叉点是不同分割区域的被区分位置，且定位于边缘处，理论上以交叉点为中心的窗口内纹理信息较为丰富，信息量较高，对比度差异明显，如图 4-1 所示。因此，可选取分割区域的公共交叉点作为特征点进行后续匹配。

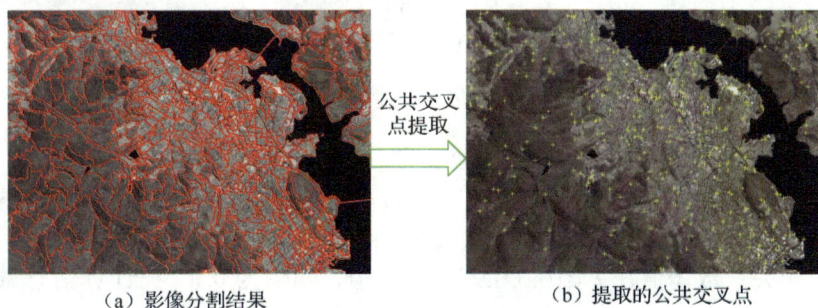

公共交叉点提取

（a）影像分割结果　　　　　　　　　（b）提取的公共交叉点

图 4-1　利用分割结果提取的公共交叉点

4.2.1　特征点评价机制

为验证上述想法的正确性，通过与几种主要的特征提取算子提取的特征点进行对比，证明利用公共交叉点作为特征点的合理性。此处利用重复率与信息量两个指标作为评价标准。

在两景影像中，若左影像上某一特征点 P_1 在右影像上的同名位置存在特征点 P_2，则 P_1 与 P_2 是可重复的。重复率可表示为两景影像上可重复点的数量与所提取特征点数量的百分比，可以清楚地表达同一场景在不同成像条件下所获得影像中提取的特征点的几何稳定性（Schmid et al.，2000）。为确定影像之间的重复率，利用影像匹配方法将左影像特征点作为待匹配点，在右影像上寻找同名点，并将同名点位与特征点位进行比较，确定是否为重复点。重复率计算公式如下：

$$R = \frac{RN}{\min(n_1, n_2)} \tag{4-1}$$

式中，RN 为重叠点数；n_1 为左影像特征点数；n_2 为右影像特征点数。

信息量是特征点显著性的度量。显著性是指以特征点为中心的窗口内灰度描述符与所有特征点描述符的相似性（吴波，2006）。描述符分布越集中，信息量越低，误匹配可能性越大；反之，描述符分布越扩散，信息量越高，匹配成功率越大。本章引入文献（吴波，2006；Koenderink et al.，1987）提出的方法计算特征点的信息量。

4.2.2 特征点评价指标对比

摄影测量中常用的特征点提取算子有 Harris、Harris-Laplace 及 DoG。Harris 算子（Harris et al.，1988）是在莫拉维克（Moravec）算子的基础上发展而来的，用于判断影像的角点。该算子计算效率高、定位准确，且具有一定的抗噪能力，因此被广泛应用。Harris-Laplace（Mikolajczyk et al.，2001）算子是一种结合了 Harris 和 LoG 的角点检测算子，可以理解为尺度不变性的 Harris 算子。DoG 算子（David，2004）在高斯差分尺度空间中进行极值检测来实现特征点提取，所提取的点特征是 Blob 点。

本节选取三组卫星影像对，其中影像对之间重叠度约 90%，影像大小均为 2000 像素×2000 像素。如图 4-2 所示，实验一覆盖区域为建筑物立体的城区，实验二为地形起伏较大的山地，实验三为纹理信息不太丰富的农田。

（a）实验一覆盖区域　　　　　（b）实验二覆盖区域　　　　　（c）实验三覆盖区域

图 4-2　三组卫星影像对覆盖的不同区域

在实验过程中，Harris 算子的高斯模板参数 σ 取 0.5，α 取 0.04，模板大小为 5 像素×5 像素；Harris-Laplace 算子采用文献（Mikolajczyk et al.，2005）中给出的简化算法来实现；DoG 算子取两阶高斯金字塔，每一阶取四层。在计算重复率时，影像匹配相似性测度选取相关系数法，且通过近似核线约束获取同名点。其中，相关系数阈值在 $T \in [0.6, 0.9]$ 范围取值，间隔为 0.1。在计算信息量时，标准化描述符的量化等级设为 30。

三组卫星影像对重复率对比图如图 4-3 所示。由图中可以看出，对于实验一覆盖的城区，Harris-Laplace 算子的重复率最高，但是 Harris 算子的表现与其相当接近。本章所用方法提取的公共交叉点在相关系数阈值为 0.6 和 0.7 时，匹配重复率并不是最高，但是随着阈值的增加，重复率的下降幅度相比 Harris-Laplace 算子与 Harris 算子更加缓和。DoG 算子提取的是 Blob 点，利用基于灰度的相关系数作为相似性测度，在匹配成功率方面会受到较大影响。因此，从三组实验结果可以看出，DoG 算子的重复率相对较差。对于实验二覆盖的山地区域，影像中的角点数量相比实验一明显减少，而 Harris-Laplace 算子与 Harris 算子在此情况下易提取出强度并不明显的伪角点，因此匹配成功率与重复率均受到一定影响；本章所用方法提取的公共交叉点重复率优于其他算子。对于实验三覆盖的农田区域，由于纹理信息不够丰富，且存在一定的纹理重复性，匹配成功率均有一定下降，重复率也下降到 30%以下。可以看出，本章所用方法提取的公共交叉点在阈值超过 0.8 时，重复率相对最高，表明交叉点的局部纹理信息相比其他算子所提取的特征点局部纹理更丰富，且对比度更明显，因此在利用基于灰度的相似性测度进行相关时相似性更强。

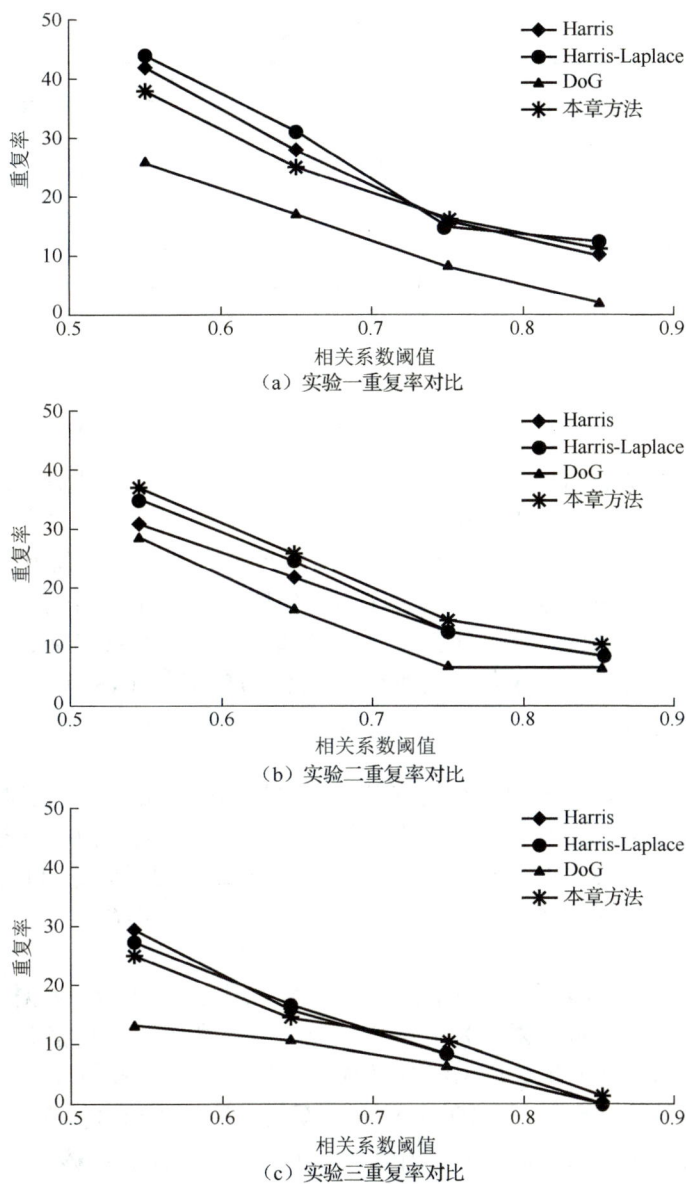

（a）实验一重复率对比

（b）实验二重复率对比

（c）实验三重复率对比

图 4-3 三组卫星影像对重复率对比图

表 4-1 列出了几种特征点提取算法的信息量对比结果，DoG 算子提取的特征点并不是角点或边缘点，因此在信息量方面明显低于角点与公共交叉点；Harris-Laplace 算子与 Harris 算子在纹理信息丰富且真实角点较多的区域提取的特征点信息量较高，但是对于纹理不够丰富且真实角点较少的区域，一些特征并不明显的点即伪角点被提取出来，因此增加了误匹配率，降低了信息量；本章所用方法提取的公共交叉点在实验二与实验三覆盖的纹理信息不够丰富的区域，匹配重复率与信息量整体最优。其主要原因在于本章所用方法在影像分割时结合了光谱、纹理、边界等特征，因此对于不同分割区域的公共交叉点，局部纹理信息更丰富，特征更明显，有利于基于灰度信息的影像匹配。

表 4-1　特征点信息量对比结果

特征提取算子	信息量		
	实验一	实验二	实验三
Harris	2.9331	2.7567	1.6302
Harris-Laplace	3.0403	2.7112	1.6448
DoG	1.6782	1.3632	1.0203
本章方法	2.6948	2.9380	1.8432

4.3　匹配约束条件确定

在影像匹配过程中，难免会出现误匹配现象，因此需要采用约束条件对同名点的位置进行限制，以尽可能保证匹配结果的正确性，减小误匹配率，增强可靠性。常用的约束条件主要为核线约束、三角网几何约束、视差梯度约束、区域相关约束、匹配双向一致性约束等。本章利用全球 SRTM 数据生成近似核线，根据同名轮廓线的位置将特征点划分为种子点与待匹配点，在同名轮廓线与近似核线的约束下进行种子点匹配，之后加入种子点的空间位置约束获取待匹配点的同名点坐标。为避免影像遮挡、地物变化造成的匹配不对称问题，引入匹配双向一致性约束（熊金鑫 等，2013）。

4.3.1　基于 SRTM 的近似核线约束

在推扫式卫星遥感影像中，每一扫描行均有其自身的投影中心和姿态轨道参数，因此并不存在严格的核线定义（季顺平 等，2010），需要利用姿态轨道模型预测初始同名点，并根据多项式拟合法、投影轨迹法等方法（Jiang et al., 2008；Kratky, 1989）生成近似核线，用于同名点搜索范围约束。张过等（张过 等，2011）分析了高程误差对于近似核线精度的影响，并指出高程初值和实际值相差越小，近似核线精度越高，匹配结果越好。

为尽量消除高程误差对于核线预测精度的影响，本章利用全球 SRTM 数据获得特征点的真实高程范围，采用投影轨迹法生成近似核线。对于每一个特征点，首先利用假定高程面 Z 进行像的正投影，获得对应的物方平面坐标；利用该平面坐标在全球 SRTM 中获取对应的高程值 Z_i，之后利用 Z_i 正投影获得新的物方平面坐标，利用新的平面坐标在 SRTM 中获取新的对应高程值 Z_{i+1}。该过程需要通过迭代方式不断获取新的高程值（方程如下），直到 dz 小于阈值，停止迭代，从而获得该特征点的真实高程，如图 4-4 所示，阈值可按照经验设置为 1.5～3m。

$$\mathrm{d}z = \left| Z_{i+1} - Z_i \right| \quad (i = 0, 1, 2, \cdots) \tag{4-2}$$

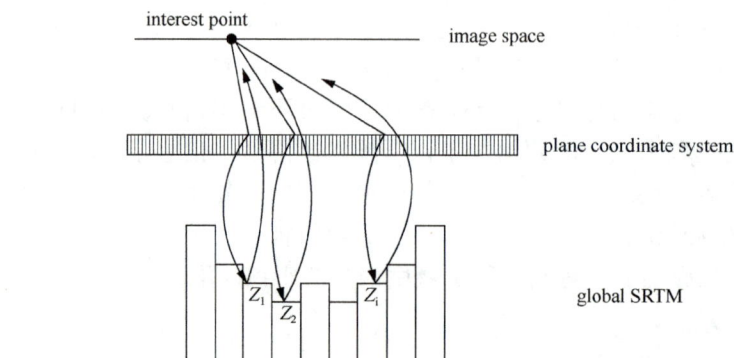

图 4-4　基于全球 SRTM 数据的单点迭代高程获取示意图

注：interest point：特征点；image space：像方空间；plane coordinate system：平面坐标系统；global SRTM：全球数字高程模型 SRTM。

由于全球 SRTM 记录的高程存在一定误差，且利用修正后的姿态轨道参数进行像地投影时仍存在一定的偏差，因此需要对获取的真实高程进行外扩，确定最大高程 H_{max} 与最小高程 H_{min}，并以 H_{max}、H_{min} 作为高程反投影至搜索影像上，得到投影点的影像坐标 (x_{max}, y_{max})、(x_{min}, y_{min})。高程搜索步距 H_{pitch} 按照式（4-3）与式（4-4）求得，通过式（4-5）高程的变化，利用投影轨迹法生成特征点在搜索影像上的近似核线，如图 4-5 所示，在后续匹配中沿近似核线方向建立搜索窗口，寻找最优同名点。

$$\text{Length} = \sqrt{(x_{max} - x_{min})^2 + (y_{max} - y_{min})^2} \tag{4-3}$$

$$H_{pitch} = (H_{max} - H_{min}) / \text{Length} \tag{4-4}$$

$$H_i = H_{min} + iH_{pitch} \quad (i = 1, 2, \cdots, n, \quad H_i \leqslant H_{max}) \tag{4-5}$$

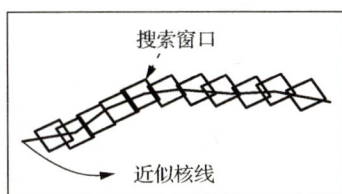

图 4-5　近似核线用于后续匹配示意图

图 4-6 所示为基于全球 SRTM 数据辅助的近似核线生成方法与未知高程信息生成的近似核线对比。本章采用天绘一号卫星异轨前视、后视影像作为实验数据，对应的姿态轨道参数已做改正。人工选取 86 对同名点作为检查点，将检查点与对应的近似核线之间的最近距离作为其核线预测误差，从而得到近似核线的预测中误差。图 4-6（a）中的红色"十"字为某一检查点；图 4-6（b）中的红线为本章所用方法生成的对应近似核线，蓝线为未知高程信息生成的对应近似核线。通过放大图可以看出，红线更接近真实同名点。表 4-2 列出了上述两种方法生成的近似核线的预测精度对比，可以看出，在全球 SRTM 高程辅助下，本章所用方法相比未知高程下生成的近似核线预测中误差减小 9.4 像素，更接近真实同名点位置，其约束性更强，有利于提高影像匹配正确性。

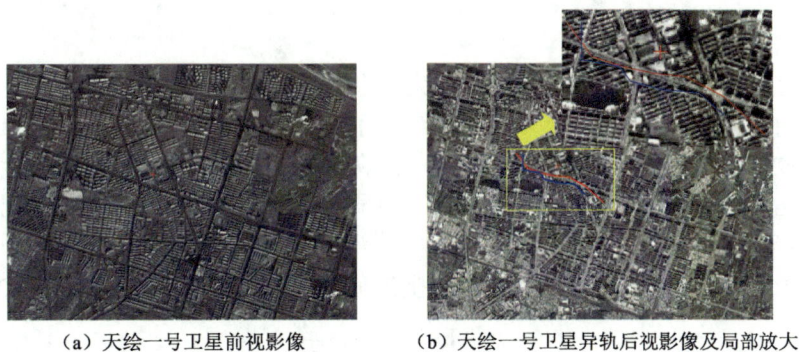

（a）天绘一号卫星前视影像　　　　（b）天绘一号卫星异轨后视影像及局部放大

图 4-6　两种方法生成的近似核线对比

表 4-2　两种方法生成的近似核线的预测精度对比

方法	检查点个数	水平最大偏差/像素	垂直最大偏差/像素	近似核线预测中误差/像素
SRTM 辅助方法	86	12.8	21.4	18.2
未知高程方法	86	15.3	34.7	27.6

4.3.2　同名轮廓线的空间约束

通过边缘轮廓线的匹配获取影像之间的同名轮廓线，将公共交叉点作为特征点，并分类为种子点与待匹配点。种子点主要定位于同名轮廓线所在分割区域的公共交叉点，为了保证能够获得准确可靠的种子点匹配结果，同名轮廓线作为空间约束，与近似核线约束相结合，对搜索区域进行限制。如图 4-7 所示，左影像中 P 点为某一种子点，其所在分割区域存在两条同名轮廓线，利用同名轮廓线上关键点 (K_i, K_i') 的对应关系，采用仿射变换模型计算影像之间的局部几何变换关系，如式（4-6）所示。利用仿射变换参数计算种子点 P 在右影像对应的初始点 P'，以 P' 为中心确定同名点大致范围，其中圆的半径由式（4-7）与式（4-8）获得。在近似核线的约束下，通过相关窗口与一系列搜索窗口的相关匹配，确定圆形范围内的最优相似点，将其作为该种子点的同名点。

$$\text{Affine}[(K_1, K_2, \cdots, K_N), (K_1', K_2', \cdots, K_N')] = \begin{cases} x' = a_0 + a_1 x + a_2 y \\ y' = b_0 + b_1 x + b_2 y \end{cases} \quad (4\text{-}6)$$

$$\begin{cases} L_i = \sqrt{(x_{K_i} - x_P)^2 + (y_{K_i} - y_P)^2} \\ L_i' = \sqrt{(x_{K_i'} - x_{P'})^2 + (y_{K_i'} - y_{P'})^2} \end{cases} \quad (i = 1, 2, \cdots, N) \quad (4\text{-}7)$$

$$\text{Radius} = \max(|L_1' - L_1|, |L_2' - L_2|, \cdots, |L_N' - L_N|) \quad (4\text{-}8)$$

式中，(K_i, K_i') 为同名轮廓中的对应关键点；(x, y) 和 (x', y') 分别为左右影像对应关键点的像方坐标；$a_0, a_1, a_2, b_0, b_1, b_2$ 为仿射变换系数；(L_i, L_i') 为左右影像对应关键点至相应种子点 (P, P') 的距离。

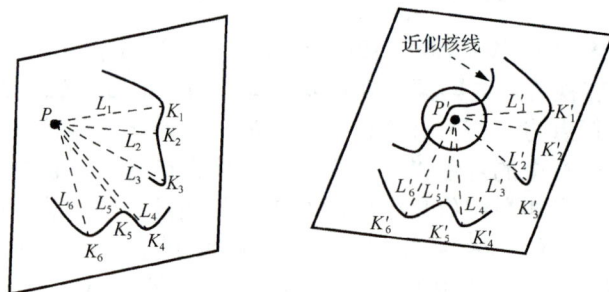

图 4-7　同名轮廓线与近似核线相结合的匹配约束

4.3.3　种子点的位置约束

在种子点匹配完成后，将种子点匹配结果作为先验知识，通过选取邻域内"最优"的种子点作为参考点，对待匹配点的搜索范围进行约束。在参考点选择方面，文献（吴波，2006；Lhuillier et al.，2000）将种子点的相关系数与到待匹配点距离的比值作为影响值，选择最优种子点作为参考点。如图 4-8 所示，利用上述方法在待匹配点 P 的局部范围内选取若干种子点 G，每一个种子点在匹配过程中记录相关系数值 ψ 和种子点与点 P 的距离 Dist，利用式（4-9）计算每一个种子点对于点 P 的影响值 Influence，选取影响值最大的三个种子点作为参考点，之后利用参考点确定圆形搜索范围，过程见 4.3.2 节所述。

$$\text{Influence} = \frac{\psi}{\text{Dist}} \quad (4\text{-}9)$$

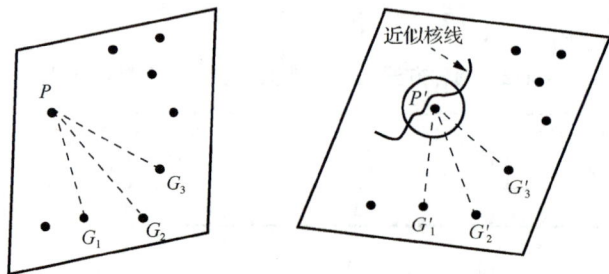

图 4-8　种子点的位置约束

4.3.4 匹配双向一致性约束

由于摄影视角和成像环境的差异，影像之间不可避免会存在遮挡、地物变化的问题，这是导致误匹配发生的重要原因之一。为解决该问题，可引入匹配双向一致性约束，即如果影像之间一对匹配点满足匹配的双向一致性，则最终确定为同名点。其中，双向一致性的容差设为 1.5 像素。

4.4 匹配策略优化设计

在匹配过程中，需要对匹配策略进行优化与改进。首先对特征点进行分类处理，根据同名轮廓线的影像位置，将落在相同分割区域内的特征点作为种子点，进行优先匹配；在种子点匹配完成后，利用种子点的位置约束实现剩余特征点的匹配；之后消除影像之间的尺度差异，引入分层匹配策略，消除相关窗口与搜索窗口的变形，并逐层对姿态轨道参数进行改正，从而更新近似核线与差异补偿模型。

4.4.1 特征点分类处理

对于多源、多时相卫星遥感影像，影像之间难免会存在因时相差异造成的地物变化及灰度属性差异。对于地物变化的区域，利用基于灰度信息的相似性测度容易出现相似性曲线锐度较差、伪峰值的问题，导致整体误匹配率较高。本章利用边缘轮廓线相关技术获得较为可靠的同名轮廓线，而影像之间同名轮廓线所在区域地物变化的可能性较小，局部灰度分布及纹理相似性较高，且存在同名轮廓线在空间上的约束，匹配成功率与正确率相对较高。因此，将与同名轮廓线处于相同分割区域内的特征点作为种子点进行优先匹配，而其余特征点作为待匹配点（图 4-9）。在种子点匹配完成后，计算待匹配点与种子点的像方距离并进行排序。首先匹配距离最近的待匹配点，并将匹配成功的点位作为种子点对后续匹配进行约束；再根据距离远近依次完成待匹配点的同名点确定。该方式较大程度降低了误匹配率，提高了匹配的稳定性与可靠性。

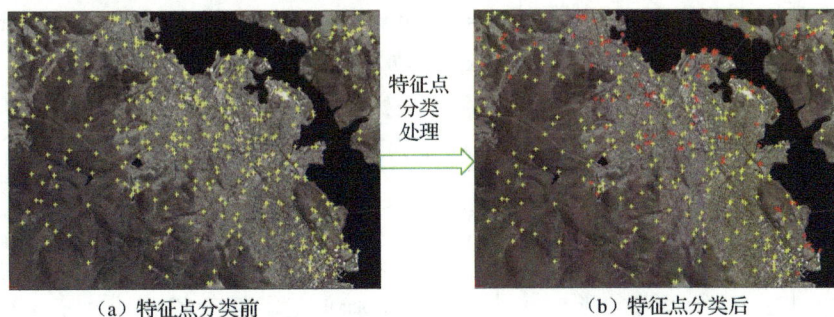

（a）特征点分类前　　　　　　　　　　　（b）特征点分类后

图 4-9　特征点分类前后对比示意图

为验证特征点分类处理的有效性，选取异源且存在一定时相差异的六组卫星影像对作为实验数据，分别由资源三号卫星、资源一号 02C 卫星、天绘一号卫星、高分一号卫星、SPOT-5 卫星、GeoEye-1 卫星传感器获取。利用匹配正确率作为评价指标，与特征点未分类的处理方式进行对比。图 4-10 列出了匹配正确率对比结果，其中匹配正确率是在误匹配剔除前的统计值。六组实验匹配获得的同名点均通过人工检查方式进行判别，对像方误差在 1.5 像素以上的同名点均作为误匹配点。可以看出，在对特征点进行分类处理后，匹配正确率均有一定的提高，其中第三组和第六组数据进行分类处理后，匹配正确率明显提高。

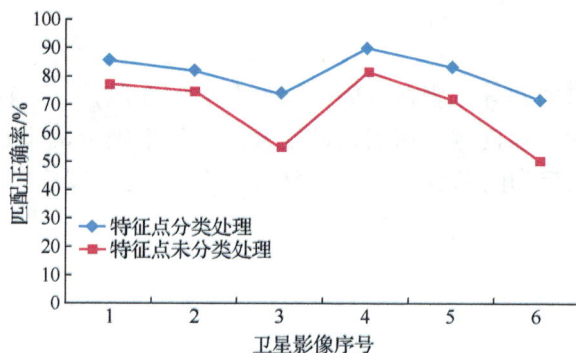

图 4-10　特征点分类处理前后的匹配正确率对比结果

4.4.2　匹配窗口差异补偿

卫星在高空摄影时，受 CCD 成像器件弯曲、位移等因素影响，影像内部畸变差异较大。另外，受分辨率、摄影视角、地形变化等因素的影响，导致影像之间几何变形较大，无法用同一个数学模型参数描述内部畸变。在定义相关窗口后，如果直接进行互相关匹配，在搜索窗口会出现不规则甚至不连续的情况，易造成同名点相似性较低甚至匹配失效现象（Zhang，2005）。因此，需要计算相关窗口与搜索窗口的畸变模型参数，对窗口之间的差异进行补偿，消除其几何与辐射畸变，提高窗口之间的匹配相似性与匹配成功率。

如图 4-11 所示，$P(x,y)$ 为参考影像的某一特征点，定义 $P(x,y)$ 的相关窗口 W_i 及投影窗口 W_p，通过像的正反投影，计算投影窗口 W_p 与在搜索影像近似核线（approximate epipolar-line）上构建的搜索窗口 W_a 的差异补偿模型参数，如式（4-10）所示。利用差异补偿模型，建立投影窗口与搜索窗口的像素对应关系，并将搜索窗口 W_a 重采样至投影窗口，每个像素的灰度值利用双线性内插方法获取。利用上述方法消除几何与辐射差异对匹配结果的影响，保证相关匹配的稳定性。

$$\begin{cases} x' = a_0 + a_1 x + a_2 y \\ y' = b_0 + b_1 x + b_2 y \\ g'(x,y) = h_0 + h_1 g(x,y) \end{cases} \tag{4-10}$$

式中，(x,y) 和 (x',y') 分别为左右影像对应点的像方坐标，a_0,a_1,a_2,b_0,b_1,b_2 为仿射变换系数，$g(x,y)$，$g'(x,y)$ 分别为左右影像对应点的像素灰度值，h_0,h_1 为对应点灰度差异补偿模型参数。

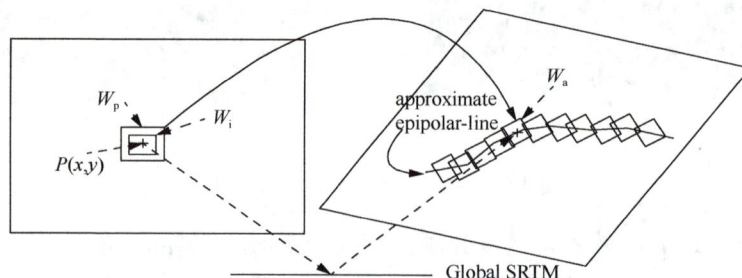

图 4-11　相关窗口与搜索窗口之间差异补偿示意图

4.4.3　分层精化匹配策略

在匹配策略上，引入金字塔分层匹配方式，并在匹配过程中利用 NCC 作为相似性测度。不同于传统分层匹配方法，本章在每一层匹配完成且剔除误匹配后，利用剩余的同名点进行姿态轨道参数的同名点预测误差改正。对于种子点，利用相同分割区域的同名轮廓线对应关键点的相关系数值作为先验知识，自适应确定相似阈值；对于待匹配点，利用选择的参考点作为先验知识，自适应估计相似阈值。利用改正后的姿态轨道参数逐层精化近似核线，并对窗口之间的差异补偿模型参数进行更新，直至影像原始层。在原始层匹配完成后，在以同名点坐标为中心的 5 像素×5 像素邻域内采用局部极值拟合方法对同名点位置进行精化，其峰值位置即为最终的同名点位（凌志刚 等，2010；Ma et al.，2010）。

　　为验证分层精化匹配策略的适用性，选取相互重叠的资源三号卫星正视影像与天绘一号卫星前视影像作为实验数据，如图 4-12（a）和（b）所示。图 4-12（c）和（d）显示了特征点匹配结果，虽然影像之间存在一定的分辨率、摄影视角、时相差异，但仍然能够获取一定数量的同名点。通过人工量测方式对匹配结果进行检查，图 4-12（e）和（f）所示绿色标记的点位为误匹配点，可以看出虽然存在少量误匹配，但是大多数同名点均正确，在后续误匹配检测中会对误匹配点进行剔除，如图 4-12（g）和（h）所示。

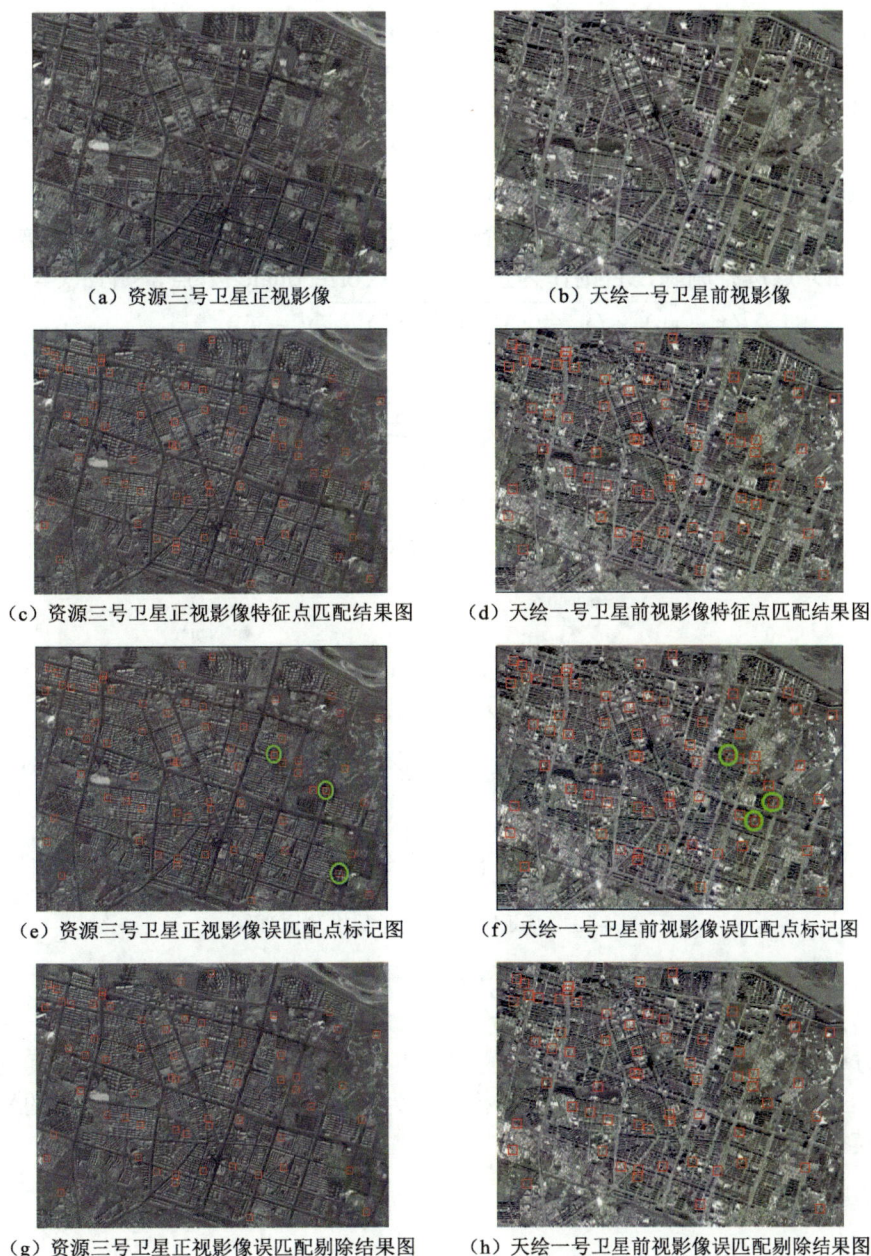

（a）资源三号卫星正视影像　　　　　　　　　　（b）天绘一号卫星前视影像

（c）资源三号卫星正视影像特征点匹配结果图　　　（d）天绘一号卫星前视影像特征点匹配结果图

（e）资源三号卫星正视影像误匹配点标记图　　　　（f）天绘一号卫星前视影像误匹配点标记图

（g）资源三号卫星正视影像误匹配剔除结果图　　　（h）天绘一号卫星前视影像误匹配剔除结果图

图 4-12　资源三号卫星正视影像与天绘一号卫星前视影像的匹配结果

4.5 误匹配检测剔除

在影像匹配过程中，难免会出现误匹配现象。对于卫星遥感影像，可获得固定采样间隔下扫描行的姿态轨道信息，因此可利用物方信息辅助进行误匹配检测。本章根据影像之间摄影视角的差异，将误匹配的检测方法分为两种情况：①当影像之间摄影光线交会角不小于6°时，采用物方-像方结合的方法对误匹配点进行剔除；②当影像之间摄影光线交会角小于6°时，在像方采用全局-局部结合的方法对误匹配点进行剔除。

4.5.1 基于物方-像方的误匹配检测

当影像之间摄影光线交会角不小于6°时，利用同名点对应扫描行的姿态轨道参数或RPC参数进行前方交会，获取同名点的物方坐标。先将物方坐标反投影至影像上，获得对应的像方投影坐标；再将投影坐标与同名点影像坐标相减，作为同名点在该影像上的偏差值。如图 4-13 所示，$P_i(x_i, y_i)$ 和 $P_i'(x_i', y_i')$ 为某一同名点在左右两景影像上的影像坐标，(X_i, Y_i, Z_i) 为该点前方交会的物方坐标，$p_{ib}(x_{ib}, y_{ib})$ 与 $p_{ib}'(x_{ib}', y_{ib}')$ 为其投影坐标。该同名点的匹配误差值由式（4-11）计算得到，所有同名点的匹配中误差（root mean square error，RMSE）由式（4-12）计算得到。当某一同名点的匹配误差大于 5 倍中误差时，则被作为误匹配（mismatch）点进行剔除，否则作为正确匹配（correctmatch）点，如式（4-13）所示。

$$\Delta p_i = \sqrt{\frac{(x_i - x_{ib})^2 + (y_i - y_{ib})^2 + (x_i' - x_{ib}')^2 + (y_i' - y_{ib}')^2}{2}} \quad (i = 1, 2, \cdots, N) \tag{4-11}$$

$$\text{RMSE} = \sqrt{\frac{\sum_{i=1}^{N} \Delta p_i^2}{N}} \tag{4-12}$$

$$p_i = \begin{cases} \text{mismatch} \Delta p_i \geqslant 5\text{RMSE} \\ \text{correctmatch} \Delta p_i < 5\text{RMSE} \end{cases} \tag{4-13}$$

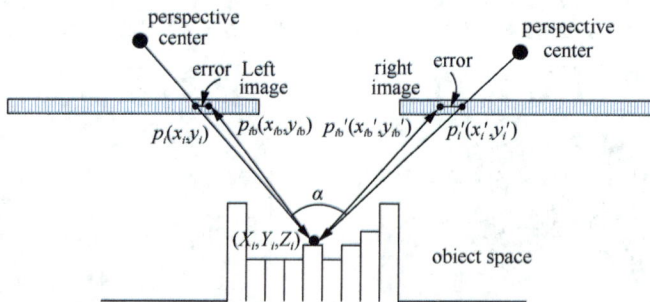

图 4-13 基于物方的误匹配检测原理图

注：perspective center：透视中心；error：偏差值；object space：物方空间。

在利用物方信息对误匹配点进行剔除后，对于每一对同名轮廓线，利用轮廓线上的关键点偏差计算同名轮廓线的像方中误差，将大于 5 倍中误差的同名点作为误匹配点。对于影像之间的几何变换模型，优先采用 2.4 节提出的仿射变换加高差因子补偿模型作为判断依据，在地形高差较小的平坦地区也可采用传统的仿射变换模型。

4.5.2 基于全局-局部的误匹配检测

当影像之间的摄影光线交会角小于6°时，光线夹角太小，利用同名点对应扫描行的姿态轨道参数或

RPC 参数进行前方交会，会导致交会精度较差，物方坐标误差较大。在这种情况下，首先进行全局误匹配剔除，将大于 5 倍中误差的同名点作为误匹配点；然后根据同名点所在的分割区域，将落在该分割区域及相邻分割区域的同名点进行聚类，如图 4-14 所示，以每一聚类作为单位，仿射变换作为数学模型，利用 RANSAC 算法剔除误匹配点。

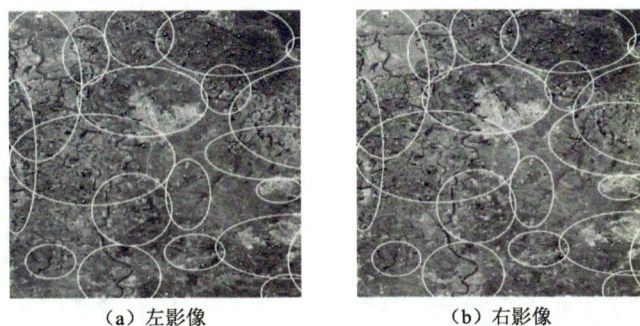

（a）左影像　　　　　　　　（b）右影像

图 4-14　同名点聚类结果示意图

4.6　实验与分析

为了验证本章算法的效果，选取三组具有重叠区域的多源、多时相卫星遥感影像对作为实验数据。图 4-15（a）和（b）为资源三号卫星在不同时间拍摄于南京地区的实验一影像对，分辨率均为 3.5m，影像之间的交会角为 44°，影像大小均为 16300 像素×16346 像素。图 4-15（c）和（d）为拍摄于哈尔滨地区的资源三号卫星正视影像与天绘一号卫星后视影像，其中资源三号卫星正视影像的分辨率为 2.1m，影像大小为 24530 像素×30501 像素；天绘一号卫星后视影像的分辨率为 5m，影像大小为 6400 像素×13801 像素，影像之间的交会角为 25°。图 4-15（e）和（f）为拍摄于武汉地区的高分一号卫星全色影像与资源三号卫星前视影像，其中高分一号卫星全色影像分辨率为 2m，影像大小为 18192 像素×17999 像素；资源三号卫星前视影像分辨率为 3.5m，影像大小为 16300 像素×16346 像素，影像之间的交会角为 22°。本节采用的对比算法为基于近似核线几何约束的互相关匹配（GC^3）算法及特征与灰度相结合的最小二乘匹配（feature and greyscale least squares matching，FGLSM）算法。由于本章所用算法可自适应确定相似阈值，因此无须设置；其余两种算法的相似阈值设置为 0.7。三种算法均建立三层金字塔，顶层相关窗口为 15 像素×15 像素，采用改正后的姿态轨道参数作为辅助。另外，匹配过程中所用计算机配置为 Thinkpad T440s 笔记本、Intel Core（TM）i7-4600U、2.1GHz、4GB 内存。

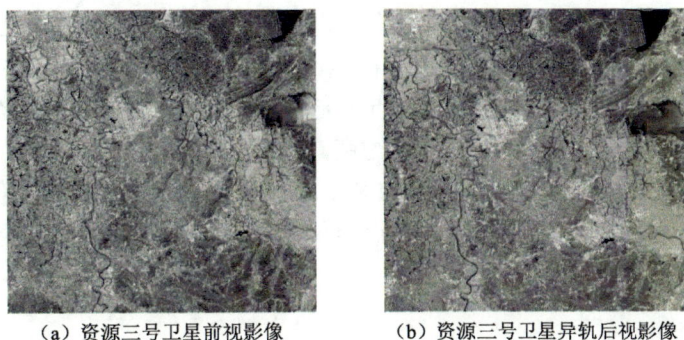

（a）资源三号卫星前视影像　　　　　　（b）资源三号卫星异轨后视影像

图 4-15　实验分析选取的三组多源、多时相卫星遥感影像示意图

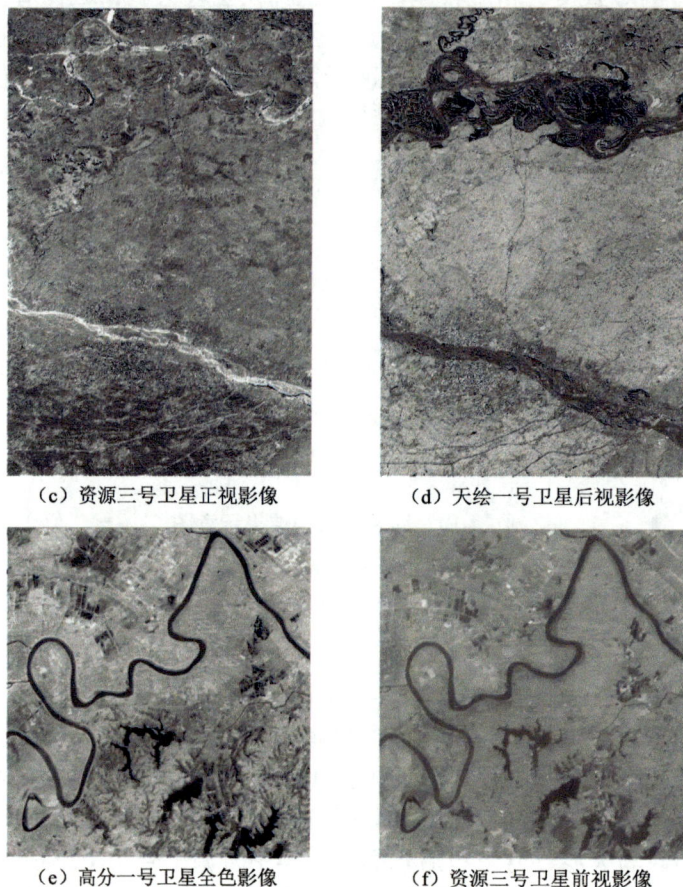

（c）资源三号卫星正视影像　　　　　　（d）天绘一号卫星后视影像

（e）高分一号卫星全色影像　　　　　　（f）资源三号卫星前视影像

图 4-15　（续）

为定量估计算法的匹配精度，获得匹配同名点的行方向最大残差、列方向最大残差、像方单位权中误差三个精度指标，利用以下方式对上述指标进行计算：由于资源三号卫星与天绘一号卫星具有三线阵扫描方式，可获得同一区域的前视、正视、后视影像，因此在实验中将匹配成功的同名点利用各自的匹配算法自动转点到三线阵影像上，以此作为观测值，引入商业软件 DPGrid 的卫星定向模块，通过平差解算获得上述精度指标。

图 4-16 所示为三种方法对于异轨资源三号卫星前视、后视影像的特征点匹配结果。通过表 4-3 可知，在匹配成功率、平差解算得到的像方中误差、匹配效率方面，本章所用 SRTM 辅助算法均优于其他两种算法。究其原因，首先，影像之间并不存在尺度旋转差异，且时相差异并不明显，使影像匹配难度降低；其次，SRTM 辅助算法利用全球 SRTM 生成近似核线，消除了高程误差对核线精度的影响，且通过特征点的分类处理及较有效的匹配策略优化，使同名点的定位更加准确；最后，相比 GC^3 算法，SRTM 辅助算法利用同名轮廓线的空间约束、种子点的位置约束，使搜索范围进一步缩小，因此重采样像素与相关窗口的遍历次数减少，匹配效率有一定提高。FGLSM 算法需要利用 SIFT 算子获取可靠的初始同名点，因此耗时较多，且利用上述算子获得的初始同名点定位不够精确，匹配过程中几何约束较弱，一定程度上影响了后续匹配的精度。

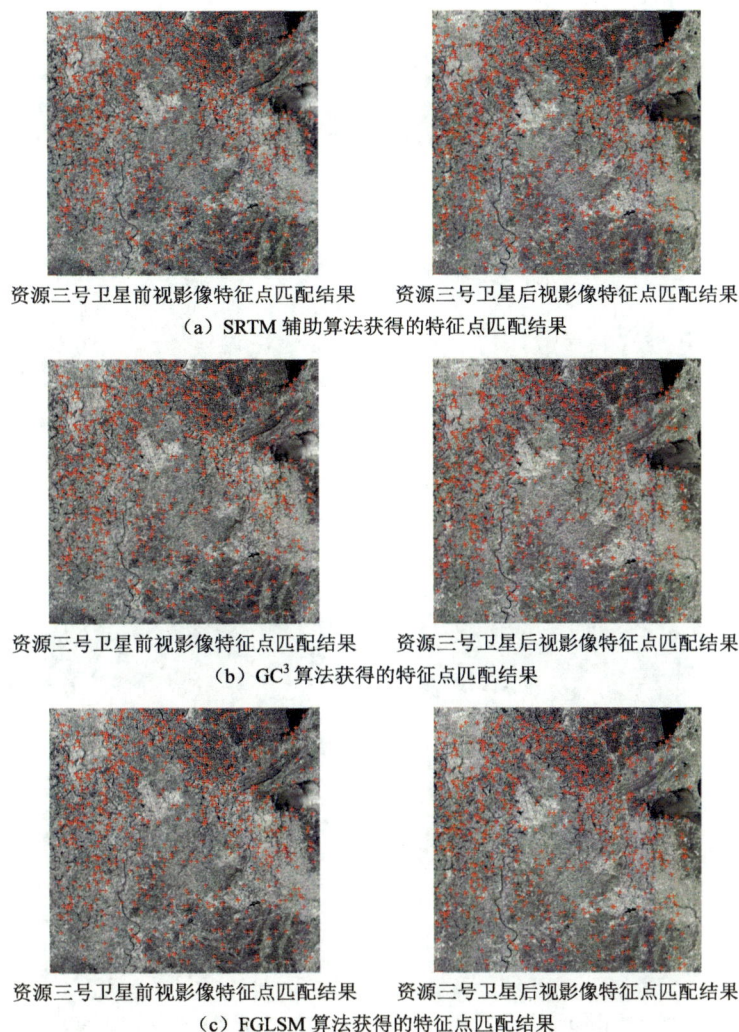

资源三号卫星前视影像特征点匹配结果　　资源三号卫星后视影像特征点匹配结果
（a）SRTM 辅助算法获得的特征点匹配结果

资源三号卫星前视影像特征点匹配结果　　资源三号卫星后视影像特征点匹配结果
（b）GC³ 算法获得的特征点匹配结果

资源三号卫星前视影像特征点匹配结果　　资源三号卫星后视影像特征点匹配结果
（c）FGLSM 算法获得的特征点匹配结果

图 4-16　三种方法对于异轨资源三号卫星前视、后视影像的特征点匹配结果

表 4-3　对于异轨资源三号卫星前视、后视影像的特征点匹配结果对比

特征点匹配算法	特征点数	匹配成功点数	匹配成功率/%	行方向最大残差/像素	列方向最大残差/像素	像方单位权中误差/像素	耗时/s
SRTM 辅助算法		932	93.3	0.30	0.21	0.22	32
GC³ 算法	998	863	86.4	0.60	0.41	0.36	37
FGLSM 算法		798	79.9	1.62	1.03	0.64	74

图 4-17 所示为三种方法对于资源三号卫星正视影像与天绘一号卫星后视影像的特征点匹配结果。由于分辨率、摄影视角、摄影时间等因素的差异，影像之间存在较大的几何与灰度畸变，一定程度降低了同名点的相似性，增大了匹配难度。表 4-4 对比了三种方法的匹配结果，可以看出，SRTM 辅助算法在匹配成功率方面，相比 GC³ 算法提升 22.1%，像方单位权中误差减小 0.53 像素。其主要原因在于，首先，SRTM 辅助算法利用自适应确定相似阈值的方式，较大程度降低了不合理阈值对于匹配成功率的影响；其次，由于 SRTM 辅助算法考虑了时相差异易造成误匹配的问题，利用特征点分类处理方式，且匹配时按照距离种子点的远近依次进行匹配，增强了匹配的可靠性，降低了时相差异的影响，因此误匹配率较低，像方单位权中误差得到较好控制。

资源三号卫星正视影像匹配结果　　　　天绘一号卫星后视影像匹配结果

（a）SRTM 辅助算法获得的特征点匹配结果

资源三号卫星正视影像匹配结果　　　　天绘一号卫星后视影像匹配结果

（b）GC^{3}算法获得的特征点匹配结果

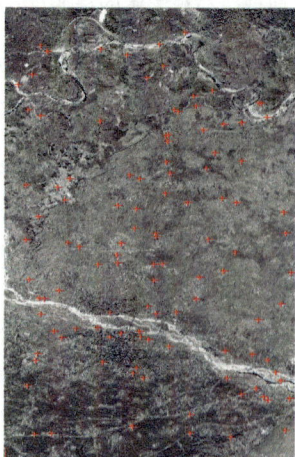

资源三号卫星正视影像匹配结果　　　　天绘一号卫星后视影像匹配结果

（c）FGLSM 算法获得的特征点匹配结果

图 4-17　三种方法对于资源三号卫星正视影像与天绘一号卫星后视影像的特征点匹配结果

表 4-4 对于资源三号卫星正视影像与天绘一号卫星后视影像的特征点匹配结果对比

特征点匹配算法	特征点数	匹配成功点数	匹配成功率/%	行方向最大残差/像素	列方向最大残差/像素	像方单位权中误差/像素	耗时/s
本章算法		510	66.5	0.81	0.47	0.44	34
GC³ 算法	766	338	44.1	2.36	1.71	0.97	38
FGLSM 算法		213	27.8	4.62	4.10	1.84	81

图 4-18 显示了三种方法对于高分一号卫星全色影像与资源三号卫星前视影像的特征点匹配结果。从图中可以看出，影像之间存在一定的几何差异，且由于摄影时间差异的影响，灰度畸变较为严重。表 4-5 对比了三种方法的匹配结果，可以看出，SRTM 辅助算法的匹配结果经过平差解算后像方单位权中误差可达 0.3 像素，证明了该方法的匹配可靠性。GC³ 算法在匹配效率上与 SRTM 辅助算法接近，但是像方单位权中误差为 0.41 像素，主要是因为部分同名点存在较小的位置偏差且在误匹配检测中无法完全剔除。FGLSM 算法在匹配成功率、匹配精度、匹配效率等方面均落后于其他两种方法，间接说明该算法对于同名点的定位不够准确，初始匹配点的获取较为耗时，利用初始匹配点作为约束条件，其约束性弱于另外两种算法。

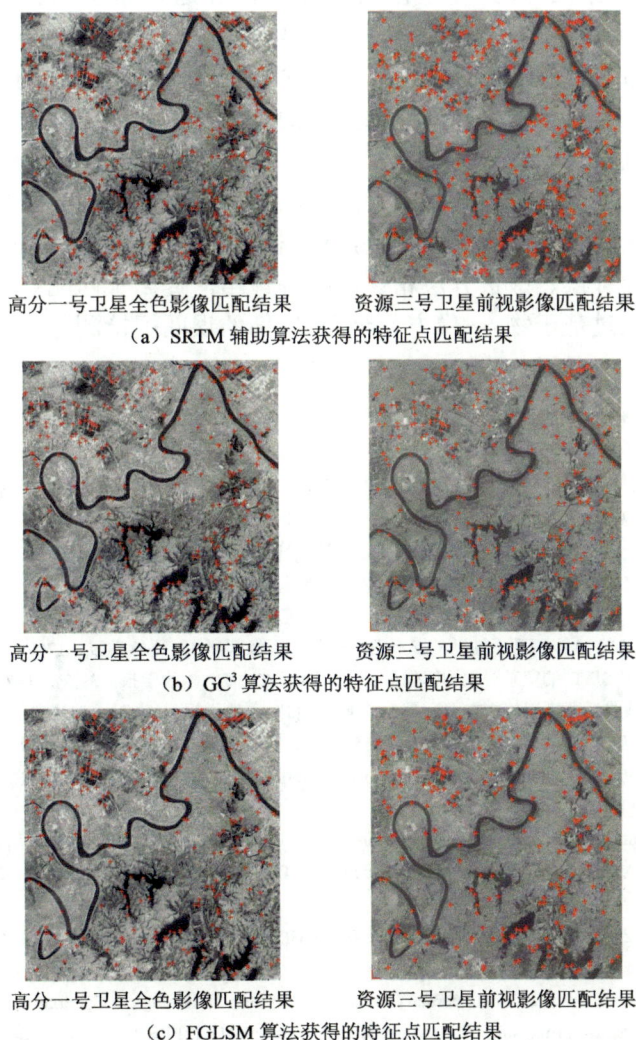

高分一号卫星全色影像匹配结果　　资源三号卫星前视影像匹配结果
（a）SRTM 辅助算法获得的特征点匹配结果

高分一号卫星全色影像匹配结果　　资源三号卫星前视影像匹配结果
（b）GC³ 算法获得的特征点匹配结果

高分一号卫星全色影像匹配结果　　资源三号卫星前视影像匹配结果
（c）FGLSM 算法获得的特征点匹配结果

图 4-18 三种方法对于高分一号卫星全色影像与资源三号卫星前视影像的特征点匹配结果

表4-5 对于高分一号卫星全色影像与资源三号卫星前视影像的特征点匹配结果对比

特征点匹配算法	特征点数	匹配成功点数	匹配成功率/%	行方向最大残差/像素	列方向最大残差/像素	像方单位权中误差/像素	耗时/s
本章算法		518	88.6	0.34	0.26	0.30	28
GC³算法	584	414	70.8	0.80	0.52	0.41	32
FGLSM算法		356	60.9	1.37	0.84	0.80	68

本 章 小 结

本章针对特征点匹配算法中的特征点选取、匹配约束条件确定、匹配策略优化、误匹配检测四个方面进行了深入研究，结合多源、多时相卫星遥感影像的特点，充分利用分割区域与同名轮廓线作为约束条件，以全球公开的高程数据SRTM作为辅助，提出了一种全球SRTM数据辅助的特征点匹配方法。该方法首先利用相邻分割区域的公共交叉点作为特征点，并通过特征点评价机制，与 Harris 算子、Harris-Laplace 算子及DoG 算子提取的特征点进行对比，证明公共交叉点的局部纹理信息更丰富、特征更明显，有利于基于灰度分布的影像匹配；其次利用全球SRTM 作为高程辅助生成近似核线，避免了高程误差对于核线精度的影响，且结合同名轮廓线的空间约束、种子点的位置约束、匹配双向一致性约束，较大程度上抑制了误匹配风险。

在匹配策略优化方面，采用特征点分类处理方式，将与同名轮廓线处于相同分割区域的特征点作为种子点进行优先匹配，其余特征点作为待匹配点，根据与种子点的距离远近，依次完成待匹配点的同名点确定。利用匹配窗口差异补偿、改进分层精化匹配等策略，提高了匹配点的稳定性与可靠性。根据影像之间摄影视角的差异，通过基于物方-像方、全局-局部的误匹配检测方法对误匹配点进行剔除，取得了良好的效果。

参 考 文 献

胡芬，王密，李德仁，等，2009. 基于投影基准面的线阵推扫式卫星立体影像对近似核线影像生成方法[J]. 测绘学报，38(5)：428-436.

季顺平，袁修孝，2010. 基于RFM 的高分辨率卫星遥感影像自动匹配研究[J]. 测绘学报，39(6)：592-598.

凌志刚，梁彦，程咏梅，等，2010. 一种稳健的多源遥感图像特征配准方法[J]. 电子学报，38(12)：2892-2897.

吴波，2006. 自适应三角形约束下的立体影像可靠匹配方法[D]. 武汉：武汉大学.

熊金鑫，2014. 基于区域分割的多源、多时相卫星遥感影像联合匹配方法研究[D]. 武汉：武汉大学.

熊金鑫，张永军，郑茂腾，等，2013. SRTM 高程数据辅助的国产卫星长条带影像匹配[J]. 遥感学报，17(5)：1103-1117.

杨化超，张书毕，张秋昭，2010. 基于 SIFT 的宽基线立体影像最小二乘匹配方法[J]. 测绘学报，39(2)：187-194.

张过，陈钽，等，2011. 基于有理多项式系数模型的物方面元最小二乘匹配[J]. 测绘学报，40(5)：592-597.

朱庆，吴波，赵杰，2005. 基于自适应三角形约束的可靠影像匹配方法[J]. 计算机学报，28(10)：1734-1739.

CHENG L, GONG J Y, YANG X X, 2008. Robust affine invariant feature extraction for Image matching[J]. IEEE Geoscience and Remote Sensng Letters, 5(2): 264-250.

DAVID G L, 2004. Distinctive image features from scale-invariant keypoints[J]. Internatioanl Journal of Computer Vision, 60(2): 91-110.

HARRIS C G, STEPHENS M J, 1988. A combined corner and edge detector[C]//The 4th Alvey Vision Conference, Manchester：Alvey Vision Conference, 147-151.

JIANG W S, ZHANG J Q, ZHANG Z X, 2008. Simulation of three-line CCD satellite images from given orthoimage and DEM[J]. Geomatics and Information Science of Wuhan University, 33(9): 943-946.

KOENDERINK J J, Doorn A, 1987. Representation of local geometry in the visual system[J]. Biological Cybernetics, 55(6): 367-375.

KRATKY V, 1989. Rigorous photogrammetric processing of spot images at ccm canada[J]. ISPRS Journal of Photogrammetry and Remote Sensing, 44(2): 53-71.

LHUILLIER M, QUAN L, 2000. Robust dense matching using local and global geometric constraints[C]// Proceedings 15th International Conference on

Pattern Recognition. ICPR-2000 . Barcelona, Spain: IEEE, 1: 968-972.

LOWE D G, 1999. Object recognition from local scale-invariant features[C]//Proceedings of the Seventh IEEE International Conference on Computer Vision. Kerkyra：IEEE, 2: 1150-1157.

MA J L, CHAN J C, CANTERS F, 2010. Fully automatic subpixel image registration of multiangle CHRIS/Proba data[J]. IEEE Transactions on Geoscience and Remote Sensing, 48(7): 2829-2839.

MIKOLAJCZYK K, SCHMID C, 2005. A performance evaluation of local descriptors[J]. IEEE Transactions on Pattern Analysis and Machine Intelligence, 27(10): 1615-1630.

MIKOLAJCZYK K, SCHMID C, 2001. Indexing based on scale invariant interest points[C]//Proceedings Eighth IEEE International Conference on Computer Vision. ICCV 2001 . Vancouver: IEEE, 1: 525-531.

SCHMID C, MOHR R, BAUCKHAGE C, 2000. Evaluation of interest point detectors[J]. International Journal of Computer Vision, 37(2): 151-172.

SILVEIRA M T, FEITOSA R Q, JACOBSEN K, et al., 2008. A hybrid method for stereo image matching[C]//International Archives of the Photogrammetry, Remote Sensing and Spatial Information Sciences, Beijing：ISPRS,37 (B1): 895-901.

TOLA E, LEPETIT V, FUA P, 2010. DAISY: an efficient dense descriptor applied to wide-baseline stereo[J]. IEEE Transactions on Pattern Analysis and Machine Intelligence, 32(5): 815-830.

ZHANG L, GRUEN A, 2006. Multi-image matching for DSM generation from ikonos imagery[J]. ISPRS Journal of Phototgrammetry and Remote Sensing, 60(3): 195-211.

ZHANG L, 2005. Auto digital surface model (DSM) generation from linear array images[D]. Zurich: ETH.

ZHANG Y J, WAN Y, HUANG X, et al., 2016. DEM-assisted RFM block adjustment of pushbroom nadir viewing HRS imagery[J]. IEEE Transactions on Geoscience and Remote Sensing, 54: 1025-1034.

第5章

基于分割区域约束的匹配传播

5.1 引言

匹配传播是指利用已有匹配点作为先验知识，按照某种策略，在各种约束条件的引导下进行不断迭代，引导新匹配点产生的传播过程（Zhu et al.，2007；Gruen，2012；Han et al.，2012）。在特征点匹配完成后，为获得更加立体的匹配结果，需要利用匹配传播策略对同名点进行加密，从而获取均匀分布且密集的匹配点集。较常见的匹配传播方式是区域增长策略，通过提取具有明显纹理特征的少量特征点，对其进行匹配，并将匹配成功的同名点作为种子点，利用基于灰度相关的增长方法对种子点周围的像素进行匹配，然后不断扩张，将匹配像素传播到影像的其他区域，为区域网平差和对地定位提供观测值（Zhang et al.，2014a，2014b；Zhang et al.，2015；Zheng et al.，2015；Tong et al.，2015；Guo，2012；Rupert et al.，2012 ）。

针对匹配传播方法的改进主要集中于约束类型设计和传播策略优化两个方面。对于匹配传播的约束类型，主要可分为点-点及区域-区域。Tang 等（2002）利用已经匹配成功的特征点将影像划分为若干个多边形网格，每个网格中包含一个特征点，在每个网格内，将对应的特征点作为种子点，采用连续性约束，对网格内待匹配像素点进行相关匹配。Lhuillier 和 Quan（2000）提出一种全局与局部几何约束相结合的方法进行匹配传播，首先利用已经匹配成功的特征点生成初始视差图，之后利用平面仿射变换构建局部几何约束，并利用基础矩阵作为全局约束，对初始视差图进行调整，引导最终的匹配传播。有学者提出自适应三角网约束的匹配传播方法，首先利用 SIFT 算子或 Daisy 算子进行基于特征的初始匹配，从而获得一些稳定可靠的种子点；然后利用种子点构建初始 Delaunay 三角网（Wu et al.，2011；姜三 等，2020），在每个三角形内部，利用三角形三个顶点的先验知识，通过视差约束、梯度方向约束、核线约束等方式，对待匹配像素进行匹配，并不断细化三角网，能够较大程度消减错误匹配，提高了匹配的可靠性与精度。对于传播策略优化，Zhang 和 Gruen（2006）对基于区域的匹配传播策略进行了改进，针对传统方法中寻找局部区域最优种子点进行匹配传播的缺点，该方法同时利用多个可靠的匹配点，增加约束条件，一定程度提高了匹配可靠性。Lhuillier 和 Quan（2000）提出基于"最优最先"的匹配传播策略，将少量可靠的匹配点按照判定准则从大到小进行排列，存储于堆栈数据结构中，在匹配传播过程中，由堆栈顶部的匹配点向其邻域范围内的待匹配像素进行匹配传播，可有效抑制误匹配点的错误匹配传播。Wu 等（2012）在基于三角网约束的匹配传播基础上，针对纹理贫乏区域的匹配困难问题，结合边缘直线与点特征的几何特性，首先获得初始的种子点与同名边缘，再利用种子点与同名边缘构建三角网，在三角网、核线、边缘方向的约束下进行匹配传播，不断更新三角网与边缘的约束条件，最终获得密集的同名点与边缘直线。但是，现有匹配传播方法仍存在以下问题需要解决。

1）在区域-区域的匹配传播约束类型中，对于区域的划分，如多边形格网、三角网，都需要通过种子点进行，并假设区域内部是连续平滑的，但是种子点的数量与分布难以保证此假设成立。对于纹理复杂、地形起伏较大的区域，上述方法的约束性会受到影响，匹配传播的鲁棒性会明显降低。

2）现有匹配传播方法中，相似性测度主要是利用基于灰度的相关方法，而对于几何相似性，则主要作为约束条件用于缩小搜索范围，并未将其加入相似性测度计算中，即最终同名点的确定主要依赖于灰度分布的相似性（Chen et al.，2013）。对于纹理贫乏和重复纹理区域，相似性曲线锐度会明显减弱，易出现多峰值现象。

本章结合纹理特征、光谱特征、边界特征对影像进行分割处理，提出基于分割区域约束的匹配传播方法（matching propagation based on segmentation region constraints，SRCMP）（熊金鑫，2014）。相比于现有区域-区域的匹配传播方法中利用多边形格网和三角网作为约束，本章获得的分割区域更能体现影像内部的纹理差异和地物变化，保证区域内部的连续平滑，有利于覆盖大范围纹理复杂、地形起伏较大区域的卫星遥感影像的匹配传播。另外，结合纹理与几何相似性，构建联合距离、夹角、归一化相关系数的相似性测度（similarity measure integrates distance，angle，and NCC，DANCC），旨在增强相似性测度的有效性与可靠性，提高在匹配困难区域的匹配正确率。

5.2 同名点预测与搜索区确定

在第 4 章特征点匹配完成后，选择边界存在三个以上已成功匹配特征点的分割区域作为初始匹配传播区域，利用 4.3.3 节的影响值计算公式 [式（4-9）]，将影响值最高的三个同名点作为种子点。如图 5-1 所示，在某一分割区域边界，绿色标记的点为选取的种子点，黄色标记的点为待匹配像素，利用种子点计算影像之间局部区域的仿射变换模型，利用该模型参数对待匹配像素在搜索影像上的同名点进行预测，蓝色标记的点即为预测的同名点。

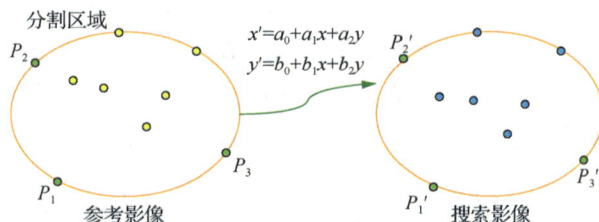

图 5-1 同名点预测

虽然通过上述方法获得了待匹配像素的同名点预测位置，但是真实同名点位置与其预测位置仍然存在一定的差距，此时可通过解算得到的仿射变换模型将种子点坐标变换到搜索影像上。如图 5-2 所示，红色标记的点即为几何变换后的种子点，计算匹配点位置与几何变换得到的位置的距离 $\{L_1, L_2, L_3\}$，利用式（5-1）与式（5-2）计算获得以同名预测点为中心的搜索窗口尺寸，从而确定待匹配点的搜索范围。

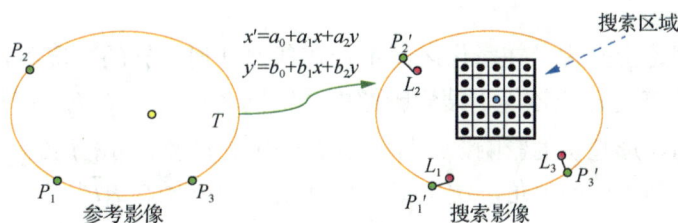

图 5-2 搜索区域的确定示意图

$$r = \max(L_1, L_2, L_3) \tag{5-1}$$

$$\text{Window}_{\text{Size}} = 2r + 1 \tag{5-2}$$

5.3　DANCC 相似性测度构建

在摄影测量领域，NCC 系数具有计算效率高、灰度变化线性不变性、定位准确等特点，被广泛作为相似性测度应用于影像匹配。但是该算法只顾及了局部灰度分布的相似性，而忽略了局部的几何相似性，因此在纹理贫乏与纹理重复区域的匹配稳定性较差，匹配正确性较低。鉴于此，本节充分利用相同区域种子点的几何关系，构建结合几何与灰度分布的相似性测度。

5.3.1　距离向量

如图 5-3 所示，$P(x, y)$ 为某一待匹配像素，$\{P_1, P_1'\}$、$\{P_2, P_2'\}$、$\{P_3, P_3'\}$ 为对应分割区域选取的种子点。理论上来说，在影像之间不存在任何几何差异的情况下，参考影像中的 $P(x, y)$ 与其距离最近种子点 P_1 的距离 L 应等于搜索影像中的真实同名点与 P_1' 的距离 L'。在实际情况下，由于影像之间存在一定的尺度、视角差异，因此以上假设存在一定的偏差。利用式（5-3）计算距离的偏差值 ΔL，其中 L_{12} 表示参考影像中 P_1 与 P_2 的像方距离，L_{12}' 表示搜索影像上对应同名点的像方距离。通过式（5-4）可自适应获得待匹配像素的距离阈值 $L_{\text{threshold}}$。式（5-5）计算了 $P(x, y)$ 在搜索窗口中某一点的距离差异值，距离向量 $\boldsymbol{L}_{\text{DV}}$ 越小，意味着该点的距离越接近阈值，则距离相似性越强。值得注意的是，在计算搜索窗口内像点的距离向量 $\boldsymbol{L}_{\text{DV}}$ 后，需要对距离相似值进行归一化。

$$\Delta L = \left(\frac{L_{12}' - L_{12}}{L_{12}} + \frac{L_{13}' - L_{13}}{L_{13}} + \frac{L_{23}' - L_{23}}{L_{23}} \right) / 3 \tag{5-3}$$

$$L_{\text{threshold}} = L + L \cdot \Delta L \tag{5-4}$$

$$\boldsymbol{L}_{\text{DV}} = (L' - L_{\text{threshold}})^2 \tag{5-5}$$

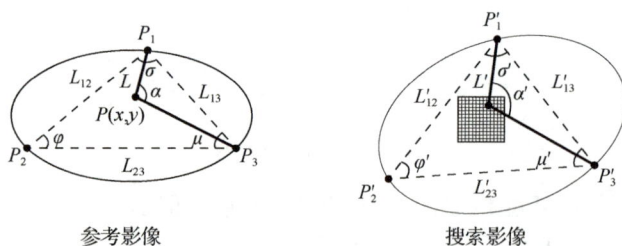

图 5-3　距离向量计算示意图

5.3.2　夹角向量

类似于距离向量，理论上来说，在影像之间不存在任何几何差异的情况下，参考影像中 $P(x, y)$ 与其距离最近种子点 P_1、P_3 的夹角 α 应该等于搜索影像中真实同名点与 P_1'、P_3' 的夹角 α'。而在实际情况下，由于影像之间摄影视角和地形起伏的影响，α 与 α' 存在一定的偏差，可利用式（5-6）计算夹角的偏差值，其中 σ 为参考影像上 $\overrightarrow{P_1 P_2}$ 与 $\overrightarrow{P_1 P_3}$ 的夹角，σ' 为参考影像上对应 $\overrightarrow{P_1' P_2'}$ 与 $\overrightarrow{P_1' P_3'}$ 的夹角。通过式（5-7）可自适应获得待匹配像素的夹角阈值 $\alpha_{\text{threshold}}$。式（5-8）计算了 $P(x, y)$ 在搜索窗口中某一点的夹角向量 $\boldsymbol{\alpha}_{\text{AV}}$ 越小，意味着该点的夹角越接近阈值，则夹角相似性越强。需要注意的是，由于角度值对于算法带来的噪声影响较为敏感，而余弦值在一定程度上可以减弱这种影响，因此采用余弦值来描述夹角：

$$\Delta\alpha = [\cos(\varphi') - \cos(\varphi) + \cos(\sigma') - \cos(\sigma) + \cos(\mu') - \cos(\mu)] / 3 \tag{5-6}$$

$$\alpha_{\text{threshold}} = \cos(\alpha) + \Delta\alpha \tag{5-7}$$

$$\boldsymbol{\alpha}_{\text{AV}} = [\cos(\alpha') - \alpha_{\text{threshold}}]^2 \tag{5-8}$$

5.3.3 自适应 NCC 向量

利用 NCC 对灰度分布的相似性进行描述，在相关窗口与搜索窗口相关时，首先采用 4.4.2 节的方法对窗口之间的差异进行补偿。对于相似阈值的确定，通过式（5-9）统计种子点的平均相关系数值，减去常数项 ψ，获得相似阈值 $\text{NCC}_{\text{threshold}}$，其中 ψ 根据经验通常设为 0.15：

$$\text{NCC}_{\text{threshold}} = (\text{NCC}_{P_1P_1'} + \text{NCC}_{P_2P_2'} + \text{NCC}_{P_3P_3'}) / 3 - \psi \tag{5-9}$$

式中，$\text{NCC}_{P_1P_1'}$、$\text{NCC}_{P_2P_2'}$ 和 $\text{NCC}_{P_3P_3'}$ 分别为三个对应点的 NCC 系数。

5.3.4 DANCC 的构建

由上述方法，分别利用距离向量、夹角向量、自适应 NCC 向量构建相似性测度 DANCC，对搜索窗口内像素点与待匹配像素的相似性进行描述，如图 5-4 所示。利用最小欧式距离统计整体的相似性，并加入权值对不同向量的相似性贡献进行调整，如式（5-10）所示。其中，a、b 分别为距离向量与夹角向量的权值（weight），其满足条件 $0 < a < 1$、$0 < b < 1$、$0 < a + b < 1$。一旦该点的 NCC 值小于相似阈值 $\text{NCC}_{\text{threshold}}$，则该点作为无效值（invalid）被剔除。通过对比 $E(x,y)$，选取 $E(x,y)$ 最小值对应的像素点作为待匹配像素的同名点。

$$E(x,y) = \begin{cases} \sqrt{a\boldsymbol{L}_{\text{DV}} + b\boldsymbol{\alpha}_{\text{AV}} + (1-a-b)\dfrac{1}{(\text{NCC})^2}}, & (\text{NCC} \geqslant \text{NCC}_{\text{threshold}}) \\ \text{invalid} & (\text{NCC} < \text{NCC}_{\text{threshold}}) \end{cases} \tag{5-10}$$

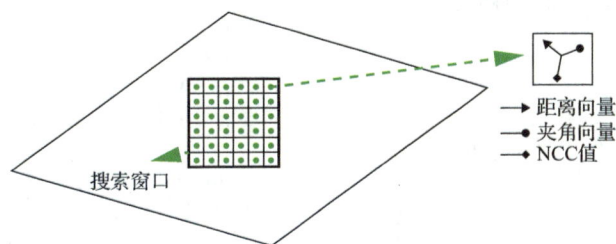

图 5-4　DANCC 构建示意图

5.3.5 NCC 相似性测度对比

为验证 DANCC 的有效性，利用资源三号卫星、天绘一号卫星影像作为实验数据，在相同区域、相同种子点的约束下，选取两对影像对中具有代表性的待匹配像素点，在相同搜索窗口内统计相似性曲线，如图 5-5 所示。从图 5-5（c）和（g）可以看出，如果利用 NCC，则相似性曲线锐度较弱，峰值不明显，且存在多个峰值，易产生误匹配问题。而利用 DANCC，从图 5-5（d）和（h）可以看出，相似性曲线中最小值对应的位置明显且唯一。图 5-5（b）和（f）为最终的同名点位置，可以看出，利用 DANCC 作为相似性测度，对于匹配困难区域，匹配正确性有一定程度的提高。

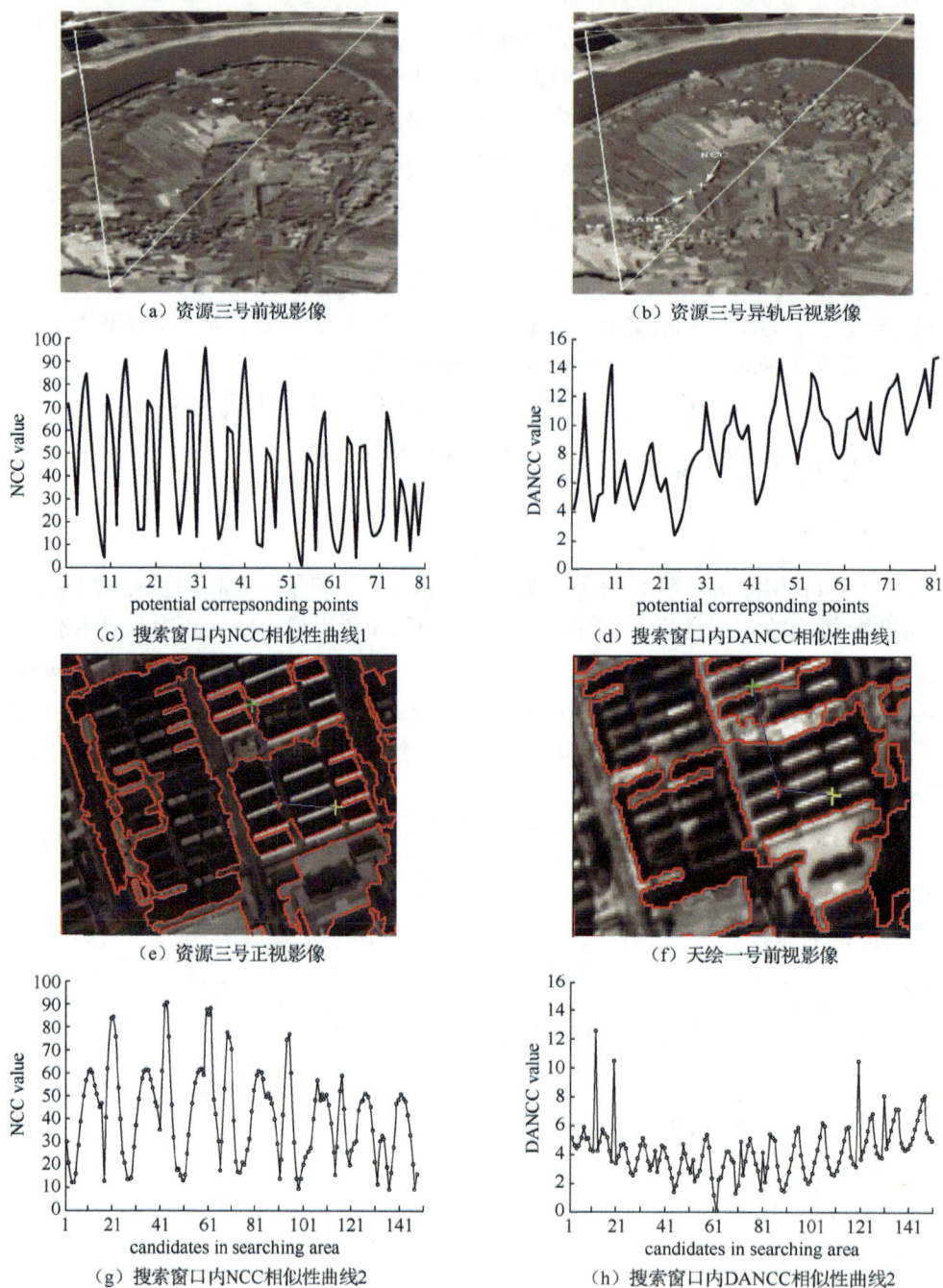

（a）资源三号前视影像

（b）资源三号异轨后视影像

（c）搜索窗口内NCC相似性曲线1

（d）搜索窗口内DANCC相似性曲线1

（e）资源三号正视影像

（f）天绘一号前视影像

（g）搜索窗口内NCC相似性曲线2

（h）搜索窗口内DANCC相似性曲线2

图 5-5　卫星影像 NCC 与 DANCC 相似性曲线对比

注：（c）、（g）中，纵坐标为 NCC 值，横坐标为潜在同名点；（d）、（h）中，纵坐标为 DANCC 值，横坐标为潜在同名点。
potential corresponding points：潜在对应点；candidates in searching area：搜索窗口内候选值。

5.4　匹配权值估计

在式（5-10）中，权值 a、b 的设定对于相似性测度的可靠性与准确性有较大影响，不同的权值会导致不同的匹配结果。因此，本节利用六组多源、多时相卫星遥感影像对作为实验数据，通过固定间隔对权值 a、b 进行调整，统计匹配结果的正确率，其中固定间隔设置为 0.05，匹配结果如图 5-6 所示。从图中可以看出，虽然六组实验数据在传感器、覆盖区域等方面均不同，但是所呈现的曲线趋势非常相似，当 a 在[0.15～0.2]区间，b 在[0.35～0.4]区间取值时，整体匹配正确率［correct matching rate（%）］最高，因此可将经验权值 a 设置为 0.15，b 设置为 0.35。

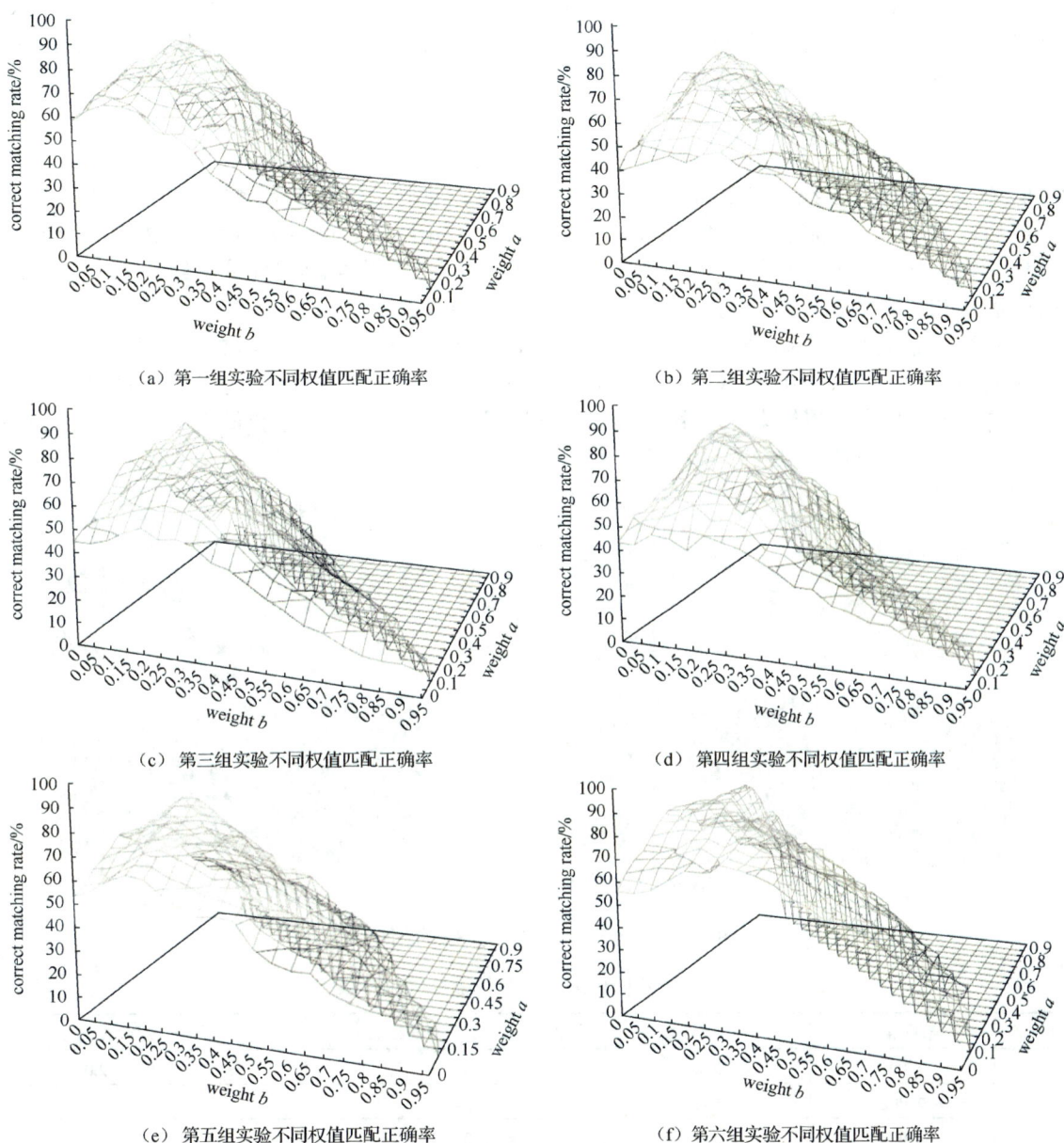

（a）第一组实验不同权值匹配正确率　　　　（b）第二组实验不同权值匹配正确率

（c）第三组实验不同权值匹配正确率　　　　（d）第四组实验不同权值匹配正确率

（e）第五组实验不同权值匹配正确率　　　　（f）第六组实验不同权值匹配正确率

图 5-6　六组实验获得的不同权值的匹配正确率统计图

5.5　实验与分析

为了估计本章算法对于不同地形的适应性，采用多源数据的五组实验进行分析验证。实验一在多组多源、多时相卫星影像对中选取包括农田、居民地、山地、纹理贫乏区域的影像区域进行匹配分析。为了验证算法效率及可靠性，实验二利用 4.6 节选取的三组多源、多时相卫星遥感影像作为实验数据，与基于三角网仿射自适应互相关（triangulation-based affine-adaptive cross correlation，TAACC）方法进行对比，并利用与 4.6 节相同的方式计算匹配同名点的像方单位权中误差与耗时。另外，为评估所提出的基于区域分割的多源、多时相卫星遥感影像联合匹配方法的应用潜力，实验三分别采用多景高分一号卫星、资源三号卫星影像作为实验数据，进行多景卫星数据的联合匹配实验。实验四选取天绘一号卫星影像与谷歌地球软件（Google Earth）上覆盖相同区域的正射影像进行匹配，从而实现自动采集控制点的目的。实验五利用资源三号卫星获取的立体影像对自动生成 DSM。

5.5.1 不同地形匹配传播结果分析

为了验证本章算法对于纹理贫乏区域、纹理重复区域、地形起伏较大区域（图 5-7）的匹配可靠性，在匹配完成后，利用人工量测方式对所有匹配点进行检查，并将匹配点坐标与量测坐标距离大于 1 像素的匹配点作为误匹配点。表 5-1 列出了不同地形下本章所用算法的匹配传播结果。结果显示，对于纹理重复性较强的农田与居民地，匹配成功率最高可达 91.6%，误匹配率最低为 2.0%；对于地形起伏较大的山地，匹配成功率最高可到 77.2%，误匹配率最低为 4.4%；对于纹理贫乏区域，匹配成功率最高可达 83.1%，误匹配率最低为 3.6%。从表中的结果分析可以看出，本章所用算法利用分割区域作为空间约束，采用第 4 章匹配成功的特征点作为位置约束，利用 DANCC 作为相似性测度，增强了算法在匹配困难区域的有效性与可靠性，在保证匹配成功率的同时，较好地抑制了误匹配率。

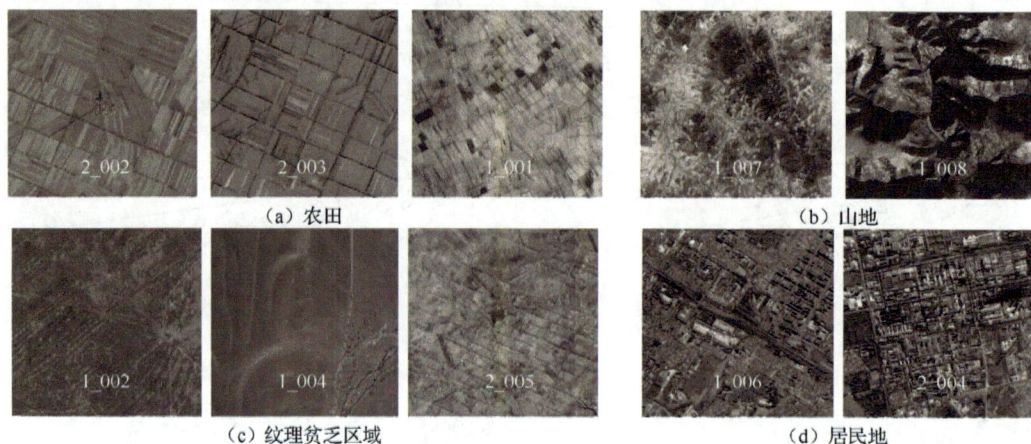

图 5-7 不同地形下的影像区域缩小效果

表 5-1 不同地形下匹配传播结果统计表

影像覆盖地形	影像编号	待匹配点数	匹配成功点数/误匹配点数	匹配成功率/误匹配率/%
农田	1_001	216	198 / 4	91.6 / 2.0
	2_002	184	164 / 5	89.1 / 3.0
	2_003	219	208 / 3	94.9 / 2.8
山地	1_007	132	102 / 5	77.2 / 4.9
	1_008	126	90 / 4	71.4 / 4.4
居民地	1_006	203	180 / 6	88.6 / 3.3
	2_004	194	166 / 5	85.5 / 3.6
纹理贫乏区域	1_002	176	132 / 6	75.0 / 4.5
	1_004	173	118 / 6	68.2 / 5.0
	2_005	166	138 / 5	83.1 / 3.6

5.5.2 不同匹配传播方法对比分析

图 5-8 所示为不同匹配传播方法对不同时相的资源三号卫星前视、后视影像获得的匹配传播结果。设定每 80 像素×80 像素的格网选取一个待匹配点，对比结果如表 5-2 所示，可以看出，SRCMP 方法在匹配成功点数、像方单位权中误差、耗时上均优于 TAACC 方法。究其原因，首先，SRCMP 方法以分割区域作为空间约束，相比德洛奈（Delaunay）三角网更好地考虑了区域内部的纹理、光谱、边界特性，使得以分割区域作为传播单位，匹配可靠性更强，匹配成功率更高，如黄色框标记的部分，SRCMP 方法的匹配点更密集；其次，构建 DANCC 作为相似性测度，结合几何与灰度分布的相似性，相比于 NCC 能够有效抑制误匹配问题，同名点的定位精度也更准确，如绿色框标记的部分，TAACC 方法在该部分的误匹配率较高，而 SRCMP 方法则能够较好地避免；最后，由于 TAACC 方法需要不断细化三角网，因此降低了匹配传播效率。

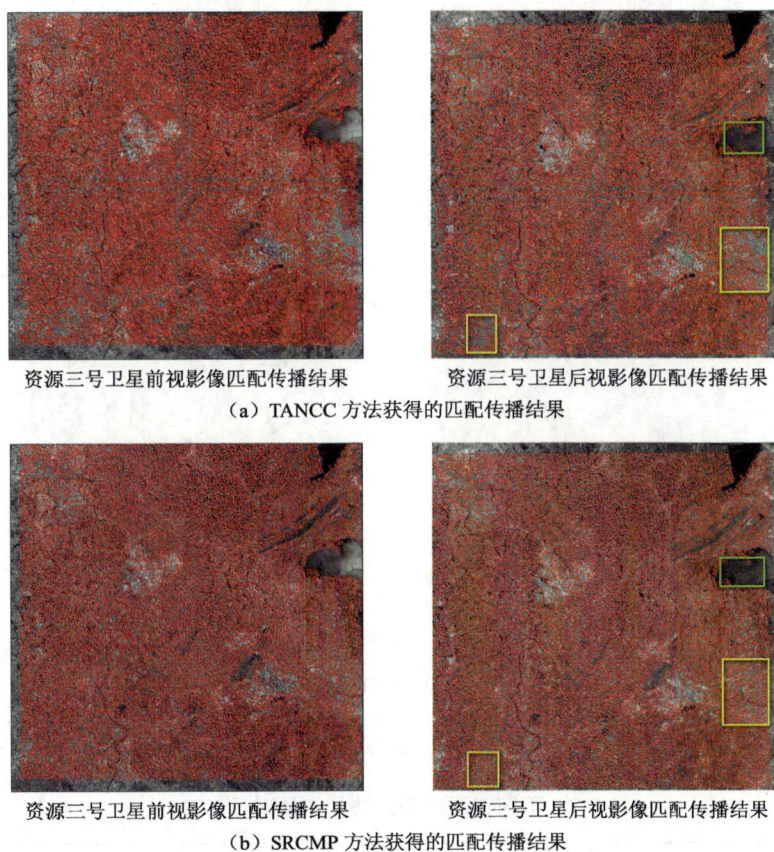

资源三号卫星前视影像匹配传播结果　　　资源三号卫星后视影像匹配传播结果

（a）TANCC 方法获得的匹配传播结果

资源三号卫星前视影像匹配传播结果　　　资源三号卫星后视影像匹配传播结果

（b）SRCMP 方法获得的匹配传播结果

图 5-8　不同匹配传播方法对不同时相的资源三号卫星前视、后视影像获得的匹配传播结果

表 5-2　不同匹配传播方法的结果对比（一）

匹配传播方法	匹配成功点数	像方单位权中误差/像素	耗时/min	硬件条件
TAACC	32576	0.33	6.3	Thinkpad T440s 笔记本、Intel Core
SRCMP	35892	0.24	3.1	（TM）i7-4600U、2.1GHz、4GB 内存

图 5-9 所示为不同匹配传播方法对资源三号卫星与天绘一号卫星影像获得的匹配传播结果，设定每 100 像素×100 像素的格网选取一个待匹配点。表 5-3 列出了对应的像方单位权中误差与匹配耗时统计。由图可以看出，两种方法的匹配成功点数较为接近，SRCMP 方法的匹配点精度更高，且匹配效率比 TAACC 提

升了 46.1%。

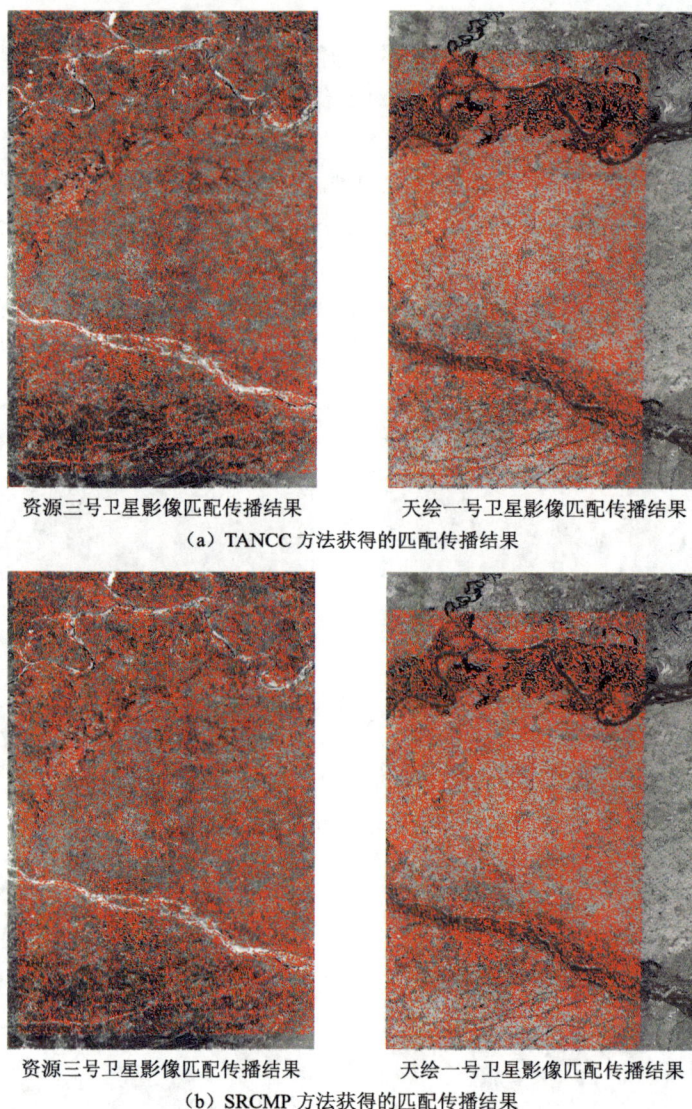

（a）TANCC 方法获得的匹配传播结果

资源三号卫星影像匹配传播结果　　　　天绘一号卫星影像匹配传播结果

（b）SRCMP 方法获得的匹配传播结果

资源三号卫星影像匹配传播结果　　　　天绘一号卫星影像匹配传播结果

图 5-9　不同匹配传播方法对资源三号卫星与天绘一号卫星影像获得的匹配传播结果

表 5-3　不同匹配传播方法的结果对比（二）

匹配传播方法	匹配成功点数	像方单位权中误差/像素	耗时/min	硬件条件
TAACC	42498	0.76	10.4	Thinkpad T440s 笔记本、Intel Core（TM）
SRCMP	44261	0.43	5.6	i7-4600U、2.1GHz、4GB 内存

　　图 5-10 所示为不同匹配传播方法对高分一号卫星影像与资源三号卫星前视影像获得的匹配传播结果，设定每 70 像素×70 像素的格网选取一个待匹配点。表 5-4 列出了对应的像方单位权中误差与匹配耗时统计。值得一提的是，图 5-10（a）中绿色框标记的部分为河中的一艘船，由于是在不同时间拍摄的影像，虽然船的形状并未发生变化，但是位置已改变。由于 TAACC 利用基于灰度分布的相似性测度，因此在该标记部分获得四个同名点，显然属于误匹配点；而 SRCMP 方法在相似性测度中考虑了几何位置的相似性，在该标记部分并无匹配点，有效降低了误匹配风险。

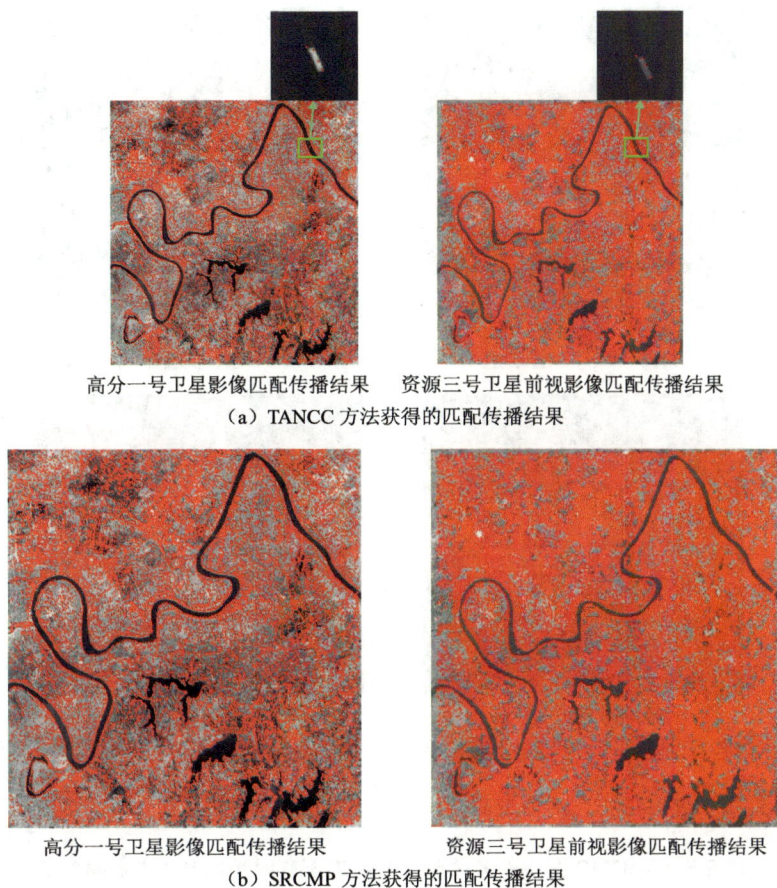

高分一号卫星影像匹配传播结果　　资源三号卫星前视影像匹配传播结果

（a）TANCC 方法获得的匹配传播结果

高分一号卫星影像匹配传播结果　　　　资源三号卫星前视影像匹配传播结果

（b）SRCMP 方法获得的匹配传播结果

图 5-10　不同匹配传播方法对高分一号卫星影像与资源三号卫星前视影像获得的匹配传播结果

表 5-4　不同匹配传播方法的结果对比（三）

匹配传播方法	匹配点数	像方单位权中误差/像素	耗时/min	硬件条件
TAACC	48359	0.46	9.5	Thinkpad T440s 笔记本、Intel Core（TM）
SRCMP	52402	0.33	4.3	i7-4600U、2.1GHz、4GB 内存

5.5.3　多景卫星影像自动匹配

本章提出的基于区域分割的多源、多时相卫星遥感影像联合匹配 SRCMP 方法可为区域网平差解算提供同名点观测值。利用两组资源三号卫星与高分一号卫星分别拍摄于长江三角洲与广西壮族自治区的多景影像作为实验数据，在多机多核硬件条件下实现 SRCMP 方法的分布式并行匹配。通过匹配获得的同名点作为观测值，引入商业软件 DPGrid 的卫星定向模块，完成测量区域空中三角测量处理。

图 5-11 所示为两个测量区域的影像分布及匹配结果。其中，图 5-11（a）右图的紫色标记为人工量测的控制点，黄色标记为自动匹配获得的同名点。图 5-11（b）左图为控制点分布情况，右图中的红色标记为五度以下重叠匹配点，绿色标记为五度以上重叠匹配点。表 5-5 为 SRCMP 方法对多景影像并行匹配耗时情况及平差解算结果，可以看出，对于多景大数据量的卫星影像空中三角测量处理，SRCMP 方法在行方向与列方向的像方单位权中误差均优于 0.32 像素，且并行匹配效率令人满意。

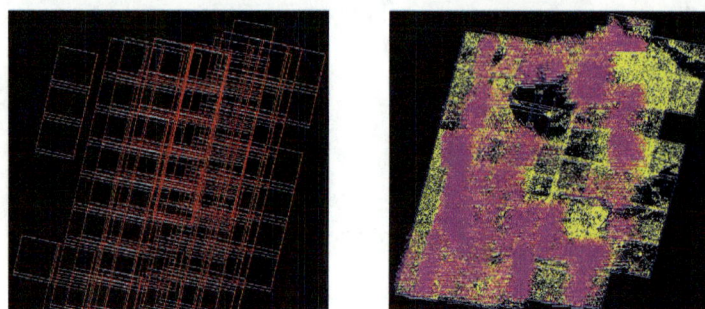

测量区域的影像分布　　　　　　　　　匹配结果

（a）拍摄于长江三角洲地区的高分一号 80 景影像分布联合及联合匹配结果

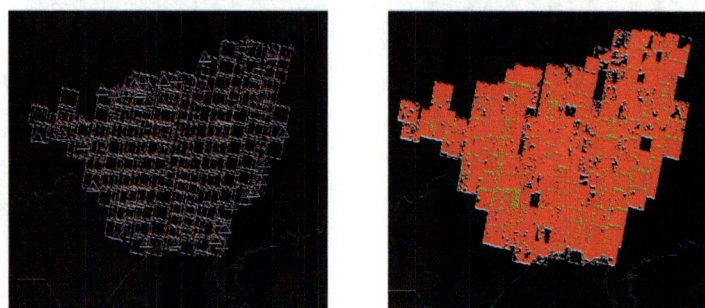

测量区域的影像分布　　　　　　　　　联合匹配结果

（b）拍摄于广西壮族自治区的资源三号卫星与高分一号卫星 297 景影像分布及联合匹配结果

图 5-11　SRCMP 方法对多景高分一号卫星与资源三号卫星影像联合匹配结果

表 5-5　SRCMP 方法对多景影像并行匹配耗时情况及平差解算结果

数据源	分景数量	匹配点数	行方向单位权中误差/像素	列方向单位权中误差/像素	耗时	硬件条件
高分一号卫星	80	1839200	0.24	0.11	1h36min	Intel 第三代酷睿 i7-3770 四核/八线程、16GB 内存、1TB 固态硬盘
资源三号卫星+高分一号卫星	297	4404800	0.28	0.32	4h21min	

5.5.4　已有地理信息自动匹配

为了扩展 SRCMP 方法的应用领域，验证与已有地理信息的匹配效果，从 Google Earth 上获取与天绘一号卫星影像覆盖相同范围的数据，将其作为控制数据。图 5-12（a）所示为天绘一号卫星正视影像，分辨率为 5m；图 5-12（b）所示为 Google Earth 影像，分辨率差异接近 3 倍。可以看出，影像之间存在较大的灰度差异，且影像几何畸变较为严重。图 5-12（c）和（d）为匹配结果，通过放大图可以看出，所获得的同名点定位较准确。为进一步验证所匹配控制点的精度，引入该覆盖范围的数字高程模型（digital elevation model，DEM）作为参考高程，参考 DEM 是利用航空数据生产获得的 1∶25000 比例尺数字高程产品。选择落在地表上的匹配同名点作为检查点，将检查点在 Google Earth 上的高程与参考 DEM 中内插的高程进行对比，如图 5-13 所示。从图中可以看出，高程之间存在一定的偏差，而在消除平均高程偏差后，高程曲线能够较好地叠合在一起，说明 Google Earth 上获取的高程在该区域存在一个接近于常数的误差，而消除常数误差后，曲线的叠合程度间接证明了检查点的匹配准确性。因此，在已有地理信息数据的情况下，SRCMP 方法能够较好地通过影像匹配方式对控制点进行自动采集，为后续的平差解算提供可靠的控制点观测值。

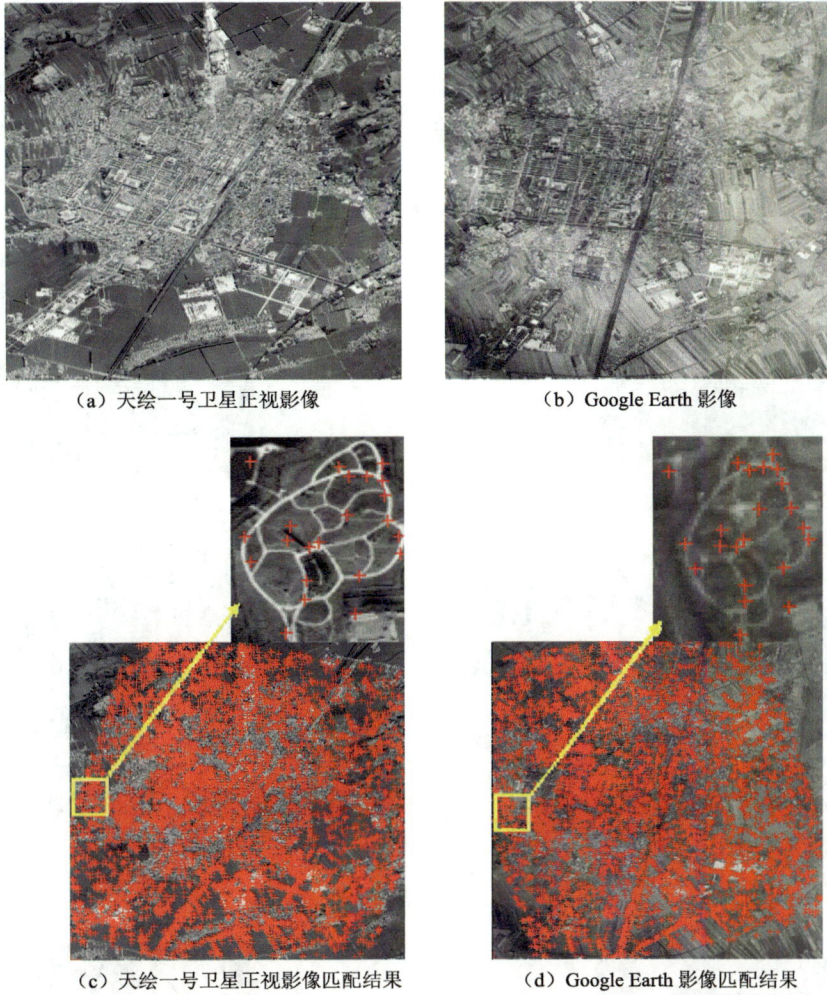

（a）天绘一号卫星正视影像　　　　　　　　（b）Google Earth 影像

（c）天绘一号卫星正视影像匹配结果　　　　（d）Google Earth 影像匹配结果

图 5-12　天绘一号卫星正视影像与 Google Earth 影像匹配控制点结果

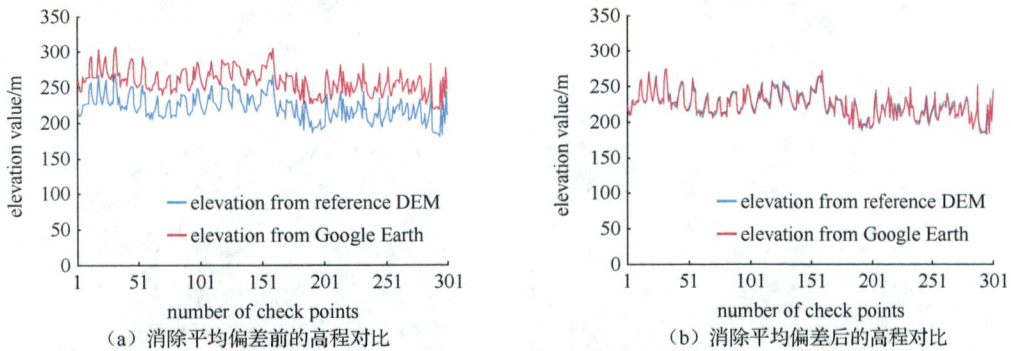

（a）消除平均偏差前的高程对比　　　　　　（b）消除平均偏差后的高程对比

图 5-13　检查点在 Google Earth 上的高程与在高精度 DEM 中内插的高程对比

注：elevation value：高程值；elevation from reference DEM：参考 DEM 中内插的高程；number of check points：检查点数；elevation from Google Earth：Google Earth 上的高程。

5.5.5　立体影像立体匹配

为了进一步测试 SRCMP 方法在立体影像立体匹配生成 DSM 方面的表现，选取两幅拍摄于山西地区的资源三号卫星立体影像对作为实验数据，影像覆盖地区主要以地形起伏较大的山地为主。首先利用 1：10000 比例尺基础测绘产品作为控制，采用 SRCMP 方法进行控制点自动采集，从而获得控制点观测值；其次采用商业软件 DPGrid 的卫星定向模块对资源三号卫星立体影像对进行定向，利用定向后的方位参数，以 10m×10m 为格网间隔，采用 SRCMP 方法进行立体匹配，获得 DSM，如图 5-14 所示。可以看出，DSM 能够较好地表达影像覆盖区域的地形起伏，山脊线等特征能够在 DSM 中明显呈现。从相同区域的放大图来看，地物的纹理细节能够较好地描述，DSM 中的细节信息较为丰富。

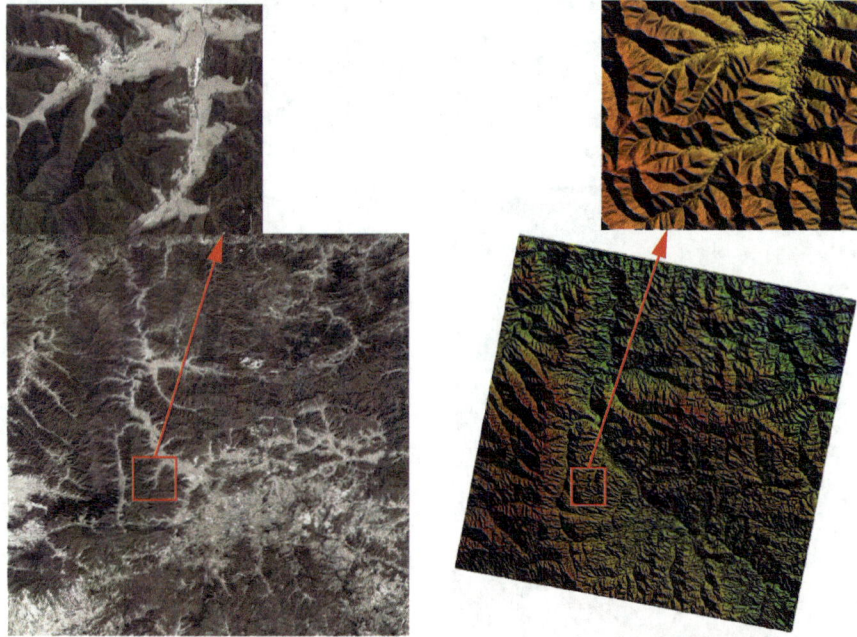

（a）资源三号卫星立体影像对1生成的DSM

（b）资源三号卫星立体影像对2生成的DSM

图 5-14 两组资源三号卫星立体影像对生成的 DSM 结果

为了计算所获得结果与基础数据的高程误差，对生成的 DSM 进行滤波，获得对应的 DEM，之后将 DEM 与基础数据中的参考 DEM 进行对比。如表 5-6 所示，两组实验数据的高程中误差在 3.2～3.5m，高程误差均值在 1.6～1.8m。存在误差的主要原因有以下几点。

1）用于立体影像定向的控制数据为 1∶10000 比例尺基础测绘产品，其高程信息来源于 DEM 产品，而 DEM 已经将建筑物、植被等高出地面的物体滤除。因此，部分自动匹配的控制点位于这些地物上，其高程控制信息必然存在系统性偏低现象，导致平差后的影像参数在高程方向存在一定的残余系统性偏差。

2）高程误差较大的区域主要集中在高山阴影区，高山阴影区获得的匹配点较稀少，需要通过内插方式获得高程信息，一定程度上导致高程误差增大。

3）DSM 滤波结果尚未达到最优，没有完全消除建筑物、植被等高出地表的物体，造成自动滤波后的 DEM 相对于参考 DEM 仍存在一定的系统性高差。

表 5-6　SRCMP 方法获得的 DEM 与参考 DEM 精度对比

实验数据	高程中误差/m	高程误差均值/m
资源三号卫星立体影像对 1	3.246	1.648
资源三号卫星立体影像对 2	3.467	1.761

本 章 小 结

本章对匹配传播方法进行了探索，针对传播约束类型、相似性测度进行了改进；结合纹理特征、光谱特征、边界特征对影像进行分割处理，提出基于分割区域约束的匹配传播方法 SRCMP；充分利用相同区域种子点的几何关系，构建结合几何与灰度分布的相似性测度，分别利用距离向量、夹角向量、自适应 NCC 向量构建相似性测度 DANCC，对搜索窗口内像素点与待匹配像素的相似性进行描述。

相比于现有区域-区域的匹配传播方法中利用多边形格网和三角网作为约束，SRCMP 方法获得的分割区域更能体现影像内部的纹理差异和地物变化，保证区域内部的连续平滑性，有利于覆盖大范围纹理复杂、地形起伏较大区域的卫星遥感影像的匹配传播。SRCMP 方法首先利用分割区域作为传播约束类型，以特征点匹配获取的同名点作为种子点，对待匹配点的同名点位置进行预测，搜索区域进行定位。利用实际数据的对比实验结果表明，本章提出的分割区域-分割区域的匹配传播方式，相比现有的三角网-三角网的匹配传播方式，更能体现影像内部的纹理差异及地物变化，能够保证区域内部的连续平滑性，有利于覆盖大范围纹理复杂、地形起伏较大区域的卫星遥感影像的匹配传播。

基于灰度的相似性测度 NCC 具有计算效率高、灰度变化线性不变性、定位准确等特点，被广泛作为相似性测度应用于影像匹配。但是，NCC 只顾及局部灰度分布的相似性，而忽略了局部的几何相似性，易造成在纹理贫乏、纹理重复、地形起伏较大的区域的匹配稳定性较差、匹配正确性较低。结合灰度分布与局部几何相似性，构建 DANCC 相似性测度。多景卫星影像的匹配实验结果表明，DANCC 的相似性曲线锐度更强，极值更加明显且唯一，能够有效抑制误匹配风险，避免匹配不确定问题，对于提升纹理贫乏、纹理重复区域的匹配可靠性有一定效果。

参 考 文 献

姜三，江万寿，2020. Delaunay 三角网约束下的影像稳健匹配方法[J]. 测绘学报，49(3): 322-333.

熊金鑫，2014. 基于区域分割的多源多时相卫星遥感影像联合匹配方法研究[D]. 武汉：武汉大学.

CHEN M, SHAO Z F, 2013. Robust affine-invariant line matching for high resolution remote sensing images[J]. Photogrammetric Engineering and Remote Sensing, 79 (8): 753-760.

GRUEN A, 2012. Development and status of image matching in photogrammetry[J]. The Photogrammetric Record, 27(137): 36-57.

GUO H D, 2012. China's earth observing datellites for building a digital earth[J]. International Journal of Digital Earth, 5 (3): 185-188.

HAN Y K, BYUN Y G, CHOI J W, et al., 2012. Automatic registration of high-resolution images using local properties of features[J]. Photogram Metric Engineering and Remote Sensing, 78 (3): 211-221.

LHUILLIER M, QUAN L, 2000. Robust dense matching using local and global geometric constraints[C]//Proceedings 15th International Conference on Pattern Recognition. ICPR-2000. Barcelona, Spain：IEEE, 1: 968-972.

MÜLLER R M, KRAU T, SCHNEIDER M, et al., 2012. Automated georeferencing of optical satellite data with untegrated sensor model improvement[J]. Photogrammetric Engineering and Remote Sensing, 78 (1): 61-74.

TANG L, TSUI H T, WU C K, 2002. Dense stereo matching based on propagation with a Voronoi diagram[C]// ICVGIP 2002, Proceedings of the Third Indian Conference on Computer Vision, Graphics & Image Processing, Ahmadabad, India: ICVGIP 2002.

TONG X H, LI L Y, LIU S J, et al., 2015. Detection and estimation of ZY-3 three-line array image distortions caused by attitude oscillation[J]. ISPRS Journal of Photogrammetry and Remote Sensing, 101:291-309.

WU B, ZHANG Y S, ZHU Q, 2011. A triangulation-based hierarchical image matching method for wide-baseline images[J]. Photogrammetric Engineering and Remote Sensing, 77(7): 695-708.

WU B, ZHANG Y S, ZHU Q, 2012. Integrated point and edge matching on poor textural images constrained by self-adaptive triangulations[J]. ISPRS Journal of Photogrammetry and Remote Sensing, 68(1): 40-55.

ZHANG L, GRUEN A, 2006. Multi-image matching for DSM generation from ikonos imagery[J]. ISPRS Journal of Phototgrammetry and Remote Sensing, 60(3): 195-211.

ZHANG Y J, WANG B, ZHANG Z X, et al., 2014a. Fully automatic generation of geoinformation products with Chinese ZY-3 satellite imagery[J]. The Photogrammetric Record, 29 (148): 383-401.

ZHANG Y J, ZHENG M T, XIONG J X, et al., 2014b. On-orbit geometric calibration of ZY-3 three-line array imagery with multistrip data sets[J]. IEEE Transactions on Geoscience and Remote Sensing,52 (1): 224-234.

ZHANG Y J, ZHENG M T, XIONG X D, et al., 2015. Multistrip bundle block adjustment of ZY-3 satellite imagery by rigorous sensor model without ground control point[J]. IEEE Transactions on Geoscience and Remote Sensing, 12 (4): 865-869.

ZHENG M T, ZHANG Y J, ZHU J F, et al., 2015. Self-calibration adjustment of CBERS-02B long-strip imagery[J]. IEEE Transactions on Geoscience and Remote Sensing, 53 (7): 3847-3854.

ZHU Q, WU B, TIAN Y X, 2007. Propagation strategies for stereo image matching based on the dynamic triangle constraint[J]. ISPRS Journal of Photogrammetry and Remote Sensing, 62: 295-308.

第 6 章

基于核线段约束的匹配点粗差剔除

6.1 引言

卫星影像的高精度几何纠正一般通过对卫星影像的定位模型参数进行精化实现，常用的精化方法主要有单像或单条带模型纠正、多像或多条带区域网平差等。这些方法都需要使用连接点和控制点作为观测值，通过间接平差方法对模型改正值进行求解，从而实现模型参数的精化。通过影像匹配得到的连接点和控制点不可避免地含有一定比例的错误匹配，这些匹配点在平差过程中表现为观测值粗差。为了方便表述，将通过自动匹配方式得到的点对称为匹配点，匹配点中可能含有的误匹配点称为粗差，而匹配点中的正确匹配称为同名点。

在基于最小二乘法的平差求解中，可以通过使用具有一定抗噪性质的损失函数来抑制观测值中的粗差，从而避免粗差对求解精度造成严重影响。但是，这种方法在粗差比例高于 20%时很容易失效。要保证平差结果的可靠性，需要对匹配点进行预处理，即通过较为鲁棒的方法在求解较简单的先验模型的过程中剔除观测值中的绝大多数粗差。鲁棒求解方法中最经典的是 RANSAC 算法，大量学者对这一算法进行了改进以适应各种模型和应用。但是，这一类算法的时间复杂度随着模型求解需要的最少观测值个数呈指数增长，因此只能用于求解较简单的模型。在卫星影像的几何处理中，一般先使用 RANSAC 等算法求解任意两景影像的相对定向关系，从而将双像匹配点中的粗差比例降到较低水平；然后通过选权迭代或设计损失函数等方式，在区域网平差过程中利用多视几何约束剔除剩余的粗差。

对于中低分辨率卫星影像的双像匹配点，地形起伏或高程数据误差对点位的影响较小，因此可以将匹配点反投影到地面，然后通过鲁棒求解点位平面位置之间的几何变换模型来剔除粗差；而对于具有较高的平面和高程精度的控制点匹配结果，可以将控制点通过影像的初始定位模型投影到像方坐标系中，然后通过鲁棒求解投影点与匹配点之间的像方仿射变换来剔除粗差。

但是，对于具有一定交会角的高分辨率卫星影像的双像匹配点，高程数据的误差往往造成数十像素的点位偏移，导致误差较小的粗差与正确同名点难以区分。因此，本章提出一种基于核线段约束的方法对高分辨率卫星影像的双像匹配点进行粗差剔除，该方法使用像点到同名核线段的距离作为匹配点几何精度，能够有效消除高程误差对粗差剔除的影响（Wan et al.，2017；万一，2018）。

6.2 基于点约束的粗差剔除

忽略地形起伏，直接通过求解像方点位之间的几何变换模型来剔除粗差的方法在处理如 Landsat 等中低分辨率卫星影像的情况下较为常用。当考虑地形起伏的影响时，也可以将一景影像上的像点反投影到地面得到地面点，再重投影到另一景影像的像方空间，然后通过鲁棒求解同名像点之间的仿射变换关系来剔除粗差，该方法称为基于点约束的粗差剔除。本节对这类基于点约束的粗差剔除方法进行详细叙述。

定义一对含有重叠区的卫星影像为左像 I_1 和右像 I_r，通过匹配获得的影像同名点点集定义为

$$S = \{(p_1, p_r)_i \mid i = 1, 2, \cdots, n, \ p_1 \in I_1, \ p_r \in I_r\} \tag{6-1}$$

式中，p_1 为左像像点；p_r 为右像像点；n 为同名点个数。

定义将左像像点 p_r 通过 DEM 反投影到地面上得到的地面点为 p_1，这一过程表示为

$$p_1 = \mathrm{backproj}(p_1, I_1, \mathrm{DEM}) \tag{6-2}$$

式中，$\mathrm{backproj}(p_1, I_1, \mathrm{DEM})$ 为利用左像 I_1 的初始成像模型（严密成像模型或 RFM 模型）对 DEM 进行单像迭代反投影的过程。利用右像的初始成像模型，将 p_1 重新投影到右像 I_r 上，得到像点 $p_r^{(1)}$，其像方坐标为

$$p_r^{(1)} = \mathrm{proj}(p_1, I_r) = \mathrm{proj}(\mathrm{backproj}(p_1, I_1, \mathrm{DEM}), I_r) \tag{6-3}$$

式中，$\mathrm{proj}(p_1, I_r)$ 为利用右像的成像模型，将物方点投影到右像上的过程。

由此，将左像像点转化到了右像空间中，消除了地形起伏引起的像点偏移，得到同一像方坐标系下的同名点集：

$$S_{\mathrm{P2P}} = \{(p_r^{(1)}, p_r)_i \mid p_r^{(1)}, p_r \in I_r\} \tag{6-4}$$

然后即可在求解从 p_r' 到 p_r 的仿射变换模型过程中剔除粗差。如果使用 RANSAC 求解最优仿射变换模型，则需要设置一个几何精度阈值 δ，将变换后残差小于阈值 δ 的匹配点纳入一致集中，然后通过大量随机采样找出最大一致集及其对应的最优解：

$$\bar{A} = \underset{A_k}{\arg\max}\, \mathrm{card}(\mathcal{C}(A_k)) \tag{6-5}$$

式中，$\mathrm{card}(\cdot)$ 为几何中元素的个数；A_k 为第 k 次随机采样中得到的仿射变换模型；$\mathcal{C}(A_k)$ 为使用仿射变换模型 A_k 得到的几何一致集：

$$\mathcal{C}(A_k) = \{(p_r^{(1)}, p_r)_i \mid \mathrm{distance}(A_k p_r^{(1)}, p_r) \leqslant \delta\} \tag{6-6}$$

式中，$A_k p_r^{(1)}$ 为将点 $p_r^{(1)}$ 经过仿射变换进行位置变换后的点。

定义通过 RANSAC 算法求解得出的最优解 $\bar{A}$ 对应的最优点集为 $\bar{C}$，本章称这一方法为 P2P（point to point，点约束）算法，其伪代码流程归纳如下：

算法 6-1　P2P 算法

输入：匹配点集 S、两景影像的 RFM 参数、DEM、迭代次数上限 $N_{\max}$。

输出：最大一致集 $\bar{C}$、最优仿射变换模型的解 $\bar{A}$。

算法流程如下：

① $\bar{C} \leftarrow \varnothing$，$N_{\mathrm{iter}} \leftarrow 0$

② 通过式（6-3）将左像像点 p_1 映射到右像空间，得到 S_{P2P}

③ while $N_{\mathrm{iter}} < N_{\max}$ do

④ 从 S_{P2P} 中随机采样种子点 D，解出仿射变换模型 A

⑤ 根据式（6-6）得到一致集 $\mathcal{C}(A)$

⑥ if $\mathrm{card}(\bar{C}) < \mathrm{card}(\mathcal{C}(A))$

⑦ $\bar{C} \leftarrow \mathcal{C}(A)$，$\bar{A} \leftarrow A$

⑧ end if

⑨ $N_{\mathrm{iter}} \leftarrow N_{\mathrm{iter}} + 1$

⑩ end while

6.3 基于核线段约束的粗差剔除

6.3.1 推扫式卫星影像核线几何

在中心投影成像的影像上，像点与其对应地面位置及成像瞬间的成像中心位置满足共线关系，由此可以推导出对应同一地面位置的两个同名像点与其地面点和两个成像中心位置服从共面关系，这一共面关系是摄影测量中核线几何的基础。框幅式影像的核线几何关系可以用基本矩阵 F 来表达（Faugeras et al.，2001；Luong et al.，1996；Oliensis et al.，2001；Torr et al.，1997；Zhang，1998；Zhang et al.，1995），其同名点点坐标满足 $X^T F X' = 0$，其中，X 和 X' 为一对同名点的像方坐标。基本矩阵 F 在不同条件时只需要 5~8 个满足一定空间分布要求的同名点即可直接进行求解，因此框幅式影像匹配点的粗差剔除可以通过鲁棒求解基本矩阵 F 来实现。由于框幅式影像的景深信息一般未知，因此匹配点的点位精度可使用点到核线的距离来评价。

推扫式光学卫星影像的成像方式远比框幅式成像复杂。光学卫星影像每次扫描仅获取一个扫描行的影像，扫描行内的像点与它们对应的地面点和扫描行对应的成像中心满足共线关系。卫星相机在卫星在轨飞行过程中通过连续扫描，将扫描行进行拼接，获得条带式影像，因而每个扫描行都有独特的成像中心及相机姿态。卫星影像也可以由共线方程推导出核线几何关系，但是其核线几何关系极为复杂，无法使用一个简便的模型进行描述。学者通过研究表明，在稳定的卫星平台和窄视角的高分辨率遥感影像上，核线的投影接近一条双曲线（Kim，2000；Morgan，2004；胡芬 等，2009；张永军 等，2009）。因此，如果利用卫星的核线几何关系进行匹配点的粗差剔除，则需要借助其他约束和辅助条件对核线关系进行合理简化。

在卫星影像处理过程中，一般可以使用 SRTM 或其他公开 DEM 作为辅助数据。图 6-1 给出了线阵卫星影像在考虑一定范围景深情况下的双像核线关系。在 DEM 的辅助下，卫星影像拍摄对象的景深范围被合理地限制在 DEM 高程面附近。

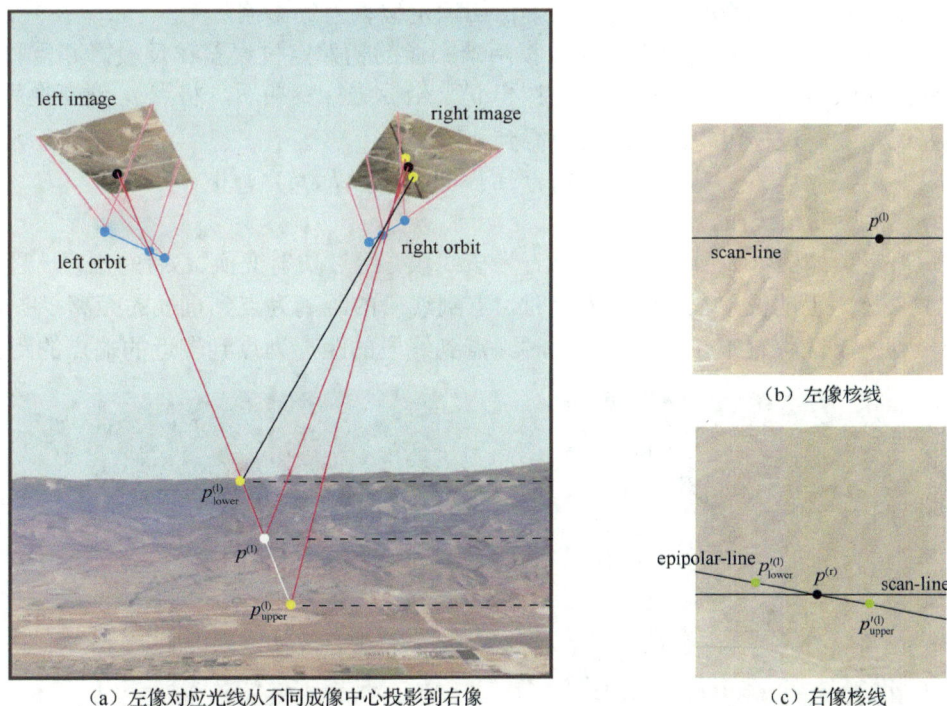

（a）左像对应光线从不同成像中心投影到右像

（b）左像核线

（c）右像核线

图 6-1 线阵卫星影像在考虑一定范围景深情况下的双像核线关系

注：scan-line：扫描线；epipolar-line：对极线；left/right orbit：左/右轨道。

在考虑 DEM 误差的情况下，左像上某像点反投影到地面上的位置可能出现在投影光线上的某一条线段上。定义这一反投影过程为

$$L = \overline{P_1^{(dn)} P_1^{(up)}} = \text{backproj}(p_1, I_1, \text{DEM}, \nabla H) \tag{6-7}$$

式中，∇H 为反投影过程中高程值的不确定性，这一不确定性同时受到 DEM 高程误差、地形起伏剧烈程度、左像 I_1、初始定位精度等因素的影响；$P_1^{(up)}$ 和 $P_1^{(dn)}$ 为光线线段的两个端点。

将光线段上的两个端点投影到右像 I_r 上，得到像点 $p_e^{(up)}$ 和 $p_e^{(dn)}$，这两个像点都在点 p_1 对应的核线上。严格意义上，像点 $p_e^{(up)}$ 与像点 $p_e^{(dn)}$ 之间的核线是一条曲线段，但是实际上核曲线近似为直线段不会引起明显的精度损失。因此，定义线段 $\overline{p_e^{(up)} p_e^{(dn)}}$ 为核线段 l_e：

$$\begin{aligned} l_e &= \overline{p_e^{(up)} p_e^{(dn)}} \\ &= \text{proj}(L, I_r) \\ &= \text{proj}(\text{backproj}(p_1, I_1, \text{DEM}, \nabla H), I_r) \end{aligned} \tag{6-8}$$

由此，在消除地形起伏，并充分考虑反投影高程误差后，得到右像 I_r 的像平面上点与核线段的匹配集合：

$$S = \{(l_e, p_r)_i \mid i = 1, 2, \cdots, n\} \tag{6-9}$$

类似框幅式影像中使用点与核线的匹配关系和点到直线的距离进行粗差剔除，卫星影像也可以使用点与核线段的匹配关系和点到直线段的距离进行匹配点粗差剔除。

6.3.2 核线段约束条件

当左像和右像的初始定位模型均不存在误差且反投影过程中的高程误差在不确定性 ∇H 范围内时，点 p_r 与核线段 l_e 之间的距离仅受到匹配精度的影响。当匹配点位不存在误差时，点 p_r 应该恰好落在核曲线上。因此，为了准确评价匹配精度，需要消除影像初始定位误差的影响。

选择采用右影像的像平面仿射变换模型来吸收两景影像的初始定位误差在反投影和重投影过程中的影响。在使用仿射变换模型对核线段 l_e 的端点 $p_e^{(up)}$ 和 $p_e^{(dn)}$ 坐标进行变换后，将点 p_r 到变换后的线段的距离作为匹配点的匹配精度，进行粗差剔除，然后得到一致集：

$$\mathcal{C}_{\text{P2L}}(A_k) = \{(l_e, p_r)_i \mid \text{distance}(A_k l_e, p_r) \leqslant \delta\} \tag{6-10}$$

式中，$A_k l_e$ 为仿射变换后的核线段。

点到线段的距离定义如图 6-2 所示，线段 $A_k l_e$ 为核线段 l_e 经过仿射变换 A_k 后的位置。图 6-2（a）表示当点 p_r 投影到直线 $A_k l_e$ 上的位置在线段 $A_k l_e$ 上时，点到线段的距离为点到直线的距离；图 6-2（b）中，当点 p_r 投影到直线 $A_k l_e$ 上的位置不在线段 $A_k l_e$ 上时，点到线段的距离为点到较近的端点的距离。

（a）像点到线段距离1　　　　　　　　（b）像点到线段距离2

图 6-2　通过仿射变换将核线段进行变换后像点到线段的距离定义

使用点到核线段的距离作为点位误差值，而非框幅式影像中点到核线的距离，有如下好处：①当某个左像点反投影高程误差在 ∇H 以内时，高程误差引起的像点偏移会被限制在核线段 l_e 范围以内，如图 6-2（a）所示。在这种情况下，高程误差不会对点位精度的评价造成任何影响。②当某个左像点反投影高程误差超过 ∇H 时，高程误差超出核线段 l_e 的范围，如图 6-2（b）所示。这种情况能够通过点位精度反映出来，从而使得含有过大高程误差的点被识别，有利于保证 DEM 辅助的区域网平差精度。

匹配集 S_{P2L} 中的点与线段的匹配关系无法直接用来求解仿射变换模型。在粗差剔除中，从线段上选择一些像点，与右像的像点 p_r 组成同名点对。在 RANSAC 求解过程中，每次从 S_{P2L} 中随机选择三组像点与线段匹配，然后通过穷举方式每次从一组像点与线段的匹配中选择一对同名点，从而得到多个三对同名点的集合，并解出多组仿射变换模型。然后，根据式（6-10）获得多个一致集，选出匹配数最多的一致集及其对应的仿射变换模型，作为本次随机采样的解。定义某次随机采样得到的点与线段匹配的索引号分别为 $i(1)$、$i(2)$ 和 $i(3)$，则种子点集为

$$D_{\text{P2L}} = \{(l_e, p_r)_{i(1)}, (l_e, p_r)_{i(2)}, (l_e, p_r)_{i(3)}\} \tag{6-11}$$

定义第 i 组匹配中核线段上的等分点集合为

$$p_e^{(i)} := \{p_e^{(i,t)} \in l_e^{(i)}\} \tag{6-12}$$

由此可以列出某一次 RANSAC 随机采样运算中仿射模型的求解方法，其伪代码流程如算法 6-2 所述。

算法 6-2　种子点 D_{P2L} 的仿射变换模型求解

输入：种子点 D_{P2L}。

输出：仿射变换模型解集 $\mathcal{A} = \{A\}$。

算法流程如下：

① $\mathcal{A} \leftarrow \varnothing$

② 根据种子点中核线段的长度设定等分点

③ for_each $p_e^{(i(1))} \in \mathcal{P}_e^{(i(1))}$

④ for_each $p_e^{(i(2))} \in \mathcal{P}_e^{(i(2))}$

⑤ for_each $p_e^{(i(3))} \in \mathcal{P}_e^{(i(3))}$

⑥ 使用 $(p_e^{i(1)}, p_r^{i(1)})$、$(p_e^{i(2)}, p_r^{i(2)})$ 和 $(p_e^{i(3)}, p_r^{i(3)})$ 求解仿射变换模型 A

⑦ 将模型 A 加入解集 $\mathcal{A}$

⑧ end_for_each

⑨ end_for_each

⑩ end_for_each

本章使用核线段的等分点作为求解仿射变换模型的备选点，且不考虑端点。备选点的数量取决于核线段的长度，如图 6-3 所示。当核线段被等分成 T 段时，第 i 条核线段的备选点集为

$$\mathcal{P}_e^{(i)} := \left\{ p_e^{(i,t)} = \frac{t}{T} p_e^{(\text{up})} + \left(1 - \frac{t}{T}\right) p_e^{(\text{low})} \,\middle|\, t = 1, 2, \cdots, T - 1 \right\} \tag{6-13}$$

核线段 l 的长度是由高程误差大小 ∇H 和交会角大小决定的，而其像素长度又取决于卫星影像的分辨率。核线段的像素长度越长，就需要越多的备选点尝试求解，从而得到更精确的解。理论上，在核线段上逐像素取得采样点计算仿射变换模型，可以保证在没有高程误差的情况下，左像像点的映射位置 $p_r^{(l)}$ 与最近的备选点距离在 1 像素以内。但是实际上，这种做法导致计算量过大，某些情况下核线段长度可达数百像素，每一次 RANSAC 随机采样过程就能解出数百万个仿射变换模型，还需要对这些模型分别搜索匹配点一致集，显然不具备可操作性。

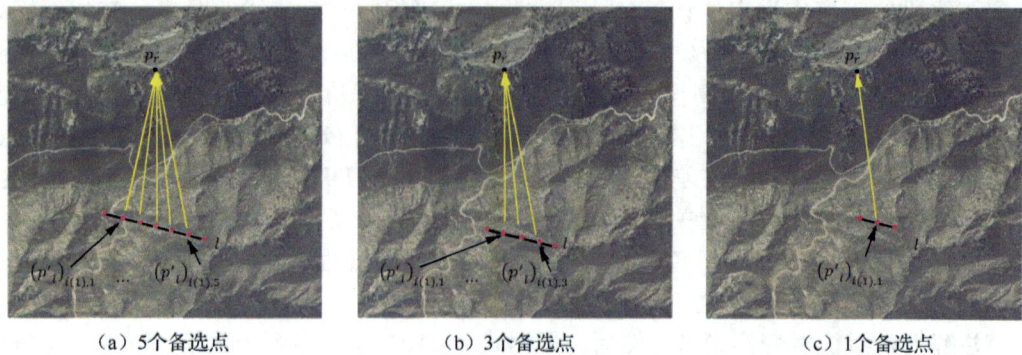

（a）5个备选点　　　　　（b）3个备选点　　　　　（c）1个备选点

图 6-3　从核线段上取等分点作为求解仿射变换模型的备选点

实际上，由于卫星相机姿态的稳定性，卫星影像不同位置的核线段近似平行，同时因为左像点的"精确"映射位置 $p_r^{(1)}$ 与备选点之间的误差沿着核线段方向，因而求解出的仿射变换模型的转换误差也主要沿核线段方向。点到核线段的距离对沿核线段方向的误差敏感程度较低，因此少量的备选点误差并不会对最优一致集获取产生明显影响。本章实验根据核线段的像素长度设置等分点的个数，如表 6-1 所示。

表 6-1　核线段长度与备选点数量

核线段长度/像素	0～5	5～20	20～60	>60
备选点个数/（$T-1$）	1	3	5	7

在使用种子点解出多组解后，根据式（6-10）搜索获得一致集，最后选出最大一致集作为最终结果。本章称这一算法为 P2L（point to line，核线段约束）算法，其伪代码流程如算法 6-3 所述。

算法 6-3　P2L 算法

输入：匹配点集 S、两景影像的 RFM 参数、DEM、像点反投影高程误差 ∇H、迭代次数上限 $N_{\max}$。

输出：最大一致集 $\overline{C}$、最优仿射变换模型的解 $\overline{A}$。

算法流程如下：

① $\overline{C} \leftarrow \varnothing$，$N_{\text{iter}} \leftarrow 0$

② 通过式（6-8）将左像像点 p_1 映射到右像空间，得到 S_{P2L}

③ while $N_{\text{iter}} < N_{\max}$ do

④ 从 S_{P2L} 中随机采样种子点 D_{P2L}，执行算法 6-2，得到解集 $A = \{A\}$

⑤ for_each $A \in A$ do

⑥ 根据式（6-10）得到一致集 $C_{\text{P2L}}(A)$

⑦ if $\text{card}(\overline{C}) < \text{card}(C_{\text{P2L}}(A))$

⑧ $\overline{C} \leftarrow C_{\text{P2L}}(A)$，$\overline{A} \leftarrow A$.

⑨ end if

⑩ $N_{\text{iter}} \leftarrow N_{\text{iter}} + 1$

⑪ end_for_each

⑫ end while

6.3.3　控制点粗差剔除

随着卫星影像几何处理自动化程度的提高，控制点更多来源于卫星影像与已有参考影像的自动匹配。

参考影像的来源一般有航空摄影测量得到的数字正射影像（digital ortho-map, DOM）或高精度历史卫星影像 DOM。自动匹配获得的控制点不可避免地会含有粗差，而且已有 DOM 与卫星影像往往具有很大的传感器和时相差异，粗差比例可能非常高，因此在纳入平差之前，全自动匹配的控制点必须进行粗差剔除。

自动匹配的控制点高程一般从 DEM 上获取，如果 DEM 精度很高，则可以采用 P2P 算法直接将控制点投影到影像上，在求解投影点与匹配点之间的仿射变换模型过程中剔除粗差。但是，如果 DEM 误差较大，则不能忽略 DEM 误差的影响，这时一般将以控制点 P_{ct} 为中心的铅垂线投影到影像上，得到点与线段的匹配集合，如图 6-4 所示。

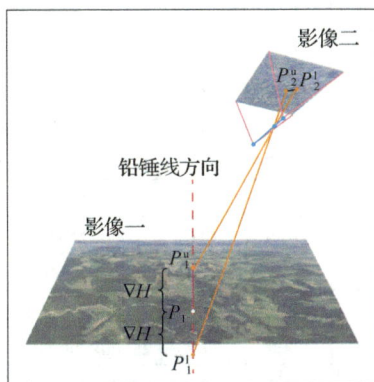

图 6-4 将铅垂线投影到影像二上组成点与线段匹配集合

将控制点 P_{ct} 的高程值分别增加 ∇H 和减少 ∇H，得到铅垂线 $L_{pl} = \overline{P_{ct}^{(up)} P_{ct}^{(dn)}}$，将其投影到影像上，得到线段 $l_{pt} = \mathrm{proj}(\overline{P_1^u P_1^l}, I_r)$。由此，可以得到点与线段的匹配集合：

$$S_{P2L} = \{(l_{pl}, p_r)_i \mid i = 1, 2, \cdots, n\} \tag{6-14}$$

此时即可采用 6.3.2 节提出的 P2L 算法进行粗差剔除。在使用算法 6-3 对自动匹配的控制点进行粗差剔除时，需要使用式（6-14）中的点与线段的匹配集合。

6.4 实验与分析

6.4.1 实验数据简介

为了验证和对比 6.2 节的 P2P 算法和第 6.3 节的 P2L 算法，采用 17 组高分辨率卫星影像对进行实验。这些影像根据其传感器类型被分为三组，基本信息如表 6-2 所示。

表 6-2 17 组高分辨率卫星影像的基本信息

组别	像对编号	交会角/（°）	影像中心位置/（°）				影像宽×高		成像时间（GMT 时间）	
			影像 1		影像 2		影像 1	影像 2	影像 1	影像 2
			经度	纬度	经度	纬度				
I	1	15	−115.1	36.0	−115.1	36.0	18000×34000	16000×39000	08/15/09 18:40	06/21/09 18:36
GeoEye-1	2	26	−115.2	36.0	−115.2	36.0	18000×34000	18000×34000	07/10/09 18:27	08/15/09 18:40
（0.5m 全色）	3	47	−115.0	36.3	−115.0	36.3	18000×35000	13000×37000	09.06/09 18:40	04/27/11 18:24

续表

组别	像对编号	交会角/ (°)	影像中心位置/ (°)				影像宽×高		成像时间 (GMT 时间)	
			影像1		影像2		影像1	影像2	影像1	影像2
			经度	纬度	经度	纬度				
II Ikonos-2 （1.0m 全色）	1	4	111.4	40.4	111.4	39.8	12000×91000	12000×58000	02/28/02 03:37	11/13/01 03:37
	2	10	112.1	39.4	112.1	39.2	12000×48000	12000×14000	05/13/02 03:35	09/30/02 03:38
	3	16	111.7	38.4	111.6	38.4	12000×18000	12000×17000	09/12/10 03:21	09/12/10 03:21
	4	22	112.9	36.7	112.7	36.9	12000×50000	14000×54000	09/01/08 03:29	09/01/09 03:28
	5	27	112.6	39.2	112.5	39.1	13000×16000	14000×14000	03/11/02 03:39	01/23/08 03:42
	6	32	111.4	34.2	111.4	34.2	12000×13000	12000×13000	09/24/07 03:35	09/24/07 03:36
	7	38	112.7	38.0	112.7	38.2	12000×28000	14000×34000	02/23/02 03:27	10/05/05 03:44
	8	46	110.6	33.9	110.7	33.9	13000×23000	13000×23000	04/06/08 03:39	04/06/08 03:38
	9	54	111.2	34.0	111.1	34.0	13000×13000	13000×12000	04/03/10 03:22	02/21/10 03:27
III 资源三号 （2.1m 全色）	1	3	113.7	39.0	114.0	39.0	25000×24000	25000×24000	07/13/13 03:26	05/20/13 03:26
	2	6	112.8	37.4	113.2	37.4	25000×24000	25000×24000	07/03/13 03:29	05/10/13 03:26
	3	7	111.8	37.8	112.2	37.8	25000×24000	25000×24000	08/16/13 03:33	04/30/13 03:29
	4	11	111.9	38.2	111.8	37.8	25000×24000	25000×24000	08/31/13 03:22	08/16/13 03:33
	5	23	110.8	38.3	111.1	38.2	25000×24000	25000×24000	07/07/13 03:46	08/06/13 03:36

注："影像宽×高"一列中单位为像素。

第一组由三对 0.5m 分辨率的 GeoEye-1 卫星全色影像组成，拍摄地点为美国内华达州的拉斯维加斯市附近地区，数据提供商为 Digital Globe 公司。该地区为沙漠和城市地貌，大部分地区较为平坦，有少量山区，高程范围为 500~800m。该组数据的产品级别为 GEO 级，即经过一定在轨几何处理（无控制点），并将影像纠正到水平面上。第二组由九对 1.0m 分辨率的 Ikonos-2 卫星影像组成，拍摄地点为中国山西省境内，数据提供商为 Digital Globe 公司。该地区主要地貌为山地，地物覆盖类型主要为农田、森林、居民区和荒地，其高程范围为 500~3000m。该组数据的产品级别也是 GEO 级。第三组由五对 2.1m 分辨率的资源三号卫星下视全色影像组成，拍摄地点为中国山西省境内，数据提供商为中国资源卫星应用中心，影像产品级别为 1B 级。该级别数据经过在轨几何校正和辐射处理，切成标准景影像，并提供初始 RFM 参数。

在三组数据中，每个影像对均有不同大小的光线交会角，用来对比反投影高程误差对 P2P 算法和 P2L 算法的影响。因为当交会角增大时，反投影高程误差引起的像点偏移也将增大。实验中使用 30m 分辨率的 SRTM-DEM 提供像点反投影过程的高程值。在基于核线段约束的 P2L 算法中，设定反投影高程误差 ∇H 为 30m。

6.4.2 同名点几何一致性评估

Grodecki 和 Dial（Grodecki et al., 2003）通过理论分析和实验证明：对高分辨率、窄视角、具有稳定姿态和轨道的推扫式遥感卫星影像，像方仿射变换模型可以消除大部分外定向误差和内定向误差的影响。但是，Grodecki 没有说明像方仿射变换模型能否吸收两景影像之间的相对定向误差。本节评价 P2P 算法和 P2L 算法在不同因素影响下保留同名点的能力。分别通过同名点求解得到较为精确的仿射变换模型后，根据同名点所表现出的几何一致性进行评价。

本实验中，每景影像对都通过人工选点获得 30~50 个同名点，并通过人工复检保证同名点的可靠性，部分同名点截图如图 6-5 所示。在交会角小于 30° 的影像对上，人工点的精度可以保证在 1 像素以内；但是当交会角大于 30° 时，由于地形引起的投影变形较为显著，人工点的精度只能保证在 2 像素以内。本实验仅使用同名点，不引入粗差。因此，无论 P2P 算法还是 P2L 算法，种子点均从同名点中获得，因此求解得到的仿射变换模型精度仅会受到反投影高程误差的影响。

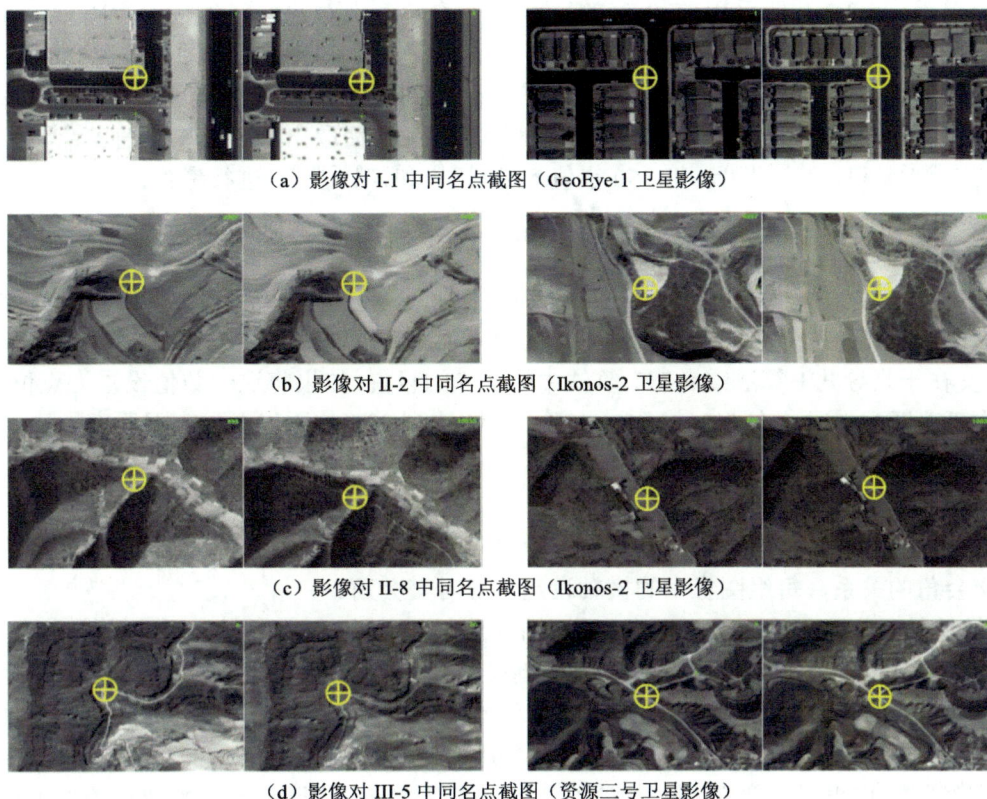

（a）影像对 I-1 中同名点截图（GeoEye-1 卫星影像）

（b）影像对 II-2 中同名点截图（Ikonos-2 卫星影像）

（c）影像对 II-8 中同名点截图（Ikonos-2 卫星影像）

（d）影像对 III-5 中同名点截图（资源三号卫星影像）

图 6-5　部分同名点截图

1. 实验步骤

在本节实验中，P2P 算法和 P2L 算法的运算对象均不含粗差，每次随机采样获得的种子点也不含粗差，因此理论上每组种子点求解得到的仿射变换模型均是精确的（P2L 算法中每组种子点会得到多组解，此处特指最优解）。如果 P2P 算法或 P2L 算法使用的相对定向模型可以准确模拟卫星影像的相对定向误差，则使用仿射变换模型（P2P 算法中的像点 $p_r^{(1)}$ 或 P2L 算法中的核线段 l_e）进行修正后，由于同名点的残差应该仅仅受到点位误差的影响，因此残差应该也在 1~2 像素水平。由此，可以使用同名点的残差最大值评价两种粗差剔除方法的几何模型一致性，从而对两种算法保留正确匹配点的能力进行评估。但是实际上，部分同名点在反投影与重投影过程中会受到 DEM 高程数据误差的影响。为了避免这一因素的影响，可以将同名点残差从小到大排序后，选择第 $\lceil p \cdot n \rceil$ 小的残差作为几何一致性的评价指标，其中 $0 < p \leqslant 1$，符号 $\lceil \cdot \rceil$ 表示向上取整运算。定义第 i 个同名点在使用仿射变换模型 A 进行纠正后，在 P2P 算法和 P2L 算法中计算得到的残差分别为

$$\begin{cases} d_A^{\text{P2P}}(i) = \text{distance}(A(p_r^{(1)})_i, (p_r)_i) \\ d_A^{\text{P2L}}(i) = \text{distance}(A(l_e)_i, (p_r)_i) \end{cases} \tag{6-15}$$

定义 $\overset{n}{\min}(k)\{\}$ 为某个含有 n 个数值元素的集合中第 k 小的元素。定义在对同名点使用仿射变换模型 A 进行纠正后，残差中第 $\lceil p \cdot n \rceil$ 小的残差为

$$\begin{cases} \delta_{\text{P2P}}^{(p,A)} = \overset{n}{\underset{i=1}{\min}}(\lceil p \cdot n \rceil)\{d_A^{\text{P2P}}(i)\} \\ \delta_{\text{P2L}}^{(p,A)} = \overset{n}{\underset{i=1}{\min}}(\lceil p \cdot n \rceil)\{d_A^{\text{P2L}}(i)\} \end{cases} \tag{6-16}$$

在实验中采用 $p=0.9$，即采用前 90%的残差较小的同名点对几何一致性进行考察。采用 $\delta_{\mathrm{P2P}}^{(0.9,A)}$ 和 $\delta_{\mathrm{P2L}}^{(0.9,A)}$ 的意义还在于它们是在仿射变换模型 A 的作用下，要保留90%正确匹配点所需的最小阈值。

在随机采样中也需要考虑采样得到的种子点是否会受到高程误差中粗差的影响。针对每一组数据，将随机采样过程进行1000次，得到1000组 $\delta_{\mathrm{P2P}}^{(0.9,A)}$ 和 $\delta_{\mathrm{P2L}}^{(0.9,A)}$，然后取出其中第1小值 $\delta_{\mathrm{P2P}}^{(0.9,1,1000)}$ 和 $\delta_{\mathrm{P2L}}^{(0.9,1,1000)}$、第500小值 $\delta_{\mathrm{P2P}}^{(0.9,500,1000)}$ 和 $\delta_{\mathrm{P2L}}^{(0.9,500,1000)}$、第750小值 $\delta_{\mathrm{P2P}}^{(0.9,750,1000)}$ 和 $\delta_{\mathrm{P2L}}^{(0.9,750,1000)}$ 进行考察：

$$\begin{cases} \delta_{\mathrm{P2P}}^{(0.9,k,K)} = \overset{K}{\min(k)}\{\delta_{\mathrm{P2P}}^{(0.9,A)}\} \\ \delta_{\mathrm{P2L}}^{(0.9,k,K)} = \overset{K}{\min(k)}\{\delta_{\mathrm{P2L}}^{(0.9,A)}\} \end{cases} \tag{6-17}$$

其中，第1小值反映在 P2P 或 P2L 算法模型下，正确匹配点可以得到的最小残差水平；第500小值和第750小值的意义在于指导 P2P 算法或者 P2L 算法中阈值 δ 的设置：如果将这一数值设置为点位误差阈值 δ，当种子点均为正确匹配点时，有50%或75%的概率能够达到90%的正确匹配点召回率。

2. 实验结果与分析

图 6-6 给出了实验结果，图中红色线为 P2P 算法结果，蓝色线为 P2L 算法结果。为反映模型几何一致性与像对交会角的关系，每组图像中的横轴设定为像对交会角。

在 P2L 算法结果中，第一组数据所有影像对的 $\delta_{\mathrm{P2L}}^{(0.9,1,1000)}$ 均小于1像素，$\delta_{\mathrm{P2L}}^{(0.9,500,1000)}$ 均小于2像素，$\delta_{\mathrm{P2L}}^{(0.9,750,1000)}$ 均小于3像素，且这些数值没有呈现出随交会角增大而增大的趋势。第二组数据除第 II-9 对影像对外，其他影像对的 $\delta_{\mathrm{P2L}}^{(0.9,1,1000)}$ 均小于2像素，$\delta_{\mathrm{P2L}}^{(0.9,500,1000)}$ 均小于3像素，$\delta_{\mathrm{P2L}}^{(0.9,750,1000)}$ 均小于4像素，这些阈值也没有呈现出随交会角增大而增大的趋势。第 II-9 对影像结果中，由于交会角达到 54°，虽然其 $\delta_{\mathrm{P2L}}^{(0.9,1,1000)}$ 和 $\delta_{\mathrm{P2L}}^{(0.9,500,1000)}$ 均小于4像素，但是 $\delta_{\mathrm{P2L}}^{(0.9,750,1000)}$ 达到7像素，说明这一组影像对的人工点中含有较大高程误差的点位较多。通过考察这一组影像所在的地理位置，发现其所在地形起伏较为强烈，因此更容易导致大的 DEM 误差。第三组数据所有影像对的 $\delta_{(1,1000)}^{(0.9)}$ 均小于2像素，$\delta_{(500,1000)}^{(0.9)}$ 均小于3像素，$\delta_{(750,1000)}^{(0.9)}$ 均小于4像素，这些阈值同样没有呈现出显著的随交会角增大而增大的趋势。

而在 P2P 算法结果中，三组数据对应的 $\delta_{\mathrm{P2P}}^{(0.9,1,1000)}$、$\delta_{\mathrm{P2P}}^{(0.9,500,1000)}$ 和 $\delta_{\mathrm{P2P}}^{(0.9,750,1000)}$ 均呈现出随着交会角增大而增大的趋势。当交会角较大时，这些数值甚至能达到10像素以上，如第 I-3、II-5、II-8、II-9 个影像对。

（a）第一组（GeoEye-1卫星影像）结果　　　（b）第二组（Ikonos-2卫星影像）结果

图 6-6　P2P 算法模型和 P2L 算法模型几何一致性对比

注：rigidity threshold：精密阈值；intersection angle：交会角。

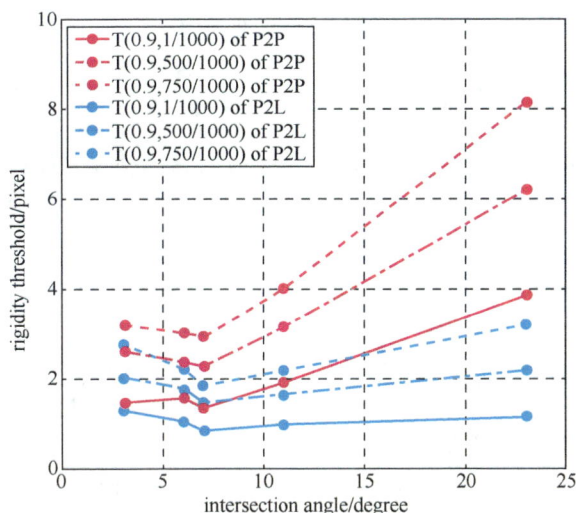

（c）第三组（资源三号卫星影像）结果

图 6-6 （续）

三组数据的实验结果均表明，P2L 算法得到的同名点几何一致性更好，说明 P2L 算法相对于 P2P 算法具有更高的几何模型精度，对匹配点的精度估计更加精确。P2L 算法使用点到核线段的距离评价几何精度，有效避免了反投影高程误差对结果的影响，这一特性使得使用 P2L 算法时不需要考虑阈值 δ 与地形和影像对交会角的关系，因而在实际生产中具有更强的实用性。从实验结果中还可以发现，采用 5 像素大小阈值 δ 即可在所有影像对中使用 P2L 算法达到很好的正确匹配点召回率。而在 P2P 算法中，当地形起伏剧烈，影像对交会角较大时，需要设置很大的阈值 δ，否则很难保证结果中正确匹配点的召回率。但是，更大的阈值 δ 又会导致结果中误匹配点的比例上升，这一点将在 6.4.3 节模拟粗差剔除实验中进行探讨。

6.4.3 粗差识别能力评估

1. 内点域计算

如果粗差在搜索窗口中均匀分布，则可以通过估算内点（inlier，被纳入一致集中的观测值）分布的区域面积来分析两种算法的粗差剔除能力。定义区域 $I_{P2P}^{inlier}(i, \delta, A)$ 和 $I_{P2L}^{inlier}(i, \delta, A)$ 分别为 P2P 算法和 P2L 算法中右像 I_r 上的第 i 对匹配点的内点域：

$$\begin{cases} I_{P2P}^{inlier}(i, \delta, A) = \{p \in I_r \mid \text{distance}(A(p_1')_i, p) \leqslant \delta\} \\ I_{P2L}^{inlier}(i, \delta, A) = \{p \in I_r \mid \text{distance}(A(\mathrm{l})_i, p) \leqslant \delta\} \end{cases} \tag{6-18}$$

由内点域的定义可知，当第 i 对匹配点中的右像点 p_r 恰好落入了内点域 $I_{P2P}^{inlier}(i, \delta, A)$ 或 $I_{P2L}^{inlier}(i, \delta, A)$ 中时，根据 P2P 算法或 P2L 算法中一致集的定义及获取方法[式（6-6）和式（6-10）]，该匹配点将被判定为内点。图 6-7 给出了两种算法对应的内点域范围定义，可见 P2P 算法的内点域为点 $A(p_r^{(1)})_i$ 膨胀 δ 后的区域，P2L 算法的内点域为线段 $A(l_e)_i$ 膨胀 δ 后的区域，其面积分别为

$$\begin{cases} \text{area}(I_{P2P}^{inlier}(i, \delta, A)) = \pi\delta^2 \\ \text{area}(I_{P2L}^{inlier}(i, \delta, A)) = \pi\delta^2 + 2\text{len}(A(l_e)_i)\delta \end{cases} \tag{6-19}$$

式中，$\text{len}(A(l_e)_i)$ 为经过仿射变换后的线段长度。

假设误匹配点在搜索范围内均匀分布，则误匹配剔除过程中的内点域面积越小，剔除结果中的误匹配点就越少。

由式（6-19）可知，当使用同样大小的阈值 δ 时，P2P 算法将始终拥有较小的内点域，理论上可以剔除更多误匹配点。但是，由 6.4.2 节的实验结果可知，在对交会角较大的卫星影像对的匹配点进行粗差剔

除时，P2P 算法需要更大的阈值才能达到 90%的同名点保留率。

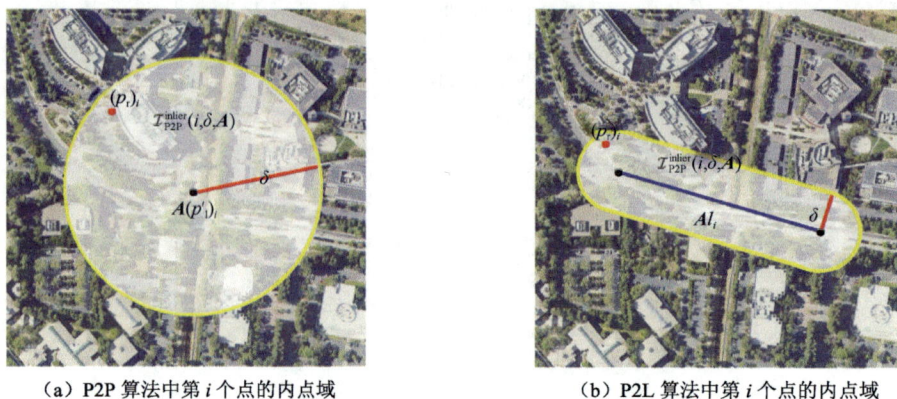

（a）P2P 算法中第 i 个点的内点域　　　　　　（b）P2L 算法中第 i 个点的内点域

图 6-7　P2P 算法和 P2L 算法对应的内点域范围定义

图 6-8 给出了在 P2P 算法和 P2L 算法中分别使用 6.4.2 节中通过实验得到的每组数据的 $\delta_{\text{P2P}}^{(0.9,750,1000)}$ 和 $\delta_{\text{P2L}}^{(0.9,750,1000)}$ 作为阈值的情况下，每组数据内点域面积的大小。图 6-8 中，横轴为像对的交会角，纵轴为内点域面积。在计算 P2L 算法的内点域面积时，忽略仿射变换模型对核线段长度的影响，并且使用所有同名点核线段长度的平均值代入式（6-19）进行计算。

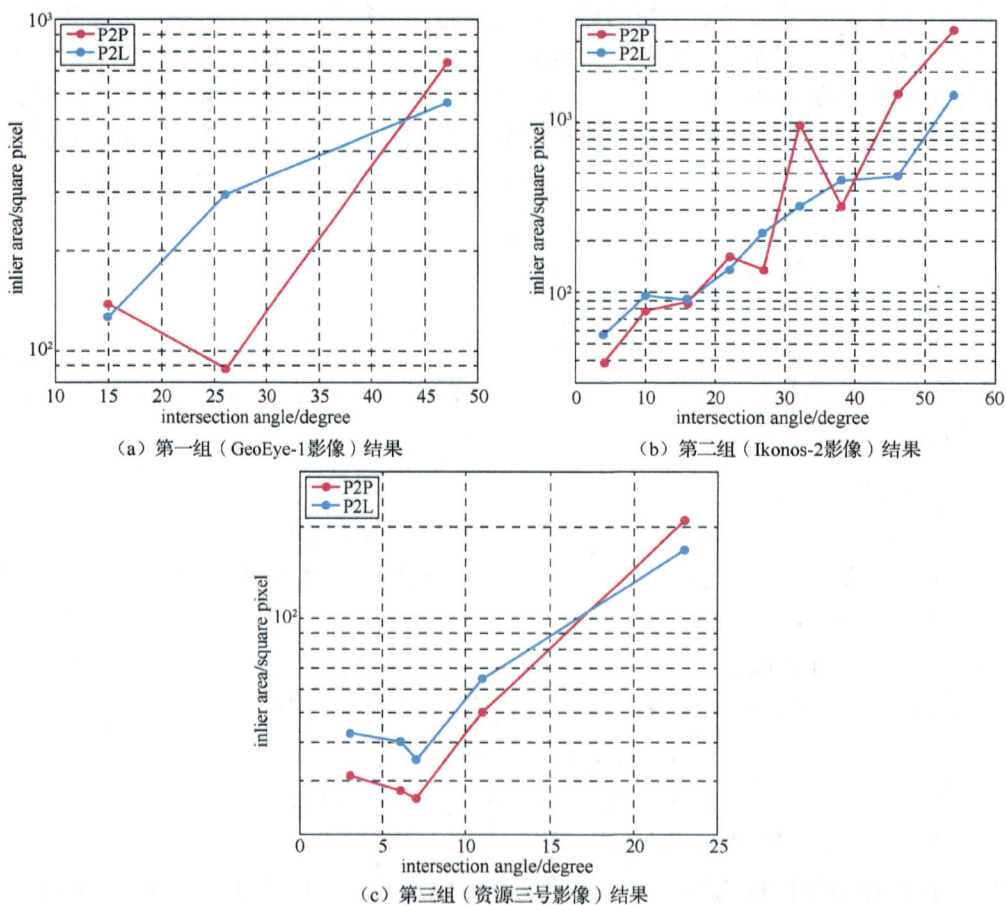

（a）第一组（GeoEye-1影像）结果　　　　　　（b）第二组（Ikonos-2影像）结果

（c）第三组（资源三号影像）结果

图 6-8　所有实验数据中 P2P 算法和 P2L 算法的内点域面积

注：inlier area：内点域面积；intersection angle：交会角。

图 6-8 中的结果表明，在三组数据中，两种算法的内点域面积均随着交会角的增大而增大。但是当交会角较小时，P2P 算法具有更小的内点域；而随着交会角的增大，P2P 算法的内点域面积快速增加，当交会角大于 30° 时，P2P 算法的内点域面积超过 P2L 算法的内点域面积，且差距随着交会角的增大进一步增大。这一现象说明在交会角较小的影像对中，P2P 算法理论上具有更强的粗差剔除能力；而在交会角较大的影像对中，P2L 算法理论上具有更强的粗差剔除能力。

2. 仿真粗差剔除实验

为了对 6.4.2 节的分析结果进行验证，本节进行仿真实验。针对每组像对，将 6.4.2 节中使用的人工同名点与通过仿真得到的不同数量的粗差进行混合，分别使用 P2P 算法和 P2L 算法进行粗差剔除，对比两种算法的粗差剔除能力。匹配点粗差的仿真步骤如下：首先在左像上随机取得多个左像点 p_1，将其映射到右像上得到 $p_r^{(1)}$；然后在以 $p_r^{(1)}$ 为中心的某个搜索窗口 I^{srch} 中随机取得右像点，保证右像点在搜索区域 I^{srch} 中任意位置出现的概率均等。

实验步骤如下：①对每个影像对，将人工同名点集合 C_0 和仿真粗差集合 M_0 合成匹配点全集 S，每个像对模拟三组匹配点，分别加入 50、100、200 个粗差；②从人工匹配点 C_0 中随机抽取种子点，分别使用 P2P 算法和 P2L 算法求解仿射变换模型，并分别以 $\delta_{\text{P2P}}^{(0.9,750,1000)}$ 和 $\delta_{\text{P2L}}^{(0.9,750,1000)}$ 作为阈值获得一致集，统计一致集中的误匹配个数；③对每组数据，将上述步骤②执行 1000 次，统计每次模拟粗差剔除中匹配点粗差的漏检数量平均值。

实验结果如图 6-9 所示，图中红色线为 P2P 算法结果，蓝色线为 P2L 算法结果。图 6-9 中，横轴为像对交会角，纵轴为漏检的误匹配个数平均值。两种误匹配剔除方法中，误匹配漏检个数的变化趋势与图 6-8 中两种算法的内点域面积的变化趋势基本一致。在交会角较小的情况下，P2L 算法和 P2P 算法的粗差漏检数都很小；而在交会角较大的情况下，P2L 算法误匹配点漏检数量远小于 P2P 算法。

在第 I-3 个影像对和第 II-9 个影像对中，当误匹配个数达到 200（约为正确匹配点数的 4 倍）时，P2P 算法漏检的误匹配点个数几乎等同于正确匹配个数；而本实验的每一组像对，P2L 算法的粗差漏检个数都控制在 8 个以内，即 P2L 算法的精度（正确率）始终保持在 80% 以上。综上所述，P2L 算法剔除粗差的结果更为可靠。

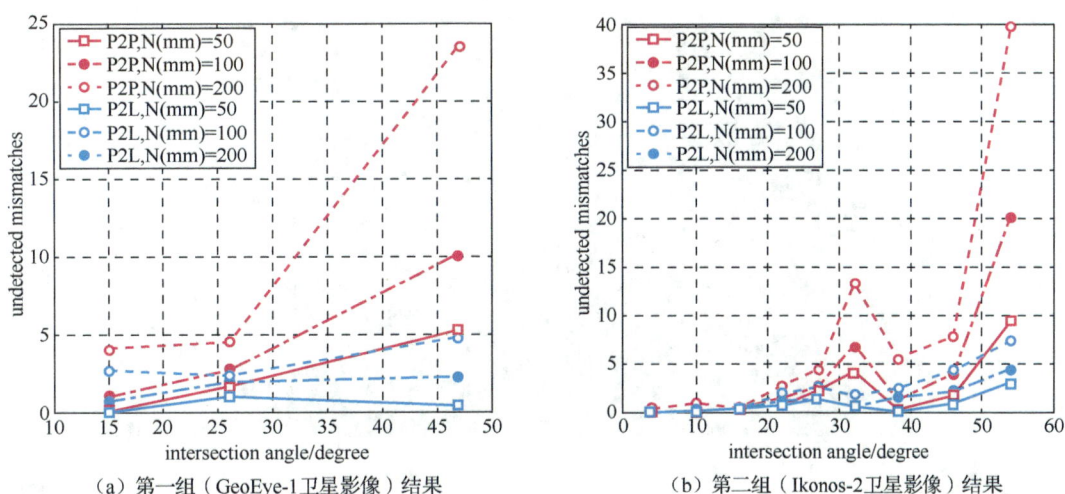

（a）第一组（GeoEye-1 卫星影像）结果　　　　（b）第二组（Ikonos-2 卫星影像）结果

图 6-9　P2P 算法和 P2L 算法的几何一致性对比

注：undetected mismatches：漏检的误匹配个数平均值；intersection angle：交会角；N(mm)：加入的粗差个数。

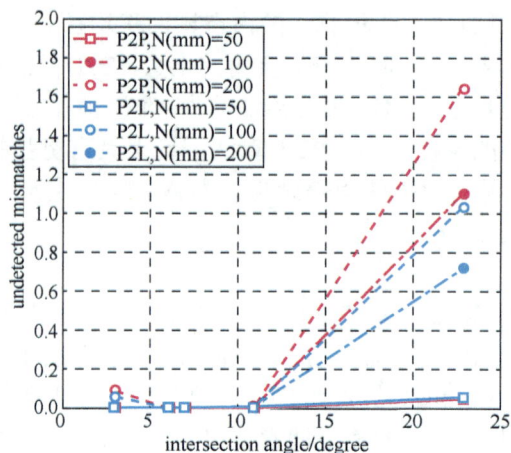

（c）第三组（资源三号卫星影像）结果

图 6-9 （续）

6.4.4 粗差剔除对平差精度的影响

6.4.2 节和 6.4.3 节的实验反映了相对于 P2P 算法，P2L 算法对应的几何模型具有更好的同名点几何一致性和更稳定的粗差剔除能力。但是，由图 6-7 中的内点域形状可知，P2L 算法的内点域会保留一些误差方向恰好在核线段方向上的误匹配点，在交会角较大、核线段较长的情况下，这些漏检的误匹配可能具有较大的误差。本节为了更加全面地考察两种算法，选用资源三号卫星影像对中交会角最大的第 III-5 组数据，对其粗差剔除后的结果进行带控制点的平差，然后使用检查点对平差精度进行检验。

本实验使用的影像和控制点的地理分布如图 6-10 所示。在两景影像的重叠地区，每个控制点有两个像点，其中左像为控制影像，共有 27 个控制点（GCP）；右像为被控制影像，对应的 27 个控制点被作为检查点（ICP）使用。控制点从 1：1 万标准 DOM 产品上通过人工匹配得到，DOM 本身平面精度优于 3m，人工匹配像点精度优于 1 像素。控制点高程从 1：5 万标准 DEM 产品上内插得到，高程精度优于 5m。

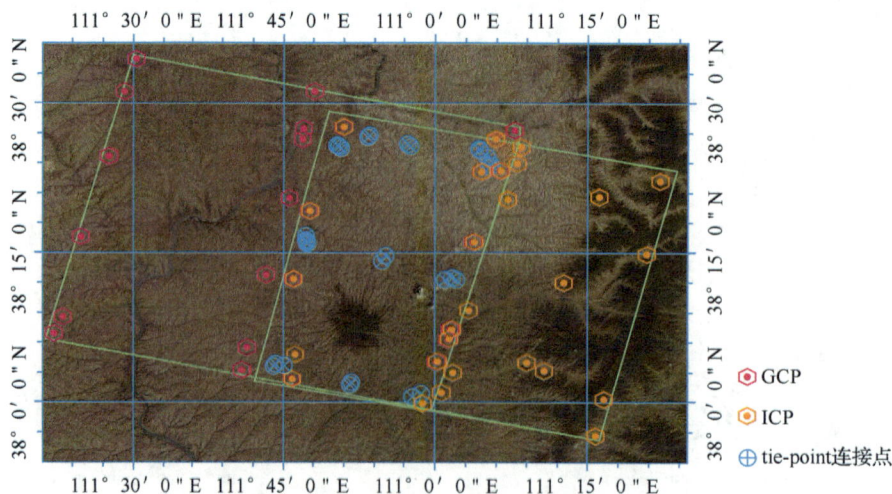

图 6-10 影像对 III-5 中控制点、检查点和人工采集连接点的地理分布示意图

1. 实验步骤

本实验采用将第 12 章介绍的高程约束的卫星影像 RFM 模型平差方法对两景影像进行平差，区域网平差过程中使用 30m 分辨率的 SRTM-DEM 提供连接点高程信息，平差参数参考表 12-2。

实验使用的连接点包括人工获取的正确同名点和模拟生成的误匹配点，并且分别采用三种数量的误匹配点：0、100 和 200 个。为了避免基于 RANSAC 的误匹配剔除算法因为随机性对结果产生影响，首先对每一组参数均进行 100 次误匹配点仿真，然后对每一组匹配点集分别使用不同大小阈值的 P2P 算法和固定阈值的 P2L 算法进行粗差剔除，最后对每组结果进行区域网平差解算。在粗差剔除过程中，P2L 算法仅采用 2 像素的阈值 δ，而 P2P 算法分别使用 2 像素、5 像素和 10 像素的阈值 δ 进行运算，分别对不同设置下粗差剔除结果中同名点的误检数中值、误匹配点的漏检数中值、平差后被控制影像上检查点的平均平面精度进行检验。

2. 实验结果与分析

误匹配剔除和平差实验结果如表 6-3 所示，当使用 2 像素的阈值 δ 时，P2L 算法中同名点误检数的中位数为 2（无误匹配点）、0（100 个或 200 个误匹配点）；而同样使用 2 像素阈值 δ 时，P2P 算法的同名点误检数的中位数达到 18（无误匹配点）或 15（100 个或 200 个误匹配点）。在加入 100 个仿真误匹配点时，P2L 算法和 P2P 算法中粗差漏检数的中位数较为接近。而加入 200 个仿真误匹配点时，P2P 算法在使用 2 像素或 5 像素的阈值 δ 时，其粗差漏检数的中位数少于 P2L 算法，但是其同名点误检数的中位数多于 P2L 算法；在使用 10 像素的阈值 δ 时，其粗差漏检数中位数达到 8，远多于 P2L 算法。

表 6-3　误匹配剔除和平差实验结果

设置			误匹配剔除结果 1		检查点平均中误差/m		
误匹配点数量	误匹配剔除算法	阈值 δ	同名点误检数	粗差漏检数	X	Y	XY
0	P2L	2	2	0	1.10	0.87	1.40
	P2P	2	18	0	3.84	1.08	3.99
		5	4	0	2.62	0.99	2.80
		10	0	0	1.23	1.04	1.61
100	P2L	2	0	1	1.68	1.11	2.01
	P2P	2	15	0	2.56	1.11	2.79
		5	3	1	2.35	1.05	2.57
		10	0	1	1.50	1.23	1.94
200	P2L	2	0	3	2.61	1.32	2.92
	P2P	2	15	0	2.96	1.15	3.18
		5	3	2	2.47	1.05	2.68
		10	0	8	2.98	2.24	3.73
平差前					6.98	16.79	18.18

注：同名点误检数量和粗差漏检数量均为 100 次实验的中值。

表 6-3 中给出，平差前检查点的平面中误差（XY-RMSE）为 18.18mm。当使用 P2L 算法时，平差后的检查点平均平面中误差分别为 1.40m（无误匹配点）、2.01m（100 个误匹配点）、2.92m（200 个误匹配点）。而使用 P2P 算法时，最精确的平差结果对应了不同的阈值 δ：当误匹配数量分别为 0 和 100 时，使用 10 像素的阈值 δ 可以保留更多的正确匹配点，并得到最优的精度 1.61m（无误匹配）和 1.94m（100 个误匹配）；当误匹配为 200 时，使用 5 像素的阈值 δ 可以得到最高的精度，即 2.68m 的平面检查点平均中误差。

平差实验的结果表明，通过调整阈值，P2P 算法结果的平差精度可以接近甚至高于使用固定阈值 δ 的

P2L 算法。但是在实际应用中，真实粗差个数未知，根据粗差数量调整几何精度阈值的设想不具有可操作性。

6.4.5　真实匹配点的粗差剔除实验

本节将使用真实的匹配点对 P2P 算法和 P2L 算法的粗差剔除效果和运算效率进行对比。匹配点通过灰度相关匹配算法和阈值最相似法的原则获取，匹配点的搜索窗口大小为 100 像素×100 像素。当匹配点个数超过 1000 时，从中随机选择 1000 个纳入本实验。实验中 P2P 算法使用 10 像素的阈值 δ，P2L 算法使用 2 像素的阈值 δ，其中迭代上限 $N_{\max}$ 在 RANSAC 迭代中会根据当前一致集中点数与总点数之比进行调整，具体调整方式为

$$N_{\max} = \begin{cases} \dfrac{\ln \eta}{\ln(1-p_{\max}^3)}, \text{if} \left\lceil \dfrac{\ln \eta}{\ln(1-\lambda^3)} \right\rceil > 5 \\ 5, \text{if} \left\lceil \dfrac{\ln \eta}{\ln(1-\lambda^3)} \right\rceil \leqslant 5 \end{cases} \qquad （6\text{-}20）$$

式中，$p_{\max} = k_{\max}/n$，为当前得到的最大一致集中同名点个数与总数之比；η 为运算失败（无法找到全为内点的种子点）的容忍率，本实验中 η 设定为 1%。

实验中对每一组数据分别进行 100 次 P2P 算法和 P2L 算法运算，以避免随机因素的影响。本实验在一台搭载 Intel® Core™ i5-3210M（2.50GHz 主频）的移动计算机上进行，实验程序为单线程，实验结果如表 6-4 所示。

表 6-4　真实匹配数据的误匹配点剔除结果

像对	点数	一致集点数/（min/max）				迭代次数中值		运算时间中值/ms	
		P2P		P2L		P2P	P2L	P2P	P2L
I-1	1000	671	795	850	872	8	5	0.6	79.7
I-2	1000	697	810	922	927	8	5	0.7	79.7
I-3	1000	456	508	903	906	37	5	2.9	88.5
II-1	1000	967	971	960	963	5	5	0.5	7.0
II-2	1000	885	921	899	905	5	5	0.5	29.5
II-3	1000	905	961	961	963	5	5	0.5	28.4
II-4	1000	838	934	982	984	5	5	0.5	78.2
II-5	1000	582	682	715	733	14	9	1.2	141.9
II-6	1000	337	360	801	926	108	5	5.9	82.6
II-7	1000	538	590	573	617	22	17	1.4	281.1
II-8	918	296	325	739	775	110	5	7.8	95.1
II-9	981	64	69	292	298	67188	398	3398.4	6687.9
III-1	1000	938	949	909	916	5	5	0.6	6.5
III-2	1000	986	990	955	958	5	5	0.7	6.7
III-3	1000	915	927	846	855	5	5	0.6	6.7
III-4	1000	939	947	905	910	5	5	0.5	6.6
III-5	1000	848	922	888	894	5	5	0.6	29.1

表 6-4 的结果表明，在处理约 1000 对同名点时，P2P 算法每次迭代仅需要约 0.1ms，而核线段约束法每次迭代耗时从约 1ms 到 18ms 不等。这是因为 P2L 算法在每次 RANSAC 随机采样中会解出多组仿射变换模型，并需要对每一组模型进行验证和对比（算法 6-2），而且核线段的长度会影响等分点个数（表 6-1），进而影响解的个数。从这一角度，点约束法具有更高的运算效率。但是，从结果中可知，在交

会角较大的情况下，点约束法保留的匹配点更少，如像对 I-2、I-3、和 II-5～II-9。这种情况下，点约束法需要更多的 RANSAC 迭代次数。在最极端的情况下（第 II-9 个影像对），点约束法需要超过 6 万次迭代，而核线段约束法只需要不到 400 次，说明在极端困难情况下，点约束法的运算效率优势大大下降。

本 章 小 结

稳健的观测值粗差剔除算法是卫星影像区域网平差的重要前提。要保证平差结果的可靠性，需要先对匹配点进行预处理，即通过较为鲁棒的方法在求解较为简单的先验模型的过程中，剔除观测值中的绝大多数粗差。本章提出一种新的卫星影像双像匹配点粗差剔除算法——P2L 算法。该算法利用 RANSAC 流程，采用点到线段的距离作为匹配精度的判定依据，可以较好地适用于各种地形下具有不同交会角的高分辨率卫星影像对，适合卫星影像的相对误差修正模型和匹配精度评价。

在将左像点映射到右影像的像方坐标系过程中，P2L 算法考虑了反投影过程中由于 DEM 高程误差和影像定位误差引起的高程误差，得到点与核线段的匹配关系，在修正相对定向误差后，用点到核线段的距离作为匹配几何精度的判定依据。仿真实验结果表明，P2L 算法具有更强的通用性，其内点几何一致性不受地形起伏、影像对交会角大小等因素的影响，且交会角较大时，其比 P2P 算法拥有更强的误匹配剔除能力。真实匹配数据的粗差剔除实验表明，P2L 算法的运算效率低于 P2P 算法，但是由于 P2L 算法有更精确的匹配精度评价机制，因此在匹配点粗差比例较高的情况下能找到更大的一致集，从而大大减少 RANSAC 迭代的次数。

P2L 算法无法有效识别误差方向恰好在核线段方向、且误差大小不超过最大高程误差引起的像点偏移值的误匹配点。同框幅式影像的摄影测量处理一样，这一类沿核线方向的误差无法在双像误匹配剔除中进行鉴别，只能在平差中利用更多的同名点对其进行多像前方交会，然后根据残差进行鉴别。

参 考 文 献

胡芬，王密，李德仁，等，2009. 基于投影基准面的线阵推扫式卫星立体影像对近似核线影像生成方法[J]. 测绘学报，38(5): 428-436.

万一，2018. 高程信息辅助的线阵卫星影像区域网平差方法[D]. 武汉：武汉大学.

张永军，丁亚洲，2009. 基于有理多项式系数的线阵卫星近似核线影像的生成[J]. 武汉大学学报（信息科学版），34(9): 1068-1071.

FAUGERAS O D, LUONG Q T, PAPADOPOULO T, 2001. The geometry of multiple images: the laws that govern the formation of multiple images of a scene and some of their applications[M]. Cambridge: MIT Press.

GRODECKI J, DIAL G, 2003. Block adjustment of high-resolution satellite images described by rational polynomials[J]. Photogrammetric Engineering & Remote Sensing, 69: 59-68.

KIM T, 2000. A study on the epipolarity of linear pushbroom images[J]. Photogrammetric Engineering and Remote Sensing, 66(8): 961-966.

LUONG Q T, FAUGERAS O D, 1996. The fundamental matrix: theory, algorithms, and stability analysis[J]. International Journal of Computer Vision, 17: 43-75.

MORGAN M F, 2004. Epipolar resampling of linear array scanner scenes [D]. Calgary: University of Calgary.

OLIENSIS J, GENC Y, 2001. Fast and accurate algorithms for projective multi-image structure from motion[J]. IEEE Transactions on Pattern Analysis and Machine Intelligence, 23: 546-559.

TORR P H, MURRAY D W, 1997. The development and comparison of robust methods for estimating the fundamental matrix[J]. International Journal of Computer Vision, 24(3): 271-300.

WAN Y, ZHANG Y J, 2017. The P2L method of mismatch detection for push broom high- resolution satellite images[J]. ISPRS Journal of Photogrammetry and Remote Sensing, 130: 317-328.

ZHANG Z Y, 1998. Determining the epipolar geometry and its uncertainty: a review[J]. International Journal of Computer Vision, 27(2): 161-195.

ZHANG Z Y, DERICHE R, FAUGERAS O, et al., 1995. A robust technique for matching two uncalibrated images through the recovery of the unknown epipolar geometry[J]. Artificial Intelligence, 78(1): 87-119.

第 **7** 章

基于对立推理理论的匹配点粗差剔除

7.1 引言

　　第 6 章提出的 P2L 方法通过较简单的模型对卫星影像的核线几何关系进行了有效利用，并被证明可以在各种分辨率、交会角和地形地貌的卫星影像匹配点粗差剔除中取得良好的精度和召回率（Wan et al.，2017）。但是，在大规模卫星影像自动几何纠正处理中，P2L 方法仍有两个缺点：一是该方法仍然需要手动设置残差阈值 δ，二是该方法无法对粗差剔除结果的正确性进行自我验证。

　　阈值的合理设置是大部分基于 RANSAC 思想的粗差剔除方法的最大难题（Raguram et al.，2013）。在随机采样算法的验证步骤中，阈值决定一个观测值是否属于一致集，因此阈值是否合理直接决定结果的精度和召回率。RANSAC 阈值设置的目标是在得到较为精确的数学模型后，这一阈值应该恰好将大部分不含粗差的观测值纳入一致集，即阈值的大小与模型及观测值的先验精度有关。卫星影像尤其是异源影像之间的匹配点先验精度会受到影像分辨率、卫星相机内定向精度等因素的影响（Dellinger et al.，2015；Zhou et al.，2016；Fan et al.，2018），而这些因素对用户来说往往是未知的，在设置阈值时往往依赖经验或猜测。

　　大部分粗差剔除方法并不能保证其结果的正确性，只是给出观测值的一个子集，然后判定子集中的观测值服从某种数学模型（Moisan et al.，2004；张永军 等，2013；Ma et al.，2014，2015；Li et al.，2017）。这一类方法在粗差比例少于 50%时十分可靠，但是当粗差比例超过 50%时，结果的正确性将无法保证。例如，RANSAC 方法只能保证在大量的随机采样后，至少有一次采样得到的种子点不含粗差的概率低于某个值，该值被定义为失败的容忍值，一般设为 1%或 2%。但是在大规模遥感影像处理中，往往需要对数以万计的双像匹配点集合进行粗差剔除，因而出现任务失败情况的可能性大大增加，且这种失败会导致由少量恰好具有一定几何一致性的粗差组成的匹配点被代入区域网平差，而这种结果一旦混入区域网平差运算，将对求解产生难以预料的影响（熊金鑫 等，2013；Zhao et al.，2013；Xia et al.，2014；Ye et al.，2018）。为了避免这种情况出现，通常只能将粗差比例高于某个值（如 70%）的结果一律设为无效结果，但是这样又会误删大量可靠的粗差剔除结果，导致人工选点和检查工作量大大增加。这是因为卫星影像处理过程中会遇到大量异源、不同时相、不同季节影像的匹配任务，这些任务会带来大量的误匹配点（Sedaghat et al.，2015，2018）。

　　为了解决上述两个问题，本章从概率角度出发，提出卫星双像匹配点集的几何一致性测度和无序性测度，在 P2L 方法的基础上提出卫星影像优化随机采样算法（optimized random sampling algorithm for satellite image，ORSA-SAT），将运算目标从获取最大的一致集调整为获取最可靠的匹配点子集，算法在最后会利用对立推理方法对剔除粗差后的匹配点子集的正确性进行验证（万一，2018；Wan et al.，2019）。

7.2　完形理论与对立推理方法简介

在 Desolneux、Moisan 和 Morel（Desolneux et al., 2007）的著作 *From Gestalt Theory to Image Analysis: A Probabilistic Approach* 中，从基于完形理论（gestalt theory）的视觉心理学出发，将能够引起人类视觉注意的因素归纳为一些基本结构和一些结构的聚合方式。如图 7-1 所示，这些基本结构如点、线段、闭合多边形等，在视觉中引起聚合感知的原理有亮度一致、空间聚合、形状相似、方向连续等，而这些引起视觉感知的聚合律之间还存在相互组合、相互冲突和相互遮蔽等现象。在完形理论中，这些基本结构和基本聚合规律被称为完形（Gestalt），是人类视觉心理感知的基础。

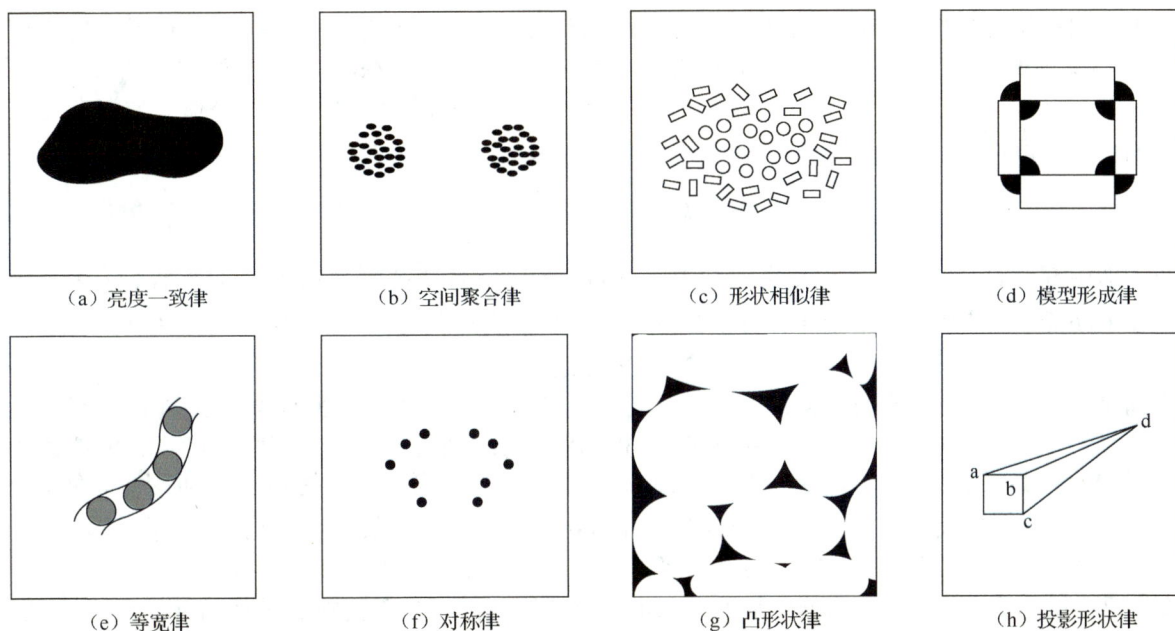

| （a）亮度一致律 | （b）空间聚合律 | （c）形状相似律 | （d）模型形成律 |

| （e）等宽律 | （f）对称律 | （g）凸形状律 | （h）投影形状律 |

图 7-1　完形理论中部分聚合律示意图

在基于完形理论的计算机视觉目标探测中，为了定量化地判定某个目标是否应该作为有效目标加以探测，Desolneux 等引入了对立推理理论（a-contrario method）和 Helmholtz 准则（Helmholtz principle）。Helmholtz 准则规定在人类视觉心理感知中，无法探测到任何 Gestalt 的图像的定义和性质，这种图像被称为背景图像，其中的所有特征都是无序的。常见的背景图像有白噪声图像。在背景图像中，各种 Gestalt 在任何位置出现的概率是均等的。对立推理方法的基本原理是：在判定某个目标是否应该被探测出来时，首先假设图像是满足 Helmholtz 准则的背景图像，如果在这种无序图像中 Gestalt 出现的次数的期望值小于 1，则判定该 Gestalt 的出现违背了 Helmholtz 准则，即它应该被人的视觉感知出来。在对立推理方法中，对图像满足 Helmholtz 准则的假设称为虚假设 H_0。在满足 Helmholtz 准则的背景图像中，某种 Gestalt 出现的次数的期望称为虚警数（number of false alarm，NFA）。

图 7-2 给出了两幅示例图像，通过对立推理方式从中检测直线。从人眼的角度，在图 7-2（a）中很容易发现图像中部存在一条直线，因为有四条线段的方向与其连线是一致的，而且一致的程度（方向精度）非常高。在图 7-2（a）的基础上添加大量满足 Helmholtz 准则的随机线段，得到图 7-2（b），同样的四条线段的连线就很难再通过人眼观测到。

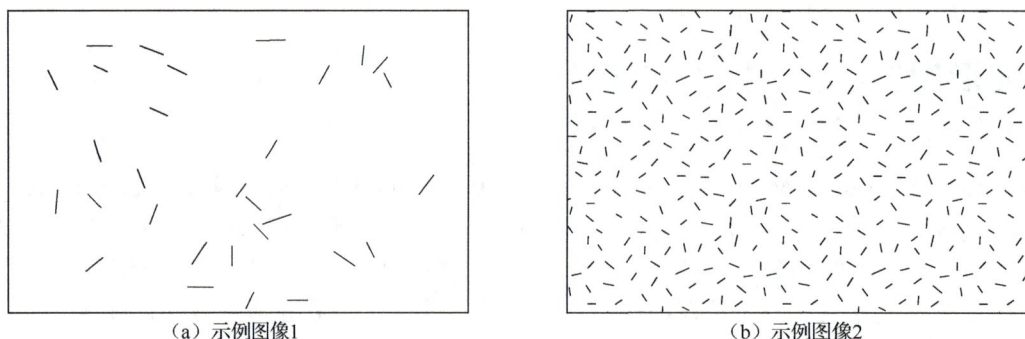

(a) 示例图像1　　　　　　　　　　　　　(b) 示例图像2

图 7-2　从线段中探测显著长直线

以下给出根据对立推理方法，对图 7-2 中直线进行探测的原理。首先根据 Helmholtz 准则定义虚假设 H_0，即图 7-2 中所有线段的空间分布和方向都属于随机均匀分布，且线段之间没有相关性。在虚假设 H_0 下，定义某一条线段属于某一条直线（该线段上的点与某直线的最远距离小于某个值）的概率为 p，则图像中的 n 条线段中，至少有 k 条属于某一条直线的概率为

$$\mathcal{B}(n,k,p) = \sum_{i=k}^{n} \binom{n}{i} p^i (1-p)^{n-i} \tag{7-1}$$

在图像中探测直线时，可以根据空间位置、方向和精度（直线范围的宽度）设定直线总条数 N_{conf}。因此，在 Helmholtz 准则下，某一条含有至少 k 个线段的直线出现的次数的期望（虚警数）可以估算为

$$\text{NFA} = N_{\text{conf}} \mathcal{B}(n,k,p) \tag{7-2}$$

当满足 $\text{NFA} < \varepsilon$（ε 为有意性测度）时，称这一事件（某条直线上至少包含图像中 n 条线段中的 k 条）的有意义性测度达到 ε 水平（ε-meaningful）。根据对立推理理论，当某一事件的有意义性测度达到 1，即满足 $\text{NFA} < 1$ 时，则这一事件推翻了虚假设 H_0，从而证明这一事件对应的 Gestalt 可探测。估算可得，在图 7-2（a）中，四条线段对应直线的 NFA 约为 1/4000，因而这一直线是可探测的；而在图 7-2（b）中，同一条直线的 NFA 达到了 10 左右，由于其符合 Helmholtz 准则，因而变得不可探测。

在图 7-2 所示案例中，可以归纳出基于对立推理方法在图像目标探测中的显著优点：该方法可以得出与人类视觉感知相近的判断结果，且在探测直线时不需要使用精度相关的阈值。

7.3　匹配点集的几何一致性测度

为了从对立推理理论的角度对匹配点集合的有意义程度进行检验，可从概率角度对匹配点在某一几何模型下的一致性进行测量。由于在虚假设 H_0 下，两景卫星影像均为满足 Helmholtz 准则的背景影像，从背景影像上无法探测到任何有意义的可以引起视觉注意的几何结构，因此自动匹配得到的匹配点均为随机产生的误匹配点。由此可以得出结论，在虚假设 H_0 下，双像匹配中关键点 p_1 的匹配点 p_r 在其搜索范围 I^{search} 内的任意位置出现的概率是均等的。

在航空摄影测量或地面摄影测量中，由于相机初始位置和姿态不精确或景深未知，搜索范围 I^{search} 为整张影像，即 p_r 在被匹配影像中所有位置出现的概率均等。但是，卫星影像尺寸较大，且一般拥有较为精确的姿态轨道数据，因此在高程参考数据的辅助下，匹配点搜索范围 I^{search} 远小于整张影像。卫星影像在匹配过程中的搜索策略很多，本节采用兼顾卫星影像初始定位误差和高程参考数据误差的像方搜索方法——核线段膨胀法。对左像上的关键点 p_1，将其通过反投影和重投影处理得到的核线段 l_e [式（6-8）] 进行膨胀（dilate），膨胀半径为 R_{search}，从而得到其匹配点的搜索区域。定义第 i 个关键点的搜索区域为

$$I_i^{\text{search}} := \text{dilate}((l_e)_i, R_{\text{search}}) \cap I_r \tag{7-3}$$

式中，膨胀半径 R_{search} 的值取决于两景卫星影像的相对定位误差；I_r 为右影像块。显然，在匹配过程中卫星影像初始定位模型的相对误差越小，则匹配点搜索范围越小，匹配正确率越高。

仿照式（6-18）中 P2L 算法的内点域的定义，可以知道在第 i 对匹配点的位置和某个仿射变换模型 A 的作用下，点到核线段距离小于 d 的区域是变换后的核线段膨胀 d 的区域：

$$I_i^{\text{inlier}}(A,d) := \text{dilate}(A(l_e)_i, d) \tag{7-4}$$

图 7-3 所示为搜索区域 I_i^{search} 和内点域 $I_i^{\text{inlier}}(A,d)$。显然，当第 i 对匹配点中关键点（左像点 p_1）对应的核线段 l_e 在被仿射变换模型移动以后，如果匹配点（右像点 p_r）到核线段的距离 $d_A(i)$ [式（6-15）中的 $d_A^{\text{P2L}}(i)$] 小于 d，则匹配点必须同时位于搜索区域 I_i^{search} 和内点域 $I_i^{\text{inlier}}(A,d)$ 中。在虚假设 H_0 下，匹配点在 I_i^{search} 中任意位置出现的概率均等，因此第 i 对匹配点满足 $d_A(i) < d$ 的概率（prob）即为区域 $I_i^{\text{inlier}}(A,d) \cap I_i^{\text{search}}$ 与区域 I_i^{search} 的面积（area）之比，并且满足：

$$\text{Prob}(d_A(i) \leq d \mid H_0) = \text{area}(I_i^{\text{inlier}}(A,d) \cap I_i^{\text{search}})/\text{area}(I_i^{\text{search}})$$
$$\leq \text{area}(I_i^{\text{inlier}}(A,d))/\text{area}(I_i^{\text{search}}) \tag{7-5}$$

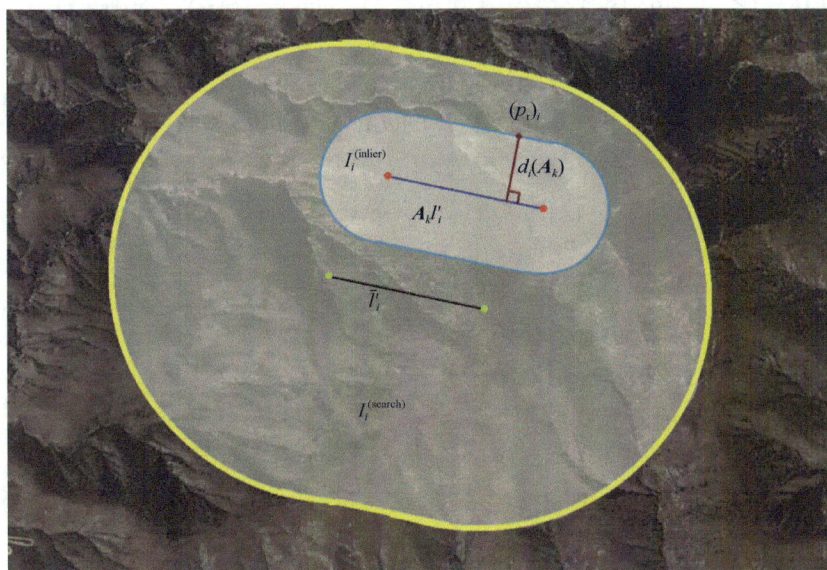

图 7-3　搜索区域 I_i^{search} 和内点域 $I_i^{\text{inlier}}(A,d)$ 的示意图

内点域 $I_i^{\text{inlier}}(A,d)$ 由仿射变换后的核线段膨胀得到，因此内点域和搜索区域面积之比（AreaRatio）满足下式：

$$\text{AreaRatio}(i,d,A) := \text{area}(I_i^{\text{inlier}}(A,d))/\text{area}(I_i^{\text{search}})$$
$$= (2d\,\text{length}(A(l_1)_i) + \pi d^2)/\text{area}(I_i^{\text{search}}) \tag{7-6}$$

当忽略搜索区域超出影像边缘的情况时，搜索区域仅为核线段膨胀的区域，其面积可以通过下式计算：

$$\text{area}(I_i^{\text{search}}) = 2R_{\text{search}}\,\text{length}(A(l_1)_i) + \pi R_{\text{search}}^2 \tag{7-7}$$

在粗差剔除过程中，匹配点搜索区域面积 $\text{area}(I_i^{\text{search}})$ 是一个定值，因此在使用某个特定的仿射变换模型 A 时，面积之比 $\text{AreaRatio}(i,d,A)$ 是一个关于自变量 d 的增函数。本章在评价匹配点几何一致性时，将使用内点域和搜索区域面积之比 $\text{AreaRatio}(i,d,A)$ 取代严密概率 $\text{Prob}(d_A(i) \leq d \mid H_0)$ 以简化运算。

7.3.1 一对一匹配点集的一致性测度

对于匹配点集 S 中的第 i 个一对一匹配点，定义其在仿射变换模型 A 下的几何一致性测度为

$$\alpha_A(S,i) := \text{AreaRatio}(i, d_A(i), A) \tag{7-8}$$

定义匹配点集 S 在仿射变换模型 A 下的几何一致性测度为所有匹配点中几何一致性测度的最大值：

$$\alpha_A(S) := \max_{(p_l, p_r)_i \in S} \alpha_A(S, i) \tag{7-9}$$

使用最大值进行定义，使得匹配点集 S 的几何一致性受到粗差的显著影响，有助于粗差的剔除。定义匹配点集 S 的全局几何一致性为 $\alpha_A(S)$ 的最小值：

$$\alpha(S) := \min_A \alpha_A(S) \tag{7-10}$$

但实际上使 $\alpha_A(S)$ 最小化的仿射变换模型 A 很难得到，即使只考虑所有从 S 中进行种子点采样再求解得到的仿射变换模型，其运算量也与匹配点数的三次方成正比。因此，在粗差剔除过程中，求解每个可能存在的匹配点子集的全局几何一致性是不现实的，可采用如下方式判断一个匹配点集合的几何一致性水平。

命题 7-1 当存在至少一个仿射变换模型 A 使得一对一的匹配点集合 S 满足：

$$\alpha_A(S) \leqslant \alpha \tag{7-11}$$

则称集合 S 的几何一致性达到 α 水平（或称为满足 α-rigid 条件），其中 α 为一个正数。

由命题 7-1 可知，在虚假设 H_0 下，每个关键点的匹配点点位都呈独立同分布，它们在搜索区域均匀分布。因此，对任意一个通过随机采样三组匹配点利用算法 6-2（6.3.2 节）求解得到的仿射变换模型 A，一个拥有 n 对匹配点的集合 S 的几何一致性满足以下关系：

$$\text{Prob}(\alpha_A(S) \leqslant \alpha \mid H_0) \leqslant \alpha^{n-3} \tag{7-12}$$

证明式（7-12）：根据式（7-9）中的定义，当匹配点集 S 在仿射变换模型 A 下的几何一致性满足 α-rigid 条件时，S 中的所有匹配点均满足条件 $\alpha_A(S,i) < \alpha$。由于 A 通过 S 中的某三对匹配点求解得到，因此这三对匹配点必然满足 $d_A(i) = 0$，其几何一致性测度 $\alpha_A(S,i)$ 必然为 0，从而有 $\text{Prob}(\alpha_A(S,i) \leqslant \alpha \mid H_0) = 1$。对于 S 中没有被随机采样的（n-3）对匹配点，定义 $d(i, \alpha, A)$ 为下式的解：

$$\text{AreaRatio}(i, d, A) = \alpha \tag{7-13}$$

由于 $\text{AreaRatio}(i, d, A)$ 是关于 d 的增函数，结合式（7-5）、式（7-6）、式（7-8）和式（7-13），可知这部分匹配点满足以下关系：

$$
\begin{aligned}
\text{Prob}(\alpha_A(S,i) \leqslant \alpha \mid H_0) &= \text{Prob}(\text{AreaRatio}(i, d_A(i), A) \leqslant \alpha \mid H_0) \\
&= \text{Prob}(d_A(i) \leqslant d(i, \alpha, A) \mid H_0) \\
&\leqslant \text{AreaRatio}(i, d(i, \alpha, A), A) \\
&= \alpha
\end{aligned}
\tag{7-14}
$$

综合起来，有

$$
\begin{aligned}
\text{Prob}(\alpha_A(S) \leqslant \alpha \mid H_0) &= \prod_{(p_l, p_r)_i \in S'} \text{Prob}(\alpha_A(S,i) \leqslant \alpha \mid H_0) \\
&\leqslant \alpha^{k-3}
\end{aligned}
\tag{7-15}
$$

由此，式（7-12）得证。

7.3.2 一对多匹配点集的一致性测度

一对多匹配点是指一个关键点对应多个匹配点的情况。例如，在灰度相关匹配中，保留所有满足相关系数阈值条件的候选匹配点，即可得到一对多匹配点。在对含有大量重复纹理的影像进行匹配，或使用一些易提取难描述的图像特征进行匹配时，常常会得到一对多匹配点，需要利用几何约束等条件剔除错

误匹配（粗差），并筛选出最优的一对一匹配，才能进行区域网平差等后续处理。本节介绍一对多匹配点集的几何一致性测度。

定义一个含有 n 组一对多匹配点的集合为

$$M := \{(p_1, \{(p_r)_j \mid j=1,2,\cdots,m_i\})_i \mid i=1,2,\cdots,n\} \tag{7-16}$$

式中，m_i 为第 i 组一对多匹配点的个数。

同样，通过式（6-8）中的投影与反投影过程，得到核线段与多个匹配点的集合：

$$M_{\text{P2L}} := \{(l_e, \{p_r\}_j)_i \mid (l_e)_i \in I_r, (p_r)_{i,j} \in I_r\} \tag{7-17}$$

定义第 i 组一对多匹配点中第 j 个匹配点在仿射变换模型 A 下对应的点到核线段距离为

$$d_A(i,j) := \text{distance}(A(l_e)_i, (p_r)_{i,j}) \tag{7-18}$$

不同于一对一匹配点的几何一致性测度定义，本节将集合 M 中第 i 组一对多匹配点对应仿射变换模型 A 的几何一致性测度定义为

$$\alpha_A(M,i) := m_i \text{AreaRatio}(i, \min_j d_A(i,j), A) \tag{7-19}$$

即最小的 $d_A(i,j)$ 对应的几何一致性的 m_i 倍。同样，一对多匹配点集合 M 对应仿射变换模型 A 的几何一致性测度为

$$\alpha_A(M) := \max_{(p_1,p_r)_i \in S} (\alpha_A(M,i)) \tag{7-20}$$

这样定义的好处是，类似不等式（7-14），下列关系依然成立：

$$\text{Prob}(\alpha_A(M,i) \leqslant \alpha \mid H_0) \leqslant \alpha \tag{7-21}$$

证明式（7-21）：依然定义 $d(i,\alpha,A)$ 为集合 M 中第 i 组匹配点对应的式（7-13）的解，因此事件 $\alpha_A(M,i) \leqslant \alpha$ 等同于事件 $\min_j d_A(i,j) \leqslant d(i,\alpha,A)$，从而满足以下关系：

$$\begin{aligned}
\text{Prob}&(\alpha_A(M,i) \leqslant \alpha \mid H_0) \\
&= \text{Prob}(\text{AreaRatio}(i, \min_j d_A(i,j), A) \leqslant \alpha/m_i \mid H_0) \\
&= \text{Prob}(\min_j d_A(i,j) \leqslant d(i,\alpha/m_i, A) \mid H_0) \\
&= 1 - (\text{Prob}(d_A(i,j) > d(i,\alpha/m_i, A) \mid H_0))^{m_i} \\
&= 1 - (1 - \text{Prob}(d_A(i,j) \leqslant d(i,\alpha/m_i, A) \mid H_0))^{m_i}
\end{aligned} \tag{7-22}$$

这是因为在一个相互独立的数值集合中，至少有一个元素小于某个值的概率与该集合中所有元素都大于等于该值的概率之和为 1。

然后根据不等式 $(1-\eta)^m \geqslant (1-m\eta)$〔该不等式在 $0 \leqslant \eta < 1$ 和 $m \in \mathbf{N}^*$（$\mathbf{N}^*$ 指自然数集）的条件下成立〕，结合式（7-5）、式（7-6）和式（7-22），可得下式：

$$\begin{aligned}
\text{Prob}&(\alpha_A(M,i) \leqslant \alpha \mid H_0) \\
&\leqslant 1 - (1 - m_i \text{Prob}(d_A(i,j) \leqslant d(i,\alpha/m_i, A) \mid H_0)) \\
&= m_i \text{Prob}(d_A(i,j) \leqslant d(i,\alpha/m_i, A) \mid H_0) \\
&\leqslant m_i \text{AreaRatio}(i, d(i,\alpha/m_i, A), A) \\
&= m_i(\alpha/m_i) \\
&= \alpha
\end{aligned} \tag{7-23}$$

由此，式（7-21）得证。

集合 M 的几何一致性水平的判定方式如下。

命题 7-2 当存在至少一个仿射变换模型 A，使得某个一对多的匹配点集合 M 满足：

$$\alpha_A(M) \leqslant \alpha \tag{7-24}$$

则称集合 M 的几何一致性达到 α 水平，其中 α 为一个正数。同样，对于可以通过集合 M 中随机选取的三

组匹配点求解得到的仿射变换模型 A，很容易根据式（7-21）证明以下不等式[参考式（7-12）的证明]成立：

$$\text{Prob}(\alpha_A(M) \leq \alpha \mid H_0) \leq \alpha^{n-3} \tag{7-25}$$

从一对多匹配点的集合中随机采样并求解仿射变换的算法流程见算法 7-1（7.4.2 节）。

显然，当集合 M 中每一组匹配点的匹配数 m_i 均为 1 时，集合 M 退化为一对一的匹配点集合 S。因此，下文的分析和讨论都针对集合 M 展开，因为它包含了集合 S 的情况。

7.4 以最小无序性为目标的粗差剔除

7.4.1 匹配点集的无序性测度

7.2 节对对立推理理论进行了简单介绍，指出一个图像结构 Gestalt 能否引起人类的视觉注意取决于在虚假设 H_0 下，类似的具有同样性质的图像结构在背景图像中的虚警数 NFA，即出现的次数期望。虚警数高的图像特征更有可能是随机噪声的结果；而虚警数低的图像特征是更"有意义的"，即更容易引起人类视觉的注意。

定义 E 为"从图像中检测出某个结构"的事件，其 NFA 的估算方法为

$$\text{NFA}(E) = N_{\text{test}} \text{Prob}_{\text{test}}(E \mid H_0) \tag{7-26}$$

式中，N_{test} 为上述图像结构可能进行的合理探测次数；$\text{Prob}_{\text{test}}$ 是在虚假设 H_0 下，每次探测中出现上述图像结构的概率。

当满足 $\text{NFA}(E) \leq \varepsilon$ 时，事件 E 的有意义程度达到 ε 水平（或事件 E 是 ε-meaningful 的）。根据 Gestalt 理论，当一个图像结构满足 1-meaningful 条件时，可以被人类视觉感知到。

在实际应用中，有时某种图像结构对应的严密 NFA 值很难精确计算，或计算的复杂程度很高，一般可以设计一个更容易计算的变量来取代严密 NFA 值。定义该变量为 $\varepsilon(E)$，只要能保证 $\text{NFA}(E) \leq \varepsilon(E)$ 始终成立，就可以通过 $\varepsilon(E) \leq \varepsilon$ 证明事件 E 是 ε-meaningful 的。

在文献（Moisan et al., 2004）中，Moisan 和 Stival 从虚警数的角度定义了自然影像匹配点集合的有意义性测度，即某个匹配点集合在虚假设下的虚警数越小，则这一集合包含粗差的可能性越小，正确性越高。参考这一理论，定义在两景卫星影像上的一个含有 n 组一对多匹配点的集合 M 中，某个含有 k 个元素且满足 α-rigid 条件的子集 $M' \subset M$ 的无序性测度为

$$\varepsilon(\alpha, n, k) := (n-3)\binom{n}{k}\binom{k}{3} N_{\text{set}} N_{\text{slt}} \alpha^{k-3} \tag{7-27}$$

式中，$(n-3)$ 为 k 可能的取值个数，因为集合中至少有 4 个匹配点才能计算几何一致性；组合数 $\binom{n}{k}$ 为从 n 组匹配点中可能选到 k 组匹配点的所有可能的集合个数；组合数 $\binom{k}{3}$ 为子集 M' 中所有三个种子点组合的数量；N_{set} 为从随机采样结果中可能组合得到的三个点对的数量最大值；N_{slt} 为三个匹配点对可以解出的仿射变换模型数量的最大值。

子集 M' 的无序性测度越低，说明 M' 中的匹配点符合某一几何模型的可能性越高，而符合虚假设 H_0 的可能性越低，越不可能是由错误匹配点构成的。式（7-27）中，N_{set} 是从随机采样结果中可能组合得到的三个点对的数量最大值，对于每一次随机采样得到的三组一对多匹配点，三个点对集合的可能组合数为三组匹配点中匹配数的乘积，而 N_{set} 是 M 中最大的三个匹配数的乘积：

$$N_{\text{set}} = \prod_{t=1}^{3} \max(t)\{m_i\} \tag{7-28}$$

式中，N_{set} 是三个匹配点对可以解出的仿射变换模型数量的最大值，而每次求解的仿射变换模型的个数取决于核线段的长度。

在统计每个核线段上可以得到的备选点个数时，采用 1 像素的离散间隔，则 N_{slt} 是 M_{P2L} 中最长的三条核线段的像素长度的乘积：

$$N_{slt} = \prod_{t=1}^{3} \max(t)\{length(l_i)\} \tag{7-29}$$

无序性测度 $\varepsilon(\alpha,n,k)$ 的意义在于可以用来对比两个匹配点子集之间的优劣，尤其是当一个含有更多的匹配点，而另一个具有更高的几何一致性时。无序性测度还可以取代 NFA，在对立推理中判定某个一对多的匹配点子集是否满足 ε-meaningful 条件。

命题 7-3 当一个一对多匹配点的集合 M 中的子集 M' 满足 $\varepsilon(\alpha,n,k) \leqslant \varepsilon$ 时，则子集 M' 的出现是 ε-meaningful 的。

证明： 由式（7-27）得，子集 M' 的探测次数满足：

$$N_{occur} \leqslant (n-3)\binom{n}{k}\binom{k}{3}N_{set}N_{slt} \tag{7-30}$$

结合式（7-25）和式（7-30），可以得到：

$$\begin{aligned} NFA(\alpha_A(M') \leqslant \alpha \mid H_0) &= N_{occur}Prob(\alpha_A(M') \leqslant \alpha \mid H_0) \\ &\leqslant (n-3)\binom{n}{k}\binom{k}{3}N_{set}N_{slt}\alpha^{k-3} \\ &= \varepsilon(\alpha,n,k) \end{aligned} \tag{7-31}$$

因此，当满足 $\varepsilon(\alpha,n,k) \leqslant \varepsilon$ 时，有 $NFA(\alpha_A(M') \leqslant \alpha \mid H_0) \leqslant \varepsilon$，故命题 7-3 得证。

匹配点集 M 中的子集 M' 无序性测度 $\varepsilon(\alpha,n,k)$ 的特性曲线如图 7-4 所示。图 7-4（a）～（c）为子集点数与总点数的比例从 1 下降到 0 的过程中的特性曲线。图 7-4（a）中，$R_{search} = 50$，点数 n 为 100；图 7-4（b）中，$R_{search} = 100$，点数 n 为 100；图 7-4（c）中，$R_{search} = 50$，点数 n 为 1000。在绘制图 7-4（a）～（c）中的特性曲线时，假设所有匹配点对应的核线段等长（共采用 0、20、50、100 四种长度）；假设子集中每组匹配点中 $d_A(i,j)$ 的最小值均优于 5 像素，因此使用 5 像素的点到核线段距离计算几何一致性 $\alpha_A(M')$；假设所有匹配点的搜索区域都是通过核线段膨胀 R_{search} 得到的，且搜索区域均不与影像边界相交，因此搜索区域面积可以通过式（7-7）进行计算。假设 $N_{set} = 1$，即每次求解只使用线段中点作为同名点求解仿射关系。

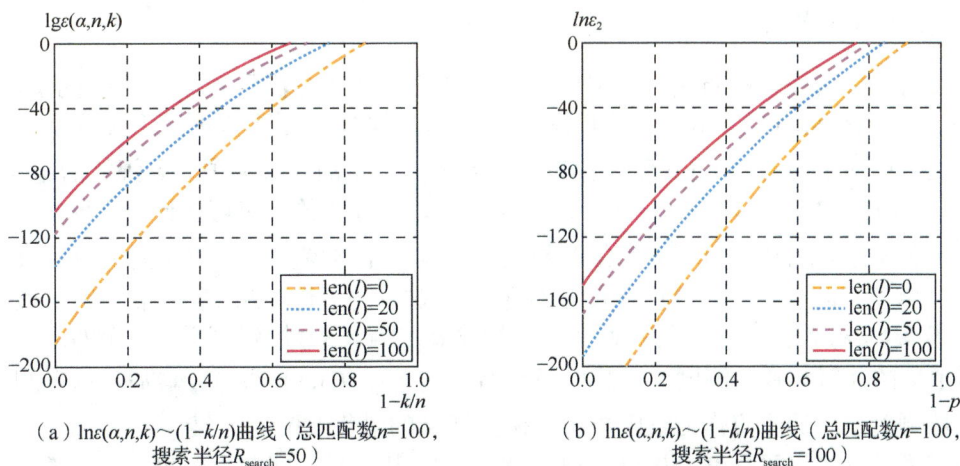

（a）$\ln\varepsilon(\alpha,n,k) \sim (1-k/n)$ 曲线（总匹配数 $n=100$，搜索半径 $R_{search}=50$）

（b）$\ln\varepsilon(\alpha,n,k) \sim (1-k/n)$ 曲线（总匹配数 $n=100$，搜索半径 $R_{search}=100$）

图 7-4 匹配点集 M 中的子集 M' 无序性测度 $\varepsilon(\alpha,n,k)$ 的特性曲线

注：（a）、（b）、（c）中横坐标是粗差比率，纵坐标是虚警数的对数值；
（d）中横坐标是总匹配点数，p 是粗差比率，纵坐标是内点点集的几何一致性。

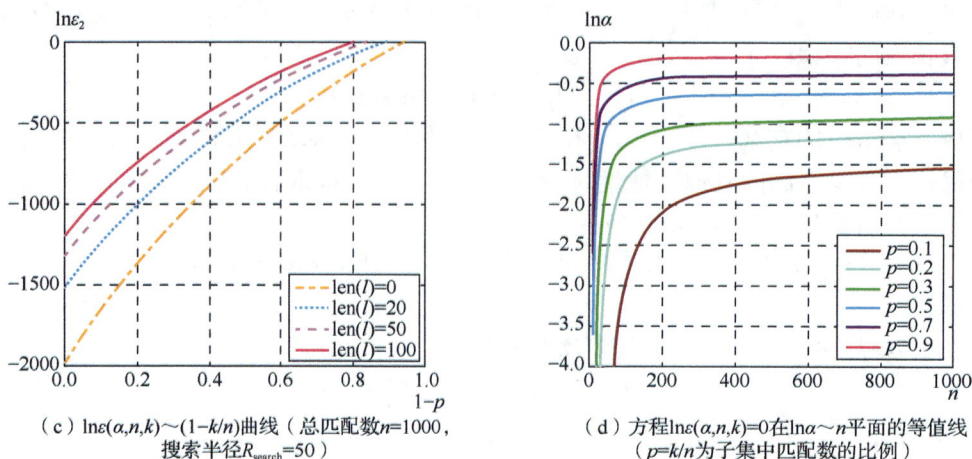

（c）$\ln\varepsilon(\alpha,n,k)\sim(1-k/n)$曲线（总匹配数$n=1000$，
搜索半径$R_{\text{search}}=50$）

（d）方程$\ln\varepsilon(\alpha,n,k)=0$在$\ln\alpha\sim n$平面的等值线
（$p=k/n$为子集中匹配数的比例）

图 7-4　（续）

从图 7-4（a）～（c）可以看出，在几何一致性测度一定的情况下，$p=k/n$越小，$\ln\varepsilon(\alpha,n,k)$就越大，因此子集 M' 的无序性测度越高，越有可能是在虚假设 H_0 下随机产生的。虽然在计算几何一致性时均使用 5 像素的几何精度，但是核线段越长，几何一致性越差，因而无序性越高。对比图 7-4（a）和（b）可知，在具有相同的几何精度和核线段长度时，几何一致性仅受到搜索半径 R_{search} 的影响，R_{search} 越大，几何一致性越好，匹配点子集的无序性越低；对比图 7-4（a）～（c）可知，在点数比例 $p=k/n$、几何精度、核线段长度、搜索半径均固定的情况下，总点数 n 越大，子集的无序性越低。

图 7-4（d）给出了当子集点数的比例 $p=k/n$ 取值分别为 0.1、0.2、0.3、0.5、0.7、0.9，且核线段长度为 10 时，方程 $\ln\varepsilon(\alpha,n,k)=0$ 在 $\ln\alpha\sim n$ 平面的等值线。从图 7-4（d）中可知，在同名点总数 n 相同的情况下，子集的点数比例 p 越小，则需要更小的 α（更强的几何一致性）才能满足条件 $\varepsilon(\alpha,n,k)\leqslant1$；而在比例 p 一定的情况下，n 越大，条件 $\varepsilon(\alpha,n,k)\leqslant1$ 可以通过更大的几何一致性测度满足。

7.4.2　最小无序性匹配点探测

7.4.1 节定义了含有 n 个匹配点集合 M 中某一个元素个数为 k 且满足 α-rigid 条件的子集 M' 在虚假设 H_0 下的无序性测度 $\varepsilon(\alpha,n,k)$。本节将设计具体算法，通过计算匹配点子集的无序性测度 $\varepsilon(\alpha,n,k)$，找出具有最小无序性测度的子集 M'，并剔除子集以外的匹配点，从而实现无须先验阈值的粗差剔除。

集合 M 中一共有（$2^n-1-n-n(n-1)/2$）种元素个数超过 3 的子集可以计算几何一致性，显然不可能遍历每一个子集都进行对比。可采取的策略是先通过随机采样解算得到仿射变换模型 A；再针对这一仿射变换模型 A 将所有匹配点按照几何一致性测度［式（7-19）］进行从小到大的排序；然后选取前 k 个匹配点组成子集 $M(A,k)$，因此子集的几何一致性测度 $\sigma_A(M(A,k))$ 恰好等于第 k 个匹配点的几何一致性测度；再根据子集的几何一致性测度计算其无序性测度 $\varepsilon(\sigma_A(M(A,k)),n,k)$；最后，从得到的（$k-3$）个子集中选取无序性测度最低的子集作为对应仿射变换模型 A 的最优匹配点子集。

仿射变换模型采用随机采样 RANSAC 方法求解，定义从一对多匹配点的集合对应的点与核线段的匹配集合 M_{P2L} 中随机采样，得到种子点集合为

$$D(M_{\text{P2L}})=\{(l_e,(\{p_r\}_j)_{i(1)},(l_e,\{p_r\}_j)_{i(2)},(l_e,\{p_r\}_j)_{i(3)}\} \tag{7-32}$$

然后对每一组采样得到的匹配点（右像点）进行穷举，每次抽取一组由三个核线段与其匹配点组成的集合：

$$D_{\text{P2L}}=\{(l_e,(p_r)_{j_1})_{i(1)},(l_e,(p_r)_{j_2})_{i(2)},(l_e,(p_r)_{j_3})_{i(3)}\} \tag{7-33}$$

对每个 D_{P2L} 根据算法 6-2 得到一个解集，将穷举获得的所有解集合并为一个集合，即为本次采样的解集，其具体过程见算法 7-1。

算法 7-1　从 M_{P2L} 中随机采样求解仿射变换模型

输入：集合 M_{P2L}。

输出：仿射变换模型的解集 $\mathcal{A}$。

算法流程如下：

① 　$\mathcal{A} \leftarrow \varnothing$。

② 　从 M_{P2L} 中随机采样得到 $D(M_{P2L})$

③ 　for $j_1 \leftarrow 1$ to $m_{i(1)}$ do

④ 　　for $j_2 \leftarrow 1$ to $m_{i(2)}$ do

⑤ 　　　for $j_3 \leftarrow 1$ to $m_{i(3)}$ do

⑥ 　　　　构造集合 D_{P2L}

⑦ 　　　　将 D_{P2L} 代入算法 6-2，得到一个解集 $\mathcal{A}(j_1, j_2, j_3)$

⑧ 　　　　$\mathcal{A} \leftarrow \mathcal{A} \cup \mathcal{A}(j_1, j_2, j_3)$

⑨ 　　　end_for

⑩ 　　end_for

⑪ 　end_for

⑫ 　输出 $\mathcal{A}$

针对解集 $\mathcal{A}$ 中的某个仿射变换模型 A，求解出 k 的取值从 4 增大到 n 时子集 $M(A,k)$ 的无序性测度，然后选出无序性测度最小的子集，定义测度最小的子集 $\overline{M}(A)$，子集中元素个数为 $\overline{k}(A)$：

$$\overline{k}(A) = \underset{k=4,\cdots,n}{\arg\min} \varepsilon(\alpha_A(M(A,k)), n, k) \qquad \overline{M}(A) = M(A, \overline{k}(A)) \tag{7-34}$$

最优子集中依然是一对多的匹配点，无法直接使用，因此需要从其中的每一组匹配点中找出点到核线段距离最小的匹配，与关键点组成一对一的匹配点，从而得到最优一对一匹配点集合：

$$\overline{S}(A) = \{(p_1, (p_r)_{j(i,A)})_i \in \overline{M}(A) \mid j(i,A) = \underset{j}{\arg\min} d_A(i,j)\} \tag{7-35}$$

获取最优子集的详细流程见算法 7-2。

算法 7-2　$\overline{M}(A)$ 的获取

输入：集合 M、集合 M_{P2L}、仿射变换模型 A。

输出：集合 $\overline{M}(A)$、最优无序性测度对数值 $\lg\overline{\varepsilon}(A)$。

算法流程如下：

① 　根据式（7-19）计算 $\alpha_A(M,i)$

② 　将 M 中的像点按照 $\alpha_A(M,i)$ 从小到大排序

③ 　$\lg\overline{\varepsilon}(A) \leftarrow \infty$

④ 　for $k \leftarrow 4$ to n do

⑤ 　　用第 $1 \sim k$ 个匹配点构成子集 $M(A,k)$

⑥ 　　根据式（7-27）计算 $\lg\varepsilon(\alpha_A(M(A,k)), n, k)$

⑦ 　　if $\lg\varepsilon(\alpha_A(M(A,k)), n, k) < \lg\overline{\varepsilon}(A)$ do

⑧ 　　　$\overline{M}(A) \leftarrow M(A,k)$；$\lg\overline{\varepsilon}(A) \leftarrow \lg\varepsilon(\alpha_A(M(A,k)), n, k)$

⑨ 　　end_if

---

⑩　end_for

⑪　输出 $\overline{M}(A)$ 和 $\lg\overline{\varepsilon}(A)$

图 7-5 所示为一组匹配点使用较为精确的仿射变换模型 A 在执行算法 7-1 过程中，随着 k 的增大，$\lg\varepsilon(\alpha_A(S(A,k)),n,k)\sim k$ 曲线的走向和子集 $M(A,k)$ 中正确率和召回率的变化曲线。绘图所用的匹配点均为一对一匹配点，其中包括 50 个人工选取的可靠同名点和 150 个仿真获取的误匹配点。误匹配点的仿真过程和对应的影像信息见 7.5 节。从图 7-5（a）中可知，最优子集中的匹配点个数 $\overline{k}(A)$ 为 52，当 k 小于 52 时，子集的几何一致性测度 $\alpha_A(M(A,k))$ 增长非常缓慢，而无序性测度 $\varepsilon(\alpha,n,k)$ 逐渐下降；当 k 超过 52 并继续增长时，几何一致性测度开始剧烈增长，而无序性测度停止下降并转为增长。从图 7-5（b）中可知，当 k 小于 52 时，正确率始终保持在极高水平，而召回率稳步上涨；当 k 超过 52 时，召回率达到 1，而正确率开始下降，最终的最优子集 $\overline{M}(A)$ 中包含 49 个正确同名点和 3 个随机生成的粗差。

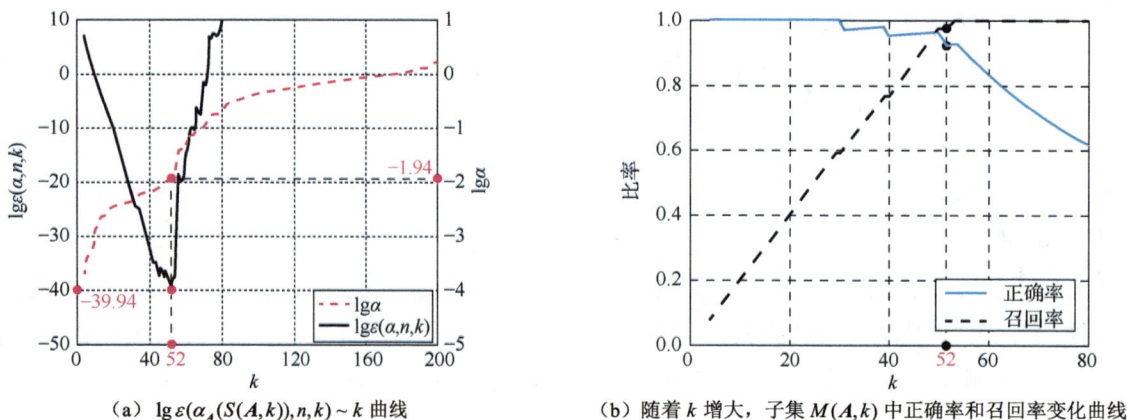

（a）$\lg\varepsilon(\alpha_A(S(A,k)),n,k)\sim k$ 曲线　　（b）随着 k 增大，子集 $M(A,k)$ 中正确率和召回率变化曲线

图 7-5　匹配点使用正确仿射变换模型 A 时正确率和召回率的变化曲线

7.4.3　完整算法流程

随机采样算法的最大迭代次数设置取决于观测值中粗差的比例，当粗差比例较低时，采样到一组不含粗差的观测值的概率较高；而当粗差比例较高时，采样到不含粗差的观测值的概率会大大降低。为了保证一定的成功率（多次随机采样中至少有一组采样观测值不含粗差的概率），随机采样算法的最大迭代次数会随着观测值粗差率的提高而呈指数增长。在文献（Moisan et al., 2004）中，Moisan 和 Stival 推荐了一种优化方法：在第一组随机采样算法之后，如果结果 $\overline{S'}$ 中的元素数量低于初始匹配点数的一半，则进行第二组随机采样，从第一组随机采样得到的最佳匹配点子集 $\overline{S'}$ 中采样求解仿射变换模型，然后从 M 中探测最优无序性子集。由于 $\overline{S'}$ 往往比初始匹配点的集合具有更高的正确匹配点比例，因此第二组随机采样运算可以通过较少的迭代次数得到具有更低无序性测度的匹配点子集。

优化随机采样算法的详细流程见算法 7-3。在算法 7-3 中，只需给定最大随机采样次数，该参数就可以根据最低初始匹配点正确率 $p=\tilde{k}/n$ 和随机采样失败的容忍值 η，采用式（6-20）进行计算。

算法 7-3　优化随机采样算法

输入：集合 M、集合 M_{P2L}、最大采样次数 $N_{\max}$。

输出：最优子集 $\overline{M'}$ 及其对应的无序性测度对数值 $\lg\overline{\varepsilon}$、一对一匹配点集合 $\overline{S'}$、最优仿射变换模型 $\overline{A}$ 及该模型所在的解集 $\overline{A}$。

算法流程如下：

① $\overline{S'} \leftarrow \varnothing$、$\overline{M'} \leftarrow \varnothing$、$\overline{A} \leftarrow I$、$\check{A} \leftarrow \varnothing$、$\lg\overline{\varepsilon} \leftarrow \infty$、$N_{\text{iter}} \leftarrow 0$

② while $N_{\text{iter}} < N_{\max}$ do

③   执行算法 7-2，随机采样，得到一个解集 $\mathcal{A}$

④   for_each $A \in \mathcal{A}$

⑤   执行算法 7-1，得到最优子集 $\overline{M}(A)$ 和 $\lg\overline{\varepsilon}(A)$

⑥   if $\lg\overline{\varepsilon}(A) < \lg\overline{\varepsilon}$ do

⑦ $\overline{M} \leftarrow \overline{M}(A)$、$\lg\overline{\varepsilon} \leftarrow \lg\overline{\varepsilon}(A)$、$\overline{A} \leftarrow A$、$\check{A} \leftarrow A$

⑧   end_if

⑨   end_for_each

⑩ $N_{\text{iter}} \leftarrow N_{\text{iter}} + 1$

⑪ end_while

⑫ 根据式（7-35），获得 $\overline{M'}$ 对应的一对一匹配点集合 $\overline{S'}$

⑬ if $\text{card}\overline{M'} < \text{card}\dfrac{M}{2}$ do

⑭ $N_{\text{iter}} \leftarrow 0$

⑮   while $N_{\text{iter}} < N_{\max}$ do

⑯   从 $\overline{S'}$ 中随机采样，执行算法 6-2，得到一个解集 $\mathcal{A}$

⑰   执行本算法第④～⑩步

⑱   end_while

⑲ end_if

⑳ 根据式（7-35）获得 $\overline{M'}$ 和 $\check{A}$ 对应的一对一匹配点集合 $\overline{S'}$

  ㉑ 输出 $\overline{M'}$、$\lg\overline{\varepsilon}$、$\overline{S'}$、$\overline{A}$ 和 $\check{A}$

但是，在获得核线段与像点的匹配集合 M_{P2L} 的过程中，核线段的长度会受到反投影高程不确定度 ∇H 的影响，而 ∇H 是需要在匹配之前设置的参数。在匹配过程中，一般会设置一个偏大的 ∇H，保证搜索区域 I^{search} 包括同名点所在的位置。但偏大的 ∇H 会导致核线段长度偏大，影响几何一致性测度的估算。同时，核线段长度偏大会导致更多的沿核线段方向的错误匹配点被保留下来。因此，需要在随机采样算法运算中对初始设置的 ∇H 进行调整，通过逐渐降低 ∇H，重新计算核线段长度和 $\overline{M'}$ 对应的无序性测度 $\overline{\varepsilon}(\alpha, n, k)$，并找出最小的 $\overline{\varepsilon}(\alpha, n, k)$ 对应的 ∇H 作为最终结果。最后，根据对立推理理论，利用 $\overline{\varepsilon}(\alpha, n, k) \leqslant 1$ 是否成立判断 $\overline{M'}$ 的出现是否推翻了虚假设 H_0，如果 $\overline{\varepsilon}(\alpha, n, k) \leqslant 1$ 不成立，则说明 $\overline{M'}$ 虽然具有最小的无序性测度，但是它是符合虚假设 H_0 的，因此 $\overline{M'}$ 中的匹配点不是可靠的匹配点，最终结果将是一个空集。

综合上述所有步骤，对本章提出的基于对立推理理论的卫星影像双像匹配点粗差剔除算法（ORSA-SAT 算法）进行总结，如算法 7-4 所示。

算法 7-4　ORSA-SAT 算法

输入：一对多匹配点集合 M、卫星影像初始定位模型、高程参考数据（DEM）、初始高程不确定度 ∇H、最大采样次数 $N_{\max}$。

输出：集合 $\overline{S'}$。

算法流程如下：

① 通过反投影与重投影过程构造 M_{P2L}

② 根据式（7-28）和式（7-29）计算 N_{set} 和 N_{slt}

③ 执行算法 7-3，得到 $\overline{M}'$、$\lg\overline{\varepsilon}$、$\overline{S}'$、$\overline{A}$、和 $\overline{\overline{A}}$

④ for_each ρ in {0.9, 0.8,···, 0.1, 0}

⑤ $\nabla H_{adj} \leftarrow \rho \nabla H$

⑥   将 ∇H_{adj} 作为高程不确定度，重新构造 M_{P2L}

⑦   for_each A in $\overline{\overline{A}}$

⑧   执行算法 7-2，得到 $\overline{M}(A)$ 和 $\lg\overline{\varepsilon}(A)$

⑨   if $\lg\overline{\varepsilon}(A) < \lg\overline{\varepsilon}$ do

⑩ $\overline{M}' \leftarrow \overline{M}(A)$、$\lg\overline{\varepsilon} \leftarrow \lg\overline{\varepsilon}(A)$、$\overline{A} \leftarrow A$

⑪   end_if

⑫   end_for_each

⑬ end_for_each

⑭ if $\overline{\varepsilon} < 1$ do

⑮   根据式（7-35）获得 $\overline{M}'$ 和 $\overline{A}$ 对应的一对一匹配点集合 $\overline{S}'$

⑯ else

⑰ $\overline{S}' \leftarrow \varnothing$

⑱ end_if

⑲ 输出 $\overline{S}'$

7.5 实验与分析

7.5.1 仿真数据粗差剔除实验

1. 实验数据与步骤

为了验证本章理论和方法，使用两景具有一定重叠度的 Ikonos-2 卫星全色影像进行匹配点粗差剔除仿真实验。该数据提供商为 Digital Globe 公司，影像产品的处理级别为 GEO 级。两景影像的拍摄地点为中国山西省境内，主要地形为高原和丘陵，主要地物覆盖类型为农田、裸地和居民房屋。两景影像重叠区域高程范围为 900～1100m。实验数据其他基本信息如表 7-1 所示（影像宽、高尺寸单位为像素）。本实验使用 90m 分辨率的 SRTM 提供高程信息，并在 ORSA-SAT 算法中设置初始反投影高程不确定度 ∇H 为 30m。

表 7-1 实验数据其他基本信息

图像	交会角/(°)	影像中心	影像尺寸（宽，高）	拍摄时间（GMT 时间）
左像	38	112.7E, 38.0N	11916, 27640	2002-02-23 03:27
右像		112.7E, 38.2N	14096, 33588	2005-05-10 03:44

实验中通过人工方式选取 50 对同名点，其点位精度均优于 1 像素。匹配点中的粗差通过仿真生成，先在左像重叠区中随机选取关键点，通过估算得到关键点在右像上对应的核线段和搜索区域 I_i^{search}，然后在搜索区域中随机产生匹配点。两景影像和人工选取的同名点的空间分布如图 7-6 所示，部分同名点截图如图 7-7 所示。

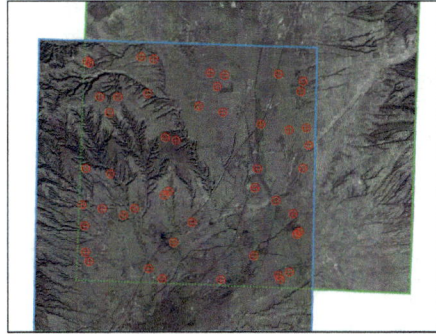

图 7-6　两景影像和人工选取的同名点的空间分布示意图

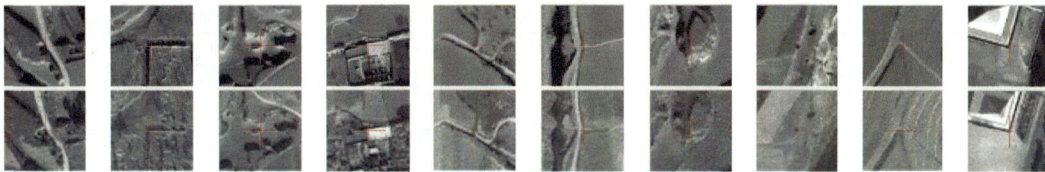

图 7-7　部分同名点截图

为了测试 ORSA-SAT 算法的粗差剔除能力，在多次实验中对匹配点（包括人工同名点和仿真的粗差）添加不同种类的仿真误差，以模拟卫星影像中常见的非线性系统误差，如由卫星相机畸变差、卫星颤振、CCD 安置误差等因素引起的系统误差等。仿真误差分别由随机函数、三角函数（以 line 坐标为自变量）、分段多项式函数（以 sample 坐标为自变量）进行模拟，共进行六组仿真实验。系统误差的模拟情况如下。

第一组：不添加任何系统误差。

第二组：在像点的 x 方向和 y 方向添加随机误差，大小不超过 3 像素。

第三组：在像点的 x 方向和 y 方向添加一个余弦函数模拟的周期性误差。余弦函数的模为 3 像素，以影像的 y 坐标为自变量，周期约为 3000 像素，以模拟频率约为 2Hz 的卫星颤振。

第四组：添加第二组和第三组中的误差。

第五组：在像点的 x 方向和 y 方向添加一个分段多项式函数模拟的误差。分段多项式函数值最大不超过 3 像素，以影像的 x 坐标为自变量，每隔约 3000 像素分一次段，以模拟 CCD 安置误差。

第六组：添加第二组和第五组中的误差。

在每一组实验中，将粗差的数量从 0 逐渐增加到 950，从而使得匹配点集合中的初始正确率 $\tilde{p}$ 从 100% 逐渐下降到 5%。为了避免随机因素的影响，针对每一组实验中的每一种数量的粗差，进行 100 次粗差仿真和 ORSA-SAT 粗差剔除，并对以下变量进行考察：

1）粗差剔除运算结果中最优子集的无序性测度的对数值 $\lg \bar{\varepsilon}$ 在 100 次实验中的平均值。

2）得到满足 $\varepsilon(\alpha, n, k) \leqslant 1$ 的最优子集的成功概率 $\mathrm{Pr(success)}$，即 100 次实验中得到非空集的概率。

3）最优子集的正确率在 100 次实验中的平均值。

4）最优子集的召回率在 100 次实验中的平均值。

2. 实验结果与分析

图 7-8 所示为初始正确率 $\tilde{p}$ 为 70% 的情况下，将某一次仿真数据使用 ORSA-SAT 算法进行粗差剔除后，所有匹配点在最优仿射变换模型 $\overline{A}$ 下点到核线段距离的分布。图中通过不同颜色和形状的符号标记出被保留的正确匹配［真阳性（true positive，TP）］、被误删的正确匹配［假阴性（false negative，FN）］、

被保留的误匹配［假阳性（false positive，FP）］和被剔除的误匹配［真阴性（true negative，TN）］。可以看出，在添加不同类型的仿真误差后，ORSA-SAT 仍然保持了极高的召回率和正确率，每组数据中的召回率均达到 94%以上，正确率均达到 96%以上。

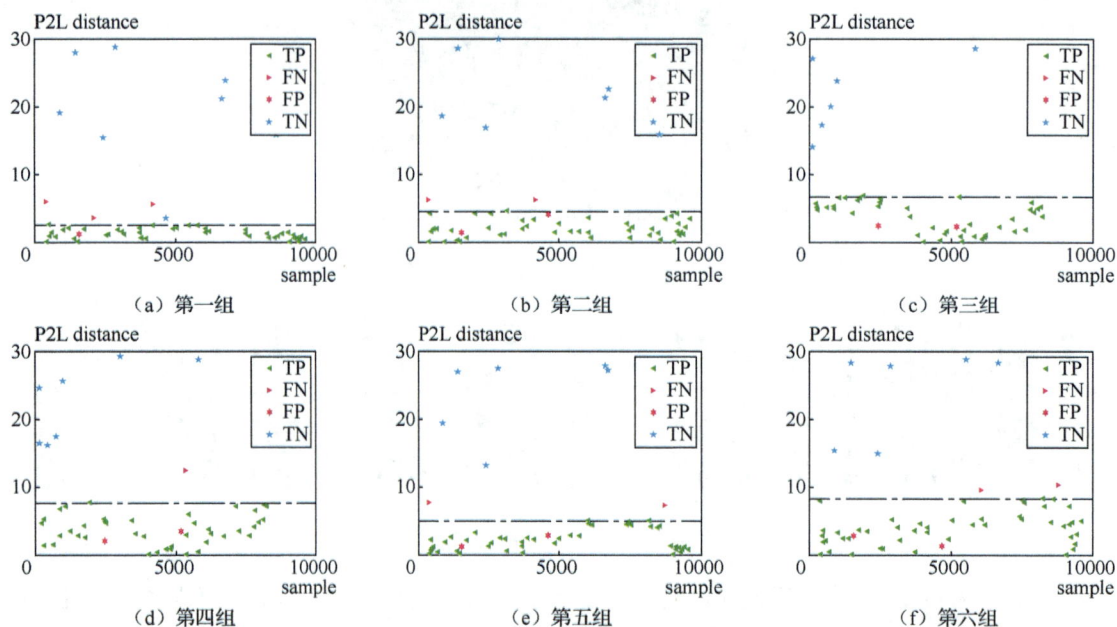

图 7-8　匹配点执行 ORSA-SAT 算法后点到核线段距离在左像关键点坐标上的分布

注：distance：距离；sample：样本。

图 7-8 中每个子图中的虚线表示最优匹配点集合 $\overline{S'}$ 中的点到核线段距离的最大值，该数值反映了 ORSA-SAT 在进行粗差剔除时选择了多大的阈值。第一组中，虚线对应的点到核线段距离约为 2 像素，接近于人工选取同名点的初始精度；第二组、第三组和第五组中，虚线对应的点到核线段距离是 5～6 像素，这与同名点的初始粗差分别叠加三种不同类型且各方向的大小均不超过 3 像素的系统误差后的匹配误差相当；第四组和第六组中，虚线对应的点到核线段距离是 8～9 像素，这与匹配点中的三类误差（初始误差、随机误差和系统误差）叠加后的点位误差水平相当。

图中的结果表明，通过探测最低无序性测度的子集，ORSA-SAT 可以在正确匹配点先验精度未知的情况下，同时保持极高的正确率和召回率。

图 7-9 给出了高程不确定度仿真实验结果，图中蓝色实线对应的是在 ORSA-SAT 算法中将高程不确定度 ∇H 固定在 30m 得到的结果，蓝色虚线对应的是在算法中调整 ∇H 后得到的结果，其中正确率和召回率均不考虑输出结果为空集的情况。图中的横坐标均为 $(1-\tilde{p})$，其中 $\tilde{p}$ 是初始匹配点集中正确同名点的比例。为了评价 ORSA-SAT 调整高程不确定度 ∇H 的作用，还将调整 ∇H 之前的结果与不调整 ∇H 的结果进行了对比。从结果中可以看出，调整 ∇H 可以显著改善 ORSA-SAT 的结果。从无序性测度 ε 的角度，可以发现在调整 ∇H 以后，六组实验中无序性测度平均值均有所下降，无序性测度曲线与 x 轴的交点均向右移动。这意味着调整 ∇H 以后，ORSA-SAT 算法可以从初始正确率 $\tilde{p}$ 更低的匹配点中找出可靠的匹配点集。从成功率角度可以看出，调整 ∇H 后，六组实验在初始正确率 $\tilde{p}$ 较低的情况下的成功率均有所上升。从结果正确率和召回率角度可以看出，调整 ∇H 可以显著提升结果的正确率，同时使召回率保持在 80%以上。

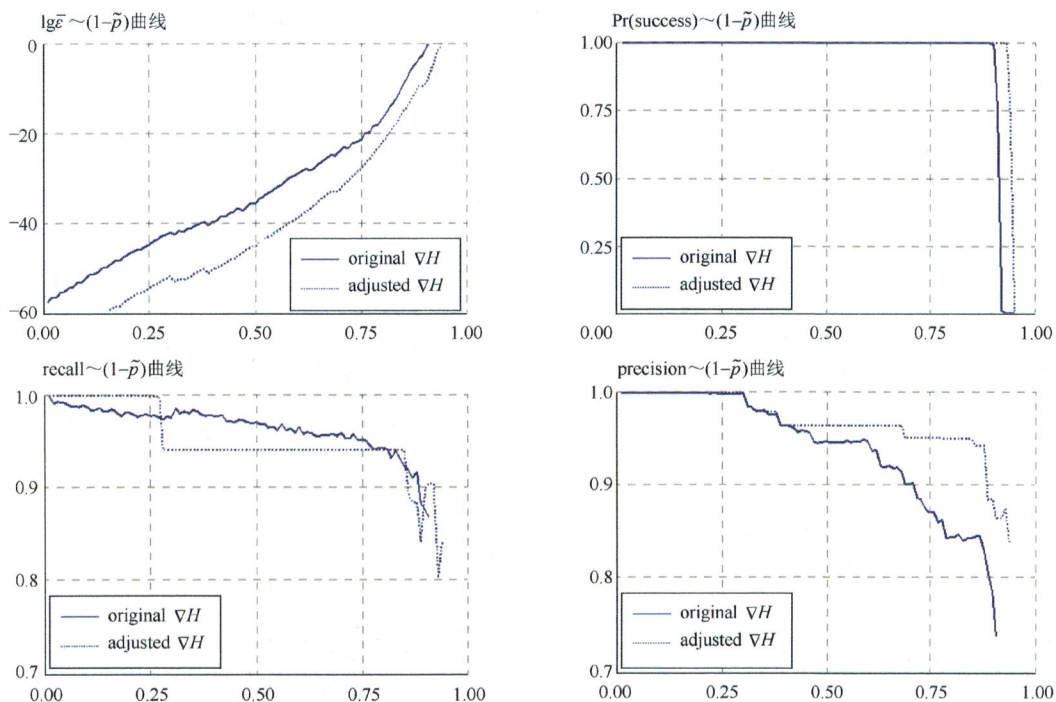

（a）第一组

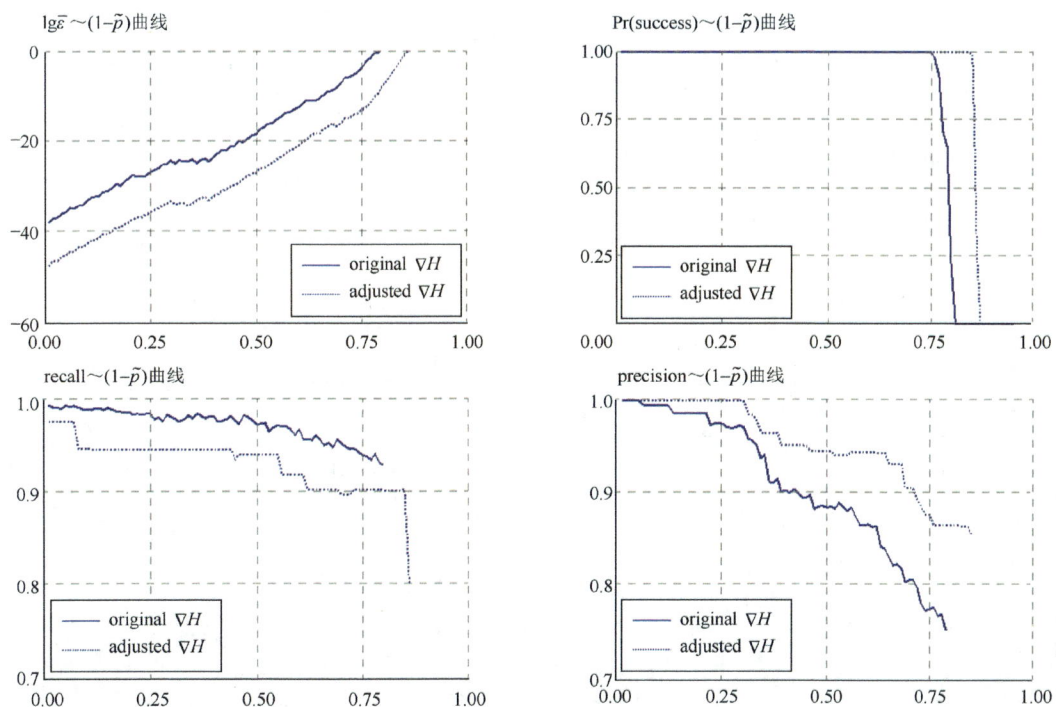

（b）第二组

图 7-9 高程不确定度仿真实验结果

注：p 是仿真时正确同名点的比例；$1-p$ 是粗差点的比例；$\lg\varepsilon$ 是 NFA 的对数值；Pr(success) 是粗差剔除的成功率；recall 是在粗差剔除中所有仿真的正确同名点的查全率；precision 是粗差剔除算法得到的一致集中正确同名点的比例；original ∇H：初始高程不确定度；adjusted ∇H：平差后高程不确定度。

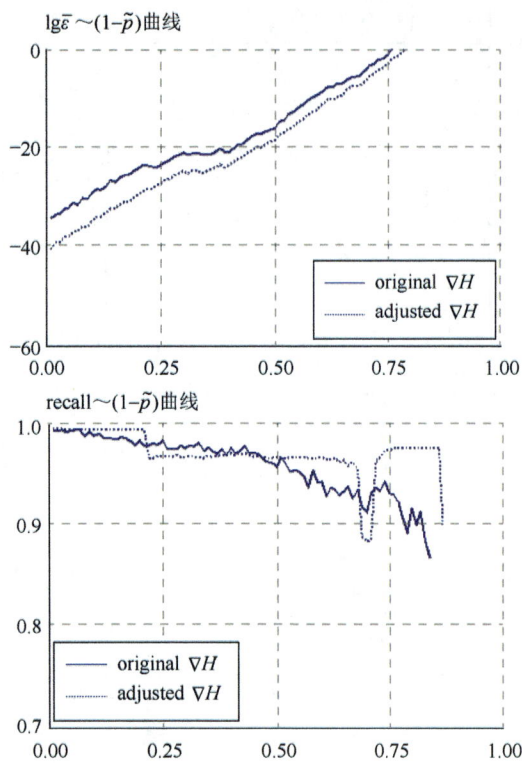

（c）第三组

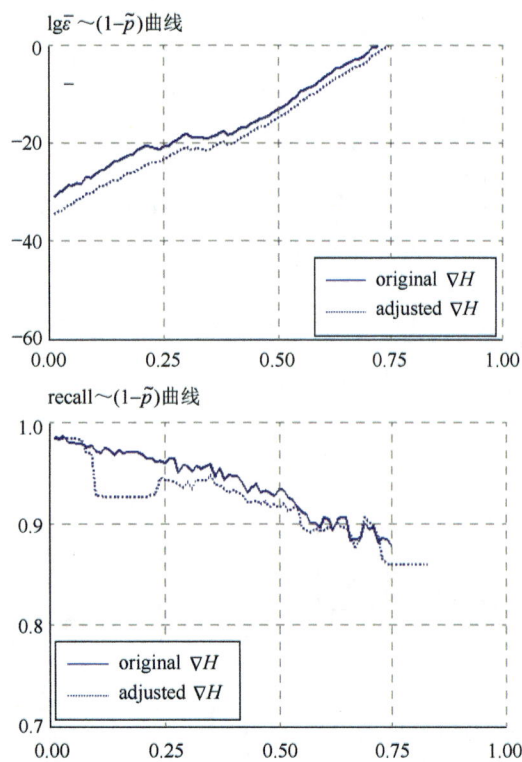

（d）第四组

图 7-9 （续）

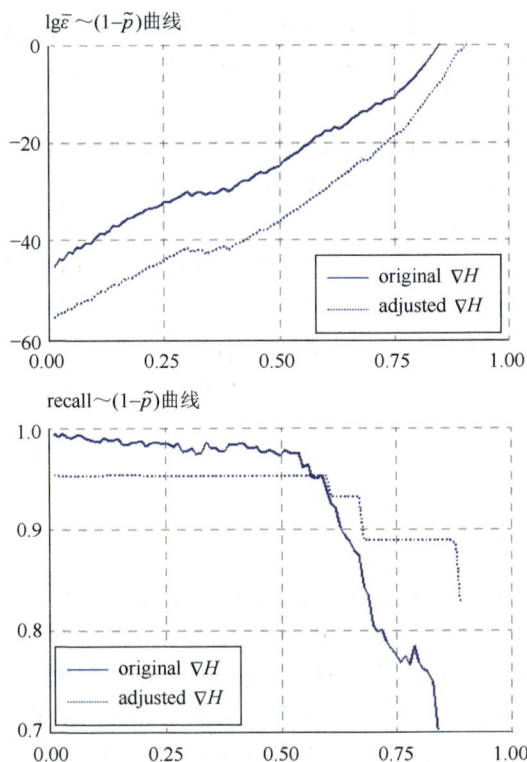

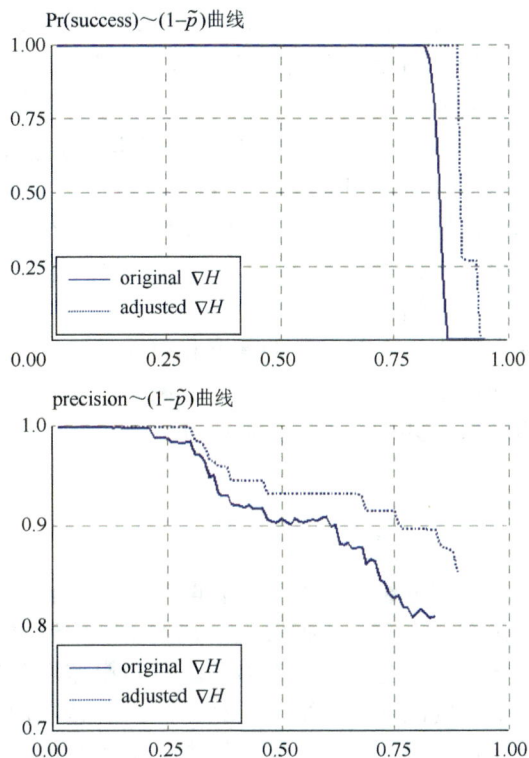

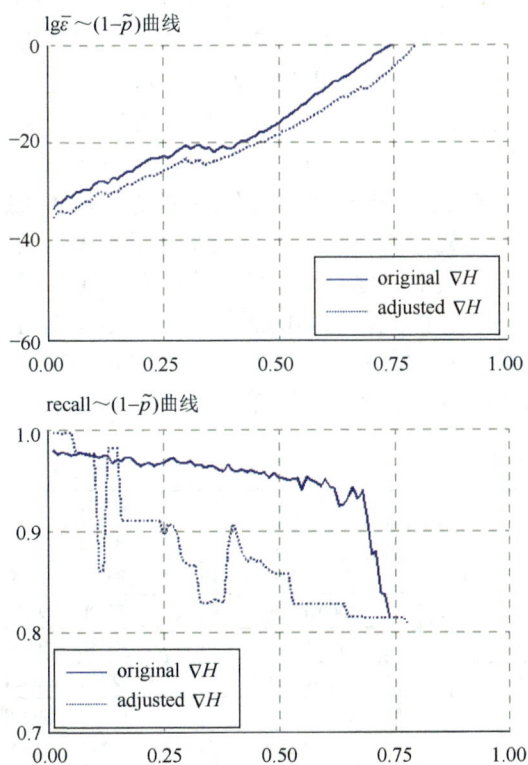

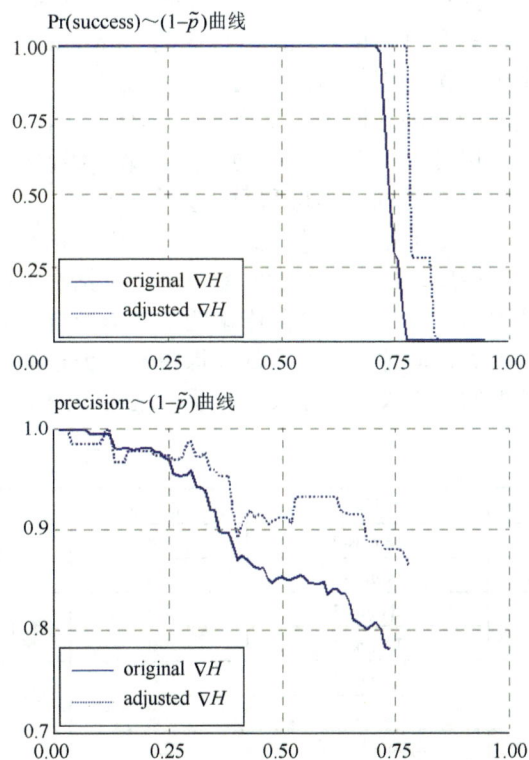

（e）第五组

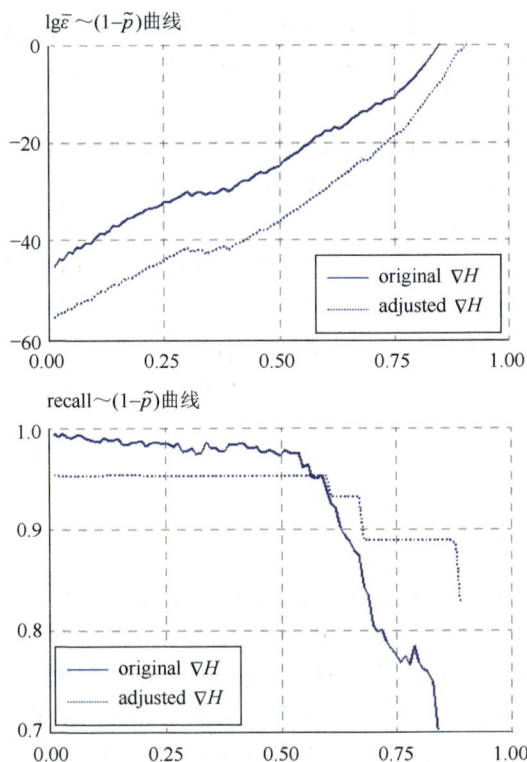

（f）第六组

图 7-9　（续）

图 7-9 反映出六组实验 ORSA-SAT 算法的结果中，即使其初始正确率 $\tilde{p}$ 不足 10%，非空集（满足条件 $\bar{\varepsilon}(\alpha,n,k)>1$ 的最优子集）的正确率和召回率也均在 80% 以上，证明基于对立推理理论的判定可以保证结果的有效性。

图中不同组的实验结果反映了同名点先验误差类型和大小对结果中最优子集的无序性测度 $\bar{\varepsilon}$ 的影响。同名点的点位精度越高，ORSA-SAT 算法就可以从更低初始正确率的匹配点中找出正确匹配（对比第一组与其他组实验结果）；同名点的点位精度越低，ORSA-SAT 算法就只能从具有更高初始正确率 $\tilde{p}$ 的匹配点集合中剔除粗差。同时，对比第二组、第三组和第五组实验结果，可见低频周期性误差对 ORSA-SAT 算法的影响比随机性误差和分段函数误差更大。

本实验中，有效结果的精度和召回率均在 80% 以上，证明 ORSA-SAT 算法中使用无序性测度取代几何精度阈值 δ 来获得正确匹配点子集的方法有效可靠。同时，调整高程不确定性参数 ∇H 的结果相对于不调整的结果，其准确率有明显改善。

7.5.2 真实数据粗差剔除实验

1. 实验数据与步骤

本节采用五组像对的真实匹配点进行实验，其获取过程为先从左像中提取 Harris 角点，然后计算每个角点在右像上对应的搜索区，在搜索区中通过 11 像素×11 像素的窗口进行灰度相关，得到匹配点。为了对比一对一匹配点与一对多匹配点的粗差剔除效果，先采用阈值法为每个 Harris 角点保留所有相关系数高于阈值的匹配点，得到一对多匹配点集合 M；再从 M 中选择每个关键点对应的最相似点，得到一对一的匹配点集合 S。在匹配过程中，使用 90m 分辨率的 SRTM-DEM 提供高程参考，初始反投影高程不确定度 ∇H 设为 30m，灰度相关的阈值设定为 0.8。

实验数据基本信息如表 7-2 所示，所选取的五组影像均是匹配较困难的影像。前三组影像均为 Ikonos-2 拍摄得到的全色影像，地面采样距离（ground sample distance, GSD）为 1m。第一组和第二组拍摄的地貌均不稳定，第一组拍摄地点为新疆塔克拉玛干沙漠地区，这里是世界上第二大流动性沙漠，且两景影像的拍摄时间相隔达四年，重叠区中的沙丘均存在一定程度的移动和变形，只有在没有被沙漠覆盖的固定地物上可以提取得到可靠的同名点；第二组影像的拍摄地点为喜马拉雅山地区，地貌包括高山、戈壁和冰川，冰川在不同的年份和季节会有一定的变形，雪山的雪线在不同季节也会发生移动，且两景影像中的第一景拍摄于冬季，第二景拍摄于夏季，这些因素都会对匹配造成影响。要保证第一组和第二组影像几何纠正的精度，纳入平差的匹配点不能包括在可能发生移动和变形的地物上的匹配点。第三组影像的拍摄地点是中国东北地区，两景影像的拍摄季节分别是初秋和冬季，拍摄于秋季的影像中主要地物覆盖物为植被、农田等，而拍摄于冬季的影像中地面被较厚的冰雪覆盖。除此之外，另一个不利因素是北部地区的地物在冬季的阴影长度明显长于秋季。这两个因素给同名点匹配带来了极大的困难。

表 7-2 实验数据基本信息

组号	卫星	GSD/m	地形与地貌	拍摄日期	影像中心位置
1	Ikonos-2	1.0	流动性沙漠、戈壁	2007-11-07	83.9E, 38.1N
	Ikonos-2	1.0		2011-04-01	83.9E, 38.1N
2	Ikonos-2	1.0	雪山、戈壁、岩石、冰川	2009-11-09	83.9E, 29.3N
	Ikonos-2	1.0		2007-06-20	83.8E, 29.3N
3	Ikonos-2	1.0	平原、田地、树林、村庄	2004-09-20	127.5E, 50.2N
	Ikonos-2	1.0		2003-12-09	127.4E, 50.4N
4	Ziyuan-3（ref）	2.5	平原、田地、村庄	2013-06-13	110.6E, 35.0N
	Ikonos-2	1.0		2003-01-04	110.4E, 34.7N
5	Landsat-8（ref）	15.0	雪山、戈壁、岩石、冰川	2014-05-23	98.3E, 30.3N
	Ikonos-2	1.0		2009-04-07	98.5E, 30.5N

第四组和第五组影像均使用地理参考影像作为左像，或称为控制影像，通过与新获取的原始卫星影像进行匹配获得控制点。第四组的拍摄地点为河南省某平原地区。控制影像为资源三号卫星全色影像经过正射纠正得到的 DOM，其分辨率为 2.5m；原始影像为 Ikonos-2 全色影像，分辨率为 1m。两景影像分别拍摄于夏季和冬季，且拍摄时间相隔 10 年，地物覆盖物主要是农田，10 年的时间差异和季节差异使得农田的纹理和分界发生了巨大的变化。第五组的拍摄地点是喜马拉雅山地区。参考影像为 Landsat-8 卫星全色影像，分辨率为 15m；原始影像是 Ikonos-2 卫星全色影像，分辨率为 1m。由于巨大的分辨率差异，在匹配过程中，原始影像被降采样到 15m 进行匹配，因此得到的同名点先验精度远高于右像的 1 像素水平。

在通过灰度相关获得匹配点集 M 和 S 后，首先通过人工方式对每个匹配点是否正确进行检查和标记，将所有无法通过人眼判定为同名点的匹配点和误差超过 2 像素的匹配点标记为误匹配。需要指出的是，由于在第一组和第二组数据中，人眼很难判定可移动地物是否发生过移动和变形，因此将所有从沙丘、雪线、冰川、建筑物或树木的阴影上得到的匹配点均标记为误匹配点。图 7-10 和图 7-11 中分别给出了第一组影像和第二组影像的部分匹配点截图，图 7-10（a）和图 7-11（a）中的截图是位于固定地物上的匹配点，这些匹配点被判定为正确同名点；而图 7-10（b）和图 7-11（b）中的截图是位于不稳定地物上的匹配点，这些匹配点被判定为误匹配。

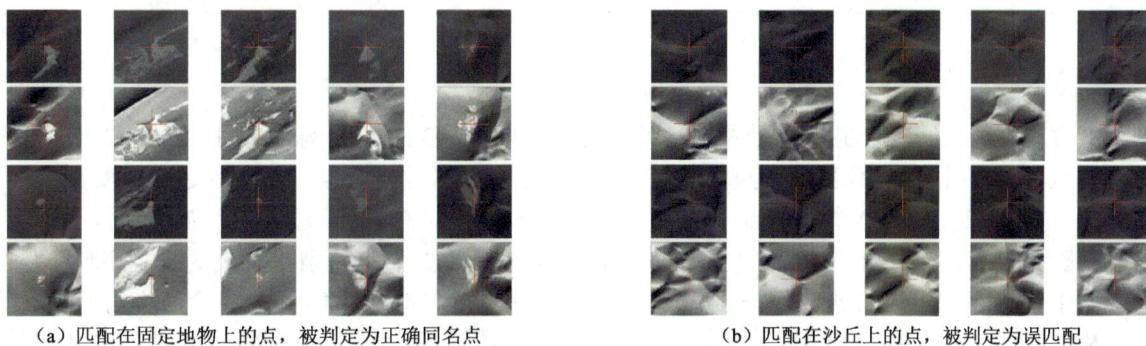

（a）匹配在固定地物上的点，被判定为正确同名点　　　　　（b）匹配在沙丘上的点，被判定为误匹配

图 7-10　第一组影像（沙漠）的部分匹配点截图

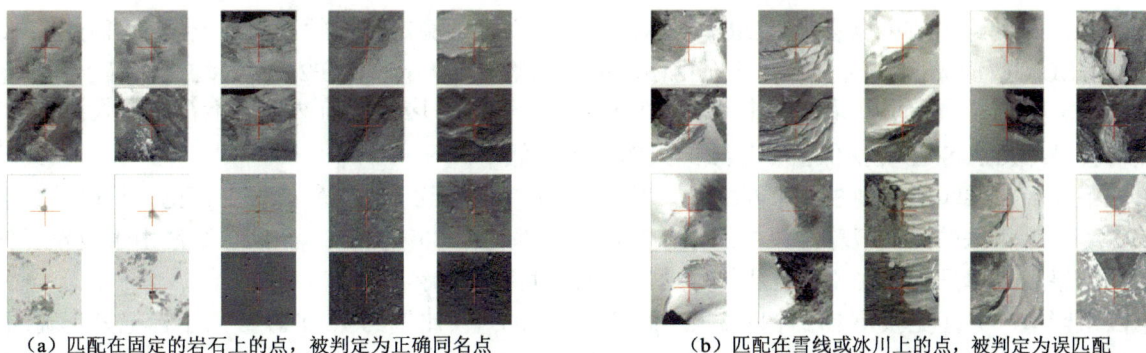

（a）匹配在固定的岩石上的点，被判定为正确同名点　　　（b）匹配在雪线或冰川上的点，被判定为误匹配

图 7-11　第二组影像（雪山）的匹配点截图

然后对每一组匹配点进行三次粗差剔除运算。第一次使用 P2L 算法（算法 6-3）对一对一匹配点的集合 S 进行粗差剔除，运算过程中几何精度阈值 δ 设置为 3 像素；第二次使用 ORSA-SAT 算法对一对一匹配点的集合 S 进行粗差剔除；第三次使用 ORSA-SAT 算法对一对多的匹配点的集合 M 进行粗差剔除。最后，将每一组粗差剔除结果与匹配点的人工标记结果进行对比，得出每组结果的正确率和召回率，如表 7-3 所示。

表 7-3 自动匹配点粗差剔除结果

组号		1	2	3	4	5
匹配点数量		488	570	347	792	114
正确匹配点数/%		93（19.1）	137（24.0）	60（17.3）	103（13.0）	107（93.9）
匹配点保留数/%	P2L	153（31.4）	131（23.0）	99（28.5）	94（11.9）	49（43.0）
	ORSA（S）	192（39.3）	146（25.6）	62（17.9）	70（8.8）	97（85.1）
	ORSA（M）	208（42.6）	185（32.5）	63（18.2）	67（8.5）	100（87.7）
正确率/召回率/%	P2L	39.9 / 65.6	64.1 / 61.3	57.6 / 95.0	83.0 / 75.7	98.0 / 44.9
	ORSA（S）	42.2 / 87.1	69.2 / 73.7	82.3 / 85.0	92.9 / 63.1	97.9 / 88.8
	ORSA（M）	40.4 / 90.3	61.1 / 82.5	81.0 / 85.0	88.1 / 57.3	98.0 / 91.6
$\lg \bar{\varepsilon}$	ORSA（S）	−95.66	−81.66	−37.20	−1.90	−161.65
	ORSA（M）	−75.86	−80.05	−35.66	−1.71	−143.63
P2L 距离最大值/像素	P2L	2.96	2.95	2.98	2.95	2.89
	ORSA（S）	6.09	3.40	1.05	2.00	12.00
	ORSA（M）	7.26	5.20	1.09	2.79	16.26

2. 实验结果与分析

表 7-3 中，第一组影像一共匹配获得 488 个匹配点，其中 93 个（比例约 19.1%）经过人工检查标记为正确同名点，三次粗差剔除运算后分别保留了 153、192 和 208 个匹配点，数量均远多于实际的同名点。第二组影像一共匹配获得 570 个匹配点，其中 137 个（比例约 24.0%）经过人工检查标记为正确同名点，三次粗差剔除分别保留了 131、146 和 185 个匹配点。第一组数据中粗差剔除结果的正确率均不足 43%，第二组数据中正确率均不足 70%，这一结果说明三种粗差剔除策略均不能有效剔除可移动地物上的匹配点。这是因为在第一组和第二组影像的匹配点中存在三类匹配点：一类是误匹配点，它们服从虚假设 H_0；另外两类是固定地物上的同名点和不稳定地物上的同名点，它们的误差大小和方向的概率分布具有一定的差异，但是均不符合虚假设 H_0，因此无法通过无序性测度分离出来。从粗差剔除结果的点到核线段距离（P2L 距离）的最大值可以看出，ORSA-SAT 算法在不含不稳定地物的第三～五组（第五组中低分辨率影像的 GSD 约为 15m，在这一尺度下地物移动可以忽略不计）的最大 P2L 距离均近似等于分辨率较低的影像的 GSD，而在第一组和第二组中却达到 GSD 的 3～7 倍，这说明前两组中不符合虚假设 H_0 的两类匹配点均会被 ORSA-SAT 算法保留，导致结果的正确率低下。

第三组影像一共匹配得到 347 个匹配点，其中 60 个（比例约 17.3%）被人工标记为正确同名点。其中，ORSA-SAT 算法的两次运算结果中的正确率和召回率均在 80% 以上；而 P2L 算法由于设置了偏大的阈值，其结果正确率只有 57.6%，但是却得到最高的召回率 95.0%。

第四组影像一共匹配获得 792 个匹配点，但是只有 103 个（比例约 13.0%）被人工标记为正确同名点。从这一组初始正确率极低的匹配点中，三次粗差剔除运算均取得了较高的正确率。P2L 算法由于阈值（右像的三像素）极为接近参考影像的 GSD，得到了 83.0% 的正确率和三次运算中最高的 75.7% 的召回率；ORSA-SAT 算法在一对一匹配点集 S 中得到了三次运算中最高的 92.9% 正确率，在一对多点集 M 中得到了 88.1% 的正确率，但是召回率均不足 70%。

第五组影像一共匹配获得 114 个匹配点，其中多达 107 个匹配点（比例约为 93.9%）被判定为正确同名点。但是，由于 P2L 算法的固定阈值远小于同名点点位精度，其结果正确率虽然高达 98%，但是召回率不足 50%；而 ORSA-SAT 算法则获得了接近 98% 的正确率和接近 90% 的召回率。

从表 7-3 中可以发现，在对灰度相关匹配得到的匹配点进行粗差剔除时，为关键点保留不止一个匹配点并不能提高粗差剔除后保留的正确匹配点数量，反而会对 ORSA-SAT 算法造成一些干扰。对比每组数据中使用 ORSA-SAT 算法分别对一对一匹配点集合 S 和一对多匹配点集合 M 进行粗差剔除的结果，可以发现对集合 S 的结果总是具有更高的正确率和更低的无序性测度。

根据真实数据实验结果，可以得到如下结论：

1）在稳定的地形上，ORSA-SAT 算法在正确同名点的先验精度未知的情况下，可以有效地将它们从匹配点中识别出来，识别精度在 80% 以上。

2）与 P2L 算法相比，ORSA-SAT 算法的结果不仅在正确率上有明显的优势，而且召回率更稳定。

3）在对灰度相关匹配得到的匹配点使用 ORSA-SAT 算法进行粗差剔除时，只保留最相似匹配点可以得到正确率更高、无序性测度更低的结果。

4）当拍摄区域中含有不稳定地物（如沙丘、冰川、雪线等）时，由于不稳定地物上的匹配点不服从虚假设 H_0，因此 ORSA-SAT 算法并不能有效地将其与稳定地物的匹配点区分开，结果精度会下降到 60% 甚至更低。

本 章 小 结

阈值的合理设置是基于 RANSAC 的粗差剔除方法的最大难题，而且大部分粗差剔除方法只是给出观测值的一个子集，然后判定子集中的观测值服从某种数学模型，并不能保证其结果的正确性，导致粗差剔除的自适应性和自动化程度尚待提高。

本章根据完形理论和对立推理理论，首先将双像同名像点关系看作图像中的一种 Gestalt，并从概率的角度设计了匹配点集的几何一致性评价指标；然后分析了虚假设 H_0 下匹配点的空间分布特征，并从这一特征出发，为匹配点集合中的子集定义了无序性测度，用来考察这一子集对虚假设 H_0 的服从程度；最后，在 P2L 算法的基础上进行改进，设计了以探测最小无序性测度子集为目标的匹配点粗差剔除算法——ORSA-SAT 算法，并利用对立推理的判定方法，通过无序性测度是否不大于 1 来判定最优子集是否为可靠的同名点集合。

使用仿真数据和真实匹配数据对 ORSA-SAT 算法的特性进行验证，并与 P2L 算法进行对比。实验结果表明，ORSA-SAT 算法可以在同名点先验精度未知的情况下，有效地分离正确同名点与误匹配点，得到比 P2L 算法更高的正确率和更稳定的召回率。常用的几种算法的特性对比如表 7-4 所示。

表 7-4　常用的几种算法的特性对比

特性	像方坐标约束法	P2P 算法	P2L 算法	ORSA-SAT 算法
避免地形起伏影响	否	是	是	是
避免高程误差影响	否	否	是	是
不需要设置阈值	否	否	否	是
自动判定结果正确性	否	否	否	是

参 考 文 献

万一，2018. 高程信息辅助的线阵卫星影像区域网平差方法[D]. 武汉: 武汉大学.

熊金鑫，张永军，郑茂腾，等，2013. SRTM 高程数据辅助的国产卫星长条带影像匹配[J]. 遥感学报(5): 1103-1117,

张永军，王博，2013. 一种针对大倾角影像匹配粗差剔除的算法[J]. 武汉大学学报（信息科学版），38(10): 1135-1138.

DELLINGER F, DELON J, GOUSSEAU Y, et al., 2015. SAR-SIFT: a SIFT-like algorithm for SAR images[J]. IEEE Transactions on Geoscience and Remote Sensing, 53(1): 453-466.

DESOLNEUX A, MOISAN L, MOREL J M, 2007. From gestalt theory to image analysis: a probabilistic approach[M]. Berlin：Springer Science & Business Media.

FAN J W, WU Y, LI M, et al., 2018. SAR and optical image registration using nonlinear diffusion and phase congruency structural descriptor[J]. IEEE Transactions on Geoscience and Remote Sensing, 56(9): 5368-5379.

LI J Y, HU Q W, AI M Y, et al., 2017. Robust feature matching via support-line voting and affine-invariant ratios[J]. ISPRS Journal of Photogrammetry and Remote Sensing, 132: 61-76.

MA J Y, ZHOU H B, ZHAO J, et al., 2015. Robust feature matching for remote sensing image registration via locally linear transforming[J]. IEEE Transactions on Geoscience and Remote Sensing, 53(12): 6469-6481.

MA J Y, ZHAO J, TIAN J W, et al., 2014. Robust point matching via vector field consensus[J]. IEEE Transactions on Image Processing, 23(4): 1706-1721.

MOISAN L, STIVAL B, 2004. A probabilistic criterion to detect rigid point matches between two images and estimate the fundamental matrix[J]. International Journal of Computer Vision, 57(3): 201-218.

RAGURAM R, CHUM O, POLLEFEYS M, et al., 2013. USAC: a universal framework for random sample consensus[J]. IEEE Transactions on Pattern Analysis and Machine Intelligence, 35: 2022-2038.

SEDAGHAT A, EBADI H, 2015. Remote sensing image matching based on adaptive binning SIFT descriptor[J]. IEEE Transactions on Geoscience and Remote Sensing, 53(10): 5283-5293.

SEDAGHAT A, MOHAMMADI N, 2018. Uniform competency-based local feature extraction for remote sensing images[J]. ISPRS Journal of Photogrammetry and Remote Sensing, 135: 142-157.

WAN Y, ZHANG Y J, 2017. The P2L method of mismatch detection for push broom high-resolution satellite images[J]. ISPRS Journal of Photogrammetry and Remote Sensing, 130: 317-328.

WAN Y, ZHANG Y J, LIU X, 2019. An a-contrario method of mismatch detection for two-view pushbroom satellite images[J]. ISPRS Journal of Photogrammetry and Remote Sensing, 153: 123-136.

XIA G S, DELON J, GOUSSEAU Y, 2014. Accurate junction detection and characterization in natural images[J]. International Journal of Computer Vision, 106(1): 31-56.

YE Y X, SHAN J, HAO S Y, et al., 2018. A local phase based invariant feature for remote sensing image matching[J]. ISPRS Journal of Photogrammetry and Remote Sensing, 142: 205-221.

ZHAO M, AN B, WU Y P, et al., 2013. Bi-SOGC: a graph matching approach based on bilateral KNN spatial orders around geometric centers for remote sensing image registration[J]. IEEE Geoscience and Remote Sensing Letters, 10(6): 1429-1433.

ZHOU H B, MA J Y, YANG C C, et al., 2016. Nonrigid feature matching for remote sensing images via probabilistic inference with global and local regularizations[J]. IEEE Geoscience and Remote Sensing Letters, 13(3): 374-378.

第*8*章

立体卫星三线阵传感器在轨几何检校

8.1 引言

由于部分国产遥感卫星搭载的轨道及姿态测量设备性能较低，特别是姿态测量设备如恒星敏感器、陀螺仪等性能落后于发达国家的最高水平，而姿态测量精度对遥感卫星的直接几何定位精度影响尤其重要，另外，由于成像传感器安装过程中难免存在轴系之间的安装矩阵偏差，实验室检校结果在发射和运行过程中会发生一定的变化，因此，国产遥感卫星影像的直接几何定位精度普遍较低（Xie et al.，2018）。

为了提高其几何定位精度，利用遥感影像和地面控制资料进行在轨几何检校是提高星载传感器几何定位精度的重要途径。在轨几何检校的主要参数包括成像传感器中各台相机的焦距大小，各台相机相对于卫星本体的安装矩阵，镜头畸变误差，各台相机内部线阵 CCD 的旋转、偏移、缩放及弯曲等变形误差，若传感器内部探测器阵列是由多片 CCD 子阵列拼接而成的，则还需要对各 CCD 子阵列进行分段检校。

传统检校方法是采用地面检校场数据，使用过检校场区域的卫星影像及检校场的控制信息进行传感器在轨几何检校（Chen et al.，2015）。由于在检校过程中外方位元素与内方位元素不可分离，姿态轨道数据误差会对在轨几何检校造成影响，即检校结果仍包含外方位元素的误差（郑茂腾，2014）。另外，这种方法需要人工量测地面控制点，而且检校场的维护也需要大量的人力、物力、财力，检校过程需要人工参与而无法自动进行，效率较低。因此，本章提出基于海量中等精度控制信息进行多条带大范围数据联合在轨几何检校的方法，利用多条带数据外方位元素不同而内方位元素相同的特点，削弱内外方位元素之间的相关性，采用自动提取的海量中等精度（精度约 10～20m）控制信息数据，实现国产立体卫星三线阵成像传感器的无地面检校场自动化在轨几何检校，以缩减成本，提高效率（Zhang et al.，2014b）。

8.2 线阵传感器的成像几何

线阵传感器是指每个曝光时刻只对目标区域成像一条或者多条线影像，通过传感器所在平台的向前推进和传感器的连续曝光，最终获得连续条带影像的成像设备。若同时成像一条影像，则称其为单线阵传感器；若同时成像多条影像，则称其为多线阵传感器。线阵传感器的内部感光元件一般是由线阵 CCD 阵列组成，为了获取大相幅的影像，光学卫星的 CCD 阵列通常由多个短线阵 CCD 拼接而成，且拼接处会有一定的重叠度，以确保获取无缝连接的影像。例如，资源三号卫星的三线阵传感器的前视、后视相机由四个长度为 4096 像素的线阵 CCD 拼接而成，其下视相机由三个长度为 8192 像素的线阵 CCD 拼接而成；资源一号 02B 卫星中的高分辨率传感器由三个长度为 4096 像素的线阵 CCD 拼接而成。这些线阵

CCD 在物理上并没有重叠，有的在焦平面沿飞行方向上错开一定距离，有的则安装在两个相互垂直的平面上，通过光学系统保证获取目标区域内同一条线上的地物影像并拥有一定重叠度。

为了在同一条飞行轨道上获取立体影像，即同轨立体，常用多线阵传感器模式获取影像。其主要特点是在同一曝光时刻，通过向不同方向倾斜的镜头生成多条影像，获取同轨立体数据。法国 SPOT-5 卫星搭载的高分辨率立体成像装置（high resolution stereo，HRS）（Bouillon et al.，2006）、印度 IRS-P5 卫星搭载的立体相机都是双线阵传感器（Pujar et al.，2016），日本 ALOS 卫星搭载的全色遥感立体测绘仪（panchromatic remote-sensing instrument for stereo mapping，PRISM）（Habib et al.，2017）、中国资源三号卫星搭载的 TLC 传感器（李德仁，2012）、TH-1 卫星搭载的立体相机（张永军 等，2012）都是三线阵传感器。为了进行高精度对地定位，这些线阵传感器一般均会集成搭载 GNSS 接收机及姿态测量设备，获取成像时刻传感器平台的位置、速度及姿态等辅助数据。

线阵传感器推扫成像几何示意图如图 8-1 所示，单线阵传感器每次成像为一条线影像，随着平台不断向前推进，根据飞行速度计算出曝光时间来控制相机的扫描间隔，以确保获取连续不断的条带影像。三线阵传感器则是每次成像三条影像，如图 8-2 所示。若传感器搭载在航空平台上，飞行器可能会受到气流影响，其飞行姿态也会不断发生变化，在最终生成的条带影像上经常会出现地物扭曲变形现象。但是，在航天平台上，由于卫星在外太空稳定运行，不受大气气流的影响，其姿态一般不会发生剧烈抖动，因此航天线阵传感器直接获取的原始影像一般不会出现地物明显扭曲变形的情况。

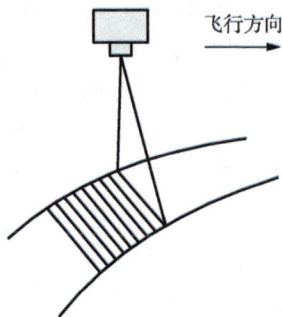

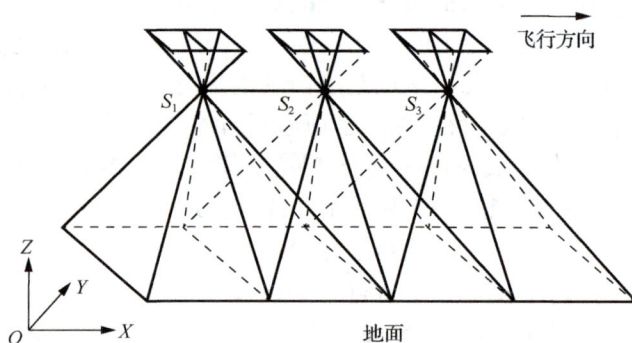

图 8-1　线阵传感器推扫成像几何示意图　　　　图 8-2　三线阵传感器成像几何示意图

只要是中心投影的影像，由于投影差的影响，地面上有一定高度的物体在影像上通常都会发生几何变形。传统面阵影像的几何变形以像主点为中心，四周呈放射状，即离像主点越远，其几何变形越大；而线阵影像则有所不同，由于每条线阵都有不同的投影中心，因此其几何变形垂直于飞行方向，以像主点为中心向两边放射，沿飞行方向上则是没有几何变形的平行投影，如图 8-3 所示（赵德文，2009）。

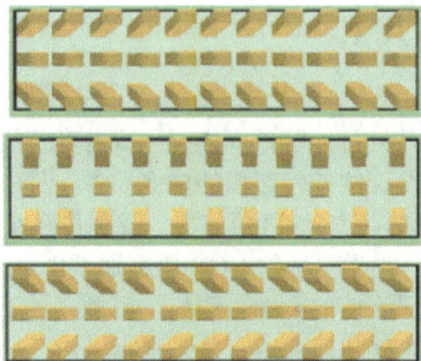

图 8-3　三线阵相机前、下、后三视投影变形示意图

8.3 线阵推扫光学成像系统误差源

为实现高分辨率光学卫星影像高精度和高可靠性几何处理，需要首先结合平台和载荷的特性及空间环境的影响，深入分析在轨成像过程中可能存在的各类系统误差，研究其产生机理、变化规律、稳定程度和对成像几何质量的影响；然后才能明确需要引入的几何检校模型参数，并分析参数之间的相关性，尽可能采用最少且相关性最低的参数精确地描述在轨成像几何关系。

高分辨率光学卫星在轨成像过程中的系统误差主要分为静态系统误差和动态系统误差，其中静态系统误差又分为内部系统误差和外部系统误差（智喜洋 等，2011），而动态系统误差主要为外部系统误差。与载荷特性相关的误差，如多片 CCD 物理拼接或光学拼接误差、轨道变化和平台姿态颤振误差等，也可归入各类内部和外部系统误差中（石俊霞 等，2010；罗小波 等，2010；Furukawa et al.，2008）。

本节针对大部分立体卫星高分辨率相机的焦平面 CCD 设计特点，以及双频 GNSS 接收机轨道定位和星敏感器姿态测量的外方位元素获取方式，对成像过程中的系统误差源进行分类，如图 8-4 所示。

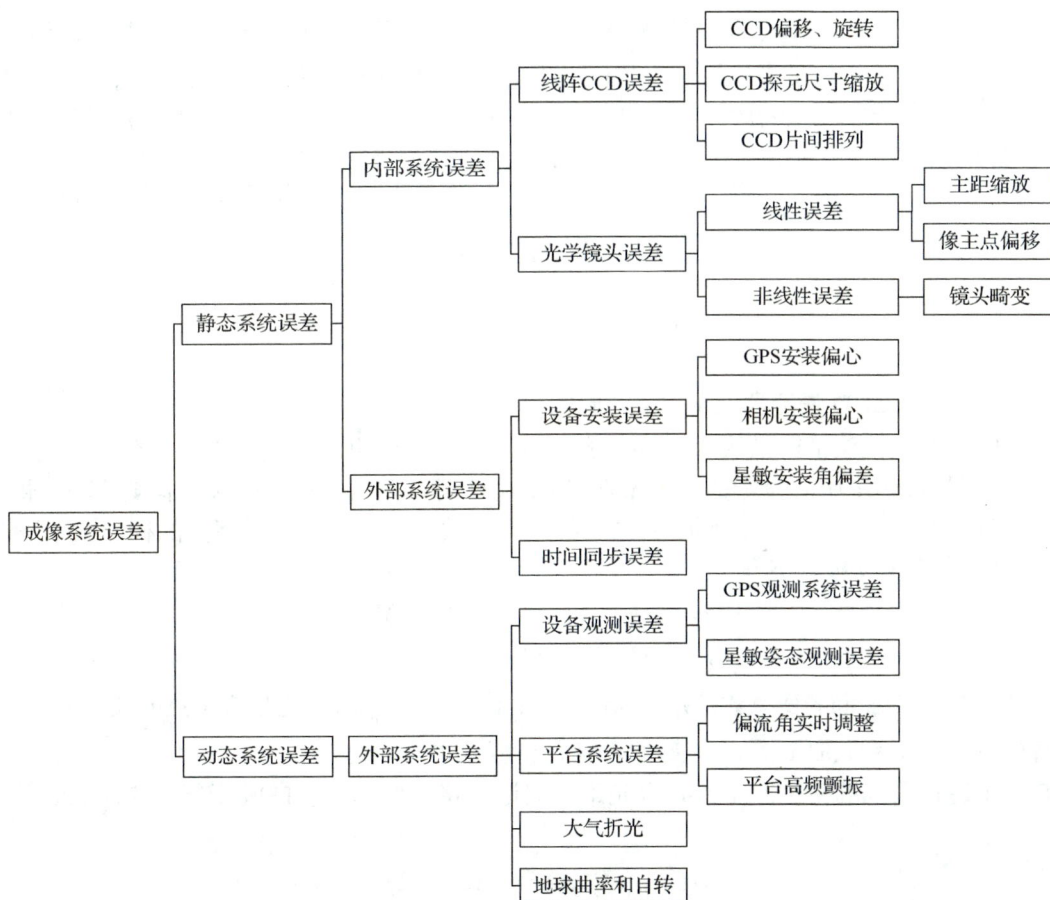

图 8-4 高分辨率相机在轨成像系统误差源分类图

8.3.1 内部系统误差

在理想状态下，为保证影像不发生几何形变，卫星相机要求各片线阵 CCD 严格安装在焦平面上，且各 CCD 片之间保持严格平行，单片线阵 CCD 内部也保持严格共线且所有探测器的尺寸完全一致。线阵 CCD 系统误差的产生一方面是由于制造工艺限制，感光像元器件的排列误差不可避免；另一方面是由于安装工艺限制，存在相对安装位置误差。此外，卫星入轨后由于载荷平台振动和热基面不稳定性等因素，各片线阵 CCD 相对于焦平面的位置和单片线阵 CCD 内部各探测器的排列也会发生系统性变化。

内部系统误差由高分辨率相机内部各种光学器件的畸变导致，主要分为 CCD 阵列误差和光学镜头误差两个方面。其中，CCD 阵列误差主要包括线阵 CCD 在成像焦平面的旋转、偏移和缩放误差（CCD 探测器尺寸变形误差），以及多片 CCD 之间的排列误差；光学镜头误差主要包括等效主距缩放、主点偏移等线性误差，以及光学镜头畸变等非线性误差。下文分别对各类内部系统误差进行归纳整理，并分析对成像过程中像方坐标偏移的影响。

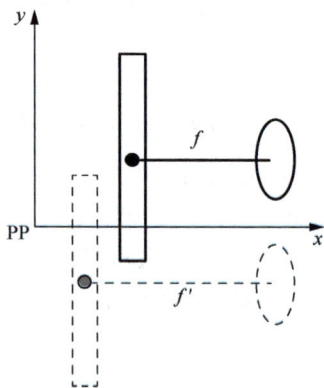

图 8-5 光学镜头主距缩放和像主点 PP 偏移误差

1. 光学镜头误差

高分辨率相机光学镜头的主距缩放和像主点偏移误差主要指摄影中心（相机物镜的后主节点）到线阵 CCD 焦平面的距离 f 相对于理论安装位置存在 Δf 的变化量，以及传感器镜头主点坐标相对于理论安装位置 (x_0, y_0) 存在 $(\Delta x_p, \Delta y_p)$ 的偏移量。光学镜头的主距误差主要导致影像在扫描方向的绝对误差与每个 CCD 探测器的视角成正比，从而改变影像的幅宽。光学镜头主距缩放和像主点 PP 偏移误差如图 8-5 所示。其中实践表示传感器的实际安装位置，虚线表示传感器的理论安装位置。

将二者的影响合并归入像方坐标中，引起的像点误差 (dx, dy) 可表示为

$$\begin{cases} dx = -\dfrac{\Delta f}{f}(\overline{x}_i - x_0) \\ dy = -\dfrac{\Delta f}{f}(\overline{y}_i - y_0) \end{cases} \tag{8-1}$$

式中，$(\overline{x}_i, \overline{y}_i)$ 为第 i 个 CCD 探测器在 x 和 y 方向的尺寸。

光学镜头畸变是指镜头的线放大率随物体的位置离开光轴距离的变化而变化，物体经过畸变镜头后成像偏离理想位置，破坏了中心投影的共线条件。镜头畸变通常分为径向畸变和切向畸变（张永军，2008）。

径向畸变具有对称性，只与像点到畸变中心的距离有关，主要是由光学镜头的径向曲率不同导致的，所引起的像点误差 (dx, dy) 可表示为

$$\begin{cases} dx = x_t(k_1 r_t^2 + k_2 r_t^4 + k_3 r_t^6 + \cdots) \\ dy = y_t(k_1 r_t^2 + k_2 r_t^4 + k_3 r_t^6 + \cdots) \end{cases} \tag{8-2}$$

式中，$k_i(i=1,2,3,\cdots)$ 为径向畸变系数；$r_t = \mathrm{sqrt}((x_t - x_p)^2 + (y_t - y_p)^2)$，为理想像点的径向值。

一般情况下，畸变系数取 k_1、k_2、k_3 即可满足精度要求。

切向畸变由透镜系统的错位产生，导致光路与理论光路的偏差。切向畸变导致的像点误差 (dx, dy) 可表示为

$$\begin{cases} dx = (1 + p_3^2 r_t^2)[p_1(r_t^2 + 2x_t^2) + 2p_2 x_t y_t] \\ dy = (1 + p_3^2 r_t^2)[2p_1 x_t y_t + p_2(r_t^2 + 2y_t^2)] \end{cases} \tag{8-3}$$

式中，$p_i(i=1,2,3,\cdots)$ 为切向畸变系数。

2. 线阵 CCD 误差

单片线阵 CCD 的安装位置误差和多片线阵 CCD 之间的相对安装位置误差主要体现为 CCD 相对于焦

平面的旋转和偏移。以单片线阵 CCD 为例，其在焦平面上的旋转安装误差如图 8-6 所示。多片线阵 CCD 的误差，与单片线阵 CCD 类似，此处不再赘述。

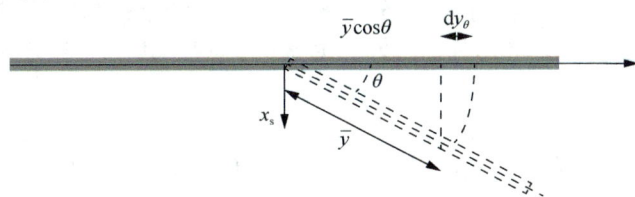

图 8-6　单片线阵 CCD 倾斜安装误差示意图

单片线阵 CCD 在成像焦平面上沿飞行方向（x 方向）和扫描方向（y 方向）的偏移安装误差如图 8-7 所示。

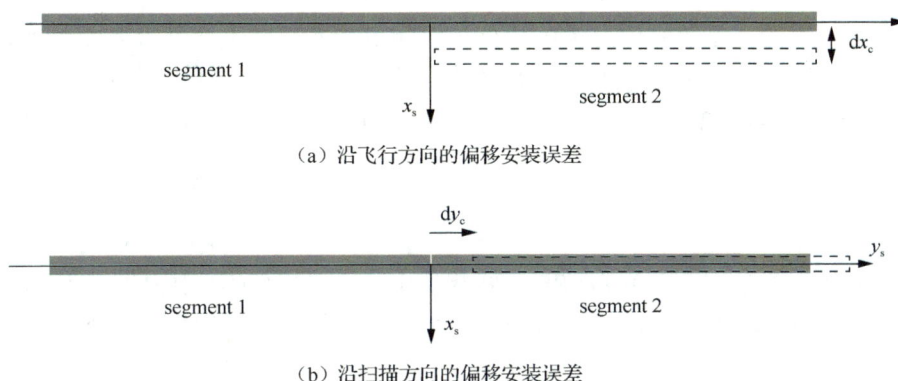

（a）沿飞行方向的偏移安装误差

（b）沿扫描方向的偏移安装误差

图 8-7　单片线阵 CCD 偏移安装误差示意图

注：segment：段/片。

假设在像方空间只存在由旋转和偏移安装误差导致的线阵 CCD 线性畸变。设旋转误差角度为 θ，单片 CCD 线阵中心位置在 x 方向和 y 方向的偏移误差分别为 $(\mathrm{d}x_c, \mathrm{d}y_c)$。将其影响归算到像方坐标中，导致的像点误差 $(\mathrm{d}x, \mathrm{d}y)$ 可表示为

$$\begin{cases} \mathrm{d}x = \mathrm{d}x_\theta + \mathrm{d}x_c = \bar{x}_i \sin\theta + \mathrm{d}x_c \\ \mathrm{d}y = \mathrm{d}y_\theta + \mathrm{d}y_c = \bar{y}_i(1-\cos\theta) + \mathrm{d}y_c \end{cases} \tag{8-4}$$

式中，$(\bar{x}_i, \bar{y}_i)$ 为第 i 个 CCD 探测器在 x 和 y 方向的尺寸。

对绝大部分遥感卫星的高分辨率相机而言，由于线阵 CCD 的倾斜安装角度为微小值，因此主要计算在飞行方向导致的像点误差 $\mathrm{d}x_\theta$。

线阵 CCD 是一个长条形的刚体，其阵列缩放误差也称为探测器尺寸变形误差，是指 CCD 探测器的宽度发生变化，主要体现在扫描行方向（y 方向）上，对影像直接定位的影响与每个探测器所处的位置有关。单片线阵 CCD 尺寸缩放误差如图 8-8 所示。

线阵 CCD 尺寸缩放误差为线性误差，可以将其影响归入像方坐标中。设缩放系数为 λ_y，则缩放误差在成像焦平面上导致的像点误差 $\mathrm{d}y$ 可表示为

$$\mathrm{d}y = \bar{y}_i(1-\lambda_y) \tag{8-5}$$

式中，$\bar{y}_i$ 为第 i 个 CCD 探测器在 y 方向的尺寸。

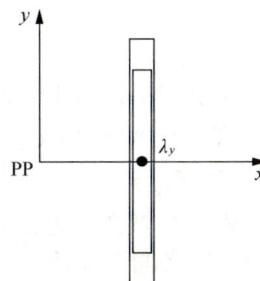

图 8-8　单片线阵 CCD 尺寸缩放误差示意图

8.3.2 静态外部系统误差

高分辨率光学卫星在轨成像过程中存在的外部系统误差来源于提供轨道位置和姿态信息的各类传感器的安装和测量误差，以及与成像链路相关的外界因素的影响。其中一部分误差是相对稳定的，称为静态外部系统误差。

光学卫星的高分辨率相机、GNSS 接收机、星敏感器和陀螺仪等均采用刚体固连的方式安装于卫星平台上，各有效载荷之间存在一定的安装相对位置和安装角度，同时也受空间环境太阳光压等微小力的影响存在少量系统性变化。有效载荷之间采用卫星高精度时间系统，通过基于 GNSS 的主动校时模式进行校准。在每个 GNSS 整秒时刻，GNSS 接收机向各设备发出一个与 GNSS 标准时间误差小于 1μs 的高精度硬件秒脉冲，同时以 CAN 总线主节点方式发送整秒时间，各设备据此完成校时工作，确保平台成像任务的世界协调时（universal time coordinated，UTC）信息时标与有效载荷时间系统采用的 GNSS 时的同步精度优于 0.1ms。

由此，资源三号、天绘一号等立体卫星的高分辨率相机静态误差主要是设备安装误差中的 GNSS 天线中心与相机投影中心的偏心误差 (D_X, D_Y, D_Z)、星敏本体与相机坐标系的安装角误差（pitch、roll、yaw）及时间同步误差（张永军 等，2012）。下文分别分析各类静态外部系统误差对几何成像过程中像方坐标位移的影响。

1. GNSS 偏心误差

双频 GNSS 接收机提供的观测值为 GNSS 天线相位中心 S' 在物方空间中的位置，而不是相机投影中心 S 在物方空间中的位置。GNSS 设备与光学相机之间存在理论上的安装距离。GNSS 设备安装偏心误差如图 8-9 所示。

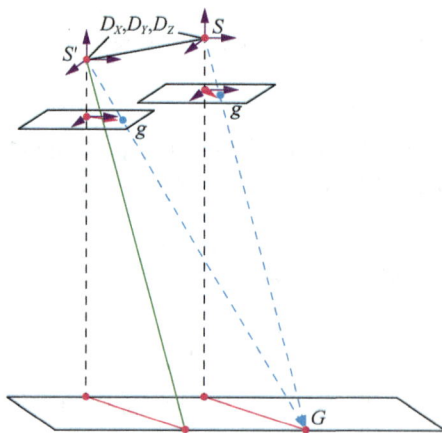

图 8-9　GNSS 设备安装偏心误差示意图

在以相机投影中心 S 为基准的传感器坐标系中，假设成像的等效主距为 f。任一像方点 $g(x, y)$ 对应的物方点坐标为 $G(X_G, Y_G, Z_G)$。根据共线方程，可得像点 g 在传感器坐标系下的坐标为 $((X_G / Z_G)f, (Y_G / Z_G)f, f)$。

假定在以 S' 为基准且三轴均平行于传感器坐标系的等效坐标系下，GNSS 天线相位中心 S' 与相机投影中心 S 之间存在偏心系统误差 (D_X, D_Y, D_Z)，则该物方点坐标为 $G'(X_G + D_X, Y_G + D_Y, Z_G + D_Z)$。根据共线方程可得，等效像点 $g'(x', y')$ 在等效坐标系下的坐标为 $\left(\dfrac{X_G + D_X}{Z_G + D_Z}f, \dfrac{Y_G + D_Y}{Z_G + D_Z}f, f \right)$。将 GNSS 设备偏心误差 (D_X, D_Y, D_Z) 的影响归入像主点坐标中，则其引入的像点误差 (dx, dy) 为

$$\begin{cases} \mathrm{d}x = x' - x = \dfrac{X_G + D_X}{Z_G + D_Z}f - \dfrac{X_G}{Z_G}f = \left(\dfrac{X_G + D_X}{Z_G + D_Z} - \dfrac{X_G}{Z_G}\right)f \\[3mm] \mathrm{d}y = y' - y = \dfrac{Y_G + D_Y}{Z_G + D_Z}f - \dfrac{Y_G}{Z_G}f = \left(\dfrac{Y_G + D_Y}{Z_G + D_Z} - \dfrac{Y_G}{Z_G}\right)f \end{cases} \tag{8-6}$$

由于 $D_Z \ll Z_G$，因此式（8-6）可进一步简化为

$$\begin{cases} \mathrm{d}x = f(D_X / Z_G) \\ \mathrm{d}y = f(D_Y / Z_G) \end{cases} \tag{8-7}$$

在卫星发射前，GNSS 设备偏心误差通过实验室检校后可以达到厘米级精度。例如，资源三号、天绘一号等卫星的下视影像地面分辨率均约 2m，假设在 X 方向的 GNSS 偏心误差为 0.02m，则像方残差为 0.01 像素，因此实际数据处理时该误差可以忽略。

2. 相机安装角误差

由于高分辨率光学卫星在轨运行过程中受到各种因素的影响，因此星敏坐标系与传感器坐标系三个坐标轴之间不再保持严格的平行关系，产生三个方向的安装夹角（pitch、roll 和 yaw）。

假设星敏坐标系 $S - X_B Y_B Z_B$ 与传感器坐标系 $S - X_C Y_C Z_C$ 之间仅存在绕垂轨方向（绕 Y 轴旋转，Y_B 与 Y_C 重合）转动的 pitch 偏差，如图 8-10 所示。

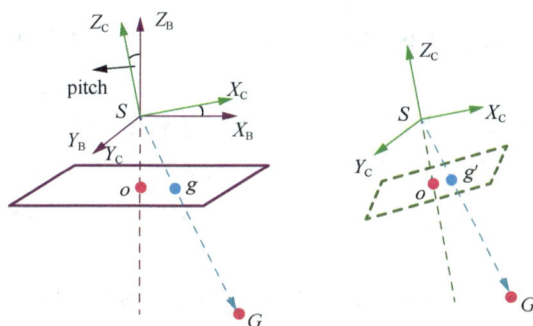

图 8-10　相机 pitch 安装误差示意图

在以相机投影中心 S 为基准的传感器坐标系 $S - X_C Y_C Z_C$ 中，假设成像的等效主距为 f，任一像方点 $g(x,y)$ 对应的物方点坐标为 $G(X_G, Y_G, Z_G)$。根据共线方程可得，像方点 g 在传感器坐标系下的坐标为 $((X_G / Z_G)f, (Y_G / Z_G)f, f)$。

物方点 G 在星敏坐标系 $S - X_B Y_B Z_B$ 下的坐标为 $G'(X', Y', Z')$，表示如下：

$$\begin{bmatrix} X' \\ Y' \\ Z' \end{bmatrix} = \begin{bmatrix} \cos(\mathrm{pitch}) & 0 & -\sin(\mathrm{pitch}) \\ 0 & 1 & 0 \\ \sin(\mathrm{pitch}) & 0 & \cos(\mathrm{pitch}) \end{bmatrix} \times \begin{bmatrix} X \\ Y \\ Z \end{bmatrix} \tag{8-8}$$

则根据共线方程可得像方点 g 在传感器坐标系 $S - X_C Y_C Z_C$ 下的坐标表示如下：

$$g'(x', y', f) = \left(\dfrac{X\cos(\mathrm{pitch}) - Z\sin(\mathrm{pitch})}{X\sin(\mathrm{pitch}) + Z\cos(\mathrm{pitch})}f, \dfrac{Y}{X\sin(\mathrm{pitch}) + Z\cos(\mathrm{pitch})}f, f \right) \tag{8-9}$$

将相机安装角中 pitch 的偏移量归入像主点坐标中，则由星敏坐标系与传感器坐标系之间相机安装俯仰角引入的像点误差 $(\mathrm{d}x, \mathrm{d}y)$ 表示如下：

$$\begin{cases} dx = x' - x = \dfrac{X\cos(\text{pitch}) - Z\sin(\text{pitch})}{X\sin(\text{pitch}) + Z\cos(\text{pitch})} f - \dfrac{X}{Z} f \\[3mm] dy = y' - y = \dfrac{Y}{X\sin(\text{pitch}) + Z\cos(\text{pitch})} f - \dfrac{Y}{Z} f \end{cases} \tag{8-10}$$

当卫星在常规的线阵推扫模式下时，pitch 通常较小。由于 X、$Y \ll Z$，因此式（8-10）可进一步简化为

$$\begin{cases} dx \approx -f\tan(\text{pitch}) \\ dy \approx 0 \end{cases} \tag{8-11}$$

星敏坐标系与传感器坐标系之间相机安装 roll 对像点误差的影响与俯仰角的误差分析近似，引起的像点误差 (dx, dy) 为

$$\begin{cases} dx = x' - x = \dfrac{X}{-Y\sin(\text{roll}) + Z\cos(\text{roll})} f - \dfrac{X}{Z} f \\[3mm] dy = y' - y = \dfrac{Y\cos(\text{roll}) + Z\sin(\text{roll})}{-Y\sin(\text{roll}) + Z\cos(\text{roll})} f - \dfrac{Y}{Z} f \end{cases} \tag{8-12}$$

在常规推扫模式下的 roll 通常较小，同理，式（8-12）可进一步简化为

$$\begin{cases} dx \approx 0 \\ dy \approx f\tan(\text{roll}) \end{cases} \tag{8-13}$$

假设星敏坐标系 $S - X_{\text{B}}Y_{\text{B}}Z_{\text{B}}$ 与传感器坐标系 $S - X_{\text{C}}Y_{\text{C}}Z_{\text{C}}$ 之间仅存在平行于扫描方向和飞行方向的 yaw 偏差，如图 8-11 所示（绕 z 轴旋转，Z_{C} 与 Z_{B} 重合）。若像方点 g 在传感器坐标系下的坐标为 (x, y, f)，则该点在星敏坐标系下的坐标为 $g'(x', y', f)$，相当于 CCD 在像平面内旋转了 yaw 角，表示如下：

$$\begin{bmatrix} x' \\ y' \end{bmatrix} = \begin{bmatrix} \cos(\text{yaw}) & -\sin(\text{yaw}) \\ \sin(\text{yaw}) & \cos(\text{yaw}) \end{bmatrix} \times \begin{bmatrix} x \\ y \end{bmatrix} \tag{8-14}$$

由于卫星的飞行轨道相对较高，因此角度安装误差对直接定位的影响非常显著。以资源三号卫星为例，其标称轨道高度为 506km，下视影像的分辨率为 2.1m。若要求达到子像素级定位精度，单纯考虑俯仰角或偏航角的影响，要求指向精度优于 0.825″（角秒）。卫星平台姿态的控制精度难以满足该要求，因此需要在几何外检校（相机外部系统误差参数的几何检校）中考虑对相机安装角误差的检校。

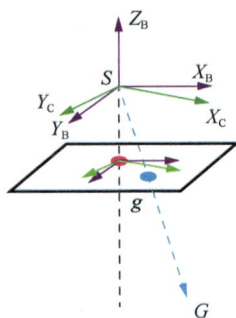

图 8-11　相机 yaw 安装误差示意图

3. 时间同步误差

GNSS 输出高精度 GNSS 时间硬件秒脉冲和时间信息，作为高分辨率相机、星敏感器和陀螺等有效载荷相关信息源的时间基准，保证星上与有效载荷相关的各种信息时标与 GNSS 时间高精度同步。时间同步误差 Δt 影响与成像瞬时时间有关的参数，如星敏感器观测的 J2000 坐标系到星敏坐标系的瞬时姿态和 GNSS 星历数据中 GNSS 天线中心瞬时位置。

由于姿态数据在卫星轨道运行过程中相对平稳，因此时间同步误差 Δt 对姿态数据的影响很小，可以忽略不计，而对轨道位置数据的影响相对较大。例如，立体测绘卫星的轨道飞行速度大约为 7.6km/s，假设下视影像的分辨率为 2m，如果时间同步误差为 0.1ms，则会导致地面成像存在约 0.38 像素的偏移误差，理论上该误差不可忽略。

8.3.3 动态外部系统误差

高分辨率光学卫星的动态外部系统误差主要包括设备观测误差、平台颤振系统误差、大气折光及地球曲率和自转等影响，这些动态误差受成像条件变化存在一定的不确定性。对于遥感卫星而言，大气折光、地球曲率和自转对几何检校精度的影响相对较小，大部分情况下可以忽略不计。平台颤振系统误差的影响将在第 10 章重点描述，本节主要分析轨道和姿态测量设备的动态系统误差。

以天绘一号卫星为例，为满足测绘任务高精度定轨和高时间同步精度等需求，轨道测量采用两台测量型 GNSS 接收机。GNSS 原始测量数据作为测绘有效载荷数据通过数据传输通道下传到地面应用系统，以借助更高精度的 GNSS 星历在地面完成二次定轨，进一步提高轨道测量精度，其相关技术指标如表 8-1 所示。

表 8-1　双频 GNSS 接收机轨道测量技术指标

技术指标		指标具体内容
定位误差	通道板输出	三轴≤20m（1σ）
	轨道板输出	三轴≤10m（1σ）
	轨道外推 100min（轨道板输出）	三轴≤40m（1σ）
速度误差	通道板输出	三轴≤0.25m/s（1σ）
	轨道板输出	三轴≤0.05m/s（1σ）
	轨道外推 100min（轨道板输出）	三轴≤0.10m/s（1σ）
星下点速高比	速高比精度	≤0.5%
实时定位数据更新输出频率		1Hz

注：速高比为飞行器飞行高度与飞行速度的比值。

天绘一号卫星的姿态控制采用三轴稳定、对地定向和整星零动量的设计方案。姿态测量设备以星敏感器为主，陀螺为辅。其配备的三台高精度星敏感器通过测绘基座与高分辨率相机集成在一起，用于确定相机在测量坐标系的三轴指向。星敏感器姿态测量技术指标如表 8-2 所示。

表 8-2　星敏感器姿态测量技术指标

技术指标	指标具体内容
控制方式	三轴稳定、对地定向、整星零动量设计
姿态确定精度	三轴≤0.03°（3σ）轨道坐标系
姿态指向精度（含偏流角控制）	三轴≤0.1°（3σ）
姿态稳定度（含偏流角控制）	三轴≤0.001°/s（3σ）

由表 8-1 和表 8-2 可知，GNSS 接收机轨道定位和星敏感器姿态测量的直传数据均存在一定的系统误差，其中姿态测量误差对高分辨率影像几何定位有显著影响，将在很大程度上决定卫星影像的直接对地定位精度水平。

8.4　线阵传感器在轨几何检校模型

相机几何检校主要包括光学系统检校和线阵 CCD 检校，其中光学系统检校主要由镜头的主点及焦距误差检校、镜片畸变差检校等组成，线阵 CCD 检校主要由 CCD 尺寸误差检校、旋转误差检校、偏移误差检校、弯曲误差检校等组成。这些参数在实验室很难精确测量，而且实验室测量结果在传感器发射升空之后均会发生一定程度的变化，因此需要在轨检校，以确保获取高精度对地定位结果。如果传感器系统由多个镜头组成，则应该分别对这些镜头进行在轨检校。

8.4.1 线阵传感器的构像方程

线阵传感器每条线阵都有不同的外方位元素，传感器的每次曝光时间均会被记录，每条扫描线的外方位元素可以根据其对应的曝光时间在姿态及位置数据中内插得到。共线条件方程中表示像点沿飞行方向的坐标 x 是固定值，若是正视影像，则 x 为 0。以共线条件方程为基础，线阵传感器的构像方程如下：

$$\begin{bmatrix} 0 \\ y \\ -f \end{bmatrix} = \boldsymbol{R}^{\mathrm{T}}(\varphi(t))\boldsymbol{R}^{\mathrm{T}}(\omega(t))\boldsymbol{R}^{\mathrm{T}}(\kappa(t)) \begin{bmatrix} X - X_S(t) \\ Y - Y_S(t) \\ Z - Z_S(t) \end{bmatrix} \tag{8-15}$$

式中，$(0, y, -f)^{\mathrm{T}}$ 为像点在像方空间的坐标。由于是线阵影像，因此其沿飞行方向的坐标为 0；y 为垂直于飞行方向的坐标；f 为焦距。$\boldsymbol{R}^{\mathrm{T}}(\varphi(t))$、$\boldsymbol{R}^{\mathrm{T}}(\omega(t))$、$\boldsymbol{R}^{\mathrm{T}}(\kappa(t))$ 分别为 t 时刻 $\varphi(t)$、$\omega(t)$、$\kappa(t)$ 的旋转矩阵。$(X_S(t), Y_S(t), Z_S(t))^{\mathrm{T}}$ 为 t 时刻投影中心的物方坐标。$(X, Y, Z)^{\mathrm{T}}$ 为地面点的物方坐标。

8.4.2 相机光学系统检校

星载相机的光学系统检校主要包括与镜头相关的检校参数，如主光轴与影像的交点、相机主距及镜头畸变等。

1. 主点偏移误差检校

相机的主点是镜头中心到影像平面的垂足，镜头中心是指透镜镜头的后节点（Atkinson，1996），垂线长度即为相机主距，它等于相机聚焦至无穷远处时的焦距长度。相机主点的偏移误差检校是相机检校过程中非常基本也是非常重要的检校内容之一。

相机主点位置在具体检校应用中常常有两种情形，在理想情况下，影像平面严格垂直于相机的主光轴，然而现实并非如此，由于制造工艺的限制，即使是专业级摄影相机也并不能确保这一几何关系成立。常说的像主点有两个位置：相机主光轴与影像平面的交点称为自准直主点（principal point of autocollimation，PPA）；最佳对称主光轴与影像平面的交点称为最佳对称主点（principal point of best symmetry，PBS），最佳对称主光轴是指位于镜头畸变最佳对称位置的主光轴（Kraus，1993）。在对镜头畸变进行补偿时，常常使用 PBS 作为像主点来进行建模。

无论上述哪一种主点，卫星相机一般会在出厂前进行实验室精确检校。但是在实际在轨运行过程中，传感器参数与实验室检校结果都有一定差距，因此需要对像主点偏移误差进行系统误差改正。通常情况下，可以用两个偏移参数 $(\Delta x, \Delta y)$ 补偿这类偏移误差，表示如下：

$$\begin{cases} x' = x + \Delta x \\ y' = y + \Delta y \end{cases} \tag{8-16}$$

式中，(x, y) 表示主点偏移补偿之前的原始像方坐标；(x', y') 表示补偿后的像方坐标。

2. 相机主距误差检校

相机主距是指镜头中心（透镜镜头后节点）与影像平面的垂线长度，通常与相机在聚焦至无穷远处时的焦距相等。相机主距的误差对像方坐标的影响是沿着像主点向四周逐渐放大，与像点到像主点的距离成正比。假设相机主距误差为 Δf，则某像方坐标 $P(x_P, y_P)$ 在像平面的改正参数如下：

$$\begin{cases} \Delta x_P = -\dfrac{x_P - x_0}{f}\Delta f \\[4mm] \Delta y_P = -\dfrac{y_P - y_0}{f}\Delta f \end{cases} \tag{8-17}$$

式中，Δx_P、Δy_P 为像点 P 的改正参数；(x_0, y_0) 为像主点坐标；f 为相机主距。

3. 镜头畸变误差检校

由于制造工艺的限制、热胀冷缩效应、机械振动等因素的影响，相机的镜头经常会发生一定程度的畸变，使得生成的影像产生畸变。虽然这类畸变值非常小，肉眼几乎无法辨别，但是对于高精度的对地定位处理，这类畸变仍然需要进行畸变差改正，其具体改正模型见 8.3.1 节。由径向畸变和切向畸变表达的畸变差改正模型，最初是针对传统航空和近景摄影测量常用的中心投影面阵摄影机提出的，由于遥感卫星线阵传感器采用的光学成像系统仍然满足中心投影，因此上述模型对于星载相机光学系统的畸变差检校仍然有效。

由于高分辨率立体卫星的相机成像视场角相对较小，镜头经过严密加工，其成像时光学畸变通常很小，相对于其他线性畸变的影响而言为次要因素，因此在几何内检校（相机内部系统误差参数的几何检校）中可不考虑非线性光学畸变的影响。

8.4.3 相机线阵 CCD 参数检校

相机焦平面的线阵 CCD 参数包括 CCD 尺寸、CCD 安装位置及多个线阵 CCD 之间的排列关系参数等。

1. 线阵 CCD 尺寸误差检校

CCD 线阵尺寸造成的系统误差与相机主距误差具有较强的相关性，二者均可引起从线阵 CCD 中心至首位两端的线性误差，与 CCD 探测器位置到线阵 CCD 中心的距离成正比。此类误差的改正参数可表示如下：

$$\Delta y_s = -(y_P - y_0)s \tag{8-18}$$

式中，Δy_s 为缩放误差改正值；s 为 CCD 尺寸缩放倍数。

若传感器由多个线阵 CCD 拼接而成，则应当对每个线阵 CCD 分别设置对应的缩放误差改正参数。

2. 线阵 CCD 旋转误差检校

在推扫式传感器成像过程中，通常认为线阵 CCD 方向与传感器推扫方向相互垂直。但是实际情况并非如此，线阵 CCD 在安装时可能会在平面方向上与设计位置有一定的旋转偏移误差，这类误差对像方坐标（x,y）两个方向均有影响，需要对这类旋转误差进行检校，通常可由下式表示：

$$\begin{cases} \Delta x_r = (x_P - x_0)\cos\theta \\[2mm] \Delta y_r = (y_P - y_0)\sin\theta \end{cases} \tag{8-19}$$

式中，Δx_r、Δy_r 为像点 $P(x_P, y_P)$ 在沿轨及垂轨方向的 CCD 旋转误差改正参数；(x_0, y_0) 为像主点坐标；θ 为线阵 CCD 的旋转角度参数。

需要注意的是，式（8-19）适用于旋转中心与像主点位置重合的情况。

3. 线阵 CCD 偏移误差检校

线阵 CCD 在安装过程中可能会与设计位置有一定的偏移偏差，此类误差与像主点偏移误差高度相关，因此不能与像主点偏移误差改正参数同时进行检校。线阵 CCD 偏移误差改正可用两个参数 Δx_{ccd}、Δy_{ccd} 来进行补偿，表示如下：

$$\begin{cases} x' = x + \Delta x_{\text{ccd}} \\ y' = y + \Delta y_{\text{ccd}} \end{cases}$$
（8-20）

4. 线阵 CCD 弯曲误差检校

每条线阵 CCD 由数千个 CCD 探测器排列组成，理论上这些 CCD 探测器应该被安装在一条直线上。但是由于制造工艺限制，对于长度较长的线阵 CCD，CCD 探测器在焦平面并不能严格保持在同一条直线上，而且安装误差随着 CCD 探测器个数增多而增大，出现弯曲误差。CCD 弯曲误差主要表现在沿轨道方向，改正模型如下（Kocaman，2008）：

$$\Delta x_b = -(y_P - y_0)r_P^2 b$$
（8-21）

式中，Δx_b 为弯曲改正参数；$r_P^2 = (x_P - x_0)^2 + (y_P - y_0)^2$；$b$ 为弯曲系数。

8.4.4 相机相对位置关系检校

相机及姿态位置测量传感器在集成到飞行平台时，各传感器坐标系与平台坐标系一般情况下不会完全重合，而是存在一定程度的旋转和偏移。对此类旋转和偏移参数无法直接测量得到精确值，因此需要进行几何检校，其数学模型如下：

$$\begin{bmatrix} X \\ Y \\ Z \end{bmatrix} = \begin{bmatrix} X_S \\ Y_S \\ Z_S \end{bmatrix} + \lambda \boldsymbol{R} \begin{bmatrix} x \\ y \\ -f \end{bmatrix}$$
（8-22）

$$\boldsymbol{R} = \boldsymbol{R}_{\text{wp}} \boldsymbol{R}_{\text{pc}}$$
（8-23）

$$\begin{bmatrix} X_S \\ Y_S \\ Z_S \end{bmatrix} = \begin{bmatrix} X_{\text{GPS}} \\ Y_{\text{GPS}} \\ Z_{\text{GPS}} \end{bmatrix} + \boldsymbol{R}_{\text{wp}} \begin{bmatrix} T_X + \Delta T_X \\ T_Y + \Delta T_Y \\ T_Z + \Delta T_Z \end{bmatrix}$$
（8-24）

$$\boldsymbol{R}_{\text{pc}} = \boldsymbol{R}(\varphi + \Delta\varphi)\boldsymbol{R}(\omega + \Delta\omega)\boldsymbol{R}(\kappa + \Delta\kappa)$$
（8-25）

式中，$(X, Y, Z)^{\text{T}}$ 为某物方点的坐标；$(X_S, Y_S, Z_S)^{\text{T}}$ 为投影中心在物方坐标系中的坐标；$(x, y, -f)^{\text{T}}$ 为像点在像方空间坐标系中的坐标；λ 为尺度参数；$\boldsymbol{R}$ 为像方空间与物方空间坐标系之间的旋转矩阵；$\boldsymbol{R}_{\text{pc}}$ 为相机到平台本体之间的旋转矩阵；$\boldsymbol{R}_{\text{wp}}$ 为平台本体与物方空间坐标系之间的旋转矩阵；$(X_{\text{GPS}}, Y_{\text{GPS}}, Z_{\text{GPS}})^{\text{T}}$ 为平台本体的 GNSS 测量坐标；T_X、T_Y、T_Z 为相机与本体位置之间的偏移测量值；ΔT_X、ΔT_Y、ΔT_Z 为相机与本体位置偏移检校参数；φ、ω、κ 为相机像对于本体之间的旋转角测量值；$\Delta\varphi$、$\Delta\omega$、$\Delta\kappa$ 为相机像对与本体之间的旋转角的检校参数。

8.4.5 各类参数之间的相关性

除内方位元素与外方位元素之间的整体相关性外，内方位元素各参数之间也具有相关性，如相机主距与 CCD 尺寸误差相关、像主点偏移误差与线阵 CCD 偏移误差相关、线阵 CCD 旋转误差与相机及本体之间的旋转角误差相关等。因此，在选取检校参数时应当充分考虑这几类参数之间的相关性，避免同时求解具有强相关性的两类参数，从而保证法方程系数矩阵不出现秩亏现象，使得平差系统准确快速收敛。

8.5 资源三号卫星在轨几何检校数学模型

三线阵相机的在轨几何检校模型主要包括三台相机与卫星本体之间的安装角误差改正，相机焦距误差改正，镜头畸变误差改正，相机内部线阵 CCD 的旋转、偏移、缩放、弯曲等变形误差改正。在卫星发射之前，这些参数都会在实验室进行检校，但是卫星在进入轨道后，相机的内方位元素与实验室检校结果会有差异，仅利用实验室检校的内方位元素进行处理无法满足精度要求，因此必须进行传感器的在轨几何检校。例如，ALOS 卫星搭载的 PRISM 传感器在轨检校时，检校了传感器的滚动角、俯仰角、CCD 安装误差及传感器安装误差，并分析了这些误差随时间的变化特性（Takaku et al.，2009）；SPOT5 卫星在轨检校了各传感器的相对位置关系、传感器视轴摆动误差及线阵 CCD 偏移误差等（Breton et al.，2002）；IRS-P5 卫星在轨检校参数包括传感器视轴安装误差、相机焦距误差、CCD 偏移误差、传感器高度误差、坐标系转换误差等（Radhadevi et al.，2008）。

以往的星载传感器在轨几何检校主要依赖高精度地面控制点或控制场进行，但是高精度地面控制点往往需要外业测量或者在大比例尺地形图上量测得到，成本较高，而且获取的地面控制点相对于长条带影像来说数目和分布范围均较小；另外，内方位元素与外方位元素之间、内方位元素各类参数之间都存在一定的相关性，在平差中无法严格将这些参数分离，往往导致检校结果无法达到最优水平（Zhang et al.，2015）。

充分发挥资源三号卫星长条带三线阵影像的内部几何约束关系，无须高精度地面控制点，在全球公开地理信息（如 Google Earth、ETM、天地图、全球 SRTM 等）的辅助下，采用多条轨道影像联合区域网平差实现三线阵传感器在轨几何检校（Zhang et al.，2014b）。相机检校时，相机和卫星本体的旋转角度误差对定位精度影响最大，必须进行检校；而镜头畸变较小，CCD 弯曲误差及探测器安装拼接误差可以忽略不计，即可以将每个子线阵 CCD 看作一条直线。但是，CCD 尺寸缩放因素对定位结果有很大影响，因此需要对 CCD 缩放误差进行检校。CCD 旋转及偏移误差与相机和卫星本体的旋转角度误差之间存在相关性，在平差系统中不可分离，因此合并至相机与卫星本体的旋转角度进行检校。另外，多个子线阵 CCD 之间存在拼接误差，需要对各子线阵 CCD 进行分别检校。综上所述，本章首先检校相机和卫星本体的旋转角度误差，然后检校整条线阵 CCD 的偏移及缩放误差，最后分别检校子线阵 CCD 的拼接误差。

8.5.1 资源三号卫星介绍

资源三号卫星是我国第一颗民用立体测绘卫星，该卫星同时集成搭载了高精度 GNSS 接收机、陀螺仪及恒星敏感器等姿态测量控制设备，可以获取卫星实时位置和姿态数据，作为辅助数据与影像同时下传至地面接收站（Zhang et al.，2014a）。通过立体观测，资源三号卫星可以测量绘制 1∶50000 比例尺地形图，为国土资源调查与监测、防灾减灾、农林水利、生态环境、城市规划与建设、国家重大工程等应用领域提供服务（李德仁，2012）。资源三号卫星平台参数如表 8-3 所示。

表 8-3 资源三号卫星平台参数

平台指标	指标参数
卫星质量/kg	2650
星上固存容量/TB	1
平均轨道高度/km	505.984
轨道倾角/(°)	97.421
降交点地方时	10 点 30 分
轨道周期/min	97.716
回归周期/天	59
设计寿命/年	5

资源三号卫星搭载四台光学相机，一台 2.1m 地面分辨率的正视相机，两台 3.5m 分辨率的前视、后视相机和一台 5.8m 分辨率的多光谱相机。为了保证卫星影像的辐射质量，四台光学相机的影像都按照 10bit 进行辐射量化。为了达到 50km 的成像幅宽，资源三号卫星三线阵相机和多光谱相机均采用多 TDI CCD 拼接技术，其中正视相机采用三片 CCD 拼接，重叠像素约为 23；前视、后视相机采用四片 CCD 拼接，重叠像素约为 27（蒋永华 等，2013；Zhang et al.，2014b）。

8.5.2 传感器安装角检校

引入传感器相对于卫星安装角检校参数之后，传统的共线方程变为如下格式：

$$\begin{bmatrix} X_s - X \\ Y_s - Y \\ Z_s - Z \end{bmatrix} = \lambda \boldsymbol{R}_{\text{obj2orb}} \boldsymbol{R}_{\text{orb2sat}} \boldsymbol{R}_{\text{sat2cam}} \begin{bmatrix} x \\ y \\ -f \end{bmatrix} \tag{8-26}$$

式中，(X_s, Y_s, Z_s) 为摄影中心的物方坐标，表示地面点的物方坐标；(x, y) 为地面点对应的像方坐标；f 为相机的焦距；λ 为比例系数；$\boldsymbol{R}_{\text{obj2orb}}$ 为卫星轨道坐标系相对于物方坐标系的旋转矩阵；$\boldsymbol{R}_{\text{orb2sat}}$ 为卫星本体至卫星轨道坐标系之间的旋转矩阵；$\boldsymbol{R}_{\text{sat2cam}}$ 为相机至卫星本体的旋转矩阵。

卫星本体坐标系相对于物方坐标系的旋转角已经通过前端处理得到，即平差中直接使用的是卫星本体坐标系相对于物方坐标系的旋转角度。相机至卫星本体的旋转矩阵由相机的三个安装角组成：

$$\begin{cases} \boldsymbol{R}_{\text{obj2sat}} = \boldsymbol{R}_{\text{obj2orb}} \boldsymbol{R}_{\text{orb2sat}} = \boldsymbol{R}(\omega)\boldsymbol{R}(\varphi)\boldsymbol{R}(\kappa) \\ \boldsymbol{R}_{\text{sat2cam}} = \boldsymbol{R}(p + \Delta p)\boldsymbol{R}(l + \Delta l)\boldsymbol{R}(q + \Delta q) \end{cases} \tag{8-27}$$

式中，φ、ω、κ 为卫星本体坐标系相对于物方坐标系的三个旋转角；l、p、q 为实验室测量得到的传感器相对于卫星本体坐标系的三个安装角；Δl、Δp、Δq 为传感器相对于卫星本体坐标系的安装角误差，即本章自检校参数模型中的未知数。

将式（8-27）代入式（8-26）得到：

$$\begin{bmatrix} X_s - X \\ Y_s - Y \\ Z_s - Z \end{bmatrix} = \lambda \boldsymbol{R}_{\text{obj2sat}} \boldsymbol{R}_{\text{sat2cam}} \begin{bmatrix} x \\ y \\ -f \end{bmatrix} = \lambda \boldsymbol{R}(\omega)\boldsymbol{R}(\varphi)\boldsymbol{R}(\kappa)\boldsymbol{R}(p + \Delta p)\boldsymbol{R}(l + \Delta l)\boldsymbol{R}(q + \Delta q) \begin{bmatrix} x \\ y \\ -f \end{bmatrix} \tag{8-28}$$

8.5.3 CCD 安装误差整体检校

CCD 安装误差整体检校主要检校其偏移及缩放参数。引入检校参数至共线条件方程后，其数学模型表示如下：

$$\begin{bmatrix} X_s - X \\ Y_s - Y \\ Z_s - Z \end{bmatrix} = \lambda \boldsymbol{R}_{\text{obj2sat}} \boldsymbol{R}_{\text{sat2cam}} \begin{bmatrix} x + \Delta x \\ y + \Delta y \\ -f \end{bmatrix} \tag{8-29}$$

$$\begin{cases} \Delta x = x_0 \\ \Delta y = y_0 + y_1 c \end{cases} \tag{8-30}$$

式中，x_0 为 CCD 沿飞行方向的偏移值；y_0、y_1 为 CCD 垂直于飞行方向的线性漂移参数，分别为常数项和一次项；c 为 CCD 列号。

8.5.4 子线阵 CCD 安装误差检校

为了进一步检校各子线阵 CCD 之间可能存在的拼接误差，采用分段检校方法分别对子线阵进行偏移和缩放检校。但是考虑相关性，尤其是正视相机单个子线阵 CCD 长度为 8192 像素，比前视、后视的 4096 像素要长一倍，由于误差的累积效应，理论上其偏移误差更大，因此此处以下视相机为例进行分段子线阵检校。其数学模型表示如下：

$$\begin{cases} \Delta x = \begin{cases} x_0, & 0 < c < N_1 \\ x_1, & N_1 < c < N_1 + N_2 \\ x_2, & N_1 + N_2 < c < N \end{cases} \\ \Delta y = \begin{cases} y_0 + y_1 c, & 0 < c < N_1 \\ y_2 + y_3 c, & N_1 < c < N_1 + N_2 \\ y_4 + y_5 c, & N_1 + N_2 < c < N \end{cases} \end{cases} \tag{8-31}$$

式中，x_0、x_1、x_2 为三个子线阵沿轨道方向的偏移误差参数；y_0、y_1、y_2、y_3、y_4、y_5 为三个子线阵沿垂直于轨道方向的偏移及缩放误差参数；c 为 CCD 位置顺序编号；N_1、N_2 为前两个子线阵 CCD 的长度；N 为整个线阵 CCD 的长度。

下视相机内部各子线阵 CCD 阵列拼接如图 8-12 所示。

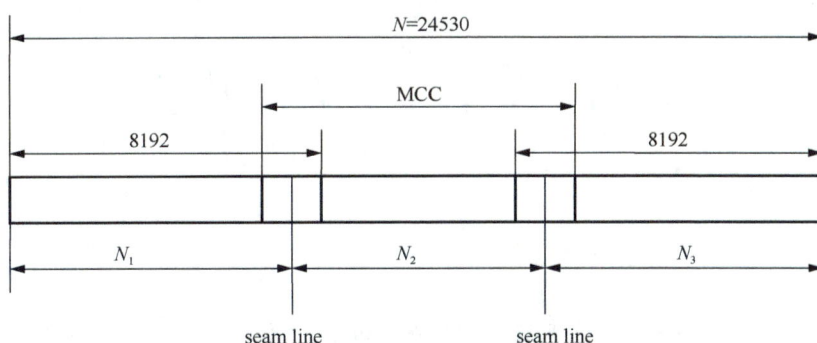

图 8-12 下视相机内部各子线阵 CCD 阵列拼接

注：seam line：子线阵拼接线。

需要指出的是，各子线阵 CCD 并无实际重叠，左右两边和中间的线阵 CCD 安装在两个相互垂直的平面上，采用光学系统使其成像具有重叠度，且满足图 8-12 所示的几何关系。

8.6 资源三号卫星在轨几何检校实验

为了验证前述在轨几何检校方法的有效性，利用影像匹配技术从已有公开地理信息中获取大量中等精度地面控制点（约平面 20m，高程 10m），采用 19 条轨道（平均轨道长度超过 3000km）的资源三号卫星数据进行三线阵传感器在轨几何检校和精度检查，检校参数主要是传感器安装角、线阵 CCD 位置偏移及缩放误差。

8.6.1 实验数据信息

利用资源三号卫星经过辐射校正的共 19 条轨道数据，平均每条轨道长度约为 3000km，其地面覆盖范围如图 8-13 所示，三线阵传感器部分参数如表 8-4 所示，姿态及轨道数据由前端处理得到。通过检查所有 19 条轨道辅助数据中的卫星飞行轨道数据，将直接传回地面的轨道数据与经过载波相位差分后处理的高精度轨道数据［定位精度精确至 0.05m（Hèroux et al.，2001）］进行对比后发现，直接传回地面的轨道数据与高精度后处理轨道数据的差值并不大，最大误差不超过 5m，即小于两个正视相机的地面分辨率，如图 8-14 所示。因此，可以初步判断，卫星飞行过程中直接下传至地面的 GNSS 测量数据精度较高。检校平差前，所有同名点均采用自动空三匹配程序匹配得到。地面控制点则分为两种：海量中等精度地面控制点和少量高精度地面控制点。海量中等精度地面控制点在已有的公开 DOM 和 DEM 上自动匹配得到，正射影像底图精度约为平面 20m、高程 10m。少量高精度地面控制点由两个不同区域的地面控制点组成，一个区域位于河南嵩山检校场（张永生，2012），由高精度外业测量得到；另一个区域位于浙江平湖地区，在 1∶10000 比例尺 DEM/DOM 测绘产品中量测得到三维坐标，精度为 3～5m。所有平差处理过程都在 WGS84 下完成，精度检查时将点位地心坐标转换至平面坐标及大地高后进行统计。

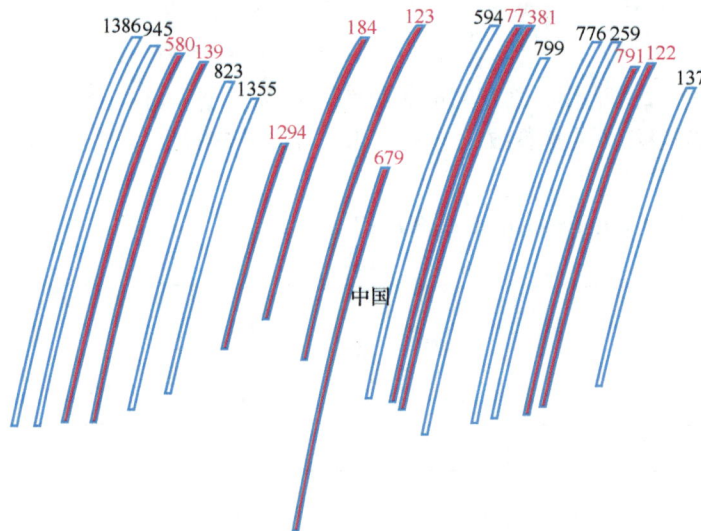

图 8-13 影像数据地面覆盖范围

表 8-4 资源三号卫星三线阵传感器部分参数

传感器参数	前视相机	正视相机	后视相机
相机主距/mm	1700	1700	1700
像素大小/mm	0.01	0.0065	0.01
相幅宽度/像素	16300	24530	16300
地面幅宽/km	57	51	57
地面采样间隔/m	3.5	2.1	3.5

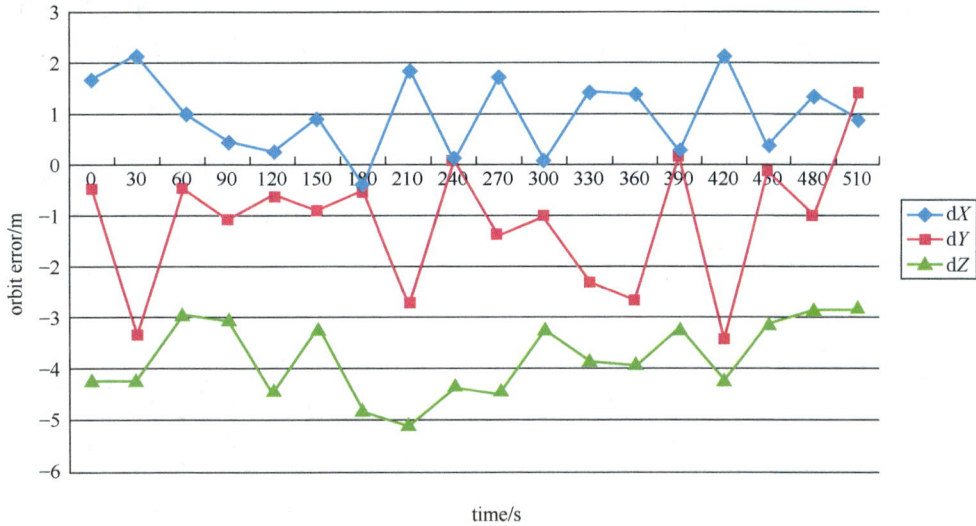

图 8-14 卫星直接传回测量数据与高精度后处理数据差值图

注：orbit error：轨道差；time：时间。

8.6.2 中等精度地面控制点自动提取

地面控制点信息获取是在轨几何检校的重要技术环节，地面控制点的数量和质量直接影响在轨几何检校的精度。传统检校方法通常是在过检校场的影像上人工量测外业地面控制点，并在影像上刺点、转点，需要耗费较大的人力、物力、财力，且人工刺点使得检校过程无法全自动化处理。为了充分发挥已有公开地理信息的作用，可采用多源影像自动匹配技术（Tao et al.，2014），通过卫星影像与已有 DOM 进行自动匹配获取控制点平面位置，并在已有 DEM 上自动内插获得对应高程，从而获得大量的地面控制点数据。匹配得到的地面控制点精度取决于已有参考 DOM 和 DEM 的精度，控制点数量则可以通过设定匹配点间隔来进行调整。

常用的参考 DOM 和 DEM 一般为全球公开地理信息，如 Google Earth、LandSat ETM、天地图、全球 SRTM、ESRI WorldDEM4Ortho 等。这些数据大部分可以覆盖全球，但是其精度较低，且内部精度不均匀，因此通常需要匹配海量的控制点，以削弱精度不均匀造成的不稳定性。

8.6.3 多条带影像联合在轨几何检校

传统的在轨几何检校方法每次只采用单条轨道的数据进行处理，很少采用多条带影像进行联合在轨几何检校。而采用单轨数据进行检校，其外方位元素与内方位元素具有较强的相关性，在检校过程中，外方位元素误差可能会被吸收进入内方位元素检校参数中，导致检校结果不准确。为此，本章利用内方位元素检校参数在一段时间内保持稳定不变的特性，提出基于多条带影像的联合在轨几何检校技术，采用第 11 章将要讨论的严格成像模型区域网平差原理，将多个条带的三线阵影像同时进行自检校区域网平差处理，可以大大削弱外方位元素误差对检校系统的影响，使得检校结果更加逼近传感器参数的真实值（Zhang et al.，2014b）。

8.6.4 实验与分析

根据上述数据及模型，采用自主开发的卫星三线阵影像在轨几何检校软件进行处理，并对处理结果进行精度分析。实验中检校参数权值采用经验值定权且在平差过程中保持不变，像点观测值初始权为 1，其余观测值的权为其精度与像点观测值精度的反比平方。每次迭代完成后，若像点观测值残差小于特定阈值，则不改变其对应权值；若残差大于特定阈值，则按照上述办法重新计算其权值。

1. 安装角检校结果

选取图 8-13 中红色填充的 10 条轨道数据，依次增加轨道条数，分别进行安装角检校，检校参数包括前视、下视、后视三个相机相对于卫星的旋转角误差Δpitch、Δroll、Δyaw（图中用 pitch、roll、yaw 表示）。10 次检校的结果如图 8-15 所示。

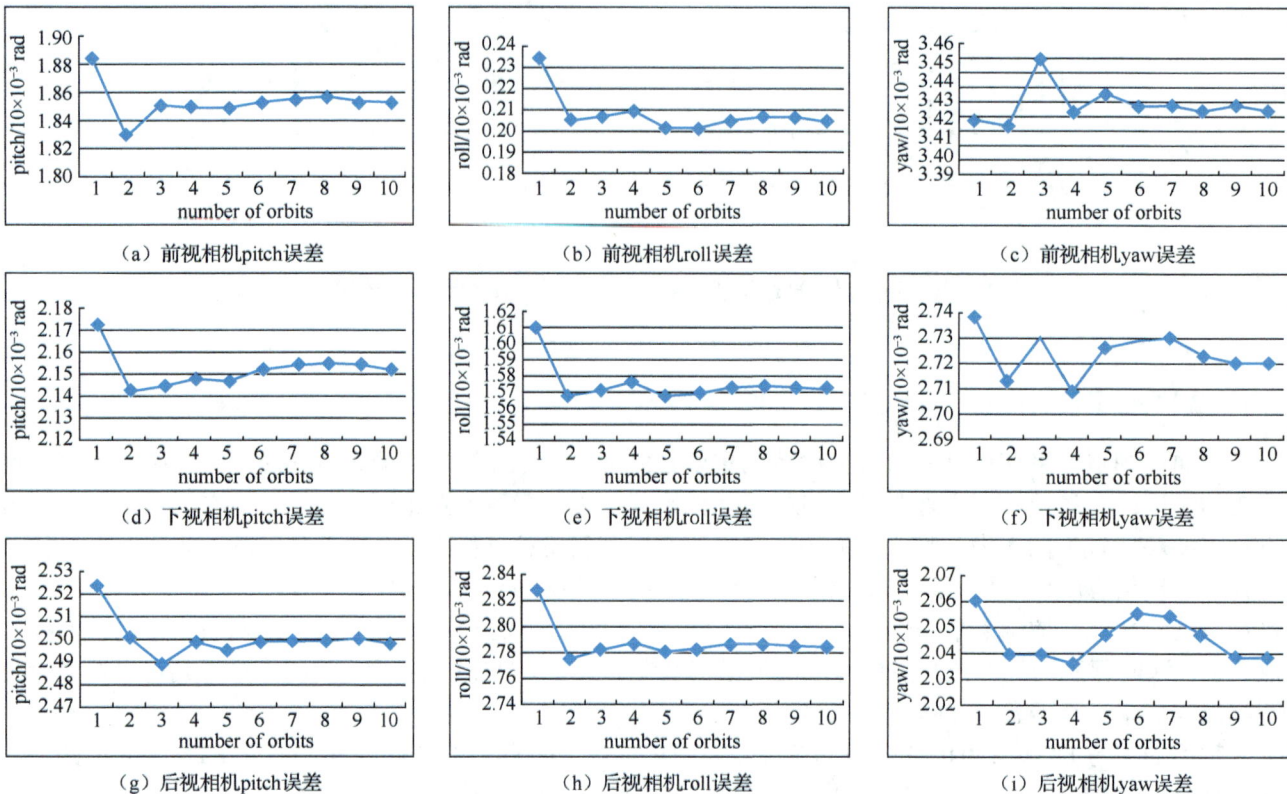

（a）前视相机pitch误差 （b）前视相机roll误差 （c）前视相机yaw误差

（d）下视相机pitch误差 （e）下视相机roll误差 （f）下视相机yaw误差

（g）后视相机pitch误差 （h）后视相机roll误差 （i）后视相机yaw误差

图 8-15 相机相对于卫星的安装角检校结果变化图

注：number of orbits：轨道数。

从图中可以看出，随着轨道数的增加，前视、下视、后视三个相机的安装角检校参数逐渐趋于稳定，即检校出来的安装角参数受外方位元素的影响逐渐变小。只有一条轨道数据参与检校时，检校参数受到外方位元素的影响很大，其检校结果与多条轨道检校结果偏离较远。另外，从图中还可以看出，至少需要三条轨道同时检校才能基本消除外方位元素对 pitch 及 roll 的影响，而对于 yaw 则波动较大，主要是由于自动匹配的地面控制点精度较低且不均匀，因此需要更多条轨道同时检校才能趋于稳定，不过 yaw 对于物方定位精度及交会精度的影响较小。

2. CCD 整体检校结果

相机安装角检校完成后，还需要对 CCD 在焦平面的位置进行检校。选取同样的 10 条轨道数据进行处理，针对前视、下视、后视三个相机，分别选取沿轨道方向偏移误差 x_0、垂直于轨道方向偏移误差 y_0 及由于 CCD 尺寸缩放引起的线性误差 y_1 三个参数作为未知数进行检校，其结果如图 8-16 所示。

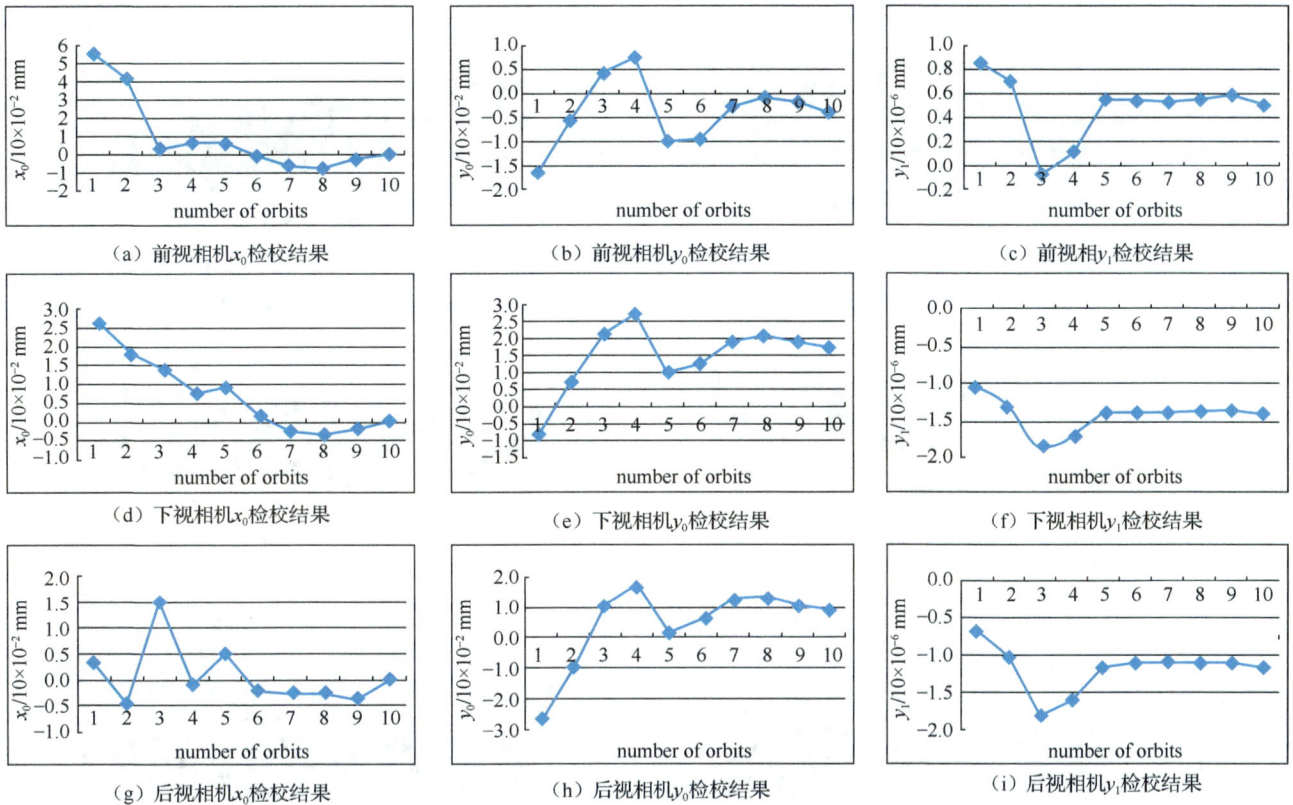

（a）前视相机x_0检校结果　　（b）前视相机y_0检校结果　　（c）前视相机y_l检校结果

（d）下视相机x_0检校结果　　（e）下视相机y_0检校结果　　（f）下视相机y_l检校结果

（g）后视相机x_0检校结果　　（h）后视相机y_0检校结果　　（i）后视相机y_l检校结果

图 8-16　CCD 位置偏移及缩放检校参数值变化图

从图中可以看出，受外方位元素及地面控制点误差的影响，当轨道条数较少时，检校结果波动较大；随着轨道条数依次增加，检校参数逐渐趋于稳定，其中沿轨道方向的偏移误差 x_0 趋于零，这是由于该参数与上一步安装角 Δpitch 相关，沿轨道方向的偏差已经在 Δpitch 中得到补偿。但是，受到 CCD 缩放误差的影响，CCD 垂直于轨道方向的偏移误差并没有在先前的安装角检校中补偿完，仍然有残余偏移误差；而缩放误差在前视、下视、后视三个相机中都趋近于某个值，说明线阵 CCD 中确实存在由于 CCD 尺寸缩放引起的微小线性误差。由于此类误差值较小，因此至少需要六轨数据同时检校才能将上述误差从外方位元素中分离出来。

3. 子线阵 CCD 检校结果

由于子线阵 CCD 可能存在不同的偏移和缩放误差，因此整体 CCD 检校结果仍然不能消除各子线阵 CCD 内部的残余误差。为了进一步提升检校精度，采用分段检校策略，对各子线阵 CCD 进行分别检校。检校后其残差分布如图 8-17 所示。其中，图 8-17（a）和（b）表示整体 CCD 检校之前，下视影像的像点残差；图 8-17（c）和（d）、（e）和（f）、（g）和（h）表示经过整体 CCD 检校之后，下视影像及前视、后视影像的像点残差分布图；图 8-17（i）和（j）表示经过子线阵 CCD 检校之后，下视影像的像点残差分布。

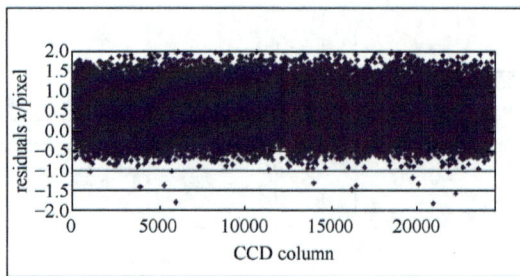

（a）检校前的下视像点沿轨残差

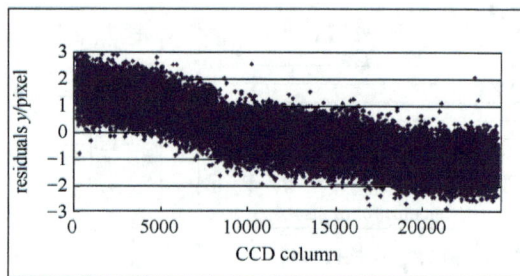

（b）检校前的下视像点垂轨残差

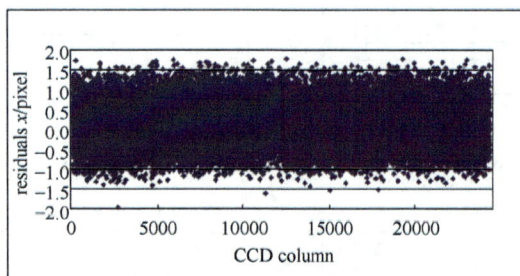

（c）整体CCD检校后的下视沿轨残差

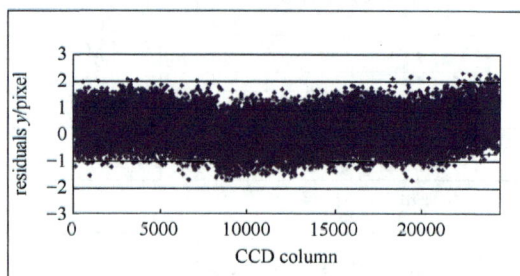

（d）整体CCD检校后的下视垂轨残差

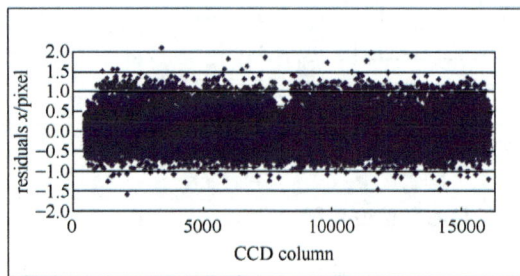

（e）整体CCD检校后的前视沿轨残差

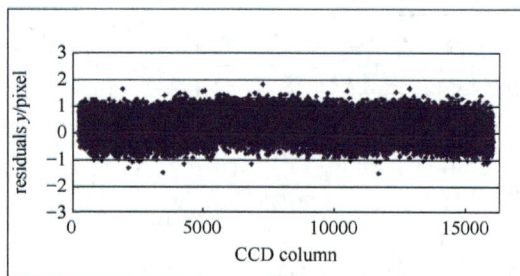

（f）整体CCD检校后的前视垂轨残差

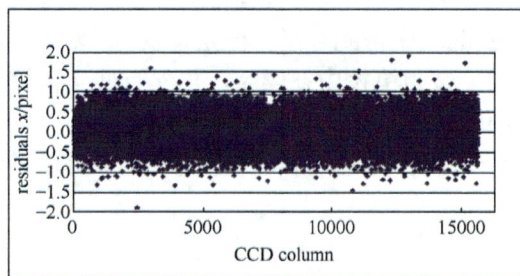

（g）整体CCD检校后的前视沿轨残差

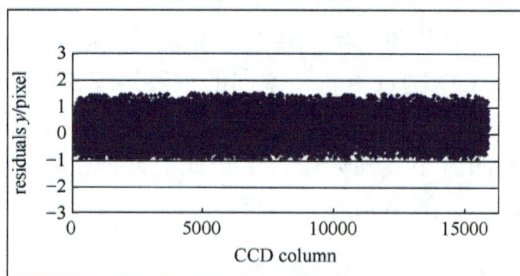

（h）整体CCD检校后的前视垂轨残差

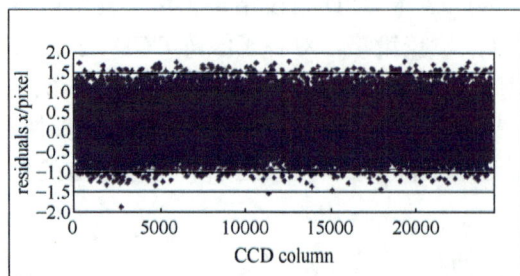

（i）子线阵CCD检校后的下视沿轨残差

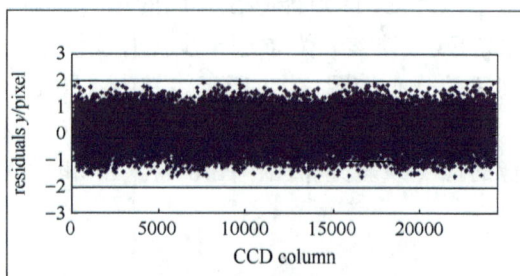

（j）子线阵CCD检校后的下视垂轨残差

图 8-17 整体 CCD 检校及子线阵 CCD 分段检校的像方残差分布图

对图 8-17（a）和（b）与（c）和（d）进行对比可以看出，经过整体 CCD 检校后，可以有效地减小像方残差，并消除整体偏移及缩放误差，但是下视影像中仍然有部分残差与子线阵的位置分布密切相关，说明下视影像的子线阵 CCD 误差没有得到很好地消除；从图 8-17（e）和（f）与图（g）和（h）可以看出，经过整体 CCD 检校后，前后视相机的误差基本得到消除，且子线阵内部无明显拼接误差；对图 8-17（c）和（d）与图（i）和（j）进行对比可以看出，经过子线阵 CCD 检校之后，下视相机的子线阵残余误差得到消除，子线阵之间无明显的误差分布不均匀现象。从表 8-5 也可以看出，经过整体 CCD 检校后，像方残差精度整体得到提高；再经过子线阵 CCD 检校后，残差进一步减小。

表 8-5　整体 CCD 检校及子线阵 CCD 分段检校结果统计

检校策略	像方中误差/像素		像方最大误差/像素		检查点中误差/m		检查点最大误差/m	
	x	y	x	y	XY	H	XY	H
无 CCD 位置检校	0.30	0.81	2.47	−2.47	14.67	7.77	56.25	−31.42
整体 CCD 检校	0.30	0.54	1.79	−1.80	14.38	7.84	51.94	31.06
子线阵 CCD 检校	0.30	0.52	1.71	−1.72	14.35	7.76	51.04	31.87

4. 检校精度检查

（1）单轨与多轨检校对比、CCD 检校与不检校对比

用检校后的参数对所有 19 轨数据进行直接地理定位和区域网平差处理，所有地面控制点和检查点均使用前述自动匹配的中等精度地面控制点，以便快速粗略检查检校后相机参数的精度水平。本实验对比不同检校策略生成的检校结果对直接地理定位及区域网平差精度的影响。各检校策略及处理方案说明如表 8-6 所示。

表 8-6　各检校策略及处理方案说明

策略	说明
SSR_DG	利用第一轨数据检校安装角后，对 19 轨数据直接定位
MSR_DG	利用多轨（10 轨）数据检校安装角后，对 19 轨数据直接定位
MSRC_DG	多轨检校安装角后，检校 CCD，再对 19 轨数据直接定位
HPG_DG	检校场高精度地面控制点检校安装角后，检校 CCD，再对 19 轨数据直接定位
MSR_ADJ	利用多轨（10 轨）数据检校安装角后，对 19 轨数据平差补偿姿态轨道数据误差
MSRC_ADJ	多轨检校安装角后，检校 CCD，再对 19 轨数据平差补偿姿态轨道数据误差
HPG_ADJ	检校场高精度地面控制点检校安装角后，检校 CCD，再对 19 轨数据平差补偿姿态轨道数据误差

对 19 条轨道数据进行直接地理定位及区域网平差结果对比如图 8-18 所示，其中横轴 strip ID 表示轨道编号，纵轴分别表示沿轨和垂轨方向的像方残差（residuals）、平面及高程物方残差。从图中可以看出，多轨检校结果整体上优于单轨检校结果。由于单轨检校时采用第一轨数据进行，因此检校参数补偿了外方位元素误差，在进行直接定位时，对于第一轨数据，单轨检校精度高于多轨检校；但是对于其他条轨道的数据，均是多轨检校结果精度更高。另外，无论是直接定位还是区域网平差，检校 CCD 位置误差的像方精度明显优于不检校 CCD 位置误差的精度。但是，由于 CCD 位置误差值较小，因此对于物方精度影响不明显。

由于多轨检校结果与外方位元素无关，因此利用多轨数据检校的结果进行直接定位后，仍然包含由于外方位元素引起的误差。进行区域网平差补偿外方位元素常数项系统误差之后，所有数据的像方及物方精度都有明显提升，并且精度达到较高水平，像方残差均值约为 0.5 像素，物方精度为 10m 左右，充分说明多轨检校能够分离具有相关性的内外方位元素未知数。在利用系统误差补偿模型进行区域网平差时，仅补偿外方位元素的常数项系统误差，即可达到较高的处理精度。

（a）像点沿轨道的残差

（b）像点垂直轨道上的残差

（c）检查点平面残差

（d）检查点高程残差

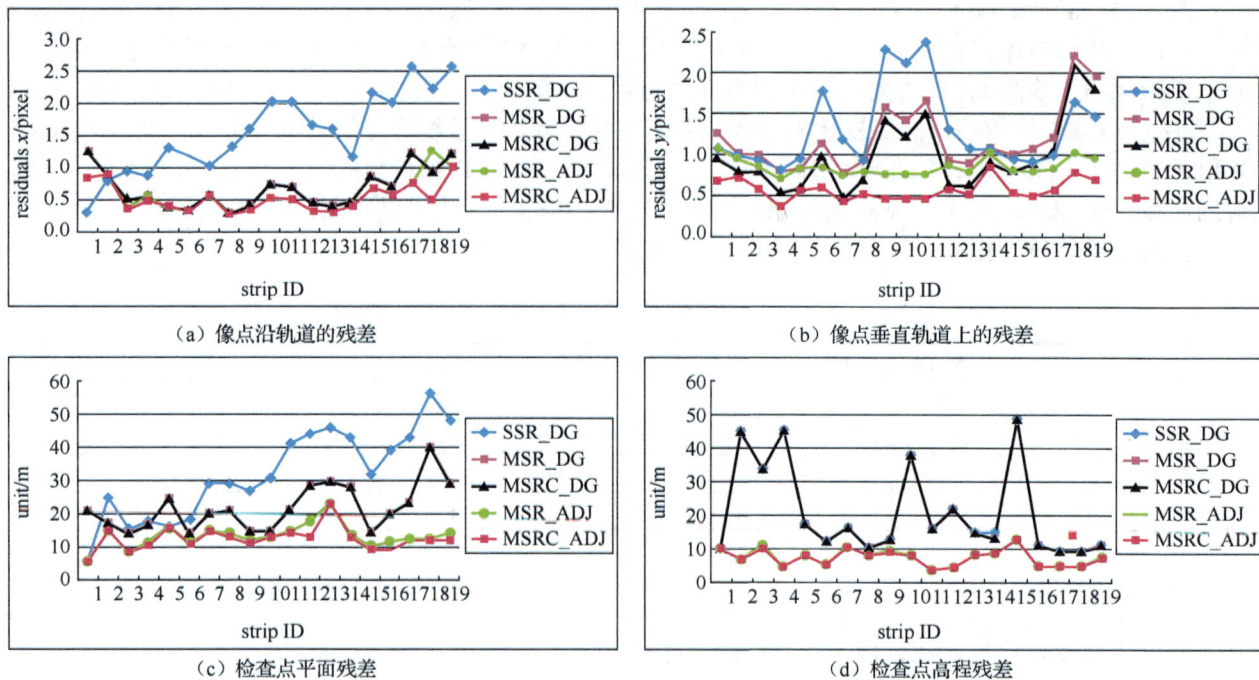

图 8-18 采用不同检校策略后进行直接定位及区域网平差结果对比

（2）利用高精度地面控制点进行区域网平差的结果对比

上述所有区域网平差实验全部采用自动匹配的中等精度物方点作为地面控制点和检查点，为了进一步检查多轨检校结果所能达到的最高精度水平，在前述中等精度控制点自检校平差获得检校参数的基础上，采用少量高精度外业测量点作为地面控制点及检查点进行区域网平差，以消除外方位元素误差，平差统计结果如表 8-7 所示。

表 8-7 不同检校策略得到的检校参数对地定位精度统计结果

测试区域	检校策略	地面控制点数量	检查点数量	像点中误差/像素		最大残差/像素		检查点中误差/m		最大残差/m	
				x	y	x	y	XY	H	XY	H
嵩山	SSR_ADJ	3	75	1.42	0.86	−2.60	2.99	1.83	4.06	4.79	−7.53
	MSRC_ADJ	3	75	0.22	0.31	0.71	0.95	1.32	1.70	3.46	4.82
	HPG_ADJ	3	75	0.26	0.32	0.73	−0.97	1.40	1.65	4.22	−4.02
平湖	SSR_ADJ	10	320	1.40	0.92	2.76	−2.95	2.53	5.00	6.76	−9.09
	MSRC_ADJ	10	320	0.56	0.60	1.46	1.46	1.47	2.58	5.19	5.33
	HPG_ADJ	10	320	0.63	0.67	1.62	2.00	2.02	2.48	5.65	5.83

从表中可以看出，采用河南嵩山检校场的少量高精度地面控制点进行区域网平差后，多轨检校结果可以达到平面 1.3m、高程 1.7m 的定位精度，与采用大量高精度地面控制点进行相机检校后获得的精度非常接近，均约为 0.5 GSD，说明资源三号卫星三线阵影像完全能够进行高精度测图应用。采用浙江平湖地区由 1:10000 比例尺基础地理信息量测得到的地面控制点进行平差时，其多轨检校结果的定位精度仍可以达到平面 2.0m、高程 2.5m 左右。值得指出的是，利用中等精度地面控制点多轨检校的结果与高精度检校场检校的精度相当，验证了本章提出的基于全球公开地理信息进行星载传感器在轨几何检校技术的有效性。

本 章 小 结

本章主要阐述了线阵传感器的成像几何机理及其成像特点，分析了线阵推扫光学成像的系统误差来源，介绍了线阵传感器在轨几何检校的相关技术、影响传感器几何定位精度的各项内参数及各类参数之间的相关性，并提出引入全球公开地理信息自动匹配地面控制点及多条带影像联合平差实现三线阵传感器在轨几何检校。

卫星线阵影像进行单轨检校时，由于内、外方位元素有较强的相关性，外方位元素误差对内方位元素有较大的影响，因此本章提出采用基于海量中等精度地面控制点的多条带影像联合在轨几何检校技术。基于全球公开地理信息的检校算法不需要任何高精度检校场，只需要已有的全球公开中等分辨率正射影像及 DEM。该方法可以在全球任何地区实施在轨几何检校，而且自动匹配控制点取代传统的人工量测地面控制点，使得检校过程完全自动化。

对资源三号卫星三线阵传感器进行在轨检校的实验结果说明，多轨检校策略可以有效消除外方位元素误差对于几何检校结果的不利影响，随着参与检校的轨道条数增多，检校结果逐渐摆脱外方位元素的影响而趋于稳定。另外，利用中等精度地面控制点进行多轨检校的结果与高精度检校场检校的结果精度相当。

通过多轨数据对资源三号卫星三线阵相机相对于卫星本体的安装角及 CCD 位置误差进行检校，可大幅提高资源三号卫星的直接定位精度，直接定位平均像方残差达到沿轨道方向 0.3 像素，垂直于轨道方向 0.52 像素，物方平面和高程残差中误差分别优于 15m 和 8m。采用少量高精度地面控制点进行区域网平差后，可以得到平面 1.3m、高程 1.7m 的定位精度，说明资源三号卫星三线阵影像完全能够进行高精度测图应用。采用平湖地区由 1∶10000 比例尺基础地理信息量测得到的地面控制点进行平差时，其定位精度仍可达到平面 2.0m、高程 2.5m 左右。

参 考 文 献

蒋永华，张过，唐新明，等，2013. 资源三号测绘卫星三线阵影像高精度几何检校[J]. 测绘学报，42(4)：523-529，553.

李德仁，2012. 我国第一颗民用三线阵立体测图卫星：资源三号测绘卫星[J]. 测绘学报，41(3)：317-322.

罗小波，柳钦火，刘强，2010. 静轨卫星扫描影像几何定位误差分析[J]. 地球信息科学学报，12(1)：89-94.

石俊霞，薛旭成，郭永飞，2010. 卫星振动对 CCD 相机成像质量的影响及补偿方法[J]. 光电工程，37(12)：11-16.

张永军，2008. 基于序列图像的视觉检测理论与方法[M]. 武汉：武汉大学出版社.

张永军，郑茂腾，王新义，等，2012. "天绘一号"卫星三线阵影像条带式区域网平差[J]. 遥感学报，16(6S)：84-89.

张永生，2012. 高分辨率遥感测绘嵩山实验场的设计与实现[J]. 测绘科学技术学报，29(2)：79-82.

赵德文，2009. ADS40 数字传感器的摄影测量处理与应用[J]. 铁道勘察 (2)：22-25.

郑茂腾，2014. 航天三线阵传感器在轨几何检校及其区域网平差技术研究[D]. 武汉：武汉大学.

智喜洋，张伟，曹移明，等，2011. 单线阵 CCD 相机定位精度评估模型及几何误差研究[J]. 光学技术，37(6)：669-674.

ATKINSON K B, 1996. Close range photogrammetry and machine vision[M]. Caithness: Whittles Publishing.

BOUILLON A, BERNARD M, GIGORD P, et al., 2006. SPOT 5 HRS geometric performances: using block adjustment as a key issue to improve quality of DEM generation[J]. ISPRS Journal of Photogrammetry and Remote Sensing, 60(3): 134-146.

BRETON E, BOUILLON A, GACHET R, et al., 2002. Pre-flight and in-flight geometric calibration of SPOT5 HRG and HRS images[J]. International Archives of Photogrammetry Remote Sensing and Spatial Information Sciences, 34(1): 20-25.

CHEN Y F, ZHONG X, QIU Z G, et al., 2015. Calibration and validation of ZY-3 optical sensors[J]. IEEE Transactions on Geoscience and Remote Sensing, 53(8): 4616-4626.

LEPRINCE S, MUSÉ P, AVOUAC J P, 2008. In-flight CCD distortion calibration for pushbroom satellites based on subpixel correlation[J]. IEEE Transactions on Geoscience and Remote Sensing, 46(9): 2675-2683.

HABIB A, AKDIM N, EL GHANDOUR FE, et al., 2017. Extraction and accuracy assessment of high-resolution DEM and derived orthoimages from ALOS-PRISM data over Sahel-Doukkala (Morocco) [J]. Earth Science Informatics, 10: 197-217.

HEROUX P, KOUBA J, 2001. GPS precise point positioning using IGS orbit products[J]. Physics and Chemistry of the Earth, 26(6-8): 573-578.

KOCAMAN S, 2008. Sensor modeling and validation for linear array aerial and satellite imagery[D]. Zurich: ETH Zurich.

KRAUS K, 2020. Photogrammetry[M]. Berlin：Walter De Gruyter.

PUJAR G S, DADHWAL V K, MURTHY M S R, et al., 2016. Geospatial approach for national level TOF assessment using IRS high resolution imaging: early results[J]. Journal of the Indian Society of Remote Sensing, 44: 321-333.

RADHADEVI P V, SOLANKI S S, 2008. In-flight geometric calibration of different cameras of IRS-P6 using a physical sensor model[J]. The Photogrammetric Record, 23(121): 69-89.

TAKAKU J, TADONO T, 2009. PRISM on-orbit geometric calibration and DSM performance[J]. IEEE Transactions on Geoscience and Remote Sensing, 47(12): 4060-4073.

TAO P J, LU L P, ZHANG Y, et al., 2014. On-orbit geometric calibration of the panchromatic/multispectral camera of the ZY-1 02C satellite based on public geographic data[J]. Photogrammetry Engineering and Remote Sensing, 80(6): 505-517.

XIE J F, TANG X M, MO F, et al., 2018. In-orbit geometric calibration and experimental verification of the ZY3-02 laser altimeter[J].The Photogrammetric Record, 33(163): 341-362.

ZHANG Y J, WANG B, ZHANG Z X, et al., 2014a. Fully automatic generation of geoinformation products with Chinese ZY-3 satellite imagery[J]. The Photogrammetric Record, 29 (148): 383-401.

ZHANG Y J, ZHENG M T, XIONG J X, et al., 2014b. On-orbit geometric calibration of ZY-3 three-line array imagery with multistrip data sets[J]. IEEE Transactions on Geoscience and Remote Sensing, 52(1): 224-234.

ZHANG Y J, ZHENG M T, XIONG X D, et al., 2015. Multistrip bundle block adjustment of ZY-3 satellite imagery by rigorous sensor model without ground control point[J]. IEEE Transactions on Geoscience and Remote Sensing, 12 (4): 865-869.

第 *9* 章

品字形机械交错成像在轨几何检校

9.1 引言

卫星成像传感器的高精度在轨几何检校是影像高精度几何定位的前提,也是几何纠正和大区域镶嵌等一系列后续处理和应用的基础。本章以我国天绘一号卫星高分辨率相机为例,研究多景覆盖多 CCD 品字形机械交错式排列传感器的高精度在轨几何检校方法。

天绘一号卫星是我国第一代传输型摄影测量业务卫星,由航天东方红卫星有限公司采用 CAST2000 小卫星平台研制。该卫星的有效载荷主要包括测绘相机、高分辨率相机、数据传输系统和空间环境设备四类。其中,测绘相机由三个全色线阵 TDI CCD 相机(包括对地正视、前视和后视相机各一个)和一个多光谱相机(含蓝、绿、红和近红外四个谱段)组成。测绘相机采用 LMCCD 体制,以三线阵、三视角摄影为主,辅以四个小面阵成像,用于获取目标的高精度三维地理信息。高分辨率相机的焦平面由八片品字形机械交错式排列 CCD 拼接组成,获取的全色影像地面分辨率优于 2m,幅宽约为 60km(胡堃,2016)。

本章主要结合天绘一号卫星高分辨率相机的载荷设计和成像几何特点,对提高几何检校模型的严密性和去除检校参数的相关性进行综合考虑,目的是精化在轨几何检校处理技术,实现各类系统误差的稳定可靠检校。其中采取的措施主要包括筛选和优化几何内检校和外检校模型参数、采用分片检校法对多 CCD 分别建模、误差方程引入多景覆盖和多 CCD 片之间重叠的各类连接条件、采用松弛法分别进行内检校和外检校区域网平差的交替迭代解算等。

9.2 含约束的多 CCD 几何检校模型

9.2.1 品字形机械交错式成像传感器设计

线阵推扫式高分辨率光学卫星通常采用时间延时积分电荷耦合元件 TDI CCD 作为光学传感器的成像器件。TDI CCD 是一种面阵结构、线阵输出的新型 CCD 器件,具有多重级数延时积分增加光能摄入的功能。在相机推扫成像过程中,TDI CCD 光生电荷的转移与焦面上影像的运动在较长的积分时间内保持同步且不断累加,在低照度和平稳运动状态下具有更高的成像灵敏度和信噪比。

光学相机为获取更高空间分辨率的影像,其焦距一般较长。在保持成像视场角和幅宽的前提下,需要增加焦平面上线阵 CCD 探测器的总有效长度。但是由于 CCD 制造工艺的限制,单片 CCD 通常由几千至一万左右的探测器组成,其长度不能直接满足成像视场的尺寸要求,因此通常在成像焦平面上将多片 CCD 拼接成一个大视场探测器阵列。多级 CCD 器件为面阵结构且受外壳包装的限制,无法直接进行直线排列的物理拼接。其可选择的拼接方式包括光学拼接（含全反全透式和半反半透式光学拼接）和机械交错式拼接（含品字形交错式和上下交错式机械拼接）等（杨桦 等，2003；张星祥 等，2006）。其中，机械交错式拼接采用 CCD 非共线排列设计，第二列填充由第一列形成的间隙，首尾像元分别对齐，两列在卫星飞行方向上错开一定位置。这种拼接方式由于不存在光学拼接那样的色差问题而得到了广泛的应用（Dial，2000）。

与普通的单线阵单次曝光 CCD 器件相比，机械交错式拼接的多 CCD 在成像机理和焦平面设计结构上更加复杂，由此引入的光学相机内部系统误差也更加复杂，对在轨几何内检校工作提出了更高的技术要求。本节以天绘一号卫星高分辨率相机为例，具体说明品字形机械交错式成像传感器的设计特点。

高分辨率相机的焦平面上排列有八片 CCD，每片由 4096 个探测器组成，采用视场中心线两侧分上下两行交错排列的视场拼接方式安装，每行的四个 CCD 器件为一组（CCD1、CCD3、CCD5 和 CCD7 为一组，CCD2、CCD4、CCD6 和 CCD8 为一组）。高分辨率相机成像的辅助数据以每组 CCD 器件为单位插入，同一组中的四片 CCD 影像辅助数据相同。高分辨率相机焦平面上八片 CCD 品字形机械交错式排列的几何关系示意图如图 9-1 所示。焦平面上八片 CCD 安装排列技术指标如表 9-1 所示。

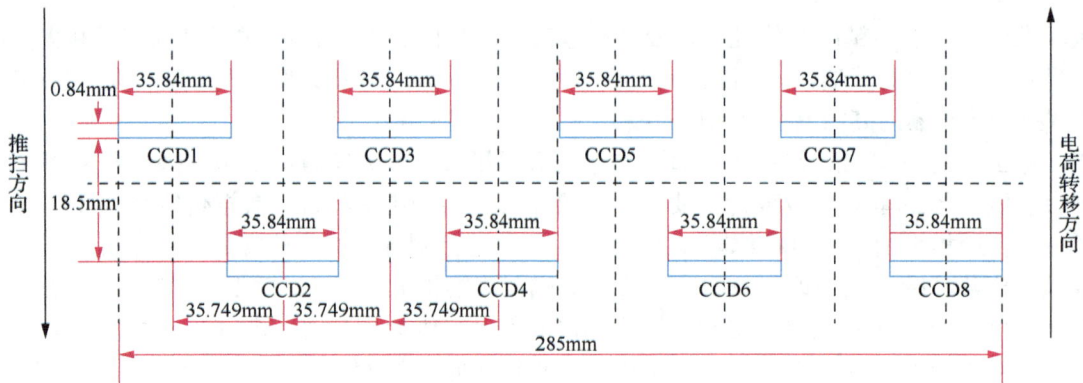

图 9-1　高分辨率相机焦平面上八片 CCD 品字形机械交错式排列的几何关系示意图

表 9-1　高分辨率相机焦平面上八片 CCD 安装排列技术指标

指标项	具体指标类型	指标取值
焦面 CCD 拼接	单片 CCD 直线度/μm	≤2
	八片 CCD 共面度/μm	≤5
	奇偶行 CCD 距离/像元	2114
	拼接重叠精度/像元	≤0.2（1.75μm）
	拼接重叠度/像元	96
相对畸变检校精度		<1/10000

采用品字形机械交错式排列的相邻两片 CCD 为分时成像，其透视和平面成像几何关系示意图如图 9-2 所示。其中，两个像方点 p_1 和 p_2 分别为同一物方点 P 在相邻两片 CCD 影像重叠区域的成像位置。高分辨率相机八片 CCD 成像缩略图如图 9-3 所示。

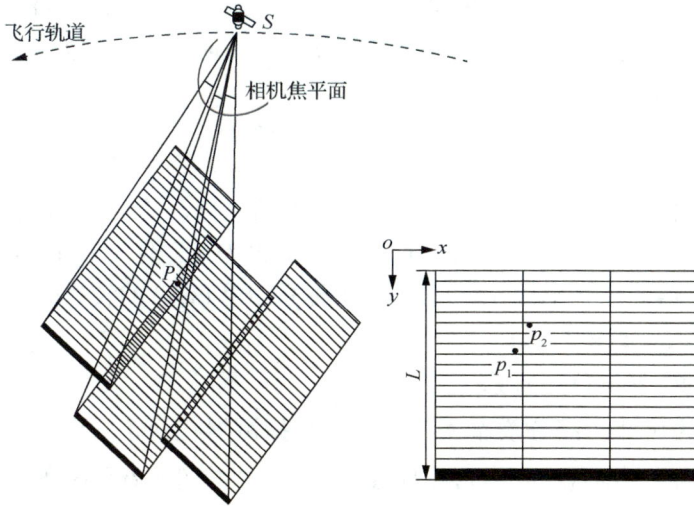

图 9-2　品字形机械交错式排列 CCD 成像几何关系示意图

图 9-3　高分辨率相机八片 CCD 成像缩略图

9.2.2　严密成像几何模型和检校参数优化

在 8.3 节高分辨率光学卫星成像各类静态和动态系统误差源分析的基础上，可构建严密在轨成像几何模型。在不考虑大气折光和地球自转的情况下，某一 CCD 扫描行成像瞬间，任一像方点、摄影中心和对应的物方点满足三点共线关系。线阵推扫式高分辨率光学卫星在轨严格成像几何关系示意图如图 9-4 所示。

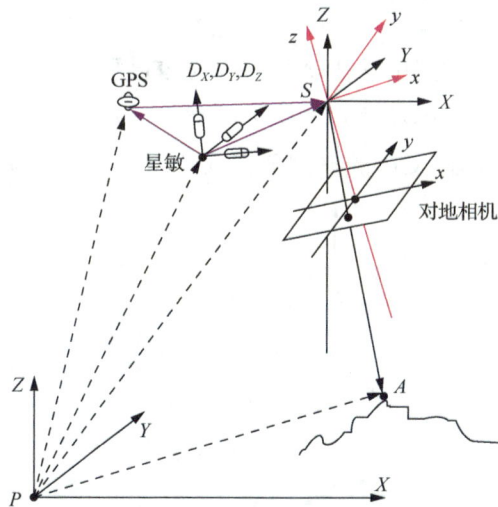

图 9-4　线阵推扫式高分辨率光学卫星在轨严格成像几何关系示意图

为便于分析，以光学相机确立的像空间直角坐标系（相机坐标系）为基准坐标系，当采用双频 GNSS 接收机作为定轨设备和星敏感器作为姿态测量设备获取外方位元素时，构建的严密在轨成像几何模型如下：

$$
\begin{bmatrix} x \\ y \\ -f \end{bmatrix}_{\text{cam}} = \lambda \boldsymbol{R}_{\text{ins}}^{\text{cam}}(\text{pitch}, \text{roll}, \text{yaw}) \left(\boldsymbol{R}_{\text{J2000}}^{\text{ins}}(t) \boldsymbol{R}_{\text{WGS84}}^{\text{J2000}} \begin{bmatrix} X_g - X_{\text{GPS}}(t) \\ Y_g - Y_{\text{GPS}}(t) \\ Z_g - Z_{\text{GPS}}(t) \end{bmatrix}_{\text{WGS84}} - \boldsymbol{R}_{\text{sat}}^{\text{ins}} \begin{bmatrix} B_x \\ B_y \\ B_z \end{bmatrix}_{\text{sat}} \right) \tag{9-1}
$$

下文逐一分析式（9-1）中各模型参数的具体含义，并针对天绘一号卫星高分辨率相机在轨成像的几何特点，研究各参数对定位误差的影响及参数之间的相关性，同时进行高精度在轨几何检校模型参数的优化设计，以精确描述各类系统误差的大小和相互关系。

1. 像方坐标和内检校参数

式（9-1）中，$(x, y, -f)_{cam}$ 为成像焦平面上的 CCD 探测器在相机坐标系下的坐标，其中 x 为沿扫描方向，y 为沿飞行方向；f 为相机后主节点的等效主距，包含与主距相关的缩放误差，详见 8.3 节。对任一线阵 CCD 扫描行，满足 $y = 0$。CCD 各探测器的像素坐标 (l, p) 到相机坐标系坐标 (x, y) 的转换关系为

$$\begin{cases} x = d_x \times (l - l_0) \\ y = d_y \times (p - p_0) \end{cases} \tag{9-2}$$

式中，d_x、d_y 为 CCD 探测器在 x 和 y 方向的尺寸，高分辨率相机的 CCD 探测器在两个方向上均为 0.013mm；l_0、p_0 为投影中心点的像素坐标；像方坐标 (x, y) 作为观测值，包含各类内部系统误差和像方坐标量测误差、匹配误差等偶然误差。

卫星在轨飞行过程中，内部系统误差显著且稳定，可将实验室检校参数作为初值，参与几何内检校区域网平差解算。由于高分辨率相机具有长焦距和窄视场角的特点，且 CCD 在物理上是一个小面阵结构，为降低复杂度，几何内检校仅考虑显著的线性误差，包括 CCD 在像平面内的旋转、偏移和探测器尺度缩放等线阵 CCD 系统误差，以及主距缩放和像主点偏移等光学镜头误差。

窄视场角会导致光学相机的内部系统误差之间，以及内部系统误差和外部系统误差之间具有很强的相关性。若对它们分别建模与解算，会使几何内检校模型形式复杂，难以精确构建和解算；另外，过度参数化带来的强相关性可能会导致平差解算不稳定甚至不收敛。因此，在几何内检校模型构建过程中，需要尽可能降低参数的复杂度和相关性。

在天绘一号卫星高分辨率相机的高精度在轨几何内检校模型构建中，不考虑传感器内部的具体几何畸变类型，而是进行等效主距的归一化处理。采用探测器指向角 $(\psi_x(s), \psi_y(s))$ 确定的光轴指向 $\vec{u_1}$ 的变化综合表示内部系统误差的分布。线阵 CCD 的探测器指向角示意图如图 9-5 所示。

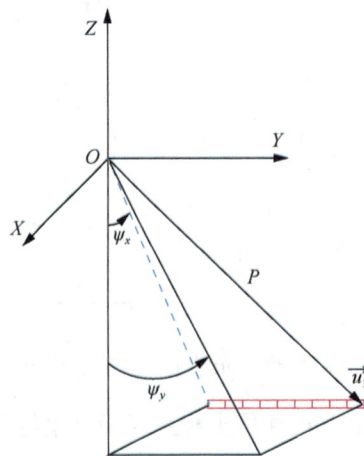

图 9-5　线阵 CCD 的探测器指向角示意图

其中，光轴指向 $\vec{u_1} = (\tan(\psi_x(s)), \tan(\psi_y(s)), -1) / \| \vec{u_1} \|$。对于任意一个 CCD 探测器，$s$ 表示从左至右在线阵 CCD 上的列号。为避免过度参数化问题并降低参数之间的相关性，分别采用三次多项式拟合该片 CCD 在飞行方向和扫描方向的光轴指向角曲线，表示如下：

$$\begin{cases} \tan(\psi_x(s)) = (a_{x0} + a_{x1}s + a_{x2}s^2 + a_{x3}s^3)\,/\,1000 \\ \tan(\psi_y(s)) = (b_{x0} + b_{x1}s + b_{x2}s^2 + b_{x3}s^3)\,/\,1000 \end{cases} \tag{9-3}$$

式中，$a_{x0}, a_{x1}, a_{x2}, a_{x3}, b_{x0}, b_{x1}, b_{x2}, b_{x3}$ 为该片线阵 CCD 对应的八个三次多项式模型参数，需要在几何内检校中求解这些参数。

2. 物方点坐标

式（9-1）中，$(X_g, Y_g, Z_g)_{WGS84}$ 为像点 (x, y) 对应的物方点在 WGS84 下的坐标。在几何外检校区域网平差解算过程中，若该物方点对应的像点为连接点，则 $(X_g, Y_g, Z_g)_{WGS84}$ 为未知数；若该点为物方控制点，则根据物方绝对控制精度的差异，$(X_g, Y_g, Z_g)_{WGS84}$ 可作为准确值或带权观测值。

3. GNSS 天线相位中心坐标

式（9-1）中，$(X_{GPS}(t), Y_{GPS}(t), Z_{GPS}(t))_{WGS84}$ 为该扫描行对应瞬时时刻的 GNSS 天线相位中心在 WGS84 下的坐标。GNSS 观测存在系统性的定位误差，在几何外检校区域网平差解算过程中可作为含系统误差的观测值使用。

对于任一条 CCD 扫描线对应的 $(X_{GPS}(t), Y_{GPS}(t), Z_{GPS}(t))_{WGS84}$，采用 GNSS 星历数据和影像扫描行时数据文件通过 9.2.3 节介绍的方法求取。其中包含 GNSS 天线相位中心坐标观测偶然误差和系统误差，以及函数曲线拟合误差。时间同步误差对 GNSS 天线相位中心的影响与星敏感器安装误差矩阵 $\boldsymbol{R}_{ins}^{cam}(pitch, roll, yaw)$ 相关，因此可归算到 $\boldsymbol{R}_{ins}^{cam}(pitch, roll, yaw)$ 的检校中。

4. GNSS 天线相位中心偏移

式（9-1）中，$(B_x, B_y, B_z)_{sat}$ 为传感器投影中心相对于 GNSS 天线相位中心的偏移矢量在卫星本体坐标系下的坐标，$\boldsymbol{R}_{sat}^{ins}$ 为卫星本体坐标系相对于星敏感器坐标系的旋转矩阵。传感器投影中心和 GNSS 天线相位中心相对于卫星本体坐标系在理论上都存在安装位置的相对误差。同样，不再考虑经卫星本体坐标系的转换关系。由于 GNSS 天线相位中心的偏移矢量对定位误差的影响非常小，因此几何外检校中无须考虑，具体原因分析详见 8.3 节。

5. 星敏感器姿态测量旋转矩阵

式（9-1）中，$\boldsymbol{R}_{J2000}^{ins}(t)$ 为空间固定惯性参考系（conventional inertial system，CIS）相对于星敏感器坐标系的旋转矩阵。空间固定惯性参考系采用以地球质心为坐标原点，以 2000 年 1 月 1 日质心力学时为标准历元，以经过瞬时岁差和章动改正后的春分点和北天极分别作为 X 轴和 Z 轴的右手 J2000 坐标系。

同资源三号卫星一致，天绘一号卫星的星敏感器姿态测量也为相对于 J2000 坐标系的指向角，为含系统误差的直接观测值。原始数据采用四元数形式提供，在使用时需要转化为三个正交欧拉旋角。由于卫星在飞行过程中姿态相对稳定，因此不考虑时间同步误差的影响。

对于任一条 CCD 扫描线对应的 $\boldsymbol{R}_{J2000}^{ins}(t)$，采用星敏感器姿态测量数据和行时数据文件通过 9.2.3 节介绍的方法求取。其中包含星敏感器姿态观测偶然误差和系统误差，以及函数曲线拟合误差。姿态测量数据对模型定位精度的影响远大于轨道定位数据，其系统误差改正包含于星敏感器安装误差矩阵的检校中。此外，为进一步精化姿态数据，可结合 10.3.3 节的分时成像数据颤振补偿和 10.4.3 节的高频角位移数据颤振补偿方法，通过星敏感器姿态测量数据叠加卫星平台高频颤振的姿态补偿值，为在轨几何检校提供更加精准的姿态观测值。

6. 星敏感器安装误差矩阵

式（9-1）中，$R_{\text{ins}}^{\text{cam}}(\text{pitch},\text{roll},\text{yaw})$ 为星敏感器坐标系相对于相机坐标系的旋转矩阵。星敏感器和光学相机相对于卫星本体坐标系在理论上都存在安装姿态的相对误差。由于卫星姿态数据均以星敏感器坐标系为基准，因此将各传感器相对于卫星本体坐标系的变换关系直接用传感器相对于星敏感器坐标系的变换关系表示。其中，三个正交旋角（pitch,roll,yaw）分别表示两个坐标系之间的安装夹角。星敏感器和光学相机采用刚体固联结构，卫星运行过程中存在的变形偶然误差较小。因此，可以将 $R_{\text{ins}}^{\text{cam}}(\text{pitch},\text{roll},\text{yaw})$ 视为系统误差，由实验室检校参数文件提供初值，并作为检校参数参与几何外检校平差解算。

7. 地球固定参考系和空间固定惯性参考系旋转矩阵

式（9-1）中，$R_{\text{WGS84}}^{\text{J2000}}$ 为地球固定参考系（conventional terrestrial system，CTS）相对于空间固定惯性参考系的旋转矩阵，空间固定惯性参考系采用 GNSS 位置观测数据所在的 WGS84 描述。两个坐标系之间的转换需要考虑岁差、章动、地球自转和极移等因素，每个时段定期更新转换参数，$R_{\text{WGS84}}^{\text{J2000}}$ 在几何检校平差解算中作为已知值。

此外，式（9-1）中，λ 为物方空间到像方空间的比例尺系数。

综上可得，高分辨率光学卫星高精度在轨几何检校需要求解的内检校参数为多片探测器指向角函数，外检校参数为星敏感器安装旋转矩阵 $R_{\text{ins}}^{\text{cam}}(\text{pitch},\text{roll},\text{yaw})$ 和 GNSS 安装偏置 $(B_X,B_Y,B_Z)_{\text{sat}}$。几何检校模型如下：

$$\begin{bmatrix} \tan(\psi_x(s)) \\ \tan(\psi_y(s)) \\ -1 \end{bmatrix}_{\text{cam}} = \lambda R_{\text{ins}}^{\text{cam}}(\text{pitch},\text{roll},\text{yaw}) \left(R_{\text{J2000}}^{\text{ins}}(t) R_{\text{WGS84}}^{\text{J2000}} \begin{bmatrix} X_g - X_{\text{GPS}}(t) \\ Y_g - Y_{\text{GPS}}(t) \\ Z_g - Z_{\text{GPS}}(t) \end{bmatrix}_{\text{WGS84}} - \begin{bmatrix} B_x \\ B_y \\ B_z \end{bmatrix}_{\text{ins}} \right) \tag{9-4}$$

各模型参数具体含义参见式（9-1）和式（9-3）中的参数描述。

9.2.3 含权值估计的多项式逐点姿态轨道拟合

结合 9.2.2 节中高分辨率光学卫星在轨严密成像几何模型[式（9-1）]，影像几何检校和直接定位解算均需要获取任一条 CCD 扫描线对应时刻的 GNSS 天线相位中心在 WGS84 下坐标 $(X_{\text{GPS}}(t),Y_{\text{GPS}}(t),Z_{\text{GPS}}(t))_{\text{WGS84}}$ 和空间固定惯性参考系 J2000 坐标系相对于星敏感器的旋转矩阵 $R_{\text{J2000}}^{\text{ins}}(t)$，作为区域网平差解算的观测值。

但是，GNSS 星历定位数据和星敏感器姿态测量数据的采样频率均远低于 CCD 扫描线的采样频率。GNSS 星历数据的采样频率为 1Hz，即每秒记录 1 次 GNSS 天线相位中心在 WGS84 下 X、Y、Z 三个方向的瞬时位置和瞬时速度。GNSS 数据时标通过 GNSS 硬件校时脉冲整秒授时，与 UTC 保持一致。星敏感器姿态测量数据的采样频率为 2Hz，即每秒记录两次 J2000 坐标系相对于星敏感器坐标系的瞬时姿态。姿态数据时标含义同 GNSS 星历数据时标。高分辨率相机 CCD 扫描线的采样时间间隔约为 0.278ms，远小于 GNSS 星历数据和星敏感器姿态测量数据的采样时间间隔。

一标准景高分辨率影像在飞行方向上由 35000 个 CCD 扫描线组成，成像时间范围内约覆盖 9 个 GNSS 星历数据和 19 个星敏感器姿态测量数据采样点。GNSS 星历定位数据中 X、Y、Z 随时间变化的采样分布情况图如图 9-6 所示。

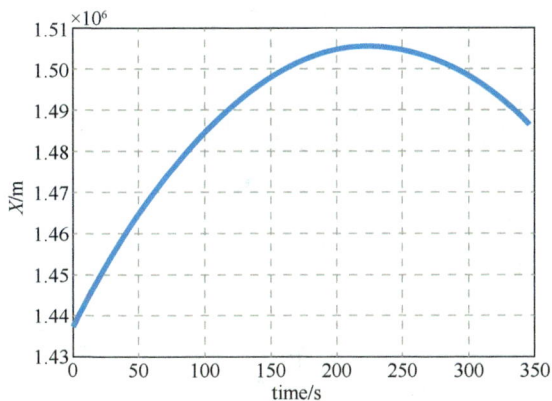

（a）GNSS位置*X*随时间变化

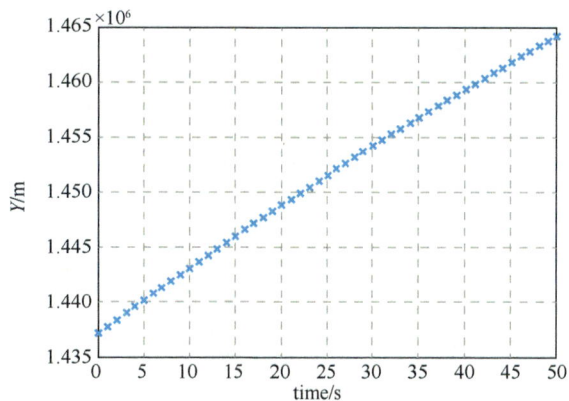

（b）GNSS位置*X*随时间局部变化

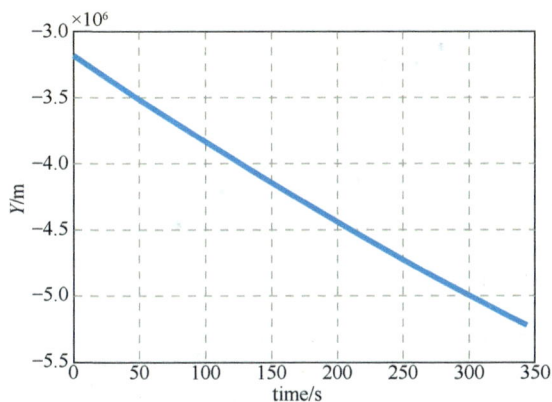

（c）GNSS位置*Y*随时间变化

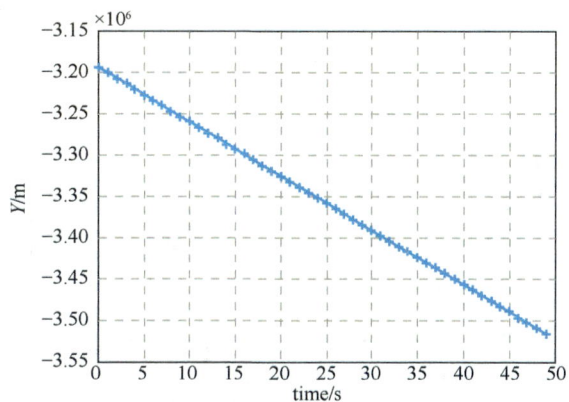

（d）GNSS位置*Y*随时间局部变化

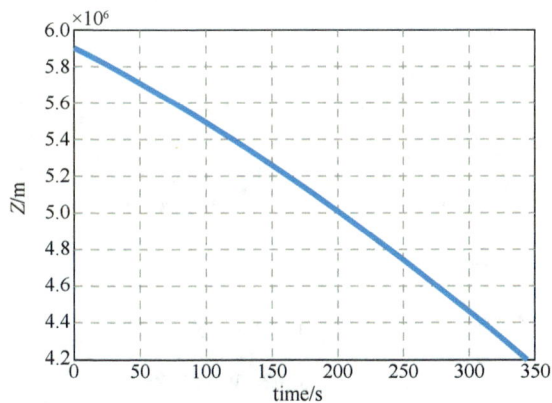

（e）GNSS位置*Z*随时间变化

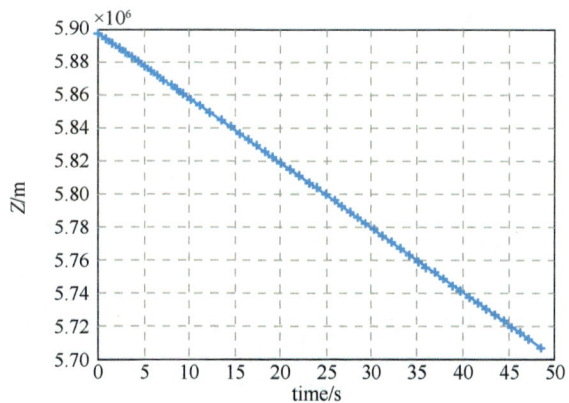

（f）GNSS位置*Z*随时间局部变化

图 9-6　GNSS 星历定位数据中 *X*、*Y*、*Z* 随时间变化的采样分布情况图

星敏感器姿态测量数据在三个方向随时间变化的采样分布情况图如图 9-7 所示。

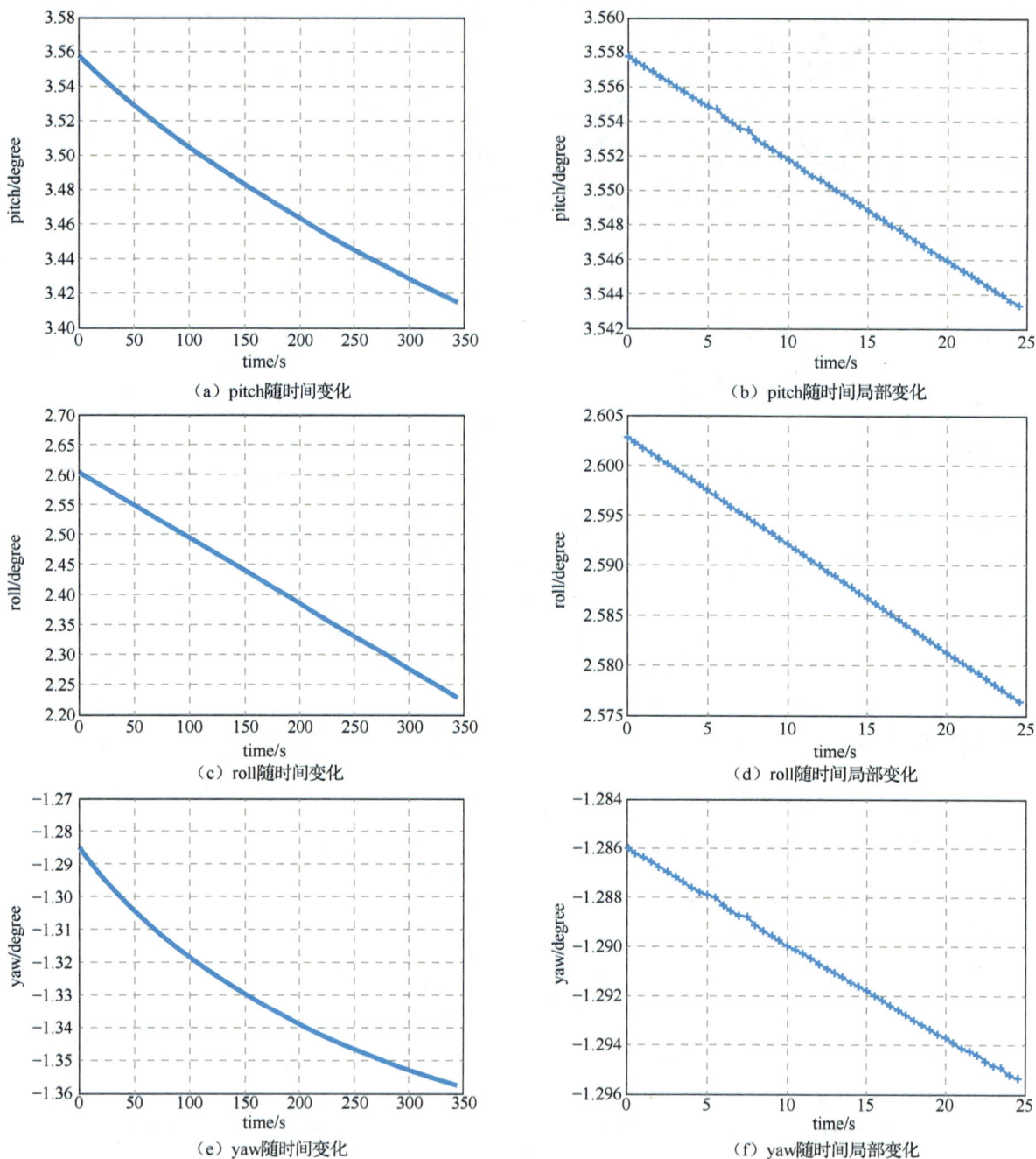

（a）pitch随时间变化　　　　　　　　　　（b）pitch随时间局部变化

（c）roll随时间变化　　　　　　　　　　（d）roll随时间局部变化

（e）yaw随时间变化　　　　　　　　　　（f）yaw随时间局部变化

图 9-7　星敏感器姿态测量数据在三个方向随时间变化的采样分布情况图

　　由图 9-6 和图 9-7 可知，天绘一号卫星的星历定位数据在 X、Y、Z 三个方向随时间变化均相对稳定，仅存在单点位置的少量偏移；而星敏感器姿态测量数据中的 roll 最稳定，pitch 和 yaw 中均有少量单点存在明显的姿态偏移，需要通过粗差剔除和函数拟合等方式消除其影响。

　　由于每一条扫描线均对应一组 GNSS 天线相位中心的瞬时位置和星敏感器姿态测量数据的瞬时姿态，且高分辨率光学卫星的运行轨道相对平稳，大量的瞬时位置和姿态存在较强的相关性，无法在平差模型中分别设定参数求解。因此，为了获取任一条 CCD 扫描行成像瞬时时刻对应的 GNSS 天线相位中心位置和星敏感器姿态测量数据的瞬时姿态，对卫星的位置和姿态拟合采用含权值估计的多项式逐点拟合方法，利用 GNSS 星历数据、星敏感器姿态测量数据和 CCD 扫描线行时数据进行平差估计。下文以 GNSS 天线相位中心位置 X 坐标的拟合为例，对该方法进行详细说明。

以每个待求 CCD 扫描线的成像时刻 t 为中心，对该时刻前后各 n 个 GNSS 天线相位中心位置 X 采样坐标进行多项式拟合，避免分析短时间内卫星飞行过程受到的复杂外力影响。n 的取值和多项式次数 m 根据卫星姿态和轨道的稳定程度确定。本节选取 $n=4$，$m=2$，则多项式形式如下：

$$X_{G,i} = a_0 + a_1 T_i + a_2 T_i^2 \tag{9-5}$$

式中，a_0、a_1、a_2 为二次多项式系数；$(T_i, X_{G,i})$ 为成像时刻和该成像时刻对应的 GNSS 天线相位中心位置 X 坐标。

成像时刻 t 前后各四个采样点的成像时刻和 GNSS 天线相位中心位置 X 坐标 $(T_{t-4}, X_{G,t-4}), (T_{t-2}, X_{G,t-2}), \cdots,$ $(T_{t+4}, X_{G,t+4})$ 均可构建式（9-5），共计八个方程式。

由于不同的采样点对多项式系数的贡献不同，因此可根据成像时刻 t 与采样点成像时刻的间隔对式（9-5）赋予不同权值 P_t：

$$P_t = \frac{1}{|t - T_i|} \tag{9-6}$$

由式（9-5）和式（9-6）可统一构建误差式（9-7），解算多项式的系数：

$$V = AX - LP \tag{9-7}$$

式中，$A = \begin{bmatrix} 1 & T_{t-4} & T_{t-4}^2 \\ 1 & T_{t-3} & T_{t-3}^2 \\ 1 & T_{t-2} & T_{t-2}^2 \\ 1 & T_{t-1} & T_{t-1}^2 \\ 1 & T_{t+1} & T_{t+1}^2 \\ 1 & T_{t+2} & T_{t+2}^2 \\ 1 & T_{t+3} & T_{t+3}^2 \\ 1 & T_{t+4} & T_{t+4}^2 \end{bmatrix}$；$L = \begin{bmatrix} X_{G,i-4} \\ X_{G,i-3} \\ X_{G,i-2} \\ X_{G,i-1} \\ X_{G,i+1} \\ X_{G,i+2} \\ X_{G,i+3} \\ X_{G,i+4} \end{bmatrix}$；$P = \begin{bmatrix} 1/|t-T_{t-4}| \\ 1/|t-T_{t-3}| \\ 1/|t-T_{t-2}| \\ 1/|t-T_{t-1}| \\ 1/|t-T_{t+1}| \\ 1/|t-T_{t+2}| \\ 1/|t-T_{t+3}| \\ 1/|t-T_{t+4}| \end{bmatrix}$。

成像时刻 t 附近的多项式系数为

$$X = (A^{\mathrm{T}}PA)^{-1} A^{\mathrm{T}}PL \tag{9-8}$$

任意时刻 t 对应的 GNSS 天线相位中心位置 X 坐标可代入式（9-5）进行计算。其他的瞬时位置和瞬时姿态参数均可采用上述方法求解，并统一作为观测值参与几何检校整体平差解算。为了验证本节提出的含权值估计的多项式逐点姿态轨道拟合方法的有效性，对图 9-7 中存在明显跳变的 pitch 和 yaw 进行二次多项式函数拟合。选择时刻为 $t=231532849.416128$，拟合时间区间为 231532836.5～231532886.5，共 50 个姿态采样点，pitch 和 yaw 两个角度进行含权值估计的二次多项式拟合参数 $X=[a_0, a_1, a_2]^{\mathrm{T}}$ 及均方根误差（RMSE）如表 9-2 所示。

表 9-2 含权值估计的二次多项式拟合结果

参数项	pitch 拟合多项式	yaw 拟合多项式
常数项 a_0	3.558	−1.286
一次项 a_1	−0.0006101	−0.0004014
二次项 a_2	7.211×10^{-7}	7.78×10^{-7}
RMSE	5.686×10^{-5}	5.168×10^{-5}

俯仰角和偏航角在该段时间范围内的拟合曲线图如图 9-8 所示。

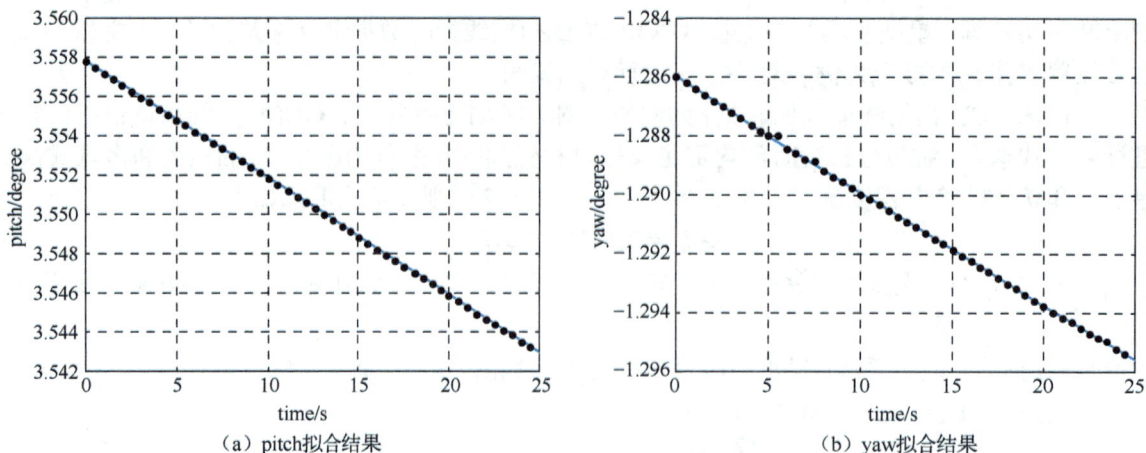

（a）pitch拟合结果 　　　　　　　　　　　（b）yaw拟合结果

图 9-8　俯仰角和偏航角在该段时间范围内的拟合曲线图

9.2.4　多景影像多 CCD 检校模型优化

选取高精度的高分辨率参考影像作为底图数据，并采用多景重叠影像数据进行多 CCD 品字形机械交错式成像传感器的高精度在轨几何检校时，可结合相机焦平面的设计特点和片间连接关系，进行几何检校模型的优化设计。本节以天绘一号卫星高分辨率相机为例进行研究，具体内容如下。

1.　探测器指向角多 CCD 分片检校方法

由于高分辨率相机的八片 CCD 在成像焦平面上独立安装，因此每片 CCD 内部排列均存在各自的畸变特点。几何内检校中为确保拟合的准确性，对各片 CCD 的探测器指向角分别采用三次多项式进行函数拟合，具体如下：

$$\begin{cases} \tan(\psi_{j,x}(s)) = \sum_{i=0}^{3} a_{j,xi} s^i \\ \tan(\psi_{j,y}(s)) = \sum_{i=0}^{3} b_{j,yi} s^i \end{cases} \tag{9-9}$$

由式（9-9）可知，几何内检校引入八组 $P_{IC}(j)$，$j \in (1,8)$ 共计 64 个参数。

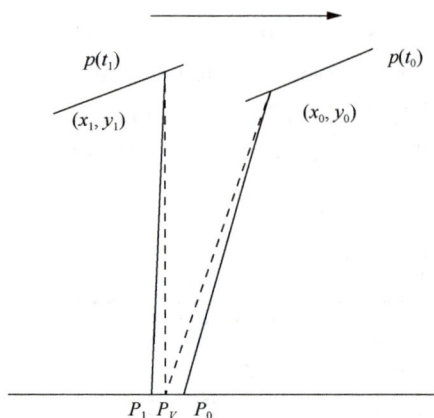

图 9-9　相邻 CCD 片间两次分时
冗余观测示意图

2.　相邻 CCD 重叠区域连接关系

卫星在轨飞行过程中，品字形机械交错式排列的相邻 CCD 片 96 个探测器宽度的重叠区域对同一地物分时成像。由于外部系统误差对各片 CCD 的影响具有一致性，并且多片 CCD 位于同一焦平面上，具有相同的主距，因此可在相邻 CCD 的重叠区域划分规则格网进行匹配，获取同名连接点坐标，参与在轨几何检校的区域网平差解算，从而提高平差模型的稳定性，并确保外检校参数对各片 CCD 的精度具有一致性。

相邻 CCD 片间两次分时冗余观测示意图如图 9-9 所示。图中，$p(t_0)$ 和 $p(t_1)$ 分别表示相邻两片具有重叠度的时间延迟积分 CCD（time delay integration CCD，TDICCD）在 t_0 和 t_1 时刻，对于同一地物目标 P 的瞬时成像像方坐标；P_0 和 P_1 分别表示根据 $p(t_0)$ 和 $p(t_1)$ 以及各自 TDICCD 的成像参数，对同一地物目标 P 的直接定位结果；P_V 表示经过相邻两片 TDICCD 的冗余观测，对地物目标 P 更准确的定位修正结果。

在几何检校区域网平差过程中，相邻两片 CCD 对应如式（9-9）所示的 $P_{IC}(j)$ 和 $P_{IC}(j+1)$ 共计 16 个内检校参数。外方位元素为该景影像的同一组 GNSS 定位数据和星敏感器姿态测量数据分别在两个瞬时成像时间带权多项式逐点姿态轨道拟合结果和卫星平台姿态的高频颤振补偿结果。

3. 单景奇偶片 CCD 姿态轨道数据约束关系

对于单景高分辨率影像，在某一成像时刻，同为奇数片的 CCD 或者偶数片的 CCD 之间不存在时间同步误差，且 GNSS 获取的轨道定位数据和星敏感器获取的姿态数据相同。因此，在几何检校平差解算过程中，奇数片 CCD 和偶数片 CCD 在某一瞬时成像时刻的轨道位置由同一组 GNSS 星历数据和行时数据采用同一轨道模型拟合函数内插关系得到，对应的姿态由同一组星敏感器姿态测量数据和行时数据采用同一姿态模型拟合函数内插关系得到。

4. 多景重叠区域多 CCD 连接关系

通过匹配获取多景高分辨率影像在重叠区域的同名连接点，并参与几何检校区域网平差。若连接点位于 n 景（n 为重叠区域的影像总数）影像的同一 CCD 片上，则对应同一片 CCD 的八个内检校参数，外方位元素对应为 n 景影像的不同组 GNSS 定位数据和星敏感器姿态测量数据分别在 n 个瞬时成像时间的轨道位置和姿态拟合结果；若连接点位于 n 景影像的 m 个不同 CCD 片上，则对应 m 片 CCD 的 $8m$ 个内检校参数，外方位元素对应为 n 景影像的不同组 GNSS 定位数据和星敏感器定姿数据分别在 n 个瞬时成像时间的轨道位置和姿态内插结果。

9.3 松弛法几何检校区域网平差

9.3.1 几何检校松弛法平差解算流程

为降低内检校参数和外检校参数之间的相关性，采用松弛法对在轨几何内检校模型和外检校模型进行区域网平差交替迭代解算。对显著的系统误差进行检校，并对偶然误差采用最小二乘法整体平差减弱或消除。该几何检校方法的输入数据为待检校的多景 L0 级分片 CCD 高分辨率影像、影像辅助数据（含GNSS 星历数据、星敏感器姿态数据和 CCD 行时数据）、影像覆盖范围的高精度参考数据及内外检校参数实验室检校结果等。松弛法几何检校区域网平差解算的整体流程如下（图 9-10）：

1）输入数据预处理，包括对参考影像数据进行分辨率调整和辐射预处理，提高对比度和信噪比，以改善图像匹配质量；对 GNSS 星历数据和星敏感器姿态测量数据进行预处理，含双频 GNSS 星历数据联合解算、多星敏感器定姿数据联合解算、星敏感器数据的四元数形式至三个正交旋角的转换等。

2）结合 9.2.4 节，对待几何检校单景影像内相邻 CCD 重叠区域和待几何检校多景影像重叠区域进行连接点匹配，对待几何检校影像与参考影像进行控制点匹配。对匹配的各类同名点坐标进行基于约束条件的粗差探测和剔除，并输出坐标文件。

3）对各同名点坐标对应的成像时刻，采用 9.2.3 节所述的方法，由 GNSS 星历数据、星敏感器姿态测量数据和 CCD 行时数据分别拟合 GNSS 天线相位中心瞬时位置和星敏感器测量的瞬时姿态，输出各同名点对应的轨道定位和姿态数据文件。

4）采用 9.3.2 节和 9.3.3 节所述方法，分别利用连接点和控制点匹配结果，构建几何内检校和外检校误差方程。采用松弛法对内检校和外检校模型进行交替迭代计算，在每轮迭代中分别采用 9.4 节的共轭梯度法区域网平差求解内检校和外检校改正量，修正内检校和外检校参数，并应用于下一轮迭代计算。最终松弛法迭代至参数的改正量小于某一阈值时终止，输出精确且稳定的几何内检校和外检校结果文件。

5）根据严密成像几何模型，将几何内检校和外检校结果应用于改善一段时期内的其他景或其他轨道影像的绝对定位和几何纠正精度。为保障几何检校参数的精度和可靠性，可利用后续覆盖参考影像区域的卫星影像数据，继续参与上述高精度在轨几何检校解算，不断修正内外检校参数。

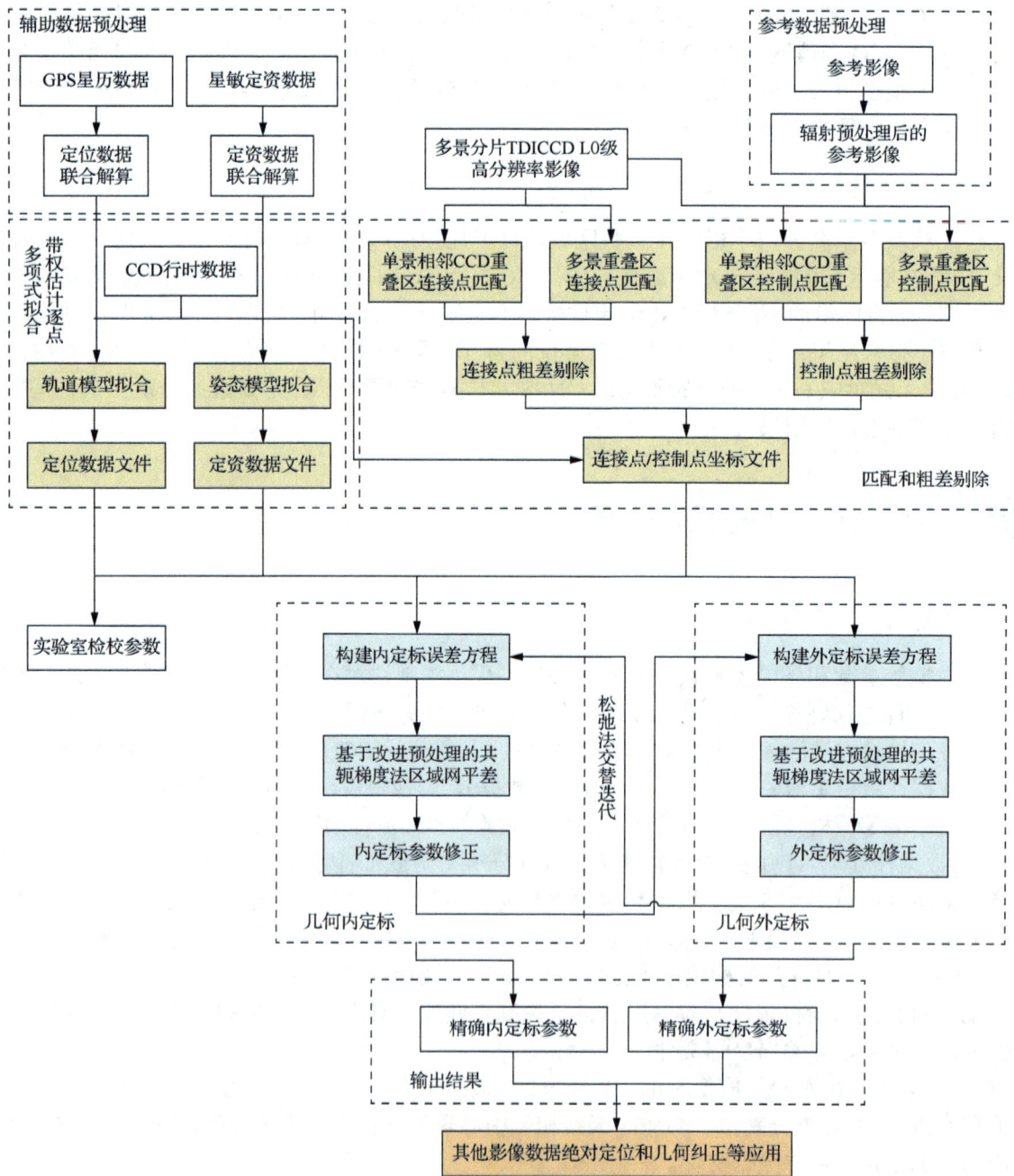

图 9-10　松弛法在轨几何检校区域网平差解算流程图

9.3.2 含约束的内检校误差方程构建

几何内检校可有效补偿各片 CCD 内部由于安装相对位置引起的影像内部畸变。在采用松弛法几何检校的每轮内检校迭代过程中，不考虑外检校参数的误差影响，因此可以构建三类含约束的内检校误差方程。各类误差方程的具体说明如下所述。

1. 单景影像相邻 CCD 片连接点和控制点误差方程构建

对于单景影像相邻 CCD 片的连接点，在轨几何检校模型式（9-4）中，$\boldsymbol{R}_{\text{ins}}^{\text{cam}}(\text{pitch}, \text{roll}, \text{yaw})$ 和 $(B_x, B_y, B_z)_{\text{ins}}$ 为已知值；$(X_{\text{GPS}}(t), Y_{\text{GPS}}(t), Z_{\text{GPS}}(t))_{\text{WGS84}}$ 和 $\boldsymbol{R}_{\text{J2000}}^{\text{ins}}$ 为单景影像的轨道和姿态数据观测值；$\boldsymbol{R}_{\text{WGS84}}^{\text{J2000}}$ 为已知值；$(X_g, Y_g, Z_g)_{\text{WGS84}}$ 为未知数；$(\tan(\psi_x(s)), \tan(\psi_y(s)), -1)$ 包含相邻两片 CCD 的 $P_{\text{IC}}(j)$ 和 $P_{\text{IC}}(j+1)$ 共计 16 个内检校参数；s 为像方坐标量测值。因此，式（9-4）可改写为如下形式：

$$
\begin{aligned}
\begin{bmatrix} \tan(\psi_x(s)) \\ \tan(\psi_y(s)) \\ -1 \end{bmatrix}_{\text{cam}} &= \lambda \boldsymbol{R}_{\text{ins}}^{\text{cam}} \boldsymbol{R}_{\text{J2000}}^{\text{ins}}(t) \boldsymbol{R}_{\text{WGS84}}^{\text{J2000}} \begin{bmatrix} X_g - X_{\text{GPS}}(t) \\ Y_g - Y_{\text{GPS}}(t) \\ Z_g - Z_{\text{GPS}}(t) \end{bmatrix}_{\text{WGS84}} - \lambda \boldsymbol{R}_{\text{ins}}^{\text{cam}} \begin{bmatrix} B_x \\ B_y \\ B_z \end{bmatrix}_{\text{ins}} \\
&= \lambda \boldsymbol{R}_{\text{WGS84}}^{\text{cam}} \begin{bmatrix} X_g - X_{\text{GPS}}(t) \\ Y_g - Y_{\text{GPS}}(t) \\ Z_g - Z_{\text{GPS}}(t) \end{bmatrix}_{\text{WGS84}} - \lambda \begin{bmatrix} L_x \\ L_y \\ L_z \end{bmatrix}_{\text{cam}}
\end{aligned} \tag{9-10}
$$

式中，$\begin{bmatrix} L_x \\ L_y \\ L_z \end{bmatrix}_{\text{cam}} = \boldsymbol{R}_{\text{ins}}^{\text{cam}} \begin{bmatrix} B_x \\ B_y \\ B_z \end{bmatrix}_{\text{ins}}$，为常数项。

设 $\boldsymbol{R}_{\text{WGS84}}^{\text{cam}} = \begin{bmatrix} u_1 & u_2 & u_3 \\ v_1 & v_2 & v_3 \\ w_1 & w_2 & w_3 \end{bmatrix}$，则式（9-10）可改写为如下形式：

$$
\begin{cases} \tan(\psi_x(s)) = -\dfrac{u_1 X_g + u_2 Y_g + u_3 Z_g - U}{w_1 X_g + w_2 Y_g + w_3 Z_g - W} \\[3mm] \tan(\psi_y(s)) = -\dfrac{v_1 X_g + v_2 Y_g + v_3 Z_g - V}{w_1 X_g + w_2 Y_g + w_3 Z_g - W} \end{cases} \tag{9-11}
$$

式中，$\begin{cases} U = u_1 X_{\text{GPS}}(t) + u_2 Y_{\text{GPS}}(t) + u_3 Z_{\text{GPS}}(t) + L_x \\ V = v_1 X_{\text{GPS}}(t) + v_2 Y_{\text{GPS}}(t) + v_3 Z_{\text{GPS}}(t) + L_y \\ W = w_1 X_{\text{GPS}}(t) + w_2 Y_{\text{GPS}}(t) + w_3 Z_{\text{GPS}}(t) + L_z \end{cases}$，为常数项。

将 $P_{\text{IC}}(j)$ 代入式（9-11），可转换成如下形式：

$$
\begin{cases} F_x(j) = a_{x_0}(j) + s \times a_{x_1}(j) + s^2 \times a_{x_2}(j) + s^3 \times a_{x_3}(j) + \dfrac{u_1 X_g + u_2 Y_g + u_3 Z_g - U}{w_1 X_g + w_2 Y_g + w_3 Z_g - W} \\[3mm] F_y(j) = a_{y_0}(j) + s \times a_{y_1}(j) + s^2 \times a_{y_2}(j) + s^3 \times a_{y_3}(j) + \dfrac{v_1 X_g + v_2 Y_g + v_3 Z_g - V}{w_1 X_g + w_2 Y_g + w_3 Z_g - W} \end{cases} \tag{9-12}
$$

式（9-12）为非线性方程，其中未知数为 $P_{\text{IC}}(j)$ 和 $(X_g, Y_g, Z_g)_{\text{WGS84}}$。对其进行泰勒（Taylor）级数一次性展开线性化，则式（9-12）可转化为如下误差方程的形式：

$$
\begin{cases}
v_x(j) = \mathrm{d}a_{x0}(j) + s\mathrm{d}a_{x1}(j) + s^2\mathrm{d}a_{x2}(j) + s^3\mathrm{d}a_{x3}(j) + \dfrac{\partial F_x(j)}{\partial X_g}\bigg|_{X_{g0}} \mathrm{d}X_g \\[3mm]
\qquad + \dfrac{\partial F_x(j)}{\partial Y_g}\bigg|_{Y_{g0}} \mathrm{d}Y_g + \dfrac{\partial F_x(j)}{\partial Z_g}\bigg|_{Z_{g0}} \mathrm{d}Z_g - l_x \\[3mm]
v_y(j) = \mathrm{d}a_{y0}(j) + s\mathrm{d}a_{y1}(j) + s^2\mathrm{d}a_{y2}(j) + s^3\mathrm{d}a_{y3}(j) + \dfrac{\partial F_y(j)}{\partial X_g}\bigg|_{X_{g0}} \mathrm{d}X_g \\[3mm]
\qquad + \dfrac{\partial F_y(j)}{\partial Y_g}\bigg|_{Y_{g0}} \mathrm{d}Y_g + \dfrac{\partial F_y(j)}{\partial Z_g}\bigg|_{Z_{g0}} \mathrm{d}Z_g - l_y
\end{cases}
\tag{9-13}
$$

式中，

$$
\begin{cases}
l_x = F_x(a_{x0}(j)_0, a_{x1}(j)_0, a_{x2}(j)_0, a_{x3}(j)_0, X_{g0}, Y_{g0}, Z_{g0})(j) \\
l_y = F_y(a_{y0}(j)_0, a_{y1}(j)_0, a_{y2}(j)_0, a_{y3}(j)_0, X_{g0}, Y_{g0}, Z_{g0})(j)
\end{cases}
$$

$$
\begin{cases}
\dfrac{\partial F_x(j)}{\partial X_g}\bigg|_{X_g} = \dfrac{u_1(w_2 Y_g + w_3 Z_g - W) - w_1(u_2 Y_g + u_3 Z_g - U)}{(w_1 X_g + w_2 Y_g + w_3 Z_g - W)^2} \\[4mm]
\dfrac{\partial F_x(j)}{\partial Y_g}\bigg|_{Y_g} = \dfrac{u_2(w_1 X_g + w_3 Z_g - W) - w_2(u_1 X_g + u_3 Z_g - U)}{(w_1 X_g + w_2 Y_g + w_3 Z_g - W)^2} \\[4mm]
\dfrac{\partial F_x(j)}{\partial Z_g}\bigg|_{Z_g} = \dfrac{u_3(w_1 X_g + w_2 Y_g - W) - w_3(u_1 X_g + u_2 Y_g - U)}{(w_1 X_g + w_2 Y_g + w_3 Z_g - W)^2} \\[4mm]
\dfrac{\partial F_y(j)}{\partial X_g}\bigg|_{X_g} = \dfrac{v_1(w_2 Y_g + w_3 Z_g - W) - w_1(v_2 Y_g + v_3 Z_g - V)}{(w_1 X_g + w_2 Y_g + w_3 Z_g - W)^2} \\[4mm]
\dfrac{\partial F_y(j)}{\partial Y_g}\bigg|_{Y_g} = \dfrac{v_2(w_1 X_g + w_3 Z_g - W) - w_2(v_1 X_g + v_3 Z_g - V)}{(w_1 X_g + w_2 Y_g + w_3 Z_g - W)^2} \\[4mm]
\dfrac{\partial F_y(j)}{\partial Z_g}\bigg|_{Z_g} = \dfrac{v_3(w_1 X_g + w_2 Y_g - W) - w_2(v_1 X_g + v_2 Y_g - V)}{(w_1 X_g + w_2 Y_g + w_3 Z_g - W)^2}
\end{cases}
$$

由此，式（9-13）可简写为如下形式：

$$
V = AX - L \tag{9-14}
$$

对于相邻两片 CCD 上的一个连接点，构建如上的误差方程，式（9-14）中的系数矩阵为

$A = \begin{bmatrix} A_{P_{IC}(j)} & & A_G \\ & A_{P_{IC}(j+1)} & A_G \end{bmatrix}$，其中 $A_{P_{IC}(j)}$ 和 $A_{P_{IC}(j+1)}$ 分别表示式（9-14）中像方连接点在两片 CCD 上的与内

检校参数 $P_{IC}(j)$ 和 $P_{IC}(j+1)$ 相应的系数矩阵块，每块大小为 2×8。$A_{P_{IC}(j)}$ 的具体形式表示为

$$
A_{P_{IC}(j)} = \begin{bmatrix} 1 & s & s^2 & s^3 & 0 & 0 & 0 & 0 \\ 0 & 0 & 0 & 0 & 1 & s & s^2 & s^3 \end{bmatrix}
\tag{9-15}
$$

A_G 表示像方连接点对应的物方点坐标 $(X_g, Y_g, Z_g)_{\mathrm{WGS84}}$ 相应的系数矩阵块，每块大小为 2×3。A_G 的具体形式表示为

$$
A_G = \begin{bmatrix} \dfrac{\partial F_x(j)}{\partial X_g}\bigg|_{X_g} & \dfrac{\partial F_x(j)}{\partial Y_g}\bigg|_{Y_g} & \dfrac{\partial F_x(j)}{\partial Z_g}\bigg|_{Z_g} \\[4mm] \dfrac{\partial F_y(j)}{\partial X_g}\bigg|_{X_g} & \dfrac{\partial F_y(j)}{\partial Y_g}\bigg|_{Y_g} & \dfrac{\partial F_y(j)}{\partial Z_g}\bigg|_{Z_g} \end{bmatrix}
\tag{9-16}
$$

式（9-14）中，未知数矩阵为 $X = \begin{bmatrix} \mathrm{d}P_{IC}(j) & \mathrm{d}P_{IC}(j+1) & \mathrm{d}G(X_g,Y_g,Z_g) \end{bmatrix}^T$，其中 $\mathrm{d}P_{IC}(j)$ 和 $\mathrm{d}P_{IC}(j+1)$ 分别表示式（9-14）中像方连接点在两片 CCD 上的内检校参数 $P_{IC}(j)$ 和 $P_{IC}(j+1)$ 的改正量，每块矩阵大小为 8×1。$\mathrm{d}P_{IC}(j)$ 的具体形式表示为

$$\mathrm{d}P_{IC}(j) = \begin{bmatrix} \mathrm{d}a_{x0}(j) & \mathrm{d}a_{x1}(j) & \mathrm{d}a_{x2}(j) & \mathrm{d}a_{x3}(j)_0 & \mathrm{d}a_{y0}(j)_0 & \mathrm{d}a_{y1}(j)_0 & \mathrm{d}a_{y2}(j) & \mathrm{d}a_{y3}(j) \end{bmatrix}^T \quad (9\text{-}17)$$

$\mathrm{d}G(X_g,Y_g,Z_g)$ 表示像方连接点对应的物方点坐标 $(X_g,Y_g,Z_g)_{WGS84}$ 的改正量，每块大小为 3×1。$\mathrm{d}G(X_g,Y_g,Z_g)$ 的具体形式为

$$\mathrm{d}G(X_g,Y_g,Z_g) = \begin{bmatrix} \mathrm{d}X_g & \mathrm{d}Y_g & \mathrm{d}Z_g \end{bmatrix}^T \quad (9\text{-}18)$$

式（9-14）中，常数项矩阵为 $L = \begin{bmatrix} l_j & l_{j+1} \end{bmatrix}^T$，表示连接点在每片 CCD 成像的误差方程在 x 和 y 方向上的常数项，即观测值和未知数初值代入式（9-12）的解，每块矩阵大小为 2×1。

对于相邻两片 CCD 上的多个连接点，可列多组如式（9-14）所示形式的误差方程，任意相邻两片的多个连接点也可列上述方程，即 $j \in (1,7)$，可作为 9.4 节共轭梯度法区域网平差解算内检校参数的第一类方程。

为清楚表达误差方程组的形式，假定有相邻三个 CCD 片，每相邻两片 CCD 上有两个连接点，则误差方程式（9-14）的形式具体如下：

$$\begin{bmatrix} A_{P_{IC}(j)} & & & A_{Gj,1} & & \\ & A_{P_{IC}(j+1)} & & A_{Gj,1} & & \\ A_{P_{IC}(j)} & & & & A_{Gj,2} & \\ & A_{P_{IC}(j+1)} & & & A_{Gj,2} & \\ & A_{P_{IC}(j+1)} & & & & A_{Gj+1,1} \\ & & A_{P_{IC}(j+2)} & & & A_{Gj+1,1} \\ & A_{P_{IC}(j+1)} & & & & A_{Gj+1,2} \\ & & A_{P_{IC}(j+2)} & & & A_{Gj+1,2} \end{bmatrix} \times \begin{bmatrix} \mathrm{d}P_{IC}(j) \\ \mathrm{d}P_{IC}(j+1) \\ \mathrm{d}P_{IC}(j+2) \\ \mathrm{d}G_{j,1} \\ \mathrm{d}G_{j,2} \\ \mathrm{d}G_{j+1,1} \\ \mathrm{d}G_{j+1,2} \end{bmatrix} = \begin{bmatrix} l_{j,1} \\ l_{j+1,1} \\ l_{j,2} \\ l_{j+1,2} \\ l_{j+1,1} \\ l_{j+1,2} \\ l_{j+2,1} \\ l_{j+2,2} \end{bmatrix} \quad (9\text{-}19)$$

式中，$P_{IC}(j)$、$P_{IC}(j+1)$、$P_{IC}(j+2)$ 分别对应相邻三片 CCD 的内检校参数；$G_{j,1}$、$G_{j,2}$ 分别对应在 j 和 $j+1$ 片 CCD 上的连接点坐标；$G_{j+1,1}$、$G_{j+1,2}$ 分别对应在 $j+1$ 和 $j+2$ 片 CCD 上的连接点坐标；其他参数的含义与式（9-14）中各参数的说明保持一致。

当该同名的连接点同时在参考影像上成像，即同时为控制点时，其对应的物方点坐标 $(X_g,Y_g,Z_g)_{WGS84}$ 可以根据控制和测量精度作为准确值或带权观测值处理。本节将其视为准确值，在误差方程式（9-14）中不作为未知数参与解算，即误差方程的形式为

$$\begin{cases} v_x(j) = \mathrm{d}a_{x0}(j) + s\mathrm{d}a_{x1}(j) + s^2\mathrm{d}a_{x2}(j) + s^3\mathrm{d}a_{x3}(j) - l_x \\ v_y(j) = \mathrm{d}a_{y0}(j) + s\mathrm{d}a_{y1}(j) + s^2\mathrm{d}a_{y2}(j) + s^3\mathrm{d}a_{y3}(j) - l_y \end{cases} \quad (9\text{-}20)$$

式中，$\begin{cases} l_x = F_x(a_{x0}(j)_0, a_{x1}(j)_0, a_{x2}(j)_0, a_{x3}(j)_0)(j) \\ l_y = F_y(a_{y0}(j)_0, a_{y1}(j)_0, a_{y2}(j)_0, a_{y3}(j)_0)(j) \end{cases}$。

2. 多景重叠影像同一 CCD 上连接点和控制点误差方程构建

对于多景影像多次覆盖同一区域连接点的情况，可利用多景影像之间的内检校参数约束关系，对高分辨率光学卫星在轨几何检校模型方程式（9-4）进行优化处理。其中，外检校参数 R_{ins}^{cam}(pitch, roll, yaw) 和

$(B_x, B_y, B_z)_{sat}$ 为已知值；$\boldsymbol{R}^{ins}_{J2000}(m)$ 和 $\boldsymbol{R}^{ins}_{J2000}(n)$ 分别为两景影像的姿态数据观测值，由不同轨的星敏感器姿态测量数据和 CCD 行时数据采用 9.2.3 节所述方法计算；$(X_{GPS}(t), Y_{GPS}(t), Z_{GPS}(t))_{WGS84}(m)$ 和 $(X_{GPS}(t), Y_{GPS}(t), Z_{GPS}(t))_{WGS84}(n)$ 分别为两景影像的轨道位置数据观测值，由不同轨的 GNSS 星历数据采用 9.2.3 节所述方法计算；$\boldsymbol{R}^{J2000}_{WGS84}$ 为已知值；$(X_g, Y_g, Z_g)_{WGS84}$ 为未知数；s 为像方坐标量测值。

当该连接点位于同一片 CCD 的成像区域时，对应的内检校参数为同一片 CCD 探测器指向角 $(\tan(\psi_x(s)), \tan(\psi_y(s)), -1)$ 的八个参数。为清楚表达误差方程组的形式，假定有三个连接点分别在两景影像的同一片 CCD 上成像，则误差方程式（9-14）的形式具体如下：

$$
\begin{bmatrix}
\boldsymbol{A}_{P_{IC}1,1(j)} & \boldsymbol{A}_{G1,1}(j) & & \\
\boldsymbol{A}_{P_{IC}1,2(j)} & \boldsymbol{A}_{G1,2}(j) & & \\
\boldsymbol{A}_{P_{IC}2,1(j)} & & \boldsymbol{A}_{G2,1}(j) & \\
\boldsymbol{A}_{P_{IC}2,2(j)} & & \boldsymbol{A}_{G2,2}(j) & \\
\boldsymbol{A}_{P_{IC}3,1(j)} & & & \boldsymbol{A}_{G3,1}(j) \\
\boldsymbol{A}_{P_{IC}3,2(j)} & & & \boldsymbol{A}_{G3,2}(j)
\end{bmatrix}
\times
\begin{bmatrix}
\mathrm{d}P_{IC}(j) \\
\mathrm{d}G_1(j) \\
\mathrm{d}G_2(j) \\
\mathrm{d}G_3(j)
\end{bmatrix}
=
\begin{bmatrix}
l_{1,1} \\
l_{1,2} \\
l_{2,1} \\
l_{2,2} \\
l_{3,1} \\
l_{3,2}
\end{bmatrix}
\tag{9-21}
$$

式中，$\boldsymbol{A}_{P_{IC}(j)}$ 为方程式（9-14）中多景影像的像方连接点在第 j 片 CCD 上的内检校参数 $P_{IC}(j)$ 对应的系数矩阵块，每块矩阵大小为 2×8；$\boldsymbol{A}_{G1,1}(j)$、$\boldsymbol{A}_{G1,2}(j)$、$\boldsymbol{A}_{G2,1}(j)$、$\boldsymbol{A}_{G2,2}(j)$，$\boldsymbol{A}_{G3,1}(j)$、$\boldsymbol{A}_{G3,1}(j)$ 分别为第 1、2 和 3 个连接点在两景影像的第 j 片 CCD 上对应的物方点坐标 $(X_g, Y_g, Z_g)_{WGS84}$ 相应的系数矩阵块，每块矩阵大小为 2×3；$\mathrm{d}P_{IC}(j)$ 为方程式（9-14）中多景影像的第 j 片 CCD 上的内检校参数 $P_{IC}(j)$ 的改正量，每块大小为 8×1；$\mathrm{d}G_1(j)$、$\mathrm{d}G_2(j)$、$\mathrm{d}G_3(j)$ 为三个像方连接点对应的物方点坐标 $(X_g, Y_g, Z_g)_{WGS84}$ 的改正量，每块大小为 3×1。常数项矩阵块 $l_{1,1}$、$l_{1,2}$、$l_{2,1}$、$l_{2,2}$、$l_{3,1}$、$l_{3,2}$ 分别为每个连接点在每景影像上的误差方程的常数项，即观测值和未知数初值代入方程式（9-12）的解，每块矩阵大小为 2×1。

当该连接点位于同一片 CCD 的成像区域且同时在参考数据上成像，即同时为控制点时，其对应的物方点坐标 $(X_g, Y_g, Z_g)_{WGS84}$ 可以根据控制和测量精度被作为准确值或带权观测值处理。本节将其视为准确值，在误差方程式（9-14）中不作为未知数参与解算，其误差方程的形式为

$$
\begin{bmatrix}
\boldsymbol{A}_{P_{IC}1,1(j)} \\
\boldsymbol{A}_{P_{IC}1,2(j)} \\
\boldsymbol{A}_{P_{IC}2,1(j)} \\
\boldsymbol{A}_{P_{IC}2,2(j)} \\
\boldsymbol{A}_{P_{IC}2,2(j)} \\
\boldsymbol{A}_{P_{IC}2,2(j)}
\end{bmatrix}
\times
\begin{bmatrix}
\mathrm{d}P_{IC}(j)
\end{bmatrix}
=
\begin{bmatrix}
l_{1,1} \\
l_{1,2} \\
l_{2,1} \\
l_{2,2} \\
l_{3,1} \\
l_{3,2}
\end{bmatrix}
\tag{9-22}
$$

式（9-22）中各参数的具体含义与方程式（9-21）中各参数的详细说明保持一致。

3. 多景重叠影像不同 CCD 上连接点和控制点误差方程构建

当该连接点位于不同片 CCD 的成像区域时，对应的内检校参数为不同片 CCD 探测器指向角 $(\tan(\psi_x(s)), \tan(\psi_y(s)), -1)$ 的多组参数。为清楚表达误差方程组的形式，假定有两个连接点分别在两景影像的不同片 CCD 上成像，则误差方程式（9-14）具体表现为如下形式：

$$\begin{bmatrix} A_{P_{\mathrm{IC}}(i)} & & & & A_{G1,1}(i) \\ & A_{P_{\mathrm{IC}}(j)} & & & A_{G1,2}(j) \\ & & A_{P_{\mathrm{IC}}(m)} & & & A_{G2,1}(m) \\ & & & A_{P_{\mathrm{IC}}(n)} & & A_{G2,2}(n) \end{bmatrix} \times \begin{bmatrix} \mathrm{d}P_{\mathrm{IC}}(i) \\ \mathrm{d}P_{\mathrm{IC}}(j) \\ \mathrm{d}P_{\mathrm{IC}}(m) \\ \mathrm{d}P_{\mathrm{IC}}(n) \\ \mathrm{d}G_1(i,j) \\ \mathrm{d}G_2(m,n) \end{bmatrix} = \begin{bmatrix} l_{1,1} \\ l_{1,2} \\ l_{2,1} \\ l_{2,2} \end{bmatrix} \tag{9-23}$$

式中，$A_{P_{\mathrm{IC}}(i)}$、$A_{P_{\mathrm{IC}}(j)}$、$A_{P_{\mathrm{IC}}(m)}$、$A_{P_{\mathrm{IC}}(n)}$ 为式（9-14）中多景影像的像方连接点在不同的四片 CCD 上的内检校参数对应的系数矩阵块，每块矩阵大小为 2×8；$A_{G1,1}(i)$、$A_{G1,2}(j)$ 和 $A_{G2,1}(m)$、$A_{G2,2}(n)$ 分别为两个连接点在两景影像的不同片 CCD 上对应的物方点坐标 $(X_g,Y_g,Z_g)_{\mathrm{WGS84}}$ 相应的系数矩阵块，每块矩阵大小为 2×3；$\mathrm{d}P_{\mathrm{IC}}(i)$、$\mathrm{d}P_{\mathrm{IC}}(j)$、$\mathrm{d}P_{\mathrm{IC}}(m)$、$\mathrm{d}P_{\mathrm{IC}}(n)$ 为多景影像的四片不同 CCD 上的内检校参数的改正量，每块矩阵大小为 8×1；$\mathrm{d}G_1(i,j)$、$\mathrm{d}G_2(m,n)$ 为两个像方连接点对应的物方点坐标 $(X_g,Y_g,Z_g)_{\mathrm{WGS84}}$ 的改正量，每块矩阵大小为 3×1；常数项矩阵块 $l_{1,1}$、$l_{1,2}$、$l_{2,1}$、$l_{2,2}$ 分别为每个连接点在每景影像上的误差方程的常数项，即观测值和未知数初值代入式（9-12）的解，每块矩阵大小为 2×1。

当该连接点位于不同片 CCD 的成像区域且同时在参考数据上成像，即同时为控制点时，其对应的物方点坐标 $(X_g,Y_g,Z_g)_{\mathrm{WGS84}}$ 可以根据控制和测量精度被作为准确值或带权观测值处理。本节将其视为准确值，在误差方程式（9-14）中不作为未知数参与解算，即误差式的形式为

$$\begin{bmatrix} A_{P_{\mathrm{IC}}(i)} & & & \\ & A_{P_{\mathrm{IC}}(j)} & & \\ & & A_{P_{\mathrm{IC}}(m)} & \\ & & & A_{P_{\mathrm{IC}}(n)} \end{bmatrix} \times \begin{bmatrix} \mathrm{d}P_{\mathrm{IC}}(i) \\ \mathrm{d}P_{\mathrm{IC}}(j) \\ \mathrm{d}P_{\mathrm{IC}}(m) \\ \mathrm{d}P_{\mathrm{IC}}(n) \end{bmatrix} = \begin{bmatrix} l_{1,1} \\ l_{1,2} \\ l_{2,1} \\ l_{2,2} \end{bmatrix} \tag{9-24}$$

式（9-24）中各参数的具体含义与式（9-23）中各参数的详细说明保持一致。

在求解内检校参数过程中，可将上述单景影像相邻 CCD 连接点和控制点构建的误差方程、多景重叠影像同一 CCD 上连接点和控制点构建的误差方程，以及多景重叠影像不同 CCD 上连接点和控制点构建的误差方程整体构建法方程式（9-14），采用 9.4 节共轭梯度法区域网平差解算。该方法能够有效降低参数之间的相关性，改善法方程的结构，快速得到稳定可靠解。

由于相邻的 CCD 片之间连接点同名光线的夹角通常较小，需要通过高精度参考数据计算对应的地面点坐标初值，尤其是高程值，并且在最小二乘解算中赋予高程较大权值。高程权值估计方法可参见 12.4 节。

9.3.3 含约束的外检校误差方程构建

采用 9.3.2 节所述方法完成松弛法本轮迭代过程中基于高精度参考数据的内检校参数解算后，将改正数加上初值作为内检校参数的准确值，参与本轮外检校的区域网平差解算，解算过程中不考虑内检校参数的误差影响。

高分辨率光学卫星在轨几何检校模型方程式（9-4）中，$R_{\mathrm{WGS84}}^{\mathrm{J2000}}$ 为已知值。$(\tan(\psi_x(s)),\tan(\psi_y(s)),-1)$ 包含的内检校参数为已知值。对于单景相邻 CCD 连接点和多景覆盖的不同 CCD 连接点，均对应不同 CCD 片的内检校参数；对于多景覆盖的相同 CCD 连接点，对应为同一 CCD 片的内检校参数。s 为像方坐标量测值；$R_{\mathrm{J2000}}^{\mathrm{ins}}$ 和 $(X_{\mathrm{GPS}}(t),Y_{\mathrm{GPS}}(t),Z_{\mathrm{GPS}}(t))_{\mathrm{WGS84}}$ 为单景或多景覆盖对应的轨道定位和姿态数据观测值；$(X_g,Y_g,Z_g)_{\mathrm{WGS84}}$ 为未知数。外检校参数包括 $R_{\mathrm{ins}}^{\mathrm{cam}}(\mathrm{pitch},\mathrm{roll},\mathrm{yaw})$ 和 $(B_x,B_y,B_z)_{\mathrm{ins}}$。因此，方程式（9-4）可改写为如下形式：

$$\boldsymbol{R}_{\mathrm{cam}}^{\mathrm{ins}}\begin{bmatrix}\tan(\psi_x(s))\\\tan(\psi_y(s))\\-1\end{bmatrix}_{\mathrm{cam}}=\lambda\boldsymbol{R}_{\mathrm{WGS84}}^{\mathrm{ins}}(t)\begin{bmatrix}X_g-X_{\mathrm{GPS}}(t)\\X_g-Y_{\mathrm{GPS}}(t)\\X_g-Z_{\mathrm{GPS}}(t)\end{bmatrix}_{\mathrm{WGS84}}-\begin{bmatrix}B_x\\B_y\\B_z\end{bmatrix}_{\mathrm{ins}} \tag{9-25}$$

设 $\boldsymbol{R}_{\mathrm{cam}}^{\mathrm{ins}}=\begin{bmatrix}a_1&a_2&a_3\\b_1&b_2&b_3\\c_1&c_2&c_3\end{bmatrix}$，其中包含三个正交旋转角 pitch、roll、yaw，则旋转矩阵和正交旋转角的对

应关系为

$$\begin{cases}a_1=\cos(\mathrm{pitch})\cos(\mathrm{yaw})-\sin(\mathrm{pitch})\sin(\mathrm{roll})\sin(\mathrm{yaw})\\a_2=-\cos(\mathrm{pitch})\sin(\mathrm{yaw})-\sin(\mathrm{pitch})\sin(\mathrm{roll})\cos(\mathrm{yaw})\\a_3=-\sin(\mathrm{pitch})\cos(\mathrm{roll})\\b_1=\cos(\mathrm{roll})\sin(\mathrm{yaw})\\b_2=\cos(\mathrm{roll})\cos(\mathrm{yaw})\\b_3=-\sin(\mathrm{roll})\\c_1=\sin(\mathrm{pitch})\cos(\mathrm{yaw})+\cos(\mathrm{pitch})\sin(\mathrm{roll})\sin(\mathrm{yaw})\\c_2=-\sin(\mathrm{pitch})\sin(\mathrm{yaw})+\cos(\mathrm{pitch})\sin(\mathrm{roll})\cos(\mathrm{yaw})\\c_3=\cos(\mathrm{pitch})\cos(\mathrm{roll})\end{cases} \tag{9-26}$$

设 $\boldsymbol{R}_{\mathrm{WGS84}}^{\mathrm{ins}}=\begin{bmatrix}u_1&u_2&u_3\\v_1&v_2&v_3\\w_1&w_2&w_3\end{bmatrix}$，则式（9-25）可改写为如下形式：

$$\begin{bmatrix}a_1&a_2&a_3\\b_1&b_2&b_3\\c_1&c_2&c_3\end{bmatrix}\begin{bmatrix}\tan(\psi_x(s))\\\tan(\psi_y(s))\\-1\end{bmatrix}_{\mathrm{cam}}=\lambda\left(\begin{bmatrix}u_1&u_2&u_3\\v_1&v_2&v_3\\w_1&w_2&w_3\end{bmatrix}\begin{bmatrix}X_g-X_{\mathrm{GPS}}(t)\\Y_g-Y_{\mathrm{GPS}}(t)\\Z_g-Z_{\mathrm{GPS}}(t)\end{bmatrix}_{\mathrm{ins}}-\begin{bmatrix}B_x\\B_y\\B_z\end{bmatrix}_{\mathrm{ins}}\right) \tag{9-27}$$

对式（9-27）整理可得

$$\begin{bmatrix}a_1\tan(\psi_x(s))+a_2\tan(\psi_y(s))-a_3\\b_1\tan(\psi_x(s))+b_2\tan(\psi_y(s))-b_3\\c_1\tan(\psi_x(s))+a_2\tan(\psi_y(s))-a_3\end{bmatrix}=\lambda\begin{bmatrix}u_1X_g+u_2Y_g+u_3Z_g-B_x+U\\v_1X_g+v_2Y_g+v_3Z_g-B_y+V\\w_1X_g+w_2Y_g+w_3Z_g-B_z+W\end{bmatrix} \tag{9-28}$$

式中，$\begin{cases}U=-(u_1X_{\mathrm{GPS}}(t)+u_2Y_{\mathrm{GPS}}(t)+u_3Z_{\mathrm{GPS}}(t))\\V=-(v_1X_{\mathrm{GPS}}(t)+v_2Y_{\mathrm{GPS}}(t)+v_3Z_{\mathrm{GPS}}(t))\\W=-(w_1X_{\mathrm{GPS}}(t)+w_2Y_{\mathrm{GPS}}(t)+w_3Z_{\mathrm{GPS}}(t))\end{cases}$，为包含观测值的常数项。

因此，可消去 λ，构建如下形式：

$$\begin{cases}G_x(i)=\dfrac{\tan(\psi_x(s))a_1+\tan(\psi_y(s))a_2-a_3}{\tan(\psi_x(s))c_1+\tan(\psi_y(s))c_2-c_3}-\dfrac{u_1X_g+u_2Y_g+u_3Z_g-B_x+U}{w_1X_g+w_2Y_g+w_3Z_g-B_z+W}\\[3mm]G_y(i)=\dfrac{\tan(\psi_x(s))b_1+\tan(\psi_y(s))b_2-b_3}{\tan(\psi_x(s))c_1+\tan(\psi_y(s))c_2-c_3}-\dfrac{v_1X_g+v_2Y_g+v_3Z_g-B_y+V}{w_1X_g+w_2Y_g+w_3Z_g-B_z+W}\end{cases} \tag{9-29}$$

式（9-29）为非线性方程，其中未知数为由 pitch、roll、roll 构成的 $\boldsymbol{R}_{\mathrm{cam}}^{\mathrm{ins}}$、物方点坐标 $(X_g,Y_g,Z_g)_{\mathrm{WGS84}}$ 和偏移矩阵 (B_x,B_y,B_z)。对其进行 Taylor 级数一次展开线性化，则式（9-29）可转化为如下误差方程的形式：

$$
\begin{cases}
v_x(i) = \dfrac{\partial G_x(i)}{\partial(\text{pitch})}\Big|_{\text{pitch}_0} \text{d(pitch)} + \dfrac{\partial G_x(i)}{\partial(\text{roll})}\Big|_{\text{roll}_0} \text{d(roll)} + \dfrac{\partial G_x(i)}{\partial(\text{yaw})}\Big|_{\text{yaw}_0} \text{d(yaw)} + \dfrac{\partial G_x(i)}{\partial X_g}\Big|_{X_{g0}} \text{d}X_g \\[4mm]
\quad + \dfrac{\partial G_x(i)}{\partial Y_g}\Big|_{Y_{g0}} \text{d}Y_g + \dfrac{\partial G_x(i)}{\partial Z_g}\Big|_{Z_{g0}} \text{d}Z_g + \dfrac{\partial G_x(i)}{\partial B_x}\Big|_{B_{x0}} \text{d}B_x + \dfrac{\partial G_x(i)}{\partial B_z}\Big|_{B_{z0}} \text{d}B_z - l_x \\[4mm]
v_y(i) = \dfrac{\partial G_y(i)}{\partial(\text{pitch})}\Big|_{\text{pitch}_0} \text{d(pitch)} + \dfrac{\partial G_y(i)}{\partial(\text{roll})}\Big|_{\text{roll}_0} \text{d(roll)} + \dfrac{\partial G_y(i)}{\partial(\text{yaw})}\Big|_{\text{yaw}_0} \text{d(yaw)} + \dfrac{\partial G_y(i)}{\partial X_g}\Big|_{X_{g0}} \text{d}X_g \\[4mm]
\quad + \dfrac{\partial G_y(i)}{\partial Y_g}\Big|_{Y_{g0}} \text{d}Y_g + \dfrac{\partial G_y(i)}{\partial Z_g}\Big|_{Z_{g0}} \text{d}Z_g + \dfrac{\partial G_y(i)}{\partial B_y}\Big|_{B_{y0}} \text{d}B_y + \dfrac{\partial G_y(i)}{\partial B_z}\Big|_{B_{z0}} \text{d}B_z - l_y
\end{cases}
\tag{9-30}
$$

式中，$\begin{cases} l_x = G_x(\text{pitch}_0, \text{roll}_0, \text{yaw}_0, X_{g0}, Y_{g0}, Z_{g0}, B_{x0}, B_{z0})(i) \\ l_y = G_y(\text{pitch}_0, \text{roll}_0, \text{yaw}_0, X_{g0}, Y_{g0}, Z_{g0}, B_{y0}, B_{z0})(i) \end{cases}$。

由此，式（9-30）可简写为如下误差方程的形式：

$$
V = AX - L \tag{9-31}
$$

式（9-31）中，误差方程的系数矩阵 A 为 2×9 矩阵，可改写为

$$
A = \begin{bmatrix} A_{\text{PRY}} & A_B & A_G \end{bmatrix} \tag{9-32}
$$

式中，A_{PRY} 为旋转矩阵 $R_{\text{cam}}^{\text{ins}}$ 中 pitch、roll、yaw 对应的系数矩阵块，大小为 2×3，其具体形式如下：

$$
A_{\text{PRY}} = \begin{bmatrix} \dfrac{\partial G_x(i)}{\partial(\text{pitch})}\Big|_{\text{pitch}_0} & \dfrac{\partial G_x(i)}{\partial(\text{roll})}\Big|_{\text{roll}_0} & \dfrac{\partial G_x(i)}{\partial(\text{yaw})}\Big|_{\text{yaw}_0} \\[4mm] \dfrac{\partial G_y(i)}{\partial(\text{pitch})}\Big|_{\text{pitch}_0} & \dfrac{\partial G_y(i)}{\partial(\text{roll})}\Big|_{\text{roll}_0} & \dfrac{\partial G_y(i)}{\partial(\text{yaw})}\Big|_{\text{yaw}_0} \end{bmatrix} \tag{9-33}
$$

A_B 为偏移矩阵 (B_x, B_y, B_z) 对应的系数矩阵块，大小为 2×3，其具体形式如下：

$$
A_B = \begin{bmatrix} \dfrac{\partial G_x(i)}{\partial B_x}\Big|_{B_{x0}} & 0 & \dfrac{\partial G_x(i)}{\partial B_z}\Big|_{B_{z0}} \\[4mm] 0 & \dfrac{\partial G_y(i)}{\partial B_y}\Big|_{B_{y0}} & \dfrac{\partial G_y(i)}{\partial B_z}\Big|_{B_{z0}} \end{bmatrix} \tag{9-34}
$$

A_G 为物方点坐标 $(X_g, Y_g, Z_g)_{\text{WGS84}}$ 对应的系数矩阵块，大小为 2×3，其具体形式如下：

$$
A_G = \begin{bmatrix} \dfrac{\partial G_x(i)}{\partial X_g}\Big|_{X_{g0}} & \dfrac{\partial G_x(i)}{\partial Y_g}\Big|_{Y_{g0}} & \dfrac{\partial G_x(i)}{\partial Z_g}\Big|_{Z_{g0}} \\[4mm] \dfrac{\partial G_y(i)}{\partial X_g}\Big|_{X_{g0}} & \dfrac{\partial G_y(i)}{\partial Y_g}\Big|_{Y_{g0}} & \dfrac{\partial G_y(i)}{\partial Z_g}\Big|_{Z_{g0}} \end{bmatrix} \tag{9-35}
$$

式（9-31）中，误差方程的未知数矩阵为 9×1 矩阵，可改写为

$$
X = \begin{bmatrix} \text{d}\mathbf{PRY} & \text{d}B & \text{d}G \end{bmatrix}^{\text{T}} \tag{9-36}
$$

式中，$\mathbf{dPRY}$ 为旋转矩阵 $R_{\text{cam}}^{\text{ins}}$ 中 pitch、roll、yaw 的改正量，大小为 3×1；$\mathbf{d}B$ 为偏移矩阵 (B_x, B_y, B_z) 的改正量，大小为 3×1；$\mathbf{d}G$ 为物方点坐标 $(X_g, Y_g, Z_g)_{\text{WGS84}}$ 的改正量，大小为 3×1。

式（9-31）中，误差方程常数项 $L = (l_x, l_y)^{\text{T}}$，为 2×1 矩阵，表示每个连接点的误差方程在 x 和 y 方向的常数项，即观测值和未知数初值代入式（9-29）的解。

对于单景相邻 CCD 的连接点和多景覆盖的不同 CCD 连接点，均可统一构建方程式（9-31）。采用区域网整体平差解算外检校参数。假设有两个连接点均在两景影像上成像，则误差方程式（9-31）具体表现形式如下：

$$
\begin{bmatrix}
A_{\text{PRY}1,1} & A_{B1,1} & A_{G1,1} & \\
A_{\text{PRY}1,2} & A_{B1,2} & A_{G1,2} & \\
A_{\text{PRY}2,1} & A_{B2,1} & & A_{G2,1} \\
A_{\text{PRY}2,2} & A_{B2,2} & & A_{G2,2}
\end{bmatrix}
\times
\begin{bmatrix}
\mathrm{d}\mathbf{PRY} \\
\mathrm{d}\mathbf{B} \\
\mathrm{d}\mathbf{G}_1 \\
\mathrm{d}\mathbf{G}_2
\end{bmatrix}
=
\begin{bmatrix}
l_{1,1} \\
l_{1,2} \\
l_{2,1} \\
l_{2,2}
\end{bmatrix}
\tag{9-37}
$$

式中，G_1、G_2 分别为两个连接点对应的两个物方点坐标；其他参数含义与式（9-31）中参数的详细说明保持一致。

当该连接点位于相邻 CCD 的重叠位置，且同时在两景影像上成像时，该连接点被同时成像四次，则误差方程式（9-31）的具体表现形式如下：

$$
\begin{bmatrix}
A_{\text{PRY}1,1} & A_{B1,1} & A_{G1,1} & \\
A_{\text{PRY}1,2} & A_{B1,2} & A_{G1,2} & \\
A_{\text{PRY}1,3} & A_{B1,3} & A_{G1,3} & \\
A_{\text{PRY}1,4} & A_{B1,4} & A_{G1,4} & \\
A_{\text{PRY}2,1} & A_{B2,1} & & A_{G2,1} \\
A_{\text{PRY}2,2} & A_{B2,2} & & A_{G2,2} \\
A_{\text{PRY}2,3} & A_{B2,3} & & A_{G2,3} \\
A_{\text{PRY}2,4} & A_{B2,4} & & A_{G2,4}
\end{bmatrix}
\times
\begin{bmatrix}
\mathrm{d}\mathbf{PRY} \\
\mathrm{d}\mathbf{B} \\
\mathrm{d}\mathbf{G}_1 \\
\mathrm{d}\mathbf{G}_2
\end{bmatrix}
=
\begin{bmatrix}
l_{1,1} \\
l_{1,2} \\
l_{2,1} \\
l_{2,2}
\end{bmatrix}
\tag{9-38}
$$

式中，各参数的具体含义与式（9-31）中各参数的详细说明保持一致。

当该连接点同时在参考数据上成像，即同时为控制点时，则其对应的物方点坐标 $(X_g, Y_g, Z_g)_{\text{WGS84}}$ 可以根据控制和测量精度被作为准确值或带权观测值处理。本节将其视为准确值，在误差方程式（9-31）中不作为未知数参与解算。相对于误差方程式（9-37），误差方程的形式可简化为

$$
\begin{bmatrix}
A_{\text{PRY}1,1} & A_{B1,1} \\
A_{\text{PRY}1,2} & A_{B1,2} \\
A_{\text{PRY}2,1} & A_{B2,1} \\
A_{\text{PRY}2,2} & A_{B2,1}
\end{bmatrix}
\times
\begin{bmatrix}
\mathrm{d}\mathbf{PRY} \\
\mathrm{d}\mathbf{B}
\end{bmatrix}
=
\begin{bmatrix}
l_{1,1} \\
l_{1,2} \\
l_{2,1} \\
l_{2,2}
\end{bmatrix}
\tag{9-39}
$$

式中，各参数的具体含义与式（9-31）中参数的详细说明保持一致。

在求解外检校参数过程中，对于单景相邻 CCD 的连接点和控制点构建的误差方程，以及多景覆盖的不同 CCD 连接点的连接点和控制点构建的误差方程，可整体构建法方程，采用 9.4 节共轭梯度法区域网平差解算。本轮区域网平差得到的外检校参数改正量加上初值作为外检校参数的准确值，参与下一轮内检校参数区域网平差解算，直至内外检校参数均得到稳定的收敛结果，即为完成几何内检校和外检校。

为了减少待检校的旋转矩阵 $\mathbf{R}_{\text{cam}}^{\text{ins}}$ 中的三个角元素 pitch、roll、yaw，偏移矩阵中的三个线元素 (B_x, B_y, B_z)，以及物方点坐标 $(X_g, Y_g, Z_g)_{\text{WGS84}}$ 之间的相关性，同样可采用分步迭代的计算方法。此外，由于相邻的 CCD 片间连接点同名光线的夹角通常较小，因此可通过高精度的参考数据解算对应的地面点坐标初值，尤其是高程值，并且在区域网平差解算中赋予较大权值。高程权值估计可参见 12.4 节。

9.4 基于改进预处理的共轭梯度法区域网平差

根据图 9-10 所述整体解算流程，采用松弛法对几何内检校和外检校模型进行交替迭代解算；同时，在每轮迭代中，几何内检校和外检校模型内部解算均采用本节将要阐述的基于改进预处理的共轭梯度法区域网平差方法。

松弛法解法在一定程度上削弱了内检校和外检校模型参数之间的强相关性，即复共线性。但是在内检校参数之间或外检校参数之间仍存在较强的相关性，容易导致区域网平差的法方程严重病态。

传统方法是将区域网平差的法方程通过高斯消元法转化成改化法方程的形式（Mikhail et al., 2001; Triggs et al., 2000）。假设未知数分为两组，几何内检校或外检校参数的改正量为一组，用 Q 表示；空间点坐标的改正数为另一组，用 D 表示，则相应的区域网平差的法方程可改写为

$$\begin{cases} AD + B^{\mathrm{T}}Q = W_1' \\ BD + CQ = W_2' \end{cases} \tag{9-40}$$

由于未知数 Q 的个数通常远小于物方点坐标未知数 D 的个数，因此通常将 D 从式（9-40）中首先消去来求解 Q，则改化法方程的形式为

$$(B^{\mathrm{T}} - AB^{-1}C)Q = W_1' - AB^{-1}W_2' \tag{9-41}$$

式中，$H = B^{\mathrm{T}} - AB^{-1}C$，称为舒尔补矩阵。

由于引入了各类连接约束条件，因此内检校和外检校区域网平差的改化法方程系数阵 H 不再满足稀疏带状的结构，难以设计快速解法，多数情况下只能当作稠密矩阵处理，通常采用直接求逆解算。传统在轨几何检校中，为降低参数之间的相关性导致的方程病态，通常采用主成分估计、岭估计、广义最小二乘平差及验后方差定权等方法（Chen et al., 2005），但是这些方法仍存在难以收敛和计算效率低的问题。

本节将数值分析领域的共轭梯度法引入高精度在轨几何检校的区域网平差法方程求解中，采用变分法对该方法进行系统推导。为有效降低法方程系数矩阵的条件数和减少平差迭代次数，采用改进不完全Cholesky 分解法对法方程进行预处理，将法方程系数矩阵转化为状态良好的等价方程组，并提出基于改进共轭梯度法区域网平差进行在轨高精度几何检校的详细方案，充分发挥共轭梯度法在处理大规模线性方程组时的优势。

9.4.1 基于变分法的共轭梯度法平差模型

1. 共轭梯度法区域网平差的原理

共轭梯度法是一种在可预测模式中不需要非零输入的处理大规模稀疏系统非常有用的迭代估计方法。当矩阵采用更有效的预处理方法后，通常能在 $\sqrt{n}$ 步迭代内得到满意的结果。共轭梯度法沿着梯度依次构建相互共轭的方向进行计算，从而以最快速度得到目标函数的最小值（Burden et al., 2000），具有简便、容易实现、低成本和存储需求小等优势。

共轭梯度法由最速下降法演化而来，最早由 Hestenes 和 Stiefel（1952）提出。由于对舍入误差的敏感性问题，该算法的应用受到了极大限制。近些年来，该问题通过与各种预处理算法相结合而得到解决。由于算法简便，共轭梯度法已经成为求解大规模、稀疏线性方程组最常用的一类方法，并且已经引入测量平差领域。Byröd 和 Astrom（2009）首先提出应用共轭梯度法解算光束法区域网平差问题，利用共轭梯度法在正交基下的不变性，提出采用多尺度变换加快共轭梯度法的收敛速度的算法，之后又将共轭梯度法应用到 Levenberg-Marquardt 算法中，并针对法方程的稀疏特性和结构特性，提出基于分块 QR 分解的预处理器（Byröd et al., 2010）。此外，Agarwa 等（2010）设计了一种非精确的 Newton 类方法，对改化法方程进行简单预处理，然后用共轭梯度法计算每一步 Newton 值。

基于严密成像几何模型的在轨几何检校区域网平差，是将像方坐标和影像的位置及姿态测量值作为直接观测值，通过最小二乘平差整体解算内检校或外检校模型参数和连接点三维坐标（Triggs et al., 2000）。对于基于共轭梯度法区域网平差（conjugate gradient method block adjustment, CGBA）的在轨几何检校而言，假设法方程简写为

$$NX = W \tag{9-42}$$

式中，X、N 和 W 分别为法方程的未知数矩阵、系数矩阵和常数项矩阵。

在 n 维向量空间中一定存在一个线性无关的向量组 $X_1, X_2, \cdots, X_n$，如果满足 $X_i^{\mathrm{T}} N X_j = 0 (i \neq j \wedge i, j \in [1, n])$，就称 $X_1, X_2, \cdots, X_n$ 为关于法方程系数矩阵 N 的一个共轭向量组，同时也称 X_i 和 X_j 关于 N 共轭。可以由 n 个相互线性无关的向量通过 Gram-Schmidt 正交化的方法获得关于对称正定矩阵 N 的一个共轭向量组（Burden et al., 2000）。由于法方程中 N 为 n 阶对称正定矩阵，因此必然存在关于 N 的一组含有 n 个向量的共轭向量组。

2. 基于变分法的 CGBA 模型优化

若给定法方程式（9-42）未知数的一组初值为 X^0，则其可以进一步转化为 $N(X - X^0) = W - NX^0$ 的形式。为了简便表示，仍将 $X - X^0$ 记为 X，$W - NX^0$ 记为 W，则可假定 X 的初值为 0，法方程的形式保持不变。然后依次沿着相互共轭的方向进行方程组解的搜索。法方程的求解可以通过变分法转化为求解如下函数最小值的问题（Burden et al., 2000）：

$$S(X) = \frac{1}{2} X^{\mathrm{T}} N X - W^{\mathrm{T}} X \tag{9-43}$$

即式（9-42）的解 $X^* = N^{-1} W$ 等价于 $S(X)$ 取得最小值时的 X。

假设已经沿着相互共轭的方向 $X_1, X_2, \cdots, X_K$ 搜索式（9-43）的解到第 k 步，所获得的最小值为 $S(X)$，其中 $X^k = \alpha_1 X_1 + \alpha_2 X_2 + \cdots + \alpha_k X_k$，则第 $k+1$ 步应该沿着方向 X_{k+1} 进行搜索。X_{k+1} 满足与 $X_1, X_2, \cdots, X_k$ 均共轭，搜索的结果为 $X^{k+1} = X^k + \alpha_{k+1} X_{k+1}$，则 $S(X)$ 在第 $k+1$ 步的最小值 $S(X^{k+1})$ 满足：

$$\begin{aligned}
S(X^{k+1}) &= S(X^k + \alpha_{k+1} X_{k+1}) \\
&= \frac{1}{2} (X^k + \alpha_{k+1} X_{k+1})^{\mathrm{T}} N(X^k + \alpha_{k+1} X_{k+1}) - W^{\mathrm{T}} (X^k + \alpha_{k+1} X_{k+1}) \\
&= \frac{1}{2} (X^k)^{\mathrm{T}} N X^k + \frac{1}{2} \alpha_{k+1}^2 X_{k+1}^{\mathrm{T}} N X_{k+1} + \frac{1}{2} \alpha_{k+1} X_{k+1}^{\mathrm{T}} N X^K \\
&\quad + \frac{1}{2} \alpha_{k+1} (X^k)^{\mathrm{T}} N X_{k+1} - W^{\mathrm{T}} X^K - \alpha_{k+1} W^{\mathrm{T}} X_{k+1}
\end{aligned} \tag{9-44}$$

利用 X_{k+1} 与 $X_1, X_2, \cdots, X_k$ 的相互共轭关系，可去掉交叉项 $\frac{1}{2} \alpha_{k+1}^2 X_{k+1}^{\mathrm{T}} N X_{k+1}$ 和 $\frac{1}{2} \alpha_{k+1} X_{k+1}^{\mathrm{T}} N X^k$，则 $S(X^{k+1})$ 为

$$\begin{aligned}
S(X^{k+1}) &= \frac{1}{2} (X^k)^{\mathrm{T}} N X^k + \frac{1}{2} \alpha_{k+1}^2 X_{k+1}^{\mathrm{T}} N X_{k+1} - W^{\mathrm{T}} X^k - \alpha_{k+1} W^{\mathrm{T}} X_{k+1} \\
&= S(X^k) + \frac{1}{2} \alpha_{k+1}^2 X_{k+1}^{\mathrm{T}} N X_{k+1} - \alpha_{k+1} W^{\mathrm{T}} X_{k+1}
\end{aligned} \tag{9-45}$$

由于 $S(X^k)$ 取得最小值，因此欲求 $S(X^{k+1})$ 的最小值，可将问题转化为求 $\frac{1}{2} \alpha_{k+1}^2 X_{k+1}^{\mathrm{T}} N X_{k+1} - \alpha_{k+1} W^{\mathrm{T}} X_{k+1}$ 的最小值，这与参数 α_{k+1} 和 X_{k+1} 的取值相关。其中 X_{k+1} 的值不唯一，只需选取其与 $X_1, X_2, \cdots, X_k$ 均共轭的一个方向，α_{k+1} 在此方向的基础上再进行解求。

选取 X_{k+1} 的一种构造方式：假定引入一个残差变量 r^k，使 $r^k = W - NX^k$。取 $X_{k+1} = r^k + \beta_k X_k$，由于 X_k 与 X_{k+1} 共轭，可得 $X_{k+1}^{\mathrm{T}} N X_k = 0$。将 $X_{k+1} = r^k + \beta_k X_k$ 代入 $X_{k+1}^{\mathrm{T}} N X_k = 0$ 进行化简，则 β_k 的表达式可简写为

$$\beta_k = -\frac{(r^k)^{\mathrm{T}} N X_k}{X_k^{\mathrm{T}} N X_k} \tag{9-46}$$

可以采用数学归纳法证明（Burden et al., 2000）：由以上方法通过 β_k 构造的 $\boldsymbol{X}_{k+1}$ 满足与 $\boldsymbol{X}_1, \boldsymbol{X}_2, \cdots, \boldsymbol{X}_k$ 均共轭的条件，并且可证当 $i \neq j$ 且 i、$j \in [1, k]$ 时，$(\boldsymbol{r}^i)^{\mathrm{T}} \boldsymbol{r}^j = 0$。因此，可以采用该 $\boldsymbol{X}_{k+1}$ 作为第 $k+1$ 步的搜索方向。

接下来需要求解 α_{k+1} 的值，即对 $\dfrac{1}{2} \alpha_{k+1}^2 \boldsymbol{X}_{k+1}^{\mathrm{T}} \boldsymbol{N} \boldsymbol{X}_{k+1} - \alpha_{k+1} \boldsymbol{W}^{\mathrm{T}} \boldsymbol{X}_{k+1}$ 求导，使

$$\frac{\mathrm{d}\left(\dfrac{1}{2} \alpha_{k+1}^2 \boldsymbol{X}_{k+1}^{\mathrm{T}} \boldsymbol{N} \boldsymbol{X}_{k+1} - \alpha_{k+1} \boldsymbol{W}^{\mathrm{T}} \boldsymbol{X}_{k+1}\right)}{\mathrm{d}(\alpha_{k+1})} = 0 \tag{9-47}$$

式（9-47）可化简为 $\alpha_{k+1} \boldsymbol{X}_{k+1}^{\mathrm{T}} \boldsymbol{N} \boldsymbol{X}_{k+1} - \boldsymbol{W}^{\mathrm{T}} \boldsymbol{X}_{k+1} = 0$，因此 α_{k+1} 的表达式可简写为

$$\alpha_{k+1} = \frac{\boldsymbol{W}^{\mathrm{T}} \boldsymbol{X}_{k+1}}{\boldsymbol{X}_{k+1}^{\mathrm{T}} \boldsymbol{N} \boldsymbol{X}_{k+1}} \tag{9-48}$$

式中：

$$\boldsymbol{W}^{\mathrm{T}} \boldsymbol{X}_{k+1} = (\boldsymbol{W} - \boldsymbol{N} \boldsymbol{X}_k)^{\mathrm{T}} \boldsymbol{X}_{k+1} = (\boldsymbol{r}^k)^{\mathrm{T}} \boldsymbol{X}_{k+1} = (\boldsymbol{r}^k)^{\mathrm{T}} (\boldsymbol{r}^k + \beta_k \boldsymbol{X}_k) = (\boldsymbol{r}^k)^{\mathrm{T}} \boldsymbol{r}^k + \beta_k (\boldsymbol{r}^k)^{\mathrm{T}} \boldsymbol{X}_k$$

因为 $\boldsymbol{X}_k = \boldsymbol{r}^{k-1} + \beta_{k-1} \boldsymbol{X}_{k-1}$ 且 $(\boldsymbol{r}^i)^{\mathrm{T}} \boldsymbol{r}^j = 0$，所以有

$$(\boldsymbol{r}^k)^{\mathrm{T}} \boldsymbol{X}_k = (\boldsymbol{r}^k)^{\mathrm{T}} (\boldsymbol{r}^{k-1} + \beta_{k-1} \boldsymbol{X}_{K-1}) = \beta_{k-1} (\boldsymbol{r}^k)^{\mathrm{T}} \boldsymbol{X}_{K-1} \tag{9-49}$$

按照 $\boldsymbol{X}_{k-1}, \boldsymbol{X}_{k-2}, \cdots$ 的方式进行类推，最终可得 $(\boldsymbol{r}^k)^{\mathrm{T}} \boldsymbol{X}_k = 0$，所以 $\boldsymbol{W}^{\mathrm{T}} \boldsymbol{X}_{k+1} = (\boldsymbol{r}^k)^{\mathrm{T}} \boldsymbol{r}_k$。因此 α_{k+1} 的最终化简形式为

$$\alpha_{k+1} = \frac{(\boldsymbol{r}^k)^{\mathrm{T}} \boldsymbol{r}^k}{\boldsymbol{X}_{k+1}^{\mathrm{T}} \boldsymbol{N} \boldsymbol{X}_{k+1}} \tag{9-50}$$

接下来可对 β_k 进行化简。因为

$$\begin{aligned} \boldsymbol{r}^k &= \boldsymbol{W} - \boldsymbol{N} \boldsymbol{X}^k = \boldsymbol{W} - \boldsymbol{N}(\boldsymbol{X}^{k-1} + \alpha_k \boldsymbol{X}_k) = \boldsymbol{W} - \boldsymbol{N} \boldsymbol{X}^{k-1} - \alpha_k \boldsymbol{N} \boldsymbol{X}_k \\ &= \boldsymbol{r}^{k-1} - \alpha_k \boldsymbol{N} \boldsymbol{X}_k \end{aligned} \tag{9-51}$$

则式（9-51）可转化为 $\boldsymbol{N} \boldsymbol{X}_k = (\boldsymbol{r}^{k-1} - \boldsymbol{r}^k) \alpha_k^{-1}$，所以有

$$\beta_k = -\frac{(\boldsymbol{r}^k)^{\mathrm{T}} \boldsymbol{N} \boldsymbol{X}_k}{\boldsymbol{X}_k^{\mathrm{T}} \boldsymbol{N} \boldsymbol{X}_k} = -\frac{\alpha_k^{-1} (\boldsymbol{r}^k)^{\mathrm{T}} (\boldsymbol{r}^{k-1} - \boldsymbol{r}^k)}{\boldsymbol{X}_k^{\mathrm{T}} \boldsymbol{N} \boldsymbol{X}_k} \tag{9-52}$$

又因为 $\alpha_k = \dfrac{(\boldsymbol{r}^{k-1})^{\mathrm{T}} \boldsymbol{r}^{k-1}}{\boldsymbol{X}_k^{\mathrm{T}} \boldsymbol{N} \boldsymbol{X}_k}$，则式（9-52）中的 β_k 的最终化简形式为

$$\beta_k = \frac{\alpha_k^{-1} (\boldsymbol{r}^k)^{\mathrm{T}} \boldsymbol{r}^k}{\boldsymbol{X}_k^{\mathrm{T}} \boldsymbol{N} \boldsymbol{X}_k} = \frac{(\boldsymbol{r}^k)^{\mathrm{T}} \boldsymbol{r}^k}{(\boldsymbol{r}^{k-1})^{\mathrm{T}} \boldsymbol{r}^{k-1}} \tag{9-53}$$

根据在 n 维线性空间中最多只有 n 个相互线性无关的向量，则 $\boldsymbol{r}^0, \boldsymbol{r}^1, \cdots, \boldsymbol{r}^n$ 中至少有一个为零。也就是说，采用共轭梯度法搜索在轨几何检校区域网平差法方程的解，理论上最多需要迭代 $\sqrt{n}$ 次。

3. CGBA 模型整体平差迭代解算

由于计算机运算存在舍入误差，因此当大规模方程组解算时，残差向量的正交性和搜索方向的共轭性很难得到保证。因此，需要将共轭梯度法作为迭代法处理。采用共轭梯度法对在轨几何检校区域网平差法方程求解的基本步骤如下：

1）给定法方程未知数初值 $\boldsymbol{X} = \boldsymbol{X}^0$。

2）计算 $\boldsymbol{r}^0 = \boldsymbol{W} - \boldsymbol{N} \boldsymbol{X}^0$。设定 $\boldsymbol{X}_1 = \boldsymbol{r}^0$ 和 $k = 0$。

3）给定一小值 ε，判断，若 $\boldsymbol{r}^k \geqslant \varepsilon$，则进行第 4）步，否则迭代终止。

4）设定 $k = k+1$，计算公式 $\alpha_k = (\boldsymbol{r}^{k-1})^{\mathrm{T}} \boldsymbol{r}^{k-1} / \boldsymbol{X}_k^{\mathrm{T}} \boldsymbol{N} \boldsymbol{X}_k$、$\boldsymbol{X}^k = \boldsymbol{X}^{k-1} + \alpha_k \boldsymbol{X}_k$ 和 $\boldsymbol{r}^k = \boldsymbol{r}^{k-1} - \alpha_k \boldsymbol{N} \boldsymbol{X}_k$。

5）计算 $\beta_k = (r^k)^T r^k / (r^{k-1})^T r^{k-1}$ 和 $X_{k+1} = r^k + \beta_k X_k$，然后返回第 3）步判断。

9.4.2 基于不完全 Cholesky 分解的预处理

1. 改进不完全 Cholesky 分解方法

对于多景多 CCD 在轨几何检校区域网平差迭代解算，需要采用一种有效的预处理方法来改善法方程的结构并减少系数矩阵的条件数。根据数值分析原理（Burden et al.，2000），共轭梯度法区域网平差第 k 步迭代的精度可由下式估计：

$$\| X^k - X^* \|_N \leqslant 2 \left[(\sqrt{K} - 1) / (\sqrt{K} + 1) \right]^k \| X^0 - X^* \|_N \tag{9-54}$$

式中，$\| X \|_N = \sqrt{X^T N X}$；$K = \mathrm{cond}_2(N)$；$N$ 为对称正定矩阵。由式（9-54）可知，条件数 K 越大，共轭梯度法所需的迭代次数越多，收敛速度越慢。

本节采用不完全 Cholesky 分解法对共轭梯度法区域网平差进行预处理，降低法方程系数矩阵的条件数，其中法方程系数矩阵为对称正定矩阵。

假设对称正定矩阵 M 为法方程系数矩阵 N 的一个近似，即 $M \approx N$，对 M 进行不完全 Cholesky 分解，$M = LL^T$，其中 L 为一个下三角矩阵，则法方程式（9-42）等价于如下方程的形式：

$$\left[L^{-1} N (L^{-1})^T \right] L^T X = L^{-1} W \tag{9-55}$$

设 $F = L^{-1} N (L^{-1})^T$、$Y = L^T X$、$G = L^{-1} W$，F 为对称正定矩阵，则式（9-55）可简化为

$$FY = G \tag{9-56}$$

经过上述变换，原问题转化为求解式（9-56）。由于矩阵 F 的条件数远小于 N，即 $\mathrm{cond}_2(F) \ll \mathrm{cond}_2(N)$，因此可实现法方程求解的快速收敛。

由于 F 仍然满足对称正定条件，因此需要对 CGBA 模型整体平差迭代解算方法进行如下改动，以便求解 Y 的值，并利用 $X = L^{-T} Y$ 得到 X：

1）初值替换为 $Y^0 = L^T X^0$；

2）将法方程系数矩阵 N 替换为 $F = L^{-1} N (L^{-1})^T$；

3）将法方程常数项 W 替换为 $G = L^{-1} W$；

4）将 X_k 替换为 Y_k，并将 X^k 替换为 Y^k，将 r^k 替换为 R^k。

经过如上替换后，算法求解的是 $Y = L^T X$ 的值。为了使算法能够直接获得 X 的值，令 $X^k = (L^{-1})^T Y^k$ 及 $r^k = G - FY^k = L^{-1}[W - N(L^{-1})^T L^T X^k] = L^{-1} R^k$，代入各迭代步骤，并引入变量 $Z^k = (L^{-1})^T L^{-1} r^k = M^{-1} r^k$，整理可得基于不完全 Cholesky 分解预处理的共轭梯度法区域网平差解法。

其中，$Z^k = (L^{-1})^T L^{-1} r^k = M^{-1} r^k$ 的解算可通过求解如下方程得到：

$$MZ^k = r^k \tag{9-57}$$

由此可知，基于不完全 Cholesky 分解的预处理共轭梯度法区域网平差要求预处理矩阵 M 尽可能接近法方程系数矩阵 N 的同时，还具有简单的结构。

2. 改进 CGBA 模型预处理矩阵设计

基于不完全 Cholesky 分解预处理的共轭梯度法求解在轨几何检校区域网平差法方程的过程中，可使用法方程系数矩阵的对角块作为预处理矩阵。该方法与摄影测量中常用的后方交会-前方交会交替迭代求解方法（Mikhail et al.，2001）一致。为了说明这一问题，将法方程式（9-42）的结构改写为如下形式：

$$\begin{bmatrix} N_{11} & N_{12} & N_{13} \\ N_{21} & N_{22} & N_{23} \\ N_{31} & N_{32} & N_{33} \end{bmatrix} \begin{bmatrix} D \\ t \\ E \end{bmatrix} = \begin{bmatrix} W_1 \\ W_2 \\ W_3 \end{bmatrix} \qquad (9\text{-}58)$$

式中，D 为物方点空间坐标的改正数；t 为影像外方位元素的改正数；E 为附加约束条件参数的改正数。

采用后方交会-前方交会交替解法相当于交替解算如下三个方程：

$$N_{11}X = W_1 \qquad N_{22}t = W_2 \qquad N_{33}Y = W_3 \qquad (9\text{-}59)$$

利用数学分析中连续函数的性质（Burden et al.，2000），若给定的各个参数的初值比较接近真值，则每次交替迭代可用如下解算方程组作为近似：

$$\begin{bmatrix} N_{11} & & \\ & N_{22} & \\ & & N_{33} \end{bmatrix} \begin{bmatrix} D \\ t \\ E \end{bmatrix} = \begin{bmatrix} W_1 \\ W_2 \\ W_3 \end{bmatrix} \qquad (9\text{-}60)$$

式（9-60）的系数矩阵即为共轭梯度法区域网平差法方程系数矩阵 N 的近似，同时该系数矩阵也为对称正定矩阵且具有简单的结构，可作为共轭梯度法区域网平差的预处理矩阵。

3. 含预处理的改进 CGBA 模型解算方法

综上所述，采用不完全 Cholesky 分解进行预处理后，共轭梯度法区域网平差进行在轨几何检校法方程求解的基本步骤如下：

1）给定法方程未知数初值 $X = X^0$；

2）计算 $r^0 = W - NX^0$，解算方程 $MZ^0 = r^0$，得到 Z^0，令 $X_1 = Z^0$，$k = 0$；

3）给定一小值 ε，若 $\lVert r^k \rVert \geq \varepsilon$，则进行第 4）步，否则迭代终止；

4）令 $k = k+1$，计算 $\alpha_k = (Z^{k-1})^\mathrm{T} r^{k-1} / X_k^\mathrm{T} NX_k$、$X^k = X^{k-1} + \alpha_k X_k$ 和 $r^k = r^{k-1} - \alpha_k NX_k$，求解 $MZ^k = r^k$，得到 Z^k；

5）计算 $\beta_k = (Z^k)^\mathrm{T} r^k / (Z^{k-1})^\mathrm{T} r^{k-1}$ 和 $X_{k+1} = Z^k + \beta_k X_k$，返回第 3）步判断。

9.5 高精度在轨几何检校实验与结果分析

9.5.1 影像内部和外部几何精度质检方法

针对高分辨率光学卫星，为了验证在轨几何检校后影像的定位精度，本节提出影像几何精度质检方法，采用高精度参考数据（含控制点切片、参考底图和 DEM 数据等），对影像进行内部几何精度质检和外部几何精度质检。

1. 内部几何精度质检

内部几何精度质检是统计几何纠正后影像内部畸变大小和方向的分布情况，分为长度变形精度质检和角度变形精度质检。其中，长度变形精度质检是统计几何纠正后影像上任意两点的地理坐标距离与实际地物距离的均方根误差，并统计相对误差；角度变形精度质检是统计几何纠正后影像任意两条直线的夹角与实际地物直线夹角的差异，其具体的坐标系和点位示意图如图 9-11 所示。

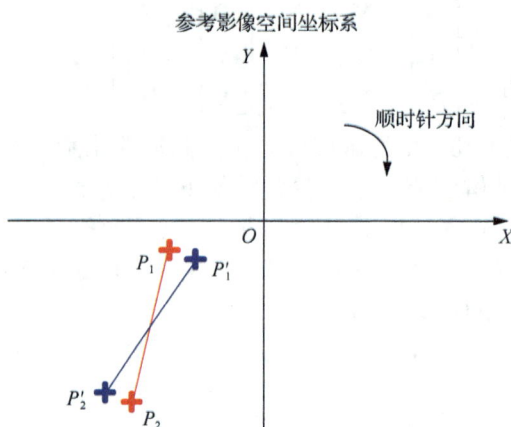

图 9-11　角度变形精度质检的坐标系和点位示意图

结合图 9-11，图像上两个控制点 P_1、P_2 的坐标分别为 (X_1, Y_1) 和 (X_2, Y_2)（图中红色十字），为计算方便，将待测试影像中对应控制点利用换算关系都转换到参考影像的影像坐标系中，待测试影像对应的控制点 P_1'、P_2' 的坐标分别为 (X_1', Y_1') 和 (X_2', Y_2')（图中蓝色十字）。直线 $\overrightarrow{P_1P_2}$ 向量（图中红色直线向量）和直线向量 $\overrightarrow{P_1'P_2'}$（图中蓝色直线向量）之间的夹角用于描述角度变形，其计算公式为

$$\Delta\text{angle} = \arccos\left(\frac{\overrightarrow{P_1P_2} \cdot \overrightarrow{P_1'P_2'}}{|\overrightarrow{P_1P_2}| \, |\overrightarrow{P_1'P_2'}|}\right) \tag{9-61}$$

2. 外部几何精度质检

外部几何精度质检即绝对定位精度质检，是统计几何纠正后影像对应的地理坐标在飞行方向和扫描方向上与实际地物地理位置的均方根误差。

3. 几何精度质检定位计算方法

高分辨率光学卫星影像内部和外部几何精度质检均需要以参考数据为基础，通过影像覆盖范围内的检查点坐标进行求解。其具体计算流程如下：

1）在影像覆盖范围内选取均匀分布的检查点，由检查点的像方坐标 y_G 计算得到 CCD 扫描行的瞬时成像时间 t_G。

2）通过瞬时成像时间 t_G，经 GNSS 星历数据内插和星敏感器姿态测量数据内插，得到该时刻的瞬时位置 (X_{SG}, Y_{SG}, Z_{SG}) 和姿态 $(\text{pitch}_G, \text{roll}_G, \text{yaw}_G)$。

3）根据影像覆盖范围内高精度 DEM 高程均值给定一近似高程 Z_{G0}，将该检查点的像方坐标 (x_G, y_G)、瞬时位置 (X_{SG}, Y_{SG}, Z_{SG})、姿态 $(\text{pitch}_G, \text{roll}_G, \text{yaw}_G)$ 和高程初值 Z_{G0} 一同代入严密成像几何模型式（9-4），计算得到该检查点的物方平面坐标初值 (x_{G0}, y_{G0})。

4）先将物方平面坐标初值 (x_{G0}, y_{G0}) 代入 DEM，经双线性内插得到高程坐标 Z_{G0}'；再将像方坐标 (x_G, y_G)、瞬时位置 (X_{SG}, Y_{SG}, Z_{SG})、姿态 $(\text{pitch}_G, \text{roll}_G, \text{yaw}_G)$ 和高程坐标 Z_{G0}' 代入严密成像几何模型式（9-4），计算得到 (x_{G0}', y_{G0}')。

5）重复步骤 3）和 4），至高程方向收敛，ΔZ_G 小于给定阈值，由此计算得到该检查点像方坐标对应的物方点坐标准确值 (X_{GC}, Y_{GC}, Z_{GC})。

6）根据各检查点物方坐标计算准确值 (X_{GC}, Y_{GC}, Z_{GC}) 与实际坐标值 (X_G, Y_G, Z_G)，进行影像内部和外部几何精度质检，输出质检结果。

9.5.2　在轨几何检校数据源与匹配

为验证本章提出的基于松弛法区域网平差进行品字形机械交错式成像在轨几何检校的精度和有效性，分别对检校前后的影像进行内部和外部几何质量检查，并将内检校采用的多 CCD 分片检校法与传统的奇偶片法进行精度对比检查。

实验选取的高分辨率光学卫星影像为两景不同角度覆盖美国马萨诸塞州西南部区域的天绘一号卫星高分辨率全色影像，数据规格说明如表 9-3 所示。

表 9-3　在轨几何检校高分辨率影像数据规格说明

数据指标	具体指标取值
传感器类型	全色（0.51～0.69μm）
影像级别	L0 物理分景
成像时间	2015 年 5 月 26 日 / 2016 年 8 月 13 日
覆盖区域	美国马萨诸塞州西南部
中心经纬度	约北纬 42.14°，西经 72.30°
地形情况	含山地和平原地区
影像宽度	35000 像素
影像高度	32768 像素
地面分辨率	2.0 m

影像对应区域的参考数据包括参考底图影像和 DEM 数据。其中，参考底图影像由空间分辨率为 0.3m、幅宽为 5000 像素×5000 像素的光学航空影像拼接裁切而成，数据采集时间为 2009 年，绝对定位精度优于 0.5m；DEM 数据采用 30m 分辨率的阿斯特全球数字高程模型（advanced spaceborne thermal emission and reflection radiometer global digital elevation model, ASTER GDEM）规则格网，数据生成时间为 2009 年。其中，一景天绘一号卫星高分辨率影像与参考底图如图 9-12 所示。

（a）天绘一号卫星高分辨率影像　　　　　　　（b）参考底图影像

图 9-12　一景天绘一号卫星高分辨率影像和参考底图

实验中需要进行单景相邻 CCD 片重叠区域的连接点匹配、两景高分辨率影像重叠区域的连接点匹配，以及高分辨率影像与参考底图影像的控制点匹配。首先采用已经实现的稳健匹配和粗差剔除算法对两景天绘一号卫星高分辨率影像各七组相邻 CCD 间 96 个像素宽度的重叠区域进行匹配，匹配点统计结果如表 9-4 所示。

表 9-4　高分辨率影像相邻 CCD 重叠区域匹配点统计结果

匹配连接点数目	第一景影像/个	第二景影像/个
CCD1 右与 CCD2 左	7706	8167
CCD2 右与 CCD3 左	8285	8241
CCD3 右与 CCD4 左	8528	7984
CCD4 右与 CCD5 左	8537	8735
CCD5 右与 CCD6 左	8727	8306
CCD6 右与 CCD7 左	8857	8514
CCD7 右与 CCD8 左	8611	7865

由表 9-4 可知，各相邻 CCD 片匹配的连接点数均足够且数量均匀，满足构建相邻 CCD 连接点误差方程的要求。为具体说明匹配结果，选取部分区域和部分连接点的匹配结果，如图 9-13 所示。

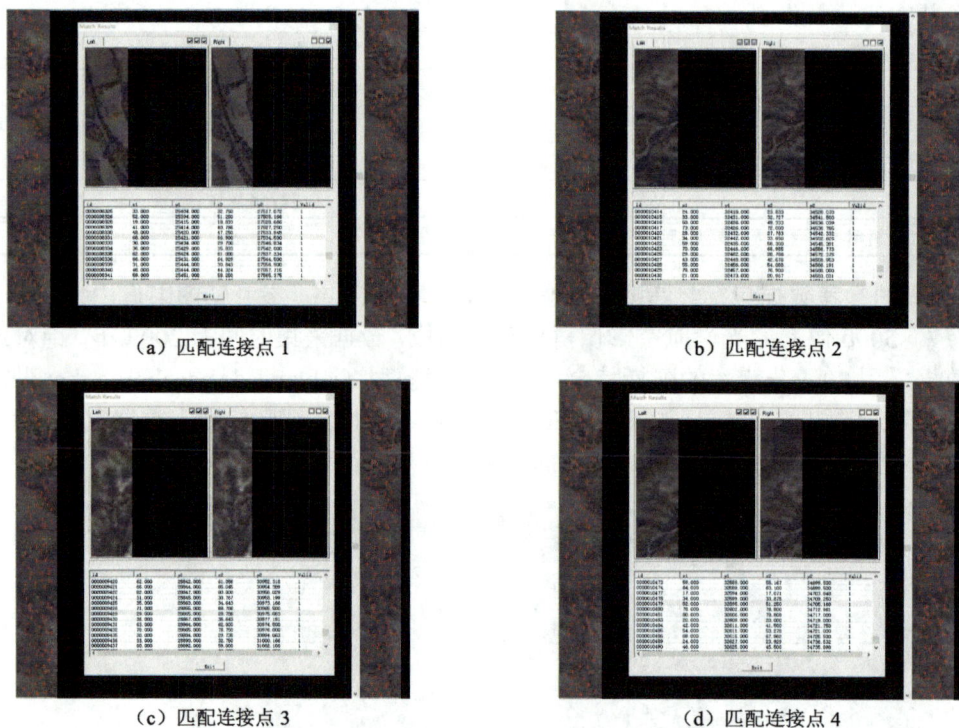

（a）匹配连接点 1　　　　　　　　　　（b）匹配连接点 2

（c）匹配连接点 3　　　　　　　　　　（d）匹配连接点 4

图 9-13　相邻 CCD 连接点匹配结果示意图

此外，两景天绘一号卫星高分辨率影像的重叠度约为 75%，两景影像之间的同名点数为 82197 个，两景影像与参考底图影像匹配的控制点数分别为 40741 个和 38674 个。在匹配得到的控制点中，均选取一部分作为控制点参与区域网平差解算，另一部分作为检查点用于几何检校前后影像的内部和外部几何质量检查。

9.5.3　几何检校前后影像质量检查

采用本章提出的品字形机械交错式成像高精度在轨几何检校方法，根据图 9-10 所述流程进行 9.5.2 节两景天绘一号卫星高分辨率影像数据实验，内检校参数包括八片 CCD 分别经三次多项式探测器指向角拟合曲线参数，外检校参数包括星敏感器安装旋转矩阵和 GNSS 安装偏置矩阵。设定松弛法区域网平差的迭代收敛条件为内检校参数改正量小于 1.0×10^{-17}，姿态角改正量小于 1.0×10^{-12}。在轨几何内检校参数的区域网平差解算结果如表 9-5 所示。

表 9-5　在轨几何内检校参数的区域网平差解算结果

参数	CCD1	CCD2	CCD3	CCD4
ax0	-8.626515×10^{-3}	-8.756470×10^{-3}	-8.601666×10^{-3}	-8.756309×10^{-3}
ax1	-3.361092×10^{-8}	-1.613383×10^{-8}	-1.438654×10^{-8}	-1.011762×10^{-8}
ax2	4.704186×10^{-12}	-1.433264×10^{-12}	6.550106×10^{-13}	1.226469×10^{-12}
ax3	-7.922307×10^{-16}	2.476438×10^{-16}	-1.070290×10^{-16}	-8.392410×10^{-17}
by0	1.075871×10^{-3}	6.147370×10^{-4}	4.220808×10^{-4}	1.807705×10^{-4}
by1	-3.967741×10^{-6}	-3.969126×10^{-6}	-3.976492×10^{-6}	-3.982492×10^{-6}
by2	4.645830×10^{-12}	-5.921193×10^{-13}	6.967828×10^{-13}	5.248131×10^{-14}
by3	-8.997427×10^{-16}	-5.751864×10^{-17}	-1.461690×10^{-16}	5.970171×10^{-17}
参数	CCD5	CCD6	CCD7	CCD8
ax0	-8.599377×10^{-3}	-8.738341×10^{-3}	-8.583920×10^{-3}	-8.716269×10^{-3}
ax1	1.629973×10^{-9}	7.928882×10^{-10}	4.756937×10^{-9}	1.766957×10^{-8}
ax2	-2.622519×10^{-12}	1.319983×10^{-12}	3.849283×10^{-12}	-1.024014×10^{-12}
ax3	6.016131×10^{-16}	-2.896210×10^{-17}	-5.143267×10^{-16}	2.865266×10^{-16}
by0	-7.264913×10^{-5}	-2.295698×10^{-4}	-5.920834×10^{-4}	-7.590702×10^{-4}
by1	-3.970991×10^{-6}	-3.982780×10^{-6}	-3.975452×10^{-6}	-3.970869×10^{-6}
by2	-2.349252×10^{-12}	1.051383×10^{-12}	2.763400×10^{-12}	1.998566×10^{-12}
by3	2.849439×10^{-16}	-6.275987×10^{-17}	-4.301959×10^{-16}	-2.731335×10^{-16}

在轨几何外检校参数的区域网平差解算结果如表 9-6 所示。

表 9-6　在轨几何外检校参数的区域网平差解算结果

参数类型	具体参数	检校结果
星敏感器安装旋转矩阵	pitch 改正量/(°)	-0.013336
	roll 改正量/(°)	0.006842
	yaw 改正量/(°)	0.004057
GNSS 安装偏置矩阵	X 坐标改正量/m	0.031945
	Y 坐标改正量/m	0.024231
	Z 坐标改正量/m	0.024459

　　在轨几何检校方法的精度通过检校前后高分辨率光学卫星影像的内部和外部几何质量来反映。采用 9.5.1 节所述方法，计算得到的几何检校前后影像内部和外部几何精度质检结果如表 9-7 所示。

表 9-7　几何检校前后影像内部和外部几何精度质检结果

类型	质检内容	具体参数	质检检查结果
几何检校前	内部几何精度	长度变形精度/m	17.154792
		角度变形精度/(°)	3.158435
	外部几何精度	绝对定位精度/m	83.489873
		单点最大误差/m	196.570945
几何检校后	内部几何精度	长度变形精度/m	2.673853
		角度变形精度/(°)	0.328543
	外部几何精度	绝对定位精度/m	18.578347
		单点最大误差/m	23.634821

由表 9-7 可知，采用本章方法进行在轨几何内检校和外检校后，影像的内部几何质量和外部几何质量相比于检校前均有成倍的显著改善。其中，绝对定位精度达到约 18.58m，其定位误差主要由姿态轨道数据的系统误差导致；而影像的长度变形精度和角度变形精度分别达到约 2.67 像素和 0.33°，即通过几何检校，影像的内部精度更加均匀一致，有效地消除了内部系统误差。

为进一步直观表示，几何检校前后影像覆盖范围内各检查点位置直接定位误差的大小和方向等分布情况如图 9-14 所示。

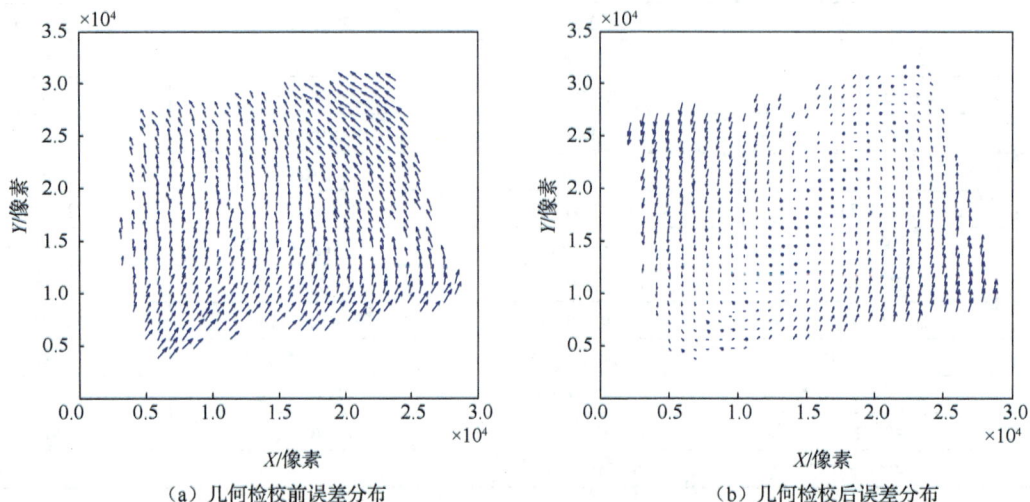

（a）几何检校前误差分布　　　　　　　　　（b）几何检校后误差分布

图 9-14　几何检校前后影像覆盖范围内各检查点位置直接定位误差分布图

由图可知，在几何检校前，高分辨率影像的几何定位精度较差，并且误差的方向和大小具有很强的不一致性，影像内部存在较大的几何畸变。通过对成像系统进行高精度在轨几何检校处理，影像几何定位精度的大小和方向均分布相对均匀且稳定，有效地改善了内部和外部几何质量。

为分析采用多片 CCD 分片检校法进行在轨几何内检校的精度和稳定性，实验中采用 9.5.1 节所述方法，统计天绘一号卫星高分辨率影像的八片 CCD 分别在沿轨方向（飞行方向）和垂轨方向（扫描方向）覆盖范围内检查点的直接定位精度分布情况，如图 9-15 所示。图中，横坐标表示由左至右八片 CCD 的序号，纵坐标表示各 CCD 片上检查点直接定位精度的统计结果，蓝色折线和红色折线分别表示几何检校前后直接定位精度的分布情况。

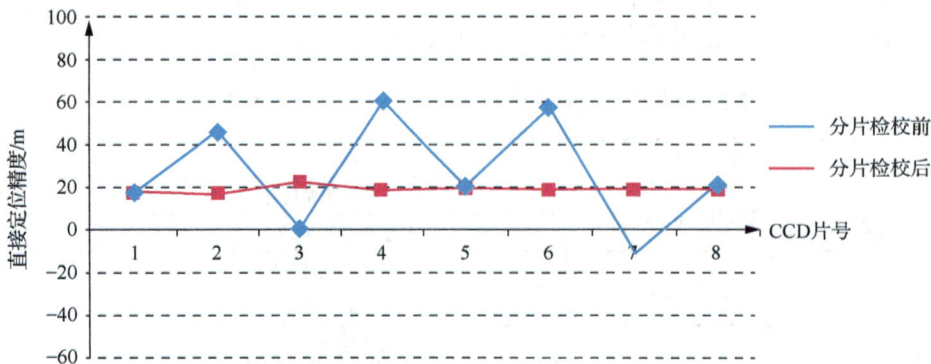

（a）沿轨方向各片CCD直接定位精度

图 9-15　几何检校前后各片 CCD 直接定位精度统计图

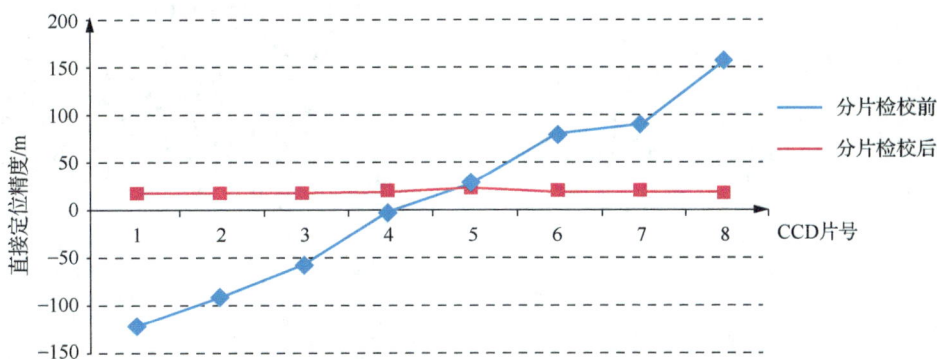

（b）垂轨方向各片CCD直接定位精度

图 9-15 （续）

由图可知，在沿轨和垂轨方向，高精度在轨几何内检校和外检校能够显著改善高分辨率影像各片CCD的直接定位精度，检校后影像在沿轨和垂轨方向的直接定位精度均优于22m；且各片CCD覆盖范围的直接定位精度分布更加均匀稳定，消除了系统性定位误差。

为验证本章在轨几何检校方法的稳定性，将几何内检校和外检校参数应用于该景检校数据所在的整轨天绘一号卫星高分辨率影像的直接对地定位。仍然采用9.5.1节所述方法，统计卫星飞行方向序列影像相对于均匀分布的检查点在沿轨方向和垂轨方向的直接定位精度。在轨几何检校前后整轨影像定位误差分布图如图9-16所示。

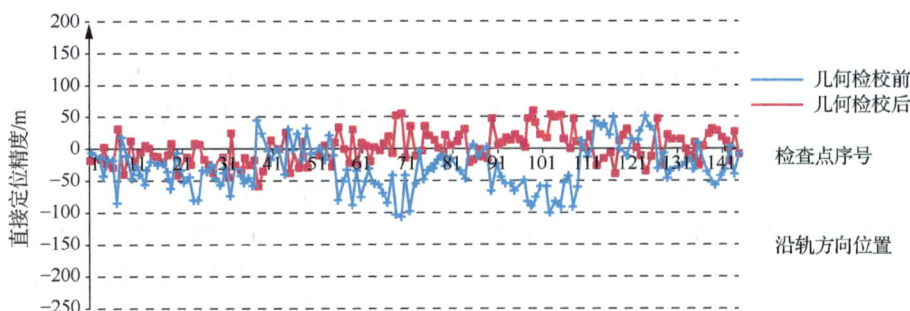

（a）沿轨方向直接定位误差分布图

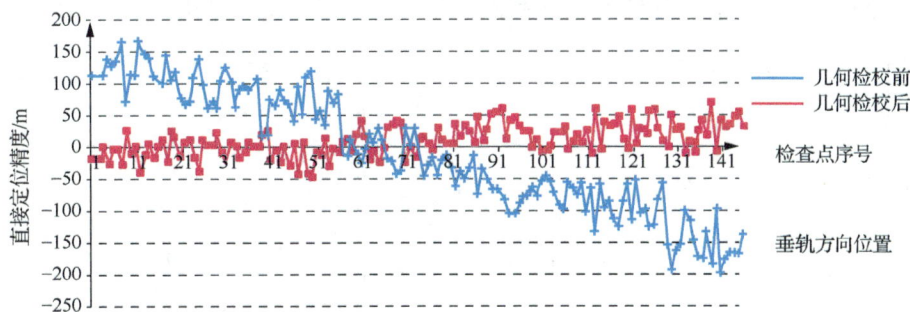

（b）垂轨方向直接定位误差分布图

图 9-16　在轨几何检校前后整轨影像定位误差分布图

由图可知，加入几何内检校和外检校参数后，整轨影像在沿轨和垂轨方向的直接定位误差均有显著改善，最大直接定位误差控制在70m以内，消除了系统性的方向偏差，且不存在明显跳变。在轨几何检校和CCD拼接前后影像的局部放大情况如图9-17所示。

（a）CCD几何检校和拼接前影像　　　　　　（b）CCD几何检校和拼接后影像

图 9-17　在轨几何检校和 CCD 拼接前后影像的局部放大图

由图可知，经几何检校后的影像在相邻 CCD 拼接位置的精度优于 1 像素，不存在明显的拼接缝，说明影像精度均匀，内部畸变得到有效消除。

上述实验结果均表明，采用松弛法区域网平差进行品字形机械交错式成像传感器的高精度在轨几何检校，能够有效且稳定地校正各 CCD 内部系统误差，以及星敏感器安装旋转矩阵和 GNSS 安装偏置矩阵的系统误差，能够显著改善多景和整轨影像的内部和外部几何质量，为后续的影像高精度直接定位和几何纠正等几何精细化处理及应用奠定基础。

9.5.4　分片检校与奇偶片检校比较

本章所述的内检校采用多片 CCD 分片检校法，对天绘一号卫星高分辨率相机成像焦平面的八片 CCD 分别进行三次多项式探测器指向角模型拟合，进行松弛法和改进共轭梯度法相结合的内检校区域网平差解算，用以精确描述每片 CCD 的变形排列特征。

为了说明分片检校法的精度和有效性，本节实验选取常用的奇偶片检校法作为对照。奇偶片检校法是结合品字形机械交错式排列的特点，将分时成像的奇数片 CCD 和偶数片 CCD 分别视为两景影像，采用两组探测器指向角模型分别进行几何内检校。在某一成像时刻，同为奇数片或偶数片 CCD 之间的时间同步误差相同，且轨道定位和姿态参数也相同。

实验中同样选取 9.5.2 节的天绘一号卫星高分辨率影像和参考影像数据，分别采用分片检校法和奇偶片检校法进行松弛法区域网平差。几何检校后探测器指向角的分布排列情况如图 9-18 所示。

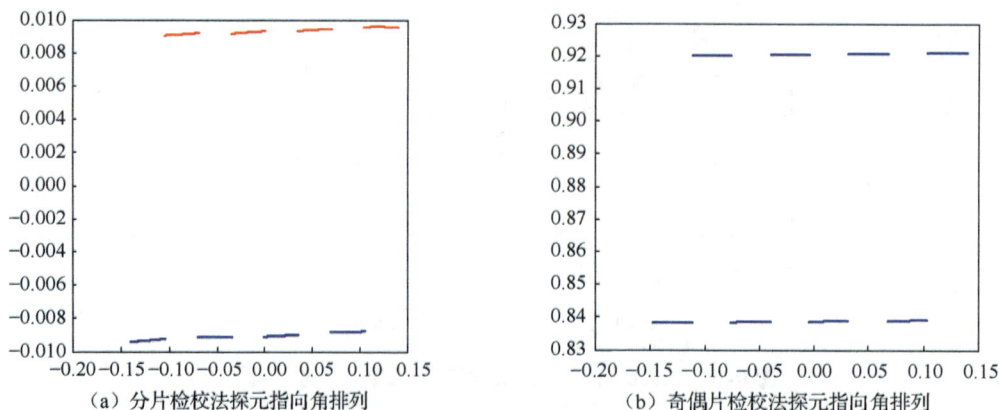

（a）分片检校法探元指向角排列　　　　　　（b）奇偶片检校法探元指向角排列

图 9-18　分片检校法与奇偶片检校法探测器指向角排列图

注：图中横纵坐标分别表示以焦平面中心点为基准，各片 CCD 上全部探测器在沿扫描和飞行方向上的排列位置，单位为 m。

由图可知，本章提出的多 CCD 分片检校法比奇偶片检校法更加严密，能够更加精确地描述各片 CCD 的分布排列情况。各片 CCD 的探测器指向角曲线均有差异，表明每片 CCD 均存在不同的位置变化和内部几何形变误差。分片检校法能够得到更加精确的内检校参数，也为几何外检校创造了更好的条件。

为进一步比较两种内检校方法的精度和可靠性，采用 9.5.1 节所述方法，选取影像覆盖范围内均匀分布的检查点进行各片 CCD 影像直接定位精度统计。沿轨和垂轨方向的统计结果如图 9-19 所示，其中横坐标表示由左至右各片 CCD 序号，纵坐标表示各 CCD 片的直接定位精度，红色折线和蓝色折线分别表示采用分片检校法和奇偶片检校法的直接定位精度分布情况。

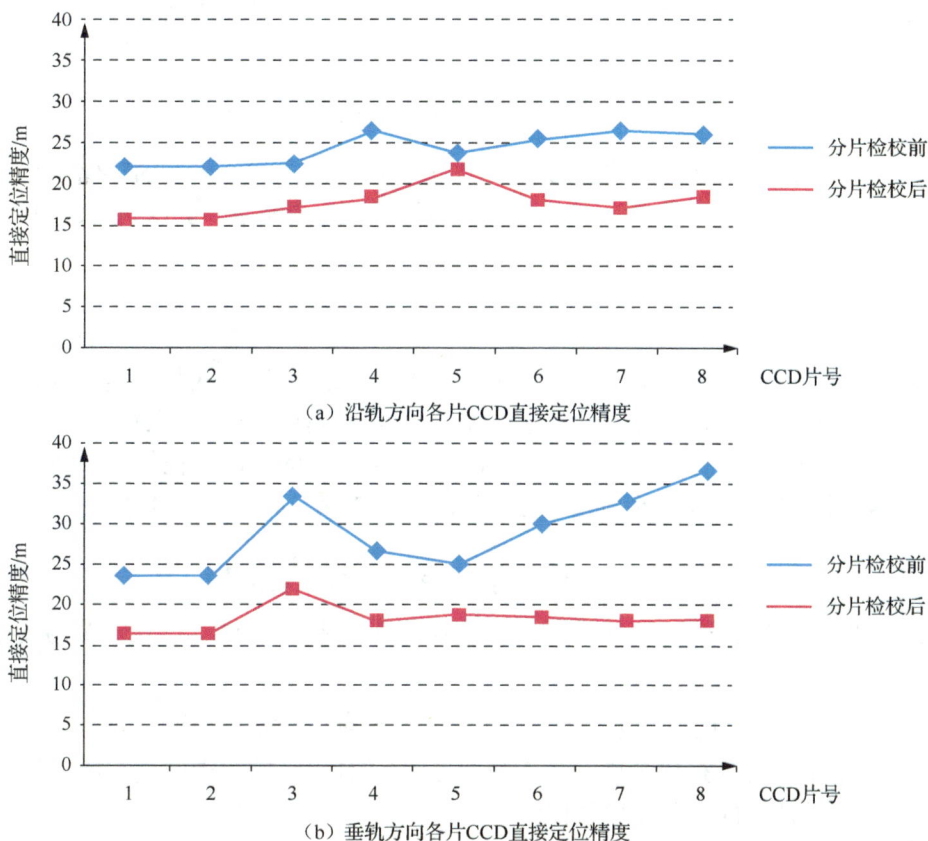

（a）沿轨方向各片CCD直接定位精度

（b）垂轨方向各片CCD直接定位精度

图 9-19　分片检校法与奇偶片检校法直接定位精度统计图

由图可知，采用分片检校法，在轨几何内检校影像在沿轨和垂轨两个方向上的直接定位精度均优于 22m，相比于奇偶片检校法精度更高且更均匀稳定。实验结果表明，对各片 CCD 的探测器指向角分别进行描述，能够更加精确地反映 CCD 的排列位置和几何形变，因此增加内检校参数是有意义的。此外，沿轨方向上影像的直接定位精度优于垂轨方向，表明在沿轨方向上 CCD 成像的误差相对垂轨方向较小。

9.6　共轭梯度法区域网平差效率计算与实验

9.6.1　空间复杂度和时间复杂度比较

为了验证改进 CGBA 方法进行几何内检校和外检校解算的效率，本节将该方法与常用的高斯消元法区域网平差（Gauss elimination block adjustment，GEBA）方法进行模型空间复杂度和时间复杂度的比较分析，具体如下。

1. 空间复杂度比较分析

在空间复杂度方面，两种方法均需要存储法方程或改化法方程的系数阵和常数项。假设平差系统中有 p 张影像，q 个物方点，则需要解算的未知数中外方位元素为 $6p$ 个，物方点三维坐标为 $3q$ 个。另外，假定每一个空间点成像 k 次，平差过程中加入 l 个附加参数。因此，改进 CGBA 方法需要的存储量为

$$\text{MS(CG)} = 36p + 9q + 18kq + (6p + 3q)l \tag{9-62}$$

对于 GEBA 方法，根据稀疏存储的假设，除改化法方程式（9-41）的系数矩阵之外，还包括存储回代过程所需要的矩阵 $\boldsymbol{B}$ 和矩阵 $\boldsymbol{C}$，其存储量为

$$\text{MS(NE)} = \frac{(6p + l)^2}{2} + 9q + 18kq + (6p + 3q)l \tag{9-63}$$

通过比较式（9-62）和式（9-63），改进 CGBA 方法和 GEBA 方法所需要的存储量差别不大，其中改进 CGBA 方法的存储量略小，即在高精度在轨几何检校区域网平差解算中，改进 CGBA 方法的空间复杂度略低于 GEBA 方法。

2. 时间复杂度比较分析

时间复杂度主要由方程的计算量决定，计算量又主要由乘法运算的次数决定。改进 CGBA 方法和 GEBA 方法建立法方程所需计算量一样，计算量的差别主要体现在法方程的求解。

对于改进 CGBA 方法，共轭梯度法内部每一次迭代所需计算的是法方程与未知数向量的一次乘法运算及加入预处理矩阵后每次所需解算的预处理方程。改进 CGBA 方法每次迭代所需的乘法的计算次数总计为

$$\text{CA(CG)}_{\text{one}} = 36p + 9q + 18kq + (6p + 3q)l \tag{9-64}$$

如上文所述，CGBA 方法通常能在 $\sqrt{n}$ 步迭代内得到满意的结果。其最大迭代次数为 $n_{\max} = 6p + 3q + l$，因此改进 CGBA 方法最大计算量为

$$\text{CA(CG)}_{\max} = \sqrt{6p + 3q + l}[36p + 9q + 18kq + (6p + 3q)l] \tag{9-65}$$

而实际上，采用基于不完全乔利斯基（Cholesky）分解法预处理的共轭梯度法所需的迭代次数远小于 $\sqrt{n}$，即改进 CGBA 方法所需的实际计算量应为

$$\text{CA(CG)} = O[36p + 9q + 18kq + (6p + 3q)l] \tag{9-66}$$

对于 GEBA 方法，影响计算量的因素不仅包括改化法方程式（9-41）的建立和求解，还包括回代求解三维坐标。因此，其总的计算量为

$$\text{CA(GE)} = (162k + 27l + 27)q + (18k + 3l + 9)q + O[(6p + l)^3] \tag{9-67}$$

比较式（9-66）和式（9-67）可知，改进 CGBA 方法的计算量远小于 GEBA 方法，即在高精度在轨几何内检校和外检校的区域网平差解算中，改进 CGBA 方法的时间复杂度远低于 GEBA 方法。

9.6.2 改进 CGBA 方法在轨几何检校

在 9.6.1 节基础上，采用 9.5.2 节的两景天绘一号卫星高分辨率全色影像和对应覆盖范围的参考底图影像，进一步通过实验比较分析改进 CGBA 方法和 GEBA 方法用于在轨几何内检校和外检校的精度和计算效率。此外，本节还对基于不完全 Cholesky 分解的预处理方法进行区域网平差效果检验。

实验中要求控制点和检查点尽可能在影像范围内均匀分布，两组几何内检校和外检校实验数据集的详细规格说明如表 9-8 所示。

表 9-8　改进 CGBA 方法内检校与外检校数据规格说明

数量	几何检校	
	数据集 1	数据集 2
高分辨率影像数量	1	2
内检校参数数量	64	64
外检校参数数量	6	6
CCD 片间连接点数量	572	8038
景间连接点数量	0	10572
控制点数量	168	6843
检查点数量	244	5875

改进 CGBA 方法和 GEBA 方法均采用 Visual C++编程实现，针对表 9-8 中实验数据的程序基本运行环境如下：

1）OS:Microsoft Windows 7（64bit/Service Pack 1）。

2）CPU：Inter（R）Core（TM）i7-3520M @2.9GHz。

3）RAM：12GB @1600MHz。

改进 CGBA 方法和含岭估计的 GEBA 方法分别对两组实验数据进行几何内检校和外检校区域网平差解算，结果如表 9-9 所示，包括运行时间、迭代次数、长度变形精度、角度变形精度和绝对定位精度等。

表 9-9　改进 CGBA 和 GEBA 方法内检校与外检校实验结果

区域网平差方法	指标项	几何内检校	
		数据集 1	数据集 2
改进 CGBA 方法	运行时间/s	12	86
	迭代次数	7	11
	长度变形精度/m	3.434579	2.719874
	角度变形精度/（°）	0.443576	0.334812
	绝对定位精度/m	21.658773	18.591623
岭估计的 GEBA 方法	运行时间/s	11	351
	迭代次数	5	15
	长度变形精度/m	3.532571	2.758747
	角度变形精度/（°）	0.456587	0.339765
	绝对定位精度/m	21.965624	18.638564

由表 9-9 可知，采用改进 CGBA 方法进行两组数据的几何内检校和外检校区域网平差的单位权中误差和直接定位精度均与含岭估计的 GEBA 方法的实验结果近似，从而验证了改进 CGBA 方法的正确性和精度。

在计算效率方面，当连接点和控制点的数据量相对较小时，改进 CGBA 方法的迭代次数多于含岭估计的 GEBA 方法，二者运行时间相近；而当数据量显著增加，特别是存在大量连接点时，改进 CGBA 方法的运行时间远低于含岭估计的 GEBA 方法，由此验证改进 CGBA 方法更适合求解大规模的在轨几何检校区域网平差法方程系数矩阵。

为了进一步验证本章提出的基于改进不完全 Cholesky 分解的预处理方法的必要性，实验中分别针对表 9-8 中的两组实验数据进行包含预处理的共轭梯度法区域网平差（改进 CGBA）和不包含预处理的共轭梯度法区域网平差（CGBA）并进行比较。是否采用预处理的区别主要体现为法方程系数矩阵的条件数和内部迭代所需的平均迭代次数，实验结果如表 9-10 所示。

表 9-10　改进不完全 Cholesky 分解预处理方法实验结果

区域网平差方法	指标项	几何检校	
		数据集 1	数据集 2
改进 CGBA 方法	条件数	8.1275×10^9	2.6756×10^{13}
	平均迭代次数	7	11
CGBA 方法	条件数	3.2984×10^{23}	6.6743×10^{31}
	平均迭代次数	—	—

　　注：1. 在 CGBA 方法解算的每次迭代中均需要计算法方程。平均迭代次数是指每次迭代中的平均迭代步数。
　　2. "—"表示法方程迭代不收敛或迭代过程中法方程的解产生振荡。

　　区域网平差法方程阶数很大，难以直接计算其条件数。因而本节首先利用幂法以及逆幂法分别求解法方程系数矩阵的最大和最小特征值，然后利用法方程对称正定的性质，通过所求的最大和最小特征值来估计法方程的条件数。

　　由表 9-10 可知，不含预处理的 CGBA 进行两组数据的解算时，法方程系数矩阵的条件数至少达到 3.3×10^{23} 量级。在这种情况下，计算机浮点运算的舍入误差对解的敏感性增强，法方程迭代速率下降甚至难以收敛。而采用改进不完全 Cholesky 分解的预处理方法能够有效降低法方程的条件数和数值敏感性，不仅能够改善法方程的结构，而且可以提高 CGBA 方法的计算效率。该实验结果同样验证了改进 CGBA 方法的迭代次数远小于 $\sqrt{n}$ 的结论。

本 章 小 结

　　本章以天绘一号卫星高分辨率光学相机为例，分析八片 CCD 品字形机械交错式成像传感器的设计特点和成像几何特点，并综合分析其在轨成像过程中各类内部、外部及与载荷特性相关的系统误差的产生机理和对成像定位精度的影响规律。在此基础上，构建严密成像几何模型，为改善几何检校的精度并尽可能降低相关性，对几何检校参数进行筛选和优化设计。

　　为提高轨道定位和姿态数据的精度，对 GPS 星历数据和星敏感器姿态测量数据进行含权值估计的多项式逐点姿态轨道拟合，并对姿态数据进行基于卫星平台高频颤振的检测与补偿。几何内检校采用八片 CCD 探测器指向角分片检校法，内检校和外检校误差方程充分顾及了相邻 CCD 重叠区域连接点约束关系、单景奇偶片 CCD 间姿态轨道数据约束关系和多景覆盖区域多 CCD 连接点约束关系。采用松弛法区域网平差进行内检校和外检校模型的交替迭代解算，最终得到高精度的几何检校结果。通过多景天绘一号卫星高分辨率全色影像数据实验，验证了本章提出的高精度在轨几何检校方法对于直接定位精度的改善效果，以及多 CCD 分片内检校的精度和可靠性。

　　在品字形机械交错成像松弛法在轨几何检校的每轮迭代中，采用基于改进不完全 Cholesky 分解预处理的共轭梯度法区域网平差分别求解几何内检校和外检校模型，克服法方程系数矩阵结构复杂和平差模型参数之间相关性大、难以收敛的问题。为降低法方程系数矩阵的条件数且加快迭代收敛速度，提出了基于改进不完全 Cholesky 分解的预处理方法，并提供预处理矩阵的设计方法及含预处理的共轭梯度法区域网平差进行在轨几何检校的整体平差迭代解算方法。通过模型空间和时间复杂度分析，以及天绘一号卫星高分辨率相机在轨几何检校数据实验，验证了本章提出的含预处理的共轭梯度区域网平差方法具有更高的运算效率和更好的收敛性。

参 考 文 献

胡堃，2016. 高分辨率光学卫星影像几何精准处理方法研究[D]. 武汉：武汉大学.

杨桦，郭悦，伏瑞敏，2003. CCD 的视场拼接[J]. 光学技术，29(2)：226-228.

张星祥，任建岳，2006. CCD 焦平面的机械交错拼接[J]. 光学学报，26(5)：740-745.

BURDEN R L, FAIRES J D, 2000. Numerical analysis[M]. 9th edition. Oxford, England: Brooks Cole.

BYRÖD M, ÅSTRÖM K, 2010. Conjugate gradient bundle adjustment[C]// Computer Vision – ECCV, 2010 . Berlin, Heidelberg: Springer, Berlin, 114-127.

BYRÖD M, ÅSTRÖM K, 2009. Bundle adjustment using conjugate gradients with multiscale preconditioning[C]//British Machine Vision Conference, 2009. London: 1-10.

CHEN L C, TEO T A, LIU C L, 2005. Rigorous georeferencing for Formosat-2 satellite images by least squares collocation[C]//Proceedings 2005 IEEE International Geoscience and Remote Sensing Symposium, 2005. IGARSS'05. Seoul: IEEE, 3526-3529.

HESTENES M R, STIEFEL E, 1952. Methods of conjugate gradients for solving linear systems[J]. Journal of Research of the National Bureau of Standards, 49(6): 409-436.

LI R X, NIU X T, LIU C, et al., 2009. Impact of imaging geometry on 3D geopositioning accuracy of stereo IKONOS imagery[J]. Photogrammetric Engineering and Remote Sensing, 75(9): 1119-1125.

LU L P, ZHANG Y, TAO P J, 2016. Geometrical consistency voting strategy for outlier detection in image matching[J]. Photogrammetric Engineering & Remote Sensing, 82(7): 559-570.

MIKHAIL E M, BETHEL J S, MCGLONE J C, 2001. Introduction to modern photogrammetry[M]. New York: John Wiley & Sons Inc.

TRIGGS B, MCLAUCHLAN P F, HARTLEY R I, et al., 2000. Bundle adjustment-a modern synthesis[J]. Vision Algorithms: Theory and Practice, 1999: 298-372.

第10章

分时成像和角位移数据高频颤振检测

10.1 引言

高分辨率光学卫星在轨运行过程中，由于大器件微动等影响造成卫星平台周期性姿态不稳而发生高频颤振。高频颤振具有微小性、固有性、难控制性和敏感性等特点，而且往往不能依靠控制系统进行测量和抑制（刘光林 等，2008；关新，2012；Liu et al.，2016；Wang et al.，2016）。当卫星在平稳运行时期时，平台姿态高频颤振的能量和幅值相对较小；而对于具备敏捷机动成像能力的卫星而言，调姿调轨后的平台姿态高频颤振会加剧且经常发生变化，对成像质量的影响也更加显著。

已在轨运行的高分辨率光学卫星通常采用较低采样频率的星敏感器和陀螺进行卫星姿态测量。由于颤振是卫星平台的一种高频抖动，无法直接实现颤振观测和记录；另外，搭载高频姿态记录设备的卫星相对较少，且其记录频率和姿态测量精度也有极高的技术要求（Ye et al.，2019；Tang et al.，2020），因此有必要研究高频颤振的检测和补偿方法（童小华 等，2017；Zhu et al.，2019）。

本章分别从被动检测和主动检测两个角度进行高频颤振的检测补偿研究。被动检测是在硬件技术不够成熟的前提下，利用同一区域分时成像的传感器获取的非同时成像影像及后续图像处理进行颤振检测，包括多谱合一成像的多光谱影像或品字形机械交错式成像的高分辨率影像；主动检测是利用部分卫星安装的高频姿态测量设备直接测量高频颤振值。本章提出详细的颤振模型构建和频谱分析方法，并在颤振检测基础上实现姿态优化和影像直接定位补偿，应用于成像系统高精度在轨几何检校和高精度几何纠正（胡堃，2016）。

10.2 多谱合一的多光谱数据高频颤振检测

10.2.1 多光谱传感器设计和颤振检测原理

高分辨率光学卫星通常会搭载多谱合一的多光谱光学成像设备，即在一个光学相机的焦平面上安装不同波段成像的 CCD（Liu et al.，2019）。CCD 本身为面阵结构，各 CCD 器件之间沿卫星飞行方向平行安装并存在一定的物理间隔。作为一种延时前后成像的方法，各 CCD 器件在同一时刻成像的地物目标在飞行方向也存在一定距离。本节以天绘一号卫星多光谱相机为例，详细说明多谱段分时成像原理和基于多光谱数据的卫星平台姿态高频颤振检测原理。

天绘一号卫星多光谱相机采用离轴三反、无中心遮拦和无中间像的全反式光学系统。焦平面上沿着相机的视场中心线排列安装各波段 CCD 组件并集成为一体。多光谱相机沿飞行方向依次为蓝（blue）波段、绿（green）波段、红（red）波段和近红外（near infrared，NIR）波段，各波段的波谱范围如表 10-1 所示。

表 10-1 多光谱相机四个波段的波谱范围

相机类型	子谱段	波谱范围/μm
多光谱相机	蓝（B1）波段	0.43～0.52
	绿（B2）波段	0.52～0.61
	红（B3）波段	0.61～0.69
	红外（B4）波段	0.76～0.90

多光谱相机每个波段的单条 CCD 包含 6000 个探测器，探测器宽度为 0.013mm。相邻波段的 CCD 中心间距为 0.72mm，约等于 55.3846 个探测器。多光谱相机各波段 CCD 组件安装的相对位置关系如图 10-1 所示。

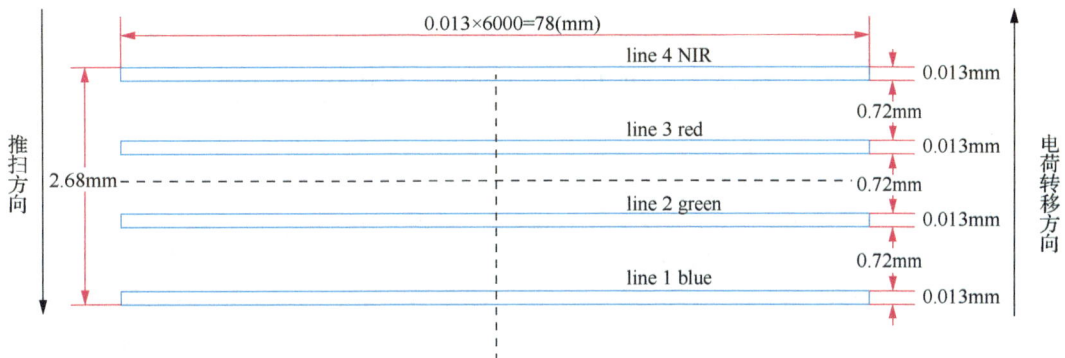

图 10-1 多光谱相机各波段 CCD 组件安装的相对位置关系

多光谱相机不同波段的 CCD 在焦平面上依次排列安装，各波段在任一时刻沿飞行方向的地面分时成像位置关系如图 10-2 所示。

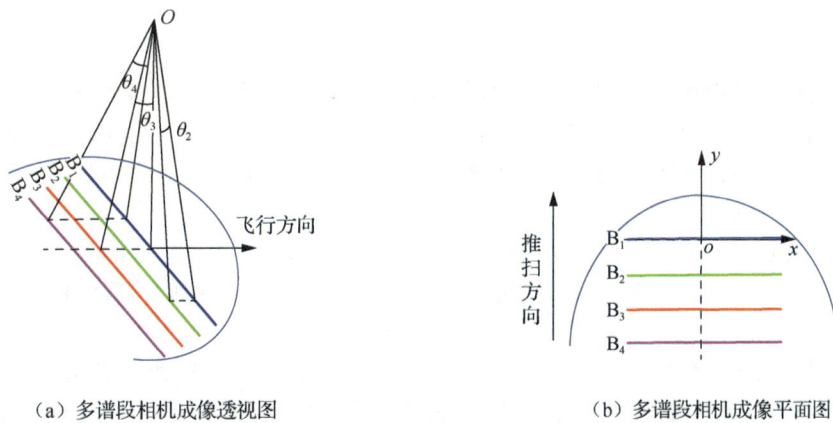

（a）多谱段相机成像透视图　　　　　（b）多谱段相机成像平面图

图 10-2 各波段在任一时刻沿飞行方向的地面分时成像位置关系

天绘一号卫星采用近圆形太阳同步轨道，标称轨道高度为 499.709km，轨道飞行速度为 7.617km/s，轨道周期为 94.58min，因而每条 CCD 扫描线的成像时间约为 0.278ms。也就是说，在姿态保持平稳的情况下，各相邻波段之间成像时间间隔约为 15.397ms（频率约为 65Hz），远小于 GNSS 星历数据的采样时间间隔 1s（频率为 1Hz）和星敏感器姿态测量数据的采样时间间隔 0.5s（频率为 2Hz）。相邻波段成像时间间隔与姿态轨道观测数据时序如图 10-3 所示。

由于多谱合一的多光谱相机各波段 CCD 均位于同一镜头的同一焦平面上，因此相机的内部结构相对稳定。另外，多光谱相机采用刚体固连的方式安装于卫星平台，外部结构也相对稳定。当卫星在轨成像过程中平台存在高频颤振时，姿态颤振就会体现在相邻波段影像之间各重叠区域的错位大小变化上，即不同波段影像之间的配准误差会随飞行时间出现规律性变化。卫星平台高频颤振对多光谱各波段成像的影响如图10-4所示。

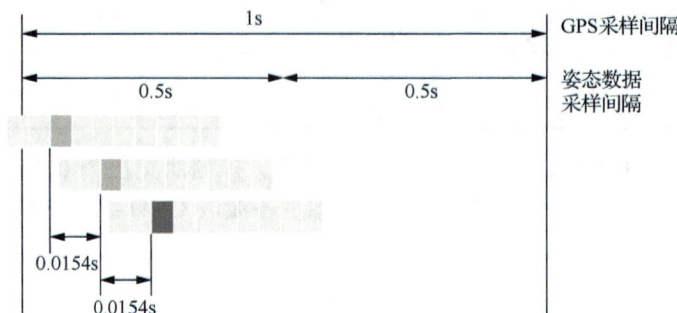

图 10-3　相邻波段成像时间间隔与姿态轨道观测数据时序示意图

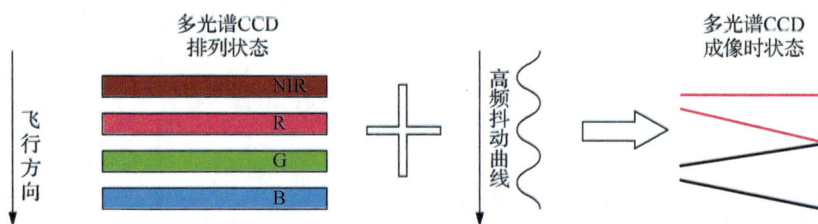

图 10-4　卫星平台高频颤振对多光谱各波段成像的影响示意图

　　由于多光谱相机各相邻波段之间的成像时间间隔远低于姿态轨道数据的采样间隔，因此采用波段之间逐行、逐列配准的方式能够得到更高采样频率的姿态检测结果，从而有利于推算卫星平台的高频颤振信息。该方法即为根据多光谱段相机多谱合一且分时成像影像进行卫星平台姿态颤振检测的基本原理。

10.2.2　基于配准误差曲线的颤振检测方法

　　为得到卫星平台姿态高频颤振规律，需要对载荷成像后多光谱不同波段分时图像进行高精度密集匹配，得到随飞行时间分别沿飞行方向（y方向）和扫描方向（x方向）的配准误差曲线，并以此为基础构建高频颤振模型。以天绘一号卫星多光谱影像为例，基于多谱合一传感器多光谱配准误差曲线的卫星平台姿态高频颤振检测流程图如图10-5所示。

　　高频颤振检测的详细技术流程分为如下六个步骤：

　　1）数据辐射预处理。从多光谱原始条带影像中进行物理分景，得到各波段 L0 级标准景影像，为提高匹配精度进行对比度和清晰度改善处理。

　　2）波段之间密集匹配。对相邻的蓝/绿波段、绿/红波段及红/红外波段进行波段之间密集匹配。为了提高配准误差曲线的采样频率和检测精度，需要在相邻波段之间沿飞行方向逐像元密集匹配，沿扫描方向等间隔密集匹配。

　　3）匹配点粗差剔除。选取相关系数优于90%的匹配点对，对配准结果进行粗差剔除，并记录相邻波段各匹配点在x和y方向的配准偏移量。

　　4）配准误差统计。各配准偏移量减去波段之间固定安装的偏移量，可定量反算出每个像元在x和y方向的颤振量；统计每组波段之间沿各条扫描线的所有匹配点在x和y方向的颤振均值，生成高频颤振曲线。

　　5）颤振模型生成。通过滤波等方式对高频颤振曲线进行粗差剔除，并对大量散点采用曲线函数拟合颤振模型，解算颤振模型参数。

　　6）颤振模型参数作为结果输出，提供姿态优化和各类几何补偿应用。

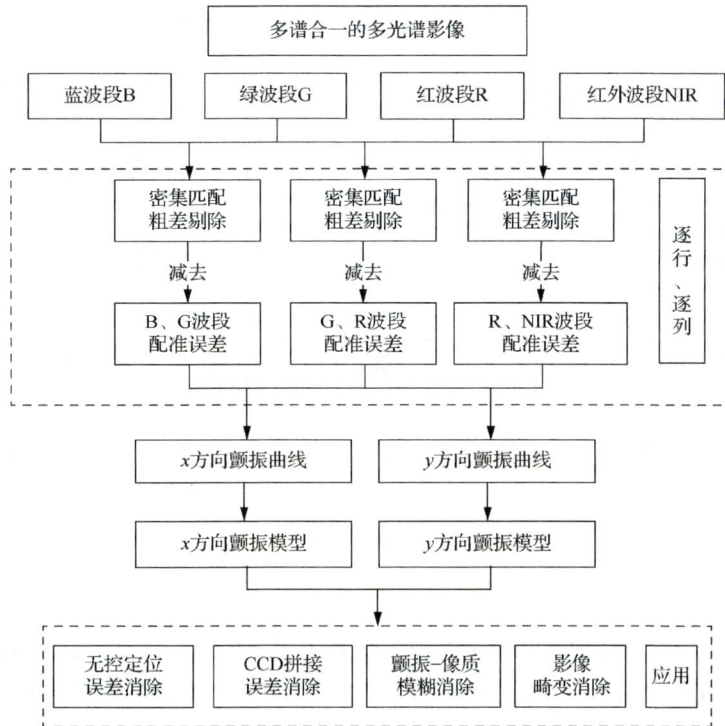

图 10-5　基于多谱合一传感器多光谱配准误差曲线的卫星平台姿态高频颤振检测流程图

由于高分辨率光学卫星平台姿态的高频颤振具有频率高且振幅小的特点，本节和 10.3 节提出的两种方法，关键在于精确地检测出分时成像数据沿飞行方向和扫描方向的误差曲线。密集匹配计算量大且匹配精度对误差曲线有明显影响，因而需要采用高效和高精度的亚像元级密集匹配方法进行粗差观测值探测与剔除，并研究适当的颤振曲线拟合优化策略。

实验中密集匹配采用第 13 章提出的基于图像引导的分级多步密集匹配（Huang et al.，2016）和最小二乘匹配相结合的策略，能够实现逐像元密集匹配且精度优于 0.5 像元。该密集匹配算法的简要说明如下：

1）基于非局部图像引导的三步优化密集匹配算法联合 Census 和改进 HOG 特征作为代价计算测度，在基于图像引导的非局部匹配过程中引入惩罚项。设计像素之间的代价传递路径，采用的核函数能够保证视差不一致的同质区域匹配效果。采用基于累积代价的半全局密集匹配方法，增强纹理丰富区域的匹配效果。定义有效点和无效点之间的传递准则，改善视差内插效果。基于非局部图像引导的三步优化密集匹配算法具有较好的匹配精度和可靠性。

2）由于多光谱影像各波段之间的成像间隔为 15.397ms，因此扫描方向的上下视差非常小，并且基于非局部图像引导的三步优化密集匹配算法作为一种允许少量上下视差的核线匹配算法，能够很好地适应波段之间存在固定安装错位的多光谱影像密集匹配。为了进一步提高匹配精度，在非局部图像引导的三步优化密集匹配结果的基础上进行最小二乘匹配，选择相关系数优于 90% 的匹配点作为最终结果。

为在多光谱配准误差基础上进一步得到有规律的颤振曲线和颤振模型，可采用基于相位空间的分析方法，将姿态高频颤振分为俯仰和滚动两个方向，并且将配准误差曲线视为多个频率的正弦波累加，进行数学拟合。

因此，可将多光谱配准误差曲线设为如下多正弦函数拟合形式：

$$\begin{cases} J_\varphi(t) = \sum_{i=1}^{n} A_{\varphi i} \sin(2\pi f_{\varphi i} t + C_{\varphi i}) \\ J_\omega(t) = \sum_{i=1}^{n} A_{\omega i} \sin(2\pi f_{\omega i} t + C_{\omega i}) \end{cases} \tag{10-1}$$

式中，t 为扫描时间；$J_\varphi(t)$ 和 $J_\omega(t)$ 分别为沿俯仰和横滚方向的配准误差值；$A_{\varphi i}$ 和 $A_{\omega i}$ 分别为沿俯仰和横滚方向的振幅；$f_{\varphi i}$ 和 $f_{\omega i}$ 分别为沿俯仰和横滚方向的振动频率；$C_{\varphi i}$ 和 $C_{\omega i}$ 分别为沿俯仰和横滚方向的振动偏移值。

根据大量多光谱配准误差散点设置参数，对式（10-1）采用非线性最小二乘法进行整体平差解算，得到配准误差曲线。其具体算法流程如下：

1）根据配准误差曲线的复杂程度，设置多个不同振幅、频率和偏移值的正弦函数，并根据式（10-1）对所有正弦函数进行叠加。

2）将所有正弦函数的参数作为未知数，根据一定范围内的配准误差采样点数据进行非线性最小二乘平差解算，在迭代过程中采用最小绝对残差（least absolute residual，LAR）方法加权方式剔除粗差至模型迭代收敛。

3）输出所有正弦函数的参数平差结果，组合正弦函数得到配准误差曲线，用于卫星平台姿态高频颤振的进一步分析。

10.2.3 常规成像模式多光谱颤振检测实验

本节选取常规成像模式的天绘一号卫星 L0 级多光谱影像进行卫星平台的高频颤振检测实验与相位、频谱分析。该影像由多光谱条带进行物理分景，并分波段保存，未经任何几何处理，避免对配准误差曲线拟合精度造成影响。为避免高程起伏对分时成像视差的影响，该景多光谱影像选取为平原地区，影像数据规格说明如表 10-2 所示。

表 10-2 高频颤振检测多光谱影像数据规格说明

数据指标	具体指标取值
传感器类型	多光谱 MSS（红、绿、蓝和红外波段）
影像级别	L0 物理分景
成像时间	2015 年 5 月 26 日
覆盖区域	河南省郑州市至焦作市境内
地形情况	平原地区
中心经纬度	N 35.029336 / E 113.355008
影像宽度/像素	6000
影像高度/像素	6000
地面分辨率/m	10.0

实验中相邻波段影像（蓝/绿波段、绿/红波段及红/红外波段）均采用 10.2.2 节所述的策略进行高精度密集匹配。为保证检查点的数量充足和精度均匀分布，逐行、逐列、逐像素进行匹配，取相关系数大于 0.9 的同名点作为候选点。密集匹配前后的多光谱影像配准局部情况如图 10-6 所示。

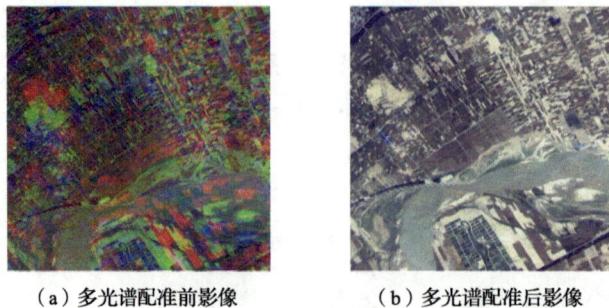

（a）多光谱配准前影像　　　（b）多光谱配准后影像

图 10-6 密集匹配前后的多光谱影像配准局部图

采用 10.2.2 节所述的方法，生成波段之间沿飞行方向和扫描方向的配准误差图。图 10-7 所示为蓝/绿波段的误差分布图。

图 10-7 中，横纵坐标分别表示蓝波段影像沿扫描和飞行方向的像素坐标，左图中标尺的刻度表示蓝/绿波段影像密集匹配的配准误差大小，对应左图像上的颜色值，单位为像素。右图中点的分布和灰度同样反映蓝/绿波段影像密集匹配的配准误差的位置分布和大小。

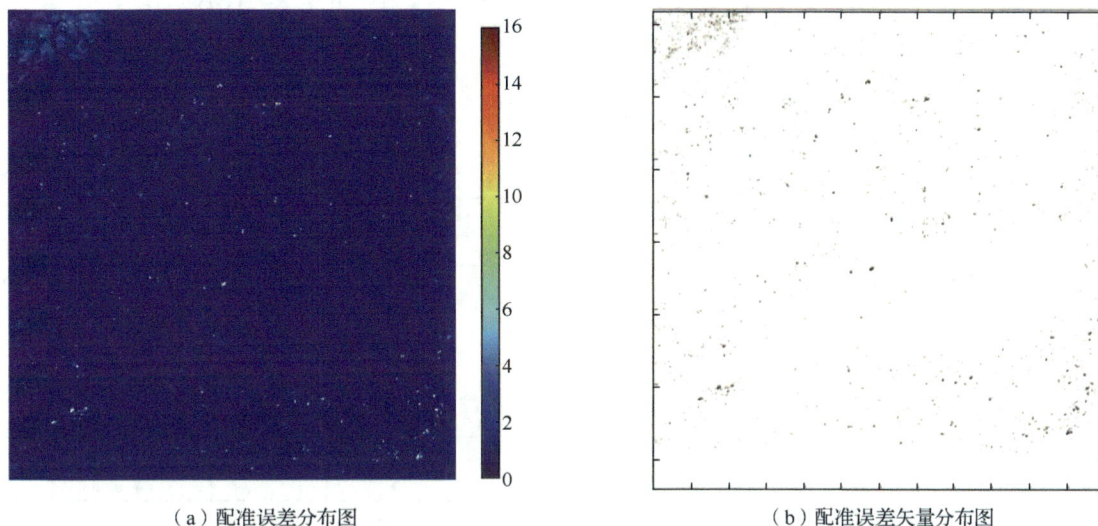

（a）配准误差分布图　　　　　　　　　　（b）配准误差矢量分布图

图 10-7　蓝/绿波段影像密集匹配配准误差分布图

统计各相邻波段之间沿扫描线各同名点的配准偏移量，各自减去安装位置的固定波段偏移值，生成沿飞行方向（Y 方向）6000 条扫描线对应成像时间内沿飞行方向和扫描方向的配准误差曲线。

由于受地形起伏和地物目标高差的影响，局部区域仍存在由投影差导致的配准误差增大值，需要在统计过程中采用低通滤波去除这部分的影响。局部地物目标对相邻波段配准误差的影响分布图如图 10-8 所示。

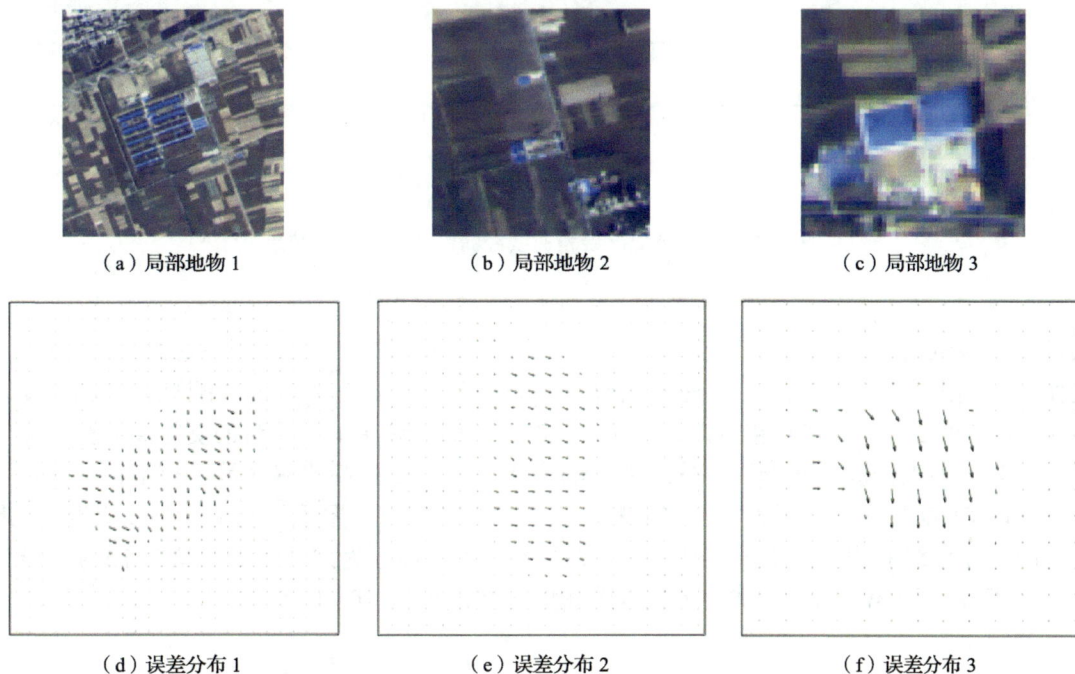

（a）局部地物 1　　　　　（b）局部地物 2　　　　　（c）局部地物 3

（d）误差分布 1　　　　　（e）误差分布 2　　　　　（f）误差分布 3

图 10-8　局部地物目标对相邻波段配准误差的影响分布图

多光谱配准误差曲线经滤波粗差剔除的结果如图 10-9 所示。

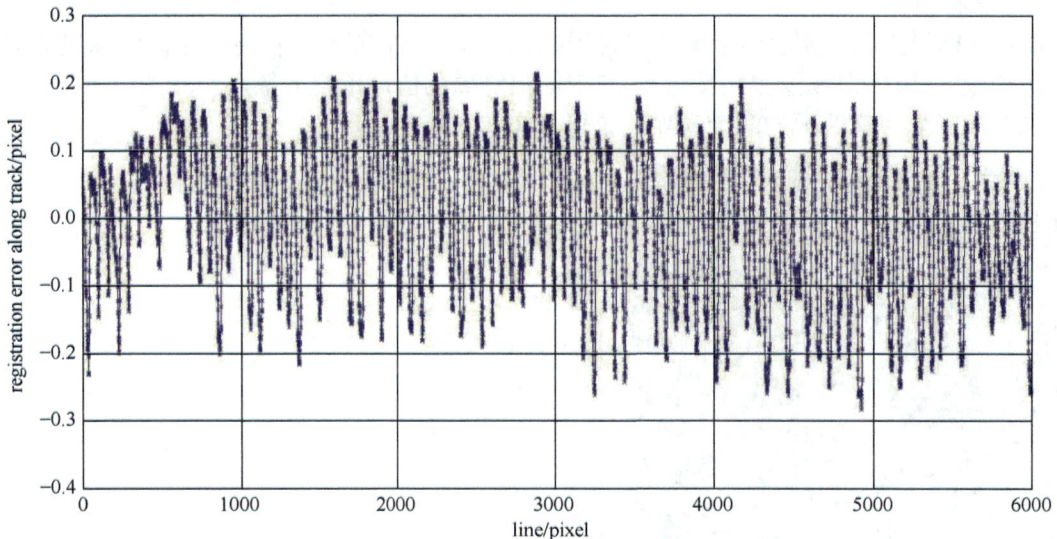

（a）沿飞行方向的波段配准误差曲线

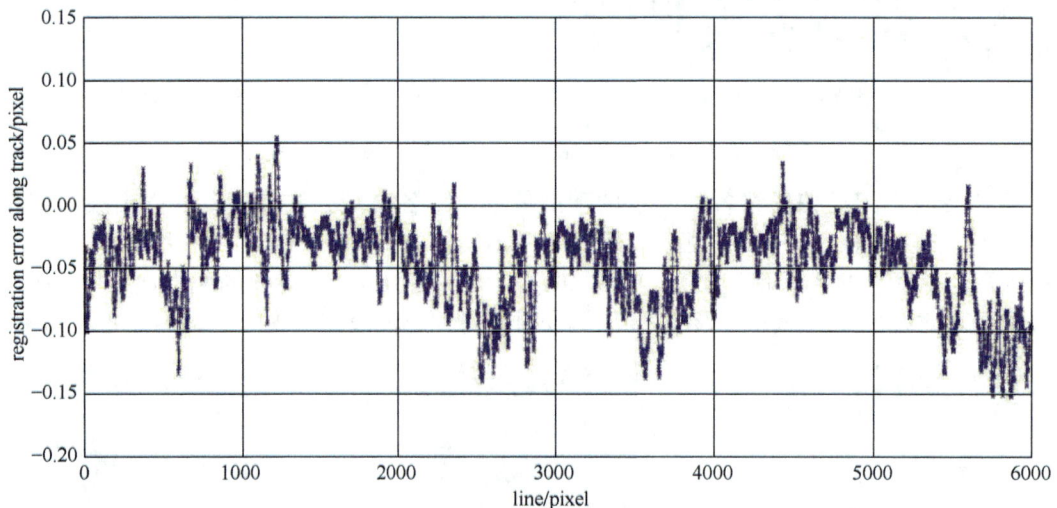

（b）沿扫描方向的波段配准误差曲线

图 10-9　多光谱配准误差曲线经滤波粗差剔除的结果

注：registration error along track：沿轨定位误差。

　　由图可知，该景天绘一号卫星多光谱影像的波段配准误差曲线在飞行方向和扫描方向均随成像时间表现出规律性的周期变化，由此验证卫星平台存在姿态高频颤振。多光谱波段配准误差的振动范围在飞行方向为-0.28～+0.22 像素，在扫描方向为-0.16～+0.06 像素，说明卫星平台的姿态高频颤振在飞行方向更加显著。此外，多光谱波段配准误差除周期性的变化外还存在少量的偏移量，该偏移量在沿飞行方向主要受不同波段 CCD 之间安装距离误差的影响，而在扫描方向上主要受卫星偏流角改正误差的影响。

　　去除配准误差曲线的固定偏移量，可得到姿态高频颤振曲线。为清晰反映，从图 10-9 中沿飞行方向的高频颤振曲线中截取第 2001～3000 行，其详细颤振情况如图 10-10 所示。

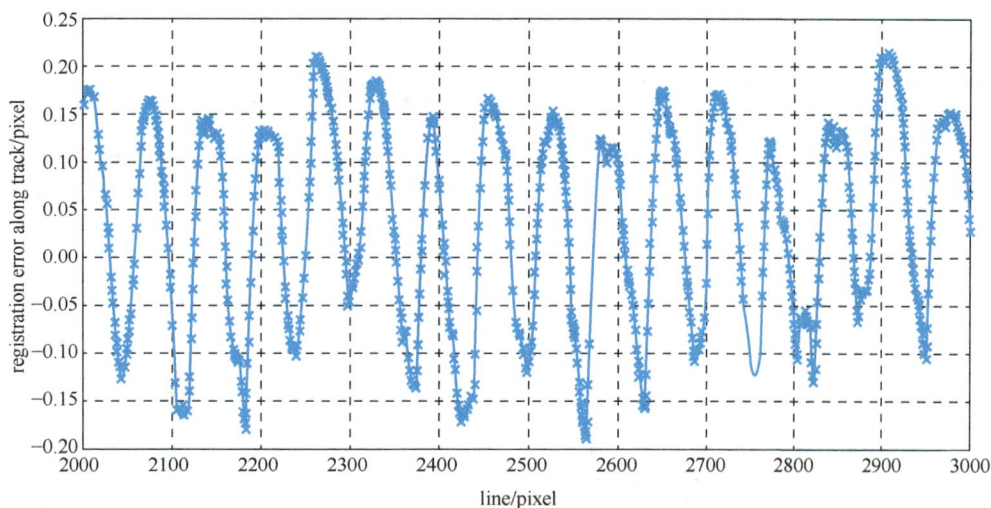

图 10-10　平台姿态沿飞行方向高频颤振曲线局部图

由图可知，卫星平台高频颤振曲线近似满足多个频率的正弦波累加，验证了 10.2.2 节所述方法中采用多正弦函数拟合高频颤振曲线的理论正确性。为进一步研究高频颤振规律，对图 10-10 中高频颤振曲线进行快速傅里叶变换波谱分析，其中沿飞行方向（沿轨）的实验结果如图 10-11 所示。

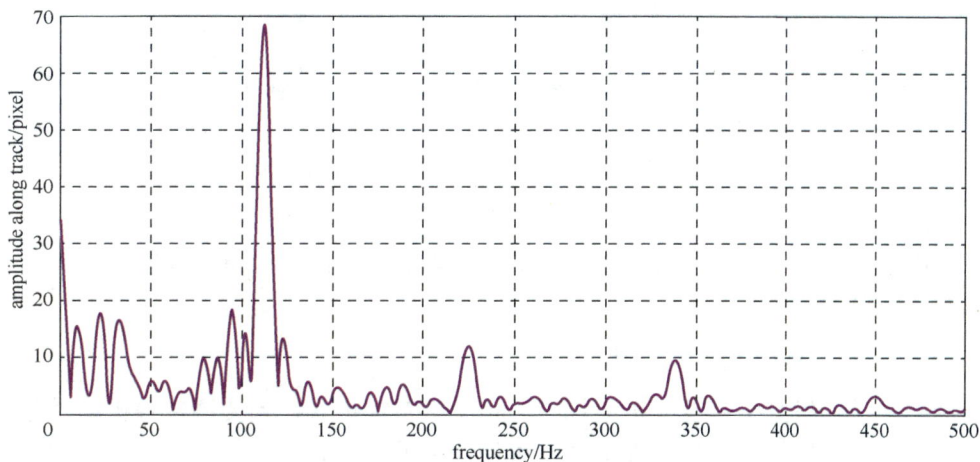

图 10-11　沿飞行方向的高频颤振曲线频谱分布图

注：amplitude along track：沿轨振幅，单位为像素（pixel）；frequency：频率，单位为 Hz。

由图可知，高频颤振曲线对应的卫星平台颤振主要集中在 110Hz 附近，该颤振响应主要与卫星大器件周期性运动相对应。

本实验中采用八条正弦函数对图 10-10 中高频颤振曲线进行基于非线性最小二乘法的多正弦函数叠加拟合，具体拟合的公式如下：

$$
\begin{aligned}
f(x) = {} & a_1\sin(b_1x+c_1)+a_2\sin(b_2x+c_2)+a_3\sin(b_3x+c_3)\\
& + a_4\sin(b_4x+c_4)+a_5\sin(b_5x+c_5)+a_6\sin(b_6x+c_6)\\
& + a_7\sin(b_7x+c_7)+a_8\sin(b_8x+c_8)
\end{aligned}
\tag{10-2}
$$

在平差迭代计算过程中，采用 95% 置信参数。采用 LAR 方法加权方式排除异常值影响，平差后的单位权中误差 RMSE=0.03274 像素。高频颤振曲线八条正弦函数的拟合系数如表 10-3 所示，对应拟合的八条正弦函数叠加高频颤振曲线如图 10-12 所示。

表 10-3　高频颤振曲线多正弦函数拟合系数

系数	取值	系数	取值	系数	取值	系数	取值
a_1	0.02249	a_2	0.1203	a_3	0.1222	a_4	0.01472
b_1	0.1007	b_2	0.09756	b_3	7.504×10^{-5}	b_4	0.008119
c_1	−0.4576	c_2	0.5551	c_3	0.197	c_4	−0.002214
a_5	0.01895	a_6	0.02849	a_7	−0.01043	a_8	0.03065
b_5	0.08331	b_6	0.01901	b_7	0.1135	b_8	0.0314
c_5	1.351	c_6	2.339	c_7	−0.7351	c_8	−1.442

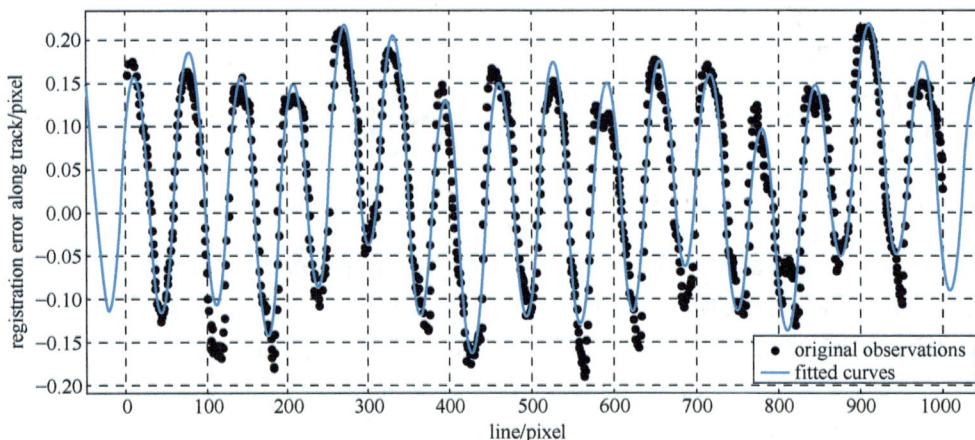

注：registration error along track：沿轨配准误差，单位为像素（pixel）；original observations：原始观测值；
fitted curves：拟合曲线；line：扫描线，单位为像素（pixel）。

图 10-12　高频颤振曲线多正弦函数拟合结果

可以看出，采用上述方法对整景天绘一号卫星多光谱影像的高频颤振曲线进行多正弦函数拟合，可将各正弦函数依次由低频至高频顺序与整体拟合函数曲线进行分离，可得到高频颤振曲线的分离结果，最终得到稳定的高频部分。

10.2.4　机动成像模式多光谱颤振检测实验

新型高分辨率光学卫星具备高度的机动性能，相比于常规模式，调姿调轨等机动操作会加剧卫星平台的高频颤振，严重影响成像的内部和外部几何质量。本节以遥感系列某光学卫星为例，通过其多光谱数据和 10.2.2 节所述方法，研究该卫星在大侧摆和大俯仰角成像模式下的平台姿态高频颤振规律。该景光学卫星多光谱影像实验数据的具体规格说明如表 10-4 所示。

表 10-4　机动成像模式颤振检测多光谱影像实验数据规格说明

指标类型	具体指标取值
传感器类型	多光谱 MSS（红、绿、蓝和红外波段）
成像时间	2015 年 7 月 19 日
成像侧摆角/（°）	28.833
成像俯仰角/（°）	35.512
扫描线行数	10000
每条 CCD 长度/像素	1500
地面分辨率/m	1
波段间安装距离/像素	76
波段间成像时差/ms	约 40

　　由表可知，该光学卫星影像的成像侧摆角和俯仰角分别为 28.833° 和 35.512°，满足机动成像条件；多光谱相机四个相邻波段间的相对安装距离为 76 像素，存在约 40ms 的成像时差。该时差远小于该卫星星敏感器的姿态测量采样频率（4Hz），可用于卫星成像过程中平台高频颤振的检测。各波段 CCD 片在成像焦平面的相对安装位置如图 10-13 所示。

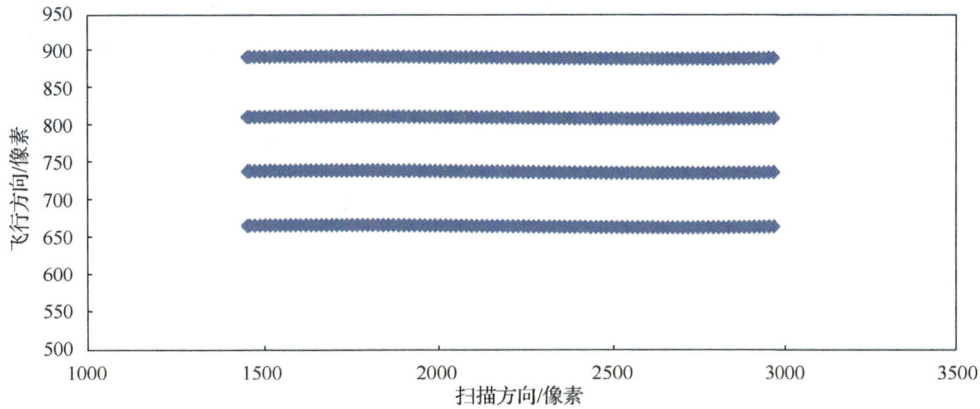

图 10-13　各波段 CCD 片在成像焦平面的相对安装位置示意图

注：横、纵坐标分别表示各波段 CCD 片上全部探测器在沿扫描和飞行方向上的排列位置，单位为探测器大小（像素）。

　　采用 10.2.2 节所述方法进行波段间沿轨方向和垂轨方向逐像元密集匹配，统计并生成沿轨方向和垂轨方向的配准误差曲线，如图 10-14 所示。

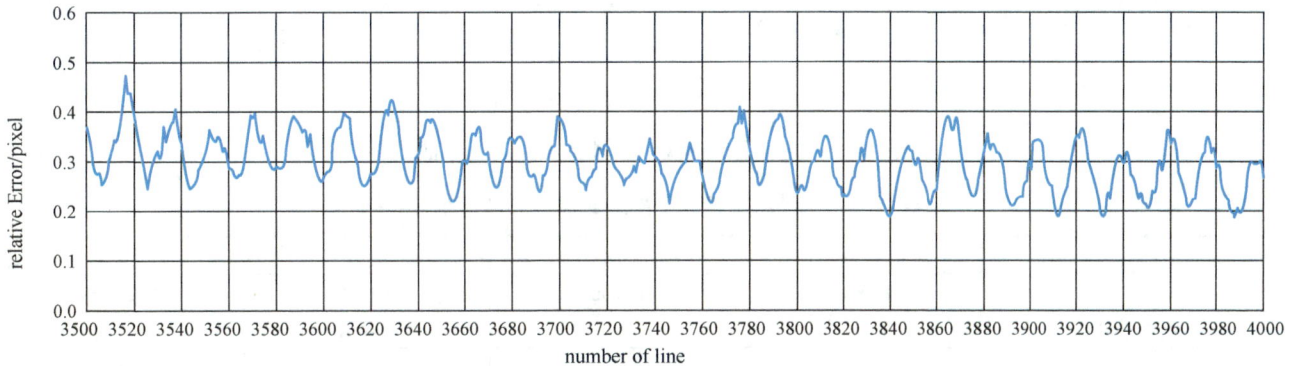

（a）沿轨方向波段间配准误差曲线

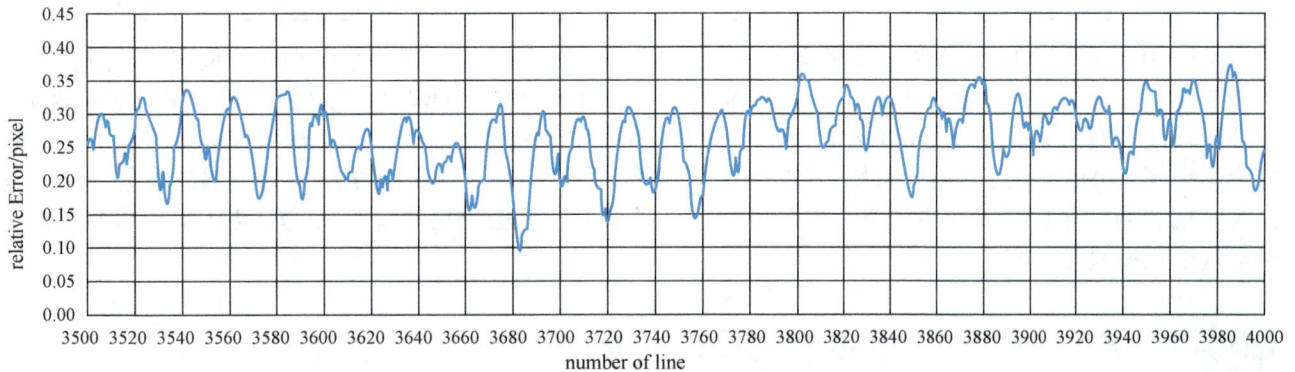

（b）垂轨方向波段间配准误差曲线

图 10-14　机动成像模式多光谱数据配准误差曲线分布图

注：relative error：相对误差，单位为像素（pixel）；number of line：扫描行数。

由图 10-14 可知，该光学卫星在大侧摆和大俯仰角成像条件下，在沿轨和垂轨方向的波段配准误差曲线均存在随成像时间的周期性变化，即存在卫星平台姿态高频颤振。其中，在沿轨方向上的颤振范围为 0.19～0.48 像素，在垂轨方向上的颤振范围为 0.09～0.38 像素。其偏移量同样在沿飞行方向上主要受不同波段 CCD 之间的安装距离误差影响，而在扫描方向上主要受卫星偏流角改正误差影响。

对图中的多光谱数据配准误差曲线减去安装固定距离，生成高频颤振曲线，并进行快速傅里叶频谱分析。沿轨方向和垂轨方向的卫星平台颤振频谱分布曲线图如图 10-15 所示，该遥感系列光学卫星平台高频颤振的频谱统计结果如表 10-5 所示。

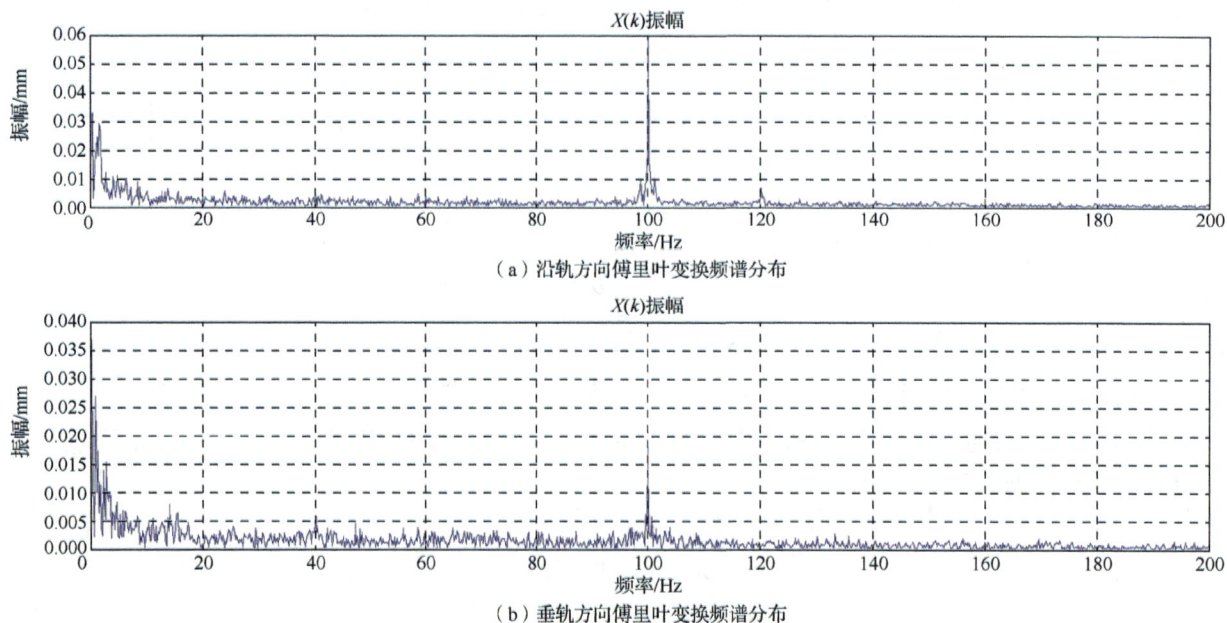

（a）沿轨方向傅里叶变换频谱分布

（b）垂轨方向傅里叶变换频谱分布

图 10-15　机动成像模式下高频颤振频谱分布曲线图

表 10-5　机动成像模式下高频颤振检测频谱统计结果

指标类型	沿轨方向		垂轨方向	
	频率/Hz	振幅/mm	频率/Hz	振幅/mm
主要分布 1	0.1846	0.0326	0.1846	0.0369
主要分布 2	0.9230	0.0170	0.9230	0.0270
主要分布 3	100.0572	0.0587	100.0572	0.0180

由图 10-15 和表 10-5 的多光谱配准误差曲线频谱分析结果可知，遥感系列光学卫星在机动成像模式下主要存在三种频率的颤振。其中，低频颤振主要为 0.18Hz 和 0.92Hz，属于卫星控制系统产生的运动；此外，较高频颤振主要为 100.05Hz，该颤振频率与 10.2.3 节天绘一号卫星在常规成像模式下的颤振曲线检测频率（110Hz）接近。由此可知，卫星高频颤振的频率主要在 100～110Hz 附近。遥感系列光学卫星在大侧摆和俯仰角机动成像模式下，平台姿态的高频颤振主要由卫星动量轮高速转动产生，其振幅相对于常规模式有显著增强。

10.3　品字形机械交错式成像高频颤振检测

10.3.1　基于拼接错位曲线的颤振检测方法

结合 9.2.1 节所述的品字形机械交错式成像传感器特点，采用多片 CCD 品字形机械交错式拼接焦平面设计的高分辨率光学卫星影像，其奇数片 CCD 和偶数片 CCD 存在一定的安装错位，为分时成像。另外，其成像时间间隔远小于星敏感器姿态测量数据的采样间隔，同样可用于卫星平台高频颤振的检测与补偿。

以天绘一号卫星高分辨率相机为例，其焦平面上安装有八片品字形机械式交错排列的 CCD。相邻 CCD 片间在垂轨方向的影像重叠度过小，仅为 96 像元，不利于采用密集匹配获取稳定可靠的同名点，仅适合对沿轨方向的卫星平台高频颤振进行检测与补偿。

基于品字形机械交错式拼接错位曲线的高频颤振检测流程图如图 10-16 所示，分为如下六个步骤：

1）数据辐射预处理。在高分辨率全色 CCD 原始条带影像中进行物理分景，得到 L0 级标准景影像，为提高匹配精度进行对比度和清晰度改善处理。

2）CCD 片间密集匹配。对相邻 CCD 片间（CCD1/CCD2、CCD2/CCD3、…、CCD7/CCD8）进行密集匹配。为了提高 CCD 拼接错位曲线的采样频率和检测精度，在相邻 CCD 片间沿飞行方向逐像元密集匹配，沿扫描方向等间隔密集匹配。

3）匹配点粗差剔除。选取相关系数优于 90% 的匹配点对，对匹配结果进行粗差剔除，并记录各匹配点在 y 方向的拼接错位偏移量。

4）拼接错位统计。各拼接错位偏移量减去 CCD 片间固定安装的偏移量，可定量反算出每个像元在 y 方向的颤振量；统计每组相邻 CCD 片间沿各条扫描线的所有匹配点在 y 方向的颤振均值，生成高频颤振曲线。

5）颤振模型生成。通过滤波等方式对高频颤振曲线进行粗差剔除，并对大量散点采用曲线函数拟合颤振模型，解算颤振模型参数。

6）颤振模型参数作为结果输出，提供姿态优化和各类几何补偿应用。

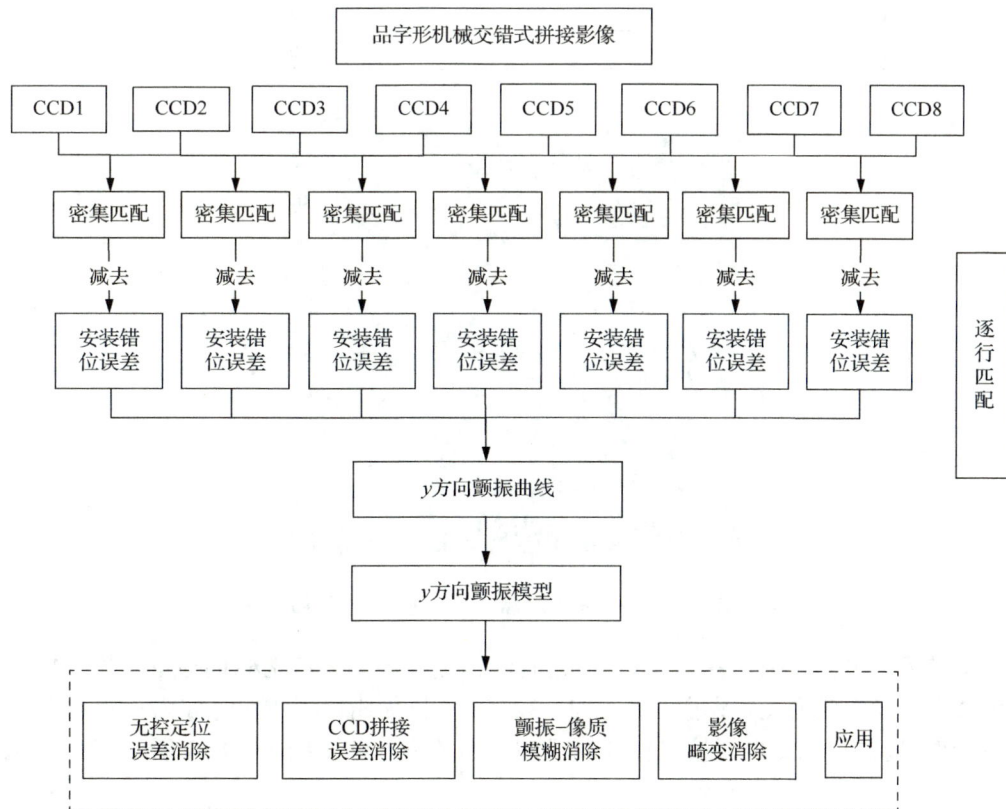

图 10-16 基于品字形机械交错式拼接错位曲线的高频颤振检测流程图

为保证拼接错位曲线检测中密集匹配的精度和可靠性，本节实验中密集匹配同样采用 10.2.2 节所述的策略。

10.3.2 多 CCD 拼接错位颤振检测实验

为避免高程起伏对分时成像影像视差的影响，且与 10.2.3 节中常规成像模式多光谱颤振检测实验形成对照，基于多片 CCD 品字形机械交错式拼接错位曲线的卫星平台高频颤振检测实验选取 10.2.3 节中同一景天绘一号卫星多光谱影像对应的高分辨率全色影像。该影像直接由原始各片 CCD 条带影像进行物理分景，未经任何几何处理，以避免对拼接错位曲线拟合精度的影响。该景天绘一号卫星高分辨率影像数据的具体规格说明如表 10-6 所示，天绘一号卫星高分辨率 L0 级影像缩略图如图 10-17 所示。实验中高分辨率影像相邻 CCD 采用 10.2.2 节所述的策略进行高精度密集匹配。为保证检查点数量充足和精度均匀分布，采用逐行、逐列、逐像素进行匹配，取相关系数大于 0.9 的同名点作为候选点。

表 10-6 高频颤振检测高分辨率影像数据规格说明

数据指标	具体指标取值
传感器类型	全色（0.51～0.69μm）
影像级别	L0 物理分景
成像时间	2015 年 5 月 26 日
覆盖区域	河南省郑州市至焦作市境内
地形情况	平原地区
中心经纬度	N 35.029336 / E 113.355008
影像宽度/像素	35000
影像高度/像素	32768
地面分辨率/m	2.0

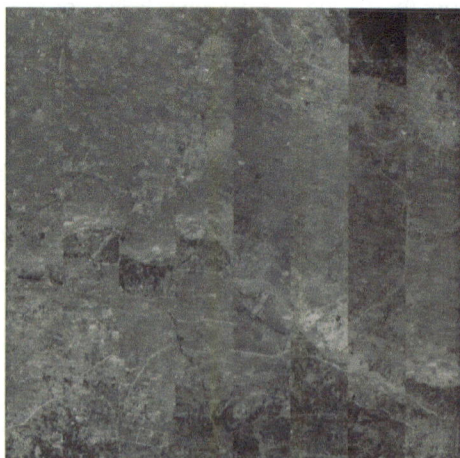

图 10-17 天绘一号卫星高分辨率 L0 级影像缩略图

采用 10.3.1 节所述方法，统计各相邻 CCD 之间沿扫描线各同名点坐标偏移量，各自减去安装位置固定拼接错位偏移值，并生成沿飞行方向（Y 方向）32768 条扫描线对应成像时间内沿轨方向的拼接错位曲线。高分辨率影像沿轨方向 CCD 拼接错位曲线经滤波粗差剔除结果如图 10-18 所示。

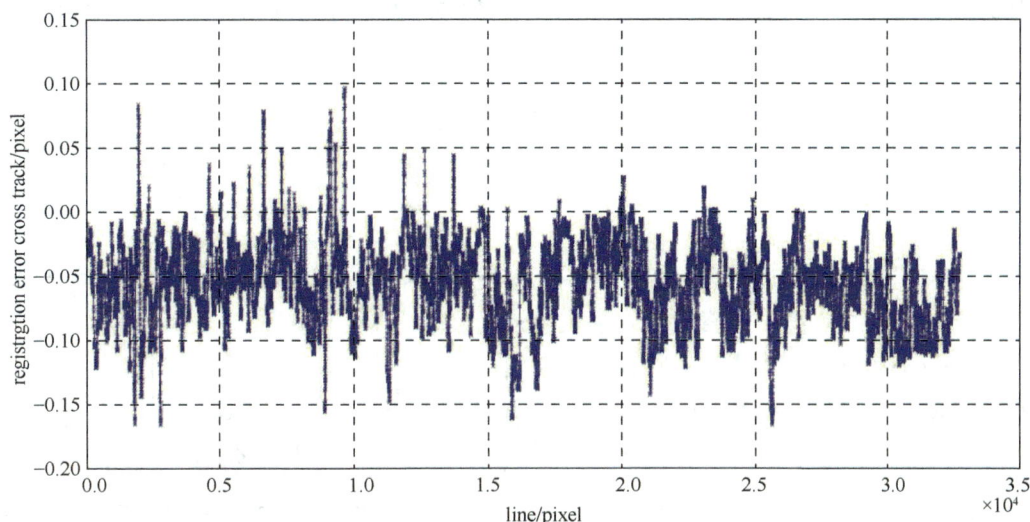

图 10-18　高分辨率影像沿轨方向 CCD 拼接错位曲线经滤波粗差剔除结果

注：registration error cross track：垂轨配准误差，单位为像素（pixel）；line：扫描线，单位为像素（pixel）。

由图 10-18 可知，该景天绘一号卫星高分辨率影像的拼接错位曲线在沿轨方向随成像时间表现出规律性的周期变化，并且其颤振规律与图 10-9 中的颤振波形、振幅和频率均相近。CCD 拼接错位同样主要分布在-0.16～+0.06 像素，由此验证了 10.2.2 节和 10.3.1 节所述方法的一致性和正确性，且同样说明卫星平台存在姿态高频颤振。基于拼接错位曲线的颤振曲线相位、频谱分析方法和颤振模型拟合方法与 10.2.2 节中对应方法一致，不再赘述。

10.3.3　分时成像数据颤振补偿与实验

通过 10.2 节和 10.3 节所述两种方法实现基于分时成像影像的卫星平台姿态高频颤振检测后，可将姿态高频颤振的检测结果应用于第 8 章和第 9 章的在轨几何检校或第 18 章大倾角成像模式下的定位补偿，以进一步提高几何精准处理的精度和可靠性，改善影像几何质量。

基于卫星平台姿态高频颤振的影像直接定位补偿建立在基于探测器指向角的严格成像几何模型的基础上，如式（9-4）所示，用高频颤振值补偿探测器指向角 ψ_x 和 ψ_y 的指向精度。其具体直接定位补偿方法如下：

1）根据瞬时成像时间 t 和在沿轨和垂轨方向拟合的高频颤振模型，计算得到对应时刻的高频颤振偏移量。以沿轨 x 方向为例，高频颤振偏移量如图 10-19 所示。

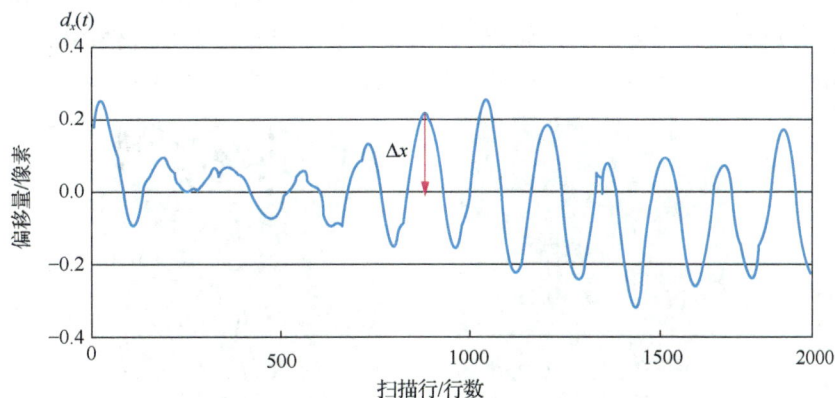

图 10-19　沿轨方向的高频颤振偏移量

2）将沿轨和垂轨方向上的颤振偏移量分别除以等效焦距 f_c，得到探测器指向角在两个方向上的修正值 $\Delta\psi_x(s)(t)$ 和 $\Delta\psi_y(s)(t)$：

$$\begin{cases} \Delta\psi_x(s)(t) = \dfrac{d_x(t)}{f_c} \\ \Delta\psi_y(s)(t) = \dfrac{d_y(t)}{f_c} \end{cases} \quad (10\text{-}3)$$

3）将探测器指向角瞬时修正值 $\Delta\psi_x(s)(t)$ 和 $\Delta\psi_y(s)(t)$ 代入基于探测器指向角的严格成像几何模型方程式（9-4）中，得到含颤振补偿的严格成像几何模型：

$$\begin{bmatrix} \tan(\psi_x(s) + \Delta\psi_x(s)(t)) \\ \tan(\psi_y(s) + \Delta\psi_y(s)(t)) \\ -1 \end{bmatrix}_{\text{cam}} = \lambda \mathbf{R}_{\text{ins}}^{\text{cam}}(\text{pitch, roll, yaw}) \left(\mathbf{R}_{\text{J2000}}^{\text{ins}}(t) \mathbf{R}_{\text{WGS84}}^{\text{J2000}} \begin{bmatrix} X_g - X_{\text{GPS}}(t) \\ Y_g - Y_{\text{GPS}}(t) \\ Z_g - Z_{\text{GPS}}(t) \end{bmatrix}_{\text{WGS84}} - \begin{pmatrix} B_x \\ B_y \\ B_z \end{pmatrix} \right) \quad (10\text{-}4)$$

实际应用中，可将式（10-4）直接应用于在轨几何检校、影像直接定位和几何纠正等处理。为说明卫星平台姿态高频颤振补偿效果，将未进行颤振补偿和已进行颤振补偿的几何检校影像进行比较，如图 10-20 所示。

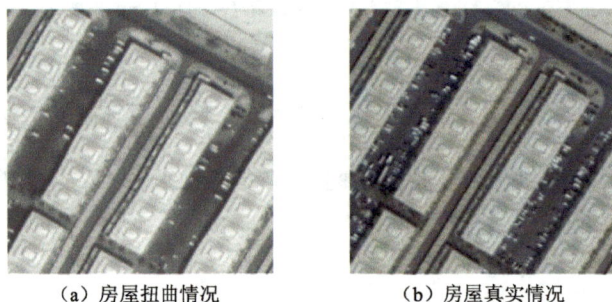

（a）房屋扭曲情况　　　　　　（b）房屋真实情况

图 10-20　平台姿态高频颤振导致的影像内部几何畸变图（以房屋为例）

由图可知，未考虑平台姿态高频颤振的在轨几何检校，影像内部仍存在由于颤振导致的畸变量。因此，对于高分辨率光学卫星影像而言，在几何处理工作中考虑姿态高频颤振的影响具有实际意义。为进一步研究姿态高频颤振补偿对于影像几何质量的影响，本节同样采用 9.5.2 节中的天绘一号卫星高分辨率影像和对应的参考数据，采用本节所述含颤振补偿的严格成像几何模型方程式（10-4）计算，按照 9.3 节所述高精度在轨几何检校方法进行区域网平差计算，实现含姿态颤振补偿的高精度在轨几何检校。然后，实验中将几何检校结果应用于其他景多光谱影像（10.2.3 节的天绘一号卫星多光谱影像）和其他景高分辨率全色影像（10.3.2 节的天绘一号卫星高分辨率全色影像）的几何处理，并对是否包含高频颤振补偿的影像按照 9.5.1 节所述方法进行影像几何质量检查实验。天绘一号卫星多光谱影像和高分辨率全色影像缩略图如图 10-21 所示。

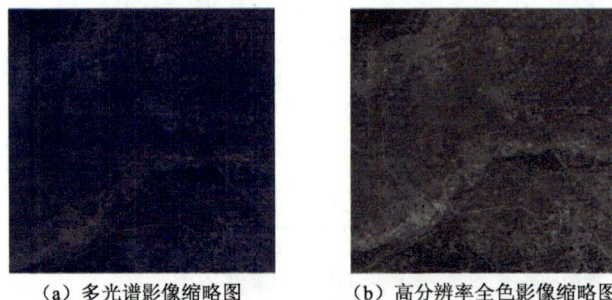

（a）多光谱影像缩略图　　　　　　（b）高分辨率全色影像缩略图

图 10-21　天绘一号卫星多光谱影像和高分辨率全色影像缩略图

进行颤振补偿前后的影像几何质量实验结果如表 10-7 所示。由表可知，采用本节所述的分时成像数据颤振补偿方法，能够有效提高多光谱影像和高分辨率全色影像的内部和外部几何质量，其中内部几何质量的改善相比于外部几何质量更加明显。

表 10-7　高频颤振补偿多光谱和高分辨率影像几何质量实验结果

类型	质检内容	具体参数	多光谱影像	高分辨率影像
姿态高频颤振补偿前	内部几何精度质检	长度变形精度/m	3.735824	3.632413
		角度变形精度/（°）	0.439358	0.413557
	外部几何精度质检	绝对定位精度/m	24.106433	21.328781
		单点最大误差/m	28.735224	26.103590
姿态高频颤振补偿后	内部几何精度质检	长度变形精度/m	3.135672	2.865527
		角度变形精度/（°）	0.379367	0.367924
	外部几何精度质检	绝对定位精度/m	23.649073	21.597347
		单点最大误差/m	28.565268	25.922336

理论上，在完成高精度几何内检校和外检校、消除相机镜头内部和 CCD 排列系统误差及星敏感器和 GNSS 安装误差后，外部几何质量主要取决于星敏感器姿态测量数据和 GNSS 轨道定位数据的精度，以及 9.2.3 节所述的含权值估计的多项式逐点姿态轨道拟合精度；而内部几何质量则主要通过对逐条 CCD 扫描线的姿态颤振补偿得到优化，因此高频颤振补偿主要改善内部几何质量。

10.4　高频角位移数据高频颤振检测与补偿

10.4.1　角位移设备姿态颤振测量原理

10.2 节和 10.3 节均属于事后的被动检测方法，由于高分辨率光学卫星影像通常采用多谱合一的多光谱成像和 CCD 分片拼接成像的方式，不依赖特殊的姿态传感器设备，因此具有普遍性和通用性等优势。但是，这两种方法存在三个方面的不足：①影像之间密集匹配的计算量大。为了获取精确的配准误差曲线，需要在沿轨和垂轨方向密集地采样统计。②严重依赖影像密集匹配和粗差探测剔除的精度，无法排除匹配误差对高频颤振检测精度的干扰。③仅能获取在沿轨方向和垂轨方向的颤振量。由于配准误差曲线方程的病态性，因此无法精确反求在三个欧拉角方向的颤振量。

为了直接获取更加精确的平台高频颤振数据，部分高分辨率光学卫星安装有高频姿态测量设备，如遥感系列某光学卫星安装的角位移设备（胡堃 等，2018）。该设备采用刚体固联方式安装于卫星平台，在相机开机工作时提前加电记录测量数据，在成像结束后停止记录。它是一种基于萨尼亚克（Sagnac）效应的环形激光器，使同一光源发出的光线分别沿环形通路的两个方向运行一周后汇合。当环形激光器存在姿态旋转时，两束光线光程差产生的干涉条纹就会发生移动，并且与姿态旋转的角速度成正比。因此，高频角位移设备能够测量卫星在轨成像过程中本体坐标系三轴方向上的相对角增量数据，并以较高频率输出（许斌 等，2016）。

角增量数据表示该采样时刻相比上一采样时刻，在时间间隔内三个角方向上产生的角位移变化量。其输出频率可达上万赫兹，远远超过线阵 CCD 的扫描频率（通常为 1000～2000Hz）和星敏感器的姿态测量频率（通常为 2～8Hz）。

由于角位移设备输出的高频角增量与角度直接相关，因此能够直接反映卫星平台高频颤振在俯仰、横滚和偏航方向的角度瞬时变化，高频角位移数据对于直观研究平台颤振规律具有显著的优势。但是，由于目前已在轨的高分辨率光学卫星安装高频角位移设备的相对较少，因此其应用也存在一定的局限性。

10.4.2 角位移数据预处理与频谱实验

本节以遥感系列某光学卫星环境监测分系统搭载的高频角位移设备为例开展卫星平台高频颤振的检测方法与实验研究。卫星在获取条带影像数据的同时记录高频角增量数据，选取的遥感系列光学卫星数据轨道编号为232930，采用的高频角位移设备测量角增量采样输出频率为10000Hz，测量频率范围为2～450Hz，测量精度为0.05角秒（3σ）。角位移数据通过低电压差动信号（low voltage differential singal，LVDS）接口随整星数据包下传，需要根据卫星数据格式，将角位移数据包从整星数据包中提取，再将具体角位移数据从角位移数据包中提取和解析。

由于角位移数据的采样频率很高且采样点难免存在各类系统和偶然误差，如角位移设备安装误差、标度因素误差、漂移误差及测量噪声等，因此本节在使用角位移数据之前需要进行低通滤波处理。采用的低通滤波方法为加窗有限冲激响应（finite impulse response，FIR）滤波器，该滤波器容易获取严格的线性相位，能较好地避免高频角位移数据的相位失真，稳定且容易实现。FIR滤波器的差分方程描述为

$$y(n) = \sum_{i=0}^{N-1} a_i x(n-1) \qquad (10\text{-}5)$$

式中，$x(n)$ 为有限个采样数值的输入序列；$y(n)$ 为输出序列，即滤波后的角增量值；a_i 为 FIR 滤波器系数；N 为 FIR 滤波器的阶数。

对上式进行 z 变换，可得 FIR 滤波器的系统传递函数 $H(z)$ 为

$$H(z) = \sum_{i=0}^{N-1} a_i z^{-i} \qquad (10\text{-}6)$$

FIR 滤波器的设计思想是首先令 $z = e^{j\omega}$，其中 ω 为数字角频率，j 表示复数的虚部；给定一个理想的频率响应 $H_d(e^{j\omega})$，然后设计时间窗口，采用频率响应函数逐步逼近 $H_d(e^{j\omega})$。其中，频率响应函数 $H(e^{j\omega})$ 为

$$H(e^{j\omega}) = \sum_{n=0}^{N-1} a_i e^{-jnw} \qquad (10\text{-}7)$$

这里采用升余弦 Haning 窗对频率响应进行加窗设计，该方法可以看作三个矩形时间窗的频谱之和，能够使主瓣加宽并降低，旁瓣互相抵消，消去高频干扰和漏能。其中窗函数 $W(n)$ 可表示为

$$W(n) = \left(0.5 - 0.5\cos\frac{2\pi n}{N-1}\right) \qquad (10\text{-}8)$$

对高频角位移数据进行处理的加窗 FIR 滤波器的参数设置如表 10-8 所示。

表 10-8 对高频角位移数据进行处理的加窗 FIR 滤波器的参数设置

指标类型	具体技术指标
滤波器类型	低通滤波器
采样频率/Hz	10000
抽头数	600
窗类型	Haning 窗
最低截止频率/Hz	450

为清晰地表示对高频角位移数据进行加窗 FIR 低频滤波的效果，实验中选取角位移数据中前 500 个分别在 pitch、roll 和 yaw 三个方向的角增量采样数据，角增量单位为角秒。比较加窗 FIR 低频滤波前后的角增量数据分布情况，如图 10-22 所示。

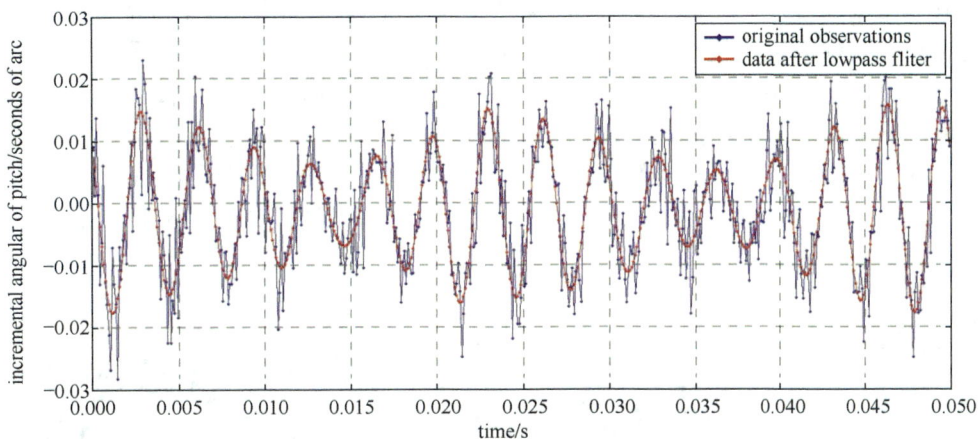

（a）pitch方向加窗FIR滤波结果

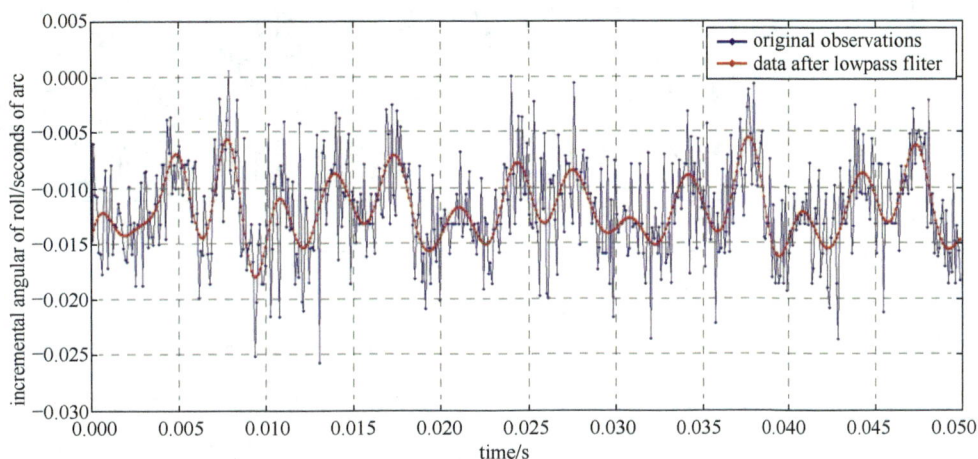

（b）roll方向加窗FIR滤波结果

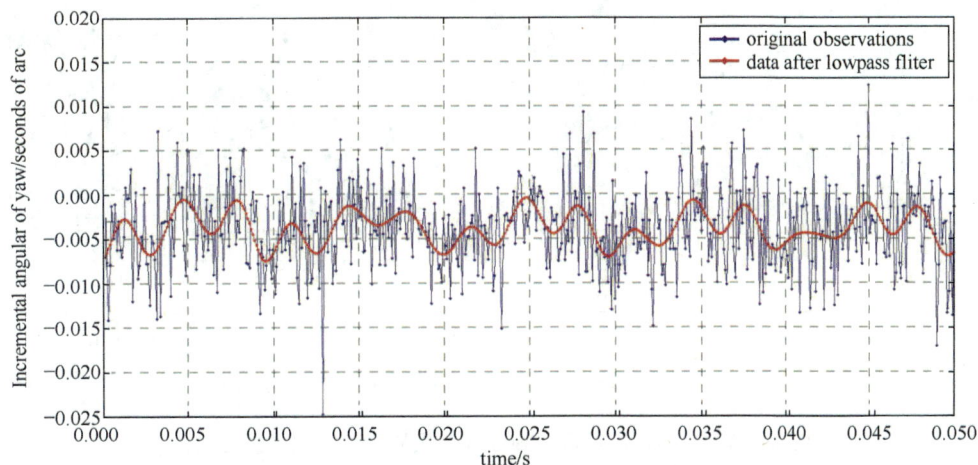

（c）yaw方向加窗FIR滤波结果

图 10-22　高频角位移数据 500 个采样点加窗 FIR 滤波结果

注：incremental angular of pitch, roll, yaw：pitch、roll、yaw 三个方向的角增量，单位为弧秒（seconds of arc）；
original observations：原始观测值；data after lowpass filter：低通滤波结果。

由图 10-22 可知，通过高频角位移设备在 pitch、roll 和 yaw 三个方向观测的角增量变化，说明该高遥感系列光学卫星在成像过程中，在三个方向均存在明显的且随时间规律变化的高频颤振。

对于原始观测的高频角位移数据，采用加窗 FIR 低频滤波器进行低通滤波后，能够在较好地反映高频颤振变化规律的前提下提高观测数据的连续性，并有效剔除明显偏离的角增量粗差，取得较好的结果，并为后续高频角位移数据的分析和处理创造了良好的条件。

为了进一步统计一段时期内，高频颤振在 pitch、roll 和 yaw 三个方向上的振动规律，选取高频角位移设备在 6s 内连续获取的 60000 个角增量采样数据进行高频颤振统计分析，实验结果如图 10-23 所示。

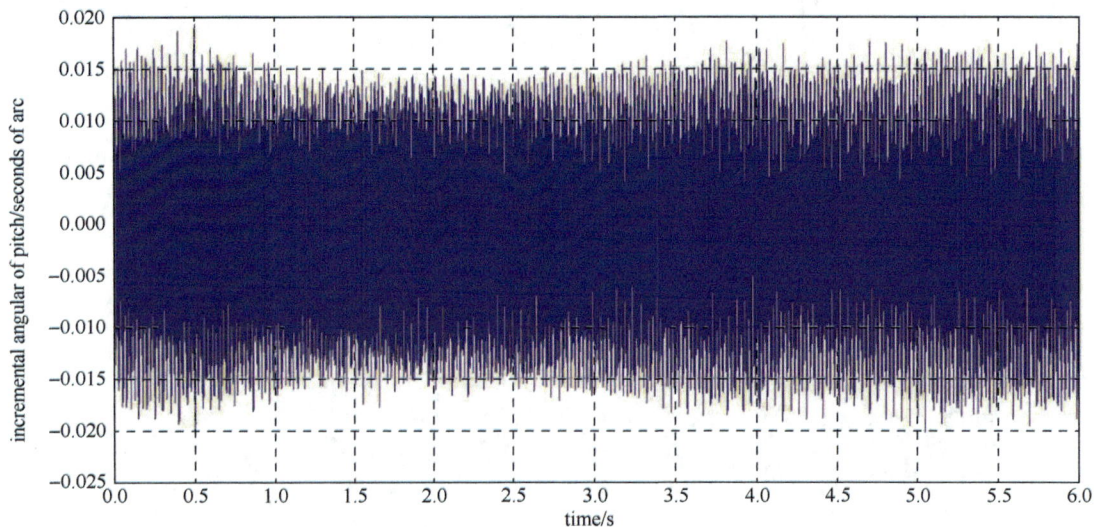

(a) pitch方向随时间分布情况

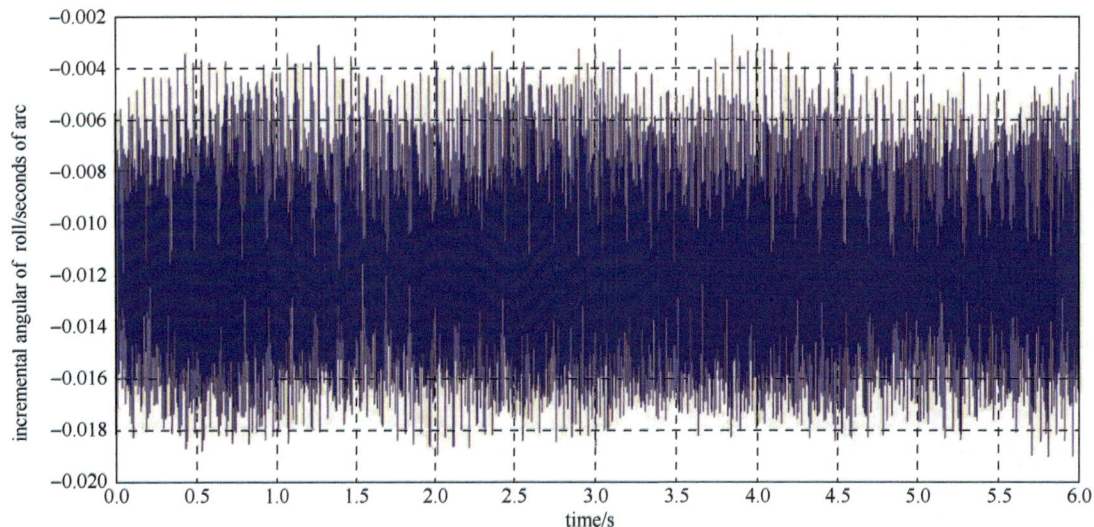

(b) roll方向随时间分布情况

图 10-23　高频角位移数据 60000 个采样点随时间颤振分布图

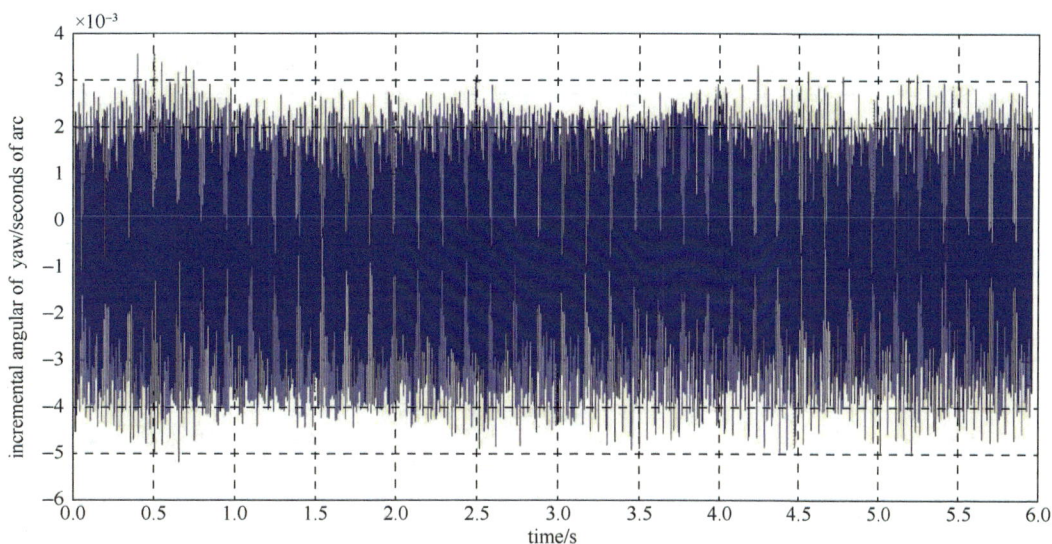

(c) yaw方向随时间分布情况

图 10-23　（续）

由图可知，由高频角位移设备观测得到的卫星平台高频颤振，在 pitch、roll 和 yaw 三个方向上一段时期内都保持稳定的颤振规律。其中，pitch 的振幅在-0.02～+0.02 角秒，roll 的振幅在-0.02～-0.002 角秒，yaw 的振幅在-0.0005～+0.0004 角秒。这说明卫星平台的高频颤振主要存在于 pitch 和 roll 两个方向，而 yaw 方向很小；且 roll 方向的高频颤振存在系统的方向性。该实验结果也验证了 10.2 节和 10.3 节颤振检测的结果具有实际意义。

进一步统计并验证该遥感系列光学卫星在未进行机动成像期间的 8min 内三个角度方向上均满足同样的高频颤振规律，说明高频颤振具有固有性和稳定性。该卫星的轨道高度为 500km，影像的地面分辨率为 0.45m。当 pitch 方向上存在 0.02 角秒的高频颤振时，会导致影像在该方向的内部畸变达到 0.05m，即 1/9 像元的定位误差；当卫星在机动成像过程中，其卫星平台的高频颤振出现明显加剧，pitch 方向上高频颤振的幅度达到 0.2 角秒时，影像内部便会产生 1 像元的几何畸变。因此，对卫星平台的姿态高频颤振进行检测与补偿具有重要的实际意义。

为进一步研究高频颤振在 pitch、roll 和 yaw 三个方向上的频谱规律，对图 10-23 的颤振离散点进行快速傅里叶变换。仍采用上述高频角位移设备在 6s 内连续获取的 60000 个角增量采样数据，统计在三个角度方向上高频颤振的频率和随频率变化的振幅，频谱分布如图 10-24 所示。

从颤振频率上看，三个方向都主要集中在 300Hz，但是 pitch 方向在 340Hz 的振动幅度也相对较强，roll 和 yaw 方向在 100Hz 的振动幅度也相对较强；pitch 方向的颤振幅度最大，表明该卫星在 pitch 方向的高频颤振最强烈。

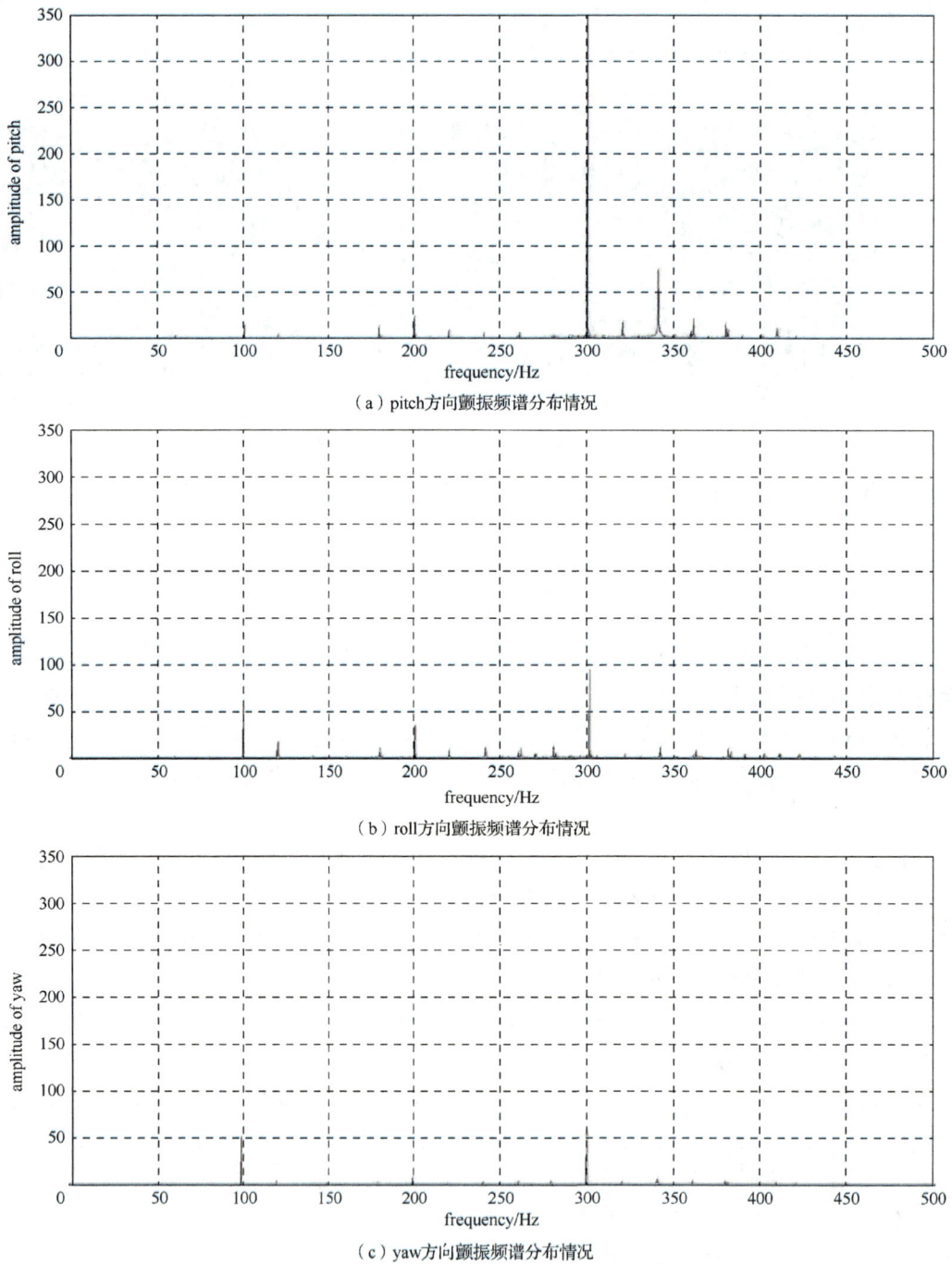

（a）pitch方向颤振频谱分布情况

（b）roll方向颤振频谱分布情况

（c）yaw方向颤振频谱分布情况

图 10-24　高频角位移数据 60000 个采样点颤振频谱分布图

注：amplitude of pitch、voll、yaw 为三个方向的随频率变化的振幅，单位为角秒。

10.4.3　角位移数据颤振补偿与实验

　　低频星敏感器姿态测量数据主要用于影像的高精度外部几何定位，其输出单个历元时刻在 pitch、roll 和 yaw 三个方向的绝对姿态，且误差不会累积；而高频角位移数据能够提供每条 CCD 扫描线对应的瞬时姿态，用于影像内部几何精度优化。第 9 章中将星敏感器姿态测量数据和高频角位移数据联合解算，可提供更加密集且精准的姿态数据，改善影像的几何质量。星敏感器姿态测量数据和高频角位移数据组合示意图如图 10-25 所示。

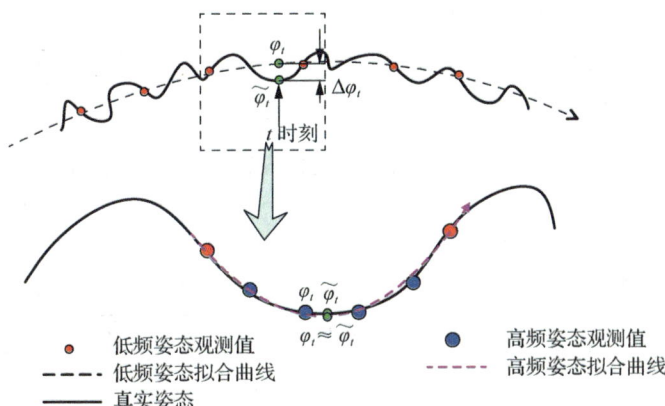

图 10-25　星敏感器姿态测量数据和高频角位移数据组合示意图

基于角位移数据的卫星平台姿态高频颤振影像直接定位补偿建立在严格成像几何模型的基础上。将成像时刻拟合的瞬时角增量数据代入式（9-1），整理可得如下方程：

$$\begin{bmatrix} x \\ y \\ -f \end{bmatrix}_{\text{cam}} = \lambda \boldsymbol{R}_{\text{ins}}^{\text{cam}}(\text{pitch}, \text{roll}, \text{yaw}) \left(\boldsymbol{R}_{\text{J2000}}^{\text{ins}}{}'(t) \boldsymbol{R}_{\text{WGS84}}^{\text{J2000}} \begin{bmatrix} X_g - X_{\text{GPS}}(t) \\ Y_g - Y_{\text{GPS}}(t) \\ Z_g - Z_{\text{GPS}}(t) \end{bmatrix}_{\text{WGS84}} - \boldsymbol{R}_{\text{sat}}^{\text{ins}} \begin{bmatrix} B_x \\ B_y \\ B_z \end{bmatrix}_{\text{sat}} \right) \quad （10\text{-}9）$$

式中，$\boldsymbol{R}_{\text{J2000}}^{\text{ins}}{}'(t)$ 为星敏感器姿态测量数据和高频角位移数据在 t 时刻联合测得的姿态。

$\boldsymbol{R}_{\text{J2000}}^{\text{ins}}{}'(t)$ 由三个正交旋角 $\text{pitch}'(t)$、$\text{roll}'(t)$、$\text{yaw}'(t)$ 组成，如下：

$$\begin{cases} \text{pitch}'(t) = \text{pitch}_{\text{Star}}(t) + \text{pitch}_{\text{Ang}}(t) \\ \text{roll}'(t) = \text{roll}_{\text{Star}}(t) + \text{roll}_{\text{Ang}}(t) \\ \text{yaw}'(t) = \text{yaw}_{\text{Star}}(t) + \text{yaw}_{\text{Ang}}(t) \end{cases} \quad （10\text{-}10）$$

式中，$\text{pitch}_{\text{Star}}(t)$、$\text{roll}_{\text{Star}}(t)$、$\text{yaw}_{\text{Star}}(t)$ 为星敏感器在 t 时刻获取的姿态测量数据；$\text{pitch}_{\text{Ang}}(t)$、$\text{roll}_{\text{Ang}}(t)$、$\text{yaw}_{\text{Ang}}(t)$ 为高频角位移数据在 t 时刻获取的角增量数据，可根据行时文件中的时标信息，分别在星敏感器姿态测量数据文件和高频角位移数据文件中采用 9.2.3 节所述方法内插得到。

为验证基于角位移数据的姿态高频颤振补偿对于影像几何质量的影响，本节选用经高精度几何检校的 L1 级某遥感系列光学卫星多光谱和全色影像，分别对是否包含进行颤振补偿的影像按照 9.5.1 节所述方法进行影像几何质量检查。实验中遥感系列光学卫星多光谱和全色影像覆盖北京地区，基本数据规格说明如表 10-4 所示，对应的影像缩略图如图 10-26 所示。

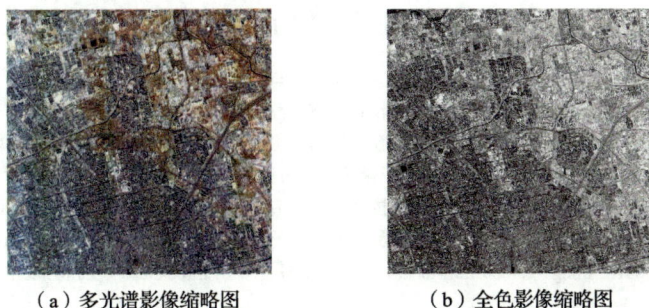

（a）多光谱影像缩略图　　　　　　（b）全色影像缩略图

图 10-26　角位移数据高频颤振补偿实验多光谱影像和全色影像缩略图

进行颤振补偿前后的影像几何质量实验结果如表 10-9 所示。由表可知，采用本节所述方法能够有效地提高遥感系列光学卫星多光谱和全色影像的内部和外部几何质量。其中，内部几何质量相比于外部几何质量的改善更加明显，长度变形精度提高 0.5 像素左右。该结果说明姿态颤振补偿能够有效减少由颤振导致的内部几何畸变，且与 10.3.3 节的结果相一致。

表 10-9　高频颤振补偿多光谱影像和全色影像几何质量

类型	质检内容	具体参数	多光谱影像	全色影像
姿态高频颤振补偿前	内部几何精度质检	长度变形精度/像素	2.328516	2.297935
		角度变形精度/（°）	0.621664	0.583275
	外部几何精度质检	绝对定位精度/像素	9.488308	8.734283
		单点最大误差/像素	13.895425	12.373627
姿态高频颤振补偿后	内部几何精度质检	长度变形精度/像素	1.843849	1.683357
		角度变形精度/（°）	0.530665	0.378284
	外部几何精度质检	绝对定位精度/像素	9.213973	8.326826
		单点最大误差/像素	13.336202	11.906717

本 章 小 结

本章以天绘一号卫星多光谱相机和高分辨率相机为例，分析了基于四谱合一的多光谱成像和基于 CCD 品字形机械交错式成像进行高频颤振检测的原理及方法，并通过密集匹配和粗差剔除构建多光谱配准误差曲线和 CCD 拼接错位曲线，进行高频颤振模型拟合和频谱分析。

采用天绘一号卫星和遥感系列光学卫星多光谱影像分别研究在常规和机动成像模式下俯仰和横滚方向的姿态颤振规律，提出基于分时成像数据的姿态复原和直接定位补偿方法，并进行数据直接定位精度实验验证。实验结果说明，两颗卫星平台的高频颤振主要集中在 100～110Hz 附近，该颤振响应主要与卫星大器件周期性运动相对应。遥感系列光学卫星在大侧摆和俯仰角机动成像模式下，平台姿态的高频颤振主要由卫星动量轮高速转动产生，其振幅相对于常规模式有显著增强。

此外，以遥感系列光学卫星搭载的角位移设备为例，分析基于高频角增量数据进行姿态颤振检测的原理与方法，研究卫星平台在俯仰、横滚和偏航方向的姿态颤振规律，提出基于角位移数据的姿态复原和直接定位补偿方法。实验结果表明，该卫星三轴方向颤振频率主要集中在 300Hz，且俯仰方向颤振幅度最大，表明该卫星在俯仰方向的高频颤振最强烈。加入颤振补偿后的姿态进行在轨几何检校和影像直接定位，能够有效提高解算精度，其中内部几何质量的改善更加明显，长度变形精度有效提高 0.5 像素左右。

参 考 文 献

关新，2012. 高分辨率遥感卫星隔振与姿态控制一体化设计[D]. 北京：清华大学.

胡堃，2016. 高分辨率光学卫星影像几何精准处理方法研究[D]. 武汉：武汉大学.

胡堃，黄旭，张永军，等，2018. 基于高频角位移数据的卫星平台颤振检测与影像几何质量补偿[J]. 电子与信息学报，40(7)：1525-1531.

刘光林，杨世洪，吴钦章，2008. 一种基于 CCD 多电极结构的电子像移补偿方法[J]. 光电子激光，19(7)：947-951.

童小华，叶真，刘世杰，2017. 高分辨率卫星颤振探测补偿的关键技术方法与应用[J]. 测绘学报，46(10)：1500-1508.

许斌，雷斌，范城城，等，2016. 基于高频角位移的高分光学卫星影像内部误差补偿方法[J]. 光学学报，36(9)：301-308.

HUANG X, ZHANG Y J, YUE Z X, 2016. Image-guided non-local dense matching with three-steps optimization[J]. ISPRS Annals of Photogrammetry, Remote Sensing & Spatial Information Sciences, 3(3): 67-74.

LIU H Q, MA H M, JIANG Z H, 2019. Jitter detection based on parallax observations and attitude data for Chinese Heavenly Palace-1 satellite[J]. Optics Express, 27(2): 1099-1123.

LIU S J, TONG X H, WANG F X, 2016. Attitude jitter detection based on remotely sensed images and dense ground controls: a case study for Chinese ZY-3 satellite[J]. IEEE Journal of Selected Topics in Applied Earth Observations and Remote Sensing, 9(12): 5760-5766.

TANG X M, XIE J F, ZHU H, et al., 2020. Overview of earth observation satellite platform microvibration detection methods[J]. Sensors, 20(3): 736.

WANG M, ZHU Y, PAN J, et al., 2016. Satellite jitter detection and compensation using multispectral imagery[J]. Remote Sensing Letters, 7(6): 13-22.

YE Z, XU Y S, TONG X H, et al., 2019. Estimation and analysis of along-track attitude jitter of ZiYuan-3 satellite based on relative residuals of tri-band multispectral imagery[J]. ISPRS Journal of Photogrammetry and Remote Sensing,158: 188-200.

ZHU Y, WANG M, CHENG Y F, et al., 2019. An improved jitter detection method based on parallax observation of multispectral sensors for Gaofen-1 02/03/04 satellites[J]. Remote Sensing, 11(1): 16.

第11章

严格成像模型的三线阵影像区域网平差

遥感对地几何定位的主要过程是建立影像空间与物方空间的相互转换关系。首先建立转换关系模型，引入模型参数；再结合地面控制点数据、轨道姿态测量数据、传感器内参数等进行区域网平差处理，求解相应的模型参数，实现影像空间与物方空间的相互转换，从而达到对地定位的目的。影像空间与物方空间的转换模型通常可以分为两类，即通用成像模型和严格成像模型。通用成像模型就是采用有理函数描述影像空间与物方空间之间的转换关系；严格成像模型是指用外方位元素描述传感器的位置和姿态，利用共线条件方程建立像方空间与物方空间的几何对应关系。

对于线阵影像，求解外参数意味着求解每一条线阵对应的外方位元素。一般来说，一个测量区域中线阵的数量相当庞大，想要在区域网平差过程中同时求解这些外方位元素，会使未知数的数量过于庞大而无法求解。因此，必须用数学模型描述卫星的轨道和姿态变化，常用的有二次多项式模型、系统误差补偿模型、分段多项式模型及定向片模型等，另外还有卫星状态矢量模型、多普勒轨道约束模型、等效框幅像片（equivalent frame photo，EFP）模型等。这些模型都是为了最佳地拟合逼近卫星的轨道和姿态随时间的变化曲线，以期恢复卫星在成像时刻的位置和姿态参数，从而提高对地定位精度。

地面控制点信息的获取是遥感卫星影像区域网平差的重要一环，不管是传统的人工野外量测地面控制点坐标在内业刺点转点，还是自动匹配地面控制点，都需要耗费一定的人力、物力资源。对于一些环境恶劣、人迹罕至及缺少纹理信息（如沙漠、水体、植被）的区域，在影像上寻找地面控制点非常困难。为了摆脱地面控制点的约束，基于无地面控制点的区域网平差技术是最佳解决方法。由于不需要地面控制点，因此测量区域可以尽可能扩大，一次性处理更大范围的数据，对于超大范围制图，如跨省、跨国乃至全球测图等将更具可行性。

本章主要研究星载三线阵卫星影像的无地面控制点区域网平差问题（郑茂腾，2014），包括航天线阵影像的常见区域网平差数学模型、基于严格成像模型的三线阵影像无地面控制点区域网平差方法、无外业地面控制点约束的法方程病态性问题、未知数权函数的合理配置，以及各类未知数之间相关性削弱去除等问题。此外，超大范围数据带来的大数据量存储、管理及运算，超大法方程解算等也是需要进一步研究解决的难点问题。

11.2 航天线阵影像区域网平差模型

航天线阵影像的严格成像模型以共线条件为基本几何原理，通过恢复摄影时传感器的位置、速度及姿态等信息，结合传感器的内部参数，以恢复成像时刻摄影光束的位置和姿态，实现像方空间与物方空间的相互转换。由于线阵影像每条线阵均有不同的投影中心，即每条线阵对应着不同的外方位元素，因此必须构建适当的模型来描述卫星的位置、速度和姿态随时间的变化关系，并拟合最佳卫星的实际运行轨道和姿态。常用的模型有二次多项式模型、系统误差补偿模型、定向片模型、分段多项式模型、卫星状态矢量定位模型、多普勒轨道约束模型等。另外，王任享院士提出的等效框幅像片模型（王任享，2006）则是在一定条件下，将线阵影像视为等效的框幅式面阵影像，并沿用面阵影像的算法理论来进行处理。

11.2.1 多项式模型

多项式模型是利用多项式拟合卫星的轨道位置和姿态，每一条扫描线对应的方位元素都是时间的 n 次函数，可以大大减少平差时外方位元素的未知数个数，同时还可以对定轨定姿数据列误差方程，使解算结果更加稳定。但是，这种模型只适合于短轨道，若轨道较长，用多项式拟合卫星的轨道和姿态将不再符合卫星实际运动，必然会产生系统误差。常用的多项式模型有二阶多项式、三阶多项式等：

$$\begin{cases} X_S = a_0 + a_1 t + a_2 t^2 + \cdots + a_n t^n \\ Y_S = b_0 + b_1 t + b_2 t^2 + \cdots + b_n t^n \\ Z_S = c_0 + c_1 t + c_2 t^2 + \cdots + c_n t^n \\ \varphi = e_0 + e_1 t + e_2 t^2 + \cdots + e_n t^n \\ \omega = f_0 + f_1 t + f_2 t^2 + \cdots + f_n t^n \\ \kappa = g_0 + g_1 t + g_2 t^2 + \cdots + g_n t^n \end{cases} \tag{11-1}$$

式中，t 为影像扫描时刻；a_i、b_i、c_i、e_i、f_i、g_i（$i = 0, 1, \cdots, n$）为多项式待求系数；X_S、Y_S、Z_S、φ、ω、κ 为外方位元素。

共线条件方程式（11-2）是摄影测量几何处理的基本几何条件。由于该方程是非线性方程，因此在进行最小二乘平差之前，需要对其进行线性化处理，并得到如下误差方程：

$$\begin{cases} x = -f \dfrac{a_1(X - X_S) + b_1(Y - Y_S) + c_1(Z - Z_S)}{a_3(X - X_S) + b_3(Y - Y_S) + c_3(Z - Z_S)} \\ y = -f \dfrac{a_2(X - X_S) + b_2(Y - Y_S) + c_2(Z - Z_S)}{a_3(X - X_S) + b_3(Y - Y_S) + c_3(Z - Z_S)} \end{cases} \tag{11-2}$$

$$\begin{cases} v_x = a_{11}\Delta X_S + a_{12}\Delta Y_S + a_{13}\Delta Z_S + a_{14}\Delta\varphi + a_{15}\Delta\omega + a_{16}\Delta\kappa - a_{11}\Delta X - a_{12}\Delta Y - a_{13}\Delta Z - l_x \\ v_y = a_{21}\Delta X_S + a_{22}\Delta Y_S + a_{23}\Delta Z_S + a_{24}\Delta\varphi + a_{25}\Delta\omega + a_{26}\Delta\kappa - a_{21}\Delta X - a_{22}\Delta Y - a_{23}\Delta Z - l_y \end{cases} \tag{11-3}$$

式中，$a_{11} = \dfrac{\partial x}{\partial X_S}$；$a_{12} = \dfrac{\partial x}{\partial Y_S}$；$a_{13} = \dfrac{\partial x}{\partial Z_S}$；$a_{14} = \dfrac{\partial x}{\partial \varphi}$；$a_{15} = \dfrac{\partial x}{\partial \omega}$；$a_{16} = \dfrac{\partial x}{\partial \kappa}$；$a_{21} = \dfrac{\partial y}{\partial X_S}$；$a_{22} = \dfrac{\partial y}{\partial Y_S}$；$a_{23} = \dfrac{\partial y}{\partial Z_S}$；

$a_{24} = \dfrac{\partial y}{\partial \varphi}$；$a_{25} = \dfrac{\partial y}{\partial \omega}$；$a_{26} = \dfrac{\partial y}{\partial \kappa}$。

以二阶多项式为例，将上述二阶多项式模型引入共线条件方程的误差方程中，并写成如下矩阵形式：

$$V = [A \quad B]\begin{bmatrix} t \\ X \end{bmatrix} - L \quad P \tag{11-4}$$

式中，$V = [v_x \quad v_y]^T$；$L = [x - x' \quad y - y']^T$；

$$A = \begin{bmatrix} a_{11} & ta_{11} & t^2 a_{11} & a_{12} & ta_{12} & t^2 a_{12} & a_{13} & ta_{13} & t^2 a_{13} & a_{14} & ta_{14} & t^2 a_{14} & a_{15} & ta_{15} & t^2 a_{15} & a_{16} & ta_{16} & t^2 a_{16} \\ a_{21} & ta_{21} & t^2 a_{21} & a_{22} & ta_{22} & t^2 a_{22} & a_{23} & ta_{23} & t^2 a_{23} & a_{24} & ta_{24} & t^2 a_{24} & a_{25} & ta_{25} & t^2 a_{25} & a_{26} & ta_{26} & t^2 a_{26} \end{bmatrix};$$

$$B = \begin{bmatrix} -a_{11} & -a_{12} & -a_{13} \\ -a_{21} & -a_{22} & -a_{23} \end{bmatrix};$$

$$t = \begin{bmatrix} \Delta a_0 & \Delta a_1 & \Delta a_2 & \Delta b_0 & \Delta b_1 & \Delta b_2 & \Delta c_0 & \Delta c_1 & \Delta c_2 & \Delta e_0 & \Delta e_1 & \Delta e_2 & \Delta f_0 & \Delta f_1 & \Delta f_2 & \Delta g_0 & \Delta g_1 & \Delta g_2 \end{bmatrix}^{T};$$

$$X = \begin{bmatrix} \Delta X & \Delta Y & \Delta Z \end{bmatrix}; \quad L = \begin{bmatrix} l_x & l_y \end{bmatrix}^{T}; \quad P \text{ 为观测值权矩阵。}$$

对上述误差方程进行法化处理后，得到下式：

$$\begin{bmatrix} A^{T}PA & A^{T}PB \\ B^{T}PA & B^{T}PB \end{bmatrix} \begin{bmatrix} t \\ X \end{bmatrix} = \begin{bmatrix} A^{T}PL \\ B^{T}PL \end{bmatrix} \tag{11-5}$$

根据上述模型，可对逐个像点观测值建立误差方程并法化。由于区域网平差中加密点数量通常很大，因此对应的地面点坐标未知数将是一个庞大的数值，如果直接生成法方程系数矩阵，必然是一个超大矩阵。在此类计算机软件开发过程中，超大矩阵的存储及求逆运算会耗费大量内存，并使运算效率大幅降低。为此，在解算过程中需要首先消去其中数量较大的一类未知数，即加密点坐标未知数，剩下的外方位元素未知数则相对较少，此时法方程比原始法方程要小得多，其求解效率也大幅提高。为进一步提升运算效率，应当采用边法化边消元的策略，直接构造改化后的法方程，避免存储超大的原始法方程。消去未知数 X 以后，得到未知数 t 的解为

$$t = [A^{T}PA - A^{T}PB(B^{T}PB)^{-1}B^{T}PA]^{-1}[A^{T}PL - A^{T}PB(B^{T}PB)^{-1}B^{T}PL] \tag{11-6}$$

11.2.2 系统误差补偿模型

系统误差补偿模型就是利用低阶多项式拟合并补偿每条扫描线对应的定轨定姿数据的系统误差，通过平差求解该多项式的各参数，最终可以得到经过系统误差改正的定轨定姿数据（刘楚斌 等，2014）。此模型可以适用于中等长度的轨道数据，且对卫星的轨道及姿态原始观测值相对精度具有较强的依赖性。常用的补偿系统误差的多项式一般为二阶或者三阶多项式，其构建误差方程及法化过程与上述多项式模型类似：

$$\begin{cases} X_S = X_{S_0} + a_0 + a_1 t + a_2 t^2 + \cdots + a_n t^n \\ Y_S = Y_{S_0} + b_0 + b_1 t + b_2 t^2 + \cdots + b_n t^n \\ Z_S = Z_{S_0} + c_0 + c_1 t + c_2 t^2 + \cdots + c_n t^n \\ \varphi = \varphi_0 + e_0 + e_1 t + e_2 t^2 + \cdots + e_n t^n \\ \omega = \omega_0 + f_0 + f_1 t + f_2 t^2 + \cdots + f_n t^n \\ \kappa = \kappa_0 + g_0 + g_1 t + g_2 t^2 + \cdots + g_n t^n \end{cases} \tag{11-7}$$

式中，X_{S_0}、Y_{S_0}、Z_{S_0}、φ_0、ω_0、κ_0 为轨道和姿态数据初始值（观测值）；其余参数含义与式（11-1）中相同。

11.2.3 定向片模型

定向片模型最早由德国的 Hoffman 教授提出，用于解决模块化光电多光谱扫描仪（modular optoelectronic multispectral scanner，MOMS）的长轨道拟合问题。该模型基于卫星轨道和姿态连续稳定的假设提出，其基本思想是在轨道上每隔一定间隔选取一条线阵影像作为定向片，其余线阵的外方位元素均通过其相邻的定向片内插得到，最常用的内插方法是拉格朗日（Lagrange）多项式内插。

设 $n-1$ 阶的拉格朗日（Lagrange）多项式通过曲线 $y = f(x)$ 上的 n 个点：$y_1 = f(x_1)$、$y_2 = f(x_2)$、$\cdots$、$y_n = f(x_n)$，令系数为

$$P_j(x) = y_j \prod_{\substack{k=1 \\ k \neq j}}^{n} \frac{x - x_k}{x_j - x_k} \tag{11-8}$$

则 $n-1$ 阶的 Lagrange 多项式可表示为

$$P(x) = \sum_{j=1}^{n} P_j(x) \tag{11-9}$$

下面以一阶 Lagrange 多项式（线性模型）为例介绍任意时刻外方位元素的内插过程。设某一地面点 $P(X,Y,Z)$ 分别在前视、下视和后视影像上成像，如图 11-1 所示。

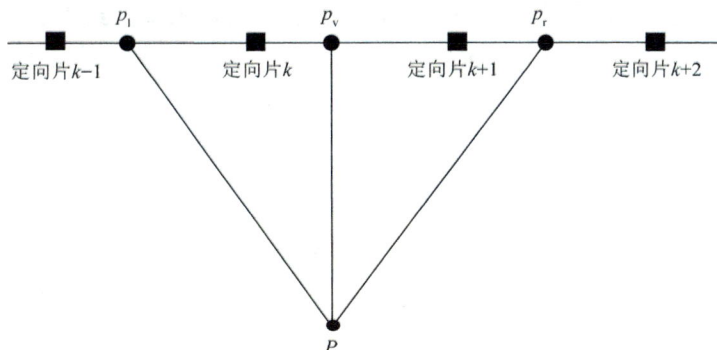

图 11-1　一阶 Lagrange 多项式内插外方位元素示意图

点 P 的下视像点 p_v 位于第 j 条扫描行上，第 j 条扫描行位于定向片 k 和 $k+1$ 之间，则第 j 条扫描行的外方位元素可以根据相邻定向片 k 和 $k+1$ 的外方位元素按如下方程进行内插得到：

$$\begin{cases} X_{S_j} = \dfrac{t_{k+1}-t_j}{t_{k+1}-t_k}X_{S_k} + \dfrac{t_j-t_k}{t_{k+1}-t_k}X_{S_{k+1}} \\[2mm] Y_{S_j} = \dfrac{t_{k+1}-t_j}{t_{k+1}-t_k}Y_{S_k} + \dfrac{t_j-t_k}{t_{k+1}-t_k}Y_{S_{k+1}} \\[2mm] Z_{S_j} = \dfrac{t_{k+1}-t_j}{t_{k+1}-t_k}Z_{S_k} + \dfrac{t_j-t_k}{t_{k+1}-t_k}Z_{S_{k+1}} \\[2mm] \varphi_j = \dfrac{t_{k+1}-t_j}{t_{k+1}-t_k}\varphi_k + \dfrac{t_j-t_k}{t_{k+1}-t_k}\varphi_{k+1} \\[2mm] \omega_j = \dfrac{t_{k+1}-t_j}{t_{k+1}-t_k}\omega_k + \dfrac{t_j-t_k}{t_{k+1}-t_k}\omega_{k+1} \\[2mm] \kappa_j = \dfrac{t_{k+1}-t_j}{t_{k+1}-t_k}\kappa_k + \dfrac{t_j-t_k}{t_{k+1}-t_k}\kappa_{k+1} \end{cases} \tag{11-10}$$

式中，X_{S_j}、Y_{S_j}、Z_{S_j}、φ_j、ω_j、κ_j 为第 j 条扫描行的外方位元素；X_{S_k}、Y_{S_k}、Z_{S_k}、φ_k、ω_k、κ_k 和 $X_{S_{k+1}}$、$Y_{S_{k+1}}$、$Z_{S_{k+1}}$、φ_{k+1}、ω_{k+1}、κ_{k+1} 分别为第 k 和 $k+1$ 定向片时刻的外方位元素；t_{k+1}、t_k、t_j 分别为定向片时刻 k、$k+1$ 及第 j 条扫描行的扫描线编号。

定向片法中的未知数为各定向片时刻的外方位元素、连接点地面坐标及附加参数等。将式（11-10）的定向片外方位元素内插模型代入共线条件方程并线性化，可以得到像方坐标观测值的误差方程。设某一地面点在第 j 条扫描行上成像，第 j 条扫描行位于第 k 和 $k+1$ 定向片时刻中，则该像方坐标的误差方程如下：

$$v = A_F t + BX - l \qquad P \tag{11-11}$$

式中，v 为像点观测值改正数，$v=[v_x \quad v_y]^T$；t 为第 k 和 $k+1$ 个定向片时刻外方位元素未知数的改正数，$t=[dX_S^k \quad dY_S^k \quad dZ_S^k \quad d\varphi^k \quad d\omega^k \quad d\kappa^k \quad dX_S^{k+1} \quad dY_S^{k+1} \quad dZ_S^{k+1} \quad d\varphi^{k+1} \quad d\omega^{k+1} \quad d\kappa^{k+1}]^T$；$A_F$ 为定向片时刻外方位元素未知数的系数矩阵，$A_F=\begin{bmatrix} c_j A & (1-c_j)A \end{bmatrix}$，其中 A 为共线方程外方位元素线性化系数项，$c_j=(t_{k+1}-t_j)/(t_{k+1}-t_k)$ 为像方坐标对定向片时刻外方位元素未知数的贡献系数；B 为地面坐标未知数的

系数矩阵；X 为地面坐标改正数；l 为误差方程常数项，$l = [l_x \quad l_y]^T$；P 为观测值的权矩阵。

定向片模型的一大优势是不仅可以建立姿态和轨道观测值误差方程，还可以在姿态和轨道观测值误差方程中引入系统误差参数，从而在光束法平差过程中求解姿态和轨道的线性漂移等系统误差。假设以一阶多项式来补偿系统误差，则第 k 个定向片时刻外方位元素与其相应的姿态和轨道观测值的函数关系如下：

$$\begin{cases} X_S^k = X_{S_0} + a_0 + a_1 t \\ Y_S^k = Y_{S_0} + b_0 + b_1 t \\ Z_S^k = Z_{S_0} + c_0 + c_1 t \\ \varphi^k = \varphi_0 + e_0 + e_1 t \\ \omega^k = \omega_0 + f_0 + f_1 t \\ \kappa^k = \kappa_0 + g_0 + g_1 t \end{cases} \tag{11-12}$$

将式（11-12）线性化，可以得到定向片时刻姿态轨道数据观测值的误差方程式。式（11-12）和线阵像方坐标观测值误差方程是定向片法光束法平差模型的主要误差方程。

综合上述各类观测值误差方程，建立定向片法平差模型，如下：

$$\begin{cases} v_1 = A_F t + BX + C_1 X_s - l_l & P_1 \\ v_{\text{pos}} = E_{\text{pos}} \cdot tl + C_{\text{pos}} X_s - l_{\text{pos}} & P_{\text{pos}} \\ v_s = E_s X_s - l_s & P_s \end{cases} \tag{11-13}$$

式中，第三个误差方程为卫星定位定向系统（positioning and orientation system，POS）误差的虚拟观测值方程；v_1、v_{pos}、v_s 分别为线阵像方坐标、POS 观测值及 POS 系统误差的改正数向量；t 为定向片时刻外方位元素未知数的改正数向量；X 为地面点坐标未知数的改正数向量；X_s 为 POS 系统误差的改正数向量；A_F、E_{pos} 为定向片时刻外方位元素未知数的系数矩阵；B 为地面点坐标的系数矩阵；C_1、C_{pos} 为系统误差未知数的系数矩阵；E_s 为地面控制点坐标未知数的系数矩阵；l_1、l_{pos}、l_s 为相应误差方程的常数项向量；P_1、P_{pos}、P_s 为相应观测值的权阵。

定向片法是目前使用较广泛的线阵影像光束法区域网平差方法，该方法与分段多项式拟合法在一定程度上存在理论共通处，即当分段多项式拟合法将轨道按照定向片间距进行划分，且外方位元素采用一次多项式模型进行内插时，与采用一次 Lagrange 多项式的定向片法有着很多的模型相似处。但是两个模型的最大区别在于外方位元素未知数的形式，多项式拟合法的未知数是多项式的系数，定向片法的未知数是定向片时刻的外方位元素。

11.2.4 分段多项式模型

分段多项式模型的基本思想是将整个长轨道分为若干个区段，每个区段用一个多项式进行拟合，N 个区段需要用 N 个多项式。该模型的提出以轨道连续稳定的假设为前提，其具体数学模型如下：

$$\begin{cases} X_S = a_0^k + a_1^k t + a_2^k t^2 + \cdots + a_n^k t^n \\ Y_S = b_0^k + b_1^k t + b_2^k t^2 + \cdots + b_n^k t^n \\ Z_S = c_0^k + c_1^k t + c_2^k t^2 + \cdots + c_n^k t^n \\ \varphi = e_0^k + e_1^k t + e_2^k t^2 + \cdots + e_n^k t^n \\ \omega = f_0^k + f_1^k t + f_2^k t^2 + \cdots + f_n^k t^n \\ \kappa = g_0^k + g_1^k t + g_2^k t^2 + \cdots + g_n^k t^n \end{cases} \tag{11-14}$$

式中，t 为线阵列扫描时间；k 为第 k 个多项式区段；其余参数含义与式（11-1）相同。

根据上述模型，结合共线条件方程，可以得到如下对应的误差方程：

$$v = A_M t + BX - l \qquad P \qquad (11\text{-}15)$$

式中，t 为所有区段的多项式系数未知数；A_M 为对应系数矩阵，可根据式（11-4）同理推出；B 为地面坐标未知数的系数矩阵；X 为地面坐标改正数；v 为像点观测值改正数，$v = [v_x \quad v_y]^T$；l 为误差方程常数项，$l = [l_x \quad l_y]^T$；P 为观测值的权矩阵。

以一次多项式为例，根据地面控制点、连接点等的分布情况，将传感器轨道分割为若干段，并利用一次多项式模型对每一段轨道建模，如图 11-2 所示。

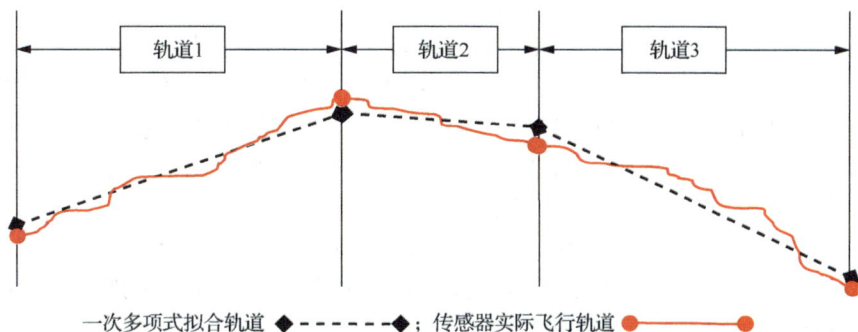

一次多项式拟合轨道 ◆ - - - - - ◆；传感器实际飞行轨道 ●——●

图 11-2　一次多项式模型轨道划分的示意图

在对线阵影像外方位元素建模时，有以下两点需要注意：①不宜采用等间隔方式对轨道进行划分；②不宜采用相同阶数的多项式拟合所有的轨道。应该视具体情况和条件对轨道进行合理划分和建模，如在高动态变化的轨道中，采用二次或三次多项式拟合轨道更为合适；又如，具有不同多项式系数或不同多项式阶数的轨道持续时间不同，不能等间隔分割轨道。目前自适应的轨道划分和多项式模型阶数确定仍有待进一步研究。

为了保证分段轨道之间的连续性，通常需要在分段边界处添加连续约束条件，方程如下；也可以考虑附加轨道光滑条件，即一阶导数相等的条件：

$$\begin{cases} X_{S_i^t} = X_{S_{i+1}^t} \\ Y_{S_i^t} = Y_{S_{i+1}^t} \\ Z_{S_i^t} = Z_{S_{i+1}^t} \\ \varphi_i^t = \varphi_{i+1}^t \\ \omega_i^t = \omega_{i+1}^t \\ \kappa_i^t = \kappa_{i+1}^t \end{cases} \qquad (11\text{-}16)$$

根据线阵影像方位元素的多项式模型，也可以建立姿态及轨道观测值的误差方程。以一次多项式为例，姿态及轨道观测值真值与方位元素一次多项式参数的函数关系如下：

$$\begin{cases} X_{S^t} = a_0 + a_1 t \\ Y_{S^t} = b_0 + b_1 t \\ Z_{S^t} = c_0 + c_1 t \\ \varphi^t = e_0 + e_1 t \\ \omega^t = f_0 + f_1 t \\ \kappa^t = g_0 + g_1 t \end{cases} \qquad (11\text{-}17)$$

式中，X_{S^t}、Y_{S^t}、Z_{S^t}、φ^t、ω^t、κ^t 为 t 时刻的姿态及轨道观测值；a_0、b_0、c_0、e_0、f_0、g_0、a_1、b_1、

c_1、 e_1、 f_1、 g_1 为外方位元素一次多项式参数。

其误差方程及法方程推导过程与定向片模型类似。

分段多项式模型虽然简单，但容易引起参数过度化，导致参数相关性增强。例如，当考虑姿态轨道观测值的系统误差时，需要为每一段轨道的多项式模型引入一套多项式系统误差改正参数（通常是一次或二次多项式模型），系统误差参数与外方位元素参数之间很容易具有相关性，使平差系统出现病态性。此外，对于轨道变化复杂（如机动成像）的线阵影像，分段多项式模型如果将轨道过分细化，会出现过多的参数；如果轨道划分太少，又很难准确地描述外方位元素的变化情况。因此，分段多项式的使用应视具体情况而定。

11.2.5　卫星状态矢量定位模型

卫星状态矢量定位模型就是在地心坐标系下，根据卫星在某运行时刻的状态矢量（包括速度矢量、位置矢量及姿态数据），结合内方位元素和成像像元指向角，确定每一个像元在地心坐标系下的成像矢量（包括投影中心位置及其成像光线在地心坐标系中的指向向量），从而实现对地几何定位。

SPOT-5 卫星影像的几何定位采用的就是上述状态矢量定位模型。以下简述其主要流程，详细定位算法及公式可以参考文献（Riazanoff，2002；张永军 等，2006）。

1）确定影像获取时间：建立任意像素(l, p)与影像获取时刻t的函数关系。

2）卫星星历参数内插：计算t时刻卫星的位置$P(t)$和速度$V(t)$，在国际地球参考框架（international terrestrial reference frames，ITRF）下表达。

3）确定导航参考坐标系内的视线方向：确定任意像素(l, p)在与卫星固连的导航参考坐标系下的视线方向。

4）确定轨道坐标系内的视线方向：考虑姿态的变化及导航约束，将上述导航参考系下的视线方向表达为轨道坐标系下的视线方向。

5）确定地球坐标系内的视线方向：将轨道坐标系下的视线方向进一步转换到 ITRF 参考框架下，以便与卫星的位置共同计算视线的位置和方向。

6）确定地面坐标：计算视线（包括位置和方向）与地球模型（参考椭球面 + DSM）或另一视线的交点，获取地面点坐标，完成直接对地定位。

11.2.6　开普勒轨道约束模型

不考虑扰动影响时，卫星轨道可以由六个开普勒轨道根数描述，只需已知轨道上两个点或者一个点及其对应的速度矢量即可确定，任意时刻的卫星位置都可以由轨道根数和轨道方程计算得到。因此，卫星在轨运行时，其运行轨道满足开普勒定律。为了进一步恢复卫星的真实运行轨迹，Michalis 等提出基于开普勒轨道约束的区域网平差模型（Michalis et al.，2008）。该方法是一种具有沿轨立体视觉能力的高分辨率光学卫星传感器的通用严格传感器模型，利用卫星摄影测量和天体动力学相结合的方法，确定覆盖所有图像时间采集的卫星平台轨道参数，直接或间接地求解所有图像的共同外方位参数。其基本思想是引入开普勒参数对卫星的运行轨道进行约束，两景影像的投影中心地面坐标 $X_c(t)$、$Y_c(t)$、$Z_c(t)$ 可用下式表达，其具体算法及公式见参考文献（Michalis et al.，2008）：

$$\begin{cases} X_c(t) = X_0 + u_x\tau - \dfrac{GMX_0\tau^2}{2(X_0^2 + Y_0^2 + Z_0^2)^{3/2}} \\[3mm] Y_c(t) = Y_0 + u_y\tau - \dfrac{GMY_0\tau^2}{2(X_0^2 + Y_0^2 + Z_0^2)^{3/2}} \\[3mm] Z_c(t) = Z_0 + u_z\tau - \dfrac{GMZ_0\tau^2}{2(X_0^2 + Y_0^2 + Z_0^2)^{3/2}} \end{cases} \tag{11-18}$$

式中，t 为第一张基准影像的获取时刻；$\tau = t$ （对于第一张影像）或 $\tau = t + dt$ （对于第二张影像），dt 为影像之间的获取时间间隔；(X_0, Y_0, Z_0) 为第一张影像的基准时刻摄影中心位置矢量；(u_x, u_y, u_z) 为其对应的卫星速度矢量；GM 为地球重力场常数，一般取 $3986004415\text{m}^3/\text{s}^2$。

11.2.7 等效框幅像片法（EFP）模型

EFP 是王任享院士对其提出的卫星三线阵 CCD 影像等效静态像片（equivalent statical photograph，ESP）法进行改进得到的研究成果（王任享，2006），已经成功应用于天绘一号卫星影像的区域网平差等处理。

EFP 与定向片法类似，其将一条航线模型等间距分割为若干段，每一个分割时刻称为 EFP 时刻，通常相邻 EFP 时刻的间距为基线距离的 1/10。在一条航线中，任意一个 EFP 时刻与其相距为基线整数倍的时刻构成一条空中三角锁，因此一条航线有 10 个空中三角锁，如图 11-3 所示。

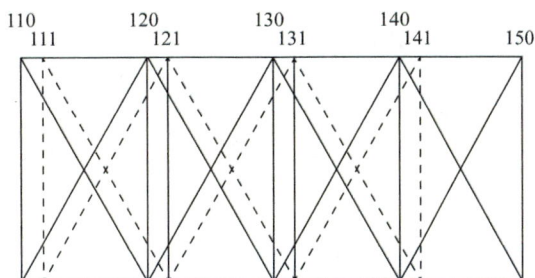

图 11-3　空中三角锁示意图

在 EFP 区域网平差中，不是直接以线阵像方坐标作为观测值进行平差计算，而是先将像点投影到地面，然后逆投影到 EFP 时刻上，得到 EFP 时刻的推导观测值（derived observation），以此作为实际平差的观测值，该过程如图 11-4 所示。EFP 的算法原理及其推导公式见参考文献（王任享，2006）。

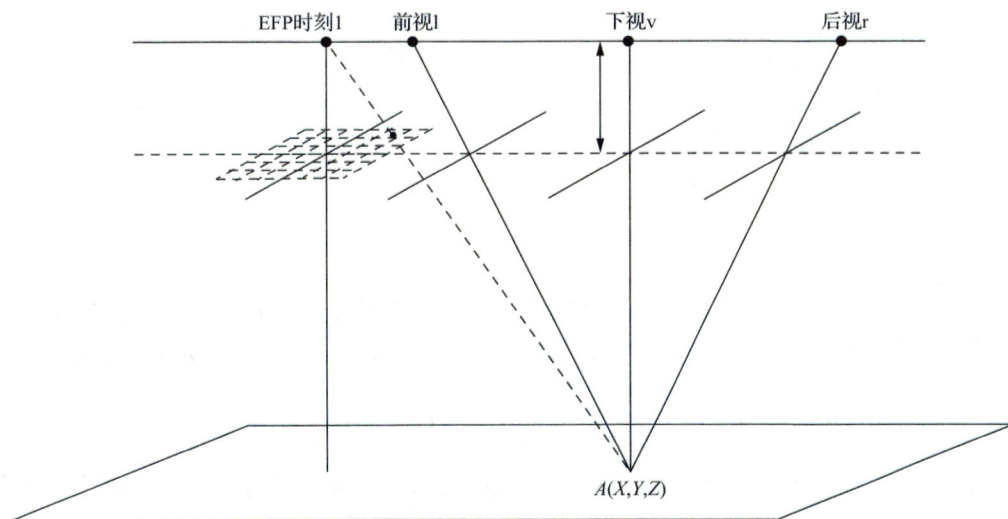

图 11-4　EFP 中虚拟框幅像点观测值生成示意图

11.3　严格模型区域网平差相关技术

本节主要分析严格模型区域网平差中涉及的若干技术，介绍经典的粗差探测定位方法及相关的选权策略，研究无地面控制点平差的算法原理，并分析超大范围数据引起的大数据量存储运算及超大法方程的求逆解算问题。

11.3.1 粗差探测及其选权策略

粗差探测与定位是测量平差中的重点也是难点问题，历来受到很多学者的特别重视。粗差的描述通常分两类：一是将含粗差的观测值视为与其他同类观测值方差相同而期望不同的子样，也可以理解为将粗差视为函数模型的一部分，如图 11-5 所示（李德仁 等，2002）；二是将含粗差的观测值视为与其他同类观测值方差不同而期望相同的子样，且含粗差观测值的方差异常大，也可以理解为将粗差视为随机模型的一部分，如图 11-6 所示（李德仁 等，2002）。

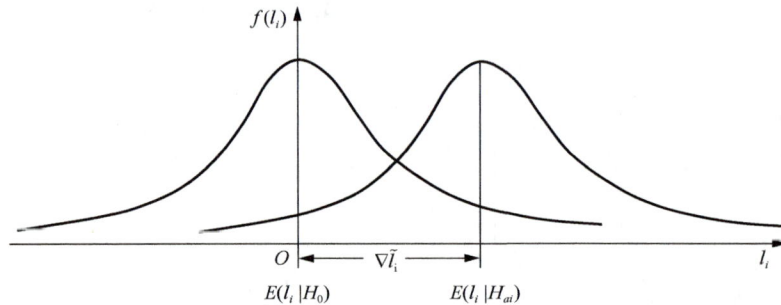

图 11-5　粗差被归入函数模型的一部分

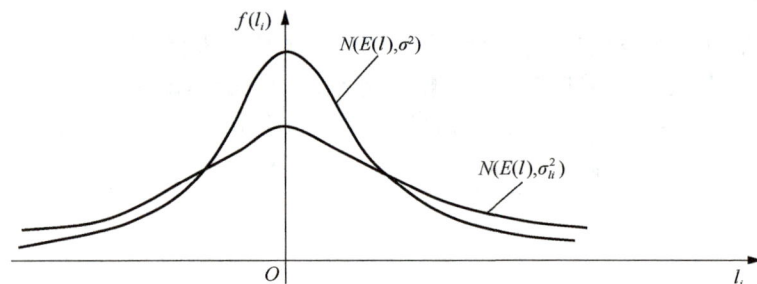

图 11-6　粗差被视为随机模型的一部分

1. 粗差归入函数模型的粗差探测方法

当粗差归入函数模型时，对于单个粗差的检测方法，可以使用知名的数据探测法，根据可靠性理论的假设检验，在已知单位权方差的情况下，可以得到正态分布的检验量，即标准化残差：

$$w_i = \frac{|v_i|}{\sigma_0 \sqrt{q_{v_{ii}}}} = \frac{|v_i|}{\sigma_{v_i}} = \frac{|v_i|}{\sigma_{l_i}\sqrt{r_i}} \sim N(0,1) \tag{11-19}$$

式中，w_i 为标准化残差；v_i 为第 i 个观测值改正数；$q_{v_{ii}}$ 为协因数矩阵 $\boldsymbol{Q}_{VV}$ 的第 i 个对角线元素；σ_0 为单位权中误差；σ_{v_i} 为对应观测值的中误差；σ_{l_i} 为第 i 个观测值的中误差；r_i 为多余观测分量。

若单位权方差不可知，则可以得到 t 分布的检验量：

$$t_i = \frac{|v_i|}{\sigma_t \sqrt{q_{v_{ii}}}} \sim t_{n-u-1} \qquad \sigma_t = \frac{1}{n-u-1}(\boldsymbol{V}^{\mathrm{T}}\boldsymbol{P}\boldsymbol{V} - \frac{P_i v_i^2}{r_i}) \tag{11-20}$$

$$\tau_i = \frac{|v_i|}{\hat{\sigma}_0 \sqrt{q_{v_{ii}}}} = \frac{|v_i|}{\hat{\sigma}_{v_i}} \sim \tau(1, n-u-1) \tag{11-21}$$

若同时检测多个粗差（粗差个数为 p），则根据假设检验理论，针对已知和未知单位权中误差的情况，可以分别构建符合 χ'^2 分布和 F 分布的两个假设检验量：

$$T = \frac{\boldsymbol{\Omega}_2}{\sigma_0^2} \sim \chi'^2(p, \delta^2) \tag{11-22}$$

$$\overline{T} = \frac{\boldsymbol{\Omega}_2 / p}{\boldsymbol{\Omega}_1 / (n-u-p)} \sim F'(p, n-u-p, \delta^2) \tag{11-23}$$

式中，$\boldsymbol{\Omega}_2 = \boldsymbol{V}^{\mathrm{T}} \boldsymbol{P} \boldsymbol{H} (\boldsymbol{H}^{\mathrm{T}} \boldsymbol{P} \boldsymbol{Q}_{VV} \boldsymbol{P} \boldsymbol{H})^{-1} \boldsymbol{H}^{\mathrm{T}} \boldsymbol{P} \boldsymbol{V}$；$\boldsymbol{\Omega}_1 = \boldsymbol{V}^{\mathrm{T}} \boldsymbol{P} \boldsymbol{V} - \boldsymbol{\Omega}_2$。其中：

$$\boldsymbol{H}_{n \times p} = \begin{bmatrix} 0 & 0 & \cdots & 0 \\ 0 & 0 & \cdots & 0 \\ \vdots & \vdots & \ddots & \vdots \\ 0 & 0 & \cdots & 0 \\ 1 & 0 & \cdots & 0 \\ 0 & 1 & \cdots & 0 \\ \vdots & \vdots & \ddots & \vdots \\ 0 & 0 & \cdots & 1 \\ 0 & 0 & \cdots & 0 \\ 0 & 0 & \cdots & 0 \\ \vdots & \vdots & \ddots & \vdots \\ 0 & 0 & \cdots & 0 \end{bmatrix} = \begin{bmatrix} 0 \\ \boldsymbol{E}_p \\ 0 \end{bmatrix}$$

上述公式的详细推导过程参见文献（李德仁 等，2002）。同时对多个粗差进行检测在理论上是成立的，但在实际应用中，很难知道观测值中有几个粗差和哪几个观测值含有粗差。比较简便的方法是连续使用单个粗差的数据探测法来发现多个粗差，常用的有向后选择法、向前选择法、向后-向前选择法等（李德仁 等，2002）。

2. 粗差归入随机模型的粗差定位方法

若将粗差归入随机模型，则可以采用选择权迭代法进行粗差定位。其基本思想是：将所有观测值统一纳入平差中，每次迭代后，根据残差及其他有关参数，选取特定的权函数，重新计算每个观测值在下一步迭代平差中的权。若粗差可以定位，且权函数选择合适，则含有粗差的观测值的权将会越来越小，直到趋近于零。当迭代满足条件终止时，含有粗差的观测值的权值会很小，对平差系统的影响可以忽略不计，这样便实现了粗差自动定位与剔除。

选择权迭代法最关键的就是采用合适的权函数来计算各观测值的权值，常见的权函数选择有最小范数迭代法、丹麦法、带权数据探测法、从稳健估计原理出发的选择权迭代法及由李德仁院士提出的从验后方差估计原理导出的选择权迭代法（李德仁 等，2002）。

（1）最小范数迭代法

最小范数即 $\sum |v_i|^q \to \min$。

当 $q = 1$ 和 $q = 0$ 时，其相应的权函数如下：

$$p_i^{(v+1)} = \frac{1}{\left| v_i^{(v)} \right| + c} \tag{11-24}$$

$$p_i^{(v+1)} = \frac{1}{(v_i^2)^{(v)} + c} \tag{11-25}$$

式中，c 为一个适当小的正数。

引入 c 是为了避免迭代求解发散的问题。由于此解法中第一步仍为传统的最小二乘法平差，因此它与严格的直接最小范数解法（如线性规划法）有明显区别。

（2）丹麦法

有学者提出了一种适用摄影测量平差的权函数，如下：

$$\begin{cases} p_i = 1, & \text{第一次迭代} \\ p_i = \left\{ \exp\left[-\left(\dfrac{v_i}{\sigma}\right)^{4.4}\right] \right\}^{0.05}, & \text{第二、三次迭代} \\ p_i = \left\{ \exp\left[-\left(\dfrac{v_i}{\sigma}\right)^{3.0}\right] \right\}^{0.05}, & \text{以后各次迭代} \end{cases} \tag{11-26}$$

库比克（Kubik）提出的权函数如下：

$$p^{(v+1)} = p^{(v)} f(v^{(v)}) \tag{11-27}$$

$$f(v) = \begin{cases} 1, & \text{当} \dfrac{|v|\sqrt{p_0}}{m_0} < c \\ \exp\left\{-\dfrac{|v|\sqrt{p_0}}{cm_0}\right\}, & \text{当} \dfrac{|v|\sqrt{p_0}}{m_0} \geq c \end{cases} \tag{11-28}$$

式中，p_0 为权系数；m_0 为观测值中误差；常数 $c = 3$。

（3）带权数据探测法

带权数据探测法的权函数如下：

$$p_i^{(v+1)} = \begin{cases} \dfrac{1}{w_i^2}, & \text{当} w_i \geq 4.13 \\ 1, & \text{当} w_i < 4.13 \end{cases} \tag{11-29}$$

式中，$w_i = \dfrac{|v_i|}{\hat{\sigma}_0 \sqrt{q_{v_{ii}}}}$。

（4）从 Robust 原理出发的选择权迭代法

斯图加特大学摄影测量研究所对区域网平差采用下列权函数：

$$p_i = p_i^0 F(v_i, \sigma_{v_i}, Q) = p_i^0 \frac{1}{1 + (\alpha_i |v_i|)^d} \tag{11-30}$$

式中，

$$\alpha_i = \frac{1}{1.4 \hat{\sigma}_{v_i}} = \frac{\sqrt{p_i^0}}{1.4 \hat{\sigma}_0 \sqrt{r_i}} \tag{11-31}$$

$$d = 3.5 + \frac{82}{81 + Q^4} \tag{11-32}$$

$$Q = \frac{\hat{\sigma}_0}{\sigma_{\text{先验值}}} \tag{11-33}$$

（5）李德仁方法

上述权函数模型多为经验法选取，而且上述权均表示成改正数 v 的函数，而改正数并不能代表其真误差，因而是不合理的。为此，李德仁院士采用最小二乘法的验后方差估计求出观测值的验后方差，然后利用统计检验的方法找出含有粗差的观测值，再给予它一个较小的权进入下一步迭代平差中，逐步进行粗差定位（李德仁 等，2002）。

假定观测值互不相关，则各组观测值的验后方差可以表示为

$$\hat{\sigma}_i^2 = \frac{V_i^T V_i}{r_i} \quad (i=1,2,\cdots,k \text{为观测值组号}) \tag{11-34}$$

式中，$r_i = \text{tr}(Q_{VV}P)_i$。

下一步迭代中各组观测值的权为

$$p_i^{(\nu+1)} = \left(\frac{\hat{\sigma}_0^2}{\hat{\sigma}_i^2}\right)^{(\nu)} \tag{11-35}$$

式中，$\hat{\sigma}_0^2 = \dfrac{V^T P V}{r}$。

求第 i 组内任意观测值 $l_{i,j}$ 的方差估计值和相应的多余观测分量：

$$\hat{\sigma}_{i,j}^2 = \frac{v_{i,j}^2}{r_{i,j}} \tag{11-36}$$

$$r_{i,j} = q_{v_i,jj} p_{i,j} \tag{11-37}$$

建立如下统计量，检验观测值是否含有粗差。

H_0 假设：

$$E(\hat{\sigma}_{i,j}^2) = E(\hat{\sigma}_i^2) \tag{11-38}$$

统计量：

$$T_{i,j} = \frac{\hat{\sigma}_{i,j}^2}{\hat{\sigma}_i^2} \tag{11-39}$$

若通过检验发现观测值可能含有粗差，则按照下列权函数计算下次迭代平差中的观测值的权：

$$p_{i,j}^{(\nu+1)} = \begin{cases} p_i^{(\nu+1)} = \dfrac{\hat{\sigma}_0^2}{\hat{\sigma}_i^2}, & \text{当} T_{i,j} < F_{a,1,r_i} \\[3mm] \dfrac{\hat{\sigma}_0^2 r_{i,j}}{v_{i,j}^2} & \text{当} T_{i,j} \geqslant F_{a,1,r_i} \end{cases} \tag{11-40}$$

对于仅含有一组等精度观测值的平差，其统计量和权函数如下：

$$T_i = \frac{v_i^2}{\hat{\sigma}_0^2 q_{v_{ii}} p_i} \quad (i=1,2,3,\cdots,n) \tag{11-41}$$

$$p_i^{(\nu+1)} = \begin{cases} 1, & \text{当} T_{i,j} < F_{a,1,r_i} \\[3mm] \dfrac{\hat{\sigma}_0^2 r_i}{v_i^2}, & \text{当} T_{i,j} \geqslant F_{a,1,r_i} \end{cases} \tag{11-42}$$

李德仁方法在迭代过程中不断变化各观测值的权值，使含有粗差的观测值的权逐步减小，直至接近于零，即其贡献越来越小，以至于不影响平差结果，从而实现粗差的自动定位与剔除（李德仁 等，2002）。

11.3.2 无地面控制点平差技术

传统摄影测量区域网平差中，地面控制点的获取是至关重要的环节。由于需要人工去野外测量，并在影像上识别刺点，因此提取地面控制点信息的过程是制约摄影测量处理流程全自动化的主要因素，同时也增加了处理成本。另外，对于一些环境恶劣、人迹罕至及缺少纹理信息（如沙漠、水体、植被）的区域，在影像上寻找地面控制点非常困难。随着 GNSS 接收机和姿态测量设备测量精度的逐步提高，星

载姿态和位置测量仪器（或称为 POS 系统）均能以较高的精度测量并记录传感器平台在摄影时的位置和姿态数据。利用这些数据可以对相应的影像进行直接地理定位，也可以将姿态和位置观测值引入区域网平差数学模型中进行联合处理，增加区域网的多余观测数，提高其定位精度及稳健性。

由于获取地面控制点具有一定难度，且星载 POS 设备的测量精度逐步提高，因此采用无地面控制点进行区域网平差逐渐成为遥感几何定位的有效手段。无地面控制点平差技术就是在不使用地面控制点的情况下，通过进行整个测量区域的自由网平差，以达到提高内部相对精度并改善绝对定位精度的目的。在传统的摄影测量区域网平差中，若没有地面控制点，则可以通过进行相对定向和模型连接来构建自由航带网，恢复各相片投影中心之间的相对位置关系，因此无地面控制点平差也可以理解为自由网平差。若测量数据中存在 POS 数据，则可以结合 POS 观测值数据进行无地面控制点区域网平差，通过各同名光线之间的约束，恢复摄影时各影像之间的内部相对位置关系，在提高区域网的相对定位精度的同时改善其绝对定向精度。

各类未知数的相关性问题是以共线条件方程严格模型为基本成像模型的区域网平差算法的固有问题，外方位元素与内方位元素的相关性、外方位元素中角元素与线元素之间的相关性、内方位元素中焦距与 CCD 尺寸的相关性、CCD 旋转与相机安装角之间的相关性等都是航天线阵影像区域网平差中需要解决的常见相关性问题。另外，超大范围数据必然会带来大数据量的存储、管理及超大法方程的解算等，只有解决这些问题才能高效地处理超大范围数据，实现跨省、跨国乃至全球测图。

在进行无地面控制点平差时，由于缺少已知条件数，法方程系数矩阵可能会出现秩亏现象，使平差迭代无法收敛。为了避免法方程无法求解的问题，可以对未知数建立虚拟观测值方程，并附上相应的权值，以约束未知数改正数在平差迭代中的变化，使平差系统能够收敛。同时，像点观测值及其他观测值（位置和姿态观测值）的权值应当有合适的比例，其对应权值的大小应与其精度的平方成正比，精度越高，权值越大；精度越低，权值越小。

11.3.3　超大数据压缩处理技术

测量区域内集成多条轨道进行区域网平差，且多轨数据之间具有一定的重叠度时，其观测结构更加稳定，可以利用轨道之间的相互约束关系进一步缩小各轨道定位参数在平差系统中的自由度，避免单条轨道平差时的不确定性。多条轨道同时平差可以一次性对超大范围测量区域进行整体定位，如对于整个中国区域，仅需要 200 条轨道的资源三号卫星三线阵影像即可全部覆盖；同时，对这 200 多条轨道数据进行区域网平差处理，即可对整个中国测量区域进行整体定位，获得整个区域网精度均匀统一的平差结果。这样超大范围的区域网若采用地面控制点进行平差，则获取地面控制点信息的过程将会非常烦琐和复杂，因此无地面控制点平差技术非常适合超大范围测量区域的整体定位（Zhang et al.，2012）。尤其对于境外区域的遥感制图等应用，无地面控制点平差技术至关重要。

超大范围数据联合平差必然会产生超大数据的存储、管理及运算难题。与传统的数据压缩不同，本节讨论采用数据抽稀方法减少数据所需的存储空间，从而达到压缩目的。大范围数据区域网平差会涉及大量的连接点、控制点、姿态及轨道数据等，法方程系数矩阵也是一个超大矩阵。为了提高超大范围数据联合平差的处理效率，对于超大数据应该进行压缩存储，在运算时需要采用更加高效的算法。区域网平差中生成的法方程矩阵通常为稀疏带状矩阵，在求逆时可以采用循环分块求解策略。为了避免存储超大规模误差方程稀疏矩阵和法方程，应当采用逐点构建误差方程并逐点法化和改化的办法，仅存储最终需要求逆的改化法方程。

1. 连接点及控制点数据压缩

卫星长条带数据量巨大，通常一条轨道的地面长度可以达到 3000km 左右，而超大范围数据包含多条长轨道，因此自动匹配的连接点和控制点数据具有庞大的数据量。本章采用的匹配程序可以在每一景影像上匹配出近 5 万个点，一般每个长条带数据可以分割为 80 景，故每条轨道的点数将达到 400 万左右，每个点保存其点名、点号、地面点坐标及分别对应在三线阵的三个影像上的像方坐标等。如果将这些点全部加载进内存中，将会耗费大量的内存资源；如果不加载进内存而是放在外部存储器中，则读取速度十分缓慢，会严重影响区域网平差效率。由于严格模型区域网平差所需求解的未知数主要是每条轨道的系统误差改正参数，完全不需要如此大量的观测值，因此可以根据像点在影像上的分布情况，按比例抽取一定间隔的匹配误差较小的连接点或者控制点数据，区域网平差时只需要采用抽取出来的连接点或者控制点数据即可。若每 10 个点抽取一个点作为有效数据，即可将这些点位数据压缩 10 倍。

数据抽稀的原则是不破坏区域网平差的网型结构，如相邻轨道重叠区域的多度重叠点必须保留一定数目，确保区域网无缝连接；而在连接点稀疏的地方（如沙漠、森林、水面等区域），应该尽量保留这些地区的点位，确保不会在区域网中出现漏洞的情况。

2. 卫星轨道姿态数据压缩

卫星轨道姿态数据是由卫星上搭载的轨道及姿态测量设备（如 GNSS、星敏感器、陀螺仪等）按照一定的频率进行采样获得的测量数据，其随影像数据一同下传到地面接收站。卫星线阵影像传感器在成像时还会记录每一次曝光或者扫描时间。扫描时间数据必须精确到 10^{-6}s，因此其压缩难度较大。由于卫星在外太空运行不受大气影响，其轨道和姿态参数较为稳定，因此可以将轨道及姿态数据进行进一步抽稀采样，抽稀原则是能够在不损失精度的情况下还原原始数据。抽稀采样方法主要有等间隔法、不规则抽样法等。等间隔法是按照一定的时间间隔抽取轨道及姿态数据；不规则抽样法是按照轨道及姿态随时间的变化曲线，对于曲线变化率较大的区域适当减少抽样间隔，对于平滑的区域则可以加大抽样间隔，进而保留原始的轨道及姿态数据变化规律信息。本章主要采用不规则抽样法进行轨道及姿态数据自适应抽稀。

3. 法方程系数矩阵数据压缩

区域网平差中，法方程系数矩阵的宽度一般为未知数个数，平差未知数主要包括内、外方位元素未知数和加密点未知数两大类。尽管加密点在抽稀之后占用的内存大幅减少，但是加密点坐标未知数在矩阵中仍然占据绝大部分位置。传统的摄影测量处理办法是消去加密点未知数，得到改化后法方程，首先求解内、外方位元素未知数，然后反求加密点的坐标。

为了减小法方程系数矩阵的宽度，在构建法方程时采用边法化边消元的策略，直接生成改化法方程。对于传统航空影像，每幅影像对应六个外方位元素，当影像数量逐渐增加时，改化法方程的大小也逐渐增大，而且改化法方程的结构是稀疏带状或者镶边稀疏带状矩阵。为了进一步节约内存，可以采用循环分块法来求解。本章的研究对象为线阵影像，由于每条轨道只有一组外方位元素改正数，因此外方位元素及内方位元素的数量相对较少，而且当前计算机的内存容量大幅提升，可以不必采用循环分块算法。

11.4 天绘一号卫星影像区域网平差

2009 年发射的天绘一号卫星是国内第一颗立体测绘卫星，搭载了三线阵推扫式传感器，采用单相机多镜头的立体成像方式，前视、后视与下视的夹角分别是±25°，最大立体交会角为 50°，地面采样间隔为 5m（张永军 等，2012）。由于制造工艺等限制，国产卫星的定轨定姿精度与国外先进水平还有一定差距，需要适当采用地面控制点提高定位精度。传统的分景处理办法在控制点不足等情况下可能导致相邻分景的正射影像精度不一致，甚至误差方向相反，对这些分景正射影像进行拼接时会产生拼接裂缝，而对整区域的长条带数据进行空中三角测量则可避免此类问题。

为了进一步对比分析航天线阵影像区域网平差的各种模型，本章使用天绘卫星的姿态轨道数据，进行长条带三线阵影像（轨道长度超过 1000km）的联合区域网平差实验。分别采用二次多项式、系统误差补偿、定向片三种模型对长轨道测量区域进行空三处理，比较各模型消除系统误差的能力，并给出精度评价。同时，对于每种模型，分别采用不同的地面控制点布设方案进行实验，验证各模型对地面控制点数量的敏感程度。

11.4.1 数据信息

本章利用国产三线阵卫星天绘一号的 LMCCD 相机三线阵 CCD 真实影像数据，分别采用前述三种平差模型进行对比实验，系统比较三种模型在消除系统误差方面的能力；同时，验证长轨道数据至少需要多少个地面控制点才能获取最佳处理结果。数据包括一个条带，轨道总长度为 1100 多千米，其中三线阵地面重叠覆盖区域面积为 500 平方千米。整个测量区域跨越东北三省，包括丘陵、山地、平原等多种地形，如图 11-7 所示。

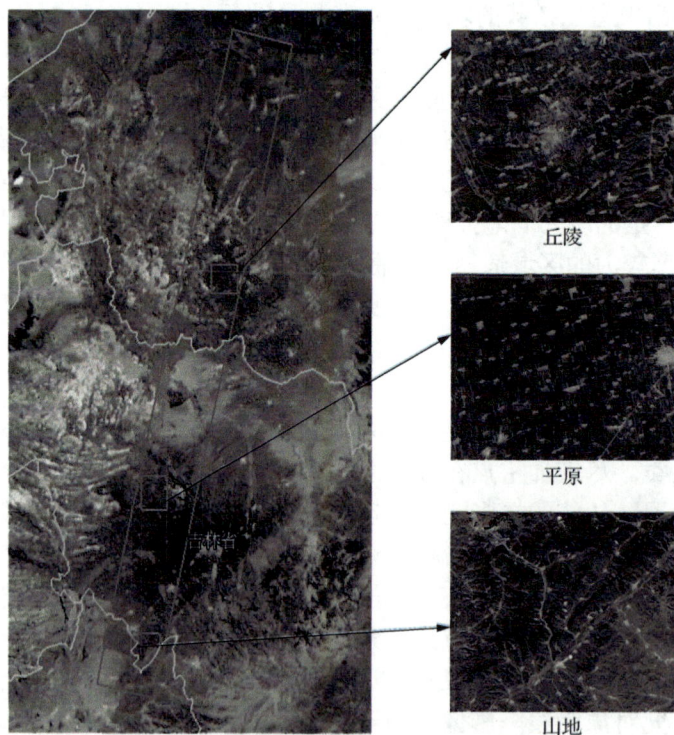

图 11-7　测量区域地面覆盖范围图

采用三线阵影像自动匹配技术进行匹配，获取大量均匀分布的加密点（中误差为 0.3 像素左右），并在已有 1∶10000 比例尺 DEM 和 DOM 上量测 58 个地面控制点（理论最大误差：高程不超过 2m，平面不超过 3m）。但由于基础数据是根据多年前的航空影像制作的，且有人工判读误差影响，因此不排除部分地面控制点含有较大粗差。区域网平差时，定轨定姿观测值采用定权策略，取像点观测值的权为 1，其余观测值的权为其精度与像点观测值精度反比的平方。对于定向片模型，定向片选取时间间隔为 10s（约合 15000 条扫描线）。

由于卫星的轨道及姿态测量值采用 WGS-84 地心坐标系表达，同时为避免地球曲率的影响，因此所有平差实验均在 WGS-84 坐标系下进行。平差后精度分析时，将检查点的地心坐标转换至 UTM 平面投影坐标和大地高进行统计。

11.4.2 平差数学模型

实验采用的二次多项式、系统误差补偿、定向片三种模型进行平差，相关数学模型在 11.2 节已有详细介绍。平差过程中，像点观测值初始权为 1，其余观测值的权为其精度与像点观测值精度的反比的平方。每次迭代完成后，若像点观测值残差小于特定阈值，则不改变其对应权值；若残差大于特定阈值，则按照上述方法重新计算其权值。

11.4.3 实验结果及分析

1. 不同控制点布设方案下二次多项式模型平差结果

采用二次多项式模型及三种不同的地面控制点布设方案进行区域网平差实验，检查点残差分布结果如图 11-8 所示，统计结果如表 11-1 所示。图中，实心正方形表示地面控制点，空心圆圈表示检查点，红色/绿色线段表示高程残差为正/负，蓝色线段方向表示平面残差方向，各条线段的长度代表对应的残差大小。

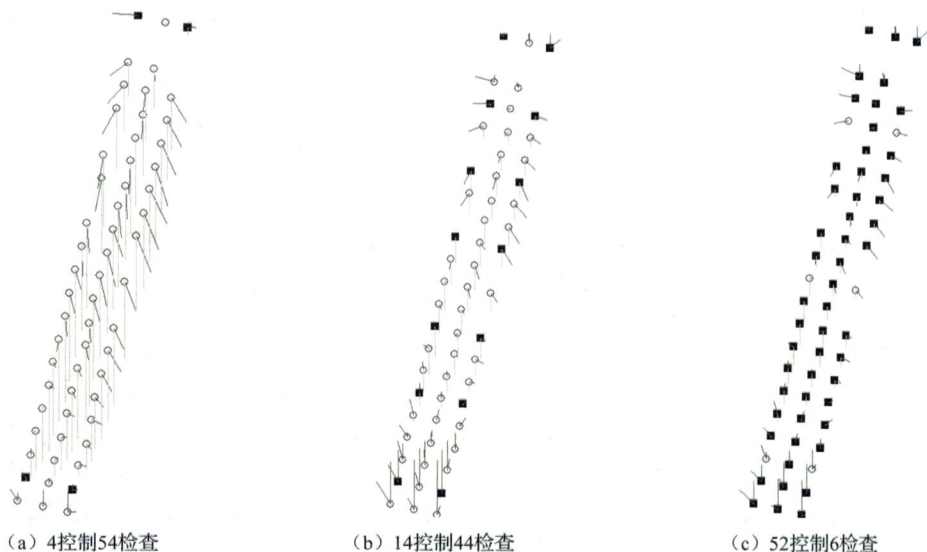

| （a）4控制54检查 | （b）14控制44检查 | （c）52控制6检查 |

图 11-8　检查点残差分布结果

表 11-1　采用不同控制点布设方案时二次多项式模型残差统计结果

检查点残差	4 控制 54 检查			14 控制 44 检查			52 控制 6 检查		
	X	Y	Z	X	Y	Z	X	Y	Z
均值	5.2	−24.6	−83.5	−1.0	0.4	−8.0	0.5	0.7	−1.5
标准差	9.9	23.2	40.3	10.9	17.5	34.0	13.5	12.2	18.4
最大值（绝对值）	26.4	56.7	121.5	30.5	33.5	74.3	23.4	22.8	27.1
最小值（绝对值）	0.0	1.3	2.2	0.3	0.5	1.3	3.2	0.3	3.2

从图 11-8 和表 11-1 可以看出,随着地面控制点的增加,二次多项式模型处理的检查点残差逐渐变小,但是仍存在明显的残余系统误差。从表可以看出,即使采用足够多的地面控制点,检查点的残差最大仍然接近 30m。这表明用二次多项式并不能有效拟合长轨道的方位参数变化,与理论分析相符。

2. 不同控制点布设方案下系统误差补偿模型平差结果

采用系统误差补偿模型及三种不同的地面控制点布设方案进行区域网平差实验,检查点残差分布结果如图 11-9 所示,统计结果如表 11-2 所示。

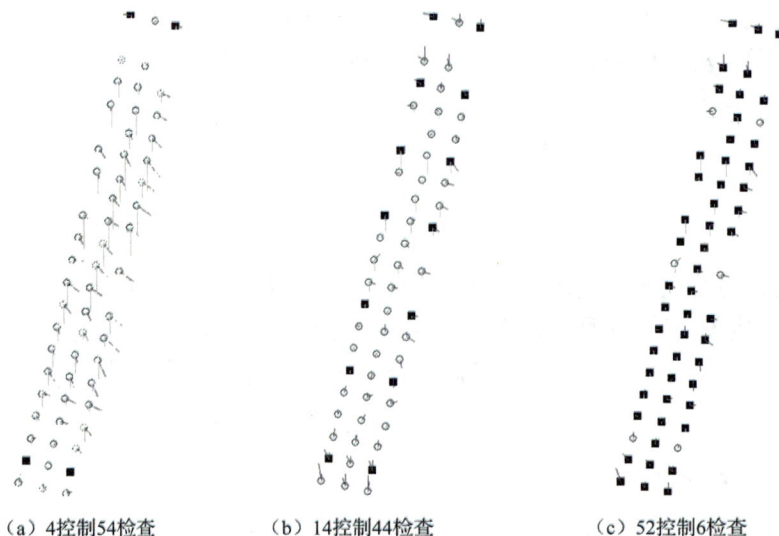

(a) 4控制54检查   (b) 14控制44检查   (c) 52控制6检查

图 11-9 检查点残差分布结果

表 11-2 采用不同地面控制点布设方案时系统误差补偿模型残差统计结果

检查点残差	4 控制 54 检查			14 控制 44 检查			52 控制 6 检查		
	X	Y	Z	X	Y	Z	X	Y	Z
均值	9.4	−13.2	−25.3	0.5	1.9	−1.6	2.2	2.0	−7.2
标准差	5.1	9.9	13.2	7.4	8.7	13.7	8.0	7.3	8.2
最大值	22.3	28.8	54.3	12.3	24.5	20.9	13.5	9.4	15.3
最小值	0.4	0.0	0.2	0.2	0.2	0.4	1.0	0.3	5.0

从图 11-9 和表 11-2 可以看出,系统误差补偿模型随着地面控制点的增加,检查点残差均值有变小趋势,但并不是地面控制点越多,检查点残差越小,而是有一个临界值。当地面控制点数量增加到 14 个时,检查点残差均值减小到 2m 以内,这是相对合理的范围,说明系统误差已经大部分被消除。随着地面控制点进一步增加到 52 个,检查点残差均值并没有继续变小,且高程方向由于检查点数量降低而呈现系统误差增大的现象。多组天绘一号长条带数据的大量实验也证明,采用 14 个地面控制点较为合适,可以有效消除系统误差。

3. 不同控制点布设方案下定向片模型平差结果

采用定向片模型及四种不同的地面控制点布设方案进行区域网平差实验,检查点残差分布结果如图 11-10 所示,统计结果如表 11-3 所示。

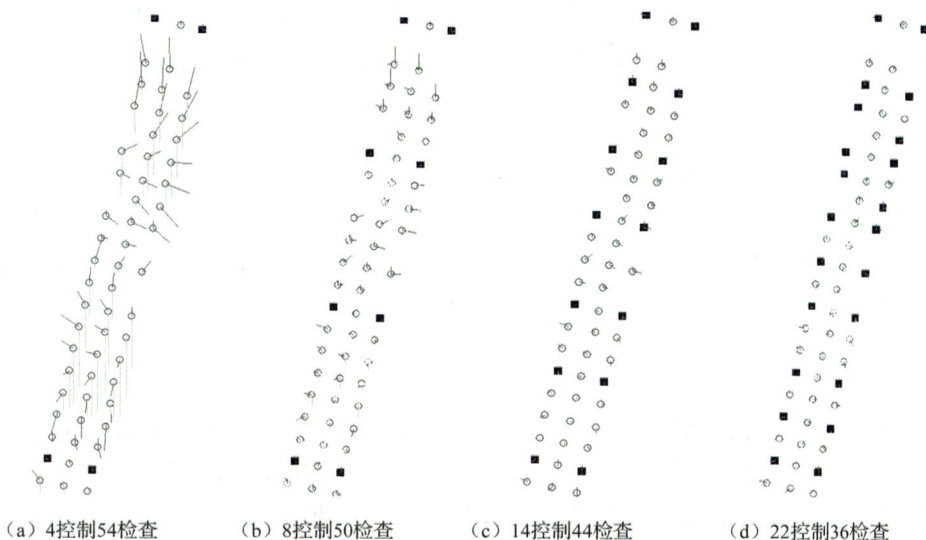

（a）4控制54检查　　（b）8控制50检查　　（c）14控制44检查　　（d）22控制36检查

图 11-10　检查点残差分布结果

表 11-3　采用不同地面控制点布设方案时定向片模型残差统计结果

检查点残差	4 控制 54 检查			8 控制 50 检查			14 控制 44 检查			22 控制 36 检查		
	X	Y	Z	X	Y	Z	X	Y	Z	X	Y	Z
均值	3.8	4.5	-34.8	-0.8	0.9	1.3	-0.0	1.6	-1.6	-0.9	-0.0	1.3
标准差	12.6	21.6	32.4	13.1	5.7	12.4	6.0	4.6	3.9	7.3	6.2	5.5
最大值	32.3	46.9	93.8	20.2	14.2	27.3	13.7	15.1	10.3	14.5	11.1	10.3
最小值	0.2	0.0	1.2	0.1	0.2	0.2	0.1	0.1	0.1	0.2	0.4	0.1

　　从图 11-10 及表 11-3 可以看出，利用定向片模型进行平差，随着地面控制点的增加，平差后检查点残差逐渐变小，但是当地面控制点数量达到一定数量后，继续增加地面控制点并不能进一步提高其精度。当只有四个地面控制点时，检查点残差呈现出明显的残余系统误差，特别是高程方向出现波浪状残差分布，说明四个地面控制点不足以控制整个轨道；当地面控制点增加至 14 个时，检查点残差中误差减小到合理范围，达到平面 7m、高程 4m 的水平。利用 14 个地面控制点进行平差后检查点残差均值优于 2m，与地面控制的精度水平相吻合，表明系统误差已得到有效消除。

11.5　资源三号卫星影像区域网平差

　　资源三号卫星的主要设计目标是绘制我国 1∶50000 比例尺地形图。经过对资源三号三线阵传感器进行在轨几何检校后，其直接对地定位精度大幅提升，不过仍不能直接满足我国 1∶50000 比例尺地形图制作的精度要求。因此，需要对其三线阵影像进行区域网平差处理，以进一步提升对地定位精度。

　　本节采用自动匹配的海量中等精度地面控制点信息，结合在轨几何检校之后得到的高精度相机参数，对资源三号卫星三线阵影像进行长条带区域网平差实验，以期获得更高的对地定位精度，确保达到我国 1∶50000 地形图制作规范的精度要求。

11.5.1　数据信息

　　区域网平差实验所采用的实验数据与 8.6.1 节完全相同，包括经过辐射校正的共 19 条轨道资源三号卫星数据,海量中等精度地面控制点和少量高精度地面控制点,此处不再赘述。所有平差处理都在 WGS84 下完成,精度检查时将点位地心坐标转换至平面坐标及大地高后进行统计。

11.5.2 平差数学模型

区域网平差采用系统误差补偿模型进行,仅补偿其轨道和姿态的常数项误差,详见 11.2.2 节。平差过程中,权值设置方式与 8.6.4 节和 11.4.2 节相同,即像点观测值初始权为 1,其余观测值的权为其精度与像点观测值精度的反比的平方。每次迭代完成后,若像点观测值残差小于特定阈值,则不改变其对应权值;若残差大于特定阈值,则按照上述方法重新计算其权值。

11.5.3 实验结果及分析

利用自动匹配的中等精度控制信息,一半作为地面控制点,一半作为检查点,分别对 19 条轨道的资源三号三线阵影像数据进行区域网平差处理,其结果如表 11-4 所示。从表中可以看出,经过对多条轨道进行区域网平差处理后,各条轨道数据的处理精度基本相当,说明采用系统误差补偿模型,仅补偿一次项参数即可得到平面不超过 15m、高程不超过 12m 的对地定位精度。

表 11-4　基于海量中等精度控制信息的资源三号三线阵影像区域网平差结果

轨道编号	像点残差		最大残差		检查点残差		最大残差	
	x/像素	y/像素	x/像素	y/像素	XY/m	H/m	XY/m	H/m
01-900077	0.856	0.688	3.075	-3.098	5.493	10.106	20.220	31.483
02-900122	0.887	0.731	3.153	3.182	14.769	6.595	45.023	20.222
03-900123	0.373	0.590	2.000	-2.006	8.134	10.777	33.255	43.123
04-000137	0.493	0.366	1.732	1.704	10.859	4.482	31.666	16.463
05-000139	0.418	0.586	-2.052	-2.052	16.251	8.501	58.062	34.031
06-000184	0.321	0.607	-2.531	2.542	11.162	5.143	43.918	22.779
07-990259	0.583	0.442	2.040	2.038	14.457	10.564	55.162	-31.927
08-000381	0.296	0.535	1.893	1.840	13.937	7.723	51.940	31.055
09-900594	0.324	0.475	1.678	1.680	11.473	9.026	47.225	-36.254
10-000580	0.555	0.489	-2.100	2.100	12.437	7.975	33.957	31.767
11-000679	0.522	0.502	-2.045	-2.045	14.246	3.804	38.384	-15.264
12-000776	0.343	0.610	2.077	-2.086	17.226	4.781	72.181	19.172
13-000791	0.310	0.528	-1.891	-1.897	23.055	8.028	69.432	-24.150
14-000799	0.423	0.869	2.702	2.762	13.145	8.463	46.234	25.452
15-000823	0.701	0.548	-2.515	-2.512	9.539	12.752	34.232	-41.020
16-900945	0.598	0.503	-3.188	3.193	10.710	5.129	36.335	-21.832
17-001294	0.773	0.594	-2.866	2.871	11.885	5.215	44.024	-22.686
18-001355	0.500	0.796	-2.683	-2.796	12.278	4.671	49.130	-18.701
19-001386	0.993	0.709	-3.500	3.636	13.703	7.404	56.479	29.959

由于从公开地理信息中自动匹配的控制点本身具有一定的误差,因此上述评价结果并不能完全反映区域网平差的实际精度水平。为了进一步检查区域网平差精度,仍然采用从公开地理信息中自动匹配的中等精度物方点作为控制点进行区域网平差,采用河南嵩山高精度检校场的高精度地面控制点及从浙江平湖 1:10000 比例尺基础测绘 DEM/DOM 自动匹配得到的地面控制点作为检查点进行平差精度验证,统计结果如表 11-5 所示。

表 11-5　河南嵩山和浙江平湖两地区的区域网平差精度统计结果

测试区域	检查点数量	像点中误差		像点最大残差		检查点中误差		检查点最大残差	
		x/像素	y/像素	x/像素	y/像素	XY/m	H/m	XY/m	H/m
嵩山	78	0.436	0.517	1.188	1.157	3.810	2.992	7.387	6.803
平湖	330	0.522	0.738	2.584	3.239	7.367	6.451	10.902	9.900

从表中可以看出，在轨几何检校完成后，通过海量中等精度控制点进行区域网平差补偿卫星姿态及轨道的整体偏移误差，即可达到较高的处理精度。其中，嵩山地区高精度外业测量点的检查精度为平面优于 4m、高程优于 3m；平湖地区基础测绘 DEM/DOM 中自动匹配检查点的平面精度约 7m、高程约 6.5m。考虑 1∶10000 比例尺基础测绘产品本身的精度，完全有理由相信该地区的实际区域网平差精度为平面优于 6m、高程优于 5m，即上述平差结果能够满足国家 1∶50000 比例尺地形图的制图规范要求。

11.6　资源三号卫星多条带影像无控区域网平差

资源三号卫星发射升空后，大规模地面数据处理应用工作迅速展开，不过绝大部分是以分景影像和 RFM 为基础进行的。本实验旨在研究无地面控制点或者稀少地面控制点情况下，基于严格成像模型和条带式影像的超大范围跨省甚至无缝覆盖全中国的数据处理方法（Zhang et al.，2015）。通过课题组自主研制的数据处理软件对 13 条轨道的资源三号三线阵影像数据进行实验，分析对比不同数据处理方法所能达到的定位精度，并检查多轨道之间的接边精度，论证全国数据整体区域网平差的可行性。实验过程中，直接对资源三号卫星三线阵条带影像进行处理，结合精密定轨数据，采用严格成像模型，将多个条带进行联合区域网平差处理。平差过程中不采用任何地面控制资料，因此省去了大范围量测地面控制点的过程，整个处理过程全自动化，大幅提高了处理效率。

11.6.1　数据信息

多条带影像联合区域网平差实验选择两个测量区域的资源三号卫星三线阵影像数据进行。测量区域一由 8 条轨道组成，每条轨道的长度约为 3000km，其地面覆盖范围如图 11-11 所示。测量区域中共量测 139 个外业实测地面点，精度可达厘米级，主要分布于测量区域中部，如图 11-11 中的 1 号方形区域，这些实测外业点全部作为检查点。轨道观测值采用经过事后差分处理的厘米级精密轨道数据及原始姿态观测值数据。采用课题组自主研制的数据处理软件进行全自动匹配，共获得 226 万个连接点，平均每条轨道超过 25 万个，同名点最大重叠度为 9 度。测量区域二由 5 条轨道组成，该测量区域横跨渤海湾，具有明显的地面场景跨水域断裂现象。测量区域中共量测 50 个外业实测地面点作为检查点，其分布如图 11-11 中的 2、3 号方形区域，采用课题组自主研制的数据处理软件自动匹配获得约 6 万个连接点，其中渤海湾跨水域范围的连接点已通过公开的水域范围线信息自动剔除，确保不影响区域网平差。

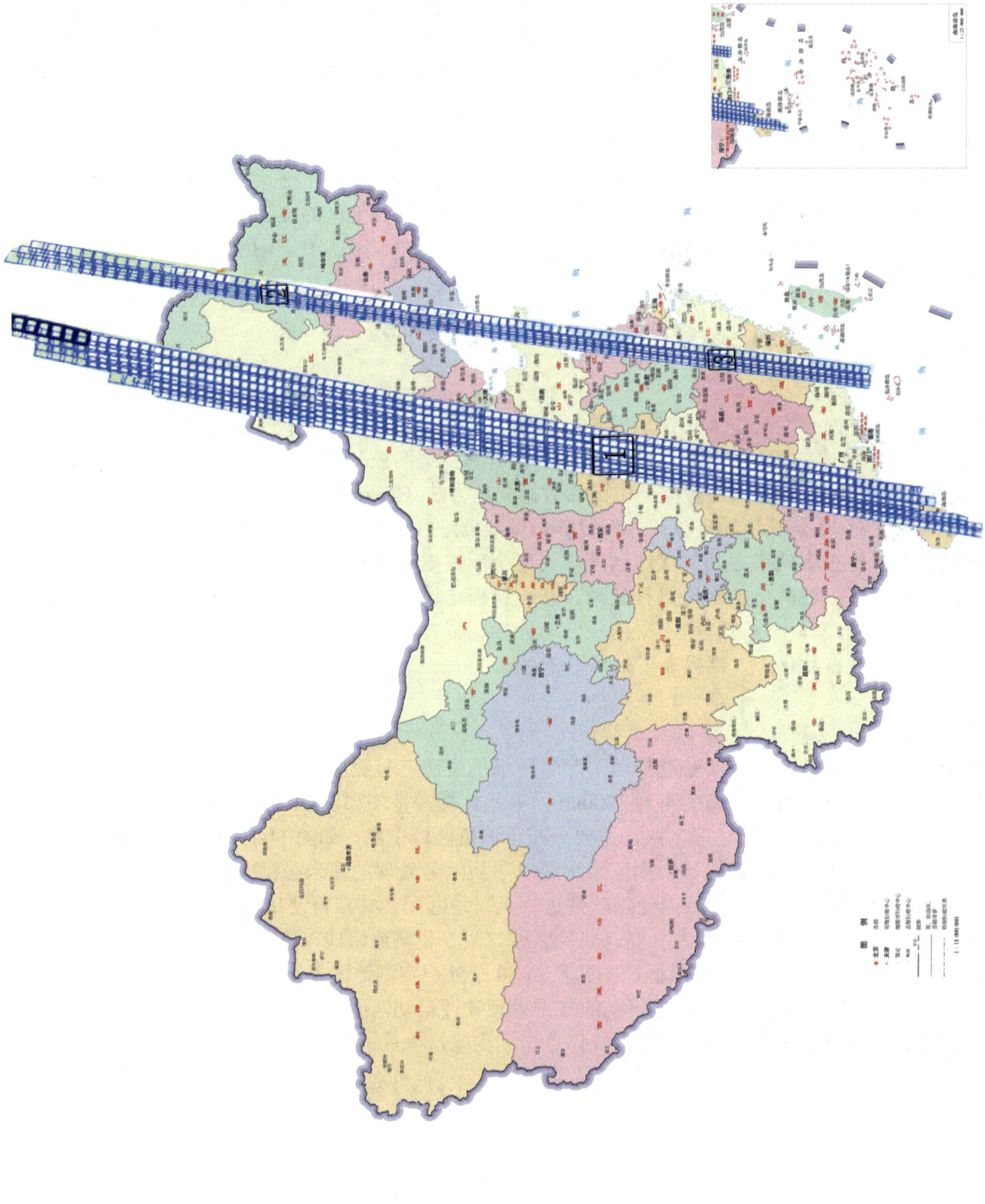

图 11-11 资源三号卫星多条带实验数据地面覆盖范围

11.6.2 平差数学模型

本章采用严格模型进行多条带影像的联合区域网平差，传统的共线条件方程在处理线阵影像时，像方点 (x, y) 与其对应的物方点 (X, Y, Z) 之间的数学关系可以表示如下：

$$P_{\text{img}} + \delta_x = \lambda R_{\text{cs}}^{\text{T}} \{ R_{\text{so}}^{\text{T}}(t) R_{\text{ow}}^{\text{T}} [P_{\text{obj}} - S(t)] + \Delta L_{\text{cs}} \} \tag{11-43}$$

式中，P_{img} 为影像坐标 $(x, 0, 0)^{\text{T}}$；δ_x 为像方改正参数 $(x_c, y_c, -f)^{\text{T}}$；$\lambda$ 为尺度缩放参数；R_{cs} 为相机坐标系与卫星本体坐标系之间的旋转矩阵；ΔL_{cs} 为相机投影中心与卫星本体坐标系原点的偏移参数；t 为第 x 行影像对应的成像时刻；$R_{\text{so}}(t)$ 为卫星本体坐标系与轨道坐标系的旋转矩阵，由卫星在轨道坐标系的三个姿态角组成 $(\text{roll}(t), \text{pitch}(t), \text{yaw}(t))$；$R_{\text{ow}}$ 为轨道坐标系与地心坐标系（一般为 WGS84）之间的旋转矩阵；P_{obj} 为物方空间点在 WGS84 下的坐标；$S(t)$ 为卫星本体在 WGS84 下的坐标 $(S_X(t), S_Y(t), S_Z(t))$。

传感器模型采用直接定向模型，对轨道及姿态数据观测值加上常数项改正参数，即外方位元素可以表示如下：

$$\begin{cases} S_X(t) = S_X^0(t) + \Delta S_X \\ S_Y(t) = S_Y^0(t) + \Delta S_Y \\ S_Z(t) = S_Z^0(t) + \Delta S_Z \\ \text{roll}(t) = \text{roll}^0(t) + \Delta \text{roll} \\ \text{pitch}(t) = \text{pitch}^0(t) + \Delta \text{pitch} \\ \text{yaw}(t) = \text{yaw}^0(t) + \Delta \text{yaw} \end{cases} \tag{11-44}$$

式中，$S_X^0(t)$、$S_Y^0(t)$、$S_Z^0(t)$、$\text{roll}^0(t)$、$\text{pitch}^0(t)$、$\text{yaw}^0(t)$ 分别为轨道及姿态的原始观测值；ΔS_X、ΔS_Y、ΔS_Z、Δroll、Δpitch、Δyaw 分别为轨道及姿态观测值引入的系统误差补偿参数。

由于轨道与姿态参数具有一定的相关性，而且本实验采用经过离线处理的精密定轨数据，其理论精度可以达到厘米级（Hèroux et al., 2001），因此为了去除相关性影响，在实验过程中，仅对姿态参数进行系统误差补偿，即每条轨道的未知数仅有 Δroll、Δpitch、Δyaw。权函数选择除未知数虚拟观测值给予较大的经验权值外，其余观测值的定权方法与以上其他实验一样。

11.6.3 实验结果与分析

为了验证无地面控制点区域网平差的必要性，全面分析无地面控制点平差所能达到的精度，实验中对比分析直接前方交会、无地面控制点区域网平差及带少量地面控制点区域网平差的定位精度，具体统计结果如表 11-6 所示。

表 11-6 多条带资源三号卫星影像不同平差策略精度统计结果

处理方法	地面控制点个数	检查点像方残差/像素		检查点物方残差/m	
		行方向	列方向	平面	高程
直接前方交会	0	1.683	1.262	25.393	8.962
无地面控制点平差	0	0.338	0.709	8.387	5.012
带地面控制点平差	1	0.436	0.718	6.71	4.84
带地面控制点平差	4	0.433	0.707	6.46	4.81
带地面控制点平差	113	0.427	0.648	5.40	4.61

从表可以看出，对资源三号数据进行直接前方交会处理，其定位精度为平面 25m、高程 8.9m；而经过无地面控制点区域网平差之后，平面和高程精度均有明显提升，达到平面 8.3m、高程 5m，基本达到国

家 1∶50000 比例尺地形图的制作要求。只需引入一个控制点，平面及高程精度分别提升至 6.7m 和 5.0m 以内，且继续引入更多地面控制点，其精度并无显著变化。上述结果表明，在没有地面控制点的情况下，选择多轨长条带影像进行无地面控制点区域网平差可以达到较好的精度。进一步引入均匀分布的四个地面控制点，虽然定位精度提升并不明显，但是由于高精度地面控制点的加入，出现残余系统性误差的概率大大降低，区域网平差结果的可靠性明显提高。

将多度重叠的多轨之间连接点拆分为单轨内重叠的加密点，分别采用原始姿态轨道及平差精化后的姿态轨道数据，对拆分后的同名点进行直接前方交会，检查相邻轨道之间同名点在各自轨道内的定位精度差。以 3 度重叠点为例，接边精度中误差值计算方法如下：

$$\begin{cases} \Delta X = \sqrt{\dfrac{(X_1-X_2)^2+(X_1-X_3)^2+(X_2-X_3)^2}{3}} \\[2mm] \Delta Y = \sqrt{\dfrac{(Y_1-Y_2)^2+(Y_1-Y_3)^2+(Y_2-Y_3)^2}{3}} \\[2mm] \Delta H = \sqrt{\dfrac{(H_1-H_2)^2+(H_1-H_3)^2+(II_2-H_3)^2}{3}} \end{cases} \tag{11-45}$$

式中，ΔX、ΔY、ΔH 为计算得到的接边精度值；(X_1,Y_1,H_1)、(X_2,Y_2,H_2)、(X_3,Y_3,H_3) 分别为拆分后的点进行前方交会得到的物方坐标。

从表 11-7 可以看出，经过区域网平差之后，轨道之间的接边精度有明显提升，尤其在高程方向精度可显著提升一倍，充分说明区域网平差的有效性。

表 11-7　轨道之间拼接精度统计

处理策略	轨道数据	轨道之间接边精度/m		
		平面 X	平面 Y	高程 H
直接前方交会	精密轨道	3.20	4.05	12.09
区域网平差	精密轨道	3.30	3.07	6.53

另外，由于采用严格成像模型和系统误差补偿参数进行区域网平差，每个条带仅有少量未知数需要解算，因此完全可以将跨水域的地面场景稳健连接起来，在海岸带及海岛礁测绘等领域有显著的应用优势和潜力。

本 章 小 结

本章首先介绍了航天线阵影像区域网平差中常用的 RFM 及各种严格成像模型，然后讨论基于严格成像模型进行超大范围数据区域网平差涉及的粗差探测及不同类观测值选权定权、连接点及控制点数据压缩、卫星轨道姿态数据压缩、法方程系数矩阵压缩等问题，并采用严格成像模型，分别对天绘一号卫星及资源三号卫星的三线阵影像进行多组区域网平差实验。

针对天绘一号卫星的数据，采用三种平差模型和五种不同控制点布设方案，对轨道长度超过 1000km 的三线阵条带数据进行整体区域网平差。实验结果表明，二次多项式模型的平差结果最差，系统误差补偿模型效果相对较好，定向片模型的平差结果最好。在长条带区域周边布设少量地面控制点，利用定向片模型进行平差处理，可以达到平面 7m、高程 4m 左右的定位精度。

对于资源三号卫星数据，采用系统误差补偿模型来补偿其轨道和姿态测量数据，采用自动匹配的海量中等精度地面控制信息作为控制，分别用中等精度点和高精度点作为检查点来检查其定位精度。实验结果表明，采用自动匹配的中等精度地面点作为控制点进行长条带影像区域网平差，可以达到国家 1：50000 比例尺地形图制作规范的精度要求。

为评估无任何地面控制信息辅助下的多条带影像平差精度，采用严格成像模型和系统误差补偿参数，对 13 条重叠轨道的资源三号三线阵影像数据进行区域网平差处理。结合精密轨道数据及原始姿态测量数据，分别进行直接前方交会、无地面控制点区域网平差及带少量地面控制点区域网平差，以便全面分析其精度水平。初步实验结果表明，无须任何地面控制信息的多条带影像区域网平差可以达到平面 8.3m、高程 5.0m 的定位精度，基本达到国家 1：50000 比例尺地形图的测绘精度要求。引入少量均匀分布的地面控制点后，虽然定位精度提升并不明显，但是由于高精度地面控制点的加入，出现残余系统性误差的概率大大降低，区域网平差结果的可靠性将会明显提高。

由于采用严格成像模型和系统误差补偿参数进行长条带区域网平差，每个条带仅有少量未知数需要解算，因此完全可以将跨水域的地面场景稳健连接起来，说明长条带平差在海岸带及海岛礁测绘等领域有显著的应用优势和潜力。

参 考 文 献

李德仁，袁修孝，2002. 误差处理与可靠性理论[M]. 武汉：武汉大学出版社.

刘楚斌，张永生，范大昭，等，2014. 资源三号卫星三线阵影像自检校区域网平差[J]. 测绘学报，43(10)：1046-1050.

王任享，2006. 三线阵 CCD 影像卫星摄影测量原理[M]. 北京：测绘出版社.

张永军，张勇，2006. SPOT 5 HRS 立体影像无（稀少）控制绝对定位技术研究[J]. 武汉大学学报（信息科学版），31(11)：941-944.

张永军，郑茂腾，王新义，等，2012. "天绘一号"卫星三线阵影像条带式区域网平差[J]. 遥感学报，16(6S)：84-89.

张永生，2012. 高分辨率遥感测绘嵩山实验场的设计与实现[J]. 测绘科学技术学报，29(2)：79-82.

郑茂腾，2014. 航天三线阵传感器在轨几何检校及其区域网平差技术研究[D]. 武汉：武汉大学.

GRODECKI J, DIAL G, 2003. Block adjustment of high-resolution satellite images described by rational polynomials[J]. Photogrammetric Engineering & Remote Sensing, 69(1):59-68.

HEROUX P, KOUBA J, 2001. GPS precise point positioning using IGS orbit products[J]. Physics and Chemistry of the Earth, 26(6-8): 573-578.

MICHALIS P, DOWMAN I, 2008. A generic model for along-track stereo sensor using rigorous orbit mechanics[J]. Photogrammetric Engineering and Remote Sensing, 74(3): 303-309.

RIAZANOFI S, 2002. SPOT satellite geometry handbook[M]. Toulouse, France: SPOT Image.

ZHANG Y J, LU Y H, WANG L, et al., 2012. A new approach on optimization of the rational function model of high-resolution satellite imagery[J]. IEEE Transactions on Geoscience and Remote Sensing, 50(7): 2758-2764.

ZHANG Y J, ZHENG M T, XIONG X D , et al., 2015. Multistrip bundle block adjustment of ZY-3 satellite imagery by rigorous sensor model without ground control point[J]. IEEE Geoscience and Remote Sensing Letters, 12(4): 865-869.

第*12*章

高程数据辅助的有理函数模型区域网平差

12.1　引言

常用的卫星影像定位模型一般分为两类，一类是基于共线关系的 RSM，一类是 RFM。RSM 根据相机成像原理和共线关系将物方坐标映射到像方坐标，需要结合相机内参数、相机安置姿态、卫星姿态轨道数据等进行运算。RSM 具有较高的精度，适合稀疏控制甚至无控制点的大范围平差；但是 RSM 不利于卫星和相机信息的保密，一般只有少数政府用户可以得到相关数据，并使用这一类模型。对于大部分普通用户，卫星影像的地理参考都通过 RFM 实现。已有大量研究表明，对于光学卫星影像，使用 RFM 代替 RSM 表达卫星的地理参考信息，精度损失一般在 0.01 像素以内。

目前，大部分卫星影像的 RFM 参数是通过严格成像模型采用与地形无关的手段进行解算得到的，因此 RFM 具有与姿态轨道参数同等水平的初始定位误差。随着技术的进步，影像分辨率不断提高，以像素为单位的初始定位精度为 5～20 像素水平。因此，对大范围多时相多数据源的遥感影像进行有效利用，首先需要对这些影像的定位模型进行精校正，以提高其绝对定向精度。

当前最常用的 RFM 修正模型是建立像方仿射变换模型，通过平差求解仿射变换模型参数，而不是直接求解新的 RFM 参数。卫星影像一般采用线阵推扫方式成像，大多数应用场景只有单线阵下视影像，其航向和旁向重叠度均远小于传统航空影像，导致相邻影像的几何约束明显弱于框幅式航空影像，因此光束法平差过程中需要大量控制点来保证平差结果的稳定性（王晋 等，2018）。

为了实现稀疏控制下的卫星影像平差，本章提出一种先验高程信息约束的卫星影像平面区域网平差方法，在平差过程中通过高程参考数据，用内插方式得到连接点高程作为虚拟观测值纳入平差，以便增强区域网的几何刚性，降低病态程度（万一，2018），并进一步分析影响连接点高程精度的因素，设计高程虚拟观测定权方法，以保证平差结果的收敛性。

12.2　卫星影像 RFM 模型校正方法

通用成像模型就是用一个有理多项式表达像方坐标与对应的物方坐标之间的转换关系，最常用的就是 RFM 模型，其参数又称 RPC（Grodecki et al.，2003）。该模型与成像参数无关，与平台的位置及姿态无关，与传感器的内参数也无关，因此可以用于各种卫星的线阵影像。由于该模型可以隐藏卫星的轨道及姿态等敏感数据，因此很多商业高分辨率卫星均采用通用模型发布其影像产品。同时，RFM 模型原理简单，计算速度快，几乎可以达到实时处理要求，因此在卫星几何定位领域得到广泛应用。但是该模型只是在一定范围内对严格成像模型的一种最佳逼近，其处理精度低于严格成像模型，其适用范围也比较小，一般仅限于 2～3 景数据。另外，RPC 模型参数众多，其参数之间可能存在相关性，可以采用岭估计等方法自主选择最佳的参数组合，去除冗余参数，保留必要参数，使得 RPC 更具稳定性（Zhang et al.，2012）。

12.2.1 RFM 模型参数

研究表明，在卫星对地观测成像过程中，光学投影的坐标变换关系可以用 RFM 中有理多项式的一次项表达；地球曲率、大气折射、相机镜头畸变等因素对像点位置的影响可以用有理多项式的二次项表达；其他更复杂的如卫星平台的颤振等，需要用有理多项式的三次项表达（Toutin，2004；张过，2005）。

根据上述分析，RFM 的像方坐标可以表示为物方三维坐标的三次多项式函数，根据每一个物方点的三维坐标，计算出其对应的像方坐标值，具体表示如下（Zhang et al.，2012）：

$$\begin{cases} S_r = \dfrac{\mathrm{Num}_L(P,L,H)}{\mathrm{Den}_L(P,L,H)} \\[2mm] S_c = \dfrac{\mathrm{Num}_S(P,L,H)}{\mathrm{Den}_S(P,L,H)} \end{cases} \tag{12-1}$$

式中，(S_r, S_c) 和 (P, L, H) 分别为正则化之后的像方坐标和地面点坐标。

式（12-1）中，四个多项式 $\mathrm{Num}_L(P,L,H)$、$\mathrm{Den}_L(P,L,H)$、$\mathrm{Num}_S(P,L,H)$ 和 $\mathrm{Den}_S(P,L,H)$ 的具体形式分别如下：

$$\begin{aligned} \mathrm{Num}_L(P,L,H) = &\, a_0 + a_1 L + a_2 P + a_3 H + a_4 LP + a_5 LH + a_6 PH \\ &+ a_7 L^2 + a_8 P^2 + a_9 H^2 + a_{10} PLH + a_{11} L^3 \\ &+ a_{12} LP^2 + a_{13} LH^2 + a_{14} L^2 P + a_{15} P^3 \\ &+ a_{16} PH^2 + a_{17} L^2 H + a_{18} P^2 H + a_{19} H^3 \end{aligned} \tag{12-2}$$

$$\begin{aligned} \mathrm{Den}_L(P,L,H) = &\, 1 + b_1 L + b_2 P + b_3 H + b_4 LP + b_5 LH + b_6 PH \\ &+ b_7 L^2 + b_8 P^2 + b_9 H^2 + b_{10} PLH + b_{11} L^3 \\ &+ b_{12} LP^2 + b_{13} LH^2 + b_{14} L^2 P + b_{15} P^3 \\ &+ b_{16} PH^2 + b_{17} L^2 H + b_{18} P^2 H + b_{19} H^3 \end{aligned} \tag{12-3}$$

$$\begin{aligned} \mathrm{Num}_S(P,L,H) = &\, c_0 + c_1 L + c_2 P + c_3 H + c_4 LP + c_5 LH + c_6 PH \\ &+ c_7 L^2 + c_8 P^2 + c_9 H^2 + c_{10} PLH + c_{11} L^3 \\ &+ c_{12} LP^2 + c_{13} LH^2 + c_{14} L^2 P + c_{15} P^3 \\ &+ c_{16} PH^2 + c_{17} L^2 H + c_{18} P^2 H + c_{19} H^3 \end{aligned} \tag{12-4}$$

$$\begin{aligned} \mathrm{Den}_S(P,L,H) = &\, 1 + d_1 L + d_2 P + d_3 H + d_4 LP + d_5 LH + d_6 PH \\ &+ d_7 L^2 + d_8 P^2 + d_9 H^2 + d_{10} PLH + d_{11} L^3 \\ &+ d_{12} LP^2 + d_{13} LH^2 + d_{14} L^2 P + d_{15} P^3 \\ &+ d_{16} PH^2 + d_{17} L^2 H + d_{18} P^2 H + d_{19} H^3 \end{aligned} \tag{12-5}$$

式中，a_i、b_i、c_i 和 d_i 为多项式的系数，$b_0 = 1$，$d_0 = 1$。

用 (P', L', H') 表示地面点的空间坐标，其中 P 为大地纬度，L 为大地经度，H 为大地高，用 (R, C) 表示像方坐标，则正则化计算可表示为

$$\begin{cases} P = (P' - P_0)/P_S \\ L = (L' - L_0)/L_S \\ H = (H' - H_0)/H_S \\ S_c = (C - C_0)/C_S \\ S_r = (R - R_0)/R_S \end{cases} \tag{12-6}$$

式中，(P_0,L_0,H_0,C_0,R_0) 为正则化偏移参数；(P_s,L_s,H_s,C_s,R_s) 为正则化尺度参数。

12.2.2　RFM 参数求解

解算 RFM 模型的 RPC 参数一般有两种方法，第一种通常在地面选取一定数量的地面控制点，并人工在影像上刺点，得到像点与物方点一一对应的地面控制点数据，通过分布均匀且数量足够多的地面控制点数据来解算 RPC 参数，称为与地形有关的算法。另外一种方法则是与地形无关的算法，在目标影像上划分一定间隔的格网，利用影像内外方位元素采用严格模型投影至物具有特定高程的若干个投影水平面上，得到对应的物方点坐标，从而获得虚拟的格网点数据，再用这些格网点数据来解算 RPC 参数，该方法被广泛采用。

采用与地形无关的算法求解 RPC 参数，首先需要计算虚拟格网点数据，得到虚拟格网点后，再利用这些格网点作为地面控制点数据，利用 RPC 数学模型，反向解算 RPC 参数（Zhang et al.，2012；Li et al.，2017）。为了避免在求解过程中遇到非线性误差方程，首先将 RPC 模型公式变为如下形式：

$$\begin{cases} F_X = \mathrm{NUM}_S(P,L,H) - S_r\mathrm{DEN}_S(P,L,H) \\ F_Y = \mathrm{NUM}_L(P,L,H) - S_c\mathrm{DEN}_L(P,L,H) \end{cases} \tag{12-7}$$

则误差方程可以变为如下形式：

$$V = Bx - l,\quad W \tag{12-8}$$

$$B = \begin{bmatrix} \dfrac{\partial F_X}{\partial a_i} & \dfrac{\partial F_X}{\partial b_i} & \dfrac{\partial F_X}{\partial c_i} & \dfrac{\partial F_X}{\partial d_i} \\ \dfrac{\partial F_Y}{\partial a_i} & \dfrac{\partial F_Y}{\partial b_i} & \dfrac{\partial F_Y}{\partial c_i} & \dfrac{\partial F_Y}{\partial d_i} \end{bmatrix} \quad (i=0\sim9,\ j=1\sim19) \tag{12-9}$$

$$l = \begin{bmatrix} -F_X^0 \\ -F_Y^0 \end{bmatrix} \tag{12-10}$$

$$x = \begin{bmatrix} a_i & b_i & c_i & d_i \end{bmatrix}^{\mathrm{T}} \tag{12-11}$$

式中，W 为权矩阵。根据最小二乘原理，可以求解得到：

$$x = (B^{\mathrm{T}}WB)^{-1}B^{\mathrm{T}}Wl \tag{12-12}$$

经过变形的 RPC 模型形式，平差误差方程为线性模型，因此在求解 RPC 参数过程中不需要初始值，且无须迭代即可一步求解成功。需要注意的是，由于有理多项式中含有部分高次项参数，这些参数的值理论上不会太大，因此在解算过程中还需要对未知参数进行加权约束，并采用岭估计等稳健平差方法进行解算，避免出现解算不收敛，或者解算值异常的情况（Li et al.，2017；Moghaddam et al.，2018）。

12.2.3　RFM 模型纠正

RFM 模型参数较多，如果用重新求解 RFM 参数的方式进行 RFM 精化，则需要足够数量且分布合理的高精度地面控制点，否则极易导致过度参数化。为简化 RFM 精化模型，Grodecki 和 Dial（2003）对卫星影像内外方位元素误差与物方空间到像方空间的投影误差之间的定量关系进行了深入探索，发现对具有窄视角、高相机高度和稳定轨道的高分辨率卫星影像，使用像方空间的多项式变换即可吸收大部分由内外方位元素引起的定向误差。另外，在初始定位精度达到 10m 级的情况下，所引起的像点偏移可以用像方线性多项式表达。

如上所述，RFM 模型精化的常用方法是在像方附加一组线性多项式来补偿初始 RFM 的系统误差。常用的线性多项式模型是仿射变换六参数模型，即在 RFM 模型的基础上引入像方仿射变换模型，表示如下：

$$\begin{cases} a_0 + a_1 S_r + a_2 S_c = \dfrac{\mathrm{Num}_L(P,L,H)}{\mathrm{Den}_L(P,L,H)} \\ b_0 + b_1 S_c + b_2 S_r = \dfrac{\mathrm{Num}_S(P,L,H)}{\mathrm{Den}_S(P,L,H)} \end{cases} \tag{12-13}$$

式中，a_0、a_1、a_2、b_0、b_1、b_2 分别为六个仿射变换参数。

根据上述模型，可以建立如下误差方程：

$$\boldsymbol{V} = \boldsymbol{A}\boldsymbol{X} - \boldsymbol{L} \qquad \boldsymbol{P} \tag{12-14}$$

式中，$\boldsymbol{A} = \begin{bmatrix} 1 & S_r & S_c & 0 & 0 & 0 \\ 0 & 0 & 0 & 1 & S_c & S_r \end{bmatrix}$；$\boldsymbol{X} = \begin{bmatrix} a_0 & a_1 & a_2 & b_0 & b_1 & b_2 \end{bmatrix}^{\mathrm{T}}$；$\boldsymbol{L} = \begin{bmatrix} \dfrac{\mathrm{Num}_L(P,L,H)}{\mathrm{Den}_L(P,L,H)} \\ \dfrac{\mathrm{Num}_S(P,L,H)}{\mathrm{Den}_S(P,L,H)} \end{bmatrix}$。

根据最小二乘原理求解未知数，得到：

$$\boldsymbol{X} = (\boldsymbol{A}^{\mathrm{T}}\boldsymbol{P}\boldsymbol{A}^{\mathrm{T}})^{-1}\boldsymbol{A}^{\mathrm{T}}\boldsymbol{P}\boldsymbol{L} \tag{12-15}$$

由于每幅影像只有六个待求参数，因此理论上每幅影像只需要三个地面控制点即可求解。在实际应用中，一般将求解出的像方线性多项式系数作为附加参数与 RFM 系数联合进行使用，必要时也可以利用初始 RFM 模型与像方线性纠正模型再次计算虚拟控制点格网，从而重新解算出校正后的 RPC 参数。

12.2.4 平差解算方法

在对大范围卫星影像进行 RFM 模型参数精化时，不可能每幅影像都找到至少三个地面控制点，因此必须充分利用相邻影像之间的重叠关系匹配大量同名点，通过区域网平差方法同步实现所有影像 RFM 的精化，以同时提高卫星影像的接边精度和定位精度。

大范围卫星影像的 RFM 参数精化，可以将卫星影像的像方仿射变换模型参数（定义第 j 景影像的参数向量为 $\boldsymbol{A}_j$）和物方点坐标（定义第 i 个点物方坐标为 $\boldsymbol{X}_i$）作为未知数，以光束法平差方式，通过最小二乘求解如下优化问题：

$$\min_x \frac{1}{2}\boldsymbol{\varepsilon}^{\mathrm{T}}\boldsymbol{P}\boldsymbol{\varepsilon} \tag{12-16}$$

式中，残差向量 $\boldsymbol{\varepsilon}$ 包含像点的投影残差、地面点的坐标虚拟观测方程残差和影像像方纠正模型参数的虚拟观测方程残差。

定义第 i 个地面点在第 j 景影像上的投影方程残差为 $\boldsymbol{\varepsilon}_{ij}$，定义第 i 个地面点物方空间位置 $\boldsymbol{X}_i = [L_i \quad P_i \quad H_i]^{\mathrm{T}}$ 的虚拟观测方程残差为 $\boldsymbol{\varepsilon}_i$，定义第 j 景影像像方纠正参数 $\boldsymbol{A}_j$ 的虚拟观测方程残差为 $\boldsymbol{\varepsilon}_j$。平差过程需要求解所有影像的仿射变换参数和所有连接点或控制点的物方坐标，求解得到的结果表示为

$$\mathrm{slt} = [\boldsymbol{T}_j^{\mathrm{T}} \quad \cdots \quad \boldsymbol{X}_i^{\mathrm{T}} \quad \cdots]^{\mathrm{T}} \tag{12-17}$$

定义 $\boldsymbol{x}_{i,j}^{(\mathrm{obs})}$ 为像方观测坐标；定义 $\boldsymbol{x}_{i,j}^{(\mathrm{obs})} = [x_{i,j}^{(\mathrm{nm})} \quad y_{i,j}^{(\mathrm{nm})}] = \mathrm{proj}_j(\boldsymbol{X}_i)$ 为第 i 个地面点通过第 j 景卫星影像初始 RFM 投影得到的像方坐标。投影点观测方程可以表示为

$$\boldsymbol{\varepsilon}_{i,j} = \begin{bmatrix} 1 & x_{i,j}^{(\mathrm{nm})} & y_{i,j}^{(\mathrm{nm})} & \boldsymbol{O} \\ \boldsymbol{O} & 1 & x_{i,j}^{(\mathrm{nm})} & y_{i,j}^{(\mathrm{nm})} \end{bmatrix} \cdot \boldsymbol{T}_j - \boldsymbol{x}_{i,j}^{(\mathrm{obs})}, \quad \text{weight } \boldsymbol{P}_{i,j} \tag{12-18}$$

式中，$\boldsymbol{P}_{i,j}$ 为像点观测值的权阵，权值大小取决于像点量测的先验精度；$\boldsymbol{O}$ 为零向量；定义 x 方向和 y 方向的像点先验精度为 σ_x 和 σ_y。

如果第 i 个物方点为地面控制点，则对其地面坐标列出如下虚拟观测方程：

$$\boldsymbol{\varepsilon}_i = \boldsymbol{X}_i - \boldsymbol{X}_i^{(\mathrm{obs})}, \qquad \text{weight } \boldsymbol{P}_i \tag{12-19}$$

式中，$X_i^{(obs)}=[L_i^{(obs)} \quad P_i^{(obs)} \quad H_i^{(obs)}]^T$，为控制点的物方坐标观测值；$P_i$ 为控制点控制坐标观测值的权阵，权值大小取决于控制坐标观测值的先验精度，定义控制点在纬度、经度和高程方向上的先验精度分别为 σ_L、σ_P 和 σ_H。

为了保证无控制点情况下平差系统的收敛性，还需要对每景影像的纠正模型参数进行适当约束。定义第 j 张影像纠正参数的虚拟观测方程为

$$\varepsilon_j = A_j - A_0, \quad \text{weight } P_j \tag{12-20}$$

式中，$A_0 = [0 \quad 1 \quad 0 \quad 0 \quad 0 \quad 1]^T$，为初始仿射变换模型参数；$P_j$ 为权阵，权值大小取决于卫星影像初始定位精度。

上述平差问题一般使用莱文伯格–马夸特（Levenberg-Marquardt）方法迭代求解（Nocedal et al., 1999）：在每一次迭代中，首先根据当前的未知数值（首次迭代根据未知数的初值）将误差方程线性化，求出残差相对于未知数的偏导数；然后通过最小二乘求解未知数的增量，从而更新未知数。不断重复该过程，直到满足迭代停止的条件。在传统航空摄影测量的光束法平差中，可以通过将影像编号根据影像初始位置和航带进行重排的方法，减少存在同名区域的影像编号差异，从而使改化法方程系数矩阵成为一个稀疏对称条带矩阵，减少法方程解算过程中对计算机内存大小的要求。

但是，在卫星影像的处理中，可能会对多年拍摄的影像进行联合平差，这种情况下的卫星影像重叠度极高，很难将改化法方程转换为稀疏条带矩阵（孙钰珊 等，2019）。因此，对大范围大数据量的卫星影像进行平差时，可以在每一次最小二乘求解时，采用共轭梯度法迭代求解，最大程度地降低对计算机内存的需求（Agarwal et al., 2010; Byröd et al., 2010）。

12.3 单线阵影像的邻轨几何约束

大量实验表明，在使用稀疏分布的控制点或者不使用控制点的情况下，单线阵影像平差会出现精度差甚至平差不收敛的问题，学者们一般认为该问题是由线阵影像之间的弱交会（同名点光线交会角过小）造成的。由于高分辨率遥感影像的窄视角特性，在卫星平台不发生侧摆时，邻轨影像之间的夹角仅为 1°～5°。夹角过小的同名点在通过前方交会获得地面坐标时，其高程精度很低，进而导致平差精度下降。但是，在对资源三号卫星影像中带侧摆的下视影像进行平差实验时，发现这一现象不仅存在于小交会角下视邻轨影像平差中，在具有一定侧摆角因而交会角较大的下视邻轨影像平差中也出现了结果不稳定现象，说明单线阵影像平差结果不稳定的原因并非仅仅是弱交会。本节对这一问题进行深入探讨，对影响单线阵影像平差精度的因素进行定性和定量分析。

12.3.1 单线阵邻轨平差误差分布

本节给出两组邻轨单线阵卫星影像的光束法平差结果。实验数据均为资源三号卫星全色下视影像（资源三号卫星载荷信息见 12.5 节），第一组影像拍摄于山西省，为高原山脉地区；第二组影像拍摄于江苏省南京市附近的平原地区。两组卫星影像和控制点的空间分布图如图 12-1 所示。其中第一组山西数据的左影像有 22° 侧摆角，其他影像侧摆角均小于 1°，因此左影像和中部影像的交会角约为 23°，不满足弱交会条件；第二组江苏数据的三景影像均无侧摆，其交会角均为 4°～5°，构成弱交会条件。

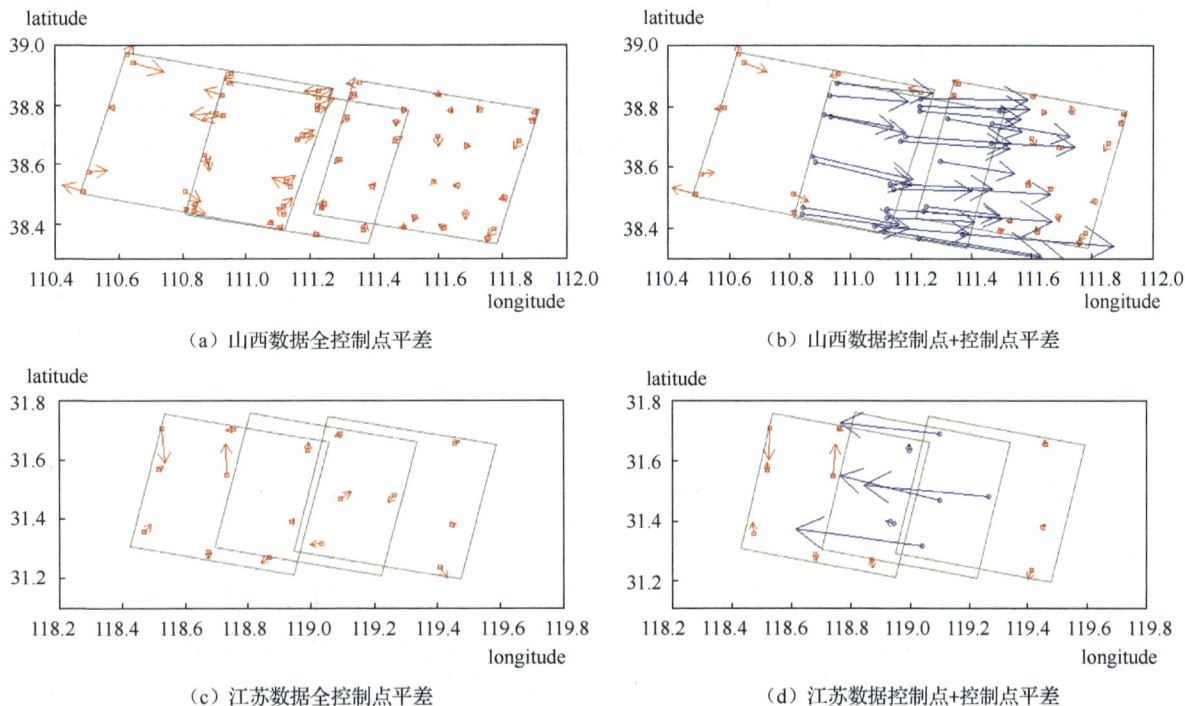

（a）山西数据全控制点平差 　　　　　　　（b）山西数据控制点+控制点平差

（c）江苏数据全控制点平差 　　　　　　　（d）江苏数据控制点+控制点平差

图 12-1　影像空间分布及平差控制点和检查点误差矢量分布图

注：longitude：经度；latitude：纬度。

　　影像之间的连接点通过自动匹配获得，在平差中仅使用两度连接点（每个连接点仅含有两个同名像点）。山西数据中每景影像含有 10～20 个控制点，控制点来源于 1∶10000 标准 DOM 和 1∶50000 标准 DEM，其平面精度优于 3m，高程精度优于 5m；控制点像方坐标通过人工量测获得，精度优于 1 像素。江苏数据中每景影像有 6～9 个控制点，控制点来源于已有 GNSS 测量数据，平面和高程精度均优于 1m；控制点像方坐标通过人工量测获得，精度优于 1 像素。

　　使用 12.2 节介绍的光束法区域网平差方法对上述两组数据进行如下两次平差实验：①将所有控制点纳入平差作为约束，获得全控制点平差结果；②将每组数据中左右两景影像的控制点全部纳入平差，而中间一景影像的控制点全部作为检查点不参与平差，构成左右两景“控制影像”控制中间一景“被控制影像”的空间分布。实验结果中，不同分布平差控制点和检查点的精度统计如表 12-1 所示。控制点和检查点的误差矢量分布图如图 12-1 所示，其中红色箭头为控制点，蓝色箭头为检查点；图 12-1（a）和（c）分别为山西数据和江苏数据使用全部控制点平差的结果；图 12-1（b）和（d）分别为山西数据和江苏数据在左右影像使用全部控制点，中间影像全部为检查点的平差结果。

表 12-1　不同分布平差控制点和检查点的精度统计

实验数据		控制点中误差/m		检查点中误差/m	
		经度方向	纬度方向	经度方向	纬度方向
山西数据	实验 1	1.60	0.93	—	—
	实验 2	1.43	0.82	16.79	2.02
江苏数据	实验 1	0.99	2.15	—	—
	实验 2	0.31	2.54	15.58	2.30

实验结果中，两组数据在全控制点平差后，控制点中误差在经度方向（近似垂直轨道方向）和纬度方向（近似轨道方向）均能达到 1～2m 水平。但是，当使用位于测量区域两边的"控制影像"通过两度连接点对位于测量区域中部的"被控制影像"进行约束时，"被控制影像"的平差精度非常低。检查点在经度方向的误差达到 15m 左右，该误差相对于资源三号卫星影像的初始定位精度几乎没有提高；而在纬度方向，检查点精度与所有控制点纳入平差的结果精度相当。

从实验结果可以看出，弱交会并非导致单线阵影像平差结果不稳定的唯一原因，因为强交会卫星影像也出现了这一现象；线阵卫星影像的邻轨几何约束在垂直于轨道方向可能会失效，两次平差结果均在沿卫星轨道方向取得较高的平面精度，而在垂直轨道方向的平差精度具有较大差异，因此非常有必要从理论上分析线阵影像相邻轨道之间的几何关系。

12.3.2 线阵卫星影像邻轨几何关系

两颗单线阵下视卫星的成像关系如图 12-2 所示，S_1 和 S_2 为两个卫星轨道的方向，E_{p1}、E_{p2} 和 E_{p3} 为连接点 P_1、P_2 和 P_3 对应的基线。可见，当轨道对应的纬度变化很小时，连接点 P_1、P_2 和 P_3 对应的核面近似平行，是引起弱约束现象的主要原因。在一景高分辨率卫星影像覆盖的地面范围中，纬度变化一般很小，如资源三号卫星 1B 级标准景产品的纬度覆盖范围一般约为 0.6°，因此相邻影像的轨道可以认为是近似平行的直线段。同时，卫星相机的线阵 CCD 排列方向与卫星的轨道方向近似垂直。在这种情况下，两景影像在推扫成像过程中扫描平面近似平行且都近似垂直于轨道方向，无论其中一景影像的传感器位置和姿态在垂直轨道的方向上如何移动或旋转，都不会加大连接点的交会残差。同样，在这种几何关系下，连接点无法约束两景影像在垂直轨道方向上的相对几何关系是导致邻轨单线阵影像在无控制点平差中出现异常的主要原因。解决这一问题最直接的方法是限制连接点在空间中的交会位置，如限制同名点在交会位置的高程值。

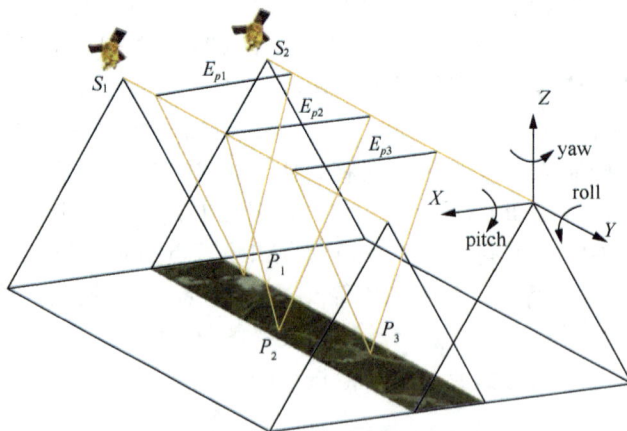

图 12-2　两颗单线阵下视卫星影像的邻轨几何关系

为了对影响单线阵下视影像平差结果的因素进行定量分析，进行仿真实验分析。图 12-3 所示为一组仿真实验结果，其中影像、控制点和连接点空间分布如图 12-3（a）所示。在仿真实验中，影像对应的轨道为与 Y 轴平行的直线，拍摄高度固定为 500km，且在拍摄过程中，影像的三个姿态角（roll、pitch 和 yaw，见图 12-2）保持不变。控制点和连接点的像点先验精度为 0.5 像素，控制点的物方坐标先验精度为 2m。影像的扫描宽度约为 50km，相邻影像的重叠度约为 30%，因此相邻影像之间的交会角约为 4°。在平差中，左右两景影像为"控制影像"，每景影像设有六个控制点，两景影像的三个姿态角固定为 0；中间一景影像为"被控制影像"。在仿真实验中，"被控制影像"保持 roll 为 0（因为 roll 不会影响扫描平面的方向），分别调整 pitch 和 yaw 的大小。"被控制影像"与左右两景影像各有六个两度连接点。根据严格成像模型和共线方程，首先列出仿真数据中所有像点的观测方程和控制点的虚拟观测方程，求解连接点的物方空间坐标；然后根据误差传播定律，估算解的理论精度。

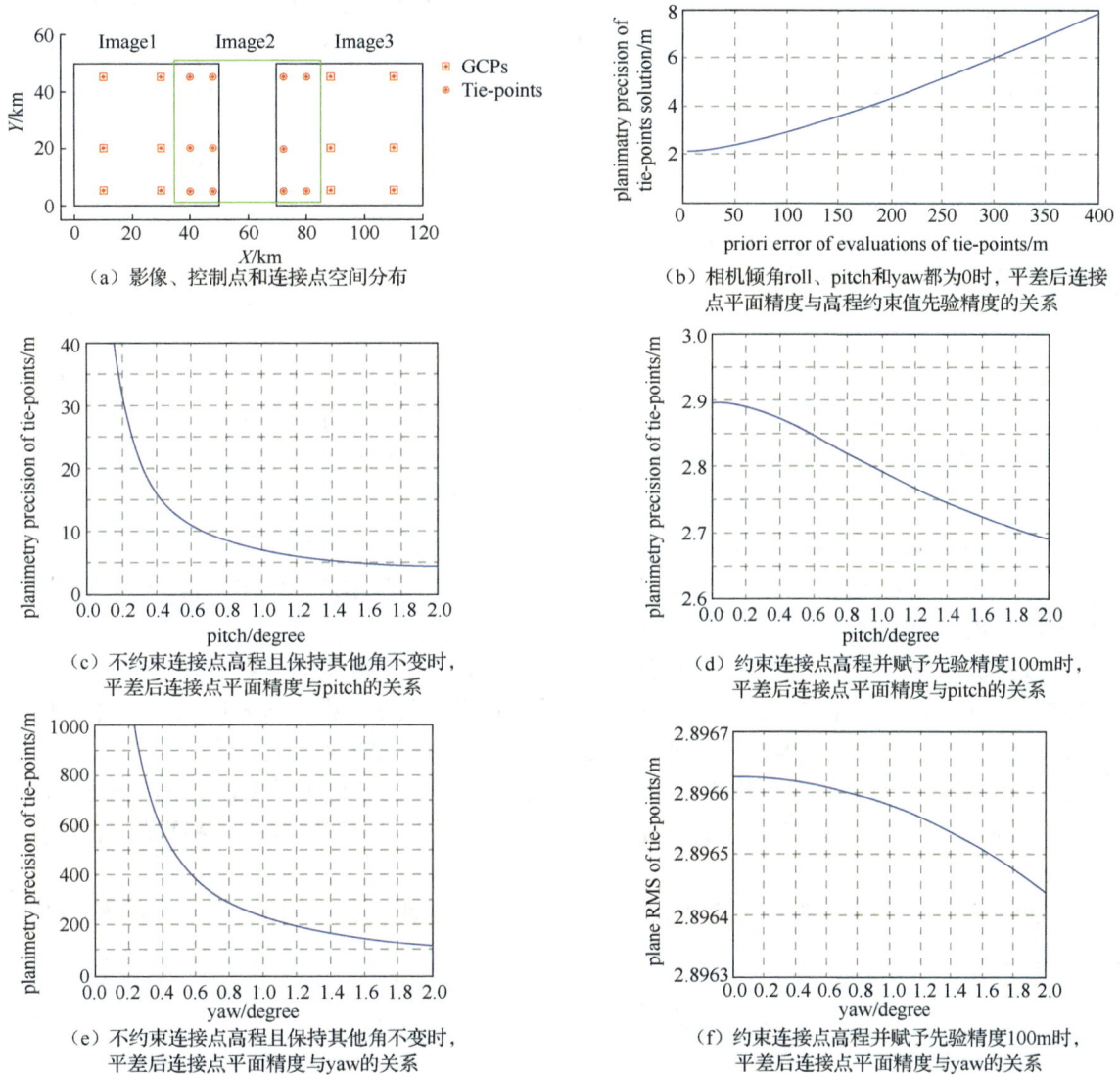

（a）影像、控制点和连接点空间分布

（b）相机倾角roll、pitch和yaw都为0时，平差后连接点平面精度与高程约束值先验精度的关系

（c）不约束连接点高程且保持其他角不变时，平差后连接点平面精度与pitch的关系

（d）约束连接点高程并赋予先验精度100m时，平差后连接点平面精度与pitch的关系

（e）不约束连接点高程且保持其他角不变时，平差后连接点平面精度与yaw的关系

（f）约束连接点高程并赋予先验精度100m时，平差后连接点平面精度与yaw的关系

图 12-3　单线阵下视影像平差因素定量分析仿真实验结果

注：planimetry precision of tie-points：连接点平面精度；priori error of evaluations of tie-points：连接点先验误差估计；
plane RMS of tie-points：连接点的平面均方根。

图 12-3（c）和（e）给出了在平差中不对连接点高程进行约束时，连接点平面精度与"被控制影像"pitch 和 yaw 大小的关系。可以看出，当 pitch 和 yaw 均为 0 时，连接点的平面理论误差趋于无穷大，即法方程为严重病态。随着 pitch 和 yaw 的增大，"被控制影像"扫描平面与"控制影像"扫描平面的夹角逐渐增大，连接点平面位置中误差相应减少。该结果定量地说明扫描平面的平行性会造成邻轨线阵影像在扫描平面方向缺乏有效的几何约束。

图 12-3（b）给出的实验结果表明，对连接点高程赋予 100m 先验精度约束时，连接点平面精度与"被控制影像"俯仰角和偏航角大小的关系。可以看出，当俯仰角和偏航角均为 0 时，连接点的平面坐标中误差约为 2.9m，说明约束连接点高程可以有效克服法方程的病态性，能够大大提高连接点的平面精度，进而验证了高程约束在单线阵下视影像平差中的作用。

图 12-3（d）和（f）给出了当"被控制影像"的俯仰角和偏航角均为 0 时，使用不同先验精度的高程约束对平差结果中连接点平面精度的影响。可以看出，当交会角较小时，较低的高程先验精度对连接点平面精度的影响较小，即使高程精度只有 100m 水平，连接点平面位置中误差也能达到 3m，而这一精度量级的高程辅助信息完全可以从 SRTM 等全球公开数据中获得（Zheng et al.，2016；Zhou et al.，2018；Terlemezoglu et al.，2020）。

12.4 约束连接点高程的平差方法

12.3 节的仿真实验证明，通过约束连接点高程可以解决单线阵下视影像平差的不完全几何约束问题。本节提出一种利用 DEM 约束连接点高程的卫星影像 RFM 区域网平差方法（张永军 等，2016；万一，2018），其基本原理是在 12.2 节区域网平差模型基础上，为所有连接点附加高程方向的虚拟观测方程，表示如下：

$$\varepsilon_i = H_i - (H_{\mathrm{DEM}})_i, \quad \text{weight}\,(p_{\mathrm{H}})_i \tag{12-21}$$

DEM 约束的卫星影像 RFM 平差流程图如图 12-4 所示，其详细步骤如下。

1）数据准备：准备控制点和连接点，使用 ORSA-SAT 算法剔除粗差。使用多像迭代测图方法获取连接点高程初值，进而初始化连接点物方坐标（见 12.4.1 节）。

2）平差迭代。按照以下步骤进行区域网平差迭代，直到满足停止条件：

① 根据式（12-16）～式（12-21），列出区域网平差的所有观测方程并将其线性化，根据平差任务的规模选择合理的解算方法，得到像方仿射变换参数 T_j 和地面点坐标的改正值 X_i。

② 更新影像的像方仿射变换参数和地面点坐标，根据地面点的新坐标从 DEM 中内插出新的高程值。

③ 对有控制点的平差估算控制点或检查点的平面精度，并重新计算连接点高程的先验精度和权值（见 12.4.2 节）。

3）平差精度检查：利用控制点或检查点估计平差结果的绝对精度，利用连接点估计平差结果中相邻影像的镶嵌精度。

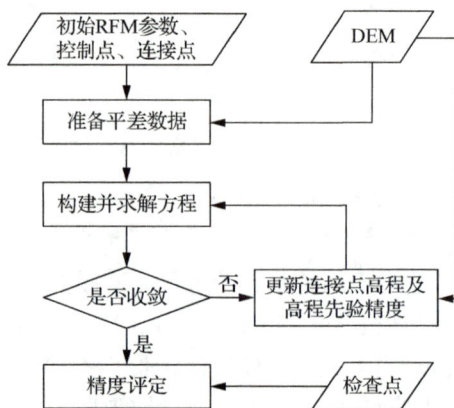

图 12-4　DEM 约束的卫星影像 RFM 平差流程图

12.4.1　基于多像迭代测图的连接点初始化

当卫星影像之间的交会角较大时，可以通过初始 RFM 对连接点进行前方交会，得到连接点的初始空间位置。但是，在下视卫星影像平差中，影像对之间的交会角往往很小，使用前方交会得到的初始位置高程误差很大。在有 DEM 辅助的情况下，可以将连接点的每个像点通过多像迭代反投影手段内插得到光线与 DEM 的交点，然后求出这些交点的平均位置，如图 12-5 所示。图中，S_1 和 S_2 为成像中心，x_1 和 x_2 为像点，r_1 和 r_2 为两景影像的初始定位先验精度，L_1 和 L_2 为像点对应的光线。多像迭代测图可以看作在 L_1 和 L_2 的等效光线（图中的光线 L_e）上进行单像迭代测图，等效光线 L_e 是 L_1 和 L_2 的加权平均结果。$H_i(i = 0, 1, 2, \cdots)$ 为搜索范围内每次迭代的高程面，$P_i(i = 0, 1, 2, \cdots)$ 为等效光线 L_e 与高程面 H_i 的交点。

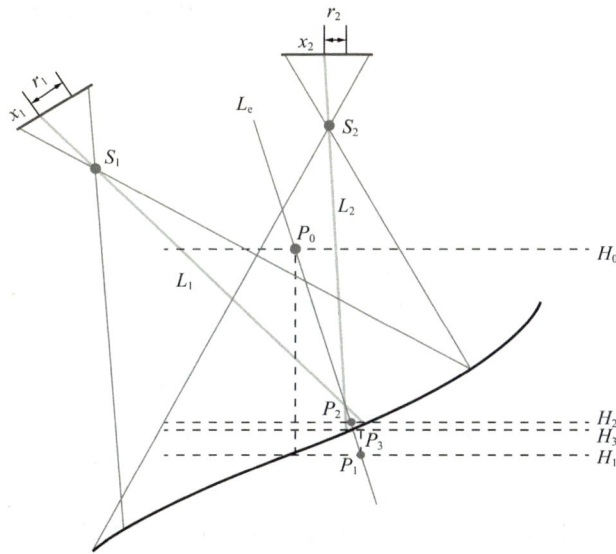

图 12-5　多像迭代测图原理

本章提出的平差方法使用多像迭代测图方法获取连接点初始坐标，其具体步骤如下。

1）在每一次迭代中，根据卫星影像的初始 RFM 和当前高程值（首次迭代采用测量区域平均高程作为初值），为每一个像点构造像点观测方程：

$$\varepsilon'_{i,j} = \boldsymbol{x}_{i,j}^{(\mathrm{nm})} - \boldsymbol{x}_{i,j}^{(\mathrm{obs})}, \text{weight} \boldsymbol{P}'_{i,j} \tag{12-22}$$

然后，构造如下最优化问题：

$$\min_{[L_i \quad P_i]^{\mathrm{T}}} \frac{1}{2} \boldsymbol{\varepsilon}'^{\mathrm{T}} \boldsymbol{P}' \boldsymbol{\varepsilon}' \tag{12-23}$$

最后，将该最优化问题线性化，迭代地利用最小二乘法求解得到最优的连接点经纬度 L_i 和 P_i。

2）根据第 1）步获得的连接点经纬度，在 DEM 上内插出新的高程值，与第 1）步迭代使用的高程进行比较。如果二者差值的绝对值大于阈值，则将新的高程代入第 1）步，重新求解；如果二者差值的绝对值小于阈值，则停止迭代，输出当前的连接点空间坐标，作为平差初值使用。

这种做法有两种好处：首先，可以得到最优化的连接点初始位置。由于影像之间初始定位精度不同，根据先验定位精度给像点定权，可以使高精度影像的像点得到更大的权重，从而提高初始位置精度。其次，当影像侧摆角较大，光线偏离铅垂线时，单像迭代测图在坡度较大的地区可能不收敛（Sheng, 2005, 2008），而多像迭代测图可以看作在多条同名光线的加权等效光线上进行单像迭代测图（图 12-5）。由于不同影像的光线方向各异，因此等效光线往往更接近铅垂线，发生不收敛现象的概率较低。

12.4.2 连接点高程权值估计

在实际生产中，为连接点高程约束赋予合适的权值十分重要。当卫星影像初始精度较低时，如果赋予连接点高程过高的权值，则会导致平差收敛到局部最优解；而过低的权值又会使平差精度下降。假设采用 12.4.1 节所述方法解算得到的连接点高程为 H_{DEM}，连接点高程真值为 H_0，对连接点高程误差 $\nabla H = H_0 - H_{\mathrm{DEM}}$ 进行估计时，需要考虑 DEM 本身高程误差和等效光线平面误差在不平坦地区引起的高程误差两个因素。如图 12-6 所示，连接点高程误差可表示为

$$\nabla H = H_0 - H_{\mathrm{n}} = \nabla H_{\mathrm{DEM}} + \nabla P \tan \gamma \tag{12-24}$$

式中，H_0 为物方点高程真值，即真实光线 L_0 与真实地面交点的高程；H_{n} 为"等效光线"L_{n} 与 DEM 高程面交点 P_{n} 处的 DEM 高程值；∇H_{DEM} 为 DEM 高程误差；∇P 为等效光线平面误差；γ 为连接点平面位置附近 DEM 的坡度。

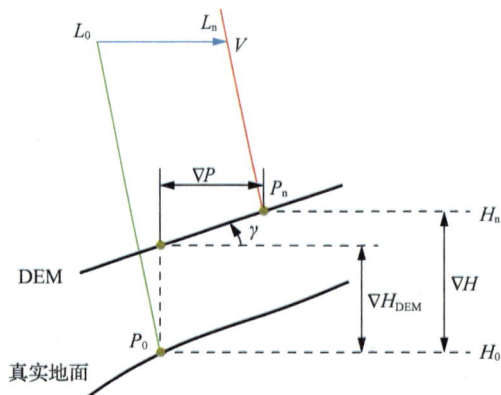

图 12-6 连接点在 DEM 上反投影的高程误差示意图

为了简化连接点高程的权值估算问题，做出如下假设：①DEM 高程误差服从高斯分布，其标准差为 σ_{DEM}；②DEM 的坡度正切值 $\tan \gamma$ 服从高斯分布，其标准差为 $\sigma_{\tan \gamma}$。在这两个假设下，连接点高程中误差的估算表示为

$$\sigma_{\nabla H} = \sqrt{\sigma_{\mathrm{DEM}}^2 + (\nabla P \sigma_{\tan \gamma})^2} \tag{12-25}$$

式（12-25）中，连接点平面误差 ∇P 的估算方式如下：在无控制点平差中，某个连接点的 ∇P 始终等于测量区域中初始定位精度最低的卫星影像的先验定位精度；在带控制点平差中，第一次平差迭代中连接点的 ∇P 的设置方法与无控平差相同，从第二次迭代开始，∇P 为控制点中误差。

采用上述方式，既可以保证在初始定位精度较差时平差系统能够收敛到全局最优，还可以在带控制点平差时，随着迭代过程中影像定位精度的升高，相应提高连接点的高程约束权值，最终得到更高精度的平差结果。

12.5 资源三号卫星下视影像区域网平差实验

为了验证 DEM 约束的卫星影像 RFM 平差方法所能达到的精度，本节使用 46 景资源三号卫星 Level-1B 级下视标准景影像进行平差实验。本实验使用的资源三号卫星影像采用 RFM 为定向模型，由卫星姿态轨道参数和在轨几何检校结果通过与地形无关方法解算获得。

实验影像均拍摄于山西省境内，拍摄时间为 2013 年 4 月 30 日～2013 年 8 月 31 日，在拍摄期内无冰雪覆盖情况，且所有影像含云量均低于 10%。山西省境内为多山地形，地物覆盖包括森林、农田、城市和矿山等，高程范围为 500～3000m。控制点平面坐标从 1：10000 标准 DOM 产品通过人工匹配得到，DOM 平面精度优于 3m，人工匹配像点精度优于 1 像素。控制点高程从 1：50000 标准 DEM 产品内插得到，多山地区中其高程精度优于 5m。用于连接点高程约束的 DEM 为 1：50000 标准 DEM 产品和 90m 分辨率 SRTM-DEM。影像之间的连接点通过自动匹配获得，每景影像有 1000～2000 个连接点。在平差实验中，观测值先验精度和迭代停止条件设置如表 12-2 所示。

表 12-2 下视影像平差实验中先验精度和迭代停止条件设置

	项目	值
先验精度	单位权中误差/m	1
	连接点像方/像素	1
	控制点像方/像素	0.5
	控制点物方/m	平面：2 高程：3
	初始 RFM/m	50
	1：50000 DEM 高程/m	10
	SRTM 高程/m	50
迭代停止条件	$\varepsilon^{\mathrm{T}} P\varepsilon$ 变化值	10^{-5}
	控制点中误差变化值/m	10^{-5}
	最大迭代次数	100

12.5.1 稀疏控制点平差实验

为了测试 DEM 高程约束的区域网平差方法的稳定性，采用不同数量的控制点进行平差，并对平差精度进行分析。实验中使用 46 景资源三号卫星下视全色影像，通过人工匹配方式获取 586 个控制点，每次平差迭代都使用 1：50000 标准 DEM 对连接点进行高程约束。在平差时，将测量区域沿航带方向和垂直航带方向均匀分成 $k \times k$ 个或 $(k+1) \times k$ 个方块的格网（$k=2,3,\cdots$），并从每一个格网中随机选择一个控制点。因此，本实验中控制点数量分别为 4、6、9、12、16、…、225，剩余的控制点作为检查点使用。

使用不同数量的控制点，平差后得到的控制点和检查点平面绝对精度如图 12-7（a）所示，相对精度如图 12-7（b）所示，图中红色线表示控制点（GCP）平面误差的均方根，蓝色线表示检查点（ICP）平面误差的均方根 σ_{mx}、σ_{my} 分别表示 x、y 两个方向的中误差。使用全部控制点进行平差和无控制点进行平差的绝对精度和相对精度如表 12-3 所示。使用全部控制点进行平差后，控制点的平面绝对误差矢量分布如图 12-8（a）所示；仅使用四个控制点进行四角布控，控制点和检查点的平面绝对误差矢量分布如图 12-8（b）所示，图中红色箭头为控制点，蓝色箭头为检查点，纵坐标为 RMS 的镶嵌误差（mosaicking error）。

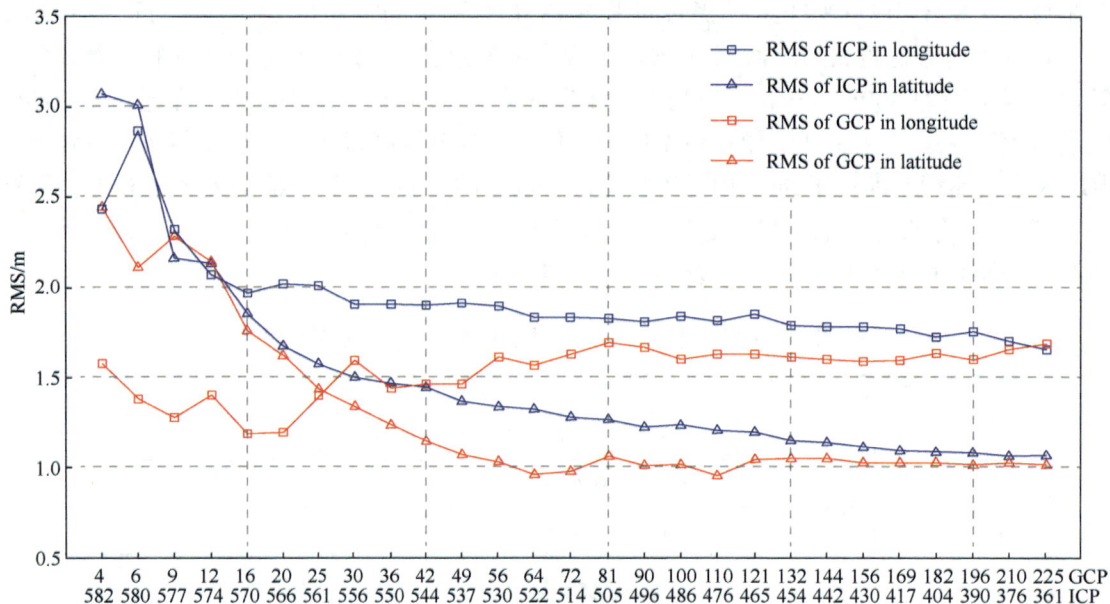

（a）控制点和检查点绝对精度

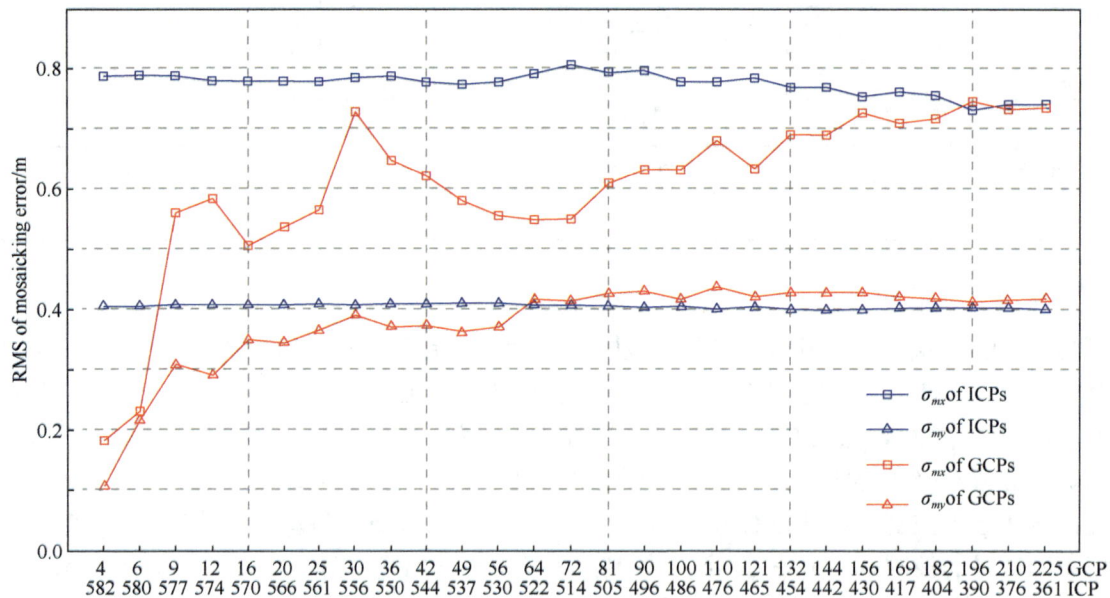

（b）控制点和检查点相对精度

图 12-7　区域网平差结果的平面绝对精度和相对精度与控制点数量的关系

表 12-3　全部控制点平差和无控制点平差结果的绝对精度和相对精度

项目		绝对精度		相对精度	
		经度	纬度	经度	纬度
全控制点平差的 控制点精度/m	Max	6.13	4.12	3.02	1.23
	RMS	1.60	0.94	0.71	0.40
无控制点平差的 检查点精度/m	Max	12.88	20.90	4.35	1.25
	RMS	11.50	15.49	0.81	0.40

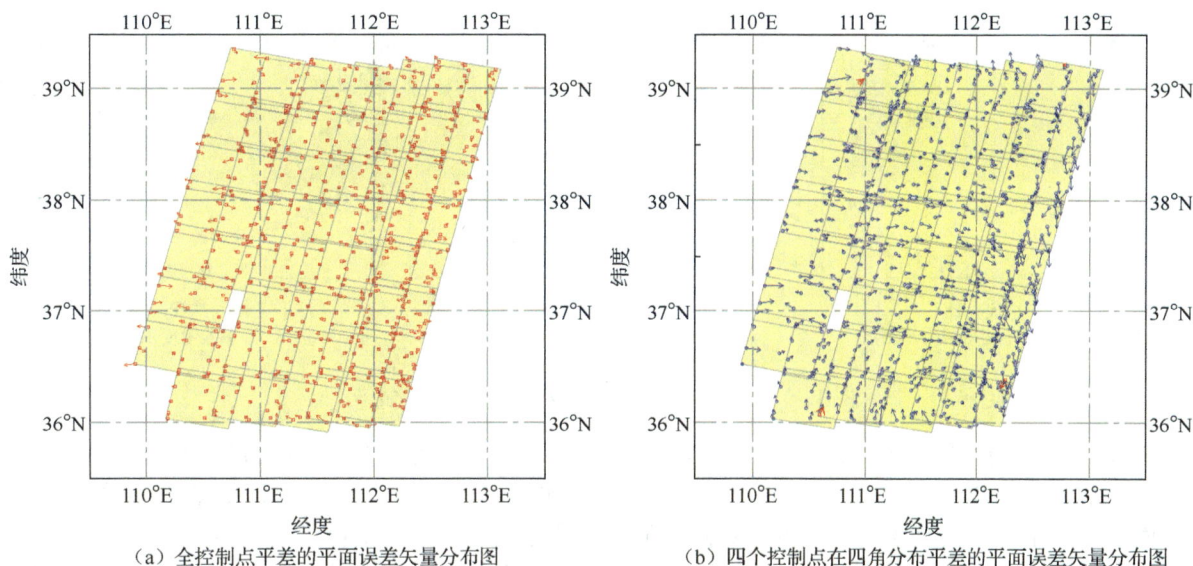

（a）全控制点平差的平面误差矢量分布图　　　　　　（b）四个控制点在四角分布平差的平面误差矢量分布图

图 12-8　平差结果中控制点和检查点的平面误差矢量分布图

可以看出，当纳入平差的控制点数量从 225 个减少到 4 个时，检查点在经度方向（近似垂直轨道方向）的绝对误差均方根从约 1.6m 增加到约 2.9m，在纬度方向（近似轨道方向）的绝对误差均方根从约 1.1m 增加到约 3.1m；而无论控制点数量如何变化，检查点在垂直轨道方向的相对误差均方根在 0.7～0.8m 浮动，在沿轨道方向的相对误差均方根则保持 0.4m 左右。实验结果说明，仅使用四个四角分布的控制点进行 DEM 辅助的区域网平差，就能将 46 景影像的绝对定位精度从初始 RFM 的 10 像元以上减小到约 1.5 像元。

将图 12-8（b）与（a）进行比较可以发现，仅使用四个控制点对山西省境内测量区域 46 景影像进行平差时，检查点误差大小并没有呈现出距离控制点越远、精度越差的"退化现象"，进一步验证了 DEM 高程约束平差方法的鲁棒性。从表 12-3 和图 12-7（b）可以发现，无论是否使用控制点，无论控制点数量多少，检查点（或控制点）的平面相对误差均方根始终为垂直轨道方向 0.7～0.8m、沿轨道方向 0.4m，即在各方向均小于 0.5 像元，验证了高程约束平差方法可以在有控或无控条件下有效消除卫星影像的镶嵌误差。

本实验还将高程约束平差方法与文献（Teo et al.，2010）的方法进行对比。两种方法分别使用 4 个、12 个、64 个控制点进行平差，先验精度和迭代停止条件设置如表 12-4 所示。在迭代过程中，检查点平面绝对误差均方根的变化趋势如图 12-9 所示，图中红色线表示在迭代过程中文献（Teo et al.，2010）中的方法检查点均方根的变化趋势，绿色线表示本章方法在迭代过程中检查点均方根的变化趋势。

表 12-4　平差实验中先验精度和迭代停止条件设置

	精度	DEM 辅助方法	对比方法
64 个 控制点	控制点平面中误差/m	3.007	3.007
	检查点平面中误差/m	3.096	3.096
	迭代次数	6	6
12 个 控制点	控制点平面中误差/m	3.165	3.165
	检查点平面中误差/m	3.791	3.790
	迭代次数	6	17
4 个 控制点	控制点平面中误差/m	3.512	3.507
	检查点平面中误差/m	4.179	4.187
	迭代次数	6	31

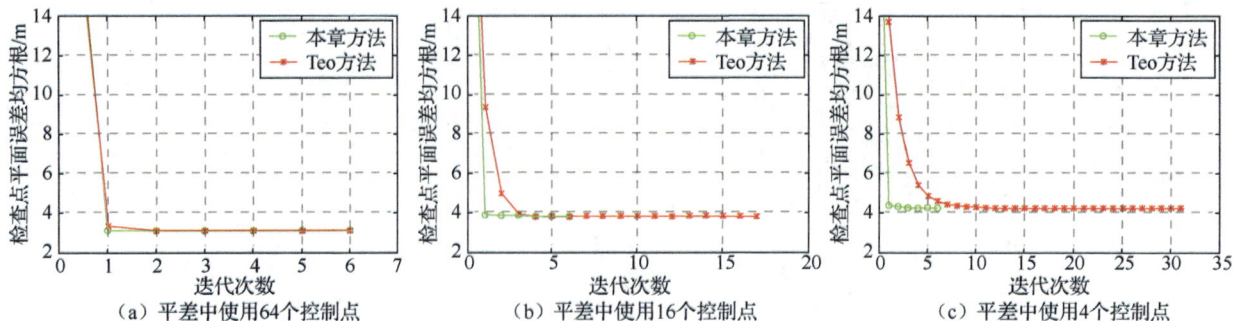

（a）平差中使用64个控制点　　　　　（b）平差中使用16个控制点　　　　　（c）平差中使用4个控制点

图 12-9　检查点平面绝对误差均方根的变化趋势

由表 12-4 及图 12-9 可以看出，在当前实验数据和条件下，本章 DEM 辅助方法和对比方法取得较为接近的绝对精度。随着控制点数量下降，对比方法的迭代收敛速度明显降低，即需要更多迭代次数才能收敛；而 DEM 辅助方法无论使用多少控制点，都可以快速收敛，具有更高的处理效率。这一特性在对控制点或连接点进行迭代粗差探测时极为重要，始终能够在第一次迭代时得到非常接近最终结果的解，因此每一次迭代后，都可以根据观测值的残差或真误差估算值对观测值进行重新定权（李德仁 等，2002）。

12.5.2　高程精度对平差精度的影响

作为我国第一颗民用立体测绘卫星，资源三号卫星影像也拥有大量非测绘行业的应用需求。在我国现行测绘法律法规框架下，这些用户很难在生产和研究中获得标准 DEM 产品，只能使用精度更低的公开 DEM 数据。本节使用不同精度的 DEM（1∶50000 标准 DEM 产品和 90m 分辨率 SRTM-DEM）对两组数据进行平差，探索 DEM 精度对区域网平差精度的影响。其中，1∶50000 标准 DEM 产品的高程精度在平坦地区优于 3m，在山区优于 5m；90m 分辨率 SRTM-DEM 的高程精度在平坦地区优于 10m，在山区为 30～50m。

从山西测量区域的 46 景资源三号卫星下视影像中抽取两组邻轨下视影像对，第一组的两景影像均无侧摆，交会角大小约为 4°，构成弱交会条件；第二组中一景没有侧摆角，另一景侧摆角约为 22°，交会角大小约为 23°，不构成弱交会条件。每一组影像对的一景影像作为"控制影像"，即将所有控制点纳入平差；另一景影像作为"被控制影像"，即其中的控制点不纳入平差，而作为检查点使用。实验数据信息如表 12-5 所示。

表 12-5　资源三号卫星下视影像双像平差实验数据信息

项目	第一组		第二组	
	控制影像（右像）	被控制影像（左像）	控制影像（右像）	被控制影像（左像）
影像中心位置	E111.8, N36.6	E111.5, N36.6	E111.1, N38.6	E110.8, N38.6
侧摆角/（°）	1	1	1	22
控制点数量	29	—	28	—
检查点数量	—	28	—	25
重叠度	50%		50%	
交会角/（°）	4		23	

图 12-10（a）为第一组影像对的平差结果，图 12-10（b）为第二组影像对的平差结果。由第一组影像对的平差结果可以发现，平差精度并不随着连接点数量的增加而存在明显的精度提高或降低趋势，而使用不同精度的 DEM 也没有表现出明显的精度差异，检查点绝对精度均在 1.8～2.1m。第二组数据中，随着连接点数量增加，使用 1∶50000 标准 DEM 的平差精度有明显的提升趋势，检查点平面绝对误差中误差从约 5.2m 下降到约 4.3m；而随着连接点数量增大，使用 SRTM-DEM 的平差精度明显低于使用 1∶50000 标准 DEM。

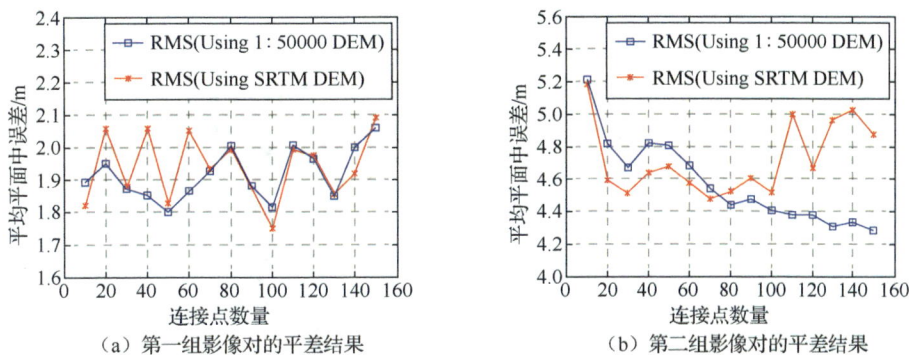

（a）第一组影像对的平差结果　　　　　　（b）第二组影像对的平差结果

图 12-10　检查点平均平面中误差与平差时高程约束连接点数量的关系

上述实验结果表明，在弱交会条件下，DEM 精度和连接点数量对 DEM 辅助平差方法的结果精度几乎没有影响；而强交会条件下，使用更高精度的 DEM 和更多数量的连接点可以显著提高区域网平差精度。

12.6　超大规模多源卫星影像联合区域网平差

国家自然资源监测、全球地理信息建设等重大工程都需要超大范围卫星影像的快速处理技术作为支撑。基于高程数据辅助的卫星影像 RFM 模型区域网平差方法完全适合超大规模卫星影像的全自动区域网平差，而且理论上测量区域越大，范围内包含的地形特征越丰富，越有利于在不同地形高度作为控制时保证区域网平差结果的平面精度。本章提出的 DEM 辅助卫星影像平面区域网平差方法，已经成功应用于高分辨率国产卫星影像"全国一张图"生产更新、全球地理信息资源建设产品质量检测、"一带一路"沿线相关国家影像图制作等工程项目。

12.6.1　高分辨率国产卫星影像"全国一张图"生产更新

图 12-11 所示为用于进行超大规模区域网平差实验的 7888 景国产高分辨率卫星全色影像分布，实验区覆盖中国绝大部分地区，图中绿色方块为资源三号卫星标准景影像，红色方块为高分一号卫星标准景影像。该测量区域共包含 7888 景国产卫星影像，其中高分一号卫星全色影像 3225 景，资源三号卫星下视全色影像 4663 景。

影像匹配由一台工作站完成，工作站搭载两颗 Intel E5 系列处理器，共有 24 个核心 48 线程，以及 128GB 内存空间。参考影像和原始影像均通过网络存储进行传输和读写，通过单机并行计算。受网络带宽及数据读写等限制，影像匹配共耗时约 15 天。匹配使用的参考影像是前期生产的全国资源三号卫星影像 DOM，总体平面精度优于 5m。每景影像通过自动匹配获得约 100 个控制点，测量区域中控制点总数约为 50 万个。连接点匹配中共有 35097 个影像对，每个影像对含有至多 200 个连接点，串点以后连接点总数约为 500 万。匹配完成后，使用本章提出的 DEM 高程数据辅助的光束法区域网平差方法，在 90m 分辨率 SRTM-DEM 约束下进行平差，平差解算及精度统计共耗时约 2h。

区域网平差后，即可根据精化后的 RFM 和公开 DEM 数据进行正射纠正和镶嵌拼接处理，进而检查定位和接边精度。进行正射纠正后，影像定位精度如图 12-12 所示，全国大部分地区的 DOM 定位中误差在 4m（约 2 像素）以内。但是，在湖北和湖南交界地区、西藏和青海的昆仑山地区、黑龙江部分地区存在较大误差，这可能是由全球公开 DEM 数据的高程精度不足或参考 DOM 的平面精度不均匀等引起的。

平差后正射影像之间接边精度如图 12-13 所示，可以看出，大部分影像在重叠区的接边中误差在 2 像素以内，有极少量在山区或沙漠地区的影像接边中误差超过 2 像素，这可能是由全球公开 DEM 高程精度不足等原因引起的。

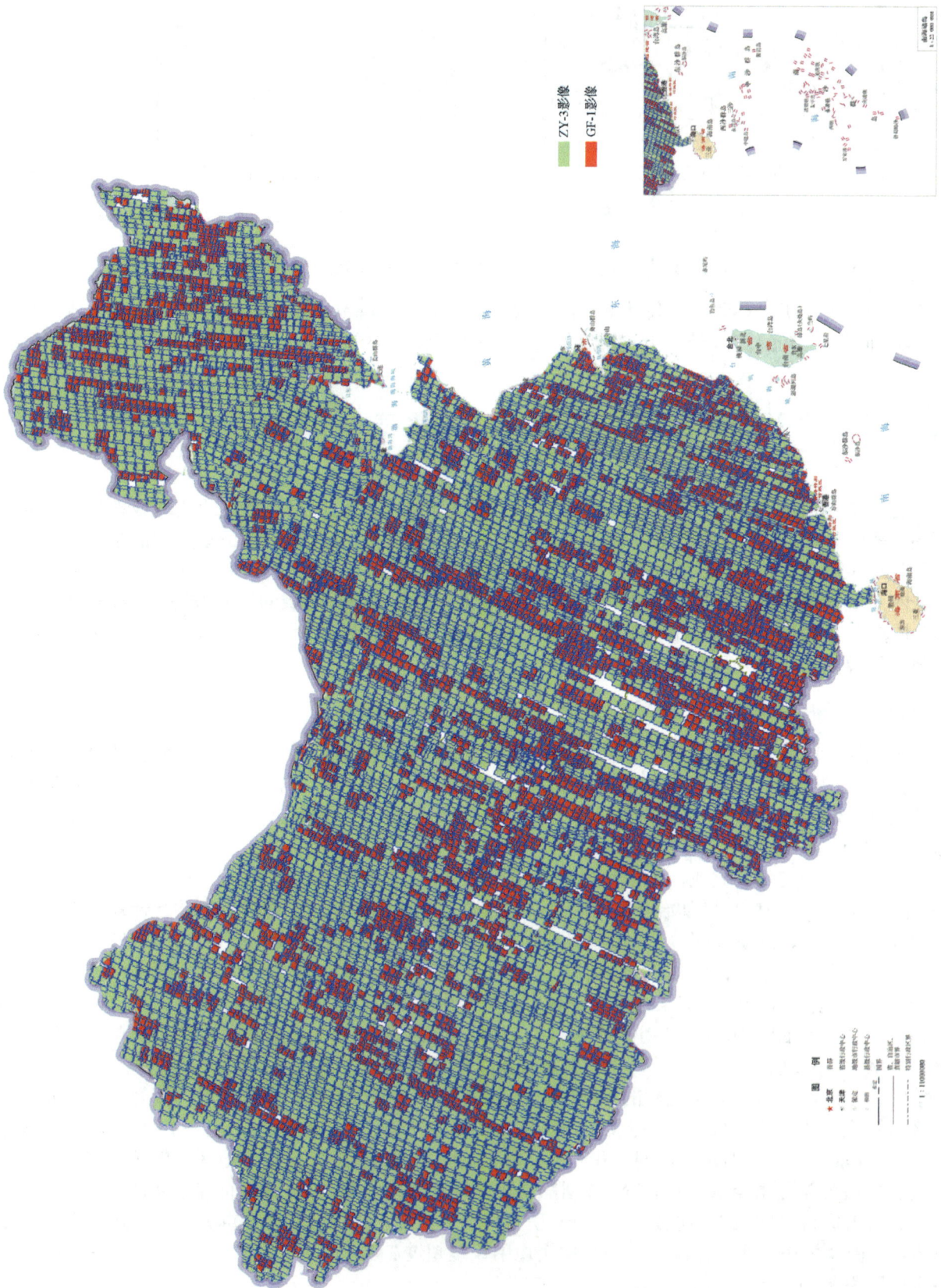

图 12-11 覆盖中国绝大部分地区的 7888 景国产高分辨率卫星全色影像分布

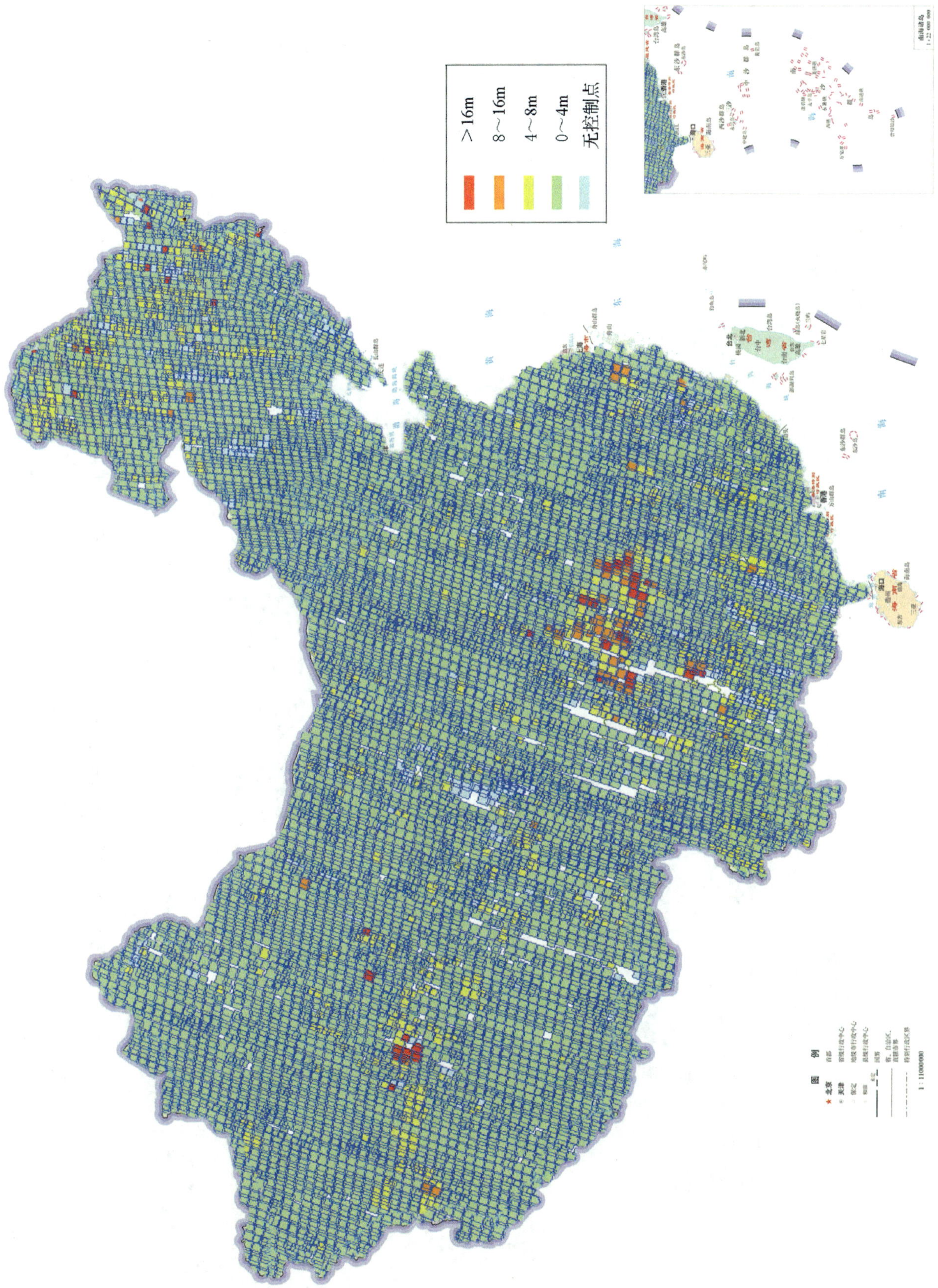

图 12-12 中国绝大部分地区资源三号卫星和高分一号卫星下视影像进行正射纠正后的定位精度

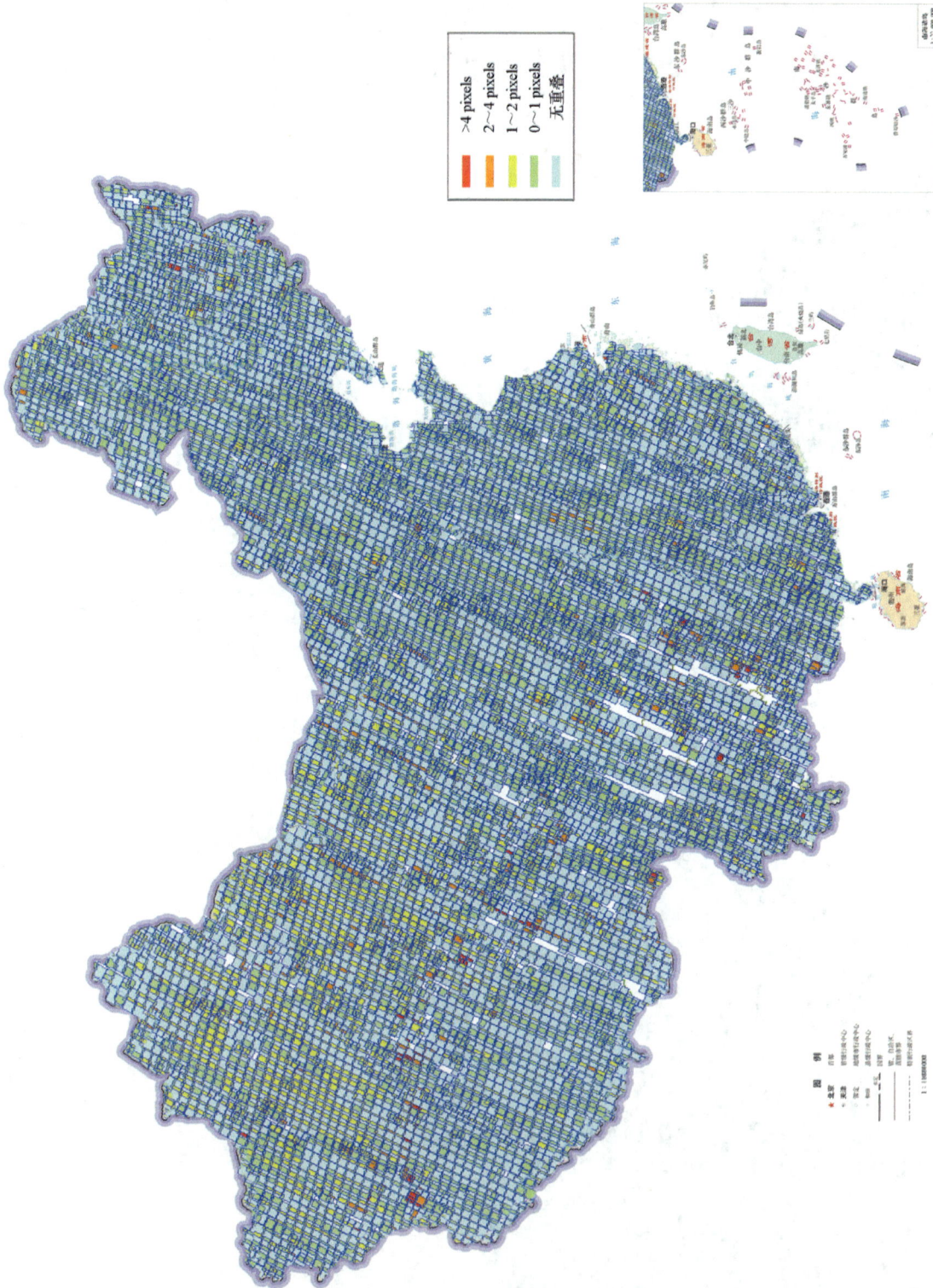

图 12-13 中国绝大部分地区资源三号卫星和高分一号卫星下视影像平差后正射影像之间接边精度

12.6.2　全球地理信息资源建设产品质量检查

高程信息辅助的区域网平差方法不仅可以用于单线阵下视影像的区域网平差，在对平差策略进行适当调整后，也完全可以用于三线阵立体卫星影像区域网平差，该方法已成功应用于全球地理信息资源建设工程的产品质量检查。平差策略的调整主要是根据连接点对应的卫星影像交会角设置其高程约束的权重，对于含有较大交会角的连接点，将其高程约束权值设为 0，以避免低精度的全球公开 DEM 限制立体影像区域网平差结果的高程精度。

图 12-14 所示为覆盖范围为非洲埃塞俄比亚、索马里、肯尼亚、乌干达、坦桑尼亚等地的 2680 景资源三号卫星三线阵立体影像空间分布示意图，测量区域包含 1468 景资源三号 01 星三线阵影像和 1212 景资源三号 02 星三线阵影像。测量区域控制点来源于全球公开的高分辨率卫星影像及 30m 分辨率 SRTM-DEM，通过全自动匹配方式产生。检查点由国内某单位提供，对应的像方坐标由人工采集方式获取。测量区域共有 40670 个连接点匹配任务，匹配由一台搭载 Intel Core-i7 系列 CPU 的普通台式计算机完成，具有 16GB 内存空间，影像数据均保存在本地硬盘。最终通过粗差剔除和抽稀，共有约 300 万个连接点参与平差计算。平差结果如表 12-6 所示，可见检查点平面精度达到 4m 左右，高程精度约 3.5m，满足全球地理信息资源建设工程需求，且与国内外学者关于资源三号卫星立体影像区域网平差精度的研究结论相当。

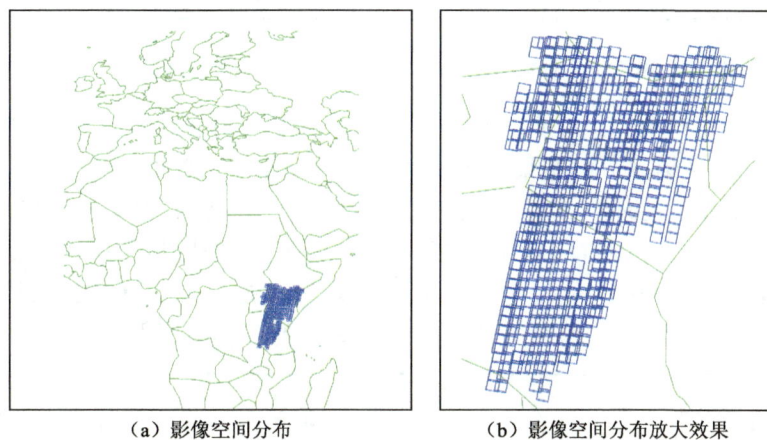

（a）影像空间分布　　　　　　　　（b）影像空间分布放大效果

图 12-14　非洲测量区域 2680 景资源三号卫星三线阵立体影像空间分布示意图

表 12-6　非洲测量区域 2680 景资源三号卫星影像平差后控制点和检查点精度统计结果

点类型	点数	平面精度/m		高程精度/m	
		中误差	最大误差	中误差	最大误差
控制点	612	4.35	11.75	3.19	24.33
检查点	208	4.39	13.15	3.51	22.57

12.6.3　蒙古地区卫星影像快速自动化处理

课题组在多年积累的基础上，于 2020 年研发出多模态影像处理系统（multi-modal image processing system，MIPS），可采用 CPU/GPU 多级并行计算实现光学、SAR、高光谱等多模态卫星影像的高性能自动化处理。图 12-15 所示为覆盖蒙古地区 1551 景资源三号卫星和高分一号卫星影像分布，其中包含 668 景高分一号卫星全色影像和 883 景资源三号卫星下视全色影像。影像匹配在一台高性能工作站上完成，工作站搭载 Intel-Xeon-W3275M 处理器，共有 28 个核心提供 56 线程，内存空间 192GB，固态硬盘空间 8TB，搭载两块 Nvidia-RTX-3090 显示卡。生产使用的参考影像和原始影像均存储在固态硬盘空间上，匹配所使用的参考影像是公众地理信息影像，分辨率约为 3m。

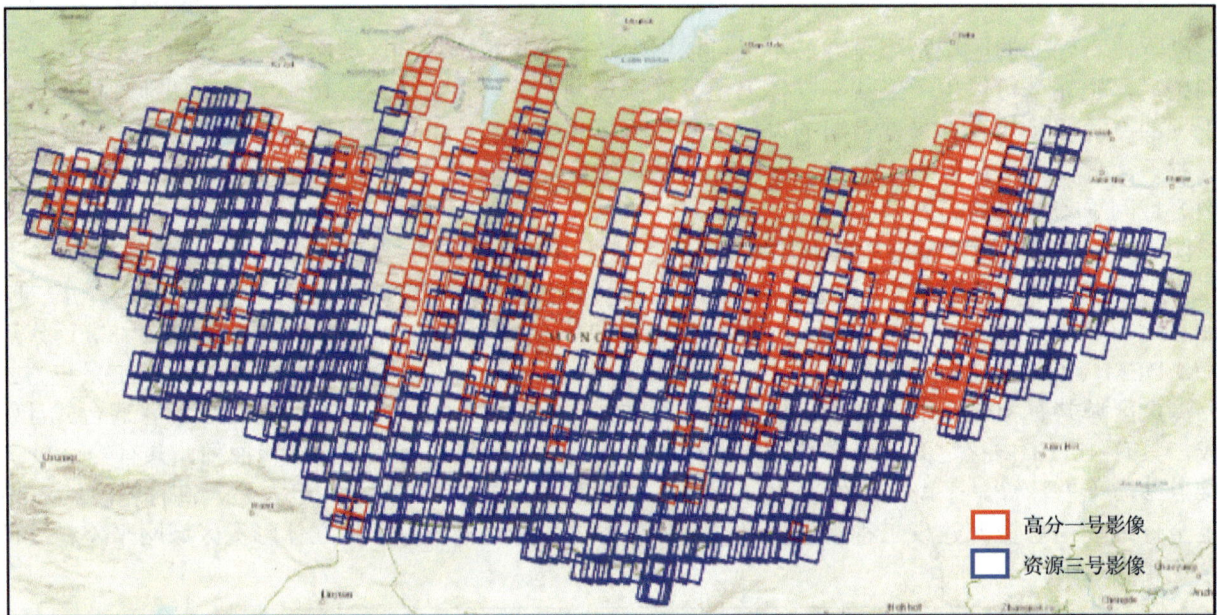

图 12-15　覆盖蒙古地区 1551 景资源三号卫星和高分一号卫星影像分布

　　每景影像通过自动匹配得到约 100 个控制点，测量区域中控制点总数约为 12 万。在连接点匹配中，共匹配了 4987 个影像对，经语义分割结果约束剔除后，剩余连接点总数约为 96 万。采用多核 CPU 并行共轭梯度法进行区域网平差，耗时约 20s，远远高于传统带宽优化等方法的平差效率。平差后像点反投影中误差分别为 x 方向 0.55 像素、y 方向 0.34 像素。平差后影像之间的接边中误差如图 12-16 所示，可见大部分影像重叠区的接边中误差在 2 像素以内，极少量影像接边中误差超过 2 像素，一般发生在云雾较为浓厚的影像上。平差后在影像定位精度方面，大部分影像的控制点平面中误差优于 5m。

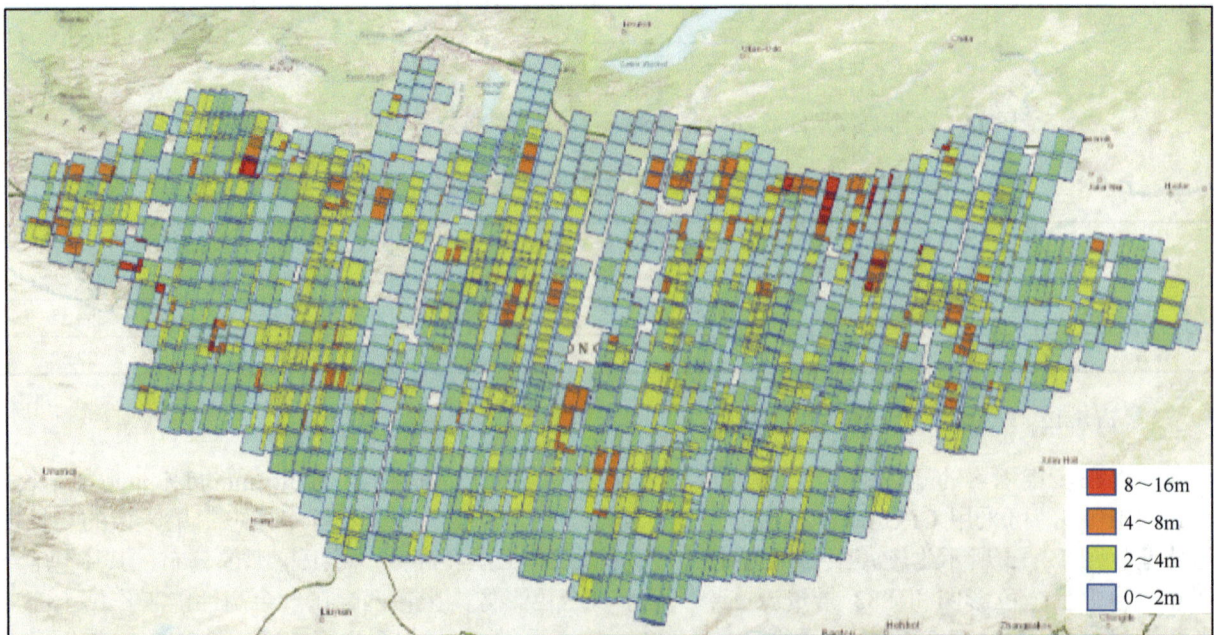

图 12-16　平差后影像之间的接边中误差

　　由于采用了 CPU/GPU 高性能并行处理算法和固态硬盘进行本地数据存取，因此上述数据在单机情况下的处理时长为 19h，包括云区检测、影像融合、影像匹配、区域网平差、正射影像纠正等全部处理流程。可以预计，采用该方案，在单机环境下即可在一周时间内完成全国范围 2m 分辨率卫星影像的自动化处理。

本 章 小 结

　　本章首先介绍了卫星影像的 RFM 和基于像方仿射变换的 RFM 模型纠正方法。实验发现，在对单线阵的邻轨卫星影像利用连接点进行无控制点平差时，在扫描平面近似平行的情况下，几何约束在扫描面方向失效，会导致稀疏控制情况下光束法平差结果不稳定，甚至不收敛。通过对单线阵下视卫星影像之间的双像几何关系进行深入分析，发现区域网平差结果不稳定的主要原因是扫描平面近似平行引起双像连接约束失效。

　　为了实现稀疏控制下的卫星影像平差，提出一种先验高程信息约束的卫星影像平面区域网平差方法，在常规光束法平差基础上，为每个连接点附加一个高程虚拟观测值纳入平差误差方程，以便增强区域网的几何刚性，降低病态程度。高程虚拟观测值通过多像反投影方法从已知 DEM 数据中内插获得。在平差迭代过程中，高程虚拟观测值的权值估算综合了 DEM 本身误差和平面错位在不平坦地区的高程偏差，可以有效避免因不合理的高程权值引起平差收敛到局部最优解。

　　使用山西地区的 46 景资源三号卫星下视全色影像，对基于高程数据辅助的卫星影像 RFM 模型区域网平差方法进行了实验验证。实验结果表明，DEM 辅助平差方法使用极为稀疏的控制点即可以获得优于 1.5 像元的绝对定位精度，而且无论是否使用控制点，都能够获得优于 0.5 像元的相对定位精度。

　　基于高程数据辅助的卫星影像 RFM 模型区域网平差方法完全适合超大规模卫星影像的全自动区域网平差，本章提出的 DEM 辅助卫星影像平面区域网平差方法已经在国产卫星影像"全国一张图"生产更新及全球地理信息资源建设等工程中成功应用。

参 考 文 献

李德仁，袁修孝，2002. 误差处理与可靠性理论[M]. 武汉：武汉大学出版社.

孙钰珊，张力，许彪，等，2019. 资源三号卫星影像无控区域网平差[J]. 遥感学报，23(2): 205-214.

万一，2018. 高程信息辅助的线阵卫星影像区域网平差方法[D]. 武汉: 武汉大学.

王晋，张勇，张祖勋 等，2018. ICESat 激光高程点辅助的天绘一号卫星影像立体区域网平差[J]. 测绘学报，47(3): 359-369.

张过，2005. 缺少控制点的高分辨率卫星遥感影像几何纠正[D]. 武汉: 武汉大学.

张永军，张彦峰，黄旭，2017. 一种基于代价矩阵的多重软约束立体匹配方法[P]. 中国. ZL201510251429.2

张永军，万一，黄心蕙 等，2016. 一种数字高程模型辅助的卫星影像区域网平差方法[P]. 中国. ZL201410071457.1

BYR D M, ASTR M K, 2010. Conjugate gradient bundle adjustment[J]. Lecture Notes in Computer Science, 6312: 114-127.

GRODECKI J, DIAL G, 2003. Block adjustment of high-resolution satellite images described by rational polynomials[J]. Photogrammetric Engineering & Remote Sensing, 69: 59-68.

LI C, LIU X J, ZHANG Y, et al., 2017. A stepwise-then-orthogonal regression (STOR) with quality control for optimizing the RFM of high-resolution satellite imagery[J]. Photogrammetric Engineering & Remote Sensing, 83(9): 611-620.

MOGHADDAM S, MOKHTARZADE M, NAEINI A A, et al., 2018. A statistical variable selection solution for RFM Ill-posedness and overparameterization problems[J]. IEEE Transactions on Geoscience and Remote Sensing, 56(7): 3990-4001.

NOCEDAL J, WRIGHT S, MIKOSCH T V , et al., 1999. Numerical optimization[M]. New York: Springer Science.

SHENG Y W, 2005. Theoretical analysis of the iterative photogrammetric method to determining ground coordinates from photo coordinates and a DEM[J]. Photogrammetric Engineering & Remote Sensing (7): 863-871.

SHENG Y W, 2008. Modeling algorithm-induced errors in iterative mono-plotting process[J]. Photogrammetric Engineering & Remote Sensing, 74(12): 1529-1537.

TEO T A, CHEN L C, LIU C L, et al., 2010. DEM-aided block adjustment for satellite images with weak convergence geometry[J]. IEEE Transactions on Geoscience and Remote Sensing, 48: 1907-1918.

TERLEMEZOGLU B, TOPAN H, 2020. Eigenvalue-based approaches for solving an Ill-posed problem arising in sensor orientation[J]. IEEE Transactions on Geoscience and Remote Sensing, 58(3): 1920-1930.

TOUTIN T, 2004. DSM generation and evaluation from QuickBird stereo imagery with 3D physical modelling[J]. International Journal of Remote Sensing, 25(22): 5181-5192.

ZHANG Y J, LU Y H, WANG L, et al., 2012. A new approach on optimization of the rational function model of high resolution satellite imagery[J]. IEEE Transactions on Geoscience and Remote Sensing, 50(7): 2758-2764.

ZHENG M T, ZHANG Y J, 2016. DEM-aided bundle adjustment with multisource satellite imagery: ZY-3 and GF-1 in large areas[J]. IEEE Geoscience and Remote Sensing Letters, 13(6): 880-884.

ZHOU P, TANG X M, WANG Z M, 2018. SRTM-assisted block adjustment for stereo pushbroom imagery[J]. The Photogrammetric Record, 33(161): 49-65.

第13章

基于图像引导的分级多步立体匹配

13.1 引言

影像密集匹配即从多张（至少两张）影像中逐像素地寻找同名像点并生成密集的三维点云，从而获取整个测量区域三维信息的过程。通过影像密集匹配方式生成 DSM，具有匹配点云精度较高、点云生产成本低、测量区域范围大等突出优势，因此可以广泛应用于测绘制图、智慧城市、虚拟显示、抢险救灾等需要三维场景的应用领域。常规的多视影像密集匹配流程首先根据多种约束条件（如交会角、成像时间、特征匹配质量等），从整个测量区域的影像集合中为每一张影像自动选择最优的待匹配影像组成立体像对，从而将多视影像匹配问题划分为多个单立体模型的双视匹配问题；然后将这些单立体模型的匹配结果进行融合，获得完整的三维点云。经过数十年的发展，目前已经形成了形形色色的单立体模型匹配算法（戴激光，2013；黄旭，2016；Revaud et al.，2016；Du et al.，2018）。大部分立体匹配算法包括四个步骤：匹配代价计算、匹配代价积聚、视差计算及视差优化。匹配代价是衡量立体像对中两个像素之间相似性的度量；匹配代价积聚是将每个像素的匹配代价以某一种方式（局部的或者全局的）与周围像素的匹配代价进行积聚，从而获得更加鲁棒的匹配代价；视差计算，即为从积聚的匹配代价中，将每个像素的最优视差计算出来；视差优化是通过一定的后处理方式，将初始视差进行进一步改正优化。

根据代价积聚方式不同，密集匹配算法大致可以分为局部匹配算法和全局匹配算法（Scharstein et al.，2002）两类。局部匹配算法根据每个像素邻域的灰度信息对匹配代价进行积聚；全局匹配算法将密集匹配问题转换为全局能量函数的最优解计算问题，通过计算全局最优解，得到每个像素的最优视差。近年来，已有许多学者将局部匹配算法拓展为非局部匹配算法，即考虑整张影像的灰度信息，对每一个像素的匹配代价进行积聚。局部匹配算法和非局部匹配算法本质上都是基于图像灰度引导，而全局/半全局匹配算法是基于能量函数最小化思想，因此也可以根据代价积聚方式，将密集匹配算法分为基于图像引导的算法和基于能量函数最小化的算法。基于图像引导的算法在边缘等视差阶跃性区域有着良好的表现，但是由于没有考虑灰度非一致区域之间的匹配约束，往往导致整体匹配结果不够鲁棒；而基于能量函数最小化的匹配算法整体匹配效果更加鲁棒，但是在边缘等视差阶跃区域会存在视差过度平滑问题。因此，如果能将两种方法相结合，发挥各自的优势，理论上可以得到更加精确的密集匹配结果（Mozerov et al.，2015；Žbontar et al.，2015）。

为了解决基于图像引导的算法和基于能量函数最小化的算法各自的缺陷，结合两种算法的代价积聚方式，本章提出一种基于图像引导的三步优化非局部立体匹配（image-guided non-local stereo matching with three optimization steps，INTS）算法，使得匹配结果既能够在边缘保持类似于局部算子的精确性，又能够保持类似于全局算子的鲁棒性（黄旭，2016）。INTS 算法的总体思路如下：首先根据立体像对生成影像金字塔；其次在金字塔顶层采用基于图像引导的多步匹配算法，生成初始视差图；然后将初始视差图传递到下一层金字塔，计算坡度图，根据初始视差图和坡度图，再次进行基于图像引导的多步匹配算法，得到更加精确的视差图，并向下一层金字塔传递；依此类推，直至计算到金字塔底层为止，最后采用基于图像引导的视差内插方法得到最终的视差图。

13.2　匹配代价计算

匹配代价是描述立体影像同名点之间相似性的测度，代价越小表示同名点之间的相似性越高，一个好的代价应该能够精确描述像素及其邻域的灰度特征。方向梯度直方图（histogram of oriented gradient，HOG）算子是一种用于检测物体的特征描述算子，广泛应用于图像识别领域，特别是在行人检测方面取得了巨大成功（Dalal et al.，2005）。本章也将 HOG 算子作为密集匹配的代价，但是，如果对影像上每个像素都计算完整的 HOG 特征，计算量会巨大；同时，传统 HOG 算子不具备抗线性辐射畸变的能力。因此，需要对传统 HOG 算子进行改进，加快代价计算速度，并使改进的 HOG 算子具有抗线性辐射畸变的能力。

卫星遥感影像的辐射情况会受卫星传感器本身、季节变化、太阳高度角/方位角等因素的影响。实际生产中，整幅立体像对之间往往存在复杂的辐射畸变，但是在局部范围内可以近似认为辐射畸变呈线性变化。假设在很小的局部匹配窗口范围内立体像对之间的辐射畸变呈线性变化，即满足以下公式：

$$g_r(p_r) = cg_1(p_1) + t \tag{13-1}$$

式中，下角标 1 表示左影像，r 表示右影像；p_1、p_r 分别为左、右影像同名点（当立体像对为核线影像时，满足关系式 $p_{rx} = p_{lx} - d$，其中 d 为视差）；g_1、g_r 分别为左、右影像同名点的灰度（如果是多光谱卫星影像，则 g_1、g_r 为多个波段之间的平均灰度）；c、t 为线性方程的系数，其中 c 为比例因子，t 为偏移因子。

对立体像对同时计算梯度，可以在局部小窗口范围内消除偏移因子 t。采用 Sobel 算子计算影像梯度：

$$G_{xr}(p_r) = cG_{xl}(p_1)；\quad G_{yr}(p_r) = cG_{yl}(p_1) \tag{13-2}$$

式中，$G_{xl}(p_1)$、$G_{xr}(p_r)$ 分别为点 p_1、p_r 在水平方向的梯度；$G_{yl}(p_1)$、$G_{yr}(p_r)$ 分别为点 p_1、p_r 在垂直方向的梯度。

为了进一步消除比例因子 c，可根据式（13-2）计算梯度的方向角：

$$\begin{cases} \theta_r(p_r) = \theta_1(p_1) \\ \theta_r(p_r) = \arctan(G_{yr}(p_r) / G_{xr}(p_r)) \\ \theta_1(p_1) = \arctan(G_{yl}(p_1) / G_{xl}(p_1)) \end{cases} \tag{13-3}$$

式中，$\theta_1(p_1)$、$\theta_r(p_r)$ 分别为点 p_1、p_r 的梯度方向角。

按照象限不同，其值域是 [0°, 360°)，梯度方向具有良好的抗线性辐射畸变能力。

以影像中任意一个像素 p 为中心，开辟 $W \times W$ 大小的窗口，作为基本描述单元（cell），统计单元内所有像素的梯度方向角，构建梯度方向直方图，如图 13-1 所示。将梯度方向的值域范围划分为 12 个区间，每个区间对应 30° 范围。将每个区间的初始计数均设为 0，判断单元内像素的梯度方向落在哪个区间，则该区间对应的计数加 1。图 13-1（a）为描述单元，箭头方向代表每个像素的梯度方向，像素的背景色与直方图的区间是一一对应的；图 13-1（b）为单元内的梯度方向直方图，区间内的数字表示每个区间的计数。对梯度方向直方图进行归一化，即每个区间的计数除以窗口内像素的总数。根据归一化的梯度方向直方图，构造一个 12 维的向量，作为描述像素 p 的特征描述子，具体表示如下：

$$V_{HOG}(p) = (b_0, b_1, b_2, b_3, b_4, b_5, b_6, b_7, b_8, b_9, b_{10}, b_{11})^T \tag{13-4}$$

式中，$b_i(i=0\sim11)$ 为归一化梯度方向直方图中每个区间的值；$V_{\mathrm{HOG}}(p)$ 为像素 p 的特征描述算子。

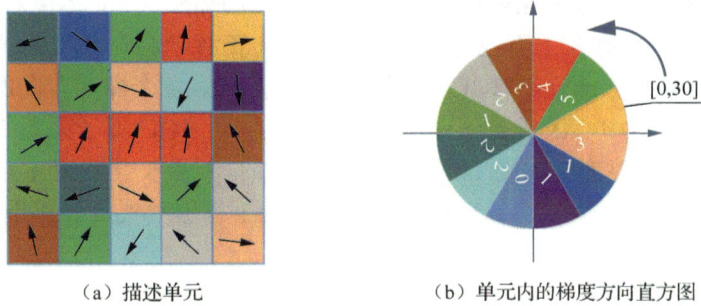

（a）描述单元 （b）单元内的梯度方向直方图

图 13-1 梯度方向直方图

与传统 HOG 算法不同，在构建梯度方向直方图的过程中忽略梯度模的信息，从而使构造的特征描述子具有线性辐射畸变不变性。此外，传统的 HOG 算法需要将若干个基本描述单元组合成一个块（block），从而构成更大的特征描述符。由于密集匹配的代价积聚环节能够将邻域像素的代价积聚在一起，因此为避免重复计算，对像素特征的描述仅停留在单元层面即可，无疑大大提高了计算速度。

将同名点 HOG 特征描述向量之间的距离作为代价，如式（13-5）所示。HOG 特征的本质，是从梯度空间描述像素之间的匹配相似性：

$$C_{\mathrm{HOG}}(p_1,d)=\left\|V_{\mathrm{HOG}}^{\mathrm{l}}(p_1)-V_{\mathrm{HOG}}^{\mathrm{r}}(\mathrm{epl}(p_1,d))\right\| \tag{13-5}$$

式中，$\mathrm{epl}(p_1,d)$ 为点 p_1 在视差为 d 情况下的同名点，即 $p_{\mathrm{r}}=\mathrm{epl}(p_1,d)$；$C_{\mathrm{HOG}}(p_1,d)$ 为点 p_1、p_{r} 之间用 HOG 计算的代价；$V_{\mathrm{HOG}}^{\mathrm{l}}(p_1)$ 为左影像点 p_1 的 HOG 特征描述符；$V_{\mathrm{HOG}}^{\mathrm{r}}(\mathrm{epl}(p_1,d))$ 为右影像点 p_{r} 的特征描述符。

除影像梯度空间外，还有一些匹配算法采用局部结构二值化的方式计算像素之间的相似性，如统计（Census）算法。该算法比较匹配窗口内每个像素 p 和中心像素 c 之间的大小，大于中心像素 c 则设为 1，小于中心像素 c 则设为 0，从而得到匹配窗口的二值化结构，如图 13-2 所示。将二值化结构转换成由 0、1 组成的编码数组，作为中心像素的特征描述符，匹配代价即为同名点特征描述符之间的马氏距离。

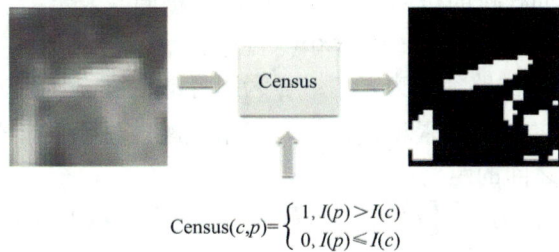

$$\mathrm{Census}(c,p)=\begin{cases}1,\ I(p)>I(c)\\0,\ I(p)\leqslant I(c)\end{cases}$$

图 13-2 Census 算子

为了更加精确地描述像素特征，可联合 HOG 测度和 Census 测度，作为最终的匹配代价计算方式，表示如下：

$$\begin{aligned}C(p_1,d)=&\,q\min\left(C_{\mathrm{Census}}(p_1,\mathrm{epl}(p_1,d)),t_{\mathrm{Census}}\right)/t_{\mathrm{Census}}t_{\mathrm{HOG}}\\&+(1-q)\min\left(C_{\mathrm{HOG}}(p_1,\mathrm{epl}(p_1,d)),t_{\mathrm{HOG}}\right)\end{aligned} \tag{13-6}$$

式中，$C(p_1,d)$ 为点 p_1 在给定视差 d 下的代价；C_{Census} 为用 Census 测度计算的代价；C_{HOG} 为用 HOG 测度计算的代价；t_{Census}、t_{HOG} 为截断值；q 为加权系数，其取值范围为[0,1]。

为了让 C_{Census} 与 C_{HOG} 在相同的取值范围内，需要对 C_{Census} 进行适当的缩放处理。

为了缩小搜索范围并加快计算速度，密集匹配前需要生成核线影像。核线影像的精度与影像的内外方位元素精度有关。当影像内外方位元素精度不高时，对于生成的核线立体像对，其同名点的 y 坐标并不严格相等，同名点在 y 方向存在上下视差。核线影像的上下视差会对代价的计算带来很大影响，尤其是在纹理丰富区域的代价计算方面。在 HOG 算子的基本单元内，各个梯度方向的计算是独立的，与窗口中心像素无关，因此不受窗口中心像素上下视差的影响。此外，HOG 算子采用梯度方向直方图的形式，每个区间有 30° 的范围。当梯度方向因上下视差而产生变化时，只要变化幅度不超过区间范围，则对 HOG 特征描述的计算不造成影响，因此可以在一定程度上削弱上下视差对代价计算造成的影响。

13.3 匹配代价积聚

由于弱纹理、重复纹理、光照条件、相机倾角等因素的影响，匹配代价往往包含歧义性。这些匹配歧义性会严重降低匹配精度，因此需要采用代价积聚的方式进一步提高匹配精度。联合基于图像引导的代价积聚和基于能量函数的代价积聚，能够极大改善匹配困难区域的匹配精度问题。首先，采用基于图像引导的非局部滤波方式（13.3.1 节），将灰度同质区域的像素进行代价积聚，提高弱纹理、视差边缘区域的匹配鲁棒性；其次，采用基于能量函数的半全局密集匹配算法（13.3.2 节），进一步提高灰度不一致区域的匹配鲁棒性，从而最终获得高精度的密集匹配结果。

13.3.1 基于图像引导的非局部滤波

基于图像引导的密集匹配算法认为，影像上灰度接近且距离较近的像素，其视差应该一致。目前，基于图像引导的非局部匹配算法有很多种，但是其基本数学模型大都一致（Yang，2015；Pham et al.，2013；Cigla et al.，2013；Sun et al.，2014；Cheng et al.，2015）：

$$L_r(p,d) = C(p,d) + TL_r(p-1,d) \tag{13-7}$$

式中，$L(p,d)$ 为像素 p 在当前路径对应视差 d 的累积代价；r 为路径的方向；$C(p,d)$ 为当前像素 p 对应视差 d 的匹配代价；$p-1$ 为在当前路径上，像素 p 的前一个像素；T 为像素 p 和像素 $p-1$ 灰度/颜色的接近程度，用于约束邻域像素之间代价的传递，一般采用高斯核函数表示：

$$T = T_G(p,p-1) = \exp\left(-|g(p)-g(p-1)|/\sigma\right) \tag{13-8}$$

式中，T_G 为采用高斯核函数计算的路径约束项 T；g 为影像的灰度；σ 为平滑因子。

非局部匹配算法一般采用递归方式累积代价。与局部匹配算法不同，非局部匹配算法通过累积乘以约束项 T 的方式计算两个像素之间的距离：

$$D(p,q) = \prod T(p,p-1)T(p-1,p-2)\cdots T(q+1,q) \tag{13-9}$$

式中，$D(p,q)$ 为像素 p、q 之间的距离。

在影像同质区域，约束项 T 的值接近 1。根据式（13-9），在像素 p、q 之间实际空间距离较远的情况下，即使经过递归计算，非局部匹配算法依然认为像素 p、q 距离较近，从而令像素 p、q 的视差一致。这显然不符合实际情况，因为现实世界中纹理贫乏区域的地表往往存在一定的起伏，对应影像上像素的视差理论应该不一致。

为了解决纹理贫乏区域视差不一致的问题，在式（13-7）的基础上加入惩罚项 P_1、P_2，如式（13-10）所示：

$$L_r(p,d) = C(p,d) + T\min\begin{cases} L_r(p-1,d), \\ L_r(p-1,d-1)+P_1, \\ L_r(p-1,d+1)+P_1, \\ \min_k L_r(p-1,k)+P_2 \end{cases} \tag{13-10}$$

与式（13-7）相比，式（13-10）考虑了同质区域视差不一致的情况。在同质区域内，当相邻像素视差平滑变化时，给予微小的惩罚 P_1；当相邻像素视差发生阶跃性变化时，给予较大的惩罚 P_2。这样做的好处是在尽量遵守同质区域邻近像素视差一致的原则下，灵活地允许像素视差发生变化。由于同质区域视差平滑变化的情况比较常见，因此参数 P_2 要远大于 P_1。

同质区域内，当代价从像素 p 传递到下一个像素 $p+1$ 时，传统的非局部匹配算法充分信任从像素 p 传递过来的代价，给予较大的权值 T。但是，由于视差阶跃的影响，即使从同质区域内部传递过来的代价也并不完全可靠。如图 13-3 所示，红色圆圈代表像素中心点，箭头代表代价累积的方向。p 与 $p+1$ 属于同一个区域，而 $p-1$ 与它们不属于同一个区域，像素 $p-1$ 的真实视差要大于 p 和 $p+1$。在这种情况下，p 的代价与 $p-1$ 近似，而不是 $p+1$。为了使解释更加清晰，采用水平方向的梯度算子作为计算代价的测度：

$$\begin{cases} G_x(p-1) = (g(p)-g(p-2))/2 \\ G_x(p) = (g(p+1)-g(p-1))/2 \\ G_x(p+1) = (g(p+2)-g(p))/2 \end{cases} \tag{13-11}$$

式中，G_x 为水平方向的梯度；g 为影像的灰度。

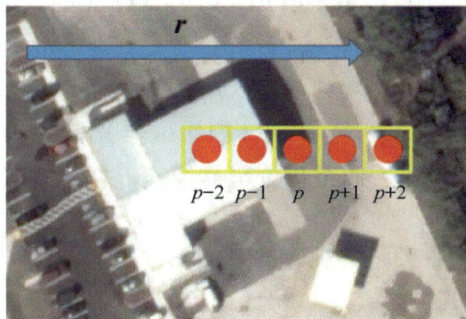

图 13-3　遮挡区域代价传递

由式（13-11）和图 13-3 可以看出，$G_x(p) \approx G_x(p-1)$、$G_x(p) \neq G_x(p+1)$，从而在计算代价时，导致 p 和 $p-1$ 的代价相似。尽管基于图像引导的算法通过参数 T 能够限制从 $p-1$ 到 p 的代价传递，但是无法限制从 p 到 $p+1$ 的代价传递，从而引起过传递现象，这种问题在代价从强纹理一侧向弱纹理一侧传递时尤为明显。不仅上述梯度算子，所有涉及窗口计算的测度都会遇到同样的问题。造成这种问题的原因，在于基于窗口计算的测度均假设窗口内像素的视差一致，而实际上在边缘等视差阶跃性区域不满足该假设，造成代价计算错误。传统非局部算子强行令同质区域视差一致，可以避免过传递问题。但是如前所述，过分强制地约束会带来其他误匹配问题。

鉴于边缘的灰度特征一般比较明显，本节设计一种新的双边滤波方法，以解决视差阶跃边缘的代价计算问题。将代价计算窗口完全处于同质区域内的像素称为代价可靠像素，反之则称为代价可疑像素，如图 13-4 所示。

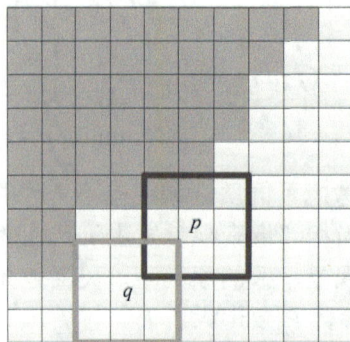

图 13-4 边缘区域代价计算

图中，每个方格代表一个像素，方格的背景代表像素灰度。若定义代价计算窗口大小为 3 像素×3 像素，则像素 q 的代价计算窗口完全落入灰度同质区域内，可以认为像素 q 是代价可靠像素；而像素 p 位于边缘区域，其代价计算窗口有部分落入非同质区域，则认为像素 p 是代价可疑像素。因为灰度边缘区域往往有可能是视差阶跃区域，代价计算窗口内视差不满足视差一致的假设，导致中心像素代价计算错误。

计算完代价矩阵后，首先对每个像素定义一个与代价计算窗口相同大小的窗口 N_w，根据窗口内灰度的分布情况，将整张影像的像素归纳为两个集合：代价可靠像素组成的集合 Q_H 和代价可疑像素组成的集合 Q_N，表示如下：

$$p \in \begin{cases} Q_H & \text{if } \forall |g(p) - g(q)| \leqslant C \cap q \in N_w \\ Q_N & \text{if } \exists |g(p) - g(q)| > C \cap q \in N_w \end{cases} \tag{13-12}$$

式中，N_w 为像素 p 的邻域，大小由代价计算窗口决定；Q_H 为代价可靠像素组成的集合；Q_N 为代价可疑像素组成的集合；符号 $\forall$ 为任意的意思；符号 $\exists$ 为存在的意思。

对集合 Q_N 中的每个像素进行双边滤波，具体过程如下：首先定义双边滤波窗口 N_p，在视差阶跃区域像素的邻域内找出代价可靠像素；然后通过代价可靠像素，根据式（13-13）改善中心像素的代价，邻域内代价可疑像素则不参与计算：

$$\text{cost}'(p) = \frac{\displaystyle\sum_{q}^{q \in N_p \cup q \in Q_H} w(p,q)\text{cost}(q)}{\displaystyle\sum_{q}^{q \in N_p \cup q \in Q_H} w(p,q)} \tag{13-13}$$

式中，$\text{cost}'(p)$ 为中心像素经过双边滤波后的代价；N_p 为像素 p 的邻域，大小由双边滤波窗口决定；Q_H 为代价可靠像素组成的集合；$w(p,q)$ 为根据像素 p 和 q 的灰度计算出来的权值。

邻域 N_p 大小的确定关系着中心像素的可疑代价能否真正得到改善。邻域窗口取得过大，则不满足视差一致的假设；邻域窗口取得过小，则无法完全修正中心像素的可疑代价。一般可以设定为稍大于代价计算的窗口。$w(p,q)$ 表示像素 p、q 之间灰度的接近程度，一般常用高斯函数表示，并采用二次函数计算权值 w，该二次函数同样用于计算约束项因子 T。

采用改进的双边滤波方法后，能够极大程度上减少过传递的问题，保持边缘特征的匹配精度。传统的基于图像引导的密集匹配算法采用式（13-8）所示的高斯核函数计算参数 T。高斯核函数是一个减函数，其斜率由大到小逐次递减，意味着当灰度差在 0 附近产生微小变化时，高斯核函数值 T 的下降幅度最大。但是，在实际影像上，即使是同质区域，区域内部像素的灰度也不可能完全一样。理论上，希望在灰度差虽不等于 0，但仍然较小的情况下得到较大的 T 值，从而能够增强同质区域内的代价传递。传统算法取较大的平滑因子 σ（$\sigma = 15 \sim 25$）来解决这个问题（Paul et al.，1997；Jung et al.，2013；Hirschmueller et al., 2009；杨化超 等，2011；Yoon et al.，2006），但是在非同质区域像素之间进行代价传递时，较大的 σ 也会计算出较大的权值。造成该问题的关键原因在于高斯核函数的斜率是递减的，因而设计一种基于抛物线的核函数，在 $[0, 2\sigma]$ 范围内保证斜率递增，表示如下：

$$\begin{cases} T_q(p+1, p) = \begin{cases} \alpha\Delta g^2 + 1, & \Delta g \leqslant 2\sigma \\ T_G(p, p+1), & \Delta g > 2\sigma \end{cases} \\ \Delta g = |g(p+1) - g(p)| \quad a = (e^{-2} - 1) / 4\sigma^2 \end{cases} \quad (13\text{-}14)$$

式中，T_q 为约束项因子 T 值；α 为二次项系数；σ 为平滑因子。

由于采用抛物线函数，其斜率递增，因此可以保证在灰度差较小的情况下，T 值仍然较大；而在灰度差较大的情况下，T 值会急剧下降。T 的取值范围是 $[0,1]$，为使新设计的抛物线核函数满足该区间，当灰度差大于 2σ 时，则采用高斯核函数进行计算。当 σ 分别等于 5、20 时，所设计的抛物线核函数与高斯核函数的表现如图 13-5 所示。

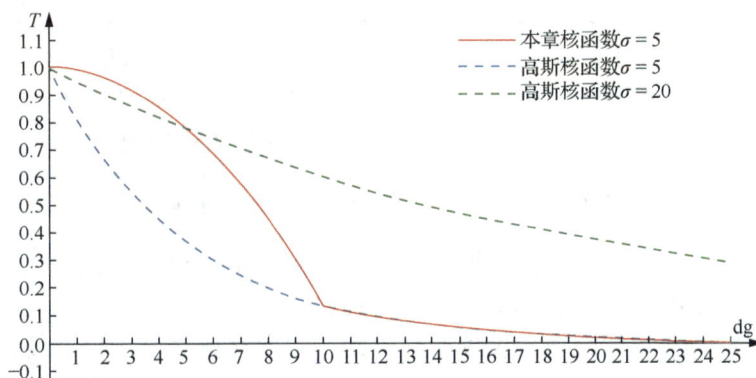

图 13-5　抛物线核函数与高斯核函数的表现

图中，横坐标 dg 表示灰度差的绝对值，纵坐标表示 T 值。令 $T_q(\sigma)$ 表示由抛物线核函数计算的 T 值，$T_G(\sigma)$ 表示由高斯核函数计算的 T 值。从图中可以看出，当 $\sigma = 5$ 时，抛物线核函数在灰度差较小（灰度差在 5 以内）的情况下，能够取得较大的 $T_q(5)$；而高斯核函数计算的 $T_G(5)$ 则剧烈下降，甚至当灰度差仅仅为 3 时，$T_G(5)$ 已经降到 0.5 左右。如果取较大的平滑因子 $\sigma = 20$，虽然在灰度差较小时高斯核函数能够取得较大的 $T_G(20)$，但是当灰度差大于 10 时，$T_G(20)$ 仍然下降到 0.6 以下。在这种情况下，很容易将非同质区域像素的代价进行传递，有可能引起误匹配。另外，值得注意的是，当灰度差较小，如在 5 以内时，抛物线核函数在 $\sigma = 5$ 时计算的 $T_q(5)$ 仍然大于 $\sigma = 20$ 时高斯核函数计算的 $T_G(20)$，充分说明抛物线核函数在灰度差较小情况下的鲁棒性。

在对匹配代价进行双边滤波之后，采用非局部匹配算法对匹配代价进行优化，以获得更高精度的匹配结果。非局部匹配算法的匹配结果与代价累积路径密切相关。定义从起点到终点的所有像素均属于同一区域的路径为连通路径，否则为非连通路径。一个好的代价累积路径应该尽可能地覆盖整个同质区域，即同质区域内像素之间的路径互相连通。大多数非局部匹配算法采用水平/垂直扫描线的方法定义路径（Pham et al.，2013；Cigla et al.，2013；Sun et al.，2014；Cheng et al.，2015）。但是，仅仅采用水平方向和垂直方向的扫描线很容易造成同质区域内像素之间的路径不连通，如图 13-6 所示。

图 13-6　水平/垂直扫描线方法路径

图 13-6 所示是杰克逊维尔（Jacksonville）地区的 WorldView-3 卫星影像，其中红色圆点表示像素，黑色直线表示路径，箭头表示代价累积的方向。像素 p_1、p_2 和 p_3 属于同一个区域，但是像素 p_4 属于其他区域。如果将像素 p_2 的代价传递到像素 p_1，则可以走两条路径：$p_2 \to p_3 \to p_1$ 或者 $p_2 \to p_4 \to p_1$。但是不管走哪条路径，总是经过同质区域以外的像素。此时，像素 p_2 对像素 p_1 的贡献微乎其微，即路径断裂。

为了解决该问题，提出基于八方向的代价积聚策略，不仅包含水平/垂直方向，还包括四个对角线方向。算法需要两次迭代，在第一次迭代时需要对八个方向的代价累积结果进行相加，表示如下：

$$S(p,d) = C(p,d) + \sum_{r=1}^{8} (L_r(p,d) - C(p,d)) \tag{13-15}$$

式中，L 为根据式（13-10）计算出来的代价累积结果；r 为扫描线方向，包括 0°、45°、90°、135°、180°、225°、270° 及 315° 方向；S 为八个方向扫描线总的代价累积结果。

经过第一次迭代，对每个像素来说，仅仅在扫描线方向上存在路径，扫描线之外的像素并无路径相连。因此，将第一次迭代的累积结果 S 作为新的代价，参与第二次迭代计算，表示如下：

$$L_r^2(p,d) = S(p,d) + T \min \begin{cases} L_r^2(p-1,d), \\ L_r^2(p-1,d-1) + P_1, \\ L_r^2(p-1,d+1) + P_1, \\ \min_k L_r^2(p-1,k) + P_2 \end{cases} \tag{13-16}$$

式中，L_r^2 为第二次迭代中，r 方向扫描线上的代价累积结果。

最后，对八个方向的代价累积结果相加，表示如下：

$$S^2(p,d) = S(p,d) + \sum_{r=1}^{8} (L_r^2(p,d) - S(p,d)) \tag{13-17}$$

式中，S^2 为第二次迭代中，八个方向总的代价累积结果。经过两次迭代，影像上的每个像素都与整幅影像中其他所有像素之间存在路径，或者连通，或者非连通。

对每个像素而言，其最终的代价累积结果在数值上差别很大。大面积纹理贫乏区域的像素，往往累积结果很大；而纹理丰富区域的像素，往往累积结果很小，因此需要对 S^2 进行归一化处理。经过两次迭代处理后，影像上任意两个像素之间的路径如图 13-7 所示。

图 13-7 表示把代价从像素 p_1 传递到像素 p_3 的路径，圆形表示影像像素，绿色直线表示像素 p_1 的八条扫描线方向，蓝色直线表示像素 p_3 的八条扫描线方向。这两组扫描线之间的交点即定义了代价传递路径，交点用紫色圆点表示，箭头表示代价传递的方向。从图中可以看出，基于八个方向的代价累积策略，能够为像素 p_1 到像素 p_3 的代价传递提供多条路径，包括水平方向的路径、垂直方向的路径及对角线方向的路径。在通常情况下，这些路径中总有一条路径是连通路径。但是，在环形区域或者 U 形区域，也可能存在没有任何一条路径是连通路径的情况。

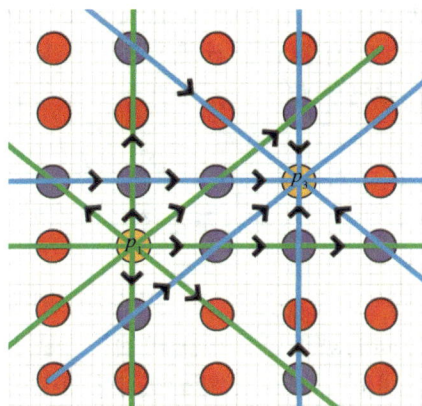

图 13-7　代价累积两次迭代的路径

13.3.2　基于非局部累积代价的半全局匹配

前述基于图像引导的方法在同质区域及边缘具有良好的匹配效果，但是由于没有考虑非同质区域像素之间的代价传递，因此其在纹理丰富的区域匹配效果不够稳定；而基于能量函数的方法不限制代价的传递，往往在纹理丰富区域具有较好的匹配效果。因此，将两种方法相结合，能够将代价在非同质区域之间进行传递，增强匹配的鲁棒性。首先采用 13.3.1 节提出的非局部匹配算法进行密集匹配；然后将累积代价 S^2 作为新的代价进行半全局匹配（semi-global matching，SGM）算法（Hirschmüller，2008）；最后采用赢家通吃（winner takes all，WTA）策略获得初始视差图，并采用左右一致性检测方法剔除匹配粗差。

Heiko Hirschmüller 在 2008 年提出 SGM 算法。SGM 算法根据密集匹配问题建立一个全局能量函数，通过式（13-18）所示的 8～16 个方向一维动态规划，并将各个方向的动态规划结果累加，如式（13-19）所示，得到全局能量函数的近似最优解，作为密集匹配的最终结果。

$$L_r(p,d) = S^2(p,d) + \min\begin{cases} L_r(p-1,d), \\ L_r(p-1,d-1)+P_1, \\ L_r(p-1,d+1)+P_1, \\ \min\limits_k L_r(p-1,k)+P_2 \end{cases} - \min_i L_r(p-1,i) \qquad (13\text{-}18)$$

式中，$L(p,d)$ 为像素 p 在当前路径对应视差 d 的累积代价；r 为路径的方向；$S(p,d)$ 为当前像素 p 对应视差 d 的代价；$p-1$ 为当前路径上像素的前一个像素；S^2 为经过基于图像引导的非局部滤波后得到的累积代价。

$$S^3(p,d) = \sum_r L_r(p,d) \qquad (13\text{-}19)$$

式中，S^3 为对各个方向代价积聚结果相加后，得到的总体代价积聚结果。

根据 SGM 原理，一般可采用式（13-19）对整张影像进行 8～16 个方向的代价累积，并将各个方向的累积结果相加，得到最终的代价积聚结果。

13.4　基于影像金字塔的分级匹配

13.4.1　分级匹配策略

由于地形起伏、卫星成像视角等原因，在原始影像上视差范围往往较大。较大的视差范围可能会带来两个问题：①增加匹配计算的时间复杂度；②增加匹配歧义性，造成误匹配问题严重。

为了减少匹配的歧义性，同时降低原始影像的计算复杂度，可采用金字塔式的分级匹配策略。通过构建影像金字塔，可以成倍地缩小视差搜索范围，减少匹配歧义性，加快匹配速度。基于金字塔的分级匹配总体研究思路如下（图 13-8）：

1）采用 2 像素×2 像素的采样窗口，对原始影像构建金字塔。

2）在金字塔顶层，采用 13.3 节介绍的方法进行基于图像引导的多步密集匹配，得到顶层影像的初始视差图。

3）将顶层影像的初始视差图向下一级金字塔传递，采用加权中值滤波方法消除采样误差，充分利用上一级传递的初始视差图计算八个方向的坡度图，根据初始视差图和坡度图，限制匹配的视差搜索范围并降低匹配歧义性，自适应地调整惩罚值 P_1、P_2，然后采用基于图像引导的多步密集匹配算法，获得更加精确的视差图。

4）将上一级金字塔的匹配结果向下一级金字塔传递，重复步骤 3），直至计算到金字塔底层为止。

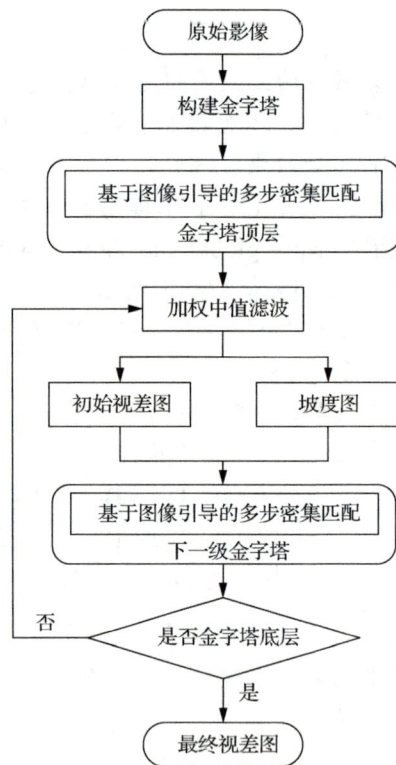

图 13-8　金字塔分级匹配技术路线图

13.4.2　加权中值滤波

金字塔式的由粗到精匹配策略是通过上一层金字塔的视差图来预测下一层金字塔的视差搜索范围。令 S 表示金字塔重采样尺度，则上一层金字塔的一个像素对应下一层金字塔的 $S \times S$ 区域。通常情况下，假设上一层金字塔匹配正确的点能够为下一层金字塔对应区域内的像素提供准确的视差搜索范围。但是，在视差阶跃区域，该假设不成立，如图 13-9 所示。

图 13-9 所示为一个 2×2 金字塔的构建过程。上一层金字塔的像素 0 对应下一层金字塔的像素 1、2、3 和 4，背景颜色对应像素的真实视差。图中，像素 1、3 和像素 2、4 之间存在明显的视差阶跃。在像素 0 为正确匹配点的情况下，能为像素 2、4 提供准确的视差预测范围，但是无法为像素 1、3 提供准确的视

差搜索范围，从而导致像素 1、3 可能出现误匹配问题。

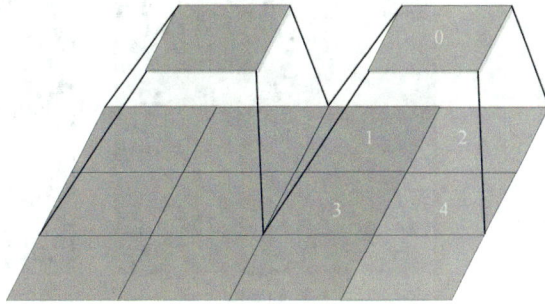

图 13-9　视差金字塔示意图

为了解决视差范围预测错误的问题，在上一层金字塔传递下来的初始视差图中，根据每个有效像素邻域内的视差分布进行加权中值滤波，改正初始视差图中预测错误的视差。加权中值滤波（Mozerov et al.，2015；Yang et al.，2009）以邻域像素与中心像素的灰度差为权值，灰度差越小则权越大，灰度差越大则权越小，权值采用高斯函数计算。根据权值，对邻域内的有效视差进行中值滤波，表示如下：

$$\begin{cases} d'(p_n) = \underset{n}{\mathrm{med}}\{Mw(p_n, p_c) \otimes d(p_n)\} \\ w(p_n, p_c) = \exp(-|g(p_n) - g(p_c)|/\sigma) \end{cases} \quad (13\text{-}20)$$

式中，d' 为经过加权中值滤波改正后的视差；p_c 为中心像素；p_n 为邻域像素；M 为比例因子；w 为权值；$\otimes$ 为个数，即 $Mw(p_n, p_c) \otimes d(p_n)$ 表示有 $Mw(p_n, p_c)$ 个视差 d；σ 为平滑因子。

加权中值滤波的具体过程如图 13-10 所示，在一个 5×5 的加权中值滤波窗口，以其中的像素 3 为中心像素，w_l 表示较大的权值，w_s 表示较小的权值。由于紫色虚线框中的绿色像素处于视差阶跃区域，因此其预测的视差会出现错误；而紫色虚线框之外的绿色像素处于视差平滑区域，其预测的视差可靠有效。在加权中值滤波过程中，蓝色像素权值较小，其视差基本不会被取为中值；紫色虚线框中的像素虽然权值较大，但是其数目较少，其视差取为中值的可能性也较小；其余绿色像素因数目较多且权值大，其视差有较大可能取为中值，以改正中心像素的视差。

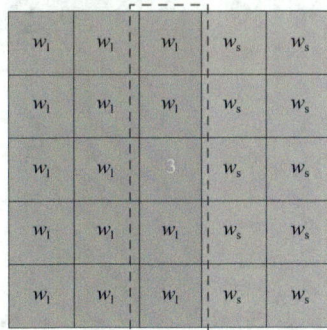

图 13-10　加权中值滤波的具体过程

13.4.3　扫描线方向坡度图

将金字塔顶层的初始视差图向下一层传递，可以根据上一级视差图中的有效视差值约束下一级金字塔影像的视差搜索范围，目前主流的分级匹配策略均采取该思路。定义视差沿某一方向的变化率为视差梯度，即坡度。上一级视差图除提供视差值信息本身外，还可以提供像素的视差梯度信息（坡度）。图 13-11 所示为视差图与坡度图的关系。

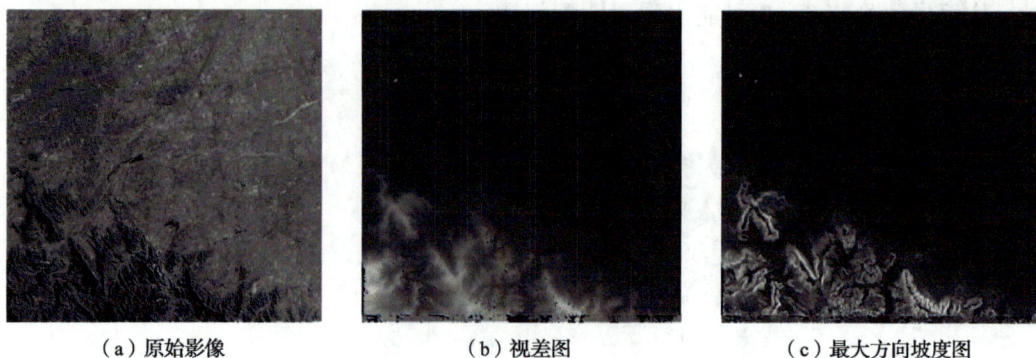

（a）原始影像　　　　　　　（b）视差图　　　　　　　（c）最大方向坡度图

图 13-11　视差图与坡度图的关系

图 13-11（a）是北京地区的 ZY3 影像；图 13-11（b）是采用本章提出的 INTS 算法获得的初始视差图；图 13-11（c）是根据初始视差图，以每个像素对应的最大坡度为灰度获得的坡度图。可以看出，山坡等坡度比较大的区域在 13-11（c）中显示为亮色区域，在平原等坡度比较小的区域则在 13-11（c）中显示为暗色区域。

因此，根据视差梯度信息，可以推断出对应区域的视差变化趋势，坡度较大，则说明视差变化明显；坡度较小，则说明视差趋于一致。因此，可以根据上一级金字塔传递下来的初始视差图计算整张影像的坡度信息，并在本级金字塔匹配中，利用坡度信息自适应地确定平滑项惩罚因子 P_1。在视差变化较大的区域，应给定较小的 P_1，以鼓励视差变化；而在视差变化平缓的区域，应给定较大的 P_1，保证该区域的视差一致性。

代价累积时，需要采用八个方向扫描线的方式进行。实际上，即使是同一个像素，在不同方向扫描线上，其对应的坡度也不一定相同，如图 13-12 所示。

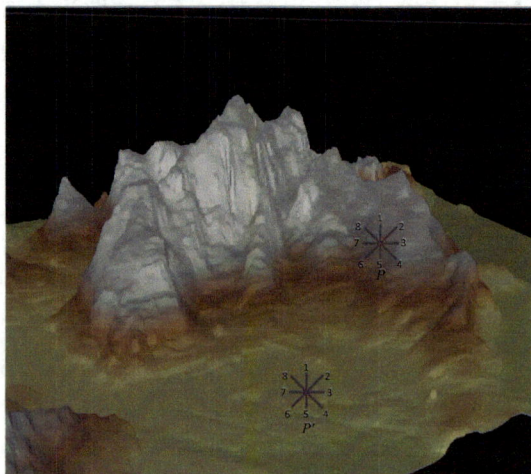

图 13-12　八个方向扫描线上的坡度示意图

图 13-12 所示为北京附近山区地形的三维模型，点 P' 位于平地区域，其对应八个方向的扫描线 1～8 视差变化均不大，因此在八个方向扫描线 1～8 上进行代价积聚时，均可以采用较大的平滑项惩罚因子 P_1，以保证视差的一致性。而点 P 位于山地区域，视差变化较为明显，而且八个方向扫描线上的坡度变化均不相同。若扫描线垂直于山区等高线方向，则该扫描线上的视差坡度最大，如图中经过点 P 的扫描线 2 和扫描线 6；反之，若扫描线接近平行于山区等高线方向，则该扫描线上的视差坡度最小，如图中经过点

P 的扫描线 4 和扫描线 8。因此，在这种情况下，即使经过同一点，不同方向扫描线上进行代价积聚时，也需要采用不同的平滑项惩罚因子 P_1。当扫描线上视差变化较大时，采用较小的平滑项惩罚因子 P_1，否则采用较大的平滑项惩罚因子 P_1。

影像上每个像素都会经过八个不同方向的扫描线，若扫描线位于同一条直线上，则扫描线上的坡度基本一致，如图中的扫描线 1 和 5、扫描线 2 和 6、扫描线 3 和 7，以及扫描线 4 和 8。但是，若扫描线不在同一条直线上，则每条扫描线上的视差梯度情况不一定相同。因此，每个像素需要记录至少四个不同方向扫描线上的视差梯度。

坡度信息可以根据扫描线上视差的变化情况来计算。首先，需要自适应地确定计算坡度的窗口大小，以待计算的像素为中心像素，沿着扫描线方向及扫描线的反方向依次遍历扫描线上的每个像素，在两个方向上进行延伸，如图 13-13 所示。

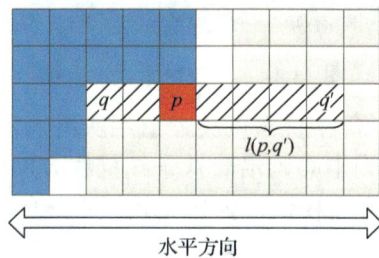

图 13-13　自适应确定坡度计算窗口

图 13-13 表示水平方向扫描线上，像素 p 的坡度计算窗口，背景为红色斜线的像素，即为按照式（13-21）定义的规则确定的坡度计算窗口。窗口生长过程中，需要满足如下两个条件：

1）当像素 q 与中心像素 p 之间视差的差值大于阈值 λ 时，则停止生长。

2）当像素 q' 与中心像素 p' 之间的距离，即生长长度 $l(p,q')$ 大于阈值 Δ 时，则停止生长。

$$q\begin{cases} \in W_p & |g(p)-g(q)| \leqslant \lambda \text{ 且 } l(p,q) \leqslant \Delta \\ \notin W_p & |g(p)-g(q)| > \lambda \text{ 或 } l(p,q) > \Delta \end{cases} \tag{13-21}$$

式中，q 为在窗口生长过程中遍历的像素；p 为中心像素；λ 为灰度阈值；Δ 为距离阈值；$l(p,q)$ 为像素 p 和 q 之间的欧式距离；W_p 为像素 p 的坡度计算窗口。

图 13-13 中，像素 q 即为满足上述第一个条件，窗口停止生长后其中一个端点对应的像素；而像素 q' 即为满足第二个条件后，窗口另一个端点对应的像素。

在确定坡度计算窗口后，根据窗口首尾两个端点 q 和 q' 对应的视差差值，以及窗口长度 $l(p,q')$，即可计算窗口中心像素 p 的坡度：

$$G(p,r) = \frac{|D(q)-D(q')|}{l(q,q')} \tag{13-22}$$

式中，$G(p,r)$ 为点 p 在方向为 r 的扫描线上的坡度；D 为上一层金字塔传递下来的视差图。

当中心像素存在有效视差时，可以根据式（13-21）和式（13-22）快速计算中心像素的坡度。但是，从上一级金字塔传递下来的视差图中往往存在无效视差区域，这些区域的像素无法通过坡度窗口来计算。现实世界中，空间距离接近且灰度接近的像素，其视差梯度往往也较为一致。因此，根据这个假设，以像素灰度为权重，根据周围有效像素的坡度，内插无效像素的坡度。具体内插过程为以无效像素为中心，沿八个方向扫描线进行生长，直至遇到有效像素为止，如图 13-14 所示。

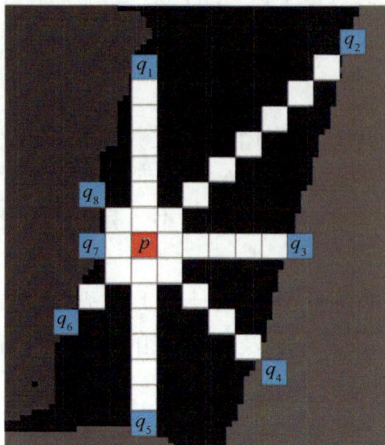

图 13-14　无效像素坡度内插

图 13-14 所示为视差图的一部分，每个像素的视差值用灰度表示，黑色区域即无效视差区域。点 p 是无效视差区域中的一个像素，以 p 点为中心，沿着八条扫描线方向进行生长，直至遇到有效像素 $q_1 \sim q_8$ 为止。根据有效像素的坡度值，以灰度为权值，内插无效像素 p 的坡度，表示如下：

$$G(p,r) = \frac{\sum_{i=1}^{8} w(p,q_i) G(q_i,r)}{\sum_{i=1}^{8} w(p,q_i)} \tag{13-23}$$

式中，$G(p,r)$ 为点 p 在方向为 r 的扫描线上的坡度；$w(p,q_i)$ 为点 p 和点 q_i 之间灰度的接近程度，可以用式（13-8）所示的高斯核函数或者式（13-14）所示的二次函数来表达。

根据式（13-22）和式（13-23），求得整张影像上所有有效像素和无效像素对应的坡度后，就可以根据坡度自适应地计算平滑项因子 P_1。当扫描线方向上坡度较大时，可以自适应地减小 P_1，鼓励视差平滑变化；当扫描线方向上坡度较小时，可以自适应地增大 P_1，抑制视差的变化。本章设计一种坡度与平滑项因子 P_1 之间的变化关系函数，表示如下：

$$P_1(p,r) = P_{\text{high}} \exp(G(p,r)/\sigma_G) + P_{\text{low}} \tag{13-24}$$

式中，$P_1(p,r)$ 为像素 p 在方向为 r 的扫描线上对应的平滑项惩罚因子 P_1；P_{high} 和 P_{low} 为惩罚因子 P_1 的变化范围，即 $[P_{\text{low}}, P_{\text{low}} + P_{\text{high}}]$；$G(p,r)$ 为点 p 在方向为 r 的扫描线上的坡度；σ_G 为平滑因子。

平滑项惩罚因子 P_1 用于控制视差的平滑变化，在 13.3.1 节介绍的基于图像引导的非局部滤波和 13.3.2 节介绍的基于非局部累积代价的半全局匹配中均需要用到。当上一级金字塔传递下来初始视差图后，按照式（13-22）和式（13-23）计算该层金字塔影像上每个像素在方向为 r 的扫描线上的坡度；按照式（13-24）计算对应的惩罚因子 P_1，实现平滑项惩罚因子的自适应调节，提高匹配精度。

除平滑项惩罚因子 P_1 外，视差阶跃项惩罚因子 P_2 也能根据上一级金字塔的初始视差图进行自适应调节。根据 SGM 理论，视差阶跃项惩罚因子 P_2 可根据影像灰度进行自适应计算：

$$P_2 = P_2' / |g(p) - g(p-r)| \tag{13-25}$$

式中，P_2' 为初始视差阶跃项惩罚因子，一般给定较大的值；p 为当前像素；$p-r$ 为在当前方向为 r 的扫描线上，像素 p 的前一个像素。

根据式（13-25），当像素 p 和 $p-r$ 之间灰度差较小时，给予较大的视觉阶跃项惩罚因子 P_2，以抑制视差阶跃；当像素 p 和 $p-r$ 之间灰度差较大时，则给予较小的惩罚项 P_2，以鼓励视差阶跃。边缘等视差阶跃区域，其影像上的灰度特征往往较明显，根据式（13-25），可得到较小的 P_2，满足视差阶跃的条件。

但是，在视差平滑且影像纹理丰富的区域，由于灰度变化明显，因此该区域对应的 P_2 较小，无法对视差阶跃产生很强的抑制，会造成"飞点"问题。但是，对于视差平滑且影像纹理丰富的区域，理论上应给予较大的 P_2，以惩罚视差的阶跃性变化。为了实现上述目标，需要充分利用上一级金字塔传递下来的初始视差图。在代价传递过程中，若当前像素与前一个像素的视差差值小于一个像素，则认为这两个像素处于视差平滑区域，给予较大的惩罚项 P_2，如式（13-26）所示；否则，仍然按照式（13-25）计算惩罚项 P_2：

$$P_2 = P_2' \quad \text{if} \, |D_0(p) - D_0(p-r)| < 1 \tag{13-26}$$

式中，P_2 为视差阶跃项惩罚因子；P_2' 为初始视差阶跃项惩罚因子，一般给定较大的值；D_0 为上一级金字塔传递下来的初始视差图；p 为当前像素；$p-r$ 为在当前方向为 r 的扫描线上，像素 p 的前一个像素。

13.4.4 图像引导的视差内插

通过金字塔分级匹配策略，可以逐级计算至金字塔底层影像，即原始影像。匹配结果经过左右一致性检测后，初始视差图中往往会留下一些无效视差区域。为了得到可视效果更好的匹配结果，需要对无效视差区域进行内插。本章提出一种基于图像引导的视差图内插方法，将有效视差点作为可靠点，将无效视差点作为不可靠点，以可靠点作为控制，对同质区域内的不可靠点进行视差内插，仍然采用类似于13.3.1 节提出的方法进行计算。

首先根据初始视差图计算每个像素的代价，表示如下：

$$C(p,d) = \begin{cases} \min(|d - M^0(p)|, t), & \text{如果} M^0(p) \text{有效} \\ 0, & \text{如果} M^0(p) \text{无效} \end{cases} \tag{13-27}$$

式中，$C(p,d)$ 为像素 p 对应视差 d 的代价；M^0 为初始视差图；t 为截断值。

然后，按照 13.3.1 节提出的算法进行代价累积。与前述不同的是，由于可靠点和不可靠点已经确定，因此可以利用点的可靠信息约束代价传递的路径。通过改变约束项 T 来约束代价传递路径，表示如下：

$$T(p, p+1) = \begin{cases} T(p, p+1), & \text{如果} p \text{可靠且} p+1 \text{可靠} \\ T(p, p+1), & \text{如果} p \text{不可靠且} p+1 \text{不可靠} \\ 0, & \text{如果} p \text{不可靠且} p+1 \text{可靠} \\ u^{T(p, p+1)} - 1, & \text{如果} p \text{可靠且} p+1 \text{不可靠} \end{cases} \tag{13-28}$$

式（13-28）表示当代价从像素 p 传递到 $p+1$ 时计算的 T 值。当 p 和 $p+1$ 均为可靠点，或者 p 和 $p+1$ 均为不可靠点时，T 仍然按照式（13-14）的方法计算，保持不变；当 p 为不可靠点，$p+1$ 为可靠点时，令 T 为 0，即切断从 p 到 $p+1$ 的路径；当 p 为可靠点，$p+1$ 为不可靠点时，通过指数函数增大 T，即鼓励从 p 到 $p+1$ 传递代价。一般 u 的取值要大于 2。在代价传递过程中，具体路径如图 13-15 所示。

图中，绿色圆点表示可靠点，红色圆点表示不可靠点，箭头表示代价传递方向；直线表示路径，直线的粗细与计算的 T 值有关，T 值越大，则直线越粗。当直线上出现红色叉号时，表示代价不允许从此路径通过。

在代价累积完成后，再次采取 WTA 策略，即可得到最终的视差图。

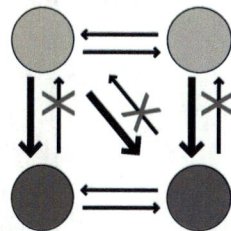

图 13-15　基于可靠信息的代价传递路径

13.5 实验与分析

13.5.1 数据信息

为了验证本章提出的 INTS 算法的正确性和有效性，采用 Jacksonville 地区的一对 WorldView-3 同轨卫星立体影像进行实验,如图 13-16（a）所示。WorldView-3 卫星影像的地面分辨率为 0.3m,卫星成像时间为 2014 年 10 月 5 日。该像对的辐射质量很好,但是影像下方的白色屋顶和小池塘属于典型的弱纹理区域,给匹配算法的鲁棒性带来严峻挑战。为了检验匹配算法的精度,将该地区的 LiDAR 点云作为控制,并生成视差图真值,如图 13-16（b）所示。比较图 13-16（a）和（b）可以看出,由于卫星成像时间和 LiDAR 点云扫描时间不一致,部分地物已经发生一定的变化,不过并不影响不同匹配算法之间的精度对比。

（a）WorldView-3 立体像对　　　　　　　　　　　　（b）视差图真值

图 13-16　Jacksonville 地区卫星影像测试数据

13.5.2　实验结果与分析

分别采用主流的 SGM 算法和本章提出的 INTS 算法对 Jacksonville 地区的卫星核线立体像对进行密集匹配,并将密集匹配结果生成对应的 DSM。两种密集匹配算法的结果对比如图 13-17 所示。

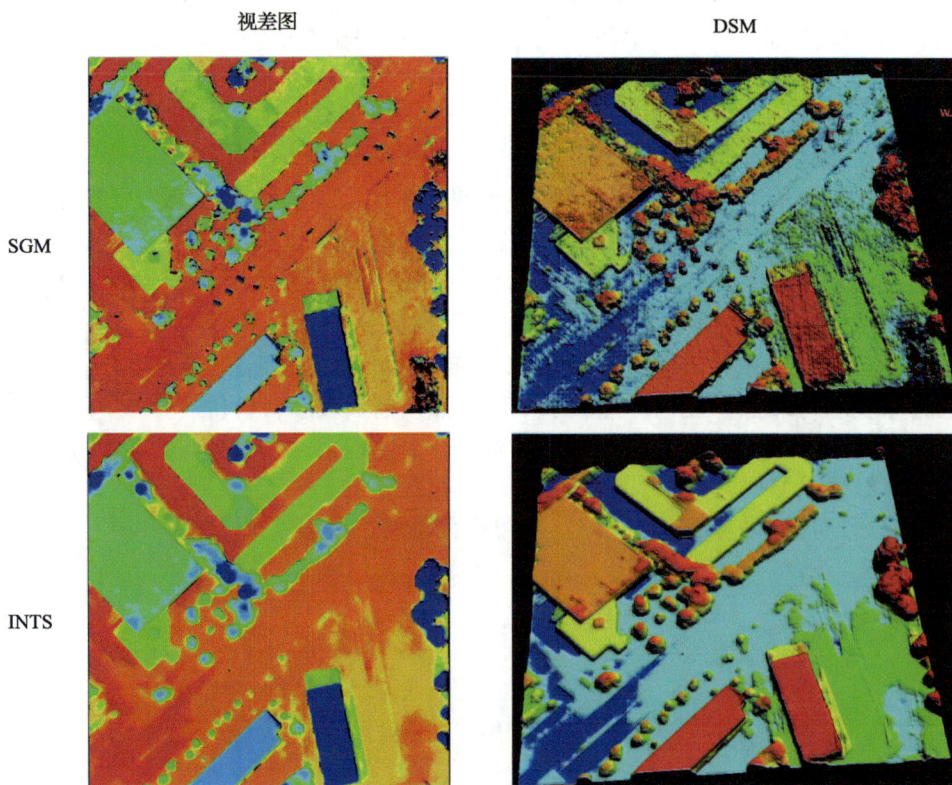

图 13-17　Jacksonville 地区两种密集匹配算法的结果对比

从图中可以看出，主流 SGM 算法的匹配结果较为粗糙，特别是在右下角的水塘等弱纹理区域存在严重的误匹配现象；而 INTS 算法能够获得精度更高、更平滑的视差图，并在弱纹理区域取得较为鲁棒的匹配结果。

为了进一步检验两种算法在该地区的实际匹配精度，将 SGM 视差图、INTS 视差图与 LiDAR 视差图真值进行对比，并分别采用平均误差、误差在 0.5 像素以内的同名点百分比、误差在 1 像素以内的同名点百分比、误差在 2 像素以内的同名点百分比、误差在 3 像素以内的同名点百分比作为精度评定指标，全面评估两种算法的性能，具体统计结果如表 13-1 所示。

表 13-1　密集匹配结果精度统计

对比方法	平均误差/像素	%≤0.5 像素	%≤1 像素	%≤2 像素	%≤3 像素
SGM	0.765	52.1	78.0	91.6	94.8
INTS	0.711	53.3	78.9	92.5	95.4
参与比较的 LiDAR 点数目	895048				

从表中可以看出，在各项精度指标下，INTS 算法的密集匹配精度均优于主流的 SGM 算法。总体来说，INTS 算法的结果与 LiDAR 点云较为接近。在 LiDAR 获取时间与卫星影像成像时间不一致，地物发生一定变化的情况下，平均匹配误差只有 0.71 像素，超过半数的同名点（53.3%）匹配误差在 0.5 像素以内，大部分同名点（78.9%）的匹配误差在 1 像素以内，充分说明 INTS 算法的匹配可靠性和准确性。匹配误差大于 3 像素的点可以认为是粗差，INTS 算法的匹配结果中，只有不到 5% 的误匹配点，其中包括地物已经发生明显变化的点，因此实际误匹配点的数量更少。

本 章 小 结

为了解决基于图像引导的密集匹配算法和基于能量函数的密集匹配算法各自的缺陷，本章结合两种算法的代价积聚方式，提出 INTS 算法。该算法充分利用影像边缘的灰度特征引导代价传递过程，完全适用于航空和卫星立体影像，可以获得精确的密集匹配结果。

INTS 算法首次将 HOG 算子引入代价计算，并在计算复杂度方面对 HOG 算子进行改进，能够削弱核线影像 y 方向视差对代价计算造成的影响。提出了一种新的非局部代价积聚策略，充分考虑同质区域视差不一致、视差阶跃区域像素代价传递及核函数设计等因素，将代价积聚限制在同质区域内，增强同质区域的匹配鲁棒性。提出了新的惩罚项 P_1、P_2 自适应计算方法，充分利用上一级金字塔传递下来的初始视差图，计算八个扫描线方向上的坡度图，根据坡度图自适应计算惩罚项，进而得到更加精细的密集匹配结果。提出了一种基于图像引导的视差图内插方法，通过重新定义路径传递准则，保证内插精度。

Jacksonville 地区的 WorldView-3 卫星影像的实验结果表明，INTS 算法能够获得精度更高、更平滑的视差图，并在弱纹理区域取得鲁棒的匹配结果，在匹配精度和匹配可靠性方面均优于主流的 SGM 算法。

参 考 文 献

戴激光，2013. 渐进式多特征异源高分辨率卫星影像密集匹配方法研究[D]. 阜新：辽宁工程技术大学.

黄旭，2016. LiDAR 点云约束下的多视影像密集匹配与融合方法研究[D]. 武汉：武汉大学.

杨化超，姚国标，王永波，2011. 基于 SIFT 的宽基线立体影像密集匹配[J]. 测绘学报，40(5): 537-543.

CHENG F Y, ZHANG H, SUN M G, et al., 2015. Cross-trees, edge and super pixel priors-based cost aggregation for stereo matching[J]. Pattern Recognition, 48(7): 2269-2278.

CIGLA C, ALANTAN A A, 2013. Information permeability for stereo matching[J]. Signal Processing-Image Communication, 28(9): 1072-1088.

DALAL N, TRIGGS B, 2005. Histograms of oriented gradients for human detection[C]//2005 IEEE computer society conference on computer vision and pattern recognition (CVPR'05). San Diego: IEEE, 1: 886-893.

DU W L, LI X Y, YE B, 2018. A fast dense feature-matching model for cross-track pushbroom satellite imagery[J]. Sensors, 18(12): 4182.

HIRSCHMUELLER H, SCHARSTEIN D, 2009. Evaluation of stereo matching costs on Images with radiometric differences[J]. IEEE Transactions on Pattern Analysis and Machine Intelligence, 31(9): 1582-1599.

HIRSCHMULLER H, 2008. Stereo processing by semiglobal matching and mutual information[J]. IEEE Transactions on Pattern Analysis and Machine Intelligence, 30(2): 328-341.

JUNG I L, CHUNG T Y, SIM J Y, et al., 2013. Consistent stereo matching under varying radiometric conditions[J]. IEEE Transactions on Multimedia, 15(1): 56-69.

MOZEROV M G, WEIJER J V D, 2015. Accurate stereo matching by two-step energy minimization[J]. IEEE Transactions on Image Processing, 24(3): 1153-1163.

PAUL V, WILLIAM M, WELLS III, 1997. Alignment by maximization of mutual information[J]. International Journal of Computer Vision, 24(2): 137-154.

PHAM C C, JEON J W, 2012. Domain transformation-based efficient cost aggregation for local stereo matching[J]. IEEE Transactions on Circuits and Systems for Video Technology, 23(7): 1119-1130.

REVAUD J, WEINZAEPFEL P, HARCHAOUI Z, 2016. DeepMatching: hierarchical deformable dense matching[J]. International Journal of Computer Vision, 120(3): 300-323.

SCHARSTEIN D, SZELISKI R A, 2002. Taxonomy and evaluation of dense two-frame stereo correspondence algorithms[J]. International Journal of Computer Vision, 47(1-3): 7-42.

SUN X, MEI X, JIAO S H, et al., 2014. Real-time local stereo via edge-aware disparity propagation[J]. Pattern Recognition Letters, 49: 201-206.

YANG Q X, WANG L, YANG R G, et al., 2009. Stereo matching with color-weighted correlation, hierarchical belief propagation and occlusion handling[J]. IEEE Transactions on Pattern Analysis and Machine Intelligence, 31(3): 482-504.

YANG Q X, 2015. Stereo matching using tree filtering[J]. IEEE Transactions on Pattern Analysis and Machine Intelligence, 37(4): 834-846.

YOON K J, KWEON I S, 2006. Adaptive support-weight approach for correspondence search[J]. IEEE Transactions on Pattern Analysis and Machine Intelligence, 28(4): 650-656.

ŽBONTAR J, LECUN Y, 2015. Computing the stereo matching cost with a convolutional neural network[C]//2015 IEEE Conference on Computer Vision and Pattern Recognition (CVPR). Boston: IEEE, 1592-1599.

第14章

半全局铅垂线轨迹法立体匹配

14.1 引言

通过影像密集匹配自动生成 DSM 是数字摄影测量的核心问题之一，也是一项经久不衰的研究课题。从 20 世纪 70 年代开始，人们已经提出了很多密集匹配算法，包括双目立体匹配和多视立体匹配等。

双目立体匹配需要两张经过立体校正的核线影像作为输入，选择其中一张作为参考影像，直接对核线影像进行密集匹配，从而生成参考影像的视差图。当前很多双目立体匹配算法通过巧妙设计复杂的匹配策略，使得匹配正确率不断提高。然而，由于双目立体匹配问题本身的病态性，大部分算法在视差阶跃、弱纹理或重复纹理、遮挡区域等情况下误匹配依然较为严重。根据 Middlebury 视觉网站对当前双目匹配算法的统计（2017 年 2 月 15 日），以 2 像素的偏差作为阈值统计匹配正确率，当前最好的算法正确率只有 88%（统计所有区域）和 94%（只统计非遮挡区域），而排名前 50% 的密集匹配算法平均正确率低于 80%（统计所有区域）和 87%（只统计非遮挡区域）。事实上，从本质上改善现状的方法是冗余观测，即将两视匹配扩展为多视匹配。然而，使用双目立体匹配算法进行多视匹配需要进行最优立体像对的选择和多个立体匹配结果的融合（视差图融合），因此计算冗余很大，而且立体像对选择和视差图融合并非简单问题，也需要进一步研究。近年来，随着人工智能浪潮的到来，也有很多学者开始采用深度学习机制，进行各类立体影像的密集匹配（刘瑾 等，2019；Zhang et al.，2019； Kang et al.，2019；Song et al.，2020），而且在标准数据集上遥遥领先于传统算法，但是目前主流密集匹配软件依然以多视最小二乘、SGM 等经典算法为核心，深度学习可能需要更庞大的训练集才能满足实用需求（龚健雅 等，2018）。

同时使用多张重叠影像的多视立体匹配技术是密集匹配的另一条可行途径。根据场景表示方式不同，多视立体匹配算法可以分为基于深度图（depth map）的方法和基于体素（voxel）的方法，前者基于像方实现，后者基于物方实现。目前大多数多视立体匹配算法均采用基于深度图的表示方法，通过多视立体匹配生成多张深度图，然后将深度图进行物方融合，得到三维点云。这种多视立体匹配相比前述双目立体匹配的优势在于使用了更多的影像进行匹配，匹配正确率更高。但是，由于同样属于像方匹配，依然需要进行参考影像选择和深度图融合，因此计算冗余、参考影像选择和深度图融合等问题仍然存在。

综上所述，目前大多数密集匹配算法都采用像方匹配方式，需要涉及最优立体像对选择、视差图或深度图融合、点云内插等多个步骤，处理流程较为复杂冗长。本章提出全新的半全局铅垂线轨迹（semi global vertical line locus，SGVLL）法，在物方进行多视密集匹配，直接生成 DSM（张彦峰，2017）。通过引入初始地形引导，改进匹配代价和优化方法，提升 DSM 匹配正确率，并采用基于整条代价曲线的可靠度评估方法进行 DSM 质量评估。

14.2　半全局铅垂线轨迹法

14.2.1　铅垂线轨迹法

传统的 DSM 生成流程较为复杂冗长，有较大简化空间，因此需要重新考虑通过影像匹配生成 DSM 的问题本质。DSM 是一种 2.5 维测绘产品，意味着对于 DSM 生成而言有一个很强的平面约束。换言之，DSM 生成就是给定一个平面格网，对每个格网点通过密集匹配方式赋以相应高程的过程，如图 14-1 所示。基于这种理解的匹配方法早在 20 世纪 80 年代就已经提出，称为铅垂线轨迹（vertical line locus，VLL）法（纪松 等，2009；Linder，2009）。然而，传统的 VLL 需要指定测量区域的高程范围并预设固定的高程离散步距，且对每个平面点采用局部窗口匹配，鲁棒性较差，无法满足当前像素级 DSM 生产的要求。

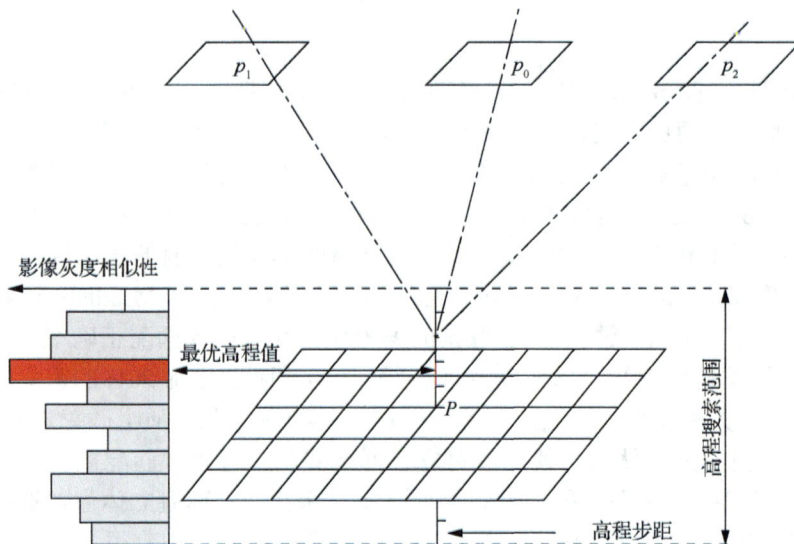

图 14-1　VLL 密集匹配生成 DSM

事实上，VLL 对于 DSM 生成问题的理解是可取的，但是匹配策略需要改进。可以借鉴第 13 章所述密集匹配方法的思路，在物方平面建立三维代价矩阵，并采用非局部策略实现匹配优化，从而提高密集匹配结果的鲁棒性。本章提出 SGVLL 密集匹配算法，该方法基于物方匹配策略直接生成 DSM（Zhang et al.，2017）。

14.2.2　半全局优化

SGVLL 是经典 VLL 方法的重要改进，该方法与当前主流的 DSM 生成方法具有明显差别，其流程如图 14-2 所示。SGVLL 的输入是一组经过定向的影像，输出则是 DSM。SGVLL 可分为初始匹配、综合匹配和后处理三个阶段。在初始匹配阶段，基于改进的 VLL 计算物方三维代价矩阵，并采用经典半全局优化策略得到初始 DSM。该 DSM 将作为粗略地形，用于引导后续综合匹配处理。综合匹配阶段是 SGVLL 的核心处理步骤，首先根据初始 DSM 计算输入影像的遮挡掩膜，并生成测量区域真正射影像；然后基于高程步距自适应的 VLL 计算三维代价矩阵，通过影像遮挡掩膜改善代价计算，并采用初始 DSM 和真正射影像改善半全局优化，最终获得更优的 DSM。在后处理阶段，将综合匹配得到的 DSM 当作一幅浮点型图像，采用图像处理技术进行去噪和高程精化等处理。

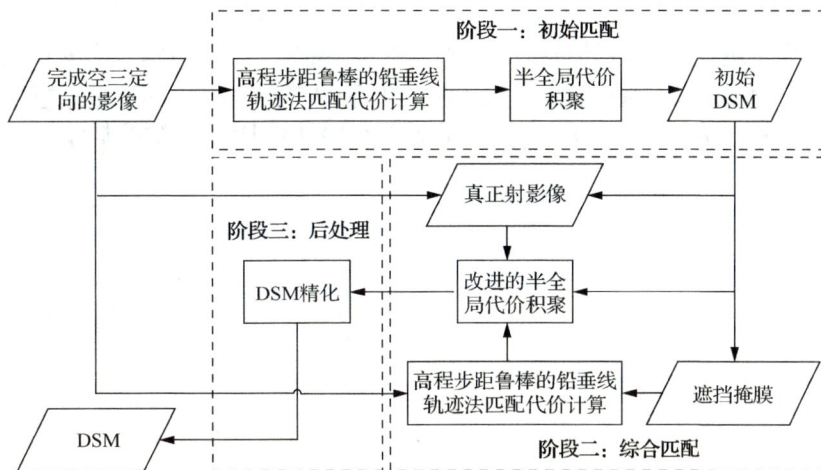

图 14-2　SGVLL 密集匹配流程图

由上述分析可以看出，本章提出的 SGVLL 方法有两点优势：

1）属于全新的 DSM 生成方法。不同于基于像方匹配的 DSM 生成方法，SGVLL 直接在物方实现，因此可以在密集匹配的同时直接获取 DSM，处理更为简单，而且结果与传统的基于像方的处理方法一样可靠。

2）对 VLL 进行了显著改进。SGVLL 引入粗略地形的引导，并通过设计鲁棒的高程步距自适应算法和遮挡检测算法显著提高了物方代价计算的鲁棒性，通过改进半全局优化能量函数进一步降低了误匹配率。

14.3　高程步距鲁棒的匹配代价

14.3.1　高程步距的影响

经典 VLL 方法需要指定测量区域的高程范围并预设高程离散步距，由此确定每个物方平面格网点的候选高程点集合，最后通过计算匹配相关系数，从候选高程点集合中选择最佳高程。给定测量区域高程范围之后，高程步距的设置至关重要，会影响每个物方平面格网点共有多少个候选高程，以及实际高程值是否被囊括其中。经典 VLL 方法通常预设固定的高程离散步距，一般设置为与卫星影像的地面采样间隔相同。这种做法其实不够鲁棒，如果主观预设的高程步距过大，可能无法将实际高程值纳入候选高程点集合；如果高程步距过小，将会加重计算冗余，造成算法低效。

理论上，如果预设的高程步距在影像上的投影长度小于 1 像素，那么实际高程值就不会丢失；反之，如果影像上的每个像素在物方平面具有不同的投影长度，此时物方格网点也应具有各不相同的高程步距，才能保证其在像方投影恰好为 1 像素。

基于上述特点，本章提出一种对预设高程步距鲁棒的匹配代价计算方法，该方法与 Santel 等（2008）提出的逐点相关法有一定相似之处。但是，Santel 等并未具体阐述如何计算每个点的高程步距，所采用的投影光线也是基于像方参考影像，与本章所使用的基于物方的 VLL 明显不同。高程步距鲁棒的代价计算方法包含自适应高程步距 ΔZ 计算、匹配代价计算、代价函数归一化三个步骤，以下分别进行阐述。

14.3.2　自适应高程步距计算

给定一个格网点 $P(X, Y)$ 及其高程范围 $[Z_{min}, Z_{max}]$，鲁棒高程步距 ΔZ 及多视匹配代价的计算方法如

图 14-3 所示。具体而言，先将从 $P'(X,Y,Z_{min})$ 到 $P''(X,Y,Z_{max})$ 的物方铅垂线投影到每张可见影像，从而每张影像得到一条投影轨迹；然后将最长投影轨迹线的 1 像素在物方铅垂线上的最短反投影长度作为最佳高程步距。根据交比理论（Hartley et al., 2003），投影轨迹线的 1 像素的最短反投影距离必定落在 $P''(X,Y,Z_{max})$。因此，将物方点 $P''(X,Y,Z_{max})$ 在最长投影轨迹线所在影像的像素反投影到铅垂线的距离就是格网点 $P(X,Y)$ 的最优高程步距 ΔZ。

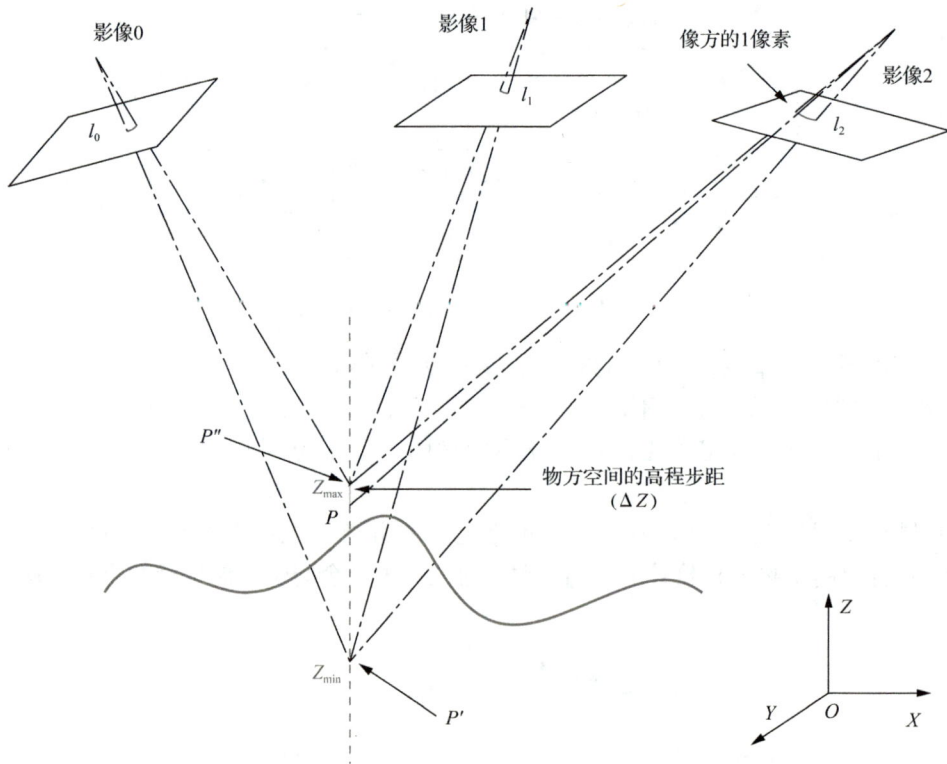

图 14-3　鲁棒高程步距及多视匹配代价计算示意图

根据以上分析，基于交比理论的最优高程步距计算如图 14-4 所示。假设 Z_r 是铅垂线上的一个点，r 是 Z_r 在像方的投影。根据交比理论，可以推导出高程步距 ΔZ 的计算公式为

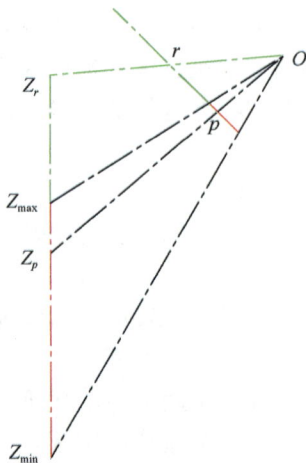

图 14-4　基于交比理论的最优高程
步距计算

$$\begin{cases} \Delta Z = \dfrac{\lambda_{z_r}\gamma}{\lambda_{z_r}+\gamma-1}(Z_{max}-Z_{min}) \\[2mm] \lambda_{z_r} = \dfrac{Z_r - Z\,min}{Z_{max}-Z\,min} \\[2mm] \gamma = \dfrac{\lambda_p(1-\lambda_r)}{\lambda_p - \lambda_r} \end{cases} \qquad (14\text{-}1)$$

式中，γ 为 $(Z_{min},Z_p,Z_{max},Z_r)$ 的交比；λ_p 和 λ_r 分别为投影点 p 和 r 之于投影轨迹线的比例。

例如，假设投影轨迹线长度为 N 像素，那么 $\lambda_p = 1/N$。注意，ΔZ 和 Z_r 是内在独立的，因为交比是一种投影不变量，所以可以消除 Z_r 及其投影点 r 对于最终计算结果的影响。换言之，Z_r 可以任意设置，本章设置 $Z_r = Z_{min} + 2(Z_{max}-Z_{min})$。

14.3.3　匹配代价计算

对于第二个步骤，即匹配代价计算，格网点 $P(X,Y)$ 根据以下三步计算，以保证对于投影变形的鲁棒性。首先，将最短投影轨迹线所在的影像设置为被参考影像；然后，由 P 点及其候选高程值确定的物方点被投影到参考影像上，取一个矩形小窗口（如 5 像素×5 像素），将该窗口反投影到物方平面（有初始 DSM 时，根据初始 DSM 取实际表面），再将该物方投影窗口进一步投影到其他可见影像；最后，根据参考影像的窗口和其他影像的投影窗口计算零均值归一化相关系数（zero-mean normalized correlation coefficient，ZNCC）。因此，给定 P 点的候选高程值 $Z_P = Z_{\min} + Z_P = Z_{\min} + L_P \cdot \Delta Z$ 时，匹配代价 $C(P, Z_P)$ 或 $C(P, L_P)$ 的计算公式为

$$C(P, Z_P) = \frac{1}{N-1}\sum_{i}^{N-1}(1 - \text{ZNCC}_i(P, Z_P)) = C(P, L_P) \tag{14-2}$$

式中，N 为可见影像的数量；$\text{ZNCC}_i(P, Z_P)$ 为参考影像和第 i 张影像在 Z_P（或候选高程等级 L_P）处的零均值归一化相关系数。

14.3.4　代价函数归一化

由于每个物方格网点均自适应使用不同的高程步距，会导致每个点的代价函数向量具有不同的维数，因此需要进行代价函数归一化。如果所计算高程步距大于预设值，则直接使用后者计算代价向量；否则首先对代价函数向量进行最小值滤波，然后降采样为与预设值一致的代价向量维数，如图 14-5 所示。最小值滤波采用鲁棒性函数进行逐点处理（Tan et al.，2014；Angulo，2015），处理公式为

$$C(P, L_P) = \min_{L_P'}(C(P, L_P') + \rho\min[(|L_P - L_P'|)], d) \tag{14-3}$$

式中，$C(P, L_P)$ 为 P 点在候选高程等级 L_P 处的代价。

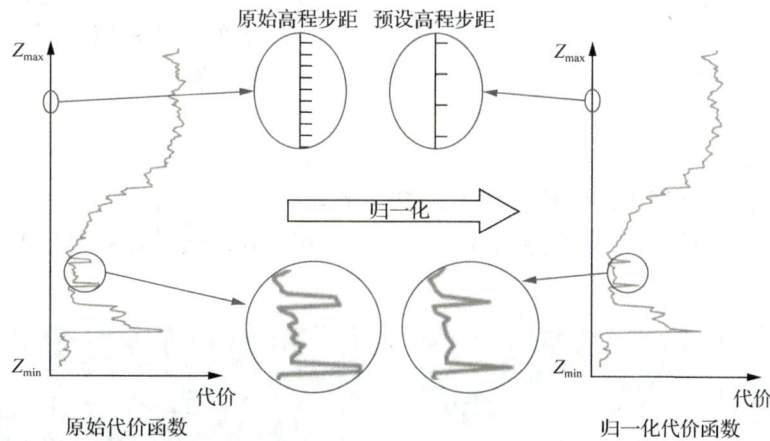

图 14-5　代价函数归一化

14.4　基于半全局代价积聚的初始 DSM 生成

利用 14.3 节介绍的方法计算基于物方的匹配代价，并对其进行半全局积聚和优化，即可得到初始 DSM。半全局代价积聚最早被用于双目立体匹配，首先将双目立体匹配理解为针对参考影像的标号问题，即给参考影像的每个像素点赋以合理的视差值，约束条件是一方面需要视差值对应的匹配相似性测度尽

可能大（匹配代价尽可能小），另一方面需要视差值保持分片连续光滑；然后按照点对马尔科夫随机场（pairwise Markov random field，pairwise MRF）能量最小化问题设计半全局代价积聚方法，从而解决双目立体匹配问题。半全局代价积聚函数由一维分片连续函数给出，而一维分片连续函数可以通过一维动态规划求解。半全局代价积聚对每个像素点同时独立进行八个方向的一维代价积聚，然后累加各个方向的积聚结果，最后通过"赢家通吃"策略取得每个像素点的最优视差（Zhang et al.，2017）。

采用 VLL 得到的基于物方的代价矩阵本质上也是一个定义在物方平面上的 MRF，因此同样可以使用半全局代价积聚进行优化。其与 SGM 算法的差别在于视差被更换为候选高程值。具体而言，进行物方半全局代价积聚的能量函数为

$$
\begin{cases}
E(L) = \sum_P \left(C(P, L_P) + \sum_{Q \in N_P} P_2 T[|\, L_P - L_Q\,| = 1] + \sum_{Q \in N_P} P_2 T[|\, L_P - L_Q\,| > 1] \right) \\
T[x] = \begin{cases} 1, & x = \text{true} \\ 0, & x = \text{false} \end{cases}
\end{cases}
\tag{14-4}
$$

式中，Q 为 P 点的邻域点；P_1 和 P_2 为惩罚值。

最后，P 点的最佳高程值可通过"赢家通吃"策略取得

$$
Z_P = \Delta Z \times \underset{L_P}{\arg\min}\, E(P, L_P) + Z_{\min}
\tag{14-5}
$$

14.5　初始 DSM 引导的半全局铅垂线轨迹法

本节是 SGVLL 的核心，通过粗略地形（如初始 DSM 或者 SRTM 等公开高程数据）的引导，可以对半全局优化的结果产生非常重要的改善，主要体现在三个方面：①顾及遮挡的匹配代价计算改善了数据项；②真正射影像引导可以通过调整惩罚值改善弱纹理区域的匹配；③粗略地形引导下，半全局优化的平滑约束不再受限于绝对的水平平滑约束，有助于改善斜面匹配效果。

14.5.1　顾及遮挡的匹配代价

初始 DSM 匹配得益于高程步距鲁棒性代价计算和半全局优化方法，可以取得整体平滑又能保持边缘的密集匹配结果。然而，由于未考虑遮挡问题，因此其在高大建筑物等存在显著高差的物体周围会存在大量误匹配，如图 14-6 所示。

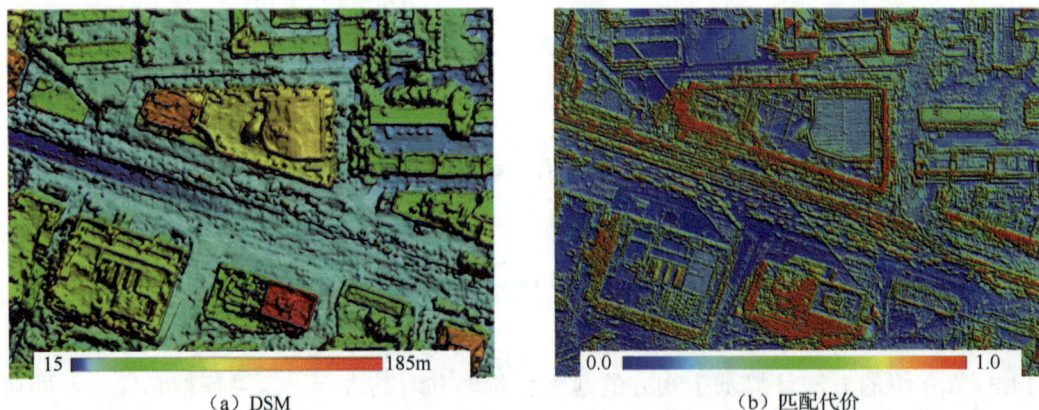

（a）DSM　　　　　　　　　　　（b）匹配代价

图 14-6　不考虑遮挡的 DSM 及其匹配代价图

遮挡是公认的阻碍密集匹配效果的重要因素之一，多视密集匹配一般会通过可视性分析减弱遮挡的影响。通常有两种方法进行遮挡处理，一种是将遮挡造成的误匹配当作粗差，并采用鲁棒的代价计算方法内在地减弱遮挡的影响，典型方法包括可移动窗口法（Kang et al.，2001）、相关系数和法（Zhang，2005）等；另一种是显式地考虑遮挡问题，通过分析遮挡模型改善匹配代价计算（Zeng et al.，2005）。第一种方法相对简单，但是处理结果往往不够理想，事实上 14.3 节的匹配代价计算已经使用归一化相关系数和方法（sum of normalized cross correlation，SNCC）削弱遮挡影响，然而图 14-6 表明遮挡问题的影响依然显著存在；第二种方法处理复杂，但是可以从本质上改进匹配代价，因此使用第二种方法处理遮挡问题。

本章使用基于角度的螺旋扫描法进行遮挡检测（Habib et al.，2007）。该方法最早被用于真正射影像生成，可以基于已有 DSM 检测影像的遮挡情况。在已经得到初始 DSM 的情况下，可以直接使用该方法进行遮挡检测，并得到每张影像的遮挡掩膜（图 14-7）。遮挡掩膜和物方平面格网点一一对应，标示了每个格网点处某张影像是否可见的信息。在综合匹配阶段（图 14-2）计算代价矩阵时，每个格网点的匹配代价只通过可见影像进行计算，且如果某个格网点的可见影像数量少于 2，该点即属于无效点而被忽略。尽管初始 DSM 并不精确，导致遮挡掩膜的精度有限，但是通过 14.6 节的实验结果可以看出其仍然可以消除大量误匹配，表明遮挡检测处理非常必要。

完成空三定向的影像

+

DSM

遮挡检测

遮挡掩膜

图 14-7　基于初始 DSM 的遮挡检测

14.5.2　真正射影像引导代价积聚

半全局积聚在丰富纹理区域可以取得平滑且保边的 DSM，但是对于弱纹理区域很容易出现误匹配，尤其是在高程阶跃和弱纹理相交地带还容易出现过传递现象。研究者们提出用灰度梯度、图像分割及初始匹配结果等更多先验知识引导的方法，内在地考虑弱纹理区域的特点解决该问题，如 SGM 算法根据灰度梯度调整平滑项的惩罚值、代价滤波法使用图像引导的滤波、最小生成树（minimum spanning tree，MST）则基于图像构建最小生成树等。

研究表明，图像引导的代价积聚对于弱纹理区域的匹配有显著作用，因此采用图像引导方式改进基于物方的半全局代价积聚完全可行。不同于基于像方的双目或多视立体匹配算法，本章采用的处理框架并不涉及参考影像，没有图像可以作为引导，因此提出基于初始 DSM 生成真正射影像，并使用真正射影像引导代价积聚。真正射影像的地面采样间隔与 DSM 保持完全一致，在引导代价积聚之前，真正射影像需要进行预处理，以消除初始 DSM 精度不够造成的影响。首先，如果初始 DSM 对应的平面格网点的匹配代价太大（阈值为 0.95），则该点被认为是非法点予以剔除；其次，对真正射影像进行中值滤波，以消除噪声的影响，中值滤波窗口为 3 像素×3 像素。

真正射影像引导的代价积聚方法如下：首先，对真正射影像进行区域增长法影像分割，假设每个像素点 p 的分割标号为 S_p；然后，将像素数大于一定阈值的分割块认为是弱纹理区域，属于弱纹理区域的标号为正整数，其他区域的标号直接设置为-1；最后，基于上述分割的标号结果在后续半全局代价积聚中用于调整惩罚值，改善弱纹理区域的匹配效果，如图 14-8 所示，详见 14.5.3 节。

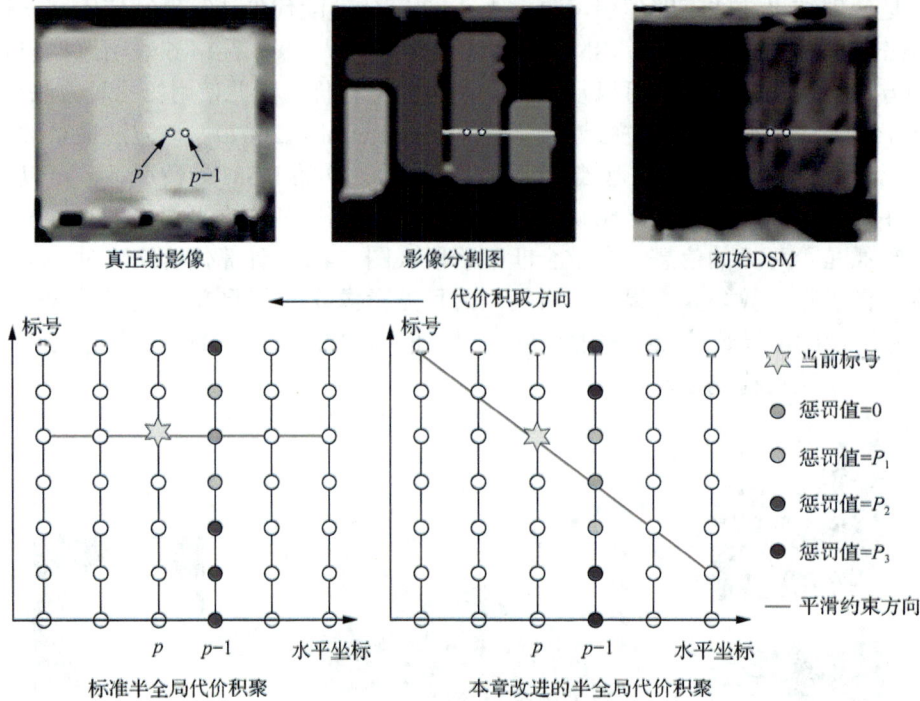

图 14-8　真正射影像引导的代价积聚方法

14.5.3　粗略地形引导自适应平滑

从式（14-4）可以看出，经典半全局代价积聚假设表面水平平滑。这种假设会导致斜面出现明显的毛刺现象，尤其是采用 14.5.2 节阐述的方法对弱纹理区域施以较大的惩罚时，如果弱纹理区域恰好为斜面，反而会造成更严重的误匹配。为了解决该问题，可以从粗略地形中提取一个因子加入能量函数，用以调整平滑约束的方向。基于真正射影像和粗略地形引导的半全局优化能量函数为

$$\begin{cases} E(L) = \sum_P \left(C(P, L_P) + \sum_{Q \in N_P} P_1 T[|L_P - L_Q - \Delta L| = 1] + \sum_{Q \in N_P} \rho T[|L_P - L_Q - \Delta L| > 1] \right) \\ \Delta L = \begin{cases} L'_P - L'_Q, & \text{如果} |L'_P - L'_Q| < \tau \\ \tau, & \text{否则} \end{cases} \\ \rho = \begin{cases} P_3, & \text{如果} S_p = S_q \neq -1 \\ P_2, & \text{否则} \end{cases} \end{cases} \quad (14\text{-}6)$$

式中，L'_P 和 L'_Q 为初始 DSM 中对应于地面格网点 P 和 Q 的标号值；τ 为常数，用于控制初始 DSM 对于平滑约束方向的调整强度；ρ 为常数，代替式（14-4）中 P_2 的位置；p 和 q 为真正射影像中对应于地面格网点 P 和 Q 的像素；S_p 和 S_q 分别为 p 和 q 的分割标号值。

注意：必须保证 P_3 大于 P_2，以提高对于弱纹理区域的惩罚强度，从而改善匹配结果。

对于式（14-4）和式（14-6），主要有两方面的差异：一是式（14-6）使用自适应的惩罚项，对弱纹理区域采用更强的平滑约束，从而可以改善弱纹理区域的匹配；二是式（14-6）使用基于初始 DSM 引导

的平滑约束，将平滑约束的方向从固定的水平方向调整为自适应方向，有助于改善斜面的匹配效果。式（14-4）是式（14-6）的特殊情况，如果设置 $\Delta L = 0$ 和 $\rho = P_2$，则式（14-6）将退化为式（14-4）。

改进半全局代价积聚方法与标准半全局代价积聚方法的直观差异如图 14-8 所示。半全局代价积聚在整个二维规则格网平面上独立进行八方向的代价积聚，图 14-8 展示了代价进行从右向左路径的代价积聚时经过 p 点时的情形。标准半全局代价积聚采用固定的水平约束和固定的惩罚值，而改进积聚方法基于真正射影像的图像分割结果，从而对弱纹理区域调整惩罚值，同时根据初始 DSM 对平滑约束方向进行自适应调整。理论上，改进方法使得能量函数更符合地表实际情况。

值得一提的是，新的代价积聚方法对于初始 DSM 及真正射影像的鲁棒程度需要进行分析。从能量函数可以看出，新代价积聚方法通过 ΔL 和 ρ 对初始 DSM 和真正射影像产生依赖。一方面，初始 DSM 对代价积聚的依赖参数 ΔL 可以通过 τ 来控制，较小的 τ 可以有效控制初始 DSM 误差的影响；另一方面，真正射影像的误差对于 ρ 的实际影响非常有限，因为仅对弱纹理区域增强惩罚，而弱纹理区域经过真正射影像预处理之后误差通常较小。

14.5.4　最优高程抛物线内插

由于 SGVLL 方法需要进行高程离散化处理，因此获得的 DSM 可能具有明显的阶跃现象。为解决该问题，可采用抛物线内插法对高程进行亚高程步距内插（Céspedes et al.，1995）。抛物线内插法首先对最优高程级及其前后两级的匹配代价进行抛物线拟合，得到最优亚高程步距的高程级；然后用该高程级重新计算最终的高程值。其具体公式如下：

$$\begin{cases} L_p^* = L_p - 0.5 - \dfrac{c^* - c_1}{c_1 + c_2 - c_0} \\ Z_P = \Delta Z \times L_p^* + Z_{\min} \end{cases} \tag{14-7}$$

式中，c_0、c_1 和 c_2 分别为高程级 L_p、$L_p - 1$ 和 $L_p + 1$ 的积聚代价；c^* 为通过抛物线内插的最优亚高程步距的高程级 L_p^* 的代价值。

图 14-9 展示了利用抛物线内插前后的 DSM 效果。可以看出，在使用抛物线内插之后的 DSM 中，地物边缘处的阶跃现象有了一定程度的改善，DSM 的高程变化更平滑。

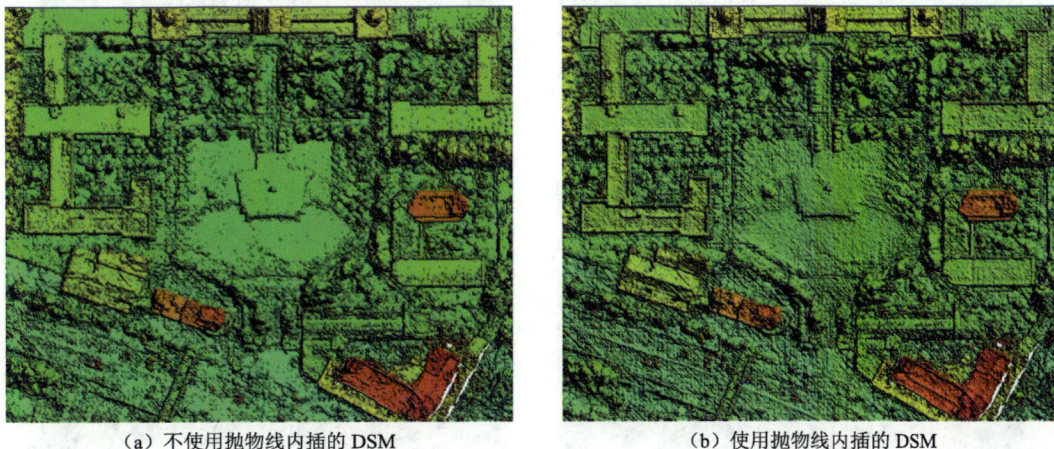

（a）不使用抛物线内插的 DSM　　　　　　　　　（b）使用抛物线内插的 DSM

图 14-9　利用抛物线内插前后的 DSM 效果

14.5.5 DSM 平滑去噪

经过上述步骤获取的 DSM 中还会存在一些噪声点需要滤除，可以将 DSM 当作一幅浮点型图像，使用双边滤波器进行保边去噪（Paris，2008）。双边滤波的卷积核为

$$
\begin{cases}
\mathrm{BF}[I]_p = \dfrac{1}{W_p} \sum_{q \in w} G_{\sigma_s}\left(\|p-q\|\right) G_{\sigma_r}\left(|I_p - I_q|\right) I_q \\
W_p = \sum_{q \in w} G_{\sigma_s}\left(\|p-q\|\right) G_{\sigma_r}\left(|I_p - I_q|\right)
\end{cases}
\tag{14-8}
$$

式中，p 为当前滤波像素，位于卷积核中心；q 为卷积核覆盖的窗口 W 内的像素；σ_s 和 σ_r 为空间域和像素值域的高斯核函数参数，用于控制平滑度。

从该卷积核的形式可以看出，一方面，离卷积核中心距离越小的像素贡献越大，从而产生平滑作用；另一方面，灰度差异越小的像素贡献越大，从而产生保边作用。

双边滤波可以去除椒盐噪声，但是无法去除块状误匹配问题，因此需要对 DSM 进行区域增长法分割，然后将小于一定阈值的分割块认为是误匹配而予以去除。去除误匹配的 DSM 会产生无效点或空洞，可通过周围的有效点高程内插无效点高程。高程内插可采用区域增长法（张彦峰，2014）、多方向扫描线法（Hirschmüller，2008；黄旭，2016）等。图 14-10 展示了初始 DSM，以及利用上述方法进行平滑去噪和内插后的 DSM 结果。从图中可以看出，初始 DSM 中存在大量的噪声点，DSM 的平整度不高，且地物之间的边缘区分不够明显；经由双边滤波、碎片移除及无效值内插后，DSM 中的噪声点明显减少，平整度和平滑性有了极大提升，地物边缘也更清晰。

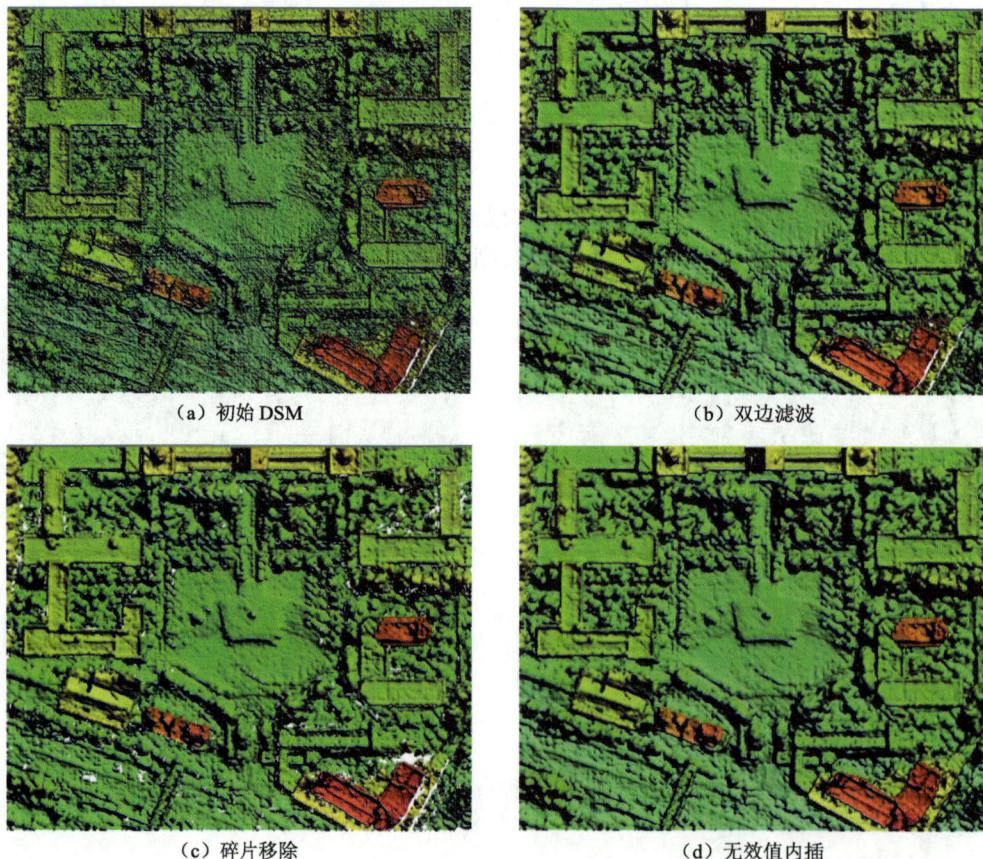

（a）初始 DSM   （b）双边滤波

（c）碎片移除   （d）无效值内插

图 14-10　DSM 后处理效果对比

14.5.6　DSM 可靠性度量

可靠性度量也是 DSM 自动生成的重要环节，可以为进一步增强和应用 DSM 提供有价值的参考信息。其常见的方法主要包括基于地形特征、基于匹配代价、基于能量函数的 DSM 可靠性度量。

基于地形特征评估 DSM 可靠性是摄影测量领域广泛使用的方法。早期摄影测量自动生成的中低分辨率 DSM 一般以描述地形为主，这种情况下平坦区域的高程更可靠，而山区高程不太可靠。因此，在评估 DSM 质量时，往往设计含有坡度或坡向的公式来度量 DSM 的可靠性（Zhang，2005；D'Angelo，2016）。随着影像分辨率的不断提升和密集匹配技术的快速进步，目前主流算法都可以生成高分辨率 DSM，其中包含非常丰富的人工建筑和植被覆盖等细节。传统的基于坡度等地形特征的度量方式是否仍然适用于高分辨率 DSM 可靠性评估尚不明确。

DSM 通过影像密集匹配方式获得，因此通过匹配代价评估 DSM 质量也是很直接自然的方法。基于匹配代价的度量方法可以追溯到 Egnal 等（2004）的工作，文中对五种典型的度量方式进行了较系统的研究。2012 年，Hu 和 Mordohai（2012）对该问题进行了更全面的研究，将立体匹配可靠性度量划分为五类，即匹配代价度量、基于整条代价曲线的局部特征的度量、基于代价曲线的局部极小值的度量、基于整条代价曲线的度量及基于左右视差一致性的度量。通过详细对比多种度量方法的结果，认为基于整条代价曲线的度量方法表现最好，其次是基于代价曲线的局部极小值的度量方法。

基于能量函数的度量方式由树形重加权消息传递（tree reweighted message passing）算法发展而来（Wainwright et al.，2005；Kolmogorov，2006；Drory et al.，2014）。该算法的基本原理是将原始 MRF 分解为一系列凸的树形 MRF 的总和，独立优化每个树形 MRF，然后合并计算结果，再重新分解原始 MRF，如此反复迭代处理，最后求得近似能量函数最小化结果。基于能量函数的度量方法虽然具备较好的理论支撑，但是根据 D'Angelo（2016）的卫星影像实验，该方法的实际表现不如基于代价曲线的局部极小值的度量方法。

14.6　实验与分析

本节通过多视立体影像数据对 SGVLL 涉及的关键处理步骤的有效性进行验证。主要进行五个方面的实验：①高程步距鲁棒性实验；②遮挡检测有效性实验；③真正射影像引导的对弱纹理区域的有效性实验；④粗略地形引导的自适应平滑方向对于斜面匹配的有效性实验；⑤DSM 可靠性度量实验。

14.6.1　高程步距鲁棒性实验

经典 VLL 方法对于预设高程步距具有很强的依赖性，如果预设高程步距过大，则有可能导致匹配失败，因此 14.3 节提出一种自适应高程步距的鲁棒匹配代价计算方法。本节采用经典 VLL 的代价计算方法和自适应高程步距方法对同样的实验数据进行 DSM 匹配对比实验。预设 DSM 生成的地面采样距离（ground sample distance，GSD）分别为 0.5m、5m 及 10m，经典 VLL 默认用同样的数值作为高程步距计算匹配代价，而自适应高程步距方法则采用 14.3 节所述方法计算匹配代价。如图 14-11 所示，第一行为 VLL 方法生成的三种格网间距的 DSM，第二行为自适应高程步距方法生成的三种格网间距的 DSM。由图可见，当格网间距为 0.5m 时，两种方法所得结果十分相近；但是当格网间距为 5m 时，VLL 方法生成的 DSM 出现明显退化；当格网间距为 10m 时，VLL 方法生成的 DSM 几乎完全错误。相比之下，自适应高程步距方法在三种格网间距情况下都获得了更稳定可靠的 DSM 匹配结果，虽然 DSM 随着格网间距的增大也逐渐退化，但是这种退化主要由格网间距本身引起。因此，上述实验说明本章提出的自适应高程步距方法对于高程步距的鲁棒性显著优于经典 VLL 方法。

（a）GSD=0.5m，固定高程步距　　（b）GSD=5m，固定高程步距　　（c）GSD=10m，固定高程步距

（d）GSD=0.5m，自适应高程步距　　（e）GSD=5m，自适应高程步距　　（f）GSD=10m，自适应高程步距

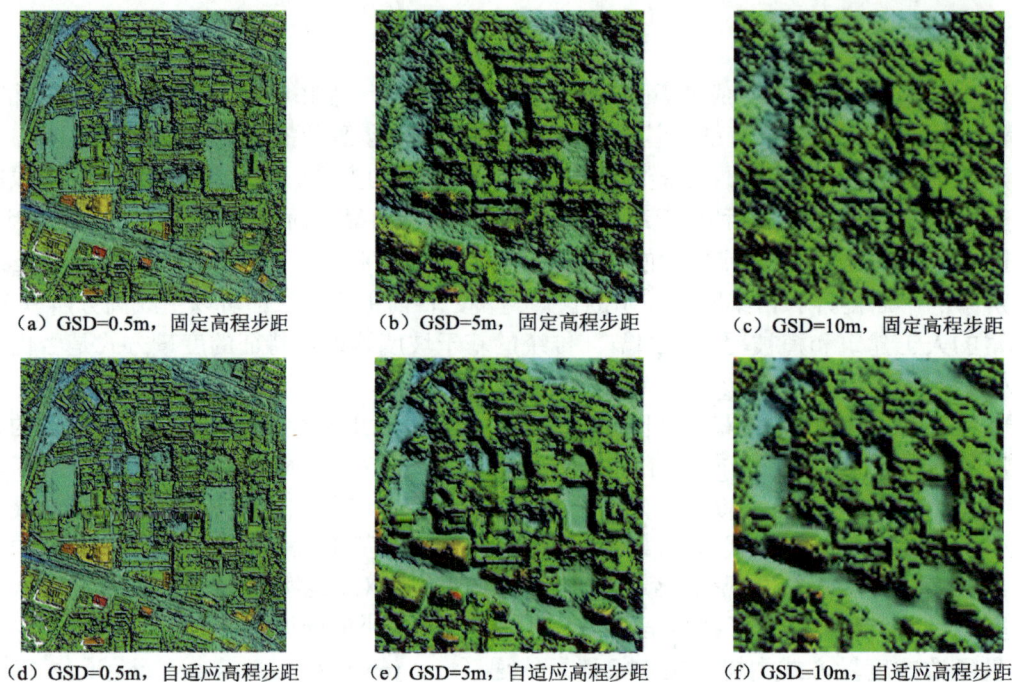

图 14-11　使用不同格网间距和高程步距生成的 DSM 对比

14.6.2　遮挡检测有效性实验

为了解决高大建筑物周围的误匹配问题，本章提出采用初始 DSM 生成立体影像的遮挡掩膜，改进综合匹配阶段的匹配代价计算，本节通过实验验证该方法的有效性。图 14-12 所示为使用遮挡前后 DSM 的匹配代价。由图可见，不使用遮挡检测的 DSM 在建筑物周围的匹配代价非常大，而使用遮挡检测可以非常显著地减小这些区域的匹配代价。对图中大于 0.95 的点所占的比例进行统计发现，图 14-12（a）为 4.58%，图 14-12（b）为 2.32%，表明遮挡检测对于优化代价计算具有显著作用。

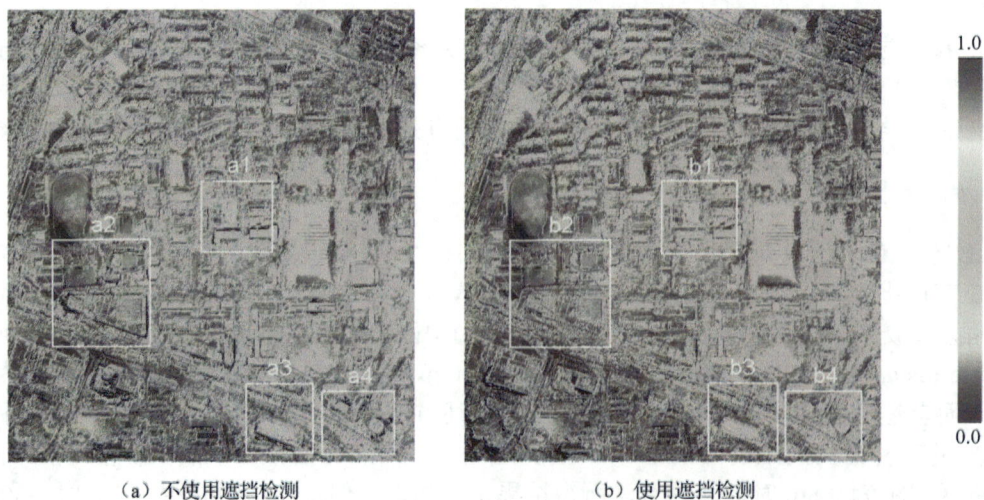

（a）不使用遮挡检测　　　　　　　　　　　　　　（b）使用遮挡检测

图 14-12　使用遮挡检测前后 DSM 的匹配代价

为了更直观地观察遮挡检测对于 DSM 的改善作用，从图中挑选四块区域，定性地对比使用遮挡检测前后生成的 DSM。如图 14-13 所示，已将匹配代价大于 0.95 的点从 DSM 中去除。由图可知，不使用遮挡

检测导致建筑物周围误匹配严重，而使用遮挡检测则可以针对性地、显著地解决该问题。

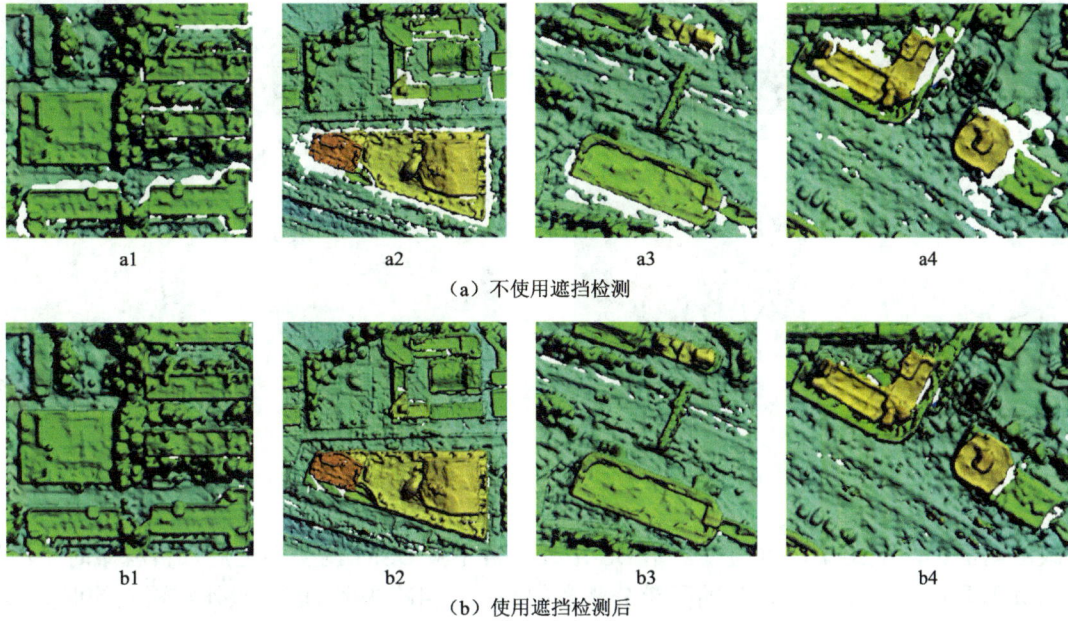

a1　　　　　　　a2　　　　　　　a3　　　　　　　a4

（a）不使用遮挡检测

b1　　　　　　　b2　　　　　　　b3　　　　　　　b4

（b）使用遮挡检测后

图 14-13　使用遮挡检测前后生成的 DSM（对照图 14-12）

14.6.3　真正射影像引导有效性实验

14.5 节认为，通过真正射影像的分割来识别弱纹理区域，并使用较大的惩罚值可以改善弱纹理区域的匹配结果。本节通过实验验证真正射影像引导对于弱纹理区域的有效性。图 14-14 所示为四块典型弱纹理区域的 DSM 匹配结果，其中第一列为真正射影像；第二列为真正射影像分割结果；第三列为不使用真正射影像引导时生成的 DSM，简称无引导 DSM；第四列为使用真正射影像引导方法生成的 DSM，简称有引导 DSM。由图可见，影像分割结果对于弱纹理区域的识别均基本正确，说明 SGVLL 方法对于初始 DSM 和真正射影像足够鲁棒，同时真正射影像的引导可以显著地消除弱纹理区域的误匹配现象。

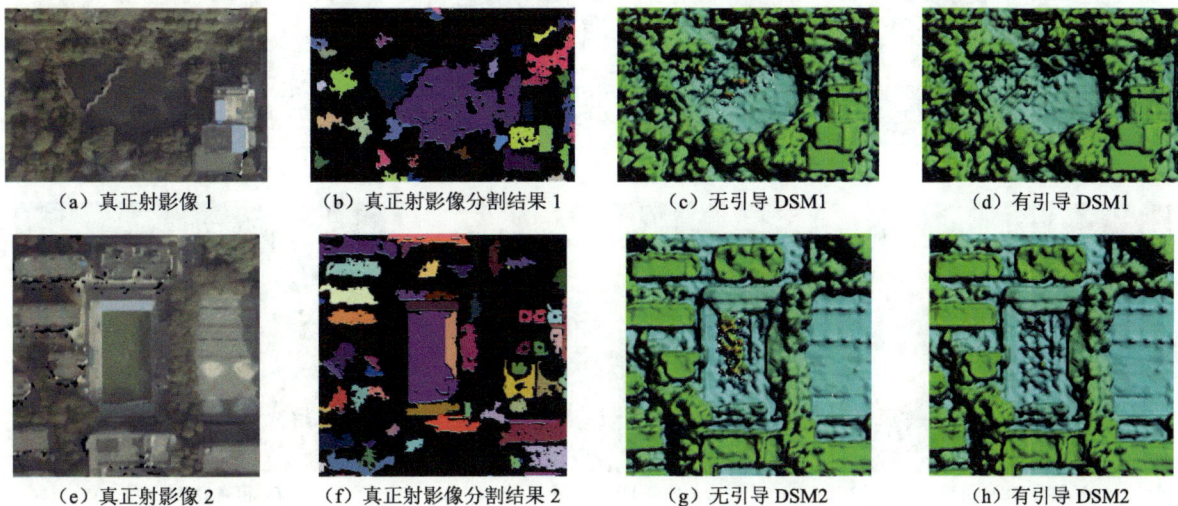

（a）真正射影像 1　　　（b）真正射影像分割结果 1　　　（c）无引导 DSM1　　　（d）有引导 DSM1

（e）真正射影像 2　　　（f）真正射影像分割结果 2　　　（g）无引导 DSM2　　　（h）有引导 DSM2

图 14-14　真正射影像引导 DSM 生成

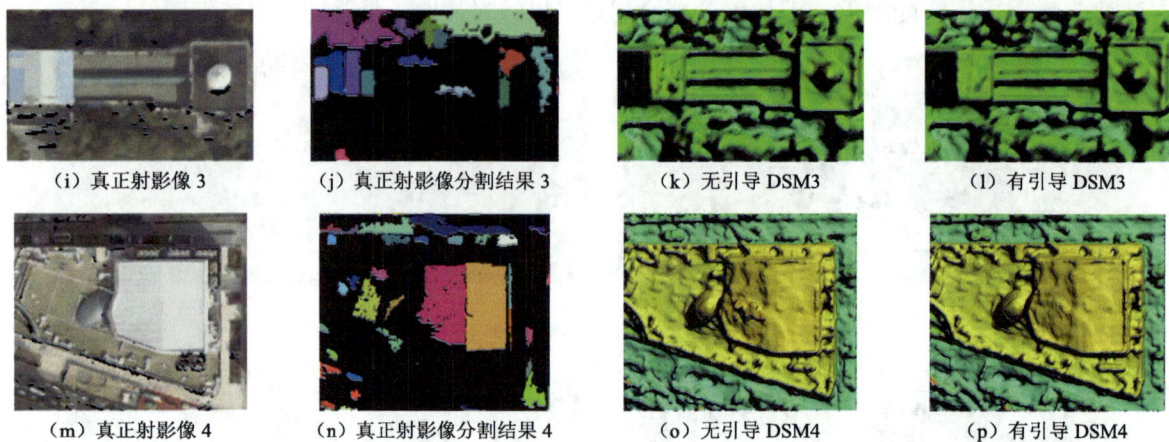

（i）真正射影像3 　（j）真正射影像分割结果3 　（k）无引导DSM3 　（l）有引导DSM3

（m）真正射影像4 　（n）真正射影像分割结果4 　（o）无引导DSM4 　（p）有引导DSM4

图 14-14 　（续）

14.6.4　粗略地形引导有效性实验

为了改善斜面的匹配结果，可通过初始 DSM 或粗略先验 DSM 调整半全局代价积聚时平滑约束的方向。初始 DSM 即利用 14.4 节方法得到的同等分辨率的 DSM；粗略先验 DSM 即外部输入的低分辨率 DSM，如 SRTM 等公开高程数据。这两种 DSM 相较要生成的 DSM 来说都属于粗略地形。本节首先通过实验验证初始 DSM 和粗略 DSM 引导的有效性，然后通过实验分析粗略 DSM 的分辨率对最终密集匹配 DSM 效果的影响。

图 14-15 所示为三块典型城市区域的 DSM 斜面匹配结果，其中第一行是使用标准半全局优化生成的 DSM，该方法没有使用初始 DSM 引导；第二行是使用本章初始 DSM 引导方法得到的 DSM。由图可见，使用标准半全局优化在斜面位置有明显的毛刺和不光滑现象，而使用粗略 DSM 引导方法则可以明显地改善这种现象。

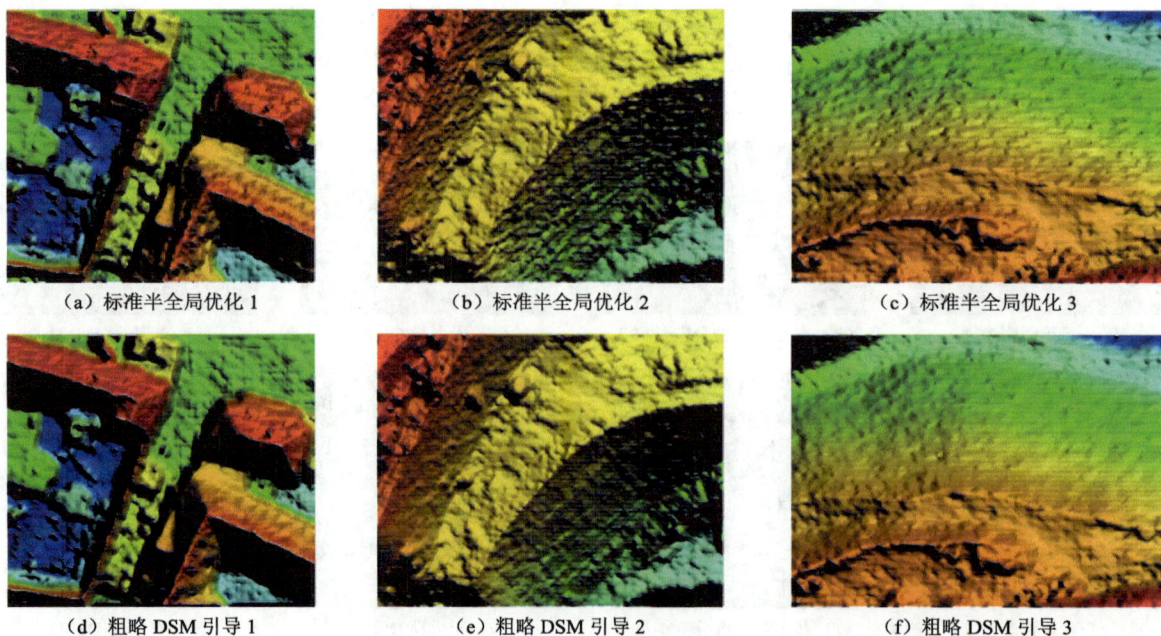

（a）标准半全局优化1 　（b）标准半全局优化2 　（c）标准半全局优化3

（d）粗略 DSM 引导1 　（e）粗略 DSM 引导2 　（f）粗略 DSM 引导3

图 14-15 　三块典型城市区域的 DSM 斜面匹配结果

图14-16所示为三块典型山区地形的DSM匹配结果,其中第一行是使用标准半全局优化生成的DSM,该方法没有使用粗略DSM引导;第二行是使用粗略DSM引导方法得到的DSM。由图可见,使用标准半全局优化获得的 DSM 存在明显阶梯现象,这是因为标准半全局优化的能量函数仅考虑一阶平滑约束所致;而粗略DSM引导方法则明显改善了阶梯现象,说明使用粗略DSM引导对于改善山区地形表面也有明显效果。

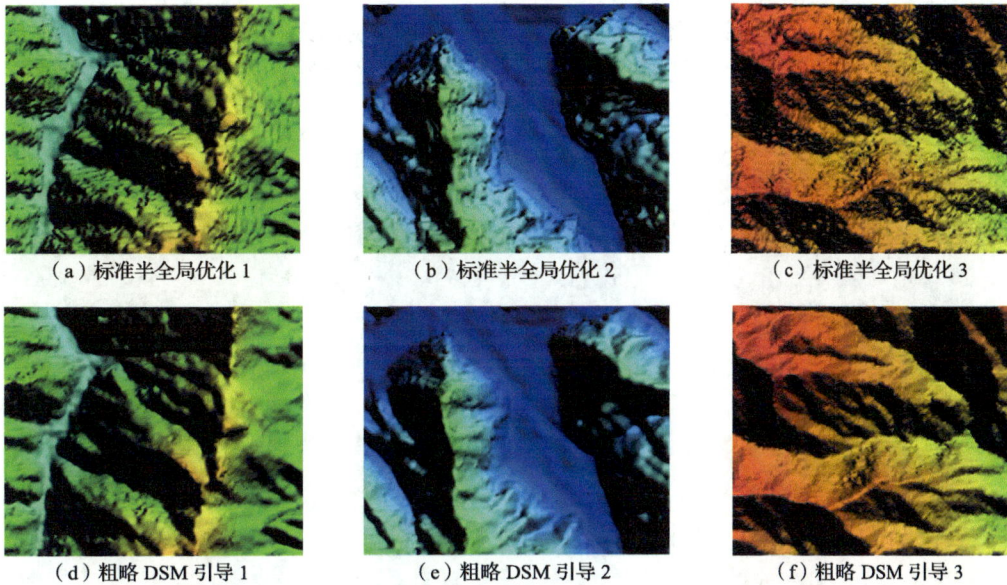

（a）标准半全局优化 1　　　（b）标准半全局优化 2　　　（c）标准半全局优化 3

（d）粗略DSM引导 1　　　（e）粗略DSM引导 2　　　（f）粗略DSM引导 3

图 14-16　三块典型山区地形的 DSM 匹配结果

为了分析粗略DSM的分辨率对于最终生成DSM的影响,基于资源三号卫星立体影像数据进行五组5m GSD 的 DSM 生成实验,每组实验均使用粗略DSM引导方法和标准半全局优化方法分别生成DSM,五组实验的差别在于使用不同分辨率的粗略DSM作为引导。注意,标准半全局优化方法虽然没有使用粗略地形改进其能量函数,但是仍然可以使用粗略地形缩小其标号空间的搜索范围,因此每组实验中两种方法所得DSM精度的差别仅在于本章提出的粗略地形引导的半全局能量函数。图 14-17 所示为粗略DSM分辨率对 5m 间距 DSM 的精度影响分析,平均误差（mean error,ME）和残差中误差两项统计结果均表明,当粗略DSM分辨率高于 30m 时,所得 DSM 精度变化不明显;而当分辨率低于 30m 时,误差迅速增大。由此说明,粗略DSM 的分辨率一般不能低于要生成DSM分辨率的六倍,否则粗略DSM格网间距太大,无法起到有效的地形引导作用。

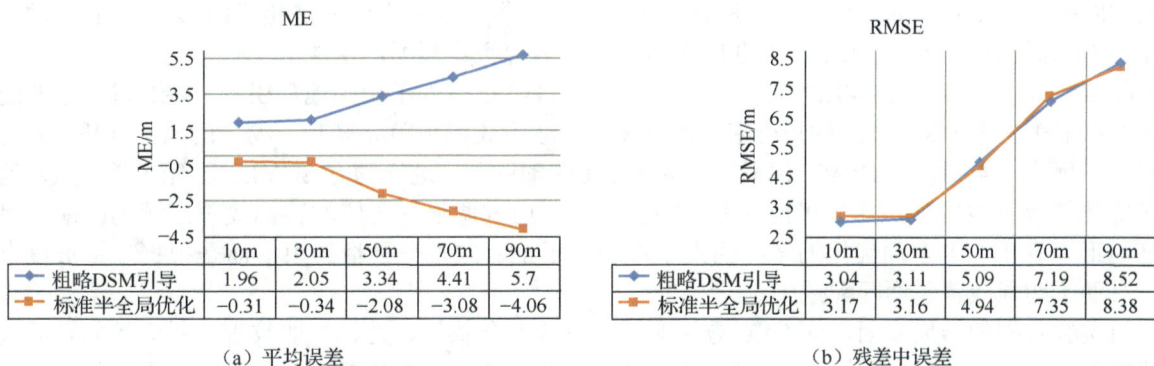

ME	10m	30m	50m	70m	90m
粗略DSM引导	1.96	2.05	3.34	4.41	5.7
标准半全局优化	−0.31	−0.34	−2.08	−3.08	−4.06

RMSE	10m	30m	50m	70m	90m
粗略DSM引导	3.04	3.11	5.09	7.19	8.52
标准半全局优化	3.17	3.16	4.94	7.35	8.38

（a）平均误差　　　　　　　　　　　（b）残差中误差

图 14-17　粗略 DSM 分辨率对 5m 间距 DSM 的精度影响分析

14.6.5 DSM 可靠性度量实验

为了验证 DSM 可靠性度量方法用于修复大片弱纹理区域误匹配问题的可能性，并分析不同方法对于弱纹理区域的检测能力差别，选择含有大片弱纹理湖泊的 DSM 进行可靠性度量实验，如图 14-18 所示。对图 14-18（a）和（b）进行目视判读，湖泊区域发生大量高程错误，因此可以预测湖泊区域的可靠度较低；同时根据经验，山区的高程误差通常大于平坦区，因此可以预测山区可靠应当低于平坦地区。图 14-18（c）～（f）均在不同程度上体现出上述趋势，且整体表现最佳的可靠度评估方法是基于整条代价曲线的方法。值得注意的是，如果仅考虑湖泊区域可靠度的区分性，则表现最显著的是基于匹配代价的可靠度图 [图 14-18（f）]。

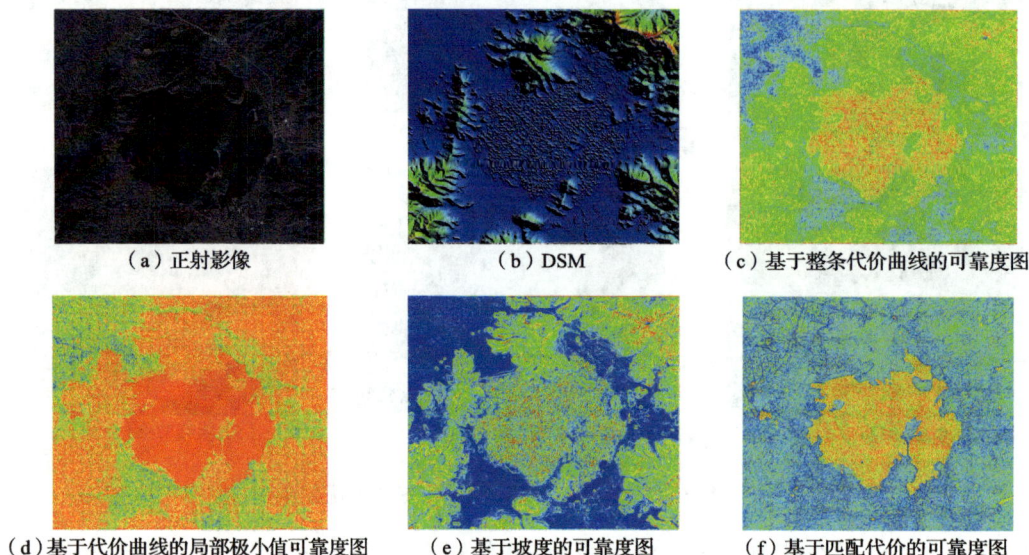

| （a）正射影像 | （b）DSM | （c）基于整条代价曲线的可靠度图 |
| （d）基于代价曲线的局部极小值可靠度图 | （e）基于坡度的可靠度图 | （f）基于匹配代价的可靠度图 |

图 14-18 卫星影像生成的 DSM 及其可靠度

本 章 小 结

当前主流的 DSM 密集匹配方法大都在像方进行密集匹配，导致 DSM 生成流程包括参考片或立体像对选择、密集匹配、视差图或深度图融合、点云融合及 DSM 内插等步骤，使得 DSM 生成的复杂度和计算冗余较高，对于数据存储和计算效率提出挑战。事实上，DSM 生成流程可以简化，只需要在经典 VLL 基础上对匹配代价计算和高程优化方法进行改进，即可取得与现有主流方法相当的 DSM，且处理效率大幅提升。本章提出全新的 SGVLL，可直接在物方进行多视密集匹配，生成 DSM。

SGVLL 本质上是对经典 VLL 方法的改进，但是 SGVLL 引入了初始地形引导，并通过改进匹配代价和优化方法显著提升 DSM 匹配的正确率。首先采用自适应高程步距计算基于物方的匹配代价，并进行半全局积聚和优化，得到初始 DSM；然后在初始 DSM 的辅助下，进行物方 SGVLL 匹配。通过顾及遮挡的匹配代价计算改善数据项，并在真正射影像的引导下，通过调整惩罚值改善弱纹理区域的匹配。另外，在粗略地形引导下，半全局优化的平滑约束不再受限于绝对的水平平滑约束，而是根据地形坡度自适应约束，有助于明显改善斜面匹配效果。

多组实验数据的结果表明，SGVLL 方法对于高程步距鲁棒性、遮挡、弱纹理、斜面等问题的改善具有显著效果。在粗略 DSM 分辨率不低于待生成 DSM 分辨率五倍的情况下，在斜面和山区等地形也可以获得稳健的密集匹配结果。对于所生成的 DSM 质量，基于整条代价曲线的可靠度评估方法总体效果最优。

参 考 文 献

龚健雅，季顺平，2018. 摄影测量与深度学习[J]. 测绘学报，47(6)：693-704.

黄旭，2016. LiDAR 点云约束下的多视影像密集匹配与融合方法研究[D]. 武汉：武汉大学.

纪松，范大昭，张永生，等，2009. 多视匹配 MVLL 算法及其在 ADS40 线阵影像中的运用[J]. 武汉大学学报（信息科学版），34(1)：28-31.

刘瑾，季顺平，2019. 基于深度学习的航空遥感影像密集匹配[J]. 测绘学报，48(9)：1141-1150.

张彦峰，2014. 利用多条件约束的航空影像逐像素密集匹配算法研究[D]. 北京：中国测绘科学研究院.

张彦峰，2017. 粗略地形引导下影像匹配与地表重建的半全局优化方法[D]. 武汉：武汉大学.

ANGULO J, 2015. (max, min)-convolution and mathematical morphology[C]// Mathematical Morphology and Its Applications to Signal and Image Processing Cham:Springer, 485-496.

CESPEDES I, HUANG Y, OPHIR J, et al., 1995. Methods for estimation of subsample time delays of digitized echo signals[J]. Ultrasonic Imaging, 17(2): 142.

D'ANGELO P, 2016. Improving semi-global matching: cost aggregation and confidence measure[C]// ISPRS Congress 2016, Prague：International Archives of the Photogrammetry, Remote Sensing and Spatial Information Sciences, 41: 299-304.

DRORY A, HAUBOLD C, AVIDAN S, et al., 2014. Semi-global matching: a principled derivation in terms of message passing[C]// GCPR 2014: Pattern Recognition. Cham: Springer, 43-53.

EGNAL G, MINTZ M, WILDES R P, 2004. A stereo confidence metric using single view imagery with comparison to five alternative approaches[J]. Image & Vision Computing, 22(12): 943-957.

HABIB A F, KIM E M, KIM C J, 2007. New methodologies for true orthophoto generation[J]. Photogrammetric Engineering and Remote Sensing, 73(1): 25-36.

HARTLEY R, ZISSERMAN A, 2003. Multiple view geometry in computer vision[M]. Cambridge: Cambridge University Press.

HIRSCHMULLER H, 2008. Stereo processing by semiglobal matching and mutual information[J]. IEEE Transactions on Pattern Analysis and Machine Intelligence, 30(2): 328-341.

HIRSCHMULLER H, SCHARSTEIN D, 2009. Evaluation of stereo matching costs on images with radiometric differences[J]. IEEE Transactions on Pattern Analysis and Machine Intelligence, 31(9): 1582-1599.

HU X Y, MORDOHAI P, 2012. A quantitative evaluation of confidence measures for stereo vision[J]. IEEE Transactions on Pattern Analysis and Machine Intelligence, 34(11): 2121-2133.

KANG J H, CHEN L, DENG F, et al., 2019. Context pyramidal network for stereo matching regularized by disparity gradients[J]. ISPRS Journal of Photogrammetry and Remote Sensing, 157: 201-215.

KANG S B, SZELISKI R, CHAI J X, 2001. Handling occlusions in dense multi-view stereo[C]//Proceedings of the 2001 IEEE Computer Society Conference on Computer Vision and Pattern Recognition. CVPR 2001. Kauai: IEEE, 1: I-I.

KOLMOGOROV V, 2006. Convergent tree-reweighted message passing for energy minimization[J]. IEEE Transactions on Pattern Analysis and Machine Intelligence, 28(10): 1568-1583.

LINDER W, 2009. Digital photogrammetry: a practical course[M]. 3rd Edition. Heidelberg: Springer.

PARIS S, KORNPROBST P, TUMBLIN J, 2008. Bilateral filtering: theory and applications[J]. Foundations & Trends® in Computer Graphics & Vision, 4(1): 1-74.

SANTEL F, LINDER W, HEIPKE C, 2004. Stereoscopic 3D-image sequence analysis of sea surfaces[C]// XXth ISPRS Congress. Istanbul: ISPRS, 35(part 5): 708-712.

SONG T, KIM Y, OH C, et al., 2020. Simultaneous deep stereo matching and dehazing with feature attention[J]. International Journal of Computer Vision, 128(4): 799-817.

TAN X, SUN C M, WANG D D, et al., 2014. Soft cost aggregation with multi-resolution fusion[C]// ECCV 2014: Computer Vision-ECCV 2014. Cham：Springer, 17-32.

WAINWRIGHT M J, JAAKKOLA T S, WILLSKY A S, 2005. MAP estimation via agreement on trees: message-passing and linear programming[J]. IEEE Transactions on Information Theory, 51(11): 3697-3717.

ZENG G, PARIS S, QUAN L, et al., 2005. Progressive surface reconstruction from images using a local prior[C]//Tenth IEEE International Conference on Computer Vision (ICCV'05). Beijing: IEEE, 2: 1230-1237.

ZHANG L, 2005. Automatic digital surface model (DSM) generation from linear array images [D]. Zuich:Institute of Geodesy & Photogrammetry.

ZHANG Y F, ZHANG Y J, MO D L, et al., 2017. Direct digital surface model generation by semi-global vertical line locus matching[J]. Remote Sensing, 9(3): 214.

ZHANG Y J, ZHENG Z, LUO Y M, et al., 2019. A CNN-based subpixel level DSM generation approach via single image super-resolution[J]. Photogrammetric Engineering & Remote Sensing, 85(10): 765-775.

第15章

深度图融合与数字表面模型精化

15.1 引言

使用第 14 章提出的 SGVLL 生成的 DSM 仍然存在进一步提升质量的空间。由于匹配过程中使用较强的平滑约束，SGVLL 对地物细节的表达还未达到像素级；另外，SGVLL 和其他基于影像的三维重建方法一样，也无法准确处理大片弱纹理区域，尤其是云覆盖区和水体区域（简称云水区域），因此还需要进行 DSM 的精化处理（张彦峰，2017）。常用的 DSM 精化处理方法包括影像引导的深度图精化、深度图融合、云水区域检测修补等步骤。

如果将 DSM 转换到影像空间得到深度图，就可以将 DSM 精化问题转换为深度图精化问题。研究者提出大量使用影像信息来引导深度图精化的方法，主要可分为基于 MRF 的全局优化方法（Diebel et al.，2005；Lu et al.，2011；Park et al.，2011；Shan et al.，2014）和基于滤波的方法两类（Yang et al.，2007；Yu et al.，2009；He et al.，2013；Ferstl et al.，2013）。两类方法的基本思想都是利用影像提供的结构信息恢复深度图细节，全局优化方法采用加权方式实现，滤波方法则使用调整滤波器的卷积核实现，前者更容易纳入各种约束但是求解效率较低，后者求解效率更高但不易纳入约束条件。另外，影像与深度图的结构并不完全一致，不少算法尤其是滤波类方法都会出现纹理复制效应。

经过增强后的多视深度图还需要反投影到物方空间并进行融合，才能得到增强的 DSM。深度图融合是高精度三维重建、实时深度测量和同时定位与制图（simultaneous localization and mapping，SLAM）的关键技术，大致可以分为面向 3D 点云生成的方法（Turk et al.，1994；Lorensen et al.，1987；Curless et al.，1996；Merrell et al.，2007；Newcombe et al.，2011）和面向 2.5D 高程图生成的方法（Hirschmüller，2008；Gallup et al.，2010；Unger et al.，2010；Rumpler et al.，2013）两类。3D 方法主要基于点或深度图 Mesh 方式进行噪声剔除和最小二乘法深度图融合，也有基于体的方法将深度图投射到物方空间体中，然后基于变分法和图割法等优化方法从中提取表面。2.5D 高程图方法的基本思路是首先将多视深度图投影到预定义的二维格网化平面，然后通过滤波或优化方法估计每个格网点的高程值，不同融合方法的主要区别在于如何根据每个格网点的多个候选高程点估计最佳高程值。

通过影像密集匹配生成 DSM 的方法普遍难以正确处理影像中大片含云或含水的区域，因为这些区域的多视角影像并不符合朗伯体假设，而且水面和云区往往在运动，即使纳入正则化平滑约束，也难以从根本上解决问题，因此必须进行云水区域检测。目前基于影像的云水区域自动检测已得到很多研究（Sun et al.，2012；谭凯 等，2016；Kang et al.，2017；Zhang et al.，2019）。利用这些算法取得影像的云水区域掩膜之后，根据几何成像关系，将云水掩膜投影到 DSM 即可得到 DSM 的云水区域掩膜，然后使用不同策略进行空洞区域修补。

为了在充分吸收原始影像结构信息的同时防止纹理复制效应，本章提出基于 MRF 设计能量函数，并纳入 DSM 地形特征、可靠性、影像梯度和轮廓等信息，设计各向异性的约束条件，最后使用半全局优化方法高效地实现深度图精化，并采用均值漂移（mean shift）算法进行高程图融合和 DSM 生成。针对云水区域修补问题，本章提出一种基于 DSM 可靠度图的云水区域自动检测方法，并充分利用已有的先验初始高程值，采用浮点泊松融合实现空洞区域 DSM 修补，最终获得质量较高的 DSM 精化结果。

15.2　基于深度图的 DSM 精化

使用 SGVLL 等方法生成 DSM 时，为了抑制噪声而采用较强的平滑约束，可能会导致细碎的地形细节丢失。研究者提出基于 MRF 的全局优化和基于滤波的各种方法进行影像信息引导的深度图精化。但是，DSM 精化过程中，很多深度图融合算法尤其是基于滤波的方法都会出现纹理复制现象。Shen 等（2015）提出将深度图与影像的结构一致性纳入能量函数，从而减弱结构不一致区域的纹理复制效应；Li 等（2016）提出由粗到精的处理策略，将经过影像引导增强的深度图作为下一次迭代的引导图像，对升采样后的深度图进行引导增强处理。

为了进一步恢复 DSM 细节，本章提出基于影像引导的深度图半全局精化方法，其流程图如图 15-1 所示，其中 N 表示生成 DSM 时使用的有效影像数量。首先将 DSM 投影到影像空间得到深度图，然后使用原始影像作为引导对深度图进行精化，最后对多视深度图融合得到精化后的 DSM。其实现过程中需要利用 14.5 节介绍的方法生成 DSM 和深度图的可靠度图，然后以此作为参考信息辅助深度图的精化和融合处理；另外一个关键步骤是图像引导的半全局深度图精化。

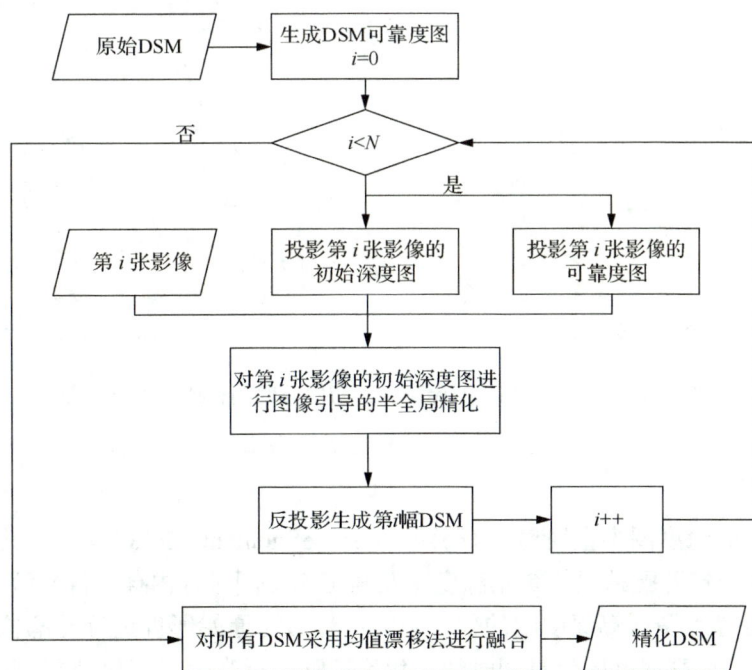

图 15-1　基于影像引导的深度图半全局精化总体流程图

15.2.1 初始深度图及其可靠度图

首先将 DSM 分别投影到各个影像得到深度图，投影过程中采用基于角度的螺旋扫描法进行遮挡检测（Habib et al.，2007）。将同样的投影关系直接用于 DSM 可靠度图，得到深度图的可靠度图。一般而言，DSM 规则格网点在影像上的投影点位呈现不规则分布，并且如果 DSM 的分辨率小于影像分辨率，则投影点位稀疏且不规则分布。本章将上述深度图称为初始深度图，以便区分下文基于影像引导得到的精化深度图。图 15-2 分别展示了立体影像局部原始 DSM、原始影像、初始深度图和初始可靠度图。由于考虑了遮挡的影响，初始深度图及其可靠度图中的建筑物边缘存在明显空洞。

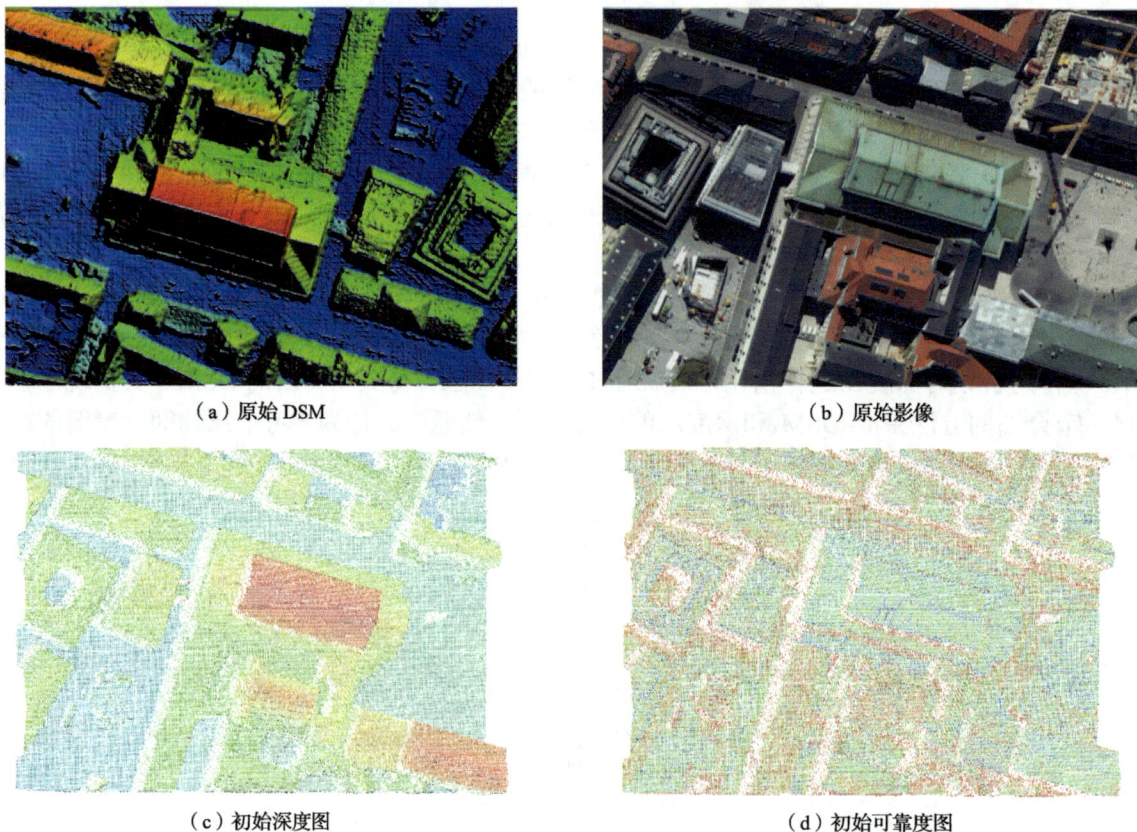

（a）原始 DSM

（b）原始影像

（c）初始深度图

（d）初始可靠度图

图 15-2　原始 DSM、原始影像、初始深度图和初始可靠度图

15.2.2　影像引导的半全局深度图精化

本节提出影像引导的深度图半全局精化（semi-global refinement，SGR）方法，其基本流程图如图 15-3 所示。首先对某张影像密集匹配结果的初始深度图及其可靠度图进行内插，得到稠密深度图和可靠度图，并根据稠密深度图和可靠度图计算深度图的代价矩阵；然后对原始影像进行轮廓检测，并将所得轮廓信息、原始影像灰度信息及稠密深度图信息同时纳入代价矩阵进行半全局积聚处理；最后使用"赢家通吃"策略取得增强的稠密深度图。

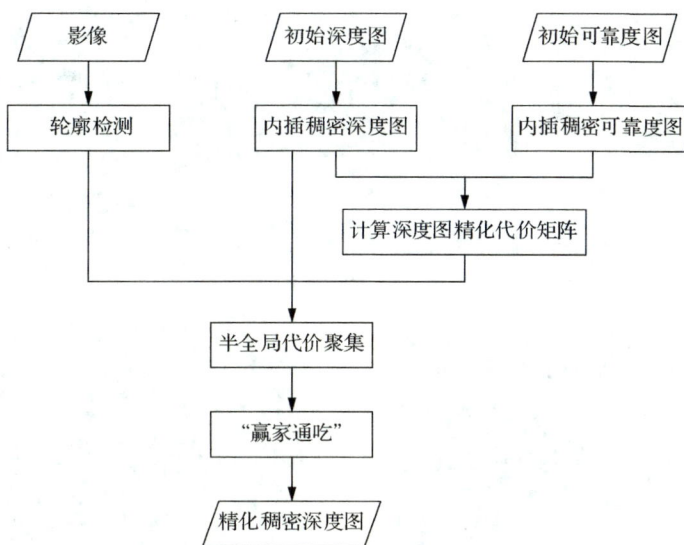

图 15-3　影像引导的深度图半全局精化方法基本流程图

根据图 15-3 所示的半全局精化流程，需要解决初始深度图及其可靠度图内插、影像轮廓检测、深度图代价矩阵和半全局优化能量函数设计几个方面的问题。

对于初始深度图及其可靠度图内插问题，可采用基于金字塔的内插方法解决。对初始深度图进行渐进降采样处理，上层像素的深度值由下层对应像素求平均得到，如果上层像素对应下层像素均为无效值，那么该像素也为无效值。从初始深度图开始逐层降采样，直到某一层深度图不存在内部无效值时，停止降采样。于是，形成金字塔形状的深度数据结构，顶层是无空洞的深度图，底层则是初始深度图，如图 15-4 所示。最后，按照垂直从下向上的顺序，对初始深度图上的无效值取上层金字塔的有效深度值，从而完成内插处理。

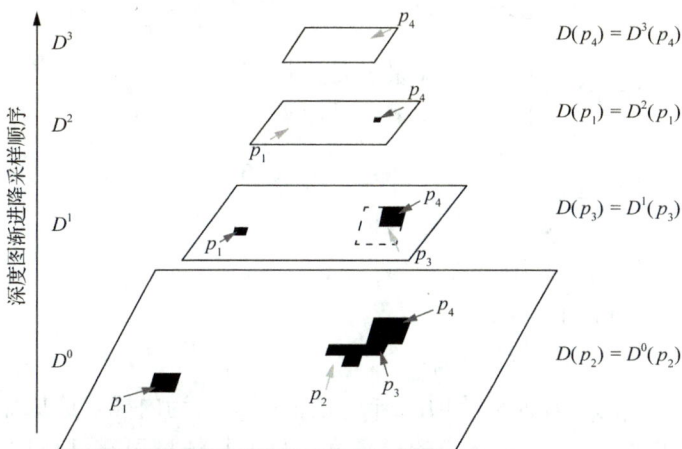

图 15-4　金字塔内插原理图

对于影像轮廓检测，此处使用全局概率边缘（global probability of boundary，gPb）轮廓检测方法。该方法采用更大的计算窗口，可以取得非常鲁棒的轮廓检测结果，已经成功应用于许多主流边缘检测算法（Arbeláez et al.，2011）。图 15-5 所示为利用 gPb 方法检测的米字形四方向轮廓。

（a）原始影像　　　　　　　　（b）0°轮廓　　　　　　　　（c）45°轮廓

（d）90°轮廓　　　　　　　　　　（e）135°轮廓

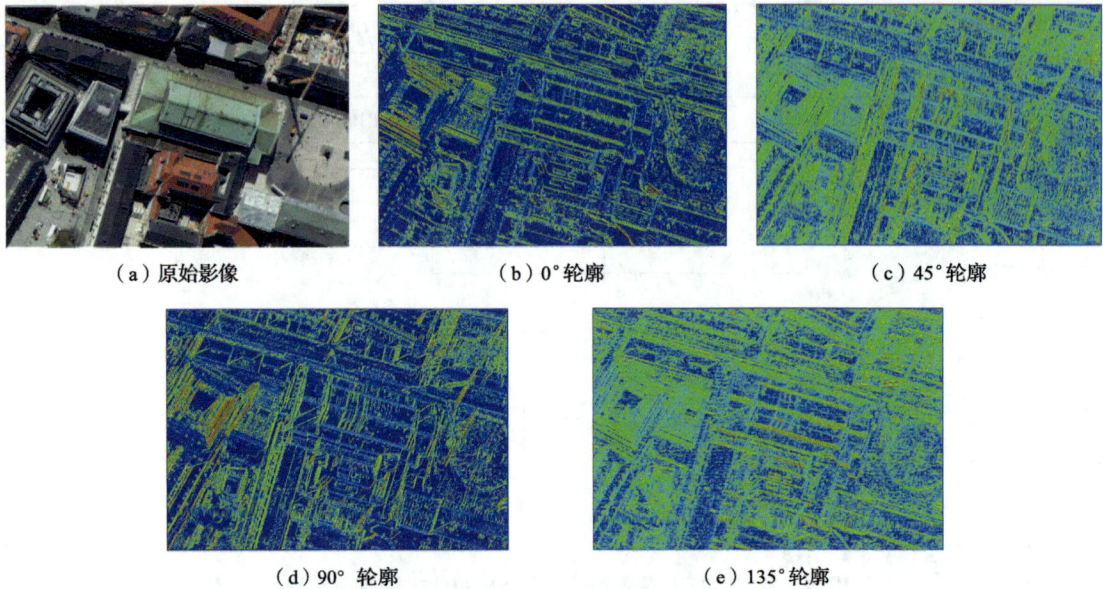

图 15-5　利用 gPb 方法检测的米字形四方向轮廓

深度图精化的目的是更新每个像素点的深度值，在深度图代价矩阵和半全局优化能量函数设计时，需要使新的深度能够在不引入毛刺噪声的前提下恢复更多细节。为此，在设计深度图精化算法时，一方面要顾及新深度图与原始深度图的一致性，从而控制深度图的鲁棒性；另一方面要顾及新深度图与原始影像的结构一致性，从而控制细节恢复程度，并通过平滑约束抑制噪声。不难看出，只需要将深度进行离散化处理，如将深度离散化步距设置为 0.5 像素的地面采样间隔，即可将上述问题转换为第 14 章介绍的 pairwise MRF 标号问题，从而直接使用半全局优化方法求解。设计如下能量函数：

$$
\begin{cases}
\begin{aligned}
E(D) &= E_{\text{data}}(D) + \lambda E_{\text{smooth}}(D) \\
&= \sum_p \alpha[p] R_p (1 - \mathrm{e}^{-(D_p - D_p')}) + \lambda_{pq} \sum_{q \in N_p} T\big[\big|D_p - D_q - \Delta D_{pq}'\big|\big]
\end{aligned} \\
\alpha[p] = \begin{cases} 0.5, & \text{如果 } p \text{ 是内插点} \\ 1, & \text{如果 } p \text{ 是原点} \end{cases} \\
\lambda_{pq} = \begin{cases} \mathrm{e}^{-0.1 \times |G_p - G_q|}, & |G_p - G_q| < 10 \\ \mathrm{e}^{-1}, & \text{else} \end{cases} \\
T[x_{pq}] = \begin{cases} 0, & x_{pq} = 0 \\ P_1, & x_{pq} = 1 \\ P_2 \times C_{pq}, & x_{pq} > 1 \end{cases}
\end{cases}
\tag{15-1}
$$

式中，$E_{\text{data}}(D)$ 为数据项；$E_{\text{smooth}}(D)$ 为平滑项；$\alpha[p]$ 是根据 p 点为内插点或原始投影点计算的权重系数，目的是减弱内插点的一致性约束；R_p 为 p 点的可靠度，目的是依据可靠度自适应调整原始深度的一致性约束；D_p 为 p 的深度值；D_p' 为 p 点在初始稠密深度图上的取值，该值与 D_p 的差异越小，则能量值越小，是对增强深度图与原始深度图的一致性约束；λ_{pq} 为各向异性平衡系数，根据 p 点与其邻域像素 q 的灰度信息，即 G_p 与 G_q 计算得到；$T[x_{pq}]$ 为各向异性平滑项惩罚，根据 p 点与邻域像素 q 的深度差值及初始稠密深度图上 p 与 q 的深度差值计算；P_1 为平滑项惩罚因子；P_2 为视差阶跃项惩罚因子；D_q 为 q 的深度值；$\Delta D_{pq}'$ 为初始稠密深度图上 p 和 q 的深度值差值。

C_{pq} 的计算方法如下：首先对原始影像进行米字形共四个方向的轮廓检测（图 15-5），每个方向的轮廓对应两个方向的邻域像素；然后将每个方向的轮廓响应值设置为对应的两个方向邻域像素的惩罚值，以便抑制沿轮廓方向的深度值阶跃。

通过上述各向异性的设计，能量函数可以准确地纳入原始稠密深度图和原始影像的结构信息，因此能够通过最小化该能量函数而取得理想的深度图精化结果。上述能量函数仍然可以采用与第 14 章一致的半全局优化方法求解，此处不再赘述。

15.2.3　深度图融合与 DSM 生成

深度图融合时，可对每个格网点进行独立处理。首先在格网平面上取 3 像素×3 像素的窗口，获得候选高程点集；然后从原始 DSM 的高程点开始，按照如下方程进行均值漂移计算（Fukunaga et al.，1975）：

$$\begin{cases} \Delta z = \dfrac{\displaystyle\sum_i^N z_i \phi(z_i - z^0)}{\displaystyle\sum_i^N \phi(z_i - z^0)} - z^0 \\[4mm] \phi(z_i - z^0) = \exp\left(-\dfrac{\|z - z^0\|}{2h^2}\right) \end{cases} \tag{15-2}$$

式中，z_i 为第 i 个待融合高程点；z^0 为初始高程；h 为带宽，取为高程候选点平均间隔的 5 倍，即 $h = 5\Delta z$。

图 15-6 所示为均值漂移法高程点融合的过程：首先以初始高程为中心（图中灰线），沿 Z 正、反方向取一个带宽；然后根据核函数计算所得样本的中心位置并漂移至此（图中绿线），从而完成第一次均值漂移。如此不断迭代，直到某次迭代的均值漂移量小于一定阈值则停止漂移，如图中红色箭头所示。图中分别用不同颜色的箭头标示了中值融合和均值漂移法融合结果，直观上看，均值漂移法所得结果处于高程点局部密集度最高的位置；而中值融合法所得结果处于按照高程排序的中间位置。显然，在初始高程点可靠的情况下，均值漂移法的结果更为合理。

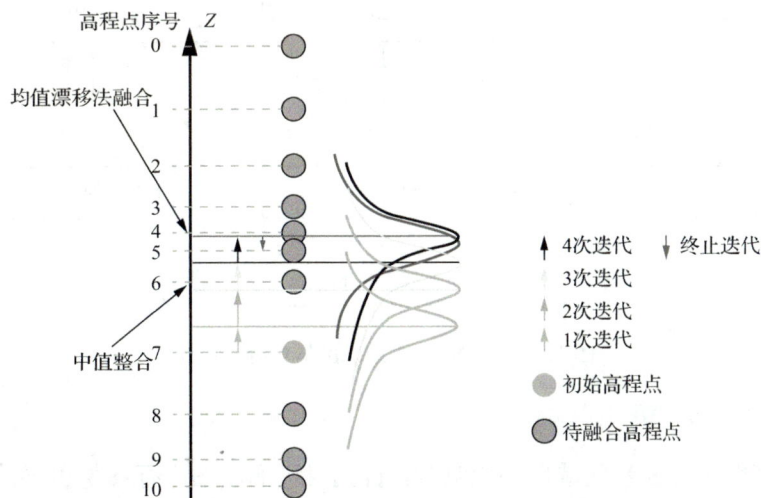

图 15-6　均值漂移法高程点融合的过程

均值漂移法与 Rumpler 等提出的方法（Rumpler et al.，2013）较为相似，都是通过估计高程分布的概率密度局部极大值来取得融合结果。两种方法的不同之处在于，Rumpler 等的方法没有使用先验初始高程值，需要估计整体高程概率密度函数并进行样本点聚类；本章深度图融合方法有先验初始高程值，因此直接对其进行均值漂移即可取得稳定可靠的 DSM 融合结果。

15.3 大片云水区域的 DSM 修补方法

云水区域属于典型的弱纹理和匹配困难区域，通过影像密集匹配生成 DSM 的方法普遍难以正确处理影像中的大片云水区域。为了生成高质量 DSM，需要对这些区域进行识别并对相应的 DSM 进行检测和修补。基于影像的云水区域检测可以取得较为精确的影像云水掩膜，但是由于这些区域 DSM 本身不准确，导致像方云水掩膜投影到物方 DSM 后并不准确，因此现有基于影像的云水区域自动检测方法对于 DSM 的云水区域检测并不适用。

本章提出采用 DSM 匹配可靠度图进行图像引导滤波检测含云、含水区域，然后基于已有 DSM（如相应比例尺国家基础测绘产品，或者 SRTM DEM 和 ASTER DEM 等全球公开数据），采用泊松融合方法（Pérez et al.，2003）修补大片云水区域的错误 DSM，具体流程图如图 15-7 所示。第一阶段从生成正射影像到得到云水掩膜；第二阶段根据云水掩膜对已有 DSM 和待修复 DSM 进行泊松融合，得到修复后的最终 DSM。

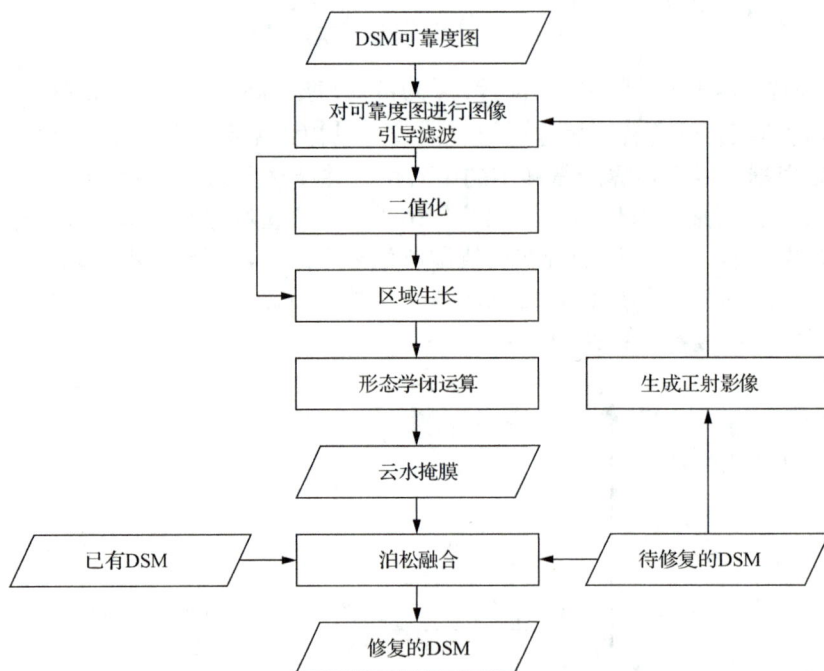

图 15-7　DSM 大片云水区域修补流程图

15.3.1　DSM 云水区域自动检测

基于 DSM 可靠度图进行云水区域自动检测时，首先对可靠度图进行图像引导滤波，所使用的引导图像为利用 DSM 生成的正射影像；然后对可靠度图进行二值化，将小于一定阈值的点标记为云水区域，否则为非云水区域，得到二值化的云水掩膜种子图；接着以可靠度为区域生长连通条件的判断准则，对云水掩膜种子图进行区域生长和聚类，并将聚类得到的较小聚类块的标记取反，从而得到云水掩膜；最后进一步对云水掩膜进行数学形态学开运算，得到消除毛刺的云水掩膜。

图 15-8 所示为基于 DSM 可靠度的云水掩膜检测结果。

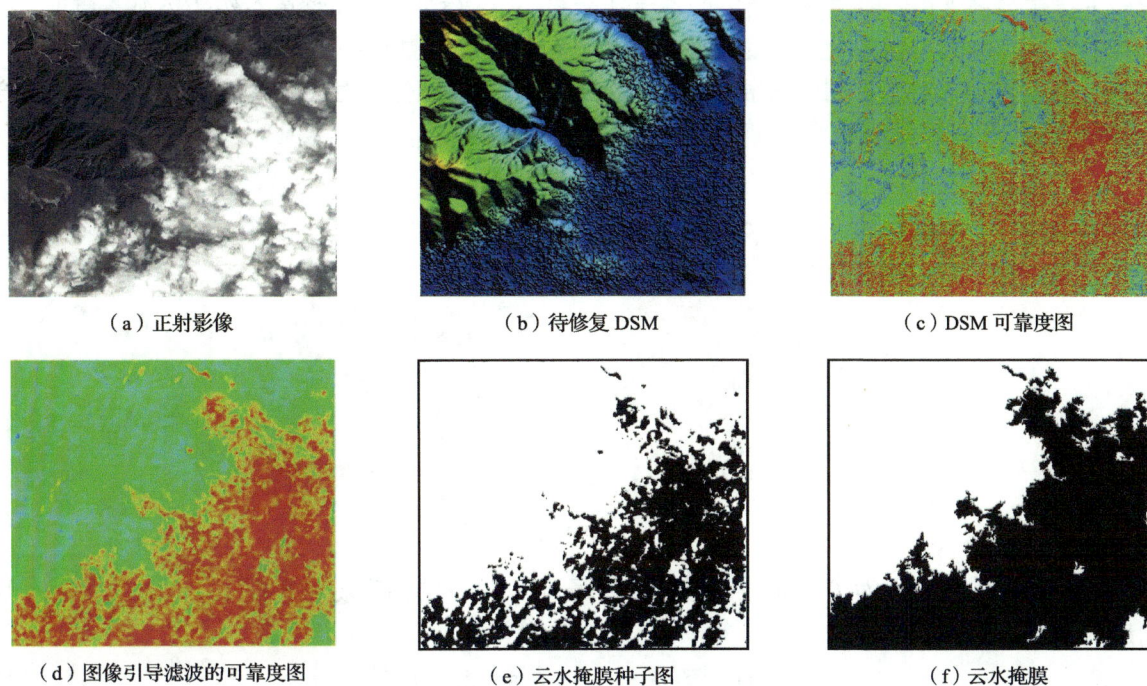

|（a）正射影像|（b）待修复 DSM|（c）DSM 可靠度图|

|（d）图像引导滤波的可靠度图|（e）云水掩膜种子图|（f）云水掩膜|

图 15-8　基于 DSM 可靠度的云水掩膜检测结果

15.3.2　DSM 云水区域自动修补

通常来说，将云水掩膜覆盖的已有 DSM 填补到待修复 DSM 上即可消除待修复 DSM 云水区域的错误。然而，这种直接填补方法不可避免地造成修复后的 DSM 在云水掩膜边缘存在明显接边缝隙。由于 DSM 修补是对浮点型图像进行处理，因此可将经典的泊松融合方法进行适当改进，以实现 DSM 修补并消除接边缝隙问题。

利用已有 DSM 修补当前 DSM 的云水区域之前，首先要确保两个 DSM 的空间分辨率和地理位置的一致性。已有 DSM 的分辨率通常低于待修复的 DSM，因此需要在泊松融合之前对已有 DSM 进行渐进升采样处理，每次升采样的尺度不宜超过两倍，否则会造成阶梯效应，如图 15-9 所示。另外，如果地理位置不完全对应，则需要对两个 DSM 进行几何配准校正。

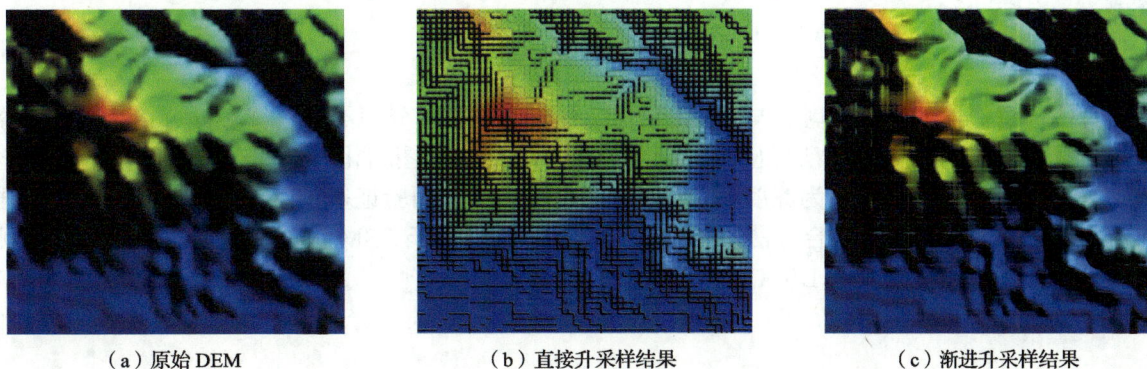

|（a）原始 DEM|（b）直接升采样结果|（c）渐进升采样结果|

图 15-9　对 SRTM DEM 升采样得到 DSM

完成上述预处理之后，即可使用泊松融合方法实现 DSM 修补，下面简单介绍泊松融合原理。对两幅图像进行泊松融合的定义如图 15-10（a）所示。假设现有一张背景图像 S（对应待修补 DSM）及一张前景图像 Ω（对应已有 DSM），则泊松融合的目标为用 Ω 替换 S 图像中对应位置的内容，并要求融合后图像在边缘 $\partial\Omega$ 处不存在明显的缝隙。

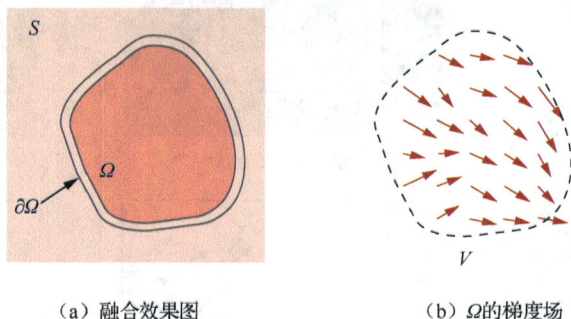

（a）融合效果图　　　　　　　（b）Ω 的梯度场

图 15-10　泊松融合原理

假设背景区域的灰度场为 f^*，前景区域的灰度场为 f，Ω 的梯度场 V 如图 15-10（b）所示，则求解上述问题的数学表达式为

$$\min_f \iint_\Omega |\nabla f - v|^2, \qquad \text{s.t. } f\big|_{\partial\Omega} = f^*\big|_{\partial\Omega} \tag{15-3}$$

式（15-3）的解必然满足如下泊松方程：

$$\Delta f = \operatorname{div} v, \qquad \text{s.t. } f\big|_{\partial\Omega} = f^*\big|_{\partial\Omega} \tag{15-4}$$

由式（15-4）可见，泊松方程是在边缘灰度一致的约束下，要求融合后图像前景区域灰度场拉普拉斯滤波结果等于 Ω 的梯度场 v 的散度。这其实是将前景图像与背景图像的差异扩散到整个 Ω 内部，因此从原理上比检测边缘并羽化的处理方式更合理。

求解泊松方程的实质是根据前景图像梯度场的散度反求融合后前景区域的灰度场。首先计算前景和背景图像梯度场，得到整个 S 区域的梯度场；然后根据 Ω 内部梯度场约束条件和边界灰度条件列出线性稀疏方程组；最后求解方程组，从而求得前景区域的灰度场。值得注意的是，一定要首先计算整个 S 区域的梯度场，再根据 Ω 内部梯度场约束条件列方程，而不能直接根据 Ω 内部梯度场约束条件列方程，否则会由于边缘处的梯度误差而出现过渡不自然现象。

15.4　实验与分析

为了验证本章提出的深度图融合与 DSM 精化方法的有效性，分四部分进行实验分析。第一部分为深度图精化模拟实验，目的是验证所提出的影像引导的半全局深度图精化方法的有效性，以及其相比影像引导滤波方法的优势；第二部分为深度图 DSM 精化实验，一方面验证基于深度图的 DSM 细节增强的可行性，另一方面验证均值漂移融合方法的有效性；第三部分为基于 DSM 可靠度的云水区域自动检测；第四部分分析验证基于泊松融合的 DSM 修补方法的有效性。

15.4.1　深度图精化模拟实验

本节介绍影像引导的深度图精化模拟实验，使用米德尔伯里（Middlebury）网站提供的五组数据集［艺术（ArtL）、翡翠木（Jadeplant）、摩托车（Motorcycle）、管道（Pipes）、泰迪（Teddy）］作为实验数据。每组数据包含一幅原始 24 位 RGB 图像、一幅 32 位浮点型真值视差图及一幅对真值视差图降采样四倍得到的低质量视差图。值得注意的是，视差图和深度图是相同几何信息的不同表达方式，在处理方法上没有任何差别，因此使用 Middlebury 的视差图作为实验对象可以无差别地表明本章算法用于深度图或视差图时的特性。

对低质量的深度图进行精化一般有两类方法：一类方法是使用双线性内插或双三次内插提高分辨率，但是由于没有额外信息的输入，因此该类方法并不会真正提高深度图的分辨率；另一类是影像引导下的滤波或全局优化方法，这类方法常常因为过度依赖影像信息而产生纹理复制现象，即在增强的深度图上产生很多假纹理。此处使用双三次内插、图像引导滤波（He，2010）及本章提出的图像引导的半全局优化方法进行深度图精化对比实验。受篇幅所限，为了突出显示不同方法处理结果的差别，下面仅放大显示部分实验结果，如图 15-11 和图 15-12 所示。由图可以看出，双三次内插方法在视差阶跃区域处存在非常明显的过平滑现象。图像引导滤波方法充分恢复了视差阶跃，但是造成很明显的纹理复制现象，如图 15-11（c）和图 15-12（c）所示。本章提出的深度图融合方法能够较好地恢复视差阶跃，而且几乎没有引入纹理复制现象。

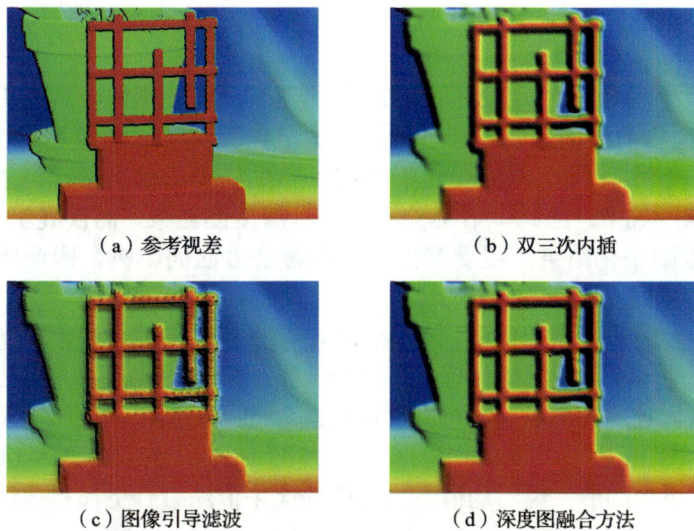

（a）参考视差   （b）双三次内插

（c）图像引导滤波   （d）深度图融合方法

图 15-11　Jadeplant 深度图精化结果（局部）

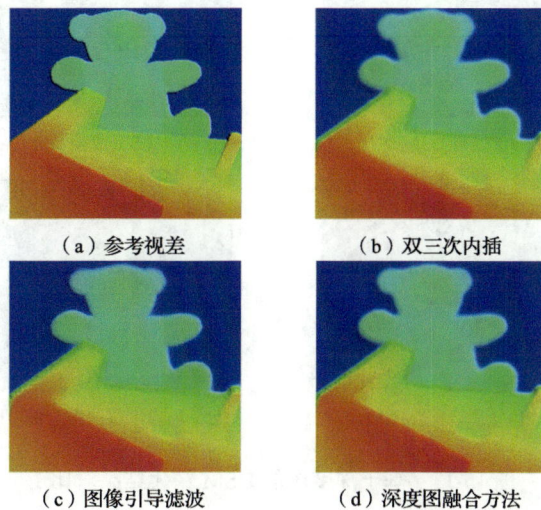

（a）参考视差   （b）双三次内插

（c）图像引导滤波   （d）深度图融合方法

图 15-12　Teddy 深度图精化结果（局部）

为了进一步对比三种方法的处理结果，计算三种方法所得增强视差图与真值视差图的绝对差均值（mean absolute difference，MAD），结果如表 15-1 所示。由表可见，三种方法的 MAD 差别很小，一方面说明认定 MAD 是唯一关心的视差图质量指标时，深度图精化方法对于视差图整体质量的提升作用非常有限；另一方面也说明 MAD 并不足以全面衡量视差图质量。实际上，视差质量的残差分布与视差图本身有很强的关系。深度图精化方法对视差图质量的贡献很可能处在一些其残差对视差图整体残差的贡献很小的区域，从而导致基于整体残差统计的指标（包括但不仅限于 MAD）掩盖了深度图精化方法的实际贡献。

表 15-1　MAD 结果对比　　　　　　　　　　　　　　　　　（单位：像素）

方法	ArtL	Jadeplant	Motorcycle	Pipes	Teddy
双三次内插	1.82	5.55	1.68	2.29	0.36
图像引导滤波	1.87	5.75	1.72	2.47	0.38
深度图融合	1.89	5.60	1.80	2.32	0.41

15.4.2　深度图 DSM 精化实验

深度图精化的目的是增强 SGVLL 方法所得 DSM 的细节。由于国内外现有卫星立体影像分辨率最高约 0.3m，很难实现地形地物的精细重建和评价，因此本节以真实航空影像及其 DSM 为实验对象，验证基于深度图的 DSM 细节增强方法的有效性。由于 15.4.1 节的模拟实验结果已经表明图像引导的半全局优化方法可以有效增强深度图细节，因此本节实验不再展示深度图结果，而仅展示 DSM 结果。另外，DSM 细节增强不仅取决于深度图精化结果，还受多视深度图融合方法的影响，因此将比传统中值法融合和本章提出的均值漂移融合方法结果进行对比分析。

如图 15-13 和图 15-14 所示。由图可见，原始 DSM 存在较明显的过平滑现象，而地物高程阶跃区域的过平滑现象尤为明显。使用深度图精化处理后，DSM 细节得到显著恢复，特别是图中的屋脊线和高程阶跃区域。此外，深度图精化处理还可以明显抑制虚假的高程起伏现象，如图 15-13（b）和图 15-14（b）所示的地面和屋顶面。对比图 15-13（c）和图 15-14（c）及图 15-13（d）和图 15-14（d）的结果，可以发现图（d）比图（c）恢复了更多细节，说明均值漂移法能够比中值法融合更加有效地实现 DSM 质量增强。

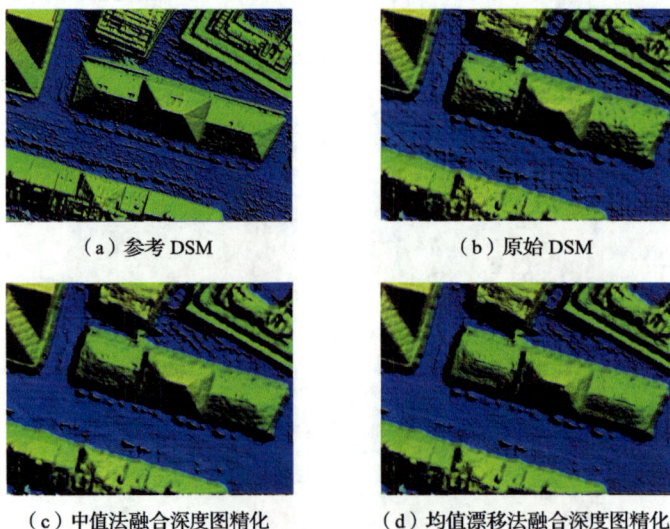

（a）参考 DSM　　　　　　　　　　（b）原始 DSM

（c）中值法融合深度图精化　　　　　　（d）均值漂移法融合深度图精化

图 15-13　基于深度图的 DSM 精化结果对比 1

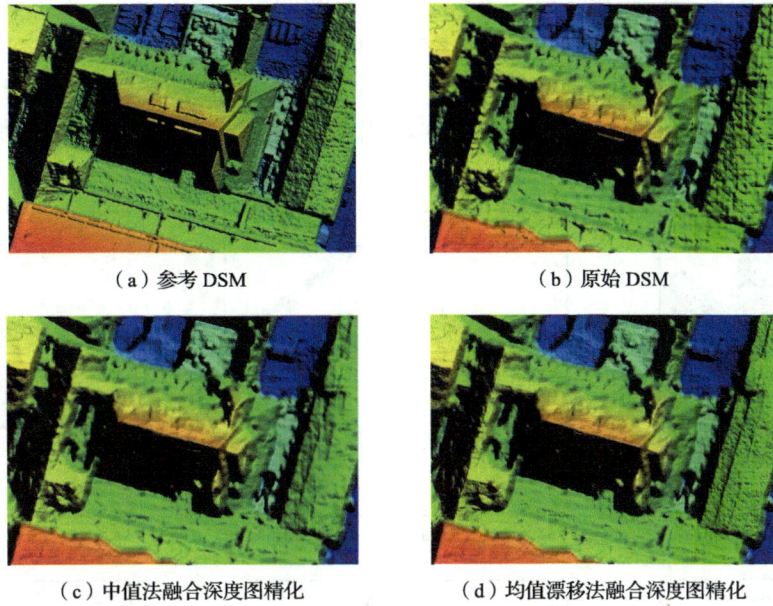

（a）参考 DSM　　　　　　　　　　　　　（b）原始 DSM

（c）中值法融合深度图精化　　　　　　　（d）均值漂移法融合深度图精化

图 15-14　基于深度图的 DSM 精化结果对比 2

15.4.3　DSM 云水掩膜自动检测

在进行 DSM 云水区域自动修补前，首先需要进行云水区域检测。基于可靠度阈值的云水检测结果如图 15-15 所示，其中，图 15-15（d）～（f），第二行为对 DSM 可靠度以 0.8 为阈值得到的二值化云水掩膜。由图可见，基于 DSM 可靠度可得到基本的云水区域检测结果。然而，该二值化云水掩膜存在大量离散噪声点，特别是在含云区域。因此，为了更好地检测云水区域，很有必要纳入 15.3.1 所述的区域生长方法消除这些噪点。

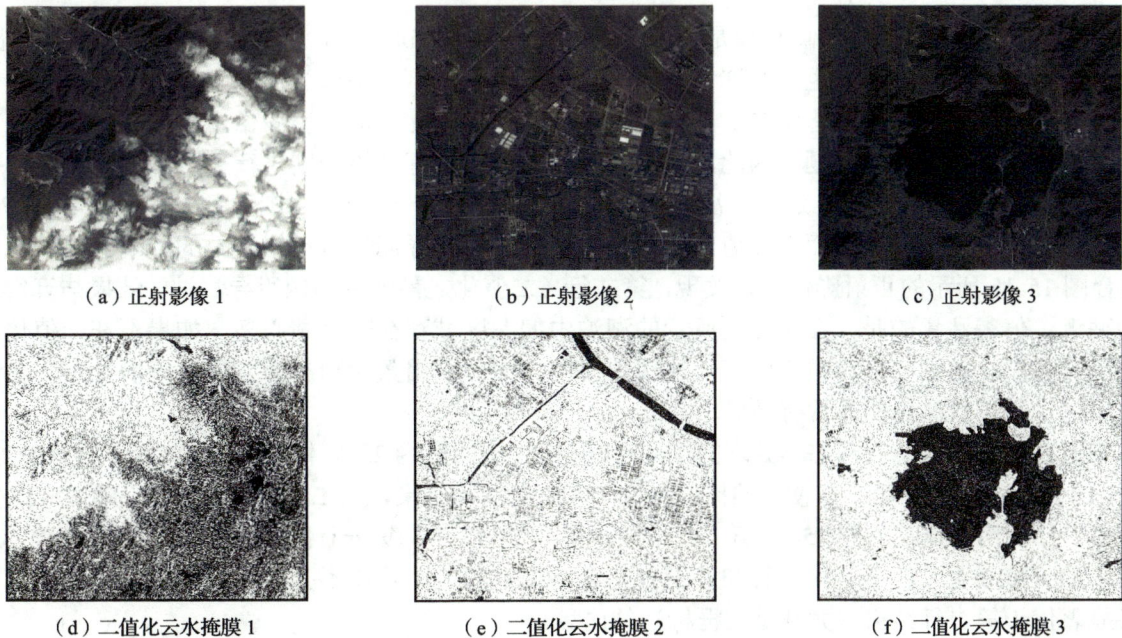

（a）正射影像 1　　　　　　　　（b）正射影像 2　　　　　　　　（c）正射影像 3

（d）二值化云水掩膜 1　　　　　（e）二值化云水掩膜 2　　　　　（f）二值化云水掩膜 3

图 15-15　基于可靠度阈值的云水检测结果

在对 DSM 可靠度图进行二值化之前，首先需要进行图像引导滤波处理。图 15-16 所示为对 DSM 可靠度图的二值化结果进行区域生长得到的云水掩膜。由图可见，第一行结果较之第二行结果存在更多的毛刺现象，特别是第一列所示的云掩膜结果差别十分明显。毛刺现象不仅意味着云水掩膜没有很好地覆盖 DSM 瑕疵，而且在云水区域修补时，带有更多毛刺的云水掩膜会导致更多的接边缝。因此，需要在生成云水掩膜时尽可能地消除毛刺现象。

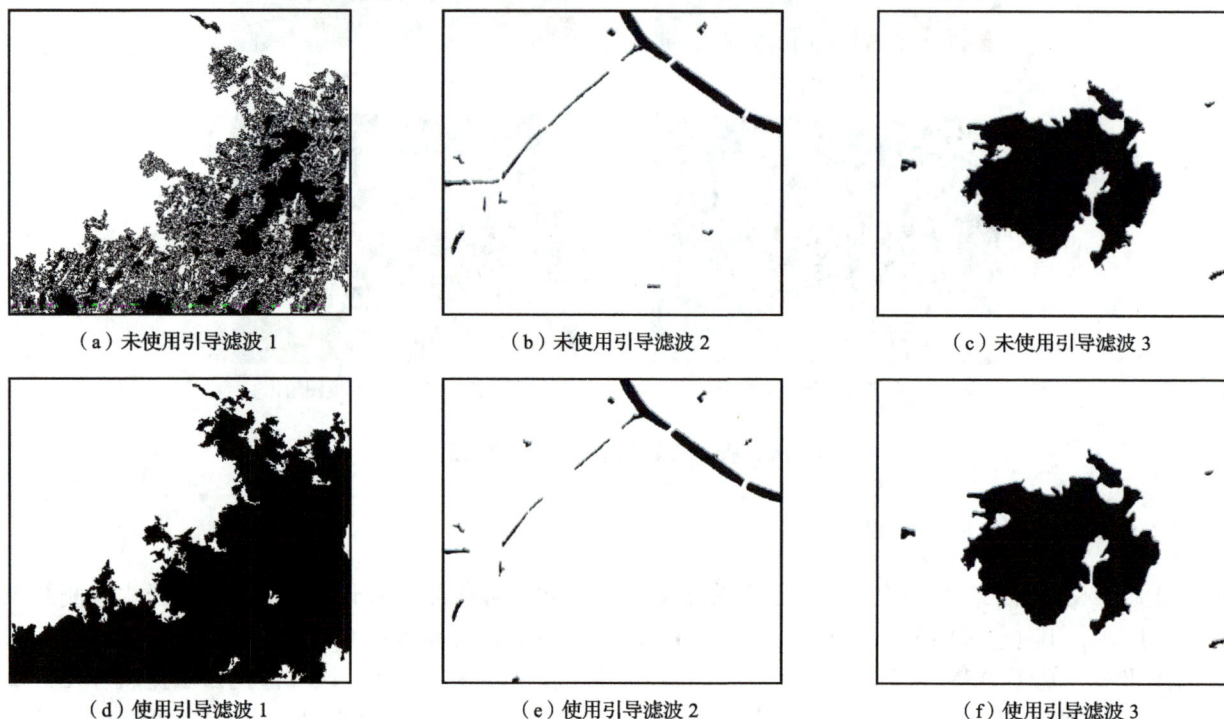

| （a）未使用引导滤波 1 | （b）未使用引导滤波 2 | （c）未使用引导滤波 3 |
| （d）使用引导滤波 1 | （e）使用引导滤波 2 | （f）使用引导滤波 3 |

图 15-16　区域生长法云处理水检测结果

在图 15-16 所示结果中，毛刺现象是上下两行结果优劣的关键差别，而对于第一列所示的云掩膜，即使是第二行结果，其掩膜边缘也存在许多毛刺。从原理上来说，使用数学形态学方法可以有效消除毛刺现象。但是，一旦纳入数学形态学方法，前面介绍的"在二值化之前使用图像引导滤波"是否还有实际必要就成为值得重新考虑的问题。因此，对图中所示的上下两行结果分别进行数学形态学操作，并使用相同的处理参数（窗口为 7×7，迭代三次），得到图 15-17 所示的结果。由图可见，使用数学形态学处理后，毛刺现象得到充分抑制，而在二值化之前是否使用图像引导滤波对最终结果的影响也显著减小。但是，结合图 15-15 所示的正射影像可以发现，第二行（二值化之前使用图像引导滤波）结果与真实云水区域更为贴近。值得注意的是，在第三列所示的湖泊中偏左区域存在一个湖心岛，如果不在二值化之前使用图像引导滤波，该湖心岛将被消弭。上述现象说明，即使使用数学形态学方法进行后处理，在二值化之前使用图像引导滤波仍然非常有必要。

为了更直观地揭示纳入形态学处理的作用，设置掩膜透明度为 25%，将其与原始 DSM 进行叠加显示，如图 15-18 所示。其中，第一行使用的掩膜为图 15-16 第二行结果，第二行使用的掩膜为图 15-17 第一行结果，第三行使用的掩膜为图 15-17 第二行结果。在图 15-18 中，第一行掩膜的套合结果最准确，但是第一列所示的云掩膜毛刺较多；第二行和第三行套合结果很相近，且均不存在毛刺现象。可以发现，第三行结果显著优于第二行结果，尤其是红框标注的区域。

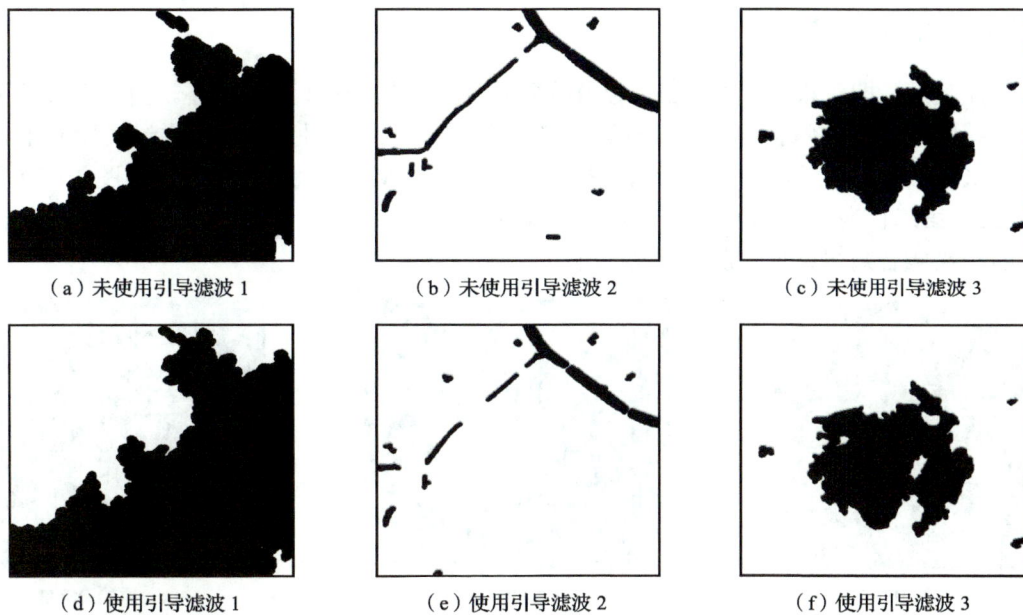

（a）未使用引导滤波 1　　　　（b）未使用引导滤波 2　　　　（c）未使用引导滤波 3

（d）使用引导滤波 1　　　　（e）使用引导滤波 2　　　　（f）使用引导滤波 3

图 15-17　数学形态学处理云水检测结果

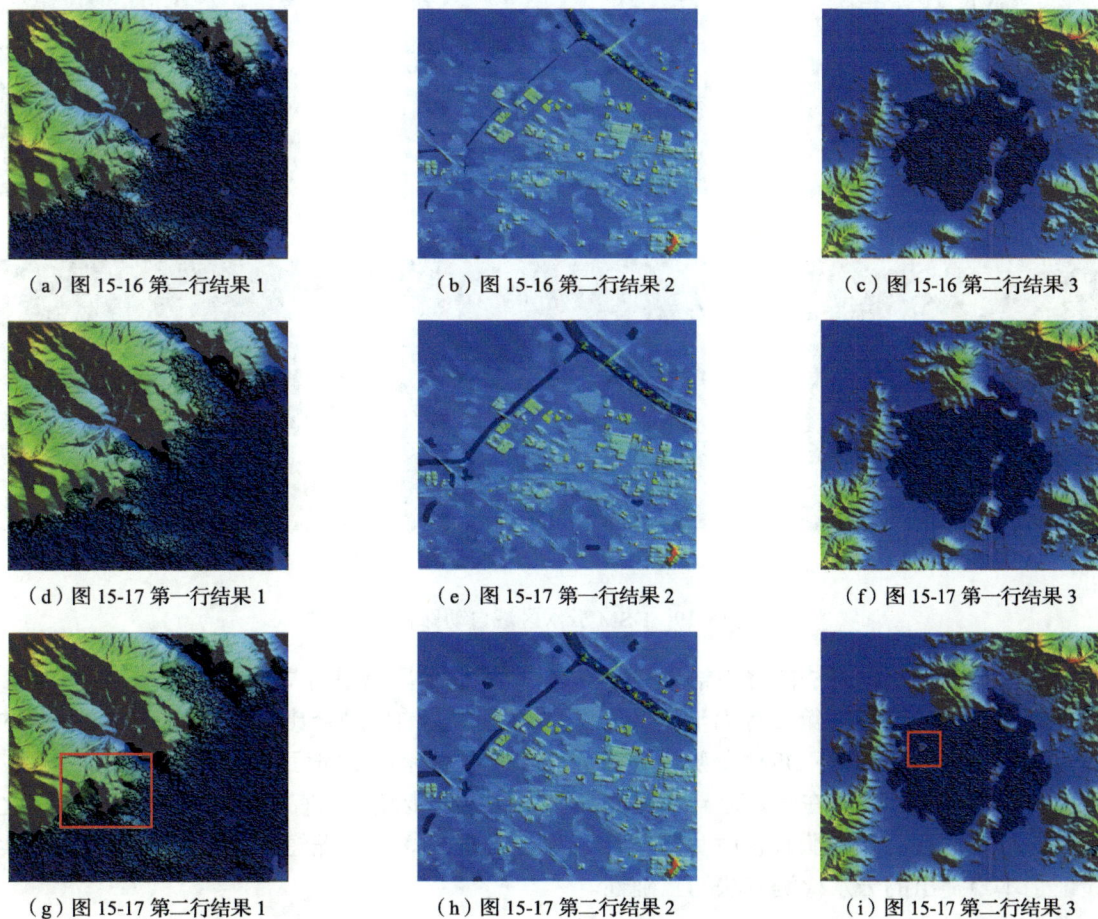

（a）图 15-16 第二行结果 1　　　（b）图 15-16 第二行结果 2　　　（c）图 15-16 第二行结果 3

（d）图 15-17 第一行结果 1　　　（e）图 15-17 第一行结果 2　　　（f）图 15-17 第一行结果 3

（g）图 15-17 第二行结果 1　　　（h）图 15-17 第二行结果 2　　　（i）图 15-17 第二行结果 3

图 15-18　自动检测云水掩膜与 DSM 叠加显示结果

15.4.4 基于泊松融合的 DSM 修补

得到云水掩膜后，即可根据已有 DSM 对当前含云水区域的 DSM 进行修补。由于直接替换修补会导致明显的接边缝隙，因此本章提出使用泊松融合消除缝隙，下面采用真实数据通过实验验证该方法的有效性。实验中采用图 15-17 所示的第二行云水掩膜，并以 SRTM 作为已有 DSM。如图 15-19 所示，第一行为原始 DSM，第二行为直接修补结果，第三行为泊松修补结果。由图可见，直接修补方法存在明显的接边缝隙，而泊松融合则很好地消除了接边缝隙。

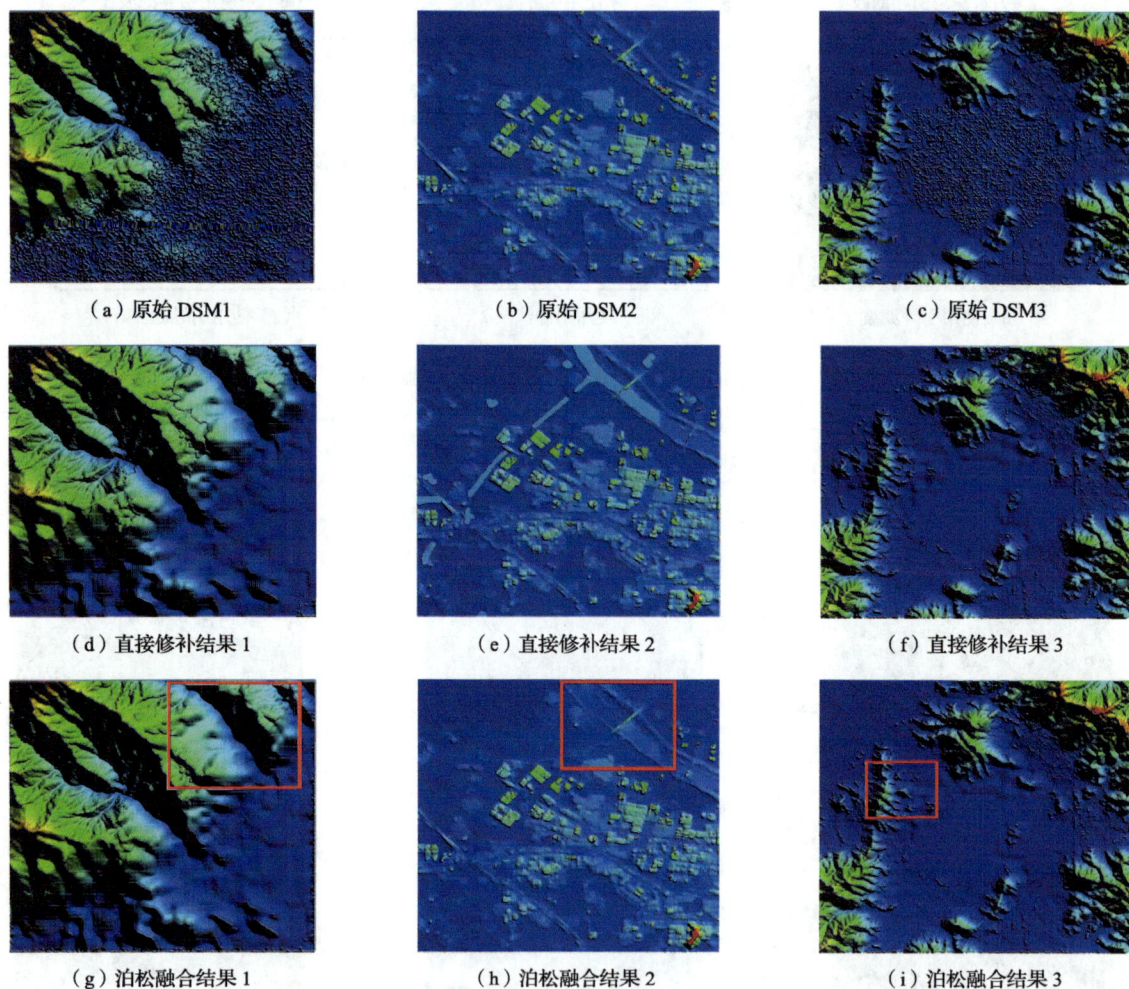

（a）原始 DSM1	（b）原始 DSM2	（c）原始 DSM3
（d）直接修补结果 1	（e）直接修补结果 2	（f）直接修补结果 3
（g）泊松融合结果 1	（h）泊松融合结果 2	（i）泊松融合结果 3

图 15-19　DSM 云水区域自动修补结果

为了更清楚地观察不同方法的修补结果，对图中红框标注的区域进行局部放大显示，如图 15-20 所示，其中第一行为直接修补结果，第二行为泊松融合结果，整体上泊松融合比直接修补具有更显著的优势。然而，因为已有 DSM 和待修补 DSM 分辨率存在差异（地理坐标和高程可能都存在差异），即使使用泊松融合也不可避免地在接边处存在一定差异。因此，在无法进一步减弱已有 DSM 与待修补 DSM 之间几何差异的情况下，需要在云水掩膜检测时尽可能地消除毛刺现象，从而缩短接边线长度，良好的实验结果进一步验证了本章提出的云水检测方法的正确性。

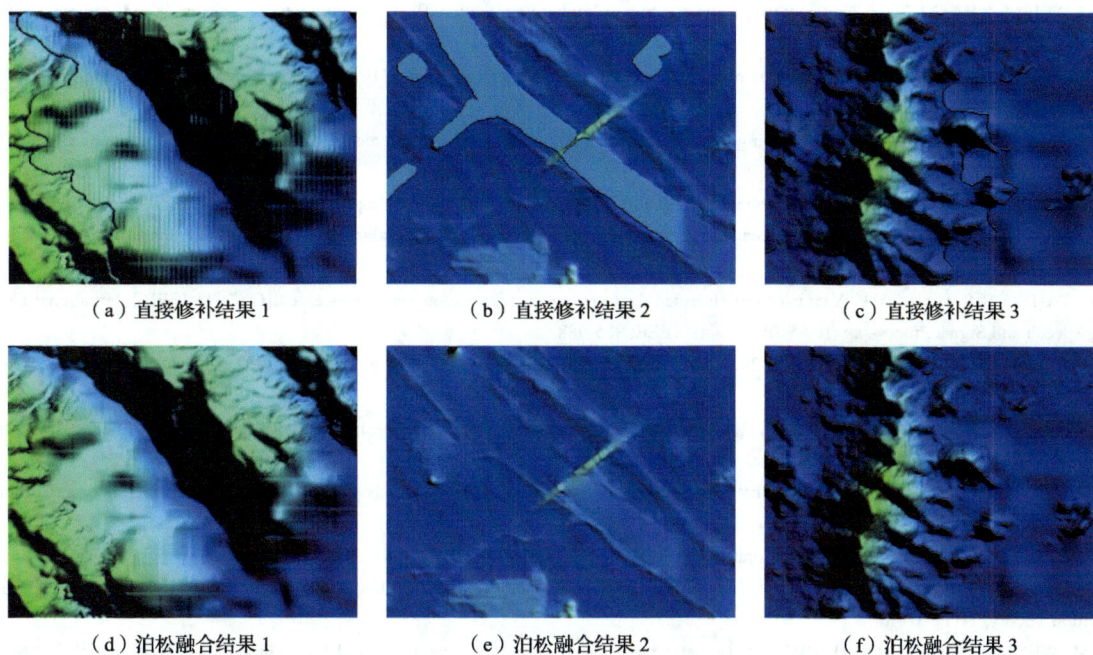

| （a）直接修补结果 1 | （b）直接修补结果 2 | （c）直接修补结果 3 |

| （d）泊松融合结果 1 | （e）泊松融合结果 2 | （f）泊松融合结果 3 |

图 15-20　云水区域自动修补结果局部放大效果

本 章 小 结

由于使用较强的平滑约束，SGVLL 生成的 DSM 对地物细节的表达还未达到像素级，且无法正确处理大片弱纹理区域尤其是云水区域。为了进一步提高 DSM 质量，可将 DSM 转换到影像空间并引入原始影像进行深度图精化，同时可利用已有的 DSM 对大片云水区域进行修补。

在基于深度图的 DSM 细节增强方面，提出图像引导的深度图半全局精化方法，能够较好地恢复视差阶跃，而且几乎没有引入纹理复制现象，定性实验结果显著地表明了该方法的有效性。通过将多视深度图转换为多个 DSM，采用均值漂移法进行多个 DSM 的有效融合后，相比传统的中值融合法可以更有效地保留地形地物细节。

在大片云水区域的 DSM 修补方面，提出基于 DSM 可靠度的云水区域自动检测方法，并结合已有DSM，采用泊松融合方法进行 DSM 修补。该方法简单直接，能够很好地消除接边缝隙问题，良好的实验结果也验证了该方法的有效性。

参 考 文 献

谭凯，张永军，童心，等，2016. 国产高分辨率遥感卫星影像自动云检测[J]. 测绘学报，45(5)：581-591.

张彦峰，2017. 粗略地形引导下影像匹配与地表重建的半全局优化方法[D]. 武汉：武汉大学.

ARBELLAEZ P, MAIRE M, FOWLKES C, et al., 2011. Contour detection and hierarchical image segmentation[J]. IEEE Transactions on Pattern Analysis and Machine Intelligence, 33(5): 898-916.

FERSTL D, REINBACHER C, RANFTL R, et al., 2013, Image guided depth upsampling using anisotropic total generalized variation[C]// 2013 IEEE International Conference on Computer Vision. Sydney: IEEE, 993-1000.

GALLUP D, FRAHM J M, POLLEFEYS M, et al., 2010. A heightmap model for efficient 3d reconstruction from street-level video[C]//Int. Conf. on 3D Data Processing, Visualization and Transmission.Paris: 17-20.

HE K M, SUN J, TANG X O,2013. Guided image filtering[J]. IEEE Transactions on Pattern Analysis and Machine Intelligence, 35(6): 1397-1409.

HABIB A F, KIM E M, KIM C J, 2007. New methodologies for true orthophoto generation[J]. Photogrammetric Engineering and Remote Sensing, 73(1)：25-36.

HIRSCHMULLER H, 2008. Stereo processing by semiglobal matching and mutual information[J]. IEEE Transactions on Pattern Analysis and Machine Intelligence, 30(2)：328-341.

KANG Y F, PAN L, SUN M W, et al., 2017. Destriping high-resolution satellite imagery by improved moment matching[J]. International Journal of Remote Sensing, 38(22)：6346-6365.

LI Y, MIN D B, DO M N, et al., 2016. Fast guided global interpolation for depth and motion[C]// Computer Vision-ECCV 2016 Cham: Springer, 717-733.

LORENSEN W E, CLINE H E, 1987. Marching cubes: a high resolution 3d surface construction algorithm[J]. ACM Siggraph Computer Graphics, 21(4)：163-169.

LU J, MIN D, PAHWA R S, et al., 2011. A revisit to MRF-based depth map super-resolution and enhancement[C]//2011 IEEE International Conference on Acoustics, Speech and Signal Processing (ICASSP). Prague: IEEE: 985-988.

MERRELL P, AKBARZADEH A, WANG L, et al., 2007. Real-time visibility-based fusion of depth maps[C]//2007 IEEE 11th International Conference on Computer Vision. Rio de Janeiro：IEEE, 1-8.

NEWCOMBE R A, IZADI S, HILLIGES O, et al., 2011. Kinectfusion: real-time dense surface mapping and tracking[C]//2011 10th IEEE International Symposium on Mixed and Augmented Reality. Basel: IEEE, 127-136.

PARK J, KIM H, TAI Y W, et al., 2011. High quality depth map upsampling for 3d-tof cameras[C]//2011 International Conference on Computer Vision. Barcelona：IEEE, 1623-1630.

PEREZ P, GANGNET M, BLAKE A, 2003. Poisson image editing[J]. ACM Transactions on Graphics, 22(3): 313-318.

FUKUNAGA K, HOSTETLER L D, 1975. The estimation of the gradient of a density function, with applications in pattern recognition[J]. IEEE Transactions on Information Theory, 21(1): 32-40.

RUMPLER M, WENDEL A, BISCHOF H, 2013. Probabilistic range image integration for DSM and true-orthophoto generation[C]// SCIA 2013: Image Analysis. Berlin, Heidelberg：Springer, 533-544.

SHAN Q, CURLESS B, FURUKAWA Y, et al., 2014. Occluding contours for multi-view stereo[C]//Proceedings of the IEEE Conference on Computer Vision and Pattern Recognition. (2014 IEEE Conference on Computer Vision and Pattern Recognition (CVPR)) Columbus : IEEE, 4002-4009.

SUN F D, SUN W X, CHEN J, et al., 2012. Comparison and improvement of methods for identifying waterbodies in remotely sensed imagery[J]. International Journal of Remote Sensing, 33(21-22)：6854-6875.

SHEN X, ZHOU C, XU L, et al., 2015. Mutual-structure for joint filtering[C]//Proceedings of the IEEE International Conference on Computer Vision. Santiago：IEEE, 3406-3414.

TURK G, LEVOY M, 1994. Zippered polygon meshes from range images[C]//Proceedings of the 21st Annual Conference on Computer Graphics and Interactive Techniques. Orlando, 311-318.

UNGER C, WAHL E, STURM P, et al., 2010. Probabilistic disparity fusion for real-time motion-stereo[C]//The 10th Asian Conference on Computer Vision, Queenstown, New Zealand, 1-14.

YU H, ZHAO L, WANG H, 2009. Image denoising using trivariate shrinkage filter in the wavelet domain and joint bilateral filter in the spatial domain[J]. IEEE Transactions on Image Processing, 18(10): 2364-2369.

YANG Q X, YANG R G, DAVIS J, et al., 2007. Spatial-depth super resolution for range images[C]//2007 IEEE Conference on Computer Vision and Pattern Recognition. Minneapolis: IEEE, 1-8.

ZHANG Y J, LIU X Y, ZHANG Y, et al., 2019. Automatic and unsupervised water body extraction based on spectral-spatial features using GF-1 satellite imagery[J]. IEEE Geoscience and Remote Sensing Letters, 16(6): 927-931.

CURLESS B, LEVOY M, 1996. A volumetric method for building complex models from range images[C]//The 23rd Annual Conference on Computer Graphics and Interactive Techniques, New Orleans, USA, 303-312.

DIEBEL J, THRUN S, 2005. An application of markov random fields to range sensing[C]//The 19th Annual Conference on Neural Information Processing Systems 2005, Vancouver, Canada, 291-298.

第16章

基于多特征联合和支持向量机的云检测

16.1 引言

云是卫星影像中的常见元素，经常覆盖地表上空 50%以上的面积（陈振炜 等，2015）。遥感卫星在探测地表成像过程中如果受到薄云区遮挡，地表光谱特征将发生变化；而如果受到厚云区遮挡，则会导致影像中存在着许多无法观察的盲区，对后续图像解译与分析带来诸多不便，严重影响遥感影像产品的生产和应用。由于云像元属于无效像元，并且是卫星影像中无效像元的主要组成部分，在卫星产品生产之前剔除云量过大的影像，可以减轻生产负担，提高生产效率；另外，云区域的准确提取对于影像合成、匀光、匀色等后续处理可提供有力支持。随着高分辨率影像数据的快速增长，云区特征类型逐渐多样化，高效的云掩膜生成方法在实际生产中显得尤为重要，因此现阶段的高分辨率影像云检测研究也从单一特征检测转向多特征联合提取。

本章综合分析光谱、纹理、几何等多种特征在云检测研究中的优劣性，提出通过多特征联合进行高分辨率影像中云区目标的快速自动检测，并在此基础上探索一种高效的云检测结果优化方法（谭凯，2017）。基于多特征联合的云检测算法处理时各像元互相独立，缺乏空间连接性。为了弥补该缺陷，本章进一步提出在超像素级别进行云检测，因为理想的超像素分割不仅可以提高云检测精度，而且能够提高云检测效率。同时，研究利用支持向量机（support vector machine，SVM）算法进行云检测，以摆脱现有方法对阈值的过分依赖。为了提高支持向量机算法识别的准确率，研究中利用概率潜在语义分析（probabilistic latent semantic analysis，PLSA）模型进行特征优化。此外，为解决非连通像元无法提取的问题，研究利用图割（GrabCut）算法对云检测结果进行像素级优化。

16.2 基于多特征联合的云检测

在基于多特征联合的云检测算法中，首先需要利用影像光谱信息进行云区初步提取，然后结合纹理特征进行云区优化，最后对检测结果的边缘进行优化。基于多特征联合的云检测算法流程图如图 16-1 所示。首先将 RGB 转到 HIS［色调（hue）、亮度（intensity）、色饱和度（saturation）］色彩空间，从中提取基底信息，利用带限定条件的大津（Otsu）阈值对基底图进行分割，提取初始云掩膜，并使用影像近红外与色调信息对初始云掩膜进行优化，生成修正云检图；然后从亮度空间 I 提取影像纹理信息，利用纹理信息剔除修正云检图中的非云像元，将此时的检测结果作为云种子图；最后将亮度信息作为向导，结合云种子图，优化云区边缘，得到精确云检结果。

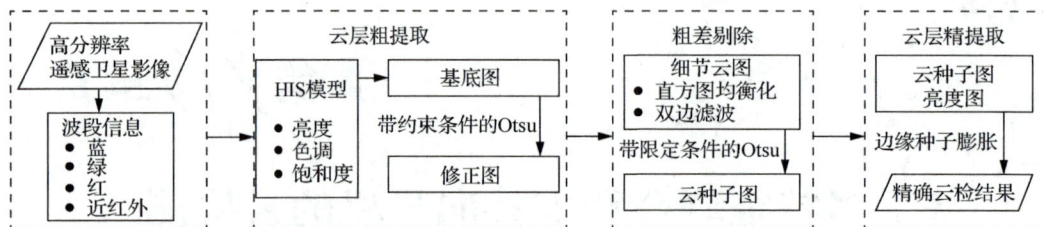

图 16-1 基于多特征联合的云检测算法流程图

16.2.1 基于光谱的云区初提取

1. HIS 色彩模型改进

利用传统色彩转换公式得到的 HIS 色彩空间中的色调特征 H 在云检测中无法有效利用，这意味着将高分辨率影像 RGB 三个波段信息转换到 HIS 空间之后，只有亮度 I 和饱和度 S 两个通道的信息可用，无形中造成波段信息减少。为了有效弥补这一缺陷，对传统 RGB 到 HIS 的色彩转换模型进行优化，以保持 H 通道的作用。其具体实施步骤如下。

1）R、G、B 灰度值排序：

$$\begin{cases} R' = \min(R,G,B) \\ G' = \mathrm{mid}(R,G,B) \\ B' = \max(R,G,B) \end{cases} \tag{16-1}$$

2）R'、G'、B' 权值调整：

$$\begin{bmatrix} R'' \\ G'' \\ B'' \end{bmatrix} = \begin{bmatrix} 2\sqrt{2} & 0 & 0 \\ 0 & \dfrac{\sqrt{6}}{2} & 0 \\ 0 & 0 & 1 \end{bmatrix} \begin{bmatrix} R' \\ G' \\ B' \end{bmatrix} \tag{16-2}$$

3）将 R''、G''、B'' 代入传统色彩转换模型。

HIS 色彩模型改进原理如图 16-2 所示。图 16-2（a）为传统 HIS 色彩模型，将该模型展开并六等分，即图 16-2（b），可以看出，红色分量越大，色调值越接近 0°或 360°，绿色分量越大，色调值越接近 120°，而蓝色分量越大，色调值越接近 240°。由于云区红、绿、蓝分量接近，因此可能分布在 0°～360°的任意范围。将图 16-2（b）六等分展开，即为图 16-2（c）中最上层结果（图中垂线仅代表 RGB 中各分量的相对大小）。从图 16-2（c）中可以看出，经过模型改进之后，只有当原始影像各通道色彩值较接近时，色调值较小（分布在 0°～120°），而其他情况下色调值均较大（分布在 120°～360°）。

为了更加直观地反映模型改进前后色调通道 H 的变化情况，构造红、绿、蓝三通道立方体模型，并沿对角线切开，如图 16-3 所示。由于云区红、绿、蓝三通道值较接近，因此主要集中分布在立方体模型对角线附近。由图可以看出，改进前色调值大小无规律（左半边值较小而右半边值较大）；而改进后云区色调值均较小（越接近对角线值越小），且三通道值越接近色调值越小，为后期利用色调通道辅助进行云检测研究创造了有利条件。

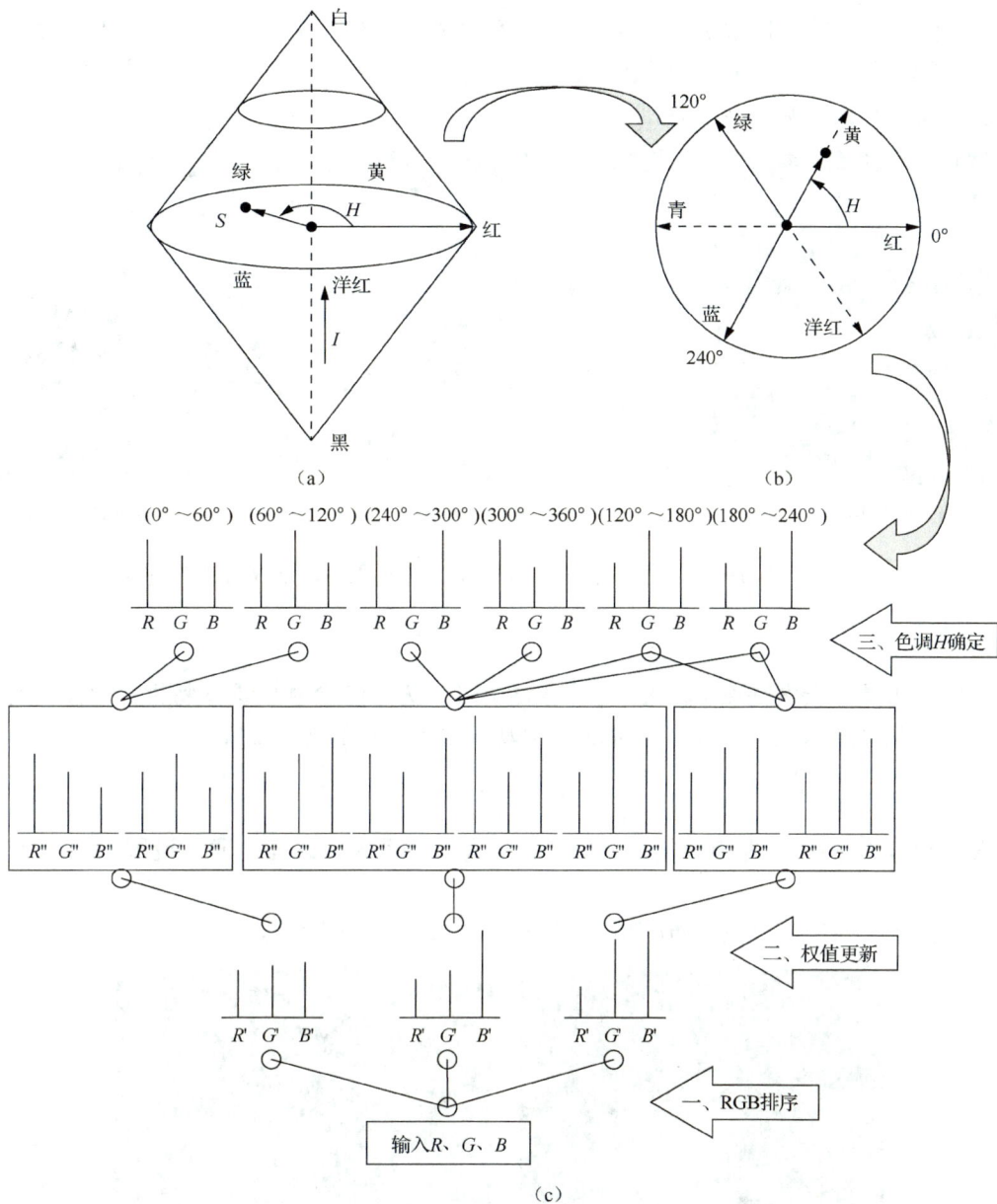

（a）

（b）

（c）

图 16-2　HIS 色彩模型改进原理

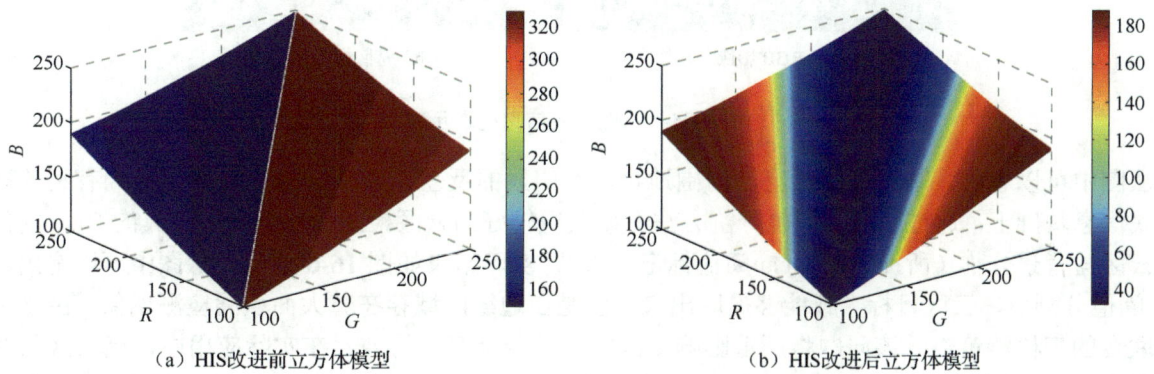

（a）HIS改进前立方体模型　　　　　　　　　　（b）HIS改进后立方体模型

图 16-3　HIS 改进前后立方体模型

RGB→HIS 色彩空间转换模型优化前后，高分一号多光谱影像色调通道 H 对比效果图如图 16-4 所示。通过对比发现，模型优化后高分辨率影像中云区目标在色调通道上表现出色调值较小的统一特性，为利用该通道信息辅助进行云检测奠定了基础。

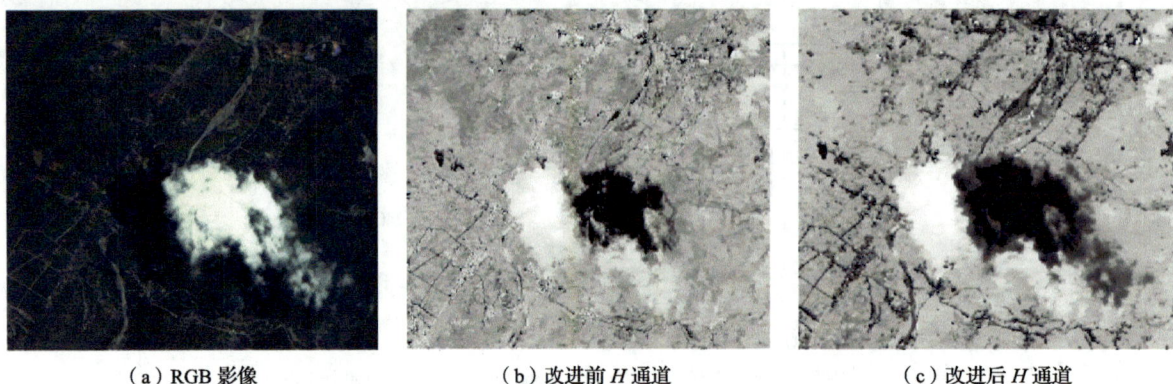

（a）RGB 影像　　　　　　（b）改进前 H 通道　　　　　　（c）改进后 H 通道

图 16-4　RGB→HIS 色彩空间转换模型优化前后色调通道 H 对比效果图

2. 云区粗提取

由于高分辨率影像上云区亮度 I 较大，饱和度 S 较小，为了综合利用这些特性，增强云区目标与地表其他地物的反差，从亮度与饱和度通道中提取影像基底信息，计算公式如下：

$$J' = \frac{I' + \tau}{S' + \tau} \tag{16-3}$$

式中，I' 为归一化亮度值；S' 为归一化饱和度值；τ 为缓冲系数，研究中通常设置为 1；J' 为归一化的基底值。

将 J' 线性拉伸至 0～255，即得到影像的基底信息，如图 16-5 所示。

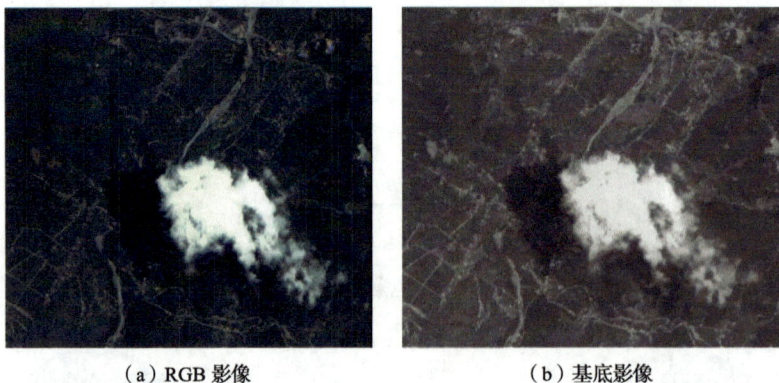

（a）RGB 影像　　　　　　（b）基底影像

图 16-5　影像基底信息提取示例

从图中可以看出，基底图中云区与周围地物具有明显的反差，为云区提取提供了极为有利的条件。在基底信息基础上，通过适当的阈值分割方法有望获得较好的云区检测效果。利用经典的 Otsu 阈值方法进行云区与背景分割（所提取的 Otsu 阈值标记为 T_1），实验结果如图 16-6 所示。从图中可以看出，传统 Otsu 阈值分割后，云区目标大致能够提取出来，但是在边缘区域存在着大面积漏检测现象，由于采用多特征联合的云检测策略，该问题将严重影响云区提取的查全率。另外，在实际应用中，当云区与背景面积差距过大时，往往会存在分割阈值过大导致过分漏检，或分割阈值过小导致过检测现象。

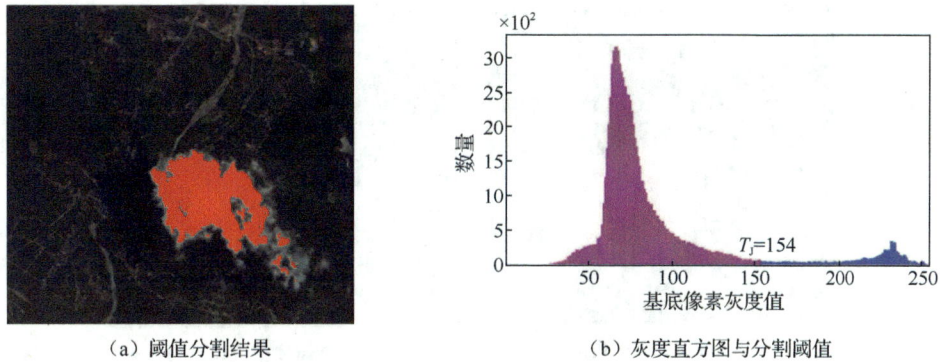

（a）阈值分割结果　　　　　（b）灰度直方图与分割阈值

图 16-6　传统 Otsu 阈值分割实验结果

为了保证算法的鲁棒性及在保障算法查全率的基础上提高检测精度，基于统计理论对阈值的变化范围进行限制，构建带限定条件的 Otsu 阈值。从大量高分辨率影像中选取 500 个云区样本，统计样本中云区基底灰度值，绘制灰度直方图及累计频率直方图，如图 16-7 所示。

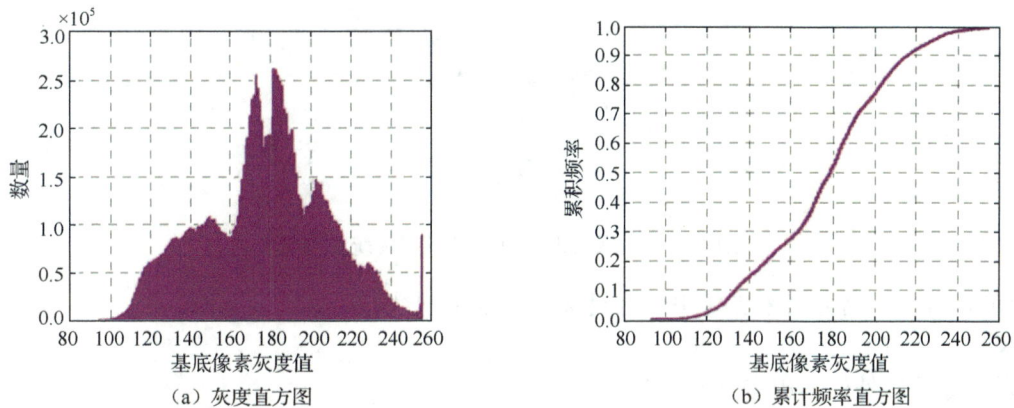

（a）灰度直方图　　　　　（b）累计频率直方图

图 16-7　高分辨率影像云区基底灰度值分布

从图中可以看出，高分辨率影像中云区目标基底灰度值均大于 80，且在 130 时累计频率最大，即当分割阈值小于 80 时会造成不必要的误检测，而当分割阈值大于 130 时云区目标漏检测概率显著增加。基于以上考虑，采用式（16-4）对 Otsu 阈值 T_J 进行范围限定：

$$T_{JF} = \begin{cases} 80, & T_J < 80 \\ T_J, & 80 \leqslant T_J \leqslant 130 \\ 130, & T_J > 130 \end{cases} \quad (16\text{-}4)$$

利用带限定条件的 Otsu 阈值 T_{JF} 对基底图进行分割，改进前后的分割效果图如图 16-8 所示。

从图中可以看出，带限定条件的 Otsu 阈值分割之后，云区目标被全部提取，为保障算法的查全率提供了保障，同时也为之后联合多特征对该检测结果进行优化奠定了基础。除此之外，为了尽可能保障算法的查准率，联合云区色调特征及近红外特征，使用基于统计理论的方法对该分割结果进行改善。从收集的云区样本中统计云区色调、近红外及强度，如图 16-9 所示。

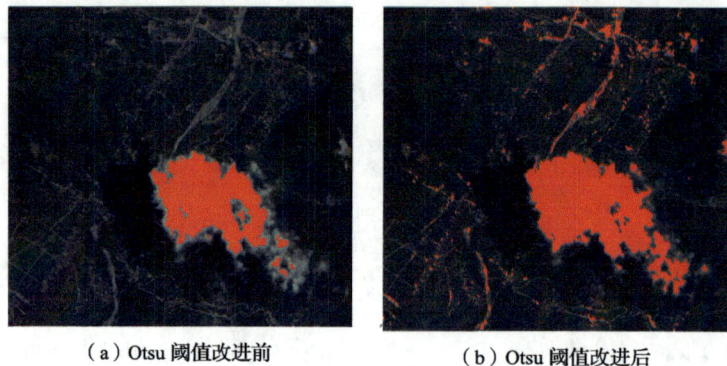

（a）Otsu 阈值改进前　　　　　　　　　　（b）Otsu 阈值改进后

图 16-8　Otsu 阈值改进前后的分割效果图

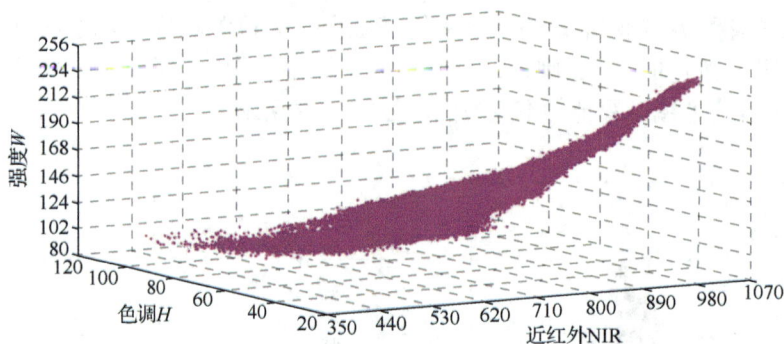

图 16-9　云区色调、近红外及强度统计结果

从图中可以看出，高分辨率影像中云区目标具有以下共性：

1）云区目标色调值 H 均小于 120。

2）云区目标近红外值 NIR 均大于 350。

3）云区强度值 W 均大于 80。

研究中利用上述特性 1）和 2），对改进的 Otsu 阈值分割结果进行修正，即如果云区目标中色调值大于 120 或近红外值小于 350，则强制判定为非云区目标，修正效果如图 16-10 所示。

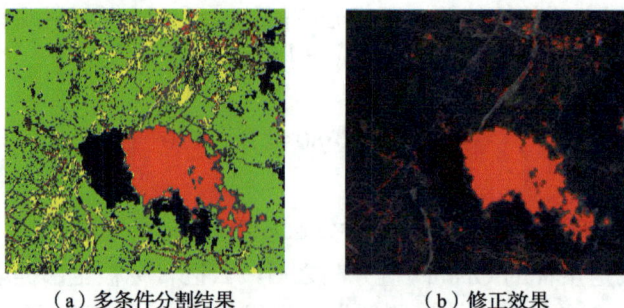

（a）多条件分割结果　　　　　　　　　　（b）修正效果

图 16-10　带限定条件云检测结果修正效果

图 16-10（a）所示为多条件分割结果，其中绿色为满足色调的阈值，黄色为满足近红外的阈值，蓝色为满足带限定条件的 Otsu 阈值；图 16-10（b）为修正效果。由图可以看出，修正后的结果中近红外值较小的高亮度河流等噪声被有效排除，同时大部分偏色的裸地误检测现象也被有效避免，在保障云检测算法查全率的同时提高了查准率，为利用其他特征进行云区检测结果精化提供了有利条件。

16.2.2 基于纹理特征的云区精化

利用影像的光谱信息，结合带限定条件的阈值分割，能够将高分辨率影像中的云区目标提取出来，但是仍然有很多高亮度的地物被误检测，如白色裸地、沙地等。为了进一步提高查准率，引入云区纹理信息对粗检测结果进行精化。

1. 基于纹理的云区分割

利用二次 Otsu 阈值分割算法提取云区信息，并以此对云区粗检测结果进行精化，即首先将提取的云区纹理图进行 Otsu 阈值分割，初步排除明显的非云区目标；之后对剩余地物再次进行 Otsu 阈值分割，并将满足此时阈值条件的地物作为符合纹理条件的云区目标。纹理图中一次及二次 Otsu 阈值分割效果图如图 16-11 所示。

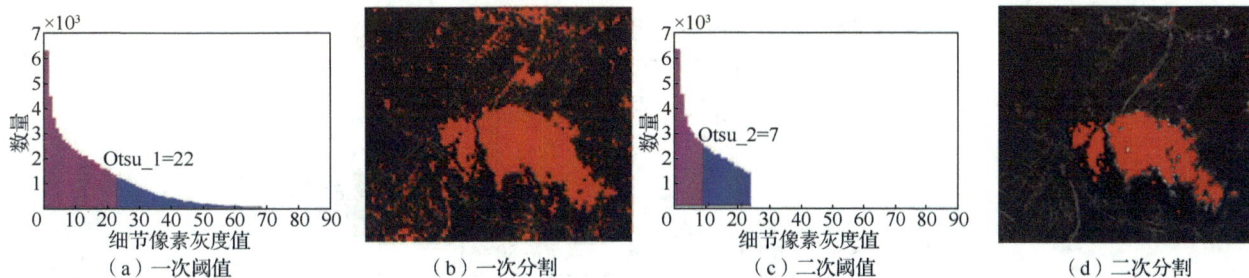

（a）一次阈值　　　　（b）一次分割　　　　（c）二次阈值　　　　（d）二次分割

图 16-11　纹理图中一次及二次 Otsu 阈值分割效果图

图 16-11（a）和（b）为一次 Otsu 阈值计算值及其分割效果，（c）和（d）为二次 Otsu 阈值计算值及其分割效果。由图可以看出，一次 Otsu 阈值分割效果较差，很多明显的人工建筑被误划分为云区；而经过二次 Otsu 阈值分割后，云区目标提取效果得到明显改善，除部分细节较弱的阴影目标被误提取外，其他地物均被有效剔除。

2. 基于纹理的云区精化

光谱通道提取的云区中含有部分高亮度背景地物，而光谱值较低的阴影等噪声被有效剔除；纹理通道提取的云区中含有部分细节较弱的阴影，而纹理信息较为丰富的高亮度地物却被有效排除。因此，将基于光谱的云检测结果和基于纹理的云检测结果相结合，可达到取长补短的目的。利用式（16-5）对 16.2.1 节的云区粗检测结果进行粗差剔除优化，得到精化后的云种子图：

$$I_R = I_X \cap I_D \qquad\qquad (16\text{-}5)$$

式中，I_R 为云种子图；I_X 为光谱通道云检测结果；I_D 为纹理通道云检测结果。联合光谱与纹理信息的云种子图提取效果图如图 16-12 所示。

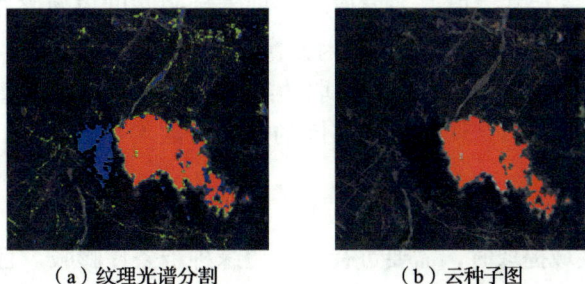

（a）纹理光谱分割　　　　　　（b）云种子图

图 16-12　联合光谱与纹理信息的云种子图提取效果图

图 16-12（a）所示为光谱通道与纹理通道云区提取结果，其中红色为符合光谱与纹理阈值区域，蓝色为符合纹理阈值区域，绿色为符合光谱阈值区域；图 16-12（b）为最终的云种子图。由图可以看出，联合光谱与纹理信息所提取的云种子图中云区基本被有效提取，其他强干扰地物（高亮度裸地、河流、人工建筑、弱纹理阴影等）被有效排除，达到了较好的云检测目的。

16.2.3 基于形态学的云检测结果后处理

上述研究中提取的云区准确率较高，但是云区周围仍存在许多明显的漏检测薄云，可采用带限定条件的边缘种子膨胀算法对检测结果进行后处理。后处理策略包括边缘厚云提取、边缘厚云向薄云过渡、边缘薄云提取三个环节，具体流程图如图 16-13 所示。

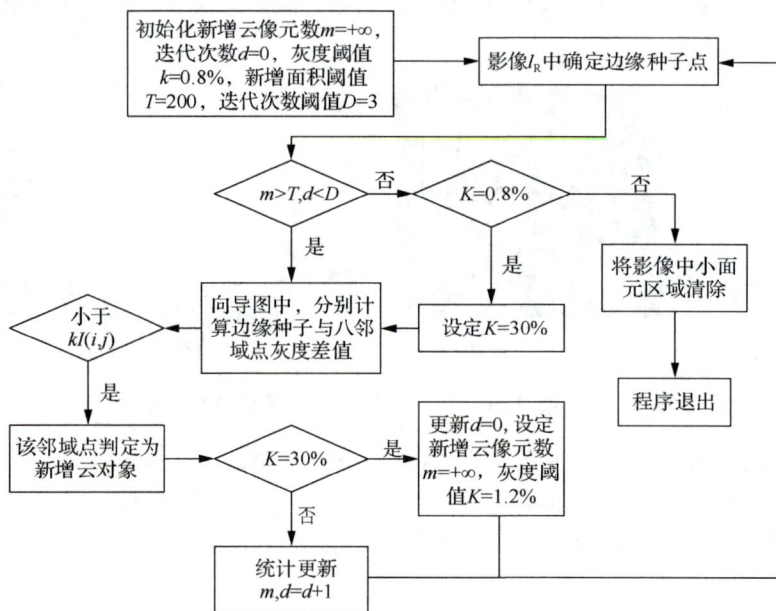

图 16-13　云检测后处理流程图

1. 边缘厚云提取

纹理特征考虑的是中心像素与周围像素的梯度关系，因此往往容易导致边缘信息不准确。另外，计算灰度梯度使用的窗口越大，边界信息丢失越严重。双边滤波算法是一种保边性能较好的纹理提取算法，但是边缘信息缺失现象仍然存在，该现象直接导致厚云的边缘部分由于纹理信息较为丰富而被误剔除。因此，后处理操作中首先需要对周边厚云进行提取，具体步骤如下：

1）将满足纹理与光谱阈值信息的云图中的边缘像素作为搜索种子；

2）计算搜索种子周围像元与其差值，若差值小于搜索种子灰度值的 K 倍（实验中 K 设定为 0.8%），则说明该像素与搜索种子的近似程度较高，判定为云像素，否则为非云像素；

3）通过多次迭代，不断进行边缘种子膨胀提取边缘厚云区域。当单次膨胀后新增的云像素数量小于阈值 T（经验阈值设定为 500）时，则认为云区周围的厚云像素均已被提取，停止迭代。

2. 边缘厚云向薄云过渡

在边缘厚云向薄云过渡区域提取时，需要进行单次边缘种子条件膨胀，且需要对阈值 K 进行调整。根据对大量云区样本的统计，云区周围的薄云亮度值为厚云区域的 0.3～0.5，因此一般可将 K 值设定为 0.3。

3. 边缘薄云提取

与边缘厚云提取类似，只需对阈值 K 进行调整即可实现薄云提取。对大量云区样本进行统计发现，薄云亮度值分布较离散且差值较大，因此将 K 上调为 1.2% 进行多次条件膨胀，并将最终的小面元云区域剔除。形态学处理前后云区检测效果图如图 16-14 所示，可以看出，后处理结果中云区周围的薄云检测效果得到明显改善，有效提高了算法查全率。

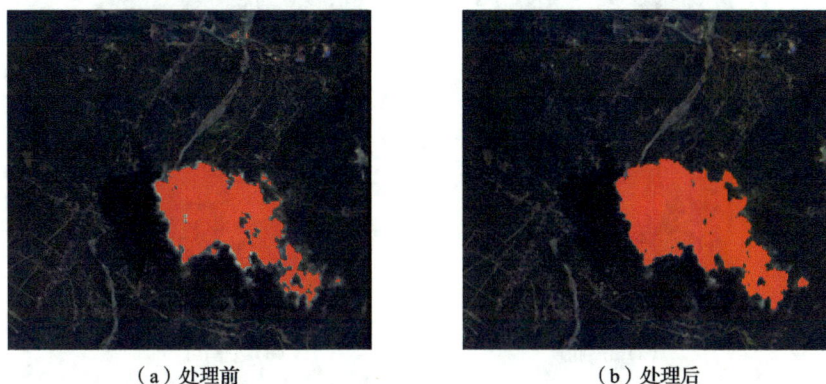

（a）处理前　　　　　　　　　　　　　　（b）处理后

图 16-14　形态学处理前后云区检测效果图

16.3　基于支持向量机的面向对象云检测

研究表明，由于云区显著的区域特征，人眼可轻易地将其从影像中分辨出来。因此，本节提出一种基于语义分析与支持向量机的面向对象云检测方法。其主要思想是首先将影像进行超像素分割，并从 RGB 空间中提取灰度、纹理、频率三方面特征对其进行描述；然后统计各超像素特征直方图，并利用 PLSA 模型提取其中的隐含信息，此后运用支持向量机算法对云区和非云区对象进行识别；最后，将超像素识别结果作为先验知识，结合 GrabCut 图割算法对云区识别结果进行像素级优化（谭凯 等，2016）。基于语义分析与支持向量机的面向对象云检测方法主要分为超像素分割、超像素识别、云区精提取三个关键步骤，具体流程图如图 16-15 所示。

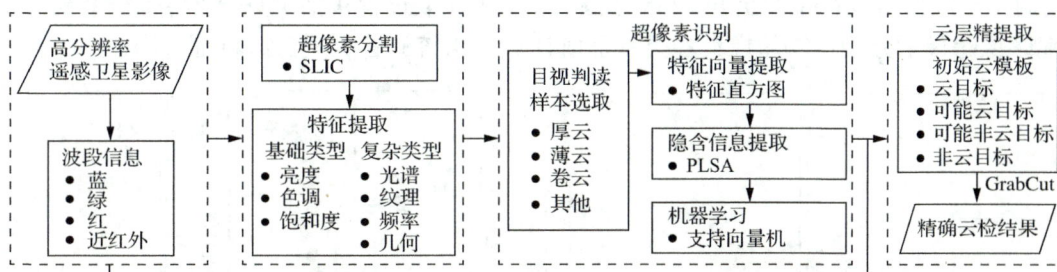

图 16-15　基于语义分析与支持向量机的面向对象云检测流程图

16.3.1　超像素分割

超像素分割算法可有效提取影像中的区域信息，Ren 等将图片中灰度值较相似的像素群进行合并，构建出图像块，即超像素（Ren et al.，2003）。在进行云检测之前进行超像素分割，将灰度及纹理信息较接近的像素合并构建超像素，不仅能够提高云区识别效率，同时也会大大降低云区提取任务的复杂度。超像素经典算法——简单线性迭代聚类（simple linear iterative clustering，SLIC）是由 Achanta 等提出的一种思想简单、实现方便的超像素分割算法，其处理速度快，边界保持较好，能生成紧凑且近似均匀的超像素，仅需预先设置超像素大小 S（Achanta et al.，2012）。当 S 为 30 时，SLIC 超像素分割效果如图 16-16 所示。

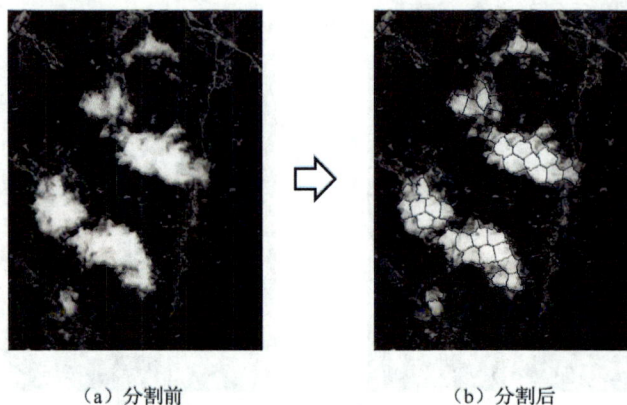

（a）分割前　　　　　　　　　　　　（b）分割后

图 16-16　SLIC 超像素分割效果（S=30）

16.3.2　超像素识别

1. 背景超像素识别

云检测研究面临的主要挑战来源于积雪、人工建筑、沙地、裸地等强干扰地物。本节中云检测的基本理论依据是云区具有较高的强度及近红外值，而色调及纹理值却较小。提取纹理信息时，可通过直方图均衡化（吴成茂，2013）与双边滤波（杨学志 等，2012）结合的方法计算纹理值，其中直方图均衡化可以增强影像中隐含的细节信息，为双边滤波提取纹理信息奠定基础。另外，由于云区分布较均匀，因此云区内部无法进行点、线段等几何特征提取，并且云区往往分布在低频区域。为了提高算法的鲁棒性及检测效率，可基于统计理论剔除明显的背景超像素，如水域、阴影、森林和草地等。为了统计云区在强度、纹理、色调、近红外等通道的特征分布规律，实验中分别选取厚云、薄云、卷云各 500 个超像素对象，各超像素平均特征值统计如图 16-17 所示。为了使色调、近红外值与强度、纹理值保持相同的视觉特性，将色调与近红外值线性拉伸至 0～255 范围。样本集获取过程包括：①获取各个季节高分辨率影像；②高分辨率影像超像素分割；③超像素各类特征值计算；④统计各类型云区特征分布。

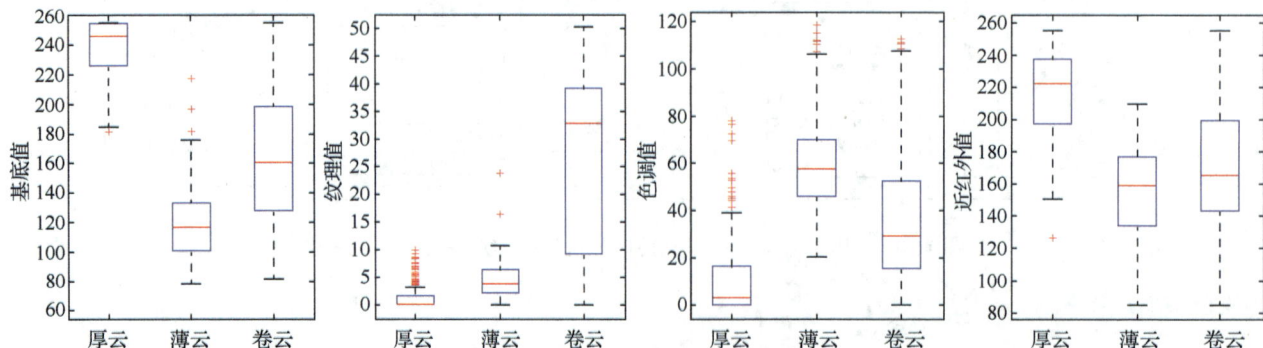

图 16-17　各类型云区超像素平均特征值统计

从图中可以看出，尽管不同的云区类型其基底、色调及近红外值分布各不相同，但是所有云区超像素纹理值均小于 50，色调值 H 均小于 120，近红外值 NIR 均大于 85。因此，可将不满足以下任何条件的超像素进行剔除，即判定为绝对背景超像素（background super pixel，BS）。

条件 1：基底值处于阈值 T_{JF} 范围，见式（16-4）；

条件 2：纹理值 T 小于 50；

条件 3：色调值 H 小于 120；

条件 4：近红外值 NIR 大于 85。

绝对背景超像素识别示例如图 16-18 所示，图中红色标记为不满足基底条件的超像素，绿色标记为不满足纹理条件的超像素，蓝色标记为不满足色调特征的超像素，黄色标记为不满足近红外条件的超像素。由图可以看出，结果背景超像素识别后，大部分非云区域已经被成功剔除。

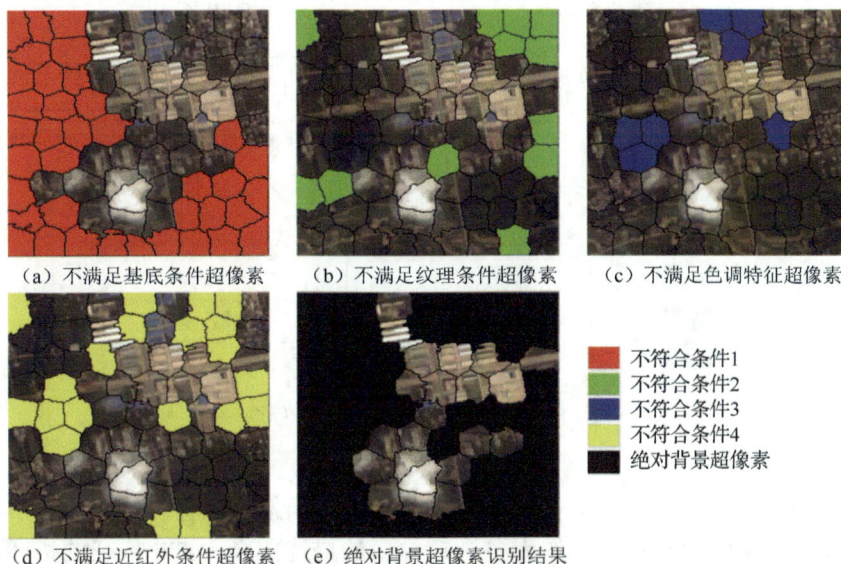

（a）不满足基底条件超像素　　（b）不满足纹理条件超像素　　（c）不满足色调特征超像素

不符合条件1
不符合条件2
不符合条件3
不符合条件4
绝对背景超像素

（d）不满足近红外条件超像素　（e）绝对背景超像素识别结果

图 16-18　绝对背景超像素识别示例

2. 云区超像素识别

对于低空或近景摄影方式拍摄的影像，目标与背景的灰度、纹理、频率等特征会表现出较大差距，利用这些特征能够达到较好的目标提取效果。然而，高分辨率卫星影像相对于此类影像而言分辨率仍较低，采用单一特征往往容易出现多义性问题。此外，对于机器识别而言，当样本较少时往往无法构建出准确的分类模型，进而影响最终的分类结果。为了解决这一问题，视觉词袋模型、潜在语义分析、PLSA 等语义信息提取模型被引入计算机视觉领域。Hofmann（2001）通过实验证明 PLSA 在提取潜在语义时比视觉词袋模型和潜在语义分析具有更强的理论性，因为 PLSA 具有较好的统计基础，并且该模型将最大似然函数作为优化标准，鲁棒性强。基于此，本节将 PLSA 模型应用到超像素目标识别中，通过 PLSA 算法提取超像素特征集中的隐含信息，提高算法的识别准确率。云区超像素识别流程图如图 16-19 所示，具体过程描述如下。

（1）超像素数据集获取

将高分辨率影像分割为超像素，同时将足够数量的云及非云目标影像块选为训练数据集。理论上训练样本越多，识别准确率越高，并且负样本数量应该为正样本数量的两倍。

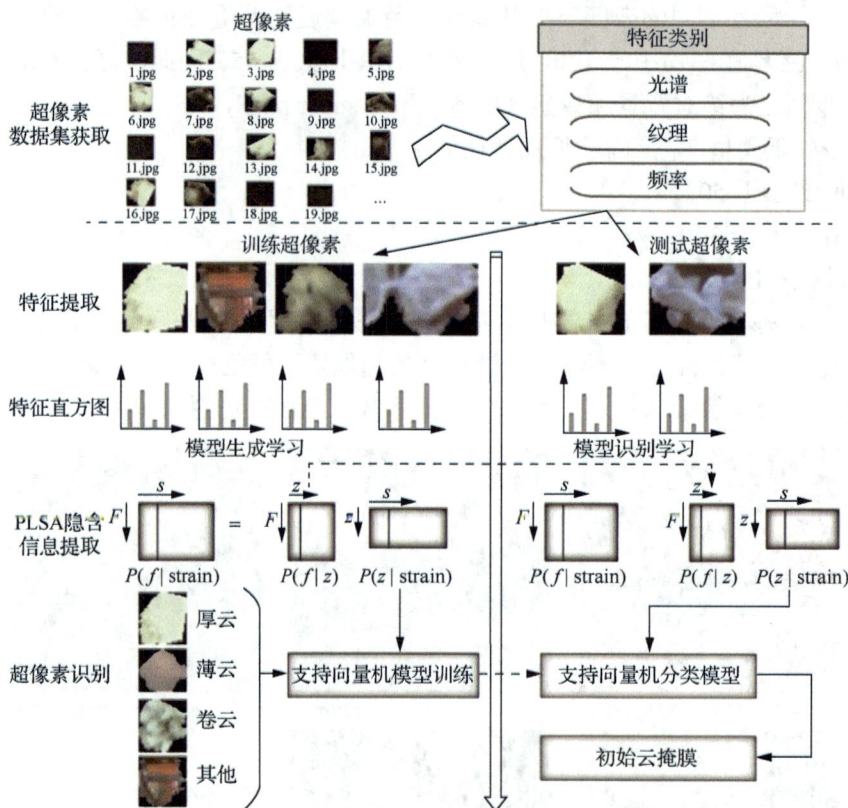

图 16-19　云区超像素识别流程图

（2）特征提取

特征提取在超像素识别过程中具有十分重要的意义，选用灰度（grayscale）-纹理（texture）-频率（frequency）组合特征（简称 JTF 特征）作为各个超像素的描述集合，JTF 特征的描述如下。

1）灰度特征 J：通过构造基底图提取影像灰度特征，该特征合理利用了云区受太阳光照射反射强度较大，导致亮度较高而饱和度较低的特性。

2）纹理特征 T：首先对影像亮度分量进行直方图均衡化，以突出影像中隐含的纹理信息；然后通过多次迭代双边滤波方式进行纹理信息提取。

3）频率特征 F：卫星影像中云区具有低频特点，因此对亮度 I 进行单层小波变换提取影像低频信息，并使低频灰度值保持不变，而高频灰度值设为 0。

JTF 特征计算公式如下：

$$\text{JTF} = \{\text{jf}_1, \text{jf}_2, \cdots, \text{jf}_n, \quad 255 - \text{tf}_1, 255 - \text{tf}_2, \cdots, 255 - \text{tf}_n, \quad \text{ff}_1, \text{ff}_2, \cdots, \text{ff}_n\} \tag{16-6}$$

式中，n 为超像素数量；jf_n、tf_n、ff_n 分别为超像素 n 的基底、纹理及频率值。

如前所述，云区基底、频率较低（ff_n 值较大），而纹理值较小。为了使所有特征保持相同变化趋势，需要将纹理特征进行转置变换，即 $255 - \text{tf}_n$。

（3）特征直方图

为了综合利用各超像素的特征，采用特征直方图对数据集合中的各个超像素 $S = \{S_1, S_2, \cdots, S_O\}$ 进行描述，超像素特征灰度分布直方图如图 16-20 所示。JTF 特征直方图（JTF histogram，JTFH）的表达式如下：

$$\text{JTFH} = \{f_0, f_1, \cdots, f_M\} \tag{16-7}$$

式中，M 为影像中的最大特征值，由于影像的基底、纹理、频率值均被线性拉伸到 0～255 之间，因此 M 可设置为 255；f_M 为特征值为 M 的像素占总像素的比例。

类别名称	样本	特征直方图
厚云		
薄云		
卷云		
其他（红色房子）		

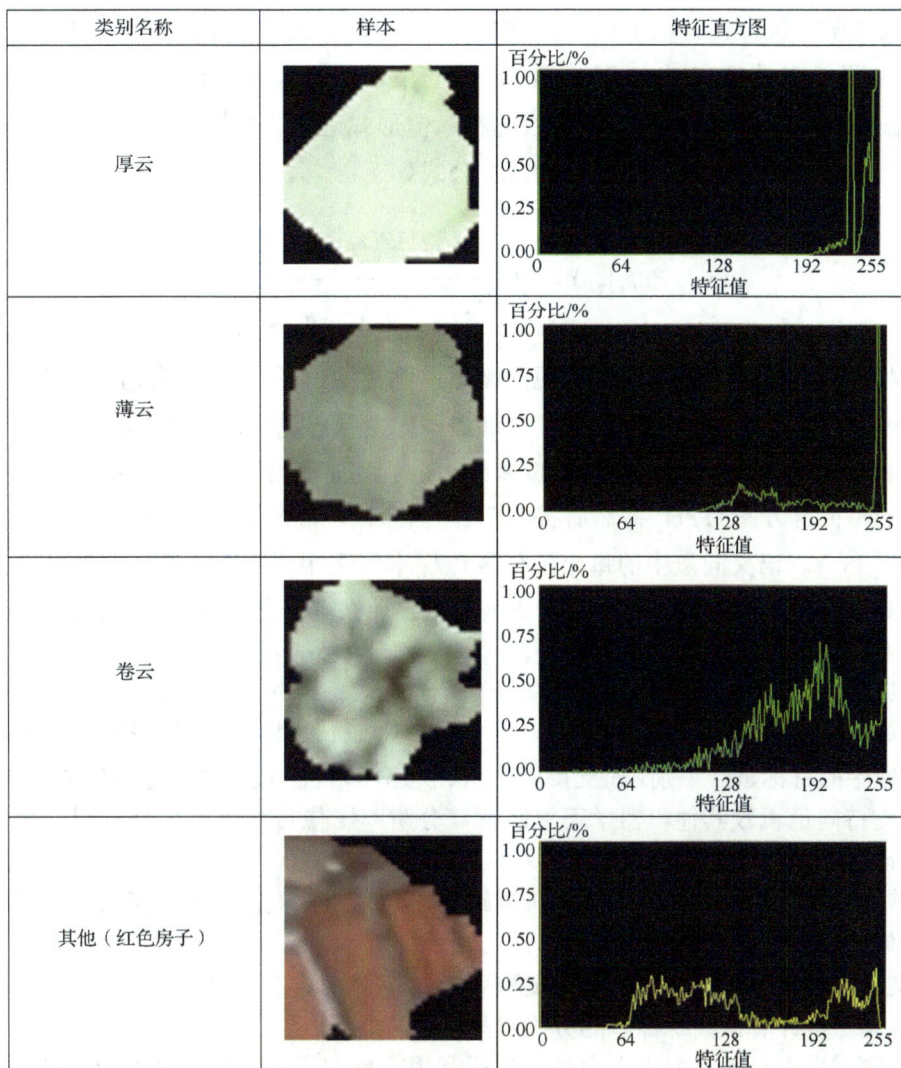

图 16-20 超像素特征灰度分布直方图

基于此，该数据集合的特征频率矩阵能够用式（16-8）进行计算：

$$N = (n(s_i, f_j))_{ij} \qquad (16-8)$$

式中，$n(s_i, f_j)$ 为特征 f_j 在超像素 s_i 中出现的频率，(s_i, f_j) 分别对应一系列潜在主题 $Z = \{z_1, z_2, \cdots, z_K\}$，$K$ 为主题的数量，此处设定为 20。

（4）PLSA 隐含信息提取

该过程主要包括模型生成学习和模型识别学习两部分。

1）模型生成学习。$P(f_j|z_k)$ 为特征模式，该模式代表目标在潜在语义出现时的分布。为了计算该分布模式的最大似然解，引入期望最大算法（expectation-maximization algorithm，EM）进行求解，主要包括 E 步骤和 M 步骤。

① E 步骤。各超像素样本潜在主题后验概率计算：

$$P(z_k|s_i, f_j) = \frac{[P(f_j|z_k)P(z_k|s_i)]}{\sum_{l=1}^{K}[P(f_j|z_l)P(z_l|s_i)]} \qquad (16-9)$$

式中，$P(f_j|z_k)$ 为潜在主题 z_k 在特征 f_j 中出现的概率；$P(z_k|s_i)$ 为超像素 s_i 在潜在主题 z_k 中出现的概率；$P(f_j|z_l)$ 为潜在主题 z_l 在特征 f_j 中出现的概率；$P(z_l|s_i)$ 为超像素 s_i 在潜在主题 z_l 中出现的概率。$P(f_j|z_k)$、$P(f_j|z_l)$、$P(z_k|s_i)$ 和 $P(z_l|s_i)$ 均通过随机赋值形式进行初始化。

② M 步骤。$P(f_j|z_k)$ 和 $P(z_k|s_i)$ 值更新，计算公式如下：

$$P(f_j|z_k) = \frac{\sum_{i=1}^{N} n(s_i, f_j) P(z_k|s_i, f_j)}{\sum_{m=1}^{M} \sum_{i=1}^{N} n(s, f_m) P(z_k|s_i, f_m)} \tag{16-10}$$

式中，$P(f_j|z_k)$ 为潜在主题 z_k 在特征 f_j 中出现的概率；$P(z_k|s_i)$ 为超像素 s_i 在潜在主题 z_k 中出现的概率。

反复迭代 EM 算法，直到 $E(L)$ 收敛，即可得到当潜在主题出现时训练样本特征的分布模式 $P(f_j|z_k)$。

2）模型识别学习。对于任一待测试的超像素样本 $s_£$，可通过 K 维语义向量 $\boldsymbol{P}(z_k|s_£)$ 进行描述。首先获取该超像素的特征直方图 $\text{JTFH}_£$；然后将 $\text{JTFH}_£$ 与特征分布模式 $P(f_j|z_k)$ 代入 EM 算法，计算该样本的语义向量 $\boldsymbol{P}(z_k|s_£)$。语义向量中的每个值代表该样本属于相应主题的概率，并且它们的总和应该为 1.0。理论上，如果两个样本属于同一类别，如均为厚云，那么其语义向量应该相似；而不同类别的样本，如厚云与植被样本，那么其语义向量差别较大。

（5）超像素识别

前文述及通过使用 K 维语义向量 $\boldsymbol{P}(z_k|s_£)$ 对各个样本进行描述。可使用现有的许多优秀机器学习算法对高分辨率影像中的目标进行识别，如支持向量机、快速学习机、决策树、决策森林等。Huang 等（2015）通过实验证实了支持向量机较其他机器学习算法在高分辨率影像目标提取中具有明显优势，因此本章选择支持向量机进行目标识别，主要步骤如下：

1）对高分辨率影像超像素进行分割，将所有超像素分为四大类：厚云、薄云、卷云和其他。各类别目标分别选取大量高分辨率超像素样本数据，作为训练样本。

2）通过上文描述的模型识别学习方法，提取各类别超像素的语义向量。

3）通过支持向量机计算出训练样本的分类模型。

4）对于任意测试样本，先提取语义向量，然后利用支持向量机并结合分类模型进行目标类型识别。

选取一系列高分一号卫星影像作为训练样本，所有影像被分割为超像素，并通过人工目视判读选取训练集。实验中将样本划分为四类：厚云、薄云、卷云和其他。选取 600 个正样本（厚云、薄云、卷云各 200）和 1000 个负样本（包括森林、城市、河流、裸地等），部分超像素特征灰度分布直方图如图 16-20 所示。

首先利用 PLSA 计算各超像素样本的潜在语义，然后利用基于径向基函数的支持向量机算法进行分类模型提取，并利用该模型进行测试样本识别。实验结果表明，卷云相较于厚云及薄云更难与背景地物进行区分。从前文描述中也可以看出，卷云的基底及纹理特征跨度较大（图 16-17），识别时难以做到完全准确。因此，将支持向量机识别的卷云目标判定为可能的云区［可能的前景（probable foreground scene，PFS）］，将支持向量机识别的厚云及薄云判定为绝对云区［前景（foreground scene，FS）］，而识别的其他类别地物判定为可能的背景（probable background scene，PBS）。

实验表明，大量白色人工建筑和积雪往往难以与厚云进行区分，而通过前文的描述，直线段提取（line segment detector，LSD）算法提取的线段特征能够对此类地物进行有效区分（Gioi et al.，2010）。为了有效提高超像素云模板的准确性，作出如下判断：如果通过 LSD 算法能够在绝对的云区目标中提取出线段，则判定该目标为可能的背景。另外，积雪超像素的近红外值通常比厚云低，该现象在图 16-21 中具有更直观的体现。

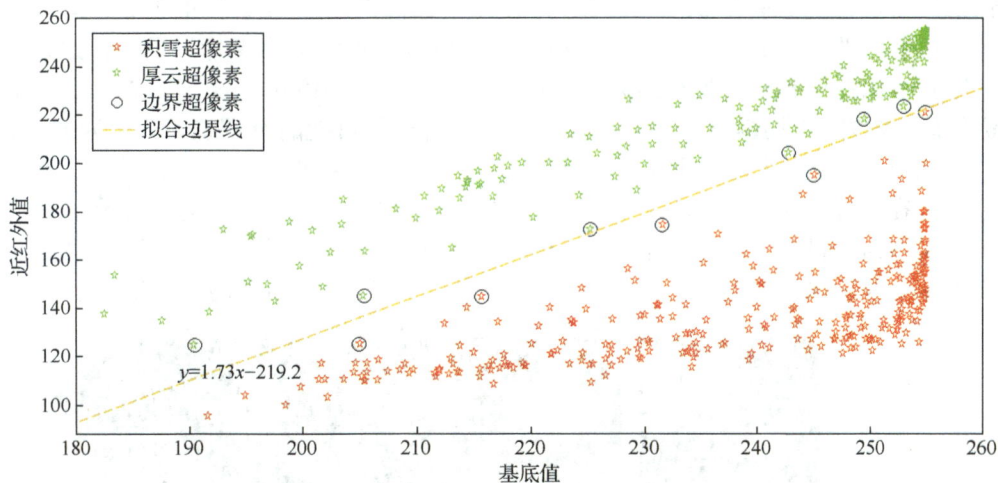

图 16-21　积雪与厚云基底、纹理特征分布图

图中，选取 500 个厚云及积雪超像素对象，并统计各超像素的基底和近红外值，可以看出积雪与厚云超像素之间具有一条明显的分界线。选取临界目标并利用最小二乘算法拟合边界线，得到如式（16-11）所示的分界线计算公式：

$$ST = NIR - (1.73J - 219.2) \tag{16-11}$$

式中，J 为灰度特征，见 16.3.2 节。将绝对云区目标的基底值及纹理值代入公式，如果计算出的 ST 值小于 0，则判定该目标为可能的背景。经过上述处理，能够在超像素级别提取鲁棒性较强的云模板。为了更直观地显示超像素识别效果，选取城市和积雪两个场景进行测试，云掩膜提取结果如图 16-22 所示。由图可以看出，该方法超像素识别效果较好，对于含云量较多的超像素能够准确识别为目标，而对于无云及含云量较少的超像素能够进行有效排除。除此之外，该方法鲁棒性强，白色建筑、高亮度河流、霜、积雪、裸地等强干扰地物均能够被有效剔除，而薄云区域也能够实现精确提取。

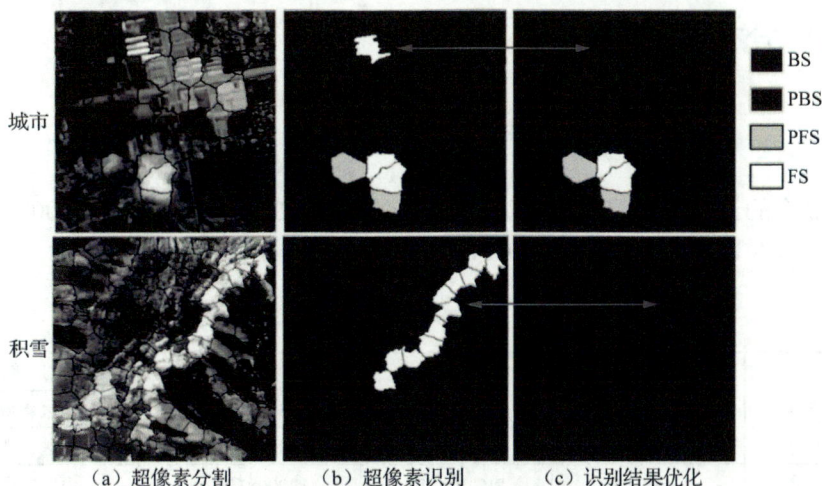

（a）超像素分割　　　（b）超像素识别　　　（c）识别结果优化

图 16-22　超像素云掩膜提取结果

16.3.3　云区精提取

通过上述方法能够获取粗略的超像素级云检测结果，然而厚云周围的薄云像素却很可能被遗漏。为了提高云检测精度，将上述超像素识别结果作为先验知识，结合 GrabCut 算法进行云像素精提取。现有

的云超像素识别结果可作为先验知识，云对象为前景，包括绝对前景及可能的前景；非云对象为背景，包括绝对背景及可能的背景。建立高斯混合模型，迭代进行逐像素的影像标记更新，通过能量最小化完成影像分割，得到最优的像素级云检测结果。利用 GrabCut 算法（Rother et al.，2004）对超像素级云检测结果进行优化后，效果如图 16-23 所示，实验结果中的背景及可能的背景统一认定为非云目标，前景及可能的前景统一认定为云区目标。由图可以看出，该方法对云区边缘进行了有效改善。超像素识别过程中，由于边缘云区在超像素中占据成分较低，易误判为非云区；而部分云超像素中包含的背景地物，也会随着超像素被误判为云目标。幸运的是，GrabCut 算法利用准确的先验知识，可在像素层面进行逐步优化，能够显著提高云区边缘检测精度，有效填充云区周围的空隙，从而准确提取绝大部分薄云。

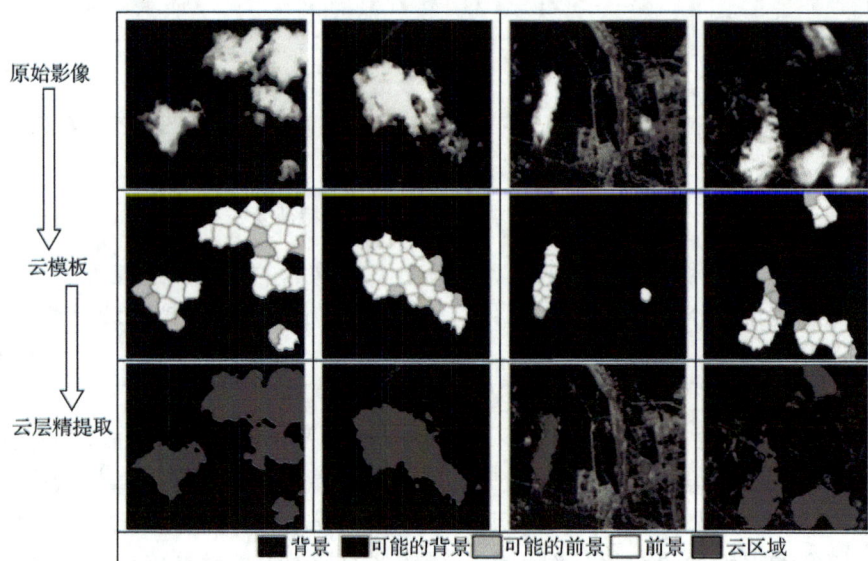

图 16-23　图割法云区精提取结果

16.4　实验与分析

16.4.1　多特征联合云检测

将基于多特征联合的云区检测算法与小波变换法（简称小波法）（陈奋 等，2007）、RGB 逐步优化算法（简称逐步法）进行对比（Zhang et al.，2014），选取的测试数据如表 16-1 所示。

表 16-1　云检测质量评估测试数据

编号	卫星	时间	波段	行列	地形	云类
0906000	高分一号	2013/09/01	R\G\B\NIR	4548×4596	山区、城镇	厚、薄云
0906001	资源三号	2013/05/02	R\G\B\NIR	8824×9307	山区、裸地	薄云
0906002	高分二号	2015/02/17	R\G\B\NIR	12000×13400	山区、裸地	薄云
0906003	资源三号	2013/10/25	R\G\B\NIR	20260×16388	山区、湖泊	厚、薄云
0906004	Pleiades	2015/08/02	R\G\B\NIR	6895×9248	丘陵、平原	厚、薄云

云检测算法对比结果如图 16-24 所示，其中黄色椭圆内为漏检测区域，蓝色椭圆内为误检测区域。图中，从上向下对应影像编号分别为 0906000、0906001、0906002、0906003、0906004。真实云图为人工手动勾画，准确率在 99%以上。

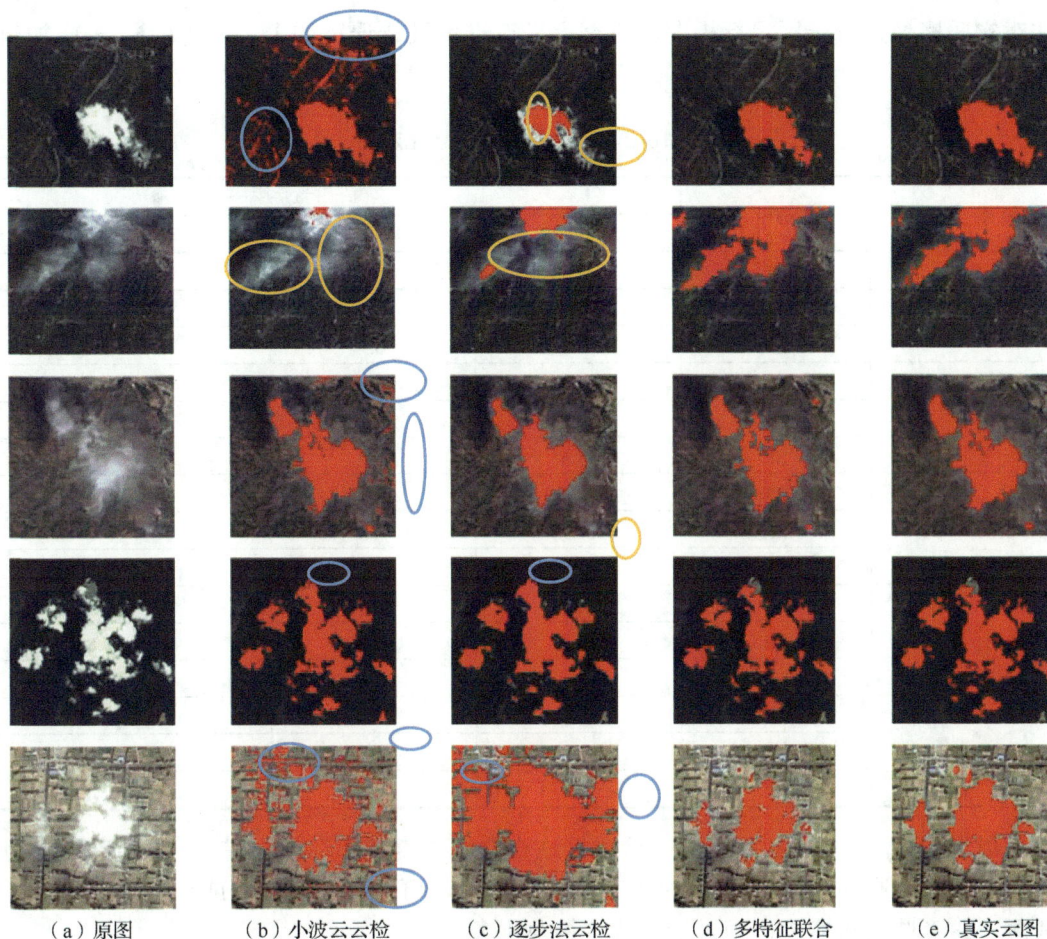

|（a）原图|（b）小波云云检|（c）逐步法云检|（d）多特征联合|（e）真实云图|

图 16-24　云检测算法对比结果

从图中可以看出，基于多特征联合的云检测算法较其他两种方法具有明显的优势。小波法容易将影像中的高亮度地物误检测为云区，而影像中的薄云却容易漏检测。逐步法利用云区弱纹理特性，对于厚薄不均的边缘云区处理效果较差，并且对于纹理较弱的高亮度背景地物容易造成误检测。0906003 影像中，小波法与逐步法将高亮度的河流误检测为云区；而基于多特征联合的云检测算法考虑了云区的近红外信息，因此可有效避免该问题。0906004 影像中，小波法与逐步法均将高亮度裸地与人工建筑误检测为云区，而基于多特征联合的云检测算法利用云区弱纹理特性有效避免了该类地物的误检测。综合分析，基于多特征联合的云检测算法不仅能够成功将厚云准确提取出来，而且对于薄云的检测效果也较好，还能够有效避免高亮度建筑、河流、裸地等强干扰噪声的误检测。

对上述结果进行定量化分析，引入查准率、查全率及错误率作为定量化计算标准，计算公式如下：

$$PR = \frac{TC}{FA} \tag{16-12}$$

$$RR = \frac{TC}{TA} \tag{16-13}$$

$$ER = \frac{TF + FT}{NA} \tag{16-14}$$

式中，PR 为查准率；TC 为准确识别的目标；FA 为识别的目标总量；RR 为查全率；TA 为真实目标总量；ER 为错误率；TF 为目标误判为非目标的数量；FT 为非目标误判为目标的数量；NA 为总像元数。

各算法对实验影像进行云区目标提取的查全率、查准率及错误率如表 16-2 所示，表中加粗数据显示为最优。

表 16-2　云检测算法定量化对比

影像编号	指标	算法/%		
		小波法	逐步法	基于多特征联合的云检测算法
0906000	PR	48.5	**100**	94.5
	RR	**94.2**	34.8	85.6
	ER	11.3	6.9	**2.0**
0906001	PR	99.0	**99.8**	83.7
	RR	2.61	31.1	**98.0**
	ER	15.6	11.1	**3.3**
0906002	PR	83.6	**94.4**	93.0
	RR	89.3	77.9	**89.4**
	ER	4.6	4.4	**2.8**
0906003	PR	84.6	85.4	**98.0**
	RR	83.1	82.3	**89.4**
	ER	6.1	6.1	**2.3**
0906004	PR	45.6	38.4	**91.3**
	RR	93.0	98.3	**87.2**
	ER	14.5	21.1	**2.5**

从表中可以看出，基于多特征联合的云检测算法查全率与查准率在 90% 左右，错误率则仅为 3% 左右。小波法及逐步法错误率高达 10%，并且对于某些影像而言，可能查全率较高或者查准率较高，但是往往难以两者兼顾，这意味着极容易出现过检测或误检测现象。

实验中还对各算法的运算效率进行了对比分析，在配置为 Intel（R）Core（TM）i5-3230M CPU @2.60GHz，内存 4GB 的计算机上，各算法的运算效率对比如表 16-3 所示。

表 16-3　云检测算法运算效率对比

影像编号	算法耗时/min		
	小波法	逐步法	基于多特征联合的云检测算法
0906000	50.65	10.56	**3.45**
0906001	98.73	30.89	**8.55**
0906002	131.08	40.27	**19.03**
0906003	234.29	93.29	**26.61**
0906004	95.10	28.53	**8.07**

从表中可以看出，基于多特征联合的云检测算法运算效率最高，相较于其他两种算法具有明显优势；小波法需要通过多次小波变换而耗时较多，而逐步法采用多次双边滤波进行纹理信息提取，因此运算效率均较低。

16.4.2　支持向量机算法可行性

1.　检测精度和效率对比

16.3 节使用 JTFH+PLSA+SVM+Grabcut 相结合的方式进行云检测，但诸类条件并非全部必需，缺少或者替换为其他算法仍然能够达到云检测的目的。为了验证算法的可行性，选取中国境内不同云类型及地表特征地物的 36 景资源三号卫星影像作为对比实验数据，对 16.3 节的支持向量机算法（SVM）、RGB 直方图（RGB histogram RGBH）+PLSA+SVM+GrabCut、JTFH+SVM+GrabCut 及 JTFH+PLSA+SVM 四种算法在云检测精度和效率方面进行对比分析，部分实验结果如图 16-25 所示。图中列举了四景资源三号卫星测试数据及各算法云检测结果，影像编号分别为 Z01、Z02、Z03、Z04。选用查全率、查准率及错误率作为度量标准，各标准计算公式见式（16-12）～式（16-14）。四种算法用 C++语言在系统配置为 Intel（R） Core（TM）i5-3230M CPU @2.60GHz 和 4GB 内存的计算机上实现，各算法的查准率、查全率、错误率及耗时情况如表 16-4 所示，加粗数据显示为最好结果值。

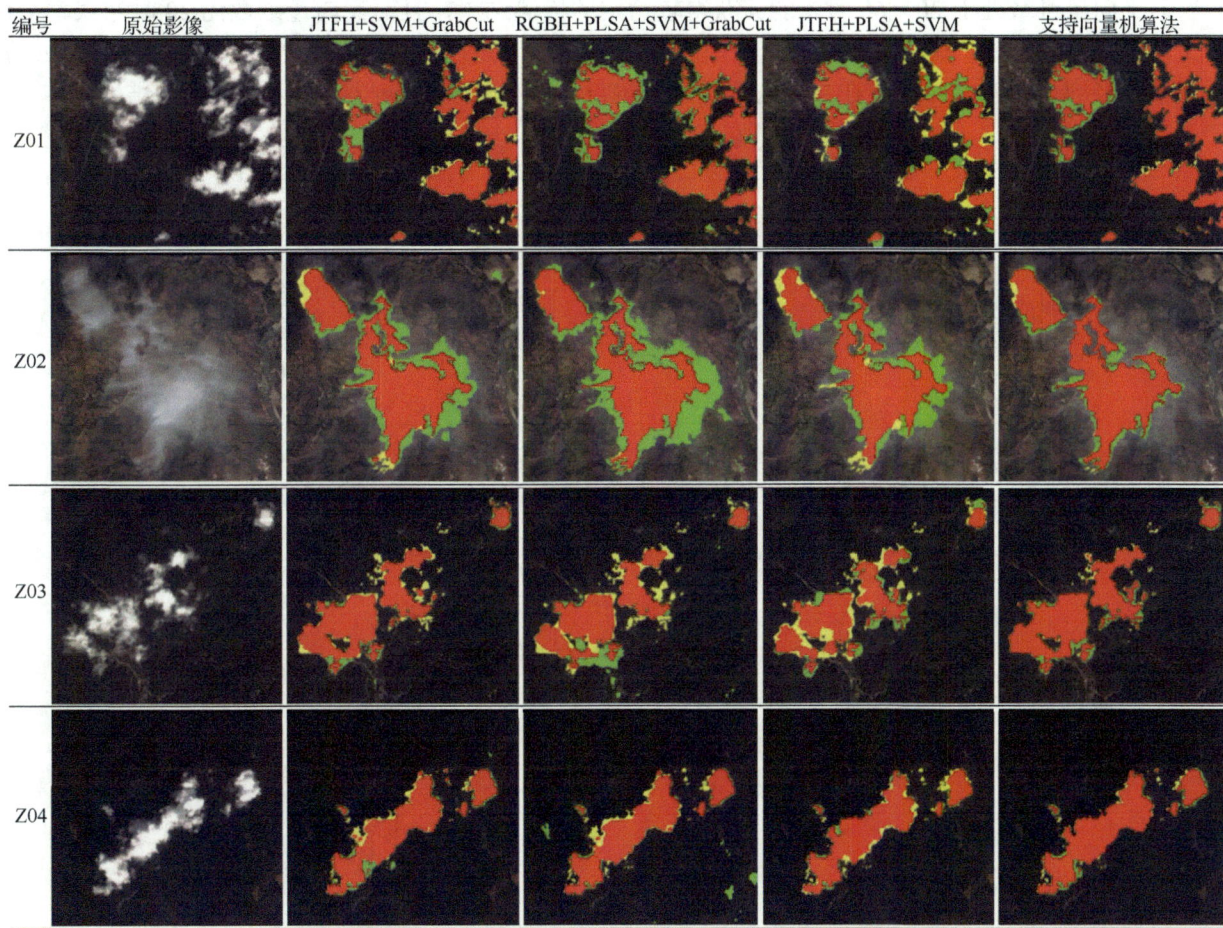

图 16-25　四种算法云检测精度和效率对比

表 16-4　四种算法云检测精度和效率统计

算法	查准率/%	查全率/%	错误率/%	耗时/s
支持向量机算法	87.6	**94.9**	**2.5**	219
JTFH+SVM+GrabCut	**89.0**	82.8	5.7	**107**
RGBH+PLSA+SVM+GrabCut	82.7	74.5	7.6	209
JTFH+PLSA+SVM	88.1	74.7	7.2	212

从表中可以看出，16.3 节提出的支持向量机算法查准率及查全率综合性最好，错误率最低，但是耗时相对较长。JTFH+SVM+GrabCut 和 JTFH+PLSA+SVM 算法能够获得较高的查准率，然而查全率却远低

于支持向量机算法，意味着检测过程中有大量的云区被漏检。RGBH+PLSA+SVM+GrabCut 算法的查准率最低，意味着大量非云目标被误提取出来。

2. 参数适应性分析

支持向量机算法中两个参数对云检测结果影响较大，一是超像素 S，二是 PLSA 语义向量维数 K。其中，S 对云检测效率及精度影响因子均较大，如图 16-26 所示；K 主要影响云检测精度，如图 16-27 所示。从图 16-26 可以看出，当超像素为 20～80 时，均能够获得较理想的检测结果；当超像素小于 20 或者大于 80 时，错误率显著提升。当超像素为 30 时，错误率最低，并且检测效率相对较高。从图 16-27 中可以看出，当语义向量维数处于 20～65 时，能够获得较稳定的检测结果，且语义向量维数为 20 时错误率最低；当语义向量维数小于 20 或者大于 65 时，错误率显著提升。综合以上分析，说明本章支持向量机云检测算法鲁棒性及容错性较高，即使在参数选择不当的情况下，仍然能够获得较理想的云检测结果。

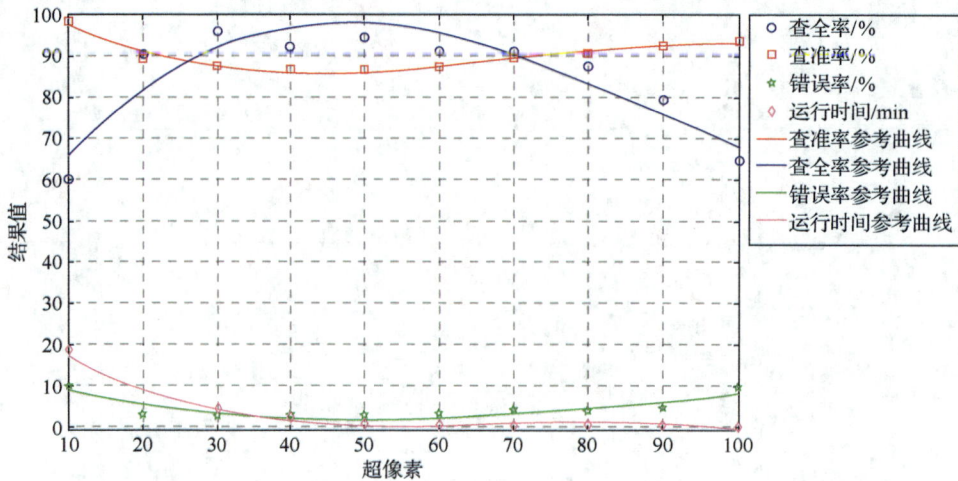

图 16-26　参数 S 对云检测结果影响分析

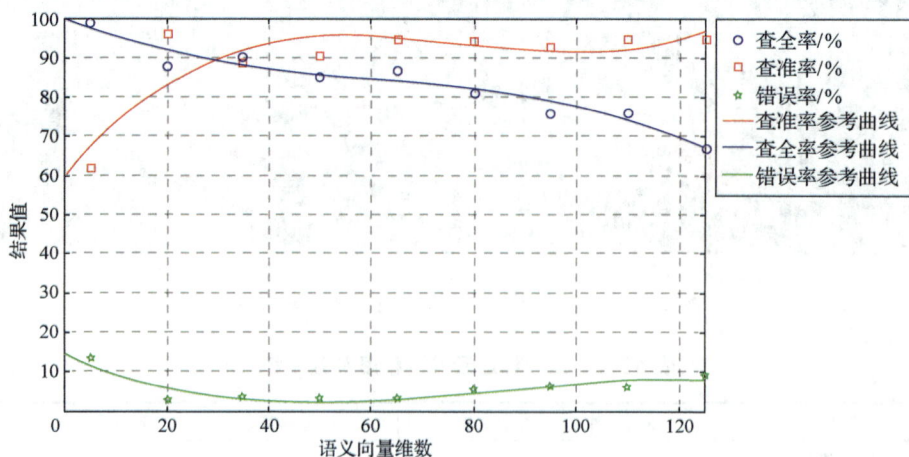

图 16-27　参数 K 对云检测结果影响分析

16.4.3　支持向量机算法效果对比

为了更加全面地对基于支持向量机的云检测算法进行实验分析，本节选取主流的多个自动云检测算法（Yuan et al., 2015；Xu et al., 2012；Zhang et al., 2014）、自动影像分割算法（Lin et al., 2010；Comaniciu et al.，2002；Felzenszwalb et al.，2004）及交互式影像分割算法（Rother et al.，2004；Zhang et al.，2010）进行对比实验。以 42 景大小为 4500 像素×4500 像素的高分一号卫星多光谱影像作为实验数据，将支持向量机算法与其他三类算法分别从目视效果、检测精度等角度进行对比分析实验。

1. 自动云检测算法对比

图 16-28 所示为支持向量机算法与自动云检测算法实验结果对比。由图可以看出，GrabCut 能够快速获取较好的分割结果，但是严重依赖初始分割结果。k-means+迭代条件模式（iterated conditional model，ICM）算法通过 k-means 获取初始的分割结果，容易造成误判，如 G01 中山脊上的薄霜被误判为云，而 G02 中少量薄云存在漏检，G03 中部分人工建筑被误判为云。RGB 逐步优化算法对于均匀分布的云区检测效果较好，但是对于厚薄不均匀分布的云区容易出现漏检测，如 G02、G03 中存在云区漏检。另外，该算法受霜、雪等的干扰较大。SIFT+GrabCut 同属于面向对象的云检测算法，GrabCut 能够很好地将前景与背景进行分离，但过于依赖之前的检测结果，导致许多细小的云区未能准确识别，如 G02、G03；而已误判为云区的霜又不能很好地筛除，如 G01。支持向量机算法综合利用云区灰度、纹理、频率特征，并结合 PLSA 模型，有效保证了对象识别的准确率，为 GrabCut 算法的优化提供了有力保障。从图中可以看出，支持向量机算法对于厚、薄云均能获取较好的检测结果，并对霜等噪声起到了较好的抑制效果。

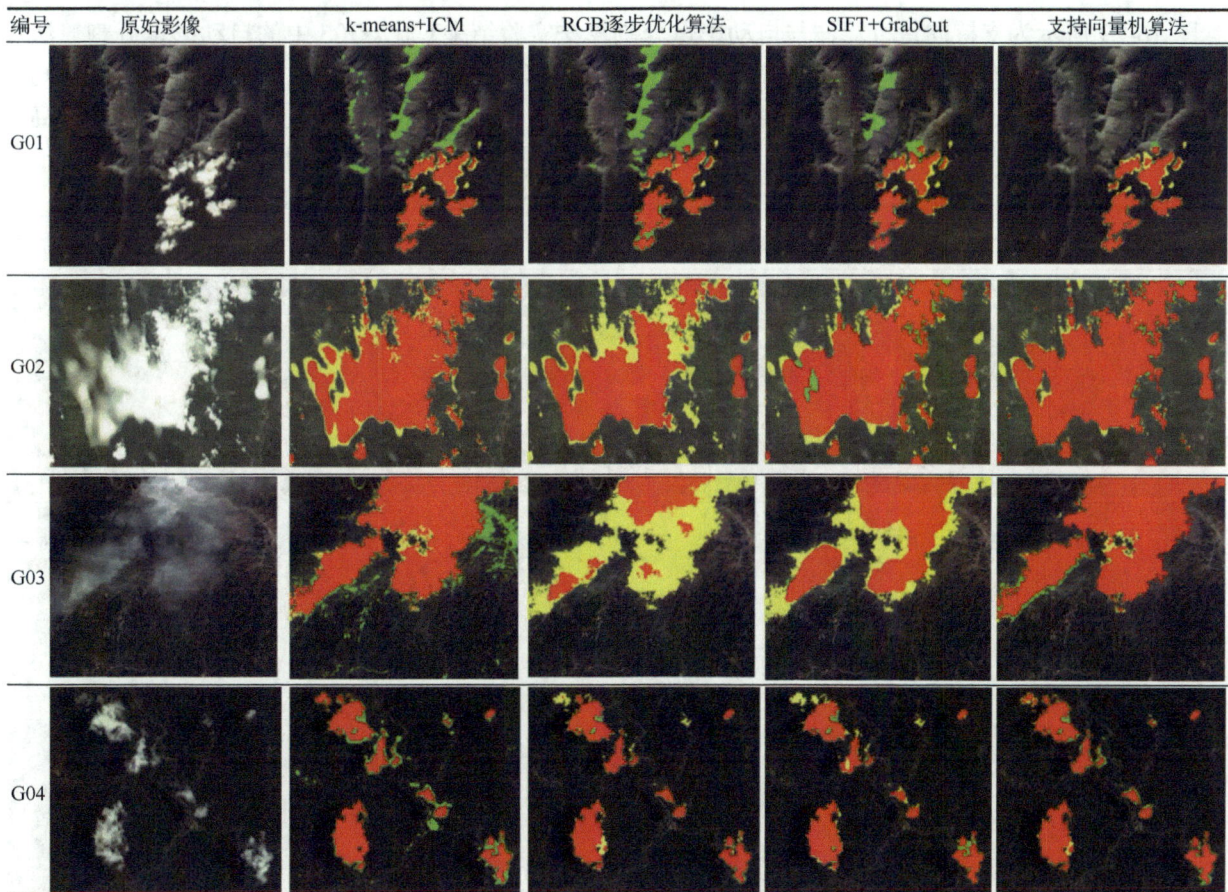

图 16-28 支持向量机算法与自动云检测算法实验结果对比

图 16-28 中各算法错误率对比如表 16-5 所示，表中加粗数据显示为最好结果值。四组实验中，支持向量机算法错误率均最低。对于 G01 影像，其余三种算法在不同程度上将霜误判为云，因此错误率较支持向量机算法高出 2%左右。相对于 G01 影像，G02 影像四种算法错误率均偏高，主要是因为影像中的薄云无法做到准确提取，但是支持向量机算法对该问题的克服效果仍相对较好，错误率仅为 3.2%。对于 G03 影像，RGB 逐步优化算法与 SIFT+GrabCut 算法存在大面积的薄云漏检测现象，因此出现 20.7%以及 10.5% 的高错误率。G04 影像中 k-means+ICM 算法将房屋等人工建筑误判为云，因此错误率较高，其余三种算法检测效果均较好。

表 16-5　支持向量机算法与自动云检测算法错误率对比

算法	G01 错误率/%	G02 错误率/%	G03 错误率/%	G04 错误率/%
k-means+ICM	3.8	7.4	6.0	3.1
RGB 逐步优化算法	3.9	12.0	20.7	**1.6**
SIFT+GrabCut	2.7	6.0	10.5	**1.6**
支持向量机算法	**1.5**	**3.3**	**2.4**	1.7

2.　自动影像分割算法对比

图 16-29 所示为支持向量机算法与自动影像分割算法实验结果对比。G05 中的自动影像分割算法对于厚云区域均能够获得较好的结果；但是对于与地面灰度相差不大的薄云区域往往很难做到准确分割，容易出现漏检测（如 k-means 算法）或者误检测［如均值漂移（Mean shift）算法］。G06 整体亮度较高，背景与前景区别不大，导致自动影像分割算法出现大面积误提取。G07 中高亮度河流、裸地等相对于背景区域灰度差较大，反而与云区灰度接近，容易被自动影像分割算法误判为云区。

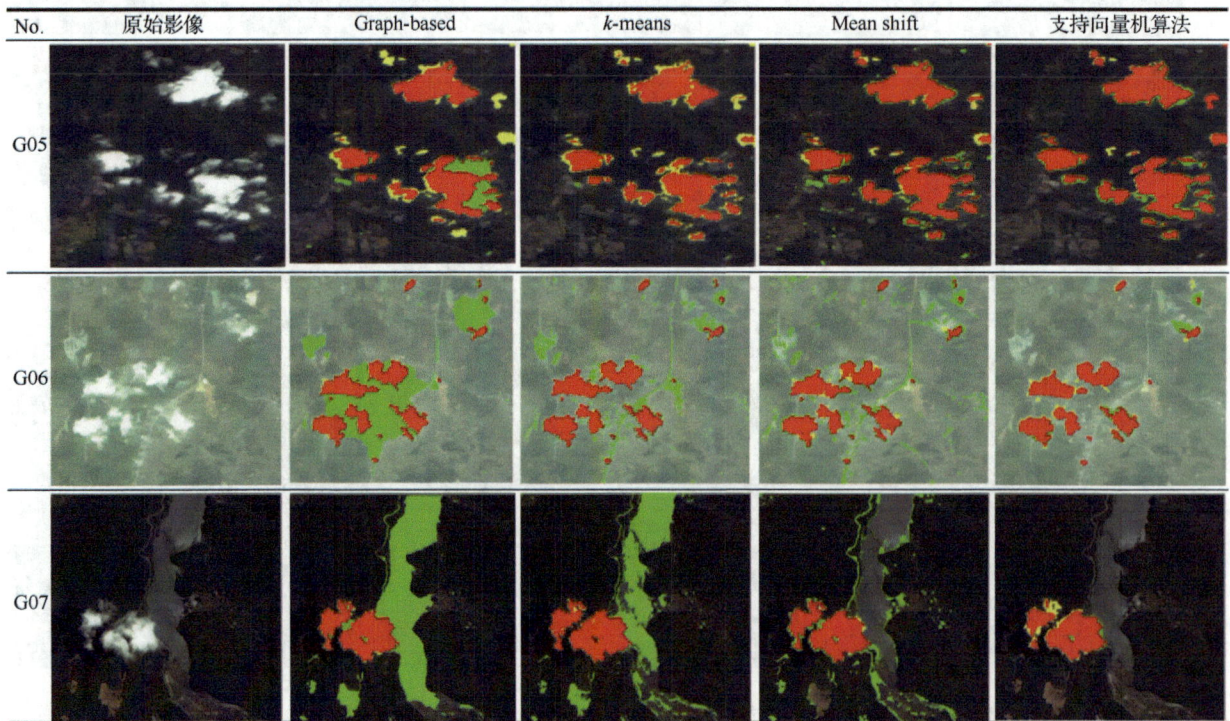

图 16-29　支持向量机算法与自动影像分割算法实验结果对比

图 16-29 中各算法的错误率对比如表 16-6 所示，表中加粗数据显示为最优值。从表中可以看出，支持向量机算法错误率均最低，而其余三种算法均在较大程度上将亮度较高的房屋、河流等噪声判为云，因此错误率较高。

表 16-6　支持向量机算法与自动影像分割算法错误率对比

算法	G05 错误率/%	G06 错误率/%	G07 错误率/%
Graph-based	5.5	12.8	14.3
k-means	3.6	4.6	10.6
Mean shift	3.4	5.0	4.0
支持向量机算法	2.6	1.6	0.9

3. 交互式影像分割算法对比

图 16-30 所示为支持向量机算法与计算机视觉中较为经典的交互式影像分割算法实验结果对比。从图中可以看出，本章支持向量机算法处理效果比其他两种交互式影像分割算法更好，GrabCut 算法容易将云区周围与其相似的区域归并为云区，而对于一些面积较小的云块又容易遗漏。该问题在分水岭算法中同样存在，并且更严重。支持向量机算法从视觉角度出发，在进行图割之前提供较准确的超像素级云掩膜，大大提高了云检测精度，因此检测效果优于现有的两种交互式算法。

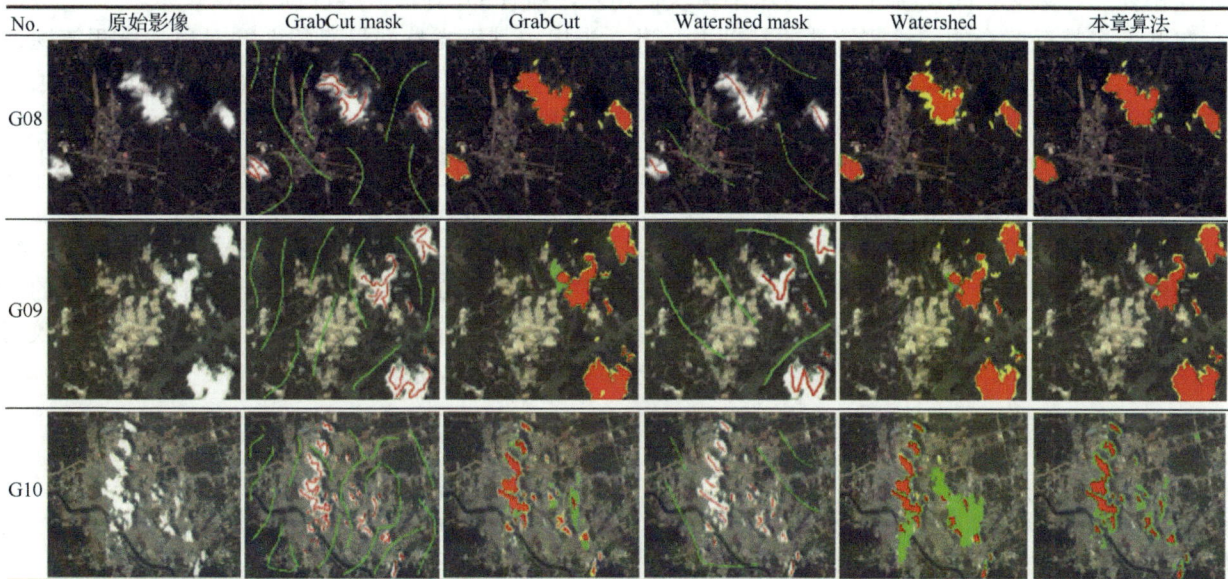

图 16-30　支持向量机算法与交互式影像分割算法实验结果对比

为了统计各算法加入的人工工作量，引入人工率作为判断依据，其计算公式如下：

$$\mathrm{WR} = \frac{\mathrm{DR}}{\mathrm{NA}} \tag{16-15}$$

式中，WR 为人工率；DR 为选取的样本数量；NA 为影像中的总像元数量。

图 16-30 中各算法错误率及人工率对比如表 16-7 所示，其中 ER 表示错误率。表中加粗数据显示为最好结果值。由表可以看出，支持向量机算法人工率最低，均为 0，并且错误率也最低，均低于 2.3%；GrabCut 算法比分水岭算法在云检测错误率方面具有较明显的优势，但是需要加入的人工量相对较大。

表 16-7　支持向量机算法与交互式影像分割算法错误率及人工率对比

算法	G08/%		G09/%		G10/%	
	ER	WR	ER	WR	ER	WR
GrabCut	**1.3**	2.9	2.8	2.8	3.1	5.3
分水岭	2.4	1.2	3.3	2.9	6.6	1.6
支持向量机算法	1.4	**0**	2.3	**0**	2.3	**0**

本 章 小 结

　　本章提出一种基于多特征联合的快速云检测算法，基于光谱信息的云区粗检测在保障查全率的基础上，可以有效避免高亮度河流及偏色裸地等噪声的干扰；而基于纹理信息的云区精化处理能够排除高亮度人工建筑等细节丰富地物的干扰，有效提高了算法查准率。最后，进一步采用带限定条件的边缘种子膨胀算法对检测结果进行后处理，包括边缘厚云提取、边缘厚云向薄云过渡及边缘薄云提取等过程，优化解决了云区周围的薄云漏检测问题。实验结果显示，基于多特征联合的云检测算法——较小波法及逐步法具有明显的精度和效率优势。但是，基于多特征联合的云检测算法也存在一定缺陷，如影像处理时各像元互相独立，缺乏空间连接性，且算法中多次使用基于统计的阈值，导致自适应性较差。

　　在基于多特征联合的云检测算法的基础上，进一步提出基于支持向量机的面向对象云检测算法，在超像素级别进行云检测。该算法首先将卫星影像进行超像素分割，解决像素级云检测各像元互相独立且缺乏空间连接性而导致效果有限的问题；然后综合利用影像灰度、纹理、频率特征，并结合 PLSA 模型提取隐含特征，大大增加了支持向量机算法的识别准确率。另外，利用 GrabCut 算法对识别结果进行后处理，有效提高了云区识别精度。

　　多组实验数据的对比结果表明，基于支持向量机的面向对象云检测算法鲁棒性及容错性较高，参数自适应性较强，相对于其他多类云检测算法具有显著优势，能够在绝大部分实验数据中取得最优的云检测结果。该算法除前期分类模型生成外，其余处理均可自动化进行，算法复杂度适中且检测精度较高，可适用于包含红、绿、蓝、近红外波段信息的多光谱影像数据云区提取。

参 考 文 献

陈奋，闫冬梅，赵忠明，2007. 基于无抽样小波的遥感影像薄云检测与去除[J]. 武汉大学学报（信息科学版），32(1)：71-74.

陈振炜，张过，宁津生，等，2015. 资源三号测绘卫星自动云检测[J]. 测绘学报，2015(3)：292-300.

谭凯，2017. 高分辨率遥感卫星影像自动云检测算法研究[D]. 武汉：武汉大学.

谭凯，张永军，童心，等，2016. 国产高分辨率遥感卫星影像自动云检测[J]. 测绘学报，45(5)：581-591.

吴成茂，2013. 直方图均衡化的数学模型研究[J]. 电子学报(3)：598-602.

杨学志，徐勇，方静，等，2012. 结合区域分割和双边滤波的图像去噪新算法[J]. 中国图象图形学报(1)：40-48.

ACHANTA R, SHAJI A, SMITHK K, et al., 2012. SLIC superpixels compared to state of the art superpixel methods[J]. IEEE Transactions on Pattern Analysis and Machine Intelligence, 34(11): 2274-2282.

COMANICIU D, MEER P, 2002. Mean shift: a robust approach toward feature space analysis[J]. IEEE Transactions on Pattern Analysis and Machine Intelligence, 24(05): 603-619.

FELZENSZWALB P F, HUTTENLOCHER D P, 2004. Efficient graph-based image segmentation[J]. International Journal of Computer Vision, 59(2): 167-181.

GIOI R, JAKUBOWICZ J, MOREL J, et al., 2010. LSD: a fast line segment detector with a false detection control[J]. IEEE Transactions on Pattern Analysis and Machine Intelligence, 32(4): 722-732.

HOFMANN T, 2001. Unsupervised learning by probabilistic latent semantic analysis[J]. Machine Learning, 42(1-2): 177-196.

HUANG X, XIE C, FANG X, et al., 2015. Combining pixel- and object-based machine learning for identification of water-body types from urban high-resolution remote-sensing imagery[J]. IEEE Journal of Selected Topics in Applied Earth Observations and Remote Sensing, 8(5): 2097-2110.

LIN W T, LIN C H, WU T H, et al., 2010. Image segmentation using the k-means algorithm for texture features[J]. World Academy of Science, Engineering and Technology, 65: 612-615.

REN X, MALIK J, 2003. Learning a classification model for segmentation[C]//Process of the 9th IEEE International Conference on Computer Vision. Washington DC: IEEE Computer Society, 10-17.

ROTHER C, KOLMOGOROV V, BLAKE A, 2004. Grabcut: interactive foreground extraction using iterated graph cuts[J]. ACM Transactions on Graphics(TOG), 23(3): 309-314.

XU X, GUO Y, WANG Z, 2012. Cloud image detection based on markov random field[J]. Journal of Electronics (China), 29(3): 262-270.

YUAN Y, HU X, 2015. Bag-of-words and object-based classification for cloud extraction from satellite imagery[J]. IEEE Journal of Selected Topics in Applied Earth Observations and Remote Sensing, 8(8): 4197-4205.

ZHANG M, ZHANG L, CHEN H D, 2010. A neutrosophic approach to image segmentation based on watershed method[J]. Signal Processing, 90 (5): 1510-1517.

ZHANG Q, XIAO C X, 2014. Cloud detection of RGB color aerial photographs by progressive refinement scheme[J]. IEEE Transactions on Geoscience and Remote Sensing, 52(11): 7264-7275.

第17章

基于矩阵分解的多时相遥感影像云检测

17.1 引言

卫星遥感影像的云检测可以分为基于单时相和基于多时相两类方法（Li et al.，2017；Li et al.，2019；Zhu et al.，2018），单时相云检测方法利用云在影像中的亮度、对比度、光谱和纹理等特征，将其从非云像素中区分出来，可以视作对遥感影像空间维度的探索，如第16章所述即属于单时相影像云检测方法。对地观测卫星具备对地球周期性重返拍摄成像的能力，因此卫星遥感影像除空间维度外，还有时间维度。对于同一地理空间范围内不同时间成像的卫星遥感影像而言，地物的变化相对缓慢平滑，但是云随时间不同，随机成片地分布于遥感影像中。利用云和地物像元在影像中显著不同的变化特点，可以将云从多时相遥感影像中快速有效地区分出来，这是多时相遥感影像云检测的重要依据。

现有基于多时相影像的云检测方法大部分是像素级的，即影像中每个像素单独判定是否为云像素。在这一类方法中，主要利用含云影像与无云参考影像之间的差异进行阈值分割；或者在多时相影像数目较多时，先获取影像中的初始无云像元，再对这些像元进行回归分析，计算回归模型，进而依据模型对各像元进行云检测。然而，由于云在影像中的存在形式复杂多变，无论使用参考影像还是多时相回归分析，均需要使用阈值分割作为后处理，此时就会存在真实云像元由于像素值较低而无法被阈值分割检测的情形，导致空洞和噪声，如图17-1所示，图中红框表示空洞区域，可以看出图17-1（b）中存在显著的离散噪声及较多云像元空洞。

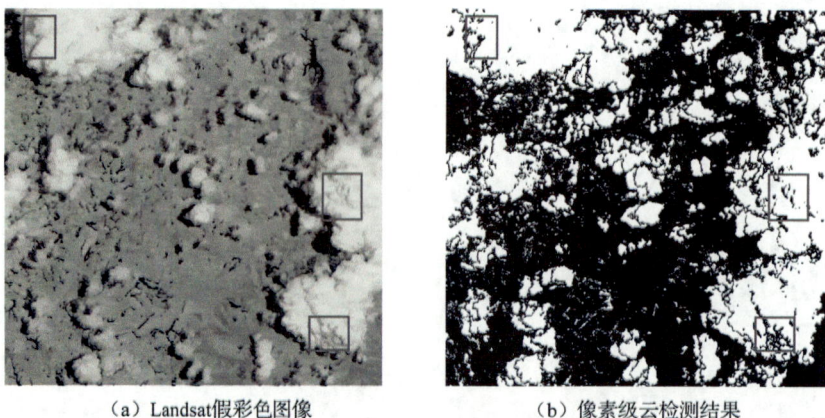

（a）Landsat假彩色图像　　　　　　（b）像素级云检测结果

图17-1　像素级云检测存在的空洞和噪声问题

在绝大部分情况下，云在遥感影像中表现为成片连续分布，表明云像元在影像中应当存在一定的空间相关性，而基于空间相关性先验知识的超像素和马尔科夫随机场等对象级方法可以改善像素级处理存在的噪声问题。另外，遥感影像有时间维度，若将同一研究区域、一定数量、不同时间成像的遥感影像构成影像序列，则对于影像序列中云目标的检测与计算机视觉领域中的移动目标检测类似，矩阵分解是解决目标检测问题（Zheng et al.，2013；Bitar et al.，2019）的有效手段之一。

因此，本章提出一种基于矩阵分解的多时相遥感影像对象级云检测——群结构化稳健主成分分析（group-structured robust principal component analysis，G-RPCA）方法，以一定数量的多时相遥感影像为研究对象，将每张遥感影像拉伸成一个列向量，则多时相遥感影像可以构成一个矩阵，然后以矩阵分解框架进行云检测（Zhang et al.，2019）。该方法不仅无须获取初始无云像元，而且使用矩阵低秩约束后，可以顾及影像之间的整体光照和辐射差异，同时能够纳入二维几何变换模型。G-RPCA 方法对前景目标的建模既考虑成片分布的对象级稀疏成分（云），也考虑离散稀疏噪声的影响，能够实现准确鲁棒的多时相遥感影像云检测。

17.2 低秩与稀疏模型

矩阵分解方法的核心思想是将原始矩阵分解为两个具有显著特性的子矩阵（Bouwmans et al.，2017）。首先将待处理数据逐帧或逐张向量化并排列成原始观测矩阵，然后将原始矩阵分解为一个低秩矩阵和一个稀疏矩阵。其中，低秩矩阵对应于背景像素，因为背景基本不随时间变化，所以背景矩阵中矩阵的列相关性很强，符合矩阵低秩约束；稀疏矩阵对应于前景移动目标像素，因为前景目标较小，所以转化为矩阵后绝大部分元素为零，即稀疏矩阵。

G-RPCA 方法将多时相含云遥感影像表示为矩阵形式，以上述矩阵分解框架进行云检测。当一个矩阵中行或者列存在线性相关性时，该矩阵为低秩矩阵；当矩阵中各列中只有部分位置有值而其他位置为零时，则该矩阵为稀疏矩阵。

17.2.1 低秩性

在线性代数中，矩阵的秩定义为矩阵的行或列的极大线性无关数目。给定一个方阵 $M \in R^{n \times n}$，若该矩阵的行（列）可以被其他行（列）线性表示，即矩阵的行（列）之间线性相关，则称该矩阵不是满秩矩阵，或称存在秩亏问题。对于任意矩阵 $D \in R^{m \times n}$，若 D 的秩 r 远小于 m 或者 n，则称矩阵 D 为低秩矩阵。事实上，低秩的概念来源于矩阵论，用于表示矩阵内部行或列之间是否存在相关性。更一般地，当对象变成高维空间中的实例时，低秩也可用来表示高维结构之间的相关性。在大数据环境中，高维数据并非毫无结构，它们经常分布在低维流形附近，构成传统机器学习领域中流形学习的基础。低维与低秩等同，高维数据所呈现的这种低秩特性也经常被证实。例如，对数据进行主成分分析（principal component analysis，PCA），可以发现 95%以上的能量往往集中于少量主方向上，表明数据分布于低维子空间附近，即存在低秩性。

近十几年来，越来越多的学者对低秩模型展开了研究，从低秩模型求解到应用拓展，都已取得显著成果。以模型应用为例，低秩理论已广泛应用于计算机视觉诸多研究方向，如背景建模、图像批量对齐、不变低秩纹理变换和图像分割等（Lin et al.，2017）。基于低秩模型应用的关键在于如何根据数据的特性构建低秩模型，图 17-2 所示列举了少量低秩模型应用实例。视频帧、批量图像、相似纹理结构及图像超像素之间都存在很强的相关性，若将它们转化成矩阵进行分析，就能很好地利用低秩约束解决对应的问题。

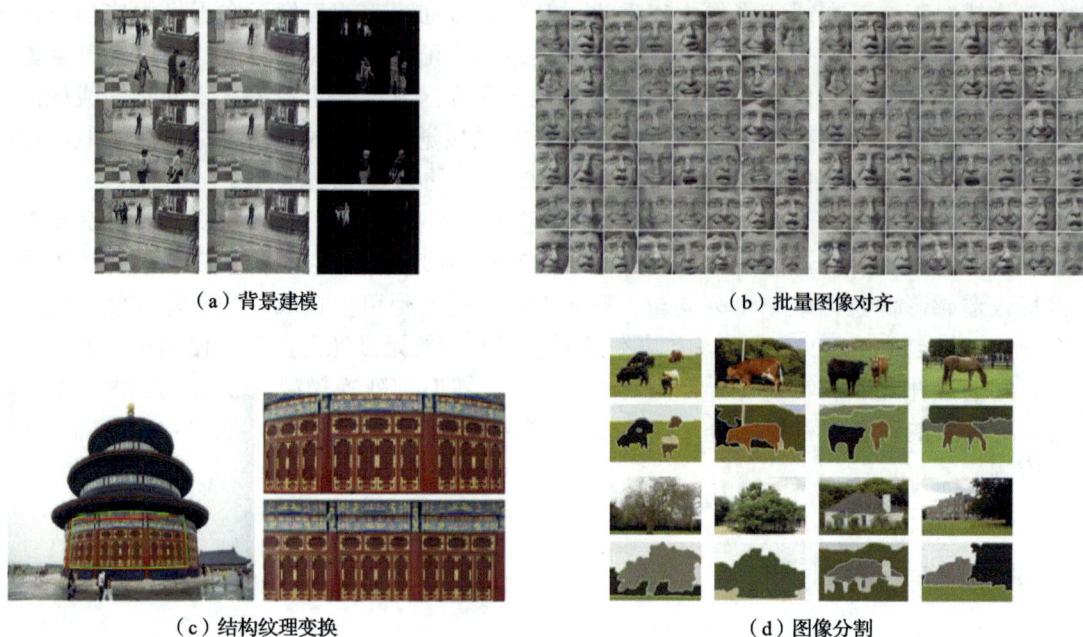

（a）背景建模

（b）批量图像对齐

（c）结构纹理变换

（d）图像分割

图 17-2 低秩模型应用实例

17.2.2 稀疏性

近些年，得益于稀疏表示（sparse representation，SR）（Elad，2010）取得的巨大成功和压缩感知（Donoho，2006）理论的推动，稀疏性被广泛应用于计算机视觉领域的诸多研究问题中（Wright et at.，2008；Xu et al.，2019；Yang et al.，2010）。在稀疏表示理论中，一个信号被认为可以由一组过完备字典中的小部分元素线性表示。利用这一原理，稀疏表示可以有效解决图像去噪、图像修复、图像上采样和图像压缩等问题。压缩感知属于稀疏表示的范畴，利用信息本身或者其变换域的稀疏性，可以实现信号压缩和解压缩。稀疏性被认为是自然界普遍存在的一种现象。在字典学习时，使用稀疏约束算子可以学习到更具有表征能力的过完备字典；在问题建模时，稀疏性先验知识的模型有完备的理论体系作为支撑，能够较好地解决图像去噪、图像修复等病态问题。稀疏即不稠密，在线性代数中对向量和矩阵的研究中，常用的稀疏约束算子有 l_0 范数和 l_1 范数。事实上，给定 l_p 范数，当 p 不大于 1 时都能引出稀疏解，这里不作详细解释。

17.2.3 鲁棒主成分分析

PCA 是处理高维数据的一种有效方法，在科学研究和工程领域应用广泛（Candès et al.，2011）。PCA 假设高维数据分布于低维子空间附近（与流行学习相似），并试图估计出其低维子空间。假定高维数据以向量形式表示为 $D \in R^{m \times n}$，求解低维子空间通常可以转化为寻找一个最接近 D 的低秩矩阵 L，可表示为如下目标函数的优化问题：

$$\min_{L,S} \|S\|_F \quad \text{s.t.} \quad \text{rank}(L) \leqslant r, \ D = L + S \tag{17-1}$$

式中，$\|\cdot\|_F$ 为弗罗贝尼乌斯范数（Frobenius norm，简称 F 范数），表示矩阵所有元素平方和的平方根；r 远小于 m 或 n。

PCA 问题的求解能够通过奇异值分解（singular value decomposition，SVD）对矩阵 D 进行分解，由前 r 个主成分张成的子空间即为矩阵 D 的低维子空间 L，剩下的成分可以认为是噪声。F 范数约束假设数据中的噪声呈高斯分布，故 PCA 在解决被高斯噪声污染的数据时表现良好。但是，若数据中出现随机且幅值较大的噪声时，即使噪声只影响少部分像元，PCA 也不再适用。为了能够将数据从非高斯噪声污染的情况下恢复出来，有学者提出鲁棒主成分分析（robust principal component analysis，RPCA）方法。

RPCA 已经在计算机视觉等诸多领域中取得显著成果，如目标检测、异常检测和图像配准等（Lin et al.，2017）。RPCA 结合低秩性和稀疏性，将 PCA 问题中的 F 范数替换为稀疏约束算子，利用高维数据（如视频和图像）中潜在的低秩成分和稀疏成分，并对这两种成分进行分离，进而实现低秩属性相关的任务（如图像去噪、背景建模、图像配准）和稀疏属性相关的任务（如目标检测、异常检测）。

给定矩阵 $D \in R^{m \times n}$，根据 RPCA 的假设，矩阵 D 可以分解为一个低秩矩阵 $L \in R^{m \times n}$ 和一个稀疏矩阵 $S \in R^{m \times n}$。该矩阵的分解可以通过最小化如下带限制条件的优化问题实现：

$$\min_{L,S} \|L\|_* + \lambda \|S\|_0 \qquad \text{s.t.} D = L + S \qquad (17\text{-}2)$$

式中，$\|\cdot\|_*$ 为核范数，矩阵的核范数表示矩阵特征值的和；$\|S\|_0$ 为 l_0 范数，矩阵的 l_0 范数表示矩阵中非零元素的个数；λ 为平衡系数。

由于式（17-2）有 l_0 范数，使得其为非凸函数，不易于优化求解，因此常用如下替代版本：

$$\min_{L,S} \|L\|_* + \lambda \|S\|_1 \qquad \text{s.t.} D = L + S \qquad (17\text{-}3)$$

式中，$\|S\|_1$ 为 l_1 范数，矩阵的 l_1 范数表示矩阵所有元素绝对值的和。

在稀疏性理论研究中，l_0 范数和 l_1 范数均能产生稀疏解，这两个范数是稀疏表示方法中常用的稀疏性算子。

以监控视频数据中背景建模和移动目标检测为例，首先将视频的每一帧向量化并按列排列成一个矩阵，此时该矩阵可以看作由一个代表背景的低秩矩阵和一个代表前景目标的稀疏矩阵构成。假设场景中的背景仅存在整体的光照和线性辐射差异，而背景的内容不变，那么背景对应的视频帧向量化后线性相关，非常适用于低秩模型；而视频中移动的前景目标只占据每个视频帧中的小部分，在视频帧向量化后可使用稀疏向量对每帧中的前景目标进行建模。此外，前景目标随时间在视频帧中的位置会发生变化，因此不会与静止不变的背景相混淆。利用 RPCA 方法，可以实现观测矩阵的分解，以恢复视频中的背景（背景建模）及检测前景目标（目标检测）。

17.3 结构化稀疏

在原始 RPCA 方法中，无论是 l_0 范数还是 l_1 范数，都是针对矩阵中所有单个元素的统计，并没有考虑矩阵元素之间的关联性；对应到图像中，即没有考虑图像像素之间的空间关系。即使属于同一目标，像素灰度值的差异也可能比较大，因此仅针对像素进行约束，容易造成结果中存在椒盐噪声及目标检测不完整现象。事实上，在前景背景检测问题中，前景目标并非离散随机的像素，而是往往呈空间块状分布。以多时相影像云及云阴影检测为例，云和云阴影在图像中都以块状形式分布，对此类目标的检测应当考虑像素之间的邻接关系。在图像中，属于同一目标的像素通常具有相似的纹理或者色彩信息，若能从对象的角度出发，先将像素进行组合，再以像素集为对象进行后续处理，则能有效避免单个像素处理带来的问题。

17.3.1 超像素分割

考虑利用像素之间的空间关系，应该使像素组合尽量贴合影像中目标的形状或结构。一种简单直接的方式是规则格网划分，如图 17-3（a）和（b）所示。由于图像中的目标形状多变，因此简单的规则格网无法较好地贴合目标的边界。当格网较小时，影像划分过于细碎，导致无法获取较好的空间结构信息；当格网较大时，邻近边界的格网将包含更多的非目标像元，导致最终的检测结果不尽如人意。因此，需要采用更准确的方式将图像的像素进行组合。

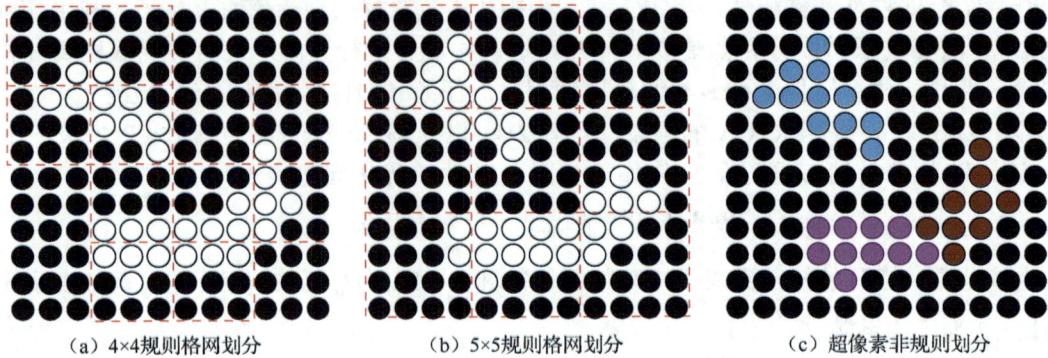

（a）4×4规则格网划分　　　　　　（b）5×5规则格网划分　　　　　　（c）超像素非规则划分

图 17-3　不同的像素组合策略对比

在图像中，单个像素无法表达任何语义信息，按一定规则组合的像素集能够表达一定的纹理、均值和对比度等信息。例如，图 17-3（c）所示的超像素能够较好地贴合影像中目标的形状。超像素分割旨在根据图像中像素的邻接关系、亮度和色彩等信息，将图像分割成一系列子区域。每个子区域不仅能较好地贴合图像中目标的边界，还能表达丰富的语义信息，供进一步图像分割利用，因此超像素分割在计算机视觉领域已被广泛应用。本章直接采用经典的 SLIC 方法（Achanta et al.，2012）进行超像素分割，该方法采用 k 均值聚类，能够在取得良好的超像素分割结果的同时保证效率。SLIC 方法只需设定分割超像素的个数和超像素紧密度因子两个参数，其中紧密度因子的值越高，每个超像素越贴合目标边界，但是超像素的分布也相应越不规则；反之，贴合目标边界越差，分布越规则。

17.3.2　结构化稀疏算子

区别于 l_0 和 l_1 等仅考虑单个元素的稀疏算子，结构化稀疏算子将对多个元素构成的集合进行约束。对于每张图像，利用超像素分割将所有像素以超像素形式进行重新组合，对一张图像中的所有超像素，结构化稀疏算子将在对象级层面计算图像目标的稀疏性。

给定一个观测矩阵 $\boldsymbol{D} \in R^{m \times n}$，其中 $\boldsymbol{D} = [\mathrm{vec}(I_1) \mid \mathrm{vec}(I_2) \mid \cdots \mid \mathrm{vec}(I_n)]$，表示 $\boldsymbol{D}$ 由 n 张影像向量化后按列排列而成，m 表示每张影像的像素个数。在影像向量化之前进行超像素分割，即完成了每张影像中所有像素的分组。此时，定义新的结构化稀疏算子：

$$\psi(\boldsymbol{S}) \sum_{j=1}^{n} \sum_{i=1}^{K_j} w_j^i \left\| S_{g_j^i} \right\|_{\infty} \tag{17-4}$$

式中，K_j 为每张影像的超像素个数；$S_{g_j^i}$ 为第 j 张影像的第 i 个超像素；$\|\cdot\|_{\infty}$ 为无穷范数，向量的无穷范数指的是该向量元素绝对值的最大值。

使用无穷范数的结构化稀疏算子可以在一定程度上减弱像素级稀疏算子分割前景目标时存在的椒盐噪声问题。现有方法使用的结构化稀疏算子采用带有重叠的规则格网划分，而本章采用非重叠方式进行超像素划分。一方面，采用超像素划分可以较好地贴合影像中目标的边界；另一方面，使用带有重叠的规则格网划分所得结果与单元素稀疏算子一样，需要设定阈值进行后处理才能得到目标分割掩膜，而不重叠的超像素划分可直接二值化得到前景目标检测结果。

17.4　二维几何变换

在使用矩阵分解中的低秩约束进行背景建模时，假设背景基本不变，这一点在视频监控任务中能够轻易满足，只需要固定摄像头位姿不变即可。但是，在处理卫星遥感影像时，不同时间成像的遥感影像之间受几何校正精度的影响，容易出现影像之间非像素级配准的情况。将未严格配准的多时相遥感影像重排列成矩阵后，矩阵列之间的相关性会被破坏，使得低秩假设难以成立，因此需要纳入遥感影像的二维几何变换模型，才能更好地使用低秩理论进行矩阵分解。

前已述及，利用低秩约束可以解决批量影像配准问题，学者们将批量影像配准问题转化为低秩矩阵计算与二维几何变换参数计算同时迭代解算问题（Peng et al.，2012）。一方面，使用优化后的几何变换参数进行几何校正后，图像之间的相关性加强；另一方面，观测矩阵低秩成分的准确计算，可以解算出更准确的几何变换参数，故二者可以交叉迭代优化，这是应用低秩理论进行批量影像配准的关键思想。

回归到 RPCA 方法，若矩阵 $\boldsymbol{D}$ 由未配准的批量图像转换而来，则原始式（17-3）不再成立，需要使用替代版本以纳入二维几何变换带来的影响，表示如下：

$$\min_{L,S}\|\boldsymbol{L}\|_* + \lambda\|\boldsymbol{S}\|_1 \qquad \text{s.t.}\,\boldsymbol{D}\circ\boldsymbol{\tau} = \boldsymbol{L} + \boldsymbol{S} \tag{17-5}$$

式中，$\boldsymbol{\tau}$ 为二维几何变换参数；$\boldsymbol{D}\circ\boldsymbol{\tau}$ 为对每张影像进行二维几何变换后再转化为矩阵形式。

式（17-5）表明，在对每张影像实施正确的二维几何变换后，重新转化的矩阵符合矩阵分解要求，即可以分解为低秩矩阵和稀疏矩阵。二维几何变换常指刚体变换、相似变换、仿射变换和投影变换，遥感影像之间的几何变换一般可采用二维仿射变换来描述。

17.5　矩阵分解云检测

17.5.1　问题定义

结合结构化稀疏算子与二维几何变换，可以构建新的目标函数。不同于 RPCA 将原始矩阵分解为一个低秩矩阵和一个稀疏矩阵，此处将原始矩阵分解为三部分：低秩矩阵（表示背景）、结构化稀疏矩阵（表示前景目标）和像素级稀疏矩阵。之所以额外增加一个像素级稀疏矩阵，是因为在多时相遥感影像序列中，影像之间除显著的云分布变化外，还会有少量地物变化及图像噪声。此类变化分布离散且无明显空间结构的像素无法纳入低秩矩阵中，也不属于前景目标，因此添加像素级的稀疏算子加以约束能够提高前景目标检测的精度和稳定性。新构建的目标函数表示如下：

$$\min_{L,S}\|\boldsymbol{L}\|_* + \lambda\psi(\boldsymbol{S}) + \gamma\|\boldsymbol{N}\|_1 \qquad \text{s.t.}\,\boldsymbol{D}\circ\boldsymbol{\tau} = \boldsymbol{L} + \boldsymbol{S} + \boldsymbol{N} \tag{17-6}$$

式中，$\boldsymbol{D}$ 为由多时相遥感影像构成的矩阵；$\boldsymbol{L}$ 为矩阵分解之后的背景矩阵，表示地物；$\boldsymbol{S}$ 和 $\boldsymbol{N}$ 为前景稀疏矩阵，其中 $\boldsymbol{S}$ 为结构化的前景目标（如云及其阴影），$\boldsymbol{N}$ 为离散的地物变化及噪声；$\boldsymbol{\tau}$ 为二维几何变换系数，当采用二维仿射变换表示遥感影像的几何变换模型时，每张影像对应的 $\boldsymbol{\tau}_i$ 由六个参数组成。

17.5.2　优化求解

与 RPCA 类似，对于带等式约束的最小化凸优化问题，使用增广拉格朗日乘子法（augmented Lagrange method of multipliers, ALM）求解。将式（17-6）转化为增广拉格朗日函数：

$$f(\boldsymbol{L},\boldsymbol{S},\boldsymbol{N},\boldsymbol{\tau},\boldsymbol{Y},\mu)=\min_{\boldsymbol{L},\boldsymbol{S}}\left\|\boldsymbol{L}\right\|_{*}+\lambda\psi(\boldsymbol{S})+\gamma\left\|\boldsymbol{N}\right\|_{1}$$

$$+<\boldsymbol{Y},\boldsymbol{D}\circ\boldsymbol{\tau}-\boldsymbol{L}-\boldsymbol{S}-\boldsymbol{N}>$$

$$+\frac{\mu}{2}\left\|\boldsymbol{D}\circ\boldsymbol{\tau}-\boldsymbol{L}-\boldsymbol{S}-\boldsymbol{N}\right\|_{F}^{2} \tag{17-7}$$

式中，$\boldsymbol{Y}$ 为拉格朗日乘子；μ 为一个正的标量。

优化目标函数（17-7）时，使用交替方向乘子法（alternating direction method of multipliers, ADMM）在每次迭代时分别优化 $\boldsymbol{L}$、$\boldsymbol{S}$、$\boldsymbol{N}$ 和 $\boldsymbol{\tau}$，同时更新 $\boldsymbol{Y}$ 和 μ。在每次迭代中，对于 $\boldsymbol{L}$、$\boldsymbol{S}$、$\boldsymbol{N}$ 和 $\boldsymbol{\tau}$ 的求解，可以分解为如下子问题分别求解：

$$\begin{cases} \boldsymbol{L}_{k+1}=\min_{\boldsymbol{L}} f\left(\boldsymbol{L},\boldsymbol{S}_{k},\boldsymbol{N}_{k},\boldsymbol{\tau},\boldsymbol{Y}_{k},\mu_{k}\right) \\ \boldsymbol{S}_{k+1}=\min_{\boldsymbol{L}} f\left(\boldsymbol{L}_{k},\boldsymbol{S},\boldsymbol{N}_{k},\boldsymbol{\tau},\boldsymbol{Y}_{k},\mu_{k}\right) \\ \boldsymbol{N}_{k+1}=\min_{\boldsymbol{L}} f\left(\boldsymbol{L}_{k},\boldsymbol{S}_{k},\boldsymbol{N}_{k},\boldsymbol{\tau},\boldsymbol{Y}_{k},\mu_{k}\right) \end{cases} \tag{17-8}$$

$$\boldsymbol{\tau}=\boldsymbol{\tau}+\Delta\boldsymbol{\tau}$$

拉格朗日乘子 $\boldsymbol{Y}$ 和标量 μ 的更新方式如下：

$$\begin{cases} \boldsymbol{Y}_{k+1}=\boldsymbol{Y}_{k}+\mu_{k}\left(\boldsymbol{D}\circ\boldsymbol{\tau}-\boldsymbol{L}_{k}-\boldsymbol{S}_{k}-\boldsymbol{N}_{k}\right) \\ \mu_{k+1}=\rho\mu_{k} \end{cases} \tag{17-9}$$

对于 $\boldsymbol{L}$ 的求解，在第 k 次迭代时，关于 $\boldsymbol{L}$ 的目标函数为

$$\arg\min_{\boldsymbol{L}}\left\|\boldsymbol{L}\right\|_{*}+\frac{\mu}{2}\left\|\left(\boldsymbol{D}\circ\boldsymbol{\tau}-\boldsymbol{S}_{k}-\boldsymbol{N}_{k}+\frac{1}{\mu}\boldsymbol{Y}\right)-\boldsymbol{L}\right\|_{F}^{2} \tag{17-10}$$

针对含核范数目标函数的优化，Cai 等（2010）介绍了一个引理，对于如下形式的优化问题有固定解：

$$\arg\min_{\boldsymbol{L}}\alpha\left\|\boldsymbol{X}\right\|_{*}+\frac{1}{2}\left\|\boldsymbol{Z}-\boldsymbol{X}\right\|_{F}^{2} \tag{17-11}$$

其固定解为

$$\boldsymbol{X}=\Theta_{\alpha}(\boldsymbol{Z}) \tag{17-12}$$

式中，$\Theta_{\alpha}(\cdot)$ 为对矩阵 $\boldsymbol{Z}$ 进行 SVD 分解，并对其对角矩阵元素（特征值）进行软收缩（soft shrinkage）运算。SVD 分解和软阈值运算的表达式如下：

$$\Theta_{\alpha}(\boldsymbol{Z})=\boldsymbol{U}\Sigma_{\alpha}(\boldsymbol{Z})\boldsymbol{V}^{\mathrm{T}} \tag{17-13}$$

$$\Sigma_{\alpha}(\boldsymbol{Z})=\mathrm{diag}[(d_{1}-\alpha)_{+},(d_{2}-\alpha)_{+},\cdots,(d_{r}-\alpha)_{+}] \tag{17-14}$$

式中，$\mathrm{diag}[\cdot]$ 为对角矩阵；d_{i} 为对角矩阵的对角线元素；$(\cdot)_{+}$ 为与零值比较并取较大值，是软阈值运算简化版。

因此，在第 k 次迭代时，利用引理式（17-11）求解关于 $\boldsymbol{L}$ 的目标函数式（17-10），可以得到 $\boldsymbol{L}$ 的值：

$$\boldsymbol{L}=\boldsymbol{U}\Sigma_{\frac{1}{\mu}}\left(\boldsymbol{D}\circ\boldsymbol{\tau}-\boldsymbol{S}_{k}-\boldsymbol{N}_{k}+\frac{1}{\mu}\boldsymbol{Y}\right)\boldsymbol{V}^{\mathrm{T}} \tag{17-15}$$

对于 $\boldsymbol{S}$ 的求解，在第 k 次迭代时，关于 $\boldsymbol{S}$ 的目标函数为

$$\arg\min_{s}\lambda\psi(\boldsymbol{S})+\frac{\mu}{2}\left\|\left(\boldsymbol{D}\circ\boldsymbol{\tau}-\boldsymbol{L}_{k}-\boldsymbol{N}_{k}+\frac{1}{\mu}\boldsymbol{Y}\right)-\boldsymbol{S}\right\|_{F}^{2} \tag{17-16}$$

由式（17-4）可知，$\boldsymbol{S}$ 中的元素以不重叠的超像素进行分组，且 $\left\|\cdot\right\|_{F}^{2}$ 等于矩阵中所有元素的平方和，也等于分组后所有组的 $\left\|\cdot\right\|_{F}^{2}$ 值的和。因此，结合（17-4）与式（17-16），可以将 $\boldsymbol{S}$ 的求解问题分解为每个超像素块单独求解。将 λw_{j}^{i} 表示为 w，$\boldsymbol{S}_{g_{j}}^{i}$ 表示为 S，$\left(\boldsymbol{D}\circ\boldsymbol{\tau}-\boldsymbol{L}_{k}-\boldsymbol{N}_{k}+\frac{1}{\mu}\boldsymbol{Y}\right)_{j}^{i}$ 表示为 h，则式（17-16）

的优化求解问题就转化为分别单独求解如下问题：

$$\arg\min_s \frac{\mu}{2}\|s-h\|_F^2 + \omega\|s\|_\infty \tag{17-17}$$

式（17-17）中，系数 ω 与 λ 和 w_j^i 有关，其中 λ 是一个全局平衡系数，w_j^i 为每个超像素相关的权重系数。此权重系数 w_j^i 对于结构化目标的检测非常关键，在云检测任务中尤为重要。

在详细介绍该参数的赋值之前，先直观对比云超像素与非云超像素的差异。选取序列影像中的某一张影像为例进行展示，每张影像都对应一张低秩矩阵恢复得到的背景图像和稀疏矩阵恢复得到的前景图像，如图 17-4（a）～（c）所示。因为 w_j^i 是关于结构化稀疏部分的权值，所以重点对比云超像素和非云超像素在稀疏矩阵得到的图像中的差异性。如图 17-4（d）所示，在前景图像中，云超像素和云阴影超像素的像素灰度值分布均显著偏离零值，且幅度相近；非云超像素的像素灰度值分布于零值附近。这能够说明两点问题：①原始图像非云区域像素值相比于低秩图像的值存在较小的波动，这些波动由地物变化造成；②地物变化引起的像素值波动往往比云造成的要小。回归到式（17-17），s 以 h 为上界，当系数 ω 固定时，若 h 越接近零向量，则 $\|s\|_\infty$ 越接近于零，s 越可能为零向量。也就是说，即使每个超像素的权值 ω 相同，非云超像素经式（17-17）求解后，其对应的前景矩阵的值更加趋于零，而云超像素对应的值趋于不为零，进而将云超像素和非云超像素区分开来。然而，对所有超像素设定一个全局权值，仍不足以将它们鲁棒区分，因为每张影像的光照辐射差异导致像素值值域存在差异，因此需要归一化。

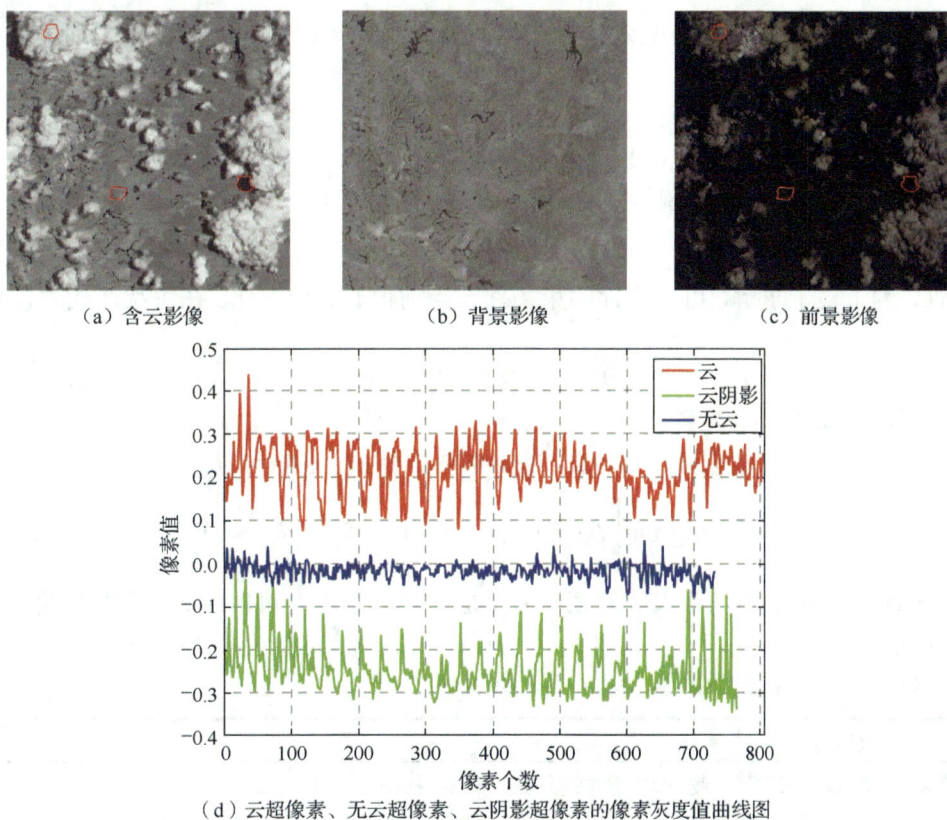

（a）含云影像　　　　　　　　（b）背景影像　　　　　　　　（c）前景影像

（d）云超像素、无云超像素、云阴影超像素的像素灰度值曲线图

图 17-4　含云遥感影像云与非云像素对比

分析式（17-17）可以看出，对于固定的 h，当系数 ω 值越大时，$\|s\|_\infty$ 越接近于零。因此，为无云超像素设定更大的 ω 值，保证它们对应的稀疏部分的值全部为零；为云超像素设定较小的 ω 值，保证它们

对应的稀疏部分的值非零。λ 是全局系数，保持不变，将 w_j^i 的表达式设计为 $1/\left\|S_{g_j^i}\right\|_{\tilde{\infty}} \cdot 1/\left\|S_j\right\|_{\infty}$。定义一个伪无穷范数 $\|\cdot\|_{\tilde{\infty}}$，表示一组数据去掉一定比例的较大值之后的最大值。一方面，云超像素的 $\left\|S_{g_j^i}\right\|_{\tilde{\infty}}$ 值较大，导致 w_j^i 较小；而非云超像素 $\left\|S_{g_j^i}\right\|_{\tilde{\infty}}$ 较小，导致 w_j^i 较大。另一方面，使用 $1/\left\|S_j\right\|_{\infty}$ 归一化每张影像中的所有超像素，一定程度上消除了影像之间的差异。此外，使用伪无穷范数可以在一定程度上消除噪声的影响，增强鲁棒性。最终，在解算式（17-17）时可使用 SPAMS 稀疏建模工具等方法进行求解。

对于 N 的求解，在第 k 次迭代时，关于 N 的目标函数为

$$\arg\min_{N} \gamma \|N\|_1 + \frac{\mu}{2}\left\|\left(D \circ \tau - L_k - S_k + \frac{1}{\mu}Y\right) - N\right\|_F^2 \tag{17-18}$$

式中，γ 为全局平衡系数。

式（17-18）涉及 $\|\cdot\|_1$ 范数的求解问题，根据（Lin et al., 2010）介绍的引理，对于形如下式的目标函数有固定解：

$$\arg\min_{L} \alpha \|X\|_1 + \frac{1}{2}\|Z - X\|_F^2 \tag{17-19}$$

其固定解为

$$X = S_\alpha(Z) \tag{17-20}$$

式中，S 为软阈值运算，在前文核范数求解时已经用到，因为特征值和阈值标量均为正值，所以前文仅用 $(\cdot)_+$ 简要表示。

软阈值运算的原始计算公式如下：

$$S_\omega(\chi) = \max(\chi - \omega, 0) + \min(\chi + \omega, 0) \tag{17-21}$$

由此可得，第 k 次迭代时，S 的解为 $S_{\frac{\gamma}{\mu}}\left(D \circ \tau - s_k - N_k + \frac{1}{\mu}Y\right)$。

对于 τ 的求解，由于考虑二维几何变换，采用 $D \circ \tau = L + S + N$ 作为矩阵分解的等式约束条件。该约束条件为非线性，为了易于求解，可以将此约束条件在当前值 $\hat{\tau}$ 处线性化。在每次迭代时，可以将 $D \circ \tau$ 线性化为

$$D \circ \tau = D \circ \hat{\tau} + J_{\hat{\tau}} + (\Delta\tau) \tag{17-22}$$

式中，，$J_{\hat{\tau}}$ 为雅克比（Jacobian）矩阵。

因此，在第 k 次迭代时，结合式（17-7），几何变换参数 τ 的更新可以表示为

$$\tau = \hat{\tau} + \arg\min_{\Delta\tau} \left\|D \circ \hat{\tau} + J_{\hat{\tau}}(\Delta\tau) - L_k - S_k - N_k + \frac{1}{\mu}Y\right\|_F^2 \tag{17-23}$$

解算 $\Delta\tau$ 的问题为加权最小二乘求解问题。为了加速收敛过程，可以对 τ 进行初始化，即采用快速粗配准初始化几何变换参数。

综上所述，G-RPCA 算法的流程如算法 17-1 所示。

算法 17-1　G-RPCA

输入：观测矩阵 $D \in R^{m \times n}$，超像素分割标签，平衡系数 λ、γ。

输出：低秩矩阵 L、稀疏矩阵 S 和 N、几何变换参数 τ。

初始化：$\tau = \tau_0$（粗配准），L、S、N 为零，$Y = Y / \max\left(\|D\|_2, \gamma^{-1}\|D\|_\infty\right)$，$\mu = 2/\|D\|_2$，$\rho = 1.5, k = 0$。

算法流程

未收敛时循环

求解：

① $L_{k+1} = \min_L f(L, S_k, N_k, \tau, Y_k, \mu_k)$

② $S_{k+1} = \min_L f(L_k, S, N_k, \tau, Y_k, \mu_k)$

③ $N_{k+1} = \min_L f(L_k, S_k, N_k, \tau, Y_k, \mu_k)$

④ $\tau = \hat{\tau} + \arg\min_{\Delta\tau} \left\| D \circ \hat{\tau} + J_{\hat{\tau}}(\Delta\tau) - L_k - S_k - N_k + \frac{1}{\mu}Y \right\|_F^2$

更新：

⑤ $Y_{k+1} = Y_k + \mu_k(D \circ \tau - L_k - S_k - N_k)$

⑥ $\mu_{k+1} = \rho\mu_k$

end while

17.6 实验与分析

17.6.1 实验数据与参数设置

本章实验由二维几何变换有效性实验和影像序列云检测实验构成，其中二维几何变换有效性实验旨在测试多时相云检测框架处理非配准影像的有效性，包含一组模拟实验和一组真实高分辨率影像实验。影像序列云检测实验旨在测试 G-RPCA 方法的实际云检测效果。由于免费开源的中低分辨率多时相遥感影像产品已进行过高精度配准，因此模拟实验中非配准影像采用原始配准影像产品进行模拟：为每张影像随机生成符合一定误差的仿射变换参数，并将影像重采样成非配准影像。实验数据包含 Landsat 8 OLI 卫星影像（下文简称 Landsat 8 卫星影像）、Sentinel-2 卫星影像和高分二号卫星（GF2）影像，其中模拟实验仅采用一组 Landsat 8 卫星影像。为了实验简便性，Landsat 8 卫星影像使用波段 4、5、6 合成的假彩色八位图像（USGS 产品之一），Sentinel-2 卫星影像使用波段 3、4、8 合成的假彩色八位影像，GF2 影像使用波段 2、3、4 合成的假彩色八位影像。实验中构成影像序列的影像都是从原始影像中裁切的影像块，其中 GF2 影像大小为 1000 像素×1000 像素，Landsat 8 和 Sentinel-2 卫星影像大小为 518 像素×518 像素。其中，用于模拟实验的影像序列由 28 张影像构成；用于真实实验的影像序列有六组，三组分别由 30、32 和 28 张 Landsat 8 卫星影像构成，两组分别由 32 和 17 张 Sentinel-2 卫星影像构成，一组由 6 张 GF2 影像构成。每个影像序列中，所有影像都一定程度被云遮挡，含云量占比为 1%~50%。影像之间的时间间隔为一个或多个遥感影像重访周期，如 Landsat 8 卫星的重访周期为 16 天，Sentinel-2 卫星的重访周期为 5 天。

在算法参数设定方面，对于每张影像，设定超像素分割 SLIC 算法中预期的超像素个数为影像行列值的较小值。之所以称之为"预期"，是因为 SLIC 超像素分割最终实际分割的超像素只能接近该设定的参数，不能保证与之相等。超像素的紧密度因子设定为 30。在矩阵分解目标函数中，λ 和 γ 分别设定为 30 和 $1/\sqrt{\max(m,n)}$，其中 m、n 为输入矩阵 D 的行列数。G-RPCA 算法的迭代终止条件为 $\|D \circ \tau - L - S - N\|_F / \|D\|_F < 10^{-5}$。在结构化稀疏算子中，设定伪无穷范数的截断比例为 0.1。

17.6.2 二维几何变换有效性

模拟实验的目的是定量测试本章提出的二维几何变换方法在处理非配准影像序列时的有效性。影像序列由 28 张影像构成。如图 17-5 所示，第一列为原始配准的影像序列中的影像经随机生成且符合一定误差范围的仿射变换参数变换并重采样后得到的非配准影像序列（为了方便直观对比，对其中一张影像不作几何变换模拟）。从图中可以看出，非配准影像之间的几何错位明显，传统的多时相处理方法根本无法处理。图中的第二列和第三列为对应的几何纠正影像及云检测结果，可以看出云检测效果较好。

为了定量评价 G-RPCA 求解的几何变换参数的准确性，将求解的 $\hat{\tau}$ 与真实的 τ 进行定量对比，通过计算影像像素的仿射变换 RMSE 进行评价。假设用表达式 $(x', y') = f(x, y)$ 表示二维仿射变换，则仿射变换误差定义为 $dS = \sqrt{(x'-x)^2 + (y'-y)^2}$。如图 17-6（a）所示，模拟影像序列的仿射变换误差 RMSE 在 10～23 像素，且二维仿射变换估计的变换误差与真值非常一致。图 17-6（b）展示了仿射变换参数估计值与真值的相对变换误差，两组仿射变换参数计算的仿射误差在 0.1 像素以内，验证了变换参数求解方法在利用非配准的多时相遥感影像进行云检测时的有效性。

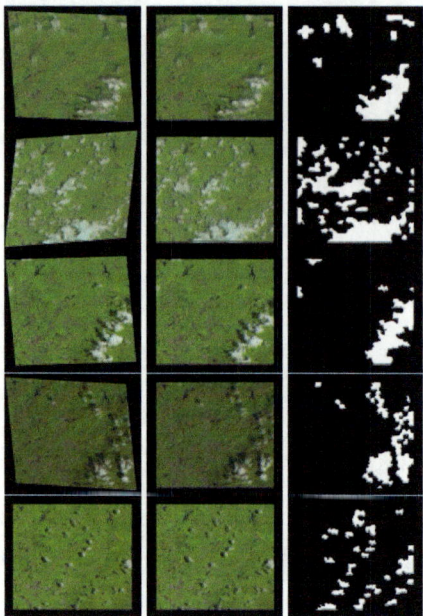

图 17-5　非配准序列模拟实验

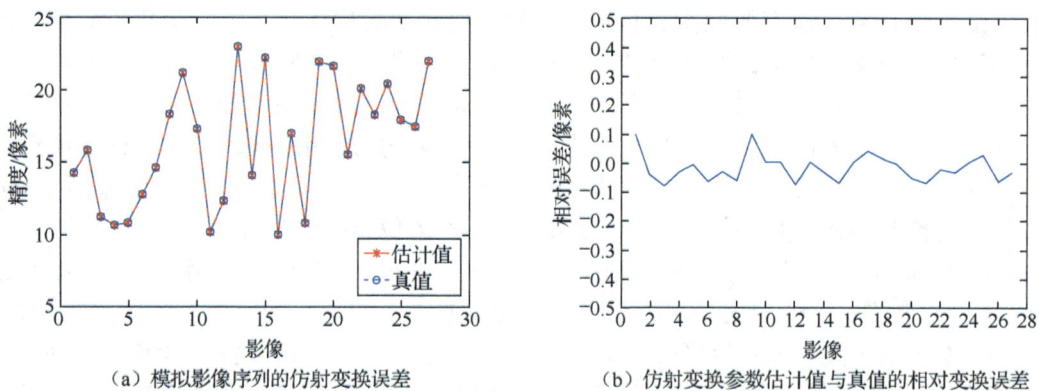

（a）模拟影像序列的仿射变换误差 　　　（b）仿射变换参数估计值与真值的相对变换误差

图 17-6　仿射变换参数精度对比

在模拟实验中，模拟影像数据由已高精度配准的 Landsat-8 卫星影像通过仿射变换公式生成，在对所有影像进行粗配准获取 G-RPCA 算法中仿射变换参数 τ 的初值时已能取得较好配准精度，其原因可能在于 Landsat-8 卫星影像分辨率偏低，比较容易配准到像素级精度。因此，本次真实实验采取一组高分辨率 GF2 影像对 G-RPCA 方法处理非像素级配准多时相影像的有效性进行进一步测试。RPCA 与 G-RPCA 云检测结果对比如图 17-7 所示。

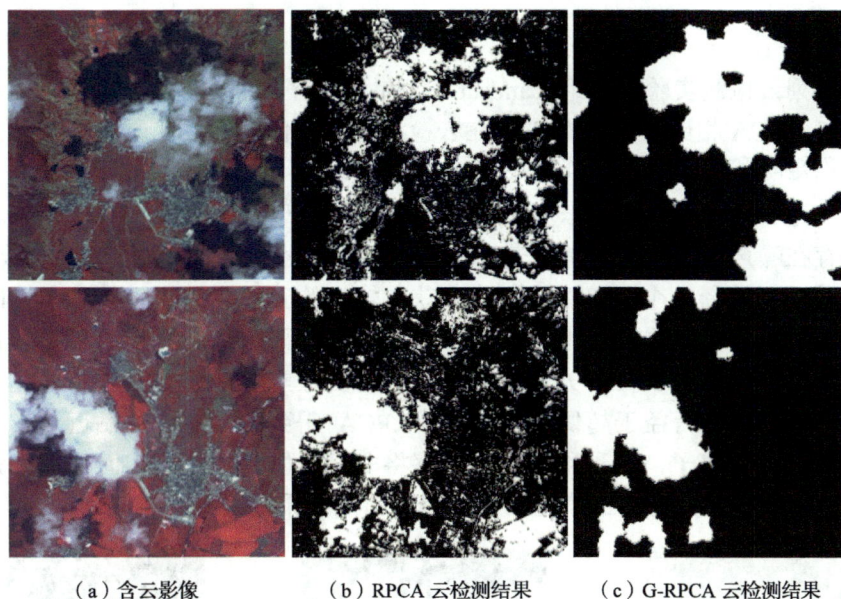

（a）含云影像　　　　（b）RPCA 云检测结果　　　　（c）G-RPCA 云检测结果

图 17-7　RPCA 与 G-RPCA 云检测结果对比

　　实验中，GF2 影像之间的粗配准通过常规的正射遥感影像产品生产流程完成，利用苏州中科天启遥感科技有限公司的 IPM 软件对 GF2 多光谱影像进行无控相对几何校正，可作为本组实验影像粗配准结果。受云及云阴影影响，影像之间匹配点精度和分布往往较差，导致高分辨含云影像通过 IPM 软件仍可能存在若干像素的配准误差。通过矩阵低秩分解框架，可同步实现多时相含云影像的配准与云检测。如图 17-7 所示，基于低秩理论的 RPCA 和 G-RPCA 方法均可较好地检测出非配准影像序列中每张影像中的云及云阴影。为了定量评估本章方法对多时相影像几何配准精度的改善程度，本组实验中人工选取 10 处显著地物点对比云检测前后多时相影像之间的几何配准精度，如图 17-8 所示。由图可以看出，在 IPM 软件粗配准基础上，G-RPCA 方法一定程度上提高了多时相影像之间的几何配准精度。相比于中低分辨率影像模拟实验中取得的像素级配准而言，高分辨率影像内部几何形变更复杂，实现像素级配准一直是高分辨率影像几何配准面临的难点之一。此外，本组实验采用的 GF2 影像数量少，成像时间跨度极大，影响了低秩矩阵分解方法的表现。

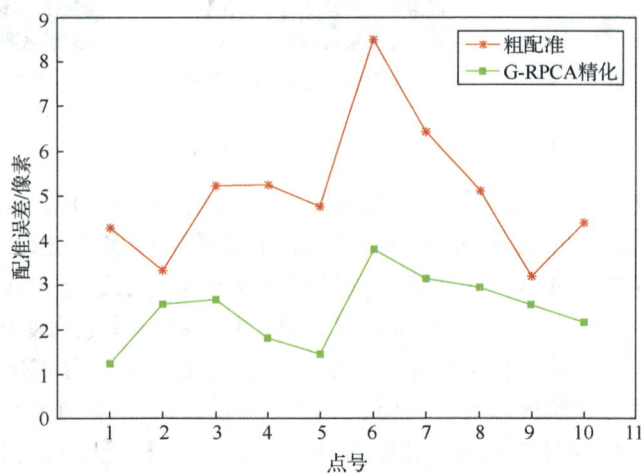

图 17-8　G-RPCA 几何配准精度与 IPM 粗配准精度对比图

17.6.3 影像序列云检测实验

本次真实影像序列云检测实验由三组 Landsat-8 卫星影像序列和两组 Sentinel-2 卫星影像序列构成，本次实验主要对比 G-RPCA 相比于原始 RPCA 在云检测方面的优越性。在原始 RPCA 方法中，目标矩阵仅被分解成一个低秩矩阵和一个稀疏矩阵，其中稀疏矩阵由 l_0 或 l_1 范数约束。在完成矩阵分解后，还需要设定阈值对稀疏矩阵进行分割才能得到云检测结果；另外，由于采用的稀疏算子未考虑空间结构信息，使得阈值分割结果存在噪声，往往需要辅以若干次形态学滤波才能得到最终云检测结果。原始 RPCA 方法存在两个缺点：①需要选择一个经验性的阈值来获取较好的云检测结果；②若干次的形态学滤波虽然可以消除噪声，但同时也会纳入更多的非云像素，导致过检测现象。如图 17-9 所示，RPCA 加形态学滤波组合得到的云检测结果相比 G-RPCA 方法覆盖更多的非云像素。本章提出的 G-RPCA 方法之所以能够获取更加精确的云检测结果，得益于超像素分割，G-RPCA 得到的云掩膜更贴近真实云边界。此外，由于采用非重叠的结构化稀疏算子，这种稀疏策略能够将非云超像素收缩至零而云超像素为非零，因此对 G-RPCA 分解的结构化稀疏部分直接二值化即可获得云检测结果。

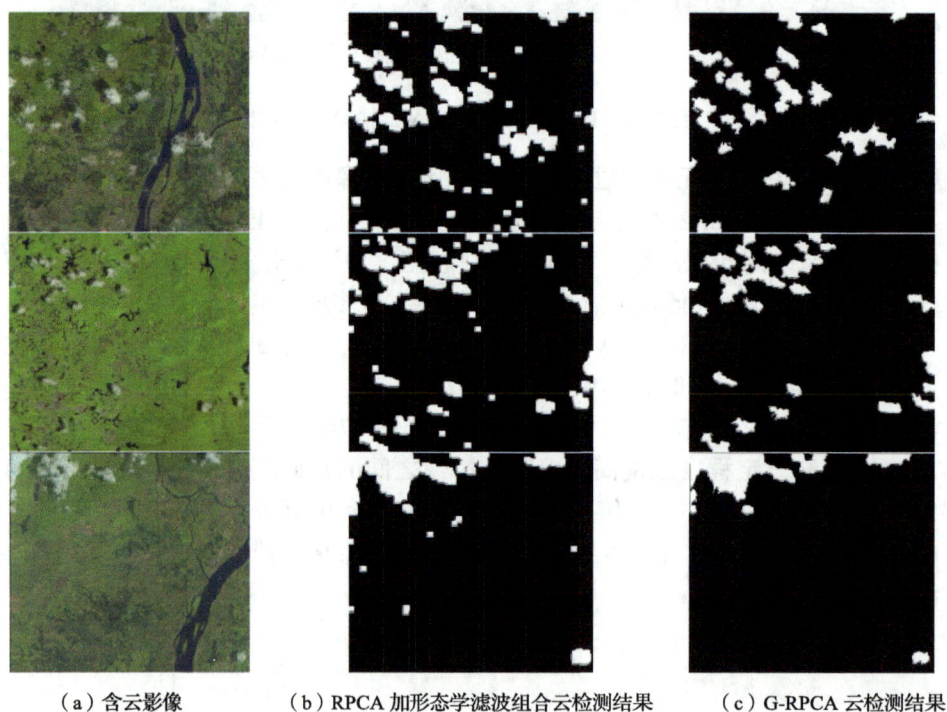

（a）含云影像　　　（b）RPCA 加形态学滤波组合云检测结果　　　（c）G-RPCA 云检测结果

图 17-9　RPCA 与 G-RPCA 云检测结果对比

为了进一步验证 G-RPCA 方法的鲁棒性，本实验将展示三组 Landsat-8 卫星影像序列和两组 Sentinel-2 卫星影像序列的云检测结果。每组 Landsat-8 影像序列随机选择两张影像进行展示，每组 Sentinel-2 卫星影像序列随机选择一张影像进行展示，每组实验结果均与 RPCA 方法进行云检测效果目视对比。

第一组 Landsat-8 卫星影像包含水体和少量人工地物，且存在一些地物变化，如水平面季节变化和建筑物新建等，如图 17-10 所示。从云检测结果可以看出，G-RPCA 方法显著优于 RPCA 方法，不过除云及其阴影外，还有两处新建的建筑区域被误检测，如图 17-10（c）下方红框所示。误检测的原因是此类地物变化不属于低秩背景，但同时它们的变化幅度和范围较大，导致无法通过伪无穷范数将其区分开。也就是说，G-RPCA 方法在进行多时相云检测时，容易将变化幅度和范围均较大的地物变化误检测为云。

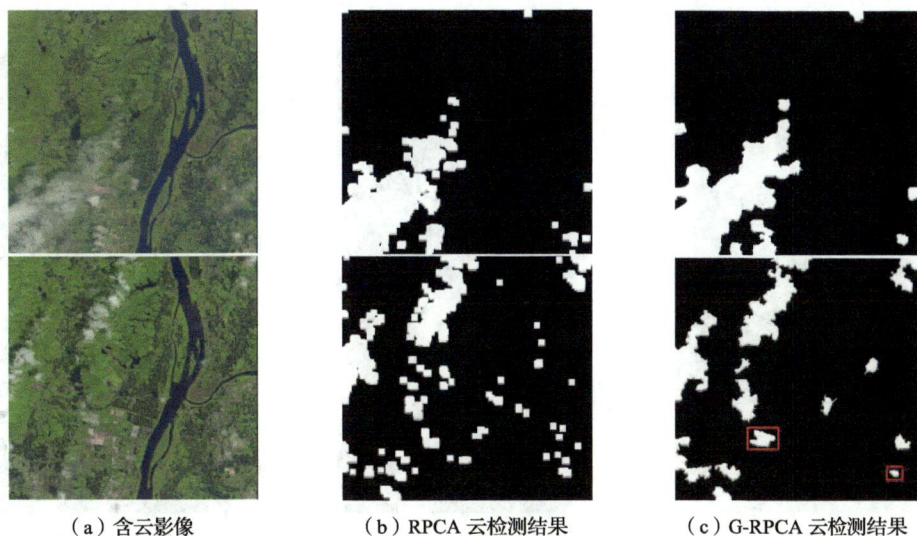

（a）含云影像　　　　（b）RPCA 云检测结果　　　　（c）G-RPCA 云检测结果

图 17-10　第一组 Landsat-8 卫星影像云检测结果示意图

第二组 Landsat-8 卫星影像是山地区域，该场景中地物覆盖相对比较一致，而且存在较少的显著性地物变化。尽管存在季节性变化，导致整体的植被颜色变化或者整片草地变为荒地，但是此类变化相比云在影像之间的变化更加平滑。不像建筑物变化在量级上容易与云混淆，山区的地物变化对应于稀疏部分的值幅度较小，较易将其与云区分开。如图 17-11 所示，G-RPCA 方法显著优于 RPCA 方法，所有的云及其阴影全部被准确地检测出来，并且无显著的误检测。

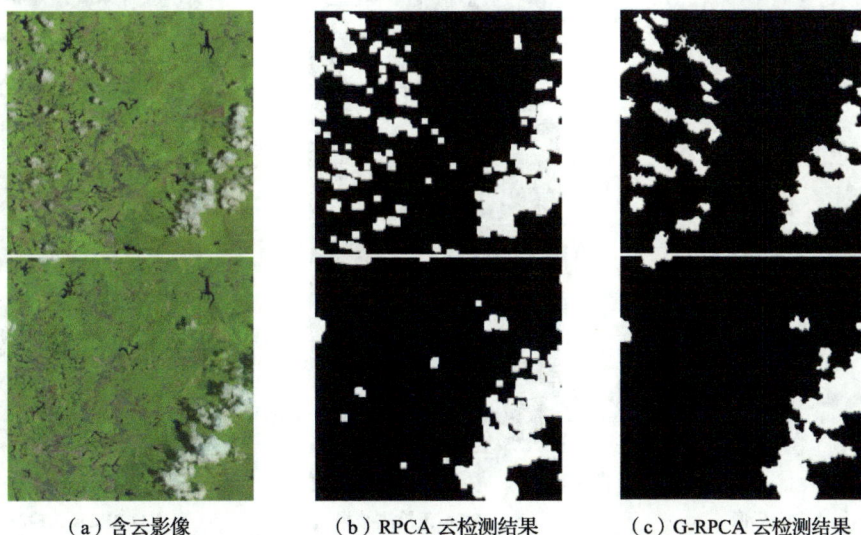

（a）含云影像　　　　（b）RPCA 云检测结果　　　　（c）G-RPCA 云检测结果

图 17-11　第二组 Landsat-8 卫星影像云检测结果示意图

第三组 Landsat-8 卫星影像为城市郊区，该区域主要包含农田和山地。由于农耕活动，该场景中存在大区域的季节性变化。除不常见的大面积水域增长外，该区域的地物变化同第二组影像的山地区域一致，较容易与云区分开。然而，在水体区域，当水面存在天空中的厚云倒影时，此类水体会被误检测为云。如图 17-12 所示，G-RPCA 方法也显著优于 RPCA 方法，但是除云及其阴影区域被成功准确检测外，仍有两处水体区域被误检测为云，如图 17-12（c）右下角红框所示。由于厚云反射，因此水体像素与常规的水体相差较大，造成其对应于稀疏部分的值幅度较大，易与云混淆。

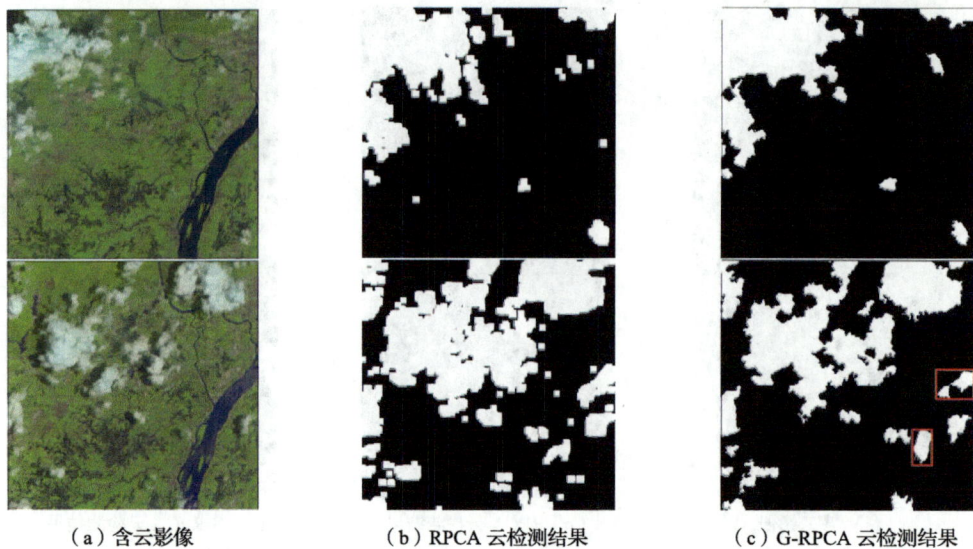

（a）含云影像　　　　　（b）RPCA 云检测结果　　　　　（c）G-RPCA 云检测结果

图 17-12　第三组 Landsat-8 卫星影像云检测结果示意图

对于两组 Sentinel-2 卫星影像，其实验结果与 Landsat-8 卫星影像的结果基本一致，如图 17-13 所示，总体上 G-RPCA 方法显著优于 RPCA 方法。G-RPCA 方法在山地区域的云检测效果较好，未出现误检测现象，但是在城市地区再次将少量显著建筑物变化误检测为云，如图 17-13（c）中部红框所示。其原因与第一组场景中的误检测类似，进一步说明 G-RPCA 方法在处理较大地物变化情形时容易出现误检测。

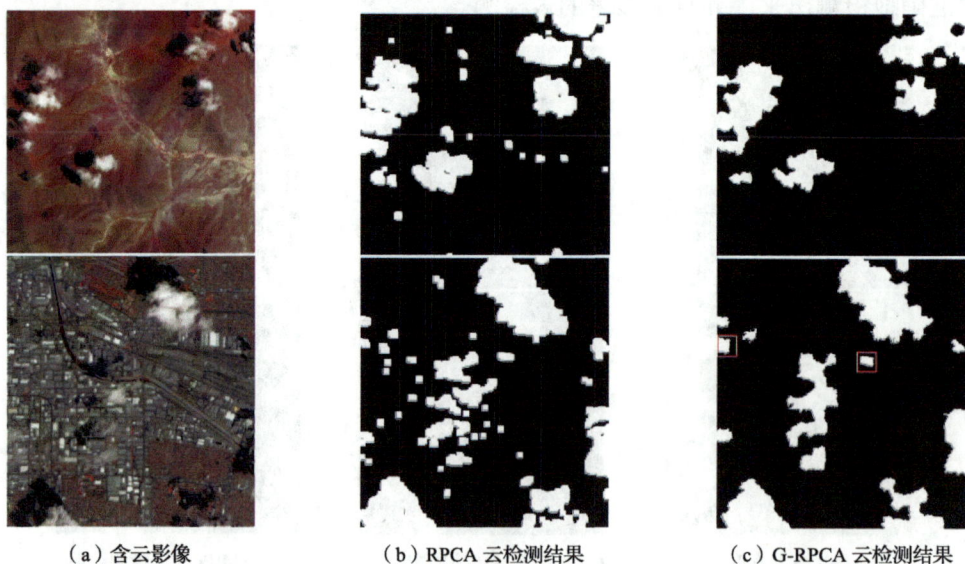

（a）含云影像　　　　　（b）RPCA 云检测结果　　　　　（c）G-RPCA 云检测结果

图 17-13　两组 Sentinel-2 卫星影像云检测结果示意图

所有真实实验结果均以目视对比的方式比较了 G-RPCA 方法获取的云检测结果相对于 RPCA 的优越性，实验结果表明，本章方法克服了 RPCA 方法阈值分割造成的噪声问题，且云检测结果空间分布更加完整，更有利于后续含云影像修复处理。为了定量评价二者云检测结果，本章将 RPCA 和 G-RPCA 结果与人工标注的云掩膜真值进行对比，结果如表 17-1 所示。定量评价使用到的评价指标为准确率、精确率、召回率和 F_1 值。

表 17-1　G-RPCA 与 RPCA 云检测结果定量对比

数据	方法	准确率	精确率	召回率	F_1 值
LC08-1 （32 张）	RPCA	0.8684	0.9215	0.7176	0.8069
	G-RPCA	0.8732	0.8081	0.8773	0.8413
LC08-2 （30 张）	RPCA	0.8438	0.9000	0.6359	0.7452
	G-RPCA	0.8338	0.8023	0.7132	0.7551
LC08-3 （28 张）	RPCA	0.8531	0.8628	0.6818	0.7617
	G-RPCA	0.8612	0.8277	0.7538	0.7890
S2-1 （32 张）	RPCA	0.8653	0.9936	0.6591	0.7925
	G-RPCA	0.8928	0.8216	0.9268	0.8710
S2-2 （17 张）	RPCA	0.7881	0.9307	0.6283	0.7501
	G-RPCA	0.8165	0.7566	0.9400	0.8384

　　在制作本章实验数据云掩膜真值时，鉴于本章研究的多时相含云遥感影像云检测将服务于后续含云影像修复，因此标注时偏重于将云缝隙及云洞区域与云区域标注为整体，这与稀疏约束的目的一致，因此 G-RPCA 召回率较高。但是由于使用超像素对象进行稀疏分割，容易在云边缘和小块云对应的超像素中包含较多的无云像元，因此 G-RPCA 取得了较低的正确率；RPCA 阈值分割结果能检测显著的云及云阴影，能获得较高正确率，然而往往存在漏检测，尤其会漏检云缝隙、云洞、云区阴影区域，导致 RPCA 召回率较低。从表 17-1 中整体准确率和兼顾准确率与召回率的 F_1 值的比较可以看出，G-RPCA 方法云检测结果更符合本章预期，为后续含云影像修复打下了基础。

本 章 小 结

　　对于同一地理空间范围内不同时间成像的卫星遥感影像，地物变化相对缓慢平滑，而云则随时间不同随机成片分布。利用云和地物像元在影像中显著不同的变化特点，可以将云从多时相遥感影像中快速有效地区分出来。绝大部分情况下，云在遥感影像中表现为成片连续分布，云像元之间存在一定的空间相关性，基于空间相关性先验知识的超像素等对象级方法可以改善像素级处理技术存在的噪声问题。

　　本章提出了 G-RPCA 方法，在进行超像素分割后，将多时相遥感影像转换为矩阵形式，利用前景与背景分离的策略将矩阵分解为低秩矩阵、结构化稀疏矩阵和像素级稀疏矩阵，分别对应遥感影像序列中的地物背景、云及其阴影、离散的地物变化及噪声。通过对前景目标进行结构化稀疏建模，考虑前景目标像素的空间邻接性，能得到对象级的云检测结果，有效解决传统像素级检测存在的漏检和噪声问题。此外，在矩阵分解框架中加入二维几何变换模型，应对不同时期遥感影像之间存在的几何变形。

　　多组实验结果显示，二维仿射变换可以有效解决多时相影像之间存在的几何错位问题，G-RPCA 方法对于多时相遥感影像的云检测效果显著优于 RPCA 方法。但是，对于地物变化幅度和范围均较大的区域，与低秩背景矩阵存在显著区别，且变化范围广，其超像素伪最大值范数仍然较大，导致难以与云超像素区分开来，G-RPCA 方法易将此类区域误检测为云区。

参 考 文 献

ACHANTA R, SHAJI A, SMITHK K, et al., 2012. SLIC superpixels compared to state of the art superpixel methods[J]. IEEE Transactions Pattern Analysis and Machine Intelligence, 34(11): 2274-2282.

BITAR A W, CHEONG L F, OVARLEZ J P, 2019. Sparse and low-rank matrix decomposition for automatic target detection in hyperspectral imagery[J]. IEEE Transactions on Geoscience and Remote Sensing, 57(8): 5239-5251.

BOUWMANS T, SOBRAL A, JAVED S, et al., 2017. Decomposition into low-rank plus additive matrices for background/foreground separation: a review for a comparative evaluation with a large-scale dataset[J]. Computer Science Review, 23: 1-71.

CAI J F, CANDES E J, SHEN Z, 2010. A singular value thresholding algorithm for matrix completion[J]. SIAM Journal on Optimization, 20(4): 1956-1982.

CANDÈS E J, LI X D, MA Y, et al., 2011. Robust principal component analysis?[J]. Journal of the ACM (JACM), 58(3): 1-37.

DONOHO D L, 2006. Compressed sensing[J]. IEEE Transactions on Information Theory, 52 (4): 1289-1306.

ELAD M, 2010. Sparse and redundant representations: from theory to applications in signal and image processing[M]. Berlin: Springer Science & Business Media .

LI Z W, SHEN H F, LI H F, et al., 2017. Multi-feature combined cloud and cloud shadow detection in GaoFen-1 wide field of view imagery[J]. Remote sensing of environment, 191: 342-358.

LI Z, SHEN H, CHENG Q, et al., 2019. Deep learning based cloud detection for medium and high resolu-tion remote sensing images of different sensors[J]. ISPRS Journal of Photogrammetry and Re-mote Sensing, 150: 197-212.

LIN Z, ZHANG H, 2017. Low-rank models in visual analysis: theories, algorithms, and applications[M]. NewYork: Academic Press.

PENG Y, GANESH A, WRIGHT J, et al., 2012. RASL: robust alignment by sparse and low-rank decomposition for linearly correlated images[J]. IEEE Transactions on Pattern Analysis and Machine Intelligence, 34(11): 2233-2246.

WRIGHT J, YANG A Y, GANESH A, et al., 2008. Robust face recognition via sparse representation[J]. IEEE Transactions on Pattern Analysis and Machine Intelligence, 31(2): 210-227.

XU Y, WU Z, CHANUSSOT J, et al., 2019. Nonlocal patch tensor sparse representation for hyperspectral image super-resolution[J]. IEEE Transactions on Image Processing, 28(6): 3034-3047.

YANG J, WRIGHT J, HUANG T S, et al., 2010. Image super-resolution via sparse representation[J]. IEEE Transactions on Image Processing, 19(11): 2861-2873.

ZHANG Y, WEN F, GAO Z, et al., 2019. A coarse-to-fine framework for cloud removal in remote sensing image sequence[J]. IEEE Transactions on Geoscience and Remote Sensing, 57(8): 5963-5974.

ZHENG C Y, LI H, 2013. Small infrared target detection based on harmonic and sparse matrix decomposition[J]. Optical Engineering, 52(6): 066401.

ZHU X, HELMER E H, 2018. An automatic method for screening clouds and cloud shadows in optical satellite image time series in cloudy regions[J]. Remote Sensing of Environment, 214: 135-153.

第18章

大倾角成像模式定位补偿几何纠正

18.1　引言

具备敏捷机动能力的高分辨率光学卫星能够在短时间内实现整星调整俯仰和滚动角度，从而具备多种对地成像模式，如单轨道大范围多目标成像、连续推扫成像、双线阵和三线阵立体成像、对地凝视成像和指定区域同轨多条带拼接成像等模式。但是，高分辨率光学卫星在多成像模式下，星体相对于地面具有多种方式的运动，如卫星自身轨道运动、姿态机动、平台颤振等（李永昌 等，2016；朱映 等，2015；霍红庆 等，2011；Tong et al.，2015）。由于受到传感器安装、复杂空间环境和机动侧摆等因素的影响，其运行速度、位置和姿态均存在快速且复杂的变化关系。因此，无地面控制点定位精度会随着卫星侧摆角或俯仰角的增加而降低，地面点距离星下点的位置越远，则相同姿态误差导致的位置描述精度越差（胡堃，2016）。

针对具备敏捷机动能力的高分辨率卫星在大倾角成像模式下几何纠正精度显著下降的问题，本章在高精度几何检校和姿态数据优化的基础上，系统分析大倾角成像模式下的机动成像的几何特点，研究姿态误差对定位精度的影响规律及影像地面分辨率和高程投影差的变形规律，提出大倾角成像模式下像点误差补偿和分辨率归一化的高精度严密几何纠正方法，对严密成像几何模型进行顾及姿态误差、地形起伏和分辨率变化的精化处理，实现在多成像模式下的高精度影像直接定位和几何纠正。

18.2　高分辨率卫星敏捷成像模式

与传统的对地观测卫星相比，高分辨率敏捷卫星具有更高的自由度，具备较强的滚动、俯仰、偏航等姿态调整能力，因此理论上具有更强的对地观测成像能力，在目标监测、快速反应及突发灾害应急响应等领域具有广泛的应用前景。敏捷卫星的常见成像模式包括连续推扫成像模式、线阵立体成像模式、多目标成像模式、对地凝视成像模式及同轨多条带拼接成像模式等（李伟雄，2012；韩杏子 等，2014），如图18-1所示。

1）连续推扫成像模式。该模式与对地观测卫星的常规星下点成像模式类似，为连续长条带推扫成像，可一次过境获取覆盖工作区的全部条带，如沿海岸带、边境线等；也可跟踪移动目标，如跟踪小型车辆并测量轨道、速度和走向。该模式下由于辐射和亮度特性具有一致性，因此自动镶嵌更加容易。

2）线阵立体成像模式。双线阵和三线阵立体成像模式是卫星根据成像指令，对可成像范围内指定长度的区域，利用俯仰和滚动方向的姿态机动从不同角度进行两次或三次重复地面轨迹成像，形成立体像对，目的是满足立体成像和测绘制图用户需求。

（a）连续推扫成像模式　　　（b）线阵立体成像模式　　　（c）多目标成像模式

（d）对地凝视成像模式　　　（e）同轨多条带拼接成像模式

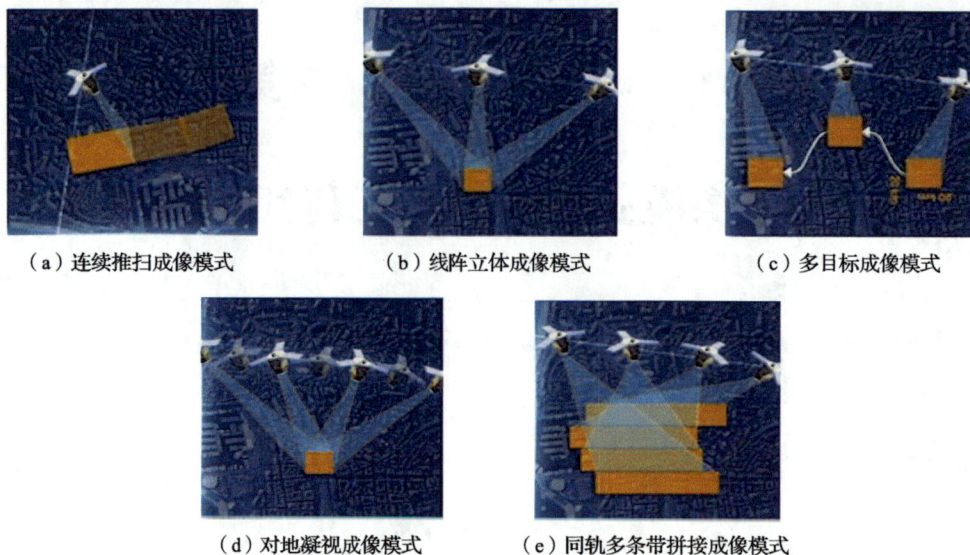

图 18-1　高分辨率敏捷卫星的常见成像模式示意图

3）多目标成像模式。单轨道大范围多目标成像模式是在卫星过轨时，按照成像指令要求，在卫星姿态机动可覆盖范围内对所需要的目标进行机动成像，成像条带长度可根据需要进行设置。该模式能够提高卫星快速响应能力，实现对分散目标的快速成像，以便应对各种突发事件和紧急任务需求；同时也可为小区块成像用户提供精准服务。该模式的特点是快速性好，有效性高。

4）对地凝视成像模式。该模式也称为同一目标多角度成像模式，是卫星根据成像指令实现单台相机的快速姿态机动，对可成像范围内指定长度的区域，利用俯仰和滚动方向的姿态机动从不同角度进行一段时间内多次重复地面轨迹成像。该模式可满足短时间动态监视用户需求，大幅提高图像多层次覆盖能力。

5）同轨多条带拼接成像模式。卫星根据成像指令，对可成像范围内指定长度的区域，利用俯仰和滚动方向的姿态机动进行若干次准平行且图像之间有一定搭接的扫描成像。该模式可在短时间内获取大范围的连续地物影像，满足对于覆盖宽度有要求的用户。该模式的拼接条带数与平台姿态机动性能密切相关，考虑姿态控制执行机构的响应能力，目前最多可拼接条带数一般不超过四条。

18.3　大倾角成像直接对地定位

18.3.1　大倾角成像模式几何特点

敏捷卫星成像过程中采用大角度姿态机动模式，目标点与星下点偏移量较大，导致轨道高度与光轴长度存在一定偏差，且不同姿态角组合导致的像移方向在焦面上不同，因此需要根据不同成像条件研究产生的像移分布情况。

多样化的观测任务均要求高分辨率光学成像卫星具备大倾角成像能力，即通常能够沿滚动轴和俯仰轴两个方向在±45°范围内机动成像，因此对多成像模式几何关系的研究可从大倾角成像入手。高分辨率光学敏捷卫星大倾角成像模式示意图如图 18-2 所示。

为便于分析，将 pitch 和 roll 统称为大倾角 φ，即传感器光轴指向（SA 或 SB）与卫星和星下点的连线 SS' 所成的夹角。随着 φ 的不同，卫星可以在同一轨道内对多个分散目标进行观测。

由于高分辨光学卫星轨道高且视场角窄，其成像过程中的各种系统误差之间互相耦合，存在高度相关性。大倾角成像模式下，外方位元素特别是姿态角系统误差对影像几何定位的影响进一步加剧。影像的地面分辨率会随着倾角不同而发生改变，与星下点成像存在很大差异；地形起伏引起的定位误差也在大倾角成像状态下放大，造成影像高精度对地物目标定位和几何纠正精度非线性下降。因此，本节主要定量研究大倾角成像下姿态控制精度、地形起伏及地面分辨率变化与影像直接定位精度和几何形变的规律。

18.3.2　姿态误差对定位精度的影响

高分辨率光学卫星在大倾角成像状态时，将卫星的成像几何关系分解为垂直于轨道方向的截面和透视两个方向。假设地球为半径为 R 的球体，大倾角成像模式的几何截面关系示意图如图 18-3 所示。

图中，O 为地球中心；S 为卫星的位置；N 为星下点；P 为影像点在地面的位置；N' 表示 P 点到卫星位置与地球中心连线 SO 的垂足；ψ 为 CCD 朝向角；NP 方向与垂直于轨道方向同向；ψ 包含姿态中的滚动角、相机主光轴与本体坐标系 Z 轴的夹角和相机侧视角等的影响。

根据正弦定理，可建立如下关系：

$$\begin{cases} \dfrac{OS}{\sin(\angle OPS)} = \dfrac{OP}{\sin(\angle OSP)} \Leftrightarrow \dfrac{R+H}{\sin(\pi - (\psi - \varphi))} = \dfrac{R}{\sin(\psi)} \\ \Leftrightarrow \varphi = \arcsin\left(\left(1 + \dfrac{H}{R}\right)\sin(\psi)\right) - \psi \end{cases} \tag{18-1}$$

弧 $\widehat{NP}$ 的弧长为

$$\widehat{NP} = R\varphi = R\left(\arcsin\left(\left(1 + \dfrac{H}{R}\right)\sin(\psi)\right) - \psi\right) \tag{18-2}$$

对式（18-2）中 CCD 的朝向角 ψ 求偏导，并假设 roll 或 pitch 误差为 $\Delta\alpha$，可以得到如下 pitch 误差对影像直接定位精度的影响关系：

$$\varepsilon_\perp = \left(\frac{\left(1 + \dfrac{H}{R}\right)\cos\psi}{\sqrt{1 - \left(1 + \dfrac{H}{R}\right)^2 \sin^2\psi}} - 1\right) R(\Delta\alpha) \tag{18-3}$$

由式（18-3）可知，高分辨率光学卫星在大倾角成像模式下的无控定位精度会随着侧摆角或俯仰角的增加而降低；地面点距离星下点的位置越远，则相同姿态误差导致的位置描述精度越差。

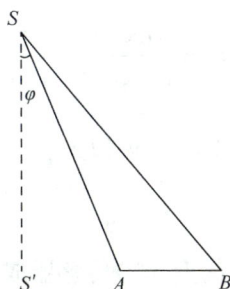

图 18-2　高分辨率光学敏捷卫星大倾角成像模式示意图

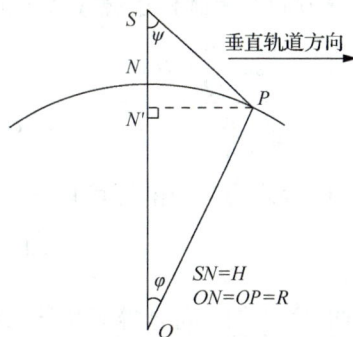

图 18-3　大倾角成像模式的几何截面关系示意图

18.3.3　大倾角成像地面分辨率变形

对于线阵推扫式高分辨率光学卫星，线阵 CCD 沿飞行方向为随时间变化分时成像，而沿扫描方向在每一成像时刻均满足中心投影关系。本节对两个方向上的大倾角成像角度与地面分辨率的变形规律分别进行研究。

1. 沿飞行方向地面分辨率变形规律

当卫星在大倾角成像状态时，光学相机成像焦平面上任一 CCD 探测器沿飞行方向的地面分辨率相比于垂直成像时的变化示意图如图 18-4 所示。

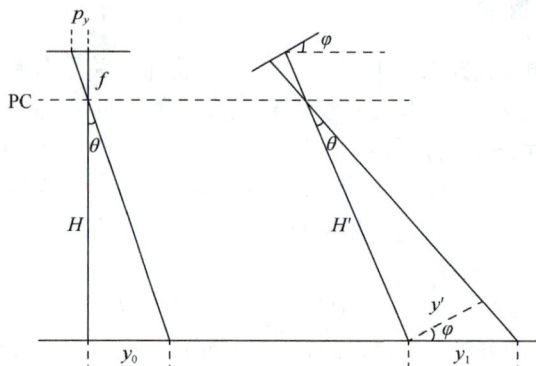

图 18-4　大倾角成像模式飞行方向地面分辨率变化示意图

图中，y_0 和 y_1 分别为卫星沿飞行方向在垂直成像和大倾角成像状态下的地面分辨率；p_y 为探测器在飞行方向的尺寸；θ 为该 CCD 探测器对应的视场角；φ 为传感器的倾角；f 为传感器的等效主距；H 为卫星的飞行高度；H' 表示传感器倾角为 φ 时卫星的等效飞行高度；y' 表示传感器倾角为 φ 时卫星的等效地面分辨率。

由图可知，卫星沿飞行方向在垂直成像模式下的地面分辨率 y_0 为

$$y_0 = \frac{H}{f} p_y \tag{18-4}$$

卫星沿飞行方向在大倾角成像模式下有如下几何关系成立：

$$\begin{cases} y' = \dfrac{H'}{f} p_y \\ H' = \dfrac{H}{\cos(\varphi)} \end{cases} \tag{18-5}$$

则卫星沿飞行方向在大倾角成像模式下的地面分辨率 y_1 为

$$y_1 = \frac{\sin\left(\dfrac{\pi}{2} + \theta\right)}{\sin\left(\dfrac{\pi}{2} - \varphi - \theta\right)} y' = \frac{\cos(\theta)}{\cos(\varphi + \theta)} \frac{H'}{f} p_y = \frac{\cos(\theta)}{\cos(\varphi + \theta)} \frac{1}{\cos(\varphi)} \frac{H}{f} p_y = \frac{\cos(\theta)}{\cos(\varphi + \theta)} \frac{1}{\cos(\varphi)} y_0 \tag{18-6}$$

由于 CCD 探测器对应的视场角 θ 远小于传感器倾角 φ，因此式（18-6）近似为

$$\frac{y_1}{y_0} = \frac{\cos(\theta)}{\cos(\varphi + \theta)} \frac{1}{\cos(\varphi)} \approx \frac{1}{\cos^2(\varphi)} \tag{18-7}$$

由式（18-7）可知，高分辨率光学卫星影像沿飞行方向地面分辨率的变化与传感器成像倾角余弦的平方成反比，其对应关系示意图如图 18-5 所示。

由图可知，当卫星沿飞行方向的成像倾角较小时，影像地面分辨率的变化相对缓慢；而随着成像倾角增大至 15° 以上，影像地面分辨率的变化速率迅速增加，导致影像的内部和外部几何质量出现非线性快速下降。

由于线阵推扫式高分辨率光学卫星在飞行方向上为单线阵瞬时成像，因此在卫星的成像倾角固定且地面平坦的情况下，影像在飞行方向上任一时刻的分辨率均满足式（18-7）的关系，影像内部沿飞行方向的变形保持均匀。

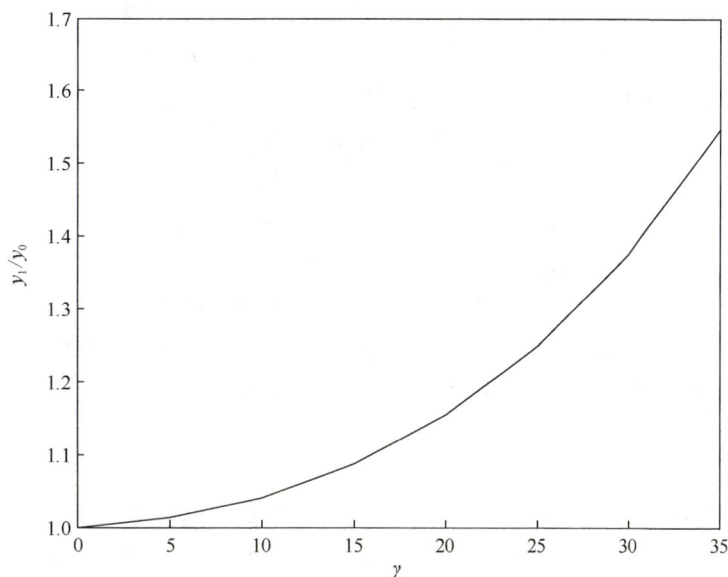

图 18-5　地面分辨率随卫星成像倾角的变化关系图

2. 沿扫描方向地面分辨率变形规律

在扫描方向上，高分辨率光学卫星在大倾角成像模式下的地面分辨率变化不仅与成像倾角相关，也与该 CCD 探测器在线阵列上所处的位置相关。大倾角成像模式扫描方向地面分辨率变化示意图如图 18-6 所示。

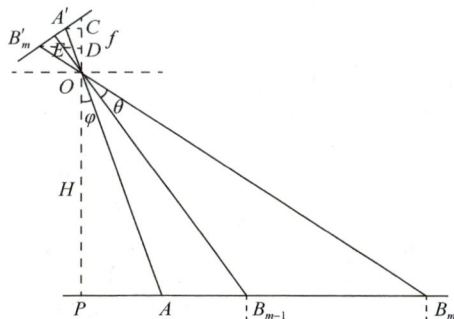

图 18-6　大倾角成像模式扫描方向地面分辨率变化示意图

图中，O 为光学相机的投影中心；f 为相机的等效主距；H 为卫星的飞行高度；P 为星下点地面位置；φ 为传感器的倾角；A' 为倾斜成像时的像主点位置；A 为倾斜成像时像主点对应的地面点位置；OA' 可认为是卫星在倾斜成像时的等效主距；$B_{m-1}B_m$ 为线阵 CCD 上第 m 个 CCD 在大倾角成像模式下的地面覆盖范围；B'_m 为 B_m 在影像上的成像位置；θ 为该 CCD 探测器对应的视场角；C 和 D 分别为 B'_m 和 A' 至投影中心 O 与星下点 P 之间连线 OP 的垂足点；E 为 A' 至 DB'_m 的垂足点。

根据图中的成像几何关系，可构建如下几何关系：

$$\frac{OD}{H} = \frac{DB'_m}{PB_m} = \frac{DB'_m}{X_m} \tag{18-8}$$

式中，X_m 为 B_m 点对应的沿扫描方向的坐标。

设 p_x 为探测器在扫描方向的尺寸，根据严密成像几何关系，进一步推导可知：

$$
\begin{cases}
OD = OC - CD = f \times \cos\varphi + (m-1)p_x \times \sin\varphi \\
DB'_m = DE + EB'_m = f \times \sin\varphi + (m-1)p_x \times \cos\varphi
\end{cases}
\tag{18-9}
$$

将式（18-9）代入式（18-8）中，可得 X_m 的坐标值：

$$
X_m = H \times \frac{f \times \sin\varphi + (m-1)p_x \times \cos\varphi}{f \times \cos\varphi + (m-1)p_x \times \sin\varphi}
\tag{18-10}
$$

对式（18-10）中的 X_m 相对于 m 求导，得到该 CCD 探测器的扫描方向分辨率：

$$
\frac{dX_m}{dm} = \frac{H \times f \times p_x}{[f \times \cos\varphi - (m-1)p_x \times \sin\varphi]^2}
\tag{18-11}
$$

由式（18-11）可知，在中心投影关系下，高分辨率光学卫星影像沿扫描方向地面分辨率的变化与传感器成像倾角和 CCD 探测器在成像焦平面的位置均相关，均随着二者的增加产生非线性下降。

18.3.4 大倾角成像高程投影差变形

高分辨率光学卫星在轨成像过程中，高于或低于平均高程基准面的物方点都会在影像上产生投影误差，即该点的像方坐标相比于高程基准面上相同位置的物方点对应的像方坐标会在影像上出现一定距离的位移。当卫星在大倾角成像模式时，地形起伏引起的投影误差的影响会进一步加剧，由此导致影像产生更大的几何形变。本节分别对线阵推扫式高分辨率光学卫星在飞行和扫描两个方向上，大倾角成像时地形起伏与高程投影差的变形规律进行研究。

1. 沿飞行方向高程投影差变形规律

卫星在大倾角成像模式下，地形起伏的影响在飞行方向上的严密成像几何关系图如图 18-7 所示。

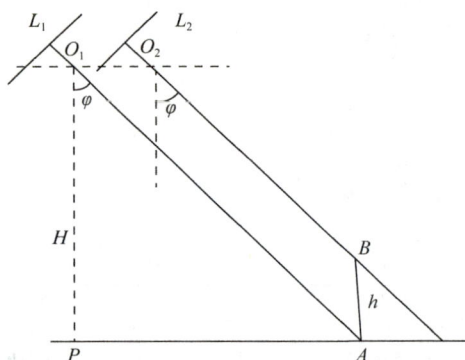

图 18-7　大倾角成像模式飞行方向地形起伏成像几何关系图

图中，对于高程为 h 的一点 B，A 为其对应的高程基准面上的点。当存在传感器倾角 φ 时，分别有 L_1 和 L_2 两条 CCD 扫描线对 A 点和 B 点成像，对应两条扫描线的投影中心分别为 O_1 和 O_2。设在飞行方向上的像素尺寸为 p_y，成像比例尺因子为 m。根据在倾角为 φ 时的地面分辨率式（18-7），由高程变化导致的两条 CCD 扫描线在飞行方向的坐标变化为

$$
\bar{y} = \frac{h \times \tan\varphi}{y_1} = \frac{h \times \tan\varphi}{y_0 \cos^2\varphi} = \frac{h \times \tan\varphi}{p_y \times m\cos^2\varphi}
\tag{18-12}
$$

由式（18-12）可知，地形起伏对于高分辨率光学卫星影像在飞行方向上的投影差随着传感器倾角的增加而增大。

2. 沿扫描方向高程投影差变形规律

为了分析地形起伏对扫描方向成像的影响，对卫星在大倾角成像模式下与常规垂直成像状态下的像方坐标的偏移进行比较。其中，卫星在垂直成像状态下的像方坐标可用卫星在大倾角成像状态下采用平行投影得到的像方坐标表示。大倾角成像模式扫描方向的地形起伏成像几何关系图如图 18-8 所示。

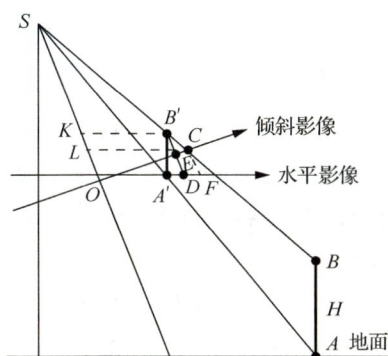

图 18-8 大倾角成像模式扫描方向的地形起伏成像几何关系图

图中，S 为投影中心；O 为原始影像的像主点，平面坐标为 x_0；$\overrightarrow{SO}$ 为平行投影方向，垂直于原始影像的像平面；SO 与竖直方向的夹角为卫星倾角 φ；B 为高程为 H 的一个物方点；C 为物方点 B 在原始影像平面上通过中心投影获取的对应的像方点，其像平面坐标为 $\bar{x}$；A' 是 $\overrightarrow{SA}$ 和虚拟水平影像平面的交叉点；$A'B'$ 与 AB 平行，且可以被视为线段 AB 采用一定比例尺缩放后在像方空间的对应线段；比例尺因子为 $m = H/f$；$\overrightarrow{B'D}$ 经过 B' 且平行于 $\overrightarrow{SO}$；E 是 $\overrightarrow{B'D}$ 和原始影像平面的交叉点，也是 B 点通过平行投影对应的像方点，像平面坐标为 x''。

中心投影和平行投影在扫描方向的差异可以通过构建线段 OE 和 OC 之间的关系来消除，如下：

$$\frac{OE}{OC} = \frac{x'' - x_0}{\bar{x} - x_0} \tag{18-13}$$

过 C 点作 $B'D$ 的平行线交水平影像于点 F。过 C 点作水平影像面的平行线交 SO 于点 L，过 B' 作水平影像面的平行线交 SO 于点 K，可得到如下关系：

$$\frac{OE}{OC} = \frac{OD\cos\varphi}{CL\cos\varphi} = \frac{OD}{CL} = \frac{KB'}{CL} = \frac{SK}{SL} = \frac{SO - B'D}{SO - OL} = \frac{f - z/\cos\varphi}{f - (\bar{x} - x_0)\tan\varphi} \tag{18-14}$$

将式（18-13）和式（18-14）联系到一起，整理可得

$$\frac{x'' - x_0}{\bar{x} - x_0} = \frac{f - z/\cos\varphi}{f - (\bar{x} - x_0)\tan\varphi} = \frac{f - Z/(m\cos\varphi)}{f - (\bar{x} - x_0)\tan\varphi} \tag{18-15}$$

由式（18-15）可知，在大倾角成像状态下，像方坐标的投影误差随着传感器倾角、地形起伏变化和像点与像主点距离的增加而增大。

18.4 大倾角成像严密几何纠正

18.4.1 基于严密成像几何的反解法

在完成传感器高精度在轨几何检校后，可将几何内检校和外检校参数作为准确值，并在颤振检测与

补偿的基础上，通过严格成像几何模型实现影像高精度直接定位和几何纠正（Westin，1990；Robertson，2003；Toutin，2004）。高分辨率光学卫星影像几何纠正采用反解法，由物方点的空间坐标(X,Y,Z)解算其对应的待纠正影像上的像平面坐标(x,y)。

根据严密成像几何模型方程式（9-1），在影像几何纠正过程中，设定$\boldsymbol{R}_1 = \boldsymbol{R}_{\text{ins}}^{\text{cam}}(\text{pitch},\text{roll},\text{yaw})$、$\boldsymbol{R}_2 = \boldsymbol{R}_{\text{WGS84}}^{\text{J2000}}$和$[L_x, L_y, L_z] = \boldsymbol{R}_{\text{ins}}^{\text{cam}}\boldsymbol{R}_{\text{sat}}^{\text{ins}}[B_x, B_y, B_z]_{\text{sat}}$均为已知值，则严密成像几何模型可简化为如下形式：

$$\begin{bmatrix} x \\ 0 \\ -f \end{bmatrix} = \lambda \boldsymbol{R}_1 \boldsymbol{R}_{\text{J2000}}^{\text{ins}}(t) \boldsymbol{R}_2 \begin{bmatrix} X_{\text{g}} - X_{\text{GPS}}(t) \\ Y_{\text{g}} - Y_{\text{GPS}}(t) \\ Z_{\text{g}} - Z_{\text{GPS}}(t) \end{bmatrix} - \lambda \begin{bmatrix} L_x \\ L_y \\ L_z \end{bmatrix} \tag{18-16}$$

式中，$\boldsymbol{R}_{\text{J2000}}^{\text{ins}}(t)$包含星敏感器测量的姿态角数据$(\text{pitch}(t),\text{roll}(t),\text{yaw}(t))$。

由于单景影像的成像时间较短，因此可将其与 GNSS 轨道定位结果$(X_{\text{GPS}}(t),Y_{\text{GPS}}(t),Z_{\text{GPS}}(t))$均近似看作关于时间$t$的一次函数，构建拟合函数如下：

$$\begin{cases} \text{pitch}(t) = \text{pitch}^0 + \Delta\text{pitch}t \\ \text{roll}(t) = \text{roll}^0 + \Delta\text{roll}t \\ \text{yaw}(t) = \text{yaw}^0 + \Delta\text{yaw}t \\ X_{\text{GPS}}(t) = X_{\text{GPS}}^0 + \Delta X_{\text{GPS}}t \\ Y_{\text{GPS}}(t) = Y_{\text{GPS}}^0 + \Delta Y_{\text{GPS}}t \\ Z_{\text{GPS}}(t) = Z_{\text{GPS}}^0 + \Delta Z_{\text{GPS}}t \end{cases} \tag{18-17}$$

式中，$(\text{pitch}^0,\text{roll}^0,\text{yaw}^0,X_{\text{GPS}}^0,Y_{\text{GPS}}^0,Z_{\text{GPS}}^0)$为外方位元素拟合的常数项；$(\Delta\text{pitch},\Delta\text{roll},\Delta\text{yaw},\Delta X_{\text{GPS}},\Delta Y_{\text{GPS}},\Delta Z_{\text{GPS}})$为外方位元素拟合的变化率。

将该景影像覆盖范围内的定位数据、姿态数据和行时数据统一代入式（18-17）中，进行最小二乘法平差解算。式（18-16）中，对$\boldsymbol{R}_1\boldsymbol{R}_{\text{J2000}}^{\text{ins}}(t)\boldsymbol{R}_2$采用旋转矩阵展开表达，则式（18-16）可进一步改写为如下形式：

$$\begin{bmatrix} x \\ 0 \\ -f \end{bmatrix} = \lambda \begin{bmatrix} J_{11}(t) & J_{12}(t) & J_{13}(t) \\ J_{21}(t) & J_{22}(t) & J_{23}(t) \\ J_{31}(t) & J_{32}(t) & J_{33}(t) \end{bmatrix} \begin{bmatrix} X_{\text{g}} - X_{\text{GPS}}(t) \\ Y_{\text{g}} - Y_{\text{GPS}}(t) \\ Z_{\text{g}} - Z_{\text{GPS}}(t) \end{bmatrix} - \lambda \begin{bmatrix} L_x \\ L_y \\ L_z \end{bmatrix} \tag{18-18}$$

式中，$J_{ij}(t)[i \in (1,3), j \in (1,3)]$表示由外方位角元素线性拟合方程式（18-17）组成$\boldsymbol{R}_{\text{J2000}}^{\text{ins}}(t)$，并进一步连乘$\boldsymbol{R}_1\boldsymbol{R}_{\text{J2000}}^{\text{ins}}(t)\boldsymbol{R}_2$得到的关于时间$t$的一次函数。

选取式（18-18）中的第二行构建方程：

$$[J_{21}(t)X_{\text{g}} + J_{22}(t)Y_{\text{g}} + J_{23}(t)Z_{\text{g}}] = [J_{21}(t)X_{\text{GPS}}(t) + J_{22}(t)Y_{GPS}(t) + J_{23}(t)Z_{\text{GPS}}(t)] + L_y \tag{18-19}$$

式（18-19）的左右两侧分别包含时间t的一次函数、二次函数和常数项。设t的初值为 0，对式（18-19）采用不动点迭代方法，即可求得该 CCD 扫描行的瞬时成像时刻。

由于线阵推扫高分辨率光学卫星影像的y坐标与时间t相对应，设扫描行的时间间隔为Δt，探测器在飞行方向的尺寸为p_y，则像点y的坐标为

$$y = \frac{tp_y}{\Delta t} \tag{18-20}$$

为计算该点在扫描方向的x坐标，将式（18-18）中的第一行除以第三行可得

$$x = -f\frac{J_{11}(t)[X_{\text{g}} - X_{\text{GPS}}(t)] + J_{12}(t)[Y_{\text{g}} - Y_{\text{GPS}}(t)] + J_{13}(t)[Z_{\text{g}} - Z_{\text{GPS}}(t)] - L_x}{J_{31}(t)[X_{\text{g}} - X_{\text{GPS}}(t)] + J_{32}(t)[Y_{\text{g}} - Y_{\text{GPS}}(t)] + J_{33}(t)[Z_{\text{g}} - Z_{\text{GPS}}(t)] - L_z} \tag{18-21}$$

由此根据物方点坐标 (X,Y,Z) 确定待纠正影像上对应的像平面坐标 (x,y)。当考虑几何内检校结果时，根据每片 TDI CCD 的宽度和像平面坐标 x 确定该像点位于 TDI CCD 片数，结合严格成像几何模型方程式（9-1）和含探测器指向角的严格成像几何模型方程式（9-4），将该片已标定的探测器指向角曲线应用于像方坐标的修正，即可得到物方点坐标 (X,Y,Z) 确定的像方坐标 (x',y')。

18.4.2　含像点误差补偿的几何纠正

根据 18.3 节中的误差分析可知，高分辨率光学卫星影像的直接定位精度随着传感器的倾角增加而降低，随着像方坐标远离像主点而降低，并且地形起伏会进一步加剧直接定位精度下降。因此，需要结合大倾角成像的几何特点，构建大倾角成像时的像点误差补偿模型，对不同倾角条件下影像不同位置的像方坐标误差进行适应性补偿，从而使成像倾角对影像内部定位误差的影响趋于一致，改善几何纠正后影像内部精度的均匀性。

根据 18.3.4 节的分析，可基于像方坐标在飞行方向的几何关系[式（18-12）]和扫描方向的几何关系[式（18-15）]，建立如下成像倾角误差导致的像点误差的函数关系：

$$\begin{cases} \mathrm{d}x = f_x(x, Z, \sin\varphi) \\ \mathrm{d}y = f_y(Z, \sin\varphi) \end{cases} \tag{18-22}$$

式中，$\mathrm{d}x$ 和 $\mathrm{d}y$ 分别为像方坐标在 x 和 y 方向的改正量；f_x 和 f_y 分别为关于自变量的多项式函数，本节采用含交叉项的二次项方程描述。

当影像范围内覆盖有控制点和 DEM 时，采用单景经几何检校后的影像。含像点误差补偿的影像高精度几何纠正流程图如图 18-9 所示，具体步骤如下：

1）对控制点坐标进行坐标系转换并进行高精度控制点匹配，得到控制点的物方点坐标 (X_G, Y_G, Z_G) 和对应的像方坐标 (x_G, y_G)。

2）按照 18.4.1 节所述，将控制点坐标 (X_G, Y_G, Z_G) 基于严格成像几何模型的反解法得到对应待几何纠正影像上的像点计算坐标 (x_G', y_G')。

3）将全部控制点的像点实际坐标 (x_G, y_G) 和计算坐标 (x_G', y_G') 相减，得到 $(\mathrm{d}x_G, \mathrm{d}y_G)$，代入式（18-22）中，解算大倾角成像像点误差补偿参数 f_x 和 f_y。

4）计算几何纠正后影像的覆盖范围并设定影像比例尺 m。对纠正后影像上任一点 (x,y) 按照比例尺放大，得到物方平面坐标 (X,Y)；并在 DEM 上采用双线性内插高程坐标 Z，得到物方空间坐标 (X,Y,Z)。

5）根据物方空间坐标 (X,Y,Z)，采用 18.4.1 节所述基于严格成像几何模型的反解法得到对应的待几何纠正影像上的像点计算坐标 (x',y')。

6）将像点计算坐标 (x',y') 代入式（18-22）中，计算得到大倾角成像时像点误差补偿结果 $(\mathrm{d}x, \mathrm{d}y)$，并将坐标 (x',y') 与 $(\mathrm{d}x, \mathrm{d}y)$ 相加，得到 (x'',y'')。

7）根据 (x'',y'')，在影像上采用灰度双线性内插计算得到像素值 $p(x'',y'')$，并将该像素值赋给像点 (x,y)，得到 $p(x,y)$。

8）采用第 4）～7）步，完成几何纠正后影像全部像点的几何处理和灰度赋值，得到大倾角成像模式下含倾角误差补偿的几何纠正影像。

9）将像方坐标 (x,y) 按照 18.3.3 节所述沿飞行方向的分辨率变化式（18-7）和沿扫描方向的分辨率变化式（18-11）进行计算，进行分辨率归一化处理，得到像方坐标 (x''',y''')，并将像素值 $p(x,y)$ 赋给 (x''',y''')。

10）对几何纠正后影像的全部像点进行第 9）步处理，最终得到分辨率归一化后的高分辨率光学卫星几何纠正影像。

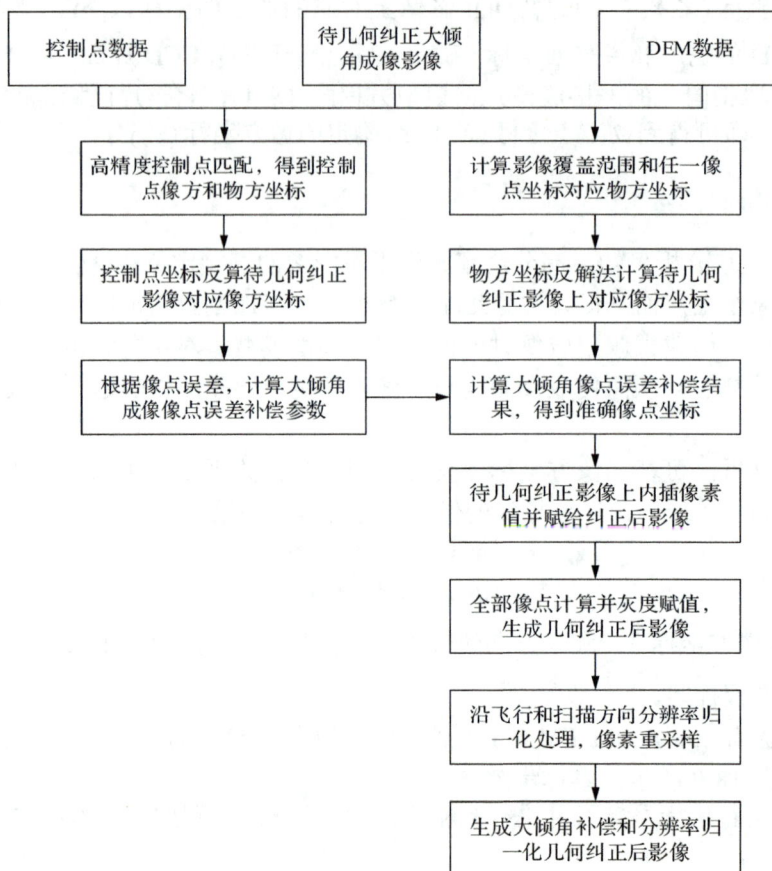

图 18-9   含像点误差补偿的影像高精度几何纠正流程图

18.5   实验与分析

18.5.1   实验数据信息

本节采用四组大倾角成像模式下的高分辨率光学卫星影像进行严密几何纠正实验，并通过影像覆盖范围内的高精度控制参考数据进行影像内部和外部几何质检，以评价本章提出的大倾角影像几何纠正方法相比于传统严密几何纠正方法的精度和可靠性。

实验选取的遥感系列光学卫星影像为经过相对辐射校正处理的 L1 级全色产品，影像空间分辨率为 0.45m，成像倾角为 41.5° ～43.5°。为更好地分析几何纠正算法的性能，数据覆盖平原和山地等不同地形条件，且有均匀采集的控制点和 DEM 数据作为几何纠正的控制点和检查点。四组大倾角严密几何纠正实验影像数据集基本规格说明如表 18-1 所示，对应的缩略图如图 18-10 所示。

表 18-1   四组大倾角严密几何纠正实验影像数据集基本规格说明

数据集	DATASET1	DATASET2	DATASET3	DATASET4
传感器类型	PAN	PAN	PAN	PAN
成像时间	20160725	20160703	20160916	20160923
覆盖区域和地形情况	北京市城市中心区平原	河北省廊坊市平原	吉林省通化市山地	内蒙古查干敖包山地

续表

数据集	DATASET1	DATASET2	DATASET3	DATASET4
高程基准/m	57.38	20.63	524.66	1261.61
坐标系统	WGS84 UTM	WGS84 UTM	WGS84 UTM	WGS84 UTM
GSD/m	0.45	0.45	0.45	0.45
影像宽度/像素	97379	97182	95154	90489
影像高度/像素	79948	79885	77659	75435
太阳高度角/(°)	60.808047	61.217601	50.723343	66.838867
侧摆角/(°)	43.465810	43.465815	43.259959	41.547393
俯仰角/(°)	0.027236	0.026865	0.016602	0.017652
控制/检查点数	52/35	64/38	37/29	48/32

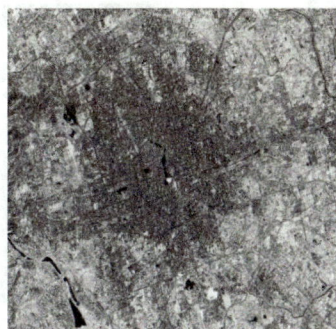

（a）DATASET1 影像数据　　　　（b）DATASET2 影像数据

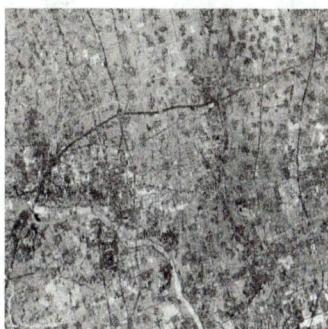

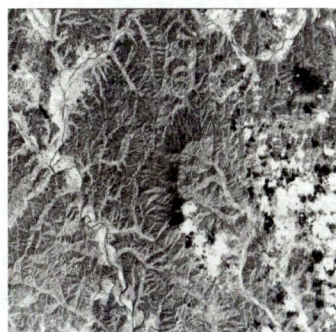

（c）DATASET3 影像数据　　　　（d）DATASET4 影像数据

图 18-10　四组大倾角严密几何纠正实验影像缩略图

由图可知，在大倾角成像模式下，四组遥感系列光学卫星影像存在着整体变形，且山地区域相比于平原区域的变形更加明显。

控制点切片数据的地面坐标来源为国家 GNSS 静态测量的 A 级、B 级或 C 级控制点坐标和点之记。平面坐标采用 2000 国家大地坐标系（China Geodetic Coordinate System 2000，CGCS2000），精度优于 0.3m；高程坐标采用 1985 国家高程基准，精度优于 1m；对应的影像来源为 1m 分辨率 IKONOS 卫星正射校正影像，且控制点切片在影像覆盖范围内均匀分布，以保证控制和检查的精度。DEM 数据为 25m 格网分辨率，按照 1∶50000 比例尺地形图标准分幅，DEM 数据产品包含元数据信息。

18.5.2　几何纠正质量检查

对图 18-10 中四组光学卫星影像分别进行大倾角成像模式定位补偿几何纠正和传统严密几何纠正，其中大倾角定位补偿方法纠正后影像缩略图如图 18-11 所示。以其中一景遥感系列光学卫星影像部分区域为例，几何纠正影像与影像覆盖范围内的 22 个控制点切片的叠加效果如图 18-12 所示。

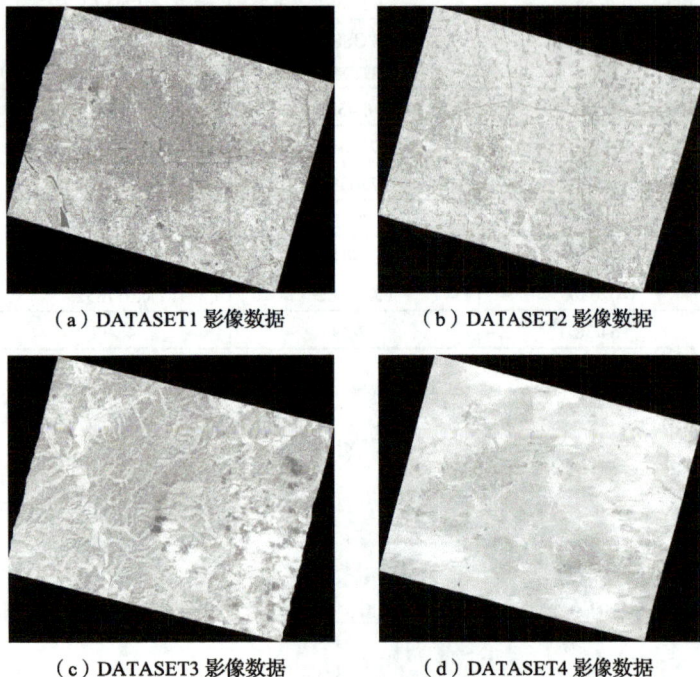

（a）DATASET1 影像数据　　　（b）DATASET2 影像数据

（c）DATASET3 影像数据　　　（d）DATASET4 影像数据

图 18-11　四组大倾角严密几何纠正后影像缩略图

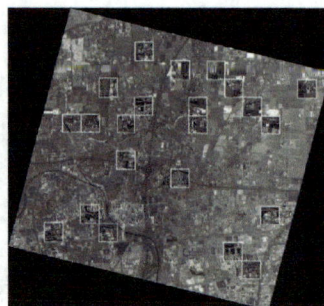

图 18-12　几何纠正影像与控制点切片叠加效果图

为进行图 18-11 中四组遥感系列光学卫星几何纠正后影像的几何质量检查，采用 9.5.1 节所述的影像内部和外部几何质检方法进行基于控制点切片数据的半自动人工交互处理。以图 18-12 中的影像为例，得到遥感系列光学卫星影像和控制点切片的匹配结果，其中成功匹配 22 个控制点切片，经过人工影像质量筛选得到 16 个匹配控制点，部分匹配结果如图 18-13 所示。

图 18-13　高分辨率光学卫星影像和控制点切片部分匹配结果示意图

采用大倾角定位补偿方法纠正后，遥感系列光学卫星影像与筛选后的控制点切片叠加对比效果图如图 18-14 所示。

（a）1号控制点切片位置对比　　　　　　（b）2号控制点切片位置对比

（c）3号控制点切片位置对比　　　　　　（d）4号控制点切片位置对比

图18-14　几何纠正后影像与筛选后的控制点切片叠加对比效果图

对图18-14目视观察可知，经大倾角定位补偿算法几何纠正后的遥感系列光学卫星影像与控制点切片在地物范围内无明显形变和几何定位偏差。该结果表明，采用一系列几何精准处理后，高分辨率光学卫星影像的内部和外部几何质量较好，与实际地理参考位置保持一致。进一步分析几何纠正影像的16个控制点切片位置，直接投影到DEM表面，得到其在水平和垂直方向的定位精度，实验结果如表18-2所示。

表18-2　大倾角成像几何纠正后影像检查点定位精度

编号	X中误差/m	Y中误差/m	Z中误差/m	编号	X中误差/m	Y中误差/m	Z中误差/m
1	0.554613	0.989944	0.887239	9	0.183777	0.346479	0.311038
2	0.386717	0.693367	0.621461	10	0.308758	0.581766	0.549648
3	0.319714	0.580491	0.520615	11	0.295079	0.558279	0.527725
4	0.343439	0.624391	0.559911	12	0.376956	0.679309	0.608541
5	0.231272	0.425854	0.382155	13	0.234624	0.426088	0.381828
6	0.281411	0.522342	0.468686	14	0.361403	0.661527	0.592892
7	0.30211	0.561205	0.503744	15	0.187375	0.343709	0.308141
8	0.246432	0.463318	0.415981	16	0.304431	0.562319	0.504347

为了验证本章提出的大倾角定位补偿严密几何纠正方法（Method Ⅰ）的有效性，采用传统的严密几何纠正方法（Method Ⅱ）作为对比。采用本节所述的几何纠正质量检查方法分别求取表18-1中四组高分辨率光学卫星影像经两种方法几何纠正后影像匹配点的定位坐标，结合实际控制点坐标，采用9.5.1节所述方法评价影像的内部几何质量（长度变形精度和角度变形精度）和外部几何质量（绝对定位精度和单点最大误差），实验统计结果如表18-3所示。

表 18-3　几何纠正影像内部和外部几何质量统计结果

几何纠正方法	数据集	内部几何精度		外部几何精度	
		长度变形精度/像素	角度变形精度/（°）	总体 RMS/像素	单点最大 RMS/像素
Method Ⅰ	DATASET1	0.359887	0.244843	0.719790	0.883593
	DATASET2	0.435609	0.251667	0.866767	1.184562
	DATASET3	0.561537	0.287498	1.064523	1.461158
	DATASET4	0.539752	0.281334	0.915443	1.318766
Method Ⅱ	DATASET1	0.672315	0.423158	1.634187	2.073280
	DATASET2	0.845764	0.493420	1.850265	2.395221
	DATASET3	1.087395	0.540454	2.394535	2.734373
	DATASET4	0.905521	0.537987	2.103260	2.508447

表 18-3 的实验结果表明，顾及大倾角的像点误差补偿和分辨率归一化处理能够有效提高光学卫星影像严密几何纠正的几何质量，影像的绝对定位精度达到 1 像素左右，相比于传统严密几何纠正模型提高了近一倍；另外，长度变形精度约 0.5 像素，有效地减少了内部几何畸变。上述实验结果证明，大倾角定位补偿算法对大倾角成像条件的姿态误差、地形投影差和分辨率变形等影响具有较好的适应性和可靠性，能够满足高分辨率光学卫星自动化数据生产的需求。

本 章 小 结

高分辨率光学卫星在大倾角成像模式下，无控定位精度会随着侧摆角或俯仰角的增加而降低，地面点距离星下点的位置越远，则相同姿态误差导致的位置描述精度越差。在卫星的成像倾角固定且地面平坦的情况下，飞行方向影像在任一时刻的分辨率均为固定值，影像内部沿飞行方向的变形保持均匀；而在扫描行方向，地面分辨率变化不仅与成像倾角相关，也与该 CCD 探测器在线阵列上所处的位置相关。在飞行方向，地形起伏对于高分辨率光学卫星影像的投影差的影响随着传感器倾角的增加而增大；而在扫描行方向，像方坐标的投影误差随着传感器倾角、地形起伏变化和像点与像主点距离的增加而增大。

针对具备敏捷机动能力的高分辨率光学卫星在大倾角成像模式下几何纠正精度显著下降的问题，在几何成像模型反解法的基础上，提出基于大倾角成像像点误差补偿的严密几何纠正模型，对不同倾角条件下影像不同位置的像方坐标误差进行自适应补偿，从而使成像倾角对影像内部定位误差的影响趋于一致，并在几何纠正时对影像进行分辨率归一化处理，改善几何纠正后影像内部精度的均匀性。相比于传统的严密几何纠正方法，该方法充分考虑了大倾角成像导致的影像变形规律，因而精度更高。

采用四组成像倾角在 40° 以上的遥感系列光学卫星影像进行几何纠正实验，并与传统的严密几何纠正方法进行实验比较。实验结果证明，大倾角定位补偿几何纠正方法能够有效改善影像的内部和外部几何质量，对大倾角成像条件的姿态误差、地形投影差和分辨率变形等影响具有较好的适应性和可靠性，能够满足高分辨率光学卫星自动化数据生产的需求。

参 考 文 献

韩杏子，董小静，朱军，2014. 敏捷模式下卫星成像条件变化研究[J]. 光学学报，34(B12)：8-14.

胡莘，2016. 高分辨率光学卫星影像几何精准处理方法研究[D]. 武汉：武汉大学.

霍红庆，马勉军，李云鹏，等，2011. 卫星微角颤振高精度测量技术[J]. 传感器与微系统(3)：4-6，9.

李伟雄，2012. 高分辨率空间相机敏捷成像的像移补偿方法研究[D]. 长春：中国科学院研究生院（长春光学精密机械与物理研究所）.

李永昌，金龙旭，武奕楠，等，2016. 离轴三反大视场空间相机像移速度场模型[J]. 红外与激光工程，45(5)：174-181.

朱映，王密，潘俊，等，2015. 利用多光谱影像检测资源三号卫星平台颤振[J]. 测绘学报(4)：399-406，413.

ROBERTSON B C, 2003. Rigorous geometric modeling and correction of QuickBird imagery[C]//IGARSS 2003. 2003 IEEE International Geoscience and Remote Sensing Symposium. Proceedings (IEEE Cat. No. 03CH37477). Toulouse, France: IEEE, 2: 797-802.

TONG X H, LI L Y, LIU S J, et al., 2015. Detection and estimation of ZY-3 three-line array image distortions caused by attitude oscillation[J]. ISPRS Journal of Photogrammetry and Remote Sensing, 101: 291-309.

TOUTIN T, 2004. Geometric processing of remote sensing images: models, algorithms and methods[J]. International Journal of Remote Sensing, 25(10): 1893-1924.

WESTIN T, 1990. Precision rectification of SPOT imagery[J]. Photogrammetric Engineering and Remote Sensing, 56(2): 247-253.

第19章

基于线特征和广义点理论的几何纠正

19.1　引言

在高分辨率光学卫星影像的高精度几何纠正中，传统的严格几何成像模型和数学模型都采用控制点作为基本物方控制条件（张过，2005；肖聆元，2017）。但是，大量均匀分布控制点的布设维护、识别选取和高精度匹配都存在较大的困难，特别是在大倾角成像模式下，由于影像存在严重几何变形和辐射质量下降，高分辨率光学卫星影像中地物目标与实际地物之间存在较大差异，基于控制点的匹配误差会显著增大（丁琨 等，2010；胡堃，2016）。

相比较而言，线特征在特征识别和匹配中具有许多独特的优势，如像方空间的线特征更容易自动检测和提取，垂直于边缘方向的精度可达子像素级；无论是影像重叠区域还是像方和物方空间之间，线特征都更容易精确匹配；线特征可以由沿线方向的线段隐式定义，从而避开遮蔽或变化区域，使得控制方案更加灵活；人造环境中存在大量的线特征，有可能直接从现有地理空间数据中提取，如地理信息系统（geographic information system，GIS）数据库、大比例尺地图成果等。线特征的上述特点都能够大幅削减对地面控制点的需求（Habib et al.，2004；Long et al.，2015；Mulawa et al.，1988；Tommaselli et al.，1988），因而更具应用潜力。

结合线特征的上述优势，本章以线特征作为基本控制条件，提出基于广义点策略进行顾及卫星成像倾角和地形起伏的严密几何纠正模型构建和几何纠正解算。该模型更加适合卫星成像几何参数或者原始RPC 未知的情况，能够通过少量且均匀分布的控制线显著改善影像的几何质量。该模型采用两个参数补偿卫星倾角和地形起伏对几何形变的影响，仅需获得卫星等效主距和传感器成像倾角的初值，其精确值通过整体平差解算得到。相比基于线特征的直接 RFM 模型和偏移补偿 RFM 模型，严格基于线特征的变换模型（line-based transformation model，LBTM）采用最少的参数和控制线数目即可达到相近的精度水平（胡堃，2016）。

19.2　基于广义点理论的线特征严格模型

传统 LBTM 模型由 Shaker（2004a，2004b）于 2004 年提出，其中包括基于线特征的三维仿射模型、二维仿射模型和二维正形变换模型。这些模型都采用矢量形式，基于像方空间和物方空间的共轭线特征构建。Shi 和 Shaker（2006）将二维仿射 LBTM 模型和二维正形变换 LBTM 模型引入卫星影像的像方配准，其中一个单独控制点用于改正两个偏移参数，一些控制线用于改正旋转和变形参数。然而，这些 LBTM模型都没有考虑由卫星倾角和地形起伏变化导致的高程投影差影响。Elaksher（2008，2012）设计了基于线特征的平行投影模型、拓展平行投影模型和直接线性变换（direct linear transformation，DLT）模型，取得了约为 1.7 像元的纠正精度。此外，Long 等（2015）提出基于点、直线段、自由形式的曲线和区域等多特征通用框架的影像精细化纠正方法。Teo（2013）通过矢量或参数方程的形式将控制线引入直接 RFM 模型和偏移补偿 RFM 模型，在控制线充足的前提下，对 IKONOS 和 QuickBird 卫星进行影像纠正的几何定位精度达到单像元水平。

19.2.1　基于仿射变换的严格几何模型构建

高分辨率光学卫星的成像比例尺具有不一致性，线阵推扫式传感器在成像过程中的俯仰和侧摆角，以及地形起伏变化，均会引起扫描行方向的像方坐标偏移，是影像变形非常重要的两个因素（张继贤 等，2000）。其中，传感器倾角会导致倾斜影像上存在以像主点为起点的系统性影像形变，详见 18.3 节。Shaker（2004a，2004b）提出的 LBTM 模型主要从基于点的线性模型推导得到，如仿射模型和正形变换模型，很适合转化成基于线特征的形式。仿射模型用平行投影取代中心投影，能够消除高分辨率光学卫星影像几何纠正过程中定位参数和定向参数之间固有的相关性（Li et al.，2009）。然而，仿射模型在将物方空间的三维问题转化为二维问题的过程中，并没有考虑地形变化的负面影响。

为了解决这一问题，可采用基于仿射模型的严格成像几何模型，简称严格仿射模型。高分辨率光学卫星的透视投影关系在扫描方向上可以视为中心投影，而在飞行方向上可以视为平行投影，从而避免视场角过小造成模型参数之间的相关性，保证定向模型的精度。

由 18.3.4 节卫星在扫描方向上存在大倾角 φ 时的严密成像几何关系（图 18-8）可知，严格仿射模型将物方空间的一个点采用仿射模型投影到影像平面，影像像方坐标分别采用飞行方向的平行投影和扫描方向的中心投影获取，两个坐标值之间的关系由式（18-15）表达。

将式（18-15）与 y 方向的仿射变换方程式合并，可得严格仿射模型的形式：

$$\begin{cases} \dfrac{f-(Z-Z_{\mathrm{ave}})/(m^{*}\cos\omega)}{f-x\tan\omega}x=b_1X+b_2Y+b_3Z+b_4 \\ y=b_5X+b_6Y+b_7Z+b_8 \end{cases} \tag{19-1}$$

式中，(x,y) 为像点在像方坐标系下的坐标，其原点位于像主点 $O(x_0,y_0)$；$b_1,b_2,\cdots,b_8$ 为仿射变换的八个参数；f 为等效焦距；ω 为线阵列传感器在扫描方向的倾角；m 为成像比例尺因子；Z 为 B 点在物方空间坐标系下的高程坐标；Z_{ave} 为影像覆盖范围内的平均高程。

通常 m 可以用 GSD 和像素尺寸的比值近似表示。f 和 m 的初值一般可以从高分辨率光学卫星公开的参数文件中获取。

19.2.2　广义点理论的严格 LBTM 模型构建

基于线特征几何纠正模型的核心是构建像方空间和物方空间线特征之间的严格对应关系。线特征的各类建模方法在摄影测量中有众多应用，包括空间前方交会和后方交会（Mulawa et al.，1988；Tommaselli et al.，1988）、空中三角测量（Habib et al.，2004；Mulawa et al.，1988）、相对定向和外定向（Junior et al.，2013；Zhang et al.，2004；Zhang et al.，2011）、影像匹配（Dare et al.，2001；Habib et al.，2004；Ok et al.，2012）和相机检校（Habib et al.，2002；Habib et al.，2004）等。

传统 LBTM 模型中，线特征主要通过像方平面和物方空间共轭的单位矢量来描述，其成像几何关系可以通过沿着相同线特征上的两个点对应的基于点的线性变换模型方程相减得到（Fraser et al.，2004；Shaker et al.，2010；Tao et al.，2002）。然而，这一建模方法并不适合非线性变换模型构建，因此严格 LBTM 模型采用广义点理论进行改造和优化。

广义点理论由张祖勋等（张祖勋 等，2005；Zhang et al.，2008）首先提出，用于将点特征与线特征相结合构建共线方程。线特征在线性参数方程中被视为点特征的一种延伸表达，因此单独的点及线上的点都在构建共线方程时采用相同的形式表达。广义点策略已被广泛应用于影像定向、工业零件测量和建筑物重建等领域（Zhang et al.，2005；张永军，2008）。

本节基于广义点思想，将严格仿射模型通过控制线转换成基于线特征的非线性严格 LBTM 模型形式。像方空间和物方空间共轭直线上点的对应关系图可用图 19-1 表示。

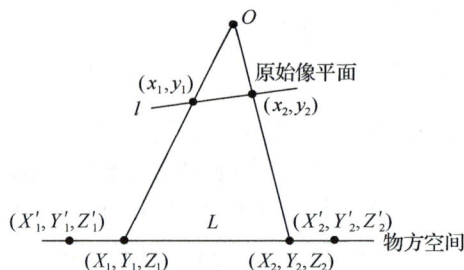

图 19-1　像方空间和物方空间共轭直线上点的对应关系图

根据透视成像原理，如果一个像方点位于像方空间的一条直线上，那么该像方点对应的物方点一定位于这条线在物方空间的共轭直线上。

如图 19-1 所示，（x_1,y_1）和（x_2,y_2）是像方坐标系下沿着直线 l 的两个像方点的坐标；（X_1,Y_1,Z_1）和（X_2,Y_2,Z_2）是物方空间坐标系下，沿着直线 l 在物方空间的共轭直线 L 上的上述两个像点对应的两个物方点的坐标；（X_1',Y_1',Z_1'）和（X_2',Y_2',Z_2'）是共轭直线 L 上的另外两个物方点的坐标。

基于线性参数方程，物方点（X_1,Y_1,Z_1）可以被另一个物方点（X_1',Y_1',Z_1'）和一个变量 t_1 描述为如下形式：

$$\begin{cases} X_1 = X_1' + A_X t_1 \\ Y_1 = Y_1' + A_Y t_1 \\ Z_1 = Z_1' + A_Z t_1 \end{cases} \tag{19-2}$$

式中，（A_X,A_Y,A_Z）为线特征 L 在物方空间的单位矢量；t_1 为对应的比例尺系数。

共轭点（x_1,y_1）和（X_1,Y_1,Z_1）在像方和物方空间坐标系下的对应关系可以在严格仿射模型的基础上，采用式（19-2）描述成如下形式：

$$\begin{cases} \dfrac{f-\left(Z_1'+A_Z t_1-Z_{\text{ave}}\right)}{f-x_1\tan(\omega)} x_1 = b_1\left(X_1'+A_X t_1\right)+b_2\left(Y_1'+A_Y t_1\right)+b_3\left(Z_1'+A_Z t_1\right)Z+b_4 \\ y_1 = b_5\left(X_1'+A_X t_1\right)+b_6\left(Y_1'+A_Y t_1\right)+b_7\left(Z_1'+A_Z t_1\right)+b_8 \end{cases} \tag{19-3}$$

式（19-3）是严格 LBTM 模型的基本形式，通过模型中引入单位矢量避免像方空间和物方空间共轭点之间的严格对应关系。与广义点理论一致，在严格 LBTM 模型中可放宽控制约束条件，只需像方空间和物方空间的对应点在相应的对应线特征上即可，不需要点与点之间严格对应。$b_1,b_2,\cdots,b_8$ 这八个参数在严格 LBTM 模型与严格仿射模型中的含义一致。

假设存在 j 条控制线，并且每条控制线上有 i 个点特征，由于每个点均可以构建如式（19-3）所示的两个方程，因此 j 条控制线上的 ij 个点就可以构建 $2ij$ 个方程。此外，一个单独控制点 GCP 可以构建如式（19-1）所示的两个方程式，因此方程式总数为 $2ij+2$。另外，每一个点都对应一个比例系数 t，j 条控制线上的 ij 个点就对应 ij 个比例系数。此外，这些方程中的未知数还包括八个仿射变换参数 $b_1,b_2,\cdots,b_8$、等效主距 f 和推扫式传感器的倾角 ω。因此，方程组未知数的组数为 $2ij+10$。

为了解算严格 LBTM 模型中的参数，控制线和控制线上点的数目需要满足关系 $ij\geqslant 8$。例如，如果每条控制线上有两个点，则至少需要四条控制线来解算模型参数。如果满足条件 $ij>8$ 且几何分布合理，则严格 LBTM 模型的参数可以采用最小二乘平差进行精确解算（Fan，2010）。

19.3 线特征严格模型几何纠正

19.3.1 六参数 LBTM 模型参数预处理

假定高分辨率光学卫星推扫式传感器的成像几何关系近似满足平行投影（Fraser et al.，2004），则通过仿射模型构建的像方空间和物方空间共轭点的数学关系可用如下关系式表示：

$$\begin{cases} x_i = b_1 X_i + b_2 Y_i + b_3 Z_i + b_4 \\ y_i = b_5 X_i + b_6 Y_i + b_7 Z_i + b_8 \end{cases} \tag{19-4}$$

式中，$(x_i, y_i)(i=1,2,\cdots,n)$ 为卫星影像的像点在像方坐标系下的坐标；$(X_i, Y_i, Z_i)(i=1,2,\cdots,n)$ 为像点对应的共轭物方点在物方空间坐标系下的坐标；$b_1, b_2, \cdots, b_8$ 为八个仿射变换参数。

如果存在两个点 $A(x_1, y_1, X_1, Y_1, Z_1)$ 和 $B(x_2, y_2, X_2, Y_2, Z_2)$，参数 b_4 和 b_8 可以通过由点 A 和点 B 构建的方程组（19-4）对应的两个方程相减消掉，则式（19-4）可转化为另一种形式：

$$\begin{cases} x_2 - x_1 = b_1(X_2 - X_1) + b_2(Y_2 - Y_1) + b_3(Z_2 - Z_1) \\ y_2 - y_1 = b_5(X_2 - X_1) + b_6(Y_2 - Y_1) + b_7(Z_2 - Z_1) \end{cases} \tag{19-5}$$

设 $M = \sqrt{(x_2 - x_1)^2 + (y_2 - y_1)^2}$ 且 $N = \sqrt{(X_2 - X_1)^2 + (Y_2 - Y_1)^2 + (Z_2 - Z_1)^2}$，则式（19-5）可以简化为如下形式：

$$\begin{cases} \dfrac{M}{N}\dfrac{x_2 - x_1}{M} = b_1 \dfrac{X_2 - X_1}{N} + b_2 \dfrac{Y_2 - Y_1}{N} + b_3 \dfrac{Z_2 - Z_1}{N} \\ \dfrac{M}{N}\dfrac{y_2 - y_1}{M} = b_5 \dfrac{X_2 - X_1}{N} + b_6 \dfrac{Y_2 - Y_1}{N} + b_7 \dfrac{Z_2 - Z_1}{N} \end{cases} \tag{19-6}$$

设定 (a_x, a_y) 是线段 AB 在像方空间的单位矢量，其中 $a_x = (x_2 - x_1)/M$，$a_y = (y_2 - y_1)/M$；(A_X, A_Y, A_Z) 是线段 AB 在物方空间的单位矢量，其中 $A_X = (X_2 - X_1)/N, A_Y = (Y_2 - Y_1)/N, A_Z = (Z_2 - Z_1)/N$；$\lambda = M/N$，表示比例尺因子。因此，式（19-6）可以简化为如下形式：

$$\begin{cases} \lambda a_x = b_1 A_X + b_2 A_Y + b_3 A_Z \\ \lambda a_y = b_5 A_X + b_6 A_Y + b_7 A_Z \end{cases} \tag{19-7}$$

式（19-7）是六参数 LBTM 模型的基本形式，且已考虑 (a_x, a_y) 和 (A_X, A_Y, A_Z) 之间的旋转和比例尺参数。正如 Shaker（2004a，2004b）所做的实验证明，两个偏移参数 b_4、b_8 的值非常小，可以忽略不计，因此六参数 LBTM 模型可以消除八参数 LBTM 模型的过参数化问题。

在严格 LBTM 模型中，b_1、b_2、b_3、b_5、b_6、b_7 的初始值可以通过式（19-7）和三个以上的非共线控制线解算；b_4 和 b_8 的初值可以通过式（19-4）和一个地面控制点（ground control point，GCP）解算；对于相关的线性参数方程中的 t_i 初值，可以将式（19-2）和式（19-4）结合起来构建式（19-8），然后通过最小二乘平差计算得到：

$$\begin{cases} x_1 = b_1(X_1' + A_X t_1) + b_2(Y_1' + A_Y t_1) + b_3(Z_1' + A_Z t_1) + b_4 \\ y_1 = b_5(X_1' + A_X t_1) + b_6(Y_1' + A_Y t_1) + b_7(Z_1' + A_Z t_1) + b_8 \end{cases} \tag{19-8}$$

19.3.2 严格 LBTM 模型整体平差解算方法

如 19.3.1 节所述，如果具有多余控制数据，则严格 LBTM 模型中所有参数的精确值可以进一步通过整体平差解算得到。式（19-3）可转换成误差方程形式并采用 Taylor 级数线性化如下：

$$V = [A \quad C]\begin{bmatrix} X \\ T \end{bmatrix} - L \ P \tag{19-9}$$

式中，$V = [v_x \quad v_y]^T$ 为观测值改正向量；$X = [\Delta b_1 \ \Delta b_2 \ \Delta b_3 \ \Delta b_4 \ \Delta b_5 \ \Delta b_6 \ \Delta b_7 \ \Delta b_8 \ \Delta f \ \Delta \omega]^T$ 为 $b_1, b_2, \cdots, b_8$、f 和 ω 的改正向量；$T = [\Delta t_{1i} \quad \Delta t_{2i}]^T$ 为控制线参数 t_i 的改正向量；A 和 $C = [c_{1i} \quad c_{2i}]^T$ 分别为未知数 X 和 T 的改正矩阵；$L = [-F_{x0} \quad -F_{y0}]^T$ 为由未知数初值计算的常数向量；P 为所有观测方程的权阵。

矩阵 A 的具体形式如下：

$$A = \begin{bmatrix} a_{10} & a_{11} & a_{12} & a_{13} & a_{14} & a_{15} & a_{16} & a_{17} & a_{18} & a_{19} \\ a_{20} & a_{21} & a_{22} & a_{23} & a_{24} & a_{25} & a_{26} & a_{27} & a_{28} & a_{29} \end{bmatrix} \tag{19-10}$$

式中，矩阵 A 中的参数 $a_{10} \sim a_{19}$、$a_{20} \sim a_{29}$ 和矩阵 C 中的参数 c_{1i}、c_{2i} 是式（19-3）中对应参数的偏导数，具体如下：

$$\begin{cases} a_{10} = \partial F_x / \partial b_1 = -X' - A_X t_i, \quad a_{24} = \partial F_y / \partial b_5 = -X' - A_X t_i \\ a_{11} = \partial F_x / \partial b_2 = -Y' - A_Y t_i, \quad a_{25} = \partial F_y / \partial b_6 = -Y' - A_Y t_i \\ a_{12} = \partial F_x / \partial b_3 = -Z' - A_Z t_i, \quad a_{26} = \partial F_y / \partial b_7 = -Z' - A_Z t_i \\ a_{13} = \partial F_x / \partial b_4 = 1.0, \quad a_{27} = \partial F_y / \partial b_8 = 1.0 \\ a_{14}, \cdots, a_{17} = 0.0, \quad a_{20}, \cdots, a_{23}, a_{28}, a_{29} = 0.0 \\ a_{18} = \partial F_x / \partial f = \dfrac{x_i (Z'_1 + A_Z t_i - Z_{ave}) - x_i^2 \tan \omega_0}{(f_0 - x_i \tan \omega_0)^2} \\ a_{19} = \partial F_x / \partial \omega = \dfrac{x_i^2 f_0 - x_i^2 (Z'_1 + A_Z t_i - Z_{ave}) - x_i^2 \tan \omega_0}{(f_0 - x_i \tan \omega_0)^2 \cos^2 \omega_0} \\ a_{1i} = \partial F_x / \partial t_i = \dfrac{x_i A_Z}{x_i \tan(\omega_0) - f_0} - b_1^0 A_X - b_2^0 A_Y - b_3^0 A_Z \\ a_{2i} = \partial F_y / \partial t_i = -b_5^0 A_X - b_6^0 A_Y - b_7^0 A_Z \end{cases} \tag{19-11}$$

式中，b_1^0、b_2^0、b_3^0、b_5^0、b_6^0、b_7^0 为参数 b_1、b_2、b_3、b_5、b_6、b_7 的初值，由六参数 LBTM 模型在预处理中解算得到；f_0 和 ω_0 分别为 f 和 ω 的初值，可从高分辨率光学卫星的公开参数文件中获取。

如式（19-9）所示形式的误差方程可以通过控制点和控制线上的点构建，能够进一步线性化并通过最小二乘法整体平差迭代解算（Fan，2010）。与现有 LBTM 模型不同的是，严格 LBTM 模型在每条控制线上选取多于两个点是有意义的，能够在一定程度上克服像点误差的影响，在严格 LBTM 模型解算过程中增强整体平差解算控制网的结构。

19.3.3 严格 LBTM 模型影像几何纠正流程

通过 19.3.1 节和 19.3.2 节所述，严格 LBTM 模型所有参数的精确值都已解算得到，此时即可采用严格仿射模型精确计算高分辨率光学卫星影像的每一个像点对应的物方点坐标，从而实现高精度几何纠正。

当地形相对平坦或者覆盖区域内的 DEM 未知时，像点（x_1, y_1）对应的物方点的平面坐标可以通过如下公式简单计算：

$$\begin{bmatrix} b_1 & b_2 \\ b_5 & b_6 \end{bmatrix} \begin{bmatrix} X_1 \\ Y_1 \end{bmatrix} = \begin{bmatrix} \dfrac{fx}{f - x_1 \tan(\omega)} - b_3 Z_{ave} - b_4 \\ y_1 - b_7 Z_{ave} - b_8 \end{bmatrix} \tag{19-12}$$

式中，Z_{ave} 为覆盖范围内的平均高程值。

当覆盖范围内的 DEM 已知时，高分辨率光学卫星影像几何纠正流程可采用如下步骤进行精确解算。为了确定纠正后影像的地理覆盖范围，待纠正影像的四个角点采用严格仿射模型的逆变换和几何纠正的正解算法（Mikhail et al.，2001）投影到 DEM 表面；共轭物方点的高程值则采用式（19-12）逐步迭代计算，从 Z_{ave} 逐步趋近精确值。影像覆盖范围的最小外接矩形区域划分为规则格网，格网点上每个物方点对应的像方坐标采用严格仿射模型和几何纠正的反解算法（Mikhail et al.，2001）计算，像方坐标的像素值通过待纠正影像上相邻的四个像素采用双线性内插计算。最后，纠正影像上的每个像方坐标均可采用双线性内插计算得到。综上所述，基于严格 LBTM 模型的高精度影像几何纠正流程图如图 19-2 所示。

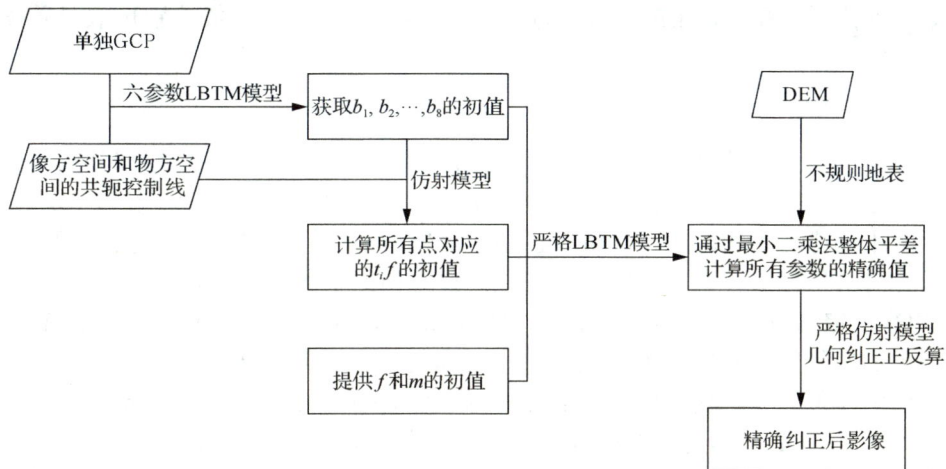

图 19-2　基于严格 LBTM 模型的高精度影像几何纠正流程图

19.4　实验与分析

19.4.1　几何纠正数据源

为了验证本章提出的基于线特征和广义点策略的影像几何纠正方法的精度和稳定性，实验中选取四组高分辨率卫星影像数据集，其中包括中国香港地区相同覆盖范围的遥感系列光学卫星和天绘一号卫星影像，地形起伏变化幅度约为 200m；澳大利亚 Hobart 地区 IKONOS 卫星和 GeoEye-1 卫星影像，地形起伏约为 500m。四组高分辨率光学卫星影像数据集基本规格说明如表 19-1 所示。

表 19-1　四组高分辨率光学卫星影像数据集基本规格说明

数据集	CRSS_HK	TH01_HK	IKONOS_HB	GEOEYE_HB
传感器类型	遥感系列光学卫星（全色）	天绘一号卫星（全色）	IKONOS 卫星（全色）	GeoEye-1 卫星（全色）
覆盖区域	中国香港	中国香港	澳大利亚霍巴特（Hobart）	澳大利亚霍巴特（Hobart）
地形情况	丘陵	丘陵	山地	山地
高程变化/m	200	200	500	500
坐标系统	WGS84 UTM	WGS84 UTM	WGS84 UTM	WGS84 UTM
GSD/m	0.45	2.0	1.0	0.5
等效焦距/m	10.0	1.7	10.0	13.3
影像幅宽	11604 像素×10280 像素	4372 像素×6165 像素	13148 像素×12124 像素	31668 像素×26928 像素
像素大小/μm	5.4	7.0	12.0	8.0

在每组数据集覆盖的地面范围内，数量众多且均匀分布的地面控制点均采用快速静态 GNSS 技术观测，其中数据集 CRSS_HK 和 TH01_HK 覆盖范围内有 42 个控制点，数据集 IKONOS_HB 和 GEOEYE_HB 覆盖范围内有 50 个控制点，这些控制点均位于交叉路口、地物标志或者一些明显特征位置。

控制点坐标为 WGS84 下的 UTM 投影坐标，平面和高程精度分别优于 0.05m 和 0.08m。在四组数据集影像中，每个 GCP 相对应的像方坐标均采用人工量测，精度优于 0.5 像素。

在严格 LBTM 模型中，控制线上共轭的单位矢量分别由像方空间和物方空间内控制线上的两个点确定。单位矢量构建不受沿控制线方向上遮挡或者变化地物的影响。为方便起见，像方空间单位矢量通过两个控制点的像方坐标计算，而其共轭物方空间单位矢量通过这两个控制点的物方坐标计算。相关验证性实验采用九条实际控制线和严格 LBTM 模型进行几何纠正，实际控制线分别选取沿着线特征上物方空间和像方空间不同的点来构建。

19.4.2 严格 LBTM 模型精度和稳定性

为了研究严格 LBTM 模型在不同传感器、不同 GSD 和不同地形条件下进行高分辨率光学卫星影像几何纠正的精度和稳定性，本节将严格 LBTM 模型与相关的 LBTM 模型（包括八参数 LBTM 模型和六参数 LBTM 模型）和基于点特征的几何纠正模型（包括仿射模型和严格仿射模型）进行实验比较与分析。

在采用不同 LBTM 模型进行高分辨率光学卫星影像几何纠正的过程中，控制点 GCP 有三种不同用途：其中一个 GCP 用来确定物方空间基准，一部分 GCP 用来构建控制线，而另一部分 GCP 作为检查点检验影像几何纠正结果的实际定位精度。为了获取稳定可靠的实验结果，选取的控制线和检查点均在数据集覆盖范围内尽量均匀分布。对于不同的基于点的变换模型（point-based transformation model，PBTM），在 LBTM 模型中的前两组 GCP 均作为地面控制点，检查点的数目和分布与 LBTM 模型保持一致。对于四组数据集，控制方案 Ⅰ～Ⅳ 中对应的控制条件分布情况如图 19-3 所示，在每个子图中，绿色线段表示控制线，蓝色点表示用于构建控制线的点，黄色三角形表示单独控制点，黄色点表示检查点。控制方案 Ⅰ～Ⅳ 中控制条件的数量如表 19-2 所示。

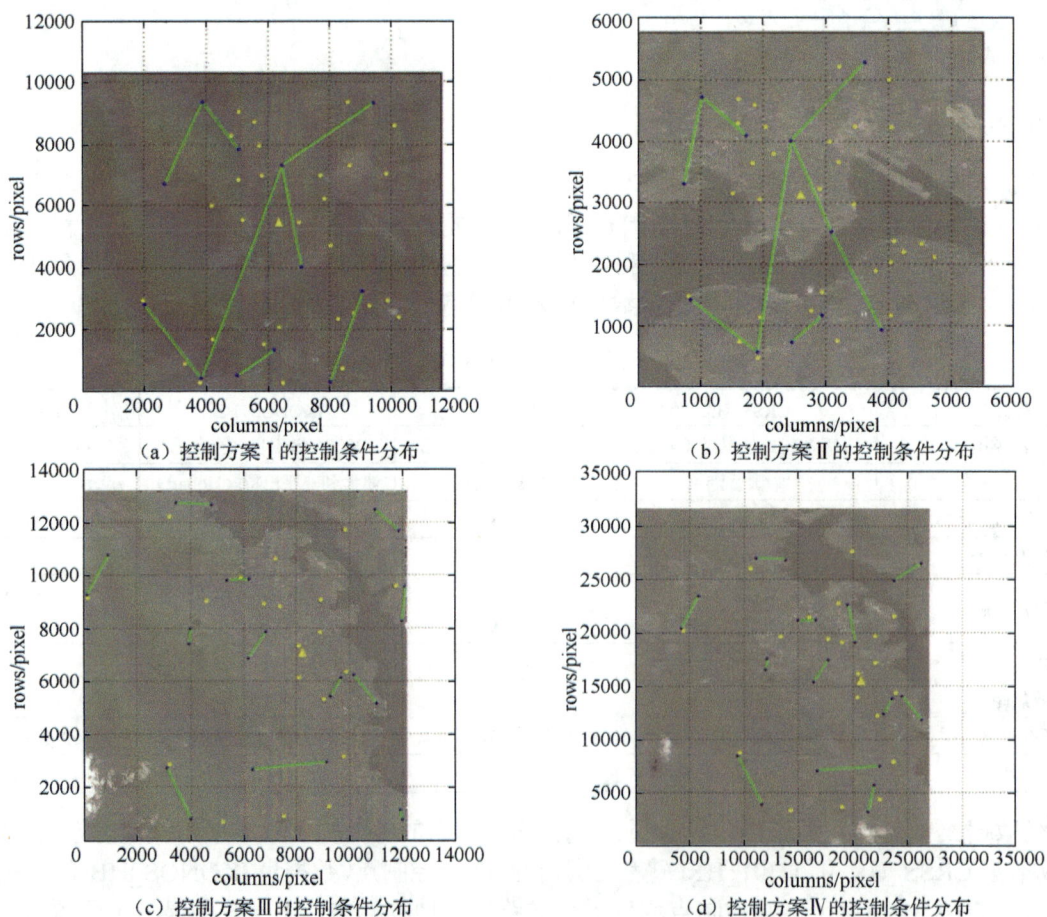

（a）控制方案 Ⅰ 的控制条件分布

（b）控制方案 Ⅱ 的控制条件分布

（c）控制方案 Ⅲ 的控制条件分布

（d）控制方案 Ⅳ 的控制条件分布

图 19-3　四组数据集中控制方案 Ⅰ～Ⅳ 中控制条件空间分布图

注：rows：行；columns：列。

表 19-2　四组数据集中控制方案 I ~ IV 控制条件的数量

控制方案	数据集	LBTM 控制条件数量			PBTM 控制条件数量	
		控制线	单独 GCP	检查点	地面 GCP	检查点
控制方案 I	CRSS_HK	8	1	29	13	29
控制方案 II	TH01_HK	8	1	29	12	29
控制方案 III	IKONOS_HB	12	1	20	24	20
控制方案 IV	GEOEYE_HB	12	1	20	24	20

各类基于线的几何纠正模型和基于点的几何纠正模型用于高分辨率光学卫星影像几何纠正的精度表现通过相对实际精度表示。相对实际精度由实际精度除以 GSD 定义，且通过 RMS 误差进行计算（Fan，2010），在数值上约等于影像几何纠正中与地面真实位置偏移的像素数。表 19-3 表示不同模型在不同控制方案条件下的相对实际精度统计，其中，X_{RMS} 表示沿传感器扫描方向（X）的 RMS 误差，Y_{RMS} 表示垂直传感器扫描方向（Y）的 RMS 误差。

表 19-3　不同模型在不同控制方案条件下的相对实际精度统计

控制方案	数据集	相对实际精度/像素	各类 LBTM			各类 PBTM	
			八参数 LBTM 模型	六参数 LBTM 模型	严格 LBTM 模型	仿射模型	严格仿射模型
控制方案 I	CRSS_HK	X_{RMS}	1.4974	1.4624	1.0244	1.0332	1.0227
		Y_{RMS}	1.3286	1.2952	0.9834	0.9857	0.9603
控制方案 II	TH01_HK	X_{RMS}	2.5194	2.3305	1.4536	1.4632	1.3274
		Y_{RMS}	1.3624	1.2284	1.3832	1.3537	1.2493
控制方案 III	IKONOS_HB	X_{RMS}	6.3520	5.8500	0.5029	1.0475	0.4977
		Y_{RMS}	3.7699	3.6705	0.4353	0.4976	0.3660
控制方案 IV	GEOEYE_HB	X_{RMS}	8.0303	7.3253	1.5470	1.7821	1.4574
		Y_{RMS}	5.5918	5.5669	0.8728	1.0073	0.5215

如表 19-3 所示，在控制方案 I ~ IV 中，采用严格 LBTM 模型对四组数据集进行影像几何纠正的相对实际精度与基于点的几何纠正模型（包括仿射模型和严格仿射模型）相当，并且远高于其他两种基于线的几何纠正模型。尽管严格 LBTM 模型的控制线不再要求同名特征的严格对应关系，但是在精度和稳定性方面相较基于点的几何纠正模型并未出现明显下降。无论平原、丘陵还是山地地形条件下，采用严格 LBTM 模型进行高分辨率光学卫星影像几何纠正的相对实际精度总体上优于 1.5 像素，并且像严格仿射模型一样稳定。在数据集 IKONOS_HB 中，严格 LBTM 模型的相对实际精度达到约 0.5 像素。相比较而言，仿射模型、八参数 LBTM 模型和六参数 LBTM 模型进行高分辨率光学卫星影像几何纠正的相对实际精度在山地区域表现出明显下降，说明严格 LBTM 模型和严格仿射模型对于复杂的地形条件表现出更强的适应性。这是由于在模型设计过程中，均已对传感器倾角和地形起伏导致的几何定位偏差进行了补偿。所有模型在 Y 方向的相对实际精度均优于在 X 方向的相对实际精度，说明高分辨率光学卫星在沿扫描方向上存在比飞行方向上更大的几何变形，验证了严格 LBTM 模型在 X 方向通过增加模型参数对等效焦距和光学传感器倾角进行特殊改正准确有效。此外，六参数 LBTM 模型进行影像几何纠正的实际精度略优于八参数 LBTM 模型，这是因为六参数 LBTM 模型去掉了两个冗余偏移参数，所以避免了最小二乘平差解算过程中的负面影响。

综上可知，四组数据集的四种控制方案实验结果均表明，严格 LBTM 模型在不增加额外地面控制条件的前提下，相比于其他基于线的几何纠正模型更加精确和可靠，更加适合高分辨率光学卫星影像的高精度几何纠正处理。

19.4.3 实际控制线严格 LBTM 模型精度

为了进一步验证严格 LBTM 模型采用实际控制线进行高分辨率光学卫星影像几何纠正的有效性，在中国香港区域均匀采集九条控制线，空间分布图如图 19-4 所示。控制线的物方空间矢量通过两个端点的物方坐标构建，物方坐标均采用快速静态 GNSS 测量得到。控制线的像方空间矢量通过对应控制线的两个像方坐标构建，其坐标均在数据集 CRSS_HK 和 TH01_HK 进行手工量测获得。

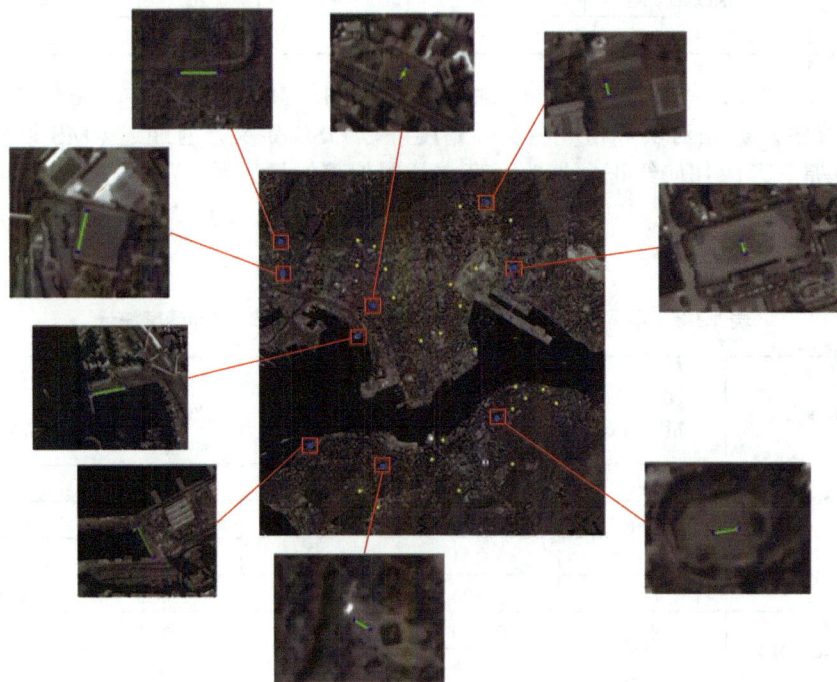

图 19-4　中国香港区域实际控制线空间分布图

实际构建的控制线和 19.4.2 节所述由控制点构建的控制线分别用于布设控制方案 V 和 VI，相对实际精度如表 19-4 所示，其中 X_{RMS} 和 Y_{RMS} 的含义与表 19-3 相同。由表 19-4 可见，严格 LBTM 模型在控制方案 V 和 VI 中的相对实际精度相当，即采用控制点坐标构建控制线与实际控制线效果一致，表明 19.4.2 节的实验方案和结果准确可靠。

表 19-4　严格 LBTM 模型在控制方案 V 和 VI 中的相对实际精度

控制方案	相对实际精度/像素	数据集	
		CRSS_HK	TH01_HK
控制方案 V	X_{RMS}	0.9823	1.4537
	Y_{RMS}	0.9492	1.3841
控制方案 VI	X_{RMS}	1.0375	1.4632
	Y_{RMS}	0.9746	1.3509

19.4.4 控制线数量对模型精度影响

为了研究随着控制线数量的增加，不同 LBTM 模型，特别是严格 LBTM 模型对高分辨率光学卫星影像进行几何纠正的精度变化情况，采用数据集 IKONOS_HB 进行实验验证。实验中，单独控制点和 20 个检查点的数目与分布情况与图 19-3 保持一致。随着控制线数量从 4 条增加到 20 条（增加间隔为 2 条），不同 LBTM 模型的几何纠正结果在 X 方向和 Y 方向的相对实际精度变化情况如图 19-5 所示。

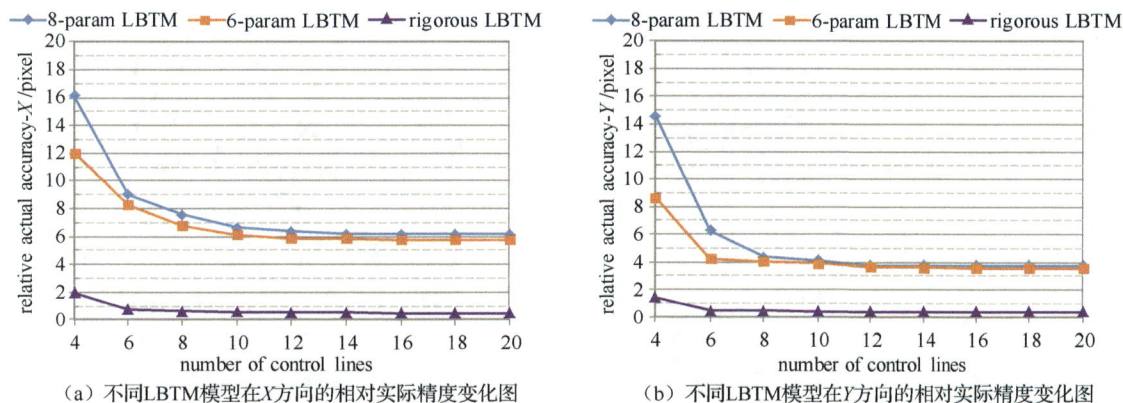

（a）不同LBTM模型在X方向的相对实际精度变化图　　（b）不同LBTM模型在Y方向的相对实际精度变化图

图 19-5　不同 LBTM 模型在 X 方向和 Y 方向的相对实际精度随控制线数目变化图

注：relative actual accuracy：相对实际精度；number of control lines：控制线路数量。

可以看出，不同 LBTM 模型用于影像几何纠正的相对实际精度随着控制线的增加而不断改善。当控制线数量达到八条以上时，严格 LBTM 模型在 X 方向和 Y 方向的相对实际精度均稳定在约 0.5 像素；而八参数 LBTM 模型和六参数 LBTM 模型的相对实际精度在控制线数量达到 12 条以上时，达到 X 方向 6 像素、Y 方向 4 像素的水平。实验结果表明，严格 LBTM 模型比其他两种 LBTM 模型更加精确稳定，并且六参数 LBTM 模型略优于八参数 LBTM 模型。

19.4.5　控制线分布对模型精度影响

为了研究控制线分布对于不同的 LBTM 模型，特别是严格 LBTM 模型进行高分辨率光学卫星影像几何纠正的精度变化情况，采用数据集 IKONOS_HB 的五种不同控制方案进行实验验证。实验中，单独控制点和 20 个检查点的数目与分布情况与图 19-3 保持一致，而八条控制线的分布不同。受限于数据集 IKONOS_HB 中采集的控制点分布情况，本组实验中控制条件的均匀性和一致性并未做严格要求，其中包括单独 GCP、控制线和检查点。五种不同控制方案（控制方案Ⅶ～Ⅺ）的控制条件分布图如图 19-6 所示，在每个子图中，绿色线段表示控制线，蓝色点表示用于构建控制线的点，黄色三角形表示单独控制点，黄色点表示检查点。采用不同 LBTM 模型对控制方案Ⅶ～Ⅺ进行影像几何纠正的相对实际精度如表 19-5 所示，其中 X_{RMS} 和 Y_{RMS} 的含义与表 19-3 相同。

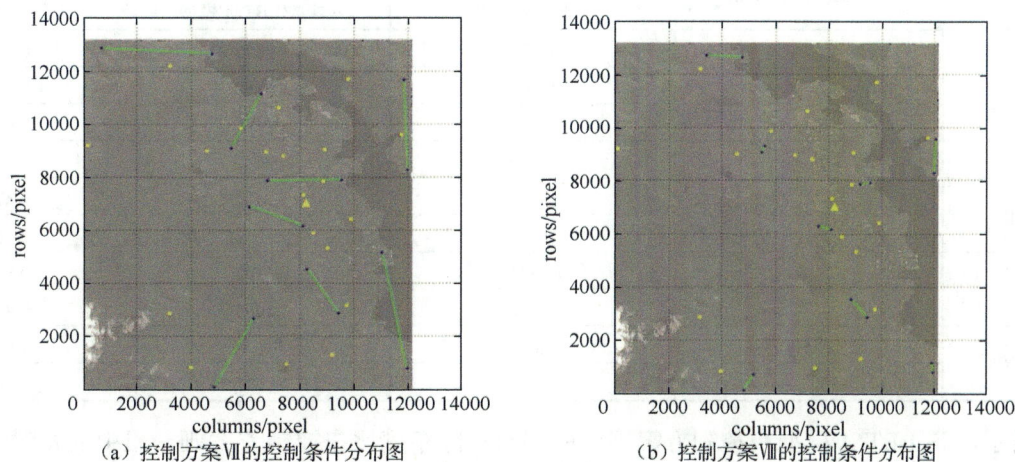

（a）控制方案Ⅶ的控制条件分布图　　（b）控制方案Ⅷ的控制条件分布图

图 19-6　数据集 IKONOS_HB 控制方案Ⅶ～Ⅺ的控制条件分布图

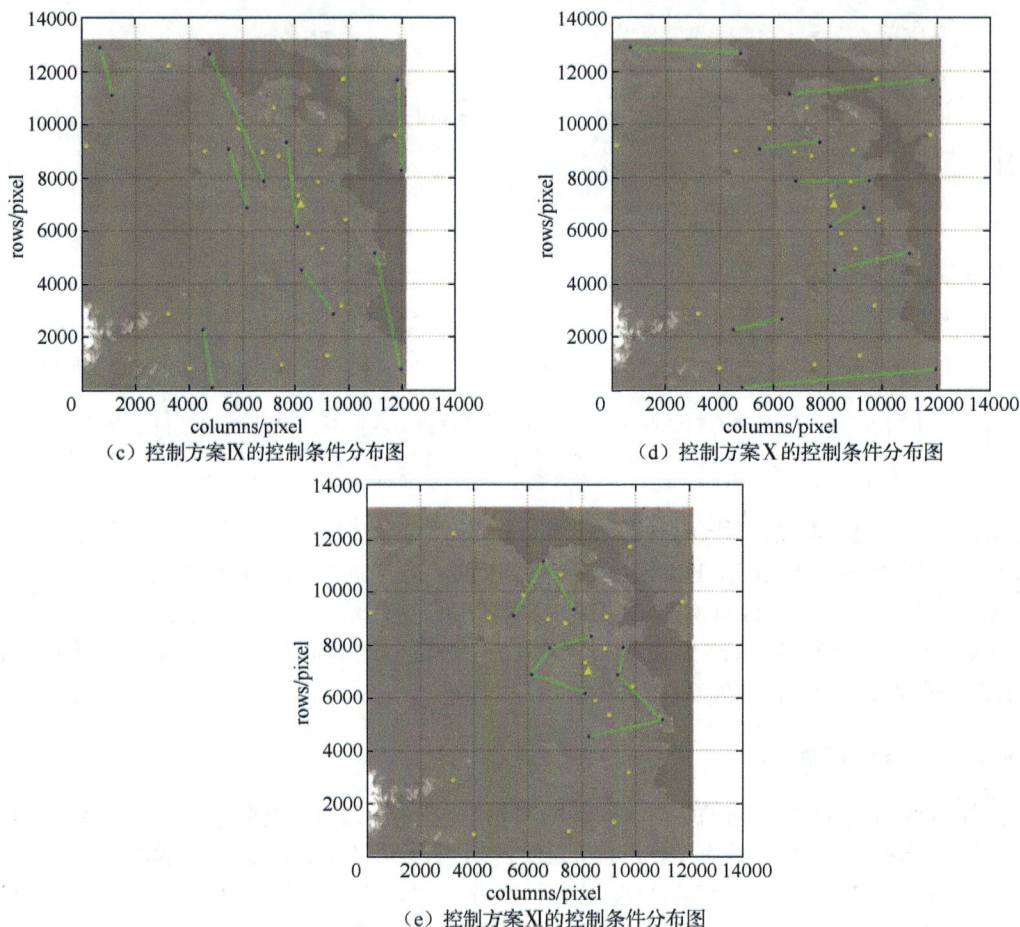

（c）控制方案Ⅸ的控制条件分布图

（d）控制方案Ⅹ的控制条件分布图

（e）控制方案Ⅺ的控制条件分布图

图 19-6 （续）

表 19-5　不同 LBTM 模型对控制方案Ⅶ～Ⅺ进行影像几何纠正的相对实际精度

控制方案	相对实际精度/像素	各类 LBTM 模型		
		八参数 LBTM 模型	六参数 LBTM 模型	严格 LBTM 模型
控制方案Ⅶ	X_{RMS}	6.5383	6.0626	0.5600
	Y_{RMS}	4.1577	3.6783	0.4434
控制方案Ⅷ	X_{RMS}	15.1325	10.3079	0.8513
	Y_{RMS}	7.6346	5.9687	0.4843
控制方案Ⅸ	X_{RMS}	8.3384	7.5454	0.6724
	Y_{RMS}	7.2757	5.4367	0.4823
控制方案Ⅹ	X_{RMS}	12.7432	9.7182	0.8262
	Y_{RMS}	4.9636	4.2063	0.4595
控制方案Ⅺ	X_{RMS}	15.6346	11.6248	1.0497
	Y_{RMS}	9.7341	7.0535	0.6671

　　如表所示，各 LBTM 模型在控制方案Ⅶ中的相对实际精度比在控制方案Ⅷ～Ⅺ中的相对实际精度都高。通过比较控制方案Ⅶ和Ⅷ可知，各 LBTM 模型在方案Ⅷ中 X 方向和 Y 方向的相对实际精度均被严重削弱，表明增加控制线在高程方向的分布差异对于改善各 LBTM 模型的几何纠正定位精度有显著作用。通过比较控制方案Ⅶ、控制方案Ⅸ和控制方案Ⅹ可知，不同 LBTM 模型在控制方案Ⅸ中 Y 方向的相对实

际精度明显削弱，而在控制方案X中 X 方向的相对实际精度明显削弱。该结果表明，如果控制线的方向主要朝向某一方向，那么各类 LBTM 模型在该方向上的控制能力明显削弱，这与广义点控制的原理完全吻合。通过比较控制方案Ⅶ和XI可知，不同 LBTM 模型在控制方案XI中 X 方向和 Y 方向的相对实际精度均有明显下降，说明在影像覆盖范围内位置均匀布设控制线非常重要。

本 章 小 结

在大倾角成像模式下，由于影像存在严重几何变形和辐射质量下降，高分辨率光学卫星影像中地物目标与实际地物特点存在较大差异，基于控制点的匹配误差显著增大。本章提出一种基于线特征严格变换模型的高分辨率光学卫星影像高精度几何纠正方法，能够顾及卫星传感器倾角和复杂地形起伏条件的影响，有效保障几何纠正的精度和可靠性。

本章提出基于仿射模型的严格几何模型简便建模方法，通过广义点理论，将矢量形式的线特征通过线性参数方程引入严格仿射模型，构建基于线特征的非线性严格变换模型。采用基于线特征的六参数变换模型，用于预处理阶段平差解算，为基于线特征的严格变换模型提供参数初值。采用基于线特征严格变换模型的最小二乘法整体平差解算方法和基于该模型的高分辨率光学卫星影像正反变换高精度几何纠正方法，精确计算高分辨率光学卫星影像的每一个像点对应的物方点坐标，从而实现高精度几何纠正。

采用遥感系列光学卫星、天绘一号、IKNONS 和 GeoEye-1 等卫星影像进行的实验结果显示，基于线特征的严格变换模型在精度和稳定性上均优于相关的点模型和线模型。另外，实际控制线数量、在水平和高程方向的不同分布等控制方案，对基于线特征的严格变换模型的几何纠正精度具有明显影响，实际数据处理时应尽可能使控制线在不同位置和方向均匀分布，并增加控制线在高程方向的分布差异。

参 考 文 献

丁琨，龙晓敏，王艳霞，等，2010. 地性线的山地区域的卫星影像几何精纠正[J]. 遥感学报，14(2): 272-282.

胡堃，2016. 高分辨率光学卫星影像几何精准处理方法研究[D]. 武汉：武汉大学.

肖聆元，2017. 基于 CUDA 架构的光学遥感卫星影像快速正射纠正算法研究[D]. 武汉：武汉大学.

张过，2005. 缺少控制点的高分辨率卫星遥感影像几何纠正[D]. 武汉：武汉大学.

张继贤，张永红，林宗坚，2000. SPOT 影像像点位移的研究[J]. 测绘科学，25(1): 19-22.

张永军，2008. 基于序列图像的视觉检测理论与方法[M]. 武汉：武汉大学出版社.

张祖勋，张剑清，2005.广义点摄影测量及其应用[J]. 武汉大学学报（信息科学版）(1): 1-5.

DARE P, DOWMAN I, 2001. An improved model for automatic feature-based registration of SAR and SPOT images[J]. ISPRS Journal of Photogrammetry and Remote Sensing, 56(1): 13-28.

ELAKSHER A F, 2008. Developing and implementing line-based transformation models to register satellite images[C]// International Archives of the Photogrammetry, Remote Sensing and Spatial Information Sciences, Beijing, 37(B4): 1305-1309, ISPRS.

ELAKSHER A F, 2012. Potential of using automatically extracted straight lines in rectifying high-resolution satellite images[J]. International Journal of Remote Sensing, 33(1): 1-12.

FRASER C S, YAMAKAWA T, 2004. Insights into the affine model for high-resolution satellite sensor orientation[J]. ISPRS Journal of Photogrammetry and Remote Sensing, 58(5): 275-288.

HABIB A F, MORGAN M, LEE Y R, 2002. Bundle adjustment with self-calibration using straight lines[J]. Photogrammetric Record, 17(100): 635-650.

HABIB A, MORGAN M, KIM E M, et al., 2004. Linear features in photogrammetric activities[C]//ISPRS Congress, Istanbul, Turkey, 610.

JUNIOR J M, TOMMASELLI A M G, 2013. Exterior orientation of CBERS-2B imagery using multi-feature control and orbital data[J]. ISPRS Journal of Photogrammetry and Remote Sensing, 79: 219-225.

LI W, LI C S, CHEN J, et al., 2009. Research on the relationship between satellite attitude stability and interferometric performance[C]//The 2009 IEEE International Geoscience and Remote Sensing Symposium, Cape Town, South africa, V574-577.

WEI L, CHUNSHENG L, JIE C, et al., 2009. Research on the relationship between satellite attitude stability and interferometric performance[C]// 2009 IEEE International Geoscience and Remote Sensing Symposium. Cape Town, South Africa: IEEE4: IV-574-IV-577.

LONG T F, JIAO W L, HE G J, et al., 2015. A generic framework for image rectification using multiple types of feature[J]. ISPRS Journal of Photogrammetry and Remote Sensing, 102: 161-171.

MIKHAIL E M, BETHEL J S, MCGLONE J C, 2001. Introduction to modern photogrammetry[M]. New York: John Wiley & Sons Inc.

MULAWA D C, MIKHAIL E M, 1988. Photogrammetric treatment of linear features[J]. ISPRS Journal of Photogrammetry and Remote Sensing, 27(B3): 383-393.

OK A O, WEGNER J D, HEIPKE C, et al., 2012. Matching of straight line segments from aerial stereo images of urban areas[J]. ISPRS Journal of Photogrammetry and Remote Sensing, 74: 133-152.

SHAKER A, YAN W Y, EASA S, 2010. Using stereo satellite imagery for topographic and transportation applications: an accuracy assessment[J]. GIScience and Remote Sensing, 47(3): 321-337.

SHAKER A, 2004. Point and line based transformation models for high resolution satellite image rectification[D]. Hong Kong, The Hong Kong Polytechnic University.

SHAKER A, 2004. The line based transformation model (LBTM): a new approach to the rectification of high-resolution satellite imagery[J]. International Archives of Photogrammetry Remote Sensing & Spatial Information Sciences, 35(B3): 850- 856.

SHI W Z, SHAKER A, 2006. The line-based transformation model (LBTM) for image-to-image registration of high-resolution satellite image data[J]. International Journal of Remote Sensing, 27(14): 3001-3012.

TAO C V, HU Y, 2002. 3D reconstruction methods based on the rational function model[J]. Photogrammetric Engineering & Remote Sensing, 68(7): 705-714.

TEO T A, 2013. Line-based rational function model for high-resolution satellite imagery[J]. International Journal of Remote Sensing, 34(4): 1355-1372.

ZHANG J Q, ZHANG H W, ZHANG Z X, 2004. Exterior orientation for remote sensing image with high resolution by linear feature[J]. International Archives of Photogrammetry and Remote Sensing, 35(B3): 76-79.

ZHANG J, ZHANG H, ZHANG Z, 2004. Exterior orientation for remote sensing image with high resolution by linear feature[J]. Proceedings of The International Archives of the Photogrammetry, Remote Sensing and Spatial Information Sciences, 12-23.

ZHANG Y J, HU B H, ZHANG J Q, 2011. Relative orientation based on multi-features[J]. ISPRS Journal of Photogrammetry and Remote Sensing, 66(5): 700-707.

ZHANG Y J, ZHANG Z X, ZHANG J W, et al., 2005. 3D building modelling with digital map, LiDAR data and video image sequences[J]. The Photogrammetric Record, 20(111): 285-302.

ZHANG Z X, ZHANG Y J, ZHANG J Q, et al., 2008. Photogrammetric modeling of linear features with generalized point photogrammetry[J]. Photogrammetric Engineering & Remote Sensing, 74(9): 1119-1127.

ZHANG Z, ZHANG Y, ZHANG J, et al., 2008. Photogrammetric modelling of linear features with generalized point photogrammetry[J]. Photogrammetric Engineering and Remote Sensing, 74(9): 1119-1127.

第20章

基于双向金字塔网络的影像融合

20.1 引言

受制于硬件条件，光学卫星传感器通常只能提供高分辨率的全色影像和低分辨率的多光谱影像。然而，在实际应用中，往往需要同时具有高空间分辨率和高光谱分辨率的影像。影像融合是遥感影像处理中的重要环节，通过对高分辨率全色影像和低分辨率的多光谱影像进行融合，获取高分辨率的多光谱影像，常常作为遥感影像分割、分类、目标提取等任务的必要前提（Huang et al.，2015；许宁 等，2016；黄波 等，2017；陈应霞 等，2019）。

传统的影像融合方法有成分替换法、多尺度分析法、模型优化法等。成分替代影像融合是最高效、最易于实现的一类影像融合方法，学者们提出了主成分分析影像融合（Jr et al.，1989）、IHS 影像融合（Tu et al.，2001）、施密特正交影像融合（Laben et al.，2000）、部分成分替换（Choi et al.，2011）、局部系数计算（Liu et al.，2017）等多种融合方法。多尺度分析法是从全色影像中提取多尺度细节信息，注入上采样的多光谱影像中，代表性方法有拉普拉斯金字塔（Aiazzi et al.，2002）、小波变换（Nunez et al.，1999）、曲线波变换（Nencini et al.，2007）等。模型优化法通过对能量方程进行优化求解来得到融合影像，但是需要合适的正则项约束能量方程，常见的有稀疏约束（Li et al.，2011）、变分模型（Palsson et al.，2014）、马尔科夫随机场（Xu et al.，2011）等。然而，由于全色影像与多光谱影像在空间分辨率和光谱特征方面存在巨大差异，传统的融合方法难以在融合影像光谱质量和几何质量之间取得平衡，导致融合结果经常出现色偏或者模糊的问题。

卷积神经网络有强大的非线性表达能力，可以很好地学习全色影像、低分辨率多光谱影像与高分辨率多光谱影像之间的关系。部分学者假定低分辨率/高分辨率多光谱影像块之间的关系与低分辨率/高分辨率全色影像块之间的关系相同，对稀疏自编码网络（Huang et al.，2015）或非线性深度神经网络（Xing et al.，2018）进行训练，实现高分辨率多光谱影像融合。还有学者将多光谱影像上采样至全色影像相同的分辨率，再与全色影像串联组成合成影像，网络的输出即为高分辨率多光谱影像，代表性算法有多层残差网络（Wei et al.，2017；Scarpa et al.，2018）、双流网络（Yuan et al.，2018）、U-Net 结构网络（Yao et al.，2018）等。但是，近年来提出的基于深度学习的融合算法在网络设计时没有考虑多光谱与全色影像之间的关系和各自的特征，往往导致网络训练困难，且计算效率较低。

针对现有深度学习影像融合网络的不足，本章根据全色影像和多光谱影像的特点，设计出一种高效的多尺度双向金字塔影像融合网络，充分利用卷积神经网络高度非线性的优势，自动从全色影像中提取多尺度细节，并注入对应尺度的多光谱影像中，因而生成的融合影像同时拥有较高的光谱质量和几何质量（Zhang et al.，2019）。

20.2 双向金字塔影像融合网络

近年来，深度学习被广泛应用于遥感领域的各个任务。卷积神经网络有着强大的非线性表达能力，可以很好地学习全色影像、低分辨率多光谱影像与高分辨率多光谱影像之间的关系，已经取得较好的效果。但是，由于没有充分考虑全色和多光谱影像在融合过程中各自的作用，因此网络的融合效果和效率仍有待提高。

受多尺度分析影像融合方法的启发，本章提出采用双向金字塔网络（bi-directional pyramid network，BDPN）进行影像融合（Zhang et al.，2019）。该网络的整体结构如图 20-1 所示，其中红框内为重建分支，绿框内为细节提取分支，蓝色边框标记为网络输入，橙色边框标记为网络输出。与现有的网络不同，双向金字塔网络使用两个不同的分支分别处理全色影像和多光谱影像。在重建分支中，低分辨率多光谱影像被网络逐级上采样，这样可以有效抑制直接双线性内插或者双三次卷积引入的噪声信息，同时还可以大大减少网络的计算量；在细节提取分支中，网络从全色影像中提取细节信息并注入对应尺度的重建分支。

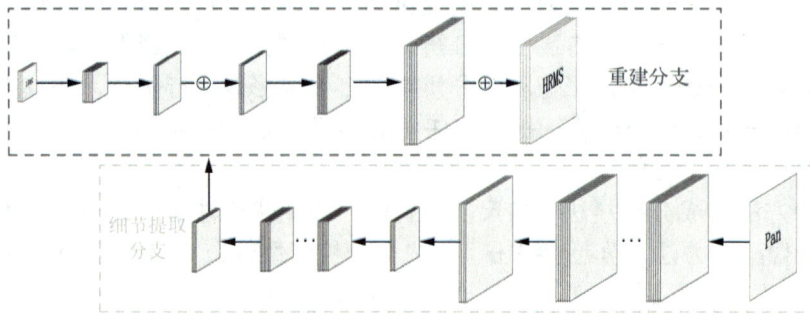

图 20-1 双向金字塔网络结构

注：HRMS：高分辨率多光谱影像；Pan：高分辨率全色影像。

20.2.1 多尺度网络结构

对于大多数卫星传感器，全色影像与多光谱影像之间的分辨率相差四倍，意味着融合后的多光谱影像分辨率是原始多光谱影像的四倍。如果直接在原始多光谱影像上采样四倍，会产生严重的重建噪声，而使用多尺度网络从粗到精逐级重建融合影像则可避免该问题（Lai et al.，2017）。在本章设计的多尺度网络中，多光谱影像被逐级上采样，而全色影像被逐级下采样。在每个尺度中，从全色影像中提取得到的细节信息被注入相应尺度的多光谱影像中。

细节提取分支的每一层可以表示为

$$\text{Pan}_{i+1} = \begin{cases} g^{n_b}(\text{Pan}_i), & i = 0 \\ g^{n_b}(\max \text{ pooling}(\text{Pan}_i)), & i > 0 \end{cases} \tag{20-1}$$

式中，i 和 $i+1$ 为尺度标识；Pan_i 和 Pan_{i+1} 分别为当前尺度的输入和输出；g 为残差网络结构；n_b 为每一个尺度用到的残差结构的个数；g^{n_b} 为当前尺度的输入被 n_b 个残差结构处理；max pooling 表示最大池化。

在 0 尺度（全色分辨率尺度），细节信息直接由残差网络结构从全色影像中提取得到；在其他尺度，输入先经过最大池化层进行降采样，再通过残差网络结构提取细节信息。

重建分支的每一层可以表示为

$$\text{MS}_{i+1} = [f(\text{MS}_i)]\uparrow + \text{Pan}_{N-i} \quad (0 \leqslant i < n) \tag{20-2}$$

式中，N 为总共的尺度数，对于分辨率相差四倍的全色影像和多光谱影像，n 为 2；i、$i+1$ 和 $N-i$ 为尺度标识；MS_i 为当前尺度重建网络的输入；Pan_{N-i} 为对应尺度细节提取分支的输出；MS_{i+1} 为当前尺度重建网络的输出；f 和 $\uparrow$ 分别为亚像素卷积中的卷积操作和上采样操作。

在网络训练时，通过最小化网络当前尺度重建输出与当前尺度参考影像之间的误差，可以学习得到 g 和 f。每个重建尺度的参考影像则是通过对原始参考影像进行相应倍数的降采样获得的。

20.2.2　重建分支

重建分支的主要任务是对输入的多光谱影像进行上采样，且在注入从细节提取分支得到的细节信息的同时，不能改变原始多光谱影像的光谱特性。

在重建分支的每个尺度，输入的 4 通道特征图首先经过一个卷积层，得到 16 通道的特征图。新的特征图经过重新排列，得到上采样的特征图。上采样后特征图通道数仍是 4，但是大小是输入特征图的两倍。从对应的细节提取分支得到的细节信息会被注入上采样后的特征图。每一个重建分支的输出是输入分辨率两倍的多光谱影像。

图 20-2 所示是重建分支的单个尺度，红框内为亚像素卷积过程。16 通道特征图中的每个像素组成一个 1×16 的向量，该向量经过重排列后变成一个 2×2×4 的矩阵。已有研究表明，（$o×r×r, I, k, k$）大小卷积核的亚像素卷积层（Shi et al., 2016）和（$o, I, k×r, k×r$）大小卷积核的反卷积层有着相同的效果。其中，I 为输入的通道数；r 是比例因子；k 和 $k×r$ 是卷积核大小；$o×r×r$ 和 o 是输出通道数。通过预先将训练数据排列到与亚像素卷积层的输出相符，亚像素卷积层比反卷积层快 $\log_2 r^2$ 倍，比在卷积层之前对特征直接进行上采样快 r^2 倍，因此可以加速计算效率。

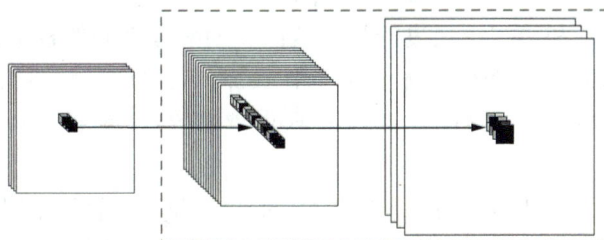

图 20-2　重建分支的单个尺度

20.2.3　细节提取分支

残差网络（residual network，ResNet）结构解决了梯度消失的问题，让卷积神经网络可以有更多的卷积层，从而更好地利用其强大的非线性表达能力，提取更具有代表性的特征。ResNet 中残差连接的思想特别适用于影像融合问题，因为影像融合中输入的多光谱影像和输出的高分辨率多光谱影像十分相似，这样残差网络就能生成一张大多数值为 0 或者非常小的残差图像。大部分最近提出的基于深度学习的影像融合网络都用到了残差结构。

然而，残差块（residual block，ResBlock）结构最初用于高层次计算机视觉任务，如图像分类、目标提取等，直接将其引入影像融合中会引入不必要的计算冗余。Nah 等（2017）提出的结构则更适用于影像融合任务，通过移去残差网络结构中的全部批量归一化（batch normalization，BN）层及跳跃连接后的修正线性单元（rectified linear unit，ReLU），使得模型参数明显减少，并且网络收敛速度加快。

图 20-3 所示是细节提取分支的单个尺度，其中绿框内为改进的 ResBlock 结构。首先，通过一个卷积层从原始全色影像中提取得到 64 通道的特征图；然后，堆叠的 ResBlock 结构被用来提取残差特征；在最后一个 ResBlock 之后，一个卷积层将 64 通道的特征图转变为 4 通道的细节图，该细节图被注入对应尺度的重建分支；在每个尺度细节提取分支的最后，一个最大值池化层会将细节图降采样为输入的 1/2，

以作为下一个尺度的输入。

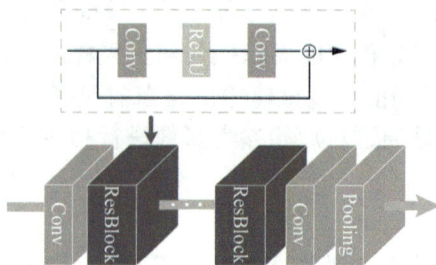

图 20-3　细节提取分支的单个尺度

每个尺度中堆叠的 ResBlock 个数决定了网络感受野的大小。相对于全局影像特征，在影像融合任务中更关注局部结构特征，因此不需要特别深的网络结构。对于不同的尺度，使用相同数量的 ResBlock 可以让低分辨率特征图有更大的感受野，从而提取更多的结构特征；而高分辨率特征图感受野稍小，可以集中用于提取局部空间细节。

20.2.4　多级损失函数

双向金字塔网络在不同的尺度预测残差影像，能够生成多个尺度的输出影像。通过将原始参考影像进行降采样，可以得到各个尺度的参考影像，因此可通过这种方式计算每个尺度的损失。对于有两个尺度的网络，损失函数可以表示为

$$\text{Loss} = \lambda \text{loss}_1 + (1-\lambda)\text{loss}_2 \tag{20-3}$$

式中，loss_1、loss_2 分别为第一和第二个尺度的损失值；λ 为两者之间的权重系数。

在开始训练时，λ 设置为 1，即网络整体损失等于 loss_1，此时只有网络的第一个尺度受到监督，从而让网络迅速收敛。随着训练深入 λ 逐渐减小，loss_2 的权重越来越大，最终 λ 减小到 0，网络损失等于 loss_2，从而保证重建结果的精度。

对于每一个重建尺度，损失函数都是基于相对无量纲全局综合误差（erreur relative globale adimensionnelle de synthèse，ERGAS）设计的，该指标是一个影像融合质量的全局评判指标：

$$\text{loss}_i = \sqrt{\frac{1}{B}\sum_{b=1}^{B}(\text{RMSE}_i(b)\text{e}^{-u_i(b)})^2} \tag{20-4}$$

式中，i 为尺度标识；B 为多光谱影像的波段数，用 b 作为标识；$u_i(b)$ 为参考影像第 b 个波段的灰度均值；$\text{RMSE}_i(b)$ 为当前尺度预测值和参考值之间的均方根误差。

20.3　影像融合客观评价指标

影像融合结果的质量直接关系到后续信息提取与应用的潜力，因此需要对融合影像的几何畸变和光谱畸变进行检验评价。融合影像的质量一般可以从两个方面进行评价：一种是在原始分辨率数据上进行评价，称为无参考质量评价；另一种是依据 Wald 提出的方式（Wald et al.，1997），在降采样后的数据上进行评价，称为有参考质量评价。

20.3.1　无参考质量评价

无参考质量评价的相关指标可通过计算融合影像与原始全色影像、融合影像与原始多光谱影像之间

的关系得到。无参考质量评价指标基于 Q 指标设计，其计算方式如下：

$$Q = \frac{\sigma xy}{\sigma x \sigma y} \frac{2\sigma x \sigma y}{\sigma_x^2 + \sigma_y^2} \frac{2\overline{x}\,\overline{y}}{\overline{x}^2 + \overline{y}^2} \tag{20-5}$$

式中，x 和 y 分别为待评价影像和参考影像；$\overline{x}$ 和 $\overline{y}$ 分别为 x 和 y 的均值；σ_x 和 σ_y 分别为 x 和 y 的方差。

Q 指标由待评价影像与参考影像之间的相关性、均值偏差、方差对比三部分组成。基于 Q 指标的无参考质量评价主要有以下三个指标。

1）光谱畸变指标 D_λ：

$$D_\lambda = \frac{1}{B(B-1)} \sum_{b=1}^{B} \sum_{l=1(b\neq l)}^{B} \left| Q(x_b, x_l) - Q(\tilde{x}_b, \tilde{x}_l) \right| \tag{20-6}$$

式中，x_b、x_l 分别为融合影像的第 b 和第 l 波段；$\tilde{x}_b$ 和 $\tilde{x}_l$ 分别为低分辨率多光谱影像的第 b 和第 l 波段；B 为多光谱影像的波段数。

光谱畸变指标用于衡量融合影像与原始多光谱影像各波段 Q 指标的相对关系。

2）几何畸变指标 D_s：

$$D_s = \frac{1}{B} \sum_{b=1}^{B} \left| Q(x_b, P) - Q(\tilde{x}_b, \tilde{P}) \right| \tag{20-7}$$

式中，P 和 $\tilde{P}$ 分别为全色影像和降采样后的全色影像。

几何畸变指标用于衡量融合影像和全色影像之间 Q 指标的相对关系。

3）QNR 指标：

$$\text{QNR} = (1 - D_\lambda)(1 - D_s) \tag{20-8}$$

QNR 指标用于综合评定融合影像的几何质量和光谱质量，通过光谱畸变指标和几何畸变指标计算得到。QNR 的取值范围为 0～1，数值越大，代表融合影像的质量越好。

20.3.2 有参考质量评价

有参考质量评价方法基于尺度不变假设设计，将原始多光谱影像作为真值，而原始多光谱影像和原始全色影像被降采样后经过融合得到融合影像。常用的有参考质量评价主要有以下五个指标。

1）相关系数指标 CC：

$$\text{CC} = \frac{\sum_{m=1}^{M} (P_m - \overline{P}_m)(R_m - \overline{R}_m)}{\sqrt{\sum_{m=1}^{M} (P_m - \overline{P}_m)^2 \sum_{m=1}^{M} (R_m - \overline{R}_m)^2}} \tag{20-9}$$

式中，M 为像素总数；R 为参考影像，即原始多光谱影像；P 为融合影像；$\overline{R}$ 和 $\overline{P}$ 分别为 R 和 P 的灰度均值；所有变量中的 m 均指影像中的第 m 个像素。

相关系数指标用于衡量融合影像与参考影像之间的相关度。

2）均方根误差指标 RMSE：

$$\text{RMSE} = \sqrt{\frac{\sum_{m=1}^{M} (P_m - R_m)^2}{M}} \tag{20-10}$$

均方根误差指标用于评定两张影像之间的标准误差。

3）无量纲全局综合误差 ERGAS（Wald，2002）：

$$\text{ERGAS} \triangleq 100 \frac{d_h}{d_1} \sqrt{\frac{1}{B} \sum_{b=1}^{B} \left(\frac{\text{RMSE}(b)}{\mu(b)} \right)^2} \tag{20-11}$$

式中， RMSE(b) 为融合影像与参考影像第 b 波段之间的均方根误差；d_h / d_1 为全色影像与多光谱影像之间的尺度因子；$\mu(b)$ 是第 b 波段的均值；B 为多光谱影像的波段数。

无量纲全局综合误差指标主要用于衡量光谱畸变，该值越接近 0，融合影像质量越好。

4）光谱角 SAM（Yuhas et al.，1992）：

$$\mathrm{SAM}(v,\hat{v}) \triangleq \arccos\left(\frac{\langle v,\hat{v}\rangle}{\|v\|_2 \|\hat{v}\|_2}\right) \tag{20-12}$$

式中， v 和 $\bar{v}$ 分别为融合影像和参考影像向量。

光谱角指标主要用于评价融合影像与参考影像之间的光谱畸变。

5）全局影像质量指标 Q_4（Garzelli et al.，2009）：

$$Q_4 = \frac{\left|\sigma_{Z_1 Z_2}\right|}{\sigma_{Z_1} \sigma_{Z_2}} \frac{2\sigma_{Z_1}\sigma_{Z_2}}{\sigma_{Z_1}^2 + \sigma_{Z_2}^2} \frac{2\left|\bar{Z}_1\right|\left|\bar{Z}_2\right|}{\left|\bar{Z}_1\right|^2 + \left|\bar{Z}_2\right|^2} \tag{20-13}$$

式中， $Z_1 = x_1 + \mathrm{i}x_2 + \mathrm{j}x_3 + \mathrm{l}x_4$ ， $Z_2 = \hat{x}_1 + \mathrm{i}\hat{x}_2 + \mathrm{j}\hat{x}_3 + \mathrm{l}\hat{x}_4$ ， x_b 和 $\hat{x}_b$ 分别为融合影像和参考影像的第 b 波段，i、j 和 l 都是虚数单位；$\bar{Z}$ 和 σ_Z 分别为变量 Z 的均值和方差；$\sigma_{Z_1 Z_2}$ 为 Z_1 和 Z_2 之间的协方差；Q_4 为 Q 指标对四波段多光谱影像的改进，其取值范围为 0 到 1，值越大表示融合影像质量越好。

20.4 实验与分析

为了验证本章提出的双向金字塔网络的有效性，首先训练不同参数的网络，通过对训练得到的模型的比较，从中挑选出性能最优的模型；然后对选出的模型进行原始分辨率和降采样分辨率影像融合实验，并与七种现有的主流算法进行客观指标和主观质量的比较分析。

20.4.1 数据集与模型训练

为了验证双向金字塔网络影像融合模型的有效性，构建由高分二号（GF2）、IKONOS、QuickBird 和 WorldView-3 卫星数据组成的数据集，其中 WorldView-3 卫星数据只选取第 2、3、5、7 波段，组成四波段多光谱影像。为了让训练得到的模型更加鲁棒，使用覆盖不同区域（城区、郊区、海边、山区）的影像。实验中采用的全色影像分辨率分别为 1m（GF2）、1m（IKONOS）、0.7m（QuickBird）和 0.31m（WorldView-3），共采集 4000 个影像块。对于每种传感器，选定 20 块影像用作测试；其余影像中 1/5 用作验证，4/5 用于训练。依据 Wald 提出的方式（Wald et al.，1997），将降采样影像作为输入，原始多光谱影像作为参考影像。

实验在一台配有 NVIDIA GeForce GT 1080Ti GPU 显卡的台式计算机上进行。用于训练的全色影像和多光谱影像块的大小分别为 256 像素×256 像素和 64 像素×64 像素，一个训练批次的样本数为 8，训练初始学习率为 $1×10^{-4}$，学习率衰减系数为每 100 个周期衰减到原来的 0.8，最大训练次数设置为 3000。权重系数 λ 初值为 1，每 5 个周期减小 0.01，即 500 个周期即可使 λ 从 1 降为 0。

20.4.2 网络结构比较

在双向金字塔网络中，一个关键参数是全色细节提取分支中使用的 ResBlock 数量，该参数会直接决定网络的深度。通常来说，更多卷积层的网络可以提取更高层次的特征，从而取得更好的表现，但是实际融合效果是否如此，需要进行实验验证，因此本章训练不同 ResBlock 数目的网络来探究其对网络性能的影响。另一个需要研究的方面是网络的多尺度结构，通过移除网络细节提取分支的第二个尺度，网络被简化为单一尺度，然后对简化的网络进行训练，并与原始网络进行比较来验证多尺度结构的影响。为了验证多尺度损失函数的作用，仅使用最后一个尺度的损失对网络进行训练，并评估实验效果。

如前所述，在双向金字塔网络结构中，不同尺度使用相同的损失（loss）函数，并且不同尺度之间的系数加和为 1。另外，使用不同数量 ResBlock 的网络，损失函数相同。对于单一尺度网络或者只使用单一尺度损失函数的网络，其损失仍然可以看作多尺度损失，只是中间层的损失系数为 0，最终重建尺度的系数为 1。尤其在训练到 500 个周期之后，所有网络的损失函数都是最后一个尺度的损失。因此，在验证集上的损失可以作为训练模型的指标，进而评价模型的好坏。相关实验结果如图 20-4 所示。

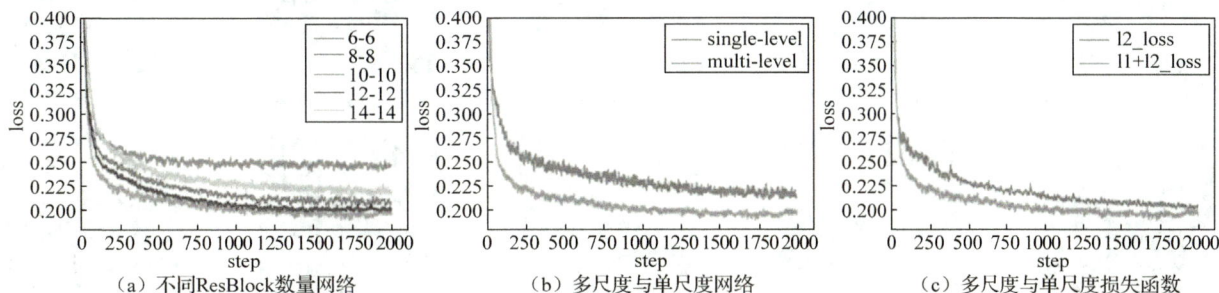

（a）不同ResBlock数量网络　　　　（b）多尺度与单尺度网络　　　　（c）多尺度与单尺度损失函数

图 20-4　不同网络结构或者损失函数网络训练时验证集的损失曲线

注：loss：损失函数；step：训练周期数；single-level：单尺度网络；multi-level：多尺度网络。

如图 20-4（a）所示，n_b-n_b（n_b=6、8、10、12、14）表示网络有两个尺度，每个尺度有 n_b 个 ResBlock。当 ResBlock 的数量是 6-6 时，网络收敛很快，但是最终的损失值最大，这是因为网络的感受野太小，无法捕捉到局部区域的结构信息。随着 ResBlock 数量增加，网络参数数量增加，收敛变慢。当 ResBlock 数量为 10-10 时，网络得到最小的损失值，即取得最好的表现。当 ResBlock 数量继续增加，网络收敛速度继续下降，同时最终损失值也逐渐增加。其原因在于，影像融合的重点在于提取局部区域的低层次特征，并不需要太大的感受野，而且太深的结构会导致网络训练困难。

在图 20-4（b）中，多尺度网络的优越性得以体现。两个网络同样使用 20 个 ResBlock，但是单一尺度的网络收敛较慢，同时最终损失值也较大，说明多尺度网络结构在加快网络收敛速度的同时，还能提高网络的表现。

在图 20-4（c）中，使用多尺度损失的网络在前面 500 个周期损失下降的速度明显快于单一尺度损失函数的网络，验证了使用中间尺度损失的作用。在后续训练过程中，两者之间的差距逐渐减小，且最终取得非常接近的损失值，说明单一尺度损失的网络也能够达到与多尺度损失网络相似的效果，但是训练时间更长。

20.4.3　影像融合测试集实验

为全面评估双向金字塔网络融合的性能，在测试集上对训练好的模型进行测试，同时选取七种广泛认可的影像融合算法进行对比，包括格拉姆·施密特（Gram-Schmidt）融合（GS）（Aiazzi et al.，2007）、引导滤波融合（guided filter pansharpening，GFP）（Liu et al.，2016）、消光模型融合（matting model pansharpening，MMP）（Kang et al.，2014）、L1/2 梯度先验融合（L12）（Zeng et al.，2016）、基于广义拉普拉斯金字塔的融合（segment based generalized laplacian pyramid，Seg_GLP）（Restaino et al.，2016）、深度残差神经网络影像融合（deep residual pan-sharpening neural network，DRPNN）（Wei et al.，2017）和自适应神经网络影像融合（adaptive pansharpening neural network，PNN）（Scarpa et al.，2018）。其中，GS 和 GFP 是两种典型的成分替代类算法，MMP 和 L12 是两种表现良好的模型优化影像融合算法，Seg_GLP 是基于影像分割的多尺度影像融合算法，DRPNN 和 PNN 是两种最近提出的用于影像融合的卷积神经网络。

图 20-5 所示是原始分辨率 GF2 卫星影像不同影像融合算法的融合结果。为了方便可视化，所有影像都使用 ArcGIS 软件以默认参数进行渲染，且多光谱影像以红、绿、蓝波段进行显示。两种基于成分替换

的方法很好地增强了细节，但是产生严重色偏，尤其是植被区域；MMP、L12、Seg_GLP、PNN 和 DRPNN 光谱信息保存较好，但是仍有不同程度的模糊；而本章提出的双向金字塔影像融合方法获得了视觉质量最好的融合影像。其定量评价如表 20-1 所示，可以看到，PNN 取得最好的 D_λ 指标，双向金字塔影像融合算法取得最好的 D_s 指标和 QNR 指标。

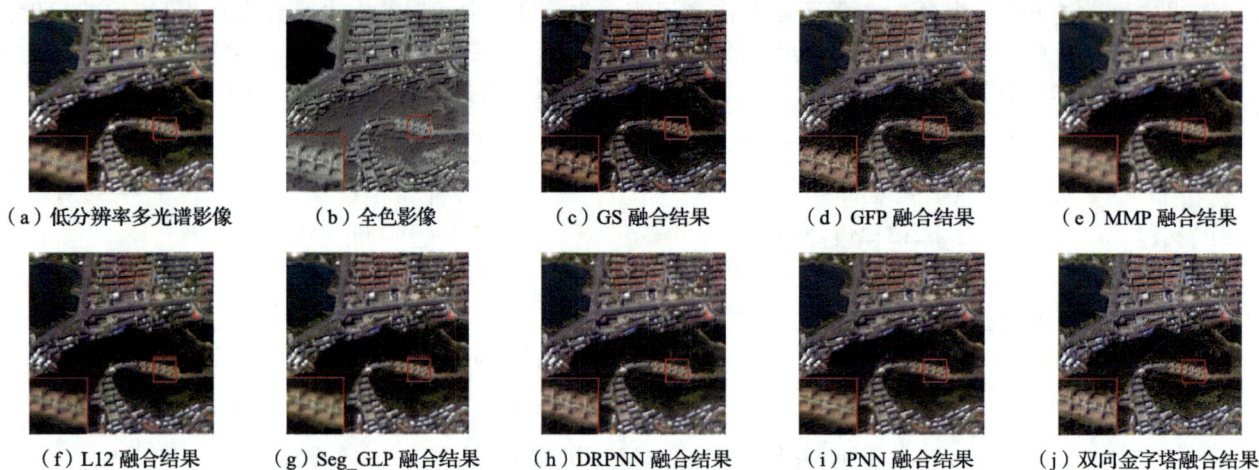

（a）低分辨率多光谱影像　　（b）全色影像　　（c）GS 融合结果　　（d）GFP 融合结果　　（e）MMP 融合结果

（f）L12 融合结果　　（g）Seg_GLP 融合结果　　（h）DRPNN 融合结果　　（i）PNN 融合结果　　（j）双向金字塔融合结果

图 20-5　原始分辨率 GF2 卫星影像不同影像融合算法的融合结果

表 20-1　原始分辨率 GF2 卫星影像不同影像融合算法的融合结果定量评价

指标	GS	GFP	MMP	L12	Seg_GLP	DRPNN	PNN	双向金字塔
D_λ	0.1528	0.1951	0.0696	0.0354	0.0466	0.0261	0.0248	0.0566
D_s	0.0498	0.0847	0.0864	0.1256	0.0783	0.0783	0.1421	0.0443
QNR	0.8050	0.7367	0.8500	0.8434	0.8787	0.8976	0.8366	0.9016

图 20-6 所示是降采样 GF2 卫星影像不同影像融合算法的融合结果。所有融合结果的光谱质量都较好。但是在几何质量方面，GS 和 GFP 方法取得了最好表现，其次是双向金字塔影像融合方法和 PNN。Seg_GLP、MMP、L12 和 DRPNN 的结果中，屋顶的孔状结构难以识别出来，说明这些方法在地物边缘仍存在模糊。表 20-2 是不同算法融合结果的定量评价，可见双向金字塔影像融合算法在多数指标上取得了最好表现。

表 20-2　降采样 GF2 卫星影像不同影像融合算法的融合结果定量评价

指标	GS	GFP	MMP	L12	Seg_GLP	DRPNN	PNN	双向金字塔
ERGAS	2.2353	2.3166	2.1091	1.9270	2.0116	1.9347	2.1062	2.0896
SAM	1.0209	1.0782	0.9573	0.8739	0.9617	1.0828	1.3288	1.1461
CC	0.9631	0.9582	0.9670	0.9721	0.9696	0.9737	0.9734	0.9739
Q_4	0.7227	0.6799	0.7134	0.7250	0.7110	0.7225	0.7449	0.7506
RMSE	20.4982	21.2825	19.4364	17.2065	18.5474	16.9153	17.1711	16.8674

图 20-7 所示是原始分辨率 IKONOS 卫星影像不同影像融合算法的融合结果。L12、PNN 和 DRPNN 结果仍存在模糊现象，在放大图中单棵树木难以识别；GS、GFP 和 MMP 在大多数地方较好地保留了细节信息，但是在纹理复杂的局部区域会产生噪声，如图像中间的植被区域；Seg_GLP 结果在植被区域存在轻微色偏；在直观比较上，双向金字塔影像融合方法生成的影像视觉质量最好。表 20-3 的定量评价结果也与此相符，双向金字塔影像融合方法取得最好的 D_λ、D_s 和 QNR，说明双向金字塔影像融合算法在增强细节和保存光谱信息方面都表现最好。

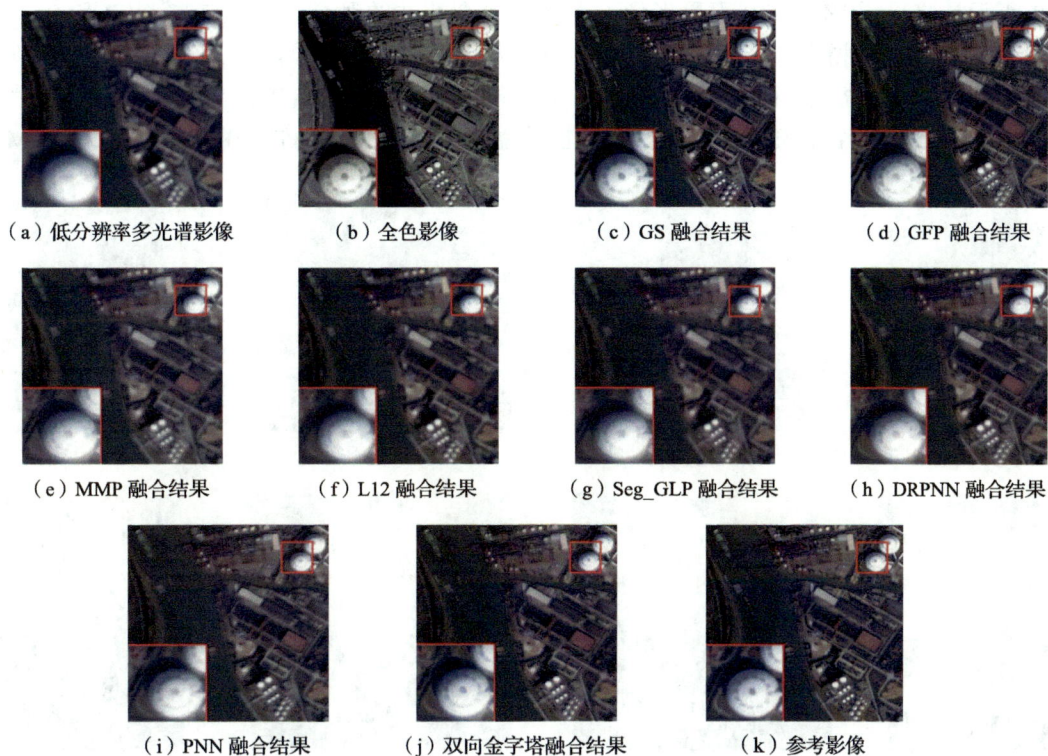

（a）低分辨率多光谱影像	（b）全色影像	（c）GS 融合结果	（d）GFP 融合结果

（e）MMP 融合结果	（f）L12 融合结果	（g）Seg_GLP 融合结果	（h）DRPNN 融合结果

（i）PNN 融合结果	（j）双向金字塔融合结果	（k）参考影像

图 20-6　降采样 GF2 卫星影像不同影像融合算法的融合结果

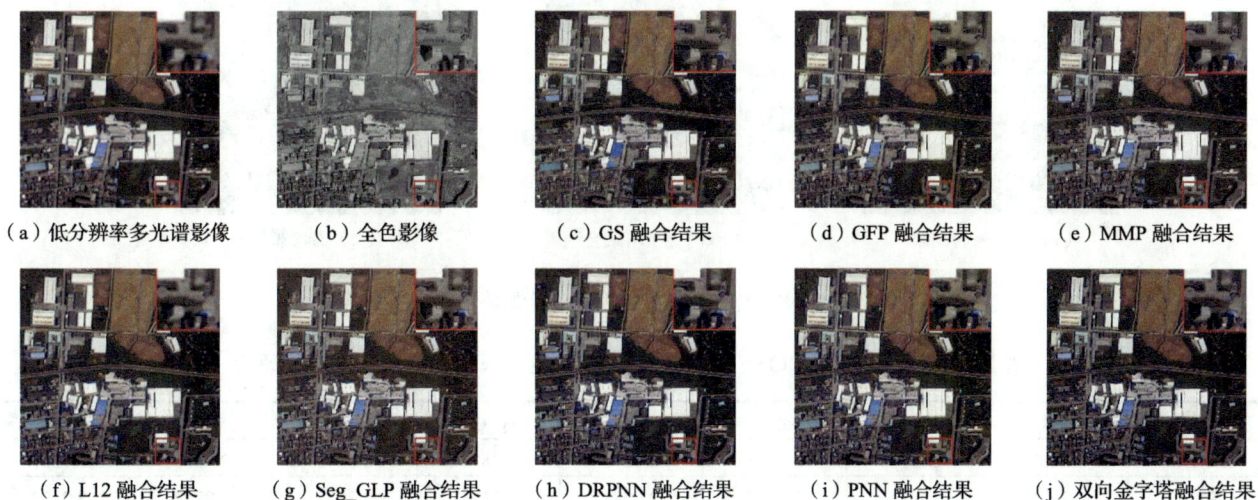

（a）低分辨率多光谱影像	（b）全色影像	（c）GS 融合结果	（d）GFP 融合结果	（e）MMP 融合结果

（f）L12 融合结果	（g）Seg_GLP 融合结果	（h）DRPNN 融合结果	（i）PNN 融合结果	（j）双向金字塔融合结果

图 20-7　原始分辨率 IKONOS 卫星影像不同影像融合算法的融合结果

表 20-3　原始分辨率 IKONOS 卫星影像不同影像融合算法的融合结果定量评价

指标	GS	GFP	MMP	L12	Seg_GLP	DRPNN	PNN	双向金字塔
D_λ	0.1596	0.2214	0.1751	0.0393	0.1375	0.0573	0.0450	0.0387
D_s	0.1842	0.1352	0.1300	0.0949	0.1049	0.0752	0.0452	0.0340
QNR	0.6856	0.6733	0.7177	0.8695	0.7720	0.8718	0.9118	0.9286

图 20-8 所示是降采样 IKONOS 卫星影像不同影像融合算法的融合结果。GF、GFP 和 Seg_GLP 的结果在植被区域有噪声；两种模型类方法 MMP 和 L12 未能成功恢复细节，复杂纹理区域产生明显噪声，而在弱纹理区域仍存在模糊现象；DRPNN、PNN 和双向金字塔影像融合方法生成的结果与参考影像更相似。表 20-4 中的定量评价结果表明，双向金字塔影像融合算法取得最好的 ERGAS、CC 和 RMSE 指标。

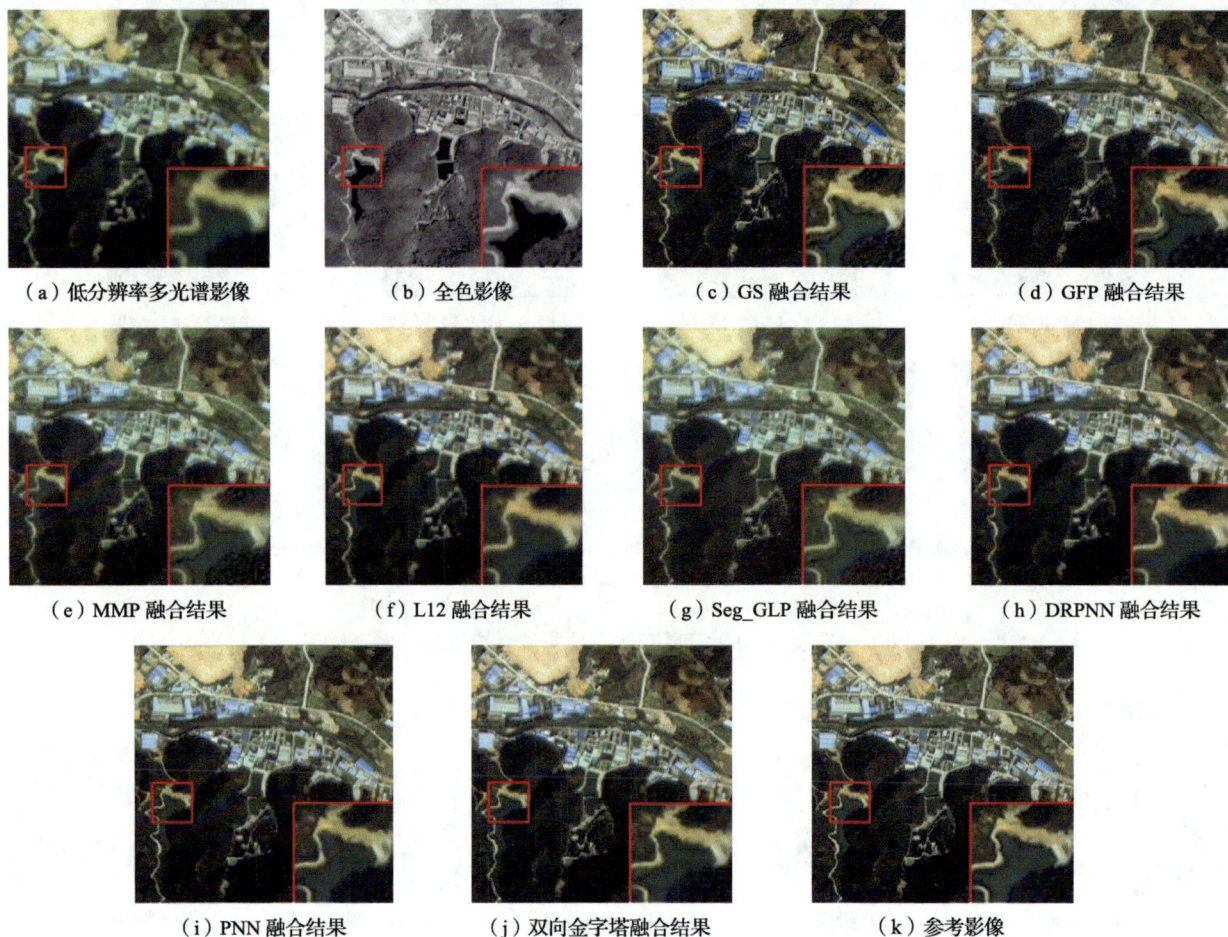

（a）低分辨率多光谱影像	（b）全色影像	（c）GS 融合结果	（d）GFP 融合结果
（e）MMP 融合结果	（f）L12 融合结果	（g）Seg_GLP 融合结果	（h）DRPNN 融合结果
（i）PNN 融合结果	（j）双向金字塔融合结果	（k）参考影像	

图 20-8　降采样 IKONOS 卫星影像不同影像融合算法的融合结果

表 20-4　降采样 IKONOS 卫星影像不同影像融合算法的融合结果定量评价

指标	GS	GFP	MMP	L12	Seg_GLP	DRPNN	PNN	双向金字塔
ERGAS	2.6283	2.4671	2.5525	2.4257	2.4886	2.4158	2.2888	2.1567
SAM	3.3600	3.3923	3.2557	2.9053	3.3191	2.5955	2.2342	2.7022
CC	0.9581	0.9616	0.9617	0.9631	0.9614	0.9652	0.9659	0.9698
Q_4	0.8599	0.8444	0.7863	0.7854	0.8048	0.8460	0.8567	0.8443
RMSE	46.9970	41.7538	43.5609	42.0916	42.6467	40.5339	38.8833	37.7224

图 20-9 所示是原始分辨率 QuickBird 卫星影像不同影像融合算法的融合结果。由图可见，GS、GFP 和 PNN 的结果存在色偏，植被颜色与原始多光谱影像不同；MMP、L12、DRPNN 的结果存在模糊，结果图中房屋不清晰；Seg_GLP 结果在植被区域有严重的噪声；双向金字塔影像融合算法获得高质量的融合影像。表 20-5 中的定量评价结果表明，GS 和 L12 算法结果分别取得最好的 D_λ 和 D_s，而双向金字塔影像融合算法取得最好的 QNR。

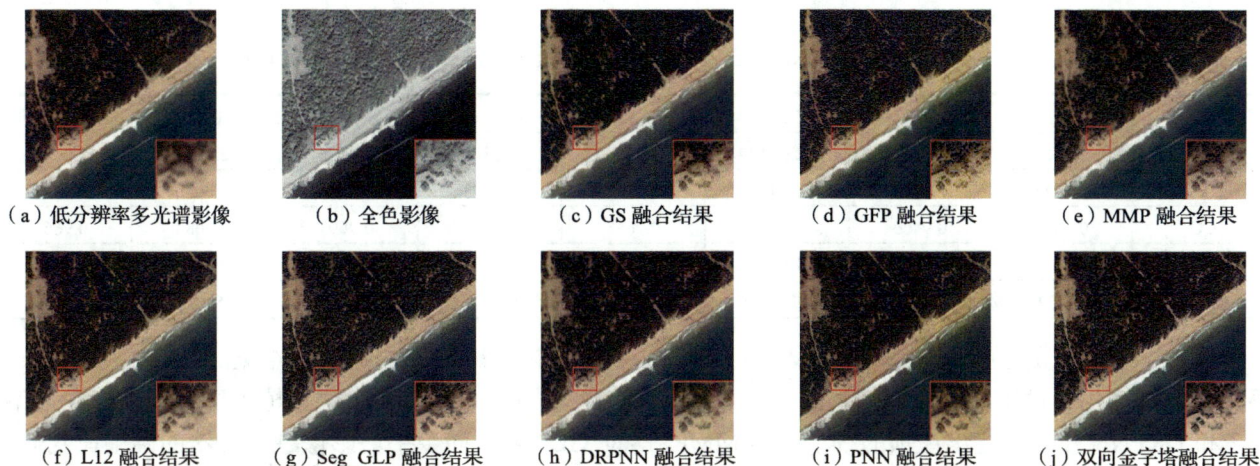

|（a）低分辨率多光谱影像 |（b）全色影像 |（c）GS 融合结果 |（d）GFP 融合结果 |（e）MMP 融合结果|

|（f）L12 融合结果 |（g）Seg_GLP 融合结果 |（h）DRPNN 融合结果 |（i）PNN 融合结果 |（j）双向金字塔融合结果|

图 20-9　原始分辨率 QuickBird 卫星影像不同影像融合算法的融合结果

表 20-5　原始分辨率 QuickBird 卫星影像不同影像融合算法的融合结果定量评价

指标	GS	GFP	MMP	L12	Seg_GLP	DRPNN	PNN	双向金字塔
D_λ	0.0720	0.1920	0.0332	0.0187	0.0618	0.0409	0.0896	0.0528
D_s	0.0527	0.1096	0.0854	0.1166	0.0672	0.1191	0.0875	0.0661
QNR	0.8791	0.7194	0.8842	0.8669	0.8752	0.8449	0.8307	0.8846

　　图 20-10 所示是降采样 QuickBird 卫星影像不同影像融合算法的融合结果。在这组实验中，GS 和 GFP 的结果存在模糊现象，放大视图中的道路边界不明显，且 GS 方法还在植被区域存在色偏；GFP 结果在纹理复杂区域有噪声，在裸地区域存在色偏；MMP 结果也有轻微色偏，放大图中植被颜色存在异常；而 L12、PNN、DRPNN 和双向金字塔影像融合方法生成了质量较好的融合影像。表 20-6 中的定量评价指标表明，双向金字塔影像融合算法取得最好的 ERGAS 和 Q_4 指标，DRPNN 取得最好的 SAM、CC 和 RMSE 指标。

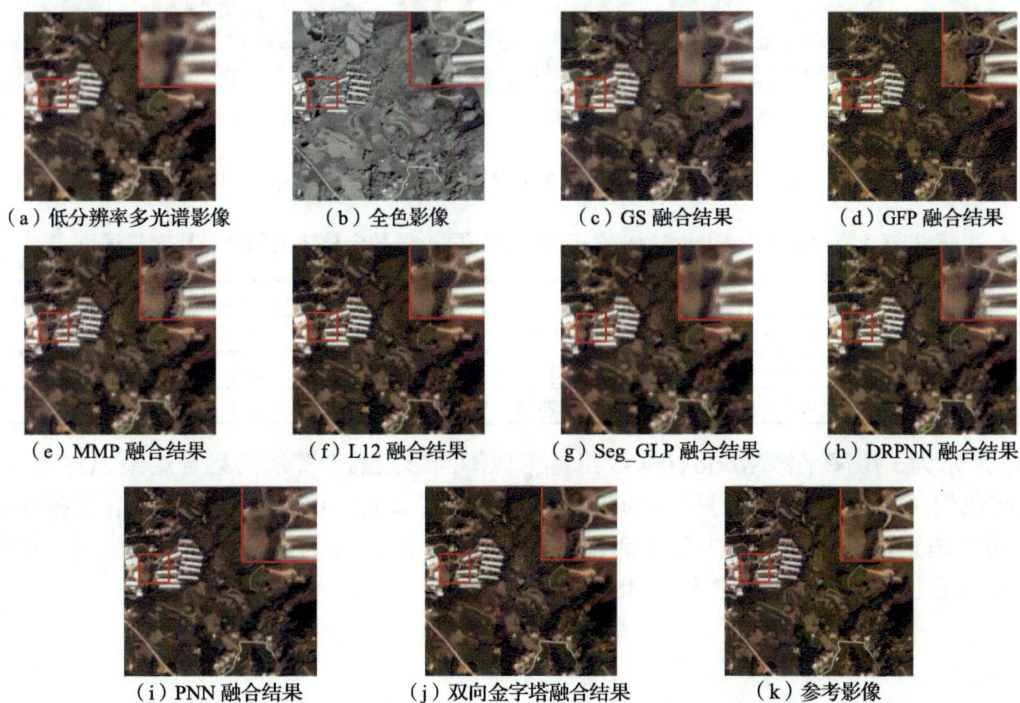

|（a）低分辨率多光谱影像 |（b）全色影像 |（c）GS 融合结果 |（d）GFP 融合结果|

|（e）MMP 融合结果 |（f）L12 融合结果 |（g）Seg_GLP 融合结果 |（h）DRPNN 融合结果|

|（i）PNN 融合结果 |（j）双向金字塔融合结果 |（k）参考影像|

图 20-10　降采样 QuickBird 卫星影像不同影像融合算法的融合结果

表 20-6　降采样 QuickBird 卫星影像不同影像融合算法的融合结果定量评价

指标	GS	GFP	MMP	L12	Seg_GLP	DRPNN	PNN	双向金字塔
ERGAS	2.3965	2.5142	2.3048	2.0223	2.1805	2.0124	2.1819	2.0087
SAM	2.6423	2.9468	2.3916	2.3129	2.1493	1.9903	2.0446	2.0673
CC	0.9540	0.9466	0.9608	0.9658	0.9646	0.9691	0.9633	0.9668
Q_4	0.8574	0.8656	0.8339	0.8519	0.8687	0.8759	0.8733	0.8824
RMSE	32.1591	27.7098	27.7389	25.6286	25.3577	24.3760	25.2516	24.4343

　　图 20-11 所示是原始分辨率 WorldView-3 卫星影像不同影像融合算法的融合结果。GS 方法细节恢复很好，但是产生了严重的色偏，如道路、植被、房顶、水域等区域；GFP 方法在植被区域同样存在色偏；L12 和 DRPNN 没有重建出屋顶的细节；而 MMP、Seg_GLP 和双向金字塔影像融合方法的结果在几何质量和光谱质量方面都表现比较好。表 20-7 的定量评价结果与直观比较相符，双向金字塔影像融合算法取得最好的 D_λ、D_s 和 QNR 指标。

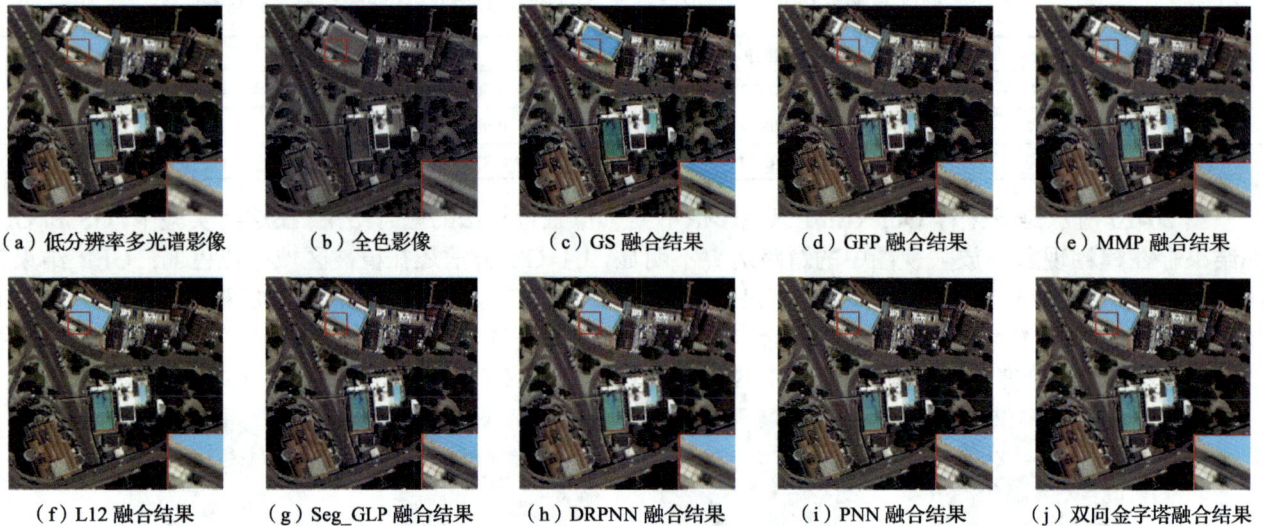

（a）低分辨率多光谱影像　（b）全色影像　（c）GS 融合结果　（d）GFP 融合结果　（e）MMP 融合结果

（f）L12 融合结果　（g）Seg_GLP 融合结果　（h）DRPNN 融合结果　（i）PNN 融合结果　（j）双向金字塔融合结果

图 20-11　原始分辨率 WorldView-3 卫星影像不同影像融合算法的融合结果

表 20-7　原始分辨率 WorldView-3 卫星影像不同影像融合算法的融合结果定量评价

指标	GS	GFP	MMP	L12	Seg_GLP	DRPNN	PNN	双向金字塔
D_λ	0.0525	0.1063	0.0307	0.0693	0.0462	0.0642	0.0855	0.0290
D_s	0.0190	0.0337	0.0957	0.1882	0.0256	0.1250	0.0760	0.0179
QNR	0.9295	0.8636	0.8765	0.7555	0.9292	0.8188	0.8450	0.9536

　　图 20-12 所示为一组降采样 WorldView-3 卫星影像不同影像融合算法的融合结果。GS 和 GFP 的结果在植被区域有色偏，GFP 方法在纹理复杂区域产生噪声，MMP、L12 和 DRPNN 的结果存在模糊，Seg_GLP、PNN 和双向金字塔影像融合方法的结果与参考影像更接近。表 20-8 的定量评价结果表明，双向金字塔影像融合算法取得最好的 ERGAS、CC 和 RMSE 指标。

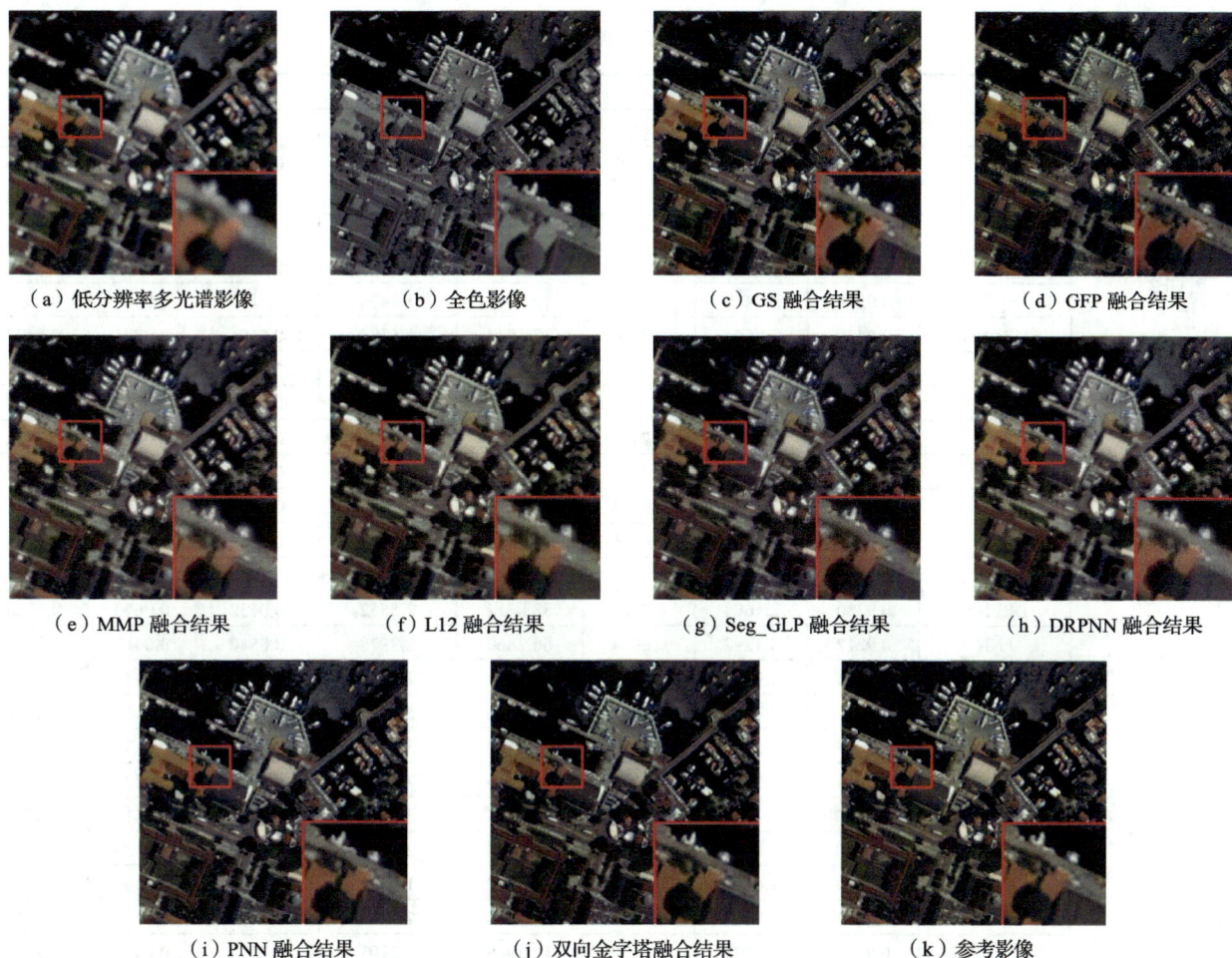

（a）低分辨率多光谱影像　　（b）全色影像　　（c）GS 融合结果　　（d）GFP 融合结果

（e）MMP 融合结果　　（f）L12 融合结果　　（g）Seg_GLP 融合结果　　（h）DRPNN 融合结果

（i）PNN 融合结果　　（j）双向金字塔融合结果　　（k）参考影像

图 20-12　降采样 WorldView-3 卫星影像不同影像融合算法的融合结果

表 20-8　降采样 WorldView-3 卫星影像不同影像融合算法的融合结果定量评价

指标	GS	GFP	MMP	L12	Seg_GLP	DRPNN	PNN	双向金字塔
ERGAS	4.1077	4.8126	4.1898	4.1067	3.9496	4.4064	4.0012	3.9111
SAM	3.2959	3.1599	2.9630	2.2933	2.6335	2.4630	2.1680	3.1247
CC	0.9623	0.9433	0.9653	0.9630	0.9589	0.9592	0.9650	0.9667
Q_4	0.8607	0.8283	0.8369	0.8402	0.8476	0.8226	0.8498	0.8586
RMSE	45.9789	52.3946	46.4166	49.0402	43.6620	48.3781	45.1543	43.5251

表 20-9 所示为不同方法的测试集数据定量评价结果，表 20-10 为这些方法对应的 CPU 运算时间。可以看到，双向金字塔影像融合算法在大多数有参考评价指标上取得最佳表现。对于无参考评价指标，PNN 对 GF2 卫星和 IKONOS 卫星数据效果最好，而双向金字塔影像融合算法对 QuickBird 卫星和 WorldView-3 卫星效果最好。在运算时间方面，双向金字塔影像融合算法低于大部分非深度学习方法，显著优于两类深度学习方法 DRPNN 和 PNN。另有实验结果表明，使用 GPU 进行运算时，双向金字塔网络影像融合模型可以在 5s 内完成测试集，证明了该方法的高效性。

表 20-9　不同方法的测试集数据定量评价结果

卫星	方法	有参考质量					无参考质量		
		CC	Ergas	Q_4	RMSE	SAM	D_λ	D_s	QNR
GF2	GS	0.9184	2.1210	0.8202	22.3545	1.8130	0.1304	0.0482	0.8306
	GFP	0.9327	1.7642	0.7888	18.5908	1.5956	0.1933	0.0966	0.7338
	MMP	0.9576	1.4950	0.8031	15.6883	1.3928	0.1149	0.0428	0.8479
	L12	0.9598	1.4497	0.7976	15.0998	1.3077	0.0561	0.0798	0.8680
	Seg_GLP	0.9588	1.4419	0.8317	14.9989	1.3476	0.1137	0.0403	0.8539
	DRPNN	0.9428	1.6504	0.7620	17.1544	1.6584	0.0696	0.0876	0.8492
	PNN	0.9588	1.4216	0.8420	14.9768	1.3612	0.0668	0.0396	0.8964
	双向金字塔	0.9693	1.2493	0.8757	13.3310	1.3067	0.0643	0.0645	0.8753
IKONOS	GS	0.9306	2.6077	0.7421	45.7783	3.5291	0.1628	0.0688	0.7814
	GFP	0.9240	2.2487	0.7465	40.7870	3.3022	0.2017	0.1615	0.6707
	MMP	0.9400	2.2380	0.6823	40.6271	2.9361	0.1082	0.0617	0.8381
	L12	0.9294	2.4037	0.6116	44.8779	3.0838	0.0652	0.0706	0.8703
	Seg_GLP	0.9434	2.0729	0.7651	37.1087	2.6932	0.1190	0.0684	0.8222
	DRPNN	0.9380	2.1604	0.7108	38.8512	2.5552	0.0632	0.0640	0.8768
	PNN	0.9212	4.4292	0.6944	66.2860	2.8828	0.0540	0.0412	0.9072
	双向金字塔	0.9521	1.9294	0.8518	33.1365	2.5533	0.0734	0.0441	0.8857
QuickBird	GS	0.9184	2.1763	0.7593	27.1841	2.6086	0.0745	0.0661	0.8671
	GFP	0.7889	2.5345	0.7283	29.4479	3.2919	0.1512	0.2137	0.6672
	MMP	0.9214	1.9551	0.7157	26.0510	2.4005	0.0470	0.0425	0.9130
	L12	0.8509	2.1924	0.6563	29.7305	3.0609	0.1084	0.1415	0.6563
	Seg_GLP	0.9250	1.8978	0.7960	24.4431	2.2360	0.0501	0.0395	0.9136
	DRPNN	0.9320	1.6416	0.8400	20.5072	1.9640	0.0396	0.0360	0.9256
	PNN	0.9032	3.0864	0.7316	34.7976	2.3944	0.0332	0.0464	0.9219
	双向金字塔	0.9314	1.5339	0.9120	16.7969	1.7905	0.0273	0.0483	0.9257
WorldView-3	GS	0.9383	2.8005	0.7620	59.9301	3.0433	0.0525	0.0260	0.9229
	GFP	0.9248	2.8015	0.7787	57.4865	3.4979	0.1252	0.0626	0.8205
	MMP	0.9423	2.6680	0.7282	57.5161	3.1524	0.0680	0.0451	0.8899
	L12	0.9420	2.5818	0.7315	55.8698	2.8545	0.0325	0.0782	0.8916
	Seg_GLP	0.9458	2.4013	0.7801	52.0450	2.8826	0.0560	0.0297	0.9164
	DRPNN	0.9324	2.7604	0.7068	58.2578	2.9944	0.0732	0.1208	0.8168
	PNN	0.9040	5.2608	0.7956	114.55	2.9720	0.0354	0.0508	0.9156
	双向金字塔	0.9632	1.9394	0.8589	44.0779	2.6418	0.0351	0.0399	0.9264

表 20-10　不同方法的测试集 CPU 运算时间

方法	GS	GFP	MMP	L12	Seg_GLP	DRPNN	PNN	双向金字塔
时间/s	2.5874	16.6390	37.8930	271.0849	8.7848	369.6774	558.8031	154.1261

本 章 小 结

由于全色影像与多光谱影像在空间分辨率和光谱特征方面的差异，传统融合算法难以在融合影像光谱质量和几何质量之间取得平衡，融合结果容易出现色偏或者模糊问题。近年来，基于深度学习的融合算法在网络设计时没有考虑多光谱与全色影像之间的关系和各自的特征，导致网络训练困难，计算效率较低。针对现有深度学习影像融合网络的不足，根据全色影像和多光谱影像的特点，本章设计出一种高效的端到端双向金字塔影像融合网络，充分利用卷积神经网络高度非线性的优势，提高融合精度。

结合全色影像和多光谱影像在影像融合过程中各自的作用，参考传统算法中的多尺度分析融合算法，设计多尺度的双向金字塔网络。该网络在细节提取分支自动从全色影像中提取多尺度细节，并在重建分支将它们注入对应尺度的多光谱影像中。多光谱影像上采样使用高效的亚像素卷积结构，增强了残差网络结构提取全色影像中的细节信息，因此生成的融合影像同时拥有较高的光谱质量和几何质量。

多尺度金字塔结构的使用提高了网络效率，相比现有基于深度学习影像融合算法，双向金字塔影像融合方法的网络效率明显提高。采用多组卫星影像实验数据，与现有的七种主流融合算法进行的客观指标和主观质量详细对比实验结果表明，双向金字塔网络融合方法在大多数测试数据中均取得最佳表现，验证了该方法对于不同卫星影像的稳定融合能力。

参 考 文 献

陈应霞，陈艳，刘丛，2019. 遥感影像融合 AIHS 转换与粒子群优化算法[J]. 测绘学报，48(10)：1296-1304.

黄波，赵涌泉，2017. 多源卫星遥感影像时空融合研究的现状及展望[J]. 测绘学报，46(10)：1492-1499.

许宁，肖新耀，尤红建，等，2016. HCT 变换与联合稀疏模型相结合的遥感影像融合[J]. 测绘学报，45(4)：434-441.

AIAZZI B, ALPARONE L, BARONTI S, et al., 2002. Context-driven fusion of high spatial and spectral resolution images based on oversampled multiresolution analysis[J]. IEEE Transactions on Geoscience and Remote Sensing, 40(10): 2300-2312.

AIAZZI B, STEFANO B, MASSIMO S, 2007. Improving component substitution pansharpening through multivariate regression of MS + Pan data[J]. IEEE Transactions on Geoscience and Remote Sensing, 45(10): 3230-3239.

CHOI J, KIYUN Y, YONGIL K, 2011. A new adaptive component-substitution-based satellite image fusion by using partial replacement[J]. IEEE Transactions on Geoscience and Remote Sensing, 49(1): 295-309.

HUANG W, XIAO L, WEI Z, et al., 2015.A new pan-sharpening method with deep neural networks[J]. IEEE Geoscience and Remote Sensing Letters, 21(5): 1037-1041.

JR P, KWARTENG A Y, 1989. Extracting spectral contrast in landsat thematic mapper image data using selective principal component analysis[J]. Photogrammetric Engineering and Remote Sensing, 55(3): 339-348.

KANGX D, LI S T , JON A B, 2014. Pansharpening with matting model[J]. IEEE Transactions on Geoscience and Remote Sensing, 52(8): 5088-5099.

LABEN, CRAIG A, BERNARD V B, 2000. Process for enhancing the spatial resolution of multispectral imagery using pan-sharpening[P]. U.S. Patent No. 60118754.

LAI W S, HUANG J B, AHUJA N, et al., 2017. Deep laplacian pyramid networks for fast and accurate super-resolution[C]// 2017 IEEE Conference on Computer Vision and Pattern Recognition (CVPR), Honolulu, HI, USA: IEEE, 5835-5843.

LI S T, YANG B, 2011. A new pan-sharpening method using a compressed sensing technique[J]. IEEE Transactions on Geoscience and Remote Sensing, 49(2): 738-746.

LIU J M , HUI Y C, ZAN P, 2017. Locally linear detail injection for pansharpening[J]. IEEE Access, 5: 9728-9738.

LIU J M, LIANG S L, 2016. Pan-sharpening using a guided filter[J]. International Journal of Remote Sensing, 37(8): 1777-1800.

NAH S, KIM T H, LEE K M, 2017. Deep multi-scale convolutional neural network for dynamic scene deblurring[C]// 2017 IEEE Conference on Computer Vision and Pattern Recognition (CVPR), Honolulu, HI, USA: IEEE, 257-265.

NUNEZ J, OTAZU X, FORS O, et al., 1999. Multiresolution-based image fusion with additive wavelet decomposition[J]. IEEE Transactions on Geoscience and Remote Sensing, 37(3): 1204-1211.

PALSSON F, SVEINSSON J R, ULFARSSON M O, 2014. A new pansharpening algorithm based on total variation[J]. IEEE Geoscience and Remote Sensing Letters, 11(1): 318-322.

SCARPA G, SERGIO V, DAVIDE C, 2017. Target-adaptive CNN-based pansharpening[J]. IEEE Transactions on Geoscience and Remote Sensing, 56(9): 1-15.

SHI W Z, CABALLERO J, HUSZÁR F, et al., 2016. Real-time single image and video super-resolution using an efficient sub-pixel convolutional neural network[C]// 2016 IEEE Conference on Computer Vision and Pattern Recognition (CVPR) . Las Vegas, USA: IEEE, 1874-1883.

TU T M, SU S C, SHYU H C, et al., 2001. A new look at IHS-like image fusion methods[J]. Information Fusion, 2(3): 177-186.

WALD L, RANCHIN T, MANGOLINI M, 1997. Fusion of satellite images of different spatial resolutions: assessing the quality of resulting images[J]. Photogrammetric Engineering and Remote Sensing, 63(6): 691-699.

WEI Y, YUAN Q, SHEN H, et al., 2017. Boosting the accuracy of multispectral image pansharpening by learning a deep residual network[J]. IEEE Geoscience and Remote Sensing Letters, 14(10): 1795-1799.

XING Y, WANG M, YANG S, et al., 2018.Pan-sharpening via deep metric learning[J]. ISPRS Journal of Photogrammetry and Remote Sensing, 145: 165-183.

XU M , CHEN H , PRAMOD K V, 2011. An image fusion approach based on Markov random fields[J]. IEEE Transactions on Geoscience and Remote Sensing, 49(12): 5116-5127.

YAO W, ZENG Z, LIAN C, et al., 2018. Pixel-wise regression using U-net and its application on pansharpening[J]. Neurocomputing, 312: 364-371.

YUAN Q, WEI Y, MENG X, et al., 2018. A multiscale and multidepth convolutional neural network for remote sensing imagery pan-sharpening[J]. IEEE Journal of Selected Topics in Applied Earth Observations and Remote Sensing, 11(3): 978-989.

ZENG D L, HU Y W, HUANG Y, et al., 2016. Pan-sharpening with structural consistency and l (1/2) gradient prior[J]. Remote Sensing Letters, 7(10-12): 1170-1179.

ZHANG Y, LIU C, SUN M, et al., 2019. Pan-sharpening using an efficient bidirectional pyramid network[J]. IEEE Transactions on Geoscience and Remote Sensing, 99: 1-15.

第21章

全局与局部相结合的色彩一致性处理

21.1 引言

遥感影像融合处理过程中，不同景融合影像，尤其是时相差异较大的多源影像之间往往存在一定的色彩差异，因而需要对所有影像的色彩进行适当调整，以满足大范围镶嵌等后续应用的需求（潘俊，2008；吴炜 等，2013；Zhou，2015；Yu et al.，2017）。

影像之间色彩一致性处理方法大致可分为直接映射法、路径传播法及全局优化法三类。直接映射法通过指定参考影像，将待处理影像的色彩信息映射到与参考影像相一致。该方法适用于影像之间地物相似、色调信息相差较小的数据，但是光学卫星影像通常覆盖较大的范围，影像之间的色彩差异较大，因此直接映射法不适合大范围光学遥感数据处理。路径传播法利用邻接影像之间重叠区域的信息进行色彩校正信息的传递，虽然避免了直接映射法无视影像具体内容而直接调整的思路，但是色彩校正路径的存在使对影像进行校正处理时，影像之间存在前后依赖的调整关系，容易引起色彩误差的传播与累积问题。全局优化法则是在路径传播法基础上，将所有影像的校正模型统一解算，得到全局最优解，避免路径传播法遇到的依赖问题，但是全局优化法的算法复杂度相对较高。此外，大多数色彩一致性处理方法只考虑影像之间存在的整体性色彩差异，而忽略邻接影像重叠区域的局部色彩分布不均性，导致处理结果虽然消除了影像间的整体色彩差异，但是局部差异仍有可能存在。

基于上述讨论，本章提出一种全局与局部相结合的自适应（self adaptive）色彩一致性处理方法——SelfAdapt 方法（Yu et al.，2017；余磊，2017）。该方法将全局优化与局部精细调整相结合，无须指定参考影像，可自适应对影像进行色彩一致性处理。全局优化，即以影像为单位将所有影像的色彩校正模型进行统一处理，取得全局意义的最优解，消除影像之间的整体色彩差异；局部优化是对全局处理过程的补充，可进一步消除全局优化处理后邻接影像重叠区域仍存在的残余色彩差异，最终得到色彩一致、过渡平滑的校正结果。

21.2 全局色彩优化处理

全局优化处理的基本思想是通过邻接影像的重叠区域色彩信息构建影像的色彩校正模型，区别于路径传播法两两进行模型解算的处理思路，全局优化法将所有影像的色彩校正模型集中起来，统一解算以取得全局最优解，其处理流程图如图 21-1 所示。首先统计影像之间重叠区域的均值、方差等色调信息，然后根据色彩调整后重叠区域的色调信息应相同或相近、影像之间色彩差异存在线性关系的假设，以调整前后影像之间的色调差异最小为约束，采用最小二乘平差法整体解算每张影像的校正参数，从而实现全局色彩优化。

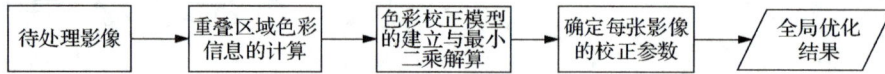

图 21-1　全局色彩优化处理方法流程

21.2.1　影像色彩信息计算

一般来说，在进行色彩一致性处理前，待处理影像都已经过几何纠正处理，即每张影像都是正射影像，有各自对应的地理范围，因此可根据地理范围确定影像之间的邻接关系。如图 21-2 所示，边缘线代表影像的边界，虚线填充区域代表影像之间的重叠区域。在常用的直接映射法、路径传播法及全局优化法中，除直接映射法外，其余两种方法通常假设经过色彩一致性处理，邻接影像之间重叠区域的色彩信息应一致。基于此假设，利用影像之间重叠区域的色彩信息构建校正模型并求解变换模型参数，以达到消除影像之间色彩差异的目的。

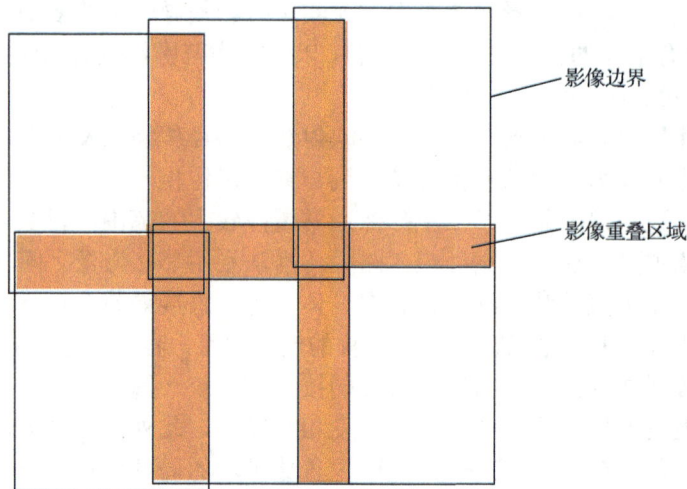

图 21-2　影像邻接关系示例

对于一幅影像来说，某像素的原始灰度值为 h_m，经过色彩一致性调整后，灰度值变为 h'_m。灰度值由 h_m 转变为 h'_m 的过程即影像色彩信息的调整过程。为对该过程进行描述，通常使用线性回归模型进行拟合。线性回归模型是目前广泛使用的一种色彩校正模型，其假设调整前后的影像色彩信息之间存在线性变换关系。匀色处理前后影像的各像素点灰度值关系可表示如下：

$$h'_m = a \times h_m + b \qquad (21\text{-}1)$$

式中，h'_m 为该像素点的色彩校正结果；h_m 为像素点校正前的灰度值；a、b 为校正系数。

因此，求解校正系数 a、b 是进行影像色彩信息调整的关键。在得到待处理影像的邻接位置关系后，根据校正后邻接影像之间重叠区域的色彩信息应一致的假设，利用线性模型构建校正模型并求解调整参数，然后对影像之间的色彩差异进行调整。通常情况下，影像之间的色彩差异由影像的均值及标准差表示。

影像均值与标准差的计算公式如下：

$$M = \frac{\sum_{m=0}^{n} h_m}{n} \qquad (21\text{-}2)$$

$$V = \sqrt{\dfrac{\displaystyle\sum_{m=0}^{n}\left(h_m - M\right)}{n}} \qquad (21\text{-}3)$$

式中，h_m 为第 m 个像素的灰度值；n 为影像中像素的数目；M 为影像灰度的均值；V 为影像的标准差。

该影像经过色彩调整后，其第 m 个像素的灰度值变为 h'_m，那么调整后影像的均值与标准差为

$$M' = \dfrac{\displaystyle\sum_{m=0}^{n} h'_m}{n} \qquad (21\text{-}4)$$

$$V' = \sqrt{\dfrac{\displaystyle\sum_{m=0}^{n}\left(h'_m - M'\right)^2}{n}} \qquad (21\text{-}5)$$

根据式（21-1）～式（21-5），校正前后影像的均值及标准差关系可由式（21-6）和式（21-7）进行描述：

$$M' = \dfrac{\displaystyle\sum_{m=0}^{n}\left(a h_m + b\right)}{n} = a \times \dfrac{\displaystyle\sum_{m=0}^{n} h_m}{n} + b = aM + b \qquad (21\text{-}6)$$

$$V' = \sqrt{\dfrac{\displaystyle\sum_{m=0}^{n}\left(a h_m + b - aM - b\right)^2}{n}} = aV \qquad (21\text{-}7)$$

21.2.2　校正模型构建

假设影像 i、j 是具有重叠关系的两张影像，重叠区域的均值与标准差分别为 M_i、V_i、M_j、V_j。影像 i 的调整参数为 a_i、b_i，对应影像 j 的调整参数为 a_j、b_j，经色彩调整后重叠区域的均值与方差分别为 M'_i、V'_i、M'_j、V'_j，P^{ij} 为影像 i、j 之间重叠区域的权值，S_{ij} 为重叠区域的像素数目。根据校正后影像之间重叠区域的色彩信息应相同的假设，可以得到：

$$M'_i - M'_j = 0 \qquad (21\text{-}8)$$
$$V'_i - V'_j = 0 \qquad (21\text{-}9)$$

上述假设是理想情况，实际情况下，经校正处理后邻接影像重叠区域之间仍可能存在微小的色彩信息差别，表示如下：

$$\delta_m^{ij} = M'_i - M'_j \qquad (21\text{-}10)$$
$$\delta_v^{ij} = V'_i - V'_j \qquad (21\text{-}11)$$

式中，δ_m^{ij} 为均值之间的差别；δ_v^{ij} 为标准差之间的差别。

根据式（21-6）和式（21-7）的定义，式（21-10）和式（21-11）可变为如下形式：

$$\delta_m^{ij} = M'_i - M'_j = a_i M_i + b_i - \left(a_j M_j + b_j\right) \qquad (21\text{-}12)$$

$$\delta_v^{ij} = V'_i - V'_j = a_i V_i - a_j V_j \qquad (21\text{-}13)$$

影像 i、j 间重叠区域的权值即为重叠区域的像素数目，可得

$$P^{ij} = S_{ij} \qquad (21\text{-}14)$$

同理，可以得到任意具有邻接关系的影像之间重叠区域色彩信息的差异关系，整理得

$$\begin{bmatrix} \vdots \\ \vdots \\ \delta_m^{ij} \\ \delta_v^{ij} \\ \vdots \\ \vdots \end{bmatrix} = \begin{bmatrix} \cdots & & & & & & & \\ & \cdots & & & & & & \\ 0 & \cdots & M_i & 1 & \cdots & \cdots -M_i & -1 & \cdots & 0 \\ 0 & \cdots & V_i & \cdots & 0 & \cdots & -V_j & \cdots & 0 & \cdots \\ & & & & & & & \cdots \\ & & & & & & & \cdots \end{bmatrix} \begin{bmatrix} \vdots \\ a_i \\ b_i \\ \vdots \\ a_j \\ b_j \\ \vdots \end{bmatrix}$$ (21-15)

式（21-15）可以简化为

$$\boldsymbol{\delta} = \boldsymbol{B}\hat{\boldsymbol{x}}$$ (21-16)

式中，

$$\boldsymbol{\delta} = [\cdots \ \cdots \ \delta_m^{ij} \ \delta_v^{ij} \ \cdots \ \cdots]^{\mathrm{T}}$$ (21-17)

$$\hat{\boldsymbol{x}} = [\cdots \ a_i \ b_i \ \cdots \ a_j \ b_j \ \cdots]^{\mathrm{T}}$$ (21-18)

$$\boldsymbol{B} = \begin{bmatrix} \cdots & & & & & & \\ & \cdots & & & & & \\ 0 & \cdots & M_i & 1 & \cdots & \cdots -M_j & -1 & \cdots & 0 \\ 0 & \cdots & V_i & \cdots & 0 & \cdots & -V_j & \cdots & 0 \\ & & & & & & & \cdots \\ & & & & & & & \cdots \end{bmatrix}$$ (21-19)

与传统方法中两两消除影像之间色彩差异的处理方式不同，全局优化处理方法以校正后所有影像重叠区域之间的色彩差异平方和最小作为约束，采用最小二乘法整体进行校正参数解算，即 $\boldsymbol{\delta}^{\mathrm{T}}\boldsymbol{P}\boldsymbol{\delta} = \min$。因此，全局优化进行影像之间色彩差异消除的处理过程转变为最小二乘问题的求解过程。

根据最小二乘原理，当 $\boldsymbol{\delta}^{\mathrm{T}}\boldsymbol{P}\boldsymbol{\delta} = \min$ 成立时，其一阶导数为零，即

$$\frac{\partial \boldsymbol{\delta}^{\mathrm{T}}\boldsymbol{P}\boldsymbol{\delta}}{\partial x} = 0$$ (21-20)

$$\frac{\partial \boldsymbol{\delta}^{\mathrm{T}}\boldsymbol{P}\boldsymbol{\delta}}{\partial x} = 2\boldsymbol{\delta}^{\mathrm{T}}\boldsymbol{P}\frac{\partial \boldsymbol{\delta}}{\partial x} = \boldsymbol{\delta}^{\mathrm{T}}\boldsymbol{P}\boldsymbol{B}$$ (21-21)

$$\boldsymbol{B}^{\mathrm{T}}\boldsymbol{P}\boldsymbol{\delta} = 0$$ (21-22)

根据式（21-16）和式（21-22）可得

$$\boldsymbol{B}^{\mathrm{T}}\boldsymbol{P}\boldsymbol{B}\hat{\boldsymbol{x}} = 0$$ (21-23)

此时的法式（21-23）存在无数个解，究竟哪个解是最佳解仍然无法确定，因此需要设置约束条件对求解结果进行控制。

21.2.3 约束条件及模型解算

在孙明伟等（Sun et al.，2008）提出的最小二乘区域网匀色方法中，通过指定参考影像，并以参考影像的色彩信息为已知值作为约束条件进行校正参数的求解。假设待处理影像中第 k 张影像为参考影像，则其调整参数为 $a_k = 1, b_k = 0$，即将其作为约束条件进行最小二乘问题求解。但是如何选择合适的参考影像，是处理效果好坏的关键环节。大多数情况下，在进行色彩一致性处理时只选用一张影像作为参考，这种方法虽然可行，但是当待处理影像范围很大、色彩信息较为丰富时，单张控制影像的色调信息显然无法准确描述待处理影像整体的色彩分布情况，进而造成处理结果严重偏色。针对参考影像选取存在的问题，有学者提出无须指定参考影像的色彩一致性处理方法。Cresson 和 Saint-Geours（2015）假设校正前后所

有待处理影像的均值之和不变，标准方差之和也不变，在影像之间色彩差异较小的情况下这种假设成立，但是实际情况是待处理影像之间通常存在较大色彩差异，当影像之间色彩差异消除后，很难保证影像的色彩信息增大量等于色彩信息的减少量，因此该假设往往不符合实际情况。

影像的色彩信息是地物辐射特性的反映，在对影像进行调整以消除影像之间色彩差异的过程中，需要尽量减少影像色彩信息的调整幅度，以免造成地物偏色。因此，在消除影像之间色彩差异的同时，应保证校正前后影像自身的色彩差异应尽量小，即在保持原始影像光谱特性的基础上消除影像之间的色彩差异。本章将该条件作为全局优化处理的约束条件，具体方式如下：

$$\delta_m^{jj} = M'_j - M_j = a_j M_j + b_j - M_j \tag{21-24}$$

$$\delta_v^{jj} = V'_j - V_j = a_j V_j - V_j \tag{21-25}$$

$$P^{jj} = \frac{\displaystyle\sum_{m=0}^{N}\sum_{n=0}^{N} s_{mn}}{2N} \tag{21-26}$$

式中，δ_m^{jj} 为第 j 张影像校正前后的均值差异；δ_v^{jj} 为第 j 张影像校正前后的标准差差异；p^{jj} 为影像 j 的权值，其大小等于影像之间重叠区域的权值均值。

对每个实验影像均可列出式（21-24）和式（21-25），因此可得

$$\begin{bmatrix} \vdots \\ \delta_m^{jj} \\ \delta_v^{jj} \\ \vdots \end{bmatrix} = \begin{bmatrix} \cdots & & & & & \\ 0 & \cdots & M_j & 1 \cdots & 0 \\ 0 & \cdots & V_j & \cdots & \cdots 0 \\ & & & & \cdots \end{bmatrix} \begin{bmatrix} \vdots \\ a_j \\ b_j \\ \vdots \end{bmatrix} + \begin{bmatrix} \vdots \\ -M_j \\ -V_j \\ \vdots \end{bmatrix} \tag{21-27}$$

式（21-27）可以简写为

$$\boldsymbol{\delta}' = \boldsymbol{B}'\hat{\boldsymbol{x}} - \boldsymbol{L}' \tag{21-28}$$

式中，

$$\boldsymbol{\delta}' = [\cdots \ \delta_m^{jj} \ \delta_v^{jj} \ \cdots]^{\mathrm{T}} \tag{21-29}$$

$$\hat{\boldsymbol{x}} = [\cdots \ a_i \ b_i \ \cdots \ a_j \ b_j \ \cdots]^{\mathrm{T}} \tag{21-30}$$

$$\boldsymbol{B}' = \begin{bmatrix} \cdots & & & & \\ 0 & \cdots & M_j & 1 \cdots & 0 \\ 0 & \cdots & V_j & \cdots & \cdots 0 \\ & & & & \cdots \end{bmatrix} \tag{21-31}$$

$$\boldsymbol{L}' = [\cdots \ -M_j \ -V_j \ \cdots]^{\mathrm{T}} \tag{21-32}$$

校正前后影像自身的色彩差异应尽量小，即 $\boldsymbol{\delta}'^{\mathrm{T}}\boldsymbol{P}\boldsymbol{\delta}' = \min$。将式（21-15）与式（21-27）结合起来，得

$$\begin{bmatrix} \vdots \\ \delta_m^{jj} \\ \delta_v^{ij} \\ \vdots \\ \delta_m^{jj} \\ \delta_v^{jj} \\ \vdots \end{bmatrix} = \begin{bmatrix} \cdots & & & & & & & \\ 0 & \cdots & M_i & 1 \cdots & \cdots & -M_j & -1 & \cdots & 0 \\ 0 & \cdots & V_i & \cdots & \cdots & V_j & \cdots & \cdots & 0 \\ & & & & \vdots & & & & \\ 0 & \cdots & & & \cdots & M_j & 1 & \cdots & 0 \\ 0 & \cdots & & & \cdots & V_j & \cdots & \cdots & 0 \\ & & & & & & & \cdots \end{bmatrix} \begin{bmatrix} \vdots \\ a_i \\ b_i \\ \vdots \\ a_j \\ b_j \\ \vdots \end{bmatrix} + \begin{bmatrix} \vdots \\ 0 \\ 0 \\ \vdots \\ -M_j \\ -V_j \\ \vdots \end{bmatrix} \tag{21-33}$$

式（21-33）可以简写为

$$\boldsymbol{\delta} = \boldsymbol{B}\hat{\boldsymbol{x}} - \boldsymbol{L}, \boldsymbol{P} \tag{21-34}$$

式中，

$$\boldsymbol{\delta} = [\cdots \ \delta_m^{ij} \ \delta_v^{ij} \ \cdots \ \delta_m^{ij} \ \delta_v^{ij} \ \cdots]^{\mathrm{T}} \tag{21-35}$$

$$\hat{\boldsymbol{x}} = [\cdots \ a_i \ b_i \ \cdots \ a_j \ b_j \ \cdots]^{\mathrm{T}} \tag{21-36}$$

$$\boldsymbol{L} = [\cdots \ 0 \ 0 \ \cdots \ -M_j \ -V_j \ \cdots] \tag{21-37}$$

$$\boldsymbol{B} = \begin{bmatrix} \cdots & & & & & & & \\ 0 & \cdots & M_i & 1 & \cdots & \cdots & -M_j & -1 & \cdots & 0 \\ 0 & \cdots & V_i & \cdots & \cdots & \cdots & -V_j & \cdots & \cdots & 0 \\ & & & & \vdots & & & & & \\ 0 & \cdots & \cdots & \cdots & \cdots & \cdots & M_j & 1 & \cdots & 0 \\ 0 & \cdots & \cdots & \cdots & \cdots & \cdots & -V_j & \cdots & \cdots & 0 \\ & & & & & & & & & \cdots \end{bmatrix} \tag{21-38}$$

$$\boldsymbol{P} = \begin{bmatrix} \ddots & & & & & \\ & p^{ij} & & & & \\ & & p^{ij} & \ddots & & \\ & & & & p^{ij} & \\ & & & & & p^{ij} \\ & & & & & & \ddots \end{bmatrix} \tag{21-39}$$

为实现在保持原始影像光谱特性的基础上消除影像之间的色彩差异，需要使式（21-34）满足 $\boldsymbol{\delta}^{\mathrm{T}}\boldsymbol{P}\boldsymbol{\delta} = \min$。该式可通过最小二乘平差方法进行求解，具体求解过程不再赘述。将上述模型解算后即可得到每幅影像的校正参数，利用式（21-1）逐影像进行匀色处理，即可完成影像之间色彩差异消除的全局优化处理。

21.3　局部自适应色彩优化处理

全局优化策略以整幅影像为对象，整体解算各影像的色调调整参数。这种处理方式可以消除影像之间的整体性色彩差异，但是处理后相邻两张影像的重叠区域之间仍然会存在较小的色调差异。出现这种情况的原因是整体色调调整方法忽视了重叠区的局部色彩分布特征，导致整体色调处理方法无法消除邻接影像重叠区域同名位置的色彩差异，该问题普遍存在于整体性色彩一致性处理方法中。两景原始影像的叠加结果如图 21-3（a）所示，经过全局优化处理后，影像之间的重叠区域仍存在色彩差异，会导致镶嵌结果在镶嵌线两边一定区域内存在色调差异，如图 21-3（b）所示。为解决该问题，现有方法通常是对镶嵌线进行羽化处理。该方法虽然可以削弱镶嵌线的拼接痕迹，但是无法从根源上消除影像之间重叠区域存在的色彩差异情况。因此，有必要在全局优化处理后，针对影像重叠区域的色彩差异进行局部优化处理，消除邻接影像重叠区域之间的残留色调差异，如图 21-3（c）所示。

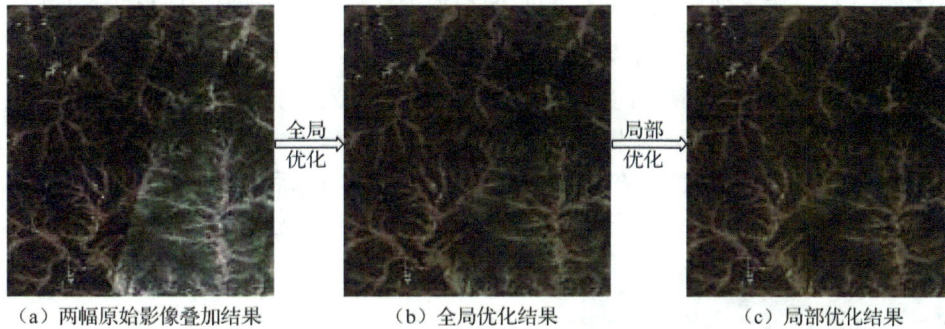

（a）两幅原始影像叠加结果　　　　（b）全局优化结果　　　　（c）局部优化结果

图 21-3　全局优化与局部优化结合效果

局部优化处理是更加精细的色彩调整过程，目的是消除全局优化处理后重叠区域仍存在的残余色彩偏差。韩宇韬（2014）提出一种基于位置关系的加权过渡处理方法，认为相邻影像重叠区域的色调差异是一种整体性偏差，可通过加权线性变换实现邻接区域的色彩信息过渡。该方法通常只能对两景影像进行调整，存在多度重叠时则会导致重复计算，处理效果显著下降。潘俊（2008）提出一种非线性模型局部优化方法，利用非线性模型对影像重叠区域之间的色彩差异进行调整。该方法能取得更好的效果，但是处理过程较为复杂，且对于多度重叠的情况，如何构建区域间之色调关系的映射是需要解决的问题。

重叠区域的色彩关系模型满足非线性假设，本章通过构建统一的色彩分布曲面，确定重叠区域每一个像点的目标色彩信息，进而通过非线性 Gamma 校正进行色调信息调整。具体来说，首先根据待处理影像的地理信息，确定包含所有影像的最小外接矩形；然后对外接矩形进行分块，根据分块的地理范围信息确定落入其中的影像区域，并计算该分块的色彩信息，利用所有分块的色彩信息构建影像的色彩分布曲面；最后利用加权双线性内插方法获得重叠影像之间重叠区域的每个像素点的参考色彩信息，进而对像点进行色调信息的调整，消除影像之间重叠区域残留的色彩差异，如图 21-4 所示。

图 21-4　局部优化方法处理流程图

21.3.1　自适应影像分块

前已述及，遥感影像是地物分布情况的反映，由于地物分布具有不均匀性，即不同区域具有不同地物，不同地物具有不同色彩，反映在影像上则是影像中的色彩信息具有局部分布特点。为了精确反映影像的色彩分布情况，需要采用分块策略，如按照经纬度划分一定数量的格网，然后逐块统计影像的色彩信息，进而构建影像的色彩分布曲面。

待处理影像一般为经过几何纠正的正射产品，根据影像的地理空间信息，可以确定覆盖所有影像的最小外接矩形，对外接矩形进行分块处理。根据分块的地理范围信息，可以得到影像不同区域的所属分块。根据分块中的影像信息，计算该分块的色彩信息。

21.3.2　分块色彩信息计算

根据每一分块的地理范围确定落入其中的影像块，并计算各影像块的灰度均值信息，表示如下：

$$\text{LM}(a,b) = \frac{\sum_i \sum_j P_{\text{in}}(i,j)}{c_{a,b}} \bigg| (i,j) \in \omega_{a,b} \tag{21-40}$$

式中，LM(a,b)为第 a 行、第 b 列分块中对应的影像块均值；$c_{a,b}$ 为影像块中像素的数目；$P_{in}(i,j)$ 为影像块中第 i 行、第 j 列像素的灰度值；$\omega_{a,b}$ 为第 a 行、第 b 列分块的边界信息。

当某分块只有单个影像块落入其中时，该影像块的均值即为该分块中心点的均值；当多个影像块落入某个分块时，对多影像块的均值再次求得均值，将其作为该分块中心点的均值；当某分块没有影像块落入其中时，该分块的均值为无效值。在得到所有分块的色彩信息后，通过内插方法即可得到影像的色彩分布曲面，如图 21-5 所示，此时色彩分布曲面即为最终色彩一致性处理结果。

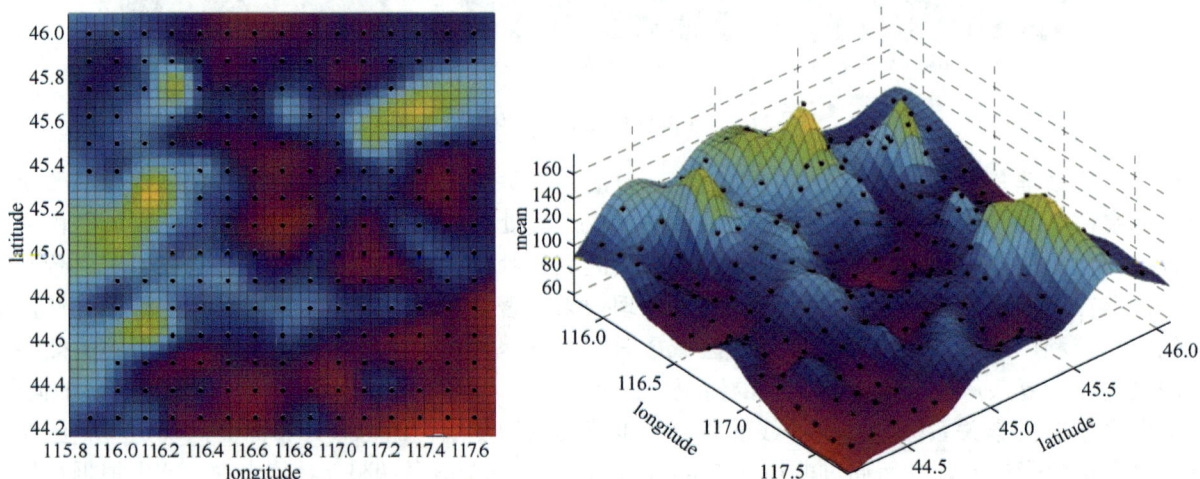

图 21-5 色彩分布曲面示意图

注：latitude：纬度；longitude：经度；mean：色彩均值。

由于色彩分布曲面的覆盖范围与影像范围一致，因此可以通过加权双线性内插算法获得影像中每个像素点对应的色彩信息。根据从色彩曲面获得的色彩信息，即可对影像之间重叠区域的像素点进行色彩信息的调整。

21.3.3 Gamma 校正

在得到参考色彩信息后，可以利用校正模型对每个像素的色彩信息进行调整。与全局优化处理时选取线性校正模型不同，此处采用非线性 Gamma 校正方法进行色彩校正。

Gamma 校正是利用 Gamma 曲线对图像的色调信息进行调整，以达到非线性编辑目的，能够有效地保留图像的亮度信息。Gamma 变换是针对人类视觉系统对外界光源的感光值与输入光照强度是指数型关系而设计的，经 Gamma 变换校正图像更易于人眼辨识。在低照度下，人眼更容易分辨出亮度的变化；但是随着照度值的增加，人眼对亮度变化的辨识度逐渐降低（曹炼强，2014）。线性量化和 Gamma 变换量化的对比结果如图 21-6 所示。由图可以看出，线性量化结果在灰度值较低的区域，存在一定范围的灰度值被处理为同一个值的情况，造成信息丢失；而在灰度值较高的区域，则存在灰度值较接近的数值被处理为不同的灰度值的情况，造成空间的浪费。Gamma 变换量化结果可以有效地保留影像的亮度过渡情况，并改善存储的有效性和效率。

图 21-6　线性量化与 Gamma 变化量化的对比结果

Gamma 校正是一种非线性校正方法，使输出的图像灰度值与输入灰度值之间呈指数关系，可对影像的亮度信息进行调整，并且有效避免色彩越界现象。其可表示如下：

$$h_m' = \alpha \times h_m^{\gamma_m} \tag{21-41}$$

式中，m 为像素点的坐标值；h_m' 为第 m 个像素点的色彩校正结果；α 为调整系数，取值为 0～1，此处取值为 1；h_m 为像素点校正前的灰度值；γ_m 为 Gamma 校正系数。

不同于常规 Gamma 变换将校正系数取为固定值，此处校正系数值随着参考信息与待处理信息自适应变化。通过自适应的 Gamma 变换，每个像素点的灰度信息可以较好地与参考信息靠近，即每个像素点可以自适应地根据参考色彩曲面进行校正处理，表示如下：

$$\gamma_m = \frac{\log(M_{m\_ref})}{\log(M_{m\_in})} \tag{21-42}$$

式中，M_{m_ref} 为参考均值；M_{m_in} 是待处理均值。M_{m_ref} 及 M_{m_in} 通过加权双线性内插方法获取。

由于所确定的色彩曲面是唯一的，同一地理位置的像素点具有相同的色彩参考信息，因此根据同一色彩信息对影像之间重叠区域的同名像点逐一进行色彩校正处理，即可消除影像之间重叠区域存在的色彩差异问题。

21.4　实验与分析

21.4.1　实验数据与结果

理论上，本章提出的全局与局部相结合的自适应色彩一致性处理 SelfAdapt 方法不仅适用于光学遥感卫星影像的处理，也适用于航空、近景等光学数据的处理。因此，为验证 SelfAdapt 方法的有效性，选取卫星影像、航空影像和近景影像三种类型的数据进行实验分析，所有数据均已经过正射纠正处理。第一组实验数据为 48 景 Landsat-8 OLI 卫星影像，空间分辨率为 30m，选用 4、3、2 波段组成真彩色影像，如图 21-7（a）和（b）所示；第二组实验数据为 95 张航空影像，空间分辨率为 0.2m，如图 21-7（c）和（d）所示；第三组实验数据为 742 张近景影像，空间分辨率为 0.02m，如图 21-7（e）和（f）所示。

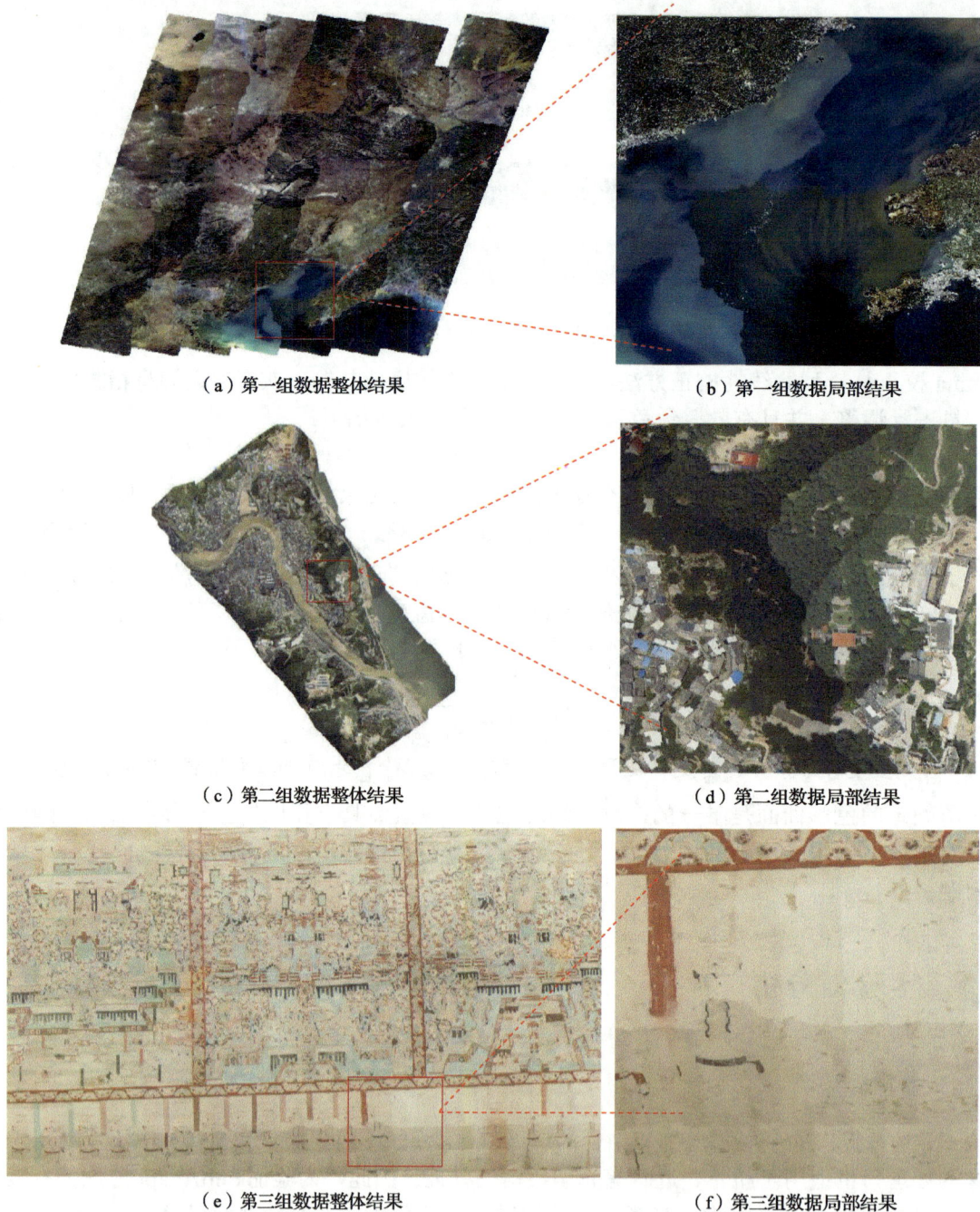

（a）第一组数据整体结果

（b）第一组数据局部结果

（c）第二组数据整体结果

（d）第二组数据局部结果

（e）第三组数据整体结果

（f）第三组数据局部结果

图 21-7　三组实验数据整体与局部示意图

　　为进行实验效果对比，选择商业软件 ArcGIS 10.5、ERDAS 2013 及全局优化算法克雷森（Cresson）算法进行对比实验。其中，ArcGIS 10.5 包含多种匀色算法，如网格（Grid）算法、二阶（Second-order）算法等，在进行对比实验时首先利用所有方法对待处理数据进行处理，然后挑选出具有最佳目视效果的结果作为 ArcGIS 方法的最终结果。ERDAS 2013 为直方图匹配法，需要指定一张影像作为参考影像，因此在进行实验时，由人工选择目视效果最好的一张影像作为参考。对所有方法的匀色结果选用相同的镶嵌方法进行处理，图 21-8～图 21-13 是不同匀色方法处理后的镶嵌结果及其局部细节。

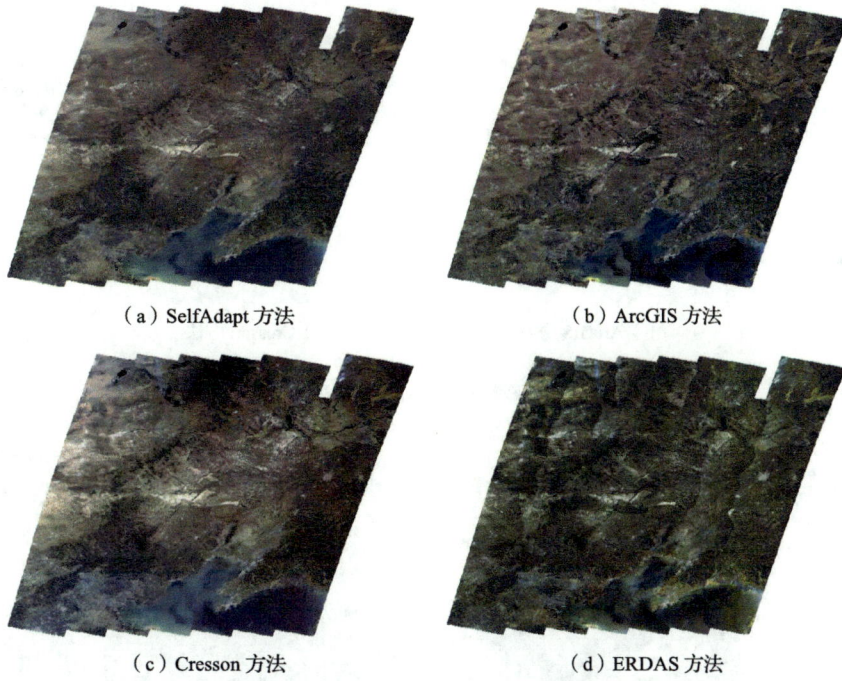

（a）SelfAdapt 方法　　　　　　　　（b）ArcGIS 方法

（c）Cresson 方法　　　　　　　　（d）ERDAS 方法

图 21-8　第一组实验数据的不同方法处理结果整体对比图

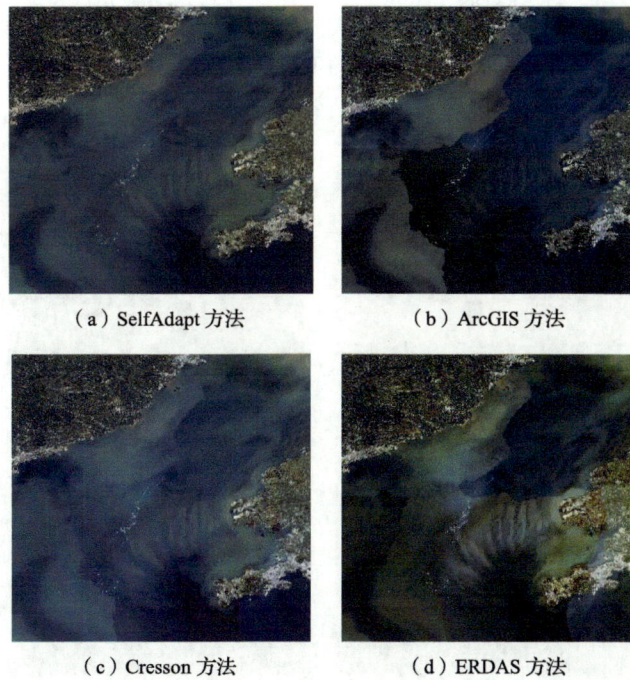

（a）SelfAdapt 方法　　　　　　　　（b）ArcGIS 方法

（c）Cresson 方法　　　　　　　　（d）ERDAS 方法

图 21-9　第一组实验数据的不同方法处理结果细节对比图

（a）SelfAdapt 方法　　　　　（b）ArcGIS 方法　　　　　（c）Cresson 方法　　　　　（d）ERDAS 方法

图 21-10　第二组实验数据的不同方法处理结果整体对比图

（a）SelfAdapt 方法　　　　　（b）ArcGIS 方法　　　　　（c）Cresson 方法　　　　　（d）ERDAS 方法

图 21-11　第二组实验数据的不同方法处理结果细节对比图

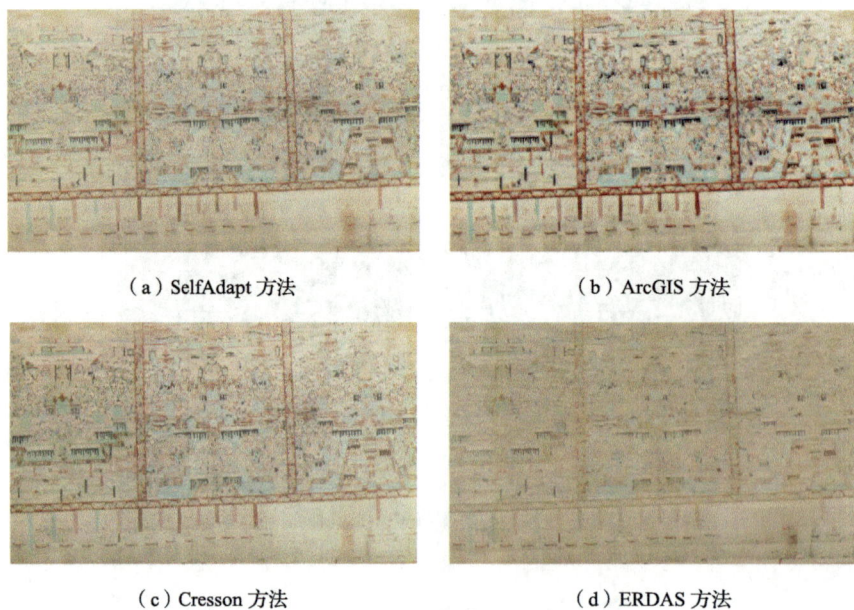

（a）SelfAdapt 方法　　　　　　　　　　　（b）ArcGIS 方法

（c）Cresson 方法　　　　　　　　　　　（d）ERDAS 方法

图 21-12　第三组实验数据的不同方法处理结果整体对比图

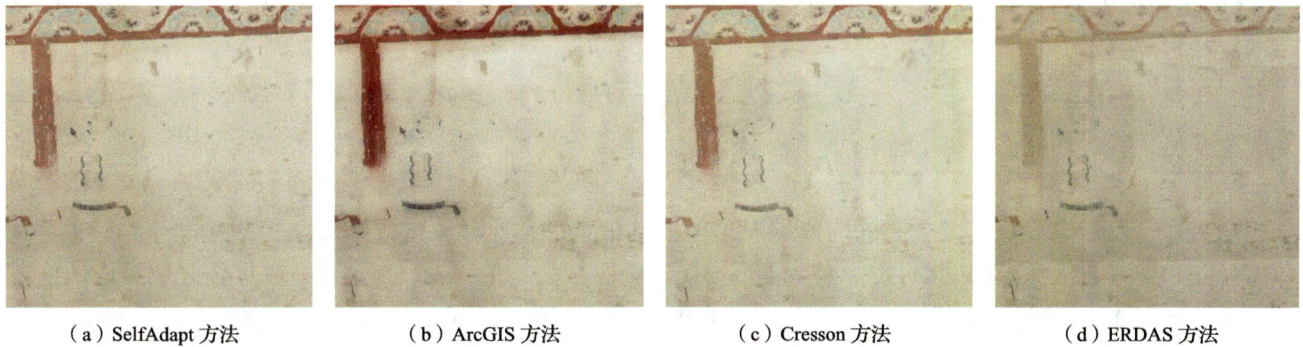

（a）SelfAdapt 方法　　　　（b）ArcGIS 方法　　　　（c）Cresson 方法　　　　（d）ERDAS 方法

图 21-13　第三组实验数据的不同方法处理结果细节对比图

21.4.2　目视评价

图 21-7 为原始影像的镶嵌结果，可以看出原始卫星影像之间存在较大的色彩差异，拼接痕迹非常明显；而航空影像之间及近景影像之间的总体色彩差异较小，但是拼接痕迹也较为明显。经过不同的匀色方法处理后，影像之间的色彩差异都在一定程度上得以削弱，但是不同方法的处理效果存在明显不同。

图 21-8 和图 21-9 是第一组数据通过不同方法处理得到的实验结果，可以看出四种方法均在一定程度上消除了影像之间的色彩差异，其中 SelfAdapt 方法结果的色彩过渡平滑自然，且与地物真实色彩特征相一致；ArcGIS 方法虽然整体上消除了色差，但是在个别位置仍存在一定的色差，如图中上方的林地区域及中下部的水体区域；Cresson 方法结果的色彩过渡也较为平滑，但是在左下方城镇区域色调偏蓝，与实际情况有所出入，并且在中部存在过亮区域，导致影像原有色彩信息丢失；ERDAS 方法由于采用直方图匹配法进行色彩校正，需要指定参考影像，导致校正结果的色彩偏向参考影像，虽然影像之间的色彩差异得以削弱，但是影像整体偏色。图 21-9 是具体细节对比，可以更清楚地观察每种方法结果的不同之处。从图 21-9 中可以看到，SelfAdapt 方法结果的色彩过渡平滑自然，不存在明显拼接痕迹；ArcGIS 方法与Cresson 方法在水域仍存在不同程度的拼接痕迹；而 ERDAS 的结果存在色彩失真，如海水偏绿，并且仍存在明显拼接缝。

图 21-10 是航空影像实验数据通过不同方法处理得到的实验结果，从中可以看出，SelfAdapt 方法结果色彩过渡平滑，不存在明显的拼接痕迹；ArcGIS 方法结果在部分林地区域色调较为饱和，导致与周围地物存在一定的色彩偏差；Cresson 方法与 ERDAS 方法的结果在水域区域均存在明显的拼接痕迹。图 21-11 为细节对比，从中可以看出，SelfAdapt 方法色彩过渡自然，不存在明显拼接痕迹；而另外三种方法均存在不同程度的拼接痕迹。

图 21-12 为近景实验数据通过不同方法处理得到的实验结果，总体上看，SelfAdapt 方法与 Cresson 方法的结果在消除原来色彩差异的同时较好地保留了原始影像的色彩信息；ArcGIS 方法虽然也能够消除影像之间的色彩差异，但是结果影像的色调过于饱和，存在一定偏色；而 ERDAS 方法则存在色调灰暗的问题。图 21-13 是细节对比，从中可以更清晰地观察不同方法的结果，其中 SelfAdapt 方法结果最好，没有明显拼接痕迹；Cresson 方法仍存在拼接痕迹；而 ArcGIS 方法与 ERDAS 方法均存在偏色问题，且 ERDAS结果也存在拼接痕迹。

综合前述目视判断分析，SelfAdapt 方法可以有效消除影像之间的色彩差异，拼接影像无明显拼接痕迹，且处理结果与原始影像的色彩信息较为接近，总体表现优于三种对比方法的结果。

21.4.3　定量分析

在 21.4.2 节定性分析的基础上，本节通过评价算子对结果进行定量分析。选用影像之间重叠区域的均值绝对差值的均值及标准差绝对差值的均值为定量评价指标（Zhang et al.，2014），判断结果影像重叠区域之间的色彩差异程度，如式（21-43）和式（21-44）所示。数值越小，代表影像之间的色彩差异越小，即对应的方法色彩校正效果越好。

$$D_{\text{mean}} = \sum_{i=0}\sum_{j=0}\left|M'_{ij}-M'_{ji}\right|/N, \quad i \neq j \tag{21-43}$$

$$D_{\text{var}} = \sum_{i=0}\sum_{j=0}\left|V'_{ij}-V'_{ji}\right|/N, \quad i \neq j \tag{21-44}$$

式中，D_{mean} 为影像重叠区域之间的均值绝对差值的均值；D_{var} 为影像重叠区域之间的标准差绝对差值的均值；i 和 j 为邻接两影像的编号；M'_{ij} 为影像 i 在重叠区域的均值；M'_{ji} 为影像 j 在重叠区域的均值；V'_{ij} 为影像 i 在重叠区域的标准差；V'_{ji} 为影像 j 在重叠区域的标准差；N 为所有待处理影像邻接区数目。

三组实验数据的色彩一致性处理结果的指标统计结果如表 21-1～表 21-3 所示。表中 D_{mean} 为均值绝对差值的均值，D_{var} 为标准差绝对差值的均值，"原始影像"对应列代表原始待处理影像的统计指标，SelfAdapt 为本章 SelfAdapt 方法处理结果对应的统计指标，ArcGIS、Cresson、ERDAS 分别为不同方法处理结果对应的统计指标，粗体数字为各种方法取得的最优值。

表 21-1　第一组实验数据的色彩一致性处理结果的指标统计结果

评价指标	波段	原始影像	SelfAdapt	ArcGIS	Cresson	ERDAS
D_{mean}	1	31.3468	**2.0834**	12.2541	7.7029	18.6700
	2	28.6604	**2.1055**	10.4215	8.1427	20.6828
	3	30.9437	**2.3456**	11.9536	8.7484	20.2553
D_{var}	1	9.2789	**4.1560**	6.3684	4.8815	10.1813
	2	8.9014	**4.0042**	6.0287	4.4926	9.5492
	3	9.0049	**4.4206**	6.8701	4.9059	11.5140

表 21-2　第二组实验数据的色彩一致性处理结果的指标统计结果

评价指标	波段	原始影像	SelfAdapt	ArcGIS	Cresson	ERDAS
D_{mean}	1	13.5629	**1.4519**	9.6285	6.9889	13.2155
	2	12.9926	**1.1338**	10.7451	5.7532	11.6398
	3	12.2664	**1.0644**	10.6943	5.6586	11.5519
D_{var}	1	5.3431	**2.5900**	4.6974	3.2057	6.4736
	2	5.2732	**2.4987**	5.1348	2.7889	6.2429
	3	4.0637	**2.4961**	4.1169	2.7541	5.8934

表 21-3　第三组实验数据的色彩一致性处理结果的指标统计结果

评价指标	波段	原始影像	SelfAdapt	ArcGIS	Cresson	ERDAS
D_{mean}	1	5.0785	**0.3013**	0.5842	0.9711	3.6774
	2	5.0106	**0.3418**	0.6134	1.0377	4.0764
	3	5.4204	**0.3555**	0.6658	1.1010	4.5308
D_{var}	1	0.8981	**0.7518**	0.9578	0.9890	1.5674
	2	0.8714	**0.7889**	0.8951	0.9410	2.2951
	3	0.8719	**0.7760**	0.8325	0.8371	2.1273

从表 21-1 可以看出，原始实验数据的统计指标值较大，而经过不同方法处理后统计值都有所降低。其中，SelfAdapt 方法取得全部指标的最优值，说明原始影像之间的色彩差异较大，经过不同方法处理后，影像之间的色彩差异都有所降低，但是 SelfAdapt 方法处理结果的影像之间色彩差异最小，效果最优；其

次是 Cresson 方法，该方法的标准差统计指标与 SelfAdapt 方法相近，但是均值差异相对较大，其重叠区域的色彩差异相对于 SelfAdapt 方法更加明显；而 ERDAS 方法的统计指标相对较大，说明其影像仍存在比较大的色彩差异。

表 21-2 是航空实验数据的统计结果，从中可以看出，原始影像的色彩差异并不显著，经匀色处理后，SelfAdapt 方法、ArcGIS 方法及 Cresson 方法结果的统计值相对于原始影像的统计值都有所降低，并且 SelfAdapt 方法取得最优值；而 ERDAS 方法结果的统计值与原始影像相差不大，说明 ERDAS 方法处理前后并未有效消除影像之间的色彩差异，甚至引入部分误差使标准差指标变大。

由表 21-3 的近景数据统计结果也可得出相似的结论，此处不再赘述。

综合上述分析可知，SelfAdapt 方法的统计指标在三组实验数据中均取得最优值，显著优于其他三种对比方法，与目视判读结果相一致。

由上述定性和定量统计对比结果可以看出，本章全局和局部相结合的色彩一致性处理 SelfAdapt 方法无须指定参考影像，能够自适应地根据影像特点确定色彩约束条件，以匀色前后影像自身的均值与方差调整量应最小为约束，取得全局最优解后，进行重叠区域的自适应局部优化，校正结果的色彩信息与原始色彩信息更接近，效果更真实自然。

本 章 小 结

在无参考影像的情况下，现有大多数色彩一致性处理方法是对影像之间存在的整体性色彩差异进行考虑，忽视了邻接影像重叠区域局部色彩分布的不均性，导致处理结果虽然消除了影像之间的整体色彩差异，但是局部差异仍有可能存在。因此，本章提出一种自适应全局与局部相结合的色彩一致性处理 SelfAdapt 方法，其无须输入参考影像，能够有效消除影像之间存在的色彩差异，为色彩一致性产品的生成奠定了基础，有利于合成影像后续的遥感目视判读等应用。

该方法将全局优化策略与局部精细调节有机结合，突破了已有色彩一致性算法存在的色彩误差传播与累积、色差信息残留等问题，可有效解决合成影像生成过程中影像之间的色彩差异。全局优化策略无须指定参考影像，以校正前后各影像自身的色彩信息变动最小为约束条件，根据校正处理后邻接影像重叠区域的整体色彩差异最小的假设，将影像之间色彩差异的消除问题转变为最小二乘优化求解问题，整体求解各影像的全局最优校正参数。局部优化策略则通过对影像分块色彩信息进行统计，构建色彩信息分布曲面，并以色彩曲面为参考，采用非线性 Gamma 校正方法消除影像之间重叠区域全局优化后的残余色彩差异，得到无缝、平滑的色彩一致性处理结果。

采用卫星、航空及近景影像的实验结果表明，本章全局和局部相结合的 SelfAdapt 方法可有效解决多类型影像之间存在的色彩差异问题，与现有主流的色彩一致性处理算法相比处理效果更优，所有定量统计指标均取得最优值，可以有效消除影像之间的色彩差异，镶嵌影像无明显拼接痕迹，且处理结果与原始影像的色彩信息较接近，效果更真实自然。

参 考 文 献

曹炼强，2014 一种基于 SVM 的多目标实时检测算法[D]. 广州：华南理工大学.

韩宇韬，2014. 数字正射影像镶嵌中色彩一致性处理的若干问题研究[D]. 武汉：武汉大学.

潘俊，2008. 自动化的航空影像色彩一致性处理及接缝线网络生成方法研究[D]. 武汉：武汉大学.

吴炜，沈占锋，李均力，等，2013. 联合概率密度脊提取的影像镶嵌色彩一致性处理方法[J]. 测绘学报，2(2)：247-252.

余磊，2017. 光学遥感卫星色彩一致性合成影像生成关键技术研究[D]. 武汉：武汉大学.

CRESSON R, SAINT-GEOURS N, 2017. Natural color satellite image mosaicking using quadratic programming in decorrelated color space[J]. IEEE Journal of Selected Topics in Applied Earth Observations & Remote Sensing, 8(8): 4151-4162.

SUN M W, ZHANG J Q, 2008. Dodging research for digital aerial images[C] //International Archives of the Photogrammetry, Remote Sensing and Spatial Information Sciences, Beijing, China, 37: 349-353.

YU L, ZHANG Y, SUN M, et al., 2017. An auto-adapting global-to-local color balancing method for optical imagery mosaic[J]. ISPRS Journal of Photogrammetry and Remote Sensing, 132: 1-19.

ZHANG L, WU C, DU B, 2014. Automatic radiometric normalization for multitemporal remote sensing imagery with iterative slow feature analysis[J]. IEEE Transactions on Geoscience and Remote Sensing, 52 (10): 6141-6155.

ZHOU X, 2015. Multiple auto-adapting color balancing for large number of images[J]. International Archives of the Photogrammetry, Remote Sensing and Spatial Information Sciences, XL-7/W3: 735-742.

第22章

基于色彩参考库的色彩一致性处理

22.1 引言

无须参考影像的色彩一致性处理方法，如第 21 章所述的全局和局部相结合的 SelfAdapt 方法，可有效解决多类型影像之间存在的色彩差异问题。但是，此时影像的色彩信息并不一定能够完全满足人类视觉系统对地物的认知，而且当所有原始影像均存在系统性偏色问题时，无参考方法处理后的影像仍然会存在系统性偏色现象。因此，通常需要相关人员进行数据质量检查，必要时对合成影像的色彩信息再次进行调整，以满足实际应用需求。相对于直接对存在显著色彩差异的影像进行色彩信息调整，对已经过色彩一致性处理后的影像进行人工调整所需工作量大大减少，可以快速生成符合人类视觉感知的无缝镶嵌合成影像。

众所周知，遥感卫星的对地观测属于周期性成像，即总会周期性对同一区域进行重复性观测，也即需要对同一区域的影像数据进行周期性重复处理。上文提到，合格的合成影像产品通常需要适当的人工色彩调整以得到符合人类视觉感知的色彩信息。若对同一区域数据进行重复处理时，每次都需要人工干预调整，无疑是重复性劳动，无法实现自动化。因此，利用符合人类视觉感知的已有影像，为待处理数据提供色彩参考信息，将大幅加快处理效率。

鉴于此，本章提出基于已有地理信息构建色彩参考库，并利用色彩参考库进行色彩一致性处理。色彩参考库，即存储色彩信息及其附属信息的数据库，其构建依赖于已有的影像数据，通过提取已有影像的色彩信息及其附属信息并按照一定的规则组织管理而形成。基于色彩参考库的色彩一致性处理方法（下文简称 RefLib 方法）可充分利用色彩参考库特点，在对影像进行处理时，从色彩参考库中自动提取合适的色彩信息作为参考，通过参考色彩分布曲面自适应地获得各像素点的色彩调整参数，逐像点进行色彩差异消除（Yu et al.，2016；余磊，2017）。

22.2 色彩参考库构建

光学卫星遥感影像是对地物光谱反射特性的反映，地物的类别根据其来源不同可以分为自然地物与人工地物两类。自然地物的变化具有周期性更替特点，即自然地物的光谱特性具有周期性更替的特点；而人工地物在不发生变化时，其光谱特性应不变。对于同一地点的同一地物，在相同时相下应具有相同的光谱特性，反映在遥感影像上就是具有相同的色彩信息。也就是说，在不同时间、相同时相对同一地物进行成像的两幅遥感卫星影像，在排除外界因素干扰后，应具有相同的色彩信息。

色彩一致性处理的目的是消除影像之间的色彩差异，并获得色彩适中、符合人类视觉感知的处理结果。具有正确色彩信息的影像是指经过人工交互、符合人类视觉感知的影像。如果认定一幅影像的色彩信息正确，而另外一幅覆盖相同地点且时相相同的影像色彩信息不正确，就可以将具有正确色彩信息的影像作为参考，对另外一幅影像进行色彩校正（崔浩 等，2017）。当色彩参考影像较多时，需要构建数据库对它们进行组织与管理，色彩参考库构建包括数据源收集、数据组织、信息提取存储三方面的内容。

22.2.1　色彩参考数据源

前已述及，大范围遥感镶嵌影像在众多遥感应用中具有越来越重要的作用（Zhou，2015），实际生产中经过质检员检查合格的镶嵌影像才能作为产品保留。合格镶嵌影像除具有好的色彩信息外，通常具备信息量丰富、纹理清晰等特点，即镶嵌产品不仅在色彩上符合人类视觉感知，而且具有较高的数据质量。因此，这些具有符合人类视觉感知的镶嵌影像可以为其他覆盖相同地理范围且时相相同或相近的影像提供色彩参考信息，是理想的色彩参考库数据源。

除已有的拥有正确色彩信息的镶嵌数据外，其他经过人工调色等处理并具有正确色彩数据的影像也可作为参考，下面以 Landsat-8 OLI 卫星影像为例进行说明。Landsat-8 OLI 卫星影像是免费开源数据，任何组织和个人都可以轻松获取。Landsat-8 OLI 卫星影像为正射产品，成像幅宽 185km，具有覆盖范围大、重访周期短、影像质量高等特点，很容易获得覆盖指定区域、特定时相的相关数据，仅需要少量影像即可覆盖较大的地理范围，特别适用于为高分辨影像提供色彩参考信息。通过对这些数据进行色彩调整，即可得到色彩一致、符合人类视觉感知的影像，可为覆盖相同地理范围、且时相相同的待处理影像提供色彩参考。因此，Landsat-8 OLI 卫星等众多中等分辨率开源数据大大丰富了色彩参考库的数据来源。

值得注意的是，在挑选影像作为色彩参考库数据源的过程中，大都采用主观评价标准对影像进行筛选，并没有结合定量指标进行客观分析，原因有以下几个方面：首先，无论是已有镶嵌产品还是专门收集处理的开源数据，在制作完成时都会进行质量评价，其色彩信息、信息丰富程度及纹理清晰程度都满足要求；其次，在挑选影像时，其色彩信息质量是重要选择标准，而影像的色彩质量较为依赖人们的视觉判读。事实上，影像的色彩质量目前仍无法用定量指标很好地进行衡量，即使较先进的图像质量客观评价算法，也是根据人类视觉系统特性进行研发的（Wang et al.，2004）。在大多数情况下，影像色彩信息的好坏仍然需要依赖人类的视觉系统进行判定，主观评价过程包括对影像清晰度、纹理丰富程度等指标的评判，即人类视觉的主观评价对于影像色彩质量评定起着决定性作用（Gu et al.，2015）。

因此，由经验丰富的作业人员生产的具有符合人类视觉感知色彩信息的镶嵌影像，是色彩校正处理过程中理想的参考影像。对已有镶嵌数据的有效再次利用，可以避免对相同区域、相同/相近时相的其他影像进行重复性人工色彩调整，从而大大提高色彩一致性处理的效率。

22.2.2　数据属性信息组织

前已述及，通过对已有数据进行筛选，可得到一系列包含正确色彩信息的影像产品，如何对这些数据进行组织与管理，是色彩参考库要解决的问题。影像的地理覆盖范围及获取时相是参考信息选取过程中的两个关键因素，根据参考信息的空间分辨率与待处理影像越接近、校正效果越好的经验结论，对所确定的参考数据源按照所覆盖的地理范围、获取时相、空间分辨率信息进行分类。具体来说，将地理范围按照经纬线划分为网格，并对每个网格进行编号，第 i 个网格标记为 G_i。假设影像的地理范围落入 G_i，根据影像的成像时间将一年四季分为四个时相，即春、夏、秋、冬，用 T_i 进行标记；根据影像空间分辨率再次进行分类，标记为 R_i。当分类完成后，每个参考数据源对应一个标签，即 $G_i - T_i - R_i$。

由于镶嵌影像通常具有较大的地理覆盖范围，数据量较大，因此对其进行存储需要很大的存储空间。如果将镶嵌影像直接存储在色彩参考库中，色彩参考库需要占据较大的存储空间，也将限制色彩参考库的使用范围。为解决这一问题，不再将影像本身存入色彩参考库中，而是提取其色彩信息及相关附属信息，并存入色彩参考库。色彩信息包括影像的均值、方差等信息，附属信息包括影像缩略图、获取时间、地理覆盖范围等，总体流程图如图 22-1 所示。

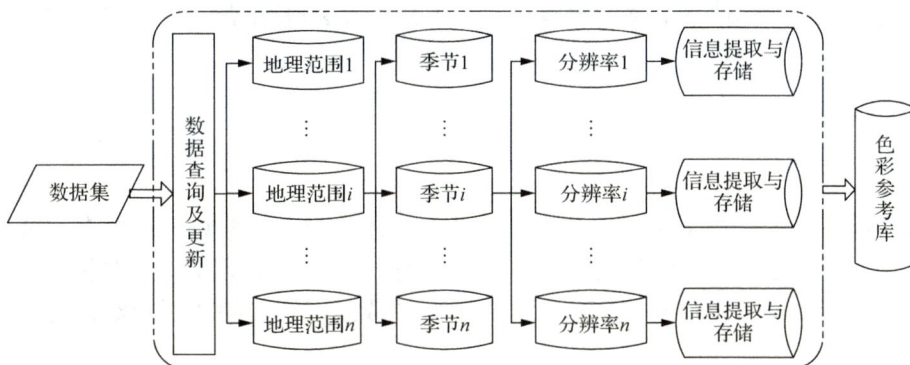

图 22-1　色彩参考库构建流程图

22.2.3　色彩信息分块提取

22.2.2 节提到，为减少色彩参考库占据的存储空间，并不是将影像直接存储在参考库中，而是提取其色彩信息进行存储，本节阐述如何提取色彩信息。

由于影像中地物分布不均匀，通常情况下不同地物具有不同的色彩信息，即不同区域具有不同的色彩特征，如果只统计影像的整体色彩信息，并不能反映其局部色彩特征分布。因此，为了更加准确地反映影像不同区域具有不同色彩特征的特点，采用分块方法统计色彩信息。与 22.2.2 节中采用规则格网分块的做法不同，此处选择 Mean shift 色彩分割算法对影像进行分块（Comaniciu et al.，2002）。Mean shift 算法是一种非参数的核密度梯度估计方法，由 Fukunaga 等于 1975 年首次提出。在特征空间分析过程中，Mean shift 算法可对聚类行为进行估测，Comaniciu 等（2000，2002）将其成功应用于图像分割和目标跟踪。Mean shift 算法的非参数特性具有更好的适应性和稳定性，在模式识别和图像处理等领域得到广泛应用（依玉峰 等，2011；周家香，2012；徐文涛，2015）。与其他分割方法相比，Mean shift 色彩分割算法具有无须监督、速度较快的特点，非常适用于色彩分割需求。因此，本章利用 Mean shift 算法对遥感图像进行分割，并在完成影像分割后使用区域融合方法（Christoudias et al.，2002）对分割边界进行优化，如图 22-2 所示。

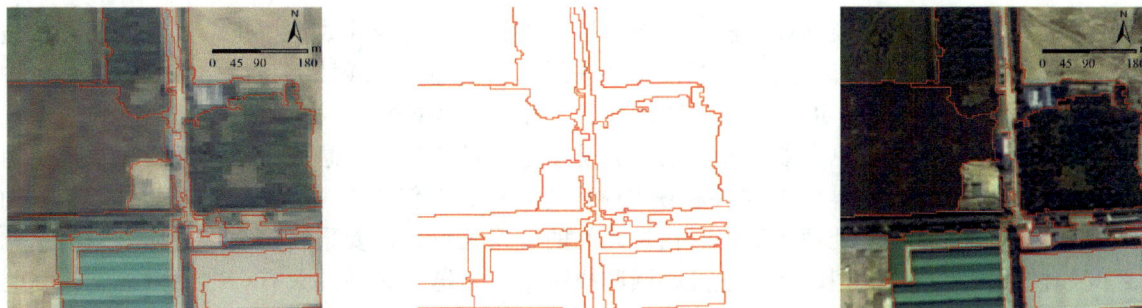

（a）Mean shift 分割算法对参考影像分割结果　　（b）分割结果的 SHP 文件　　（c）利用 SHP 文件对待处理影像进行分割结果

图 22-2　参考数据分割结果及其相对应的待处理影像分割结果

经过上述分割、融合处理，可以得到色彩参考影像的分割结果，并采用通用的形状文件（shape file，SHP）格式进行保存。根据分割结果逐块计算影像色彩信息，即均值与方差。各影像块的均值与方差及相对应的 SHP 分割文件将作为色彩信息存储到色彩参考库中。

由于存储在色彩参考库中的是参考影像的色彩信息而不是影像本身，因此色彩参考库占用的磁盘空间大大降低，具有很高的灵活性，非常有利于移植与传播。此外，色彩参考库可以根据新的参考影像进行持续更新，随着色彩参考库信息的逐渐增多，其应用范围也会越来越广。

22.3　色彩一致性处理

构建色彩参考库的目的是为卫星影像色彩校正处理提供色彩参考信息，因此在完成色彩参考库构建后，需要以参考库为基础进行后续色彩校正处理。本章提出了 RefLib 方法，根据待处理影像的地理范围与时相等信息，从色彩参考库中自动选取合适的参考影像数据，并自动逐区域对待处理影像进行色彩一致性处理。

22.3.1　参考数据自适应选取

与在色彩参考库中存储参考数据的流程类似，首先将待处理影像的地理范围、时相、空间分辨率等信息提取出来；然后根据这些信息，在色彩参考库中查询是否具有相同地理范围覆盖、相同时相、相近分辨率的参考信息；若查询到相关数据，则提取这些数据，将其作为待处理影像的参考色彩信息。

值得注意的是，在挑选参考数据时并没有考虑待处理影像与参考数据的获取传感器是否相同，即在挑选合适的参考数据时并不要求两者具有相同的传感器，原因有以下几个方面。首先，由于目前大多数显示设备只能显示 8 位影像，在对 16 位影像进行显示时需要将其压缩至 8 位，而不同的压缩方法将导致影像具有不同的显示效果，为消除该影响，通常将用于目视判读的镶嵌影像以 8 位产品进行存储。同样，当后续镶嵌合成产品以目视判读为目的时，在对待处理影像进行色彩一致性处理前，也将其转换为 8 位数据。其次，对于 8 位影像来说，通过显示设备观看到的色彩是其灰度值的直接反映。也就是说，即使对于不同的影像，当其色彩相同时，灰度值应该也相同。因此可以推断，不同传感器对同一地物进行成像，理论上在排除外界干扰成像因素的影响下，获取的影像在转为 8 位数据后，同名像点的色彩应该一致。因此，本章提出的 RefLib 方法在选择色彩参考库中的参考数据时，无须考虑待处理影像与参考信息之间成像传感器的异同，大大降低了对色彩参考库的要求。

22.3.2　变换模型及色彩信息统计

前已述及，色彩校正方法根据处理模型不同可以分为线性校正及非线性校正。线性校正方法假设参考影像与待处理影像的色彩信息之间存在线性变换关系。为描述这种线性关系，学者们提出了多种线性校正模型，包括标准回归模型、正交回归模型、最小二乘回归模型等。

为节省存储空间，存储在色彩参考库中的数据是参考影像的色彩信息而不是参考影像本身，由影像的均值、方差信息及对应的分割 SHP 文件和获取时间等构成。在仅有参考影像的均值与方差信息的情况下，为构建参考色彩信息与待处理影像色彩信息之间的变换关系，需要采用仅需均值与方差信息就可构建影像之间线性回归关系的模型，在上述几种回归模型中满足这一条件的只有标准回归模型。因此，采用线性标准回归模型构建参考色彩信息与待处理影像色彩之间的关系模型。其公式如下：

$$T_{res} = C_1 \times T_{tar} + C_2 \tag{22-1}$$

$$C_1 = \frac{\sigma_{ref}^2}{\sigma_{tar}^2} \tag{22-2}$$

$$C_2 = \mu_{ref} - C_1 \times \mu_{tar} \tag{22-3}$$

式中，T_{tar} 为待处理影像的原始灰度值；T_{res} 为经过色彩校正处理后待处理影像的灰度值；C_1 和 C_2 为线性校正系数；σ_{ref}^2 为色彩参考信息的方差；σ_{tar}^2 为待处理影像的方差；μ_{ref} 为色彩参考信息的均值；μ_{tar} 为待处理影像的均值。

选定线性回归模型后，即可利用该模型构建回归变换关系。目前已有参考影像的色彩信息，仍需待处理影像的色彩信息。上文提到，影像中色彩的分布不均匀，在统计色彩参考信息时采用分块方式进行统计。为更好地对待处理影像的色彩信息进行调整，也需要逐块建立影像之间的色彩变换关系，即在统计待处理影像的色彩参考信息时需要逐块统计。

值得注意的是，在对待处理影像进行分块时，无须再次使用 Mean shift 算法对影像进行分割处理，可以直接将参考影像的分割结果 SHP 文件作为待处理影像的分割结果。这样做一方面可以减少分割处理工作量；另一方面可以避免采用分割算法对待处理影像进行处理时分割结果与参考信息有一定差异，进而导致无法有效建立区域之间的色彩对应关系。

根据参考影像的分割信息，逐块计算待处理影像的色彩信息，根据标准回归模型即可逐块构建影像之间的线性关系，并对影像进行校正处理。但是由于影像之间的色彩变换关系是分块构建的，即当存在 N 块区域时，存在 N 对线性校正系数，如果每块区域单独进行校正处理，校正结果很可能存在块状效应，对结果的美观程度带来很大影响。因此，为得到色彩平滑的校正结果，需要消除块状效应。与在规则格网下采用双线性内插方法消除块状效应的处理方式不同，分块不规则时双线性内插方法并不适用，需要探索新的校正方式。

22.3.3　色彩校正参数求解

为消除不规则分块带来的块状效应，引入色彩影响掩膜（colour influence mask，CIM）（Oliveira et al.，2011；Ly et al.，2015）的概念。色彩权值图用来衡量每个像素的灰度值与各分块灰度均值的相似性，相似性越高权值越大，如图 22-3 所示。下面以编号为 k 的区域为例说明色彩权值图的计算过程。

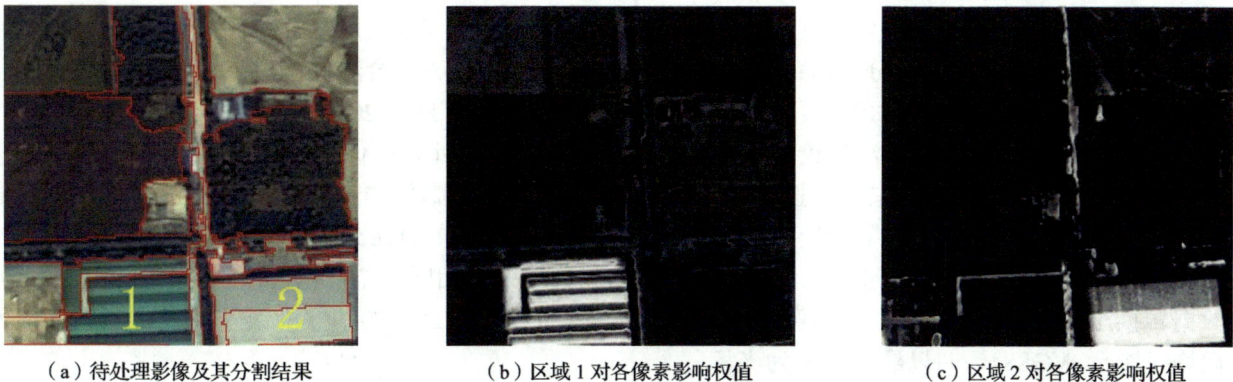

（a）待处理影像及其分割结果　　　（b）区域 1 对各像素影响权值　　　（c）区域 2 对各像素影响权值

图 22-3　色彩权值图

1）假设区域 k 的均值为 μ^k，某个像素的灰度值为 T_i，那么该像素与区域 k 之间的色彩欧氏距离 d^k 如式（22-4）所示。由于 RGB 色彩空间不均匀，为准确衡量色彩之间的关系，在计算色彩欧氏距离时，首先将影像色彩信息由 RGB 色彩空间转换至 CIELAB 颜色空间。CIELAB 颜色空间只有三个维度，因此当影像具有大于三个波段的色彩信息值时，只采用其中三个波段数据进行处理：

$$d^k = \left\| T_i - \mu^k \right\|　　　　　　　　　　　　（22-4）$$

2）进行欧氏距离归一化，并计算区域 k 对该像素的影响因子 p^k，表示如下：

$$p^k = 1 - \frac{d^k}{\max(d^k)} \tag{22-5}$$

当色彩欧氏距离较小时，即该像素的色彩信息与区域 k 的色彩信息相差较小，区域 k 对该像素的影响就越大，反之亦然。因此，影响因子 p 的取值为 $0\sim1$。

3）区域 k 对该像素的影响权值 M^k 表示如下：

$$M^k = \mathrm{e}^{a(p^k)^b} \tag{22-6}$$

式中，a 和 b 为调整参数，取 $a=10$，$b=2$。

假设共有 N 个区域，则最终影像的校正结果如下：

$$T_{\mathrm{res}} = \frac{\sum_{k=1}^{N} \left(C_1^k \times T_{\mathrm{tar}} + C_2^k \right) \times M^k}{\sum_{k=1}^{N} M^k} \tag{22-7}$$

式中，C_1^k、C_2^k 为区域 k 的校正系数；M^k 为区域 k 对像素点 T_{tar} 的影响权值。

22.4 实验与分析

22.4.1 实验数据

为验证 RefLib 方法的可行性，选用三组卫星影像数据进行实验。第一组实验数据包括 17 景 ZY-3 融合影像，空间分辨率为 2.1m，每景影像大小约为 40000 像素×30000 像素，影像获取时间集中于 2013 年 8～10 月，少量影像获取于 2013 年 5 月及 2014 年 1 月，地理覆盖范围为北京市全市域；第二组实验数据包括 27 景 ZY-3 融合影像和 2 景 GF-1 融合影像，空间分辨率为 2.1m，影像大小约为 35000 像素×30000 像素，影像获取时间集中于 2013 年 8～11 月，少量影像获取于 2012 年 4 月、2013 年 5 月和 2014 年 1 月，地理覆盖范围为江苏省境内部分地区；第三组实验数据由 6 景 ZY-3 融合影像构成，空间分辨率为 2.1m，影像大小约为 34000 像素×26000 像素，影像获取时间为 2012 年 9 月与 2013 年 5 月，地理覆盖范围为河北省境内部分地区。RefLib 方法理论上可以对任意波段数据进行处理，但是由于显示器只能显示三个波段，因此只选取三个波段数据作为实验数据，其中前两组数据选用影像的红（red）、绿（green）、蓝（blue）三个波段进行实验，第三组数据选用近红外（NIR）、红（red）、绿（green）三个波段进行实验。为排除 16 位影像无法直接显示对色彩造成的影响，对同组实验数据采用相同的 16 位转 8 位方法进行处理，将实验数据转换至 8 位。每组实验数据均经过正射校正处理，邻接影像之间的镶嵌中误差小于 0.5 像素，所有影像均投影至 WGS84，并以经、纬度为坐标。

实验数据的地理覆盖范围、时相信息及分辨率信息为已知，可以从色彩参考库中选择相对应的色彩参考信息，并利用 RefLib 方法进行处理，消除影像之间的色彩差异。为全面分析 RefLib 方法与其他方法的差别，选取主流的多元自适应匀色法（multiple auto-adapting color balancing method，MACB）（Zhou，2015）、直方图匹配法（histogram match method，HISMAT）（Tsai et al.，2005）、沃利斯变换法（Wallis）（Sun et al.，2008）、迭代慢特征分析法（iterative slow feature analysis，I-SFA）（Zhang et al.，2014）、迭代加权多元变化检测法（iteratively reweighted multivariate alteration detection，IR-MAD）（Canty et al.，2008）进行对比实验。为排除其他变量影响，对比方法采用的参考影像均为 RefLib 方法的参考色彩信息对应的原始镶嵌影像。各方法的色彩处理结果如图 22-4～图 22-9 所示，其中"原始影像"代表原始影像镶嵌结果，"参考影像"代表参考影像，RefLib 代表本章提出的 RefLib 方法处理结果的镶嵌影像，MACB、HISMAT、

I-SFA 及 IR-MAD 则分别代表使用前述相应的方法处理获得的镶嵌影像。

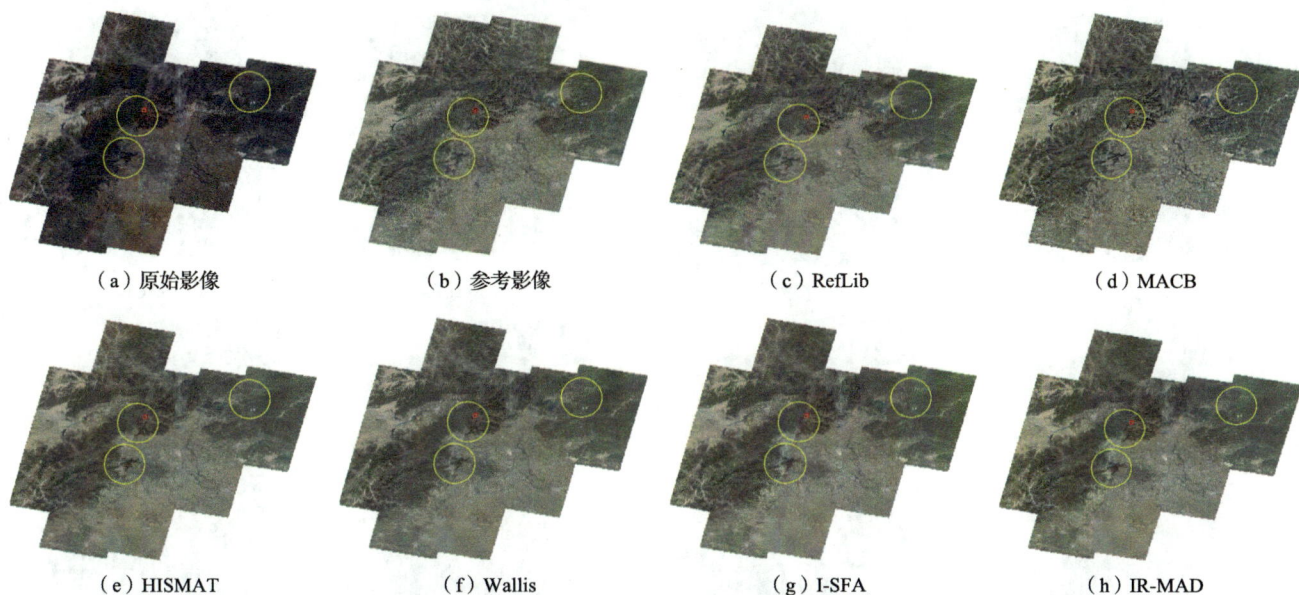

（a）原始影像　　　　　　（b）参考影像　　　　　　（c）RefLib　　　　　　（d）MACB

（e）HISMAT　　　　　　（f）Wallis　　　　　　（g）I-SFA　　　　　　（h）IR-MAD

图 22-4　第一组实验数据的不同方法处理结果

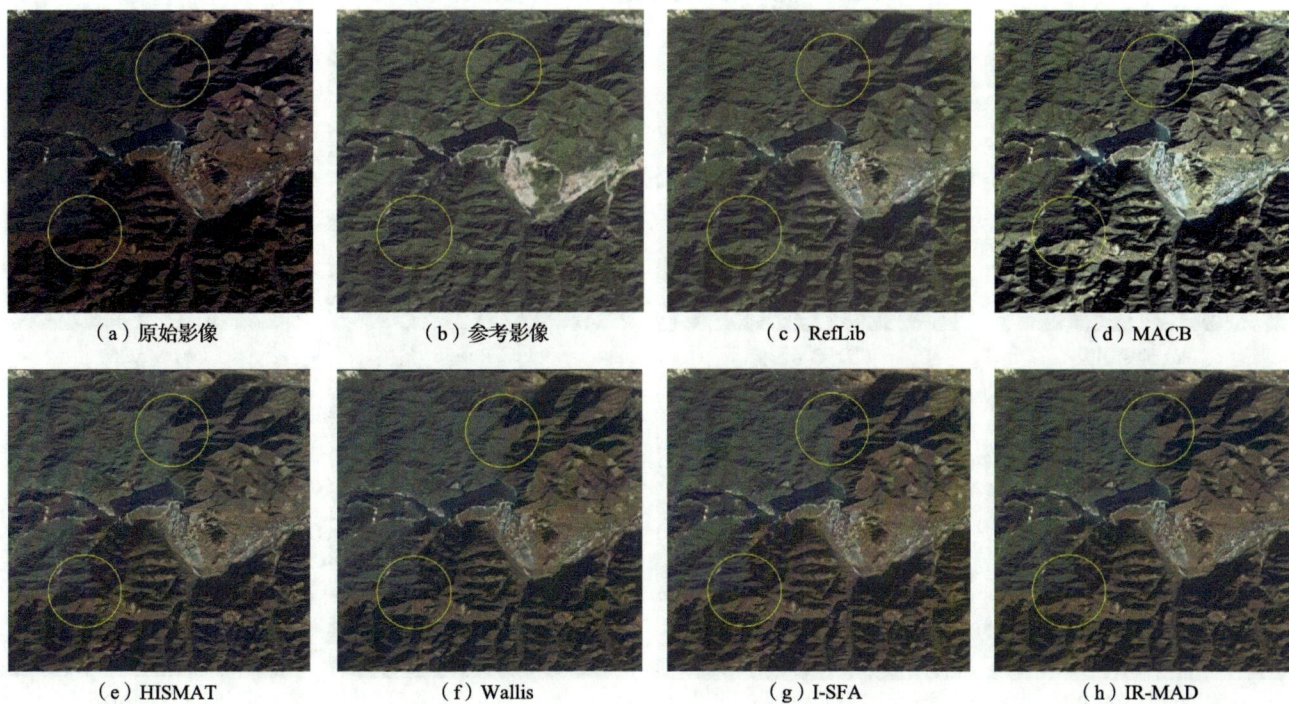

（a）原始影像　　　　　　（b）参考影像　　　　　　（c）RefLib　　　　　　（d）MACB

（e）HISMAT　　　　　　（f）Wallis　　　　　　（g）I-SFA　　　　　　（h）IR-MAD

图 22-5　第一组实验数据的不同方法处理结果细节

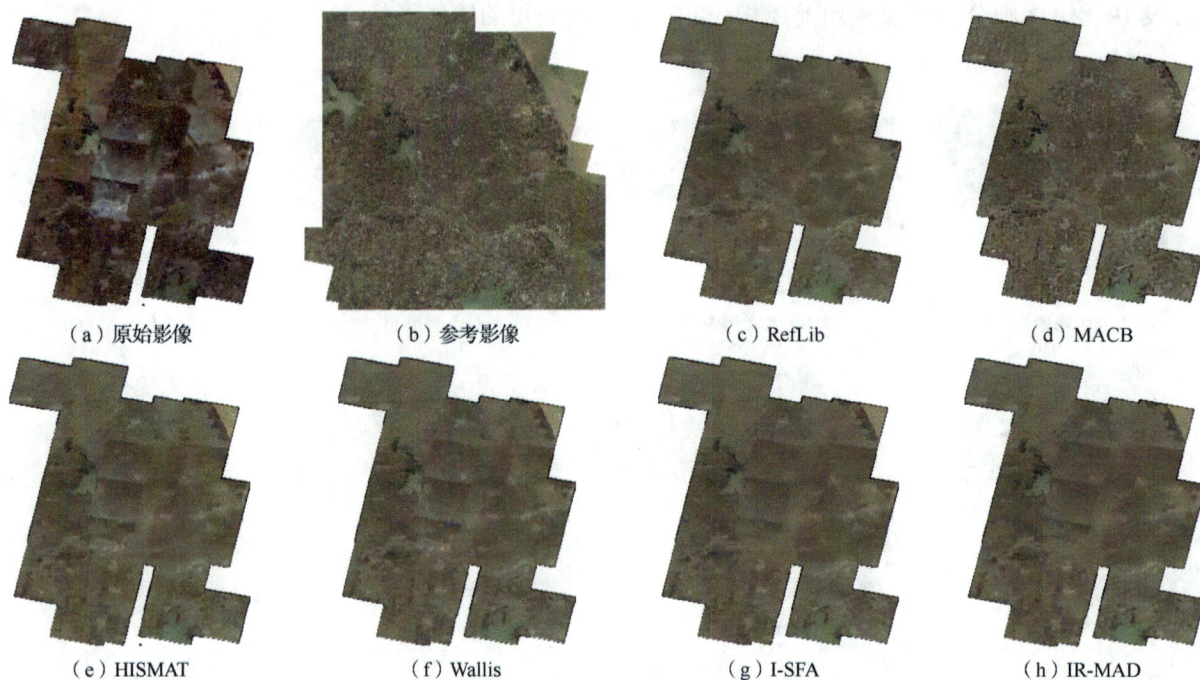

（a）原始影像　　　　　（b）参考影像　　　　　（c）RefLib　　　　　（d）MACB

（e）HISMAT　　　　　（f）Wallis　　　　　（g）I-SFA　　　　　（h）IR-MAD

图 22-6　第二组实验数据的不同方法处理结果

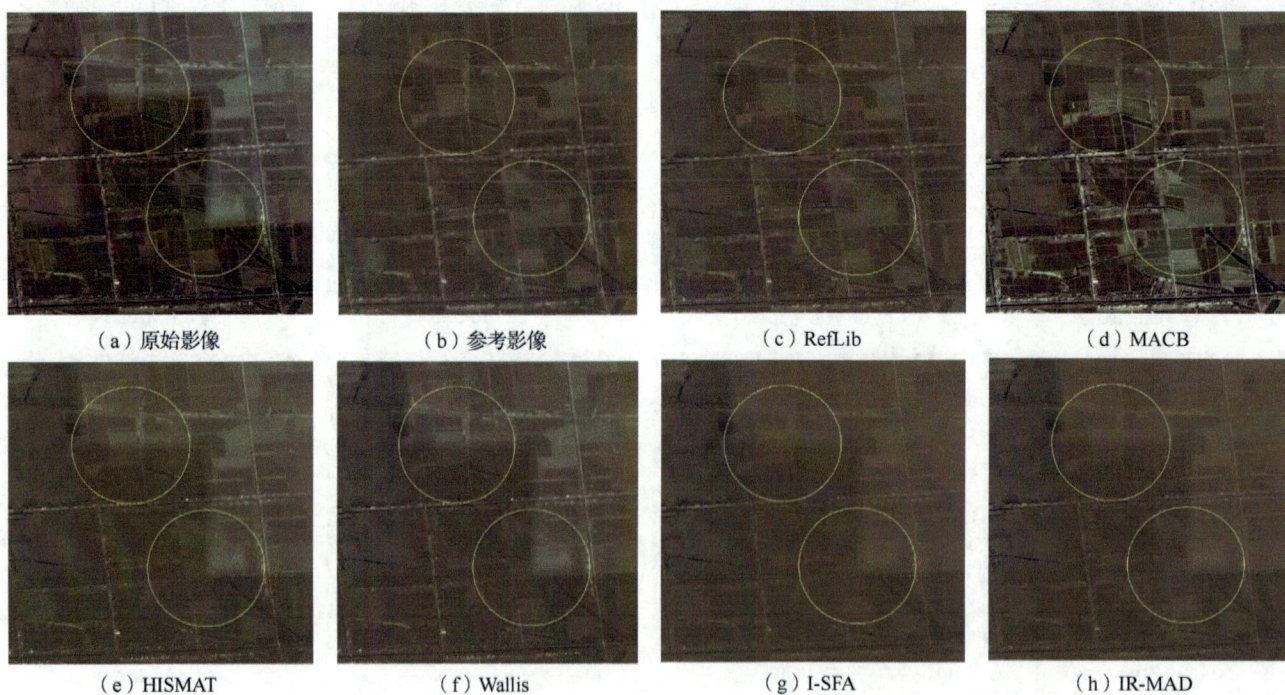

（a）原始影像　　　　　（b）参考影像　　　　　（c）RefLib　　　　　（d）MACB

（e）HISMAT　　　　　（f）Wallis　　　　　（g）I-SFA　　　　　（h）IR-MAD

图 22-7　第二组实验数据的不同方法处理结果细节图

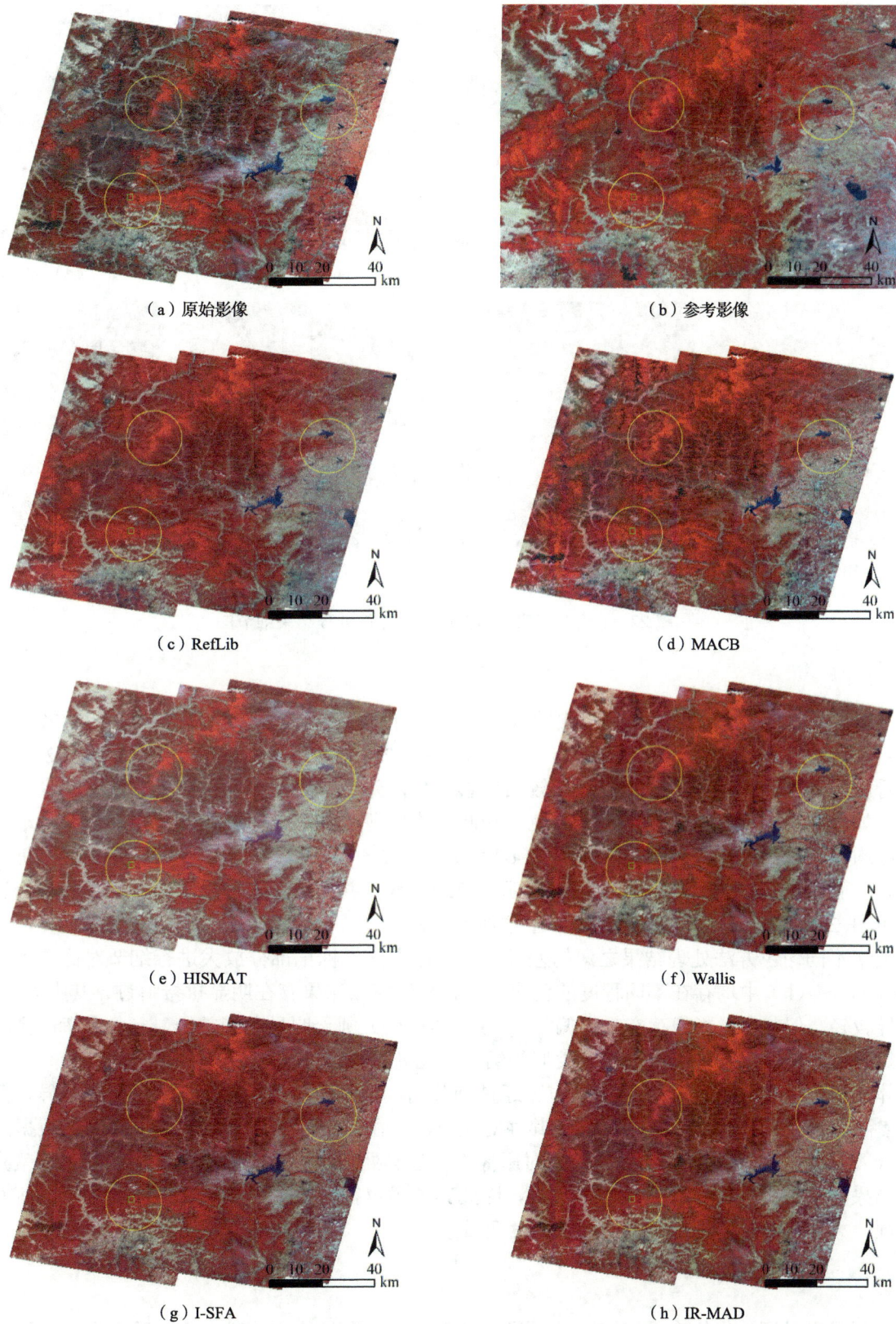

（a）原始影像

（b）参考影像

（c）RefLib

（d）MACB

（e）HISMAT

（f）Wallis

（g）I-SFA

（h）IR-MAD

图22-8　第三组实验数据的不同方法处理结果

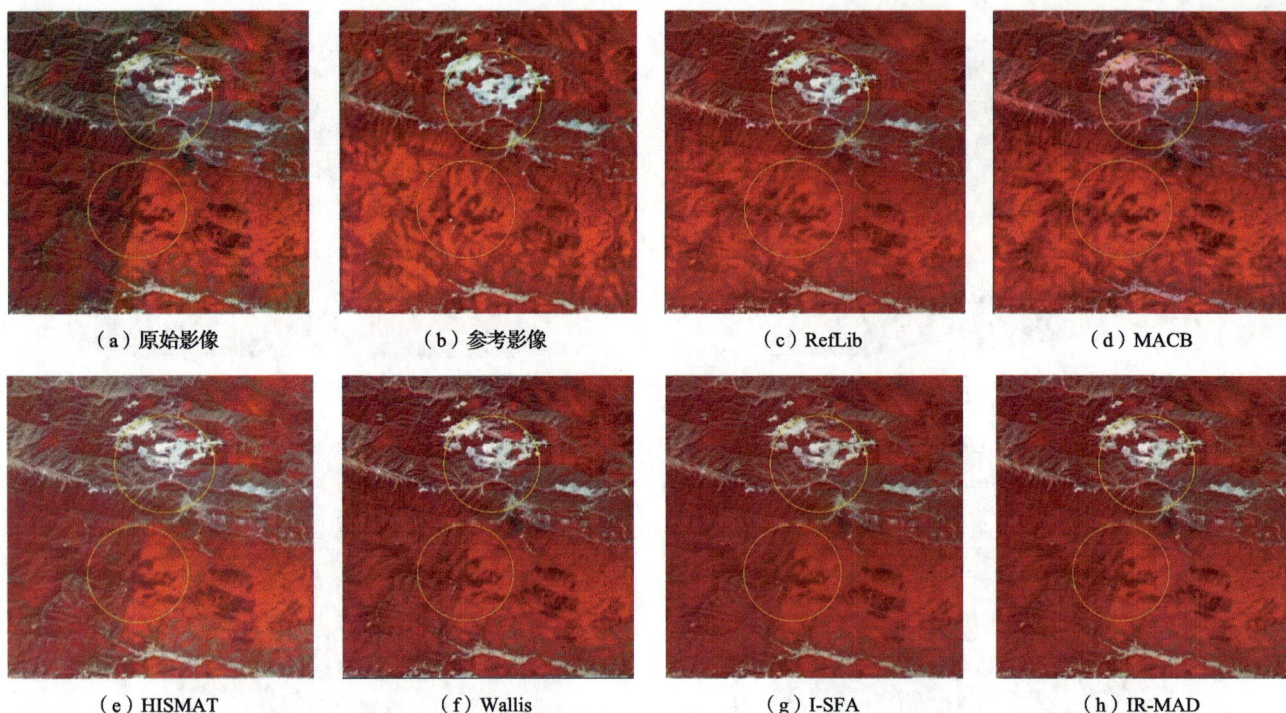

(a) 原始影像　　　　　　(b) 参考影像　　　　　　(c) RefLib　　　　　　(d) MACB

(e) HISMAT　　　　　　(f) Wallis　　　　　　(g) I-SFA　　　　　　(h) IR-MAD

图 22-9　第二组实验数据的不同方法处理结果细节图

22.4.2　目视评价

图 22-4、图 22-6、图 22-8 是三组实验数据利用不同方法的处理结果整体对比图；图 22-5、图 22-7 是图 22-4、图 22-6 中红框位置对应的细节，图 22-9 是图 22-8 中绿框位置对应的细节。从图 22-4~图 22-9 中可以看出，处理前待处理影像之间存在较大色彩差异，并且待处理影像与参考影像之间也存在较大色彩差异，如图中黄圈所示位置。经过不同色彩均衡方法处理后，待处理影像之间及其与参考影像之间的色彩差异均在不同程度上得以削弱。以图 22-6 为例，图 22-6（e）~（h）中黄圈标记的区域仍存在明显色彩差异；而图 22-6（c）和（d）中则没有明显色彩差异，并且其色彩信息与参考影像色彩信息几乎一致，说明图 22-6（c）和（d）所对应色彩一致性处理方法可以有效消除影像之间的色彩差异。为了更加清楚地观察不同匀色方法处理结果之间的差异，选取图中红框标记部分放大进行细节对比。可以看出，图 22-6（d）~（h）中均存在不同程度的色彩差异，导致镶嵌结果存在明显拼接痕迹，其中 MACB 方法色彩差异较轻，但与参考影像存在一定偏色；而图 22-6（c）则无明显色彩差异，且与参考影像的色彩信息较一致。从其他对比图中也可以得到类似的结论，此处不再赘述。

总体来说，RefLib 方法无论总体预览图还是细节图，均成功消除了影像之间的色彩差异，并且色彩信息与参考影像色彩信息一致，明显优于其他对比方法。由于选取的参考影像是已有镶嵌数据，其色彩信息符合人类视觉感知，而 RefLib 方法在对影像进行色彩处理时不仅能消除影像之间的色彩差异，而且获得的结果与参考影像的色彩信息几乎一致，因此其结果也符合人类视觉感知，无须进行任何人工色彩干预处理，大大提高了色彩处理的自动化程度及效率。

22.4.3　定量分析

下面利用定量评价指标对前述实验结果进行客观分析。在具体实施时，将实验数据的不同方法处理结果由 RGB 色彩空间转换至 CIELAB 颜色空间，利用均方根误差（RMSE）和欧氏距离（ED）评价指标进行分析。相关统计结果如表 22-1～表 22-3 所示，每列为不同方法结果的统计值，其中"原始影像"对应列代表原始影像所得统计结果，RefLib 对应列代表本章提出的 RefLib 方法结果的统计值，MACB、HISMAT、Wallis、I-SFA、IR-MAD 对应列代表不同方法结果的统计值，不同方法之间的最优值用粗体标记。

表 22-1　第一组数据的不同方法处理结果定量对比分析

评价指标	波段	原始影像	RefLib	MACB	HISMAT	Wallis	I-SFA	IR-MAD
RMSE	1	0.8552	**0.5343**	0.8347	0.6973	0.6856	0.7039	0.7201
	2	0.8548	**0.3754**	0.6866	0.4632	0.4650	0.4965	0.5027
	3	2.8241	**1.2781**	2.1727	1.4761	1.4907	1.5216	1.5548
ED		1.6169	**0.6298**	1.1322	0.7811	0.7836	0.7881	0.8018

表 22-2　第二组数据的不同方法处理结果定量对比分析

评价指标	波段	原始影像	RefLib	MACB	HISMAT	Wallis	I-SFA	IR-MAD
RMSE	1	1.1569	**0.5232**	0.9987	0.6996	0.7078	0.6713	0.6694
	2	1.0838	**0.2534**	0.7984	0.3977	0.4008	0.3681	0.3715
	3	2.1140	**0.7808**	1.9933	0.9942	1.0031	0.9468	0.9624
ED		1.4501	**0.3737**	1.0648	0.5585	0.5660	0.5290	0.5326

表 22-3　第三组数据的不同方法处理结果定量对比分析

评价指标	波段	原始影像	RefLib	MACB	HISMAT	Wallis	I-SFA	IR-MAD
RMSE	1	5.7941	**1.9357**	3.8764	4.3269	3.4827	3.4441	3.4687
	2	3.5206	**1.3658**	2.6154	2.5936	2.2894	2.2246	2.2606
	3	2.1100	**1.2886**	2.5609	2.9138	1.7779	1.6772	1.6822
ED		3.5912	**1.5610**	2.3909	2.8836	2.1134	2.0436	2.0656

从表中均可以看出，不同方法色彩处理结果的统计值相对于原始影像的统计值均有所降低，而且数值越小，代表结果影像与参考影像之间的色彩差异越小，说明不同方法处理结果与参考影像之间的色彩信息差异均有所削弱。RefLib 方法结果的两种指标统计值均取得所有方法中的最小值，即 RefLib 方法取得的校正结果效果最优，而其他几种方法的处理结果仍然存在不同程度的色彩差异。

由上述定性和定量统计对比结果可以看出，本章提出的 RefLib 方法通过对已有镶嵌数据的组织与存储，为待处理影像提供色彩参考信息，并利用针对性的分块色彩一致性处理方法，可有效消除待处理影像与参考色彩之间的色彩差异及待处理影像之间的色彩差异，为无缝镶嵌合成影像的生成奠定了基础。

本 章 小 结

遥感卫星对地成像过程中，由于轨道重访周期，会对地面区域进行周期性、重复性观测，因此需要对同区域影像数据进行重复性处理，为基于色彩参考库的处理手段提供了很好的应用潜力。本章阐述了色彩参考库的构建和数据组织方法，并提出了 RefLib 方法。

色彩参考库是对已有数据的收集与利用，可以为后续色彩一致性处理提供色彩参考，既可以解决参考色彩的选择难题，又能够提高已有数据的利用率。由于色彩参考库存储的是影像的色彩信息，而非影像本身，因此可有效降低数据存储量，非常有利于色彩参考库的使用与移植。RefLib 方法针对色彩参考库的特点设计，根据待处理影像的地理范围和获取时相信息，自动选取最优色彩信息作为参考，分块构建影像之间的色彩变换模型，得到色彩一致、过渡平滑，且色彩信息与参考信息相一致的处理结果。

多组高分辨率卫星影像的实验结果表明，本章提出的 RefLib 方法取得了最优的色彩校正效果。通过对已有镶嵌数据的有效组织与存储，并利用针对性的分块色彩一致性处理方法，可有效消除待处理影像与参考色彩之间的色彩差异及待处理影像之间的色彩差异。该方法能够自动化运行，且无须对处理结果进行人工色彩调整，大大提高了处理效率，可为无缝镶嵌合成影像的生成奠定基础。

参 考 文 献

崔浩，张力，艾海滨，等，2017. 利用基准色调的大范围卫星影像色彩一致性处理算法[J]. 测绘学报，46(12)：1986-1997.

徐文涛，2015. 基于 Mean shift 的高分辨率遥感图像分割研究[D]. 杭州：浙江工业大学.

依玉峰，高立群，郭丽，2011. 基于 Mean shift 随机游走图像分割算法[J]. 计算机辅助设计与图形学学报，23 (11)：1875-1881.

余磊，2017. 光学遥感卫星色彩一致性合成影像生成关键技术研究[D]. 武汉：武汉大学.

周家香，2012. Mean shift 遥感图像分割方法与应用研究[D]. 长沙：中南大学.

CANTY M J, NIELSEN A A, 2008. Automatic radiometric normalization of multitemporal satellite imagery with the iteratively re-weighted MAD transformation[J]. Remote Sensing of Environment, 112 (3): 1025-1036.

CHRISTOUDIAS C M, GEORGESCU B, MEER P, 2002. Synergism in low level vision[C]// 2002 International Conference on Pattern Recognition. Quebec City, QC, Canada : IEEE, 24: 150-155.

COMANICIU D, RAMESH V, MEER P, 2000. Real-time tracking of non-rigid objects using mean shift[C]// Proceedings IEEE Conference on Computer Vision and Pattern Recognition. CVPR 2000 (Cat. No.PR00662) . Hilton Head, SC, USA :IEEE, 2: 142-149.

COMANICIU D, MEER P, 2002. Mean shift: a robust approach toward feature space analysis[J]. IEEE Transactions on Pattern Analysis and Machine Intelligence, 24 (5): 603-619.

GU K, ZHAI G, YANG X, et al., 2014. Using free energy principle for blind image quality assessment[J]. IEEE Transactions on Multimedia, 17 (1): 50-63.

LY D S, BEUCHER S, BILODEAU M, et al., 2015. Automatic color correction: region-based approach and performance evaluation using full reference metrics[J]. Journal of Electronic Imaging, 24 (6): 061207.

OLIVEIRAl M, SAPPA A D, SANTOS V, 2011. Unsupervised local color correction for coarsely registered images[C]//CVPR 2011. Colorado Springs, CO, USA : IEEE, 201-208.

SUN M W, ZHANG J Q, 2008. Dodging research for digital aerial images[J]. International Archives of the Photogrammetry, Remote Sensing and Spatial Information Sciences, B4: 349-354.

TSAI V J E, HUANG Y I, 2005. Automated image mosaicking[J]. Journal of the Chinese Institute of Engineers, 28 (2): 329-340.

WANG Z, BOVIK A C, SHEIKH H R, et al., 2004. Image quality assessment: from error visibility to structural similarity[J]. IEEE Transactions on Image Processing a Publication of the IEEE Signal Processing Society, 13 (4): 600-612.

YU L, ZHANG Y, SUN M, et al., 2016. Colour balancing of satellite imagery based on a colour reference library[J]. Taylor & Francis, 37(24): 5763-5785.

ZHANG L P, WU C, DU B, 2014. Automatic radiometric normalization for multitemporal remote sensing imagery with iterative slow feature analysis[J]. IEEE Transactions on Geoscience and Remote Sensing, 52 (10): 6141-6155.

ZHOU X G, 2015. Multiple auto-adapting color balancing for large number of images[J]. The International Archives of Photogrammetry, Remote Sensing and Spatial Information Sciences, XL-7/W3(7): 735-742.